Tobias Block
Helmut Eggert
Wolfgang Kauschke

Lager im Bauwesen

Ernst & Sohn
A Wiley Brand

3. Auflage

Lager im Bauwesen

Tobias Block
Helmut Eggert
Wolfgang Kauschke

Ernst & Sohn
A Wiley Brand

Dr.-Ing. *Tobias Block*
Technische Universität Dortmund
Architektur und Bauingenieurwesen
Lehrstuhl Betonbau
August-Schmidt-Str. 8
44227 Dortmund

Dr.-Ing. *Helmut Eggert*
Lenzelpfad 32
12353 Berlin

Dipl.-Ing. *Wolfgang Kauschke*
Bismarckstr. 12 A
42781 Haan

Titelfoto: TGV Viadukt Avignon, Frankreich
Quelle: Maurer Söhne GmbH & Co. KG, München, www.maurer-soehne.de

Bibliografische Information der Deutschen Nationalbibliothek
Die Deutsche Nationalbibliothek verzeichnet diese Publikation in der Deutschen Nationalbibliografie; detaillierte bibliografische Daten sind im Internet über http://dnb.d-nb.de abrufbar.

Umschlaggestaltung: Sonja Frank, Berlin
Produktion: HillerMedien, Berlin
Satz: Uta-Beate Mutz, Leipzig
Druck: AZ Druck- und Datentechnik GmbH, Berlin
Bindung: Stein + Lehmann, Berlin

Printed in the Federal Republic of Germany.
Gedruckt auf säurefreiem Papier.

3. vollständig überarbeitete Auflage

Print ISBN: 978-3-433-02921-3
ePDF ISBN: 978-3-433-60321-5
ePub ISBN: 978-3-433-60323-9
mobi ISBN: 978-3-433-60322-2
oBook ISBN: 978-3-433-60320-8

Vorwort

Zum Inhalt

Dieses Buch soll möglichst erschöpfende Antworten auf die Fragen geben, die beim Entwurf und bei der Konstruktion von Brücken stets auftreten, wie z. B.:

Wie muss das Bauwerk gelagert werden? (Kapitel 2)

Welche Kräfte wirken vom Bauwerk auf das Lager? (Kapitel 3)

Welche Lager gibt es überhaupt? (Kapitel 4)

Welche technischen Regeln sind zu beachten? (Kapitel 5)

Über Zulassungen informiert das Kapitel 6.

Forschungsberichte, die sich mit wissenschaftlichen Problemen im Zusammenhang mit Lagern befassen, sind im Kapitel 7 zusammengestellt. Dieses Kapitel enthält auch die Geschichte der modernen Lagertechnik.

Die Literatursammlung – Kapitel 8 – wurde aktualisiert.

Das Buch wendet sich gleichermaßen an den entwerfenden und an den ausschreibenden Ingenieur, an den konstruierenden, rechnenden und prüfenden Ingenieur und an die ausführende Baufirma sowie an „Lehrende und Lernende“.

Es ist in der Regel so, dass mit dem Entwurf eines Bauwerkes bereits gewollt oder ungewollt die Lagerung gewählt ist. Fehlt die Kenntnis dieses Zusammenhangs, so kann dies die eigentliche Ursache späterer Bauschäden sein, etwa deshalb, weil sich die erforderliche Lagerung nicht verwirklichen ließ.

Das Wort „Lager“ hat nicht nur in der deutschen Sprache allgemein, sondern auch in der Technik, sogar in der Bautechnik, verschiedene Bedeutungen.

Dieses Buch befasst sich mit dem in einer Fertigungsstätte hergestellten Bauteil, das in einer Brücke in aller Regel zwischen Unterbau und Überbau eingebaut wird. Es leitet Kräfte definiert weiter und ermöglicht Bewegungen, Verdrehungen und Verschiebungen. Die Bezeichnung der verschiedenen Lagerarten erfolgt zum einen nach der Funktion, zum anderen auch nach dem wesentlichen Werkstoff (s. Abschn. 1.2.4).

Im Glossar – Kapitel 9 – sind die Bezeichnungen genauer definiert. Etwa 350 Stichwörter werden erklärt und die englische Übersetzung angegeben. Nicht in diesem Buch behandelt werden Lager im Sinne von „Magazin“ und „Deponie“ sowie die Bauwerke „Widerlager“. Schwerpunkt des Buches ist der Brückenbau, das „klassische“ Anwendungsgebiet der Lagertechnik. Außerdem beschränken wir uns weitgehend auf den „nicht dynamischen“ Bereich.

Danksagung

Dank gilt einer Reihe von Kollegen für die Unterstützung, insbesondere

Dr.-Ing. *Christian Braun*, München

Dr.-Ing. *Joachim Braun*, Uslar

Frau Professor Dr.-Ing *Ursula Freundt*, Weimar

Frau Dipl.-Ing. *Ines Hoppe*, Berlin

Dr.-Ing. *Karl-Heinz Reinsch*, Berlin und Dr. *Christian Meinhardt*, Berlin (Verfasser von Abschnitt 3.5)

Bochum / Berlin / Haan, Mai 2013
Tobias Block / Helmut Eggert / Wolfgang Kauschke

Inhaltsverzeichnis

1 Einleitung und allgemeiner Überblick

1.1 Entwicklungsgeschichte

Allgemein wird die Auffassung vertreten, dass die erste bahnbrechende Erfindung des Menschen das Rad war, denn dazu findet sich kein Analogon in der Natur (siehe auch [199]). Die Lager jedoch sind durchweg bereits von der Natur vorgegeben, und zwar sowohl in Erscheinungen außerhalb der lebenden Körper – der runde Stein als Kugel- oder Kipplager, der gefällte runde Baumstamm als Rollenlager – als auch in den Lebewesen selbst. Das Problem gegenseitiger Bewegungen von harten Teilen musste evolutionär gelöst werden. Dies gelang, wenn auch manche Lösungen wie Bandscheiben und Hüftgelenke ihre Schwächen haben und oft nicht ein ganzes Leben lang ihre Funktionen erfüllen.

Gleitlager waren in früheren Zeiten aus Hartholz gefertigt. Gleitlager Stahl auf Stahl werden in [123] wie folgt beschrieben:
„Bei den Gleitlagern ruht das Trägerende auf einer gut abgehobelten, gefetteten Platte und muss bei der Bewegung die gleitende Reibung überwunden werden."

Solche Gleitlager sind aus heutiger Sicht nur für temporäre Zwecke denkbar, weil die Gleitfuge relativ schnell durch Korrosion unbrauchbar wird. Das Fett wird durch Gleitbewegung weggeschoben.

Das klassische, bewegliche Lager war noch in der ersten Hälfte des vergangenen Jahrhunderts das 2-Rollenlager mit einer Kippplatte, und zwar als „bewegliches Kugelkipplager", wenn die Platte eine Punktkippung vorsah, andernfalls als „bewegliches Linienkipplager". Es gab auch allseitig bewegliche Lager, indem zwei Rollenlagerpaare übereinander angeordnet wurden.

Ein 1933 begonnenes Normungsvorhaben (DIN 1038, DIN 1039) wurde nie zu einem Abschluss gebracht. Diese Normen waren nach heutigem Sprachverständnis Typisierungen: Die Maße für „bewegliche Kugelkipplager" und „feste Linienkipplager" von „75 t bis 300 t Auflagerkraft" wurden detailliert festgelegt und die Gewichte angegeben (das größte Lager wog 2280 kg).

Die „schwimmende Lagerung" als unheimlicher Gedanke ist alt.
Zitat aus [123]: „Zuweilen hat man alle Lager beweglich construirt. In diesem Falle müssen Vorsichtsmaßregeln getroffen werden, um ein Herabrollen der Lager zu verhüten, da in Folge von Zufälligkeiten selbst bei gleicher Construktion nicht immer beide Lager in gleicher Weise wirken."

Die Vorstellung, dass bei Brücken im Gefälle das feste Lager am unteren Widerlager sein muss, obwohl es bei ordnungsgemäß, d. h. horizontal verlegten Lagern dafür eigentlich keine Begründung gibt, ist sehr alt und hat sich über die Generationen bis heute noch nicht verflüchtigt.
Zitat aus [123]: „Nur wenn die Brücke im Gefälle liegt, ordnet man meist das feste Lager am unteren Ende an, da der auftretende Schub vom Widerlager leichter als von einem Zwischenpfeiler aufgenommen werden kann."

Lager im Bauwesen. 3. Auflage. Tobias Block, Helmut Eggert, Wolfgang Kauschke.

In diesem vor mehr als 100 Jahren erschienenen Buch werden übrigens bereits Verformungslager („Kautschukplatten") erwähnt, und zwar als Alternative zu Bleiplatten, die somit als deren Vorläufer eingestuft werden können.

1.2 Begriffe und Bezeichnungen

Mit der teilweisen Einführung von Eurocodes und der weiteren Gültigkeit deutscher Normen existieren heute in den verschiedenen Regelwerken unterschiedliche Begriffe für die gleiche Sache.

In diesem Buch gilt Folgendes:
Soweit vorhandene Regelwerke wiedergegeben werden oder auf sie verwiesen wird, hat die Bezeichnung in diesen Regelwerken Priorität.
Wenn für in sich geschlossene Darstellungen Sonderregelungen getroffen werden, wird dies besonders vermerkt.
Als Achsenrichtungen werden stets x für die Hauptrichtung (Längsrichtung bei Brücken), y für die horizontale Querrichtung und z für die andere (lotrechte) Richtung, rechtwinklig zu x und y, genommen.
Wenn von vertikalen und horizontalen Lasten, Flächen, Bewegungen etc. die Rede ist, dann bezieht sich dies stets auf den Normalfall, dass die ständige Last eine lotrechte Richtung hat. Ist dies nicht der Fall, wie z. B. beim Kämpfergelenk einer Bogenbrücke, so werden die Begriffe „normal zur Lagerebene" und „in Lagerebene" benutzt.

1.2.1 Lagerung und Lager als Teil des Tragwerks

Die Darstellung eines Balkens auf mehreren Stützen als statisches System erfolgt mittels der Symbole „Gerade" (für den Balken), „Dreieck" (für die Unterstützung), „Strich unter dem Dreieck" (für die horizontale Beweglichkeit) (Bild 1.1).

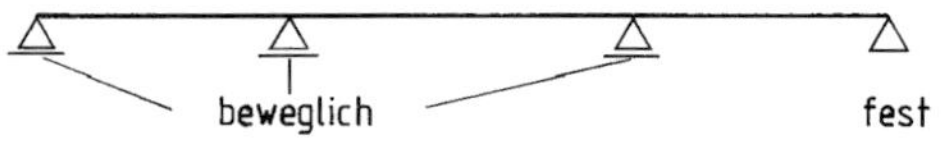

Bild 1.1 Symbolische Darstellung eines Mehrfeldbalkens

Diese Darstellung ist eine extreme Vereinfachung der wirklichen Situation. Für das Ziel der Statik – Ermittlung der Schnittgrößen des Balkens (Biegemomente, Querkräfte und Normalkräfte) – ist sie ausreichend. Das reale Tragwerk ist jedoch immer ein räumliches Gebilde, das in einfachen Fällen aus einem Überbau (Brückenüberbau, Dachdecke, Rahmenbinder) und einer Anzahl Unterbauten (Pfeiler und Widerlager bei Brücken, Stützen und Wänden bei Hochbauten) besteht.

Der Übergang zwischen Überbauten und Unterbauten – in der Skizze des Balkens auf mehreren Stützen ist das nur ein Punkt – kann auch allseitig biegesteif erfolgen. Die Berechnung des Bauwerks erfolgt dann als Gesamttragwerk und die Unterstützungsstellen des Balkens sind nur statisch definierte Punkte. Konstruktionen dieser Art interessieren im Rahmen dieser Abhandlung nicht (Bild 1.2).

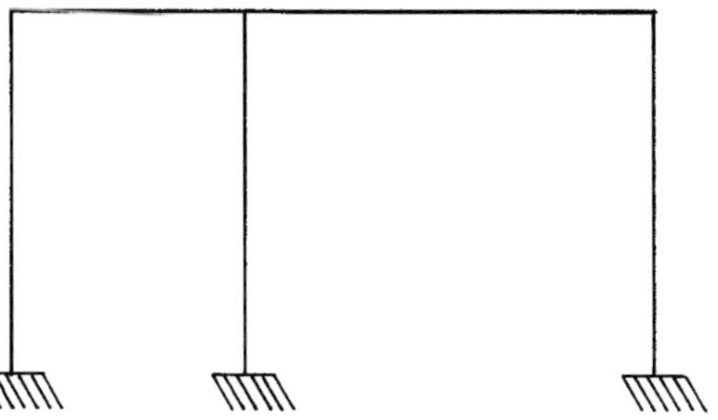

Bild 1.2 System eines Tragwerks ohne Lager – kein Thema dieses Buches!

Wenn man für Unterbauten und Überbauten verschiedene Baustoffe verwendet, ist ein biegesteifer Anschluss schwierig oder unmöglich (z. B. bei Stahlbetondecken auf Mauerwerk). Wenn die Überbauten große horizontale Ausdehnungen haben, sind biegesteife Anschlüsse unwirtschaftlich (z. B. meist bei Brücken). In solchen Fällen bietet es sich an, Bauteile zwischen dem Überbau und den Unterbauten anzuordnen, die einen Bewegungsausgleich (Verdrehung = Rotation; Verschiebung = Translation) ermöglichen. Solche Bauteile nennt man Lager. Sie werden in der Regel von Spezialfirmen gefertigt.

Lager sind also Bauteile, die zwischen Bauwerksteilen angeordnet werden, um in der statischen Berechnung vorausgesetzte Rand- oder Zwischenbedingungen zu erfüllen.

Es gibt natürlich auch andere Alternativen zur Einspannung, zum Beispiel Betongelenke oder das einfache Auflegen des Überbaus auf den Unterbau.

Betongelenke realisieren immerhin weitgehend eine definierte Bedingung, nämlich einen Momentennullpunkt.

Das einfache Auflegen, obwohl es für Hochbauten die Regel ist, erzeugt im Auflagerbereich komplizierte, von den jeweiligen Baustoffen, Toleranzen, Belastungen etc. abhängige Beanspruchungen und führt dort in vielen Fällen zwangsläufig zu irreparablen Schäden wie z. B. Abplatzungen und Biegerissen.

Die statischen Zustände in den Auflagerbereichen nennt man **Lagerung**, unabhängig davon, ob Lager verwendet werden oder nicht.

Jedes erdgebundene Tragwerk besitzt somit eine Lagerung. Die falsche Einschätzung der Lagerung eines Tragwerks verursacht viele Schäden, wobei Risse den ersten Rang einnehmen.

In Bild 1.3 sind beispielhaft 3 Lagerungen dargestellt, und zwar

a) biegesteifer Deckenanschluss,
b) einfaches Auflager der Decke,
c) Lager zwischen Decke und Wand.

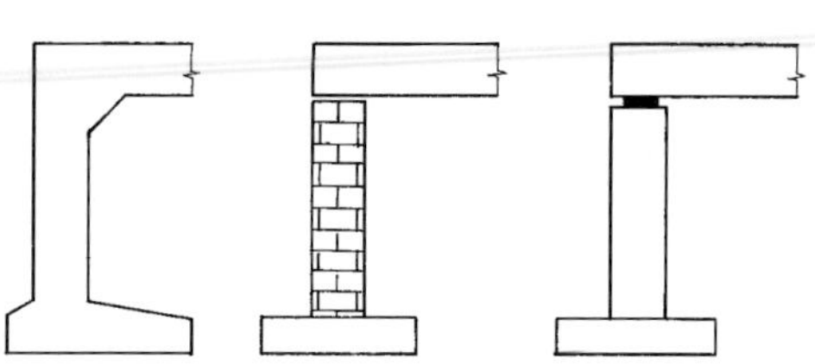

Bild 1.3 Hochbaulagerung
a) biegesteif, b) einfache Auflagerung, c) mit Lager

1.2.2 Abwälzen, Gleiten, Verformen

Wenn sich ein Bauteil (I) auf ein zweites Bauteil (II) abstützt, so ist eine gegenseitige **Verdrehung** (Rotation) auf 3 verschiedene Arten realisierbar:

- durch gegenseitiges Abwälzen von Berührungsflächen mit ungleicher Krümmung (Kugel, Zylinder, Ebene) (Bild 1.4),
- durch gegenseitiges Verschieben (Gleiten) von Berührungsflächen gleicher Krümmung (Kugel, Zylinder, Ebene) (Bild 1.5),
- durch Verformen zwischengeschalteter Medien (Bild 1.6).

Die Verdrehung (= Rotation) wird bei jedem Lager mindestens um eine Achse realisiert. Die Rotation um eine Achse (Linienkippung) wird jedoch zugunsten der allseitigen Kippung bei Neubauten nicht mehr angewandt. Im Klartext: Rollenlager und Linienkipplager sind ausgestorben. Sie werden deshalb in den nachfolgenden Kapiteln nicht behandelt.

Die Verschiebung (Translation) zwischen 2 Bauteilen (I und II) lässt sich – völlig analog zur Verdrehung – ebenfalls auf 3 verschiedene Arten verwirklichen:

- durch Rollen (Bild 1.7),
- durch Gleiten (Bild 1.8),
- durch Verformen (Bild 1.9).

Ein Lager, bei dem die Verschiebung (Translation) nicht möglich ist, nennt man (bei allseitiger Fixierung) festes Lager oder Fixpunktlager. Bei einseitiger Fixierung wird es als einseitig bewegliches Lager bzw. Führungslager bezeichnet.

Für die Begriffe einseitig und allseitig werden auch die Bezeichnungen „einachsig“ und „zweiachsig“ verwendet. Die Verwirklichung von Translation und Rotation durch Wälzen, Gleiten oder Verformen lässt sich in der Form einer Matrix darstellen, s. Tabelle 1.1.

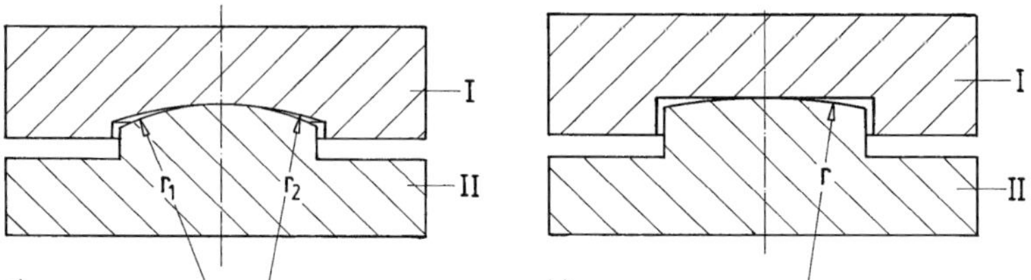

a) b)

Bild 1.4 Verdrehbarkeit durch Abwälzungen
a) Kugel konvex/konkav, b) Kugel/Ebene

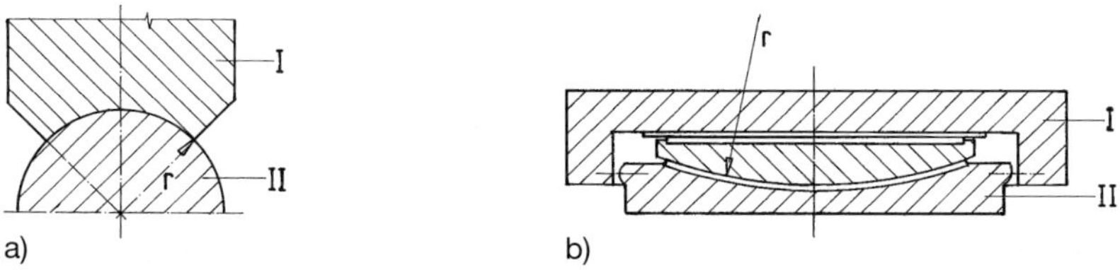

a) b)

Bild 1.5 Verdrehbarkeit durch Gleitungen
a) einfaches Gleitgelenk, b) Kalottenlager

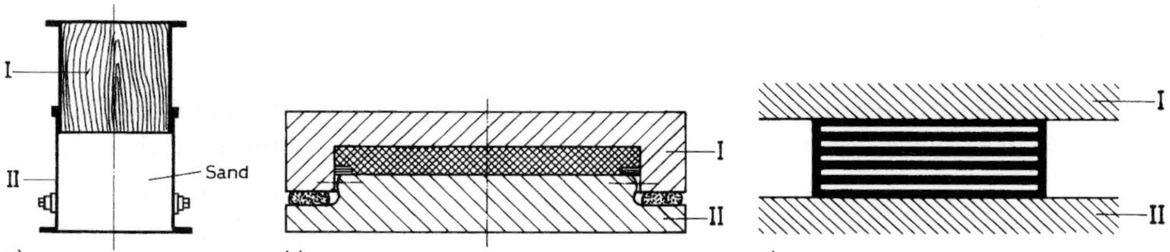

a) b) c)

Bild 1.6 Verdrehbarkeit durch Materialdeformation
a) Sandtopf, b) Gummitopf, c) Verformungslager

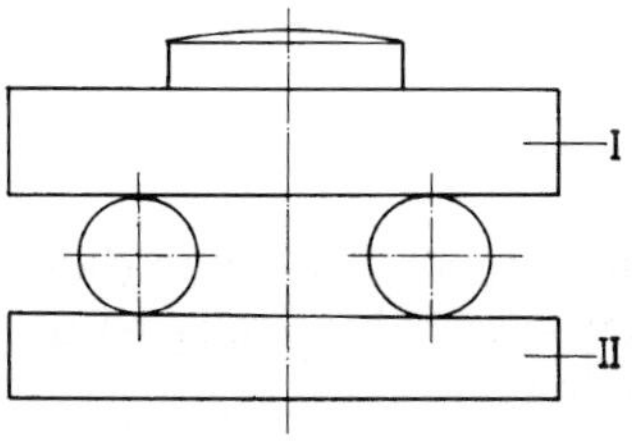

Bild 1.7 Verschiebbarkeit durch Rollen oder Kugeln (2-Rollenlager mit Kippleiste)

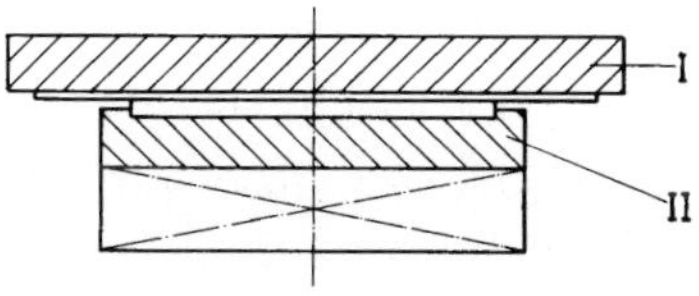

Bild 1.8 Verschiebbarkeit durch Gleiten (Brückengleitlager)

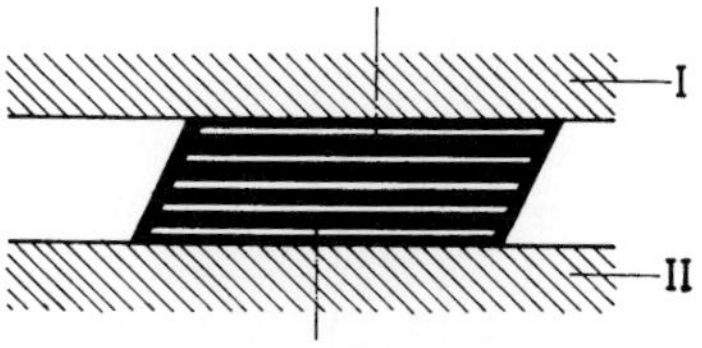

Bild 1.9 Verschiebbarkeit durch Materialdeformation (bewehrtes Elastomerlager)

Tabelle 1.1 Lagerungsmatrix

Bewegungsart	Translation	Rotation
Wälzen	Rolle, Kugel	Flächen mit ungleicher und mit konstanter Krümmung
Gleiten	Ebenen	Flächen mit gleicher und mit konstanter Krümmung
Verformen	deformierbarer Quader	Topf; deformierbarer Quader

1.2.3 Lager, Gelenk, Pendel

In der Statik kommen die Begriffe „gelenkige Lagerung“ und „Schnittkraft“-Gelenk (für die Schnittkräfte Normalkraft, Querkraft, Biege- und Torsionsmoment) nebeneinander vor. Sie bedeuten stets, dass in der Berechnung eine Schnittkraft an der Stelle des Gelenks zu null angenommen wurde. Im Gegensatz dazu steht die „Einspannung“, bei der alle Schnittkräfte endliche Werte haben.

Die Realisierung eines Gelenks zur Erfüllung der statischen Annahmen kann auf verschiedene Weise erfolgen. Eine häufige Methode ist die Einschnürung einer Stahlbetonstütze zu einem Betongelenk. Im Stahlbau gibt es sogar die Möglichkeit, rechnerisch ein festes Moment als maximal mögliche Schnittkraft anzunehmen. Es ist dann von einem Fließgelenk die Rede.

Das Zwischenschalten von Lagern zwischen die zu verbindenden Bauteile ergibt ebenfalls ein Gelenk. Dieses Buch handelt ausschließlich von solchen Lagern.

Die Definition findet sich DIN EN 1337 Teil 1 Abschn. 3.1.1 (s. Abschn. 5.2).

Zum Begriff Lagerung – siehe DIN EN 1337 Teil 1 Abschn. 3.1.2 – zählt man alles, was baulich getan wird, um die angenommenen Randbedingungen eines Bauteils zu erfüllen. Die Gründung eines Bauwerks („Bettung“) gehört genauso dazu wie die Verankerung von Abspannungen, ebenso die Einspannung des Überbaus in den Unterbau.

Lager sind eine Möglichkeit, die Lagerung planmäßig zu realisieren. In einen Lagerungsplan gehören somit nicht nur die Darstellung der Lager, sondern – sofern vorgesehen – auch die Angabe weiterer Maßnahmen. Konkret ist deshalb ein Symbol für die Einspannung – X – unverzichtbar, obwohl es, weil es kein Lagersymbol ist, in den Regelwerken für Lager fehlt.

Pendel- und Stelzenlager werden häufig begriffsmäßig nicht auseinandergehalten.

In Deutschland ist es üblich geworden, die „ausgehungerten“ Rollenlager, bei denen nicht benötigte Segmente abgeschnitten werden (in Großbritannien noch üblich), „Stelzenlager“ zu nennen. Bei ihnen fallen – anders als bei Pendeln – Krümmungsmittelpunkt und Mitte zusammen. Ein Pendel liegt vor, wenn ein Bauteil von 2 Gelenken begrenzt wird. Das Pendel ist also einem Fachwerkstab gleichzusetzen, die Gelenke können Kipplager sein.

1.2.4 Lagerbezeichnungen

Bezeichnung nach der Funktion bzw. Form
Punktkipplager, Gleitlager, Topflager, Kalottenlager, Verformungslager, Feste Lager, Bewegliche Lager, Festhaltekonstruktionen und Horizontalkraftlager sind heute üblich, im Industriebau auch Vielkugellager.

In Deutschland veraltet sind Rollenlager, Stelzenlager, Nadellager und Linienkipplager.

Bezeichnung nach dem wesentlichen Baustoff
Man unterscheidet Bleilager (veraltet), Stahllager, Gleitwerkstofflager und Elastomerlager (Gummilager), bewehrt und unbewehrt (für den Hochbau).

Kombinationsbezeichnungen
Punktkippgleitlager, Topfgleitlager, Kalottengleitlager und Verformungsgleitlager sind ebenfalls gebräuchliche Bezeichnungen.

1.3 Grundsätze zur Wahl der Lagerung

Sieben Grundsätze zur Wahl der Lagerung, die sich aufgrund elementarer Überlegungen unter Berücksichtigung der allgemein anerkannten Regeln der Bautechnik ergeben, sind zu beachten, wenn Schäden auf Dauer vermieden werden sollen:

1. Die Lagerung eines Bauwerks sollte zwängungsarm sein.
Eine zwängungsarme Lagerung eines Bauwerks wird erreicht, wenn nur **ein** festes Lager, **ein** einseitig bewegliches Lager mit Bewegungsrichtung zum festen Lager und im Übrigen nur allseitig bewegliche Lager vorgesehen werden. Alle Lager müssen Auflagerdrehungen in alle vorkommenden Winkelrichtungen gestatten. Jede Abweichung von diesem Schema erzeugt Zwängungen, die durch alle Bauteile einschließlich der Lager verfolgt werden müssen. Einfache Rollen- und Linienkipplager können diese Forderung nicht erfüllen. Bei nicht zwängungsfreier Lagerung von Brücken können Zwangskräfte infolge der Verwölbung des Überbaus ein Mehrfaches der übrigen Zwangskräfte betragen und dürfen daher nicht vernachlässigt werden.

2. Statische Berechnungen sollten stets auf der sicheren Seite liegen.
Wenn Zwängungskräfte aus Formänderungen, also die Reibungskräfte bei beweglichen Lagern und die Rückstellkräfte und -momente bei Gummilagern und bei Gummitopflagern als obere Fraktilwerte gegeben sind, so sind diese Kräfte nicht anzusetzen, wenn sie günstig wirken, da der mögliche untere Grenzwert erheblich kleiner sein kann und für bewegliche Lager sogar nahe bei null liegt, für Verformungslager kann er bei einem Bruchteil des Größtwertes liegen.

3. Die geometrischen und kinematischen Gegebenheiten müssen berücksichtigt werden.
Bei gekrümmten Brücken, bei torsionsweichem Überbau und wenn der Verschiebeweg nicht rechtwinklig zur Kippachse des Überbaus liegt, sind einfache Rollenlager und Linienkipplager ungeeignet. Dies gilt auch für Lager, bei denen Rotation und Translation nicht entkoppelt sind.

4. Die rechnerischen Bauwerksverformungen bei einfachen Einwirkungen können in voller Größe auftreten.
Werden Schnittgrößen aufgrund von Bauwerksverformungen unter einfachen Lasten ermittelt, so ist die Sicherheit durch den Abstand zu den Widerstandsschnittgrößen gegeben. Ist die Verformung selbst Bemessungsgröße, wie beim Verschiebeweg von beweglichen Lagern und beim Kippwinkel von Topflagern, so müssten konsequenterweise Sicherheitszuschläge zu diesen Verformungswerten berücksichtigt werden. Bei Topflagern ist der Kippwinkel eine wichtige Bemessungsgröße. Wird er nur einmal im Laufe der Lebensdauer des Bauwerks überschritten, so kann dies wegen des herausquellenden Gummis unangenehme Folgen für das Bauwerk haben. Die Topflager sollten daher stets mit einem auf der sicheren Seite liegenden Kippwinkel unabhängig von der sonstigen statischen Berechnung dimensioniert werden. Das ist besonders dann zu beachten, wenn eine exakte Bestimmung des Kippwinkels nicht möglich erscheint. Bei krummen und schiefen Überbauten aus Spannbeton ist die Größe der Lagerverschiebung abhängig von der Größe der Vorspannung und dem zeitlichen Abfall infolge Schwindens und Kriechens, die Verschieberichtung ist dagegen abhängig von der Lage des Festpunktes und von der Spanngliedführung. Bei größeren Brücken mit abschnittsweiser Überbauherstellung ist eine genauere, aufwendige Berechnung dieses Vektors unerlässlich für die Bemessung und Einstellung der Lager. Die modernen Regelwerke (Eurocodes, DIN EN) berücksichtigen die dargelegte Sicherheitsproblematik.

5. Hochwertige Lager funktionieren nur bei ordnungsgemäßem Einbau
Durch Einbaumängel, wie nachfolgend aufgeführt, können sich die lagerimmanenten Zwängungen vervielfachen: geneigter Einbau von beweglichen Lagern, teilweises Einbetonieren von Gummilagern und Abweichung der Beweglichkeit des einseitig beweglichen Lagers von der planmäßigen Richtung.

Einbaufehler können im Extremfall die Zerstörung der Lager verursachen.

6. Lager sind Bauteile, die einer Kontrolle und Wartung bedürfen.
Der Kippspalt beim Topflager und der Gleitspalt bei allen Gleitlagertypen müssen funktionsfähig bleiben. Bewegliche Lager funktionieren nicht mehr planmäßig, wenn sie verschmutzt sind. Stahllager dürfen dort, wo der Querschnitt für die Tragfähigkeit benötigt wird, nicht korrodieren. Außerdem kann es durchaus wirtschaftlich sein, einmalige oder auch seltene Bewegungen nicht durch Bewegungsfreiheit, sondern durch Positionskorrektur der Lager zu ermöglichen. Das gilt besonders für aus dem Baugrund stammende Relativbewegungen, deren Größe sehr schwierig ausreichend genau schätzbar ist, und die deshalb meist viel zu groß geschätzt werden. Voraussetzung für diese Möglichkeit sind regelmäßige und zuverlässige Beobachtungen sowie Anhebbarkeit des Bauwerks. Zur Beurteilung der Wirtschaftlichkeit muss die Wahrscheinlichkeit der Bewegungen bekannt sein.

7. Die Lager sind als Verschleißteile zu betrachten.
Moderne Lager sind seit ca. 1965 im Einsatz. Für die zeitlich davor eingesetzten Rollenlager aus durchgehärtetem Edelstahl hat sich gezeigt, dass sie nicht dauerhaft sind. Wenn man davon ausgeht, dass die Lebensdauer der Bauwerke größer ist als die der Lager, die in der Regel als Verschleißteile anzusehen sind, so ist es unerlässlich, die

Möglichkeit einer späteren Auswechselbarkeit der Lager bereits im Entwurf vorzusehen. Diese Überlegung entspricht auch deshalb der heutigen Auffassung von Grundanforderungen an Bauwerke (Stichwort: Robustheit), weil der Aufwand für diese Möglichkeit relativ klein, der spätere Nutzen aber sehr groß ist.

1.4 Auflagerbewegungen

1.4.1 Allgemeines

Am Bauwerk auftretende Auflagerbewegungen begründen die Notwendigkeit des Einbaus von Lagern.

Im Allgemeinen sind Verschiebungen in einer Ebene, der Lagerebene, zu ermöglichen. Verschiebungsmöglichkeiten rechtwinklig zu dieser Ebene werden bisweilen gefordert, doch entsprechende „höhenverstellbare" Lager gibt es bisher nur als injizierbare Topflager, wenn man die Verwendung von Futterblechen nicht als Lagerkonstruktion bezeichnen will. Horizontallager haben ebenfalls eine Bewegungsmöglichkeit rechtwinklig zur Lagerebene (als Nebeneffekt).

Auflagerdrehwinkel sollten bei modernen Lagern in 3 zueinander rechtwinkligen Achsen berücksichtigt werden.

Vor der Ermittlung der Auflagerbewegungen ist zunächst – abhängig von der Auflast und als vorläufige Annahme – der Lagertyp (Verformungslager oder Gleitlager) festzulegen.

Wird der Einbau von Bewegungslagern (Gleitlager, früher auch Rollenlager) vorgesehen, so sind Sicherheitszuschläge zu den rechnerischen Bewegungen des Unterstützungspunktes u. a. zur Berücksichtigung der Einbau-Imponderabilie erforderlich.

Bild 1.10 Lager der ca. 100 Jahre alten Eisenbahnbrücke über die Eider bei Friedrichstadt: 3-Rollenlager. Verstoß gegen die Lagerungsgrundsätze 1 und 6

Für grobe Schätzungen kann man folgende Verschiebungswege annehmen, die sich auf die Entfernung zum nächsten ruhenden Punkt (Festlager) beziehen:

Stahlbauwerke:	± 0,50 mm/m
Stahlbetonbauwerke:	+ 0,30 mm/m
	− 0,60 mm/m
Spannbetonbauwerke:	+ 0,30 mm/m
	− 1,20 mm/m

Für die Auflagerdrehwinkel kann man normalerweise als obere Grenze 1% ansetzen.

Wird der Einbau von Verformungslagern (Gummilagern) geplant, so sind Zuschläge wie bei Bewegungslagern nicht erforderlich. Bei Verformungslagern sind die durch Verformung entstehenden Zwängungskräfte den Wegen proportional wie bei Bauteilen aus Beton oder Stahl. Es empfiehlt sich deshalb, die Verformungslager als Bauteile in das statische System des Bauwerks zu integrieren. Diese Erkenntnis wurde bereits 1960 von *Desmonsablon* [19] ausführlich behandelt.

Eine eingespannte Stütze mit einem auf ihr liegenden Verformungslager kann beispielsweise im Kraftgrößenverfahren über die Gleichung

$$F_H = \frac{f}{\frac{T}{AG} + \frac{L^3}{3EI}} \tag{1.1}$$

T	Lager-Nettodicke
A	Lagerfläche
G	Schubmodul
L, E, I	Stützenwerte
F_H	Horizontalkraft

genügend genau eingeführt werden (Bild 1.11).

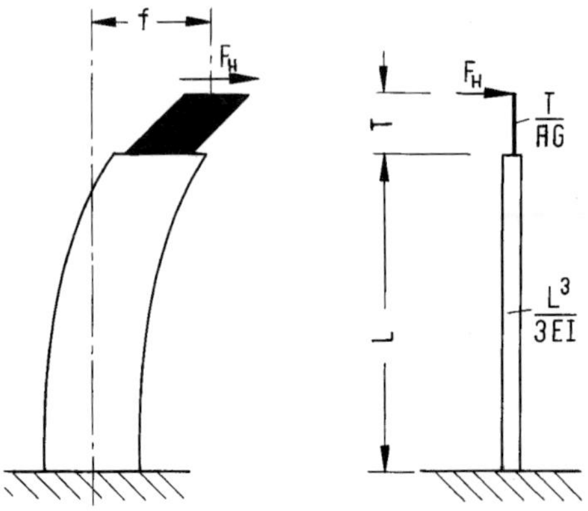

Bild 1.11 Steifigkeit einer Stütze mit Verformungslagern

Bei normalen Hallenstützen oder schlanken Brückenpfeilern wird man vielfach feststellen, dass die Steifigkeit des Verformungslagers durchaus in der gleichen Größenordnung wie die Steifigkeit der Stütze liegt. In derartigen Fällen wird das gesamte statische System verfälscht, wenn man die Auflagerbewegungen ohne Berücksichtigung der diesen Wegen proportionalen Zwängungen ermittelt und mit Sicherheitszuschlägen versieht, wie sie bei der Verwendung von Bewegungslagern erforderlich sind.

Bei der Verwendung von Bewegungslagern muss man stets mindestens ein festes Lager anordnen, womit der ruhende Punkt des Bauwerks bekannt ist. Bei Verwendung verformbarer Bauteile als Lager ist ein festes (unverschiebliches) Lager dann nicht unbedingt erforderlich, wenn konsequent konstruiert und bemessen wird. Der ruhende Punkt des Bauwerks für Zwängungsverformungen (Kriechen, Schwinden, Temperatur) ergibt sich aus der Verteilung der Lagersteifigkeiten (Bild 1.12). Der konstruktive Festpunkt – der, wenn er sich auf einem Brückenpfeiler befindet, ohnehin eine Illusion ist – fehlt also, der tatsächliche Festpunkt ist nicht ortsfest.

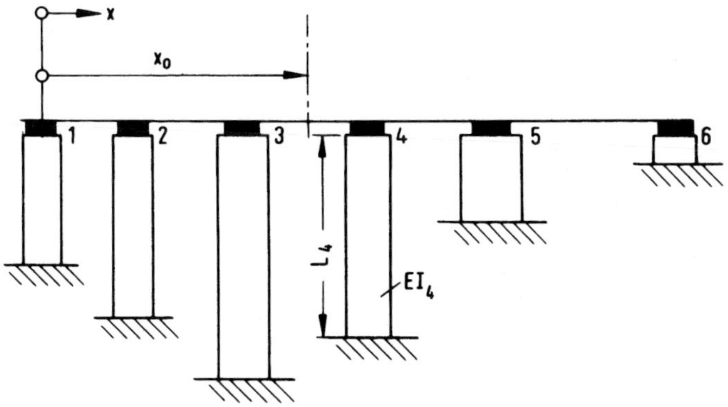

Bild 1.12 Ruhepunkt eines mehrfeldrigen Bauwerks auf Verformungslagern

Beträgt die Lagersteifigkeit S_i unter konsequenter Einbeziehung der Stützen nach Bild 1.11

$$\frac{1}{S_i} = \frac{T_i}{A_i G} + \frac{L_i^3}{3EI_i} \tag{1.2}$$

so wird die Abszisse des Ruhepunktes

$$x_0 = \frac{\sum_i x_i S_i}{\sum_i S_i} \tag{1.3}$$

Sofern nicht vernachlässigbar, ist die Fundamentverdrehung zusätzlich zu berücksichtigen.

Beim Einwirken äußerer Kräfte gibt es bei dieser Lagerung normalerweise keinen ruhenden Punkt. Die Verschiebung w des gesamten Bauwerks lässt sich aus der Steifigkeit der stützenden Bauteile ermitteln zu

$$w = \frac{F_{\mathrm{H}}}{S_i} \tag{1.4}$$

Auch bei Bewegungslagern ist es zweckmäßig, die Verformbarkeit der Unterbauten in die Untersuchungen einzubeziehen. Entgegen jedem gefühlsmäßigen Urteil liegen die Rückstellkräfte von Bewegungslagern (Gleitreibung, Rollreibung) durchaus in der Größenordnung der Rückstellkräfte von Verformungslagern. Der rechnerische Reibungsbeiwert $\mu = 0{,}03$ entspricht beispielsweise der rechnerischen Schubverformung eines Gummilagers $\tan\gamma = 0{,}45$ bei einer Belastung mit 15 G:

$$\mu = \frac{\tau}{\sigma} \qquad \begin{aligned} \sigma &= 15\,G \\ \tau &= \tan\gamma \cdot G \\ \tan\gamma &= 0{,}03 \cdot 15 = 0{,}45 \end{aligned} \tag{1.5}$$

Die durch Reibung entstehenden Verformungen der Unterbauten vermindern zunächst die Verschiebungswege in den Lagern (Bild 1.13). Es ist jedoch zu berücksichtigen, dass ein Teil der Verformungen irreversibel (Kriechen) ist und dann bei gegenläufigen Bewegungen ungünstig wirkt. Außerdem kann bei geringer oder schwingender Belastung der Reibungswiderstand so klein werden, dass ein Schlupf im Lager auftritt.

Bild 1.13 Gleitlager auf elastisch nachgiebiger Stütze

Man muss nach heutiger technischer Regel Lager und Bauwerk so ausbilden, dass die Lager nach Inbetriebnahme des Bauwerks jederzeit inspiziert werden können. Eine Lagekorrektur des Lagers, falls die Verschiebungen nicht den Rechenannahmen entsprechen, sollte jedoch nur im Ausnahmefall und nur vom Lagerhersteller selbst und unter dessen Verantwortung vorgenommen werden.

Die Prüfung der Lager nach dem Einbau ist auf jeden Fall sinnvoll, um evtl. Einbaufehler rechtzeitig zu erkennen.

Die Möglichkeit der Lagekorrektur der Lager sollte man auf jeden Fall dann in die Überlegungen einbeziehen, wenn besonders schwer erfassbare und gleichzeitig große Verschiebungen aus Baugrundbewegungen zu erwarten sind.

Wenn die Sicherheitszuschläge tatsächlich einmal durch Abnormitäten im Verformungsverhalten des Bauwerks in Anspruch genommen werden, so ist es nicht erforderlich, die Reserven durch eine Lagekorrektur wieder herzustellen, wenn nicht erneut außergewöhnliche Verschiebungen befürchtet werden müssen.

Die Ursachen (Einwirkungen), die zu einer Verformung (Relativbewegung) eines festen Körpers – und damit zur Notwendigkeit der Verwendung von Lagern – führen, lassen sich in 5 Gruppen aufteilen:

a) äußere Kräfte (Eigengewicht, sonstige ständige Lasten, Nutzlasten),
b) Temperaturänderungen,
c) innere Stoffumwandlungen (Feuchtigkeit bei Holz, Schwinden bei Beton),
d) innere Kräfte (Vorspannung, Kriechen),
e) Verformungszwang von außen (Bodensetzungen, Erdbeben, Vorspannung).

Werden diese Einflüsse den verschiedenen Bauwerksarten zugeordnet, so lässt sich hinsichtlich der Lagerung ihre Relevanz darstellen (Tabelle 1.2).

Tabelle 1.2 Einwirkungsrelevanz für verschiedene Bauwerksarten hinsichtlich der Lagerung

Bauwerksart	Bewegungsursache				
	a	b	c	d	e
Betonbrücken	o	x	x	x	x
Stahlbrücken	x	x	–	–	x
Flachdachbauten	o	x	x	o	o
Fertigteilbauten	o	x	o	o	–
Betonbehälter	x	o	o	x	o
Stahlbehälter	x	x	–	–	o
Holzkonstruktionen	o	o	x	x	o

Die Symbole bedeuten:
x quantitativ berücksichtigen
o qualitativ berücksichtigen
– vernachlässigbar

Nachfolgend werden einige Einflüsse noch etwas genauer betrachtet. Die Konsequenzen für die statische Berechnung enthält Kapitel 3.

1.4.2 Verschiebungen infolge Temperatur

Obwohl Temperaturbewegungen von Bauwerken seit den Anfängen des Bauingenieurwesens bekannt sind und berücksichtigt werden, sind erst in jüngerer Zeit direkte Messungen an Bauwerken durchgeführt worden. Hierüber wird im Kapitel 7 berichtet.

Aus solchen Messungen ergab sich, dass die Bauwerkstemperaturen den Lufttemperaturen nachlaufen. Die positiven bzw. negativen Extremwerte treten somit nie am gleichen Tag auf und nicht einmal im gleichen Temperaturzyklus. Die extremen Betontemperaturen brauchen zu ihrer Entwicklung viele warme oder kalte Tage – ein einzelner besonders heißer oder kalter Tag ändert die Betontemperatur nicht wesentlich.

Abschließend noch ein kurzer Hinweis auf die Aufstelltemperatur, die ja zumindest bei Ortbetonbauwerken ein etwas problematischer Begriff ist. Während des „Aufstellens" erreicht der eben erstarrte Beton Temperaturen bis zu 60 °C. Die Lager sind zu diesem Zeitpunkt häufig noch arretiert und das Lehrgerüst hat ein oft ausgeprägtes eigenes Temperaturverhalten. Auch bei Fertigteilbrücken und bei Stahlbrücken hat die meist gemessene Lufttemperatur wegen des Temperaturnachlaufes wenig mit der Aufstelltemperatur des Bauwerks zu tun.

Eine angenommene „Aufstelltemperatur" von +10 °C ist also nur eine Vereinbarung, die dem entwerfenden Ingenieur die Arbeit erleichtern soll. Sie hat mit realen Temperaturen allenfalls die Größenordnung gemein.

1.4.3 Verschiebungen infolge Vorspannen, Kriechen und Schwinden

Kriechverformungen treten an allen Betonbauteilen auf, die einer Druckbeanspruchung ausgesetzt sind, also durchaus nicht nur an Spannbetonbauteilen.

Durch Kriechen vervielfacht sich die elastische Verformung des Bauteils, die zunächst ermittelt (und am Lager berücksichtigt) werden muss.

Die bezogene elastische Verformung ist bekanntlich $\varepsilon = \sigma/E_b$, wenn σ die (Druck-) Spannung des Betons und E_b der zugehörige Elastizitätsmodul ist.

Die Größenordnung der elastischen Verschiebungen (= Verkürzung eines vorgespannten Balkens) von Spannbetonbauteilen infolge Vorspannens liegt im Allgemeinen bei 0,15 mm/m.

Bei zentrisch gedrückten Stahlbetonstützen ist dieser Wert weitaus größer und er ist im Allgemeinen auch von größerem Einfluss auf die Konstruktion als die meist vernachlässigbare Nachgiebigkeit der Lager unter zentrischem Druck.

Aus der elastischen Verformung (Dehnung) ergibt sich die Kriechverformung mit

$$\varepsilon = \frac{\sigma}{E_b} \cdot \varphi_t \tag{1.6}$$

Schwindverformungen treten ausnahmslos an allen im Freien liegenden Bauteilen aus Beton auf. Die Kriechzahl φ_t und das Schwindmaß ε_s ist den Regeln (EC 2) zu entnehmen.

1.4.4 Auflagerverschiebungen infolge äußerer Lasten

Bei Verwendung von beweglichen Lagern werden äußere Horizontallasten durch feste (unverschiebliche) Lager aufgenommen. Diese Lager sind aber nur bedingt unverschieblich, weil sie zum einen ein konstruktives Bewegungsspiel haben, und zum anderen, weil sie auf meist elastisch verformbaren Bauteilen ruhen. Für die beweglichen Lager des Bauwerks sind also das konstruktive Spiel und die Verformbarkeit der das feste Lager stützenden Bauteile zu berücksichtigen.

Die Verschiebungen von verformbaren Lagerkonstruktionen (z. B. Gummilagern) wurden bereits im Abschnitt 1.4.1 behandelt.

Bei Lagern unter Trägern mit hohem biegeweichem Querschnitt kann die Dehnung ε_u des Untergurtes zu Lagerverschiebungen s von mehreren Millimetern führen (Bild 1.14).

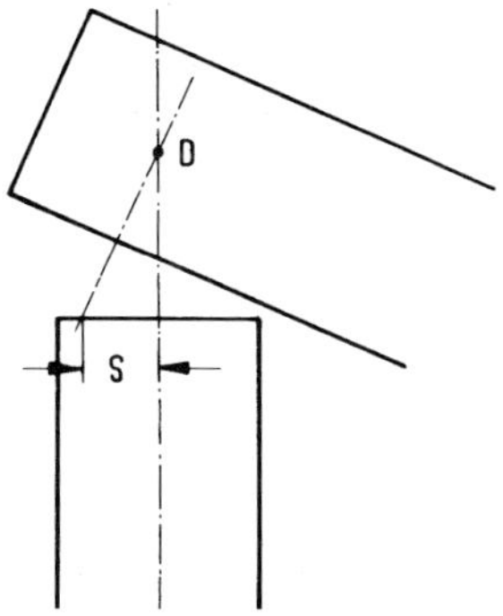

Bild 1.14 Aus Durchbiegung resultierende Lagerverschiebung *s*

Diese Verschiebungen sind auch für die Überprüfung der Lebensdauer von Gleitlagern interessant, die von der Summe der Verschiebungswege abhängt. Aus der Summierung kleiner Verkehrslastwege ergeben sich manchmal Beträge, die um Zehnerpotenzen größer sind als die Summe der Temperaturbewegungen.

1.4.5 Auflagerdrehwinkel

Auflagerdrehwinkel treten prinzipiell dreiaxial auf. Die Verdrehung um die vertikale Achse ist zwar eine Größenordnung kleiner als die Verdrehung um die Lagerachse, es ist aber heute üblich, sie quantitativ zu erfassen und auch in der Konstruktion zu berücksichtigen.

Wichtig ist zu wissen, dass die Auflagerdrehwinkel in Querrichtung auch wesentlich größer sein können als in Spannrichtung des Tragwerks, z. B. bei querträgerlosen Brücken, die allerdings heute an Bedeutung verloren haben.

Auflagerdrehwinkel entstehen nicht nur durch Biegeverformungen, sondern z. B. auch an den Enden von Pendelstützen (Bild 1.15).

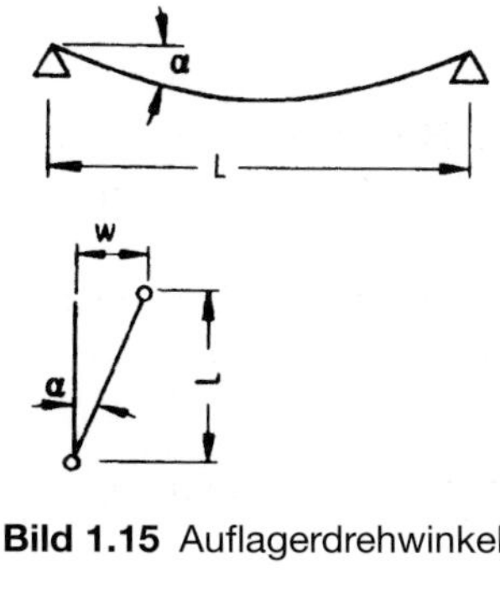

Bild 1.15 Auflagerdrehwinkel

Bei schiefen Platten und Balken ist die Richtung der größten Verschiebung nicht rechtwinklig zur Achse des größten Drehwinkels. Meist wandert die Achse des Drehwinkels unter Verkehrslast erheblich, ohne dass sich seine Größe wesentlich ändert. Einrollenlager mit ihrer eindeutigen Kombination von Bewegungs- und Kipprichtung sind also dann nicht anwendbar.

Für die Ermittlung des Auflagerdrehwinkels ist es meist ausreichend, für das maximale Feldmoment eine parabelförmige Verformung wie unter Gleichlast anzunehmen, deren rechnerischer Endtangentenwinkel bekannt ist (Bild 1.16).

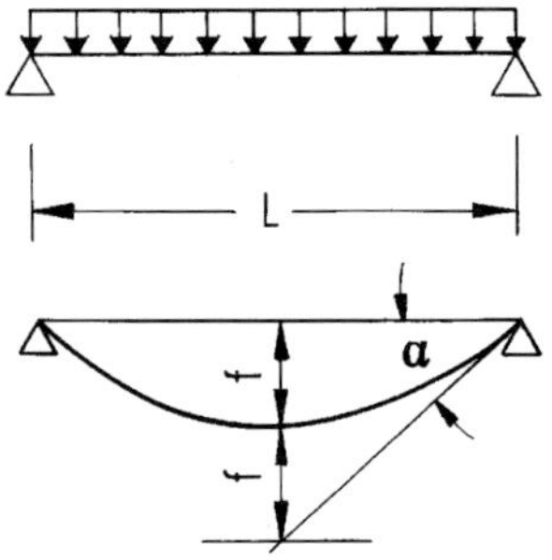

Bild 1.16 Vereinfachte Ermittlung des Auflagerdrehwinkels

Man findet dann

$$\alpha \sim 0{,}4\,\frac{L}{EI} \cdot \max M \tag{1.7}$$

α	Drehwinkel (Bogenmaß)
L	Stützweite
E	Elastizitätsmodul
I	Trägheitsmoment
$\max M$	größtes Feldmoment

Diese Gleichung ist auch für das Endauflager von Durchlaufträgern hinreichend genau anwendbar.

Für Pendelstützen ist, wenn w die Verschiebung des Überbaus ist,

$$\alpha = \frac{w}{L} \tag{1.8}$$

Bei Bauteilen aus Beton sollte man berücksichtigen, dass sich die Auflagerdrehwinkel durch Kriechen verändern. Bei schlaff bewehrten Stahlbetonkonstruktionen vergrößern sie sich mit dem Faktor φ_t, bei Spannbetonbauteilen können sie auch kleiner werden.

Besonders große Auflagerdrehwinkel entstehen aus der ungewollten Parallelitätsabweichung der Bauwerksflächen beim Versetzen von Stahlträgern und Beton-Fertigteilen. Werden hierbei gegen Kantenpressungen empfindliche Lager verwendet, so ist eine plastische Ausgleichsschicht dringend zu empfehlen. Es muss dann leider meist in Kauf genommen werden, dass die Erhärtungszeit der plastischen Schicht die Montage unterbricht.

Üblich ist bei der Montage von Trägern, zunächst auf Pressen und erst danach langsam auf die entsprechend vorbereiteten Lager abzusetzen.

1.5 Lagersymbole

Die Zeichnung ist die Sprache des Ingenieurs. Sie ist universell verständlich, bedarf also keiner Übersetzung und beschleunigt die Übermittlung einer Information.

Elemente der zeichnerischen Darstellung von Grundrissen und Schnitten von Bauwerken sind zwangsläufig Lagersymbole, die zunächst in diversen Publikationen zu finden waren, in der ersten Auflage dieses Buches wohl erstmals aus damaliger (und deutscher) Sicht vollständig in einer Tabelle vorgeschlagen, danach u. a. in den entsprechenden Normen des BSI und des DIN als Stand der Technik festgehalten wurden und inzwischen in EN 1337 Teil 1 in Tabelle 1 europaweit verbindlich festgelegt wurden.

Diese Tabelle enthält nicht nur die im Prinzip schon geläufigen Grundrisssymbole, sondern auch Symbole für die Darstellung in der Ansicht, fußend auf der wohl zutreffenden Annahme, dass auch diese Symbole als Verständigungshilfsmittel nützlich sind.

1.6 Verdrehungswiderstand

1.6.1 Anfangsmoment

In den Lagern konzentrieren sich die Eigen- und Nutzlasten der Konstruktion. Ein „Nachempfinden" für die Höhe der Drücke im Lagermaterial ist kaum möglich.

Die Hertz'schen Pressungen bei stählernen Punktkipplagern, sofern die nach DIN 18800 (alt) zulässigen Werte ausgenutzt werden, erreichen z. B. Werte bis zu etwa 100 kN je cm^2, was dem Druck einer Wassersäule von 100 km Höhe entspricht! Beim Topflager wird das vergleichsweise „weichere" Material Elastomer „nur" dem Druck von einer ca. 3 km hohen Wassersäule ausgesetzt mit der Konsequenz einer entsprechend größeren „Aufstandsfläche". Bild 1.17 zeigt (bei zentrischer Stellung) die Pressungsverteilung für die 4 verschiedenen Lager-Grundtypen.

Diese hohen Beanspruchungen haben zur Folge, dass der Ruhezustand nicht als indifferenter „Schwebezustand" wie bei einer Wippe anzusehen ist. Abhängig von der Lagerart findet vielmehr ein „Verbacken" der aufeinandergedrückten Materialien statt. Dieser Zustand muss beim gegenseitigen Verdrehen der angeschlossenen Teile zunächst durch ein „Anfangsmoment" überwunden werden. Beim stählernen Punktkipplager handelt es sich bei diesem Zustand um die bei überbeanspruchtem Stahl bekannte Plastizierung, bei Kalottenlagern und Topflagern um Adhäsion im Bereich zwischen Stahl und den Gleitflächen bzw. Stahl und Elastomer (Topfwandung).

Die Höhe des Anfangsmoments hängt unter sonst gleichen Umständen (Konstruktion und Umgebung) von der Höhe der Pressung ab. Wenn das mechanische Modell nicht bekannt ist, wird es deshalb notwendig sein, den Einfluss empirisch zur sicheren Seite

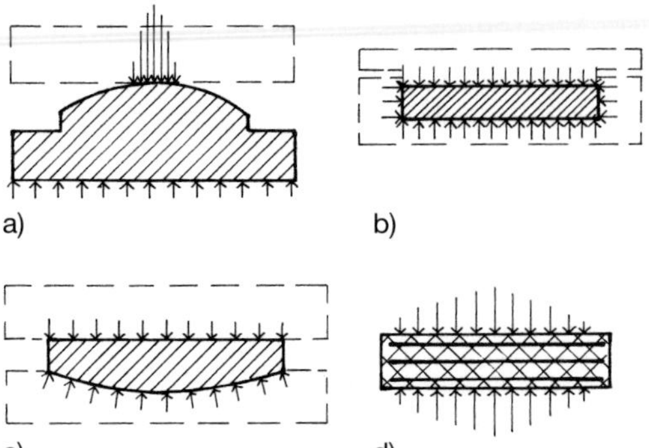

Bild 1.17 Druckspannungen (Pressungen) bei Brückenlagern
a) Druckstück eines Punktkipplagers, b) Kissen eines Topflagers, c) beweglicher Teil eines Kalottenlagers, d) unverankertes bewehrtes Elastomerlager (Verformungslager)

hin festzulegen, also die Versuchskörper mindestens der voll ausgenutzten Pressung bei einfachen Einwirkungen auszusetzen. Bei Topflagern wurde so verfahren.

Für stählerne Punktkipplager wurde dieser Einfluss im Institut für Massivbau der Universität Karlsruhe untersucht (s. Abschn. 4.3.2).

Bei Kalottenlagern ist das mechanische Modell analytisch erfassbar (s. Abschn. 4.3.4).

Unterstellt wird derzeit, dass bei bewehrten Elastomerlagern dieses Anfangsmoment nicht zu berücksichtigen ist, was als pragmatisches Vorgehen akzeptabel ist.

1.6.2 Rückstellmoment und Verdrehung

Eine weitere Verdrehung nach Überwindung des Anfangsmomentes (mit infinitesimal kleinem Verdrehungswinkel) ergibt das eigentliche Rückstellmoment. Es ergibt sich beim stählernen Punktkipplager als Produkt von Auflast, Krümmungsradius und Verdrehungswinkel, wobei Verdrehungswinkel und Rückstellmoment im gleichen Sinne wirken. Formelmäßig ergibt sich die gleiche Abhängigkeit bei Kalottenlagern. Die Bauart dieses Lagers ergibt jedoch, dass Verdrehungswinkel und zugehöriges Rückstellmoment gegensinnig wirken (Bild 1.18).

An diesen Unterschieden ist erkennbar, dass es sich hier nicht um Widerstände von Materialien wie bei den Anfangsmomenten handelt, sondern um die Berücksichtigung von kinematisch erzeugten Hebelarmen. Wenn die rechnerischen Verdrehungswinkel aus der Verkehrslast so klein sind, dass die zugehörigen Rückstellmomente kleiner als das Anfangsmoment sind, dann wirkt das Auflager wie eine Einspannung. Die Verkehrslast erzeugt dann keine Verdrehung im Auflagerbereich! Die Unkenntnis dieses Phänomens kann zu Fehlinterpretationen bei Messungen führen. Der Einfluss aus ständiger Verdrehung ist natürlich stets additiv zu berücksichtigen.

Völlig anders als bei Punktkipplagern und bei Kalottenlagern ist die Abhängigkeit zwischen Verdrehung und Rückstellmoment beim Topflager. Nach Überwindung des Verspannungszustandes bzw. des Anfangsmomentes ist wegen der offensichtlichen

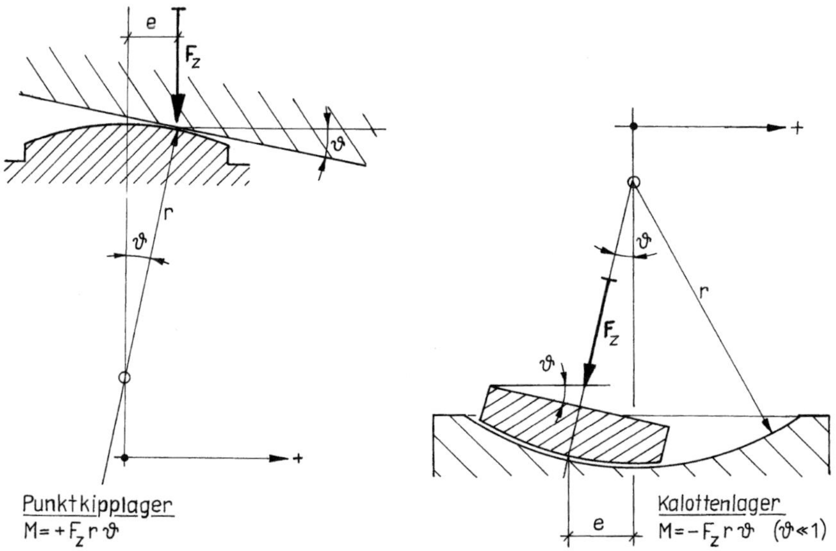

Bild 1.18 Rückstellmomente aus (im Uhrzeigersinn) positiver Verdrehung des Überbaus

geometrischen Unvereinbarkeit beim Verdrehen auch bei glatter Topfinnenfläche und bestem Schmiermittel eine Verformungsarbeit im Elastomer zu leisten, die letztlich vom Schubmodul abhängt, dessen Abhängigkeiten qualitativ bekannt sind.

Der Schubmodul des Gummis und damit das Rückstellmoment des Topflagers nehmen zu

- mit abnehmender Temperatur,
- mit der Verdrehungsgeschwindigkeit.

Für die praktische Bemessung wurden die zwei Einflüsse „ruhende oder quasi ruhende Last“ und „Verkehrslast“ unterschieden und die entsprechenden Versuche bei den ungünstigst zu erwartenden tiefen Temperaturen durchgeführt, vgl. entsprechende Regeln in DIN EN 1337-5.

Von den bisher beschriebenen Abhängigkeiten wiederum völlig verschieden sind die Verhältnisse beim bewehrten Elastomerlager. Das bewehrte Elastomerlager besteht aus übereinanderliegenden Gummischichten mit einvulkanisierten Stahlplatten, deren Verdrehungswiderstand (= Rückstellmoment) im praktisch interessanten Bereich von Folgendem abhängt:

- linear vom Druckmodul, vom Trägheitsmoment der Lagerfläche und vom Formfaktor;
- nichtlinear vom Verdrehwinkel;
- reziprok von der Anzahl der Elastomerschichten und von der Schichtdicke.

Für eine vereinfachte Berechnung des Rückstellmomentes kann die lineare Abhängigkeit vom Druckmodul in eine lineare Abhängigkeit vom Schubmodul umgerechnet werden.

Diese beschriebenen Zusammenhänge beruhen auf der Dissertation von *Block* – siehe Abschnitt 4.5.2.5 und 7.1 bzw. [213]. Die Theorie von *Topaloff* [91] sieht ebenfalls die Berechnung von Rückstellmomenten bewehrter Elastomerlager vor. Hierbei werden jedoch die einzelnen Einflussfaktoren nur unzureichend erfasst. Eine kritische Würdigung der Topaloff-Theorie findet sich in Kapitel 4.

1.6.3 Weitere Abhängigkeiten

Beim Kalottenlager sorgen Vibration und höhere Temperatur und beim Elastomer-(Topf-)lager die Relaxation dafür, dass Rückstellmomente, deren Ursache die Verdrehung aus ständig wirkenden Lasten ist, kleiner werden, es findet eine „Entspannung" statt. Der durch ungenauen Einbau und durch die ständige Verdrehung geometrisch erzeugte Grundzustand ist natürlich unverändert vorhanden und ungeachtet aller übrigen Einflüsse zusätzlich zu berücksichtigen. Soweit er in der Höhe sicher bekannt ist, ließe sich dieser Einfluss durch Voreinstellung abschwächen.

Voreinstellungen haben jedoch den Nachteil, dass Verwechselungen beim Einbau hinsichtlich der Einbaurichtung möglich sind. Voreinstellungen dieser Art sind u. a. aus diesem Grund nicht üblich, es wäre Feindosierung an falscher Stelle.

Bild 1.19 zeigt die qualitativen Verläufe der Rückstellmomente für die 4 Lagergrundtypen, wobei, wie erwähnt, Bild 1.19d durch die Dissertation von *Block* überholt ist.

Die Schubnachgiebigkeit der Gleitplatte und die Berücksichtigung weiterer Einflüsse führen bei M_0 dazu, für die Reibungszahl des Kalottenlagers nur die Hälfte des Wertes einzusetzen, der für den Translationswiderstand vorgeschrieben ist.

1.6.4 Einfluss der Horizontalkräfte

Das Rückstellmoment bei allseits festen und bei einseitig beweglichen festen Lagern ist eventuell größer als das bei beweglichen Lagern unter sonst gleichen Umständen, weil der Einfluss der Horizontalkraft zusätzlich zu berücksichtigen ist. Das Zusatzmoment entsteht aus dem Reibungswiderstand am Anschlag, der die Horizontalkraft aufnimmt.

Dabei sind prinzipiell folgende 3 Fälle bei den genannten Lagern zu unterscheiden:

- Der Anschlag ist nur eine Sicherheitsmaßnahme und ist normalerweise nicht wirksam. In solchen Fällen wäre dieser Anteil für die Regelbemessung nicht zu berücksichtigen. Dies könnte der Fall sein bei Punktkipplagern, wenn die Horizontalkraft vollständig über Reibung im Berührungspunkt aufgenommen wird.
- Der Anschlag ist so angeordnet, dass die Horizontalkraft direkt vom Überbau in den Unterbau geht. Dies ist z. B. beim allseits festen Kalottenlager der üblichen Bauart der Fall. In diesem Fall spielt dieser Anteil für die Bemessung der (innenliegenden) Gleitflächen keine Rolle.
- Der Anschlag ist Teil der Lagerkonstruktion in der Art, dass die Reibung am Anschlag mit dem übrigen Lagerwiderstand stets gemeinsam wirkt. Dies ist z. B. der Fall beim Topflager, und zwar beim Einfluss der Reibung des Topfdeckels an der Topfwand. In solchen Fällen muss nicht unbedingt eine Addition ungünstiger Ein-

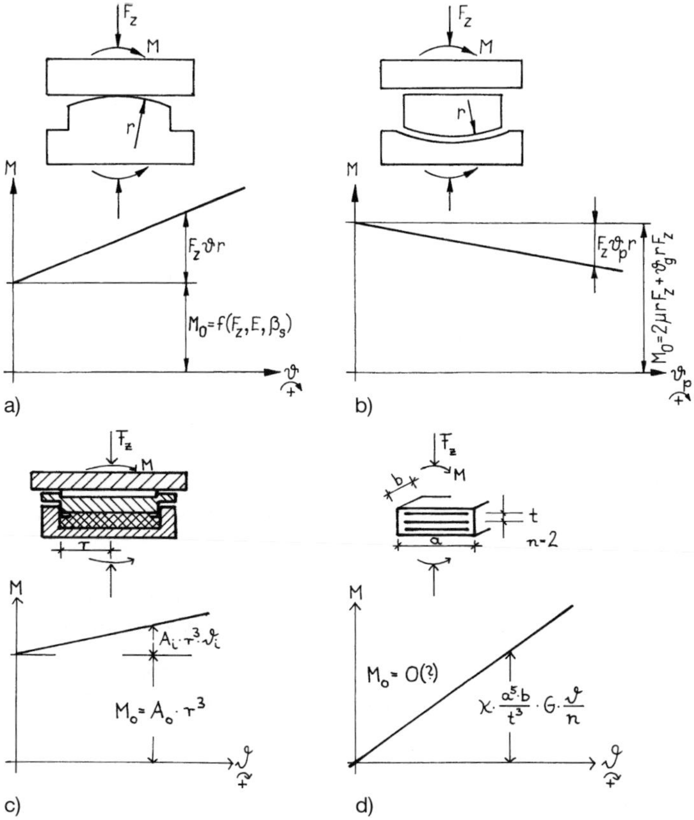

Bild 1.19 Federcharakteristik (Rückstellmomentenverlauf) bei Brückenlagern
a) Punktkipplager, b) Kalottenlager, c) Topflager, d) Elastomerlager

flüsse in voller Höhe erfolgen: Dass die volle Verdrehung (maximale Verkehrslast) und die maximale Horizontalkraft (Wind, Bremsen, Reihung) gleichzeitig auftreten, ist auszuschließen. Die Regeln des Eurocodes und die europäische Lagernorm berücksichtigen diesen Aspekt.

Für den Einfluss der Führungsflächen gelten entsprechende Überlegungen.

1.6.5 Auswirkung des Rückstellmomentes auf die Konstruktion

Bislang war nur vom Rückstellmoment als solchem die Rede, nicht aber von dessen Relevanz.

Grundsätzlich gilt, dass Punktkipplager der heute üblichen Bauart ein Rückstellmoment haben, das (in jeder Richtung) so gering ist, dass die zugehörige Exzentrizität gegenüber den Stützweiten der Konstruktion von höherer Ordnung klein ist. Das heißt im Klartext, dass das Rückstellmoment für das statische System der Brücke vernachlässigbar ist. Hier liegt wohl auch der Grund dafür, dass dieses interessante Spezialgebiet bislang kaum erforscht ist.

Nicht vernachlässigbar ist jedoch die Exzentrizität gegenüber den Abmessungen der Gleitscheibe von Gleitlagern. So wird es beispielsweise als unzulässig angesehen, dass die Exzentrizität größer als die Kernweite der Gleitfläche ist, weil eine klaffende Fuge als unakzeptabel angesehen wird. Die Exzentrizität bewirkt gleichzeitig auf der anderen Seite der Gleitfläche eine Randpressung, deren Höhe beschränkt werden muss, um für den eingekammerten Thermoplast Verschleiß und Trockenlauf in Grenzen zu halten [124].

Bedenkt man, dass die einwandfreie Lagerung eine Voraussetzung für die Realisierung des statischen Systems ist, das der Berechnung der Brücke zugrunde gelegt wurde, so ist unschwer zu erkennen, dass die korrekte – oder zumindest auf der sicheren Seite liegende – Erfassung des Rückstellmoments auch für die Brücke insgesamt von Bedeutung ist. Dauerhaftigkeit und der zeitliche Abstand von Sanierungsmaßnahmen hängen auch von diesem Detail ab.

Erwähnt sei noch, dass es in unmittelbarer Umgebung der Lager weitere nicht vernachlässigbare Einflüsse des Rückstellmoments geben kann. Beispielsweise muss die resultierende Auflast ausreichend sicher vom Überbau in den Unterbau geleitet werden. Wenn dabei deren Lageverschiebung von Belang ist (Stabilität im Stahlüberbau; Teilflächenpressung im anschließenden Beton), so ist die Berücksichtigung des Rückstellmomentes unerlässlich, auch bei allseitig festen Lagern.

2 Bauwerk und Lagerungsplan

2.1 Allgemeines

In diesem Kapitel werden die wichtigsten Einflüsse auf die Lagerung innerhalb des Gesamtbauwerks „Überbau – Lager – Unterbau" herausgestellt und Hinweise gegeben, wie zu verfahren ist, damit eine optimale Lagerung hinsichtlich Tragfähigkeit und Dauerhaftigkeit erreicht wird.

Vorab eine einfache Feststellung:
Querbewegliche Lager sollten nicht mehr gebaut bzw. eingebaut werden (s. Bild 2.1).
Der Hauptanteil von F_x in Bild 2.1 ist die Bremslast.

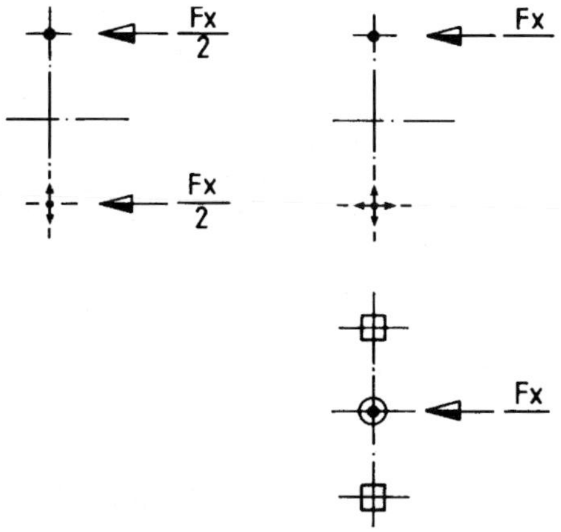

Bild 2.1 Bremslastaufnahme

Zur Aufnahme der Bremslast
Bei Schraubverbindungen im Stahlbau, die eine Normalkraft aufnehmen sollen, wird diese rechnerisch auf alle im Anschluss vorhandenen Verbindungsmittel *gleichmäßig* verteilt, obwohl die Verteilung tatsächlich *ungleichmäßig* ist, unter anderem wegen des unterschiedlichen Lochspiels. Diese Annahme gleichmäßiger Verteilung ist deshalb gerechtfertigt, weil noch vor Erreichen des Grenzzustandes ein Lastausgleich infolge der Duktilität sowohl der Schrauben als auch des damit verbundenen Materials erfolgt. Unzählige Versuche in aller Welt in den letzten 100 Jahren haben diese Annahme zu einem gesicherten Stand der Stahlbautechnik werden lassen.

Werden Bremskräfte einer Brücke rechnerisch auf mehrere Lager verteilt, so gilt analog, dass dies nur dann unbedenklich ist, wenn die in Wirklichkeit unvermeidliche ungleichmäßige Lastabtragung zu keinen Schäden mit vorzeitigem Versagen führt.

Im einfachsten Fall handelt es sich um 2 Lager auf einem Widerlager, um ein festes Lager – Lager Nr. 1.6, 2.1, 3.1, 3.2 oder 4.1 nach DIN EN 1337 Teil 1 Tabelle 1 – und ein querbewegliches Lager – Lager Nr. 1.3, 2.2, 3.3, 3.4 oder 4.2 nach EN 1337 Teil 1 Tabelle 1.

Lager im Bauwesen. 3. Auflage. Tobias Block, Helmut Eggert, Wolfgang Kauschke.

Unabhängig davon, welche Lagerart gewählt wird, ist davon auszugehen, dass der Unterschied im Lagerspiel mehrere Millimeter betragen kann. Der Nachweis, dass die Duktilität ausreichend ist, um diese Differenz zu überwinden, dürfte kaum gelingen – mit anderen Worten: Das feste Lager wird zerstört, weil es zunächst die volle Last, also das Doppelte der Bemessungslast, aufnehmen muss, bevor es durch das querbewegliche Lager entlastet wird. Querbewegliche Lager sollten deshalb nicht eingebaut werden!

Auch wenn Schäden in diesem Bereich kaum bekannt geworden sind, so dürfen hieraus keine falschen Schlüsse gezogen werden. Der Grund liegt bei der hohen Bremslast, die nur sehr selten auftritt und – möglicherweise – unrealistisch hoch angesetzt werden muss. Eine Rechtfertigung für eine falsche Konstruktion lässt sich daraus jedenfalls nicht herleiten.

In diesem Kapitel gibt es bei den Lagerungsbeispielen konsequenterweise keinen Fall, bei dem Lager als querbewegliche Lager vorgesehen sind.

Zum Einfluss der Lagerung auf die Konstruktion

Welchen starken Einfluss die Lagerung auf die Konstruktion haben kann, zeigt sich regelmäßig dann, wenn Rollenlager unter stählernen Überbauten gegen Gleitlager ausgewechselt werden sollen [138]. Rollenlager und Linienkipplager wirken in Querrichtung wie eine Einspannung. Ein Austausch dieser Lager gegen Punktkipplager bedeutet eine Veränderung der Schnittkräfte und damit zwangsläufig die Notwendigkeit einer Verstärkung der Überbaukonstruktion in dem betroffenen Bereich, was sich auf die Kosten der Sanierung entsprechend auswirkt.

In der Regel wird aus diesem Grunde auf die wenig üblichen Liniengleitlager zurückgegriffen. In Anbetracht dessen, dass die Auswirkung der Einspannmomente auf die Pressungsverteilung in der Gleitfläche kaum sicher abgeschätzt werden kann, sind diese Lager deshalb die schlechtere Lösung. Der Bauherr muss sich darüber im Klaren sein, dass unkalkulierte Überbeanspruchungen in der Gleitfläche höheren Verschleiß zur Folge haben und damit eventuell eine kürzere Frist als bei Punktlagerung bis zur nächsten Auswechselung anzunehmen ist.

2.2 Brücken

2.2.1 Einfluss der Brückenquerschnitte

Kriterien für die Beurteilung, welche Lager eingesetzt werden sollen, sind neben den auftretenden Vertikal- und Horizontalkräften, die die Größe des Lagers bestimmen, vor allem die Bewegungen und Verformungen des Überbaus, die den Lagertyp beeinflussen. Für eine Längsbewegung und eine Verdrehung um die Querachse („Längsverdrehung") wird meistens ausreichend gesorgt. Wie sieht es aber mit der Querbewegung, einer Querverdrehung und u. U. mit einer Verdrehung um die vertikale Lagerachse aus? Ein Brückenbauwerk, vor allem eine Spannbetonbrücke, muss infolge Temperatur, Schwinden, Vorspannen und Kriechen auch in Querrichtung zum Teil erhebliche Bewegungen ausführen können. Wird beispielsweise in den nachstehend aufgeführten Bauwerksbeispielen (Bilder 2.2 bis 2.5) eine Möglichkeit zur

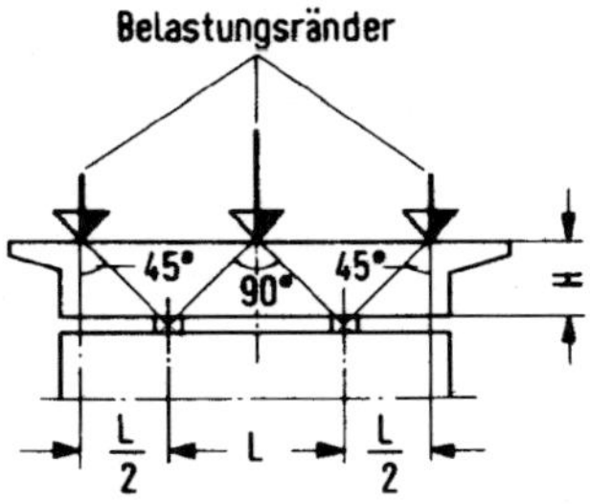

Bild 2.2

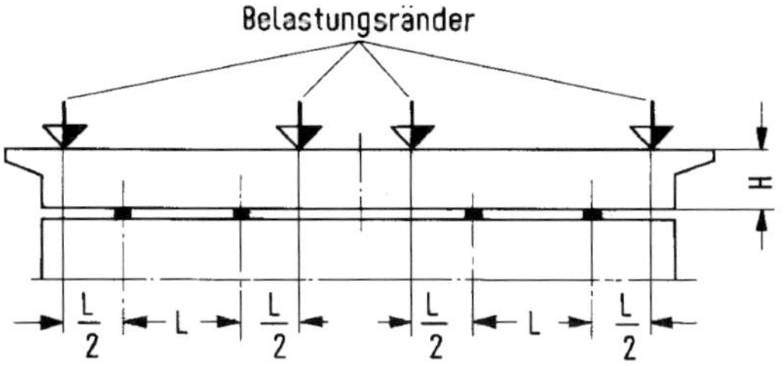

Bild 2.3

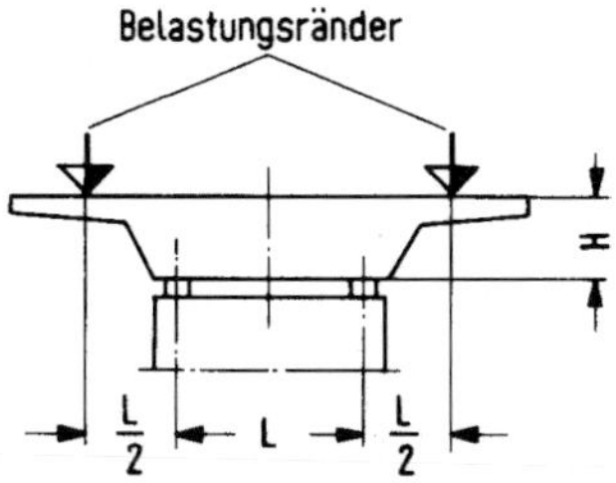

Bild 2.4

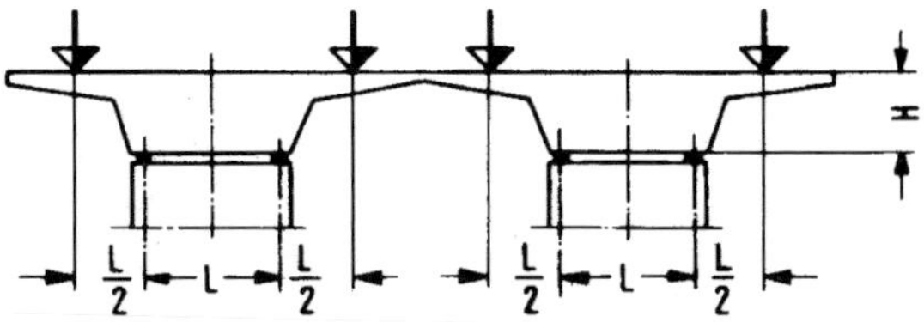

Bild 2.5

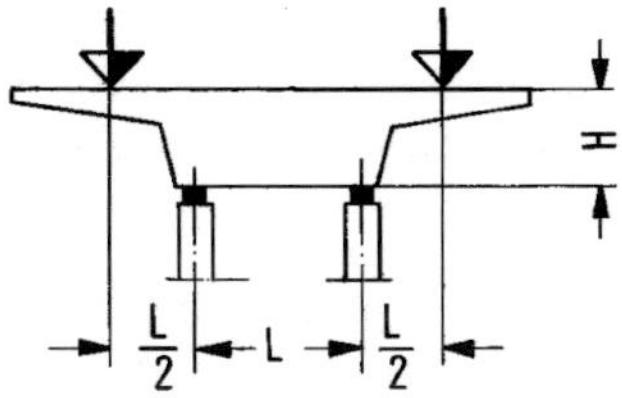

Bild 2.6

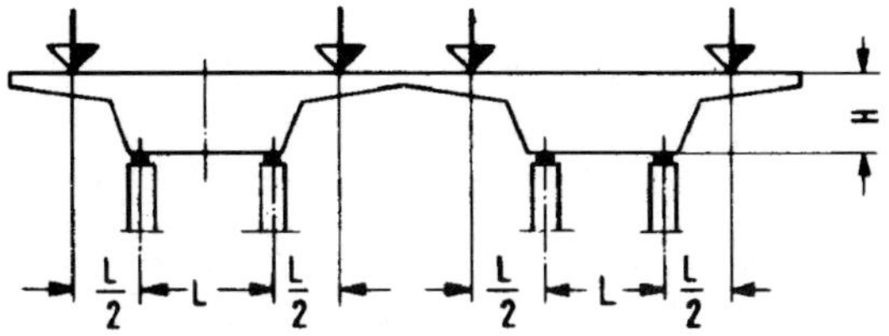

Bild 2.7

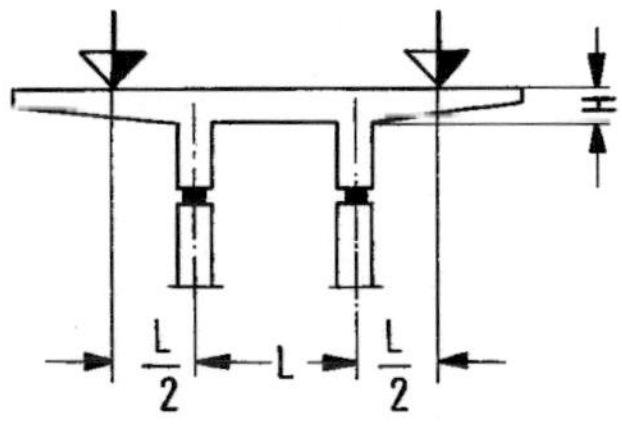

Bild 2.8

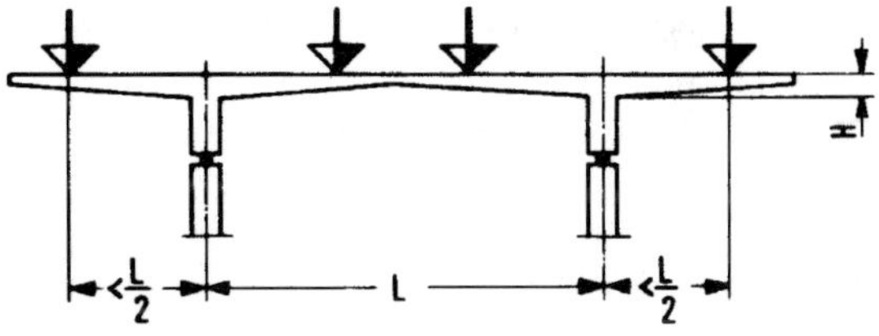

Bild 2.9

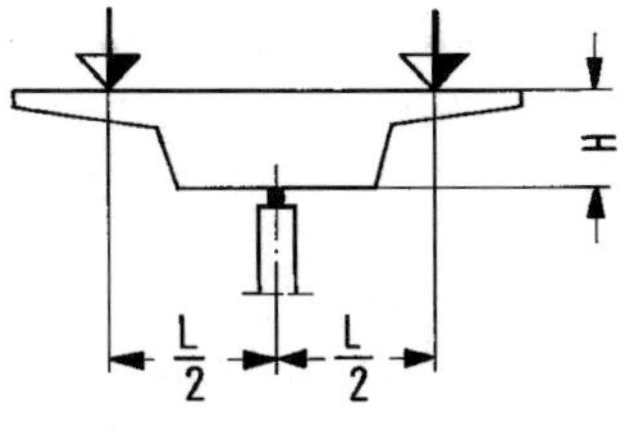

Bild 2.10

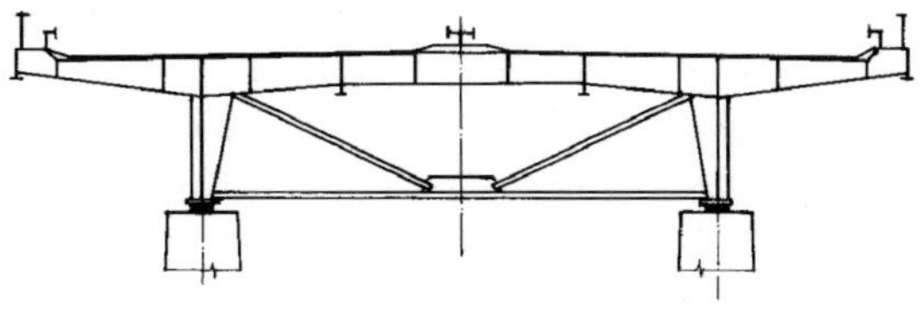

Bild 2.11

Bild 2.2 bis 2.11 Brückenquerschnitte

Querbewegung nicht vorgesehen, so können erhebliche Überbeanspruchungen in den Lagern und den angrenzenden Bauteilen auftreten und als Folge davon Schäden an den Lagern und am Beton (Auftreten von Rissen) entstehen. Eine weitere, häufig übersehene Folge der falschen Konstruktion kann sein, dass beim Quervorspannen die erzeugten Kräfte nicht, wie in der Statik vorausgesetzt, im Überbau bleiben, sondern in den steiferen Unterbau geleitet werden und somit die Sicherheit der Konstruktion beeinträchtigen. Entsprechendes gilt für das Kräftespiel infolge Kriechens und Schwindens, denn der frische Beton des Überbaus wird viel stärker kriechen und schwinden als der ältere Beton der Unterbauten.

Bei den Bauwerksbeispielen der Bilder 2.6 bis 2.9 muss eine Querbeweglichkeit durch die Lager nicht unbedingt vorgesehen werden, da die Einzelpfeiler die Funktion der Querbeweglichkeit übernehmen können. Es ist dann jedoch daran zu denken, dass durch das Auswandern der Pfeiler eine Schrägstellung entsteht, die bei den Lagern eine Querverdrehung erfordert.

Bei den Bauwerksbeispielen der Bilder 2.8 und 2.9 erfordern außerdem die sehr weichen Überbauten eine Querverdrehung der Lager, während das Lager im Bild 2.10, als Einzelunterstützung ausgeführt, eine allseitige Verdrehungsmöglichkeit für den Lastfall „einseitige Verkehrslast“ benötigt.

Die Querverdrehung spielt eine umso geringere Rolle, je mehr sich die Abmessungs- und Stützungsverhältnisse des Trägers („Balkens“) den Verhältnissen einer Scheibe nähern.

Eine brauchbare Maßzahl hierfür ist das Verhältnis L/H. Es wird gemäß Bild 2.2 allgemein angenommen, dass bei einem Lagerabstand $L \leq 2 \cdot H$ (Verteilung unter $2 \cdot 45°$) keine „Balken“-Biegeverformung auftritt, der Scheibenzustand also erreicht ist.

Bei sehr kleinem Lagerabstand L ist darauf zu achten, dass die auftretenden Momente (z. B. aus Verkehrslast) keine abhebenden Kräfte (Zug) erzeugen, die so groß sind, dass sie bei ungünstig angenommener Überlagerung von drückenden Kräften nicht kompensiert werden (s. Lagesicherheitsnachweis, Abschn. 3). Warum?

Grundsätzlich sollte ein Lager immer eine pressende Auflast haben, denn Zuglager sind

a) Sonderkonstruktionen, also teuer,
b) schadensanfällig, verursachen deshalb oft Dauerbaustellen.

Außerdem ist das Übertragen von Horizontalkräften in Kombination mit abhebenden Kräften besonders schwierig.

Diese Horizontalkräfte, die über feste bzw. querfeste Lager weiterzuleiten sind, sollten möglichst über die vorhandenen Reibungswiderstände vom Überbau in das Lager und vom Lager in die Unterbauten, also ohne Verankerungen abgeleitet werden. Bei Rollenlagern kann dies zum „Schräglaufen“ führen.

Bei einseitig beweglichen Lagern können in der Regel diese Horizontalkräfte über die vorhandenen Reibungskräfte vom Überbau in das Lager und vom Lager in die

Unterbauten ohne Verankerungen übertragen werden. Aus den vorgenannten Betrachtungen und den heute zur Verfügung stehenden modernen Lagerkonstruktionen ergibt sich, dass Rollenlager bzw. Linienkipplager für den modernen Brückenbau technisch überholt sind.

Es ergeben sich aus den Erkenntnissen wichtige Forderungen an die Brückenlagerkonstruktionen, die von Linienkipplagern nicht erfüllbar sind:

1. Brückenlager müssen stets als allseitig kippbare Lager ausgebildet sein.
2. Brückenlager müssen so konstruiert sein, dass sich das Bauwerk auch in Querrichtung möglichst zwängungsarm ausdehnen kann, z. B. dadurch, dass in einer Lagerachse nur ein längsbewegliches neben sonst nur allseitig beweglichen Lagern angeordnet wird.

Bei Stahlbrücken gibt es gegenüber Stahlbetonbrücken bei der Lagerung folgende zu beachtende Unterschiede:

- Bei offenen (torsionsweichen) Überbauten (Bild 2.11) ist eine größere Querverdrehung und bei einseitiger Belastung eine Längsverschiebung aus der Querschnittsverwölbung zu erwarten.
- Die Temperaturempfindlichkeit ist größer als bei massiven Brücken.
- Aus einseitiger Belastung und aus einseitiger Sonneneinstrahlung können nicht zu vernachlässigende Verdrehungen um lotrechte Achsen entstehen.
- Im Gegensatz zu Stahlbetonbrücken ist bei Stahlbrücken der Anteil aus der Überbauverdrehung bei der Ermittlung des Verschiebeweges nicht von vornherein zu vernachlässigen.
- Ein Lager kann nur dann ordnungsgemäß funktionieren, wenn die anschließenden Bauteile steif genug ausgebildet sind. Diese Forderung ist bei massiven Bauteilen in der Regel automatisch erfüllt. Bei stählernen Überbauten folgt hieraus die Notwendigkeit, den Untergurt im Bereich der Auflager auszusteifen (Abschn. 4.2.4.2).

2.2.2 Einfluss des Brückengrundrisses

2.2.2.1 Einfeldträger (orthogonal)

Die einfachste und wirtschaftlichste Lagerung dieses Brückentyps erfolgt nach Bild 2.12 an allen vier Auflagerpunkten A, B, C und D mit Verformungslagern, Lager-Nr. 1.1 gemäß Lagertabelle (DIN EN 1337 Teil 1), womit die Forderungen 1 und 2 aus Abschn. 2.2.1 in einfachster Weise erfüllt werden.

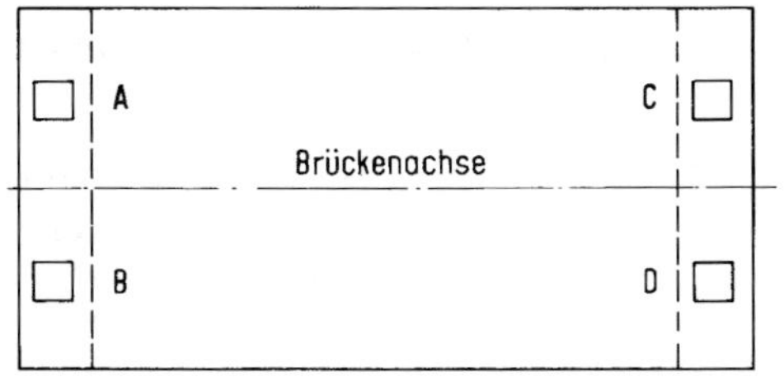

Bild 2.12 Einfeldträger auf Verformungslagern

Verformungslager vereinigen in sich drei Eigenschaften, die eine zwängungsarme Lagerung des Bauwerkes gewährleisten. Sie können sich allseitig verdrehen, allseitig verformen und Horizontalkräfte aufnehmen.

Probleme mit dieser auch als „schwimmende Lagerung“ bezeichneten Lagerung, die sich im Wesentlichen auf einen nicht immer praktizierten waagerechten Einbau der Lager beziehen bzw. auf ein Kippen der Widerlager zurückzuführen sind, haben dazu geführt, dass Vorbehalte – um nicht zu sagen Vorurteile – gegen diese Lagerung entstanden. Es wurde in vielen Fällen dann eine Lagerung nach Bild 2.13 gewählt, mit der das Bauwerk sowohl in Längsrichtung als auch in Querrichtung durch Stahlanschläge „festgehalten“ wurde. Dagegen ist – abgesehen von den höheren Kosten – prinzipiell nichts einzuwenden. In dieser Hinsicht haben sich die Zeiten zugunsten der „schwimmenden“ Lagerung geändert.

Lager-Nr. in den Bildern 2.13 bis 2.31 nach DIN 4141. Schlüssel zu EN 1337:

DIN	EN
1	1.1
2	1.2
3	1.6
7	2.1, 3.1, 4.1
7d	1.6
8	2.2, 3.3, 4.2
8d	1.7
9	2.3, 3.5, 4.3

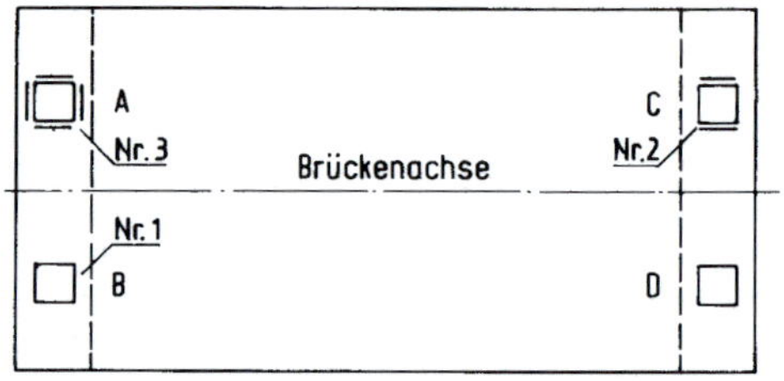

Bild 2.13 Einfeldträger auf Verformungslagern mit Festhaltekonstruktionen

2.2.2.2 Einfeldträger (schief)

Auch hierfür ist eine Lagerung auf Verformungslagern (Nr. 1.1) in der Regel die einfachste und wirtschaftlichste Lösung analog Bild 2.12. Bild 2.14 zeigt die Lagerung mit einem festen Lager (A), einem allseitig beweglichen Lager (B), einem längsbeweglichen Lager (C) und wieder einem allseitig beweglichen Lager (D). Zu beachten ist in diesem Fall am Lagerpunkt (C), dass einerseits die Brücke eine Verdrehungsmöglichkeit um die Achse des Endquerträgers, die im Winkel α zur Brückenachse liegt, haben muss, andererseits aber das geführte Lager sich in Richtung der Brückenachse bewegt. Hier funktionieren alle Lagerkonstruktionen nicht mehr, bei denen durch die vom Lageroberteil zum Lagerunterteil übergreifende Führung die Kipprichtung vorgegeben wird. Verformungslager mit den bisher üblichen Festhaltekonstruktionen gehören z. B. zu dieser Konstruktionsart (Abschn. 4.3.5).

Es kommen also hier nur Lagerkonstruktionen in Frage, bei denen die Bewegungs- und Kippmöglichkeiten – Translation und Rotation – entkoppelt sind, z. B. Stahl-Punktkippgleitlager oder Topfgleitlager (Abschn. 4.4).

Bei Kalottenlagern ist, um diese Forderung zu erfüllen, der Einbau eines Führungsrings erforderlich, vgl. die Darstellung in der englischsprachigen Ausgabe dieses Buches – Structural Bearings 2002 – Seite 262.

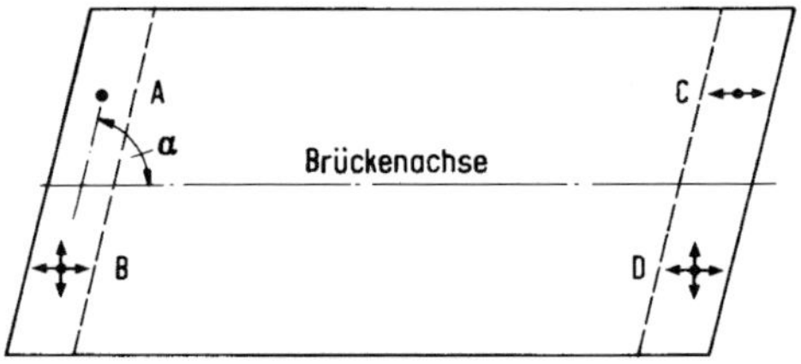

Bild 2.14 Schiefer Einfeldträger auf Punktkipplagern

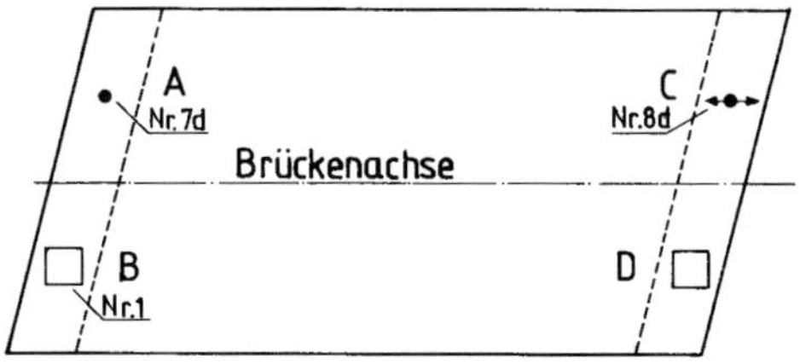

Bild 2.15 Schiefer Einfeldträger auf Verformungslagern und auf als Punktkipplager ausgebildeten Verformungslagern

Insbesondere ist auch auf die Verdrehbarkeit um die vertikale Achse zu achten, vgl. hierzu die Einschränkungen gem. DIN EN 1337 Teil 1, Tabelle 1, Fußnote 1.

Die Anordnung eines Gleitlagers in (C) hat zur Folge, dass am Lagerpunkt (D) ebenfalls ein Gleitlager, hier aber allseitig beweglich, vorgesehen werden muss. Die Lagerung kann aber auch mit Verformungslagern verwirklicht werden, wenn an den Lagerpunkten (A) und (C) ein rundes Verformungslager mit einem Topf und einem Deckel kombiniert wird (Abschn. 4.3.5), und somit ein festes Punktkipplager bzw. ein einseitig bewegliches Punktkippgleitlager entsteht, bei dem das Gleiten und Kippen ebenfalls entkoppelt ist. In diesem Fall können an den Lagerpunkten (B) und (D), wegen gleicher vertikaler Steifigkeiten, normale Verformungslager (Lager-Nr. 1.1), wie in Bild 2.15 dargestellt, eingesetzt werden.

2.2.2.3 Zweifeldträger (orthogonal)

Hier sind die Ausführungen nach Abschnitt 2.2.2.1 für die Widerlager zu übernehmen, so dass nur die Lagerung auf dem Mittelpfeiler diskutiert werden muss.

Als im Allgemeinen einfachste und wirtschaftlichste Ausführung kommt auch hier wieder die Lagerung auf Verformungslagern (Nr. 1.1) nach Bild 2.16 in Frage.

Es ist u. U. wirtschaftlicher, falls Festhalterungen verlangt werden, das feste Lager auf dem Mittelpfeiler anzuordnen, da dadurch die Bewegungsgrößen für die Verformungslager geringer werden. Ein Beispiel zeigt Bild 2.17.

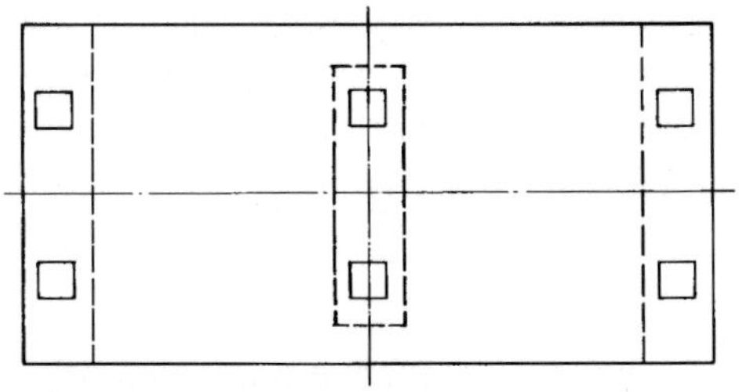

Bild 2.16 Zweifeldträger auf Verformungslagern

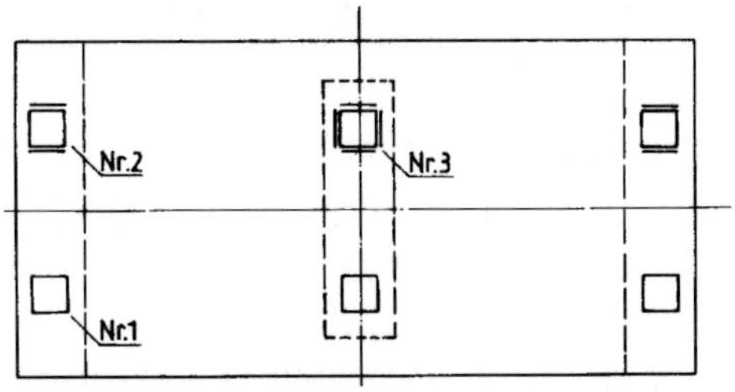

Bild 2.17 Zweifeldträger auf Verformungslagern mit Festhaltekonstruktionen

2.2.2.4 Zweifeldträger (schief)

Auch hier wird eine Lagerung auf Verformungslagern die einfachste und wirtschaftlichste Lösung sein. Es müssen jedoch die Hinweise aus Abschnitt 2.2.2.2 beachtet werden. Für den Lagerungsvorschlag nach Bild 2.18 bedeutet dies, dass an den Lagerpunkten (A) und (C) wieder einseitig bewegliche „Topf"-Verformungsgleitlager und an den Lagerpunkten (B) und (D) in Abhängigkeit von der Verschiebungsgröße normale Verformungslager oder allseitig bewegliche Verformungsgleitlager angeordnet werden können. Auf dem Mittelpfeiler wird wieder empfohlen, als festes Lager (E) ein Verformungslager, kombiniert mit einem Topf und einem Deckel als „Topf"-Verformungslager wegen der Übertragung von Horizontalkräften und Verdrehungen, zu wählen.

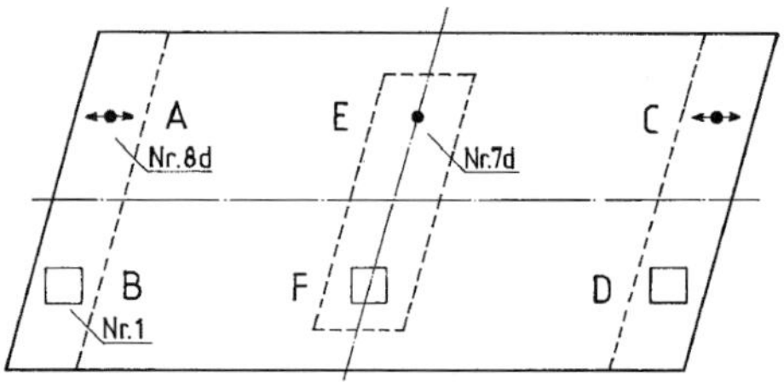

Bild 2.18 Schiefer Zweifeldträger auf Verformungslagern und auf als Punktkipplager ausgebildeten Verformungslagern

Es ist auch möglich, ein anderes Lagersystem zu wählen. Es dürfen jedoch innerhalb der gleichen Lagerachse keine Lager mit unterschiedlicher Steifigkeit, z. B. Stahl- und Verformungslager verwendet werden, weil sich dann das „weichere" Lager (Verformungslager) der Lastaufnahme entziehen würde, also eine Lastumlagerung zum Stahllager stattfinden würde.

2.2.2.5 Durchlaufträger (orthogonal)

Die wohl am häufigsten ausgeführten Lagerungen sind in den Bildern 2.19 und 2.20 dargestellt.

Sie unterscheiden sich nur in der Aufnahme der Horizontalkräfte in Brückenlängsrichtung durch das feste Lager (Nr. 2.1, 3.1 oder 4.1). Die Anordnung des festen Lagers auf dem Widerlager deutet darauf hin, dass angenommen wurde, dass in den Gründungsbereichen der Pfeiler unsichere Baugrundverhältnisse (Abschn. 2.2.4) vorherrschen.

Die Forderung nach der Lagerart wird beim Durchlaufträger im Wesentlichen vom Einfluss des Brückenquerschnitts und den Baugrundverhältnissen bestimmt, so dass mit den Punktkipplagern (Nr. 2.1 bis 4.3) die Forderungen 1 und 2 gemäß Abschnitt 2.2.1 eindeutig erfüllt werden.

Auch hier ist es zweckmäßig, eine Untersuchung durchzuführen, ob alternativ das Lagerungssystem mit Verformungslagern (Nr. 1.1 bis 1.8) möglich ist, um die in Abschnitt 2.2.2.1 genannten Vorteile zu nutzen.

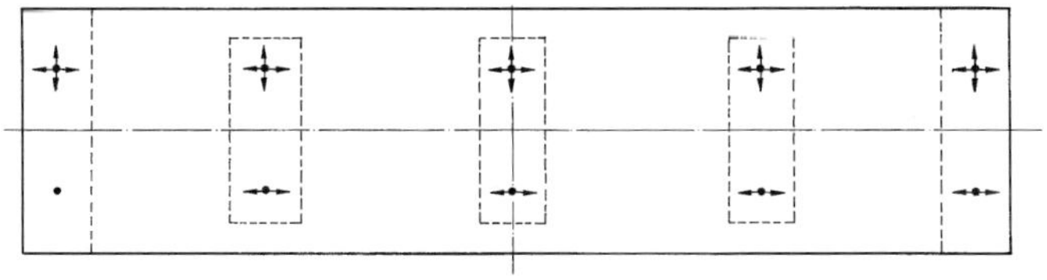

Bild 2.19 Orthogonaler Mehrfeldträger auf Punktkipplagern, Festpunkt auf dem Widerlager

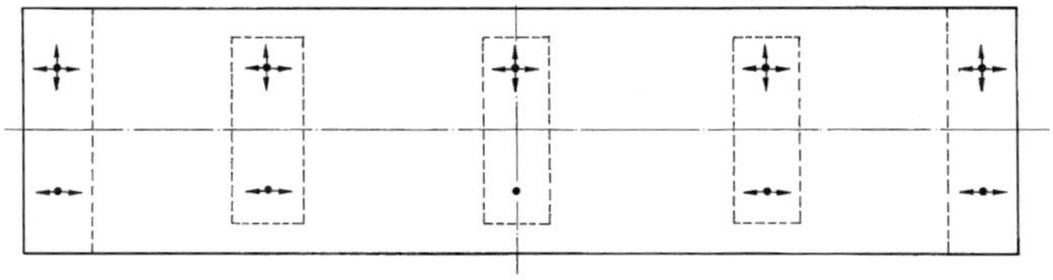

Bild 2.20 Orthogonaler Mehrfeldträger auf Punktkipplagern, Festpunkt in Bauwerksmitte

2.2.2.6 Durchlaufträger (gekrümmt)

Bei geraden Brücken bringt die Festlegung einer einwandfreien Lagerung kaum größere Probleme. Ist der Festpunkt festgelegt, so ergibt sich die Lagerachse der geführten Lager für die Aufnahme der Horizontalkräfte in derjenigen Bauwerksachse, in der das feste Lager liegt. Die Lagerachse für eine möglichst zwängungsarme Ausdehnung des Bauwerks ergibt sich dann eigentlich von selbst. Ganz anders sieht es bei einem im Grundriss gekrümmten Bauwerk aus. Es ist bekannt, dass an einem Bauwerk die verschiedensten Bewegungen auftreten, von deren möglichst zwängungsarmer Aufnahme die Sicherheit des Bauwerks und die Reparaturanfälligkeit abhängen. Ebenso wichtig ist die Kenntnis der Bewegungsdauer und der Bewegungsrichtung.

Als wesentliche Bewegungsanteile sind die Bewegungen aus Temperatur, Schwinden, Vorspannen und Kriechen zu nennen. Ihre Größe und ihr zeitlicher Ablauf, vor allem der des Schwindens und des Kriechens, hängen von sehr vielen Faktoren ab. Exakte Voraussagen sind trotz zahlreicher Untersuchungen bislang nicht möglich. Man ist daher auf vereinfachende Annahmen und Abschätzungen angewiesen. In Bild 2.21 ist eine Polstrahllagerung dargestellt. Die Temperatur als Ausdehnung und Verkürzung des Bauwerks bringt in der Regel den weitaus größten Einzelweg. Sie wirkt außerdem während der gesamten Lebensdauer der Brücke. Der Schwindprozess des Betons ist dagegen nach 4 Jahren nahezu abgeschlossen. Nach dieser Zeit findet – abhängig von der Jahreszeit – abwechselnd ein Schwinden und Quellen statt, das üblicherweise vernachlässigt wird.

Die Ausdehnung bzw. Verkürzung des Bauwerks infolge vorgenannter Einflüsse wird in Richtung der eingezeichneten Polstrahlen wirken, obwohl bei abschnittsweiser Bauwerksherstellung diese Richtung für das Schwinden schon nicht mehr ganz stimmt.

Eine davon abweichende Bewegungsrichtung ergibt sich für die Bewegungsanteile aus Vorspannen und Kriechen.

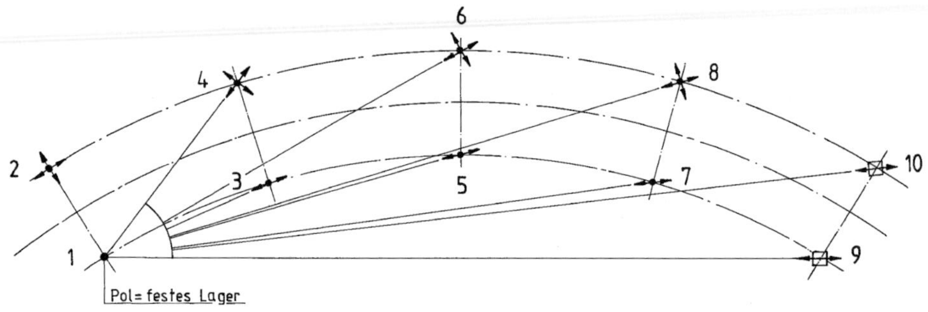

Bild 2.21 Polstrahllagerung

Die Kriechbewegungen des Betons sind wie die Schwindbewegungen nach ca. vier Jahren beendet, sofern nicht zwischenzeitliche Lastzustandsänderungen eingetreten sind, wie z. B. Stützensenkung. Die Bewegungen infolge der elastischen Verformungen beim Vorspannen sind demgegenüber kurzzeitig.

Wie *Hütten* [40] gezeigt hat, folgt daraus die wichtige Tatsache, dass bei einem im Grundriss gekrümmten Bauwerk mehrere Bewegungsrichtungen wirken.

Nachfolgende Überlegungen sind anzustellen:

An den Lagern l, 2, 4, 6, 8 und 10 nach Bild 2.21 treten kaum Probleme auf, wenn das Lager l allseitig fest und verdrehbar und die Lager 2, 4, 6, 8 und 10 allseitig beweglich und verdrehbar ausgeführt werden.

Die Lager 3, 5, 7 und 9 müssen von der Funktion her ebenfalls allseitig beweglich sein. Sie werden außerdem für die Aufnahme der Horizontalkräfte benötigt.

Werden die Lager 3, 5 und 7 auf relativ schlanken Einzelpfeilern angeordnet, so können sie als einseitig bewegliche Lager in Polstrahlrichtung ausgerichtet eingebaut werden. Die Pfeiler übernehmen die zusätzlichen Bewegungen quer dazu, indem sie sich verformen. Die Verformungskräfte sind berechenbar und bei der Lagerbemessung zu berücksichtigen.

Erheblich schwieriger werden die Probleme am Lager 9, da hier das Widerlager nicht zu ausgleichenden Bewegungen herangezogen werden kann. Hier kann das Verformungsgleitlager (Nr. 1.5) helfen. Der Verformungsteil, ein Elastomerlager, übernimmt den von der geführten Bewegung abweichenden Bewegungsanteil und die entstehende Rückstellkraft baut sich durch Relaxation (Abschn. 4.5.2.9) ab.

Das Elastomerlager bleibt aber weiterhin wirksam für die Aufnahme von äußeren Horizontalkräften.

Um gleichmäßige Lastabtragungen zu erhalten, muss das Lager 10 in gleicher Art hinsichtlich Verformungsteil und Gleitteil ausgebildet werden. Ebenso können die Lager auf den Pfeilern als Verformungsgleitlager ausgeführt werden. Notwendig ist dies, wenn die Pfeilersteifigkeit zu große Kräfte an den Lagern erzeugen würde.

Nebenbei sei bemerkt, dass es wichtig ist, bei einer Lagerung in Polstrahlrichtung eine ausreichende Querbeweglichkeit des Fahrbahnübergangs zu berücksichtigen. Außerdem entstehen bei der Wahl von einseitig beweglichen Lagern zusätzliche Horizontalkräfte am Festpunkt 1 als Reaktionskräfte infolge Horizontalkraftumlenkung. In den meisten Fällen werden allerdings die Lager nicht in Polstrahlrichtung, sondern in tangentialer Richtung eingebaut (Bild 2.22). Diese Lagerungsform ist grundsätzlich möglich, wenn alle Einflüsse berücksichtigt werden.

Das so gelagerte Bauwerk wird sich ebenfalls infolge Temperaturänderung und Schwinden in Polstrahlrichtung ausdehnen wollen. Es wird aber gezwungen (Zwängung), sich tangential zu bewegen. In der Lagerachse, die für die Aufnahme der Horizontalkräfte aus Wind vorgesehen ist, wird das Bauwerk tangential geführt.

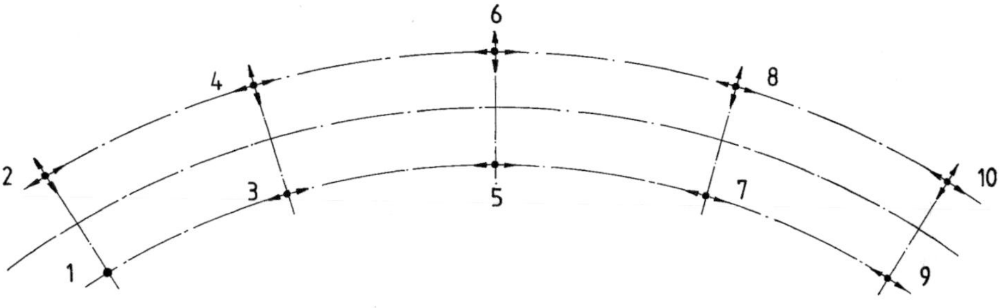

Bild 2.22 Tangentiallagerung

Die Größe dieser Zwängungs- (Führungs-)kräfte hängen im Wesentlichen

a) von der Krümmung und
b) von der Steifigkeit in horizontaler Richtung

des Bauwerks ab.

Diese Kräfte, die beträchtlich sein können, sind zu den übrigen Kräften (Bremsen, Wind, Fliehkraft) vektoriell zu addieren.

Zusammenfassend kann festgestellt werden, dass beide Lagerungsformen, Polstrahllagerung und Tangentiallagerung, mit den meisten der heute zur Verfügung stehenden Lager möglich sind.

Dabei gilt für beide Lagerungen die Forderung:

Es dürfen nur Lagerkonstruktionen mit allseitiger Verdrehung eingesetzt werden. Dies ist in der Regel bei den Gleitlagern gewährleistet, bei denen das geführte Gleitteil funktionsmäßig vom Kippteil getrennt ist.

Eingeschränkt ist diese Funktion jedoch bei allen Lagern, bei denen die Führungsleiste am Lageroberteil direkt auf das Lagerunterteil übergreift. Gleitteil und Kippteil sind dann nicht entkoppelt.

Die Polstrahllagerung ist auf Dauer die zwängungsärmere Lagerung, da hier nach dem Abklingen der Bewegungen aus Vorspannen, Schwinden und Kriechen die Bewegung aus Temperatur zwängungsarm in der eingestellten Richtung wirken kann.

Die meist geringen Bewegungen aus Verkehr (Verkehrsschwingungen) wirken zwar während der gesamten Lebensdauer tangential, die Komponente, die rechtwinklig zum Polstrahl wirkt, wird jedoch in der Regel recht zwängungsarm entweder durch das vorhandene Querspiel im Gleitlager, der Elastizität des Pfeilers oder durch das Verformungslager aufgenommen.

In letzterem Fall bestimmt die zulässige Schubverformung die Grenze dieser Lagerung, wenn z. B. mit dem Verformungslager die Ausgleichsbewegung (Komponente der Gesamtbewegung, abhängig von der Krümmung des Bauwerks), auf dem Widerlager aufgenommen werden soll.

Bei der Tangentiallagerung werden größere Zwängungskräfte immer vorhanden sein. Eine besonders sorgfältige Ausbildung der Gleitflächen in den Führungen ist daher erforderlich. Die Grenze dieser Lagerung liegt in der Größe der aufnehmbaren Verformungskräfte (Horizontalkräfte) durch die Lager bzw. die Unterbauten.

Damit die Horizontalkräfte möglichst klein gehalten werden können, ist es zweckmäßig, den Überbau im Grundriss so schlank wie möglich auszubilden, eventuell durch Aufteilung in mehrere nebeneinander liegende Bauwerke.

Eine ebenfalls praktikable Lösung ist die Einstellung einer mittleren Bewegungsrichtung zwischen der Polstrahllagerung und der Tangentiallagerung. Es können damit sowohl die Bewegung an den Verformungslagern verkleinert als auch die Zwängungskraft reduziert werden.

Die „beste“ Lösung als Ergebnis einer Optimierungsstrategie muss noch entwickelt werden [170].

Die vorgenannten Überlegungen sind sinnlos, wenn versäumt wird, die richtige Montage der Lager (auch die Einstellung der exakten Bewegungsrichtung) auf der Baustelle sicherzustellen. Dazu ist es notwendig, dass die Baustelle einen Lagerversetzplan erhält (s. DIN EN 1337 Teil 11 Abschn. 4), aus dem alle erforderlichen Angaben zu entnehmen sind.

2.2.3 Lagerungsbeispiele

2.2.3.1 Einfeldträger (orthogonal)

Wie schon erwähnt, ist die einfachste und langlebigste Lagerung die fast wartungsfreie Lagerung gemäß Bild 2.12 (s. Abschn. 2.2.2.1). In Deutschland sind Verformungslager mit Festhaltekonstruktionen sehr weit verbreitet.

Für Neubauten ist der Lagerungsvorschlag nach Bild 2.13 die in der Praxis am weitesten verbreitete Lagerung. Nach diesem Lagerungsvorschlag befindet sich ein allseitig festes Verformungslager (Nr. 1.6) auf dem Widerlager. Außerdem ist für die Aufnahme der Vertikalkräfte und Ausgleichsbewegungen ein Verformungslager (Nr. 1.1) auf dem gleichen Widerlager angeordnet. Auf dem anderen Widerlager übernimmt ein einseitig geführtes Verformungslager (Nr. 1.2) die Horizontalkräfte quer zur Brücke. Daneben ist für die Aufnahme der Vertikalkräfte und Bewegungen ein weiteres Verformungslager (Nr. 1.1) angeordnet.

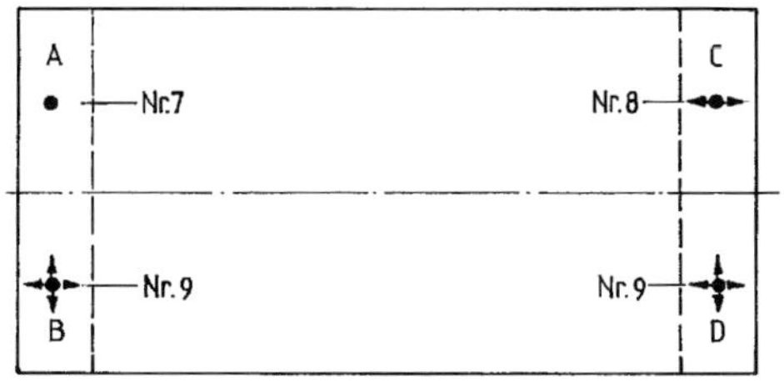

Bild 2.23 Einfeldträger auf Punktkipplagern

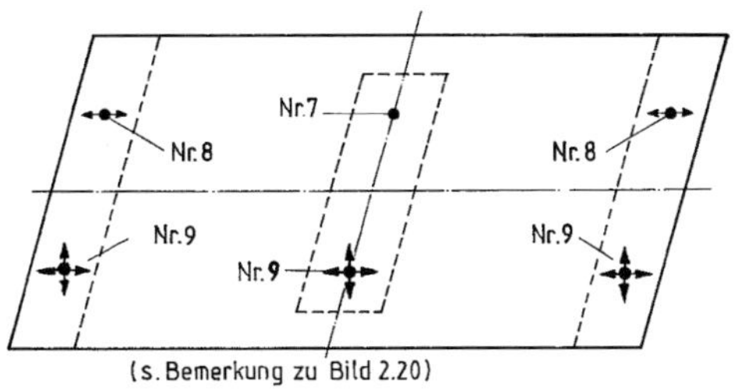

Bild 2.24 Schiefer Zweifeldträger auf Punktkipplagern

Selbstverständlich können hier auch, wenn die Bewegungsgröße dies verlangt, Verformungsgleitlager (Nr. 1.3 am Lagerpunkt C und Nr. 1.4 am Lagerpunkt D) bzw. Punktkippgleitlager (Nr. 1.7 am Lagerpunkt C und Nr. 1.8 am Lagerpunkt D) statt der Verformungslager gewählt werden (s. Bild 2.23).

2.2.3.2 Zweifeldträger (schief)

Vorgeschlagen wird eine Lagerung gemäß Bild 2.18 (s. Abschn. 2.2.2.4). Da es sich um ein im Grundriss schiefes Bauwerk handelt, dürfen auf den Widerlagern als einseitig bewegliche Lager nur Konstruktionen eingesetzt werden, bei denen die Bewegungs- und Kippmöglichkeiten entkoppelt sind (z. B. Punktkippgleitlager oder Topfgleitlager). Die Begründung hierfür wurde bereits im Abschnitt 2.2.2.2 gegeben.

Wird als festes Lager auf dem Mittelpfeiler die schon erwähnte Konstruktionsart „Elastomerlager + Topf + Deckel" (Nr. 1.6) gewählt, so muss das andere Lager ebenfalls ein Verformungslager (Nr. 1.1) sein. Das feste Lager könnte auch auf einem Widerlager angeordnet werden, jedoch hat die dargestellte Lagerung (Bild 2.18) den Vorteil, dass die gleichbelasteten Widerlager auch gleiche Lagergrößen erhalten (größere Stückzahlen = geringere Preise). Für andere Lagerungslösungen – z. B. nach Bild 2.24 – ist wieder zu beachten, dass in jedem Fall die Horizontalkräfte in Brückenlängs- und Brückenquerrichtung in jeder Auflagerachse jeweils nur an einem Lager abzuleiten sind.

Auf keinen Fall sollte ein einseitig geführtes Punktkippgleitlager (Nr. 4.2) um 90° gedreht eingebaut werden und als querbewegliches Lager zur Horizontalkraftaufnahme in Brückenlängsrichtung herangezogen werden. Diese Aufteilung des Festpunktes funktioniert nicht (s. auch Abschn. 4.3.1).

2.2.3.3 Durchlaufträger (orthogonal)

Beschrieben werden die Lagerungsbeispiele gemäß den Bildern 2.25 und 2.26. Die eingetragenen Lagersymbole zeigen, dass die Lager Nr. 2.1 bis 4.3 eingesetzt wurden. Selbstverständlich sollten auch hier, wenn die Tragfähigkeit ausreichend ist, funktionsmäßig gleichwertige Lagerkonstruktionen mit Verformungslagern verwendet werden.

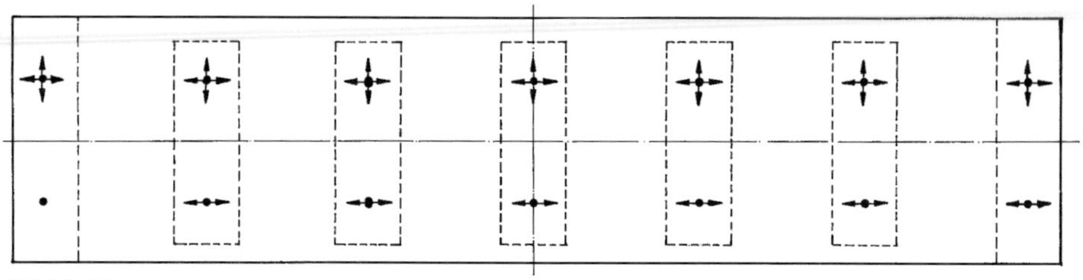

Bild 2.25

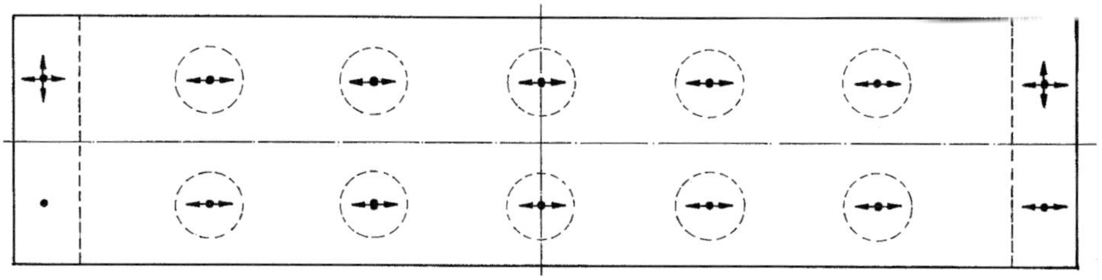

Bild 2.26

Bild 2.25 und Bild 2.26 Lagerungsbeispiele für orthogonale Mehrfeldträger

Bild 2.25 zeigt beispielhaft die exakte Trennung der Funktionen. Nur ein Lager auf einem der beiden Widerlager ist für die Aufnahme der Horizontalkräfte in Bauwerkslängsrichtung bestimmt. Die Kombination von ein- und allseitig beweglichen Lagern auf den anderen Auflagerachsen lässt eine allseitige zwängungsarme Ausdehnung des Bauwerks zu.

Etwas anders sieht es bei dem Lagerungsbeispiel nach Bild 2.26 aus. Hier nehmen sämtliche Lager auf den Pfeilern Horizontalkräfte (Windlasten) auf. Die erforderlichen Querbewegungen aus den verschiedenen Ursachen werden hier von Pfeilern erwartet, Zwängungen also planmäßig vorgesehen.

2.2.3.4 Durchlaufträger (gekrümmt)

Im modernen Brückenbau ist eine häufige Ausführungsform das „im Grundriss gekrümmte Bauwerk“.

Deshalb wurde diese Konstruktion bereits im Abschnitt 2.2.2.6 besonders ausführlich behandelt. Wenn auch nicht alle Lagerungsmöglichkeiten besprochen werden können, soll doch auf einige ausgewählte Lagerungsformen hingewiesen werden. In Bild 2.27 wird die Polstrahllagerung dargestellt, auf die bereits im Abschnitt 2.2.2.6 hingewiesen wurde. Die geführten Punktkippgleitlager (Gleitteil und Kippteil entkoppelt) auf Einzelpfeilern werden in Polstrahlrichtung auf den theoretischen Festpunkt ausgerichtet. Davon abweichende Bewegungen übernimmt das „Verformungsbauteil Pfeiler“. Die **zwei** festen Lager wurden hier auf den Mittelpfeilern angeordnet. Damit werden die Lagerbewegungen, und somit auch die aus Zwängung entstehenden Verformungen (Ausgleichsbewegungen), insgesamt erheblich geringer. Auf den Widerlagern, die als starre Unterbauten anzusehen sind, werden Verformungsgleitlager (Nr. 1.5) vorgesehen, bei denen die frei verformbaren Elastomerlager die Funktion,

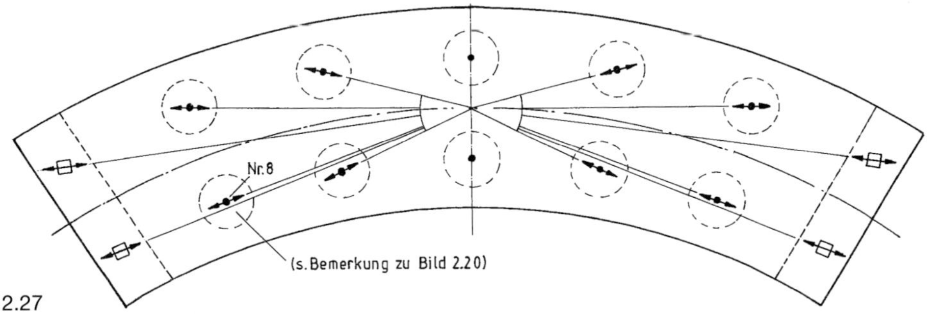

Bild 2.27

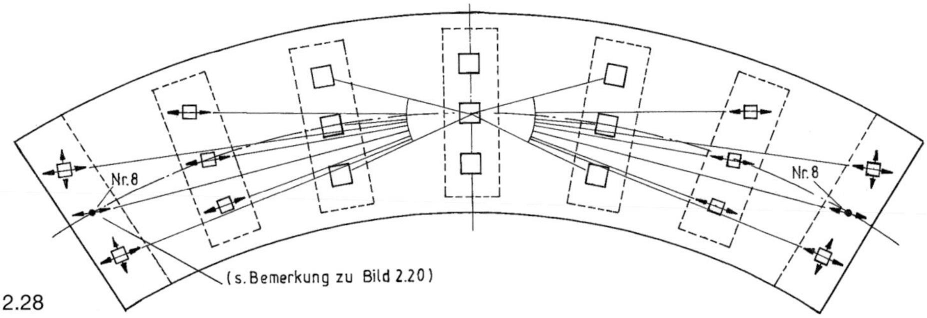

Bild 2.28

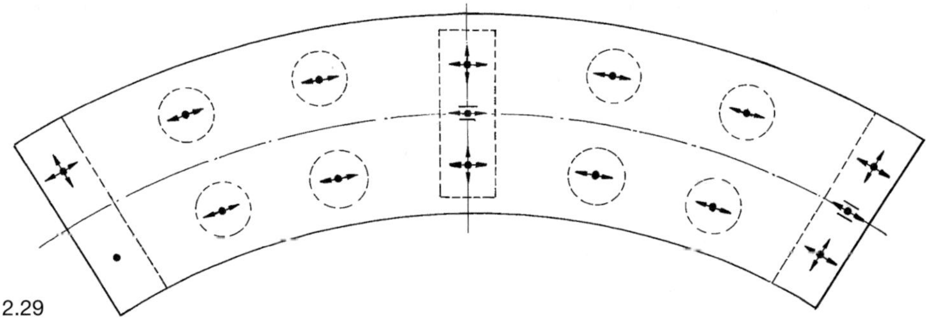

Bild 2.29

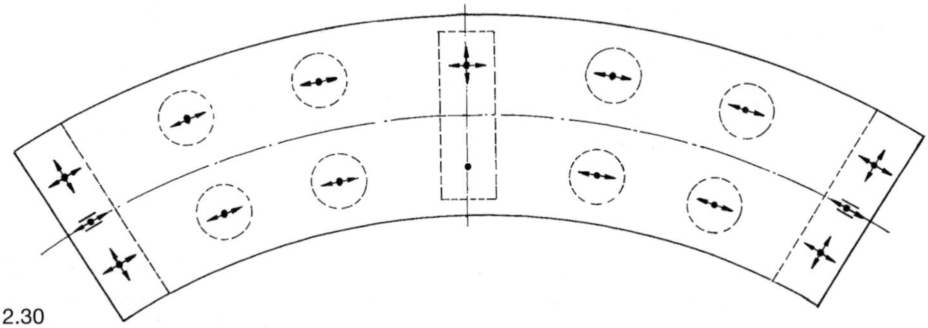

Bild 2.30

Bild 2.27 bis 2.30 Lagerungsbeispiele für gekrümmte Brücken die in den anderen Lagerachsen die Einzelpfeiler erfüllen, übernehmen, indem sie die von der Polstrahlrichtung abweichenden Bewegungen durch Schrägstellung (Verformung) ermöglichen.

Ein bei Sanierungen – wenn z. B. Rollenlager auszuwechseln sind – zu empfehlendes Lagerungssystem ist in Bild 2.28 dargestellt. Da in solchen Fällen weitgehend nur noch Bewegungen aus Temperatur – Kriechen und Schwinden sind beendet – zu erwarten sind, ergibt eine Polstrahllagerung die geringsten Zwängungen. Vertikal ist das Bauwerk an allen Auflagerpunkten auf Verformungslagern abgestützt.

Die Horizontalkräfte in Brückenlängsrichtung werden von Elastomerlagern (Nr. 1.1) auf den drei Mittelpfeilern gummielastisch aufgenommen. Dies gilt ebenfalls für die Horizontalkräfte in Brückenquerrichtung durch die Verformungslager (Nr. 1.1) auf den drei Mittelpfeilern und die geführten Verformungsgleitlager (Nr. 1.5) auf den Außenpfeilern. Auf den beiden Widerlagern wird das Bauwerk in der Mitte durch ein Punktkippgleitlager starr geführt.

Dabei wird der Punktkipp-Teil durch das bereits mehrfach beschriebene „Elastomerlager + Topf + Deckel" gebildet. Daneben sind dann allseitig bewegliche Verformungsgleitlager (Nr. 1.4) möglich. Das Bauwerk ist also in Querrichtung nur an den Widerlagern starr gelagert, während es auf den Pfeilern „gummielastisch" abgestützt ist.

Daraus ergeben sich für den Überbau folgende Nachweise:

a) Einhaltung der zulässigen Beanspruchungen aus der Überlagerung von Vertikal- und Querbelastungen.
b) Einhaltung zulässiger Überbauverformungen in Querrichtung, notfalls Anordnung stählerner Anschlagkonstruktionen.

Schließlich zeigen die Bilder 2.29 und 2.30 noch Beispiele von Tangentiallagerungen, bei denen die Bauwerke an einzelnen Lagerpunkten durch reine Horizontalkraftlager (Nr. 8.2) zwangsgeführt werden. Die Lagerung nach Bild 2.30 bewirkt an den beweglichen Lagern geringere Bewegungen und mehr gleiche Lagerkonstruktionen im Vergleich zur Lagerung nach Bild 2.29.

Verschiedene Lösungen zur Lagerung eines im Grundriss gekrümmten Durchlaufträgers

Nachfolgend wird an einem im Grundriss stets gleichen Brückenüberbau gezeigt, wie die unterschiedlichen Bedingungen hinsichtlich Stützweite, Auflast und Steifigkeitsverhältnissen zwischen Überbau, Unterbau und Gründung zu verschiedenen Lagerungsplänen führen kann, angefangen vom einfachsten Fall – nur einfache bewehrte Elastomerlager entsprechend DIN EN 1337 Teil 3, Lager Nr. 1.1 der Lagertabelle – bis zum komplizierten Fall, bei dem auch Führungslager – Lager Nr. 8.2 – und evtl. feste H-Kraftlager – Lager Nr. 8.1 – erforderlich sind.

In der Erläuterung zu den verschiedenen Lagerungsstufen werden keine neuen Argumente gebracht, es handelt sich um eine anschauliche Zusammenfassung des Vorhergehenden.

Folgende 7 Grundsätze werden bei den Beispiellösungen beachtet:

- keine Linienlagerung (Nr. 5.1 – 7.4 der Lagertabelle in DIN EN 1337 Teil 1),
- neben dem festen Lager nur allseitig bewegliche Lager auf der gleichen Auflagerbank,
- keine Zuglager,
- nur gleichartige Drucklager in einer Auflagerachse,
- Polstrahllagerung ist bei gekrümmtem Grundriss besser als Tangentiallagerung,
- Horizontalkraftlager nicht mehr als unbedingt nötig,
- wo immer möglich, Verformungslager einsetzen!

Zusätzlich zu den genormten Symbolen wird für die Einspannung das Symbol X benutzt.

Eine Pendelstütze, allseitig beweglich, ist lagerungsmäßig den allseitig beweglichen Gleitlagern zuzuordnen und erhält deshalb hier kein besonderes Symbol.

Lager sind dann nicht notwendig, wenn die Bewegungen so klein sind, dass eine kraftschlüssige, biegesteife Verbindung mit den Unterkonstruktionen ohne großen Aufwand möglich ist.

Dies trifft zunächst zu für sehr kurze Brücken – z. B. Durchlässe –, evtl. auch für solche (seltenen) Brücken, die nur sehr geringen Temperaturschwankungen ausgesetzt sind. Es gibt aber auch Fälle, in denen nur bei einem Teil der Unterstützung auf Lager verzichtet werden kann, z. B. bei Beton-Überbauten, wenn schlanke, biegeweiche Pfeiler neben kompakten Unterkonstruktionen vorhanden sind.

Die 1999 als Heft 496 des Deutschen Ausschusses für Stahlbeton im Beuth Verlag erschienene Abhandlung „Entwerfen und Bemessen von Betonbrücken ohne Fugen und Lager“ enthält zahlreiche Hinweise und schließlich 31 Entwurfsempfehlungen zu dieser heute als „integrale Bauweise“ bezeichneten Alternative, die allerdings nach unserer Beobachtung nicht dazu geführt haben, dass „in breiter Front“ heute auf Lager verzichtet wird – die Folge eines solchen Verzichts ist in aller Regel ein merklich teureres Bauwerk.

Überschläglich werden mit den normenmäßig vorgegebenen Lastannahmen die Stützlasten (Auflasten) ermittelt. Sie sind von der gewählten Lagerart weitgehend unabhängig.

Eine „gemischte“ Lagerung, bei der Verformungslager und „Nicht-Verformungslager“ für das gleiche Bauwerk verwendet werden, mag teurer sein als die „reine“ Lagerung, sie ist aber auf jeden Fall wartungsärmer und sollte als Alternative stets zumindest mit dem Bauherrn diskutiert werden.

Bei der **Lagerung I** (Bild 2.31) sind von einer Wartung nur die leicht zugänglichen Verformungslager auf den Widerlagern betroffen. Im Großen und Ganzen handelt es sich bei dieser Lagerung um eine Rahmenkonstruktion, in deren Berechnung die vier Verformungslager als verformbare Bauteile einbezogen werden.

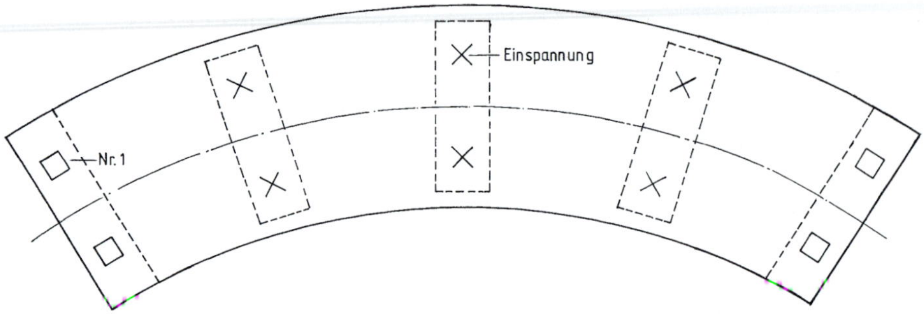

Bild 2.31 Lagerung I

Je nach den Verhältnissen kann es vorkommen, dass die Federkraft, die Reaktion gegen eine horizontale Verschiebung, bei den Stützen geringer ist als bei den Lagern des Widerlagers, wenn starres Verhalten des jeweils anderen Teils angenommen wird. Trifft dieser Fall nicht zu und sind insbesondere die den Widerlagern benachbarten Stützen relativ kurz und die Entfernung zum rechnerischen Fixpunkt groß, so kann die Beanspruchung dieser Stützen so groß werden, dass der **Lagerung II** (Bild 2.32) der Vorzug zu geben ist. Sprechen andere Gründe – z. B. die Kosten der Realisierung – gegen Stützeneinspannungen, so ist auf jeden Fall die **Lagerung III** (Bild 2.33) zu untersuchen.

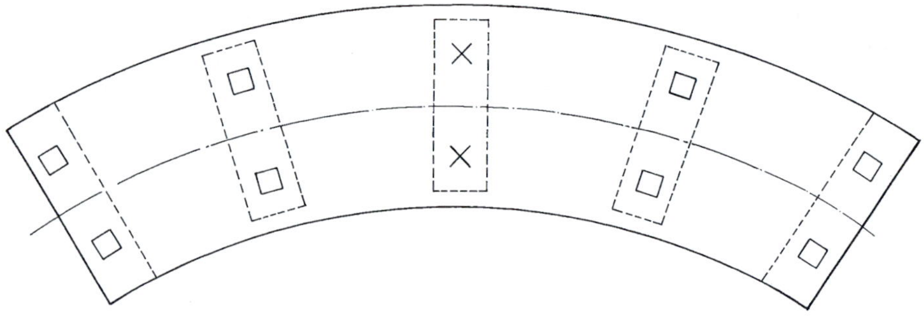

Bild 2.32 Lagerung II

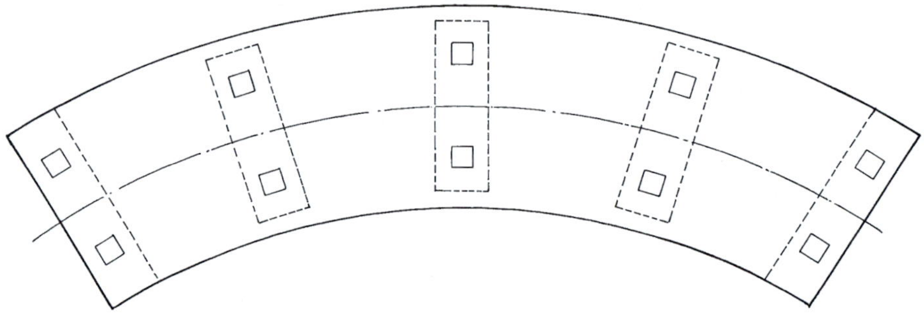

Bild 2.33 Lagerung III

Ob Verformungslager möglich sind, hängt von der Höhe der Auflast ab. Sie entfallen, wenn sie auch vom größten Verformungslager (900 mm × 900 mm) nicht mehr aufnehmbar sind, sofern die Regellager nach DIN EN 1337 Teil 3 Tabelle 3 und deren Bemessung zugrunde gelegt werden. Die Anzahl der Gummischichten, die maßgebend für die Größe der Bewegung sind, ist ebenfalls begrenzt.

In den meisten Fällen lassen bereits grobe Überschlagsrechnungen erkennen, ob sich eine Lagerung nur auf Elastomerlagern verwirklichen lässt.

Bei konsequenter Rechnung und ordnungsgemäßem Einbau (stets horizontal bei Balkenbrücken!) sind bei Straßenbrücken weder ein konstruktiver Festpunkt noch Führungen der Lager erforderlich. Werden diese Konstruktionen (FHK = Festhaltekonstruktionen) dennoch gefordert, so bedeutet dies:

- Die Herstellungskosten steigen.
- Der Einbau wird aufwendiger.
- Die Wartungskosten sind höher (ohne FHK ist ja diese Brückenlagerung praktisch wartungsfrei, bei FHK müsste mindestens von Zeit zu Zeit der Korrosionsschutz erneuert werden).
- Die äußeren Kräfte (Bremsen und Wind) werden nicht mehr gleichmäßig (gummielastisch), sondern ungleichmäßig (unterschiedliches Spiel in den FHK) verteilt.

Erfahrungen aus der Baupraxis (kein horizontaler Lagereinbau bzw. nicht bekannte „unsichere“ Baugrundverhältnisse) zeigen, dass es in vielen Fällen zweckmäßig ist, wenigsten an einigen Punkten (beide Widerlager und in der Bauwerksmitte) konstruktive Anschläge mit Spiel vorzusehen, die normalerweise ohne Funktion sind, die aber zu große Verformungen verhindern, also gegen Imponderabilien absichern und damit das Bauwerk „robuster“ machen.

Diese konstruktiven Anschläge sind in den Lagerungen **IIIa**, **IV** und **V** durch ein Symbol gekennzeichnet, das so nicht in der Normentabelle vorkommt, aber wohl doch ohne Weiteres verständlich ist.

Die aufnehmbaren Verschiebungen eines Elastomerlagers errechnen sich aus der max. Elastomerdicke multipliziert mit dem größtmöglichen Schubwinkel, siehe DIN EN 1337 Teil 3 Abschnitt 5.3.3.3.

Die vom Bauwerk zu erwartende Lagerverschiebung setzt sich aus dem Anteil der Schiefstellung aus den äußeren Lasten – eine genaue Ermittlung ist nur unter Einbeziehung der Steifigkeit der Unterbauten und der Gründung möglich – und der Zwangsverschiebung (Temperatur, Schwinden, Kriechen) zusammen. Letzterer Anteil wächst mit dem Abstand vom ideellen Festpunkt. Sind die zu erwartenden Verschiebungen mit bewehrten Elastomerlagern aufnehmbar, so liegt der Lagerungsplan bereits fest mit Lagerung **IIIa** (Bild 2.34).

Sind die zu erwartenden Verschiebungen an einigen Stellen größer als die aufnehmbaren, so sind dort Verformungsgleitlager vorzusehen. Dies ist zunächst bei den am weitesten vom ideellen Festpunkt entfernten Lagern auf den Widerlagern zu erwarten (Lagerung **IV** in Bild 2.35). Extrem würde diese Situation mit Lagerung **V** (Bild 2.36). Das „Lösen“ dieser Lager durch den Einbau einer Gleitebene hat aller-

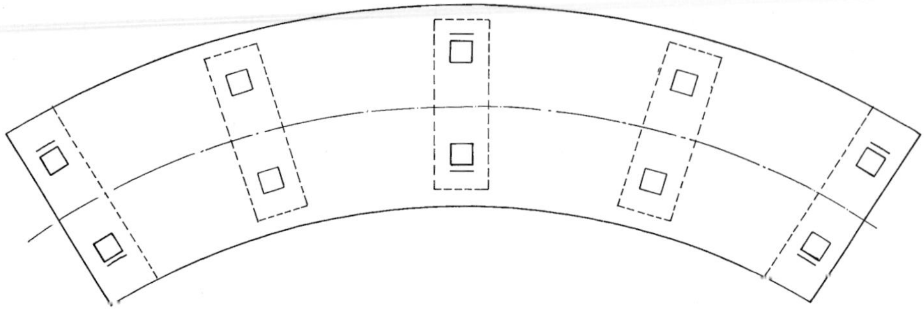

Bild 2.34 Lagerung IIIa

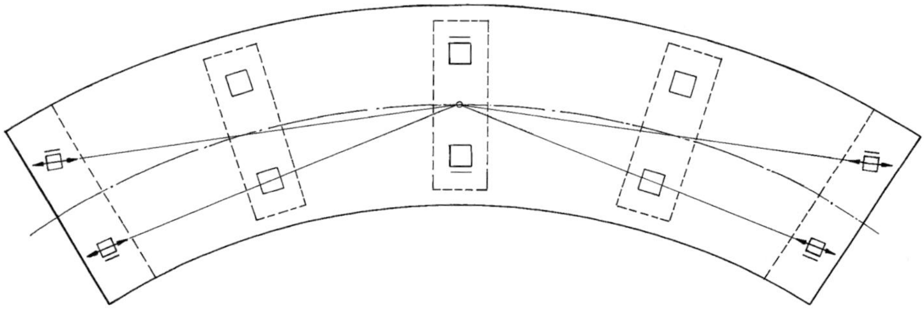

Bild 2.35 Lagerung IV

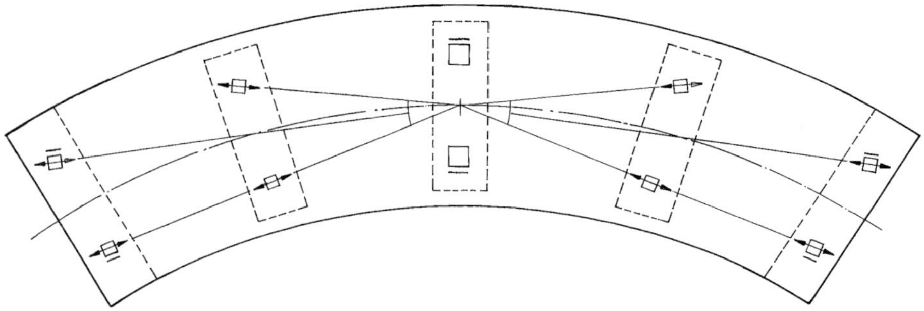

Bild 2.36 Lagerung V

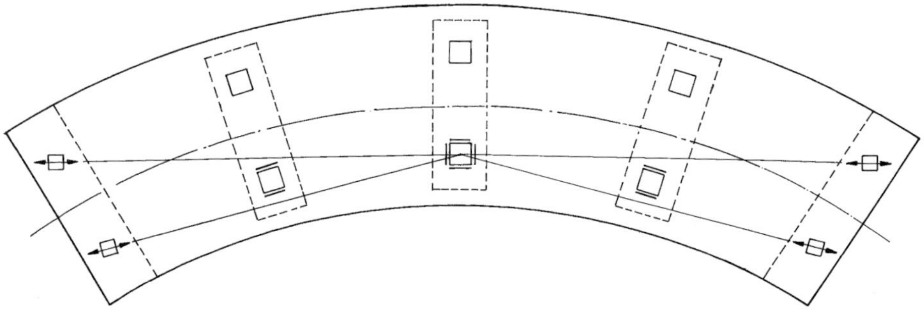

Bild 2.37 Lagerung VI

dings die fatale Folge, dass sich die äußeren Lasten – z. B. Bremslasten – nun auf die verbleibenden Elastomerlager aufteilen müssen. Wenn wegen zu großer Verschiebungen Verformungsgleitlager vorzusehen sind, so ändern sich die Verhältnisse für die Aufnahme der Horizontallasten. Es muss dann iterativ so lange mit wechselnden Kombinationen von „normalen" bewehrten Elastomerlagern, Verformungsgleitlagern und evtl. Festhaltekonstruktionen gerechnet werden, bis die Kräftebilanz stimmt, z. B. Lagerung **VI** (Bild 2.37).

Bei dieser Berechnung ist die Elastizität der Unterkonstruktion und der Gründung zu berücksichtigen, grobe Abschätzungen sind hier in der Regel nicht mehr möglich.

Wenn in der für den Festpunkt vorgesehenen Lagerachse Verformungslager wegen zu großer Auflasten nicht möglich sind, so ist ein festes Punktkipplager (Nr. 4.1) und ein allseitig bewegliches Punktkippgleitlager (Nr. 4.3) vorzusehen.

Wenn in mehreren Lagerachsen Verformungslager nicht möglich sind, dann hängen weitere Entscheidungen von der gesamten Tragwerksberechnung ab. Feste Lager auf benachbarten Pfeilern sind z. B. möglich, wenn die Unterbauten die Zwangskräfte aus der Rahmenkonstruktion aufnehmen können, die aus dem Überbau und den mittels festen Lagern verbundenen Pfeilern gebildet wird.

Beispiele für gemischte Lagerungen sind Lagerung **VII** (Bild 2.38) und **VIII** (Bild 2.39). Im Großbrückenbau wird in aller Regel die Lagerung **IX** (Bild 2.40) bevorzugt.

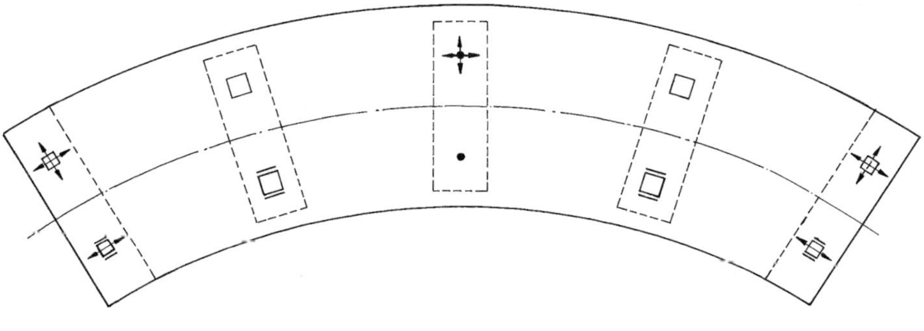

Bild 2.38 Lagerung VII; ob Lager, die nicht entkoppelt sind, hier funktionieren, hängt u. a. auch vom Krümmungsmaß ab

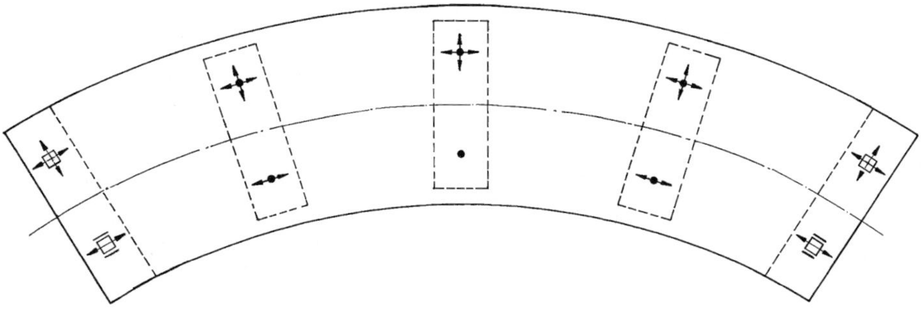

Bild 2.39 Lagerung VIII

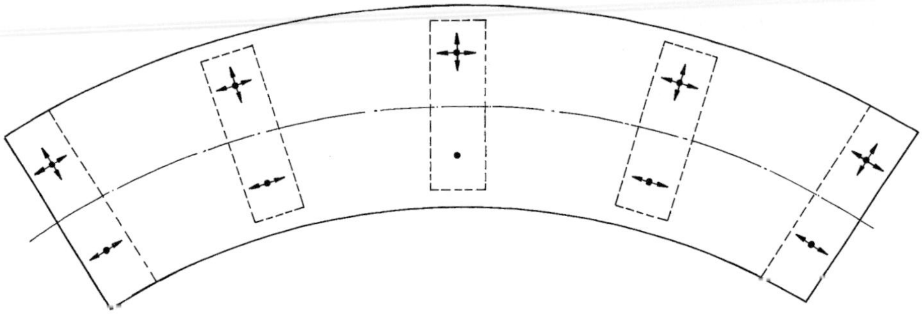

Bild 2.40 Lagerung IX

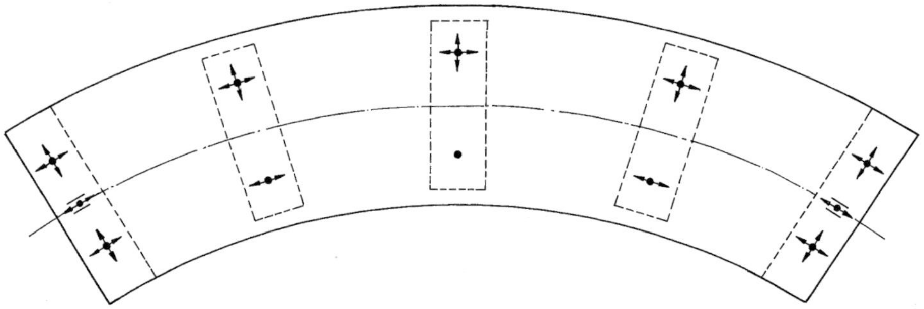

Bild 2.41 Lagerung X

Wenn kleine Auflasten mit zugehörigen Horizontalkräften von längsbeweglichen Gleitlagern nicht mehr aufnehmbar sind (die Klaffung der Fuge ist bei Gleitlagern unzulässig!), so sind Führungslager mit allseitig beweglichen Lagern zu kombinieren, z. B. Lagerung **X** (Bild 2.41). Führungslager sind konstruktiv aufwendig (Verankerung im Beton) und verteuern die Lagerung. Es sind deshalb vor der Entscheidung zu Führungslagern alle Möglichkeiten zu prüfen, die den Einfluss der exzentrisch zur Gleitfuge angreifenden Horizontalkräfte reduzieren, wie z. B. die Veränderung des Lagerabstandes oder sogar die Veränderung der Brückenkonstruktion insgesamt.

Bei den zehn Lagerungsbeispielen wurde davon ausgegangen, dass keine Einwände dagegen bestehen, den Festpunkt in Brückenmitte, sozusagen im Schwerpunkt, anzuordnen. Soll der Festpunkt auf einem Widerlager liegen, so ist z. B. in Lagerung **X** (Bild 2.41) das Führungslager (Nr. 8.2) durch ein festes Horizontalkraftlager (Nr. 8.1) und das feste Lager in Brückenmitte durch ein einseitig bewegliches Lager (Nr. 2.1, 3.1, 4.1) zu ersetzen.

Der Vorteil eines Festpunktes in Brückenmitte ist, dass die Bewegungen „gleichmäßiger“ sind, der Nachteil, dass zwei Übergangskonstruktionen erforderlich sind, die insgesamt teurer sind als nur eine Übergangskonstruktion mit der doppelten Bewegung.

2.2.4 Einfluss des Baugrundes

Der Frage, ob „sichere" oder „unsichere" Baugrundverhältnisse vorliegen, ist mit besonderer Sorgfalt nachzugehen. Eine falsche Einschätzung kann zu erheblichen Schäden an den Bauwerken führen. Die Kosten einer sorgfältigen Baugrunduntersuchung sind in der Regel von kleinerer Größenordnung als die Kosten solcher Schäden.

Bei überschaubaren Bauwerkssetzungen bzw. Verkantungen ist als Bestandteil der normalen Bemessung eine allseitige Verdrehung, die so groß ist, dass die Versetzung oder Verkantung schadensfrei möglich ist, sowie die Möglichkeit zum Anheben bzw. Absenken in dem vorhersehbaren Ausmaß zu berücksichtigen.

Bei den Bauwerkssetzungen und Verkantungen infolge des Bergbaus ist heute in Deutschland nur noch der Kohleabbau von Einfluss, der an der Erdoberfläche Folgendes bewirkt:

a) vertikale Bewegungen,
b) Pressungen und Zerrungen als horizontale Bewegungen aus der Wanderung der Bodenteile zum Schwerpunkt der jeweiligen Hohlräume hin und
c) Schiefstellungen aus unterschiedlichen Senkungsbeträgen.

Die Größen der unter b) und c) aufgeführten Bewegungen sind abhängig von der Tiefenlage der Flöze. Wird der Abbau oberflächennah ausgeführt, so muss örtlich mit sehr großen Verschiebungen gerechnet werden (± 0,2 bis ± 0,3 % der Bauwerkslänge).

Bauwerke, die statisch unbestimmt gelagert sind, erhalten aus vertikalen Bewegungen Zwangskräfte. Abhängig von deren Größe ergeben sich daraus umfangreiche Sicherungsmaßnahmen.

Die Annahme über die Größen der zu erwartenden und damit in das Bauwerk einzuplanenden Verschiebungswerte ist gemeinsam von der Bergbau-Gesellschaft und der bauenden Verwaltung festzulegen. Daraus ergeben sich folgende Konsequenzen für die Ausbildung der Lager:

a) Es dürfen nur Lagerkonstruktionen eingesetzt werden, bei denen Translation und Rotation entkoppelt sind.
b) Die beweglichen Lager sind als Gleitlager auszubilden, damit die Bewegungen in beliebiger Richtung in einer Ebene aufgenommen werden können. Die Bewegungs- (Verformungs-)Möglichkeiten von Elastomerlagern allein reichen hier in aller Regel nicht mehr aus.
c) An den beweglichen Lagern sind Messvorrichtungen für alle Bewegungsrichtungen anzubringen, damit die Bewegungen kontrolliert werden können.

Außerdem sind in aller Regel Einrichtungen vorzusehen, damit die durch den Kohleabbau ausgelösten Bewegungen nach Erreichen der für den Überbau tragbaren Grenzwerte durch horizontale oder vertikale Korrekturen so ausgeglichen werden können, dass jeder Überbau wieder seine ursprüngliche Sollform erhält. Je nach Größe der vertikalen Lagerkräfte sind dafür transportable Hebeböcke oder stationäre Hubeinrichtungen für die Vertikal- und Horizontalkorrektur einzuplanen. Dies bedeutet, dass sowohl für die Lager als auch für die Korrektureinrichtungen ausreichend Platz auf den Unterbauten vorgesehen werden muss. Querträger und Traversen der Überbauten sind so breit auszubilden, dass unter Berücksichtigung aller möglichen horizontalen Bewegungen in jeder Lage angehoben oder abgesenkt werden kann.

2.2.5 Von der Ausschreibung bis zum Einbau der Lager

Der Entwurf der Brücke enthält – zwangsläufig – die Lagerung. Einer Ausschreibung, die entwurfsmäßig keinen Spielraum lässt, kommt somit große Bedeutung auch für die Lagerung zu; mit einer solchen Ausschreibung sind bereits die Weichen gestellt für viel oder wenig Ärger.

Es sind also schon bei der Ausschreibung längerfristige Gesichtspunkte zu beachten, wie z. B. die laufenden Kosten durch Inspektion und Wartung der Lager und das höhere Risiko durch größeren Verschleiß, der im ungünstigen Fall nur durch die Auswechselung der Lager behoben werden kann. Grundsätzlich handelt kurzsichtig, wenn nicht gar fahrlässig, wer bei der Angebotswertung nur die billigsten Lagerkonstruktionen berücksichtigt und sich über eine funktionsgerechte Lagerung keine oder nur wenig Gedanken macht.

In der Vergangenheit wurden z. B. aus Kostengründen häufig Einrollenlager aus durchgehärtetem nichtrostenden Stahl – hochbelastbar – gewählt, mit der Folge, dass in späteren Jahren sämtliche Lager ausgewechselt werden mussten. Es traten gehäuft Brüche auf, sowohl an den durchgehärteten Rollen als auch an den Lagerplatten aus gleichem Material. Die Kosten solcher Auswechselungen sind weit höher als die seinerzeitigen Kosten der Lagerung. In diesem Buch wird die „Linienlagerung" als veraltete Technik nur noch am Rande behandelt.

Die Aufgabe besteht vor allem darin, durch geeignete Wahl der Lagertypen und ihrer Anordnung einen optimalen Kompromiss zwischen der Übertragung der zum Gleichgewicht erforderlichen Schnittgrößen und der Ausschaltung von Zwangsbeanspruchungen, die keinen Beitrag zum Gleichgewicht leisten, zu finden.

Zur Entwurfsbearbeitung sollten folgende Hinweise beachtet werden:

1. Die Regeln in DIN EN 1337 Teil 1 und zugehörige Erläuterungen.
2. Die Hinweise in diesem Buch, Kapitel 2, Bauwerk und Lagerungsplan. Insbesondere ist zu untersuchen, ob Translation und Rotation entkoppelt sind und damit auch eine ausreichende Verdrehung um die vertikale Achse möglich ist.
3. Den einfacheren und wartungsärmeren Lagern ist stets der Vorzug zu geben, etwa nach folgender Werteskala; Bezeichnung nach DIN EN 1337 Teil 1 Tabelle 1:
   - Bewehrte Elastomerlager (Nr. 1.1, 1.2, 1.6)
   - Verformungsgleitlager (Lager-Nr. 1.3, 1.4, 1.5, 1.7, 1.8)
   - Gleitlager (Lager-Nr. 2.2, 2.3, 3.3, 3.4, 3.5) in Kombination mit Festpunktlagern (Lager-Nr. 2.1, 3.1, 3.2, 4.1)
   - allseitig bewegliche Gleitlager in Kombination mit Horizontalkraftlagern (Lager-Nr. 2.3, 3.5, 4.3 mit 8.1, 8.2).

Ausführliche Beschreibungen zu diesen Lagern finden sich in Kapitel 4 dieses Buches.

Ganz wichtig für eine korrekte Angebotsbearbeitung ist, dass bereits in der Ausschreibung möglichst vollständige Belastungsangaben und wichtige Abmessungen des Bauwerks (z. B. wie zu den Bildern 2.42 bis 2.44) angegeben werden. Es ist z. B. möglich, dass bei bestimmten Bauwerkskonstruktionen durch den Lastfall min F_z (kleinste Auflagerkraft mit zugehörigen Horizontalkräften und Verdrehungen) die Lager zu Sonderkonstruktionen werden – mit erheblich höheren Preisen gegenüber den normalen, ursprünglich in den Angebotsunterlagen unterstellten Lagerkonstruktionen, mit der Konsequenz, dass Nachforderungen gestellt werden.

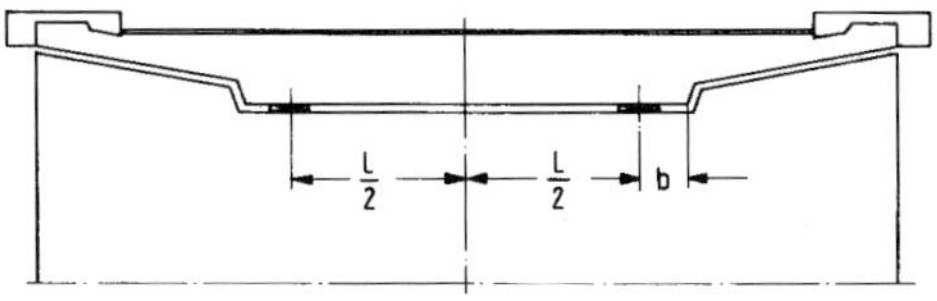

Bild 2.42 Querschnitt am Widerlager

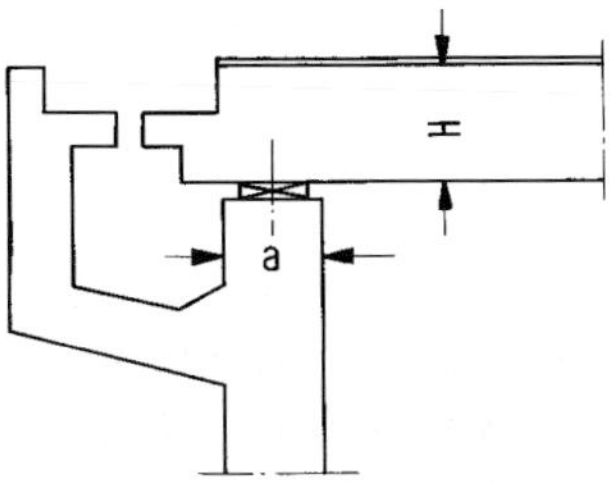

Bild 2.43 Längsschnitt am Widerlager

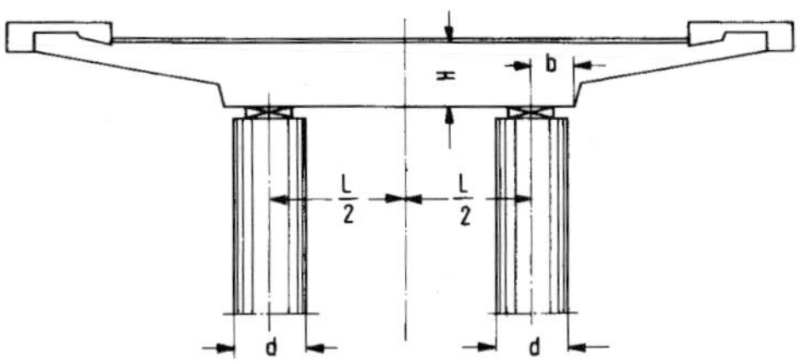

Bild 2.44 Querschnitt im Stützenbereich

Ebenfalls zu empfehlen ist, in der Ausschreibung zu gestatten, dass die anbietende Baufirma in Verbindung mit dem Lagerhersteller die Möglichkeit erhält, auf die Lagerung der Brückenkonstruktion Einfluss zu nehmen bzw. zu beurteilen, ob die ausgeschriebene Lagerung verbesserungsfähig ist.

Für die Konstruktion und Bemessung der Lager sind heute die Normen der Reihe DIN EN 1337 sowie ggf. die bauaufsichtlichen Zulassungen zu beachten.

In DIN EN 1337 Teil 1 wird im Anhang B in einer Liste angegeben, welche Angaben für eine Bemessung der Lager erforderlich sind.

Sorgfältige Planung, Berechnung, Konstruktion und Herstellung des Lagers sind im Übrigen vergebliche Mühe, wenn die Lager bis zum Einbau und beim Einbau nicht mit der erforderlichen Sorgfalt behandelt werden.

Teil 11 der europäischen Lagernorm DIN EN 1337 enthält hierzu alle erforderlichen Hinweise, so dass dem Leiter der Baustelle die notwendigen Informationen zugänglich sind.

Hiernach sind Protokolle über Prüfung nach der Lageranlieferung, den Einbau und das Freisetzen des Bauwerks auf die Lager anzufertigen. Dabei wird das Protokoll z. B. bei einem Schadensfall zum wichtigen Beweismittel.

Besonders zu empfehlen ist die Beachtung von DIN EN 1337 Teil 11 Abschnitt 6.1, 2. Absatz. Danach soll beim Einbau des ersten Lagers seiner Art in einem Bauwerk eine Fachkraft des Lagerherstellers anwesend sein. Die Praxis zeigt, dass damit schon so mancher Einbaufehler vermieden werden konnte.

3 Bauwerk und Lagerkräfte

3.1 Vom Gelenk zum Lager

Wird gewünscht, dass in einer Konstruktion an einer bestimmten Stelle – unabhängig von der Einwirkung – kein Biegemoment auftritt, so wird an dieser Stelle ein Momentengelenk vorgesehen (Bild 3.1). Die Aufgabe wird als praktisch gelöst angesehen, wenn das tatsächlich noch vorhandene Moment so klein ist, dass es für die statische Berechnung der Konstruktion vernachlässigt werden kann. Dieses für die Konstruktion also sehr kleine Moment wird als Rückstellmoment bezeichnet. Mit Lagern im Sinne dieses Buches werden planmäßig solche Gelenke zwischen den Unterkonstruktionen und dem Überbau z. B. einer Brücke vorgesehen (Bild 3.2). Die Rückstellmomente der Lager werden am einfachsten als Produkt der Auflast und einer Exzentrizität angegeben.

Bild 3.1 Brücke mit Gelenken (veraltet)

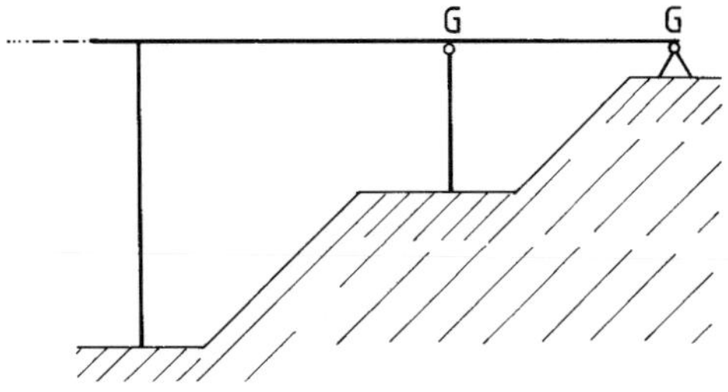

Bild 3.2 Durchlaufträger mit gelenkig (durch Lager) und biegesteif angeschlossenen Unterbauten

Für den Überbau ist dieses Rückstellmoment entsprechend des definitiven Eingangssatzes stets vernachlässigbar. Für den Unterbau ist zu untersuchen, ob es im Krafteinleitungsbereich zu berücksichtigen ist.

Erwähnt sei noch, dass bei schlanken, stabilitätsgefährdeten Unterbauten das Rückstellmoment die Knicklänge verkürzt, die Vernachlässigung also auf der sicheren Seite liegt.

Exzentrizitäten der durch das Lager geleiteten Auflasten entstehen im Unterbau auch unabhängig von Rückstellmomenten bei verschieblichen Lagern, wenn der Kippmechanismus dem Überbau und der Verschiebemechanismus (Gleitebene, Rollensatz) dem Unterbau zugewandt ist (Bild 3.3).

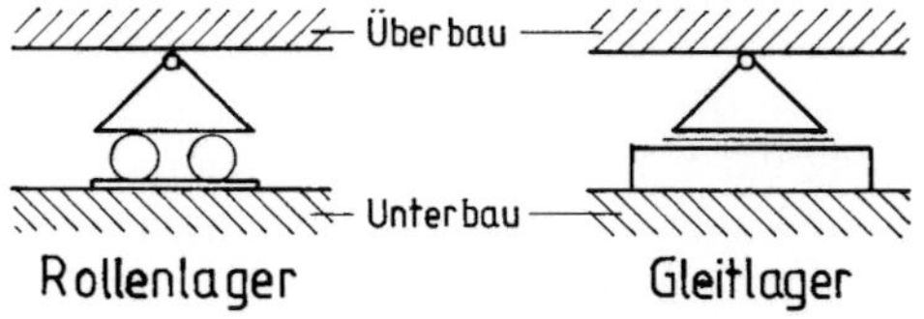

Bild 3.3 Bewegungslager mit obenliegender Kippplatte

Lager im Bauwesen. 3. Auflage. Tobias Block, Helmut Eggert, Wolfgang Kauschke.

Diese Exzentrizitäten können, abhängig vom Verschiebeweg, sehr groß sein und sind daher im Allgemeinen für den Unterbau nicht vernachlässigbar. Sie sind typisch für Stahlbrücken, bei denen die Einleitung einer nicht ortstreuen Last im Überbau konstruktiv aufwendig ist. In den nachfolgenden Ausführungen werden diese Exzentrizitäten nicht berücksichtigt.

Nur im Sonderfall des Einrollenlagers mit Gleitebene für die Querverschiebung spielt die Exzentrizität aus der Translation für das Lager eine Rolle. Dieses Lager sollte auch aus anderen Gründen nicht gebaut werden und wurde deshalb in diesem Buch nicht behandelt (Bild 3.4).

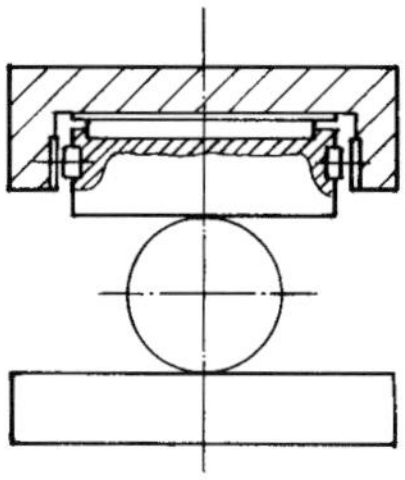

Bild 3.4 Rollenlager mit Gleitebene für Querbewegung – ungeeignet!

3.2 Berechnung von Brücken

3.2.1 Allgemeines

Der Brückenbau begleitet den Menschen länger als die sonstige Technik. Die ersten Brücken waren zufällig über das Hindernis – z. B. den Fluss – gestürzte Bäume.

Erst seit etwa 1850, seit es Stahlbrücken gibt, werden Lager in Brücken eingebaut, um Bewegungsdifferenzen auszugleichen.

Ausführlich behandelt wird die Geschichte der ersten Lagergeneration (bis 1950) in der Dissertation von *Volker Wetzk*, 2010, die anschließende „Revolution“ zu den heute üblichen Lagerarten ist Gegenstand eines 2003 im Museum für Verkehr und Technik, Berlin, gehaltenen, in schriftlicher Fassung vorliegenden Vortrags von *Helmut Eggert*. Zu beidem siehe Kap. 7.

Die nachfolgenden Ausführungen beschränken sich auf wesentliche und grundsätzliche Hinweise zur Statik von Balkenbrücken, soweit die Lagerung dabei eine Rolle spielt.

Hängebrücken sind seltene Bauwerke und werden daher stets mit besonderer Sorgfalt jenseits der Routine berechnet. Die Lagerung der Kabel auf den Pylonen und die Lagerung der Pylone selbst sind Sonderfälle der Lagerung, die kaum mit herkömmlichen Lagern bewältigt werden können. Die Lagerung des Gesamtsystems auf den Pfeilern dagegen ist bei Hängebrücken im Prinzip ein einfacher Fall der Lagerung, weil es sich stets um gerade Brücken mit kompakten, also relativ starren Pfeilern handelt.

Hier ist jedoch zu beachten, dass der meist stählerne Überbau der Hängebrücken in der Regel große Stützweiten aufweist und daher, wie auch Lagerschäden gezeigt haben, einseitige Belastungen und einseitige Erwärmung bei der Lagerberechnung mit berücksichtigt werden müssen. Die hierfür notwendige Verdrehbarkeit um eine lotrechte Achse ist ohne Schaden für das Lager nicht bei allen Lagerkonstruktionen gegeben, s. Tabelle 1 Fußnote 1 in DIN EN 1337 Teil 1. Eventuell ist diese Verdrehbarkeit durch eine zusätzliche Einrichtung zu verwirklichen, siehe Kap. 4.

Bogenbrücken mit aufgeständerter Fahrbahn (Talbrücken) sind selten geworden. Wirtschaftlicher bei ebenfalls ästhetisch befriedigender Lösung werden solche Brücken als Balkenbrücken mit sehr hohen Pfeilern hergestellt, wobei als entscheidender Vorteil hinzukommt, dass Letztere der Linienführung der Straße angepasst werden können, während Bogenbrücken nur mit gerader Gradiente üblich sind.

Für Bogenbrücken großer Stützweite (z. B. Fehmarnsundbrücke) gilt prinzipiell das Gleiche wie bei den Hängebrücken.

Etwas häufiger sind Bogenbrücken im Stützweitenbereich unter 50 m für Straßenüberführungen. Auch hierbei handelt es sich stets um gerade Brücken. Für die aufgeständerte Fahrbahn gelten die gleichen Überlegungen wie für einen Mehrfeldträger mit elastischen Stützen. Es verbleibt als Problem die Auflagerung des Bogens, also die Ausbildung des Kämpfergelenks. Unter Berücksichtigung der Tatsache, dass diese Gelenke den Korrosionseinwirkungen meist im besonderen Maße ausgesetzt sind, bieten sich hierfür die unbewehrten Betongelenke an.

Eine andere Möglichkeit sind Elastomerlager mit einem mittig angeordneten Festhaltedollen (s. Kap. 4) oder – sofern die Gelenke zugängig sind oder die Korrosion nicht zu befürchten ist – die Ausbildung des Gelenks mit Stahlkipplagern. Bei Stabilitätsuntersuchungen, sofern sie in Bezug auf den Bogen überhaupt eine Rolle spielen (bei Stahlbetonbrücken ist das in der Regel nicht der Fall), können die Rückstellmomente meist vernachlässigt werden. Die Endtangentendrehwinkel sind bei zweckmäßiger Ausbildung des Bogens meist sehr klein, so dass sich eine genauere Untersuchung unter Einbeziehung der Elastizität des Gründungsbodens nicht lohnt und die Dimensionierung des Lagers und die Ermittlung der Kantenpressung mit der auf der sicheren Seite liegenden Annahme eines starren Bodens und einer gelenkigen Lagerung erfolgen kann. Entsprechendes gilt für Sprengwerke.

Das Bild ändert sich, wenn es sich um schlanke Bauwerke großer Stützweiten handelt, bei denen man aus wirtschaftlichen Gründen auf genauere Berechnungen nicht verzichten kann. Welche Aspekte hierbei zu beachten sind, zeigen die nachfolgenden Abschnitte.

Vorab noch einige Anmerkungen zu den **Balkenbrücken**, die am häufigsten gebaut werden.

Der inzwischen selbstverständliche Einsatz von EDV-Systemen bei der Berechnung von Bauwerken hat die Art der statischen Berechnung erheblich verändert. Früher und auch heute noch übliche Berechnungen, wie sie nachfolgend geschildert werden, nehmen zum Teil unzulässige Vereinfachungen in Kauf.

An den Stützstellen werden die dort am Durchlaufbalken ermittelten Kräfte zusammengestellt. Anschließend werden die Unterbauten losgelöst vom Überbau berechnet. Die Stützstellen-Lasten werden dabei als äußere Kräfte angesetzt.

Wenn die Unterbauten nicht nahezu starr sind, führt diese Berechnung zu falschen Ergebnissen. Für das gesamte Bauwerk liegt diese Berechnung jedoch auf der sicheren Seite. Die Nachgiebigkeit der Unterbauten, die vernachlässigt wurde, bedeutet ja eine Entspannung. Für die Ermittlung der Lagerwege ist diese Berechnung aber keinesfalls auf der sicheren Seite.

Auf das Bauwerk wirken ein:

- äußere ständige Lasten,
- äußere nicht ständige Lasten,
- weitere Einflüsse, die ohne Behinderung Bewegungen und Verformungen, bei Behinderung zusätzlich Beanspruchung bedeuten, und die in Tabelle 3.1 mit Zwängungen bezeichnet werden.

Tabelle 3.1 Einwirkungen auf eine Brücke

Überbau	äußere Kräfte	Verkehrslast Eigengewicht Bremsen Wind	in z-Richtung in z-Richtung in x-Richtung in y-Richtung
	Zwängungen	Temperatur Schwinden Vorspannen Kriechen Stützensenkung	in alle Richtungen in alle Richtungen in Spannrichtung in Spannrichtung in z-Richtung
Unterbauten	äußere Kräfte	Eigengewicht Wind Anprall	in z-Richtung horizontal horizontal
	Zwängungen	Temperatur Baugrundbewegung	in alle Richtungen z (Setzung) um eine waagerechte Achse (Fundamentverdrehung)

Denkt man sich die Stützstellen einer Konstruktion „frei geschnitten“, so folgen daraus neben den für das Gleichgewicht erforderlichen Kräften Bewegungen. Zur Einhaltung der vorhandenen Stützstellenbedingung ergeben sich zusätzliche Kräfte für das Lager.

Die für die Stabilität schlanker Unterkonstruktionen zu beachtenden Merkmale sind in den Abschnitten 3.3 und 3.4 zusammengestellt.

Eine zutreffende Ermittlung der Kräfte, die im Lager wirken und für die Bauwerksbemessung benötigt werden, verlangt die konsequente Berücksichtigung der Lagereigenschaften. In DIN EN 1337 sind diese normativ festgelegt, s. auch Tabelle 3.2.

Tabelle 3.2 Allgemeine Angaben zum Verformungswiderstand bei Lagern (Genaueres siehe Kapitel 4. Achtung: Der Verformungswiderstand infolge Rotation wird hier aus formalen Gründen so angegeben, wie er laut Norm DIN EN 1337 Teil 3 zurzeit zu berücksichtigen ist. Das ist inzwischen auf der unsicheren Seite als falsch erkannt worden, vgl. Dissertation von *Block*. Abschnitt 7.1 enthält eine Kurzfassung dieser Arbeit. Es ist davon auszugehen, dass die normative Regelung in diesem Punkt geändert wird.)

<table>
<tr><th colspan="2">Lagerart</th><th>infolge Translation: $\left(\frac{\text{Kraft in Lagerebene}}{\text{Kraft normal zur Lagerebene}}\right)$</th><th>infolge Rotation: $\left(\frac{\text{Verdrehungsmoment}}{\text{Kraft normal zur Lagerebene}}\right)$</th></tr>
<tr><td colspan="2">Verformungs-lager (ohne Festhalte-konstruktion)</td><td>$\frac{G \cdot A \cdot \tan\gamma}{F_z}$</td><td>$K \cdot \frac{A^3}{t^3} \cdot \frac{G \cdot \vartheta}{F_z} \cdot \left(\frac{a}{b}\right)^2$</td></tr>
<tr><td rowspan="3">Gleitlager (allseitig beweglich)</td><td>Punkt-kippung</td><td rowspan="3">$\mu + \vartheta$</td><td>$r \cdot \vartheta$</td></tr>
<tr><td>Kalotte</td><td>$R(\mu + \vartheta)$</td></tr>
<tr><td>Topf</td><td>$\frac{K_0 + K_1 \cdot \vartheta_1 + K_2 \cdot \vartheta_2}{F_z}$</td></tr>
</table>

Zum Verständnis ist Folgendes zu beachten:

- Die Rückstellkräfte sind „Nebenschnittgrößen“. Sieht man vom Sonderfall des Schubwiderstands bei Verformungslagern ab, so wird angestrebt, dass sie null sind. Sie sind allesamt ungeeignet, die Brücke hinsichtlich ihrer Zwängungen nennenswert zu beeinflussen – es ist umgekehrt: Die Konstruktion verformt sich und zwingt durch diese Verformung den Lagern Bewegungen auf. Hier liegt auch der Grund dafür, dass Linienlager und Rollenlager heute als ungeeignet anzusehen sind: sie setzen voraus, dass in den Stützstellen um eine Achse in Rollrichtung keine Verdrehung stattfindet. Salopp ausgedrückt: „Eine moderne Brücke denkt nicht daran, sich von einem Rollenlager die Verdrehungsrichtung vorschreiben zu lassen.“
- Die Translations-Nebenschnittgrößen können die Kräftebilanz in den Unterbauten merklich verändern, insbesondere wenn sie große Hebelarme zur Verfügung haben, wie z. B. bei hohen Pfeilern. Im Überbau spielen sie im Allgemeinen keine Rolle.
- Die Rotations-Nebenschnittgrößen – z. B. nach Bild 3.5 – haben für das Bauwerk „lokale“ Bedeutung. Es folgt aus ihnen das mögliche „Wandern“ der Auflast mit allen Konsequenzen für die Aussteifung von stählernen Überbauten und für die Lage der Bewehrung in den massiven Bauwerksteilen (Spaltzug, Durchstanzen).

Dabei ist anzumerken, dass zur Exzentrizität aus dem Rückstellmoment je nach Konstruktion des Lagers die Verschiebung der Auflast aus der Translation zu berücksichtigen ist. Dieser von der Festpunktentfernung abhängige Teil kann ein Vielfaches der Exzentrizität aus der Verdrehung betragen. Bei Gleitlagern betrifft dieser Anteil den Überbau, wenn die Gleitplatte oben liegt (Bild 3.6), und den Unterbau im anderen Fall (Bild 3.3). Diese Tatsache ist der Grund, weshalb bei Stahlbrücken häufig die Gleitplatte unten angeordnet wird, nämlich stets dann, wenn für den Unterbau diese Lastverschiebung problemlos aufnehmbar ist, im Überbau jedoch die Aussteifung über einen entsprechend größeren Bereich eine erhebliche Kostensteigerung bedeutet.

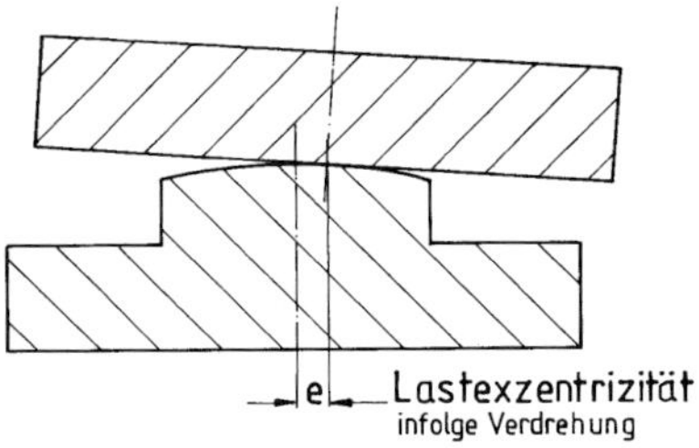

Bild 3.5 Nebenschnittgrößenbeispiel Punktkipplager: $M_e = e \cdot F_z$

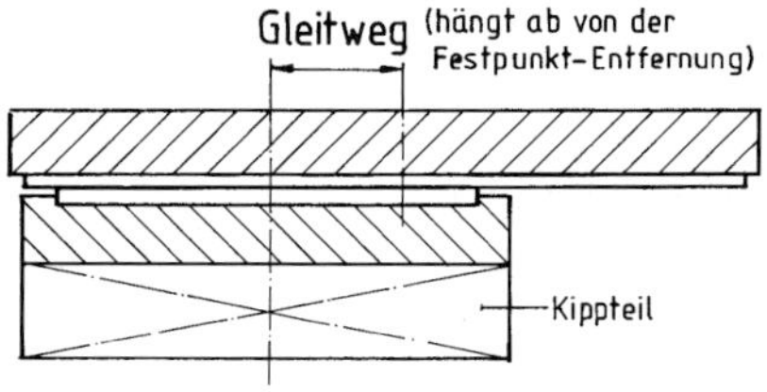

Bild 3.6 Gleitlager mit obenliegender Gleitplatte

Bei Verformungslagern ist dieser Vorgang etwas undurchsichtig. Eine genauere Abschätzung erfordert einen größeren Rechenaufwand, siehe auch *Kanning* [131].

Die sichere Aufnahme und Weiterleitung der Hauptschnittgrößen ist die eigentliche Aufgabe der Lager. Wir haben in diesem Buch hierzu auch die Gleitsicherheit gezählt, die der Lagesicherheit zuzuordnen ist und „an sich" ein Problem des Bauwerks ist. Es ist jedoch davon auszugehen, dass der Überbau insgesamt sicher gegen Verschieben – also gleitsicher gelagert – ist, wenn für jedes Lager die Lagesicherheit nachgewiesen ist. Diese Konsequenz wurde bereits bei der Festlegung in den Normen gezogen: Der Nachweis der Gleitsicherheit, früher Regelungsgegenstand der Stahlbrückennorm, ist seit 1984 in DIN 4141 Teil 1 und inzwischen in DIN EN 1337 Teil 1 Abschnitt 5.2 geregelt.

3.2.2 Abtragung vertikaler Lasten

Die konstruktive Hauptaufgabe eines Brückenbauwerks, die vertikale Lastabtragung, wird glücklicherweise weder von der Art der Lagerung noch von der Art der gewählten Lager wesentlich beeinflusst. Diese Tatsache hat auch eine Schattenseite, denn sie ist eine der Ursachen für die Vernachlässigung und Unterschätzung der Lagerproblematik.

Der Einfluss der Rückstellmomente der Lager auf die Veränderung der lotrechten Stützkräfte ist stets vernachlässigbar klein. Das Gleiche gilt in der Regel für die Beeinflussung der Stützenmomente über dem Lager. Ist das Stützenmoment über dem

Lager null, handelt es sich also um ein Endauflager, so bewirken Lager mit Rückstellmomenten (Topflager, bewehrte Elastomerlager, Gleitlager) eine unerhebliche Verringerung der Endfeldstützweite. Auch in diesem Fall ist die Vernachlässigung des Rückstellmomentes bei der Bemessung des Überbaus gerechtfertigt. Eine pauschale Berücksichtigung wäre jedenfalls weit von der Wirklichkeit entfernt und eine genaue Untersuchung mittels der Scheibentheorie ein im Vergleich zum Ergebnis unnötig hoher Rechenaufwand.

Ein weiteres Problem für den „genauen Rechner“ kann die vertikale Nachgiebigkeit bei Elastomerlagern sein. Eine Brücke auf Elastomerlagern wäre demnach als Balken auf elastischen Stützen zu rechnen, wobei genau genommen bei der Berücksichtigung der Elastizität von einer statisch nicht linearen, mit Temperatur und Zeit veränderlichen Kennlinie auszugehen wäre. Ist eine derart aufwendige Berechnung erforderlich? Doch wohl nur, wenn in den Fällen, in denen ähnliche elastische Verhältnisse vorliegen, ebenso verfahren wird. Vergleichen wir z. B. die Verhältnisse bei hohen Talbrücken. Ein Pfeiler möge 100 m hoch sein und eine maximale lotrechte Pressung von 4,5 N/mm^2 erfahren. Der zugehörige Elastizitätsmodul betrage 30000 N/mm^2. In diesem Fall ist die mittlere Stauchung des Pfeilers

$$\Delta l = \varepsilon \cdot l = 0{,}15 \cdot 10^{-3} \cdot l = 15\ \text{mm} = 1{,}5\ \text{cm}.$$

Durch Kriechen vergrößert sich dieser Wert um mindestens 4 cm. Ein bewehrtes Elastomerlager mit der gleichen Stauchung müsste bei voll ausgenutzter Last ca. 1,50 m dick sein, um dieses Maß zu erreichen. So hohe Lager wurden bislang noch nicht gebaut. Wer hohe Talbrücken nicht als Balken auf elastischen Stützen rechnet, darf dies somit auch nicht für Durchlaufträger auf Elastomerlagern verlangen. Hinzu kommt, dass die Anpassungssetzung und der Anteil aus ständiger Last bei nicht allzu unterschiedlichen Stützweiten den Verlauf der Stützenmomente ohnehin nicht beeinflussen und der in der Regel somit einzig interessante Anteil aus der Verkehrslast wegen der Überlinearität der Federkennlinie von Gummilagern und des Fortfalls des Kriecheinflusses wesentlich kleiner ist, als sich aus dem Verhältnis Verkehrslast zu Eigengewicht vermuten lässt. Die Vernachlässigung der Federwirkung kann in Einzelfällen unstatthaft sein, z. B. bei Dreifeldträgern mit relativ großer Mittelstützweite, wenn praktisch die gesamte ständige Last auf den beiden Pfeilern ruht und die Widerlager Auflagerkräfte nur aus der Verkehrslast erhalten. Die Nachgiebigkeit der Stützen führt dann zu einer Vergrößerung der Feldmomente. Das Ausmaß hängt von der Steifigkeit des Überbaus ab. In einem solchen Fall empfiehlt es sich, in Zusammenarbeit mit dem Lagerhersteller das Setzungsmaß des gewählten Lagertyps infolge ständiger Last vorher möglichst genau zu bestimmen – die Abschätzung der zu erwartenden lotrechten Last ergibt sich bereits genügend genau aus der Angebotsstatik – und in der Rechnung als „ständige Last“ zu berücksichtigen.

Erwähnt sei auch an dieser Stelle, dass meistens die Setzungsdifferenzen im Baugrund erheblich größer sind als die Stauchungen der Gummilager, ohne dass Erstere deshalb in der Statik immer berücksichtigt werden.

3.2.3 Abtragung horizontaler Lasten in Brückenlängsrichtung

Wird von dem allgemeinen Fall einer beliebig gekrümmten Brücke, der im Abschnitt 3.3 mitbehandelt wird, einmal abgesehen und nur der Fall einer geraden Brücke mit horizontalem Überbau betrachtet, so wirken in Längsrichtung drei ursächlich verschiedene Horizontalkräfte:

1. die Brems- und Beschleunigungskräfte aus dem Verkehr,
2. die Zwängungskräfte infolge Längenänderung des Brückenüberbaus in der Lagerebene,
3. die Komponenten aus der lotrechten Last infolge Schiefstellungen oder Verdrehungen des Überbaus, der Lager oder der Unterbauten.

Alle drei Kraftarten sind unerwünscht und es ist das Bestreben eines jeden Konstrukteurs, diese Kräfte so klein wie möglich zu halten. Die Größe dieser Kräfte und die Verteilung auf das Bauwerk hängen in starkem Maße von der Lagerung ab.

Die Bremskräfte werden in ihrer Größe vorgeschrieben. Diese d'Alembert'schen Kräfte sind äußere Kräfte. Können sie vom Tragwerk nicht aufgenommen werden, so ist dessen Einsturz unvermeidlich. Die Regelwerke enthalten daher für die Annahme dieser Kräfte auf der sicheren Seite liegende Abschätzungen, nach heutiger Sprachregelung „obere Fraktilwerte".

Die Lagerbewegungen infolge Längenänderung des Überbaus sind abhängig von der Längenänderung selbst und von den Steifigkeitsverhältnissen. Liegt ein echter Festpunkt (z. B. auf einem Widerlager) vor, so ist die Berechnung sehr einfach, denn die Verformungswege der einzelnen Stützstellen sind bei der hierfür meist ausreichend zutreffenden Annahme unendlich starrer Überbauten unabhängig von den elastischen Verhältnissen und nur durch die Entfernung vom Festpunkt bestimmt. Aufwendiger ist die Rechnung, wenn Verformungslager verwendet werden oder bei Anordnung des Festpunktes auf einem schlanken Brückenpfeiler oder bei Anordnung mehrerer Festpunkte auf benachbarten Brückenpfeilern. In solchen Fällen muss der Festpunkt in Abhängigkeit von den elastischen Verhältnissen ermittelt werden. In [101] wird gezeigt, wie in einem solchen Fall bei Verformungslagern vorzugehen ist. Bei Verwendung von beweglichen Lagern dürfte in der Regel mit genügender Näherung auch bei festen Lagern auf schlanken Pfeilern der Festpunkt beim festen Lager liegen. Eine Überschlagsrechnung – Vergleich der Verschiebung am Pfeilerkopf mit dem festen Lager infolge der (einseitig) addierten Widerstandskräfte mit den rechnerischen Verschiebewerten der beweglichen Lager – dürfte im Einzelfall eine schnelle Klärung dieser Frage bringen.

Ist diese Verschiebung am Pfeilerkopf z. B. kleiner als 1/10 der mittleren Verschiebung aller beweglichen Lager, so ist die Annahme, dass Festpunkt und festes Lager identisch sind, sicher gerechtfertigt.

Die Längenänderung des Überbaus hat folgende mögliche Ursachen:

1. Vorspannung
2. Kriechen (nur bei Beton)
3. Schwinden und Quellen (nur bei Beton)

4. Temperatur
5. Eigengewicht
6. Verkehr
7. Baugrundbewegungen

Die Ursachen 5 und 6 wirken bei Balkenbrücken ausschließlich infolge Verdrehung aus der Durchbiegung des Überbaus. In geringem Maße ergeben die Ursachen 1 und 2 und bei ungleichmäßiger Temperaturverteilung auch die Ursache 4 Verdrehungsanteile, die aber meist vernachlässigt werden können.

Der Verschiebeweg infolge Verdrehung ist bei Balken mit konstantem Querschnitt

$$\Delta l_\vartheta = \vartheta \cdot h \tag{3.1}$$

wobei ϑ der Drehwinkel des Überbaus und h der Abstand zwischen der sich verschiebenden Stelle des Lagers und dem Drehpunkt des Überbaus ist. Bei beweglichen Lagern ist dieser Drehpunkt gleich dem Schnittpunkt der Pfeilerachse mit der Schwerachse des Überbaus. Sind die Lager im Schwerpunkt angeordnet, entfällt dieser Anteil also. Er ist auch sonst im Vergleich zu den anderen Verschiebungsanteilen für die Bemessung des Verschiebeweges häufig vernachlässigbar klein. Eine besondere Bedeutung kann dieser Anteil jedoch für die Dauerschmierung bei Gleitlagern bekommen. Die in der Regel vorhandene Zwangskippung beim festen Lager um einen Punkt in Höhe des Lagers führt übrigens dazu, dass zu dem Wert nach Gl. (3.1) noch ein Translationsanteil zu addieren ist:

$$\Delta l_\vartheta = \vartheta \cdot h + \vartheta_F \cdot h_F \tag{3.2}$$

wobei ϑ_F und h_F die Werte am festen Lager sind (vgl. Bild 3.7).

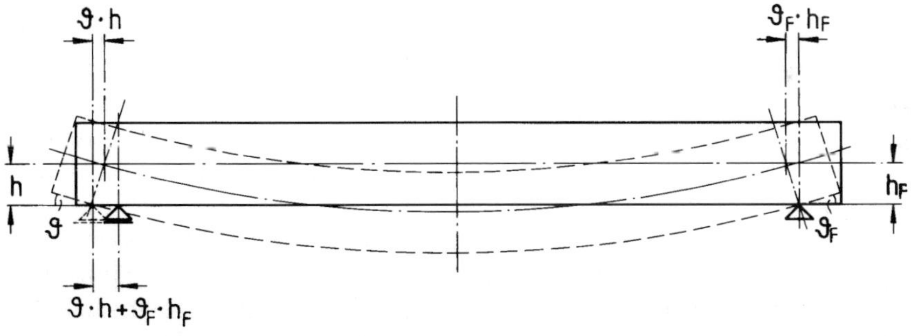

Bild 3.7 Translation am beweglichen Lager infolge Verdrehung

Die genauere Ermittlung der Verlängerung der Balkenfaser in Höhe der Lager sieht etwas anders aus, wäre aber zum einen hier unangemessen kompliziert und ist andererseits jedem Tragwerksplaner heutzutage zugänglich, so dass im Rahmen dieses Buches auf weitere Ausführungen dazu verzichtet werden kann.

Auf eine vielleicht überraschende Angelegenheit ist in diesem Zusammenhang jedoch hinzuweisen. Die korrekte Ermittlung der Verformung setzt voraus, dass alle nicht vernachlässigbaren Einwirkungen berücksichtigt werden. Messungen an

Brücken [135] haben gezeigt, dass die Überfahrt einzelner Fahrzeuge extrem kleine Gleitbewegungen (bis nahezu null!) erzeugen, eine Folge des in diesem Fall nicht vernachlässigbaren Reibungswiderstands in der Gleitfuge bei den Gleitlagern oder des Verformungswiderstands der Gleitplatte.

Der Verschiebungsanteil aus Vorspannen ist ein kurzzeitiger, einmaliger Anteil. Die Anteile aus Kriechen und Schwinden sind nach ca. 4 Jahren auf vernachlässigbare Werte abgeklungen. Sind diese Anteile bemessungsentscheidend, so können sich voreingestellte oder nachstellbare Lager lohnen.

Der Anteil aus Temperatur ist während der gesamten Lebensdauer der Brücke mit einem täglichen und einem jährlichen Rhythmus vorhanden.

Kräfte in Längsrichtung sind bei beweglichen Lagern ursächlich, aber nicht größenmäßig von den Verformungswegen abhängig, während bei Verformungslagern und bei festen Lagern (z. B. wenn feste Lager auf mehreren Pfeilern hintereinander angeordnet sind) die Rückstellkraft proportional der Verschiebungsgröße ist.

Bei beweglichen Lagern wird die Größe der Rückstellkraft abhängig von der Vertikalbelastung mit Gl. (3.3) ermittelt.

$$F_{xy} = \mu \cdot F_z \qquad (3.3)$$

Die Reibungszahl μ ist keine Konstante. Sie nimmt mit der Belastung bei Rollenlagern (Stahl) zu und bei Gleitlagern (Gleitwerkstoff) ab. Die Abnahme bei Gleitlagern ist dergestalt, dass man zur Vereinfachung der Rechnung dort auch die zur maßgebenden Pressung gehörige H-Kraft als Konstante annehmen könnte – man läge damit auf der sicheren Seite:

$$F_{xy} = (\mu \cdot \mathrm{zul}\,\sigma) \cdot A \qquad (3.4)$$

Die analytische Beziehung zwischen Reibungszahl μ und Pressung σ in der Gleitfuge sieht im Übrigen so aus:

$$\mu = C_1/(C_2 + \sigma) \qquad (3.5)$$

Siehe hierzu auch entsprechende Regelung in DIN EN 1337 Teil 2 Anhang B und ggf. in den Zulassungen.

3.2.4 Abtragung horizontaler Lasten in Brückenquerrichtung

In Querrichtung treten folgende ursächlich verschiedene Lastarten auf:

1. Windlasten.
2. Zwängungskräfte infolge Längenänderung.
3. Komponenten aus lotrechter Last infolge Schiefstellung.
4. Fliehkräfte und Seitenstoß bei Eisenbahnbrücken.

Zu den unter 2. und 3. aufgeführten Ursachen gilt das unter 3.2.3 mitgeteilte sinngemäß.

Die Aufnahme der Windlasten ist bei großen Brücken bisweilen problematisch, denn die nach Norm zugrunde zu legenden Werte sind sehr hoch.

Ist eine Brücke einige hundert Meter lang, so ergibt sich hieraus eine gewaltige Windlast, die mit einer möglichst zwängungsfreien Lagerung – also mit nur 2 Lagern, die in Querrichtung Kräfte aufnehmen können – nicht mehr realisierbar ist. Es ist andererseits kaum vorstellbar, dass bei einem Orkan die rechnerische Windlast gleichzeitig auf voller Brückenlänge auftritt. Es wäre sicher lohnend, durch Messungen der Frage nachzugehen, welche Lastlängen in Abhängigkeit von der Lastgröße bei Brücken realistisch sind, und zwar weniger zwecks Einsparung von Kosten, sondern um eine zwängungsarme Lagerung zu verwirklichen.

Es bleibt abzuwarten, ob künftige Regelungen in diesem Punkt mehr Möglichkeiten offen lassen.

Die Annahme einer konstanten Windbelastung in Querrichtung und die Verfolgung dieser Kräfte im Bauwerk kann bei Talbrücken mit veränderlicher Pfeilerhöhe zu einer aufwendigen Berechnung führen, die insbesondere, wenn die Pfeiler auch noch mit der Höhe veränderliche Querschnitte haben, von Hand nicht mehr durchführbar ist. Auch wenn durch die heutigen EDV-Möglichkeiten dies nicht mehr als Problem anzusehen ist, sei doch folgende Bemerkung gestattet: Eine solche exakte Ermittlung passt nicht zu pauschalen Annahmen für den spezifischen Winddruck. Der pauschalen Lastannahme adäquat ist eine pauschale Verteilung der Windlast auf die einzelnen Pfeiler ohne Berücksichtigung der Elastizität des Überbaus und der Pfeiler. Wer etwas genauer sein will, kann ja den längeren Pfeilern etwas kleinere Anteile zugunsten der kürzeren Pfeiler geben. Jede weitergehende Rechenverfeinerung führt nicht zu genaueren Ergebnissen, sondern nur zu vermehrter Arbeit. Zu beachten ist jedoch, dass bei Entwurfsvergleichen verschiedener Lösungen die Lastannahmen jeweils gleich sein müssen.

Inwieweit die Lagerungsunterschiede (Polstrahllagerung/Tangentiallagerung) eine unterschiedliche Kräfteverteilung in den Führungen der einseitig beweglichen und in den festen Lagern bewirken, lässt sich mangels ausreichender Parameterstudien nur durch direkten Vergleich am konkreten Beispiel beurteilen. Während es bei den äußeren Kräften dabei in der Regel nur um eine möglichst gleichmäßige Weiterleitung geht, lässt sich der Zwang – insbesondere der aus Temperaturänderung – durch geschickte Wahl der Lagerung gering halten, siehe Kap. 2.

3.2.5 Kräfte in Abhängigkeit von der Lagerart

Ein Schnitt durch ein Konstruktionsteil kann im Allgemeinen 6 „Kräfte" auslösen: eine Normalkraft, 2 Querkräfte, 2 Biegemomente und ein Torsionsmoment. Letzteres spielt bei den in horizontaler Richtung sehr steifen Brücken meist keine Rolle. Ist x die Längsrichtung und y die Querrichtung, so könnten die im Lager grundsätzlich übertragbaren Kräfte und Momente bezeichnet werden mit:

$F_{\mathrm{z}}, F_{\mathrm{x}}, F_{\mathrm{y}}, M_{\mathrm{x}}, M_{\mathrm{y}}, M_{\mathrm{z}}.$

In der Tabelle 3.3 sind die verschiedenen Lager und die zugehörigen Kräfte, die übertragen werden, aufgeführt.

Tabelle 3.3 Übertragbare Kräfte durch Lager, bezogen auf das Bauwerk

Symbole	Fz	Fx	Fy	Mx	My	Mz
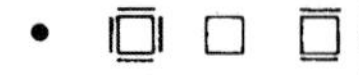	x	x	x	□	□	○
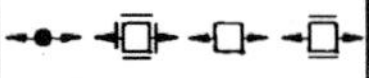	x	□	x	□	□	○
	x	□	□	□	□	○
	○	□	x	○	○	○
	○	x	x	○	○	○

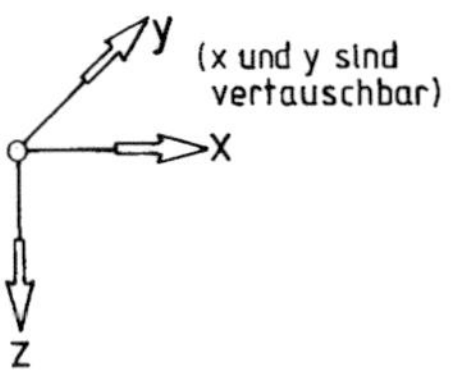

x Planmäßige Kräfte
□ Unerwünschte Kräfte von kleiner, aber nicht immer vernachlässigbarer Größe für das Bauwerk
○ Unerwünschte Kräfte von stets vernachlässigbarer Größe für das Bauwerk

Die mit x gekennzeichneten Werte sind in jedem Fall für das Bauwerk zu berücksichtigen. Bei den mit □ gekennzeichneten Werten muss im Einzelfall nachgeprüft werden, ob die Kraft vernachlässigbar ist oder nicht (z. B. ist die Reibungskraft F_x eines Gleitlagers für den Überbau in der Regel vernachlässigbar, nicht aber für einen hohen Pfeiler).

In Tabelle 3.4 sind die Ursachen, die normalerweise für die Kräfte in Betracht kommen, zusammengestellt. Nicht alle Werte lassen sich auf einfache Weise ermitteln. Schlanke Stützen erfordern eine Untersuchung nach Theorie II. Ordnung, die Werte aus Kriechen und Schwinden lassen sich vor Baubeginn nur grob abschätzen.

Tabelle 3.4 Lagerkräfte und deren Ursache

F_z	Eigengewicht, Verkehr, Wind quer zur Brücke
F_x am festen Lager	Bremsen, Reaktion zu den Reibungskräften, Rückstellkräfte aus Verschieben durch Kriechen, Schwinden, Vorspannen und Temperatur, Zwängungen durch Verwölbung der Konstruktion
F_x, F_y am beweglichen Lager	Reibungskräfte, abhängig von F_z
F_y am festen Lager	Wind, Fliehkräfte bei gekrümmten Eisenbahnbrücken, Rückstellkräfte aus Verschieben durch Kriechen, Schwinden, Vorspannen, Temperatur, Reaktion zu den Reibungskräften
M_x und M_y	Exzentrizität von F_z, Rückstellmoment aus Verdrehung durch Eigengewicht, Vorspannen, Verkehr

Zwängungskräfte an festen und – quer zur Bewegungsrichtung – an den einseitig beweglichen Lagern entstehen übrigens auch bei jeder in Horizontalrichtung statisch unbestimmten Lagerung, abhängig davon, ob Polstrahl- oder Tangentiallagerung vorliegen. Der Unterschied in den Zwängungskräften ist häufig geringer, als ohne Rechnung zu vermuten ist.

3.2.6 Lagerbewegungen

Eine exakte Ermittlung der Verformungen – Verdrehung und Verschiebung – ist im Allgemeinen kaum möglich. Bei Stahlkonstruktionen lassen sich die Verformungen aus Schrumpfspannungen infolge Schweißens und infolge Montageungenauigkeiten nur in ihrer Größenordnung abschätzen, bei Massivbauten sind die Unsicherheitsfaktoren in erster Linie Schwinden und Kriechen. Während beim Stahlbau eine Überprüfung der Annahmen und gegebenenfalls eine Korrektur der Nullstellung unmittelbar nach Fertigstellung möglich sind, wirkt sich der Einfluss des Kriechens beim Beton erst nach 1 bis 2 Jahren voll aus. Die sichere Abschätzung dieser Verformungen ist Voraussetzung für die Stabilitätsuntersuchung der Pfeiler nach Theorie II. Ordnung. Wie diese Untersuchung in Abhängigkeit von der Lagerung durchzuführen ist, wird in Abschnitt 3.3 gezeigt.

Zu den genannten Verformungen der Überbauten addieren sich immer die Verformungen der Unterbauten und des Baugrundes.

Zur Ermittlung der Lagerverschiebungen bei Spannbeton-Balkenbrücken sei auf die Zusammenfassung der Dissertation von *Hütten* in Kap. 7 verwiesen.

Die Aufgabe der in einer Richtung beweglichen Lager, sowohl Längenänderungen aus Temperaturschwankungen und Schwinden, elastische und plastische Verkürzungen infolge Vorspannung als auch Auflagerverdrehungen infolge Durchbiegung gleichzeitig zuzulassen, lässt sich vor allen Dingen bei gekrümmten Brücken mit den Lagern Nr. 1.5, 2.2, 3.3, 3.4, 4.2 und 8.2 in Tabelle 1 der Lagernorm DIN EN 1337 Teil 1 (s. dort Fußnote 1) zwängungsarm lösen. Kapitel 2 enthält hierzu ausreichende Angaben zur Lageranordnung und -ausrichtung.

3.2.7 Lagesicherheit

Die Unterstützungen eines Baukörpers müssen in Lage und Anordnung so beschaffen sein, dass der Baukörper nicht wegrutscht, dass er nicht umkippt und dass er seine Gliederung nicht verändert, d. h. dass keine der Unterstützungen ihren Halt durch „Abheben" verliert. Zum Nachweis der Gleitsicherheit siehe Abschnitt 5.2 in DIN EN 1337 Teil 1.

Die beiden anderen Lagesicherheitsnachweise

- Umkippen und
- Abheben

sind prinzipiell stofffreie Nachweise.

Bei Straßenbrücken werden sie als Nachweise für das Gesamtbauwerk nur selten bemessungsrelevant sein. Es handelt sich bei diesen Nachweisen um den Nachweis an der stärker gedrückten und an der weniger gedrückten Seite.

Zur Erläuterung seien die Lagerungsprobleme „Abheben“ und „Umkippen“ beispielhaft verdeutlicht:

Eine leichte Brücke (z. B. Fußgängerbrücke), deren Lagerpaare sehr eng nebeneinander stehen (Bilder 3.8 und 3.9), ist bei voller Windlast umkippgefährdet.

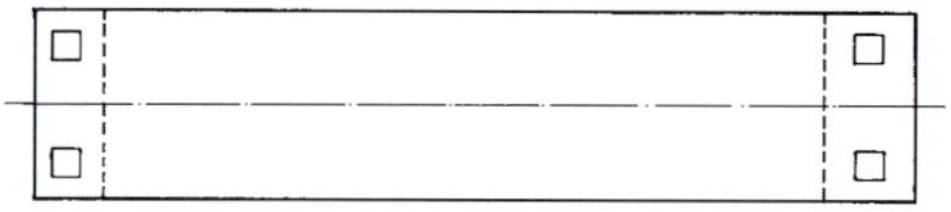

Bild 3.8 Schmale Einfeldbrücke in der Draufsicht

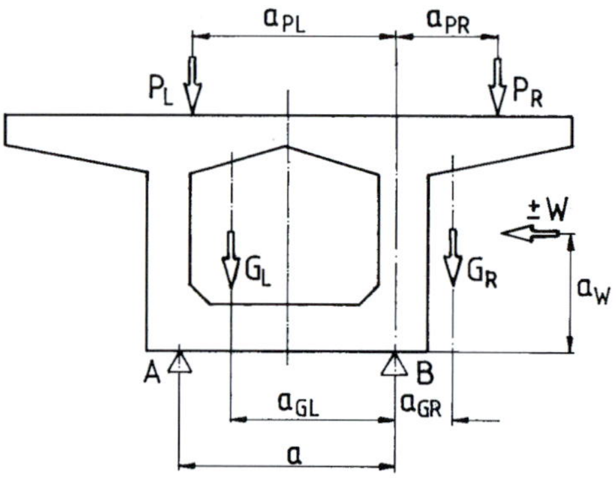

Bild 3.9 Querschnitt der Brücke in Bild 3.8
(p ≙ Verkehrslast, G ≙ Eigengewicht, W ≙ Windlast, L, R ≙ links, rechts)

Es wäre nachzuweisen z. B. Kippen um B:
Wind von rechts:

$$1{,}05 \cdot G_L \cdot a_{GL} - 0{,}95 \cdot G_R \cdot a_{GR} + 1{,}3 \cdot (W \cdot a_W + P_L \cdot a_{PL}) \leq \frac{A_{R,k}}{1{,}3} \cdot a \tag{3.6}$$

und Wind von links:

$$0{,}95 \cdot G_L \cdot a_{GL} - 1{,}05 \cdot G_R \cdot a_{GR} - 1{,}3 \cdot (W \cdot a_W + P_R \cdot a_{PR}) \geq 0 \tag{3.7}$$

($A_{R,k}$ ist der charakteristische Wert der aufnehmbaren Last in A).

In Gl. (3.7) wurde bereits der Grundsatz berücksichtigt, dass Zuglager nicht verwendet werden sollen. Dann ist der Nachweis am weniger gedrückten Lager praktisch der Nachweis einer ausreichenden „Spreizung“: Durch Vergrößerung von a lässt sich das Verhältnis von günstigen und ungünstigen Einflüssen so verändern, dass die Lagesicherheit ausreichend ist.

Hierbei wurde eine einfeldrige, gerade Brücke angenommen.

Die Nachweise „Abheben“ und „Umkippen“ fallen in diesem Fall hinsichtlich der Laststellung (des Verkehrs) zusammen.

Bei einer mehrfeldrigen, gekrümmten Brücke ist dies nicht der Fall (Bild 3.10).

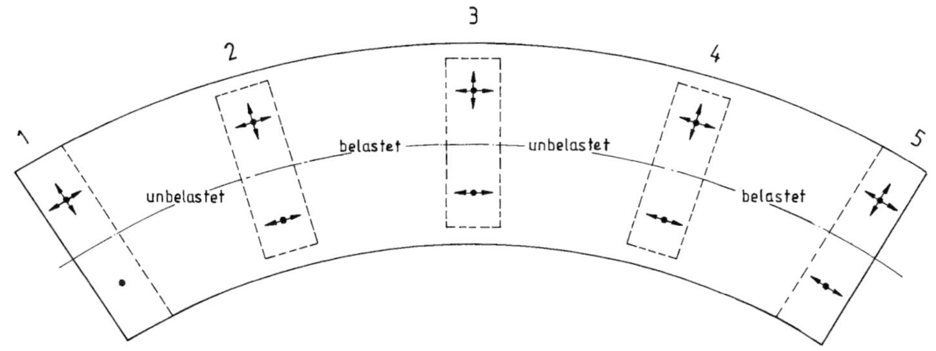

Bild 3.10 Teilbelastungen „Verkehr" für den Nachweis „Abheben in Achse 1" bei einer gekrümmten Mehrfeldbrücke

Werden bei dieser Brücke ebenfalls nur Drucklager vorausgesetzt, so ist nachzuweisen, dass auch bei ungünstigster Konstellation kein Lager abhebt. Dabei wirken auch feldweise veränderliche Verkehrslasten mit, so dass nicht von vornherein feststeht, ob der Nachweis „Umkippen" ungünstiger ist. Er muss also zusätzlich geführt werden. Im Fall sehr ungünstiger Stützweitenverhältnisse können bereits die Vertikallasten ohne Wind einzelne Lager auf Abheben gefährden (Bild 3.11).

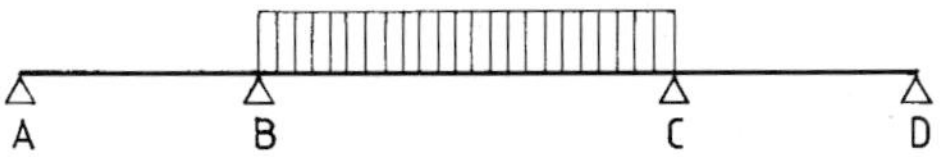

Bild 3.11 Lastfall „Abheben der Endauflager" bei ungleichen Stützweiten eines Dreifeldträgers

Auch in diesem Fall ist beides nachzuweisen: kein Abheben bei A und D, keine Überbeanspruchung bei B und C. Bemessungsentscheidend für B und C wird in aller Regel jedoch der Nachweis bei Vollast sein.

3.2.8 Sicherheitsbetrachtungen unter Berücksichtigung der Lagereigenschaften

Im Abschnitt 3.3 und 3.4 wird das Handwerkszeug geliefert, mit dem es möglich ist, im Rahmen der derzeit geltenden und üblichen Berechnungskonzeptionen eine auf der sicheren Seite liegende Stabilitätsuntersuchung unter Berücksichtigung des Einflusses der Lagerung durchzuführen. Dabei bezieht sich die „sichere Seite" auch auf Lastannahmen, wobei im Rahmen dieses Buches hauptsächlich die Lastannahmen interessieren, die mit den Eigenschaften der Lager zusammenhängen, also die Abhängigkeit der Rückstellkräfte von der Verformung (Federkennwert) bzw. von der Last (Reibungszahl).

Wo es nötig ist, unabhängig von Regeln Nachweise in eigener Verantwortung zu führen, kann sich in gewissen Einzelfällen – insbesondere bei besonders schlanken Bauwerken – eine genauere Berücksichtigung der Abhängigkeiten unter Einbeziehung von Wahrscheinlichkeitsüberlegungen lohnen. Wir können hier nur die in diesem Zusammenhang wichtigsten Dinge aufzeigen und die Konsequenzen andeuten.

Gleitlager

Dass mit zunehmender Pressung bei Gleitlagern die Reibungszahl abnimmt, ist inzwischen allgemein bekannt.

Ist die Reibungszahl unter höherer Pressung bekannt, so spricht nichts dagegen, bei der Bemessung des Bauwerks konsequent diese zu berücksichtigen. Weiterhin ist zu bedenken, dass die zugelassenen bzw. normativ festgelegten Reibungszahlen Laborwerte bei einer Temperatur von −35 °C sind. Kann man sicherstellen, dass die tiefste Temperatur, der ein Lager ausgesetzt ist, wesentlich höher als −35 °C ist, so lohnt es sich, dies zu berücksichtigen, denn bei Raumtemperatur beträgt z. B. die Reibungszahl nur noch ca. 25 % des Wertes bei −35 °C. DIN EN 1337 Teil 2 schließt eine solche Methode nicht aus.

Weiterhin ist in den zugelassenen Werten qualitativ Verschleiß (als Folge von partiellem Trockenlauf) bis zu einem gewissen Grade berücksichtigt worden. Auch diesen Faktor kann man natürlich ausschalten oder ermäßigen, indem man z. B. die Gleitplatte auswechselt, wozu allerdings ein Anheben des Bauwerks notwendig ist.

In der Regel kann das Auswechseln auf eine neue, geschmierte Gleitplatte beschränkt werden.

Wenn permanent Raumtemperaturen im Lager gehalten werden könnten und eine regelmäßige Erneuerung der Gleitplatte erfolgen würde, so wäre für höhere Pressungen die Erzielung einer Reibungszahl von wesentlich weniger als 1 % – also weniger als bei hochbelasteten Rollenlagern – kein Problem.

Bei schlanken Bauwerken sollte man außerdem stets folgende Überlegung anstellen: Zur rechnerischen Horizontalkraft F_R aus der Reibung gehört eine elastische Verschiebung v_e zwischen Überbau und Unterbau, die sich elementar ermitteln lässt, etwa bei Brücken aus der Biegesteifigkeit der Stützen. Die Verschiebung infolge Schwinden, Kriechen, Temperatur und Vorspannen vollzieht sich als ein Vorgang mit sehr häufig wechselnden Richtungen. Der größtmögliche Wert, der in einer Richtung ohne zwischenzeitliche Umkehr auftreten kann, ergibt sich näherungsweise aus der Verschiebung, die zum größtmöglichen Temperaturgefälle zwischen Tag und Nacht gehört, also in Deutschland vielleicht 20 K. Die anderen Werte sind in einem 24-Stunden-Zeitraum verschwindend gering. Wenn nun dieser Wert – er möge mit v_d bezeichnet werden – kleiner ist als v_e,

$$v_d < v_e \qquad (3.8)$$

so kann sich die in Rechnung gestellte Reibungskraft gar nicht einstellen, da schon ein festes Lager bei dieser Bewegung eine kleinere Kraft übertragen würde. Oder anders ausgedrückt: Würde sich ein Reibungswiderstand in der angegebenen Größe einstellen, so würde die Lagerbewegung nicht stattfinden, weil der elastische Widerstand kleiner ist. Da wir es insbesondere bei Brücken mit wechselnden Lasten zu tun haben und bei geringeren Lasten die Reibungskraft auch bei Gleitlagern (trotz höherer Reibungszahl!) abnimmt, genügt es, nur die ungünstigste Temperaturdifferenz eines Tages zu nehmen, denn in dieser Annahme steckt bereits die sehr unwahrscheinliche Unterstellung, dass an diesem Tage während der ganzen Zeit die rechnerische Höchstlast wirkt. Jede Teilentlastung führt sofort zu einer Entspannung des Lagers, ebenso eine Temperaturerhöhung. Es soll an dieser Stelle nicht verschwiegen werden, dass der beschriebene Effekt auch eine Gefahr beinhaltet, nämlich wenn infolge Kriechens eine Pfeilerkrümmung bei Bewegungsumkehr nicht voll zurückgeht und dann – weil dies bei der Dimensionierung unberücksichtigt blieb – die Lagerplatte zu kurz ist.

In [136] haben *Weihermüller* und *Knöppler* das Problem, die 3 Größen Auflast, Reibungskraft und Pfeilerverformung in den mechanisch richtigen Zusammenhang zu bringen, dadurch gelöst, dass sie die Pfeilerkopfverformung als unabhängige Variable angesehen haben, aus der die Horizontalkraft bei fest vorgegebener Vertikallast folgt, s. Abschnitt 3.4.

Die Reibungszahl wird kleiner mit zunehmender Pressung, mit abnehmender Geschwindigkeit und mit zunehmender Temperatur. Dieser Zusammenhang gilt qualitativ unabhängig davon, ob das Lager geschmiert ist oder nicht.

Die in den Regeln angegebenen Reibungszahlen wurden im Labor unter den zugeordneten Pressungen bei einer Temperatur von −35 °C und einer Gleitgeschwindigkeit von 0,4 mm/sec erreicht. Die Versuchslager waren geschmiert. Solange die Schmierung im Lager noch im ausreichenden Maße vorhanden ist, kann man davon ausgehen, dass die Reibungszahlen nur sehr selten in dieser Höhe erreicht werden, nämlich dann, wenn bei der seltenen Temperatur von −35 °C die maximale Auflast vorhanden ist und eine Bewegung stattfindet.

Sorge bereitet allgemein die Frage, was passiert, wenn trotz der Schmiertaschen der Vorrat an Schmiermittel verbraucht ist und die Reibungszahlen – unter gleichen Umständen – merklich in die Höhe gehen. Ideal erscheint eine Nachschmierung des Lagers, die vielleicht alle 5 Jahre bei jedem Gleitlager durchgeführt werden müsste. Aber wer soll einen solchen Wartungsdienst organisieren und durchführen? Und wäre es dann nicht zweckmäßig, die Lager so zu konstruieren, dass sie mit geringem Aufwand, also z. B. nur durch Ansetzen einer „Schmierpresse“, nachgeschmiert werden können? Solche Lager wurden entwickelt [137]. Es wird jedoch angezweifelt, dass diese Methode einwandfrei funktioniert. Von gleichem Aufwand und wirkungsvoller ist ein komplettes Auswechseln der Gleitplatte und des Schmierstoffs, wie schon erwähnt.

Nun betrifft die Problematik wohlgemerkt einen Zustand, der Jahre nach der Erstellung des Bauwerks auftreten kann. In diesem Zustand gibt es in der Regel nur noch vier ursächlich unterschiedliche Lagerverschiebungen:

1. Verschiebung infolge Temperaturänderung bei Balkenbrücken (im Wesentlichen Längsverschiebung des Bauwerks);
2. Verschiebung infolge Verkehrsbelastung (bei Balkenbrücken z. B. infolge Verdrehung des Überbaus);
3. Schwinden und Quellen des Betons;
4. Baugrundbewegungen.

Die Bewegung Nr. 1 – Temperatur – erfolgt mit einer Geschwindigkeit, die in der Größenordnung von µm/sec liegt, also mindestens 2 Zehnerpotenzen niedriger als die Bewegung im Labor, die den Reibungszahlen zugrunde liegt. Die Reibungszahl, die bei geschmierten Lagern dieser sehr kleinen Bewegungsgeschwindigkeit zugeordnet ist, dürfte vernachlässigbar sein. Mit anderen Worten: Dauergeschmierte Gleitlager, die nur Temperaturbewegungen auszugleichen haben, dürften einen sehr niedrigen Reibungswiderstand über die gesamte Lebensdauer des Bauwerks haben.

Brücken erhalten aber auch Bewegungen aus Verkehr – die Bewegung Nr. 2 – mit einer Geschwindigkeit, die nach *Breitbach* [135] etwa den Geschwindigkeiten der Laborlager entspricht. Die Bewegungsgröße ist sehr niedrig – bei Massivbrücken weit unterhalb von einem Millimeter – und ein großer Teil der rechnerischen Bewegung macht sich gar nicht als Gleitbewegung bemerkbar. Er verschwindet durch Schuberformung des Gleitplattenwerkstoffs und durch Nachgiebigkeit an anderen Teilen im Lager oder in der Konstruktion. Mit anderen Worten: Eine Konstruktion, bei der nur die Bewegung Nr. 2 zu kompensieren ist, also etwa eine Brücke innerhalb von unterirdischen Räumen mit konstanter Temperatur (Bergwerk, Tropfsteinhöhle) benötigt keine Gleitlager. Das Problem ist das Zusammenspiel der Bewegungen Nr. 1 – große Wege – und Nr. 2 – viele keine Einzelbewegungen, die sich jedoch zu großen Werten aufsummieren, dadurch Verschleiß erzeugen, die Schmierung beeinträchtigen und im Laufe der Zeit die Bewegung Nr. 1, für die der Einsatz der Lager primär erfolgt, erschweren und schließlich – wenn der Abrieb so groß ist, dass Stahl auf Stahl gleitet – unmöglich macht.

Das Fazit aus den vorigen Ausführungen: Da die Bewegung Nr. 1 Vorrang vor allen anderen Bewegungen hat, ist letztlich die Polstrahllagerung die bessere Lagerung gegenüber anderen Lösungen, siehe Kapitel 2!

Die unter 3. genannte jahreszeitabhängige Verschiebung ist zeitlebens im Bauwerk vorhanden, wird aber allgemein vernachlässigt und wurde hier nur der Vollständigkeit halber erwähnt. Sie ist für die nachfolgende Betrachtung unerheblich.

Die unter 4. genannte Verschiebung ist extrem langsam und daher etwa so zu beurteilen wie die Temperaturbewegung.

Topflager

Grenzbetrachtungen beim Topflager sind besonders einfacher Art: Im ungünstigsten Fall – sei es, dass das Spiel für den Verdrehungswinkel nicht ausreicht, oder dass bei extremer Kälte das Elastomer glasartig wird, was bei Naturgummi in unseren Breiten nicht zu befürchten ist, oder dass bei Überbelastung oder beim Versagen der Dichtung das Elastomer herausquillt – kann sich eine Lastexzentrizität von der Größe des Topfradius einstellen. Hierzu wird vorausgesetzt, dass die rechnerische Überbauverdrehung größer als die elastische Verdrehung des Pfeilerkopfes infolge einer solchen Exzentrizität ist. Andernfalls ist die zur Verdrehung gehörende Exzentrizität maßgebend.

Sind die Topflager als Kippteil unter einem Gleitlager angeordnet, so wird sich bei extremen Exzentrizitäten der Gleitspalt des Gleitlagers schließen. Durch die dann auftretende Reibung Stahl auf Stahl ist das Gleitteil praktisch blockiert. Wenn der

Einsatz des Lagers sinnvoll war, kann in beiden Fällen die Konsequenz nur die Auswechselung mindestens der beschädigten Teile sein.

Verformungslager
Die Problematik, die mit der genauen Berechnung von Elastomerlagern schlechthin verbunden ist, wird in Kapitel 4 behandelt. Die statischen Konsequenzen für Grenzbetrachtungen bei der Verwendung als Verformungslager sind folgende:

Die Verteilung äußerer am Überbau angreifender Horizontalkräfte auf die Unterbauten hängt von der Belastungsvorgeschichte, der Belastungsgeschwindigkeit und der Temperatur ab. Da der Widerstand unter sonst gleichen Umständen mit zunehmender Verformung wächst, wird die Verformungsgröße aus äußerer Belastung bisweilen überschätzt, die Belastungsgröße aufgrund der eingeprägten Verformungen dagegen realistisch erfasst, so dass man insgesamt auf der sicheren Seite liegt. Dass Lager, Pfeiler und Untergrund drei hintereinander geschaltete Federn sind, deren Wirkung im Gesamtsystem zu untersuchen ist, wurde an anderer Stelle bereits gesagt. Eine Erhöhung der Lasten um einen Sicherheitsbeiwert beträfe nicht nur die Vertikal- und Horizontalkräfte, sondern logischerweise auch die Verschiebungen und Verdrehungen, so dass im Allgemeinen die Schubspannungen im Lager ebenfalls um den γ-fachen Wert ansteigen. Bei Verformungslagern bieten sich für genauere Berechnungen daher aufgrund von Grenzbetrachtungen keine großen Vorteile gegenüber der normalen Bemessung an.

3.3 Einfluss der Lager auf die Stabilität der Bauwerke

3.3.1 Allgemeines

Zusammenstellung häufig verwendeter Bezeichnungen (z. T. abweichend von normativen Festlegungen)

N	Normalkraft	Schnittkräfte
Q	Querkraft	
M	Moment	

w	Verschiebung in Richtung Q
X	Koordinate in Richtung N
φ	Verdrehung (im Uhrzeigersinn positiv)
$\Delta\varphi$, Δw	Verformungssprünge im Lager
i, $i+1$	Zählindex
$sign$	Vorzeichen (+ oder –)
μ	Reibungszahl
EJ	Stabsteifigkeit
P	(Ersatz-)Lasten, äußere Vertikallast
l	Pfeilerlänge
ν	(pauschaler) Lasterhöhungsfaktor (Sicherheitsfaktor)
G	Schubmodul bei Verformungslagern
A	Fläche bei Verformungslagern
T	Nettohöhe von Verformungslagern

R Krümmungsradius (= Entfernung zum Pol) bei einer im Grundriss gekrümmten Brücke
H (äußere) Horizontalkraft, am Pfeilerkopf angreifend

Lager sind häufig Teile von Bauwerken, welche schlanke, auf Druck beanspruchte Bauteile enthalten (z. B. Pfeiler von Brücken). Diese Bauteile bzw. das ganze Bauwerk sind dann nach der Theorie II. Ordnung zu berechnen. Der Einfluss der verwendeten Lager ist dabei zu berücksichtigen, da je nach Typ unterschiedliche Ergebnisse zu erwarten sind. Insbesondere ist die Annahme, die Knicklänge eines Pfeilers mit verschieblichem Lager sei gleich der doppelten Pfeilerhöhe, im Allgemeinen nicht zutreffend.

Für die Berechnung eines Tragwerks unter Berücksichtigung der Verformungen sind zwei verschiedene Verfahren üblich:

a) Die Schnittlasten werden nach der Theorie I. Ordnung berechnet. Die Theorie II. Ordnung wird nur benutzt, um unter der Annahme eines unbeschränkt linear-elastischen Werkstoffes die Knicklängen der einzelnen Stäbe zu ermitteln. Mit diesen Knicklängen erfolgt die Bemessung nach einem dem jeweils vorhandenen Baustoff angepassten Verfahren, wobei die zusätzlichen Beanspruchungen infolge der Verformungen näherungsweise erfasst werden.
b) Die Schnittlasten und Verformungen werden nach der Theorie II. Ordnung am Gesamtsystem berechnet. Mit den dabei erhaltenen Ergebnissen werden die erforderlichen Nachweise geführt.

Es würde über den Rahmen dieses Buches hinausgehen, die Stabilitätsnachweise grundsätzlich zu behandeln. Es wird hier auf die entsprechende Literatur [49, 55, 66, 78, 88, 105] verwiesen. Die folgenden Ausführungen beschränken sich auf die Zusammenstellung der Randbedingungen in Abhängigkeit von der Lagerkonstruktion sowie auf die Angabe von Knicklängen bzw. Berechnungsverfahren für einfache Fälle. Die Ableitung dieser Beziehung kann [72] entnommen werden und ist daher hier nicht aufgeführt.

3.3.2 Rand- und Zwischenbedingungen für Lager

Befindet sich innerhalb oder am Ende eines Stabes ein Lager, so sind bei der Berechnung an diesen Punkten bestimmte Zwischenbedingungen bzw. Randbedingungen einzuhalten. Diese können bei Berechnungen nach der Theorie II. Ordnung wesentlich von der vorhandenen Normalkraft beeinflusst werden. In Bild 3.12 sind ein Stab mit einem Lager sowie die Definitionen der Schnittlasten und Verformungen dargestellt. Es ist zu beachten, dass die Normalkraft als Zugkraft positiv ist und dass Normalkraft und Querkraft parallel bzw. rechtwinklig zur unverformten Stabachse gerichtet sind. Die zugehörigen Bedingungsgleichungen sind in Tabelle 3.5 zusammengestellt. Die Gleichungen sind hier in der Form angegeben, wie sie für das Verfahren der Übertragungsmatrizen benötigt werden. Die für andere Berechnungsverfahren oder für die Verwendung als Randbedingungen erforderlichen Formulierungen sind daraus leicht herzuleiten.

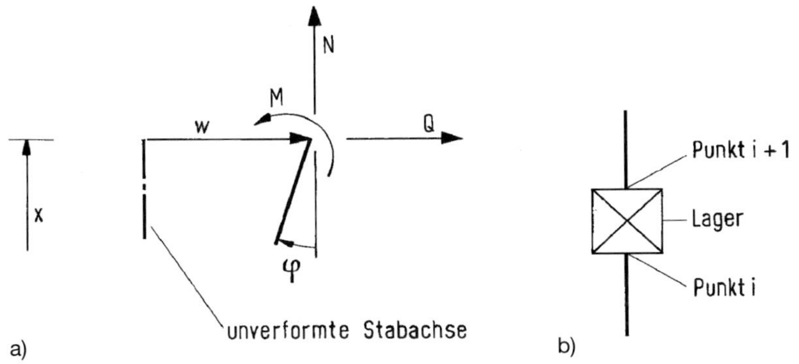

Bild 3.12 a) Schnittlasten und Formänderungen eines Stabes, b) Lager innerhalb eines Stabes

Die verschiedenen Lagertypen sind in Tabelle 3.5 zu fünf Gruppen zusammengefasst. In den zusätzlichen Gleichungen sind Anteile mit den Reibungszahlen μ als Faktor enthalten. Die Reibung ist als äußerer Lastfall aufzufassen und beeinflusst daher die Berechnung von Knicklängen nach Abschnitt 3.3.3 nicht. Die Krümmungsradien R sind mit Vorzeichen einzusetzen, und zwar positiv, wenn der Pfeil vom Krümmungsmittelpunkt zum Lager und in positive x-Richtung zeigt. Die rechten Seiten der Momentengleichungen sind zwar für die Bemessung der Lager selbst von Bedeutung, können jedoch bei Berechnung des Gesamtsystems im Allgemeinen vernachlässigt werden. Man liegt damit auf der sicheren Seite. Dadurch ist es möglich, die jeweils zu einer Gruppe zusammengefassten Lager in statischer Hinsicht gleich zu behandeln. Bei den Zwischenbedingungen sind die Verformungssprünge durch

$$\Delta w = w_{i+1} - w_i, \qquad \Delta\varphi = \varphi_{i+1} - \varphi_i \tag{3.9}$$

definiert. Zu den angegebenen zusätzlichen Gleichungen kommen noch folgende für alle Lagerarten gültige Übertragungsbedingungen hinzu:

$$\begin{aligned} w_{i+1} &= w_i + \Delta w \\ \varphi_{i+1} &= \varphi_i + \Delta\varphi \\ M_{i+1} &= M_i - N \cdot \Delta w \\ Q_{i+1} &= Q_i \end{aligned} \tag{3.10}$$

Es wird vorausgesetzt, dass am Lager keine Punktlasten angreifen. Die Federkonstante C_Q bei Verformungslagern ist

$$C_Q = \frac{G \cdot A}{T} \tag{3.11}$$

Dabei bedeuten
G Schubmodul
A Lagerfläche
T Nettohöhe

Tabelle 3.5 Zwischenbedingungen für Lager

Zuordnung der Lagerbezeichnungen nach DIN 4141 und EN 1337:

DIN 4141	7a	7c	3, 7d	7b	1	11a	9a	9c	5	9b
EN 1337	4.1	2.1	1.6	3.1, 3.2	1.1	6.1	4.3	2.3	1.4	3.5

Lagergruppe			Lagertyp	Zwischenbedingungen		
Nr.	Bezeichnung nach DIN 4141			Verformungssprünge	zusätzliche Gleichungen	
1	Feste Lager	7a	Stahl-Punkt-kipplager	$\Delta\varphi$	$M_i = \frac{R_i \cdot R_{i+1}}{R_{i+1} - R_i} \cdot N \cdot \Delta\varphi$	
		7c	Topflager		$M_i = -C_M \cdot \Delta\varphi - \lvert Q \rvert \cdot \mu_F \cdot a \cdot \text{sign}\,\Delta\varphi$ [1)]	
		3, 7d	Elastomerlager mit Festhalte-konstruktion			
		7b	unverschiebliche Kalottenlager		$M_i = R \cdot N\,(\Delta\varphi - (\mu_i + \mu_{i+1})\,\text{sign}\,(\Delta\varphi \cdot R)) - \lvert Q \rvert \cdot \mu_F \cdot a \cdot \text{sign}\,\Delta\varphi$ [1)]	
2	Verformungslager	1	Elastomerlager	$\Delta\varphi$ Δw	$M_i + M_{i+1} = -2\,C_M\,\Delta\varphi$	$Q_i - N\,(\varphi_i + \varphi_{i+1})/2 = C_Q \cdot \Delta w$
3	Rollenlager [2) 3)]	11a	Rollenlager	$\Delta\varphi$ Δw	$M_i + M_{i+1} = 0$	$Q_i - N\,(\varphi_i + \varphi_{i+1})/2 = -\mu N\,\text{sign}\,\Delta w$

4	Kippgleitlager[2)3)] Gleitschicht bei i+1	9a	Punktkippgleitlager	$\Delta\varphi$ Δw	$M_i = \frac{R_i \cdot R_{i+1}}{R_{i+1} - R_i} \cdot N \cdot \Delta\varphi$	$Q_{i+1} - \mathrm{N}\ \varphi_{i+1} = -\mu N \operatorname{sign} \Delta w$
		9c	Topfgleitlager		$M_i = -C_\mathrm{M} \cdot \Delta\varphi$	
		5	Elastomergleitlager			
		9b	Kalottengleitlager		$M_i = R\,(Q_i + N\,(\mu_i \cdot \operatorname{sign}(\Delta\varphi \cdot R) - \varphi_i))$	$Q_{i+1} - \mathrm{N}\ \varphi_{i+1} = -\mu_{i+1} N \operatorname{sign}(\Delta w - R \cdot \Delta\varphi)$
5	Kippgleitlager[2)3)] Gleitschicht bei i	9a	Punktkippgleitlager	$\Delta\varphi$ Δw	$M_{i+1} = \frac{R_i \cdot R_{i+1}}{R_{i+1} - R_i} \cdot N \cdot \Delta\varphi$	$Q_i - N\ \varphi_i = -\mu N \operatorname{sign} \Delta w$
		9c	Topfgleitlager		$M_{i+1} = -C_\mathrm{M} \cdot \Delta\varphi$	
		5	Elastomergleitlager			
		9b	Kalottengleitlager		$M_{i+1} = R\,(Q_{i+1} + N\,(\mu_{i+1} \cdot \operatorname{sign}(\Delta\varphi \cdot R) - \varphi_{i+1}))$	$Q_i - N\ \varphi_i = -\mu N \operatorname{sign}(\Delta w - R \cdot \Delta\varphi)$

1) Der letzte Anteil der Gleichungen gibt den Einfluss der Reibung in den Anschlag- und Führungsflächen wieder. Dabei ist μ_F der Reibungsbeiwert und a der Abstand des Schwerpunktes der Reibungsfläche von der Lagerachse. Genaueres siehe Abschnitt 4.4.

2) Bei Lagern mit Gleitschichten gelten die Gleichungen für die entsprechenden Lager ohne Gleitschicht, wenn der Absolutbetrag der Querkraft in der Gleitfuge den μ-fachen Absolutbetrag der Normalkraft nicht überschreitet.

3) Die Reibungsanteile sind in den Gleichungen so angegeben, wie sie sich theoretisch ergeben. Die Reibungsbeiwerte enthalten jedoch auch Sicherheitszuschläge und -koeffizienten. Bei der Anwendung der Gleichungen sind daher die unter Berücksichtigung dieser Gesichtspunkte erlassenen Vorschriften zu beachten.

Wie man den Gln. (3.10) und Tabelle 3.5 entnehmen kann, ist das Elastomerlager, wenn C_Q unendlich ist (unendliche Schubsteifigkeit), identisch mit dem Kipplager, und wenn C_Q null ist (keine Schubsteifigkeit), entspricht es etwa dem Rollenlager.

Alle Angaben beziehen sich auf die Wirkungsweise der Lager in ihrer Hauptverschiebungsrichtung. Sind die entsprechenden Gleichungen auch für die Querrichtung erforderlich, z. B. bei Berechnung eines Pfeilers auf Knicken in zwei Richtungen, so sind die Beziehungen je nach Konstruktionsart der Tabelle 3.5 zu entnehmen. Dabei ist insbesondere zu beachten, dass Rollenlager und Linienkipplager in Querrichtung weder kippbar noch verschieblich sind, also wie eine starre Einspannung wirken, solange die Resultierende innerhalb der Kernfläche liegt.

3.3.3 Knicklängen von Pfeilern

3.3.3.1 Allgemeines

Die Knicklängen, welche für die in Abschnitt 3.3.1 unter a) genannten Berechnungsverfahren benötigt werden, sind mit den Beziehungen des Abschnittes 3.3.2 zu ermitteln.

Die behandelten Systeme sind dem Brückenbau entnommen, jedoch sind die Beziehungen auch bei anderen gleichartigen Tragwerken sinngemäß anwendbar. Die Angaben über Knicklängen in den Abschnitten 3.3.3.1 bis 3.3.3.6 setzen voraus, dass die einzelnen Pfeiler konstante Biegesteifigkeiten haben und am Fußpunkt starr eingespannt sind. Die Belastungen müssen vom Überbau durch das Lager in den Pfeiler übertragen werden.

Es ist zweckmäßig, die Ermittlung der Knicklängen in zwei Schritten vorzunehmen, da es auf diese Weise einfach möglich ist, auch dann gute Näherungslösungen zu finden, wenn die oben genannten Voraussetzungen nicht erfüllt sind (vgl. Abschn. 3.3.3.5 und 3.3.3.7). Im ersten Schritt wird die „Knicksicherheit" ν ermittelt.

Die Knicklängen der einzelnen Pfeiler i ergeben sich anschließend zu

$$l_i = \frac{\pi}{\sqrt{\nu}} \cdot \sqrt{\frac{EI_i}{P_i}} \tag{3.12}$$

oder

$$l_i = \frac{\pi}{\sqrt{\nu}} \cdot \frac{l_i}{a_i} \tag{3.13}$$

mit

$$a_i = l_i \sqrt{\frac{P_i}{EI_i}} \tag{3.14}$$

Da die Knicklängenberechnung nach Gl. (3.12) oder (3.13) bei bekanntem Sicherheitsfaktor ν für alle Fälle gleich ist, wird im Folgenden nur noch die Ermittlung von ν gezeigt, sofern die Knicklängen nicht direkt angegeben werden können. In allen Formeln dürfen statt der tatsächlichen Größen auch Relativwerte $l_i | l_c$, $P_i | P_c$, $EI_i | EI_c$ verwendet werden. Die erhaltenen Knicklängen sind dann l_c-fach anzusetzen.

Beim Sicherheitsfaktor ν handelt es sich selbstverständlich um den rechnerischen Wert, der sich bei unbeschränkt linear-elastischem Baustoff ergeben würde.

Wird mit γ_F-fachen Einwirkungen und mit $1/\gamma_M$-fachen Steifigkeiten EI gerechnet, so gilt die Forderung $v \geq 1$. Altes und neues Bemessungsverfahren lassen sich so problemlos ineinander überführen.

3.3.3.2 Einzelpfeiler

Als Knicklängen von Pfeilern mit Lagern sind mindestens die Werte anzusetzen, die sich bei Annahme eines starren, unverschieblichen Überbaus ergeben würden. In Tabelle 3.6 und 3.7 sind die Werte für diesen Fall zusammengestellt.

Tabelle 3.6 Knicklängen von Pfeilern mit Lagern

<table>
<tr><th>Nr.</th><th>1</th><th>2</th><th>3</th><th>4</th><th>5</th></tr>
<tr><td>Lager</td><td>Kipplager</td><td>Elastomer-lager</td><td>Rollenlager</td><td>Kipp-gleitlager Gleitschicht oben</td><td>Kipp-gleitlager Gleitschicht unten</td></tr>
<tr><td>Knicklänge l_k</td><td>$0{,}7\,l$</td><td>$\varkappa \cdot l$ *)</td><td>l</td><td>$2\,l$</td><td>$1{,}12\,l$</td></tr>
<tr><td>Knicksicher-heit v</td><td colspan="5">$\pi^2 \cdot \frac{EI}{P \cdot l_k^2}$</td></tr>
<tr><td>Knickfigur</td><td>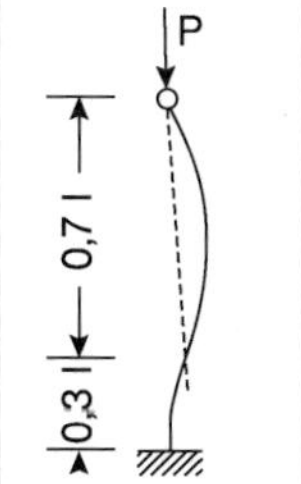
</td><td>zwischen 1 und 3

*) $\varkappa$ nach Tabelle 3.7</td><td>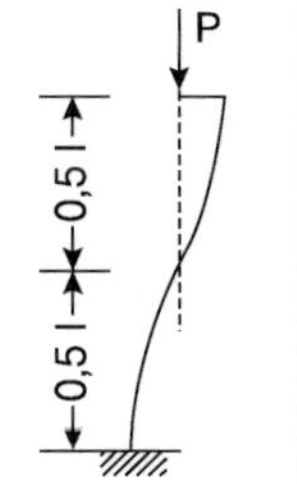
</td><td>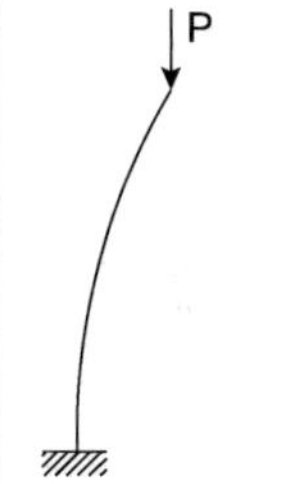
</td><td>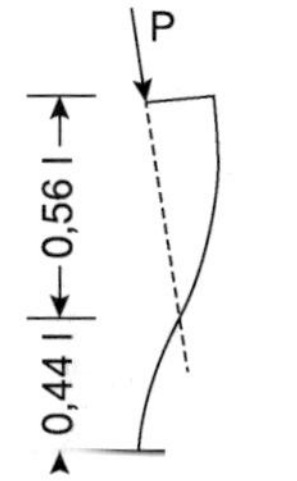
</td></tr>
</table>

Tabelle 3.7 Knicklängenbeiwert x für Elastomerlager

$\frac{C_Q \cdot l^3}{E \cdot J}$	0	1	2	5	10	20	∞
$\varkappa$	1,00	0,96	0,94	0,88	0,83	0,79	0,70

3.3.3.3 Gerade Brücken mit beliebigen Pfeilern

Brückenlängsrichtung
Ist der Überbau einer geraden Brücke auf unterschiedlichen Pfeilern gelagert (Bild 3.13), so muss zur Ermittlung der Knicklängen das Gesamtsystem untersucht werden.

Der Knickvorgang wird dabei durch Ausweichen des Überbaues eingeleitet. Zusätzlich ist zu prüfen, ob sich aus der Betrachtung des Einzelpfeilers nach 3.3.3.2 nicht

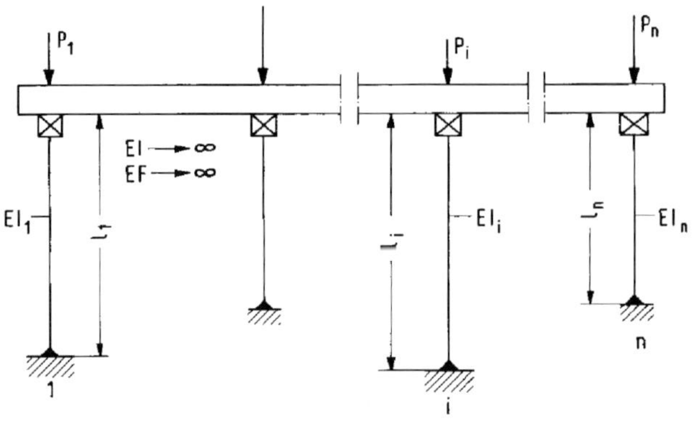

Bild 3.13 System mit ungleichen Pfeilern

größere Knicklängen ergeben, da die Knicksicherheit einzelner Pfeiler geringer sein kann als die des Gesamtsystems. Pfeiler mit Kippgleitlagern bei obenliegender Gleitschicht (Nr. 4 in Tabelle 3.6) haben immer die Knicklänge $l_k = 2\,l$. Andererseits ist die Knicksicherheit des Gesamtsystems von diesen Pfeilern unabhängig.

Die Knicksicherheit ν ist aus der Beziehung

$$f(\nu) = \sum_{i=1}^{n} Q_i\,(\nu) = \sum_{i=1}^{n} \frac{EI_i}{l_i^3} \cdot p\,(\beta_i) = 0 \tag{3.15}$$

zu berechnen. Gleichung (3.15) besagt, dass im Knickfall die Summe der Querkräfte in den Pfeilern bei einer Horizontalverschiebung des Überbaus null sein muss. Q_i ist die Querkraft des Pfeilers bei einer Horizontalverschiebung des Überbaus um den Betrag 1. Die Faktoren p in Gl. (3.15) sind abhängig vom Lagertyp des jeweiligen Pfeilers und von

$$\beta_i = a_i \sqrt{\nu} \tag{3.16}$$

Der Wert ν ist so zu bestimmen, dass Gl. (3.15) erfüllt ist. Dies erfolgt zweckmäßig iterativ, indem aus den Wertepaaren ν_k, $f(\nu_k)$ und ν_{k-1}, $f(\nu_{k-1})$ zweier aufeinanderfolgender Schritte der Ausgangswert ν_{k+1} für den nächsten durch

$$\nu_{k+1} = \frac{\nu_k \cdot f(\nu_{k-1}) - \nu_{k-1} \cdot f(\nu_k)}{f(\nu_{k-1}) - f(\nu_k)} \tag{3.17}$$

ermittelt wird. Man beginnt mit $\nu_1 = 0$ und schätzt ν_2 zu

$$\nu_2 = \frac{1}{\alpha_i^2} \tag{3.18}$$

wobei der kleinste Wert α_i aller Pfeiler mit Kipplagern eingesetzt wird. Die Iterationsvorschrift (3.17) konvergiert sehr rasch. Wenn sich ν_{k+1} um nicht mehr als ca. 10 % von ν_k unterscheidet, kann die Rechnung als hinreichend genau angesehen werden, da der Fehler dann etwa eine Zehnerpotenz kleiner ist.

Die Funktionen $p\,(\beta)$ sind für die verschiedenen Lagertypen in Tabelle 3.8 zusammengestellt.

Tabelle 3.8 Funktionen p(β)

	1°	2°										3°	5°	
β		$k_q = 10$	5	3	2	1,5	1,0	0,8	0,6	0,4	0,2			β
0	3	2,31	1,88	1,50	1,20	1,00	0,75	0,63	0,50	0,35	0,19	0	0	0
0,2	2,95	2,27	1,84	1,47	1,18	0,98	0,74	0,62	0,49	0,35	0,18	0	0	0,2
0,4	2,81	2,15	1,74	1,39	1,11	0,92	0,69	0,58	0,46	0,32	0,17	−0,01	−0,02	0,4
0,6	2,57	1,95	1,57	1,25	0,99	0,82	0,60	0,50	0,39	0,27	0,13	−0,03	−0,10	0,6
0,8	2,23	1,67	1,33	1,04	0,81	0,65	0,46	0,37	0,28	0,17	0,05	−0,09	−0,29	0,8
1,0	1,79	1,30	1,00	0,75	0,55	0,42	0,26	0,18	0,10	0,01	−0,10	−0,21	−0,61	1,0
1,2	1,26	0,84	0,59	0,38	0,21	0,10	−0,03	−0,09	−0,16	−0,24	−0,32	−0,42	−1,09	1,2
1,4	0,62	0,28	0,08	−0,10	−0,23	−0,31	−0,42	−0,47	−0,53	−0,59	−0,65	−0,73	−1,75	1,4
1,6	−0,11	−0,38	−0,54	−0,67	−0,77	−0,84	−0,92	−0,96	−1,00	−1,05	−1,10	−1,16	−2,61	1,6
1,8	−0,96	−1,16	−1,27	−1,37	−1,44	−1,49	−1,55	−1,58	−1,61	−1,64	−1,68	−1,72	−3,72	1,8
2,0	−1,91	−2,05	−2,12	−2,19	−2,24	−2,28	−2,32	−2,34	−2,36	−2,38	−2,41	−2,44	−5,19	2,0
2,2	−2,98	−3,06	−3,11	−3,15	−3,18	−3,21	−3,23	−3,24	−3,26	−3,27	−3,29	−3,31	−7,23	2,2
2,4	−4,17	−4,21	−4,24	−4,26	−4,28	−4,29	−4,31	−4,31	−4,32	−4,33	−4,34	−4,35	−10,57	2,4
2,6	−5,49	−5,51	−5,52	−5,53	−5,53	−5,54	−5,55	−5,55	−5,56	−5,56	−5,56	−5,57	−18,74	2,6
2,8	−6,96	−6,96	−6,96	−6,97	−6,97	−6,97	−6,97	−6,97	−6,97	−6,98	−6,98	−6,98	–	2,8
3,0	−8,59	−8,59	−8,59	−8,59	−8,59	−8,59	−8,59	−8,59	−8,59	−8.59	−8,59	−8,59	–	3,0
3,2	−10,43	−10,43	−10,43	−10,43	−10,43	−10,43	−10,43	−10,43	−10,43	−10,43	−10,43	−10,43	–	3,2
3,4	−12,53	−12,53	−12,53	−12,53	12,53	−12,52	−12,52	−12,52	−12,52	−12,52	−12,52	−12,52	–	3,4
3,6	−15,02	−14,99	−14,97	−14,95	−14,94	−14,93	−14,92	−14,92	−14,91	−14,91	−14,90	−14,89	–	3,6
3,8	−18,13	−18,01	−17,94	−17,87	−17,83	−17,78	−17,74	−17,72	−17,70	−17,67	−17,64	−17,61	–	3,8
4,0	−22,52	−22,11	−21,86	−21,64	−21,46	−21,34	−21,19	−21,12	−21,05	−20,96	−20,86	−20,75	–	4,0

Es ist die Abkürzung

$$k_Q = \frac{C_Q \cdot l^2}{EI} \tag{3.19}$$

eingeführt worden. Die Funktionswerte p für Elastomerlager stimmen für $k_Q \to \infty$ und $k_Q \to 0$ mit den Werten für Kipplager bzw. Rollenlager überein.

Brückenquerrichtung

In den meisten Fällen wird man entweder wegen großer Pfeilerbreite auf einen Knicksicherheitsnachweis verzichten oder bei in Querrichtung hinreichend steifem Überbau zwischen unverschieblichen Widerlagern die Knicklängen direkt nach 3.3.3.2 ermitteln. Sind diese Vereinfachungen nicht möglich, so kann die Knicksicherheit in Querrichtung näherungsweise aus

$$f(v) = \sum_{i=1}^{n} Q_i(v) \cdot \sin^2 \pi \frac{x_i}{L} + \frac{\pi^4 \cdot EI}{2L^3} = 0 \tag{3.20}$$

ermittelt werden. Gleichung (3.20) ergibt sich durch Anwendung des Ritz'schen Verfahrens auf den Überbau mit sinusförmiger Biegelinie. Der Überbau muss an den Widerlagern in Querrichtung unverschieblich sein. Es bedeuten

EI Biegesteifigkeit des Überbaues in Querrichtung,
L Abstand der Widerlager,
x_i Abstand des Pfeilers i vom Widerlager.

Die übrigen Bezeichnungen sind die gleichen wie für die Längsrichtung, jedoch sind die Werte der Querrichtung einzusetzen. Nach erfolgter Berechnung der Knicksicherheit ergeben sich die Knicklängen aus Gl. (3.12) oder (3.13).

3.3.3.4 Gerade Brücken mit nur zwei Pfeilertypen

Wenn die Pfeiler eines Systems zu zwei Gruppen zusammengefasst werden können, so dass die Pfeiler innerhalb einer Gruppe gleiche Steifigkeit, Belastungen und Lagertypen haben, kann das Ergebnis von Gl. (3.15) in Abhängigkeit von zwei Parametern angegeben werden. Betrachtet wird ein System nach Bild 3.14. Pfeilergruppe 1 ist mit Kipplagern, Pfeilergruppe 2 mit Rollenlagern, Kippgleitlagern mit untenliegender Gleitschicht oder ebenfalls Kipplagern versehen. In der Tabelle 3.9 sind die Werte l_{1k}/l_1 in Abhängigkeit von ψ und φ angegeben.

$$\psi = \frac{l_1}{l_2} \cdot \sqrt{\frac{P_1 \cdot EI_2}{P_2 \cdot EI_1}} \tag{3.21}$$

$$\varphi = \frac{n_1}{n_2} \cdot \frac{EI_1 \cdot l_2^3}{EI_2 \cdot l_1^3} \tag{3.22}$$

Die Knicklänge l_{2k} ergibt sich zu

$$l_{2k} = \psi \cdot \frac{l_{1k}}{l_1} \cdot l_2 \tag{3.23}$$

Tabelle 3.9 Werte l_{1k}/l_1
für Rollenlager

ψ \ φ	0,2	0,5	1,0	2,0	5,0	10,0
0,2	11,94	9,12	7,53	6,12	4,65	3,80
0,5	4,97	3,96	3,36	2,90	2,47	2,27
1,0	2,85	2,47	2,28	2,15	2,07	2,03
2,0	2,12	2,05	2,03	2,01	2,01	2,00
$\geq 5,0$	2,00	2,00	2,00	2,00	2,00	2,00

für Kippgleitlager

ψ \ φ	0,2	0,5	1,0	2,0	5,0	10,0
0,2	15,86	11,90	9,51	7,68	6,28	5,89
0,5	6,50	4,99	4,31	3,42	2,83	2,56
1,0	3,54	2,90	2,63	2,32	2,15	2,01
2,0	2,33	2,15	2,10	2,04	2,02	2,01
$\geq 5,0$	2,00	2,00	2,00	2,00	2,00	2,00

für feste Kipplager

ψ \ φ	0,2	0,5	1,0	2,0	5,0	10,0
0,2	9,17	8,28	7,26	6,09	4,65	3,93
0,5	3,74	3,47	3,17	2,84	2,46	2,27
1,0	2,00	2,00	2,00	2,00	2,00	2,00
2,0	1,23	1,42	1,58	1,74	1,87	1,93
5,0	0,93	1,22	1,45	1,66	1,83	1,91
10,0	0,89	1,19	1,43	1,64	1,83	1,91

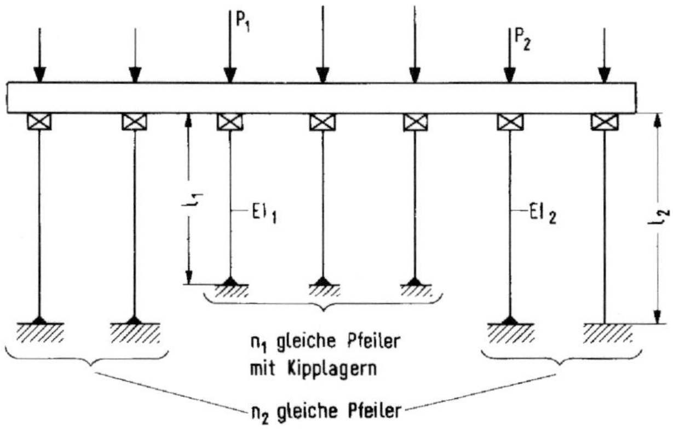

Bild 3.14 Brücke mit 2 Pfeilertypen

3.3.3.5 Gerade Brücken mit Kipplagern

Sind bei der Berechnung der Knicksicherheit eines Systems nur Pfeiler mit Kipplagern zu berücksichtigen, so ergibt sich nach [71] die einfache Näherungsformel

$$\nu = \frac{\pi^2}{4} \cdot \frac{\sum_1^n EI_i/l_i^3}{\sum_1^n P_i/l_i} \tag{3.24}$$

Die Knicklängen sind wieder nach Gl. (3.12) oder (3.13) zu berechnen. Gleichung (3.24) ist ausreichend genau, wenn sich für alle Stützen $l_{i,\mathrm{k}} \geq 1{,}2\, l_i$ ergibt.

3.3.3.6 Gekrümmte Brücken

Bei Brücken, die im Grundriss gekrümmt sind, gestaltet sich die Stabilitätsberechnung im allgemeinen Fall sehr aufwendig. Unter den meist erfüllten Voraussetzungen, dass an den Widerlagern jeweils nur eine Verschiebungsrichtung vorhanden ist und dass der Überbau in Horizontalrichtung gegenüber den Pfeilern als starr angesehen werden kann, ist die Ermittlung der Knicksicherheit des Gesamtsystems mittels der Gleichung

$$f(\nu) = \sum_{i=1}^{n} \left(Q_{\mathrm{u}i}(\nu) \cdot \cos^2\gamma_i + Q_{\mathrm{v}i}(\nu) \cdot \sin^2\gamma_i\right) \cdot \left(\frac{R_i}{R_0}\right) = 0 \tag{3.25}$$

möglich. Der Knickvorgang des Gesamtsystems wird durch eine Drehung um den Pol eingeleitet. In Gl. (3.25) bedeutet (vgl. auch Bild 3.15)

R_i/R_0 Abstand des Lagers vom Pol, bezogen auf einen Vergleichswert
γ_i Winkel zwischen der Hauptachse v von Lager und Pfeiler i und dem Polstrahl
$Q_{\mathrm{u}i}, Q_{\mathrm{v}i}$ Querkräfte des Pfeilers i in Richtung u bzw. v, berechnet wie in Gl. (3.15)

Sind die Verschiebungsrichtungen auf den beiden Widerlagern parallel, so liegt der Pol im Unendlichen. Es gilt dann $R_i/R_0 = 1$.

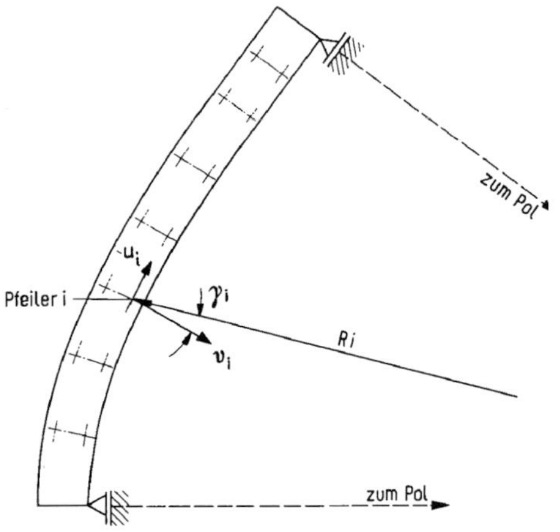

Bild 3.15 Im Grundriss gekrümmte Brücke

Zeigen die Achsen v der Pfeiler außerdem auf den Pol, so geht Gl. (3.25) wegen $\sin^2\gamma_i = 0$ und $\cos^2\gamma_i = 1$ in Gl. (3.15) über.

3.3.3.7 Elastische Einspannung, variable Biegesteifigkeit und Längskraft

Bisher war vorausgesetzt, dass Längskraft und Biegesteifigkeit des Pfeilers konstant sind und dass am Fuß starre Einspannung angenommen werden kann. Wenn diese Voraussetzungen nicht erfüllt sind, kann die Ermittlung der Knicksicherheit v nach den oben angegebenen Formeln näherungsweisc erfolgen, wenn als Last P und als Biegesteifigkeit EI modifizierte Werte P' und EI' eingesetzt werden.

Als über die Höhe veränderliche Last kommt das Eigengewicht in Betracht. Bei etwa gleichmäßiger Verteilung des Pfeilergewichtes G kann

$$P' = P + G/3 \tag{3.26}$$

angesetzt werden [86]. Die modifizierte Biegesteifigkeit EI' wird durch die elastische Einspannung und den Verlauf der Biegesteifigkeit $EI(x)$ bestimmt. Für den in Bild 3.16 dargestellten Fall mit elastischer Einspannung in der um Δl unterhalb des Pfeilerfußes liegenden Fundamentsohle und stetig veränderlicher Biegesteifigkeit kann näherungsweise

$$EI' = \frac{EI_0}{2{,}4\,\dfrac{EI_0\,(l+\Delta l)}{C_\mathrm{m}\,l^2} + \left(14 + 45\,\dfrac{EI_0}{EI_1} + 9\,\dfrac{EI_0}{EI_2} + 7\,\dfrac{EI_0}{EI_3}\right)\Big/75} \tag{3.27}$$

gesetzt werden. Die Näherung ist für $EI' \geq 0{,}5\,EI_0$ ausreichend genau.

Die Werte P' und EI' sind nur bei der Ermittlung der Knicksicherheit v zu verwenden. Die anschließende Knicklängenermittlung erfolgt nach Gl. (3.12), wobei als Biegesteifigkeit der Wert EI_0 am Pfeilerfuß und als Last P die Summe aller Lasten oberhalb des Pfeilerfußes, also $P + G$, einzusetzen sind.

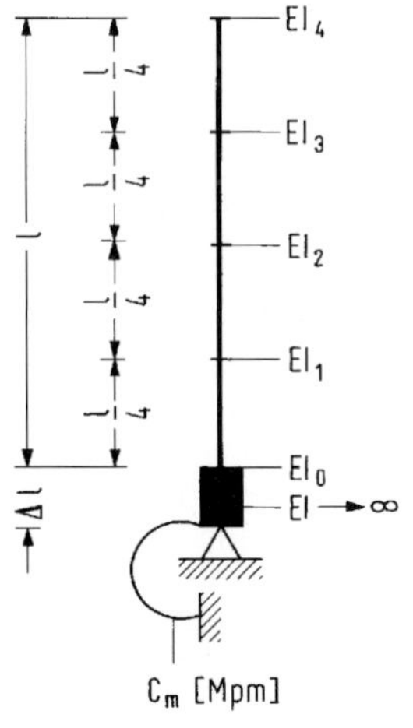

Bild 3.16 Pfeiler mit elastischer Einspannung und veränderlicher Biegesteifigkeit

3.3.4 Nachweis der Sicherheit am Gesamtsystem

Berechnungsverfahren zum Nachweis der Sicherheit am Gesamtsystem oder geeigneten Teilsystemen (Spannungsproblem 2. Ordnung oder Stabilitätsproblem ohne Gleichgewichtsverzweigung) sind in der Literatur beschrieben (vgl. [49, 55, 66, 78, 88, 102, 105]).

Es ist zu beachten, dass die bei Berechnungen nach der Theorie I. Ordnung üblichen Randbedingungen nicht ausreichen, um die Verhältnisse bei Lagern zu erfassen. Statt dessen sind die in Abschnitt 3.3.2 angegebenen Gleichungen anzusetzen.

3.4 Nachweis nach Theorie II. Ordnung

In der „alten" Stabilitätsnorm des Stahlbaus, DIN 4114, war der Nachweis nach Theorie II. Ordnung im Blatt 2 geregelt. Er galt als „Rettungsanker", wenn der Nachweis mit Ersatzstab und Knickzahlen nicht zum Erfolg führte.

Im Prinzip ist es auch bei den neuen Regeln so und auch in anderen Stoffbereichen: Der übergeordnete, alles erfassende Nachweis ist der, bei dem alle Einflüsse systematisch berücksichtigt werden, also auch die Vergrößerung der Hebelarme durch die Verformung, während die Nachweise, die von Verzweigungslasten, vom ideellen „Knicken", ausgehen, so aufgebaut sind, dass nicht alle Reserven ausgenutzt sind.

Es bleibt aber unbenommen, grundsätzlich den Nachweis nach Theorie II. Ordnung bei den Brückenpfeilern zu führen. Zu bedenken ist lediglich, dass es wohl eher die Ausnahme ist, dass Brückenpfeiler tatsächlich knickgefährdet sind, d. h. man sollte sich zunächst mit dem einfachsten Nachweis befassen. Gelingt er, ist alles in Ordnung.

Für den Nachweis nach Theorie II. Ordnung für Brückenpfeiler unter Einschluss der Lagerreibung wurde von *Weihermüller* und *Knöppler* [136] das mechanisch zutreffende Modell erstmalig dargestellt, siehe Bild 3.17.

Für Nachweise mit den Teilsicherheitsbeiwerten γ_F und γ_M ergibt sich danach folgendes praktische Vorgehen:

Für einen vorgegebenen Stahlbetonpfeiler sind zunächst die Beziehungen zwischen einer außen am Kopf angreifend gedachten Horizontalkraft F_{xy} und der Kopfauslenkung v für vorgegebene Vertikallasten F_z nach Theorie II. Ordnung zu ermitteln. Dabei sind die Bodensteifigkeit und auch eine Anfangsexzentrizität e zu berücksichtigen. Um die Rechnung zu vereinfachen, sollte Letztere unter Annahme einer Reibungszahl 0,03 (= μ_{max}) und der maximalen Verdrehung ϑ_{max} ermittelt werden. Aus e und F_z erhält man nach Theorie II. Ordnung $v_0 > e$.

Weitere Punkte der Kurvenschar werden erhalten durch Einbeziehung von F_{xy} in diese Rechnung.

vg_{renz} wird erreicht durch stofflich vorgegebene Grenzen (i. Allg. Dehngrenzen).

Die Berechnung muss mit um $1/\gamma_M$-fach reduzierten Steifigkeiten und Festigkeiten (Stahl und Beton) erfolgen.

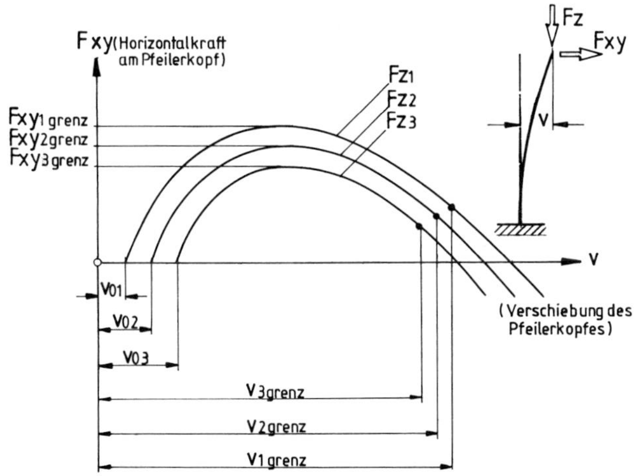

Bild 3.17 Beziehung zwischen Verschiebung und Lasten am Pfeilerkopf nach *Weihermüller* und *Knöppler* mit $F_{z3} > F_{z2} > F_{z1}$

Die Kurvenschar gibt die von den Vertikallasten F_z abhängigen Beanspruchbarkeiten $F_{xy\ grenz}$ und v_{grenz} an.

Sodann werden für verschiedene Lastkombinationen unter γ_F-fachen Einwirkungen F_z, F_{xy} und e und außerdem v_d ermittelt, das ist der u. a. unter 1,3-fachen Temperaturverformungen $v_{T,d}$ anzunehmende Wert, wobei – falls von Belang – die Elastizität des „Festpunktes“ zu berücksichtigen ist.

F_{xy} ist bei allseitig beweglichen Lagern die zu F_z gehörende Reibungskraft zuzüglich der am Pfeilerkopf (ersatzweise) angreifenden Windlast auf den Pfeiler in Knickrichtung, wobei der für den Wind anzunehmende Wert für γ_F, wenn sich aus den Regelwerken kein ermäßigter Wert ergibt, mit 1,3 anzunehmen ist. Der Versatz zwischen Windlast und Reibungskraft kann in der Annahme der Resultierenden durch eine Abminderung berücksichtigt werden.

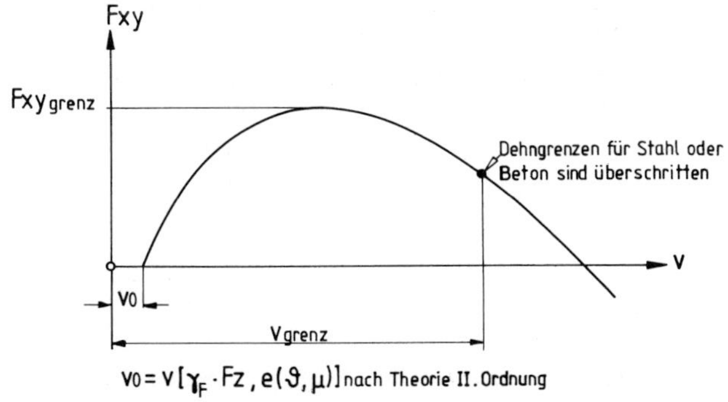

Bild 3.18 Stabilitätsnachweis am Pfeilerkopf

Bei einseitig beweglichen Lagern ist die Reibungskraft aus der Führung zu berücksichtigen, die ebenfalls zunächst aus der Windlast stammt und außerdem eventuell noch aus Zwängungskräften. Da der Wind nicht gleichzeitig aus verschiedenen Richtungen wehen kann, ist diese Führungskraft alternativ anzusetzen für die zuvor genannte Ersatzlast für „Wind auf den Pfeiler". Ist diese Ersatzlast der größere Wert, so wird die Kraft auf die Führungsleisten auf die Zwängungskräfte beschränkt, andernfalls die Ersatzlast weggelassen. Der Nachweis lautet sodann zunächst

$$v_{\mathrm{d}} \leq v_{\mathrm{grenz}}$$

Das wird bei nahe am Festpunkt gelegenen Lagern erfüllt sein. Sollte dieser Nachweis nicht gelingen, so muss wenigstens erfüllt sein

$$F_{\mathrm{xy}} \leq F_{\mathrm{xy\ grenz}}$$

andernfalls ist der Pfeiler zu verstärken.

Bei Einschubvorgängen ist $v_{\mathrm{d}} = \infty$ und somit stets der zweite Nachweis maßgebend. Ansonsten wird sicher häufig dadurch der Nachweis verkürzt werden können, dass für den maximal möglichen Wert für F_{z} der Wert v_{grenz}, bei dem der Pfeiler seine Stabilität verliert, ermittelt und gezeigt wird, dass v_{d} stets darunter bleibt. In solchen Fällen spielt also die Größe von μ gar keine Rolle für diesen Pfeiler.

Dies bedeutet nicht, dass die Größe der Reibungskraft belanglos ist, denn es ist noch der Festpunkt, der die Resultierende aller Reibungskräfte aufzunehmen hat, zu bemessen. Dort ist zunächst die Haltbarkeit der Verankerungen zu überprüfen, die in der Regel bemessen werden, d. h. sie tragen nur mit der in Rechnung gestellten Sicherheit. Allerdings ist die resultierende Reibungskraft nur ein Teil der am Festpunkt aufzunehmenden Horizontalkraft. Der wesentliche Teil ist in vielen Fällen die Bremslast. Ist dieser Festpunkt auf einem Pfeiler angeordnet, und wird für diesen Pfeiler die Stabilität untersucht, so darf dafür die resultierende Reibungskraft zu null angenommen werden (vgl. hierzu entsprechende Regel in DIN-Fachbericht 102, Abschnitt 5.4.8).

Bei dieser Regel wird gedanklich davon ausgegangen, dass der Instabilitätsvorgang eine Bewegung am Pfeilerkopf voraussetzt, für die sich die Reibung als der Bewegung grundsätzlich entgegenwirkend günstig erweist. Diese günstige Wirkung darf allerdings bei der Bemessung nicht berücksichtigt werden.

Weihermüller und *Knöppler* [136] entwickeln für den festen Pfeiler ein Szenario mit unterschiedlichen Annahmen und kommen zu folgendem Schluss:

„[...] dass im Falle des Pfeilers mit festem Lager der Ansatz einer Lagerreibungskraft nur dann mechanisch geboten ist, wenn die Grenzverschiebung des Pfeilers geringer ist als die größte denkbare Relativverschiebung zwischen den reibungskrafterzeugenden Lagern und dem reibungskraftaufnehmenden Pfeiler."
und

„[...] Im Hinblick auf die Bewegungsbegrenzung des Überbaus an den Widerlagern wäre die Stabilität des Pfeilers mit festem Lager sogar etwas günstiger zu beurteilen als die des Pfeilers mit beweglichem Lager."

Es bleibt festzustellen, dass bei Theorie II. Ordnung nur bei Pfeilern mit beweglichen Lagern die Reibungskraft zu berücksichtigen ist, während bei Festpunktpfeilern die die Verschiebung auslösenden Kräfte ohne die resultierende Reibungskraft aus den beweglichen Lagern zu ermitteln ist.

3.5 Schwingungsschutzmaßnahmen für Brücken

Karl-Heinz Reinsch und Christian Meinhardt

3.5.1 Dynamische Einwirkungen

Obwohl bei der Bemessung des Brückentragwerks in der Regel berücksichtigt, können dynamische Einwirkungen bei Nutzung der Brücke, bspw. durch Schienen-, Fahrzeug- oder Personenverkehr und durch äußere Einwirkungen (Wind- und Erdbebenlasten), zu unerwünscht großen Schwingungen der Brückenkonstruktion führen. Speziell Resonanzphänomene bei Windanregung (z. B. wirbelinduzierte Schwingungen) oder Personenverkehr (z. B. lateraler Lock-In-Effekt) sollten ausreichend untersucht und vermieden werden.

Gleiches gilt für die Belastung des Brückentragwerks bei Erdbebenbelastung. In beiden Fällen kann die Schwingantwort der Brücke durch Vergrößerung der Strukturdämpfung, z. B. durch Applikation von Dämpfungselementen, reduziert werden. Zur Reduktion der bei Erdbebenbelastung auftretenden, auf das Tragwerk einwirkenden Reaktionskräften kann zusätzlich Schwingungsisolierung erfolgen, um resultierende Beschleunigungen des Tragwerks herabzusetzen oder die Bauwerkseigenfrequenzen in einen Bereich außerhalb des typischen Anregungsspektrums zu verschieben.

Weiterhin können Brückenkonstruktionen Erschütterungen und Körperschall, bspw. durch „Dröhnen“ eines stählernen Brückentroges, in die urbane Umgebung übertragen. Durch elastische Lagerung der Fahrbahn oder am Brückenauflager können die in die Umgebung übertragenen Erschütterungen signifikant reduziert werden.

Übersicht dynamische Einwirkungen	
Äußere Einflüsse	*Nutzungsbedingte Einflüsse*
Wind (resonante Anregung): - böeninduzierte Windlast - wirbelerregte Schwingungen - aerolastische Phänomene (Buffeting, Gallopping, Flutter etc.)	Schienen- und Kraftfahrzeuge - schnelle Lasteintragung (Eigenschwingungen) - Gleis- und Radunebenheiten (Erschütterungen, Körperschall)
Erdbeben	Personenverkehr (resonante Anregung): - vertikal durch gehen und joggen - Lastfall Vandalismus - lateraler Lock-In-Effekt

Bild 3.19 Übersicht der dynamischen Einwirkungen auf Brücken

Im Folgenden sollen die dynamischen Einwirkungen sowie die Strategien zur Reduktion der Schwingantwort bzw. resultierenden Belastung näher beschrieben werden.

3.5.1.1 Personeninduzierte Schwingungen

Speziell bei ausschließlich für Fußgänger bestimmten Brückenbauwerken handelt es sich um weitgespannte, schlanke Tragwerke, deren fundamentale Eigenfrequenzen häufig im Bereich der Schrittfrequenz von gehenden bzw. laufenden Personen liegen. Die daraus resultierende resonante Anregung kann zu störenden Schwingungen des Brückendecks führen, welches den Komfort beim Überqueren der Brücke einschränkt oder sogar zu Beschädigungen von Anbauteilen (z. B. Verglasungen, Geländer etc.) führen kann. Einen besonderen Lastfall, welcher zu großen Lateralbewegungen der Brücke führt, stellt die laterale Synchronisation (Lock-In) dar, bei dem sich die Brücke überquerende Fußgänger mit den Brückenbewegungen synchronisieren und somit zusätzlich anregen.

Zur Abschätzung der Anfälligkeit gegenüber personeninduzierten Schwingungen ist eine Bestimmung der modalen Parameter der Brückenkonstruktion unerlässlich. Im Allgemeinen gelten Fußgängerbrücken, welche Eigenfrequenzen im Frequenzbereich der dynamischen Einwirkungen durch Gehen bzw. Laufen von Fußgängern aufweisen, als schwingungsanfällig. Eine Übersicht über den je nach Belastungsrichtung relevanten Frequenzbereich gibt die Tabelle 3.10. Obwohl in horizontaler Richtung eine sehr viel kleinere Lastkomponente wirkt, ist die dynamische Belastung in horizontaler Richtung aufgrund der bereits genannten lateralen Synchronisation besonders zu berücksichtigen.

Liegen relevante Eigenfrequenzen im kritischen Bereich und ist von einer geringen Strukturdämpfung der Brücke auszugehen, so sind größere Schwingbewegungen der Struktur zu erwarten. Überschreiten diese beispielsweise die in der Norm *ISO 10137 „Bases for design of structures – Serviceability of buildings and walkways against vibrations“* oder in den SYNPEX-Richtlinien definierten Anhaltswerte, so ist die Gebrauchstauglichkeit der Brücke aus Komfortgründen beeinträchtigt. Zur Abschätzung der dynamischen Schwingungsantwort einer Brücke durch eine Person kann vereinfachend die unten stehende Lastfunktion herangezogen werden, wobei die dynamischen Komponenten mit sogenannten Fourier-Faktoren – abhängig von der Art der Anregung und ob die relevante Eigenfrequenz eine höher-harmonische der Anregungsfrequenz ist – erfasst werden (s. Tabelle 3.10). Die genaue Ermittlung der Fourier-Koeffizienten ist Gegenstand zahlreicher Forschungsarbeiten und variiert daher in der Literatur.

$$F(t) = G + \sum_{k=1}^{n} G\alpha_k \sin(2\pi k f_\mathrm{p} t - \varphi_k) \tag{3.28}$$

G ist das Gewicht der anregenden Person und entspricht dem Mittelwert der Anregungskraft über der Zeit. Die Frequenz f_p ist die Schrittfrequenz der Anregungskraft. α_k und φ_k sind der Fourier-Koeffizient und der Phasenwinkel für die im Frequenzbereich dargestellte Kraft.

HRSG.: K. BERGMEISTER, J.-D. WÖRNER, F. FINGERLOOS (SEIT 2009)

Beton-Kalender 2013

Schwerpunkte: Lebensdauer und Instandsetzung, Brandschutz

Teile 1 und 2
2012.
1012 S., 663 Abb., 188 Tab., Gb.
€ 169,–*

Fortsetzungspreis: € 149,–*

ISBN: 978-3-433-03000-4

■ Bauwerke dauerhaft und wirtschaftlich planen heißt heute, für die geplante Lebensdauer neben der Standsicherheit auch die Gebrauchstauglichkeit unter Berücksichtigung zeitabhängiger Einflüsse und Materialeigenschaften eines Tragwerkes nachzuweisen. Außerdem: Brandschutz.

■ Jährliche Schwerpunkte:
- 2008 – Konstruktiver Wasserbau, Erdbebensicheres Bauen
- 2009 – Aktuelle Massivbaunormen, Konstruktiver Hochbau
- 2010 – Brücken, Betonbau im Wasser
- 2011 – Kraftwerke, Faserbeton
- 2012 – Infrastrukturbau, Befestigungstechnik, Eurocode 2

HRSG.: W. JÄGER

Mauerwerk-Kalender 2013

Schwerpunkt: Bauen im Bestand

2013.
ca. 700 S. ca. 500 Abb. Gb.
ca. € 139,–*
Fortsetzungspreis: ca. € 119,–*

ISBN: 978-3-433-03017-2

Erscheint März 2013

■ Bewährtes und Neues: Im 38. Jahrgang das Praxiskompendium für den Mauerwerksbau: Grundlagen, Beispiele, Normenkommentare - aktuell und aus erster Hand.

■ Jährliche Schwerpunkte:
- 2008 – Abdichtung und Instandsetzung, Lehmmauerwerk
- 2009 – Ausführung von Mauerwerk
- 2010 – Normen für Bemessung und Ausführung
- 2011 – Nachhaltige Bauprodukte und Konstruktionen
- 2012 – Eurocode 6

HRSG.: U. KUHLMANN

Stahlbau-Kalender 2013

Eurocode 3 – Anwendungsnormen, Stahl im Industrie- und Anlagenbau

2013.
ca. 800 S. ca. 600 Abb.
ca. 50 Tab. Gb.
ca. € 139,–*

Fortsetzungspreis: ca. € 119,–*

ISBN: 978-3-433-02994-7

Erscheint April 2013

■ Der Stahlbau-Kalender dokumentiert und kommentiert den aktuellen Stand des deutschen Stahlbau-Regelwerkes. Herausragende Autoren vermitteln Grundlagen und geben praktische Hinweise für Konstruktion und Berechnung.

■ Jährliche Schwerpunkte:
- 2008 – Dynamik, Brücken
- 2009 – Stabilität
- 2010 – Verbundbau
- 2011 – Eurocode 3 – Grundnorm, Verbindungen
- 2012 – Eurocode 3 – Grundnorm, Brücken

HRSG.: N. A. FOUAD

Bauphysik-Kalender 2013

Schwerpunkt: Nachhaltigkeit und Energieeffizienz

2013.
ca. 700 S. ca. 500 Abb.
ca. 200 Tab. Gb.
ca. € 139,–*

Fortsetzungspreis: ca. € 119,–*

ISBN: 978-3-433-03019-6

Erscheint März 2013

■ Ein Kompendium praxisgerechter Lösungen für Konstruktion, Berechnung und Nachweisführung des Wärme- und Feuchteschutzes sowie des Brand- und Schallschutzes. Normen, Kommentare, Beispiele und Details runden die Titel ab.

■ Jährliche Schwerpunkte:
- 2008 – Bauwerksabdichtung
- 2009 – Schallschutz und Akustik
- 2010 – Energetische Sanierung von Gebäuden
- 2011 – Brandschutz
- 2012 – Gebäudediagnostik

Online-Bestellung: www.ernst-und-sohn.de

Ernst & Sohn
A Wiley Company

Ernst & Sohn
Verlag für Architektur und technische Wissenschaften GmbH & Co. KG

Kundenservice: Wiley-VCH
Boschstraße 12
D-69469 Weinheim

Tel. +49 (0)6201 606-400
Fax +49 (0)6201 606-184
service@wiley-vch.de

Tabelle 3.10 Schrittfrequenzen und Fourier-Koeffizienten für vertikale Anregungen durch Personen [204]

Anregung	f_p [Hz]	α_1	α_2	α_3
Gehen	1,6 – 2,4	0,4	0,1	0,1
Laufen	2,0 – 3,5	1,6	0,7	0,2
Hüpfen	1,8 – 3,4	1,8	1,3	0,7
Tanzen	1,5 – 3,0	0,5	0,15	0,1

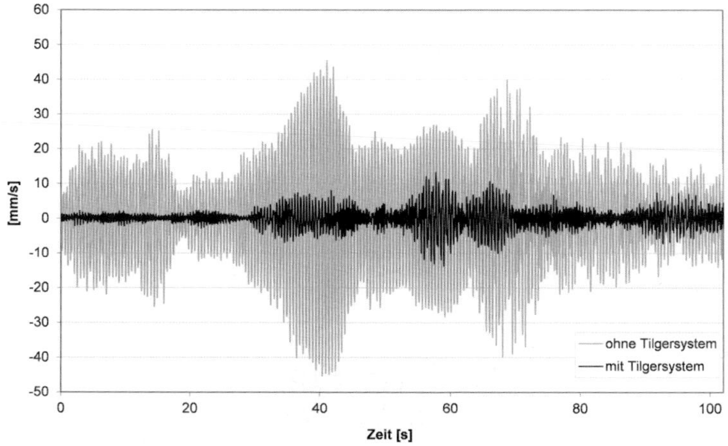

Bild 3.20 Reduktion der auftretenden Schwingungsantwort einer Fußgängerbrücke durch Applikation eines Schwingungstilgers

Die auftretenden Schwingungen von Brücken bei Anregung durch Passanten resultieren größtenteils aus resonanter Anregung. Zur Reduktion der Schwingantwort ergibt sich daher neben der Verschiebung der relevanten Eigenfrequenzen durch Versteifung oder Erhöhung der System-Masse die Möglichkeit zur Vergrößerung der Strukturdämpfung durch Applikation von Dämpfungselementen wie diskreten Dämpfern (viskose Dämpfer oder Stoßdämpfer) oder Schwingungstilgern (s. Bild 3.20).

3.5.1.2 Dynamische Einwirkungen bei Erdbeben-Anregung

Große Setzungen und Verschiebungen von Fundamenten und Widerlagern infolge von Erdebeneinwirkung, die zum Kollaps von Brückentragwerken führen, treten selten auf. Häufiger werden die Konstruktionen durch die großen Biegemomente infolge der an den Stützenköpfen verstärkten Bodenbeschleunigungen bei Massenkonzentration durch das Deck beansprucht. Diese Belastung kann einerseits Schädigungen der Brückenstützen hervorrufen, andererseits können die resultierenden Relativbewegungen der Stützen zu Schädigungen oder gar zum Absturz des Brückendecks führen.

Da es sich bei der Erdbeben-Anregung um eine stochastische Anregung, d. h. eine Anregung mit vielen Anregungsfrequenzen innerhalb eines bestimmten Bereiches (i. d. R. 3 bis 8 Hz) handelt, kann man in diesem Fall nicht von einer resonanten Anregung ausgehen. Es ist jedoch zu erwarten, dass relevante Eigenfrequenzen von Brückentragwerken in dem Frequenzbereich der Erdbeben-Anregung liegen und es daher am Tragwerk zu einer Verstärkung der Bodenbeschleunigungen kommt.

Eine Reduktion der am Tragwerk auftretenden Beschleunigungen bzw. resultierenden Verformungen kann durch Anwendung von Dämpfungselementen erfolgen, welche die eingetragene Energie dissipieren. Bei den Dämpfungselementen kann es sich um viskose Dämpfer oder auch Stoßdämpfer handeln, welche an jeweils 2 Punkten mit großen Relativverschiebungen zueinander montiert werden. Es können aber auch so genannte **T**uned **M**ass **C**ontrol Systems, Schwingungstilgersysteme speziell für den Erdbebenschutz konzipiert, eingesetzt werden, welche nur einen Fixpunkt an der zu schützenden Struktur benötigen.

Eine häufig angewandte Maßnahme zum Erdbebenschutz ist die seismische Isolierung (Base-Isolation) des Brückenbauwerks oder speziell der zu schützenden Bauteile (meist das Brückendeck). Dabei erfolgt einerseits eine Verschiebung der relevanten Eigenfrequenzen in einen Bereich außerhalb der Anregungsfrequenzen bei Erdbeben, andererseits erfahren die isolierten Komponenten durch das **B**ase-**I**solation System mit niedrigerer horizontaler Lagerungsfrequenz als die zu erwartende Schwingantwort eine weitaus geringere Beschleunigung und damit geringere Belastung. Die größeren Starrkörperbewegungen des isolierten Systems können zusätzlich durch den Einsatz von Dämpfungselementen verringert werden.

Zur Auslegung derartiger Schutzsysteme benötigt man die modalen Kenngrößen des Brückenbauwerks und ein Design-Spektrum der zu erwartenden Erdbeben. Anhand dieser Parameter lassen sich die Maximalverschiebungen der isolierten Bauteile bestimmen und die zusätzlichen Dämpfungselemente können daraufhin abgestimmt werden. Zur Begrenzung der Bewegungen des isolierten Bauteils werden Wegbegrenzer oder sogenannte **S**hock **T**ransmission **U**nits (STU) eingesetzt, welche Bewegungen bis zu einem gewissen Maße zulassen, bei Überschreitung jedoch blockieren. Die seismische Isolierung kann durch Federpakete mit geringer horizontaler Steifigkeit, Shear Elemente (Gummi), Rollen- oder Pendellager erfolgen.

3.5.1.3 Windinduzierte Schwingungen

Durch ihre exponierte Lage erfahren Brückenkonstruktionen maßgebliche dynamische Einwirkungen infolge des das Bauwerk umströmenden Windes. Dabei kann generell zwischen induzierten Schwingungen infolge resonanter Anregung durch Vortex-Shedding (wirbelinduzierten Schwingungen), böeninduzierten Schwingungen, Buffeting und selbst entfachten Schwingungen aufgrund aeroelastischer Phänomene (Flutter, Galloping) unterschieden werden.

Böeninduzierte Schwingungen werden durch die natürliche Fluktuation der Anströmgeschwindigkeit bei Windbelastung erzeugt. Liegen diese Fluktuationen im Bereich von Eigenfrequenzen der Brückenstruktur, kann eine ausgeprägte dynamische Ant-

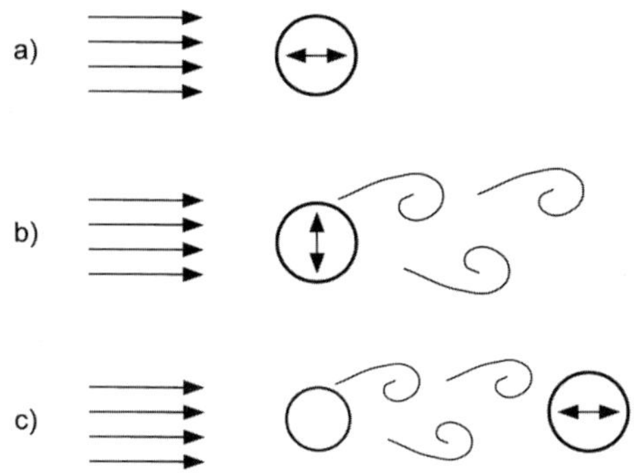

Bild 3.21 Windanregung
a) Böen, b) Wirbelablösung, c) Buffeting [205]

wort erfolgen. In anderen Fällen weisen schwach gedämpfte Strukturen ein ausgeprägtes Ausschwingverhalten in der relevanten Eigenfrequenz nach stochastischer Anregung auf. Durch Erhöhung der Strukturdämpfung, beispielsweise durch Applikation von Schwingungstilgern, erfolgt eine deutliche Reduzierung der Schwingungsantwort.

Bei wirbelinduzierten Schwingungen lösen sich an den vom Wind umströmten Komponenten einer Brücke, in der Regel entweder dem Brückendeck oder aber Pylonen von Hänge- bzw. Schrägseilbrücken, Wirbel mit einer bestimmten Ablösefrequenz ab. Die Wirbelablösung entsteht, da sich aufgrund der Oberflächenrauigkeit eines umströmten Körpers und der jedem Fluid eigenen Viskosität (Zähigkeit) vom Staupunkt aus nach beiden Seiten Grenzschichten ausbilden. Durch Druckanstieg infolge des abgebremsten Fluids und durch das Ausweichen der Grenzschicht erfolgt eine Ablösung dieser Schicht, was wiederum eine Änderung der Druckverteilung auf den umströmten Körper nach sich zieht. Diese Änderung erzeugt eine wechselnde Lastkomponente senkrecht zur Anströmrichtung. Die Frequenz, mit der die Wirbelablösung erfolgt, ist hauptsächlich abhängig von der Anströmgeschwindigkeit. Wenn bei einer bestimmten Anströmgeschwindigkeit die Ablösefrequenz mit einer Eigenfrequenz der Struktur zusammenfällt, kommt es zu einer resonanten Anregung, welche bei geringer Strukturdämpfung zu unerwünscht großen Resonanzüberhöhungen führen kann. So können beispielsweise Brückendecks infolge wirbelerregter Schwingungen deutliche Vertikalschwingungen aufweisen, da die Anströmrichtung des Windes meist dem Flusslauf folgt (z. B. Niteroi Brücke in Brasilien oder Wolga-Brücke in Wolgograd). Auch hier führen Maßnahmen zur Erhöhung der Strukturdämpfung zu einer deutlichen Reduktion der Schwingantwort bzw. Querschwingbreite. Eine effektive Maßnahme ist hier ebenfalls der Einbau von passiven Schwingungstilgern, welche allerdings für relativ niedrige Frequenzen abgestimmt werden müssen und vertikal wirksam sein müssen.

Das Buffeting-Phänomen entsteht, wenn durch Wirbelablösungen an der ersten einer in Reihe stehenden Folge von Strukturen Turbulenzen auftreten, welche die Strukturen im gleichen Luftstrom entweder stochastisch oder aber mit der Ablösefrequenz der davor liegenden Struktur anregen. Liegen Strukturen mit ähnlichen modalen Eigenschaften im Luftstrom (bspw. Hänger an Stabbogen-, Hänge- oder Schrägseilbrücken) kann durch das Buffeting ebenfalls eine resonante Anregung erfolgen. In solchen Fällen kann die Schwingungsantwort durch spezielle Hänger- oder Seilschwingungsdämpfer reduziert werden.

Wenn der Querschnitt der Struktur richtungsabhängig ist und sich die Struktur unter Windanregung bewegt, könnten instabile Interaktionen zwischen Windströmung und Strukturbewegung entstehen. Solche Interaktionen sind als Galloping und Flattern bekannt. Das Galloping tritt ein, wenn sich die Struktur quer zur Strömungsrichtung bewegt. Beim Flattern bewegt sich die Struktur in einer kombinierten Biege-Torsion-Schwingung, bei der sich zusätzlich der Querschnitt verdreht.

3.5.2 Maßnahmen zur Reduzierung von Schwingungen

Wie zuvor beschrieben, müssen verschiedene Lastfälle für Brücken und deren Anregung berücksichtigt werden. Die durchgeführten Maßnahmen haben in den meisten Fällen folgende Gründe:

a) die Brücke selber vor Schäden zu bewahren (hauptsächlich Erdbeben);
b) die Bewegungen der Brücke aufgrund von Anregung durch Wind oder Personen auf ein Maß zu reduzieren, das den Komfort beim Überqueren nicht einschränkt;
c) durch Schienen-, Fahrzeug- oder Personenverkehr verursachte Vibrationen, die durch die Brücke auf anliegende Häuser übertragen werden, zu verhindern.

Bei der Schwingungsübertragung gibt es drei Bereiche, die unterschieden werden müssen:

- die Erschütterungsquelle (Schwingungsemission),
- das Übertragungsmedium (z. B. der Boden) und
- der Empfänger (Schwingungsimmission).

Die über den Baugrund auf Strukturen einwirkenden Anregungen werden als Fußpunkterregungen bezeichnet. Quellen hierfür sind Schwer- und Arbeitsmaschinen wie Schmiedehämmer, Pressen, Rammen, Sprengerschütterungen, der Straßenverkehr, der Verkehr von schienengebundenen Fahrzeugen, wie Hochgeschwindigkeitsbahnen, U- und S-Bahnen und im Extremfall Erdbeben (Bild 3.22).

Die Störungen, die auf den Menschen einwirken, können im spürbaren und hörbaren Bereich liegen. Spürbare Störungen werden durch mechanische Erschütterungen hervorgerufen. Störungen, die im hörbaren Bereich liegen, werden durch Körperschall verursacht, der durch das Gebäude geleitet und an den Decken und Wänden als sekundärer Luftschall abgestrahlt wird. Diese Störungen betreffen nicht nur Wohngebiete, sondern auch Theater- und Konzertsäle, Opernhäuser, Kongresszentren und Hotels.

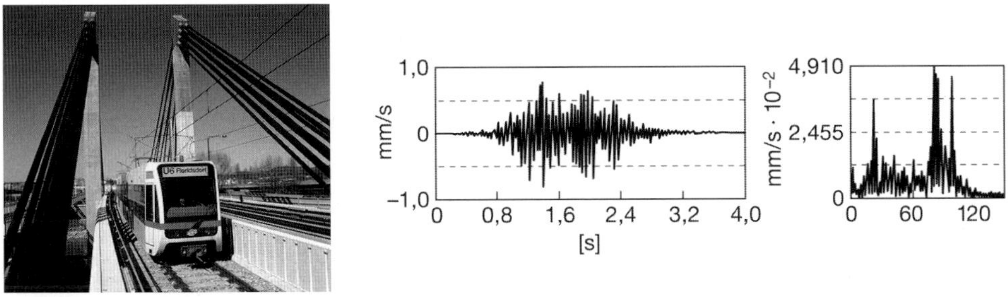

Bild 3.22 Bei Zugüberfahrt auftretende Erschütterungen (Zeitverlauf und zugehöriges Frequenzspektrum)

3.5.2.1 Schwingungsisolierung

Bei der Schwingungsisolierung einer Brücke handelt es sich um eine Quellenisolierung, da die an der Brücke erzeugten Schwingungen nicht in umliegende Strukturen oder Gelände übertragen werden sollen. Im Gegensatz dazu gibt es die sogenannte Empfängerisolierung, wenn eine Anlage vor Schwingungen aus ihrer Umgebung isoliert werden soll.

Im Allgemeinen müssen entsprechend der Schwingungs- oder Stoßeinwirkung die geeigneten Isolierelemente ausgewählt werden. Es ist zu unterscheiden zwischen

- einer periodischen Erregung (z. B. durch Kolbenmaschinen, Wirbelablösung oder personeninduzierte Schwingungen),
- einer stochastischen Erregung (z. B. durch Bahnen oder Erdbeben),
- einer Stoßanregung (z. B. durch Schmiedehämmer, Pressen oder Explosionen).

Durch den Einsatz von Federelementen können gleichzeitig folgende Aufgabenstellungen gelöst werden:

- Reduzierung mechanischer Erschütterungen,
- Reduzierung von Körperschallübertragungen,
- Ausgleich von Baugrundsetzungen.

Bild 3.23 zeigt das mechanische Ersatzmodell eines schwingungsfähigen Systems mit Krafterregung. Die Schwingungsisolierung erfolgt hierbei durch die Federelemente mit der Steifigkeit k. Die Isolierwirkung ist umso besser, je tiefer die Lagerungsfrequenz ist bzw. je größer das Frequenzverhältnis $\eta = f/f_0$ ist (mit Erregerfrequenz f und Lagerungsfrequenz f_0). In Bild 3.24 ist die Amplitudenfunktion der Kraftübertragung bei konstanter Erregerkraftamplitude für verschiedene Dämpfungsgrade D dargestellt.

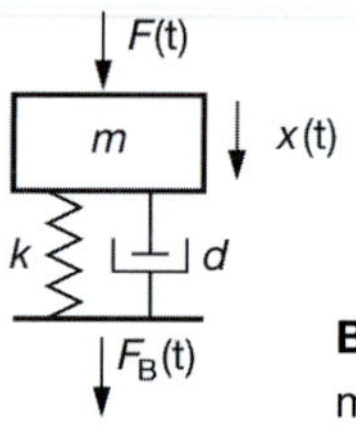

Bild 3.23 Mechanisches Ersatzmodell eines schwingungsfähigen Systems mit einem Freiheitsgrad, einer Masse und Krafterregung

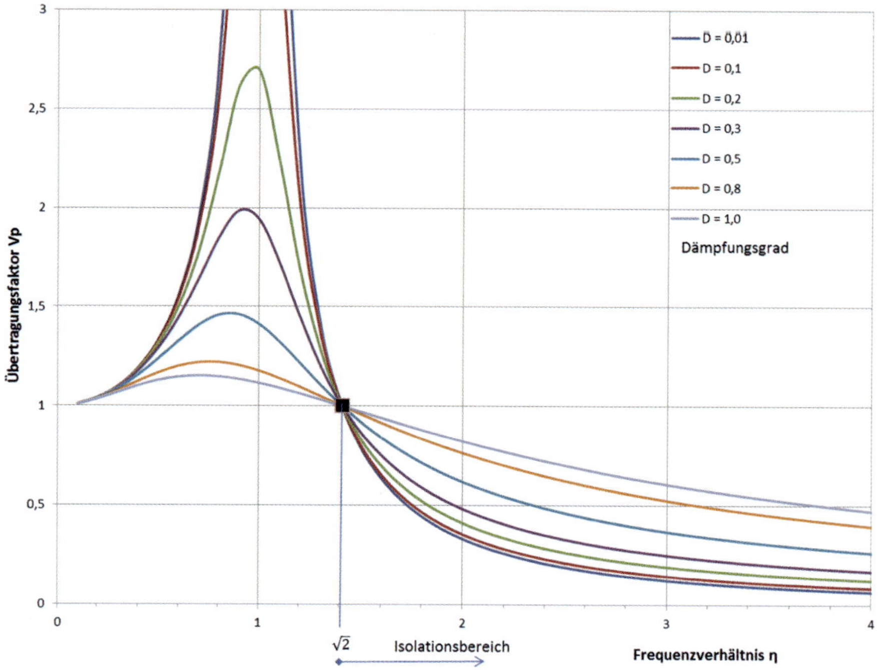

Bild 3.24 Kraftübertragung bei konstanter Erregerkraftamplitude eines schwingungsfähigen Systems mit einem Freiheitsgrad

Die Kurven zeigen, dass eine Isolierwirkung erst ab einem Frequenzverhältnis $\eta = \sqrt{2}$ eintritt, da erst dann der Übertragungsfaktor $V_p < 1$ wird. Angestrebt wird in der Regel ein Abstimmungsverhältnis von $\eta = 3$ bis 5. Höhere Abstimmungsverhältnisse erfordern in den meisten Fällen spezielle Konstruktionen mit weichen, aber tragfähigen Federn.

Die Bestimmungsgleichung für den Übertragungsfaktor V_p lautet:

$$V_p = \frac{F_B}{F_E} = \sqrt{\frac{1 + 4D^2\eta^2}{(1-\eta^2)^2 + 4D^2\eta^2}} \tag{3.29}$$

Weiterhin ist aus dem Diagramm der Einfluss der Dämpfung zu ersehen. Die Dämpfung wird nur im Bereich der Resonanz benötigt. In allen anderen Bereichen führt sie zu einer Verschlechterung des Isolierwirkungsgrades. Die Festlegung der erforderlichen Dämpfung stellt also immer einen Kompromiss zwischen einer ausreichenden

Reduzierung der Resonanzüberhöhung und dem zu erreichenden Isolierwirkungsgrad dar.

Körperschalldämmung
Durch den Einsatz der Stahlfedern wird nicht nur eine hohe Reduzierung von Erschütterungen erreicht, sondern auch eine erhebliche Verminderung der Körperschallübertragung, die sich als sekundär abgestrahlter Luftschall in den Gebäuden bemerkbar machen kann.

Dies gilt uneingeschränkt für den Bereich, in dem die Erregerfrequenzen unterhalb der 1. Eigenfrequenz der Stahlfeder liegen. Bei Anregungen oberhalb der Eigenfrequenz können durch gezielte Maßnahmen der Körperschalldämmung und -dämpfung, die im Folgenden beschrieben werden, auch in diesem Bereich hohe Werte der Körperschallreduzierung erreicht werden. Im Prinzip gelten für die Körperschalldämmung die gleichen Gesetze wie für die Isolierung mechanischer Schwingungen. Eine gute Dämmung, d. h. Minderung der Übertragung, erreicht man also auch hier durch die Einschaltung elastischer Zwischenschichten (Impedanzsprünge). Um die Wirksamkeit solcher elastischen Zwischenbauteile beurteilen zu können, betrachtet man einen Einmassenschwinger, auf den eine Wechselkraft F_0 wirkt. Übertragen wird dann die Kraft F_1, deren Betrag und Phase von dem zwischengeschalteten Dämmelement abhängig ist.

Die Wirksamkeit der elastischen Lagerung wird als Dämmung L bezeichnet und berechnet sich allgemein zu

$$L = 20 \log\left(\frac{F_1}{F_0}\right) \tag{3.30}$$

Die Abhängigkeit der Dämmung L vom Dämpfungsgrad D ist in Bild 3.25 dargestellt.

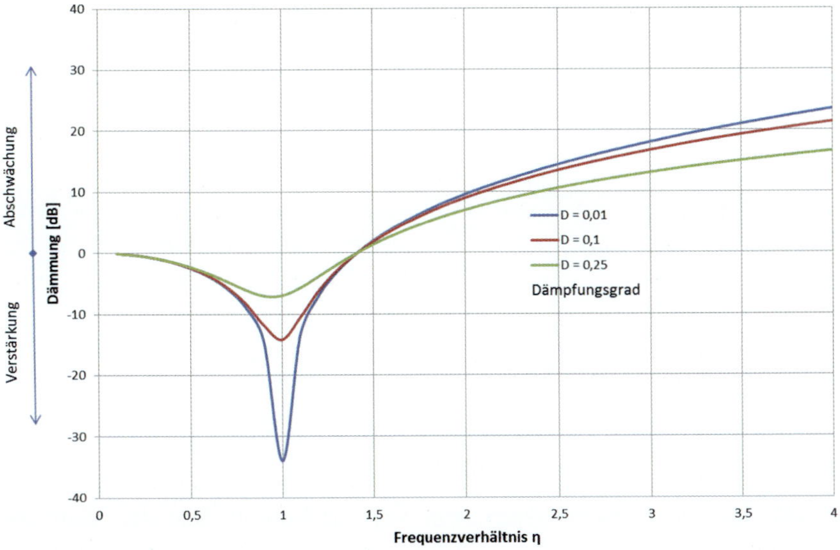

Bild 3.25 Dämmung als Funktion von dem Frequenzverhältnis η und der Systemdämpfung

Schraubenfedern sind massebehaftet und besitzen daher elastische Federungs- und auch Trägheitseigenschaften. Sie sind somit schwingungsfähige Systeme, die Eigenschwingungen ausführen können.

Für die Beschreibung der longitudinalen Eigenschwingungen kann man ihnen eine gleichmäßig über die Federlänge l verteilte Masse m und eine Längssteifigkeit k zuordnen. Wie bei einem kontinuierlichen Stab kann dann von einer Schallgeschwindigkeit c und einer Wellenlänge λ gesprochen werden.

$$c = \sqrt{\frac{E}{\rho}} \qquad c = \sqrt{\frac{l^2 \cdot k}{m}} \qquad \lambda = \frac{c}{f} \tag{3.31}$$

Nach DIN EN 13906-1:2002 berechnet sich die erste Federeigenfrequenz mit $\lambda_1 = 2l$ zu

$$f_1 = \frac{3560 \cdot d}{n \cdot D_{\mathrm{m}}^2} \sqrt{\frac{G}{\rho}} \tag{3.32}$$

D	Drahtdurchmesser [mm]
D_{m}	mittlerer Windungsdurchmesser [mm]
G	Schubmodul [N/mm²]
ρ	Dichte [kg/m³]
n	Anzahl der wirksamen Windungen

Weitere Eigenfrequenzen liegen bei $f_j = j \cdot f_1$ (j = 2, 3, 4, ...). Die Dämmkurve für eine Stahlfeder, deren Federeigenfrequenz f_1 das Zehnfache der Systemeigenfrequenz f_0 beträgt, ist in Bild 3.26 aufgetragen. Oberhalb der Lagerungsfrequenz, d. h. für Frequenzverhältnisse größer als 1, steigt die Dämmung zunächst mit dem Verhältnis $(f/f_0)^2$ an. Durch die Eigenschwingungen der Feder wird der Anstieg gestört. Der erste Einbruch liegt bei der Eigenfrequenz f_1, die weiteren Einbrüche folgen bei $j \cdot f_1$.

Diese Einbrüche werden jedoch immer schwächer, je weiter die betrachtete Federeigenfrequenz von der Systemeigenfrequenz entfernt ist, weil dort die Grunddämmung schon größer ist.

Das Frequenzverhältnis

$$\frac{f_1}{f_0} = \frac{\frac{1}{2}\sqrt{\frac{k}{m}}}{\frac{1}{2\pi}\sqrt{\frac{k}{M}}} = \pi \sqrt{\frac{M}{k}} \tag{3.33}$$

mit

M	Masse des Gesamtsystems [kg]
m	Masse der Feder bzw. Federn [kg]
k	Federsteifigkeit [N/m]

hängt nicht von der Steifigkeit der Feder ab und soll möglichst groß sein. Bei gegebener Last wählt man also eine möglichst leichte Feder.

Die Tiefe der Dämmungseinbrüche hängt vom Verlustfaktor Ψ, also der Materialdämpfung, ab, die bei Stahl außerordentlich niedrig ist. Die Dämmwirkung der Stahl-

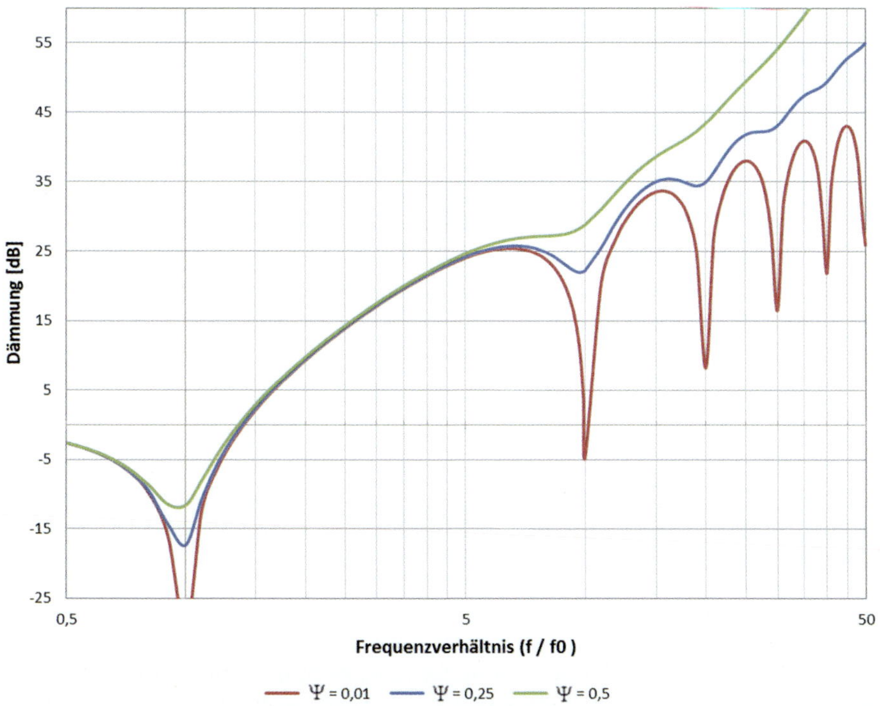

Bild 3.26 Dämmung in Abhängigkeit der Eigenfrequenzen der Feder

federn kann jedoch stufenweise je nach den gestellten Forderungen wesentlich verbessert werden:

1. durch Bedämpfung der Stahlfedern (Fußbaddämpfung, Sordino-Dämpfung),
2. durch Hintereinanderschalten von Federn mit Zwischenmassen (Doppelfeder-System),
3. durch Einschaltung elastisch-plastischer Scheiben zwischen der Federaufstandsfläche und dem Gehäuse.

Diese Maßnahmen führen dazu, dass mit Stahlfedern bessere Dämmungen zu erzielen sind als mit Gummielementen, die zwar eine höhere Materialdämpfung aufweisen, aber nur höhere Systemeigenfrequenzen zulassen.

3.5.2.2 Konstruktionselemente zur Schwingungsreduzierung

Die bisher beschriebenen Elemente eignen sich in besonders vorteilhafter Weise zur Reduzierung von Schwingungen.

Stahlfeder-Elemente

Als Elemente zur Schwingungsreduzierung werden in diesem Abschnitt Federelemente beschrieben, die aus zylindrischen Schraubendruckfedern aus Stahl aufgebaut sind. Der Einsatz dieser Bauteile ist seit Jahrzehnten Stand der Technik bei der elastischen Aufstellung von Maschinen (Turbinen, Schmiedehämmern, Pressen,

Kohlemühlen usw.) und Aggregaten (Klimageräte, Pumpen usw.), aber mittlerweile auch von Häusern, Brücken und Gleisanlagen.

Aufbau und Wirkungsweise

Federelemente bestehen aus einer oder mehreren zylindrischen Schraubendruckfedern, Bild 3.27, die zwischen einer Gehäuseoberschale und einer -unterschale durch Ringe zentriert werden. Die meisten Elemente lassen sich vorspannen. Hierzu sind Schrauben und Muttern vorhanden, durch die eine im Werk oder vor Ort aufgebrachte Vorspannung gesichert werden kann. Die Federelemente werden auf die Last, die sie einmal aufnehmen sollen, vorgespannt, so dass sie während der Bauphase wie Festpunkte wirken. Nach Beendigung der Bauarbeiten werden die Muttern gelöst und die Schwingungsisolierung in Funktion gesetzt.

Weiterhin befinden sich in den Gehäuseschalen Nischen, in die hydraulische Zylinder eingebracht werden können, mit deren Hilfe die Federelemente unter dem Fundament wieder vorgespannt werden können. Nach Sicherung der Vorspannung durch Anziehen der Muttern ist hierdurch ein Ausbau und damit ein Austausch der Elemente möglich. Eine Anpassung an die tatsächlich auftretenden Verhältnisse ist z. B. durch die Wahl einer anderen Federbestückung möglich.

Auch können Höhendifferenzen, die infolge von Lastdifferenzen gegenüber der theoretischen Berechnung oder aufgrund von Baugrundsetzungen auftreten, ausgeglichen werden. Hierzu sind auf den Federelementen Zwischenbleche angeordnet, die bei Bedarf herausgenommen oder durch weitere Bleche ergänzt werden.

Bei nicht vorspannbaren Federelementen wird, um Schiefstellungen während der Bauphase durch unterschiedliche Lastaufbringung zu vermeiden, entweder eine steife Lastverteilungsplatte vorgesehen oder durch andere bautechnische Maßnahmen für eine gleichmäßige Belastung der Federelemente gesorgt.

Die Federelemente werden schraubenlos durch selbstklebende Gewebebauplatten befestigt, die sowohl eine Klebewirkung auf Stahl- als auch auf Betonoberflächen aufweisen. Die Klebewirkung beginnt, sobald eine Last aufgebracht wird und steigt mit der Zeit an. Durch diese Gewebebauplatten werden zusätzlich kleine Unebenheiten im Auflagebereich ausgeglichen. Schließlich führen sie zu einer weiteren Verbesserung der Körperschalldämmung, da eine zusätzliche, elastische Trennfläche (Impedanz-Sprung) zwischen Bauwerk und Federelement hergestellt wird.

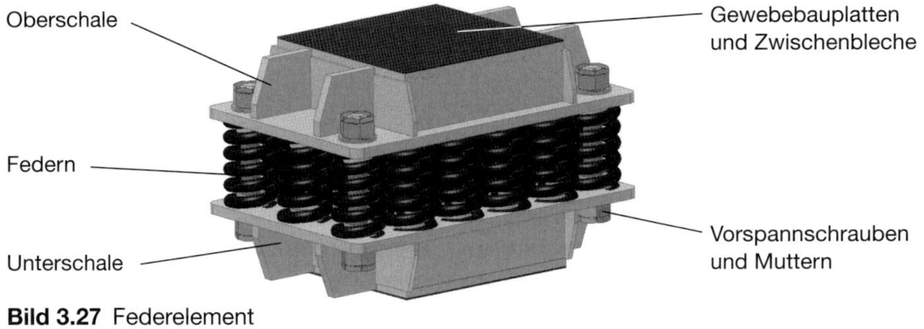

Bild 3.27 Federelement

Kenngrößen
Das Kraft-Verformungsverhalten eines Stahlfederelementes ist durch eine lineare Kennlinie sowohl in vertikaler als auch in horizontaler Richtung im Anwendungsbereich gekennzeichnet. Die charakteristischen Eigenschaften eines Federelementes werden durch die folgenden Größen beschrieben:

- vertikale und horizontale Federrate,
- zulässiger vertikaler und horizontaler Federweg,
- zulässiger dynamischer Federweg,
- Tragfähigkeit.

Diese Eigenschaften hängen wiederum direkt von den Eigenschaften der eingesetzten Stahlfedern ab, d. h. vom verwendeten Federwerkstoff, von den geometrischen Abmessungen sowie der Anzahl und Kombination der einzelnen Federn. Auf die Berechnungen, die für zylindrische Schraubendruckfedern aus rundem Federstahldraht in DIN EN 13906-1:2002 ausführlich beschrieben werden, soll an dieser Stelle nicht weiter eingegangen werden. Die Berechnungen der vertikalen Eigenschaften sind hierbei exakt formuliert. In horizontaler Richtung sind allerdings nur Näherungslösungen angegeben. Große Fortschritte wurden durch experimentelle Untersuchungen erreicht. Wesentlich ist nur, dass neben den zulässigen Beanspruchungen auch die Knicksicherheit und Formstabilität sowie das Eigenschwingverhalten betrachtet werden müssen. Schraubendruckfedern lassen sich für statische Federwege zwischen 5 mm und 17 cm sinnvoll und wirtschaftlich auslegen und können daher mit ihrer linearen Federkennung einen Eigenfrequenzbereich in vertikaler Richtung von 7 Hz bis herunter zu etwa 1,2 Hz abdecken. Sie zeichnen sich durch Linearität, eine praktisch unbegrenzte Lebensdauer sowie gleichbleibende und temperaturunabhängige Federungseigenschaften aus.

Stahlfedern sind auch in horizontaler Richtung wirksam. Das Verhältnis von Längs- und Quersteifigkeit ist bei Schraubendruckfedern über große Bereiche einstellbar, so dass eine elastische Lagerung optimal an die jeweilige Aufgabe angepasst werden kann (Bild 3.28). Speziell bei Elementen zum Erdbebenschutz sind Federn mit großer vertikaler Tragfähigkeit, jedoch geringer horizontaler Steifigkeit erforderlich.

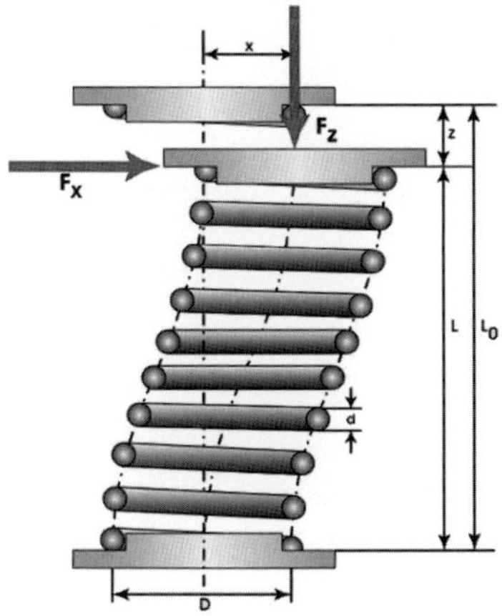

Bild 3.28 Querfederung einer Schraubenfeder

Vorteile
Die Vorteile der Stahlfederelemente gegenüber anderen elastischen Lagerungselementen sind:

- große Federwege,
- gleichbleibende Eigenschaften über Jahrzehnte,
- keine Empfindlichkeit gegenüber Temperaturunterschieden,
- gute Berechenbarkeit,
- anpassbare horizontale und vertikale Federraten,
- Wirksamkeit in allen Richtungen des Raumes,
- enge, genormte Toleranzen der physikalischen Kenngrößen.

VISCO® Dämpfer

Aufbau und Wirkungsweise
Die allgemeingültige Forderung bei der Entwicklung des VISCO® Dämpfers lautete, eine Dämpfungseinrichtung für federnd gelagerte Maschinen zu schaffen, die in keinem der 6 Freiheitsgrade blockiert und in allen Richtungen dämpfend wirkt.

VISCO® Dämpfer bestehen aus einem Dämpfergehäuse, einem hochviskosen Dämpfungsmedium und einem Dämpferstempel (Bild 3.29). Der in das Dämpfungsmedium eintauchende Dämpferstempel ist in allen Raumrichtungen bis zum begrenzenden Dämpfergehäuse hin beweglich. Der Dämpfer ist daher in Richtung aller 6 Freiheitsgrade wirksam. In Abhängigkeit von der gewählten Geometrie des Dämpfers kann die Wirksamkeit an die jeweilige Aufgabenstellung angepasst werden.

Die Dämpfungskräfte entstehen aufgrund von Scherung und Verdrängung im Dämpfungsmedium und sind näherungsweise proportional zur Relativgeschwindigkeit v zwischen Dämpferstempel und Dämpfergehäuse mit dem Dämpfungswiderstand r als Proportionalitätsfaktor.

$$F = r \cdot v \tag{3.34}$$

Bei einem idealen Dämpfer ist der Dämpfungswiderstand r frequenzunabhängig. Diese Frequenzunabhängigkeit ist identisch mit der Forderung nach einer geschwindigkeitsproportionalen Dämpfungskraft. Für einen idealen Dämpfer lautet die Glei-

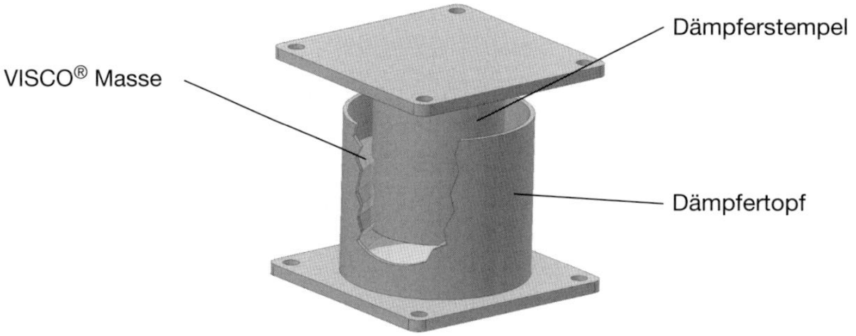

Bild 3.29 Prinzipieller Aufbau eines VISCO® Dämpfers (System GERB)

chung für die Widerstandskraft F ausgehend von der Auslenkung $x = \hat{x}\sin(\omega t)$ und der Geschwindigkeit $v = \hat{x}\,\omega\cos(\omega t)$

$$F = r\hat{x}\,\omega\sin(\omega t + 90°) \tag{3.35}$$

In diesem Fall besitzt die Widerstandskraft eine Phasenverschiebung von +90° zur dynamischen Auslenkung. Ideale Dämpfer gibt es jedoch nur in der Theorie. VISCO® Dämpfer haben einen frequenzabhängigen Dämpfungswiderstand, was im Hinblick auf die Schwingungsisolierung einen positiven Nebeneffekt hat, da es oberhalb der Lagerungseigenfrequenz zu dem gewünschten Abfall des Dämpfungswiderstandes kommt.

Die viskoelastischen Eigenschaften des Dämpfers können näherungsweise durch rheologische Ersatzmodelle beschrieben werden, die sich aus der Kombination von idealen Federn und idealen Dämpfern bilden lassen (Bild 3.30). Das wohl bekannteste Modell ist das Voigt-Kelvin-Modell, das für die Abbildung vieler schwingungstechnischer Aufgabenstellungen herangezogen wird.

Für die Beschreibung des Dämpferverhaltens ist besonders das Maxwell-Modell geeignet, das über ideale Relaxationseigenschaften verfügt und so die viskoelastischen Eigenschaften der Dämpfer sowohl bei harmonischer Anregung als auch beim Aufbringen einer sprungartigen Belastung gut erfasst. Je größer der abzubildende Frequenzbereich ist und je mehr Einflussgrößen zu berücksichtigen sind, umso komplexer müssen die Ersatzmodelle werden. Demzufolge werden Schwingungsdämpfer häufig mit einem doppelten Maxwell-Modell (Bild 3.31) abgebildet. Mit diesem Modell ist es möglich, sowohl die dynamische Steifigkeit des Systems gut abzubilden, als auch die Relaxationseigenschaften zu erfassen.

Kenngrößen

Die Kenngrößen eines VISCO® Dämpfers sind:

- der vertikale und horizontale Dämpfungswiderstand,
- die vertikale und horizontale Ersatzsteifigkeit,
- der vertikale und horizontale Arbeitsweg,
- der Temperatureinsatzbereich,
- die Nennlast (bei Rohrleitungsdämpfern).

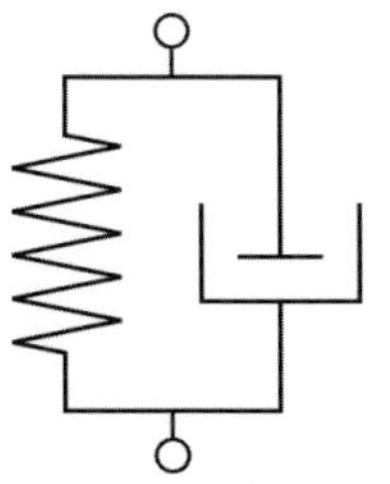

Bild 3.30 Rheologisches Ersatzmodell: Voigt-Kelvin-Modell

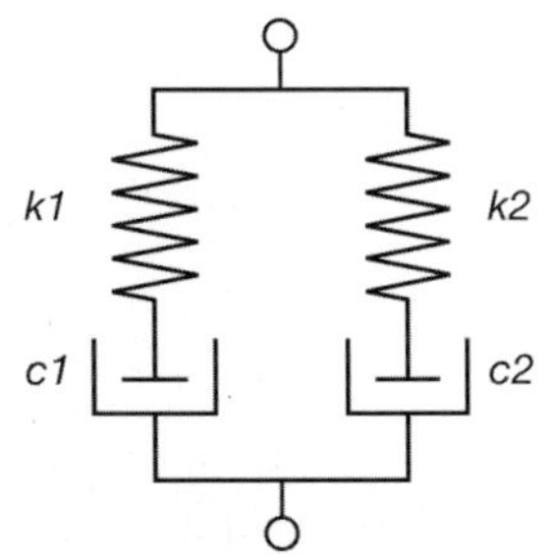

Bild 3.31 Rheologisches Ersatzmodell: doppeltes Maxwell-Modell

Bild 3.32 Feder-Dämpfer-Element

Bei der Dämpferauslegung wird in der Regel von dem erforderlichen Dämpfungswiderstand ausgegangen, der für eine zu erzielende Systemdämpfung notwendig ist.

Einsatzfälle und Vorteile
VISCO® Dämpfer werden als Einzelelemente oder in Kombination mit elastischen Lagerungselementen eingesetzt. Ein Beispiel ist die in Bild 3.32 dargestellte Ausführung mit Stahlfedern.

Dämpfer weisen dabei folgende Vorteile auf:

- Wirksamkeit in allen Richtungen des Raumes,
- genaue Dimensionierbarkeit für den jeweiligen Einsatzfall,
- Realisierung hoher Dämpfungswiderstände auf angemessenem Raum,
- Wartungsfreiheit,
- gleichbleibende Eigenschaften über Jahrzehnte.

Die Aufteilung der Funktionen Federung und Dämpfung auf zwei Bauelemente hat den großen Vorteil, die Parameter Steifigkeit und Dämpfung unabhängig voneinander optimal an die jeweilige Aufgabe anpassen zu können. Dies ist beispielsweise bei Gummielementen mit ihrer eingeprägten Werkstoffdämpfung nur sehr beschränkt möglich. Neben Steifigkeit und Dämpfung bestimmt die Systemmasse entscheidend die dynamischen Eigenschaften eines schwingungsfähigen Systems.

Schwingungsmasse
Beruhigungsmassen werden zur Reduzierung von Schwingungsamplituden eingesetzt. Allerdings ist dieses Element sehr kostspielig, da die Wirkung der Reduzierung linear mit der verwendeten Masse zusammenhängt. Hierbei werden meist Stahlplatten oder Betonfundamente eingesetzt. Der Zusammenhang zwischen Zusatzmasse und Reduzierungswirkung bei gleichbleibender Lagerungsfrequenz ist in Bild 3.33 dargestellt.

Schwingungstilger
Bei Schwingungstilgern handelt es sich ebenfalls um Schwingmassen, allerdings ist aufgrund einer genauen Abstimmung des Tilgersystems nur eine geringe zusätzliche Masse erforderlich, welche zu keiner signifikanten Verschiebung der relevanten Eigenfrequenz führt. Infolge einer schwingungsfähigen Lagerung der Zusatz- bzw. Schwingmasse (i. d. R. durch Federn bzw. Pendelaufhängung) führt diese den

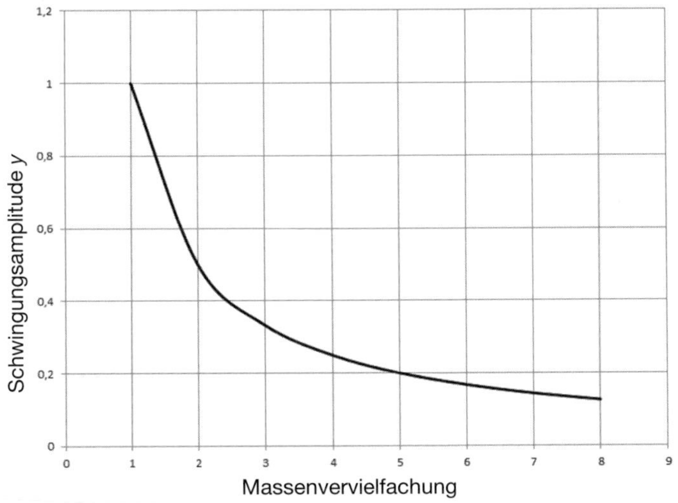

Bild 3.33 Reduktion der Schwingungsamplituden durch Zusatzmasse

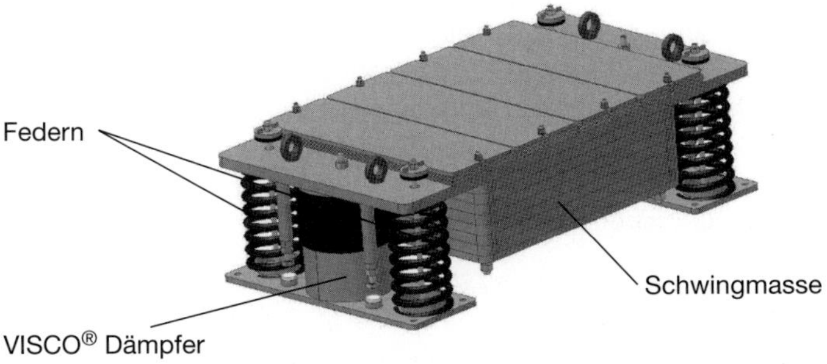

Bild 3.34 Prinzipieller Aufbau eines Schwingungstilgers

Schwingungen der Hauptstruktur entgegengerichtete Bewegungen aus. Dazu kommt es zu einer Energiedissipation infolge der Kraftkompensation, da die Schwingmasse größere Bewegungen und damit größere Beschleunigungen als die Hauptstruktur aufweist. Diese Energiedissipation führt zu einem Anstieg der Strukturdämpfung und dadurch zur Reduktion der Schwingantwort von Brückenbauwerken auf dynamische Einwirkungen.

Bild 3.35 zeigt den Effekt eines Schwingungstilgers anhand der Vergrößerungsfunktionen im Frequenzbereich. Durch eine zusätzliche, auf die Anregungs- bzw. Resonanzfrequenz des schwach gedämpften Hauptsystems abgestimmte Zusatzmasse erfolgt eine Aufteilung der Eigenfrequenzen, da es sich nun um ein Mehrmassen-System handelt. Die Schwingungsantwort des Systems auf eine Anregung im Bereich der eingestellten Frequenz wird dabei getilgt, im Bereich der sich durch das Mehrmassen-System ergebenden Eigenfrequenzen erfolgt jedoch ebenfalls eine ausgeprägte Resonanzüberhöhung (s. Bild 3.35 b). Da es sich bei den dynamischen

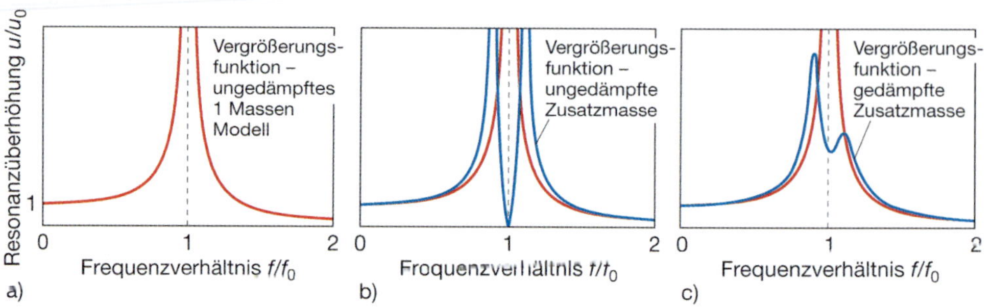

Bild 3.35 Vergrößerungsfunktionen eines ungedämpften schwingungsfähigen Systems a) ohne Tilgermasse, b) mit ungedämpfter Tilgermasse, c) mit gedämpfter Tilgermasse [209]

Einwirkungen auf Brücken nicht um stationäre Einwirkungen handelt und es außerdem je nach Verkehrslast, Temperatur etc. zu leichten Verschiebungen der relevanten Eigenfrequenzen kommen kann, müssen Schwingungstilger mit einem zusätzlichen Dämpfungselement ausgestattet sein. Der Dämpfer bewirkt eine Begrenzung der Resonanzüberhöhungen des Mehrmassensystems (s. Bild 3.35 c) und reduziert die auftretenden Schwingbewegungen in einem größeren Frequenzbereich.

Die erforderlichen Abstimmparameter eines Schwingungstilgers – Abstimmfrequenz und Dämpfungskoeffizient des Dämpferelements – hängen hauptsächlich vom Massenverhältnis zwischen modaler Masse für die relevante Schwingform der Hauptstruktur und der Schwingmasse des Tilgers ab. Bei harmonischer Anregung der Hauptstruktur kann eine Optimierung entsprechend der Optimierungskriterien von *Den Hartog* [207] erfolgen:

$$f_{\text{opt}} = \frac{f_{\text{h}}}{1+\gamma} \qquad \xi_{\text{opt}} = \sqrt{\frac{3\gamma}{8(1+\gamma)^3}} \tag{3.36}$$

Die oben angegebene Lösung kann mit einer ausreichenden Genauigkeit für schwach gedämpfte Systeme (bis zu $\xi_H = 2\,\%$) verwendet werden. Für Systeme mit größerer Eigendämpfung oder auch bei anderen Anregungsarten, bspw. bei stochastischer Anregung (Verkehrserschütterungen, Erdbebeneinwirkung, böeninduzierte Windlasten), können numerische Optimierungsalgorithmen angewendet werden. Bild 3.36 aus [208] zeigt die Ergebnisse für verschiedene Optimierungsverfahren – die Optimierung bei harmonischer Anregung für schwach gedämpfte Systeme nach *Den Hartog*, eine Optimierung für stochastische Anregung (Weißes Rauschen) von schwach gedämpften Systemen und für konkrete Erdbebenanregungen bei unterschiedlicher Strukturdämpfung – in Abhängigkeit vom Massenverhältnis Tilgermasse/Modale Masse der Hauptstruktur.

Hauptkriterien für die Auswahl des geeigneten Massenverhältnisses sind einerseits die erforderliche Reduzierwirkung und andererseits die resultierenden Bewegungen bzw. Beschleunigungen der Schwingmasse, welche in Hinblick auf die dynamische Belastung der elastischen Elemente, Tragelemente und der Dämpfungselemente sowie auf die verfügbaren Einbauräume begrenzt werden sollten (max. 3 m/s^2). Bild 3.37 a zeigt die erzielbare Reduzierwirkung in Abhängigkeit vom Massenverhältnis sowie von der Abweichung des Tilger-Dämpfungsgrades vom optimalen Wert. Zu

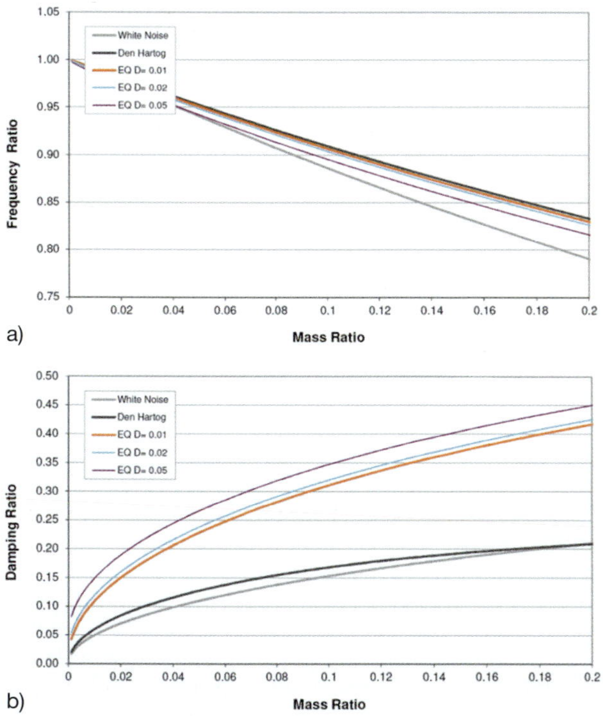

Bild 3.36 Optimale Abstimmfrequenz (a) und interner Dämpfungsgrad (b) von Schwingungstilgern in Abhängigkeit vom gewählten Massenverhältnis, Strukturdämpfung des Hauptsystems und Art der Anregung

geringe (25 % unter dem optimalen Wert) bzw. zu große Dämpfung (50 % über dem optimalen Wert) des Schwingungstilgers führt zu einer Verringerung der Reduzierwirkung, unabhängig vom Massenverhältnis. Eine leichte Überdämpfung des Tilgers (25 % über dem optimalen Wert) hat nahezu keinen Einfluss auf die Reduzierwirkung. Bild 3.37 b zeigt die Tilgerbewegungen – bezogen auf die Bewegungen der Hauptstruktur ohne Tilger – in Abhängigkeit vom Massen- und Frequenzverhältnis. Je größer das Massenverhältnis, desto kleiner sind naturgemäß die Tilgerbewegungen. Bei zu tief abgestimmten Systemen ($f_H/f_T < 1$) reduzieren sich die Tilgereigenbewegungen weiter, bei zu hoch abgestimmten Systemen ($f_H/f_T > 1$) vergrößern sich die Bewegungen.

Die Wirkungsrichtung eines Tilgers sowie seine Positionierung in der Struktur sollten anhand der zu betilgenden Eigenform festgelegt werden. Diese Festlegung kann auf Basis von Berechnungen (vor oder nach Fertigstellung) oder durch Messung (nach Fertigstellung) erfolgen. Insbesondere bei komplizierten und schwer zugänglichen Bauten wird empfohlen, die Tilger bereits während der Bauphase einzubauen. Hierbei werden die Tilger auf die Ergebnisse der im Vorfeld durchgeführten dynamischen Berechnungen abgestimmt. Auf Grundlage von Messungen, die nach Fertigstellung des Bauwerkes erfolgen, werden die Tilger justiert. Diese Vorgehensweise erfordert

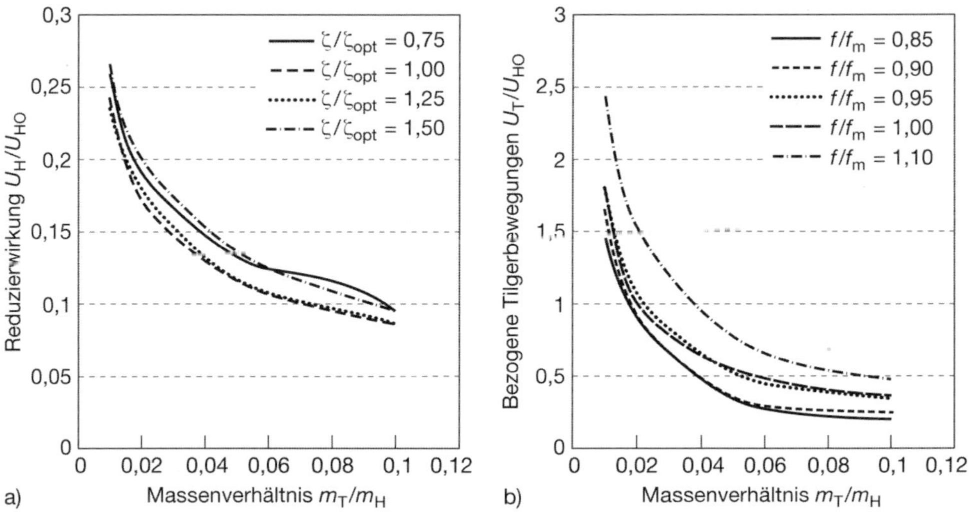

Bild 3.37 a) Abhängigkeit der Reduzierwirkung vom Massenverhältnis sowie von der Abweichung des Tilger-Dämpfungsgrades, b) auf das Hauptsystem bezogene Tilgerbewegungen

jedoch die Bedingung, dass die Tilger justierbar sind. Üblicherweise erfolgt eine Feinjustierung über die Massenvariation. Die Erfahrung zeigt, dass unter Umständen bei der genannten Vorgehensweise auch eine Variation der eingebauten Federn möglich sein muss.

3.5.3 Projektbeispiel: Elastisches Lagerungssystem zum Schutz vor Schienenverkehrserschütterungen und Körperschall – Xizhimen Brücke, Peking, China

Bei der 2002 fertig gestellten Xizhimen Brücke handelt es sich um eine 75 m lange 3-feldrige Balkenbrücke, durch welche die U-Bahn-Linie 13 der Pekinger Metro in das Bahnhofsgebäude geführt wird. Um den Eintrag der Schienenverkehrserschütterungen in das Gebäude – welches ebenfalls ein Kontrollzentrum beherbergt – zu vermeiden, wurden die massiven Brückenträger vom Rest des Gebäudes entkoppelt und elastisch gelagert (s. Bild 3.38 a). Um die vertikalen Reaktionskräfte an den Auflagern von 1100 kN bis 3200 kN aufzunehmen, wurden jeweils zwei Federelemente an den Auflagerpunkten mit Federsteifigkeiten von 110 kN/mm bzw. 318 kN/mm angeordnet. Die vertikale Lagerungsfrequenz des Systems beträgt ca. 5 Hz. Durch Auswahl einer solchen Lagerungsfrequenz konnte eine deutliche Reduktion der in das Gebäude übertragenen Erschütterungen erzielt werden (s. Bild 3.38 b).

Durch die zusätzliche Applikation diskreter Dämpfungssysteme konnten die bei Zugüberfahrt resultierenden Bewegungen der Brückensegmente auf 4 bis 12 mm (je nach Auflagerpunkt) begrenzt werden. Zusätzlich reduzieren die Dämpfungselemente die bei möglicher Erdbebenbelastung auftretenden Starrkörperverschiebungen der Brückenträger.

a)

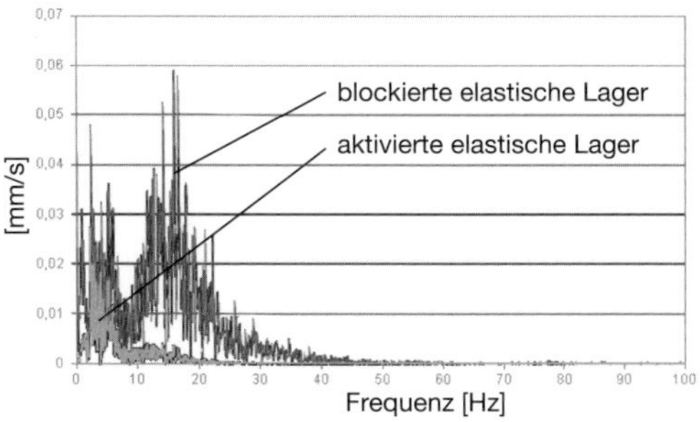

b)

Bild 3.38 a) Elastische Lagerungssysteme und Dämpfungssysteme an der Xizhimen-Station Brücke in Peking/China, b) Frequenzspektra der im Kontrollraum gemessenen Erschütterungen vor und nach Aktivierung der elastischen Lagerung

3.5.4 Projektbeispiel: Elastisches Lagerungssystem zum Schutz vor personeninduzierten Schwingungen – Südbrücke Oberhavel, Berlin, Deutschland

Die Südbrücke Oberhavel/Berlin hat eine Gesamtlänge von 264 m und spannt sich über sieben Felder mit Spannweiten von jeweils 33 m in den Randfeldern und 66 m im Mittelfeld. Die Gesamtbreite beträgt 18 m mit einer Fahrbahnbreite von 9 m und Geh- und Radwegbreiten von je 4,5 m. Bei der Überprüfung der modalen Eigenschaften der Brücke wurde festgestellt, dass die Brücke mehrere Eigenfrequenzen im Bereich des für personeninduzierte Schwingungen kritischen Frequenzbereiches zwischen 1,25 und 4,6 Hz aufweist. Die Applikation von Schwingungstilgern für jede schwingungsanfällige Eigenform stellte sich als für den Bauherrn zu aufwendige Maßnahme dar, so dass bereits im Vorfeld der Fertigstellung ein elastisches Lagerungssystem konzipiert wurde, welches die kritischen schwach gedämpften Eigenschwingungen durch Modifizierung der Steifigkeiten aus der Resonanzzone heraushalten kann. Durch Schraubendruckfedern aus Stahl wird das Brückenbauwerk linear-elastisch unterstützt. Die Federsteifigkeit des Gesamtlagers beträgt $c = 8{,}037$ MN/m. Gleichzeitig wird ein vertikaler Dämpfungswiderstand von 0,7 bis 1,5 MNs/m je Lager mittels zweier VISCO® Dämpfer zur Verringerung der Brückenschwingungen erzeugt. Dadurch konnten folgende technische Anforderungen gelöst werden (siehe [206]):

- Ein- und Ausbaubarkeit, Zugänglichkeit der Speziallager,
- Beschränkung der Temperaturdeformationen der Brücke auf unkritische Bereiche durch integrierte Gleitlagerungen,
- präzise Einhaltung der Feder- und Dämpfercharakteristika und der vorgeschriebenen Phaseneigenschaften der Dämpfer,
- Lastfall Sommerfest, rhythmisches Tanzen auf der Brücke von ca. 100 Personen.

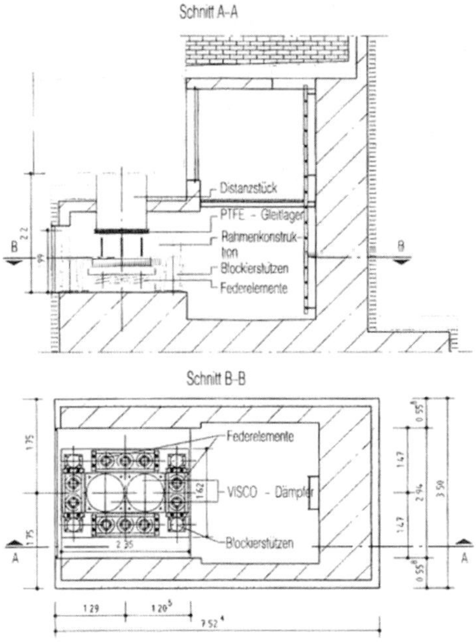

Bild 3.39 Südbrücke Oberhavel, Brückenansichten mit Anordnung der Feder-Dämpfer-Elemente

3.5.5 Projektbeispiel: Applikation diskreter Dämpfungselemente zum Erdbebenschutz – Flughafen-Brücke Sotchi, Russland

Mit dem Ziel, die Brückendecks bei Erdbebenbelastung vor zu großen Relativbewegungen zu schützen und weiterhin die Stützenmomente durch Reduktion der Beschleunigungen am Stützenkopf herabzusetzen, wurde die 3,5 km lange, aufgeständerte Spannbeton-Bahntrasse in Sotchi (Einzelspannweiten 24 m bis 35 m) mit einem Schutzsystem, bestehend aus drei Bauelementen, ausgestattet. Das Schutzsystem besteht zunächst aus Gleitlagern zur Aufnahme der statischen und Verkehrslasten sowie zur Reduktion der Stützenmomente. Weiterhin wurden zusätzlich zum Erdbebenschutz Stabdämpfer, die sich elastisch und plastisch verformen können, appliziert. Schließlich wurden parallel VISCO® Dämpfer installiert. Durch die viskosen Dämpfer wird die Systemdämpfung erhöht, wodurch schon im Normalbetrieb der Brücke

Bild 3.40 Die Eisenbahnbrücken in Sotchi

a) b)

Bild 3.41 Angebrachte Dämpfer-Elemente an der Eisenbahnbrücke in Sotchi
a) Stabdämpfer, b) VISCO® Dämpfer

aufgrund der Energiedissipation die Bewegungen reduziert werden. Im Erdbebenfall führt die plastische Verformung der Stabdämpfer zu einer weiteren Umwandlung der Schwingungsenergie.

3.5.6 Projektbeispiel: Einbau von Tuned Mass Control Systemen zum Erdbebenschutz – Puente Oriente, Guadalajara, Mexiko

Die Puente Oriente ist eine Zubringer-Trasse zum Flughafen Guadalajara, Mexiko. Die Gesamtlänge des Bauwerks beträgt ungefähr 500 m und die durchschnittliche Spannweite von jedem Feld beträgt 40 m. Der Unterbau besteht aus Stahlsäulen und zwei Stahlhohlkästen mit einem trapezförmigen Querschnitt (s. Bild 3.42). Durch die Massenkonzentration am Stützenkopf infolge des Straßendecks wies die Brückenkonstruktion laterale Eigenfrequenzen im Plateau-Bereich des Anregungsspektrums auf (zwischen 1 und 4 Hz, s. Bild 3.43). Zur Reduktion der rechnerisch bestimmten Bewegungen im Erdbebenfall wurden insgesamt 8 Tuned-Mass-Control-Systeme mit einer effektiven Schwingmasse von 10 t zwischen den Hauptbrückenträgen montiert.

Zuvor wurde die Wirksamkeit der Systeme rechnerisch überprüft (ebenfalls Bild 3.43) und es erfolgte eine numerische Optimierung der erforderlichen Tilger-

Bild 3.42 Puente Oriente mit installierten TMC-Systemen

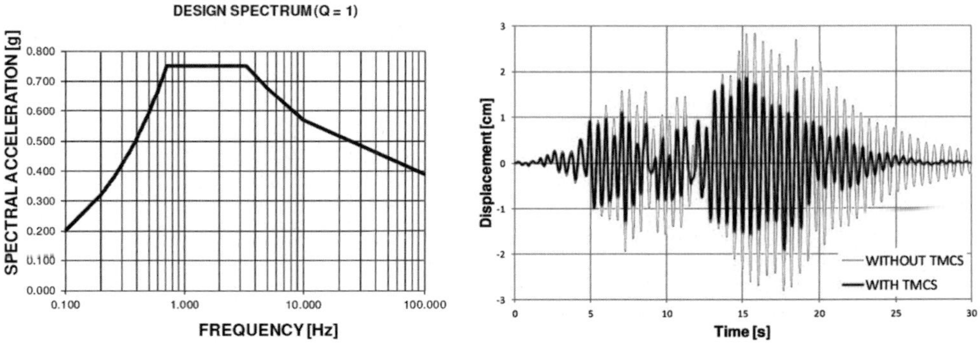

a) b)

Bild 3.43 a) Design Spektrum, b) resultierende Bewegungen am Stützenkopf mit und ohne TMC-Systeme

parameter. Das installierte System wurde mit Dämpfungselementen ausgestattet, welche für das TMCS einen internen Dämpfungsgrad von $D = 28\,\%$ ermöglichen.

Nach Montage der Systeme wurde die relevante laterale Eigenfrequenz festgestellt und die Systeme entsprechend der numerischen Optimierung abgestimmt. Die Wirksamkeit konnte durch Ermittlung der Strukturdämpfung nach Aktivierung der Systeme verifiziert werden. Durch Applikation der TMCS wurde die Strukturdämpfung der Brücke auf ca. $D = 3\,\%$ angehoben.

3.5.7 Projektbeispiel: Applikation von Schwingungstilgern zur Reduktion von wirbelinduzierten Schwingungen – Muiderbrug, Amsterdam, Holland

Bei diesem Beispiel handelt es sich um eine 300 m lange, hauptsächlich für den Fahrradverkehr vorgesehene Brückenverbindung. Eine im Vorfeld durchgeführte dynamische Analyse zeigte, dass bei Windgeschwindigkeiten der Windstärke 7 bis 8 wirbelerregte Schwingungen auftreten, welche zu vertikalen Schwingbewegungen des Brückendecks führen können, die zwar nicht die strukturelle Integrität der Brücke gefährden, jedoch weit oberhalb definierter Komfortkriterien liegen. Durch Einbau zweier Schwingungstilger mit einer effektiven Schwingmasse von je 3000 kg sollte die relevante erste vertikale Biegeeigenform ausreichend bedämpft werden, so dass die Beschleunigungen bei wirbelinduzierten Schwingungen des Brückendecks unterhalb der definierten Komfortgrenzen liegen. Die Tilgersysteme konnten dabei in den Hohlkastenquerschnitt der Brücke integriert werden. Die größte Herausforderung beim Design der Schwingungstilger war der geforderte Abstimmbereich von 0,5 bis 0,8 Hz, da dies eine Variation der erforderlichen statischen Einsenkung zum Erreichen der Abstimmfrequenzen von 963 mm bis 376 mm bedeutete. Bild 3.44a zeigt die installierten Tilgersysteme.

Nach Montage der Systeme wurde die relevante vertikale Eigenfrequenz mit 0,69 Hz festgestellt und die Systeme entsprechend den Den-Hartog-Optimierungskriterien abgestimmt. Die Wirksamkeit konnte durch Ermittlung der Strukturdämpfung vor und

a) b)

Bild 3.44 Muiderbrug Fahrradbrücke, Amsterdam – installierte Schwingungstilgersysteme

nach Aktivierung der Systeme verifiziert werden. Durch Einbau der Schwingungstilger wurde die Strukturdämpfung der Brücke von $D = 0{,}6\,\%$ auf ca. $D = 5{,}1\,\%$ angehoben (siehe [210]).

3.5.8 Projektbeispiel: Applikation von Schwingungstilgern zur Reduktion von fußgängerinduzierten Schwingungen – Millennium Bridge, London, Großbritannien

Die Millennium Bridge ist eine Hängebrücke über die Themse in London, bei der die Spannglieder dem Momentenverlauf angepasst sind. Der Steg ist zwischen den Spanngliedern eingehängt. Die Brückenlänge beträgt ca. 370 m, die maximale Spannweite beträgt ca. 144 m.

Kurz nach Eröffnung der Millennium Bridge im Jahr 2000 musste diese wegen störender Schwingbewegungen wieder geschlossen werden. Bei normaler Fußgängernutzung traten Schwingbewegungen von bis zu 10 cm auf.

Durch nachträglichen Einbau von Schwingungstilgern (acht horizontal und 50 vertikal wirkende Tilger), sowie einer Vielzahl von speziellen Stoßdämpfern konnten die Schwingbewegungen der Brücke derart reduziert werden, dass eine komfortgerechte

Bild 3.45 Millennium Bridge in London

Nutzung der Brücke möglich ist. Die eingesetzten Tilger besitzen eine Schwingmasse zwischen 1 t und 2,5 t mit Abstimmfrequenzen zwischen 0,8 Hz und 2,2 Hz.

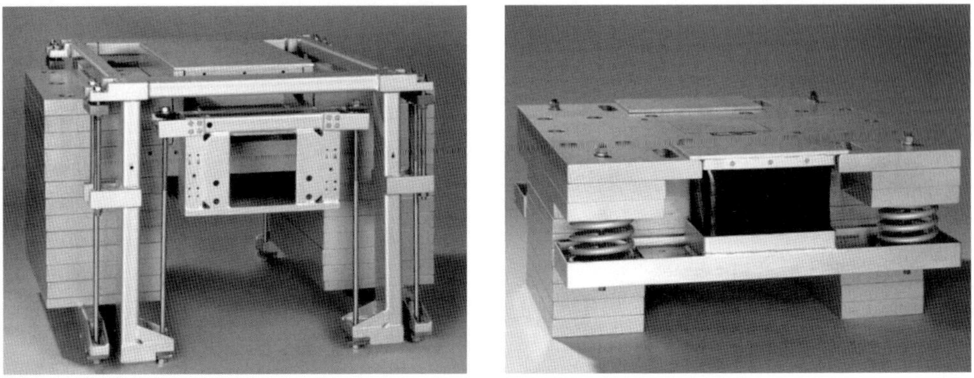

Bild 3.46 Schwingungstilger der Millennium Bridge

4 Lagerarten[1]

4.1 Grundsätzliches

(101) Lagerarten, Lagertypen
In diesem Kapitel wird über den Stand der Technik zur Konstruktion und Bemessung der verschiedenen Lagerarten berichtet. Lagerarten, die heute in Deutschland kaum noch oder nicht mehr verwendet werden, finden nur kurze oder keine Erwähnung.

Die Lagerarten unterscheiden sich durch ihre Konstruktionsprinzipien. Die Einteilung der Lagertypen erfolgt dagegen nach den statischen und kinematischen Funktionen (s. Kapitel 1).

In den letzten 25 Jahren haben sich aus durchgeführten Versuchen mit Lagern im Labor, Messungen an Lagern im Bauwerk und umfangreichen Erfahrungen mit Lagern im praktischen Einsatz eine ganze Reihe neuer Konstruktions- und Bemessungsregeln ergeben.

(102) Bemessungs-Konzept
Im Lager konzentrieren sich die auf das Bauwerk einwirkenden Kräfte. Daraus folgt, dass die Art der Bemessung der **Lager** davon abhängt, wie das **Bauwerk** bemessen wurde.

Wichtigste Regelwerke in Europa für Lager sind die Normen der Normenreihe EN 1337, Lager im Bauwesen, die die Anwendung der Eurocodes voraussetzen.

Nach EC 1 bis EC 3 ist dabei grundsätzlich wie folgt vorzugehen:
Die einzelnen Einwirkungen werden, abhängig von ihrer Verteilung (Streubreite, Quantilwert), mit Teilsicherheitsbeiwerten multipliziert, und abhängig von der Wahrscheinlichkeit des gleichzeitigen Auftretens kombiniert. Die daraus ermittelten Beanspruchungen werden den Beanspruchbarkeiten gegenübergestellt, die erhalten werden, wenn die Festigkeitswerte durch Teilsicherheitsbeiwerte dividiert werden, die den Wahrscheinlichkeitsgehalt der angenommenen Festigkeitswerte berücksichtigen. Es sei hinzugefügt, dass die Teilsicherheitsbeiwerte der Einwirkungen weitere Imponderabilien berücksichtigen, sich also nicht nur aus einer statistischen Auswertung von Messwerten der Einwirkungen ableiten lassen, und dass dieses Bemessungskonzept vorsieht, dass Systemempfindlichkeiten mit einem zusätzlichen Systemfaktor berücksichtigt werden können.

In diesem Abschnitt werden als Bearbeitungsgrundlage die Regeln angegeben, die sich bei der Konstruktion und Bemessung von Lagerteilen nach altem Bemessungskonzept bewährt haben, und die in allen Lagerkonstruktionen zur Anwendung kommen können, umgearbeitet auf das neue Bemessungskonzept und abgestimmt auf die Regeln in EN 1337.

Alle vorhandenen Größen (Kräfte oder Spannungen) sind unter γ_F-fachen Einwirkungen unter Berücksichtigung von Kombinations-Faktoren ψ zu ermitteln. Sie sind,

[1] Zur Erleichterung der Zitierbarkeit wurde der Text dieses Kapitels in Elemente zerlegt.

Lager im Bauwesen. 3. Auflage. Tobias Block, Helmut Eggert, Wolfgang Kauschke.

wenn dies zwecks Unterscheidung erforderlich ist, durch den Index S gekennzeichnet. γ_F und ψ sind in EC 1 festgelegt.

Alle Grenzgrößen (Beanspruchbarkeiten) werden mit Hilfe charakteristischer Festigkeiten (Streckgrenze, 0,2%-Dehngrenze, Zugfestigkeit) ermittelt, die durch γ_M zu teilen sind.

Die Werte für γ_M sind in EC 2, EC 3 und EC 4 festgelegt. Sie sind sog. indikative Werte, d. h., dass diese Zahlenwerte national abweichend vom Eurocode festgelegt werden können. In EC 3 gibt es hierfür im Allgemeinen nur die Werte $\gamma_M = 1{,}1$ und 1,25. Der höhere Wert gilt stets dann, wenn die Beanspruchbarkeit von der Zugfestigkeit abhängt: Abscheren, Lochleibung, Zug im Nettoquerschnitt. Grenzgrößen werden durch den Index R gekennzeichnet.

Folgende Indizes sind noch wichtig:
d für die Bemessungsgröße,
k für charakteristische Werte.

4.2 Werkstoffe – Allgemeine Konstruktions- und Bemessungsregeln

4.2.1 Werkstoffe

4.2.1.1 Stahlsorten für Bauteile

(103) Stahlsorten, die bisher verwendet wurden:
(vgl. auch Abschn. 4.3.2.2)

1. von den allgemeinen Baustählen nach EN 10025 die Stahlsorten S235 J2G3 und S355 J2G3
2. Stahlguss GS 52.3 nach DIN 1681 sowie der Vergütungsstahl C35 nach EN 10083-2:2006-10
3. Nichtrostender Schmiedestahl X4 CrNiMo 16-5-1 (Werkstoff-Nr. 1.4418) nach EN 10088-3:2007-1 (für „korrosionsarme" Ausbildung in Kontaktbereichen mit hohen Pressungen, vgl. hierzu Begründung in Abschnitt 4.3).
   Ob auch andere Werkstoffe verwendet werden dürfen, richtet sich nach den jeweiligen nationalen Bestimmungen.

(104) Bestimmung der Stahlsorten
Die Stahlsorten sind entsprechend dem vorgeschriebenen Verwendungszweck und ihrer Schweißeignung auszuwählen. Hinweise zur Wahl der Stahlgütegruppen und zur Vermeidung von Terrassenbrüchen enthält EC 3. Es müssen Bescheinigungen nach EN 10204 Tabelle 1 vorliegen, in der Regel die Abnahme-Prüfzeugnisse 3.1.B oder 3.1.C.

Für Bleche und Breitflachstahl in geschweißten Lagerbauteilen mit Dicken über 30 mm, die im Bereich der Schweißnähte auf Zug beansprucht werden, muss der Aufschweiß-Biegeversuch durchgeführt und durch ein Abnahme-Prüfzeugnis belegt sein.

Wenn aus schweißtechnischen Gründen ein Höchstwert für das Kohlenstoff-Äquivalent (CEV) entsprechend Tabelle 4.1 nach der Schmelzanalyse vereinbart wurde, ist der Gehalt der in der nachstehenden Formel genannten Elemente, unter Beachtung von EN 10025, Abschn. 7.3 genannten zusätzlichen Anforderungen, in der Prüfbescheinigung anzugeben.

$$CEV = C + \frac{Mn}{6} + \frac{Cr + Mo + V}{5} + \frac{Ni + Cu}{15}$$

Tabelle 4.1 Höchstwerte für das Kohlenstoff-Äquivalent (CEV) nach der Schmelzanalyse

Stahlsorte Kurzname	Desoxidations-art	Stahlart	Kohlenstoffäquivalent max. für Nenndicken in mm		
			≤ 40	$> 40 \leq 150$	> 150
S235 J2G3	FN	BS	0,35	0,38	0,40
S355 J2G3	FF	QS	0,45	0,47	0,49

4.2.1.2 Verbindungsmittel für Schraubenverbindungen

(105) Konstruktive Forderung
Bauwerksauflager sind hochbeanspruchte Maschinenbauteile, die gem. EN 1337-1 so konstruiert sein müssen, dass sie, wenn erforderlich, ausgewechselt werden können. Schrauben sind als bewährte, lösbare Verbindungsmittel bekannt. Es sind Maschinenelemente, die mit äußerster Sorgfalt montiert und angezogen werden müssen.

(106) Festigkeitsklassen
Bisher wurden im Wesentlichen Schrauben der Festigkeitsklassen 4.6, 5.6 und 10.9 nach EN 20898 Teil 1, zugehörige Muttern der Festigkeitsklassen 4, 5 und 10 nach EN 20898 Teil 2 und Scheiben, die mindestens die Festigkeit der Schrauben haben, verwendet. Die nachfolgenden Ausführungen gelten auch für Schrauben der Festigkeitsklasse 8.8.

(107) Anforderungen an feuerverzinkte hochfeste Schrauben
Bei feuerverzinkten hochfesten Schrauben sind nur komplette Garnituren (Schrauben, Muttern, Scheiben) des gleichen Herstellers zu verwenden.

Feuerverzinkte Schrauben der Festigkeitsklasse 10.9 sowie zugehörige Muttern und Scheiben dürfen nur verwendet werden, wenn sie vom Schraubenhersteller im Eigenbetrieb oder unter seiner Verantwortung im Fremdbetrieb feuerverzinkt wurden.

Beim Einsatz im Freien ist die Verzinkung allein als Korrosionsschutz unzureichend, es ist eine zweite Deckschicht erforderlich, die den Zinkabtrag verhindert.

(108) Zugbeanspruchte Schraubenverbindungen
Zugbeanspruchte Verbindungen mit Schrauben sind generell vorzuspannen, weil sich durch diese Maßnahme die verspannten Lagerplatten an der Aufnahme der Zuglasten beteiligen, und die Schraube selbst nur (bei korrekter Ausbildung der Kontaktflächen) entsprechend der Steifigkeit einen geringeren Anteil aus zusätzlicher Zugkraft erhält. Das Klemmpaket bleibt geschlossen.

Für planmäßig vorgespannte Verbindungen sind Schrauben der Festigkeitsklasse 10.9 oder 8.8 zu verwenden. Werden sie als gleitfeste Verbindungen eingesetzt, so sind die Reibflächen vorzubehandeln (s. EC3 Teil 1-1). Zugbeanspruchte Verbindungen mit Schrauben der Festigkeitsklasse 10.9 und 8.8 sind planmäßig vorzuspannen. Bei diesen Schrauben sind Unterlegscheiben kopf- und mutterseitig anzuordnen. Dabei ist unbedingt darauf zu achten, dass die Anfasung zum Schraubenkopf hin zeigt. Die Anfasung dient zur Aufnahme des Ausrundungsradius zwischen Schaft und Kopf der Schraube. Bei Verbindungen mit feuerverzinkten, hochfesten Schrauben sind das Gewinde der Schraube und die Unterlegscheibe dort wo angezogen wird, bzw. die komplette Mutter, grundsätzlich mit einem in Versuchen (Nachweis der Vorspannkraft) nachgewiesenen Schmierstoff zu behandeln.

(109) Korrosionsarme Konstruktion
Ein weiterer Schritt in die „korrosionsarme" Lagerkonstruktion ergibt sich durch den Einsatz von nichtrostenden Schraubenverbindungen.

In Deutschland gibt es eine Allgemeine bauaufsichtliche Zulassung für „Bauteile und Verbindungselemente aus nichtrostenden Stählen" des Deutschen Instituts für Bautechnik, deren uneingeschränkte Anwendung auf den Bereich „Brückenlager" sowohl hinsichtlich der dort geregelten Stahlsorten als auch der Anwendungsregeln nicht ohne Weiteres gegeben ist.

(110) Praktischer Einsatz von nichtrostenden Schraubenverbindungen
Für den praktischen Einsatz von nichtrostenden Schrauben in dem bedeutenden, weltweit bekannten Bauwerk „Wuppertaler Schwebebahn" in Deutschland wurden Untersuchungen zu dieser Schraubenverbindung durchgeführt. Hierzu ist in der Bautechnik 2013 Heft 1 und 2 ein Bericht von *W. Kauschke* erschienen [227].

(111) Fertigung der Schrauben
Als Schraubenwerkstoffe werden die austenitischen Stähle 1.4401 bzw. 1.4571 nach DIN EN ISO 3506 Teile 1 und 2 vorgegeben.

Es wurde festgelegt, dass grundsätzlich nur Schrauben in geschmiedeter Qualität (keine Kaltverfestigung) verwendet werden dürfen.

Die Schrauben werden nach dem Schmieden in Wasser abgeschreckt (Gefügeumwandlung Austenit) und anschließend auf Maß (in Automaten) bearbeitet. Das Gewinde wird danach kalt aufgerollt, d. h. verfestigt. Dies ergibt eine Vorspannung im Material und bedeutet an den Stellen höchster Beanspruchung eine Steigerung der Beanspruchbarkeit. Mit dieser Herstellung wird die Festigkeitsklasse 5.6 der „schwarzen" Schrauben sicher erreicht. Sie erhalten die Bezeichnung A4-5.6.

(112) Nachweise und Qualitätssicherung
Die Nachweise erfolgen mit den charakteristischen Festigkeitswerten analog zur Festigkeitsklasse 5.6 der „schwarzen" Schrauben.

Die Schraubenqualität ist über ein Abnahme-Prüfzeugnis 3.1.C (EN 10204) nachzuweisen. Für die Zugversuche zu diesem Zeugnis sind die Schrauben-Proben in Anlehnung an EN 20898-1, Abschn. 8.1 („schwarze" Schrauben) herzustellen. Damit beim Zugversuch das Versagen im Schaft erfolgt, ist es notwendig, den Schaft auf

Schreiber Brücken-Dehntechnik GmbH 74535 Mainhardt Am Moosbach 10+12 Tel / Fax 07903 9326-0 / 26
www.schreiber-bruecken-dehntechnik.de
SCHREIBER
Brücken-Dehntechnik
Fahrbahnübergänge
Brückenlager
Sanierungen
Stahlkonstruktionen
Foto: René Fietner

einen Durchmesser d_0, der nur geringfügig kleiner ist als der Kerndurchmesser, abzudrehen. Damit dies möglich ist, sind vom Schraubenhersteller je Schraubendurchmesser und je Charge drei zusätzliche Schrauben in entsprechender Länge ($5d_0$) für den Zugversuch zur Bestimmung der Festigkeitswerte mitzuliefern.

(113) Muttern, Scheiben und Distanzhülsen
Die Muttern werden in der Qualität und Bezeichnung A4-70 (DIN EN ISO 3506-2) geliefert, während die Scheiben (Dicke 8 mm) in 1.4401 bzw. 1.4571 und die Distanzhülsen in der Qualität 1.4418 (DIN EN 10088-3) sauber mechanisch bearbeitet hergestellt sein müssen. Die Bezeichnung der Scheiben bzw. Hülsen erfolgt auf dem Umfang mit der entsprechenden Werkstoff-Nr. Beide, Muttern und Scheiben, sind zu prüfen und die Ergebnisse sind in das 3.1.C-Zeugnis einzutragen.

(114) Vorspannen der nichtrostenden Schrauben
Die Schraubenverbindung mit nichtrostenden Schrauben sollte grundsätzlich vorgespannt werden. Wegen der relativ großen Unterschiede zwischen der 0,2%-Dehngrenze und der Zugfestigkeit wird die Größe der Vorspannkraft wie bisher in Abhängigkeit von der charakteristischen Streckgrenze ($f_{y,b,k}$) für die Festigkeitsklasse 5.6 ermittelt. Versuchsergebnisse siehe [227].

(115) Schmierung der nichtrostenden Schrauben
Bei Schrauben aus austenitischen Werkstoffen ist die Gefahr des Fressens besonders groß. Ihr zähes duktiles Verhalten bringt es mit sich, dass diese eher zu Kaltverschweißungen neigen als herkömmliche Stähle. Dies bedeutet, dass im Vergleich zu Verbindungen mit schwarzen Schrauben die Vorspannkraft, bei gleichem Anziehmoment, niedriger ist.

Normale Öle und Fette bringen wenig Abhilfe. Nur mit der Anwendung festschmierstoffhaltiger Pasten kann dieses Defizit ausgeglichen werden.

Bei Schrauben aus austenitischem Werkstoff haben sich bisher MoS_2-Paste und Graphit-Paste bewährt. Um eine Festschmierstoff-Paste voll wirksam zur Anwendung zu bringen, ist Folgendes zu beachten:

Schrauben, Muttern und mit diesen zu verspannende Elemente (Scheiben, Stahlplatten), sind vor der Verwendung sorgfältig, am besten mit einer eisenfreien Bürste und danach mit Lösungsmittel zu reinigen. Vielfach haften auf den Oberflächen noch von der Herstellung herstammende Metallspäne, die unbedingt entfernt werden müssen, da sie sonst bei der Montage zu Abrieb und örtlichen Verschweißungen führen.

Nach dieser Reinigung muss die Paste bis auf den Gewindegrund eingerieben werden, außerdem sind die Kopfauflagen von Mutter/Scheibe bzw. Schraubenkopf/Scheibe mit Paste zu versehen.

(116) Allgemeine Konstruktionsregeln
Für die Rand- und Lochabstände gilt EC3 Teil 1-1.

Tabelle 4.2 Rand- und Lochabstände gemäß Bild 4.1 (die kleinsten Abstände werden hier für die volle Ausnutzung der Lochleibungs-Grenzkraft angegeben)

	e_1	e_2	p_1	p_2
kleinste Abstände	$3{,}4\,d$	$1{,}5\,d_0$	$4{,}3\,d$	$3{,}0\,d_0$
größte Abstände	40 mm + 4 t	40 mm + 4 t	200 mm oder 14 t	200 mm oder 14 t

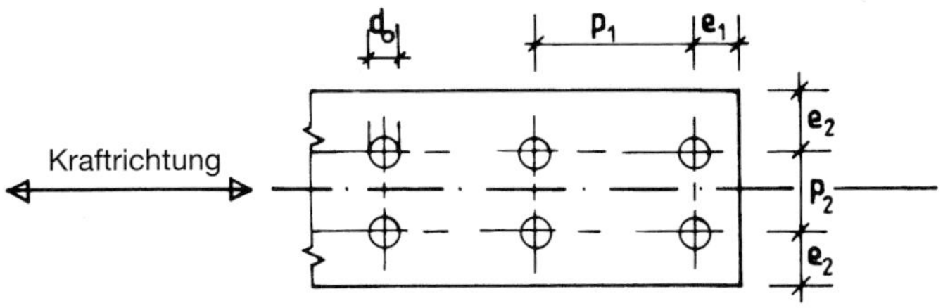

Bild 4.1 Randabstände e_1 und e_2 sowie Lochabstände p_1 und p_2
d = Schaftdurchmesser der Schraube, d_0 = Lochdurchmesser

(117) Schraubensicherung
Für eine Schraubenverbindung, deren konstruktive Gestaltung der jeweiligen Betriebsbeanspruchung angepasst und die zuverlässig vorgespannt wurde, muss im Allgemeinen keine zusätzliche Schraubensicherung vorgesehen werden.

Bei überwiegend dynamischer Beanspruchung der Schraubenverbindung, die auch im Brückenbau nicht immer auszuschließen ist, können konstruktive Maßnahmen ein selbsttätiges Lösen der Schraubenverbindung verhindern. Zu den besten und effektivsten Sicherungsmethoden gehören sicher aufgebrachte hohe Vorspannkräfte in Verbindung mit einem ausreichend großen Klemmlängen-Verhältnis l_k/d. Dies ist am einfachsten mit hochfesten Schrauben (HV) zu realisieren (Tabelle 4.3).

Tabelle 4.3 Klemmlängen-Verhältnis l_k/d zur Sicherung einer 10.9-Schraubenverbindung [161]

Ursache/Beanspruchung	in Achsrichtung der Schraube Gefahr des *Lockerns*	Normal zur Schraubenachse Gefahr des *Losdrehens*
Setzen bzw. Kriechen	$l_k/d \geq 2$	$l_k/d \geq 2$
Losdrehen infolge von Relativbewegungen zwischen Schraube und Mutter	$l_k/d \geq 2$	$l_k/d \geq 4$

4.2.1.3 Schweißen

(118) Ausführung und Bemessung von Schweißkonstruktionen
Schweißhilfsstoffe, z. B. Schweißpulver und Schutzgase, vergleiche EN 1090 und EN 24063.

Die Lagerbauteile und ihre Verbindungen müssen schweißgerecht konstruiert werden, Anhäufungen von Schweißnähten sollen vermieden werden.

Zur Ausführung siehe EC 3 und EN 1090, zur Bemessung und Konstruktion EC 3. Betriebe, die Bauwerksauflager herstellen, müssen besonders ausgebildetes und erfahrenes Personal sowie eine geeignete Ausstattung zur Herstellung geschweißter Bauteile und Konstruktionen aus Stahl nachweisen.

4.2.2 Schnittgrößen und Freiheitsgrade

(119) Haupt- und Nebenschnittgrößen
An den Übergangspunkten zweier Bauteile, an denen Lager angeordnet sind, können 6 Hauptschnittgrößen (V_x, V_y, N, M_x, M_y, M_z) und 6 Relativbewegungen (v_x, v_y, v_z, α_x, α_y, α_z) auftreten (vgl. auch EN 1337 Teil 1).

Diesen Relativbewegungen wirken Lagerwiderstände (Nebenschnittgrößen) entgegen. Es sind den Kräften N und V die Verschiebungen v und den Momenten M die Verdrehungen α mit jeweils gleichem Index zugeordnet (Bild 4.2).

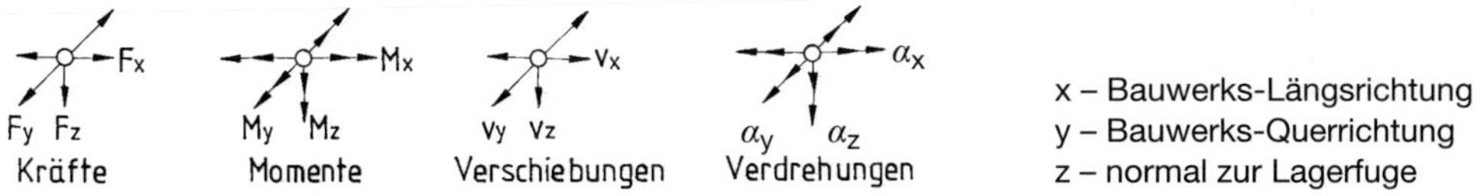

Bild 4.2 Koordinatensystem

Nach der Art der Relativbewegungen sind folgende Nebenschnittgrößen zu unterscheiden (bei gleichen Bewegungsgrößen):

- Widerstand gegen eine abwälzende Bewegung, z. B. Verdrehung bei stählernen Punktkipplagern (s. Abschn. 4.3.2 und [227]).
- Widerstand gegen gleitende Bewegung, bei Gleit- und Kalottenlagern (s. Abschn. 4.3.4). Der Gleitwiderstand ist geschwindigkeits-, last- und temperaturabhängig.
- Widerstand gegen verformende Bewegung, bei Topf- und Elastomerlagern (s. Abschn. 4.3.3 bzw. 4.3.5). Der Verformungswiderstand ist geschwindigkeits-, größen-(format-), weg- und temperaturabhängig.

(120) Mindestbewegungen
Die Lagernorm EN 1337 Teil 1 gibt in den Abschnitten 5.4 und 5.5 Bewegungszuschläge und Mindestbewegungen an, die sowohl bei der Bemessung als auch bei der Konstruktion berücksichtigt werden müssen.

(121) Konstruktive Mindestbewegungen
Für die bauliche Durchbildung sind ohne Berücksichtigung in der statischen Berechnung die Bewegungen für den statischen Nachweis zu vergrößern. Dies gilt nicht für Lagerteile (Elastomerlager), die die Bewegungen planmäßig durch Verformungen aufnehmen.

Verdrehung: $\Delta\alpha = \pm 0{,}005$ (rad), mindestens jedoch eine Bewegung von $1/r$.
Damit soll erreicht werden, dass auch noch nach der „statischen Verdrehung“ ein sicherer Abstand zur Bauteilkante erhalten bleibt.

Verschiebung: $v = \pm 2$ cm
Die Verschiebungsmöglichkeit bei beweglichen Lagern insgesamt muss mindestens in Hauptverschiebungsrichtung des Bauwerks $v = \pm 5$ cm und in Querrichtung dazu $v = \pm 2$ cm betragen.

Zu den konstruktiven Verschiebungen ist anzumerken, dass bei relativ kurzen Lagerabständen in Bauwerksquerrichtung der zu berücksichtigende konstruktive Verschiebungswert von $\pm 2{,}0$ cm unangemessen hoch sein kann. Pauschalfestlegungen in Regelwerken sollten kein Hinderungsgrund für eine Überprüfung im Einzelfall sein, wenn der Verdacht vorliegt, dass der Einzelfall sehr stark vom „Normalfall“ abweicht.

(122) Mindestbewegungen für den statischen Nachweis
Verdrehung: $\alpha_{xy,\min} = \pm 0{,}003$ (rad)
Diese Verdrehung ist mit der Angabe in den Belastungsangaben für die Lagerbemessung zu vergleichen und zu überprüfen, ob hier der Erhöhungsfaktor $k = 1{,}3$ bereits enthalten ist. Mit dem größeren Wert ist die Bemessung durchzuführen.

Verschiebung: $v_{\min} = \pm 20$ mm, bei Elastomerlagern ± 10 mm.

4.2.3 Bemessungsregeln

4.2.3.1 Lagerplatten

(123) Bemessungsgrundlagen
Lagerplatten sind ebene Flächentragwerke, die als elastische Kreisplatten unter zentralsymmetrischer Belastung je nach Stützung (gleichmäßige oder parabolische Spannungsverteilung oder elastisch gebettet, seltener nach der Balkentheorie) bemessen werden. Ausgangspunkt für die Bemessung von Lagerplatten sind in Versuchen gemessene Spannungen und Verformungen, die durch ein daraus abgeleitetes Bemessungsverfahren näherungsweise reproduziert wurden.

Diese Bemessungsregeln sind, da Versuche die Grundlage bilden, empirischer Natur und durchaus verbesserungsfähig. Die damit errechneten Lagerabmessungen ergaben praktisch sinnvoll erscheinende Abmessungen. Die Nachweise für die unterschiedlich gestützten Lagerplatten werden in den Abschnitten für die einzelnen Lagerkonstruktionen mitgeteilt.

(124) Konstruktive Plattendicken
Aus konstruktiven und fertigungstechnischen Gründen ist es zweckmäßig, bestimmte Mindestdicken der Lagerplatten nicht zu unterschreiten, siehe EN 1337 Teil 2.

4.2.3.2 Schraubenverbindungen

(125) Allgemeines
Schraubenverbindungen müssen so bemessen sein, dass die Tragwerke tragsicher bleiben.

In allen Fällen, in welchen auch im Nutzzustand eine gegenseitige Verschiebung der zusammengeschraubten Teile vermieden werden soll, müssen Passschrauben oder gleitfeste vorgespannte Schraubenverbindungen angewendet werden.

Bild 4.3 zeigt eine vorgespannte Schraubenverbindung zwischen dem Untergurt eines Stahlüberbaus und einer oberen Lagerplatte.

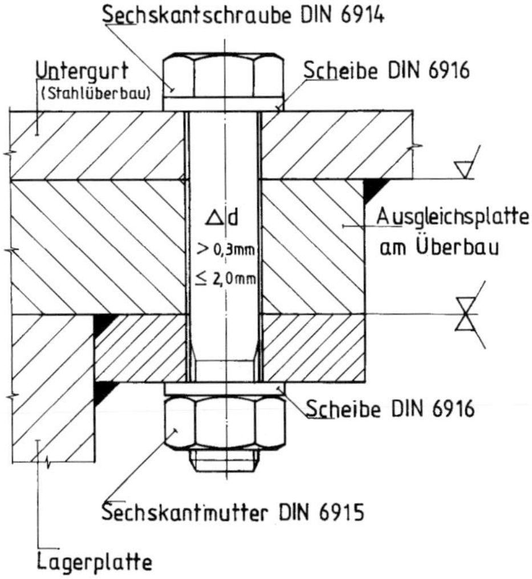

Bild 4.3 Planmäßig vorgespannte hochfeste Schraubenverbindung

Nachfolgend werden die Bedingungen angegeben, mit denen nachgewiesen werden kann, dass die Einwirkungen auf eine Schraubenverbindung die Beanspruchbarkeiten dieser Schraubenverbindung nicht überschreiten.

(126) Vorwiegend ruhende Beanspruchung
Die Bemessung erfolgt nach EC 3, aus dem nachfolgend der entsprechende Text wiedergegeben wird.

Für diese Verbindungen sind alle „schwarzen" Schrauben der Festigkeitsklassen 4.6, 5.6, 8.8 und 10.9 sowie die nichtrostenden „weißen" Schrauben (s. Abschn. 4.2.1.2), wenn sie die Festigkeitswerte der „schwarzen" Schrauben in den Festigkeitsklassen 4.6 bzw. 5.6 erreichen, geeignet.

Bemessungsgrundlage ist EC 3 wie folgt:

(127) Abscheren

$$\frac{V_{xy}}{n_b} = F_{v,Sd} \leq F_{v,Rd} \tag{4.1}$$

wenn der Schaft in der Scherfuge liegt, wird die Grenz-Abscherkraft zu:

$$F_{v,Rd} = \frac{\alpha_V \cdot f_{u,b} \cdot A}{\gamma_{M,b}} \tag{4.2}$$

wenn der Gewindeteil in der Scherfuge liegt:

$$F_{v,Rd} = \frac{\alpha_V \cdot f_{u,b} \cdot A_S}{\gamma_{M,b}} \tag{4.3}$$

(128) Erläuterungen

V_{xy}	result. Horizontalkraft unter γ_F-fachen Einwirkungen
n_b	Anzahl der Schrauben
$F_{v,Rd}$	Beanspruchbarkeit einer Schraube auf Abscheren
$\alpha_V = 0{,}6$	ausgenommen, wenn bei 10.9-Schrauben das Gewindeteil in der Scherfuge liegt, dann gilt $\alpha_V = 0{,}5$
$f_{u,b}$	Zugfestigkeit
A	Schaftquerschnitt
A_S	Spannungsquerschnitt

In Deutschland wird für $\gamma_{M,b} = 1{,}25$ eingesetzt

(129) Lochleibung

Der Lochleibungsdruck ist nach den folgenden Gleichungen zu ermitteln; dabei ist der Einfluss von Reibungskräften unberücksichtigt zu lassen.

$$\frac{V_{xy}}{n_b} = F_{b,Sd} \leq F_{b,Rd} \tag{4.4}$$

$$F_{b,Rd} = \frac{2{,}5 \cdot \alpha_b \cdot f_{u,b} \cdot d \cdot t_{min}}{\gamma_{M,b}} \tag{4.5}$$

(130) Erläuterungen

d	Schraubendurchmesser
t_{min}	kleinste Blechdicke
$F_{b,Rd}$	Beanspruchbarkeit eines Lochrandes auf Lochleibung
α_b	kleinster Wert von: $\frac{e_1}{3d_0}$; $\frac{p_1}{3d_0} - 0{,}25$; 1,0

In Deutschland wird für $\gamma_{M,b} = 1{,}25$ eingesetzt.

(131) Zugbeanspruchung

$$\frac{Z}{n_b} = F_{t,Sd} \leq F_{t,Rd} \tag{4.6}$$

$$F_{t,Rd} = \frac{0{,}9 \cdot f_{u,b} \cdot A_S}{\gamma_{M,b}} \tag{4.7}$$

(132) Erläuterungen

$\frac{Z}{n_b}$	Zugkraft pro Schraube unter γ_F-fachen Einwirkungen
$F_{t,Rd}$	Beanspruchbarkeit einer Schraube auf Zug

In Deutschland wird für $\gamma_{M,b} = 1{,}25$ eingesetzt.

Für Schrauben, die auf Abscheren und Zug beansprucht werden, ist außerdem nachzuweisen:

$$\frac{F_{v,Sd}}{F_{v,Rd}} + \frac{F_{t,Sd}}{1{,}4 \cdot F_{t,Rd}} \leq 1 \tag{4.8}$$

(133)
Die Bemessung von gleitfesten Verbindungen ist ausführlich in EC 3 1-1 geregelt.

(134) Nicht vorwiegend ruhende Beanspruchung
Im Allgemeinen braucht für Lagerteile kein Betriebsfestigkeits-Nachweis geführt zu werden. In Deutschland wurde bisher festgelegt (DS 804), dass selbst unter Eisenbahnbrücken keine entsprechenden Beanspruchungen sowohl in den Lagerplatten als auch bei der Ausbildung einer gleitfesten Verbindung in den Schrauben entstehen.

In dynamisch beanspruchten Schraubanschlüssen z. B. zwischen Stahlbrücke und Lagerplatte kann es jedoch erforderlich werden, diese Beanspruchungen zu überprüfen.

Die nachfolgenden Regelungen werden der deutschen Norm DIN 18800 Teil 1 Ausgabe November 1990 entnommen. Danach braucht kein Betriebsfestigkeits-Nachweis geführt zu werden, wenn folgende Bedingungen eingehalten werden:

(135) Abscheren

$$\Delta\tau_a \leq 46 \text{ N/mm}^2 \ (\sim 26 \cdot \sqrt{3}) \tag{4.9}$$

oder

$$n \leq 10^8 \cdot \left(\frac{46}{\Delta\tau_a}\right)^5 \tag{4.10}$$

(136) Zug

$$\Delta\sigma \leq 26 \text{ N/mm}^2 \tag{4.11}$$

oder

$$n \leq 5 \cdot 10^6 \cdot \left(\frac{26}{\Delta\sigma}\right)^3 \tag{4.12}$$

(137) Erläuterungen
$\Delta\tau_a$ bzw. $\Delta\sigma$ = Spannungsschwingbreite in N/mm^2 unter den Bemessungswerten der veränderlichen Einwirkungen für den Tragsicherheitsnachweis.

4.2.3.3 Schweißverbindungen

(138) Mindestdicken von Kehlnähten
Nach EC 3 beträgt die Mindestnahtdicke 3 mm.

Im Bauwerksauflagerbau werden für die tragenden Bauteile relativ große Plattendicken ($t \geq 18$ mm) eingesetzt. Deshalb wird aus schweißtechnischen Gründen empfohlen, folgende Grenzwerte für die Schweißnahtdicke a von Kehlnähten unabhängig von der Bemessung einzuhalten.

$$5 \text{ mm} \leq a \leq 0{,}7 \cdot t_{min} \tag{4.13}$$

$$a \geq \sqrt{t_{max}} - 0{,}5 \qquad (a \text{ und } t \text{ in mm}) \tag{4.14}$$

Durch Einhaltung dieser Grenzwerte wird ein Missverhältnis von Nahtquerschnitt und verbundenen Querschnittsteilen vermieden.

(139) Allgemeine Bemessungsregeln für Schweißverbindungen durch Lichtbogenschweißung
In Schweißverbindungen von Bauwerksauflagern sind in der Regel aus Horizontalkräften verursachte Normal- und Schubkräfte aufzunehmen. Werden diese zu einer resultierenden Kraft zusammengefasst, so richtet sich der Nachweis nach DIN 18800-1 oder EC 3.

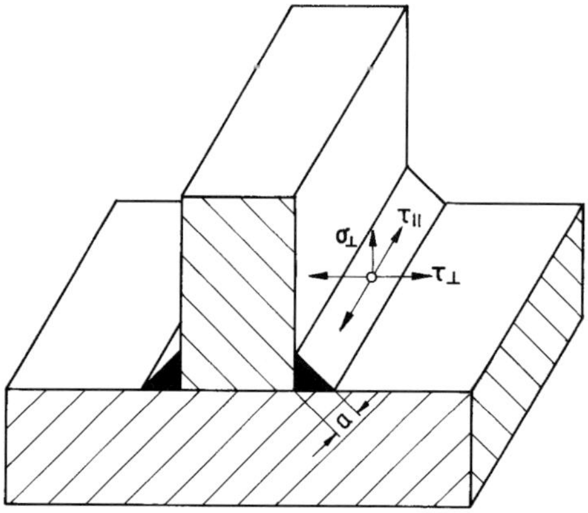

Bild 4.4 Spannungsrichtungen in einem Kehlnahtanschluss

4.2.3.4 Pressung in den Lagerfugen

(140) Betonfugen
Für die Übertragung von konzentrierten Lasten werden in EC 2 Teil 1-1 die konstruktiven Bedingungen und Regeln für den Nachweis der Teilflächenpressung angegeben. Maßgebend ist in der Regel der Nachweis mit der ausmittig belasteten Lagerplatte.

Im DIN-Fachbericht 102 – Betonbrücken – wird die Teilflächenbelastung im Abschnitt 5.4.8.1 behandelt, dabei wird ein um 10 % kleinerer Höchstwert für die aufnehmbare Teilflächenbelastung angegeben (3,0 statt 3,3 in Gl. 4.23). Hier ist nicht der Ort, zu entscheiden, welcher Wert zu nehmen ist.

(141) Geometrie der rechteckigen Lagerflächen
In Bild 4.4 ist die Auflagersituation für die rechteckige Lagerplatte dargestellt. Hierin bedeuten e_x und e_y die Exzentrizitäten ($\gamma_F > 1$!) der Lastresultierenden N, die im Schwerpunkt der Lagerersatzfläche (A_L') und Betonersatzfläche (A_B') wirkend angenommen wird.

Abmessungen der Lagerplatte

$$A_L = b_x \cdot b_y \tag{4.15}$$

Abmessungen der Ersatzplatte

$$b_x' = b_x - 2\,e_x; \qquad b_y' = b_y - 2\,e_y \qquad (4.16)\ (4.17)$$

$$A_L' = b_x' \cdot b_y' \tag{4.18}$$

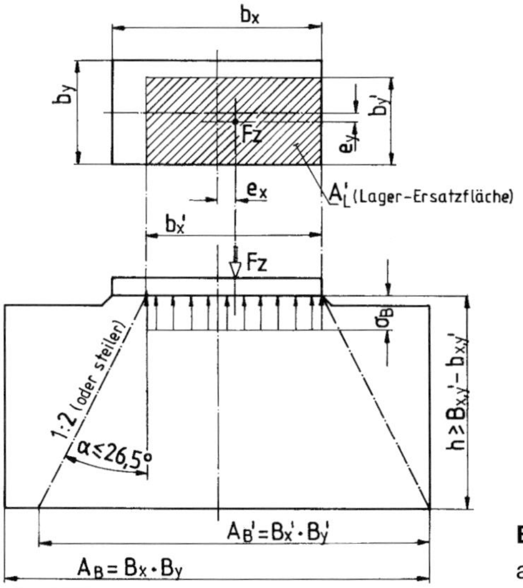

Bild 4.5 Lager- und Betonersatzfläche bei einer ausmittig belasteten rechteckigen Lagerplatte

Abmessungen der Betonfläche

$$A_B = B_x \cdot B_y \tag{4.19}$$

Abmessungen der Betonersatzfläche

$$B_x' = B_x - 2\,e_x; \qquad B_y' = B_y - 2\,e_y \qquad (4.20)\ (4.21)$$

$$A_B' = B_x' \cdot B_y' \tag{4.22}$$

(142) Nachweis der Teilflächenbeanspruchung
Mit beiden Ersatzflächen und der vorhandenen Betonqualität wird die aufnehmbare Teilflächenbelastung

$$F_{Rd,u} = A_L' \cdot f_{c,d} \cdot \sqrt{\frac{A_B'}{A_L'}} \leq 3{,}3 \cdot f_{c,d} \cdot A_L' \tag{4.23}$$

mit

$$f_{c,d} = \frac{f_{c,k}}{\gamma_c} \tag{4.24}$$

nachzuweisen ist:

$$N \leq F_{Rd,u} \tag{4.25}$$

(143) Erläuterung

$f_{c,k}$ charakteristische Zylinderdruckfestigkeit des Betons nach 28 Tagen (Tabelle 4.4)

γ_c Teilsicherheitsbeiwert für Beton (i. d. R. 1,5)

Tabelle 4.4 Rechenwerte $f_{c,k}$ gem. EC2

Festigkeitsklasse des Betons C	25/30	35/45	45/55	50/60
Rechenwerte $f_{c,k}$ N/mm²	25	35	45	50

(144) Kreisförmige Lagerflächen

Ähnlich wird mit kreisförmigen Lagerplatten verfahren. Nach Bild 4.6 ist dafür eine Lagerersatzfläche zu ermitteln, unter der ebenfalls eine gleichmäßige Pressung angenommen wird.

Der Schwerpunkt der Lagerersatzfläche (A_L') liegt im Abstand e_{xy} vom Kreismittelpunkt und muss mit dem Schwerpunkt der Beton-Ersatzfläche A_B' übereinstimmen, wobei e_{xy} die (bekannte) Exzentrizität der Lastresultierenden N ist. Diese Lagerersatzfläche kann mit ausreichender Genauigkeit mit dem Abminderungsfaktor α_L ermittelt werden zu:

$$\alpha_L = 1 - 0{,}75 \cdot \pi \cdot \frac{e_{xy}}{d_L} \tag{4.26}$$

Damit wird die Lagerersatzfläche zu:

$$A_L' = \alpha_L \cdot 0{,}7854 \cdot d_L^2 \tag{4.27}$$

Zur Bestimmung der Betonersatzfläche wird zuerst eine vorhandene rechteckige Betonfläche in eine flächengleiche Kreisfläche mit dem Durchmesser d_B umgewandelt und dann ebenfalls mit Gl. (4.26) der zugehörige Abminderungsfaktor α_B ermittelt, indem d_L durch d_B ersetzt wird.

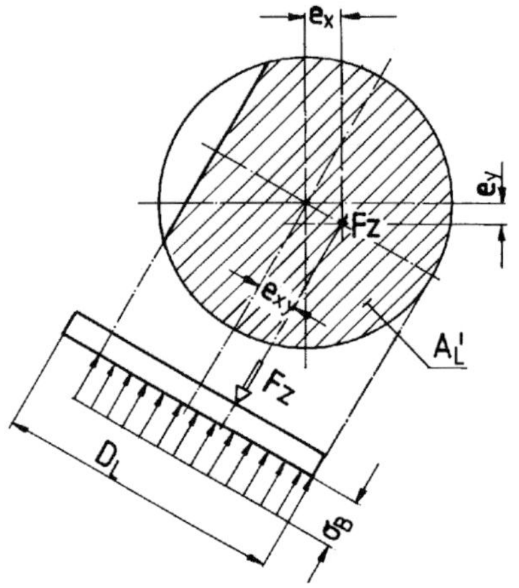

Bild 4.6 Lagerersatzfläche bei einer ausmittig belasteten kreisförmigen Lagerplatte

Man erhält:

$$d_B = \frac{B_x \cdot B_x}{0{,}7854} \tag{4.28}$$

$$A_B' = \alpha_B \cdot 0{,}7854 \cdot d_B^2 \tag{4.29}$$

Die weiteren Nachweise werden mit den Gln. (4.23) bis (4.25) geführt.

(145) Betonpressungen am Überbau

Bei der Ermittlung der Betonpressungen am Überbau wird gleichermaßen vorgegangen, jedoch sind folgende Punkte zu beachten:

– Wenn der Überbau bereits quer zur Pressung Druck aus der Lastabtragung des Hauptsystems hat, werden die Spaltzugspannungen diese Druckspannungen lediglich reduzieren – Spaltzugbewehrung für diese Richtung entfällt also.
– Wenn die Stege so dünn sind, dass eine Verankerung der Spaltzugbewehrung, die sich evtl. für die Querrichtung ergibt, nicht möglich ist, sind geschlossene Bügel erforderlich.
– Sitzen die Lager unter dünnen Teilen des Überbaus (Platten), so ist erforderlichenfalls Durchstanzen zu untersuchen. Dieser Nachweis richtet sich nach EC 2 Teil 1-1. Abhängig vom vorhandenen Bewehrungsgrad ergibt sich aus der Schubspannung im Rundschnitt in der oberen Lagerplatte, ob überhaupt und wie viel Schubbewehrung einzulegen ist.

(146) Stahlfugen
Bei Stahlkonstruktionen erfolgt die Einleitung der Auflagerkräfte in die Tragkonstruktion über Aussteifungen. Die Anordnung, die Abmessungen sowie der Spannungsnachweis in dem Lastübertragungsquerschnitt ist Sache des für den Überbau zuständigen Stahlbau-Ingenieurs, der auch die Reaktionen aus dem Lager auf den Stahlquerschnitt zu berücksichtigen hat. Für einen Nachweis der Lastübertragung von der Tragkonstruktion in das Lager gibt es kein allgemein übliches Verfahren.

In der Praxis bewährt hat sich eine konstruktive Ausbildung des Stahlquerschnitts im Lasteinleitungsbereich nach Bild 4.7.

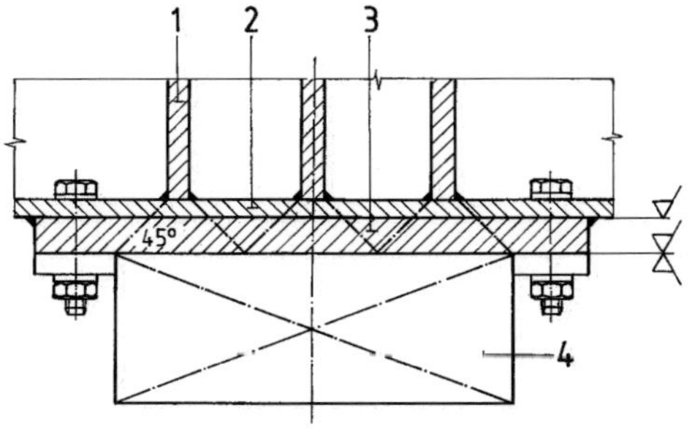

1 Steife
2 Untergurt
3 Ausgleichsplatte
4 Lager

Bild 4.7 Lastübertragung zwischen Stahlüberbau und Lager

Bei dieser Konstruktion wird angenommen, dass bei einer Lastverteilung unter 45° die Lagerplatte als gleichmäßig belastet bemessen werden kann. Voraussetzung hierfür ist eine mechanische Bearbeitung in der Kontaktfläche zwischen Lagerplatte und Tragkonstruktion.

4.2.3.5 Nachweis der Lagesicherheit

(147) Sicherheit gegen Abheben und Umkippen
Der Nachweis der Lagesicherheit umfasst die Nachweise der Sicherheit gegen Abheben, Sicherheit gegen Umkippen (Erreichen der kritischen Pressung) und Sicherheit gegen Gleiten.

Die Nachweise gegen Abheben und Umkippen sind generell vom Brückenkonstrukteur zu führen, während der Nachweis der Gleitsicherheit zum Aufgabenbereich des Lagerkonstrukteurs gehört.

(148) Nachweis der Gleitsicherheit
Der Nachweis der Gleitsicherheit in den Fugen Gummi/Beton und Gummi/Stahl unverankerter Elastomerlager ist mit dem Nachweis der Mindestpressung nach EN 1337 Teil 3 erbracht.

Die Sicherheit gegen Gleiten in den Lagerfugen zu anschließenden Bauteilen und gegen Gleiten von Lagerteilen (Lager/Ankerplatte) gegeneinander ist gemäß Lagernorm EN 1337 Teil 1 nachzuweisen mit:

$$S \leq \mu_d \cdot N_{min} + V_{a,Rd} \tag{4.30}$$

(149) Erläuterungen

S	Resultierende Kraft in der Lagerfugenebene unter γ_F-facher Einwirkung
μ_d	Bemessungswert der Reibungszahl
μ_d	= 0,2 für Kontaktflächen Stahl/Stahl
μ_d	= 0,5 für Kontaktflächen Stahl/Beton

Diese Reibungszahlen setzen für die „schwarze" Stahlfläche voraus:

bei Stahl/Stahl:	Epoxyd-Zinkstaub oder zinksilikatbeschichtet
bei Stahl/Beton:	unbeschichtet und fettfrei, oder wie bei Stahl/Stahl für „weiße" Stahlflächen (nichtrostender Stahl): Epoxyd-Eisenglimmer
allgemein:	vollständige Aushärtung der Beschichtung vor dem Lagereinbau oder Zusammenbau der Lager

N_{min} minimale Belastungsdruckkraft rechtwinklig zur Lagerfugenebene, zugehörig zu S

$V_{a,Rd}$ Bemessungswert des Abscherwiderstandes der Verankerungen, siehe auch Abschnitt 4.2.3.8.

Bei dynamischen Beanspruchungen mit großen Lastschwankungen, wie z. B. bei Eisenbahnbrücken, dürfen die Horizontallasten nicht über Reibung abgetragen werden, d. h. es ist dann $\mu_d = 0$ zu setzen.

4.2.3.6 Konstruktive Hinweise zur Aufnahme der Horizontalkräfte in den Lagerfugen

(150) Maßgebendes Verhältnis von Vertikalkraft und Horizontalkraft
Bestimmt wird die Konstruktion durch das kleinstmögliche Verhältnis zwischen vertikaler Auflast und resultierender Horizontalkraft $N/S = \kappa$.

Die einfachste Konstruktion ergibt sich, wenn dieses Lastverhältnis, aus Gl. (4.30) in Abschnitt 4.2.3.5 abgeleitet, für die Lagerfuge

Stahl/Stahl:	$\kappa \geq 5$ bzw. für die Lagerfuge
Stahl/Beton:	$\kappa \geq 2$ beträgt.

Dann werden (s. Bilder 4.7 bis 4.9) die Horizontalkräfte reibschlüssig in den Lagerfugen aufgenommen, *Verankerungsmittel also entbehrlich.*

(151) Wartung und Auswechselbarkeit

In EN 1337 Teil 1 Abschnitt 4 wird gefordert, dass das Lager oder die Lagerteile zum Zwecke einer einwandfreien Wartung zugänglich (ausreichende Zwischenraumhöhe zwischen Über- und Unterbau) und auswechselbar sein müssen.

In der Praxis hat sich hierfür bei Stahlkontaktflächen eine Schraubenverbindung mit planmäßig vorgespannten Schrauben zwischen Ankerplatte (1), Futterplatte (2) und Lager (3) in Bild 4.8 bzw. zwischen der zum Stahlüberbau gehörenden Ausgleichsplatte (4) und dem Lager (3) in Bild 4.9 bewährt.

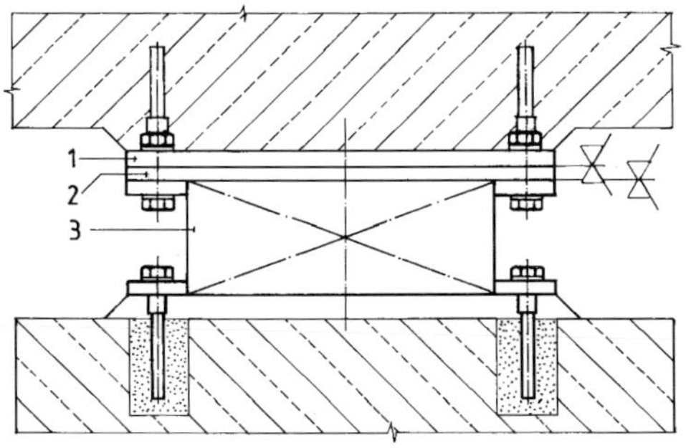

Bild 4.8 Betonüberbau, Lagerfugen
Obere und untere Lagerfuge $\kappa \geq 5$; konstruktive Verankerung; obere Lagerfuge $\kappa < 5$; Verbindung der Stahl-Platten durch einen stahlbaumäßigen Schraubanschluss; untere Lagerfuge $\kappa \geq 2$; konstruktive Verankerung.

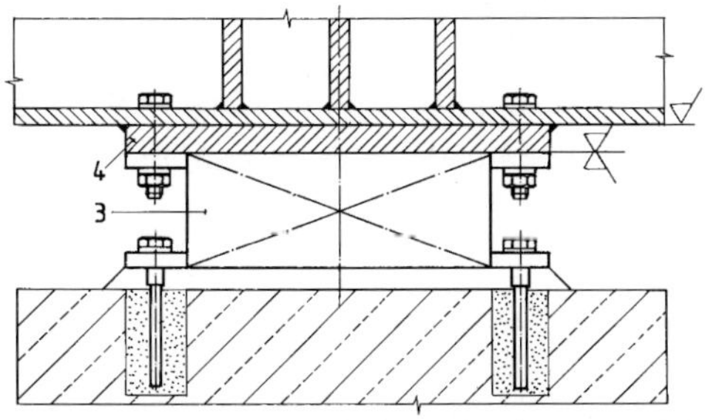

Bild 4.9 Stahlüberbau; Lagerfugen wie Bild 4.8

(152) Konstruktive Verankerung

Ein gleitfester Anstrich in den Stahlkontaktflächen ist hier nicht erforderlich.

Ausreichend ist die in Abschnitt 4.2.3.5 angegebene Grundbeschichtung mit Epoxyd-Zinkstaub für den „schwarzen" Werkstoff bzw. den Deckanstrich Epoxyd-Eisenglimmer (ohne Aluminiumpigmente) für den „weißen" Werkstoff.

Für eine sichere Lastübertragung sind jedoch die Kontaktflächen zwischen Anker-/Futterplatte/Lager (Bild 4.8 bzw. zwischen Stahlüberbau und Lager Bild 4.9) mechanisch zu bearbeiten.

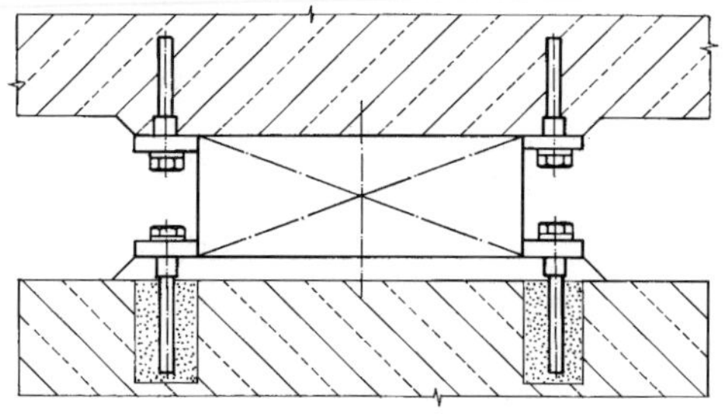

Bild 4.10 Obere und untere Lagerfuge $\kappa \geq 2{,}0$; konstruktive Verankerung

Die lösbare Verbindung zur Verankerung der Lager mit den Betonkonstruktionen (Bilder 4.8 bis 4.10) („konstruktive Verankerung") dient lediglich zur Lagerfixierung.

(153) Verankerung wird erforderlich
Aufwendigere Konstruktionen entstehen, wenn das Lastverhältnis

$\kappa < 5$ für Stahl/Stahl-Kontaktflächen bzw.
$\kappa < 2$ für Stahl/Beton-Kontaktflächen beträgt,

weil dann die vorhandene Reibungskraft nicht ausreicht, um die äußeren Horizontalkräfte aufzunehmen. Es müssen Verankerungen (z. B. Schrauben, Kopfbolzen) vorgesehen werden.

Wenn angenommen wird, dass nur für die Stahlkontaktflächen eine kraftschlüssige Verbindung durch planmäßig vorgespannte hochfeste Schrauben erforderlich ist, und die Kontaktflächen Stahl/Beton noch ausreichend sicher die äußeren Horizontalkräfte über die vorhandene Reibungskraft weiterleiten können, so kann die gleiche Konstruktionsart gewählt werden wie in den Bildern 4.7 und 4.8 dargestellt. Lediglich die Stahlkontaktflächen erfordern jetzt einen gleitfesten Anstrich entsprechend Abschn. 4.2.3.5.

Die Bilder 4.11 und 4.12 zeigen Lagerkonstruktionen, bei denen wegen $\kappa < 2$ sowohl gegen den Über- als auch gegen den Unterbau verankert werden muss.

4.2.3.7 Verankerung durch Kopfbolzendübel

(154) Gleichmäßige Einleitung der Horizontalkräfte
Eine Möglichkeit, Horizontalkräfte über die Lagerfläche gleichmäßig verteilt in den Beton einzuleiten, bieten Kopfbolzendübel.

Diese Verankerungselemente erfordern, sofern sie an der unteren Lagerplatte angeordnet sind, mehr oder weniger große Aussparungen im Konstruktionsbeton, die nachträglich vergossen werden müssen. Die erforderliche Bewehrung (in den Beispielen nicht dargestellt) muss auf diese Aussparungen abgestellt werden. Ebenso müssen die Verankerungselemente und die Bewehrung aufeinander abgestimmt werden.

(155) Bemessungsgrundlagen
Grundlagen für die Konstruktion und Bemessung werden in EC 4 Teil 2 und in den Zulassungen für Gleitlager (Abschn. 6) angegeben. Der Nachweis richtet sich nach Gl. (4.30) in Abschnitt 4.2.3.5.

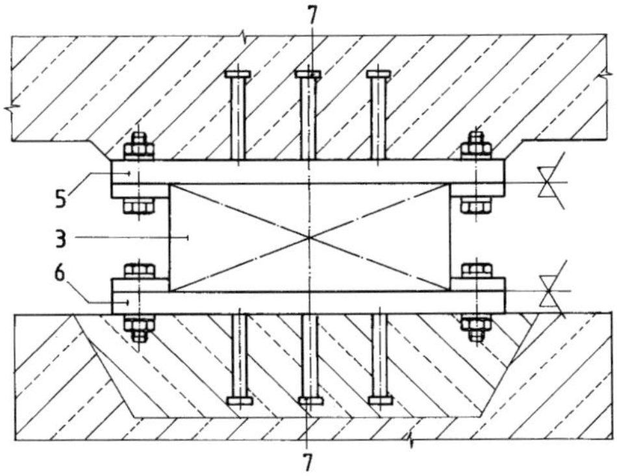

Bild 4.11 Obere und untere Lagerfuge $\kappa < 2$; Verankerung im Beton durch Kopfbolzendübel; Verbindung zwischen Lager und Ankerplatten durch einen stahlbaumäßigen Schraubanschluss

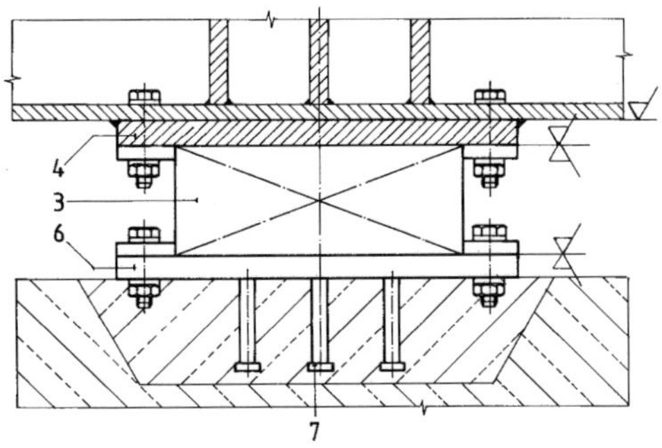

Bild 4.12 Obere und untere Lagerfuge $\kappa < 2$; Verbindung zwischen Stahlüberbau und Lager durch einen stahlbaumäßigen Schraubanschluss; Verankerung im Beton durch Kopfbolzendübel

Bei Verwendung von Kopfbolzen dürfen als Tragfähigkeit die Rechenwerte nach Tabelle 4.5 in vorgenannte Gleichung eingesetzt werden, wenn folgende Bedingungen erfüllt sind:

- Die Achsabstände der Kopfbolzen dürfen untereinander in Kraftrichtung nicht kleiner als $5 \cdot d_1$ und quer dazu nicht kleiner als $5 \cdot d_1$ sein.
- Im anschließenden Bauteil muss eine oberflächennahe Netzbewehrung aus Betonstahl Ø 12/15 cm, die im Bereich von Bauteilrändern bügelförmig auszubilden ist, vorhanden sein.

Tabelle 4.5 Rechenwerte der Kopfbolzentragfähigkeit $V_{a,d}$ in kN

Betonfestigkeitsklasse	Kopfbolzendurchmesser d_1 [mm]	
	19,05	22,22
C25/30	73,0	91,0
C35/45	98,0	121,5

Die Werte der Tabelle 4.5 gelten nur, wenn nachgewiesen wird, dass bei Versagen des Betons auf Zug ein Ausbrechen des Betons durch eine Betonstahlbewehrung verhindert wird. Dabei ist ein der Bewehrungsführung entsprechendes Stabwerksmodell, bei dem die Druckstreben an den Schweißwülsten ansetzen, zugrunde zu legen.

Auf den Nachweis der Betonstahlbewehrung darf verzichtet werden, wenn die Abstände der Kopfbolzen zum Rand der zugehörigen Betonkonstruktion in Kraftrichtung nicht kleiner als 700 mm und quer dazu nicht kleiner als 350 mm sind.

(156) Nachweise
Die infolge der Horizontalkraft S und Momente M_x und M_y im Stabwerksmodell (45°) auftretenden Bolzenzugkräfte müssen kleiner sein als die aus der Lagerungskraft N resultierenden Bolzendruckkräfte

$$Z_{S,d} = \frac{S}{n} + \frac{M_x \cdot A_{d1}}{W_x} + \frac{M_y \cdot A_{d1}}{W_y} \leq \frac{N}{n} \qquad (4.31)$$

Die von den Kopfbolzen ggf. aufzunehmende Schwingbeanspruchung $\Delta S = (\max S - \min S)$ infolge von nicht vorwiegend ruhender Belastung darf die Werte ΔS nach Tabelle 4.6 nicht überschreiten. Bei diesem Nachweis sind die Einwirkungen mit $\gamma_F = 1{,}0$ und $\psi = 1{,}0$ zu berücksichtigen.

Beim Nachweis der dynamischen Beanspruchung der Kopfbolzen ist die Reibung in der Fuge zum anschließenden Bauteil zu vernachlässigen.

(157) Anmerkung
Brems- und Windlasten gehören zu den „vorwiegend ruhenden" Lasten.

(158) Übertragung großer Horizontalkräfte
Besteht das Problem, dass bei einer geringen Vertikalkraft eine große Horizontalkraft übertragen werden muss, und ist ein Nachweis der Kopfbolzen über Gleichung (4.31) nicht möglich, so ist im entstehenden Zugbereich der Lagerfuge eine zusätzliche Rückverankerung vorzusehen.

Tabelle 4.6 Zulässige Schwingbeanspruchung ΔS in kN; $\gamma_F = 1{,}0$

Kopfbolzendurchmesser d_1 [mm]	19,05	22,22
ΔS	20,0	30,0

4.2.3.8 Korrosionsschutz

(159) Allgemeines
Die Stahlflächen sind durch metallische Überzüge und/oder Beschichtungen so gegen Korrosion zu schützen, dass sie dem jeweiligen Klima und den am Einsatzort auftretenden Sonderbeanspruchungen standhalten.

(160)
Keine Beschichtung erhalten Gleitflächen und Kontaktflächen zur Übertragung hoher spezifischer Beanspruchungen (Hertz'sche Pressung) aus nichtrostenden (weißen) Werkstoffen, weiterhin Kunststoffflächen, Messflächen und Flächen, die mit Beton mindestens 5 cm überdeckt und bei denen klaffende Fugen ausgeschlossen sind.

(161) Korrosionsschutz und Reibungszahlen
Der Einfluss des Korrosionsschutzes auf die Reibungszahlen (siehe Element 146) ist beim Gleitsicherheitsnachweis zu beachten.

(162) Trocknungszeit
Bei Temperaturen unter 20 °C verlängern sich die Trocknungszeiten. Diese sind vom Farblieferanten für jede Farbqualität anzugeben. Jede Deckschicht muss für sich

durchhärten. Durch Prüfung der Filmhärte kann festgestellt werden, ob das Material durchgehärtet ist.

(163) Korrosionsschutz-Kontrollkarte
Aufgrund praktischer Erfahrungen wird empfohlen, auch für den Korrosionsschutz eine sog. Korrosionsschutz-Kontrollkarte anzulegen, die den Verarbeitungsblauf z. B. mit Datum, Temperatur, Luftfeuchtigkeit, zeitlichem Ablauf und Schichtdicke angibt. Diese Kontrollkarte ist wie die Lager-Kontrollkarte in die Güteüberwachung (Fremd- und Eigenüberwachung) einzubeziehen.

4.3 Feste Lager

4.3.1 Allgemeines

(201) Unterschiedliche Konstruktionen
Ein festes Lager kann als Stahl-Punktkipplager, als Topflager, als Kalottenlager und auch als Elastomerlager mit einer „Festhaltekonstruktion" ausgebildet werden. Nach heutiger Vorstellung muss dies so erfolgen, dass in allen Richtungen (Symbol •) Kippbewegungen möglich sind. Das Lager ist also nur fest in Bezug auf Translationsbewegungen (v_x, v_y). Nur die in EN 1337 Teil 1 Bilder 2.1, 3.1 und 4.1 erfüllen diese Forderung. Eine Konstruktion, wie dort in Bild 1.6 dargestellt, hat den Mangel, dass bei kleinem Spiel und großen Verdrehungen Unverträglichkeiten unvermeidbar sind: es klemmt, lokale Zerstörungen sind die Folge.

Auf weitere Möglichkeiten, Festpunkte auszubilden, wird nachfolgend hingewiesen. Hat der Konstrukteur z. B. die Aufgabe, ein Gelenk (z. B. für den Anschluss einer Pendelstütze an das Fundament und an den Überbau) zu entwerfen, so muss die Lösung nicht zwangsläufig zu stählernen Lagern führen. Er kann sich auch für ein Betongelenk entscheiden, das damit sinngemäß ebenfalls unter die festen Kipplager fällt. Punktkipplager aus Beton sind aber selten, denn die mit solchen Lagern übertragbaren Vertikallasten sind relativ gering.

Anschlüsse, bei denen weder Rotation noch Translation möglich ist, werden nicht durch Lager hergestellt. Man spricht in solchen Fällen von Einspannung. Solche Anschlüsse waren in der Vergangenheit im Hochbau die Regel. Sie sind im Allgemeinen die primitivere Konstruktionsform und stets dort gerechtfertigt, wo aufgrund des verwendeten Materials (Holz, Ziegelmauerwerk) oder der Unempfindlichkeit der Bauwerke (Durchlässe, Stützmauern) Schäden durch Bewegungen im Bauwerk oder im Untergrund nicht zu erwarten sind oder durch Fugen ausgeglichen werden können, bzw. wo es unbedenklich ist, wenn sich Gelenke selbsttätig ausbilden (durch Rissbildung).

Es gibt jedoch Ausnahmen. Die Rheinbrücke Bendorf (Deutschland) hat z. B. im Strombrückenbereich einen biegesteifen Anschluss zwischen Überbau und Pfeilern, der sich aufgrund der Baumethode (Freivorbau) als beste Lösung ergab. Eine solche Lösung hat allerdings gestalterische Konsequenzen.

(202) Lageänderung

Feste Lager geben somit an die anschließenden Konstruktionsteile Kräfte normal zum Lager ab, wobei die durch die Lageänderung der Vertikalkraft entstehende Horizontalkraft in der Regel bei der Bemessung der Überbauten vernachlässigt wird.

Bei der Bemessung der Unterbauten ist jedoch der Einfluss, insbesondere wenn größere Verdrehungen erwartet werden, zu überprüfen.

Außerdem erzeugt die Verdrehung bei allen derzeit bekannten Lagerkonstruktionen Momente, und zwar beim

- **Stahl-Punktkipplager** infolge Exzentrizität aus der Geometrie und dem Abwälzwiderstand (lastabhängig),
- **Topflager und Elastomerlager** infolge Rückstellmoment (last-, größen-, weg- und temperaturabhängig),
- **Kalottenlager** infolge Exzentrizität aus der Geometrie und dem Hebelarm der Reibung (temperatur- und lastabhängig).

Weiter werden bei festen Lagern aus Zwängungen und äußeren Belastungen des Bauwerks herrührende Kräfte (Wind, Bremsen) übertragen, die Reibungsmomente in den Anschlagflächen der Lager erzeugen.

(203) Mehrere Lager auf einer Auflagerbank

Besonderes Augenmerk gilt der Anordnung mehrerer Lager auf einer Auflagerbank.

Nach Kapitel 2 darf innerhalb einer Lagerachse auf Widerlagern oder Pfeilerscheiben immer nur ein allseitig festes Lager angeordnet werden (Bild 4.13). Alle anderen Lager auf dieser Achse müssen allseitig beweglich sein.

Die Anordnung eines querbeweglichen Lagers in einer Achse mit dem festen Lager (Bild 4.14) ist keine brauchbare Lösung.

Nachfolgend wird dies am Beispiel Stahl-Punktkipplager erläutert.

Das feste Lager – dargestellt ohne Verankerungskonstruktion (Bild 4.15) – besteht aus einem Lageroberteil (1), Druckstück (2) und Lagerunterteil (3). Die Horizontalkräfte gelangen also vom Überbau in das Oberteil, über die Fuge Stahl/Stahl (Oberteil/Druckstück) durch das Unterteil in den Unterbau. Bei einem Lastverhältnis $N/S \geq 5$ geschieht dies reibschlüssig ohne Verschiebung in der Fuge Stahl/Stahl (1,5-fache Sicherheit, Reibungszahl 0,2). Beim querbeweglichen Lager (Bild 4.16) gibt es eine weitere Fuge durch Anordnung einer Gleitplatte (4) mit einem erheblich kleineren Reibungswiderstand im Vergleich zur Fuge Stahl/Stahl. Hier ist der Kraftfluss nicht reibschlüssig. Dieses Lager kann deshalb erst Horizontalkräfte aufnehmen, wenn das mehr oder weniger große Spiel x_2 überwunden ist. Weil der Überbau für diese Bewegungen wie eine starre Scheibe wirkt, geht dies nur, wenn Gleiten in der Fuge Stahl/Stahl beim festen Lager um das gleiche Maß erfolgt. In der Regel ist schon aus fertigungstechnischen Gründen $x_1 < x_2$. Dies bedeutet, dass die gesamte Horizontalkraft zunächst in das feste Lager geht. Eine Überbeanspruchung ist nicht ausgeschlossen. Die recht aufwendige Konstruktion eines querbeweglichen Lagers ist also in diesem Lagerungsfall ohne die beabsichtigte Wirkung.

Bild 4.13 Richtige Lagerung einer Einfeldbrücke

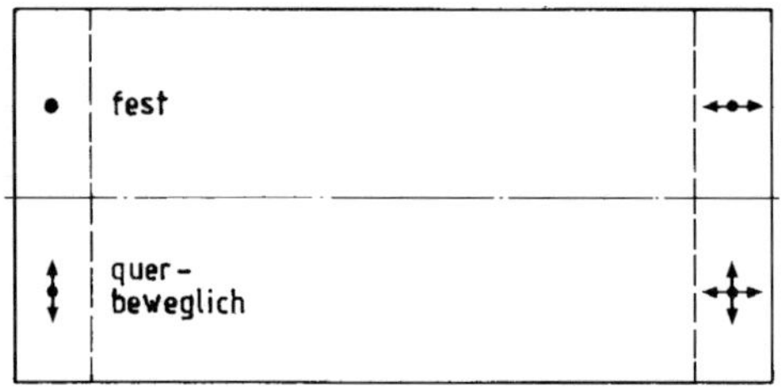

Bild 4.14 Falsche Lagerung einer Einfeldbrücke

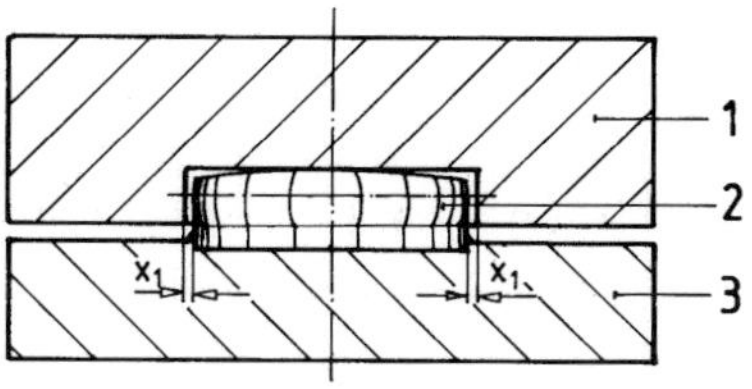

Bild 4.15 Festes Stahl-Punktkipplager (ohne Verankerung)

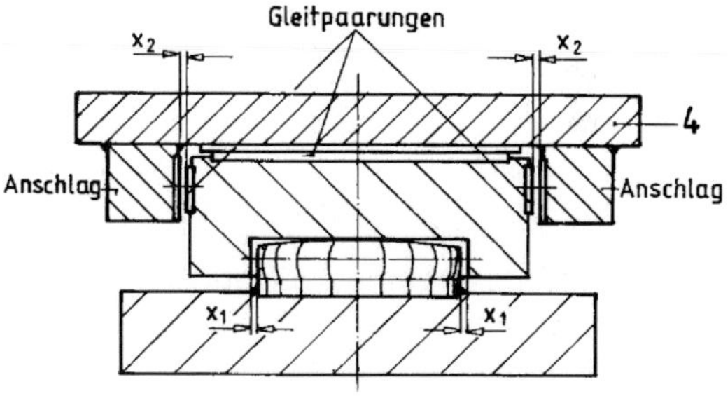

Bild 4.16 Beispiel für ein querbewegliches Lager

Daraus entsteht die praxisgerechte Forderung, nur ein allseitig festes Lager pro Auflagerachse anzuordnen, dieses Lager und die anschließenden Bauteile für die gesamten Horizontalkräfte zu dimensionieren und alle anderen Lager in dieser Auflagerachse als allseitig bewegliche Lager auszuführen.

Nebenbei bemerkt: Allseitig bewegliche Lager sind erheblich preiswerter als einseitig bewegliche.

(204) Funktion und Verschleiß im Drehpunkt der festen Lager
Alle Festlagerkonstruktionen haben die Aufgabe, außer den Vertikalkräften Kräfte in Lagerebene (meist Horizontalkräfte) sicher aufzunehmen und weiterzuleiten.

Aufgrund unterschiedlicher Lösungen für die Ausbildung funktionsgerechter Anschlagkonstruktionen werden nachfolgend die Probleme aufgezeigt, die in Stahlkontaktflächen bei gleichzeitigem Wirken von Horizontalkräften und Verdrehungen auftreten können. Es handelt sich hierbei um Bewegungswiderstände, die sich aus dem Verschleiß bei Relativbewegungen zwischen zwei Grenzflächen – dem Reibungsverschleiß – ergeben können.

Die Bilder 4.17 und 4.18 zeigen unterschiedliche Ausbildungen der Stahlkontaktflächen am Beispiel „Topflager“.

Es ist leicht einzusehen, dass bei Gleichzeitigkeit von Kontakt und Verdrehung zylindrischer Flächen (Bild 4.17) nicht genau erfassbare Beanspruchungen auftreten, während bei einer balligen Ausbildung (Bild 4.18) eine definierte Lasteinleitung erfolgt

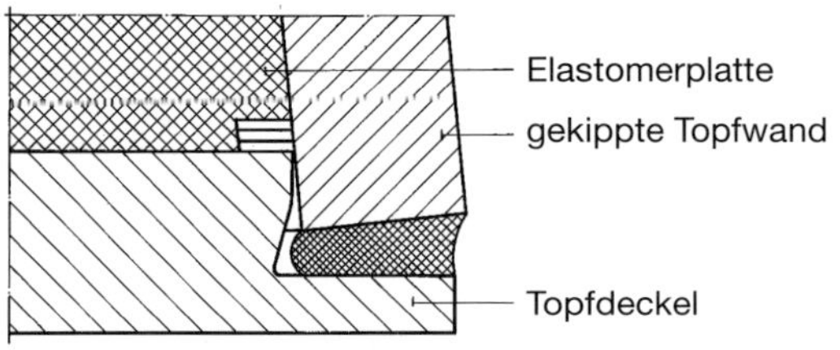

Bild 4.17 Ebene Kontaktfläche zur Aufnahme der Horizontalkräfte (problematisch)

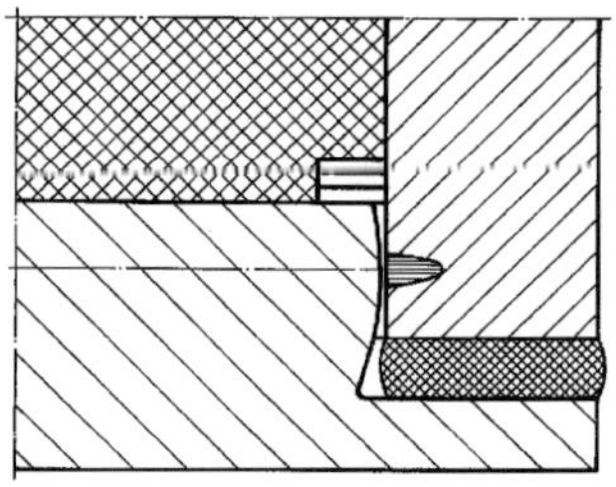

Bild 4.18 Ballige Kontaktfläche zur Aufnahme der Horizontalkräfte (unproblematisch)

und deshalb mit den Gleichungen nach Hertz (Abschn. 4.3.2.2) die Lastaufnahme nachweisbar ist.

Es ist auch einzusehen, dass bei gleichzeitiger Wirkung von Horizontalkraft und Verdrehung die Bewegungswiderstände (Reibung) in den zylindrischen Kontaktflächen erheblich größer sein müssen als bei einer balligen Ausbildung.

Diese Bewegungswiderstände können, wenn es zu plastischen Verformungen in den Kontaktflächen kommt, unkontrollierte Beanspruchungen im Lager und in den angrenzenden Bauteilen erzeugen.

Wenn dann noch Korrosion vorhanden ist, kann es zum „Fressen" ($\mu > 1$) im Kippbereich kommen. Ein wartungsfreier und funktionsgerechter Kippbereich zur Übertragung konzentrierter Lasten ist mit nichtrostenden Werkstoffen erreichbar.

Besonders problematisch können die nicht überschaubaren Beanspruchungen im Bereich der Gleitflächen werden, wenn die Festlagerkonstruktionen als Kipplager in Gleitlager eingesetzt werden. Deshalb wird in den nachfolgenden Beschreibungen der Festlagerkonstruktionen die ballige Ausbildung der Kontaktflächen der zylindrischen vorgezogen.

(205) Reibungsbeiwerte μ_k in den Anschlagkonstruktionen
Die nachfolgenden Überlegungen gelten für alle Festlagerkonstruktionen, bei denen Beanspruchungen aus Horizontalkraft und gleichzeitiger Relativbewegung in den Kontaktflächen auftreten.

Es ist jedoch die unterschiedliche Höhe der aufzunehmenden Horizontalkraft zu beachten. Während beim Stahl-Punktkipplager nur eine Restschubkraft ΔS (nach Abzug des Reibungswiderstandes in der Druckfläche) wirkt, ist bei allen anderen Konstruktionen die Horizontalkraft S in voller Höhe aufzunehmen.

Es stellt sich die Frage, ob die Wirkungen aus der Horizontalkraft S und der Verdrehung α gleichzeitig auftreten und somit die sich daraus ergebenden Lastexzentrizitäten e_{Vxy} und e_{a} in voller Höhe überlagert werden müssen.

Dies ist zumindest sehr unwahrscheinlich, so dass für die Überlagerung ein Kombinationsbeiwert $\psi_{\mu} = 0{,}2$ gerechtfertigt ist.

(206) Anmerkung
Die in Abschnitt 4.2 angegebenen Regeln sind bei allen Festlagerkonstruktionen anzuwenden.

Lagerspezifische Nachweise sowie die beim Nachweis in den verschiedenen Lagerfugen zu berücksichtigenden Lastexzentrizitäten werden bei den nachfolgend beschriebenen Festlagerkonstruktionen angegeben.

Außerdem ist die Lagernorm DIN EN 1337-11 zu beachten. Hiernach sind (gemäß Abschn. 7) sowohl beim Einbau als auch nach dem Freisetzen, alle Ergebnisse der Kontrollkartendaten in einem Lagerprotokoll festzuhalten.

4.3.2 Stahl-Punktkipplager

4.3.2.1 Werkstoffe und Konstruktion

(207) Vorbemerkung
Dieser Abschnitt gilt nur für die in 4.2.1.1 genannten Stähle oder damit hinsichtlich der Festigkeit und Schweißbarkeit vergleichbaren Stahlsorten, wie z. B. C35.

Nur für diese Stähle liegen uns Versuchsergebnisse vor, aus denen die hier mitgeteilten Regeln abgeleitet werden.

Soweit hier Abweichungen zur Regelung in DIN EN 1337-6 vorliegen, empfehlen wir dringend, unsere Vorschläge anzuwenden. Dies ist im Rahmen eines „genaueren Nachweises“ stets zulässig.

(208) Funktion und Konstruktion
Die Konstruktion ist in Bild 4.19 dargestellt. Sie erlaubt Verdrehungen um alle Achsen (*x*, *y*, *z*) und erhält daher das Symbol •. Seit Eisenbahnbrücken gebaut werden, haben sich Stahl-Punktkipplager bewährt. Wenn Schäden an diesen Lagern festgestellt wurden, dann waren es Korrosionsschäden (Rost). Deshalb wird empfohlen, auch wegen der dann verbesserten Funktionsfähigkeit im Abwälz- und Kippbereich, nichtrostende und hochfeste Werkstoffe einzusetzen.

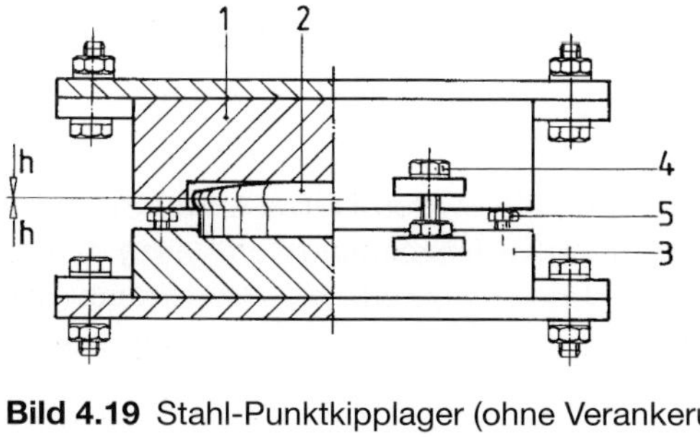

Bild 4.19 Stahl-Punktkipplager (ohne Verankerung)

Das allseitige Kippen um die Achsen *x* und *y* geschieht durch Abwälzen des hier ebenen Lageroberteils (1) auf dem kugelkalottenförmig ausgebildeten Druckstück (2). Dieses Druckstück kann bei Ausbildung in nichtrostenden und hochfesten Werkstoffen und geringer Horizontalbeanspruchung in das Lagerunterteil (3) eingeschrumpft, ansonsten eingeschweißt werden. Die entsprechenden Verfahrens-Vorschriften dazu sind zu beachten. Insbesondere ist bei einer „schwarz/weißen" Schweißverbindung auf eine besondere Verfahrenssorgfalt zu achten.

Voraussetzung für eine einwandfreie Funktion bei allen Lagerkonstruktionen ist ein transportsicherer, unverrückbarer und kippsicherer Zusammenbau durch eine Hilfskonstruktion mittels Schraubenverbindung.

In der Vergangenheit wurde dies beim Stahl-Punktkipplager nicht immer beachtet, so dass sich beim Einbau des Lagers in das Bauwerk das Lageroberteil (1) nicht immer zentrisch und damit auch nicht waagerecht auf dem kugelkalottenförmig ausgebildeten Druckstück (2) befand. Auch beim Betonieren des Überbaus ist durch eine exzentrische Belastung im Lastfall „Frischbeton" eine Verdrehung (Kippen) des Oberteils bei einer nicht kippsicheren Hilfskonstruktion möglich. Dies ist beim Stahl-Punktkipplager besonders zu beachten, da im fast unbelasteten Zustand die „Berührung" von Lageroberteil und Druckstück praktisch nur in einem Punkt stattfindet, d. h. der Abwälzwiderstand wird hier zu null, ein Verdrehen der Lagerplatten gegeneinander geschieht ohne Widerstand. Wird gemäß Bild 4.19 die Konstruktion hinsichtlich der Verbindung der Lagerteile unverrückbar und transportsicher ausgebildet, so entsteht hieraus kein Problem.

Die Schraubenverbindung (4) sorgt beim Anheben des Lagers am Lageroberteil für eine feste Verbindung der Lagerplatten zueinander, während die Stützschrauben (5) den parallelen Einbau der Lagerplatten zueinander garantieren. Es wird empfohlen, diese Schrauben in nichtrostendem Stahl auszuführen, da sie nicht ausgebaut werden können. Diese Schrauben sollten wegen der in Element (115) angesprochenen Probleme vor dem Eindrehen immer geschmiert werden.

(209) Funktion und Werkstoffe

Stahl-Punktkipplager bedürfen eigentlich keiner speziellen Norm, denn sie waren schon seit eh und je in den nationalen Stahlbau-Normen mit der Angabe der zulässigen Hertz'schen Pressung und der zulässigen Biegespannung geregelt. Über die sog. „Rückstellmomente" dieser Lager als Folge der Abplattung der Druckkontaktfläche ist allerdings sowohl in den Normen als auch in der gesamten Lagerliteratur nichts zu finden.

In der 2. Auflage dieses Buches wurde erstmalig auf Versuche mit Lagerkörpern aus S355 J2G3 nach EN 10025 hingewiesen. Diese Versuche ergaben, dass sich bei diesem Werkstoff die Geometrie (Krümmungsradien) im Abwälzbereich unter den in den Stahlbau-Normen angegebenen Beanspruchungen (Hertz'schen Pressungen) relativ stark dauerhaft verändert. Eine Beibehaltung dieser Pressungen hätte wegen der hohen Rückstellmomente zur Folge, dass der Einsatzbereich dieser robusten Lagerkonstruktion sehr eingeschränkt wird und insbesondere eine Anwendung als Kippteil in einem Punktkippgleitlager bei relativ großen Verdrehungen kaum noch zu realisieren wäre, weil die Gleitwerkstoffflächen sehr hohe Randpressungen erhalten würden.

Dies war der eigentliche Ausgangspunkt für weitere Versuche. Dazu kamen aber auch aus der Praxis Forderungen zu einer zeitgemäßen Lagerung der Tragkonstruktion der schon genannten Wuppertaler Schwebebahn.

Diese Forderungen betrafen insbesondere:

1. die zwängungsarme Aufnahme eines Drehwinkels bis 0,02 rad und
2. die Beachtung der korrosiven Bedingungen (Industrie- und Flusswasser-Atmosphäre), die einen nichtrostenden Werkstoff im Abwälzbereich und Kippbereich der einzusetzenden Lager erfordern.

Nach umfangreichen Untersuchungen fiel die Entscheidung auf den nichtrostenden Werkstoff X4 CrNiMo 16-5-1 (W-Nr. 1.4418) nach EN 10088-3. Eine ausführliche Beschreibung dieses Werkstoffs sowie interessante Ergebnisse aus den durchgeführten Versuchen an den Universitäten Karlsruhe und Stuttgart werden in [227] angegeben.

Die Stahl-Punktkipplager werden künftig in EN 1337-6 geregelt. Darüber hinaus werden nachfolgend Konstruktions- und Bemessungshinweise gegeben.

4.3.2.2 Konstruktions- und Bemessungsregeln

(210) Vorbemerkung
Die Ergebnisse aus neueren Versuchen (Karlsruhe und Stuttgart), bei denen Abwälzbedingungen im elastisch-plastischen Bereich untersucht wurden, lassen den Schluss zu, dass nicht die Zugfestigkeit, sondern die Streckgrenze bzw. 0,2%-Dehngrenze – also der Fließbeginn – neben dem Elastizitätsmodul des untersuchten Werkstoffs die geeignete Parametergröße für die Bemessungsformel ist.

(211) Hertz'sche Pressung ($\gamma_F = 1{,}0$)
Die aufnehmbare Hertz'sche Pressung σ_0 lässt sich als Versuchsergebnis einfach darstellen und hat den großen Vorteil der Anschaulichkeit. Deshalb haben wir hier nicht die Nachweisform, wie sie in DIN EN 1337-6 angegeben ist, gewählt, sondern schlagen vor, die Hertz'sche Pressung σ_0 (anstatt der Vertikallast) zu begrenzen.
Es gilt:

$$\sigma_0 = 0{,}338 \sqrt[3]{\frac{N_{Sd} \cdot E_k^2}{r_v^2}} \leq \sigma_{0,R} \tag{4.32}$$

Für den häufigsten Fall – Kugelkalotte gegen Ebene – (Bild 4.20) ist $r_v = r_k$. Sind beide Kontaktflächen gekrümmt (Bild 4.21), so ergibt sich der Vergleichsradius r_v aus beiden Einzelradien r_1 und r_2 für Gl. (4.32) aus:

$$r_v = \frac{r_1 \cdot r_2}{r_1 - r_2} \tag{4.33}$$

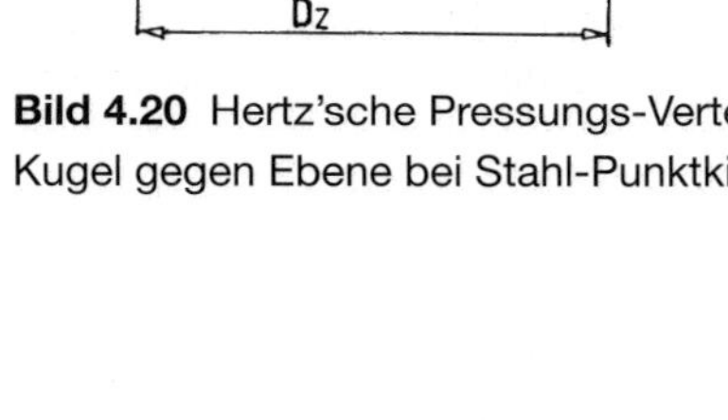

Bild 4.20 Hertz'sche Pressungs-Verteilung Kugel gegen Ebene bei Stahl-Punktkipplagern

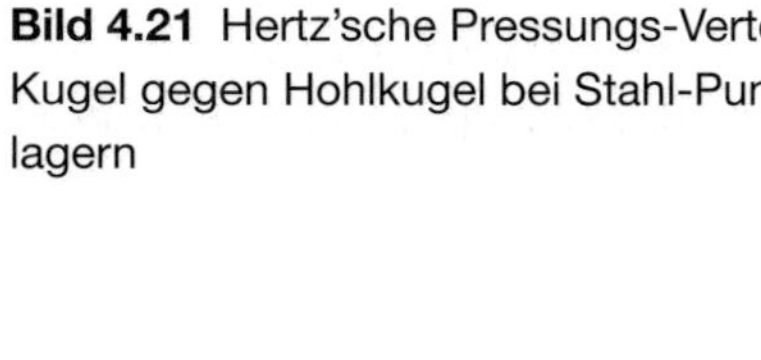

Bild 4.21 Hertz'sche Pressungs-Verteilung Kugel gegen Hohlkugel bei Stahl-Punktkipplagern

(212) Durchmesser der Hertz'schen Berührungsfläche
(Bilder 4.20 und 4.21)

$$2c = k_c \cdot 2{,}22 \sqrt[3]{\frac{N_{Sd} \cdot r_v}{E_k}} \tag{4.34}$$

(213) Erläuterungen

N_{Sd} Vertikalkraft unter $\gamma_F = 1{,}0$-facher Einwirkung.

Sind nur Einwirkungen verfügbar, die mit $\gamma_F = 1{,}35$ bis 1,50 ermittelt wurden, und nennen wir diesen Wert N^*_{Sd}, so erhält man durch folgende Umrechnung ausreichend sichere Bemessungswerte:

$$N_{Sd} = \frac{N^*_{Sd}}{1{,}4} \tag{4.35}$$

E_k charakteristischer E-Modul
$\sigma_{0,R}$ Grenzwert der Hertz'schen Pressung
k_c Werkstoffeinfluss auf die Größe der Hertz'schen Berührungsfläche

Tabelle 4.7 Rechenwerte zur Hertz'schen Pressung und zum Berührungskreis-Durchmesser

Stahlsorte	E_k [N/mm²]	$\sigma_{0,R}$ [N/mm²]	k_c	σ_{Fl} [N/mm²]
S355 J2G3	$20{,}5 \cdot 10^4$	850	1,0	560
1.4418	$18{,}5 \cdot 10^4$	1250	1,1	965

(214) Anmerkung

Aus langjährigen praktischen Erfahrungen ist bekannt, dass Rollen aus dem „nichtrostenden" Werkstoff X 46 Cr13 (W-Nr. 1.4034) nach EN 10083-3 in statischen Druckversuchen (mit $l/d = 1{,}5$ bis 3,0) relativ hohe Lasten ertragen können, aber im praktischen Einsatz den Anforderungen nicht gewachsen waren und deshalb im Laufe der Zeit fast vollständig ausgewechselt wurden. Im Fall des „Sonderstahls" mit C = 0,7 bis 0,8 % muss außerdem noch auf die Rostanfälligkeit hingewiesen werden, die die Tragfähigkeit im besonderen Maße beeinträchtigen kann.

(215) Lastexzentrizitäten für den Nachweis in den Lagerfugen

Auftretende Kippbewegungen, Reibungsmomente und Momente infolge von Horizontalkräften bewirken Exzentrizitäten der Vertikallasten und erzeugen zusätzliche Beanspruchungen. Nachfolgende Exzentrizitäten sind in jedem Lastfall (maximale und minimale Werte) bei der Verfolgung der Beanspruchungen in den einzelnen Lagerfugen zu berücksichtigen.

(216) Lastexzentrizität infolge Verdrehung und in Abhängigkeit von der Hertz'schen Pressung ($\gamma_F = 1{,}0$)

$$e_{\alpha,\mathrm{Nmax}} = f_{\mathrm{Rmax}} \cdot \alpha_{\max} \cdot r_v \tag{4.36}$$

mit

$$f_{\mathrm{Rmax}} = 1{,}045 + 0{,}001 \cdot (\sigma_{\mathrm{omax}} - \sigma_{Fl})^{0{,}8} \tag{4.37}$$

$$e_{\alpha,\mathrm{Nmin}} = f_{\mathrm{Rmin}} \cdot \alpha_{\min} \cdot r_{\mathrm{V}} \quad (4.38)$$

$$f_{\mathrm{Rmin}} = f_{\mathrm{Rmax}} + 0{,}00023 \cdot (\sigma_{0\max} - \sigma_{0\min}) \quad (4.39)$$

(217) Erläuterungen

$e_{\alpha,\mathrm{Nmax}}$ Lastexzentrizität aus Verdrehung (Kippung) unter der größten Einwirkung N_{Sd} (Element 213).

f_{Rmax} Faktor aus Verdrehung (Abwälzwiderstand und Veränderung der Geometrie) unter der größten Einwirkung, wie vor.

$\alpha_{\max}$ zur größten Einwirkung zugehörige Verdrehung.

$\sigma_{0\max}$ max. Hertz'sche Pressung nach Gl. (4.32).

Achtung: Wenn $\sigma_{0\max} \leq \sigma_{\mathrm{Fl}}$ in Gl. (4.37), dann wird der 2. Teil der Gleichung zu null.

σ_{Fl} Fließpressung, das ist die Hertz'sche Pressung, bei der die plastische Verformung in Abhängigkeit der Materialqualität beginnt (s. Tabelle 4.7).

$e_{\alpha,\mathrm{Nmin}}$ Lastexzentrizität aus zugehöriger Verdrehung zur kleinsten Einwirkung.

$\sigma_{0\min}$ Hertz'sche Pressung unter der kleinsten Einwirkung mit Gl. (4.32).

Achtung: Wenn $\sigma_{0\min} \leq \sigma_{\mathrm{Fl}}$ in Gl. (4.39), dann ist für $\sigma_{0\min} = \sigma_{\mathrm{Fl}}$ einzusetzen.

(218) Aufnahme der Horizontalkräfte

Eine zwängungsarme Krafteinleitung wird mit einer balligen Ausbildung der Kontaktflächen erreicht (Bild 4.22).

Es presst sich dabei ein doppelt-gekrümmter (torusförmiger) Körper (Druckzapfen) gegen eine zylindrische Fläche (Lageroberteil). Dazu wird über den Druckzapfendurchmesser D_{z} eine parabolische Pressungsverteilung angenommen.

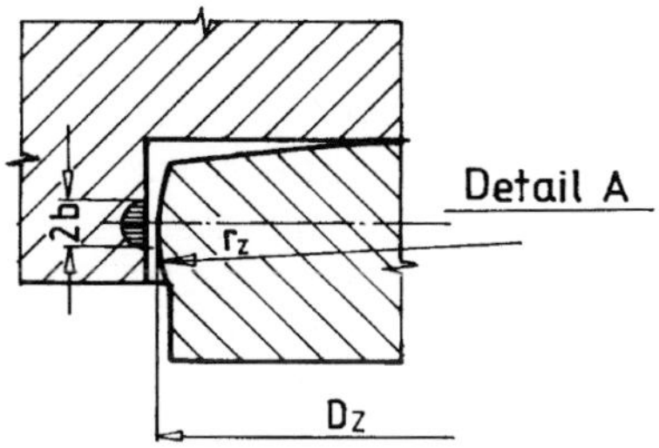

Bild 4.22 Hertz'sche Pressung aus Horizontalkraft in der balligen Kontaktfläche bei Stahl-Punktkipplagern

(219) Restschubkraft

Wie bereits festgestellt, wirkt beim Stahl-Punktkipplager nur noch eine Restschubkraft. Sie beträgt:

$$\Delta F_{\mathrm{V}} = V_{\mathrm{xy,Sd}} - \mu_{\mathrm{k}} \cdot N_{\mathrm{Sd}} \quad (4.40)$$

Es wird für den Nachweis der Beanspruchung die Hertz'sche Pressung für Linienberührung angenommen.

$$\sigma_{0L} = 0{,}418 \sqrt{\frac{1{,}5 \cdot \Delta F_V \cdot E_k}{r_z \cdot D_z}} \leq \sigma_{Fl} \tag{4.41}$$

Die Berührungsbreite ergibt sich ebenfalls nach *Hertz* mit:

$$2b = 3{,}04 \sqrt{\frac{1{,}5 \cdot \Delta F_V \cdot r_z}{D_z \cdot E_k}} \tag{4.42}$$

(220) Erläuterung

$V_{xy,Sd}$, N_{Sd} Horizontal- bzw. Vertikalkraft unter $\gamma_F = 1{,}0$-facher Einwirkung. Bei der Rückrechnung der Horizontalkraft darf, wenn es sich nur um eine veränderliche Einwirkung handelt, statt durch 1,4 durch 1,5 dividiert werden.

μ_k siehe Element (149)

$\sigma_{0L} \leq \sigma_{Fl}$ Da Gleitbewegungen in den für die Aufnahme der Horizontalkräfte vorgesehenen Kontaktflächen abhängig von der Lagerverdrehung auftreten werden, wird in Gl. (4.41), um plastische Verformungen zu vermeiden, als Beanspruchungsgrenze die Fließpressung angenommen (s. Tabelle 4.7).

(221) Lastexzentrizität infolge der Horizontalbelastung ($\gamma_F = 1{,}0$)

$$e_V = \frac{V_{xy,Sd} \cdot h}{N_{Sd}} \tag{4.43}$$

h Abstand zu den Lagerfugen (s. Bild 4.19)

(222) infolge Reibungsmoment

$$e_\mu = \frac{\mu_k \cdot \Delta F_V \cdot \frac{D_z}{2}}{N_{Sd}} \tag{4.44}$$

(223) Summe der Lastexzentrizitäten

$$\sum e = e_\alpha + e_\mu + e_V \tag{4.45}$$

e_α entsprechend Gln. (4.36) bzw. (4.38)

(224) Druckausbreitung

In Deutschland wird hierfür die 45°-Druckausbreitungsregel angewendet. Es wird davon ausgegangen, dass sich die Last, die in der Hertz'schen Berührungsfläche wirkt, unter 2 · 45° durch das Druckstück hindurch bis zur anschließenden Stahl-Kontaktfläche verteilt. Voraussetzung für diese Annahme sind planebene Kontaktflächen (Kontrolle-Haarlineal) zwischen dem Druckstück und der anschließenden Stahlfläche. Es gibt für die Berechtigung dieser Annahme auch Versuchsergebnisse, siehe [227].

(225) Ermittlung der Druckstückdicke t_d

Aus den durchgeführten Versuchen lässt sich nachfolgende Gleichung ableiten:

$$t_d = 0{,}052 \cdot \sqrt{N_{Sd}} - k_c \cdot 1{,}11 \cdot \sqrt[3]{\frac{N_{Sd} \cdot r_V}{E_k}} \geq 35 \text{ mm} \tag{4.46}$$

(226) Erläuterungen

Aus konstruktiven Gründen wird die Mindest-Druckstückdicke auf 35 mm begrenzt, Formelzeichen siehe Element (213).

4.3.3 Topflager

Siehe hierzu auch die Normenregelung in EN 1337 Teil 5. Langjährige Erfahrungen mit dieser in Deutschland entwickelten Konstruktion haben im Nachfolgenden im Zweifelsfall Vorrang gegenüber der Normenregelung, soweit es sich dabei nur um Empfehlungen handelt.

(227) Entwicklung

Das mechanische Prinzip des Topflagers – die Übertragung von lotrechten Kräften über einen mit einem amorphen Medium gefüllten Topf, der kleine und langsame Drehbewegungen nahezu zwängungsfrei ausführt – dürfte schon seit Jahrhunderten bekannt sein und im sandgefüllten Topf (Bild 4.23) für Baumaßnahmen häufig Verwendung gefunden haben, unter anderem auch, weil – durch Entfernung des Sandes – eine einfache Absenkung des gestützten Bauteils (z. B. Lehrgerüstes) möglich ist.

Die heute üblichen Topflager (Bild 4.24 und 4.25) gehen auf eine Entwicklung aus dem Jahr um 1960 zurück [11, 50] und sind mit gummielastischem Material – synthetischem oder natürlichem Kautschuk – gefüllt.

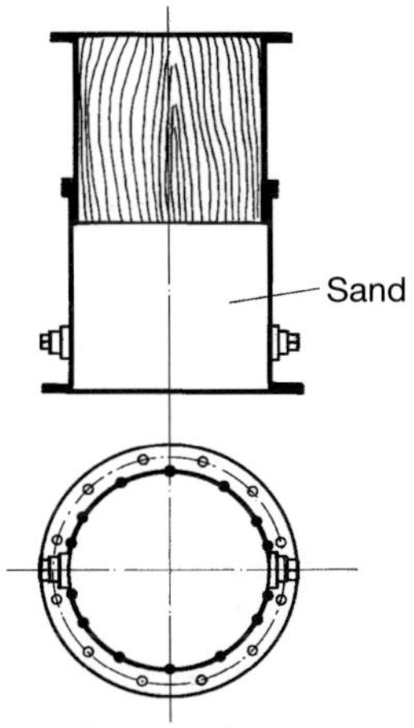

Bild 4.23 Sandtopf

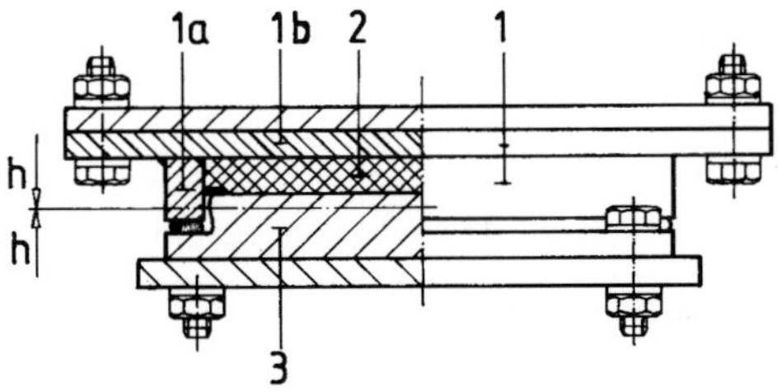

Bild 4.24 Topflager – Topfausführung in Schweißkonstruktion (ohne Verankerung)

1 Topf
1a Topf-Ring
1b Topf-Boden
2 Elastomer-Platte
3 Deckel

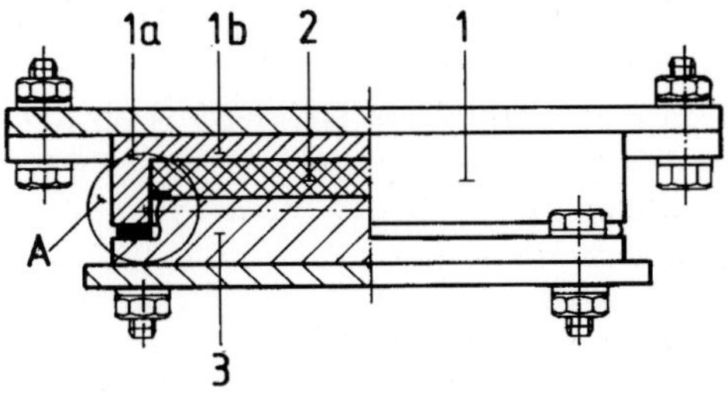

Bild 4.25 Topflager – Topfausführung „massiv" (ohne Verankerung), Legende siehe Bild 4.24

(228) Anmerkung
Obwohl für eine bauaufsichtliche Zulassung in Deutschland in der Regel alle Funktionen eines Lagers in Versuchen ausreichend sicher nachgewiesen werden mussten, sind bei dieser Lagerkonstruktion seinerzeit nur Versuche unter reiner Vertikalkraft und Verdrehung durchgeführt worden.

Mit der 2007 erschienenen Dissertation von *Halim Khbeis* „Experimentelle und numerische Untersuchungen von Topflagern" (s. Abschn. 7.1) hat sich diese Situation geändert. In dieser Arbeit werden auch Bemessungsempfehlungen gegeben. Wir haben in diesem Abschnitt davon noch keinen Gebrauch gemacht, was keine Wertung der Arbeit bedeutet.

(229) Funktion und Konstruktion
Das Topflager erhält das Lagerungssymbol •, mit dem gekennzeichnet wird, dass das Lager allseitig kippbar ist. Die Kippung (Verdrehung) erfolgt durch Verformung und Verschiebung des Elastomers im Topf.

Es liegt auf der Hand, dass bei einer Verschiebung des Elastomers (Gummi) gegen die stählerne Innenwand große Reibungswiderstände auftreten. Diese werden bei den normalen Elastomerlagern (Abschn. 4.5) sogar benötigt, damit sie sich zwischen den Bauteilen nicht verschieben können.

In dem vorliegenden Fall des Topflagers ist die Reibung allerdings nicht erwünscht, da sie die Kippbewegungen behindert. Die (gewünschte) zwängungsarme Kippbewegung ist nur möglich, wenn das Elastomer an der gesamten Umfangsfläche dauerhaft reibungsarm (Schmierung) gelagert wird.

(230) Rückstellmoment
Bei der gegenseitigen Verdrehung der durch ein Topflager verbundenen Teile ist ein Verdrehungswiderstand, das sog. Rückstellmoment, zu überwinden.

Grundlage für eine Abschätzung der Größenordnung dieses Rückstellmomentes sind Versuche (s. Abschn. 7.3.2 der 2. Auflage dieses Buches).

Wegen unterschiedlicher Topflager-Konstruktionen sind die Formeln zur Ermittlung der Rückstellmomente den entsprechenden Versuchen, siehe EN 1337 Teil 5 Abschnitt 6.1.3.1 zu entnehmen. Zu beachten sind dabei auch die angegebenen Drehwinkel-Begrenzungen und andere Anwendungsbedingungen.

(231) Topflager-Dichtung
Im Gegensatz zu den Sandtöpfen (Bild 4.23) ist bei Töpfen mit Füllungen aus sog. viskoelastischen Stoffen eine Abdichtung gegen Ausfließen aus dem Spalt zwischen Topf und Deckel erforderlich (Bild 4.26).

Dieses Konstruktionselement hat den Lagerkonstrukteur schon vor große Probleme gestellt. Da die Dichtung als solche nicht „bemessen" werden kann, sind zur Beurteilung der ausreichenden Dichtungsqualität aufwendige Versuche erforderlich. Die Konstruktionsart und Materialqualität der Dichtung sowie die Größe des zulässigen Spiels zwischen Topf und Deckel sind in EN 1337 Teil 5 Abschnitt 7.3 geregelt.

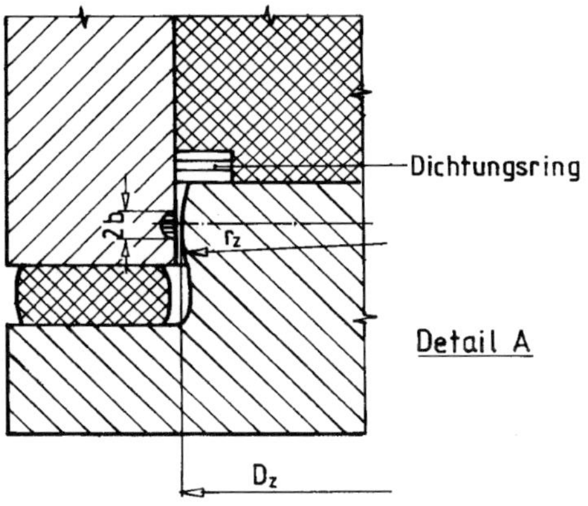

Bild 4.26 Beispiel einer Dichtung zur Sicherung der Elastomerplatte gegen Ausfließen. Hertz'sche Pressung aus Horizontalkraft in der balligen Kontaktfläche bei Topflagern

(232) Beanspruchung der Dichtung
Das Elastomer des Topflagers wird bei voller rechnerisch möglicher Belastung nach unstrittiger Auffassung einem hydrostatischen Druck ausgesetzt, der sich gleichmäßig im Elastomer verteilt.

(233) Konstruktions- und Bemessungsregeln
Grundlagen für die Konstruktion und Bemessung sind im Abschnitt 4.2 angegeben.

Aufgrund praktischer Erfahrungen wird auch bei dieser Lagerkonstruktion empfohlen, die Ausbildung der Kontaktstellen Deckel/Topfwand sowie im Bereich der Dichtung in nichtrostendem Stahl auszuführen.

(234) Europäische Norm
Es gilt EN 1337 Teil 5. In dieser Norm findet man u. a. die Formel für die Ermittlung des Rückstellmomentes M_E sowie sehr vereinfachte Nachweise für den Topfboden und den Topfring und in den Anhängen Angaben für die durchzuführenden Versuche. Soweit bereits Versuchsergebnisse oder Zulassungsregelungen vorliegen, können die darin angegebenen Ergebnisse übernommen werden.

(235) Lastexzentrizitäten für den Nachweis in den Lagerfugen
Auftretende Kippbewegungen, Reibungsmomente und Momente infolge von Horizontalkräften bewirken Exzentrizitäten der Vertikallasten und erzeugen zusätzliche Beanspruchungen.

Nachfolgende Exzentrizitäten sind in jeder Lastkombination (maximale und minimale Werte) bei der Verfolgung der Beanspruchungen in den einzelnen Lagerfugen zu berücksichtigen.

(236) Infolge Rückstellmoment

$$e_{ME} = \frac{M_{E,Sd}}{N_{Sd}} \leq \frac{D}{8} \tag{4.47}$$

(237) Summe der Lastexzentrizitäten

$$\sum e = e_{\mathrm{ME}} + e_{\mu} + e_{\mathrm{V}} \tag{4.48}$$

(238) Erläuterungen

$M_{\mathrm{E,Sd}}$	Rückstellmoment unter $\gamma_{\mathrm{F}} = 1{,}0$-facher Einwirkung. Sind nur Einwirkungen verfügbar, die mit $\gamma_{\mathrm{F}} = 1{,}35$ bis 1,5 ermittelt wurden, so erhält man durch Division mit 1,4 ausreichend sichere Bemessungswerte.
D_{E}	Durchmesser der Elastomerplatte
$D/8$	Kernweite der Elastomerplatte
e_{μ}	entsprechend Gl. (4.44), jedoch für $\Delta F_{\mathrm{V}} = V_{\mathrm{xy,Sd}}$
e_{V}	nach Gl. (4.43)
h	Abstand zu den Lagerfugen (s. Bild 4.24)

(239) Aufnahme der Horizontalkräfte

Eine zwängungsarme Krafteinleitung wird mit einer balligen Ausbildung der Kontaktflächen erreicht (Bild 4.26).

Es presst sich dabei ein doppeltgekrümmter (torusförmiger) Körper (Andrehung am Deckel) gegen eine zylindrische Fläche (Topfinnenwand). Es wird über die ballige Andrehung am Deckel mit dem Durchmesser D_{Z} eine parabolische Pressungsverteilung angenommen.

Die Hertz'sche Pressung ist wie beim Stahl-Punktkipplager nach Gl. (4.41) nachzuweisen, jedoch $\Delta F_{\mathrm{V}} = V_{\mathrm{xy,Sd}}$.

Das Gleiche gilt für die Berührungsbreite $2\,b$ nach Gl. (4.42).

(240) Anschluss Topfring/Topfboden

Im Element (234) wird bereits darauf hingewiesen, dass in der Europäischen Norm für Topflager sehr vereinfachte Nachweise für den Topfboden und den Topfring angegeben werden.

Aus der Praxis ist bekannt, dass Schadensfälle an Topflagern auch dadurch aufgetreten sind, dass wegen unzureichender Beton-Kontaktflächen der zu dünne Topfboden „eingebrochen" ist, was sich ungünstig auf die Dichtungen und den Kippspalt auswirken kann. In den deutschen Zulassungen wurden für die Bemessung der Gleitplatten nach *Petersen* diese Unsicherheiten dadurch berücksichtigt, dass im Falle angrenzender Massivbauteile eine lineare Reduzierung des Elastizitätsmoduls des Betons oder Mörtels vom Rand zum Zentrum der Lagerplatte um 20 % angenommen wurde.

Die Diskussion zur Topflagerbemessung gibt es in Deutschland seit vielen Jahren, die als Ergebnis in den Zulassungen zu folgendem Text geführt hatte:
„Beim Nachweis des Anschlusses des Topfringes am Topfboden genügt es, wenn unter Vernachlässigung der Ringtragwirkung des Topfringes folgende Schnittgrößen berücksichtigt werden:

- die Querkraft V infolge des hydrostatischen Innendrucks der Elastomerplatte,
- die Querkraft V und das zugehörige Moment infolge von horizontalen Einwirkungen nach Abschn. 2.1.4.3 (parabolische Verteilung der Querkraft V)."

Diese Schrittgrößen müssen auch vom Topfboden aufgenommen werden.

Auch in der Literatur [137] wird von dem Miterfinder des Topflagers angegeben, dass bei der Aufnahme von größeren Horizontalkräften im Verhältnis zu den Vertikalkräften sich bei der bisher angenommenen Näherungsrechnung Überbeanspruchungen vor allem in der Bodenplatte und der sie unterstützenden Fläche ergeben können.

Ein befriedigendes Nachweisverfahren wird aber auch hier nicht angegeben.

Dies lässt uns zu dem Schluss kommen, dass ohne einen praktikablen Versuch die in der Europäischen Norm angegebenen sehr einfachen Nachweise zur Aufnahme der Horizontalbeanspruchungen in den Topfquerschnitten nicht ausreichend sein können.

Es wird deshalb nachfolgend vorgeschlagen, mit einem bereits in der Praxis angewendeten Nachweis, etwas mehr konstruktive Sicherheit für die Topflagerkonstruktion zu erreichen.

(241) Vorbemerkung
Eine genaue Ermittlung des Spannungs- und Tragzustandes sowie des Verformungsverhaltens (Verhinderung zu großer seitlicher Ausbiegung der Topfwand, Gefahr der Undichtigkeit) müsste am gesamten Lager durch Versuche (Vertikal- und Horizontalkräfte gleichzeitig wirkend) ermittelt werden, vgl. hierzu die genannte Dissertation *Khbeis*. Daher hat der nachfolgend vorgeschlagene Berechnungsgang für die größte äußere Horizontalkraft $V_{x,Sd}$ bzw. $V_{y,Sd}$ nur den Charakter einer groben Näherung unter Wahrung des Gleichgewichts.

(242) Vorbemessung
Die Bestimmung der konstruktiven Abmessungen des Topfes werden mit den Regeln der Europäischen Norm EN 1337-5 vorgenommen.

(243) Zusatznachweis des Topfes auf äußere Horizontalkraft ($V_{X,S,d}$ bzw. $V_{Y,S,d}$)
Es wird angenommen:

1. Aufteilung der Horizontalkraft in einen symmetrischen und in einen antimetrischen Anteil, wobei der symmetrische Anteil bereits in den Nachweisen nach der Europäischen Norm enthalten ist.
2. Parabolische Verteilung der Pressung aus Horizontalkraft über 180° an der Topfinnenwand.

Bemessung der Mindestdicke des Topfbodens in Anlehnung an die Ermittlung der Dicke der Trägerplatten in Gleitlagern (EN 1337-2) mit:

$$t_B = 0{,}04 \cdot D_E \geq 12 \text{ mm} \tag{4.49}$$

(244) Nachweis – antimetrischer Anteil
Der Nachweis wird im Schnitt A-A (Bild 4.27) im Scheitelpunkt der angenommenen parabolischen Lastverteilung an einem 1 cm breiten Streifen geführt.

Es wird das Momenten-Gleichgewicht an der im Schnitt A-A abgeschnittenen Topfwand gebildet.

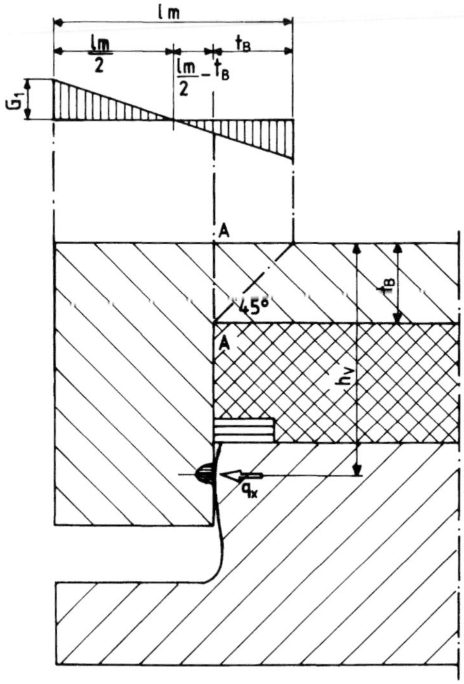

Bild 4.27 Geometrie zur Zusatz-Untersuchung des antimetrischen Anteils der äußeren Horizontalkraft auf den Topfboden

Es wird angenommen, dass das äußere Moment aus dem antimetrischen Anteil der Horizontalkraft

$$M_{a,Sd} = q_X \cdot h_V \tag{4.50}$$

mit

$$q_X = \frac{0{,}75 \cdot V_{X,Sd}}{D_E} \tag{4.51}$$

von den „inneren" Momenten aufgenommen wird.

Obwohl die Abstützung in der Kontaktfläche wirkt, wird zur Vereinfachung das äußere Moment ($M_{a,Sd}$) auf Topfbodenmitte bezogen.

Innere Momente:

1. aus dem Stahlquerschnitt:

$$M_{St,Sd} = \left(\frac{f_{y,k}}{1{,}35} - \frac{q_x}{t_B}\right) \cdot \frac{t_B^2}{6} \tag{4.52}$$

2. aus der Druckpressung in der Fuge zwischen Topf und Kontaktfläche:

$$M_{1,Sd} = \frac{\sigma_1}{6}\,(1{,}25\,l_m^2 - 1{,}5\,l_m \cdot t_B) \tag{4.53}$$

mit

$$\sigma_1 = \frac{M_{a,Sd} \cdot 6}{l_m^2} \tag{4.54}$$

Damit ergibt sich die Gleichgewichtsbedingung zu:

$$M_{a,Sd} \leq M_{St,Sd} + M_{1,Sd} \tag{4.55}$$

(245) Erläuterungen

$V_{x,Sd}$ Horizontalkraft unter $\gamma_F = 1{,}0$-facher Einwirkung. Bei der Rückrechnung der Horizontalkraft darf, wenn es sich nur um eine veränderliche Einwirkung handelt, statt durch 1,4 durch 1,5 dividiert werden.

$\frac{q_x}{t_B}$ Zugbeanspruchung im Topfboden-Querschnitt.

$f_{y,k}$ charakteristische Streckgrenze (0,2%-Dehngrenze) der beanspruchten Materialqualität.

l_m Mittragende Länge zwischen Topf und anschließender Kontaktfläche. Es wird die Länge unter dem Topfboden aus Topfwand- und Topfbodendicke (45°-Verteilung) angesetzt.

σ_1 Druckpressung zwischen Topf und anschließender Kontaktfläche.

Lager mit größeren Horizontalkräften (feste Lager, geführte Gleitlager) werden in der Regel wegen der Forderung nach Auswechselbarkeit mit einer verankerten Fußplatte ausgeführt.

4.3.4 Kalottenlager

(246) Vorbemerkung

Die nachfolgenden Ausführungen beziehen sich nur auf die praktischen Erfahrungen mit der Kalottenlager-Konstruktion nach deutscher Zulassung. In der Europäischen Lagernorm gibt es den Teil 7, der speziell für Kalottenlager gedacht ist.

Alle in der nach EN 1337-7 bemessenen, aber von den Zulassungsregeln abweichenden Konstruktionen können von uns nicht beurteilt werden, da zugehörige Versuche und praktische Erfahrungen uns nicht bekannt sind.

(247) Funktion und Konstruktion

Das feste Kalottenlager (Bild 4.28) erhält das Lagerungssymbol •, mit dem gekennzeichnet wird, dass das Lager allseitig „kippbar“ ist. Rein sprachlich gesehen ist das feste Kalottenlager ein Gleitlager, da bei dieser Lagerkonstruktion die Bauwerksverdrehungen weder durch ein Abwälzen (Stahl-Punktkipplager) noch durch ein Verformen (z. B. Elastomerplatte im Topflager), sondern aus kinematischen Gründen durch Gleitbewegungen in der gekrümmten Gleitfläche (3) und ausgleichenden Gleitbewegungen in der ebenen Gleitfläche (2) stattfinden.

Das feste Kalottenlager überträgt die äußeren Horizontalkräfte F_{xy} über ein „topfähnlich“ ausgebildetes Lageroberteil direkt (übergreifend) auf das Lagerunterteil (5).

Durch die Anschlagkonstruktion mit einem Spiel „x“ zwischen der Wand (1a) und dem ballig angedrehtem Lagerunterteil (5) wird das feste Kalottenlager zu einem begrenzt beweglichen Gleitlager. Deshalb werden hier nur Hinweise für die Aufnahme der Horizontalkräfte im Lager und die zu berücksichtigenden Lastexzentrizitäten für den Nachweis in den anschließenden Lagerfugen aufgeführt. Alle weiteren Hinweise für die Bemessung, z. B. der Gleitflächen und der Lagerplatten, werden im Abschnitt 4.4 – Gleitlager – gegeben.

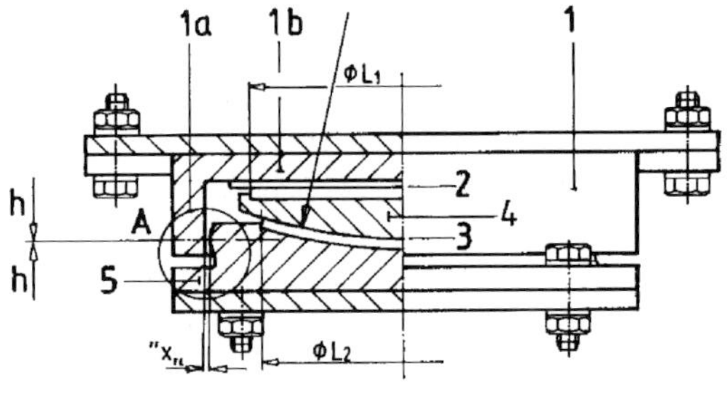

1 Lageroberteil (Topf)
1a Wand
1b Boden
2 ebene Gleitfläche
3 gekrümmte Gleitfläche
4 Kalotte (konvex)
5 Lagerunterteil (konkav)

Bild 4.28 Festes Kalottenlager ohne Verankerung

(248) Konstruktions- und Bemessungsregeln
Grundlagen für die Konstruktion und Bemessung sind im Abschnitt 4.2 angegeben.

Aufgrund praktischer Erfahrungen wird wie bei den Topflagern auch bei dieser Lagerkonstruktion empfohlen, die Ausbildung der hochbeanspruchten Kontaktstellen – hier im Bereich der Wand (1a) und des Lagerunterteils (5) – in nichtrostendem Stahl auszuführen.

(249) Europäische Norm und bauaufsichtliche Zulassung
Die Bemessung der festen Kalottenlager erfolgt bezüglich der Lastexzentrizitäten nach den Regeln der Europäischen Norm EN 1337-7, die hier im Wesentlichen mit der deutschen Zulassung übereinstimmen.

(250) Lastexzentrizitäten für den Nachweis in den Lagerfugen
Die Exzentrizitäten für den Nachweis in den Gleitflächen werden im Abschnitt 4.4.4 angegeben.

Nachfolgende Exzentrizitäten sind in jedem Lastfall ($\max F_z$, $\min F_z$) bei der Verfolgung der Beanspruchungen in den einzelnen Lagerfugen zu berücksichtigen.

(251) Infolge Reibungsmoment aus Verdrehung

$$e_{\alpha,\mu} = (\alpha + \mu_{\max}) \cdot r_K \tag{4.56}$$

(252) Anmerkung
Das Reibungsmoment aus der Verdrehung α_p unter Verkehrsbelastung erzeugt plus/minus-Beanspruchungen. Solange $\mu > \alpha_p$ ist, genügt es daher, für α die einmalige Verdrehung aus ständiger Last α_g (rad) einzusetzen.

(255) Summe der Lastexzentrizitäten

$$\sum e = e_{\alpha,\mu} + e_\mu + e_V \tag{4.57}$$

(256) Erläuterungen

α Drehwinkel (rad)

μ_{max} Reibungszahl gem. Tabelle 11 in EN 1337-2

r_K Radius der gekrümmten Gleitfläche

e_μ nach Gl. (4.44), jedoch für $\Delta F_V = V_{xy,Sd}$

e_V nach Gl. (4.43)

h Abstand zu den Lagerfugen nach Bild 4.27

(255) Anmerkung

Reim Kalottenlager haben in der Regel die Horizontalkräfte praktisch keine Wirkung in den Gleitflächen. Voraussetzung ist, dass die Horizontalkräfte voll in den Anschluss zum Über- und Unterbau weitergeleitet werden. Dann treten in den Gleitflächen keine Beanspruchungen auf, da auch ohne Kalotte (4) die Horizontalkräfte übertragen werden können.

(256) Aufnahme der Horizontalkräfte im Drehpunkt des Lagers

Eine zwängungsarme Krafteinleitung wird mit einer balligen Ausbildung der Kontaktflächen erreicht (Bild 4.29). Es presst sich dabei ein doppelt gekrümmter (torusförmiger) Körper (Andrehung am Lagerunterteil 5) gegen eine zylindrische Fläche (Wand 1a). Es wird über die ballige Andrehung am Lagerunterteil mit dem Durchmesser D_z eine parabolische Pressungsverteilung angenommen.

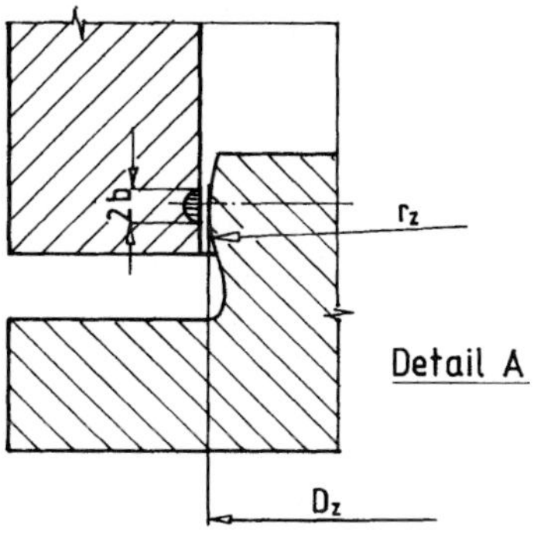

Bild 4.29 Detail aus Bild 4.28: Hertz'sche Pressung aus Horizontalkraft in der balligen Kontaktfläche bei festen Kalottenlagern

Es wird über die ballige Andrehung am Lagerunterteil mit dem Durchmesser D_Z eine parabolische Pressungsverteilung angenommen. Die Hertz'sche Pressung $\sigma_{0,L}$ wird nach Gl. (4.41) und die Berührungsbreite $2\,b$ nach Gl. (4.42), jedoch in beiden Fällen mit $\Delta F_V = V_{xy,Sd}$ nachgewiesen.

(257) Anschluss Wand/Boden am Lageroberteil (Topf)

Beim Nachweis des Anschlusses der Wand (1a) an den Boden (1b) genügt es in Anlehnung an die Topflagerbemessung – Element (243) – den 1 cm breiten Streifen im Schnitt A-A (Bild 4.27) nachzuweisen.

4.3.5 Feste Verformungslager

4.3.5.1 Vorbemerkung

Festhaltekonstruktionen für Verformungslager werden nach etwa gleichen Regeln (DIN 4141 Teil 1 bzw. EN 1337 Teil 8) konstruiert und bemessen.

Festhaltekonstruktionen gibt es in sehr unterschiedlichen Ausführungen. Die wohl am häufigsten verwendete Konstruktionsart ist in Bild 4.30 dargestellt. Diese Ausführung ist allerdings die simpelste Art und wird üblicherweise mehr als einfache Wegbegrenzung oder Endanschlag empfunden denn als Lager.

Wegen der nicht definierbaren Beanspruchungen an ebenen Anschlagflächen unter Horizontalkräften und Verdrehungen wird diese „Lagerart" hier nicht weiter verfolgt. Auf die Problematik an ebenen Anschlagflächen wurde bereits in Element (204) hingewiesen.

4.3.5.2 Zapfenlager

(258) Funktion und Konstruktion
Eine definierte Einleitung der Horizontalkräfte erfolgt bei dem in Bild 4.32 dargestellten Verformungslager über die ballig ausgebildete Andrehung am Innenzapfen (3a).

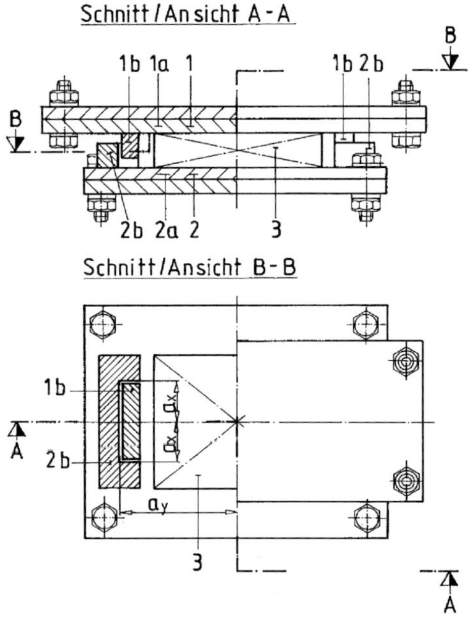

1 Lageroberteil
1a obere Lagerplatte
1b oberer Anschlag

2 Lagerunterteil
2a untere Lagerplatte
2b unterer Anschlag
3 Verformungslager

Bild 4.30 Verformungslager mit Anschlägen für zwei Achsen (ohne Verankerung)

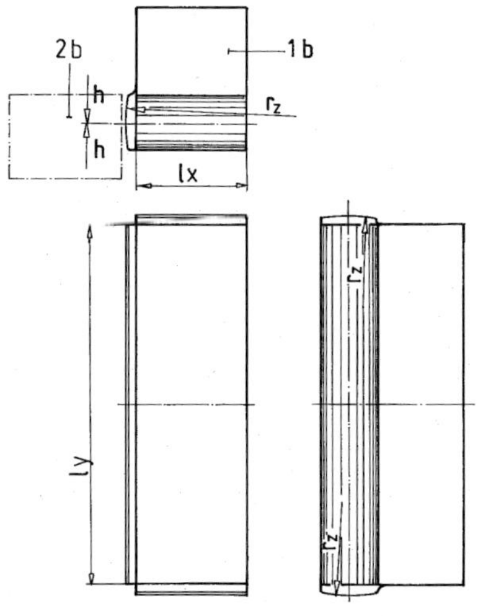

Bild 4.31 Ballige Ausbildung des oberen Anschlags zum Lager nach Bild 4.30

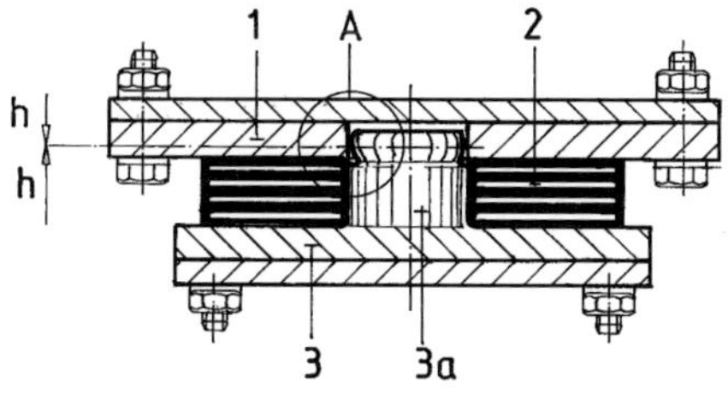

1 Lageroberteil
2 Verformungslager
3 Lagerunterteil
3a Zapfen

Bild 4.32 Zapfenlager: Verformungslager mit Innenzapfen ohne Verankerung

Drehbewegungen sind bei dieser Konstruktion um alle Achsen (x, y, z) möglich, so dass dieses Lager mit dem Lagerungssymbol ● gekennzeichnet wird.

Der Zapfen (3a) ist in das Verformungslager korrosionssicher einvulkanisiert. Er kann sowohl – wie in Bild 4.32 dargestellt – an das Lagerunterteil (3) angedreht als auch mit dem Lagerunterteil durch eine Schweißnaht verbunden sein.

(259) Lastexzentrizitäten für den Nachweis in den Lagerfugen
Auftretende Verdrehungen, Reibungsmomente und Momente infolge von Horizontalkräften bewirken Exzentrizitäten der Vertikallasten und erzeugen zusätzliche Beanspruchungen.

Nachfolgende Exzentrizitäten sind für jede Lastkombination bei der Verfolgung der Beanspruchungen in den einzelnen Lagerfugen zu berücksichtigen.

(260) Infolge Rückstellmoment
Die Formel für das rechnerische Rückstellmoment M_α wird in Abschnitt 4.5 angegeben. In [227] werden in der Bautechnik 90 (2013), Heft 1 praktikable Rückstellmomente aus Versuchen mit runden Elastomerlagern Ø 350 mm und Ø 470 mm angegeben, die einfach aus Kurven (Bild 6 in [227]) abgegriffen und zu Vergleichsrechnungen herangezogen werden können. Dies gilt insbesondere für die Lager nach den Bildern 4.32 und 4.34, da hier runde Elastomerlager zum Einsatz kommen.

$$e_\alpha = \frac{M_{\alpha,\text{Sd}}}{N_{\text{Sd}}} \tag{4.58}$$

(261) Summe der Lastexzentrizitäten

$$\sum e = e_\alpha + e_\mu + e_\text{V} \tag{4.59}$$

(262) Erläuterungen

$M_{\alpha,\text{Sd}}$ Rückstellmoment unter γ_F = 1-facher Einwirkung. Sind nur Einwirkungen verfügbar, die mit γ_F = 1,35 bis 1,5 ermittelt wurden, so erhält man durch Division mit 1,4 ausreichend sichere Bemessungswerte.
e_μ nach Gl. (4.44), jedoch für $\Delta F_\text{V} = V_{\text{xy,Sd}}$
e_V nach Gl. (4.43)
h Abstand zu den Lagerfugen nach Bild 4.32

(263) Aufnahme der Horizontalkräfte im Drehpunkt des Lagers
Die Krafteinleitung erfolgt wieder wie bei den vorangegangenen Lagerkonstruktionen über eine ballige Ausbildung der Kontaktflächen (Bild 4.33). Die Hertz'sche

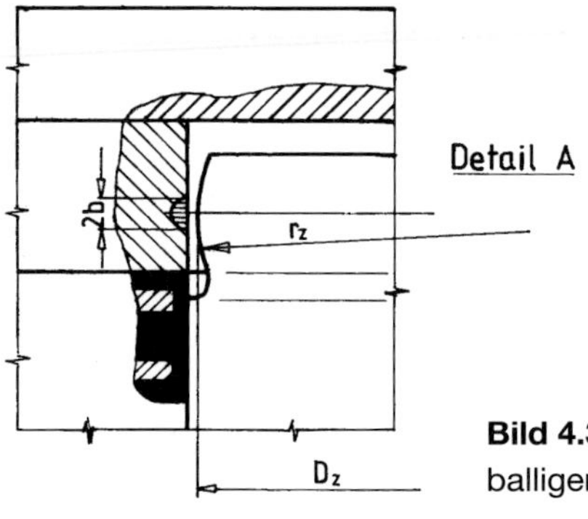

Bild 4.33 Hertz'sche Pressung aus Horizontalkraft in der balligen Kontaktfläche bei Zapfenlagern

Pressung $\sigma_{0,L}$ wird nach Gl. (4.41) und die Berührungsbreite $2\,b$ nach Gl. (4.42), jedoch in beiden Fällen mit $\Delta F_V = V_{xy,Sd}$, nachgewiesen.

(264) Begrenzung des Zapfendurchmessers
Gemäß EN 1337 Teil 3 brauchen Bohrungen, die rechtwinklig zur Lagerebene gehen, bei der Ermittlung der mittleren Lagerpressung σ_m (anrechenbare Grundfläche) nicht berücksichtigt zu werden, wenn folgende Bedingungen erfüllt werden:

- Es sind Regellager nach Tabelle 3 der Norm.
- Die Bohrungen nehmen in der Summe nicht mehr als 5 % der Oberfläche ein.

4.3.5.3 Topf-Verformungslager

(265) Funktion und Konstruktion
Das Topf-Verformungslager (Bild 4.34) erhält ebenfalls das Lagersymbol •, mit dem gekennzeichnet wird, dass das Lager allseitig kippbar ist. Die Kippung (Verdrehung) erfolgt durch Verformung des Elastomerlagers.

Das Topf-Verformungslager ist sehr ähnlich der Topflager-Konstruktion nach Abschnitt 4.3.3. Es unterscheidet sich im Wesentlichen in der Wahl des Verformungsteils. Anstelle einer in den Topf eingepassten Elastomerplatte wird bei dieser Konstruktion ein Verformungslager (gem. EN 1337-3) mit Spiel in den Topf eingelassen (Bild 4.34).

Der bei den Topflagern mit eingepasster Elastomerplatte wirksame hydrostatische Innendruck auf die Topfwandung tritt hier nicht auf. Topf und Deckel übernehmen bei dieser Konstruktion im Wesentlichen die Lagesicherung durch Aufnahme und Wei-

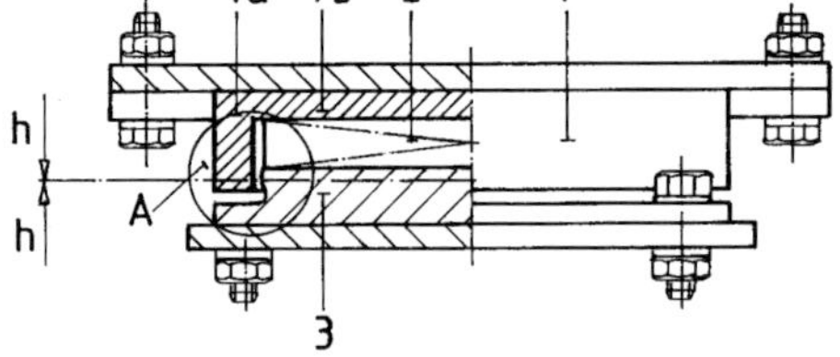

Bild 4.34 Topf-Verformungslager Topfausführung „massiv" ohne Verankerung

terleitung der Horizontalkräfte. Der Innentopf erhält einen kompletten Korrosionsschutz, so dass weder eine Topflagerdichtung noch eine Dichtung im Kippspalt erforderlich ist.

Praktisch wartungsfrei wird diese Lagerkonstruktion, wenn die Kontaktflächen im Drehpunkt des Lagers (Bild 4.34) in nichtrostendem Stahl ausgebildet werden.

An den Fußpunkten der Ankerstützen (Festpunkte) zur Wuppertaler Schwebebahn wurden diese Lager als Druck-Zug-Lager eingesetzt [227].

Die Aufnahme der hier leider unvermeidbaren Zugkräfte wird dadurch realisiert, dass das Elastomerlager (2) über zwei anvulkanisierte Deckbleche mit dem Topf (1) bzw. Deckel (3) verschraubt wird. Hinweise zur Aufnahme von Zugkräften durch Elastomerlager-Konstruktionen werden in Abschnitt 4.5 gegeben.

(266) Erhöhung der mittleren Lagerpressung in Elastomerlagern
Nach EN 1337 Teil 3 können höhere Druckbeanspruchungen aufgenommen werden, wenn, was hier der Fall ist, Beanspruchungen parallel zur Lagerebene (als Schubverformung) ausgeschaltet werden.

Diese Pressungserhöhung ergibt sich dadurch, dass in der Nachweisgleichung zur Summe der Schubbeanspruchungen der Anteil aus Schubverformung wegfällt (Abschn. 4.5).

(267) Lastexzentrizitäten und Aufnahme der Horizontalkräfte
Die Ermittlung der Lastexzentrizitäten für den Nachweis in den Lagerfugen sowie die Aufnahme der Horizontalkräfte im Drehpunkt des Lagers erfolgen exakt wie bei den Zapfenlagern nach Abschnitt 4.3.5.2, wobei Bild 4.35 für den Nachweis der Hertz'schen Pressung $\sigma_{0,L}$ und der Berührungsbreite $2\,b$ zu beachten ist.

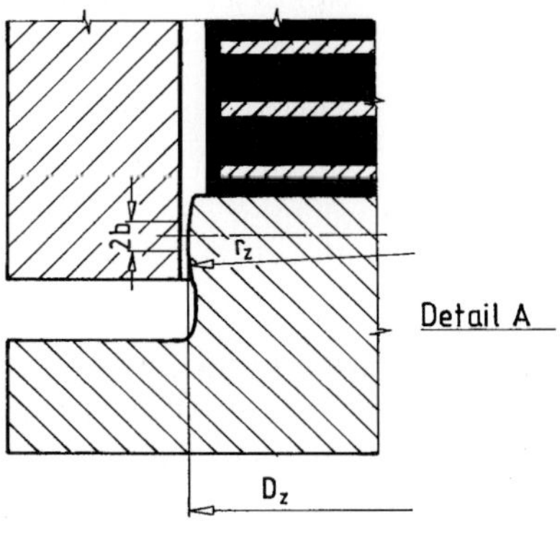

Bild 4.35 Hertz'sche Pressung aus Horizontalkraft in der balligen Kontaktfläche bei Topf-Verformungslagern

(268) Anschluss Topfwand/Topfboden
Beim Nachweis des Anschlusses der Topfwand (1a) an den Topfboden (1b) genügt es in Anlehnung an die Topflagerbemessung – Element (243) – den 1 cm breiten Streifen im Schnitt A-A (Bild 4.27) nachzuweisen.

4.4 Gleitlager

4.4.1 Allgemeines

(300)
Als Gleitwerkstoff für die Gleitebene wurde bis vor wenigen Jahren nur PTFE verwendet. Inzwischen ist dafür ein weiterer Kunststoff entwickelt worden, so dass überall dort, wo in der ersten und zweiten Auflage dieses Buches im Text oder in Bildern „PTFE" genannt wurde, in dieser 3. Auflage diese Bezeichnung durch „Gleitwerkstoff" ersetzt werden musste.

Die Bewegung aus Verkehr kann je nach Konstruktion der Brücke einen erheblichen Einfluss auf die Dauerhaftigkeit eines Gleitlagers haben.

Obwohl es sich stets nur um sehr kleine Bewegungen handelt, können sich die Gleitwege aus Verkehr zu mehreren Kilometern addieren.

Ob dies der Fall ist oder ob die Konstruktion des Bauwerks so „weich" ist – etwa bei einer Lagerung auf schlanken Pfeilern –, dass sich in der Gleitebene beim Verkehr auf der Brücke gar nichts bewegt, lässt sich wie folgt abschätzen:

Zunächst wird die theoretische Verschiebung e aus der Verkehrsbelastung ermittelt. Sodann wird die Rückstellkraft des Pfeilers bei einer Auslenkung e mit nachstehender Gleichung ermittelt:

$$F_{\mathrm{St}} = \frac{3 \cdot E \cdot I \cdot e}{L^3} \tag{4.60}$$

Bei Verformungsgleitlagern gehört zu einer Verschiebungsdifferenz e zwischen oberem und unterem Randblech.

$$F_{\mathrm{E}} = \frac{G \cdot A \cdot e}{T} \tag{4.61}$$

Bei Gleitlagern erhält man als Reibungskraft, die bei dem Beginn der Gleitung vorhanden ist:

$$F_{\mathrm{EG}} = \mu \cdot N \tag{4.62}$$

mit μ als der tatsächlich wirkenden Reibungszahl, die nur ein Bruchteil der nach den Bemessungsregeln einzusetzende beträgt, und N der Auflast,

F_{St} Rückstellkraft des Pfeilers (Stütze)
F_{E} Rückstellkraft des Elastomerlagers
L, E, I Stützenwerte
G, A, T Elastomerlagerwerte

Da die Schubverformungen sehr klein sind, ist G meist größer als der in der Norm DIN EN 1337 Teil 3 angegebene Rechenwert.

Ist F_{EG} größer als F_{E} bzw. F_{St}, so findet keine Gleitbewegung aus Verkehr statt. In solchen Fällen ist der Verschleiß sehr gering, weil dann nur noch die wesentlich langsameren und in der Summe geringeren Bewegungen aus Temperatur, Schwinden und Kriechen vorhanden sind.

Ein Gleitlager ist auch während des Transports und der Montage durch einen wirksamen Schutz zu sichern, und es muss im eingebauten Zustand überwachbar sein.

Daraus folgt, dass eine ausreichende lichte Höhe zwischen Überbau und Unterbau vorhanden sein muss.

Es wird empfohlen, dafür mind. 30 cm vorzusehen. Der Gleitflächenschutz muss einfach zu lösen und zu befestigen sein. Eine ausreichende Abdichtung der Gleitflächen ist Voraussetzung für eine auf Dauer funktionierende Schmierung.

Eine besonders wichtige Kenngröße für die Überwachung ist die Spalthöhe *h* (Bild 4.36).

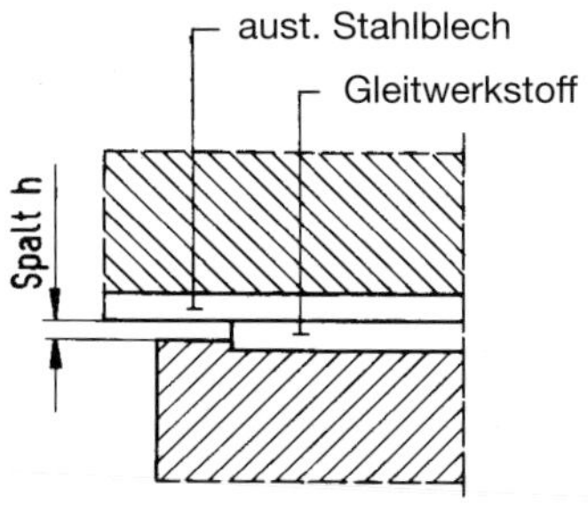

Bild 4.36 Spalthöhe beim Gleitlager

Werden die vorgegebenen Werte nach EN 1337 Teil 2, Gleichung (1) im Laufe der Zeit trotz korrekten Einbaus unterschritten, so kann dies zwei Gründe haben:

a) Verschleiß oder
b) Verformung (Kriechen).

Aus der Praxis wurden dafür in Deutschland für eine Bewertung folgende Grenzen angegeben:

$h \geq 1$ mm: Gleitteil ist in Ordnung,
$h < 1$ mm, doch $\geq 0{,}5$ mm: jährliche Messung erforderlich,
$h < 0{,}5$ mm, doch $\geq 0{,}2$ mm: Lager muss in Kürze instand gesetzt werden, eventuell Gutachter einschalten,
$h < 0{,}2$ mm: Lager umgehend instand setzen, eventuell Gutachter einschalten (vgl. hierzu auch DIN EN 1337 Teil 2 Kap. 10).

Der Toleranzbereich für die Spalthöhen ist in EN 1337-2 angegeben. Ebenso wird vorgegeben, dass die Spalthöhe h an markierten Messstellen, an denen die Korrosionsschutz-Beschichtung 300 µm nicht überschreiten darf, nachzuweisen ist. Es müssen mindestens zwei Messstellen an geeigneter Stelle angeordnet werden.

(301)
In der europäischen Lagernorm ist der Teil 2 für Gleitteile und der Teil 7 für Kalottenlager vorgesehen.

Der Teil 2 ist als mitgeltend auch für die Teile 3 (Gummi), 5 (Topflager) und 6 (Kipplager) anzusehen, auch für den Teil 8 (Festhaltungen) ist er zu beachten – mit anderen Worten: „der Teil 2 hat auch die Funktion einer Grundnorm, ist also allein nicht anwendbar“.

4.4.2 Gleitlagersystem

(302)
Bild 4.37 stellt ein Gleitlagersystem dar. Ein Gleitlager muss Kipp- und Gleitbewegungen ausführen können. Für den Kippmechanismus kommen folgende Lager in Betracht:

- Stahl-Punktkipplager: Abschnitt 4.3.2
- Topflager: Abschnitt 4.3.3
- Kalottenlager: Abschnitt 4.3.4 (ist bereits ein festgesetztes Gleitlager)
- Feste Verformungslager: Abschnitt 4.3.5
- Verformungslager: Abschnitt 4.5

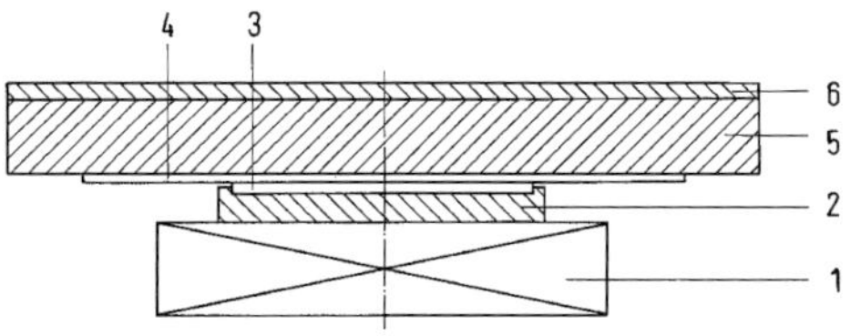

1 Kipp-Lager
2 Gleitwerkstoff-Aufnahme
3 Gleitwerkstoff
4 Gleitpartner
5 Gleitplatte
6 Ankerplatte

(2–6: Gleit-Lager)

Bild 4.37 Gleitlagersystem

Dies sind die zurzeit gebräuchlichsten Lagertypen. Die Bilder 4.38 bis 4.41 zeigen beispielhaft diese Gleitlager als allseitig bewegliche Lager, wobei die Abdichtung der Gleitflächen sowie die Zusammenbau- und Verankerungsteile nicht dargestellt sind.

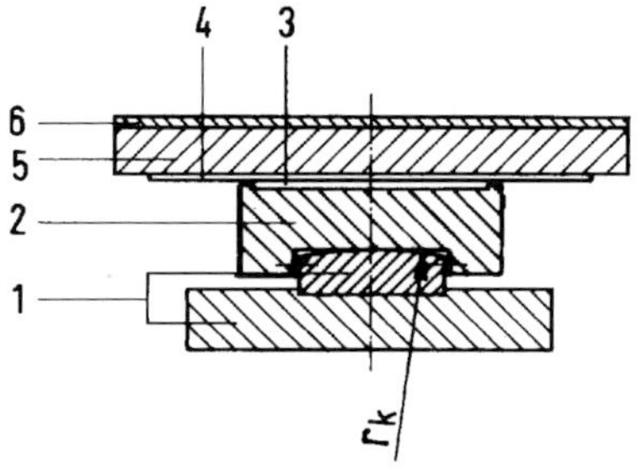

Bild 4.38 Punktkippgleitlager

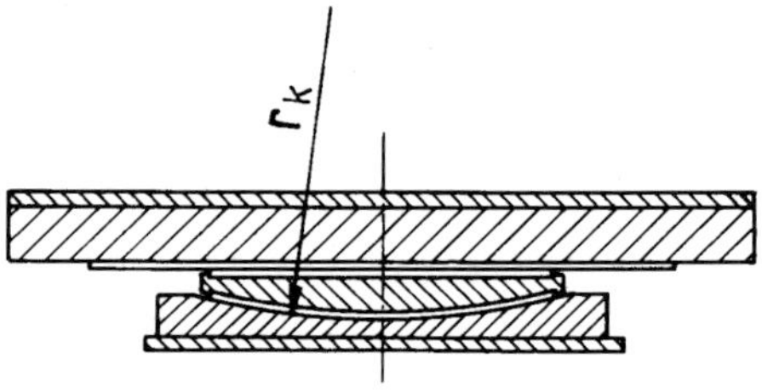

Bild 4.40 Kalottenlager

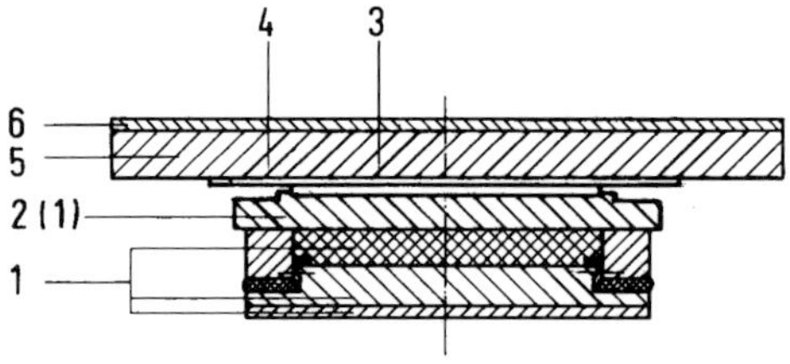

Bild 4.39 Topfgleitlager

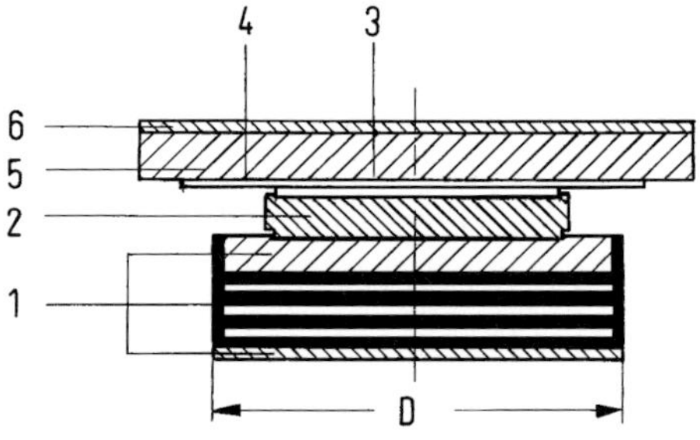

Bild 4.41 Verformungsgleitlager

4.4.3 Bemessung der Lagerplatten

(303) Vorbemerkung
Zu beachten sind dazu sowohl die Allgemeinen Konstruktions- und Bemessungsregeln gemäß Abschnitt 4.2 sowie die in Abschnitt 4.3 angegebenen Regeln für die Bemessung der festen Lager.

4.4.3.1 Gleitplatte und Gleitwerkstoffaufnahme

Die statische Berechnung einer Konstruktion liefert nie die wirkliche Situation, sondern nur eine Abschätzung der zu erwartenden Verhältnisse zur sicheren Seite. Es gelingt daher auch nie, durch Messung am fertigen Bauwerk die Genauigkeit einer Statik nachzuweisen, sondern allenfalls deren Zuverlässigkeit.

Bei der Gleitplatte und der Gleitwerkstoffaufnahme eines Gleitlagers ist es wichtig, dass diese sich nicht zu stark verformen, weil sonst die einwandfreie Funktion nicht mehr gewährleistet ist. Der Gleitspalt darf durch die Verformung nicht zugeklemmt werden!

Geht man vor wie sonst auch bei der Statik, d. h. schlägt man sich auf die „sichere Seite", so bedeutet das hier, dass eine konstante Gleitwerkstoffpressung auf der einen Seite und eine größere oder kleinere Pressung, konstant oder parabolisch verteilt – je nach Lagertyp – auf der anderen Seite angenommen wird und mit diesen Annahmen nach Formeln der Plattentheorie, die in Lehrbüchern der Statik zu finden sind, die Verformung ermittelt wird. Die Verformung hängt dann in erheblichem Maße ab von den Plattenmaßen, und zwar von der Plattendicke in der dritten Potenz (reziprok) und vom Durchmesser (bei runden Platten) in der vierten Potenz.

Für die folgenden Abschnitte werden in Tabellen Funktionen $\varnothing_w$ und $\varnothing_M$ angegeben, mit denen in einfacher Form die Biegebeanspruchung und Verformung der Gleitwerkstoffaufnahmen nachgewiesen werden kann.

Versuchsreihen mit Lagerplatten in der Universität Karlsruhe (Deutschland), die sich insgesamt über 10 Jahre hinzogen, haben gezeigt, dass insbesondere

- die Pressungsverteilung,
- die Qualität und Dicke der Mörtelfuge und
- der elastische Halbraum „Beton"

einen großen Einfluss auf die Verformung der Lagerplatten haben.

Petersen hat eine Nachrechnung vorgenommen, die auch mit den Versuchsergebnissen im Einklang stehen. Diese Formeln sind in die CEN-Lagernorm für Gleitlager EN 1337 Teil 2 übernommen worden.

Es ist allerdings dringend auf unsere Erkenntnisgrenzen hinzuweisen, d. h. mit Grenzbetrachtungen außerhalb der praktischen Anwendung kann man die Formeln leicht ad absurdum führen, sie gelten nur innerhalb der angegebenen Schranken und unter der Voraussetzung, dass die sonstigen Regeln

- ordnungsgemäße Herstellung,
- ordnungsgemäßer Einbau,
- ausreichend verdichteter Beton

eingehalten werden.

(304) Mindestabmessungen
Die Mindestabmessungen der Gleitplatte werden in Abhängigkeit der äußeren Abmessungen ermittelt:

$t_p \geq 0{,}04 \cdot D_{LP}$, jedoch mindestens 25 mm.

D_{LP} Diagonale der Gleitplattenabmessung

Werden Ankerplatten vorgesehen, so beträgt diese Dicke:

$t_a \geq 0{,}02 \cdot D_{LP}$, jedoch mindestens 18 mm.

(305) Betonpressung
Die für die Ermittlung der Vergleichsspannung anzusetzende Teilfläche A_L darf durch Lastausbreitung unter $2 \cdot 45°$ – ausgehend von der Gleitwerkstoff-Gleitfläche durch die Gleitplatte (und Ankerplatte) hindurch – bestimmt werden.

Der Nachweis der Betonpressung erfolgt mit den Formeln in Abschnitt 4.2.

(306) Verformung
In der Norm EN 1337-2 wird gefordert, die Lagerplatten so zu bemessen, dass unter Belastung des Lagers noch ein funktionsgerechter Gleitspalt h (Bild 4.42) gewährleistet ist.

Bei gekammerter Gleitwerkstoff-Platte ist dies erfüllt, wenn die Summe der auf das Maß L der Gleitwerkstoff-Platte bezogenen max. Relativ-Verformung der Gleitplatte Δw_1 und der Gleitwerkstoffaufnahme Δw_2 nicht größer ist als

$$\text{zul}\,\Delta w = h \cdot \left(0{,}45 - 2 \cdot \sqrt{\frac{h}{L}}\right) \tag{4.63}$$

Für die Gleitplatte darf nach EN 1337-2, Anhang C anstelle eines „genauen" Nachweises eine „Näherungslösung" angewendet werden. Der Rechengang für die Gleitplatte ist in dieser Norm ausführlich beschrieben.

Er gilt aber nur für Lagerplatten ohne Querschnittsschwächung (s. Bild 4.42). Die Berechnungen sind mit $\gamma_F = 1$-fachen Lasten durchzuführen.

Bemessungsregeln für die Verformung Δw_2 der Gleitwerkstoffaufnahmen werden bei den einzelnen Gleitlager-Konstruktionen angegeben.

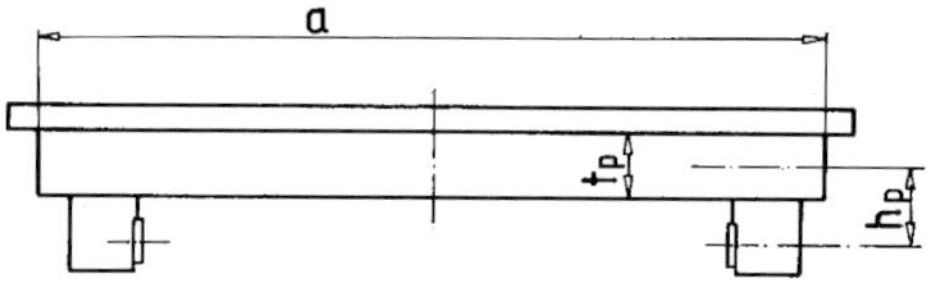

Bild 4.42 Gleitplatte mit Außenführung

(307) Verformungsrichtung
Für die Gleitplatte ist die Verformungsrichtung aufgrund der Muldenbildung im Beton vorgegeben (Bild 4.43).

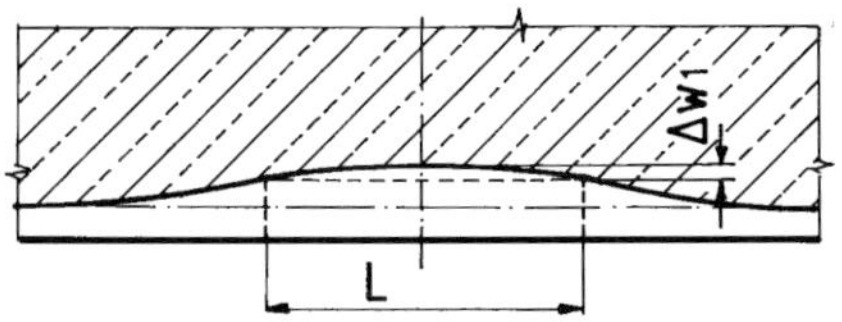

Bild 4.43 Muldenbildung zwischen Lagerplatte und Betonkonstruktion

Bei der Gleitwerkstoffaufnahme ist dies anders, siehe Bild 4.45.

Gemäß EN 1337-2 darf die Relativverformung Δw_2 nach der Theorie der elastischen Kreisplatte berechnet werden.

Danach hängt die Verformungsrichtung, z. B. bei Topfgleitlagern und Verformungsgleitlagern, von der Belastung (konstant, abgestuft oder parabolisch) der Gleitwerkstoffaufnahme und von dem Verhältnis L/D (Gleitwerkstoff-Durchmesser/Elastomer-Durchmesser) ab.

Keine Probleme gibt es, wenn das Verhältnis L/D so gewählt wird, dass die Relativverformung der Gleitwerkstoffaufnahme die gleiche Richtung aufweist wie die Gleitplatte. Gemäß Zulassung ist dann $\Delta w_2 = 0$ zu setzen. Die Verformung der Gleitwerkstoffaufnahme sollte aber trotzdem nicht größer sein als die Gleitplatte.

(308) Anschluss der Führungsleisten
Die Führungsleisten sind stahlbaumäßig anzuschließen. Bei einer Schraubenverbindung sind die Regeln in Abschnitt 4.2.3.2 und bei einer Schweißverbindung die Regeln in Abschnitt 4.2.3.3 zu beachten.

Werden die Führungsleisten gemäß Bild 4.42 angeordnet, so entstehen aufgrund der exzentrischen Lasteinleitung im Randbereich der Gleitplatte örtliche Beanspruchungen aus einem „Krempelmoment" und aus Zugbeanspruchung, die überprüft werden müssen.

Bewährt hat sich hierfür der nachfolgend aufgeführte sehr einfache (auf der sicheren Seite liegende) Nachweis.

(309) Biegebeanspruchung

$$M_{k,Sd} = V_{Y,Sd} \cdot h_p \tag{4.64}$$

$$W = \frac{lx' \cdot t_p^2}{6} \tag{4.65}$$

$$\sigma_{k,d} = \frac{M_{k,Sd}}{W} \tag{4.66}$$

(310) Zugbeanspruchung

$$\sigma_{Z,d} = \frac{V_{Y,Sd}}{t_p \cdot lx'} \tag{4.67}$$

nachzuweisen ist:

$$\sigma_d = \sigma_{K,d} + \sigma_{Z,d} \le \frac{f_{Y,k}}{1,1} = f_{Y,d} \tag{4.68}$$

(311) Erläuterungen

$V_{Y,Sd}$ Horizontalkraft unter γ_F-facher Beanspruchung
h_p Abstand der Führungsfläche bis Mitte Gleitplatte
t_p Dicke der Gleitplatte
lx' zugehörige verfügbare Länge in jeder Bewegungsstellung
$f_{Y,k}$ charakteristische Streckgrenze des Stahls

(312) Gleitplatten unter Stahlkonstruktionen

Bei einer Ausbildung des Stahlquerschnitts im Lasteinleitungsbereich wie in Abschnitt 4.2.3.4 beschrieben, wird die Dicke der Gleitplatte konstruktiv wie bei Stahlbetonkonstruktionen ermittelt.

Für die Lastübertragungsfläche ist sicherzustellen, dass sich die auf den Lasteinleitungsbereich projizierte Gleitwerkstofffläche in jeder Verschiebungsstellung innerhalb des Stahl-(Steifen-)Querschnitts des Überbaus befindet. Es wird davon ausgegangen, dass dann keine Biegebeanspruchung (Verformung) auftritt.

(313) Pressung

Für den Nachweis gekammerter Gleitwerkstoffplatten gilt EN 1337 Teil 2 Abschnitt 6.2. Es darf mit $\gamma_F = 1,0$ keine klaffende Fuge auftreten.

4.4.3.2 Bemessung der Gleitwerkstoffaufnahme

Gleitwerkstoffaufnahmen von Gleitlagern (Ausnahme Kalottenlager) werden nach der Theorie der elastischen Kreisplatte bemessen.

Während die Gleitwerkstoffpressung in der Gleitwerkstoffaufnahme von Punktkippgleitlagern als gleichmäßig angenommen werden darf, ist gemäß EN 1337 Teil 2 für die Gleitwerkstoffaufnahmen von Topf- und Verformungsgleitlagern die Pressungsverteilung sowohl konstant als auch abgestuft (Bild 4.44) anzunehmen. Außerdem ist die Pressungsverteilung der Elastomerplatte zum Topf als konstant und die Pressungsverteilung im Verformungslager (Elastomerlager) parabolisch anzusetzen.

In den folgenden Bemessungsbeispielen für die verschiedenen Gleitlager-Konstruktionen werden nur die bekannten Formeln für den Nachweis der Gleitwerkstoffaufnahmen (ohne Querschnittsschwächung) nach der Theorie der elastischen Kreisplatte

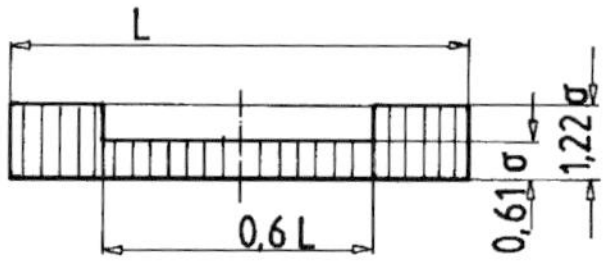

Bild 4.44 Abgestufte Gleitwerkstoffpressung

angegeben, was zur Folge hat, dass diese bei den einseitig beweglichen Gleitlager-Konstruktionen nur für solche mit einer Außenführung gelten.

(314) Verformungsrichtung der Gleitwerkstoffaufnahme

Für die Gleitlager-Konstruktionen (Abschn. 4.4.4 bis 4.4.8) wurden mit den Formeln nach der Theorie der elastischen Kreisplatte die Verformungs-Richtungen der Gleitwerkstoffaufnahmen überprüft.

Es wurde sowohl die konstante als auch die abgestufte Pressung in der Gleitwerkstoff-Gleitfläche in die Untersuchungen einbezogen.

In Bild 4.45 sind die vier in Deutschland gebräuchlichen Gleitlagertypen dargestellt. Direkt neben jedem Gleitlager sind die Pressungs-Verteilung und die Grenzwerte für die zugehörigen Durchmesser angegeben, aus denen sich die Verformungsrichtungen der Gleitwerkstoffaufnahmen ergeben. Für die hier nicht dargestellte abgestufte Gleitwerkstoffpressung in der Gleitwerkstoffscheibe sind diese Grenzwerte in Klammern angegeben.

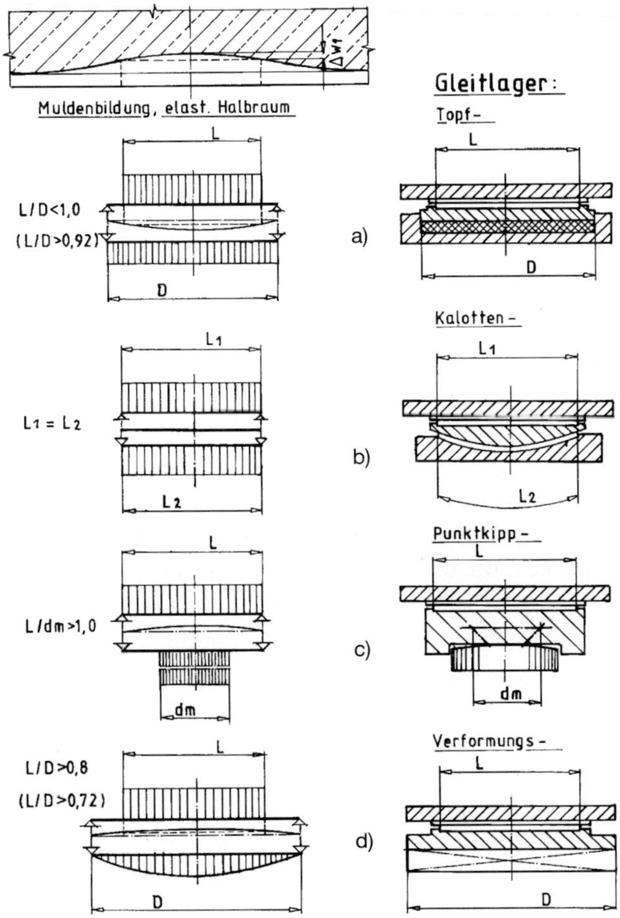

Bild 4.45 Verformungsrichtungen der Gleitwerkstoffaufnahme

(315) Topfgleitlager (Bild 4.45 a)
Die Gleitwerkstoffaufnahme (Deckel) dieses Lagers erfährt bei einer konstanten Pressungsverteilung in der Gleitwerkstoffscheibe und einem Durchmesser-Verhältnis von $L/D < 1$ stets eine Verformung Δw_2, die entgegengesetzt zur Verformung Δw_1 der Gleitplatte wirkt. Dies bedeutet, dass Δw_1 und Δw_2 addiert werden müssen. Erst bei einem Verhältnis $L/D = 1$ tritt weder eine Verformung noch eine Biegebeanspruchung in der Gleitwerkstoffaufnahme auf.

Bei einer abgestuften Gleitwerkstoffpressung ergibt sich bereits ab einem Durchmesser-Verhältnis von $L/D > 0{,}92$ eine Verformung Δw_2, die in die gleiche Richtung geht wie Δw_1 der Gleitplatte, es ist hier also $\Delta w_2 = 0$ zu setzen. Maßgebend wird aber in jedem Fall die Verformung aus der konstanten Gleitwerkstoffpressung. Das bedeutet, dass die rechnerische Gleitwerkstoffpressung kaum höher als die der Elastomer-Pressung sein darf, was der Funktionsdauer der Gleitfläche sicherlich zugutekommt.

(316) Kalottenlager (Bild 4.45 b)
Bei dieser Lagerkonstruktion wird davon ausgegangen (vorausgesetzt $L_1 = L_2$), dass die Kalotte so gut wie keine Verformungen erleidet, also als starrer Stempel betrachtet werden kann (s. auch Abschn. 4.4.7.3). Dies gilt sowohl für eine konstante als auch für eine abgestufte Gleitwerkstoffpressung. Folglich ist $\Delta w_2 = 0$ zu setzen.

(317) Punktkippgleitlager (Bild 4.45 c)
Aufgrund des Verhältnisses der Belastungsglieder von $L/d_m > 1$ zueinander ergibt sich eine Verformung Δw_2, die immer in die gleiche Richtung wirkt wie die Verformung Δw_1 der Gleitplatte (s. hierzu auch Abschn. 4.4.5.3).

(318) Verformungsgleitlager (Bild 4.45 d)
Hier ergaben die Untersuchungen mit konstanter Gleitwerkstoffpressung, dass bei einem Verhältnis der Belastungsglieder von $L/D > 0{,}8$ die Verformung Δw_2 der Gleitwerkstoff-Aufnahme in die gleiche Richtung wirkt wie die Verformung Δw_1 der Gleitplatte. Diese Grenze wird bei abgestufter Gleitwerkstoffpressung bereits bei einem Verhältnis der Belastungsglieder von $L/D > 0{,}72$ erreicht. Die Beanspruchung unter konstanter Gleitwerkstoffpressung wird wieder maßgebend. Bei Einhaltung des Durchmesser-Verhältnisses von $L/D > 0{,}8$ ist $\Delta w_2 = 0$ zu setzen.

(319) Gleitwerkstoffaufnahme mit Außenführung
Werden die Führungsflächen wie in Bild 4.46 angeordnet, so haben wir keine „Störung“ in der Gleitwerkstoff-Gleitfläche und wir können die Bemessung der Gleitwerkstoffaufnahme nach der Theorie der elastischen Gleitplatte durchführen. Auf einen zusätzlichen Nachweis aus dem Versatzmoment $M = F_y \cdot h_{fy}$ kann in der Regel verzichtet werden.

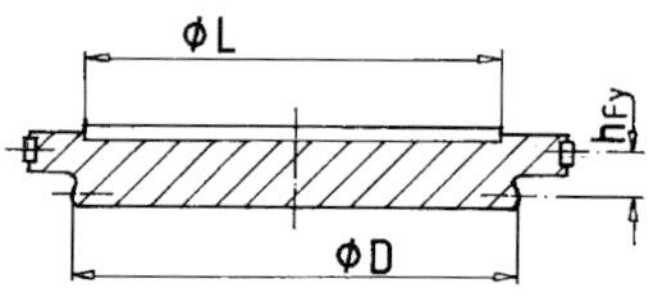

Bild 4.46 Gleitwerkstoffaufnahme mit Außenführung

(320) Gleitwerkstoffaufnahme mit Innenführung

Für den Nachweis der Gleitwerkstoffaufnahme mit einer Innenführung (Bild 4.47), die eine Teilung der Gleitwerkstofffläche zur Folge hat, sind keine Formeln zur Bemessung der Platte bekannt. Diese Anordnung der Führung gibt es in der Praxis nur für das Topf-und das Verformungsgleitlager.

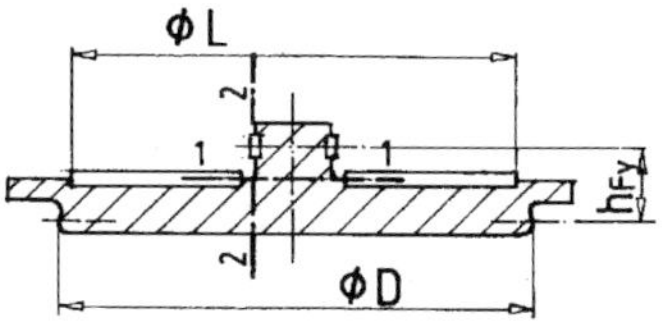

Bild 4.47 Gleitwerkstoffaufnahme mit eingearbeitetem Führungssteg

Aus den Untersuchungen zur Bestimmung der Verformungsrichtung bei Gleitwerkstoffaufnahmen hat sich speziell bei diesen beiden Gleitlager-Konstruktionen gezeigt, dass die abgestufte Gleitwerkstoffpressung günstigere Verformungsbedingungen ergibt.

Durch die Teilung der Gleitwerkstoff-Gleitfläche durch die Führungsleiste ergibt die konstant anzunehmende Gleitwerkstoffpressung eine Biegebeanspruchung, die, verglichen mit einer ungeteilten Gleitwerkstoffaufnahme, weiter nach außen gerichtet ist. Damit kann angenommen werden, dass bei Anwendung der Formeln nach der Theorie der elastischen Kreisplatte und Ausbildung der Gleitwerkstoffaufnahme mit einem angearbeiteten Führungssteg gemäß Bild 4.47 die Verformung Δw_2 nicht größer wird als bei einer Platte ohne Mittenführung.

Zusätzlich zu den Nachweisen aus der Annahme einer elastischen Kreisplatte ist die Aufnahme der Schnittgrößen (Führungskraft F_y) am Übergang vom Führungssteg zur Gleitwerkstoffaufnahme (Biege- und Schubspannung) im Schnitt 1-1 nachzuweisen. Außerdem ist aus dem Versatzmoment $M = F_y \cdot h_{fy}$ nach der einfachen technischen Biegelehre die Biegebeanspruchung in der Gleitwerkstoffaufnahme (Schnitt 2-2) zu ermitteln und mit der Biegespannung aus der Bemessung nach der elastischen Kreisplatte zu überlagern.

4.4.4 Punktkippgleitlager

4.4.4.1 Allgemeines

Erhält das Punktkippgleitlager (Bild 4.38) das Symbol ←o→ (mit ↕), so wird damit ausgesagt, dass dieses Lager ein allseitig kippbares und allseitig bewegliches Lager ist.

Durch Anordnung von Führungsleisten (Bild 4.48) wird dieses Lager zu einem einseitig beweglichen Lager mit dem Symbol ←o→. Das Punktkippgleitlager wurde aus dem festen Punktkipplager (Abschn. 4.3.2) entwickelt.

4.4.4.2 Konstruktions- und Bemessungsregeln

Allgemeine Grundlagen für die Konstruktion und Bemessung von Bauwerksauflagern sind in Abschnitt 4.2 angegeben. Außerdem sind spezielle Regeln für die Kon-

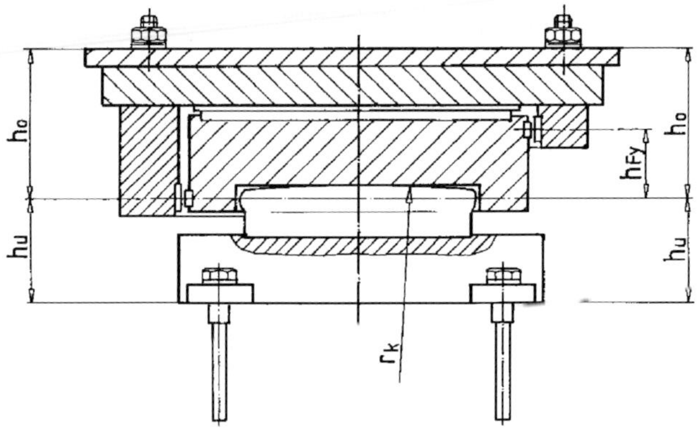

Bild 4.48 Punktkippgleitlager mit oberer und heruntergezogener Führungsleiste, Bezeichnungen, Hebelarme

struktion und Bemessung des Stahl-Punktkipplagers (Abschn. 4.3.2) als Kippteil des Punktkippgleitlagers zu beachten.

Für die Bemessung der Gleitplatte wurde bereits in Abschnitt 4.4.3 auf die besonderen Regelungen hingewiesen.

4.4.4.3 Bemessung der Gleitwerkstoffaufnahme

(321) Grundlagen
Wie bereits in Abschnitt 4.4.3.5 erläutert, ist die Verformungsgröße Δw_2 bzw. Verformungsrichtung der Gleitwerkstoffaufnahme im Bereich des Gleitspaltes *h* (Einfassung der Gleitwerkstoffscheibe) zu ermitteln und die Einhaltung von zulässigen Werten nachzuweisen.

Aus einer Untersuchung von *Petersen* (s. Abschn. 7.2.4.1) geht hervor, dass sich die Gleitwerkstoffaufnahme unter Belastung immer in die gleiche Richtung verformt wie die Gleitplatte. Dies bedeutet gemäß Zulassung, dass die Verformung $\Delta w_2 = 0$ zu setzen ist. Die Platte zur Aufnahme der Gleitwerkstoffscheibe ist nachgiebig. Ungleichförmigkeit und Randspannungs-Spitze der Gleitwerkstoffpressung sind geringer als bei starren Platten. Die Gleitwerkstoffaufnahme zum Punktkippgleitlager kann unter der Annahme einer konstanten Gleitwerkstoffpressung berechnet und bemessen werden. Es muss dabei sichergestellt sein, dass sie eine derart ausreichende Steifigkeit besitzt, dass die Gleitkinematik gewährleistet ist. Dies wird angenommen, wenn die Verformung Δw_2 der Gleitwerkstoffaufnahme nicht größer wird als die Verformung Δw_1 der Gleitplatte. Dafür werden nachfolgend neben den Formeln für die Biegebeanspruchung der Gleitwerkstoffaufnahme auch die Formeln für die Kontrolle der Verformungsgröße angegeben.

(322) Biegebeanspruchung
In Bild 4.49 sind die Gleitwerkstoffaufnahme und in Bild 4.50 die Belastungsglieder für den Nachweis nach der Theorie der elastischen Kreisplatte dargestellt. Nachfolgender Bemessungsvorgang hat sich schon seit vielen Jahren in der Praxis bewährt.

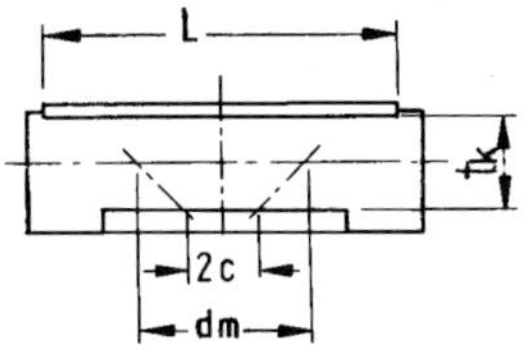

Bild 4.49 Gleitwerkstoffaufnahme: Druckverteilung

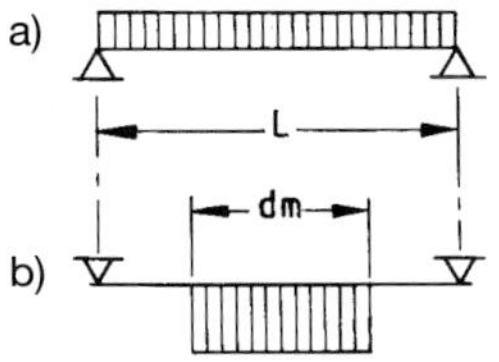

Bild 4.50 Belastungsglieder

Zur Ermittlung der Belastungsfläche mit dem Durchmesser d_m (Belastungsglied b) wird angenommen, dass sich die Normalkraft N unter $2 \cdot 45°$ bis zur Mittellinie der Platte verteilt.

Mit dem Durchmesser der Hertz'schen Berührungsfläche $2c$ nach Abschnitt 4.3.2.4 wird der Durchmesser dm der Lastverteilungsfläche zu:

$$d_m = 2c + t_K \tag{4.69}$$

Maßgebend wird das Moment in Plattenmitte mit:

$$M = \frac{N_{Sd}}{50{,}3} \cdot Ø_M \tag{4.70}$$

In Tabelle 4.7 sind für verschiedene Belastungsverhältnisse

$$\beta = \frac{d_m}{L} \tag{4.71}$$

die Biegefaktoren $Ø_M$ angegeben. Zwischenwerte dürfen interpoliert werden.

Damit wird die Biegebeanspruchung zu:

$$\sigma_B = \frac{M \cdot 6}{t_k^2} \leq f_{y,k} \tag{4.72}$$

(323) Anmerkung
Bezüglich der Einwirkung N_{Sd} siehe Erläuterungen in Abschnitt 4.3.2. Der Nachweis der Biegebeanspruchung im Lagerunterteil kann analog mit den gleichen Formeln geführt werden. Rechteckige Lagerplatten werden in flächengleiche Kreisplatten umgerechnet.

(324) Verformung
Die Plattensteifigkeit ermittelt sich zu:

$$K = \frac{E \cdot t_k^3}{10{,}92} \tag{4.73}$$

E Elastizitätsmodul der Gleitwerkstoffaufnahme

Der Verformungs-Nachweis der Gleitwerkstoff-Platte an der Gleitwerkstoffeinfassung lautet:

$$\Delta w_2 = \frac{N_{Sd} \cdot L^2}{1045{,}5 \cdot K} \cdot Øw \leq \Delta w_1 \leq \text{zul}\,\Delta w \tag{4.74}$$

(325) Anmerkung
zul Δw siehe EN 1337 Teil 2, Abschn. 6.9.2.

Die Verformungsfaktoren $\O w$ sind entsprechend den gewählten Belastungsverhältnissen β der Tabelle 4.8 zu entnehmen. Zwischenwerte dürfen interpoliert werden.

Tabelle 4.8 Biegefaktoren $\O_M$ und Verformungs-Faktoren $\O_W$ zum Nachweis der Biegebeanspruchung und Verformung der Gleitwerkstoffaufnahme bei Punktkippgleitlagern (Bilder 4.49 und 4.50)

$\beta = \frac{d_m}{L}$	0,15	0,20	0,25	0,30	0,35	0,40	0,45	0,50	0,55	0,60	0,65	0,70	0,75
$\O_M$	10,55	9,04	7,87	6,90	6,07	5,35	4,71	4,13	3,60	3,10	2,64	2,21	1,80
$\O_W$	7,50	7,25	6,96	6,63	6,26	5,87	5,46	5,02	4,57	4,10	3,62	3,12	2,62

4.4.4.4 Lastexzentrizitäten für den Nachweis der Beanspruchungen in der Gleitwerkstoff-Gleitfläche

(326) Allgemeines
Für den Nachweis der Beanspruchungen in der Gleitwerkstoff-Gleitfläche gilt EN 1337 Teil 2 nur insoweit, als es sich um eine Ausbildung der Gleitwerkstoffplatten nach Bild 1, Abschnitt 5.2.3.2 der Norm handelt.

Gemäß Abschnitt 6.8.2 darf unter 1-fachen Einwirkungen ($\gamma_F = 1{,}0$) keine klaffende Fuge auftreten.

Auf die Ermittlung der Lastexzentrizität aus der Reibungskraft in der Gleitwerkstoff-Gleitfläche kann, weil vernachlässigbar, verzichtet werden.

Die Nachweise sind für alle Lastkombinationen zu führen.

Die Lastexzentrizitäten setzen sich aus nachfolgend aufgeführten Anteilen zusammen.

(327) Verdrehung in Abhängigkeit von der Hertz'schen Pressung
Analog nach Element (216) jedoch getrennt nach den Wirkungsrichtungen in: $e_{\alpha,x}$ und $e_{\alpha,y}$.

(328) Horizontalkraft $V_{Y,Sd}$ (äußere Einwirkung)
siehe hierzu auch Abschnitt 6.4 in EN 1337 Teil 2

$$e_{Vy} = \frac{V_{Y,Sd} \cdot h_{Vy}}{N_{Sd}} \tag{4.75}$$

In Bild 4.48 ist die Führungsfläche auf der linken Seite bis auf die Kipplinie des Druckzapfens heruntergezogen. Dies hat zur Folge, dass die Horizontalkraft $V_{Y,Sd}$ jetzt direkt von der Führungsfläche durch die Gleitwerkstoffaufnahme in den Druckzapfen fließt, ohne eine Beanspruchung in der Gleitwerkstoff-Gleitfläche zu erzeugen. In diesem Fall werden die Lastexzentrizitäten aus $V_{Y,Sd}$ zu null.

Diese konstruktive Maßnahme ist offensichtlich immer dann zu empfehlen, wenn ein sehr ungünstiges (großes) Lastverhältnis $V_{Y,Sd}/N_{Sd}$ vorliegt.

(329) Reibungskraft in der Führungsfläche

$$e_{\mu,\mathrm{Vy}} = \frac{\mu_\mathrm{d} \cdot V_{\mathrm{Y,Sd}} \cdot h_{\mathrm{Vy}}}{N_{\mathrm{Sd}}} \tag{4.76}$$

(330) Erläuterung

μ_d Reibungszahl in den Führungen in Abhängigkeit der verwendeten Gleitpaarung gem. EN 1337 Teil 2 Abschnitt 6.7.

(331) Reibungsmoment aus der Horizontalkraft $V_{\mathrm{Y,Sd}}$ im Drehpunkt des Lagers
Mit der Restschubkraft ΔF_{Vy} nach Gl. (4.40) ermittelt sich die Lastexzentrizität e_μ analog Gl. (4.44).

(332) Resultierende Lastexzentrizität
Für eine kreisförmige Gleitwerkstoff-Gleitfläche werden die ermittelten Einzelexzentrizitäten entsprechend ihrer Wirkungsrichtungen zu einer resultierenden Exzentrizität zusammengesetzt.

$$e_{\mathrm{xy}} = \sqrt{(e_{\alpha,\mathrm{x}} + e_{\mu,\mathrm{Vy}})^2 + (e_{\alpha,\mathrm{y}} + e_{\mathrm{Vy}} + e_\mu)^2} \tag{4.77}$$

Ist diese Exzentrizität bereits kleiner als $L/8$ (1. Kern), so erübrigt sich ein Nachweis unter 1-facher ($\gamma_\mathrm{F} = 1{,}0$) Last, andernfalls ist der Nachweis, dass keine klaffende Fuge auftritt, separat zu führen.

(333) Beanspruchungen in der Gleitwerkstoff-Gleitfläche
gemäß EN 1337 Teil 2, Abschnitt 6.8

(334) Lastexzentrizitäten für den Nachweis in der oberen und unteren Lagerfuge
Die Ermittlung der Lastexzentrizitäten erfolgt analog zur Ermittlung der Exzentrizitäten bei der Gleitwerkstoff-Gleitfläche jedoch mit den Hebelarmen h_o bzw. h_u siehe Bild 4.51.

4.4.5 Topfgleitlager

4.4.5.1 Allgemeines

Das Topfgleitlager Bild 4.39 erhält das Symbol ⇼, weil es sich um ein allseitig kippbares und allseitig bewegliches Lager handelt. Durch Anordnung von Führungsleisten (Bild 4.51) wird dieses Lager zu einem einseitig beweglichen Lager mit dem Symbol ↔. Das Topfgleitlager wurde aus dem Topflager (Abschn. 4.3.3) entwickelt.

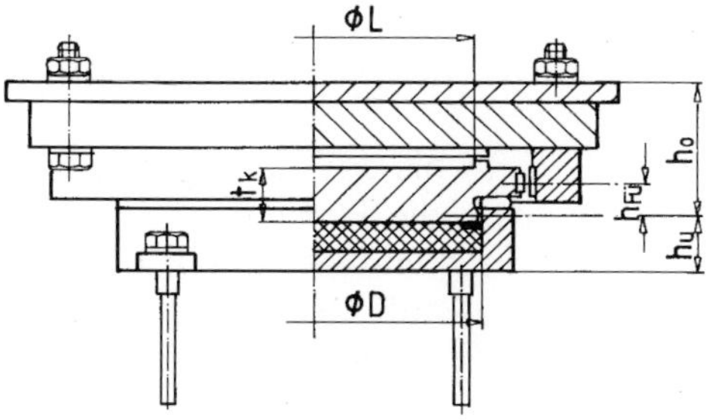

Bild 4.51 Topfgleitlager: Bezeichnungen, Hebelarme

4.4.5.2 Konstruktions- und Bemessungsregeln

Allgemeine Grundlagen für die Konstruktion und Bemessung von Bauwerksauflagern sind in Abschnitt 4.2 angegeben. Außerdem sind spezielle Regeln, die das Topflager als Kipplager betreffen, zu beachten (Abschn. 4.3.3). Für die Bemessung der Lagerplatten (Gleitplatte und Gleitwerkstoffaufnahme) wurde bereits in Abschnitt 4.4.3 auf die besonderen Regelungen hingewiesen.

4.4.5.3 Grundlagen zur Bemessung der Gleitwerkstoffaufnahme

Die Norm EN 1337 Teil 2, Abschn. 6.9.1 gibt hierzu an, dass für runde Trägerplatten, die an bewehrte Elastomerlager oder Elastomerkissen von Topflagern anschließen, die Relativverformung Δw_2 nach der Theorie der elastischen Kreisplatte unter Berücksichtigung der in den Bildern 10 und 11 der Norm dargestellten Pressungsverteilungen zu berechnen ist.

Die Pressung in der Elastomerplatte ist dabei konstant anzunehmen, während die Pressung in der Gleitwerkstoffscheibe konstant oder abgestuft (Bild 4.44) anzunehmen ist. Der ungünstigere Fall ist maßgebend. Wenn sich die Gleitplatte und die Gleitwerkstoffaufnahme in die gleiche Richtung verformen, dann ist $\Delta w_2 = 0$ zu setzen. Siehe hierzu auch die Ausführungen im Abschnitt 4.4.3.5.

Nachfolgend werden die Formeln sowohl für die Biegebeanspruchung als auch für die Verformung der Gleitwerkstoffaufnahme angegeben.

(335) Beanspruchung mit konstanter Gleitwerkstoffpressung
In Bild 4.52 sind die Belastungsglieder für den Nachweis der Gleitwerkstoffaufnahme nach der Theorie der elastischen Kreisplatte dargestellt, und zwar das Belastungsglied a) als konstante Pressung in der Gleitwerkstoffscheibe mit dem Durchmesser *L* und das Belastungsglied b) als konstante Pressung in der Elastomerplatte mit dem Durchmesser *D*.

(336) Biegebeanspruchung
Maßgebend wird das Moment in Plattenmitte mit

$$M_1 = \frac{N_{Sd}}{50{,}3} \cdot \varnothing_{M1} \tag{4.78}$$

In Tabelle 4.9 sind für verschiedene Belastungsverhältnisse

$$\beta = \frac{L}{D} \tag{4.79}$$

die Biegefaktoren $\varnothing_{M1}$ angegeben. Zwischenwerte dürfen interpoliert werden.

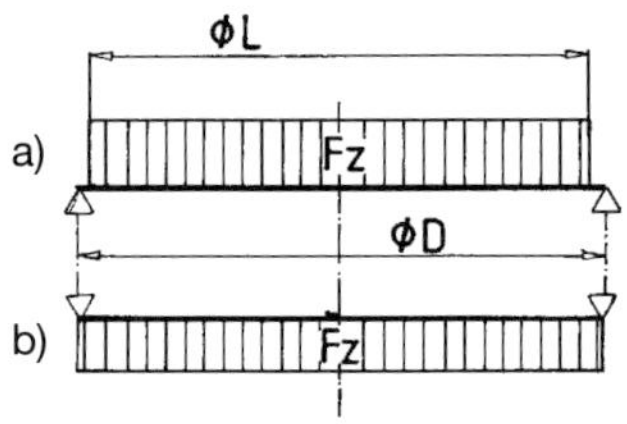

Bild 4.52 Belastungsglieder
a) konstante Gleitwerkstoffpressung,
b) konstante Pressung in der Elastomerplatte

Tabelle 4.9 Biegefaktoren $Ø_{M1}$ und Verformungsfaktoren $Ø_{W1}$ zum Nachweis der Biegebeanspruchung und Verformung unter konstanter Gleitwerkstoffpressung der Gleitwerkstoffaufnahme bei Topfgleitlagern (Bild 4.52)

$\beta = \frac{L}{D}$	0,70	0,75	0,80	0,85	0,90	0,95	1,00
$Ø_{M1}$	2,21	1,80	1,41	1,04	0,68	0,34	0,00
$Ø_{W1}$	1,84	1,71	1,51	1,24	0,90	0,49	0,00

Mit der Plattendicke t_k wird die Biegebeanspruchung zu:

$$\sigma_B = \frac{M_1 \cdot 6}{t_k^2} \leq f_{y,k} \tag{4.80}$$

(337) Verformung
Plattensteifigkeit K siehe Gl. (4.73).
Die Verformung der Gleitwerkstoffaufnahme an der Gleitwerkstoffeinfassung beträgt:

$$\Delta w_2 = \frac{N_{Sd} \cdot D^2}{1045{,}5 \cdot K} \cdot Øw_1 \tag{4.81}$$

Die Verformungsfaktoren $Øw_1$ sind entsprechend den gewählten Belastungsverhältnissen β der Tabelle 4.8 zu entnehmen. Zwischenwerte dürfen interpoliert werden.

Nach Element (316) sind in diesem Fall die Verformung der Gleitplatte Δw_1 und die Verformung der Gleitwerkstoffaufnahme Δw_2 zu addieren.

Der Verformungsnachweis an der Gleitwerkstoffeinfassung lautet:

$$\Delta w = \Delta w_1 + \Delta w_2 \leq \text{zul}\,\Delta w \tag{4.82}$$

(zul Δw siehe Gl. (4.63) in Element (306))

(338) Beanspruchung mit abgestufter Gleitwerkstoffpressung
Bild 4.53 zeigt die Belastungsglieder für den Nachweis der Gleitwerkstoffaufnahme nach der Theorie der elastischen Kreisplatte, und zwar Belastungsglieder c) und d) die Beanspruchungen aus der abgestuften Pressung (Bild 4.44) in der Gleitwerkstoffscheibe und das Belastungsglied b) die konstante Pressung in der Elastomerplatte mit dem Durchmesser D.

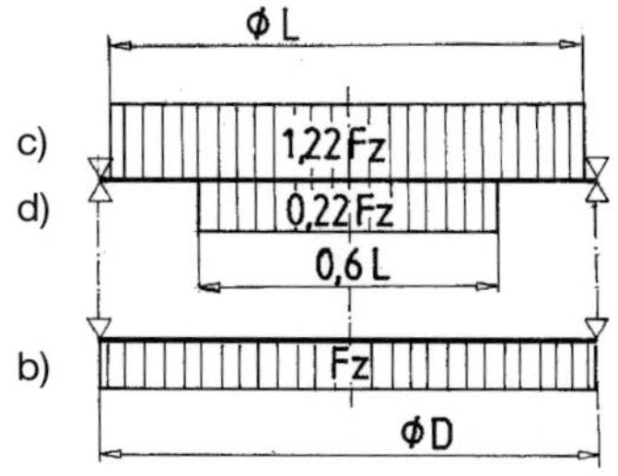

Bild 4.53 Belastungs-Glieder:
c) + d) abgestufte Gleitwerkstoffpressung
b) konstante Pressung in der Elastomer-Platte

(339) Biegebeanspruchung
Maßgebend wird das Moment in Plattenmitte mit

$$M_2 = \frac{N_{\text{Sd}}}{50{,}3} \cdot \varnothing_{\text{M2}} \tag{4.83}$$

In Tabelle 4.10 sind für verschiedene Belastungsverhältnisse gemäß Gl. (4.79) die Biegefaktoren $\varnothing_{\text{M2}}$ angegeben. Zwischenwerte dürfen interpoliert werden.

Mit der Plattendicke t_k wird die Biegebeanspruchung zu:

$$\sigma_\text{B} = \frac{M_2 \cdot 6}{t_\text{k}^2} \leq f_{\text{y,k}} \tag{4.84}$$

Tabelle 4.10 Biegefaktoren $\varnothing_{\text{M2}}$ und Verformungsfaktoren $\varnothing_{\text{W2}}$ zum Nachweis der Biegebeanspruchung und Verformung unter abgestufter Gleitwerkstoffpressung der Gleitwerkstoffaufnahme bei Topfgleitlagern (Bild 4.52)

$\beta = \frac{L}{D}$	0,70	0,75	0,80	0,85	0,90	0,95	1,00
$\varnothing_{\text{M2}}$	1,58	1,16	0,77	0,38	0,017	−0,34	−0,68
$\varnothing_{\text{W2}}$	1,45	1,25	0,98	0,63	0,20	−0,31	−0,90

(340) Verformung
Plattensteifigkeit K siehe Gl. (4.73).
Die Verformung der Gleitwerkstoffaufnahme an der Gleitwerkstoffeinfassung beträgt:

$$\Delta w_2 = \frac{N_{\text{Sd}} \cdot D^2}{1045{,}5 \cdot K} \cdot \varnothing w_2 \tag{4.85}$$

Die Verformungsfaktoren $\varnothing w_2$ sind entsprechend den gewählten Belastungsverhältnissen β der Tabelle 4.10 zu entnehmen. Zwischenwerte dürfen interpoliert werden.

Negativ-Verformungsfaktoren bedeuten, dass sich die Gleitwerkstoffaufnahme in die gleiche Richtung wie die Gleitplatte verformt.

Der Verformungsnachweis an der Gleitwerkstoffeinfassung lautet für positive Verformungsfaktoren $\varnothing w_2 > 0$

$$\Delta w = \Delta w_1 + \Delta w_2 \leq \text{zul}\,\Delta w \tag{4.86}$$

(zul Δw siehe Gl. (4.62) in Element (306))

und für negative Verformungsfaktoren $\varnothing w_2 < 0$

$$|\Delta w_2| \leq |\Delta w_1| \leq \text{zul}\,\Delta w \tag{4.87}$$

4.4.5.4 Lastexzentrizitäten für den Nachweis der Pressung in der Gleitwerkstoff-Gleitfläche

Allgemeine Ausführungen wie in Element (321) Abschn. 4.4.4.3.

(341) Rückstellmoment aus der Elastomerplatte
Wie in Element (236) mit Gl. (4.47), jedoch getrennt nach den Verformungs-Richtungen in $e_{\mathrm{ME,x}}$ und $e_{\mathrm{ME,y}}$.

(342) Horizontalkraft $V_{\mathrm{Y,Sd}}$ (äußere Einwirkung)
Mit dem Hebelarm nach Bild 4.51 in Gl. (4.75) und Element (328).

(343) Reibungskraft in der Führungsfläche
Wie in Element (329) und Gl. (4.76).

(344) Reibungsmoment aus der Horizontalkraft $V_{\mathrm{Y,Sd}}$ im Drehpunkt des Lagers

$$e_{\mu} = \frac{\mu_{\mathrm{k}} \cdot \frac{D}{2}}{N_{\mathrm{Sd}}} \tag{4.88}$$

(345) Resultierende Lastexzentrizität
Für eine kreisförmige Gleitwerkstoff-Gleitfläche werden die ermittelten Einzelexzentrizitäten entsprechend ihrer Wirkungsrichtungen zu einer resultierenden Exzentrizität zusammengesetzt.

$$e_{\mathrm{xy}} = \sqrt{(e_{\mathrm{ME,x}} + e_{\mu,\mathrm{Vy}})^2 + (e_{\mathrm{ME,y}} + e_{\mathrm{Vy}} + e_{\mu})^2} \tag{4.89}$$

Ist diese Exzentrizität bereits kleiner als $L/8$ (1. Kern), so erübrigt sich ein Nachweis unter 1-facher ($\gamma_{\mathrm{F}} = 1{,}0$) Last, andernfalls ist der Nachweis, dass keine klaffende Fuge auftritt, separat zu führen.

(346) Beanspruchungen in der Gleitwerkstoff-Gleitfläche
Gemäß EN 1337 Teil 2, Abschnitt 6.8.

4.4.5.5 Lastexzentrizitäten für den Nachweis in der oberen und unteren Lagerfuge

Die Ermittlung der Lastexzentrizitäten erfolgt analog zur Ermittlung der Exzentrizitäten bei der Gleitwerkstoff-Gleitfläche jedoch mit den Hebelarmen h_{o} bzw. h_{u}, siehe Bild 4.51.

4.4.6 Kalottenlager

4.4.6.1 Allgemeines

Das Kalottenlager (Bild 4.54) erhält das Symbol $\overset{\uparrow}{\underset{\downarrow}{\leftarrow\!\circ\!\rightarrow}}$, weil es sich um ein allseitig verdrehbares und allseitig bewegliches Lager handelt.

Einseitig bewegliche Kalottenlager (Bild 4.54) entstehen aus dem festen Kalottenlager (Bild 4.28), indem die kreisrunden Anschläge (1a) durch gegenüberliegende parallele Führungsleisten ersetzt werden. Sie erhalten dann nach EN 1337 Teil 1, Tabelle 1, das Symbol $\leftarrow\!\circ\!\rightarrow$. Bei dieser Konstruktion ist keine Entkopplung von Translation und Rotation gegeben, eine Verdrehung um die vertikale Achse ist dann nur sehr eingeschränkt möglich.

In EN 1337 Teil 1 wird in der Lagerliste durch eine Fußnote auf diesen Nachteil hingewiesen, hier zur Lagernummer 3.3. Durch Einbau eines Führungsrings kann dieser Nachteil beseitigt werden, wie z. B. bei einer 1997 zugelassenen Konstruktion (engl. Ausgabe des Lagerbuchs, S. 262) oder die ETA Maurer Kalottenlager Zulassung vom 15.12.2009.

Beim Lagersymbol ist normenmäßig dieser Unterschied bedauerlicherweise bislang nicht dargestellt.

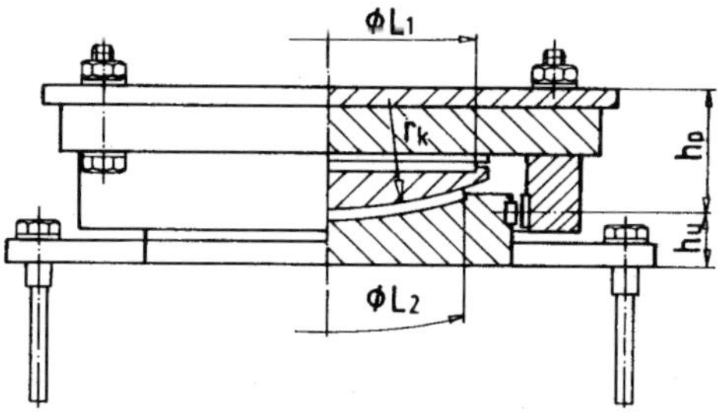

Bild 4.54 Kalottenlager: Bezeichnungen, Hebelarme

Die nachfolgenden Ausführungen beziehen sich wieder nur auf die praktischen Erfahrungen mit den Kalottenlager-Konstruktionen Lager-Nr. 3.3 und Nr. 3.5 nach EN 1337 Teil 1 bzw. Nr. 3.3 und 3.5 nach EN 1337 Teil 7.

(347) Funktionseinschränkung
Beim einseitig beweglichen Kalottenlager treten gegenüber anderen Gleitlagerkonstruktionen (Punktkipp-, Topf- und Elastomergleitlager), die das gleiche Symbol ←○→ erhalten, gewisse Schwierigkeiten dadurch auf, dass es bei der in Bild 4.54 dargestellten Konstruktion eines einseitig beweglichen Kalottenlagers nicht möglich ist, Führung und Verdrehung zu entkoppeln.

Durch das Übergreifen der Führungsleisten auf das Lagerunterteil ergibt sich daher nur eine durch die Führungsleisten vorgegebene Dreh-(Kipp-)Richtung. Diese Einschränkung muss immer dann beachtet werden, wenn die Bewegungsrichtung (z. B. bei einer Polstrahllagerung) von der Verdrehungsrichtung (tangential) abweicht. Um eine gleichwertige Funktionsfähigkeit zu den vorgenannten Gleitlagerkonstruktionen (alle notwendigen Freiheitsgrade) zu erreichen, sind zusätzliche Konstruktionselemente (z. B. Führungsring) erforderlich.

4.4.6.2 Konstruktions- und Bemessungsregeln

Allgemeine Grundlagen für die Konstruktion und Bemessung von Bauwerksauflagern sind in Abschnitt 4.2 angegeben. Außerdem sind spezielle Regeln zum festen Kalottenlager (Abschn. 4.3.4), welches ja bereits ein „begrenzt bewegliches“ Lager darstellt, zu beachten. Für die Bemessung der Gleitplatte wurde in Abschnitt 4.4.4 auf Bemessungsregeln hingewiesen.

4.4.6.3 Bemessung der Gleitwerkstoffaufnahmen

Beim Kalottenlager haben wir es mit zwei Gleitwerkstoffaufnahmen – der Kalotte und dem Lagerunterteil – zu tun, die getrennt betrachtet werden müssen.

(348) Kalotte und Stempeleffekt
Petersen kommt in seiner Untersuchung zur Verformung von Lagerplatten zu dem Ergebnis, dass die Kalotte unter Beanspruchung nur eine geringe Verformung erleidet. Sie kann somit als starrer Stempel nach beiden Richtungen, also nach oben und nach unten, aufgefasst werden. Die Abmessungen der Kalotte brauchen somit nur konstruktiv festgelegt zu werden, nachdem der Gleitwerkstoffdurchmesser L und der Kugelradius r_K nach den Regeln in EN 1337 Teil 7 ermittelt wurden.

Weil die Kalotte relativ starr ist, muss beim Gleitwerkstoff mit entsprechender Ungleichförmigkeit und Randspannungs-„Spitzen" gerechnet werden. *Petersen* äußert sogar die Vermutung, dass eine ausgeprägte Ungleichförmigkeit der Gleitwerkstoffpressung im Extremfall eine Zerstörung der Gleitwerkstoffscheibe im Randbereich bewirken könnte.

(349) Lagerunterteil
Das Lagerunterteil bei Kalottenlagern ist mit den Regeln in EN 1337 Teil 2, Abschn. 6.9, wie die Gleitplatte zu bemessen.

4.4.6.4 Lastexzentrizitäten für den Nachweis der Beanspruchungen in den Gleitwerkstoff-Gleitflächen

Für den Nachweis der Beanspruchungen in der Gleitwerkstoff-Gleitfläche gilt EN 1337 Teil 2 nur insoweit als es sich um eine Ausbildung der Gleitwerkstoffplatten nach Bild 1, Abschnitt 5.2.3.2 der Norm handelt.

Gemäß Abschnitt 6.8.2 darf unter 1-fachen Einwirkungen ($\gamma_F = 1{,}0$) keine klaffende Fuge auftreten.

Auf die Ermittlung der Lastexzentrizität aus der Reibungskraft in der Gleitwerkstoff-Gleitfläche kann, weil vernachlässigbar, verzichtet werden.

Die Nachweise sind für alle Lastkombinationen zu führen.

Ein weiterer Hinweis bezieht sich auf die Formel zur Ermittlung der Reibungszahl in EN 1337 Teil 2.

Da unterschiedliche Reibungszahlen für beide Gleitwerkstoff-Gleitflächen angenommen werden dürfen (Tabelle 12 in EN 1337 Teil 2), müsste die Gleichung lauten:

$$\mu = \frac{1{,}0\,(1{,}2)}{10 + \sigma_m} \geq 0{,}025\,(0{,}03) \qquad (4.90)$$

σ_m unter $\gamma_F > 1{,}0$-facher Last

(350) Reibungsmoment infolge Verdrehung
Zur Ermittlung dieser Lastexzentrizität gibt es bereits in Abschnitt 4.3.4, Element (248) ausreichende Hinweise.

(351) Äußere Horizontalkräfte
Bei den in Deutschland üblichen Kalottenlager-Konstruktionen ist kein Einfluss der Horizontalkräfte in den Gleitwerkstoff-Gleitflächen zu erwarten. Voraussetzung ist, dass die äußeren Horizontalkräfte (V_y) voll in den Anschluss zum Über- bzw. Unterbau weitergeleitet werden. Es treten dann aus V_y in den Gleitwerkstoff-Gleitflächen keine Beanspruchungen auf, da auch ohne Kalotte die Horizontalkräfte übertragen werden können.

4.4.6.5 Lastexzentrizitäten für den Nachweis in der oberen und unteren Lagerfuge

Die Ermittlung der Lastexzentrizitäten erfolgt analog zur Ermittlung der Exzentrizitäten bei der Gleitwerkstoff-Gleitfläche, jedoch mit den Hebelarmen h_o bzw. h_u, siehe Bild 4.54.

Bezüglich der Exzentrizität aus der Reibungskraft in den Führungsflächen ist Element (329) zu beachten. Wegen der in Element (347) beschriebenen Funktionseinschränkung darf in den Führungsflächen von Kalottenlagern nur die Gleitpaarung Gleitwerkstoff/austenitisches Gleitblech eingesetzt werden.

Hierfür ist gemäß EN 1337 Teil 2, Abschn. 6.7 generell $\mu_{max} = 0{,}08$ einzusetzen.

4.4.6.6 Beanspruchung der Gleitwerkstoff-Führungsflächen

Wie bereits ausgeführt, ist als Gleitpaarung in den Führungsflächen von Kalottenlagern Gleitwerkstoff gegen austenitisches Gleitblech vorgeschrieben.

Die Gleitwerkstoffstreifen sind gem. EN 1337 Teil 2, Abschn. 6.2.1.3 auszuführen und zu kammern.

Bei der Ermittlung der Pressungen dürfen die normal zur Gleit-(Führungs-)Fläche wirkenden Kräfte mittig angenommen werden.

Da die Führungsleisten von der Gleitplatte direkt auf das Lagerunterteil übergreifen, erhalten die Gleitwerkstoff-Streifen aus Verdrehung eine Randstauchung. Gemäß EN 1337 Teil 2 Abschn. 6.4 ist diese Verformung mit 0,2 mm begrenzt. Bei größeren Drehwinkeln sind zusätzliche Konstruktionselemente (z. B. Kippleisten) vorzusehen.

Nicht geklärt ist in diesem Zusammenhang die Wirkung auf die Gleitwerkstoff-Führungsflächen bei einer Verdrehung um die vertikale Lagerachse (ϑ_z) bzw. Abweichung von der vorgegebenen Einbaurichtung oder auch Abweichung in der Parallelität zwischen Führungsleisten und Lager unterteilt. Hier kann das bereits in Element (347) genannte Konstruktionselement (z. B. Führungsring) Abhilfe schaffen.

4.4.7 Verformungsgleitlager

4.4.7.1 Allgemeines

Unter Verformungsgleitlagern werden hier solche Gleitlager verstanden, bei denen Horizontalkräfte über ein Verformungslager vom Überbau in den Unterbau geleitet werden.

Das Verformungsgleitlager nimmt eine Sonderstellung unter den Gleitlagern ein. Es ist nämlich in der Lage, durch das Kipplager (Elastomerlager) zusätzliche sogenannte „Kleinstbewegungsgrößen" auszuführen und die Gleitflächen von den Bewegungen aus Verkehrsschwingungen zu entlasten.

In den Abschn. 2.2.2.6, 2.2.3.4 und 2.2.4.2 wird bereits auf diese Lager hingewiesen.

Immer dann, wenn die Bewegungsrichtungen nicht eindeutig festgelegt werden können, kann dieses Lager durch zusätzliche Verformungsmöglichkeit des Elastomers einen Bewegungsausgleich (Zwängungsabbau) herbeiführen.

Das allseitig bewegliche Verformungsgleitlager (Bild 4.41) erhält das Symbol ⇹, mit dem ausgesagt werden soll, dass dieses Lager durch eine Gleitfläche allseitig verschieblich ist. Das Elastomerlager übernimmt die allseitige Kippung und darüber hinaus im Rahmen der zulässigen Verformungen weitere Horizontalbewegungen.

Das einseitig bewegliche Verformungsgleitlager erhält das Symbol ⇸ (Bild 4.55).

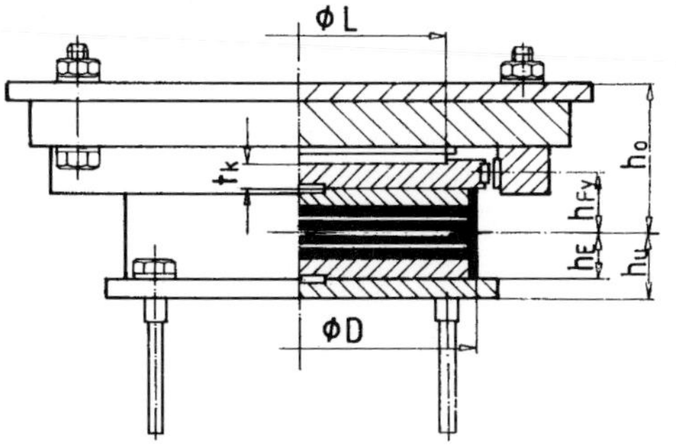

Bild 4.55 Verformungsgleitlager: Bezeichnungen, Hebelarme

Hier ist die vorhandene Gleitfläche durch Führungsleisten für eine Gleitbewegung nur in einer Richtung begrenzt.

Das Elastomerlager übernimmt auch hier die allseitige Kippung und zusätzliche Ausgleichsbewegungen durch die Verformung des Elastomers.

Die Grenze für den Einsatz dieses einseitig beweglichen Verformungsgleitlagers ist mit der Größe der zulässigen Verformung und der maximal zulässigen Nettohöhe gegeben.

4.4.7.2 Konstruktions- und Bemessungsregeln

Allgemeine Grundlagen für die Konstruktion und Bemessung von Bauwerksauflagern sind in Abschnitt 4.2 angegeben. Da sich dieses Gleitlager aus einem Elastomerlager (Kippteil) und einem Gleitteil zusammensetzt, wird an dieser Stelle auf die grundsätzlichen Ausführungen in Abschnitt 4.5 hingewiesen. Hinsichtlich der Bemessung der Lagerplatten (Gleitplatte und Gleitwerkstoffaufnahme) wurde bereits in Abschnitt 4.4.3 auf die besonderen Regelungen hingewiesen.

4.4.7.3 Grundlagen zur Bemessung der Gleitwerkstoffaufnahme

Die Norm EN 1337 Teil 2 Abschnitt 6.9.1 gibt hierzu an, dass für runde Trägerplatten, die an bewehrte Elastomerlager anschließen, die Relativverformung Δw_2 nach der Theorie der elastischen Kreisplatte unter Berücksichtigung der in den Bildern 10 und 11 der Norm dargestellten Pressungsverteilungen zu berechnen ist.

Die Pressung in dem Elastomerlager ist dabei parabelförmig anzunehmen, während die Pressung in der Gleitwerkstoffscheibe konstant oder abgestuft (Bild 4.44) anzunehmen ist.

Der ungünstigere Fall ist maßgebend. Wenn sich die Gleitplatte und die Gleitwerkstoffaufnahme in die gleiche Richtung verformen, dann ist $\Delta w_2 = 0$ zu setzen. Allerdings sollte auch hier – siehe Ausführungen in Abschnitt 4.4.4.3 – $\Delta w_2 \leq \Delta w_1$ sein.

Nachfolgend werden die Formeln sowohl für die Biegebeanspruchung als auch für die Verformung der Gleitwerkstoffaufnahme angegeben.

(352) Beanspruchung mit konstanter Gleitwerkstoffpressung
In Bild 4.56 sind die Belastungsglieder für den Nachweis der Gleitwerkstoffaufnahme nach der Theorie der elastischen Kreisplatte dargestellt. Dabei stellt das Belastungsglied a) die konstante Pressung in der Gleitwerkstoffscheibe mit dem Durchmesser L und das Belastungsglied b) die parabelförmige Pressung in dem Elastomerlager mit dem Durchmesser D dar.

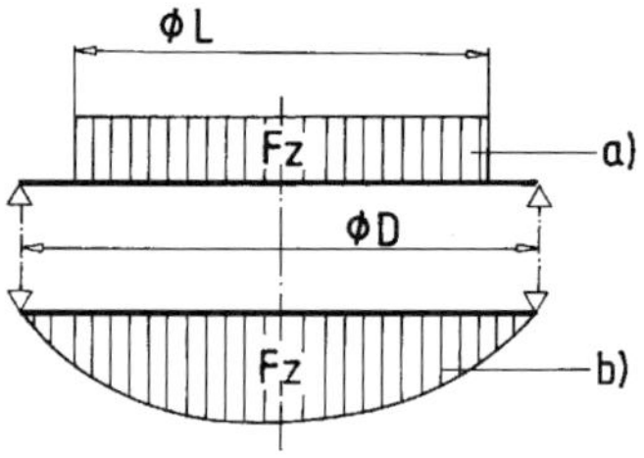

Bild 4.56 Belastungsglieder
a) konstante Gleitwerkstoffpressung, b) parabelförmige Pressung im Elastomerlager

(353) Biegebeanspruchung
Maßgebend wird das Moment in Plattenmitte mit

$$M_1 = N_{Sd} \cdot \frac{\text{Ø}_{M1}}{50{,}3} \tag{4.91}$$

In Tabelle 4.11 sind für verschiedene Belastungsverhältnisse gemäß Gl. (4.79) die Biegefaktoren Ø_{M1} angegeben. Zwischenwerte dürfen interpoliert werden.
Mit der Plattendicke t_k wird die Biegebeanspruchung zu:

$$\sigma_B = \frac{M_1 \cdot 6}{t_k^2} \leq f_{y,k} \tag{4.92}$$

(gem. Zulassung darf die Biegebeanspruchung die Streckgrenze nicht überschreiten)

Tabelle 4.11 Biegefaktoren $Ø_{M1}$ und Verformungsfaktoren $Ø_{W1}$ zum Nachweis der Biegebeanspruchung und Verformung unter konstanter Gleitwerkstoffpressung der Gleitwerkstoffaufnahme bei Verformungsgleitlagern (Bild 4.56)

$\beta = \frac{L}{D}$	0,55	0,60	0,65	0,70	0,75	0,80	0,85	0,90	0,95	1,00
$Ø_{M1}$	2,07	1,57	1,11	0,68	0,27	−0,12	−0,49	−0,85	−1,20	−1,53
$Ø_{W1}$	1,08	0,98	0,82	0,60	0,33	−0,017	−0,43	−0,91	−1,46	−2,08

(354) Verformung
Plattensteifigkeit K siehe Gl. (4.73) in Abschnitt 4.4.4.3.

Die Verformung der PTFE-Aufnahme an der Gleitwerkstoffeinfassung beträgt:

$$\Delta w_2 = \frac{N_{Sd} \cdot D^2}{1045{,}5 \cdot K} \cdot Øw_1 \tag{4.93}$$

Die Verformungsfaktoren $Øw_1$ sind entsprechend den gewählten Belastungsverhältnissen β der Tabelle 4.11 zu entnehmen. Zwischenwerte dürfen interpoliert werden.

Negative Verformungsfaktoren bedeuten, dass sich die Gleitwerkstoffaufnahme in die gleiche Richtung wie die Gleitplatte verformt.

Der Verformungsnachweis an der Gleitwerkstoffeinfassung lautet für positive Verformungsfaktoren $Øw_1 > 0$

$$\Delta w = \Delta w_1 + \Delta w_2 \leq \text{zul}\,\Delta w \tag{4.94}$$

(zul Δw s. Gl. (4.63) in Element (306))

und für negative Verformungsfaktoren $Øw_1 < 0$

$$|\Delta w_2| \leq |\Delta w_1| \leq \text{zul}\,\Delta w \tag{4.95}$$

(355) Beanspruchung mit abgestufter Gleitwerkstoffpressung
Bild 4.57 zeigt die Belastungsglieder für den Nachweis der Gleitwerkstoffaufnahme nach der Theorie der elastischen Kreisplatte, und zwar die Belastungsglieder c) und d) für die Beanspruchungen aus der abgestuften Pressung (Bild 4.44) in der Gleitwerkstoffscheibe und das Belastungsglied b) für die parabelförmige Pressungs-Verteilung im Elastomerlager mit dem Durchmesser D.

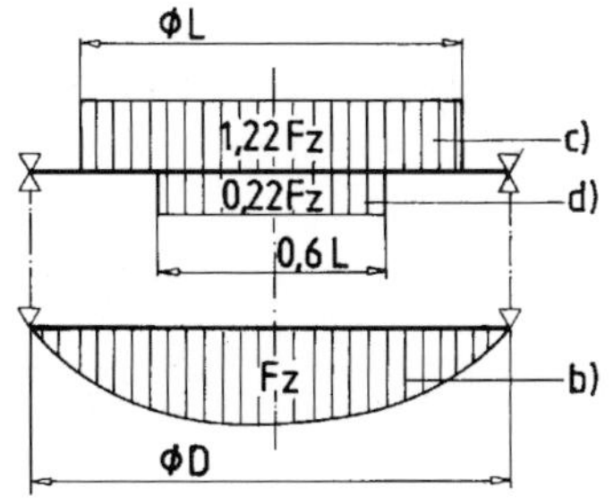

Bild 4.57 Belastungs-Glieder
c) + d) abgestufte Gleitwerkstoffpressung
b) parabelförmige Pressung im Elastomerlager

(356) Biegebeanspruchung
Maßgebend wird das Moment in Plattenmitte mit

$$M_2 = N_{\text{Sd}} \cdot \frac{\text{Ø}_{\text{M2}}}{50{,}3} \tag{4.96}$$

In Tabelle 4.12 sind für verschiedene Belastungsverhältnisse nach Gl. (4.63) in Element (306) die Biegefaktoren $\text{Ø}w_2$ angegeben. Zwischenwerte dürfen interpoliert werden.

Mit der Plattendicke t_{k} wird die Biegebeanspruchung zu:

$$\sigma_{\text{B}} = \frac{M_1 \cdot 6}{t_{\text{k}}^2} \le f_{\text{y,k}} \tag{4.97}$$

(gem. Zulassung darf die Biegebeanspruchung die Streckgrenze nicht überschreiten)

Tabelle 4.12 Biegefaktoren Ø_{M2} und Verformungsfaktoren Ø_{W2} zum Nachweis der Biegebeanspruchung und Verformung unter abgestufter Gleitwerkstoffpressung der Gleitwerkstoffaufnahme bei Verformungsgleitlagern (Bild 4.57)

$\beta = \frac{L}{D}$	0,55	0,60	0,65	0,70	0,75	0,80	0,85	0,90	0,95	1,00
Ø_{M2}	1,45	0,95	0,49	0,05	−0,37	−0,77	−1,15	−1,51	−1,87	−2,21
Ø_{W2}	0,84	0,70	0,49	0,21	−0,13	−0,55	−1,04	−1,61	−2,25	−2,99

(357) Verformung
Plattensteifigkeit K siehe Gl. (4.73) in Element (324).

Die Verformung der PTFE-Aufnahme an der Gleitwerkstoffeinfassung beträgt:

$$\Delta w_2 = \frac{N_{\text{Sd}} \cdot D^2}{1045{,}5 \cdot K} \cdot \text{Ø}w_2 \tag{4.98}$$

Die Verformungsfaktoren $\text{Ø}w_2$ sind entsprechend den gewählten Belastungsverhältnissen β der Tabelle 4.12 zu entnehmen. Zwischenwerte dürfen interpoliert werden.

Negative Verformungsfaktoren bedeuten, dass sich die Gleitwerkstoffaufnahme in die gleiche Richtung wie die Gleitplatte verformt.

Der Verformungsnachweis an der Gleitwerkstoffeinfassung lautet für positive Verformungsfaktoren $\text{Ø}w_2 > 0$

$$\Delta w = \Delta w_1 + \Delta w_2 < \text{zul}\,\Delta w \tag{4.99}$$

(zul Δw s. Gl. (4.63) in Element (306))

und für negative Verformungsfaktoren $\text{Ø}w_2 < 0$

$$|\Delta w_2| \le |\Delta w_1| \le \text{zul}\,\Delta w \tag{4.100}$$

4.4.7.4 Lastexzentrizitäten für den Nachweis der Pressung in der Gleitwerkstoff-Gleitfläche

Allgemeine Ausführungen wie in Element (326).

(351) Exzentrizität aus dem Rückstellmoment aus dem Elastomerlager
Wie in Element (256) mit Gl. (4.58), jedoch getrennt nach den Verformungsrichtungen in $e_{\alpha,x}$ und $e_{\alpha,y}$.

(359) Exzentrizität aus der Horizontalkraft $F_{E,S,d}$
Erläuterung: Die Grenze für den Einsatz dieses einseitig beweglichen Verformungsgleitlagers ist mit der Größe der zulässigen Verformung und der max. zulässigen Gummi-Nettohöhe gegeben. Dies bedeutet, dass die Größe der aufnehmbaren „äußeren" Horizontalkraft mit Gl. (4.61) in Abschnitt 4.4.1 zu ermitteln ist.

$$e_{FE} = \frac{F_{E,Sd} \cdot h_{Fy}}{N_{Sd}} \tag{4.101}$$

(360) Exzentrizität aus der Reibungskraft in der Führungsfläche

$$e_{\mu,FE} = \frac{\mu_d \cdot F_{E,Sd} \cdot h_{Fy}}{N_{Sd}} \tag{4.102}$$

(361) Erläuterung
μ_d Reibungszahl in den Führungen in Abhängigkeit der verwendeten Gleitpaarung gemäß EN 1337 Teil 2, Abschnitt 6.7

(362) Resultierende Lastexzentrizität
Für eine kreisförmige Gleitwerkstoff-Gleitfläche werden die ermittelten Einzelexzentrizitäten entsprechend ihrer Wirkungsrichtungen zu einer resultierenden Exzentrizität zusammengesetzt.

$$e_{xy} = \sqrt{(e_{\alpha,x} + e_{\mu,Fy})^2 + (e_{\alpha,y} + e_{Fy})^2} \tag{4.103}$$

Ist diese Exzentrizität bereits kleiner als $L/8$ (1. Kern), so erübrigt sich ein Nachweis unter 1-facher ($\gamma_F = 1{,}0$) Last, andernfalls ist der Nachweis, dass keine klaffende Fuge auftritt, separat zu führen.

(363) Beanspruchungen in der Gleitwerkstoff-Gleitfläche
Gemäß EN 1337 Teil 2, Abschnitt 6.8.

4.4.7.5 Lastexzentrizitäten für den Nachweis in der oberen und unteren Lagerfuge

Die Ermittlung der Lastexzentrizitäten erfolgt analog zur Ermittlung der Exzentrizitäten bei der Gleitwerkstoff-Gleitfläche, jedoch mit den Hebelarmen h_o bzw. h_u, siehe Bild 4.52.

4.4.8 Elastomer-Gleitlager

4.4.8.1 Allgemeines

Mit einem Elastomer-Gleitlager sind Kombinationen aus einem festen Elastomerlager (Abschn. 4.3.5.4 und 4.3.5.5) und einem Gleitteil gemeint.

Im vorhergehenden Abschnitt (4.4.7) wurde das Verformungsgleitlager ausführlich besprochen.

Die Grenze dieses Lagers ergab sich mit der Größe der aufnehmbaren äußeren Horizontalkräfte.

Sind nun größere Horizontalkräfte zu übertragen oder ist sogar eine zusätzliche Bewegung des Verformungslagers unerwünscht, können diese Probleme mit dem festen Elastomerlager gemäß Abschnitt 4.3.5.4 und 4.3.5.5 gelöst werden. Das feste Elastomerlager ist ein festgesetztes Verformungslager.

Wenn es somit im „Gleitlagersystem" Bild 4.37 nur die Funktion des Kipplagers zu übernehmen hat – Ausgleichsbewegungen über Verformungen werden nicht verlangt – hat es die gleiche Wirkungsweise wie ein allseitig kippbares Lager. Das hierzu gehörige allseitig bewegliche „Elastomergleitlager" erhält daher auch das Symbol ⟷.

Das zugehörige einseitig bewegliche Elastomergleitlager bekommt analog zu den vorhergehenden Überlegungen das Symbol ⟷ (Bild 4.58).

Zur Aufnahme äußerer Horizontalkräfte werden Führungsleisten angeordnet.

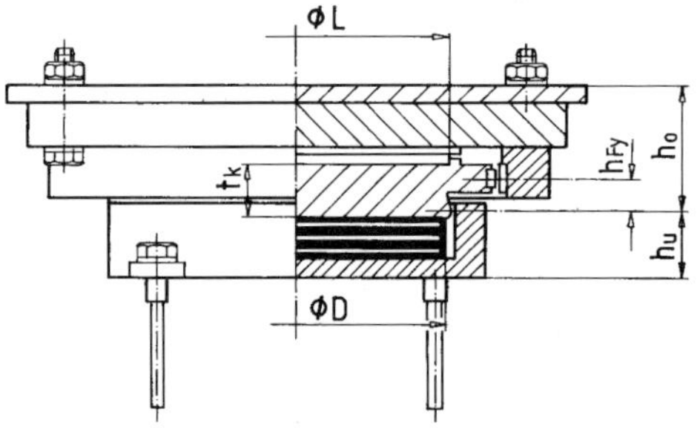

Bild 4.58 Elastomer-Gleitlager: Bezeichnungen, Hebelarme

4.4.8.2 Konstruktions- und Bemessungsregeln

Allgemeine Grundlagen für die Konstruktion und Bemessung von Bauwerksauflagern sind in Abschnitt 4.2 angegeben. Da sich dieses Gleitlager aus einem festen Elastomerlager (Kippteil) und einem Gleitteil zusammensetzt, wird an dieser Stelle auf die grundsätzlichen Ausführungen in den Abschnitten 4.3.5.5 und 4.5 hingewiesen. Für die Bemessung der Lagerplatten (Gleitplatte und Gleitwerkstoffaufnahme) wurde bereits in Abschnitt 4.4.3 auf die besonderen Regelungen hingewiesen.

4.4.8.3 Bemessung der Gleitwerkstoffaufnahme

Da bei dieser Lagerkonstruktion die Gleitwerkstoffaufnahme ebenfalls mit einem Elastomerlager nach der Theorie der elastischen Kreisplatte bemessen wird, können die in Abschnitt 4.4.7.3 angegebenen Grundlagen und Formeln vollinhaltlich übernommen werden.

4.4.8.4 Lastexzentrizitäten für den Nachweis der Pressung in der Gleitwerkstoff-Gleitfläche

(364) Einzelexzentrizitäten
Die Hinweise und Einzelexzentrizitäten können aus Abschnitt 4.4.7.4 übernommen werden, jedoch ergänzt durch die Exzentrizität aus dem Reibungsmoment infolge der Horizontalkraft $V_{Y,S,d}$ im Drehpunkt des Lagers gemäß Element (344) und Gl. (4.88).

(365) Resultierende Lastexzentrizität
Für eine kreisförmige Gleitwerkstoff-Gleitfläche werden die ermittelten Einzelexzentrizitäten entsprechend ihrer Wirkungsrichtungen zu einer resultierenden Exzentrizität zusammengesetzt.

$$e_{xy} = \sqrt{(e_{\alpha,x} + e_{\mu,Fy})^2 + (e_{\alpha,y} + e_{Fy} + e_{\mu})^2} \tag{4.104}$$

Ist diese Exzentrizität bereits kleiner als $L/8$ (1. Kern), so erübrigt sich ein Nachweis unter 1-facher ($\gamma_F = 1{,}0$) Last, andernfalls ist der Nachweis, dass keine klaffende Fuge auftritt, separat zu führen.

(366) Beanspruchungen in der Gleitwerkstoff-Gleitfläche
Gemäß EN 1337 Teil 2, Abschnitt 6.8.

4.4.8.5 Lastexzentrizitäten für den Nachweis in der oberen und unteren Lagerfuge

Die Ermittlung der Lastexzentrizitäten erfolgt analog zur Ermittlung der Exzentrizitäten bei der Gleitwerkstoff-Gleitfläche, jedoch mit den Hebelarmen h_o bzw. h_u, siehe Bild 4.58.

4.5 Verformungslager

4.5.1 Aufbau und Herstellung

Verformungslager sind Lager, bei denen Elastomere für tragende Zwecke verwendet werden. Zur Herstellung bewehrter Elastomerlager werden als Rohpolymere fast ausschließlich Naturkautschuk (NR) und Chloroprenkautschuk (CR) verwendet.

NR besteht im Wesentlichen aus Polyisopren und wird aus dem weißen Milchsaft (Latex) bestimmter tropischer Pflanzenarten gewonnen. Der ursprünglich aus dem Amazonas stammende Parakautschukbaum (Hevea brasiliensis) macht heute 90 % der weltweiten Naturkautschukproduktion aus und wird in fast allen tropischen Gebieten Südamerikas, Afrikas und Asiens angebaut. Die Baumrinde wird in einem nach unten gerichteten Winkel angeschnitten, der Milchsaft tritt aus und kann gesammelt werden. Neben Wasser und Kautschuk sind im Milchsaft Harze, Eiweiße, Asche und Zucker enthalten. Durch den Zusatz von Ameisen- oder Essigsäure wird der Roh-Naturkautschuk vom Wasser getrennt (Koagulation) und kann als feste Masse weiterverarbeitet werden. Zur Herstellung von *Sheets* (Kautschukfellen) entstehen durch alternierende Walz- und Waschvorgänge 2,5 bis 3,5 mm dicke Felle, die hängend getrocknet werden. NR wird zum Erreichen der gewünschten Eigenschaften des Endproduktes mit unterschiedlichen Zusatzstoffen wie Füllstoffen und Weichmachern gemischt.

CR gehört zur Gruppe der Synthesekautschuke und wird industriell durch radikalische Polymerisation des Gases Chloropren (C_4H_5Cl) hergestellt. Die Eigenschaften können ebenfalls durch diverse Zusatzstoffe beeinflusst werden. Gegenüber NR weist CR eine höhere Temperatur- und Ozonbeständigkeit, höhere Kriechneigung sowie eine gleichmäßigere Qualität auf. Die Glasübergangstemperatur T_g liegt bei CR oberhalb von NR, was zu Versteifungen bei tiefen Temperaturen führt und somit baupraktisch relevant sein kann.

Die Herstellung eines bewehrten Elastomerlagers erfolgt in einer Stahlschalung in der Form der späteren Außenabmessungen des Lagers. In diese werden abwechselnd Schichten aus Rohpolymer und Bewehrungsblechen gemäß des gewünschten Schichtaufbaus eingelegt. Der durch die spätere Vulkanisation entstehende Verbund zwischen Elastomer und Stahl kann durch eine Oberflächenbehandlung des Stahls (Sandstrahlen) sowie durch einen Anstrich mit einem Haftvermittler verbessert werden. Unter Hitze und Druck wird das Elastomerlager anschließend in Heizpressen vulkanisiert. Dauer und Temperatur des Vulkanisationsprozesses beeinflussen dabei entscheidend Art und Stärke des sich ausbildenden chemischen Netzwerkes und somit die mechanischen Eigenschaften des Lagers.

4.5.2 Physikalische Eigenschaften

4.5.2.1 Allgemeines

Die Werkstoffgruppe der Polymere (Kunststoffe) wird im Allgemeinen in Thermoplaste, Duroplaste und Elastomere unterteilt, die sich durch ihren makromolekularen Aufbau stark unterscheiden. Das mechanische und thermische Verhalten wird maßgeblich durch Bindungskräfte beeinflusst. Dabei wird zwischen Haupt- und Nebenvalenzkräften (Van-der-Waals-Kräfte) unterschieden. Hauptvalenzkräfte sind feste Verbindungen der Atome untereinander, wie sie z. B. bei Kohlenwasserstoffverbindungen auftreten. Die deutlich schwächeren Nebenvalenzkräfte wirken zwischen den Molekülketten und resultieren aus elektrostatischen Anziehungskräften, die durch den atomaren Aufbau bedingt sind. Während die Eigenschaften der kettenförmig, eindimensional aufgebauten Thermoplaste weitgehend von den Nebenvalenzkräften bestimmt werden, dominieren bei den Duroplasten und Elastomeren die Hauptvalenzkräfte. Die sehr engmaschige dreidimensionale Vernetzung führt bei den Duromeren zu harten und spröden Stoffen, wie z. B. Epoxydharz. Das weitmaschig vernetzte, dreidimensional aufgebaute Molekülnetz der Elastomere dagegen lässt sich durch äußere Krafteinwirkung um ein Vielfaches seiner Ursprungslänge strecken und nimmt nach der Entlastung wieder seine Ursprungsgestalt ein (Bild 4.59). Diese charakteristische Eigenschaft wird als *Gummielastizität* und unter quasi-statischen Bedingungen als *Hyperelastizität* bezeichnet. Der Grad der Vernetzung kann bei Elastomeren über die Zugabe von Füllstoffen (im Lagerbau meistens Rußpartikel) sowie die Vulkanisationstemperatur und -dauer beeinflusst werden.

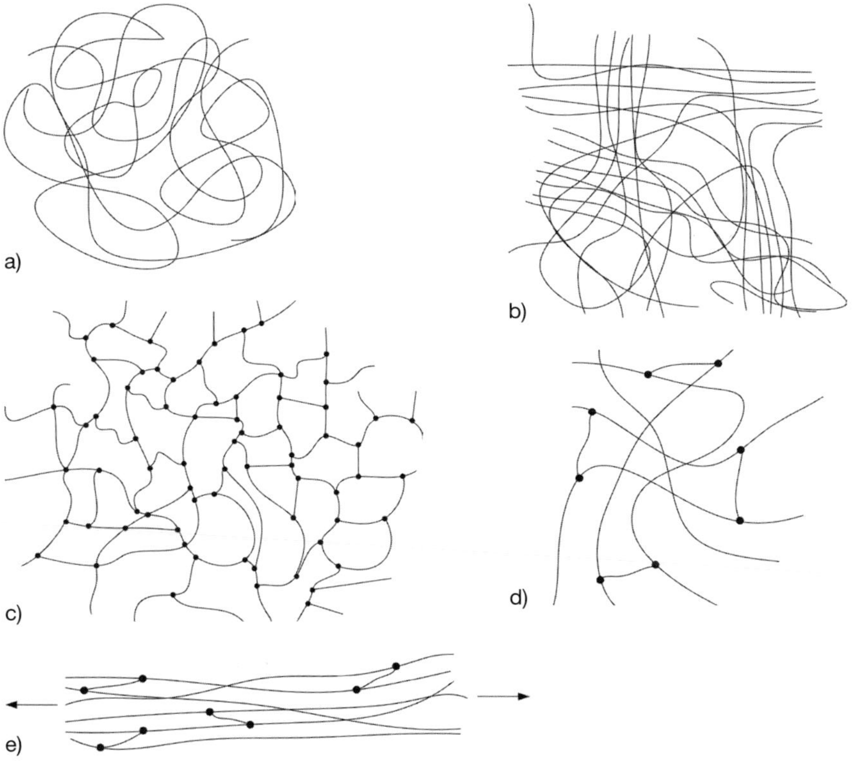

Bild 4.59 Molekülgestalt der wichtigsten Polymere
a) amorphes Thermoplast, b) teilkristallines Thermoplast,
c) Duromer, d) Elastomer, ungedehnt, e) Elastomer, gedehnt

4.5.2.2 Gummielastizität

Die Gummielastizität von Elastomeren lässt sich mit dem zweiten Hauptsatz der Thermodynamik erklären, der Gleichgewichtszustände von Systemen und deren Zustandsänderungen zwischen Systemen beschreibt. Dabei wird der Begriff der *Entropie* eingeführt, der als Maß für die Unordnung in einem geschlossenen System verstanden werden kann und nach dem zweiten Hauptsatz der Thermodynamik einen maximalen Zustand einnimmt. Die Entropie in einem geschlossenen System nimmt nie von allein ab. Es bedarf hierfür einer Temperaturänderung oder einer mechanischen Einwirkung.

Übertragen auf einen elastomeren Werkstoff bedeutet eine Zugbeanspruchung (Bild 4.59 e) eine Ausrichtung der Molekülketten und somit eine Abnahme der Entropie. Bei Entlastung wird der Zustand maximaler Entropie wieder hergestellt und der Ursprungszustand eingenommen (Bild 4.59 d).

Bei einem Zugversuch bei Raumtemperatur an einem typischen Elastomer ergibt sich das in Bild 4.60 dargestellte Spannungs-Dehnungs-Diagramm. Der Ursprungstangentenmodul (*Young's modulus*) liegt bei ca. 3 N/mm^2 und somit deutlich unter den Werten der im Bauwesen geläufigen Baustoffe Stahl und Beton. Nach dem ersten Anstieg flacht die Steigung der Spannungs-Dehnungs-Linie ab, bevor bei hohen Dehnungen ein erneuter Anstieg zu verzeichnen ist. Die für Verformungslager verwendeten Elastomere weisen Ingenieurdehnungen (*CAUCHY-Dehnungen*) von über 400 % auf. Mit Zusatzstoffen sind Dehnungen bis zu 1000 % möglich [225], die im konstruktiven Ingenieurbau allerdings keine Rolle spielen.

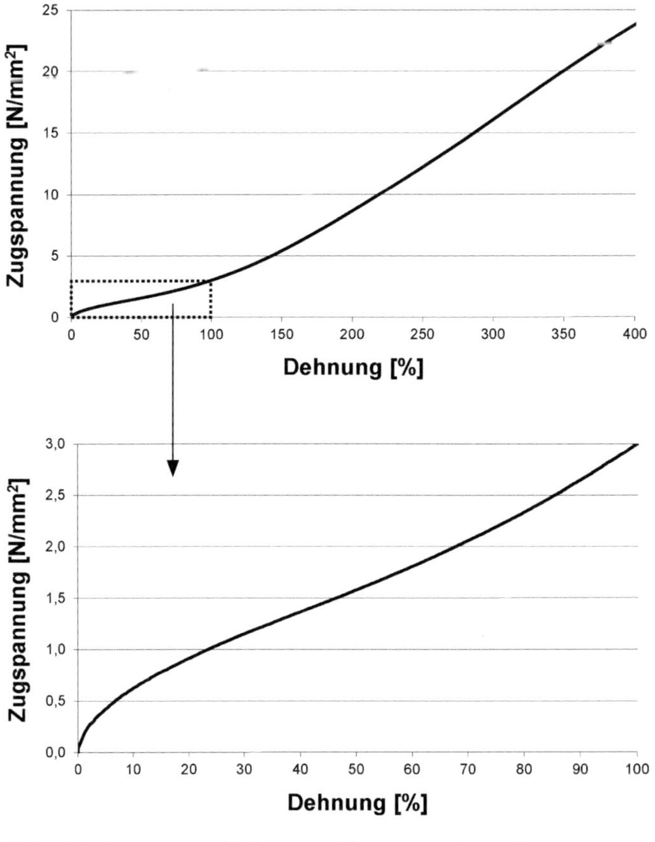

Bild 4.60 Spannungs-Dehnungs-Diagramm eines Elastomers

Im Gegensatz zu klassischen Baustoffen verhalten sich gummiartige Materialien wie Flüssigkeiten fast inkompressibel [226], d. h. ihre Querkontraktionszahl μ beträgt $\approx 0{,}5$. Hieraus resultiert ein sehr hoher Widerstand gegenüber volumetrischen Verformungen. Deviatorische, volumenerhaltende Verformungen erzeugen dagegen deutlich geringere Reaktionskräfte. Aus der Festigkeitslehre gilt der Zusammenhang zwischen Elastizitätsmodul E und Schubmodul G (im Folgenden auch als G-Modul bezeichnet):

$$G = E \cdot \frac{1}{2(1+\mu)} \tag{4.105}$$

Aus $\mu = 0{,}5$ ergibt sich

$$E = 3 \cdot G \qquad (4.106)$$

Diesem Zusammenhang liegen jedoch die Gültigkeit des Hooke'schen Gesetzes sowie geringe Deformationen im Vergleich zu den Abmessungen zugrunde. Beide Annahmen sind für Elastomere nicht zutreffend, womit Gl. (4.106) nur theoretischen Charakter besitzt. Die Spannungs-Dehnungs-Beziehungen können bei großen Verzerrungen nicht auf Grundlage der linearen Elastizitätstheorie hergeleitet werden.

4.5.2.3 Schubmodul

Der Schubmodul gummielastischer Materialien erscheint als relativ einfache Größe. Er ist leicht messbar (Bild 4.61), da es keinen Einfluss durch die Lagergeometrie gibt. Unbedingt zu berücksichtigen ist jedoch die Belastungsgeschwindigkeit. Es wird zwischen einem „statischen" und einem „dynamischen" (frequenzabhängigen) *G*-Modul unterschieden. Letzterer spielt eine Rolle, wenn Elastomerlager als Isolatoren in Bauwerken mit Erdbebenbeanspruchung eingesetzt werden.

Bild 4.61 Bewehrte Elastomerlager während eines Schubversuches

Für die Durchführung von Schubversuchen gilt die bekannte Beziehung (Bild 4.62):

$$\tan\gamma = \frac{F_x}{A \cdot G} \qquad (4.107)$$

mit

$\tan\gamma$ Schubverformung
F_x Schubkraft
A Lagerfläche
G Schubmodul

Die Kurven in Bild 4.63 zeigen das typische Schubspannungs-Verformungs-Verhalten eines Elastomerlagers. Im Bereich des Verformungsnullpunktes ist – in Einklang mit der Theorie der Gummielastizität – die Kurve steil, flacht dann ab und wird schließlich wieder steil. In Bild 4.64 wurde der Schubmodul aus Bild 4.63 dargestellt.

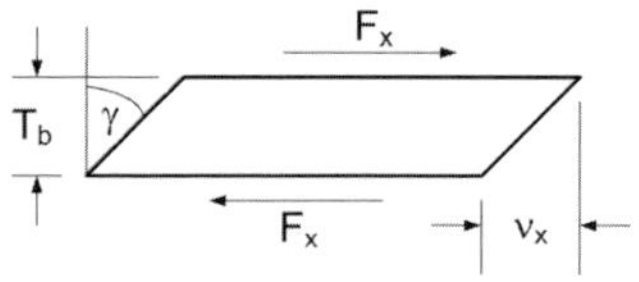

Bild 4.62 Schubverformung eines Elastomerlagers

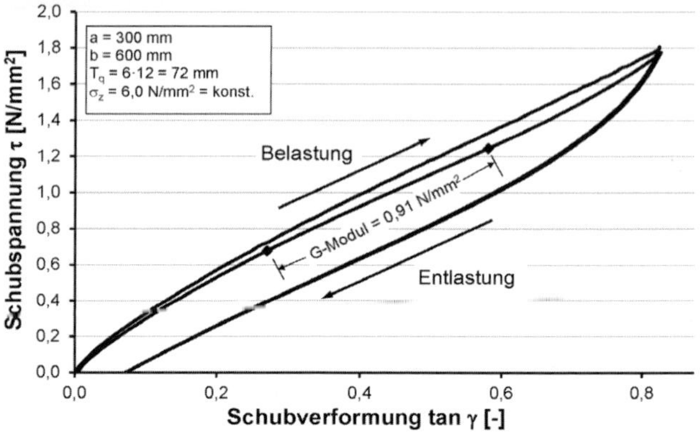

Bild 4.63 Beispiel eines Schubspannungs-Schubverformungs-Diagramms bei einer Belastungsgeschwindigkeit von 150 mm/min

Diese Kurve ist allerdings erst reproduzierbar, wenn mindestens zwei gleichartige Belastungen vorausgegangen sind, und wenn seit diesen Belastungen noch nicht viel Zeit verflossen ist (Mullins-Effekt). Bei einer Erstbelastung ist die Kurve immer steiler, d. h. der Schubmodul ist größer (Bild 4.65). Ferner ist die von den beiden Verformungsästen umschlossene Fläche (Hysterese) bei einer Erstbelastung auch immer größer als bei nachfolgenden Belastungen.

Ein Elastomer wird durch Vorverformung weicher, seine Dämpfung nimmt ab. Beide Änderungen erfolgen mit sehr wenigen Lastspielen und erreichen sehr schnell einen Grenzwert. Verformungen, die größer sind als die Vorverformungen, verlaufen in dem die Vorverformung überschreitenden Bereich wie eine Erstverformung (4.5.2.6). Eine Deutung dieses Verhaltens gibt *Mullins* in [61].

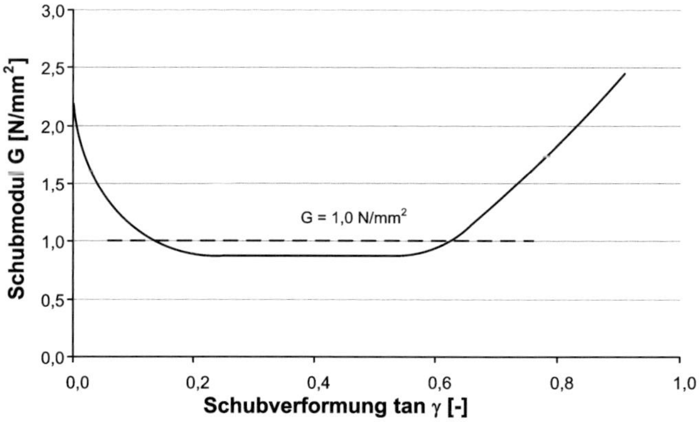

Bild 4.64 Schubmodul in Abhängigkeit von der Verformung

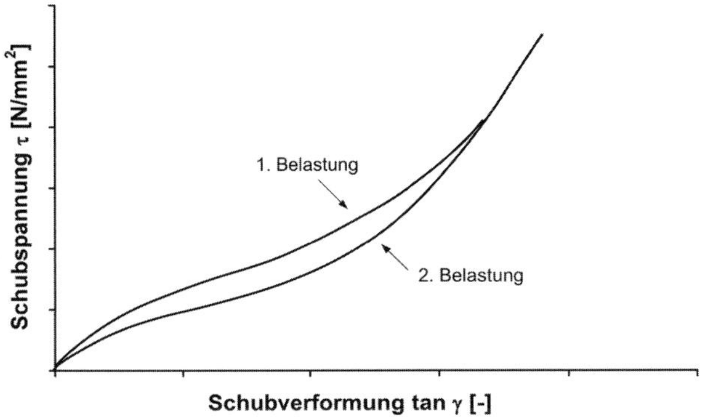

Bild 4.65 Mullins-Effekt

Die bei der praktischen Bemessung von Elastomerlagern durchweg verwendeten Sehnenwerte für den Schubmodul, z. B. zwischen $\tan\gamma = 0{,}27$ und $\tan\gamma = 0{,}58$, sind also nicht die absolut ungünstigsten Werte, sondern Rechenwerte.

Weiterhin besteht ein Zusammenhang zwischen Shorehärte und Schubmodul (Bild 4.66).

Bei der Shorehärte von 60 findet man in dieser Darstellung beispielsweise $G = 1$ N/mm². Da allein schon die Methode der Shorehärte-Messung eine Schwankungsbreite von ±5 Einheiten bedingt (DIN 53505), ergibt sich für die normative Festlegung die Notwendigkeit einer zulässigen Toleranz von etwa ±0,2 N/mm².

Entsprechend der Theorie der Gummielastizität ist der Schubmodul für stoßartige Belastung höher als bei ruhender Belastung. Die Differenz ist von der Stoßzeit (bei pulsierender Belastung von der Frequenz) abhängig. Sie ist umso größer, je steifer der gummielastische Stoff ist (Bild 4.67).

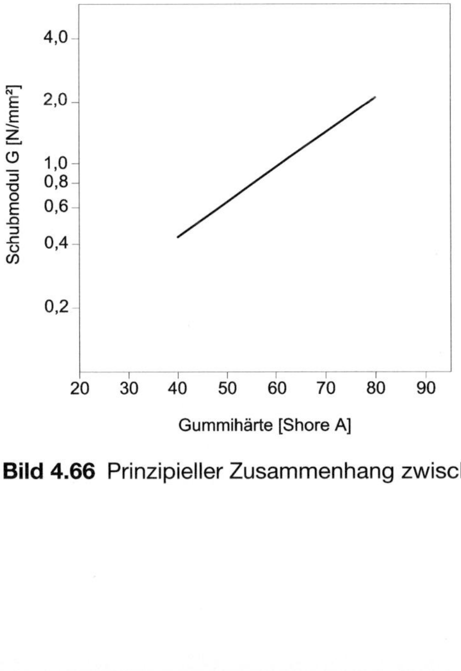

Bild 4.66 Prinzipieller Zusammenhang zwischen Gummihärte und statischem Schubmodul

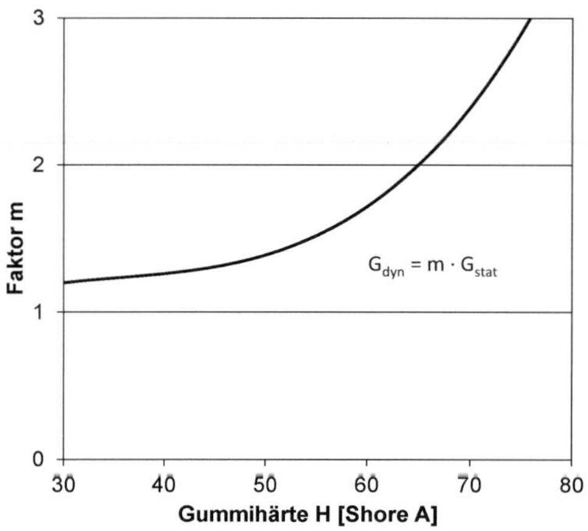

Bild 4.67 Prinzipieller Zusammenhang zwischen dynamischem und statischem Schubmodul. Das tatsächliche Verhältnis hängt vom Elastomer-Typ, der Temperatur, der Dauer der Temperatureinwirkung, der Frequenz und der Amplitude ab.

Ein nicht immer unerheblicher Einfluss auf den gemessenen Schubmodul ergibt sich aus der Auflagerpressung und der relativen Nettodicke T/a des Prüfkörpers. Ohne Auflagerpressung ist ein Schubmodul nur schwer messbar, da üblicherweise der Haftreibungswiderstand zur Einleitung der Schubspannungen benötigt wird. Aus der Auflagerpressung entstehen jedoch immer Schubverformungen. Die Größe dieser Schubverformungen hängt von der relativen Nettodicke T/a ab. Um vergleichbare Werte zu erhalten, muss deshalb die Geometrie der Prüfkörper festgelegt werden (vgl. auch 4.5.2.7).

4.5.2.4 Elastizitätsmodul und vertikale Verformung

Gummi ist wie eine Flüssigkeit fast inkompressibel. Für theoretische Zwecke könnte man aus der für inkompressible Materialien geltenden Querkontraktionsziffer $\mu = 0{,}5$ (Poisson) ableiten

$$E = 2(1 + \mu)G = 3G \tag{4.108}$$

Da G jedoch eine aus einem definierten Versuch für ein Bauteil ermittelte Größe, also keine Materialgröße ist, kann E so nicht hergeleitet werden. Eine grundlegende Abweichung zwischen dem Zusammenhang $E = 3G$ und der Wirklichkeit besteht darin, dass der Schubmodul des Prüfkörpers im Koordinatenursprung größer ist als im Arbeitsbereich, während der Elastizitätsmodul der Elastomerlager im Bereich kleiner Pressungen kleiner ist als im Arbeitsbereich. Beide Kennwerte ändern sich also nichtlinear über die entsprechende Verformungs- bzw. Belastungsgröße.

In der Literatur wird häufig der Young'sche Elastizitätsmodul erwähnt, der sich aus der Tangente an die Spannungs-Dehnungs-Linie im Koordinaten-Ursprung ergibt.

Der Kompressionsmodul, der sich aus der nicht völlig fehlenden Volumen-Kompressibilität ergibt, wächst mit steigendem Druck. Bei Drücken bis 1000 bar liegt er in der Größenordnung von 5000 MPa, die europäische Norm EN 1337-3 sieht einen Wert von 2000 MPa vor.

Die vertikale Verformung eines bewehrten Elastomerlagers lässt sich nach EN 1337-3 überschlägig als Summe der vertikalen Verformungen der einzelnen Schichten ermitteln

$$u_z = \sum \frac{F_z \cdot t_i}{A'} \cdot \left(\frac{1}{5 \cdot G \cdot S^2} + \frac{1}{E_b} \right) \tag{4.109}$$

Diese Funktion berücksichtigt jedoch nicht den nichtlinearen Anstieg der vertikalen Steifigkeit des Lagers im Bereich größerer Pressungen. Genauere Werte können mit der Formel von *Lindley* (Gl. 4.110) berechnet werden, in der die gesuchte Verformung jedoch als geschätzter Eingangsparameter angenommen werden muss, um die dazu korrespondierende Kraft zu ermitteln.

$$N_{z,d} = A_{eff} \cdot E_0 \cdot \left[k_G \cdot k_S{}^2 \left(\frac{1}{\left(1 - \frac{u_{Z,d}}{n \cdot t_{el,eff}}\right)^2} - 1 \right) + \ln\left(\frac{1}{\left(1 - \frac{u_{Z,d}}{n \cdot t_{el,eff}}\right)^2} \right) \right] \tag{4.110}$$

mit

$N_{z,d}$	zur Verformung $u_{z,d}$ korrespondierende Normalkraft
A_{eff}	effektive Grundfläche
E_0	Ursprungselastizitätsmodul
k_G	Korrekturfaktor in Abhängigkeit des Schubmoduls
k_S	Formfaktor
$u_{z,d}$	Bemessungswert der Verformung
n	Anzahl der Elastomerschichten
$t_{el,eff}$	effektive Dicke einer einzelnen Elastomerschicht

Die Rechnung ist mit verbessertem Schätzwert so lange zu wiederholen, bis $N = N_{z,d}$ ist. Die spezifischen Werte für E_0 und k_G sind in Abhängigkeit vom Schubmodul des verwendeten Materials in Tabelle 4.13 angegeben.

Tabelle 4.13 Materialparameter

G_{nom} [MPa]	k_G [MPa]	E_0 [MPa]
0,7	0,693	2,60
0,9	**0,613**	**3,72**
1,15	0,514	4,83

4.5.2.5 Verdrehwiderstand

Die elastischen Materialeigenschaften von Elastomeren verursachen im Falle einer Verformung Reaktionskräfte, die entgegen der Verformungsrichtung wirken. Der Widerstand eines bewehrten Elastomerlagers gegen Verdrehung wird von einer Reihe von Parametern beeinflusst, sodass sowohl die Berechnung als auch die experimentelle Ermittlung dieser Kennwerte schwierig ist. Neben der Geometrie, dem Schichtaufbau der Lager und der verwendeten Gummimischung beeinflussen vor allem der Verdrehwinkel und die während der Verdrehung wirkende Druckspannung die Höhe des Rückstellmomentes. Bild 4.68 zeigt den nichtlinearen Zusammenhang zwischen Verdrehwinkel und Rückstellmoment sowie den Einfluss der Druckspannung.

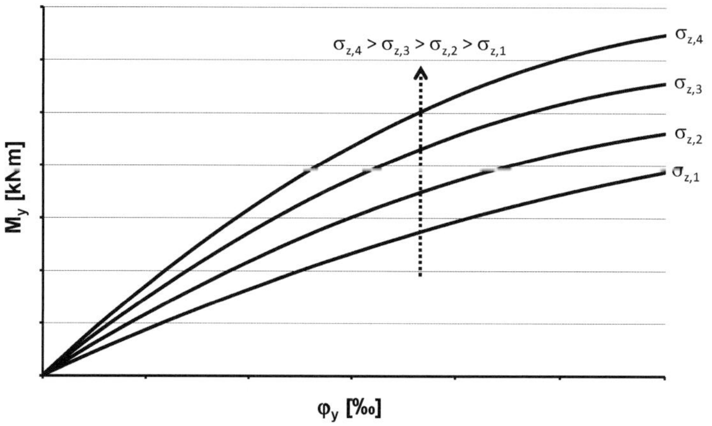

Bild 4.68 Einflüsse auf den Verdrehwiderstand

Bis zum Jahre 2012 sind in Deutschland die Rückstellmomente bewehrter Elastomerlager nach der Theorie von *Topaloff* [91] berechnet worden. Die Ergebnisse seiner elastizitätstheoretischen Spannungsanalysen waren Grundlage für die Bemessungsformeln in DIN 4141 und EN 1337-3:2005. Wie Versuche zeigten, gab es jedoch große Abweichungen zwischen Berechnungs- und Versuchswerten. Aus diesem Grund wurde ein neuer Berechnungsansatz auf Grundlage umfangreicher experimenteller Untersuchungen entwickelt. Dieser ist in der Überarbeitung von EN 1337-3 enthalten und ermöglicht eine genauere Berücksichtigung der einzelnen Einflussfaktoren auf die Höhe der Rückstellmomente.

Die Gln. (4.111) und (4.112) ermöglichen eine sehr genaue Berechnung des Rückstellmomentes, wobei der Druckmodul E_C in Abhängigkeit der Auflast σ_z in einem einfachen Druckversuch ermittelt werden sollte. Dies ist erforderlich, da die derzeitigen rechnerischen Last-Verformungs-Beziehungen für Druck den nichtlinearen Charakter in dieser Belastungsrichtung nicht ausreichend berücksichtigen können.

$$M_y = E_C(\sigma_z) \cdot I_y' \cdot \frac{\alpha^{0,76}}{3,67 \cdot n \cdot t_i} \cdot (-0,037 \cdot S + 0,956) \quad \text{wenn } S \leq 9,5 \qquad (4.111)$$

$$M_y = E_C(\sigma_z) \cdot I_y' \cdot \frac{\alpha^{0,76}}{3,67 \cdot n \cdot t_i} \cdot (-0,01 \cdot S + 0,695) \quad \text{wenn } 9,5 \leq S \leq 15 \qquad (4.112)$$

Alternativ kann eine rein rechnerische Bestimmung von Rückstellmomente auch in Abhängigkeit des Schubmoduls erfolgen (Gln. (4.113) und (4.114)). In diesem Fall ist die Genauigkeit etwas geringer, da der Einfluss der Auflast unberücksichtigt bleibt.

$$M_y = G \cdot I_y' \cdot S^{0,8} \cdot \frac{24{,}52 \cdot \alpha^{0,76}}{n \cdot t_i} \cdot (-0{,}037 \cdot S + 0{,}956) \quad \text{wenn } S \leq 9{,}5 \qquad (4.113)$$

$$M_y = G \cdot I_y' \cdot S^{0,8} \cdot \frac{24{,}52 \cdot \alpha^{0,76}}{n \cdot t_i} \cdot (-0{,}01 \cdot S + 0{,}695) \quad \text{wenn } 9{,}5 \leq S \leq 15 \qquad (4.114)$$

mit
M_y Rückstellmoment um die y-Achse
$E_C (\sigma_z)$ Druckmodul (Tangentenmodul) bei einer Auflast σ_z
G nomineller Schubmodul
I_y' Trägheitsmoment der Bewehrungsschichten um die y-Achse
S Formfaktor
α Verdrehwinkel um die y-Achse
n Anzahl der Elastomerschichten
t_i Dicke einer einzelnen Elastomerschicht

4.5.2.6 Mullins-Effekt

Unter zyklischer Belastung zeigen besonders gefüllte Elastomere oft Entfestigungseffekte. Einer der bekanntesten ist der *Mullins-Effekt*. Dieser beschreibt eine reduzierte Kraftantwort bei wiederholter Belastung, solange die Dehnung zuvor erreichte Maxima nicht überschreitet. Der Entfestigungseffekt ist im zweiten Belastungszyklus am stärksten ausgeprägt und nimmt mit jeder weiteren Wiederholung ab. Nach ca. 10 Wiederholungen ist der Effekt vernachlässigbar klein [223]. Bei Überschreiten eines zuvor erreichten maximalen Deformationsniveaus verhält sich die Spannungs-Dehnungs-Beziehung unabhängig von der Belastungshistorie wie bei einer Erstbelastung (s. Bild 4.69).

Die Ursache für die Entfestigung ist die Zerstörung von chemischen Bindungen durch den Deformationsprozess [214]. Im unbelasteten Zustand ist der Mullins-Effekt durch den Einfluss von Zeit und Temperatur reversibel [217].

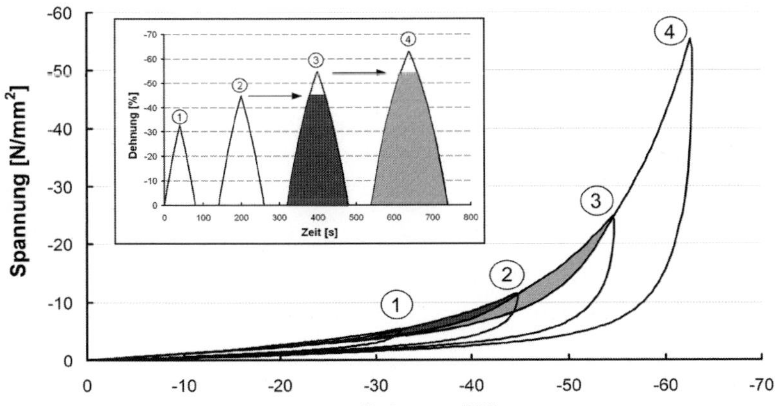

Bild 4.69 Mullins-Effekt

4.5.2.7 Stabilität

Bewehrte Elastomerlager sind gezielt so konstruiert, dass die Schubsteifigkeit gering, die Drucksteifigkeit aber sehr groß ist.

Wegen des großen Unterschiedes zwischen Schubsteifigkeit und Drucksteifigkeit der Lager ist jede Druckverformung von Gummilagern mit einer Schubverformung verbunden. Weiterhin sinkt die vertikale Tragfähigkeit eines bewehrten Elastomerlagers mit zunehmender horizontaler Verformung.

Die ersten Ansätze zur theoretischen Ermittlung einer kritischen Axialbelastung gehen auf *Haringx* [219] zurück. Auf Grundlage eines eindimensionalen Balkens mit Schubverformungsfähigkeit und unter der Annahme kleiner Verformungen wird die kritische Verzweigungslast ohne horizontale Auslenkung mit

$$P_{\mathrm{cr},0} = \frac{2 \cdot P_\mathrm{E}}{1 + \sqrt{1 + 4\pi^2 \dfrac{(EI)_\mathrm{eff}}{(GA_\mathrm{S})_\mathrm{eff} \cdot L^2}}} \tag{4.115}$$

angegeben. Dabei sind $(EI)_\mathrm{eff}$ und $(GA_\mathrm{S})_\mathrm{eff}$ die effektiven Druck- und Schubsteifigkeiten des Lagers, L die Gesamthöhe der Elastomerschichten und Bewehrungsplatten (ohne obere und untere Ankerplatten) und P_E die Eulerlast einer elastischen Stütze.

Seit Bestehen der Theorie von *Haringx* gab es verschiedene Ansätze zur Berechnung der effektiven Druck- und Schubsteifigkeit. Nach einer Untersuchung von *Cardone* [220] weist die Formulierung nach *Kelly* [221] die derzeit beste auf der sicheren Seite liegende Übereinstimmung mit Versuchsergebnissen auf:

$$P_{\mathrm{cr},0} = \frac{\pi}{2\sqrt{3}} \cdot (GA_\mathrm{S})_\mathrm{eff} \cdot \sqrt{\frac{0{,}742 \cdot E_0}{G}} \cdot S_1 \cdot S_2 \tag{4.116}$$

mit

E_0 Young'scher Elastizitätsmodul (üblicherweise 3,3 G bis 4,0 G)
G Schubmodul
S_1 Formfaktor
S_2 sekundärer Formfaktor (Verhältnis der maximalen Lagerabmessung zur Gesamtdicke der Elastomerschichten)

Im Falle einer Kombination aus Druckbelastung und Schubverformung wird dann die kritische Verzweigungslast mit

$$P_\mathrm{cr} = P_{\mathrm{cr},0} \cdot \frac{A_\mathrm{r}}{A} \tag{4.117}$$

ermittelt, wobei A die Ausgangsfläche der Bewehrungsbleche und A_r die überlappende Fläche des verformten Lagers ist.

4.5.2.8 Thermische Eigenschaften

Temperaturen spielen bei Kunststoffen eine wesentlich größere Rolle als bei den klassischen im konstruktiven Ingenieurbau verwendeten Baustoffen Beton und Stahl. Bei Erwärmung bzw. Abkühlung durchlaufen sie verschiedene Zustandsformen mit Übergangsbereichen. Die signifikanteste Zustandsänderung vollzieht sich im Bereich der *Glasübergangstemperatur* T_g, die für jeden Kunststoff spezifisch ist. Die Glasübergangstemperatur ist die Temperatur, bei der Polymere vom flüssigen oder gummielastischen, flexiblen Zustand in den glasigen oder hartelastischen, spröden Zustand übergehen. Manche Kunststoffe werden unterhalb ihrer Glasübergangstemperatur verwendet, z. B. Polystyrol oder Polymethylmethacrylat (Plexiglas), d. h. dann, wenn sie hart und spröde sind. Andere Kunststoffe werden oberhalb ihrer Glasübergangstemperatur verwendet, wenn sie elastisch und flexibel sind, z. B. Polyisopren oder eben Elastomere. Führt man an einem Elastomer Zugversuche bei unterschiedlichen Temperaturen durch, kann man das in Bild 4.70 dargestellte Zustandsdiagramm erstellen.

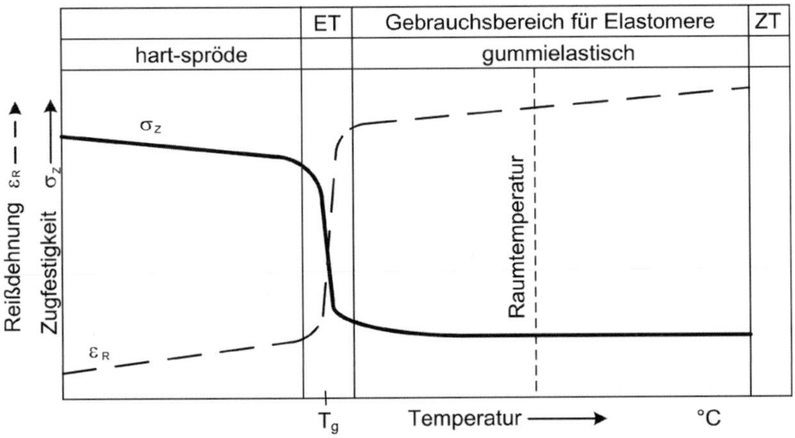

Bild 4.70 Zustandsdiagramm für Elastomere

Deutlich zu erkennen sind die sprunghaften Veränderungen der Dehnbarkeit und der Zugfestigkeit im Bereich der Glasübergangstemperatur T_g. Dieser Bereich wird *Einfriertemperaturbereich* (ET) genannt. Bei weiterer Temperaturerhöhung wird der *Gebrauchsbereich* für Elastomere durchlaufen, bevor der *Zersetzungstemperaturbereich* (ZT) beginnt. Für CR liegt die Zersetzungstemperatur bei etwa 200 °C (Abspaltung des Chlors). Bei NR beginnt die Zersetzung bei >220 °C. Mit Zusatzstoffen lassen sich die Werte für beide Kautschukarten nach den gewünschten Anforderungen einstellen. Der für die Baupraxis relevante Materialkennwert eines Elastomers ist jedoch die Glasübergangstemperatur T_g. Bei CR liegt diese oberhalb der Werte für NR, was zu eher einsetzenden Versteifungen bei tiefen Temperaturen führt. Bei Elastomerlagern ist dieser Versteifungseffekt jedoch nur von Bedeutung, wenn das Lager nach einer Temperaturreduktion verformt wird.

Im umgekehrten Fall wird eine Abnahme der rückwirkenden Kräfte und Momente beobachtet, wenn ein bereits verformtes Elastomerlager eine Temperaturabsenkung erfährt [4]. Analog führt eine Temperaturerhöhung auch zu einer Erhöhung dieser Kräfte (s. Bild 4.71). In der Molekularphysik wird das beschriebene Phänomen als *Gough-Joule-Effekt* bezeichnet. Eine Erhöhung der Temperatur bei gleichzeiti-

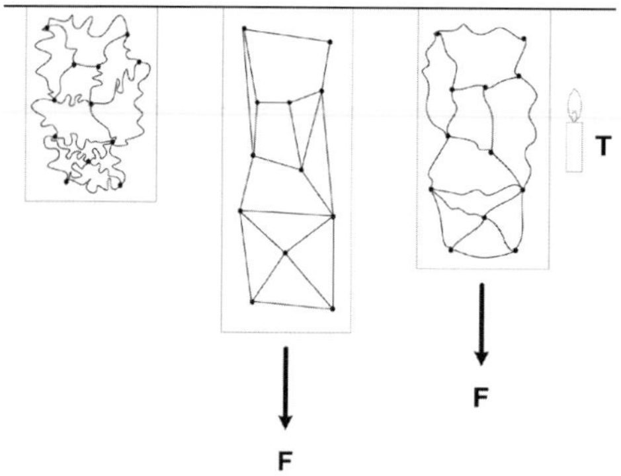

Bild 4.71 Gough-Joule-Effekt

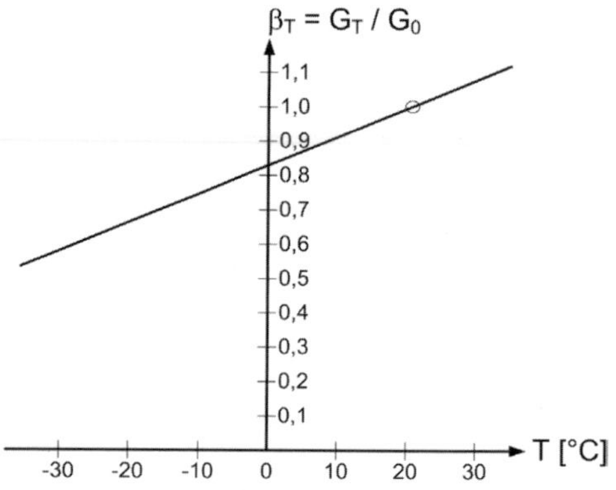

Bild 4.72 Änderung des Schubmoduls eines Elastomerlagers bei stationärer Verformung und veränderlicher Temperatur

ger stationärer Verformung ist als Energiezufuhr zu verstehen, die eine vergrößerte innere Molekularbewegung zur Folge hat. Diese erhöht den Drang zur maximalen Entropie, die das Lager erst im unverformten Zustand erreicht. Bild 4.72 zeigt die qualitative Änderung des Schubmoduls bei stationärer Verformung und veränderlicher Temperatur.

Durch lang anhaltende erhöhte Temperaturen wird weiterhin die Alterung von Elastomeren beschleunigt. Selbst wenn das Material gezielt durch besondere Zusätze auf Hochtemperaturbeständigkeit entwickelt wurde, muss man immer noch die Haftung zwischen Elastomer und Bewehrungsblechen im Auge behalten, die ebenfalls mit länger anhaltenden Temperaturen sinkt.

Der in den Regeln angegebene obere Grenzwert von +70 °C ist für ständige Temperaturen ein hoher Wert, während er für kurzzeitige Temperaturbeanspruchungen große Sicherheiten beinhaltet.

Wegen der Wärmeentwicklung ist die Bearbeitung von Elastomerlagern mit schnell laufenden Schleif- und Trennscheiben zu unterlassen. Durch die schlechte Wärmeleitung und -speicherung des Materials lässt sich eine derartig bearbeitete Elastomerfläche jederzeit anfassen, ohne dass man sich die Finger verbrennt, doch Augenblicke vorher sind mit Sicherheit unverträglich hohe Temperaturen vorhanden gewesen. Es ist besonders unangenehm, dass durch Überhitzung entstandene Schäden erst mit Verformung und Zeit sichtbar werden.

Empfohlen wird deshalb z. B. eine Bearbeitung mit einem elektrischen Handhobel. Schweißarbeiten an Lagern mit offen liegenden Metallteilen sind aus diesem Grunde ebenfalls zu unterlassen, sofern nicht durch intensive und gezielte Kühlung Schäden verhindert werden können. Auch bei Schweißarbeiten sind die Schäden normalerweise nicht beim Abschluss der Arbeiten erkennbar. Versuche haben gezeigt, dass nicht nur die Qualität des Elastomers, sondern auch die Haftung zwischen den zutage liegenden Metallteilen und dem Elastomer ohne besondere Maßnahmen zerstört wird.

Für Berechnungen können folgende Werte angenommen werden:

Wärmeleitfähigkeit	0,20 kcal/mh K
Spezifische Wärme	0,40 cal/g K
Linearer Wärmeausdehnungskoeffizient	$200 \cdot 10^{-6}$ [l/K]

4.5.2.9 Kriechen und Relaxation

Während über das Kriechverhalten von Chloroprenkautschuk einige Untersuchungen vorliegen, ist die Relaxation – die zeitliche Änderung der Spannung bei konstanter Verformung – kaum erforscht. Beide Eigenschaften sind stofflich bekanntlich identisch und sie hängen außerdem von Faktoren ab, die in der Materialbeschreibung der Regeln kaum erfasst sind, so dass sich voraussichtlich auch regelmäßige Elastomere verschiedener Fabrikate nicht gleich verhalten. Das Kriech- und Relaxationsverhalten hängt von folgenden Einflüssen ab:

a) Kautschukart und Typ: Zunahme mit der Neigung zur Kristallisation.
b) Mischungsbestandteile: Zunahme mit der Neigung zur Kristallisation.
c) Härte des Vulkanisats: Zunahme mit wachsender Härte
d) Vulkanisationsgrad: Abnahme mit wachsendem Vulkanisationsgrad.
e) Verformungsgeschichte: Abnahme mit der Dauer und Größe von Vorverformungen, vor allem, wenn diese bei erhöhten Temperaturen auftraten.
f) Verformungsgröße: Zunahme wächst mit wachsenden Verformungen. Bei sehr großen Verformungen nimmt die Kriechneigung wieder ab.
g) Pulsierende und alternierende Spannungen und Verformungen: Zunahme mit dem Auftreten von pulsierenden und alternierenden Spannungen und Verformungen.
h) Temperaturen: Zunahme mit wachsenden Temperaturen.

Kriechvorgänge verlaufen bei konstanter Temperatur unabhängig von der Belastungsart (Druck, Schub, Verdrehung) linear proportional zum Logarithmus der Zeit. Kriechzahlen von bewehrten Elastomerlagern sind nur wenige bekannt. An der Technischen Universität München wurden Schubkriechversuche an aus Elastomerlagern herausgearbeiteten Probekörpern durchgeführt, die über 3 Jahre hinweg mit einer konstanten Schubspannung von 0,8 N/mm^2 beansprucht wurden. Die Endkriechzahl betrug $\varphi = 0{,}39$. An einem unbewehrten Elastomerlager stellten *Pare et al.* [224] einen nach etwa 3 Stunden bereits nahezu abgeschlossenen Kriechvorgang unter konstanter Druckbeanspruchung fest. Die „Endkriechzahl" betrug bei diesem Versuch $\varphi = 0{,}47$. Elastomerlager aus NR weisen generell eine geringere Kriechneigung auf als solche aus CR. Im Vergleich zu Beton, bei dem die zeitabhängigen Verformungen ein Vielfaches der elastischen Verformungen erreichen, sind die Kriechzahlen bei Elastomeren jedoch gering und erreichen ihre Halbwertszeit bereits nach ca. 1 Woche.

Im Falle einer konstant gehaltenen Verformung weisen Elastomere ein ausgeprägtes Relaxationsverhalten auf. Äquivalent zu Kriechvorgängen ist der Spannungsverlauf in verschiedenen Verformungsrichtungen linear proportional vom Logarithmus der Zeit abhängig. Da der Relaxationsprozess mit dem chemischen Vernetzungsgrad des Elastomers korreliert, scheint die Ursache für dieses Phänomen in nicht vernetzten

Molekülketten zu liegen [222]. Durch eine Deformation des gesamten Netzwerkes werden diese zunächst mit verformt, bevor sie sich aufgrund der fehlenden Fixierung der Kettenenden entspannen und ihre ursprüngliche Position wieder einnehmen. Der Relaxationsfaktor ω beschreibt dabei das Verhältnis des Spannungszustandes zu einem Zeitpunkt t_1 zum Ausgangszustand ($t = t_0$). An der Ruhr-Universität Bochum wurden Relaxationsversuche an bewehrten Elastomerlagern in unterschiedlichen Belastungsrichtungen durchgeführt. In Abhängigkeit von der verwendeten Kautschuksorte, der Verformungsart und der Relaxationszeit lagen die Relaxationsfaktoren ω zwischen 0,63 und 0,84 [213].

4.5.2.10 Haftreibung

Die Haftreibung zwischen Gummi und Bauwerk interessiert uns aus zwei Gründen:

1. Alle Horizontalkräfte werden üblicherweise durch Haftreibung in die Lager eingeleitet.
2. Bei unbewehrten Lagern ist die Haftreibung in den belasteten Flächen maßgeblich am Tragvermögen und Tragverhalten der Lager beteiligt.

Die klassischen Reibungsgesetze gelten bei Gummi nicht. Der Reibungsbeiwert ist abhängig von der Größe der Reibungsfläche, der Oberflächenbeschaffenheit und der spezifischen Pressung in der Reibfläche.

Zum Problem Reibung siehe auch Dissertation von *Schrage* (Kapitel 7) und die zugehörigen Ibac-Forschungsberichte.

Sofern ein inniger Kontakt zwischen Gummi und Bauwerksfläche vorhanden ist, sind hohe Reibungsbeiwerte bis weit über 1 möglich. Ein besonders inniger Kontakt und damit ein besonders hoher Reibungsbeiwert wird auf sehr glatten Flächen erzielt, z. B. Glas. Wenn Gummilager in ein Mörtelbett verlegt werden oder wenn direkt auf das Gummilager betoniert wird, so erzielt man den gleichen Effekt. Eingeschränkt wird diese Eigenschaft durch Reste von Formtrennmitteln auf der Oberfläche der Gummiteile.

Auf rauen Oberflächen, z. B. auf Sandpapier, werden kleinere Reibungsbeiwerte erzielt. Möglicherweise hängt dieses Phänomen damit zusammen, dass auf den Spitzen der Rauigkeit recht hohe Auflagerpressungen entstehen, die mit einem wesentlich kleineren Reibungsbeiwert verknüpft sind. Der „Reibungs-"Gewinn durch die Verformungsarbeit beim Passieren der Unebenheiten wirkt sich erst bei gleitender Reibung aus und ist nicht groß genug, um den Reibungsverlust auf rauen Oberflächen auszugleichen.

Der innige Kontakt zwischen den Reibungsflächen darf keinesfalls durch nicht schubfeste Stoffe unterbrochen werden. Die katastrophale Wirkung eines Wasserfilms in der Reibfläche von Reifen ist jedem Autofahrer als Aquaplaning geläufig. Deshalb dürfen Elastomerlager nur trocken verlegt werden.

Die größten erreichbaren Reibungswerte zwischen Gummi und anderen Materialien entstehen generell erst nach einem Schlupf. Für bautechnische Zwecke bedeutet das, dass man die maximal möglichen Haftreibungswiderstände nicht ausnutzen kann.

Wird der Reibungsbeiwert experimentell bestimmt, so finden wir, dass dieser für wachsende Auflagerpressungen zwischen 0 und 5 N/mm^2 absinkt (Bild 4.73).

Wird ein Elastomer von weniger als 60° Shore verwendet, so liegen die Reibbeiwerte beträchtlich niedriger. Bei Elastomerlagern von 50° Shore wurden beispielsweise Reibbeiwerte gemessen, die etwa halb so groß sind wie nach Bild 4.73.

Es ist unzweckmäßig, mit den Reibbeiwerten nach Bild 4.73 zu arbeiten, da sie einen falschen Eindruck von den vorhandenen Sicherheiten vermitteln. Die für Elastomerlager geltenden Reibschubspannungen sind in Bild 4.74 aufgetragen. Im Widerspruch zu dem durch die Reibbeiwerte vermittelten Eindruck ist die Gleitsicherheit unter sonst gleichen Umständen bei kleinen Auflagerpressungen kleiner als bei großen Auflagerpressungen.

Konsequent wurde deshalb für bewehrte Elastomerlager vorgeschrieben, dass die Oberfläche der Lager bei kleinen Auflagerpressungen am Bauwerk verankert werden muss.

Wenn das Bauteil mit seiner Masse auf dem als Feder wirkenden Elastomerlager in Resonanzschwingungen gerät, kann die Auflast – und damit auch die Reibung – null werden.

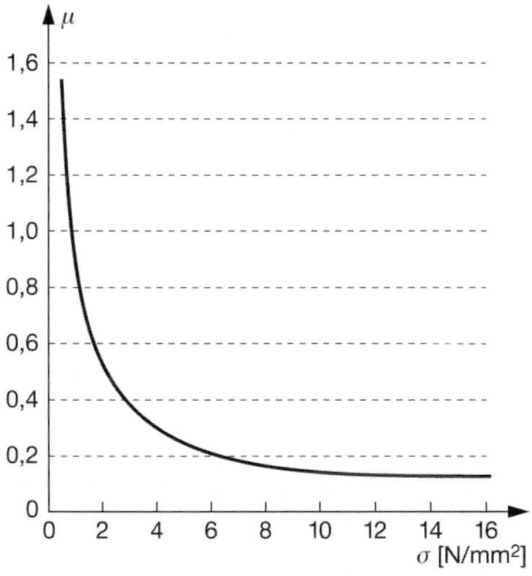

Bild 4.73 Reibbeiwerte μ in Abhängigkeit von der Pressung für Elastomerlager auf Beton oder Stahl

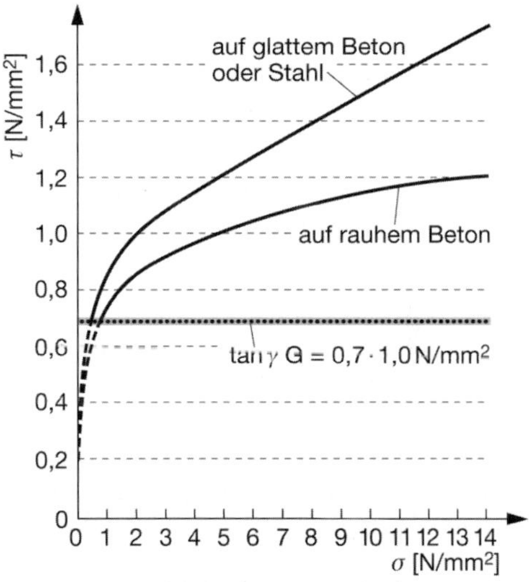

Bild 4.74 Reibzahl (Reibschubspannung) τ in Abhängigkeit von der Pressung für Elastomerlager auf den angegebenen Reibflächen bei ruhender Belastung

4.5.3 Elastizitätstheoretische Spannungsermittlung

4.5.3.1 Allgemeines

Die einfachste Ausführungsform von Elastomerlagern sind Gummiplatten, deren Dicke im Allgemeinen zwischen 0,5 und 5 cm liegt. Derartige „unbewehrte Lager" werden durch die vier in Bild 4.75 dargestellten Beanspruchungen verformt. Hierbei bleibt das Volumen der Lager nahezu konstant, da das Material praktisch inkompressibel ist.

In den vier oberen Skizzen (siehe Seite 197 oben links) setzen wir voraus, dass eine ausreichende Reibung oder Haftung in den belasteten Lagerflächen vorhanden ist, da die Verformungsbilder sonst grundsätzlich anders aussehen (Bild 4.75). Ohne Haftung in den belasteten Flächen entstehen große Verformungen, die für das Bauwerk und auch für die Alterungsbeständigkeit des Lagers in der Regel unerwünscht sind.

Man kann erzwingen, dass die belasteten Lagerflächen auch bei höheren Beanspruchungen unverformt bleiben, wie es Bild 4.75 fordert, indem man zugfeste Scheiben auf die belasteten Oberflächen der Gummiplatten aufbringt (Bild 4.76).

Die Haftung zwischen dieser „Bewehrung" und der Gummiplatte ist neben der Zugfestigkeit der Bewehrung maßgebend für das Tragvermögen eines derartigen Lagers.

Man kann mehrere derartige Schichten übereinander anordnen, wenn die Zusammendrückungen verringert werden sollen (Bild 4.76).

Wird Gummi in einem Topf eingeschlossen, so kann der Deckel des Topfes Kippbewegungen auf dem Elastomer ausführen. Das Gummi wirkt wie eine besonders zähe Flüssigkeit (Bild 4.77). Diese Lager werden als Topflager bezeichnet und in einem eigenen Abschnitt behandelt.

Die in den folgenden Abschnitten dargestellten Beziehungen basieren auf Untersuchungen von *Topaloff* [91]. Grundlage dieser Untersuchungen waren die Gültigkeit des Hooke'schen Gesetzes sowie die Annahme geringer Deformationen im Vergleich zu den Lagerabmessungen und Volumenkonstanz. Während die zuletzt genannte Hypothese aufgrund der bei Elastomeren annähernd vorhandenen Inkompressibilität (Querkontraktionszahl $\mu \sim 0{,}5$) hinreichend genau ist, findet man lineare Spannungs-Dehnungs-Beziehungen bei diesem Werkstoff nur bei sehr geringen Verformungen. Die im Folgenden dargestellten Spannungsverläufe stimmen mit aktuellen FE-Untersuchungen erstaunlich gut überein. Die daraus abgeleiteten Reaktionsmomente infolge Verdrehung decken sich jedoch nicht mit den neuesten Erkenntnissen aus Versuchen [213], so dass auf eine Darstellung an dieser Stelle verzichtet wird.

4.5.3.2 Druckverformung

Für eine Druckverformung nach Bild 4.78 ergibt sich in einem Punkt der x-y-Ebene die Differentialgleichung

$$\Delta\sigma = \frac{\delta^2 \cdot \sigma}{\delta x^2} + \frac{\delta^2 \cdot \sigma}{\delta y^2} = \frac{12 \cdot G \cdot \varepsilon}{t^2} \qquad (4.118)$$

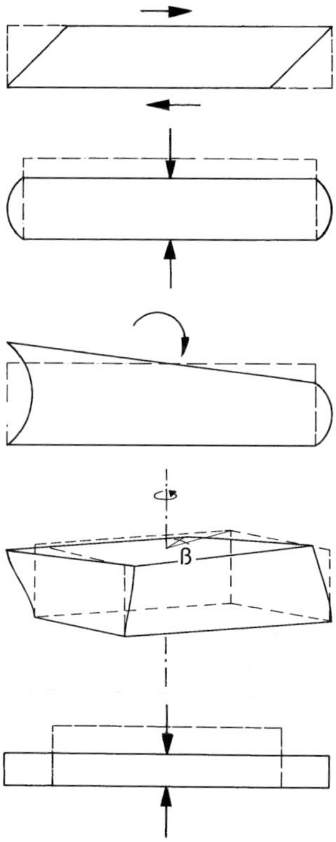

Bild 4.75 Verformungen eines plattenförmigen, gedrückten Gummikörpers

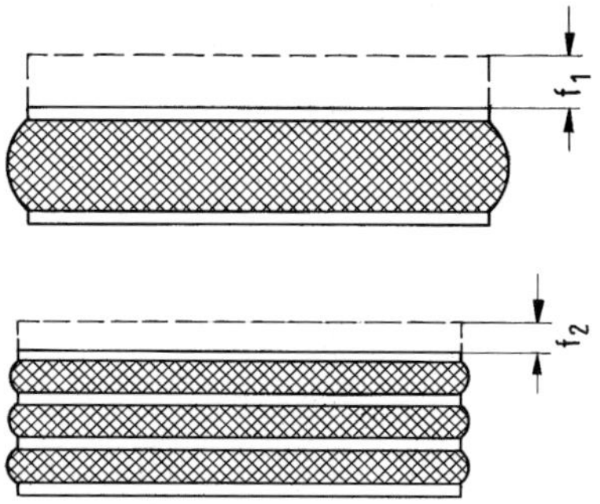

Bild 4.76 Bewehrungsbleche in den gedrückten Flächen von Gummikörpern. Die Stauchung f_2 ist erheblich kleiner als die Stauchung f_1.

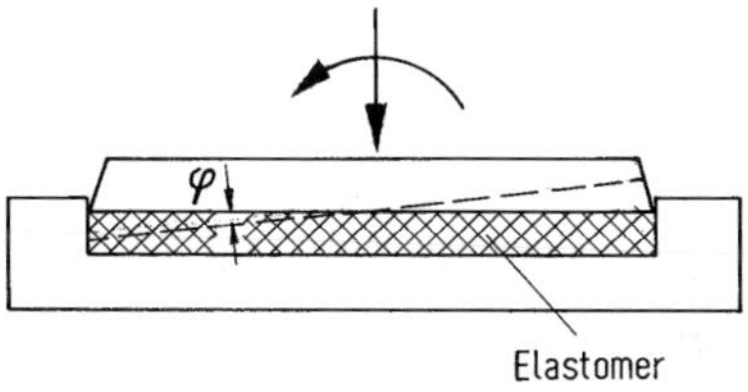

Bild 4.77 Grundprinzip eines Topflagers

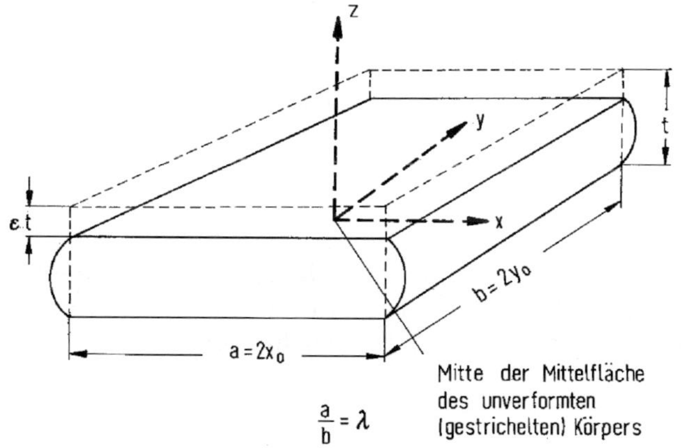

Bild 4.78 Verformung unter Druckbelastung

Die Spannungen σ im Lager verteilen sich, im Schnitt gesehen, parabelähnlich, da sich der Lagerrand der Tragwirkung entzieht. Die größte Spannung tritt in Lagermitte auf (Bild 4.79).

Aus der Analogie obiger Differentialgleichung mit der Differentialgleichung der St. Venant'schen Torsion ergibt sich

$$\max\sigma = \frac{\sigma_m \cdot a \cdot A}{2 \cdot W_T} \tag{4.119}$$

mit

A Lagerfläche

W_T Torsionswiderstandsmoment der gedrückten Fläche

Für Rechtecke mit $b/a \geq 1$ ist

$$\max\sigma = \frac{\sigma_m}{2 \cdot \eta_2} \tag{4.120}$$

Für runde Lager ist

$$\max\sigma = 2 \cdot \sigma_m \tag{4.121}$$

Die Schubspannungen τ_{xy} und τ_{zx} verteilen sich geradlinig über die Lagerbreite. Sie sind am größten in der unverformten Grenzfläche am Lagerrand in der Mitte der längeren Lagerseite.

b/a	1,0	1,5	2	3	4	6	8	10	∞
η_2	0,208	0,231	0,246	0,267	0,282	0,299	0,307	0,313	0,333
$1/2\eta_2$	2,40	2,16	2,03	1,87	1,77	1,67	1,63	1,60	1,50

$$\max\tau = \frac{\sigma_m \cdot t \cdot A}{W_T} = 2 \cdot \frac{t}{a} \cdot \max\sigma \tag{4.122}$$

Für Rechtecke mit $b/a \geq 1$ ist in der Mitte der längeren Lagerseite

$$\max\tau = \frac{\sigma_m}{\eta_2} \cdot \frac{t}{a} \tag{4.123}$$

In der Mitte der kürzeren Lagerseite ist

$$\max\tau = \eta_1 \cdot \max\tau \tag{4.124}$$

b/a	1,0	1,5	2	3	4	6	8	10	∞
η_1	1,000	0,858	0,796	0,753	0,745	0,743	0,743	0,743	0,743

Für runde Lager mit dem Durchmesser d ist

$$\max\tau = 4 \cdot \frac{t}{d} \cdot \sigma_m \tag{4.125}$$

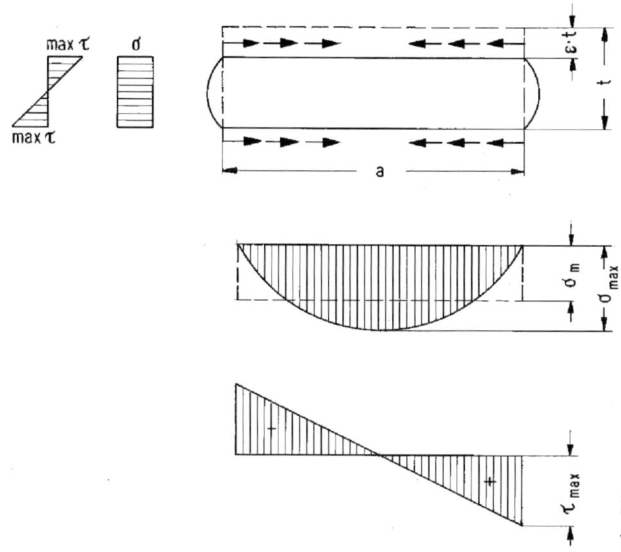

Bild 4.79 Spannungen aus Druckverformung

4.5.3.3 Auflagerverdrehung

Auflagerverdrehungen nach Bild 4.80 führen zu der Differentialgleichung

$$\Delta\sigma = \frac{\delta^2 \cdot \sigma}{\delta x^2} + \frac{\delta^2 \cdot \sigma}{\delta y^2} = \frac{12 \cdot G \cdot a}{t^3} \cdot x \tag{4.126}$$

Die Spannungen σ im Lager verteilen sich in Form einer Spannungswelle mit positivem und negativem Bereich. Die größten Spannungen treten in der Nähe der Viertelspunkte auf. In der Lagermitte sind die Spannungen null (Bild 4.81).

Wenn vorausgesetzt wird, dass die Gummilager nicht gegen Zugkräfte am Bauwerk verankert werden, dann kann diese Spannungsverteilung selbstverständlich nur auftreten, solange aus Druckverformung hinreichend große Spannungen vorhanden sind, um den Zugbereich der gefundenen Spannungswelle zu Überdrücken.

Außerdem wissen wir, dass die Abweichungen von der Linearität des Spannungs-Dehnungs-Verhaltens gerade in der Gegend des Spannungsnullpunktes und beim Vorzeichenwechsel besonders ausgeprägt sind. Selbst wenn also Zugspannungen aufgenommen werden können, wird der errechnete Zusammenhang falsch sein. Bei gleichem Drehwinkel wird das Moment kleiner.

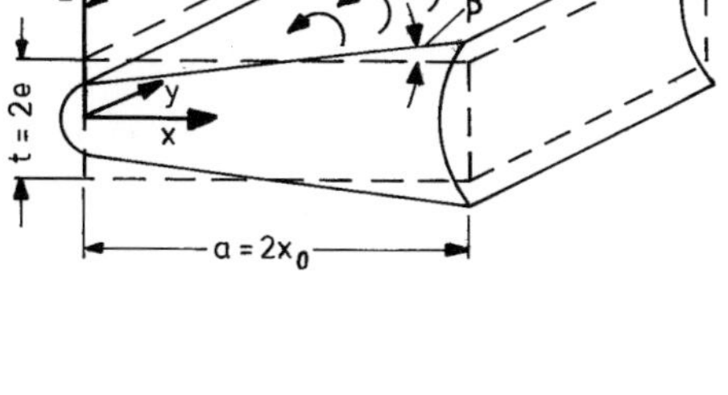

Bild 4.80 Beanspruchung durch Auflagerdrehwinkel

Um die Zugspannungen aus Verdrehung zu überdrücken, muss die Exzentrizität kleiner als die Kernweite des Lagers sein. Aus der Festkörpermechanik erhält man:

$$\frac{M}{F_z} = e \leq \frac{a}{6} \tag{4.127}$$

Diese Annahme ist jedoch konservativ, wie Untersuchungen des Sachverständigenausschusses D60 des Forschungs- und Versuchsamtes der UIC in den Jahren 1962 bis 1965 belegen. Eine versuchsgestützte Lösung zur Vermeidung von klaffenden Fugen wird demnach bereits ab einer Exzentrizität von $a/3$ erreicht.

Schubspannungen τ_{zx} verteilen sich parabelförmig. Sie erreichen ihren Größtwert in der Mitte des Lagerrandes b und einen halb so großen Wert in Lagermitte (Bild 4.81).

Für rechteckige Lager ist

$$\max\tau = \alpha \cdot \frac{G}{2} \cdot \left(\frac{a}{t}\right)^2 \qquad \text{an der Stelle } x = a/2$$

Für runde Lager ist

$$\max\tau = \alpha \cdot \frac{3 \cdot G}{8} \cdot \left(\frac{d}{t}\right)^2 \qquad \text{an der Stelle } x = d/2$$

Eine Verdrehung α ergibt auch eine Komponente F_H aus der Auflast F_z, die normalerweise unberücksichtigt bleibt (Kirschkerneffekt, Bild 4.82).

$$F_h = F_z \cdot \frac{\alpha}{2} \tag{4.128}$$

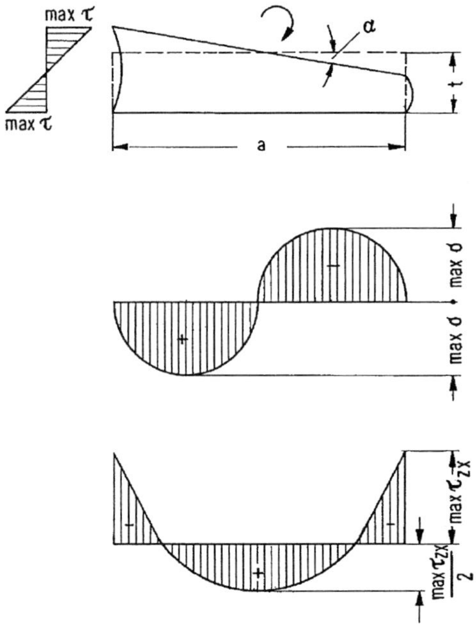

Bild 4.81 Spannungen aus Auflagerdrehwinkeln

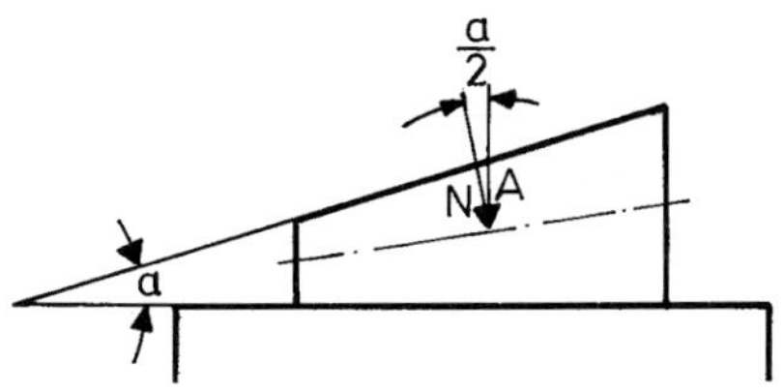

Bild 4.82 Kirschkerneffekt; durch Auflagerdrehwinkel entstehen Schubverformungen

4.5.3.4 Schubverformungen

Zunächst wurde angenommen, dass Schubverformungen nach Bild 4.83 in ihrer Gesetzmäßigkeit trivial seien. Zwischen Verformung und Spannung besteht dann der bekannte Zusammenhang

$$\tan\gamma = \frac{\tau}{G} \tag{4.129}$$

Da es sich um einen Zusammenhang handelt, der rein materialabhängig ist, wird auf den Abschnitt 4.5.2.3 verwiesen.

Eine durch das Bauwerk erzwungene Schubverformung des Lagers mit der Fläche A erzeugt eine Rückstellkraft (reactio)

$$F_R = \tan\gamma \cdot G \cdot A \tag{4.130}$$

Eine vom Bauwerk ausgehende Kraft F_A (actio) ergibt eine Lagerverformung

$$\tan\gamma = \frac{\tau}{G} \tag{4.131}$$

Beide Verformungen bzw. die daraus resultierenden Spannungen sind zu addieren. Treten die Spannungen und Verformungen in verschiedenen Richtungen auf, so erfolgt die Addition vektoriell, also beispielsweise

$$\tan\gamma = \sqrt{\tan^2\gamma_x + \tan^2\gamma_y} \tag{4.132}$$

Verdrillungen im Grundriss der Lager (Bild 4.75) erzeugen Schubverformungen

$$\max\tan\gamma = \frac{\beta \cdot \sqrt{a^2 + b^2}}{\sum t} \tag{4.133}$$

Auch diese Schubverformung ist ggf. zu berücksichtigen.

Aus jeder Schubverformung entsteht auch ein Moment (Bild 4.84)

$$M = G \cdot \tan\gamma \cdot A \cdot d \tag{4.134}$$

Dieses Moment wird üblicherweise vernachlässigt, da es bei den praktisch verwendeten Lagern nur eine kleine Lastexzentrizität ergibt.

Das Moment bedeutet nur eine geringfügige Deformation des Spannungsbauches σ aus Druckverformung (Bild 4.79).

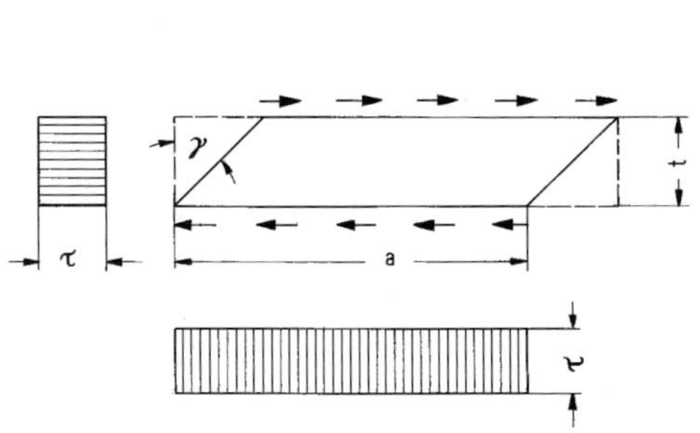

Bild 4.83 Spannungen aus Schubverformung

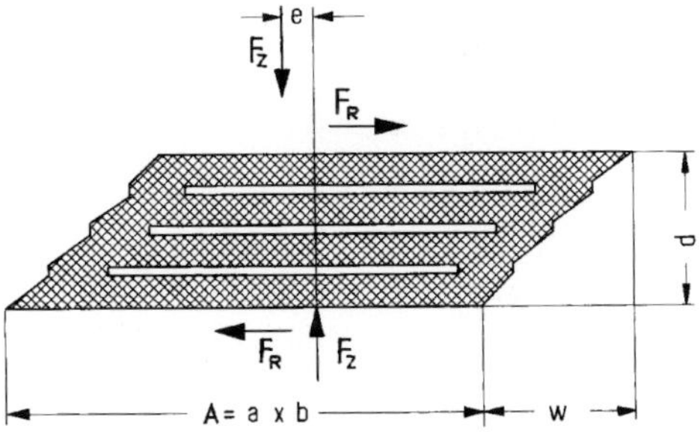

Bild 4.84 Aus Schubverformung entstehende Exzentrizität der Auflast

Umgekehrt ergibt eine Lastexzentrizität (oder ein Auflagerdrehwinkel) immer eine Schubverformung der Lager, wie sich aus dieser Gleichung ablesen lässt, und wie in Abschnitt 4.5.4 bei dem Einfluss der Auflagerdrehwinkel beschrieben wird.

Ganz so trivial, wie aus den bisherigen Ausführungen geschlossen werden könnte, sind eigentlich die Schubbeanspruchungen von Gummilagern nicht, weil die Schubverzerrungen im Verhältnis zu den Abmessungen der Körper nicht klein sind. Innerhalb der Körper treten Zugspannungen auf, die durch die in Bild 4.83 oder 4.85 unübersehbare Dehnungen der Oberflächen augenfällig werden. Die inneren Zugspannungen führen zu einer geringen Dickenänderung von Gummilagern bei Schubverformung, die sich bei Schubversuchen mit starren Prüfpressen in einem Abfall der Auflast äußert.

Bild 4.85 Zugspannungen in der freien Oberfläche schubverformter Gummilager führen zum Abheben der Lagerränder vom Bauwerk

Die Oberflächendehnung führt zu einem Abheben der Lagerränder vom Bauwerk (Bild 4.85), wenn die Steifigkeit der Bewehrungsbleche diese Verformung nicht verhindert.

4.5.3.5 Aufnahme der Schubspannungen – Beanspruchung der Bewehrung

Die ermittelten Schubspannungen müssen durch Haftreibung oder Haftung in die als unendlich steif angenommenen belasteten Bauwerksflächen oder in die an ihre Stelle tretenden Bewehrungseinlagen (Bild 4.76) eingeleitet werden.

Die Aufnahme durch Haftreibung stößt auf Schwierigkeiten, da im Bereich der größten Schubspannungen (am Rand) die Pressung null ist. Das postulierte Verformungsbild ist also systematisch nur durch erzeugte Haftung realisierbar.

Die Schubspannungen τ aus Bild 4.79 resultieren in einer Zugbeanspruchung Z der belasteten Bauwerksflächen bzw. der Bewehrung. Für den unendlich langen Lagerstreifen ergibt sich mit der Annahme des hydrostatischen Spannungszustandes aus σ_m die längenbezogene Zugkraft:

$$Z = \max \sigma \cdot t = 1{,}5 \cdot \sigma_m \cdot t \qquad (4.135)$$

Bei dem vorausgesetzten Verformungsbild verteilt sich diese Kraft je zur Hälfte auf die angrenzenden Flächen, also auf Bewehrung oder Bauwerksoberfläche.

4.5.4 Bemessung bewehrter Elastomerlager

Die Abmessungen im Grundriss sollten so klein wie für die vorhandenen Lasten zulässig sein. Jede überflüssige Gummifläche muss bei Bauwerksbewegungen mit verformt werden und erzeugt so zusätzliche Zwängungen.

Die wirksame Lagerdicke

$$T_e = n \cdot t \tag{4.136}$$

n Zahl der Schichten
t Schichtdicke

sollte aus dem gleichen Grunde möglichst groß sein, wenn die mit der Dicke wachsenden Druckverformungen und Kosten vertretbar sind.

Die Bemessung ergibt sich aus den Regeln in DIN EN 1337-3. Die wirksame Lagerdicke T_e wird auch Nettodicke genannt, weil die nicht verformbaren Bewehrungseinlagen in ihr nicht enthalten sind. Außerdem wird hierfür auch der Ausdruck „Nenndicke aller Elastomerschichten" benutzt.

Das Verhältnis der wirksamen Lagerdicke T_e zur kleineren Grundrissseite a sollte – von Sonderfällen abgesehen – 1/5 nicht überschreiten.

In der Europäischen Norm EN 1337-3 sind Regellagergrößen angegeben, die bevorzugt verwendet werden sollen. Der Schichtaufbau ist hier ebenfalls geregelt. In Bild 4.86 a ist ein normales unverankertes Gummilager im Schnitt dargestellt. Bei Bild 4.86 b handelt es sich um Lager, deren Oberfläche am Bauwerk verankert ist, um einen Schlupf zu vermeiden.

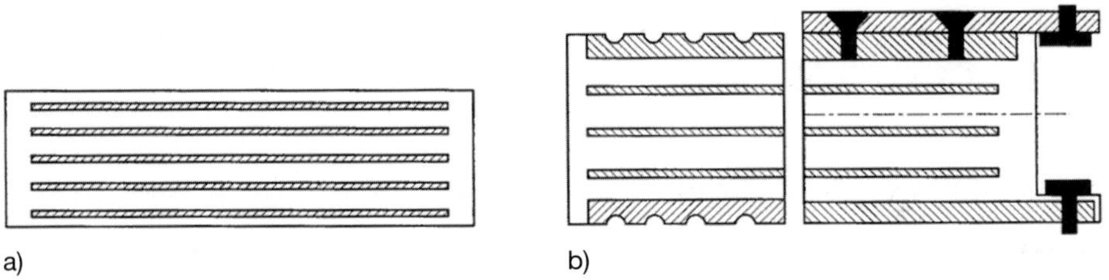

Bild 4.86 Normengemäße Gummilager

Wenn keine Oberflächenverankerung (Rutschsicherung) der Lager erforderlich ist, so ist es vorzuziehen, dass die Lageroberfläche aus Gummi besteht. Diese äußere Gummischicht darf nicht zu dick sein, da sie sonst das Bauwerk ähnlich auf Querzug beansprucht wie ein unbewehrtes Lager. Im Allgemeinen ist 2,5 bis 3 mm eine vernünftige Dicke, die einen hinreichenden Korrosionsschutz bietet, kleine Unebenheiten ausgleicht und als „Reibbelag" auch nicht zu dick erscheint.

Bei gleicher Fläche sind hinsichtlich der Schubverformung alle denkbaren Grundrissformen in etwa gleichwertig. Hinsichtlich der Druckbeanspruchung sind runde Lager optimal (große Formfaktoren), während für Verdrehungen Rechteckformate vorzuziehen sind.

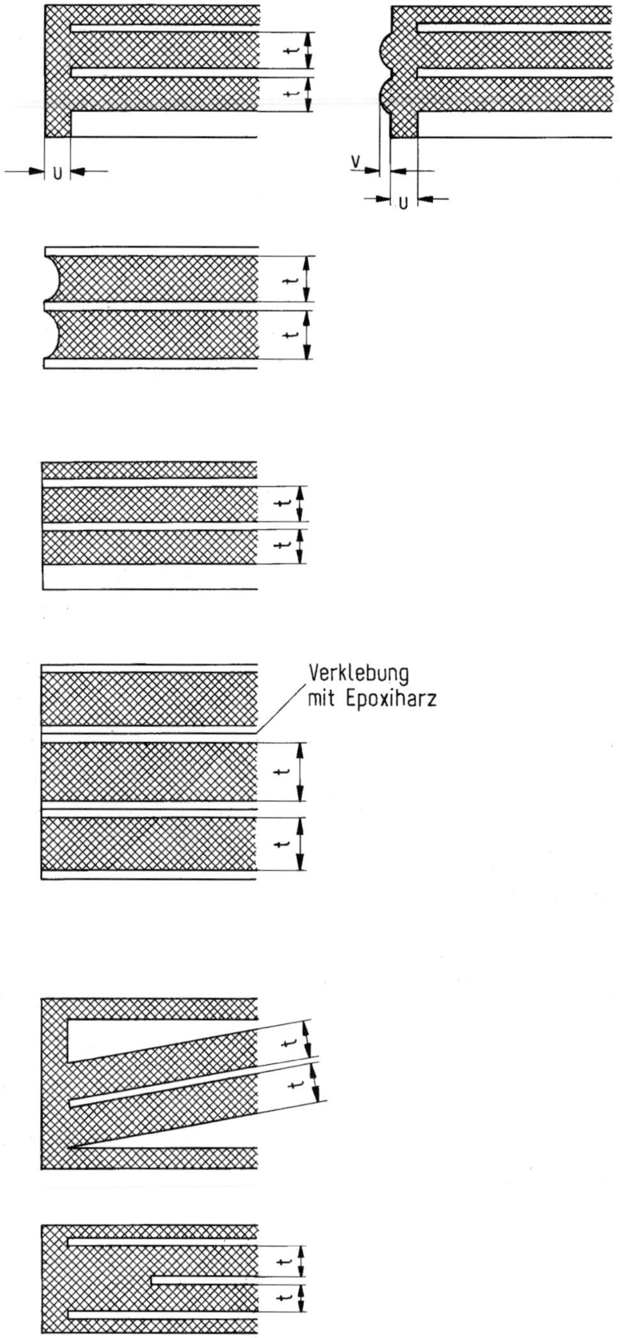

Bild 4.87 Denkbare Bauformen von bewehrten Gummilagern

Statische Beurteilung historischer Tragwerke

STEFAN HOLZER
Statische Beurteilung historischer Tragwerke
Band 1: Mauerwerkskonstruktionen

2013. ca. 250 S., ca. 300 Abb., Br.
ca. € 55,–*
ISBN: 978-3-433-02959-6
Erscheint Sommer 2013

ebook

STEFAN HOLZER
Statische Beurteilung historischer Tragwerke
Band 2: Holzkonstruktionen

2013.
ca. € 55,–*
ISBN: 978-3-433-03058-5
Erscheint 2. Halbjahr 2013

ebook

■ Das Bauen im Bestand wird zu einem immer wichtigeren Teilbereich des Bauwesens. Die Aufgaben der Beurteilung existierender Tragwerke und der Einschätzung der Standsicherheit im Hochbau betrifft insbesondere weitgespannte Holztragwerke, also Dachwerke, sowie Gewölbe und andere Mauerwerkskonstruktionen.

Das vorliegende Werk stellt ein Konzept vor, wie die Tragreserven der ursprünglichen Konstruktion realistisch beurteilt werden können, so dass Eingriffe in wichtige historische Tragkonstruktionen minimiert werden. Vom Dach bis ins Fundament werden alle Bauteile eines typischen historischen Hochbaus behandelt. Dabei ist der Fokus auf die Bewertung der Standsicherheit von Gesamtsystemen und die Identifizierung von Gefahrenquellen gerichtet.

Einer kurzen historischen Übersicht über Bauweisen und Konstruktionen folgen jeweils systematisch aufgebaute Berechnungsbeispiele mit realen Fällen, anhand derer die pragmatische Modellbildung gezeigt wird und konkrete praktische Hinweise zur Wahl der Berechnungsmodelle und Berechnungsparameter gegeben werden. Prinzipielle Hinweise zur Bauaufnahme und zerstörungsfreien Zustandserfassung sowie zur Ertüchtigung und eine Diskussion ungeeigneter Maßnahmen runden diesen Leitfaden für die Praxis ab.

- Anwendungsbezogenes Buch zum Quereinstieg, auch für Berufsanfänger
- Mit Praxisbeispielen
- Achtung: nicht zu verwechseln mit Bauschäden, sondern: Standsicherheitsbetrachtung des Gesamtsystems
- Bauartübergreifend

Set-Preis:
Band 1 + Band 2
ISBN 978-3-433-03060-8
ca. € 98,–*

*Der €-Preis gilt ausschließlich für Deutschland. Inkl. MwSt. zzgl. Versandkosten. Irrtum und Änderungen vorbehalten. 0217200006_dp

Online-Bestellung: www.ernst-und-sohn.de

Ernst & Sohn
Verlag für Architektur und technische Wissenschaften GmbH & Co. KG

Kundenservice: Wiley-VCH
Boschstraße 12
D-69469 Weinheim

Tel. +49 (0)6201 606-400
Fax +49 (0)6201 606-184
service@wiley-vch.de

Ernst & Sohn
A Wiley Company

Ist eine Rutschsicherung (Oberflächenverankerung) erforderlich, so sind anvulkanisierte Stahlplatten zur Verankerung empfehlenswert.

Der Unterschied in den Spannungen zwischen runden Lagern und solchen mit rechteckigem Grundriss, wie sie als Standardformate üblich sind, ist allerdings unerheblich, so dass man wegen der besseren Platzausnutzung und des günstigeren Preises Rechteckformate bevorzugen kann, ohne Nachteile in Kauf nehmen zu müssen.

Da im Elastomer durch jede Belastungskonfiguration (Druckverformung, Schubverformung, Auflagerverdrehung) Schubverformungen entstehen, sind diese die maßgebende Beanspruchung bei Elastomerlagern. Die größten Schubverformungen treten an den äußeren Kanten der Lager auf und werden in EN 1337-3 als Summe der Teilverformungen ($\varepsilon_{t,d}$) gegen einen Grenzwert ($\varepsilon_{u,d}$) abgesichert.

$$\varepsilon_{t,d} = k_{lt}\,(\varepsilon_{c,d} + \varepsilon_{q,d} + \varepsilon_{\alpha,d}) \leq \varepsilon_{u,d} = 7 \qquad (4.137)$$

$\varepsilon_{c,d}$ Verformung aus Auflast
$\varepsilon_{q,d}$ Verformung aus Horizontalverschiebung
$\varepsilon_{\alpha,d}$ Verformung aus Auflagerverdrehung
k_{lt} Faktor für die Belastungsart (1,5 für Verkehrslasten, sonst 1,0)

Im Gegensatz zur deutschen Vorgängernorm DIN 4141-14 handelt es sich also um ein verformungsbasiertes Bemessungskonzept. Weiterhin müssen ein Stabilitätsnachweis, ein Nachweis zur Verdrehungsbegrenzung (Klaffen der Lagerfuge) sowie der Nachweis der Zugbeanspruchung in den Bewehrungsblechen geführt werden. Kritikpunkte an dieser Vorgehensweise ergeben sich vor allem aus der Interaktion der verschiedenen Nachweise [176]. War es nach der deutschen Norm DIN 4141-14 noch möglich, beliebige Beanspruchungen aus Auflast und Verdrehung einzeln nachzuweisen, führt das neue Bemessungskonzept bei niedrigen Auflasten aus Eigengewicht zu niedrigen Grenzverdrehungen und damit zu einer Einschränkung des Anwendungsbereiches bewehrter Elastomerlager im Vergleich zur Vorgängernorm. Die nachträgliche Festlegung einer rechnerischen Mindestdruckspannung von 3 N/mm^2 für den Nachweis der Verdrehungsgrenzbedingung wirkt dieser Einschränkung nur geringfügig entgegen.

Die Übertragung von Zugkräften ist in EN 1337-3 nicht geregelt. Die Norm gilt nur für Drucklager. Nur die englische Vorschrift [115] gab für die Grenzzugspannung eine Gleichung an:

$$\text{zul}\,\sigma_m = \frac{G \cdot (3{,}6 \cdot S^2 - 3{,}6 \cdot S + 3)}{2 + 2{,}2 \cdot S^2} \qquad (4.138)$$

Für die bei bewehrten Gummilagern gebräuchlichen Formfaktoren S zwischen 8 und 12 ergeben sich hieraus Grenzzugspannungen zwischen 1,4 G und 1,5 G.

Wir sind der Auffassung, dass man durch konstruktive Maßnahmen am Bauwerk in jedem Falle ständige Zugbeanspruchungen von Elastomerlagern vermeiden sollte. Lassen sie sich nicht vermeiden, so sollte man trotz des großen Aufwandes nicht auf eine Probebelastung jedes einzelnen Lagers verzichten.

Für gelegentliche kurzzeitige Zugbeanspruchungen, wie sie bei ungünstigen Laststellungen an den spitzen Ecken schiefer Brücken oder an den Endauflagern mehrfeldriger Balken auftreten können, ist die Verwendung verankerter Gummilager im Prinzip unbedenklich.

Die mittlere Zugspannung sollte dann 10 % der zulässigen Druckspannung, also 1 bis 1,5 N/mm^2 nicht überschreiten. Nach Versuchen liegt die Bruchsicherheit dann bei 1,5 bis 2,0. Sie dürfte für die beschriebenen Anwendungsfälle ausreichend sein.

Die Zugverankerung der Deckbleche am Bauwerk kann nach den Regeln des Stahlbaus ausgeführt werden, wobei Baustellenschweißungen, wie gesagt, unzulässig sind. Auf die Auswechselbarkeit ist auch hier zu achten. In [227], 1. Teil, wird ausführlich über Versuche mit einem Druck Zug Lager berichtet.

5 Regelwerke / Normen

5.1 Allgemeine Situation

Normative Festsetzungen sind in einer Welt, die von der Technik beherrscht wird, unverzichtbar [139].

In Deutschland werden die nationalen Normen vom Deutschen Institut für Normung (DIN) erstellt. An den ca. 60 000 Normen haben unzählige, ehrenamtlich tätige Fachleute aus Industrie, Wissenschaft und Verwaltung mitgearbeitet. Das DIN leistet nur die Geschäftsstellenarbeit.

Das DIN ist außerdem auch die Geschäftsstelle für die europäische Normung (CEN), die – als ein Ergebnis des europäischen Zusammenschlusses – in vielen Bereichen, insbesondere auch im Bauwesen, nach und nach die nationale Normung ablöst. So entstandene Normen heißen DIN-EN-Normen.

Weiterhin ist das DIN auch die Geschäftsstelle für die weltweit gültigen ISO-Normen. Neben den DIN-, EN- und ISO-Normen gibt es eine unübersehbare Menge weiterer mehr oder weniger gültiger Regelvereinbarungen, allgemein Regelwerke genannt.

Häufig werden – fälschlicherweise – DIN-Normen als Vorschriften bezeichnet. Vorschriften sind jedoch Regeln, die von jedem beachtet werden müssen, wie Gesetze und Verordnungen. DIN-Normen können allenfalls aufgrund von Vorschriften, aber auch durch beidseitige Vereinbarung verbindlich sein.

Zur Schreibweise:
Normen, die durch internationale Zusammenarbeit entstanden sind, also EN- und ISO-Normen, erhalten vor der Normennummer die Bezeichnung „EN“ bzw. „ISO“ und davor die das nationale Normeninstitut kennzeichnenden Buchstaben, für deutsche Normen lauten diese „DIN“.

Werden Regeln und Arbeitshilfen nach dem Verbindlichkeitsgrad geordnet, so ergibt sich etwa folgende Hierarchie:

- Stellungnahme eines Fachmanns,
- offizielles Sachverständigen-Gutachten, Fachzeitschriften, Bücher,
- Richtlinien paritätisch besetzter Ausschüsse,
- Normen (DIN/EN/ISO),
- Erlasse einer Behörde, Zulassungen, Verordnungen aufgrund eines Gesetzes, Gesetze (z. B. Bauordnung),
- Verfassung (Grundgesetz).

Die Normen werden in dem Maße verbindlich, in dem sie Bestandteil von Verträgen, Erlassen, Zulassungen oder Vorschriften eines öffentlichen Bauherrn sind.

Dem steht nicht entgegen, dass beispielsweise Normen den allgemein anerkannten Stand der Technik darstellen, Zulassungen dagegen nicht!

In Deutschland sind in der Regel die Verdingungsordnungen für Bauleistungen (VOB), die als DIN-Normen herausgegeben werden, Vertragsbestandteil beim Bauen. Beim Bau von Straßenbrücken von Bund und Ländern sind zusätzliche Regeln des

Lager im Bauwesen. 3. Auflage. Tobias Block, Helmut Eggert, Wolfgang Kauschke.

Bundesverkehrsministers zu beachten, siehe Abschnitt 5.3, beim Bau von Eisenbahnbrücken das Regelwerk DS 804 der Bahn AG. Das Verkehrsministerium hat außerdem weitere Richtlinien und Richtzeichnungen herausgegeben, von denen hier die für Lager – Lag – interessieren, siehe Abschnitt 5.3.

In diesem Kapitel werden nur aktuelle Regeln wiedergegeben, die unmittelbar für die Bemessung und Konstruktion von Lagern benötigt werden, insbesondere auszugsweise Teile der europäischen Normenreihe DIN EN 1337 Lager im Bauwesen.

5.2 Die Europäische Lagernormreihe DIN EN 1337 – Lager im Bauwesen

Hinweise

Im Nachfolgenden werden aus Platzgründen nur die Teile der Normen abgedruckt, die für den Anwender unmittelbar von Belang sind. Die Gliederung des Originaltextes wurde beibehalten, so dass hin und wieder Lücken in der Abschnittsbezeichnung vorhanden sind, auf die nicht immer ausdrücklich hingewiesen wird.

Für weitergehende Informationen wird auf die Original-Normenblätter verwiesen. Es ist geplant, eine Zusammenstellung dieser Normen in einem sog. DIN-Taschenbuch herauszugeben.

Die Normreihe DIN EN 1337 ist entstanden aus

- den Regeln der deutschen Normenreihe DIN 4141,
- den Regeln der Allgemeinen bauaufsichtlichen Zulassungen des DIBt für Lager,
- den Regeln der britischen, Brückenlager betreffenden Normen,
- den in Frankreich geltenden Regeln für Gummilager.

Weil u. a. in Deutschland keine Rollenlager, Linienkipplager und Zylinderlager verwendet werden, werden diese Regeln – das sind Teil 4 und Teile von Teil 6 und 7 – hier **nicht** abgedruckt, zumal auch in den anderen Kapiteln dieses Buches die nach Überzeugung der Verfasser technisch überholte Linienlagerung **nicht** behandelt wurde. In der ersten Auflage dieses Buches wurde die Rollenlagerung übrigens ausführlich dargestellt.

Kursive Schreibweise bedeutet, dass es sich um einen Kommentar handelt, der so nicht in der Norm zu finden ist.

5.2.1 DIN EN 1337-1:2001-02 Lager im Bauwesen Teil 1: Allgemeine Regelungen

Inhalt

Diese Norm gilt nicht für:
a) Lager, die Momente als Hauptschnittgröße übertragen;
b) Lager, die Zugkräfte übertragen;
c) Lager für bewegliche Brücken;
d) Betongelenke;
e) Erdbebensicherungen.

Hinweis: Mit diesem Alibihinweis wird nicht ausgeschlossen, dass die hier geregelten Lager nicht auch für die genannten Bereiche verwendbar sind. Dann ist allerdings zu prüfen, welche weiteren, in dieser Norm nicht genannten Anwendungsregeln zu beachten sind.

3.1 Definitionen

3.1.1 Lager

Lager sind Bauteile, die Verdrehungen zwischen zwei Bauwerksteilen ermöglichen und anforderungsgemäß definierte Lasten übertragen und Verschiebungen verhindern (feste Lager) oder in einer Richtung (geführte Lager) oder in allen Richtungen einer Ebene (allseitig bewegliche Lager) erlauben. Die gebräuchlichsten Lager sind in Tabelle 1 aufgeführt und Beispiele dafür in Bild 1 mit den zugehörigen Koordinatenachsen dargestellt. Folgende Kategorien werden unterschieden:

Kategorie 1:	Allseitig verdrehbare Lager
Kategorie 2:	Einachsig verdrehbare Lager
Kategorie 3:	Kalotten- und Zylinderlager, wenn die Horizontalkräfte von der gekrümmten Gleitfläche aufgenommen werden.
Kategorie 4:	Alle sonstigen Lager

Zur Kategorie 1 gehören die Lager der Nr. 1.1 bis 1.3, 3.3, 3.5 bis 4.3, 8.1 und 8.2.
Zur Kategorie 2 gehören die Lager der Nr. 5.1 bis 6.2, 7.3 und 7.4.
Zur Kategorie 3 gehören die Lager der Nr. 3.2, 3.4, 7.1 und 7.2.

Tabelle 1 Gebräuchlichste Lager

1							2	3	4	5	6	7	8	9	10	11	12	13			14
Zugehörige Teile der Norm							Nr.	Symbole in Lagerebene	Symbole in der Ansicht		Lagerart	Relativbewegung						Schnittgrößen			
												Verschiebungen			Verdrehung			Kräfte			Momente
2	3	4	5	6	7	8			X	y		v_x in X-Richtung	v_y in y-Richtung	v_z in z-Richtung	a_x um die X-Achse	a_y um die y-Achse	a_z um die z-Achse				
	X						1.1				Elastomerlager (EL)	verformend	verformend	gering[2]	verformend	verformend	[1]	V_x	V_y	N	
	X					X	1.2				Elastomerlager mit Festhaltekonstruktion (FK)[4] für eine Achse		keine				[1]	V_x	V_y	N	
X	X					X	1.3				EL mit einachsig beweglichem Gleitteil und FK für die andere Achse	gleitend und verformend	keine						V_y	N	
X	X						1.4				Elastomerlager mit zweiachsig beweglichem Gleitteil		gleitend u. verformend				verformend			N	
X	X						1.5				Elastomerlager mit einachsig beweglichem Gleitteil		verformend				[1]		V_y	N	
	X					X	1.6				Elastomerlager mit FK für zwei Achsen	keine	keine					V_x	V_y	N	
X	X					X	1.7				Elastomerlager mit einachsig beweglichem Gleitteil und FK für zwei Achsen	gleitend							V_y	N	
X	X					X	1.8				Elastomerlager mit zweiachsig beweglichem Gleitteil und FK für zwei Achsen		gleitend							N	

Tabelle 1 Gebräuchlichste Lager (Fortsetzung)

1							2	3	4	5	6	7	8	9	10	11	12	13			14
Zugehörige Teile der Norm							Nr.	Symbole in Lagerebene	Symbole in der Ansicht		Lagerart	Relativbewegung						Schnittgrößen			
												Verschiebungen			Verdrehung			Kräfte			Momente
2	3	4	5	6	7	8			X	y		v_x in X-Richtung	v_y in y-Richtung	v_z in z-Richtung	a_x um die X-Achse	a_y um die y-Achse	a_z um die z-Achse				
			X				2.1				Topflager	keine	keine	sehr kleine	verformend	verformend	1)	V_x	V_y	N	
X			X				2.2				Topflager mit einachsig beweglichem Gleitteil	gleitend					gleitend u. verformend		V_y	N	
X			X				2.3				Topflager mit zweiachsig beweglichem Gleitteil		gleitend							N	
					X		3.1				Kalottenlager mit Festhaltekonstruktion außerhalb der Kalotte	keine	keine	nahezu keine	gleitend	gleitend	1)	V_x	V_y	N	
					X		3.2				Kalottenlager mit Festhaltekonstruktion durch die Kalotte						gleitend	V_x	V_y	N	
X					X		3.3				Kalottenlager mit einachsig beweglichem Gleitteil (äußere Führung)	gleitend							V_y	N	
X					X		3.4				Kalottenlager mit einachsig beweglichem Gleitteil (innere Führung)								V_y	N	
X					X		3.5				Kalottenlager mit zweiachsig beweglichem Gleitteil		gleitend							N	

Tabelle 1 Gebräuchlichste Lager (Fortsetzung)

1							2	3	4	5	6	7	8	9	10	11	12	13			14
Zugehörige Teile der Norm							Nr.	Symbole in Lagerebene	Symbole in der Ansicht		Lagerart	Relativbewegung						Schnittgrößen			
												Verschiebungen			Verdrehung			Kräfte			Momente
2	3	4	5	6	7	8			X	y		v_x in X-Richtung	v_y in y-Richtung	v_z in z-Richtung	a_x um die X-Achse	a_y um die y-Achse	a_z um die z-Achse				
				X			4.1				Stählernes Punktkipplager	keine	keine	nahezu keine	kippend	kippend	gleitend [1]	V_x	V_y	N	
X				X			4.2				Stählernes Punktkipplager mit einachsig beweglichem Gleitteil	gleitend							V_y	N	
X				X			4.3				Stählernes Punktkipplager mit zweiachsigen beweglichem Gleitteil	gleitend	gleitend							N	
				X			5.1				Stählernes Linienkipplager	keine	keine		keine		keine	V_x	V_y	N	M_x
X				X			5.2	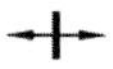		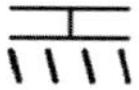	Stählernes Linienkipplager mit einachsig beweglichem Gleitteil	gleitend							V_y	N	M_x
X				X			5.3			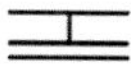	Stählernes Linienkipplager mit zweiachsig beweglichem Gleitteil		gleitend				gleitend			N	M_x
		X					6.1			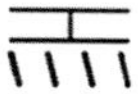	Einfaches Rollenlager	rollend	keine		keine [3]	kippend	keine [1]		V_y	N	M_x
X		X					6.2			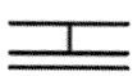	Einfaches Rollenlager mit Gleitteil für die andere Richtung		gleitend							N	M_x

Tabelle 1 Gebräuchlichste Lager (Fortsetzung)

1							2	3	4	5	6	7	8	9	10	11	12	13			14
Zugehörige Teile der Norm							Nr.	Symbole in Lager-ebene	Symbole in der Ansicht		Lagerart	Relativbewegung						Schnittgrößen			
												Verschiebungen			Verdrehung			Kräfte			Mo-men-te
2	3	4	5	6	7	8			X	y		v_x in X-Rich-tung	v_y in y-Rich-tung	v_z in z-Rich-tung	a_x um die X-Achse	a_y um die y-Achse	a_z um die z-Achse				
X					X		7.1			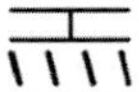	Allseits festes Zylinderlager	keine	keine	nahezu keine	keine[3]	gleitend	keine	V_x	V_y	N	M_x
X					X		7.2			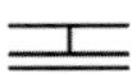	Zylindrisches Lager mit Gleitteil für die Querrichtung		gleitend					V_x		N	M_x
X					X		7.3			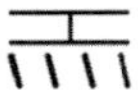	Zylindrisches Lager mit Gleitteil für die Längsrichtung	gleitend	keine						V_y	N	M_x
X					X		7.4			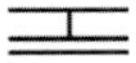	Allseits bewegliches zylindrisches Gleitlager		gleitend				gleitend			N	M_x
					X		8.1				Festpunkt- oder Horizontalkraftlager zweiachsig fest	keine	keine	gleitend	gleitend oder verformend	gleitend oder verformend	gleitend oder verformend	V_x	V_y		
						X	8.2		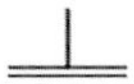		Einachsig festes Führungslager	gleitend					keine		V_y		

ANMERKUNG In der praktischen Anwendung ist X die Hauptrichtung der Bewegung bei Brücken (siehe ENV 1992-2 und ENV 1993-2) und z die Richtung der Kräfte aus den vertikalen Lasten.

Kräfte

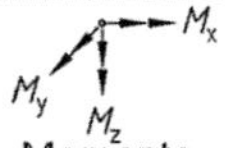

Momente

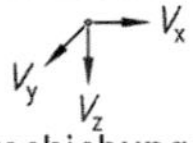

Verschiebungen

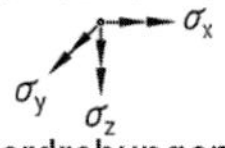

Verdrehungen

1) Für einzelne Lagertypen kann a_z enge Toleranzen haben, falls gefordert, sind besondere Konstruktionen notwendig. Normalerweise bedeutet „keine", dass keine anderen Bewegungen als solche aus Toleranzen und Deformation auftreten.

2) Ob v_x wichtig ist, muss im Einzelfall geklärt werden.

3) Die Kombination mit einem Gleitlager ergibt ungünstige Beanspruchungen im PTFE.

4) Einrichtungen, um Kräfte V_x oder V_y zu übertragen.

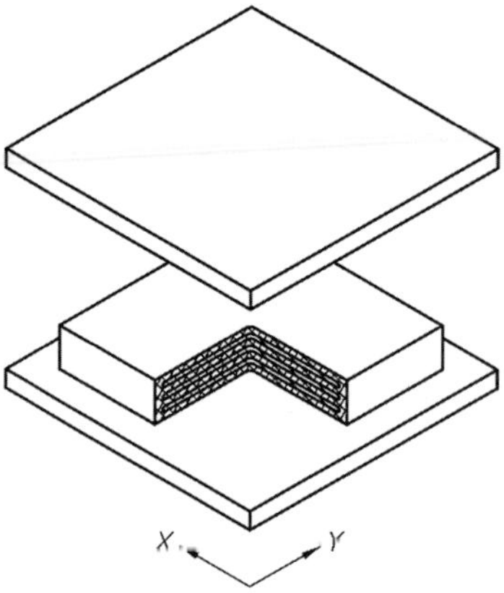

Nr. 1.1

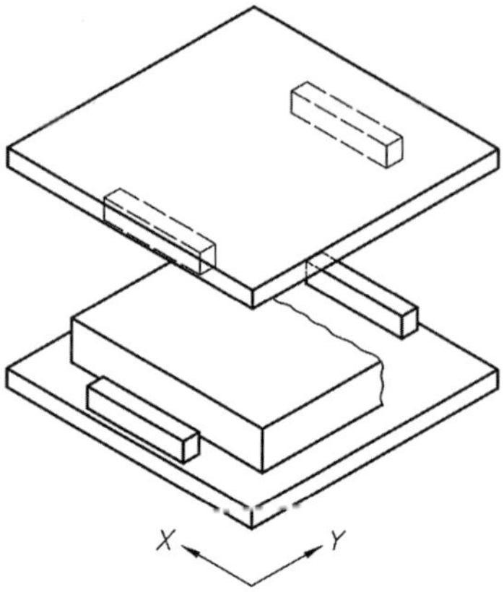

Nr. 1.2

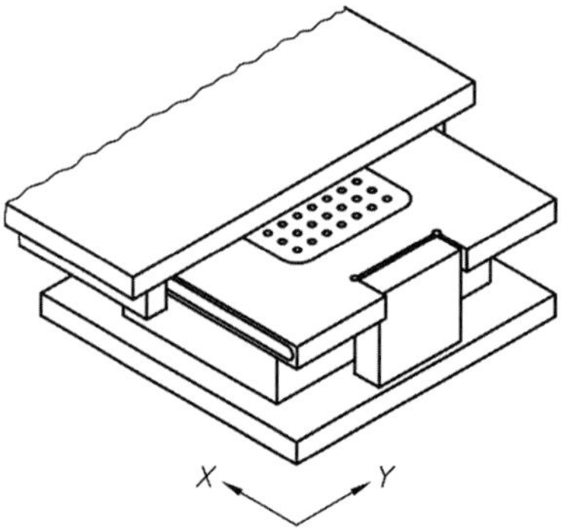

Nr. 1.3

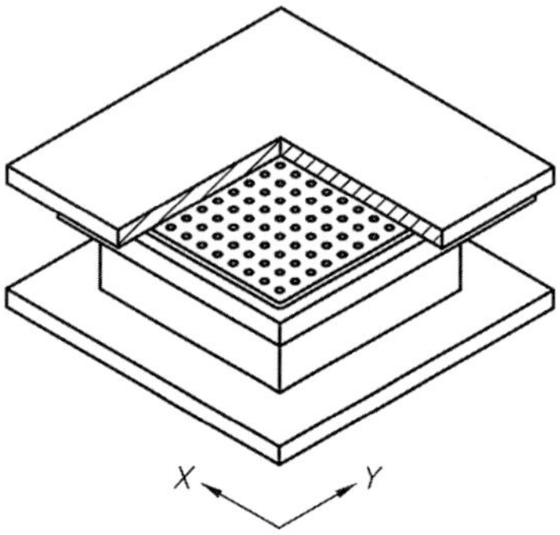

Nr. 1.4

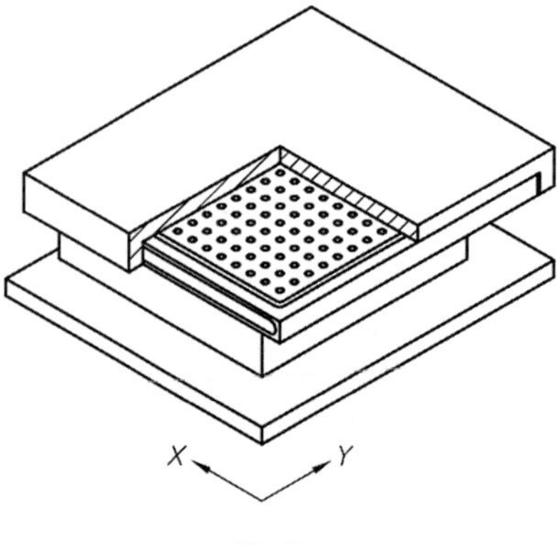

Nr. 1.5

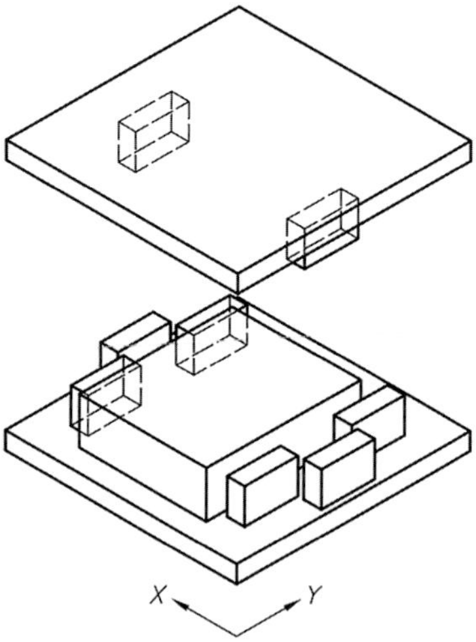

Nr. 1.6

Bild 1 Beispiele der gebräuchlichsten Lager nach Tabelle 1

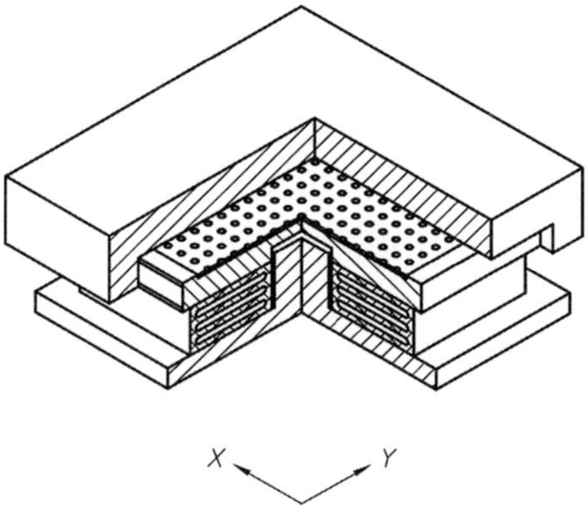

Nr. 1.7

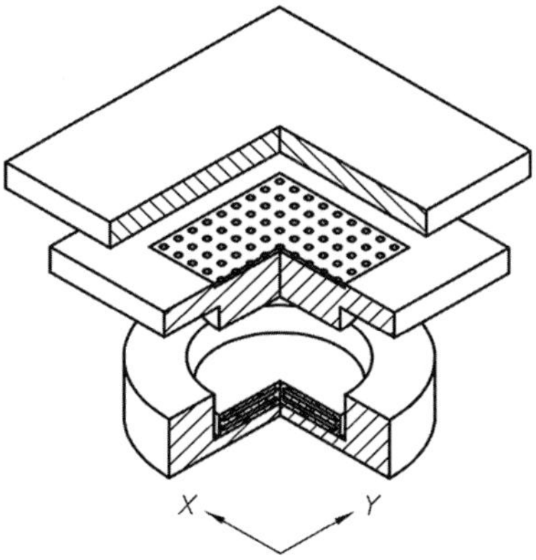

Nr. 1.8

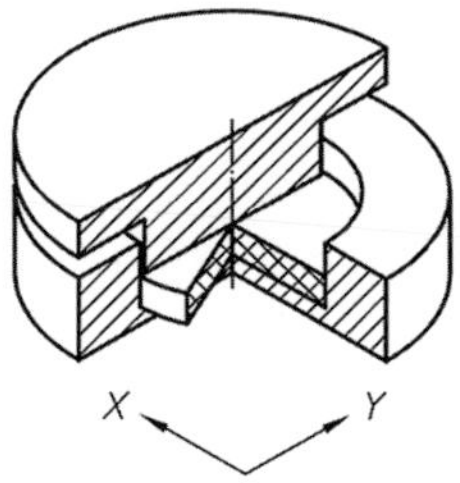

Nr. 2.1

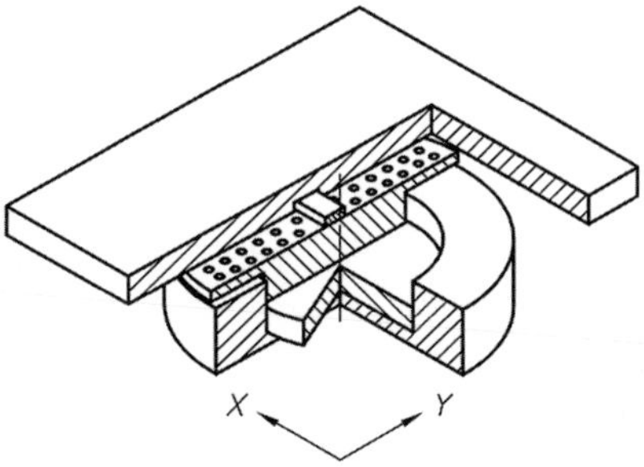

Nr. 2.2

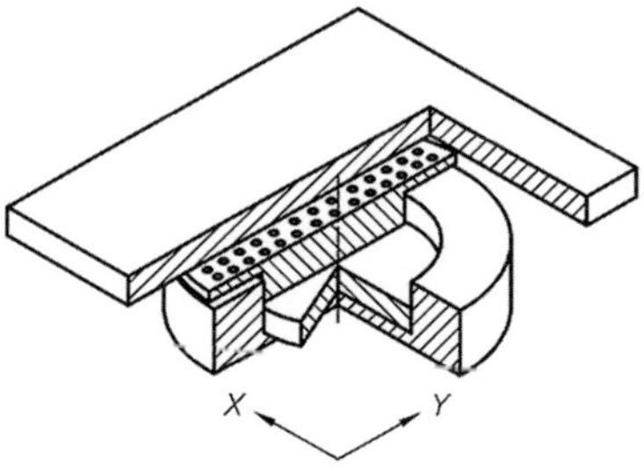

Nr. 2.3

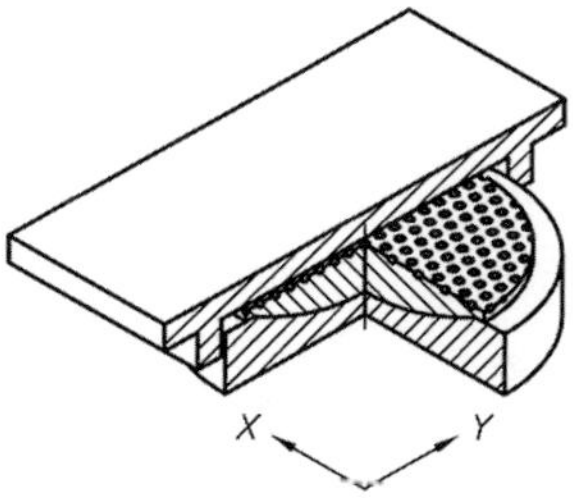

Nr. 3.1

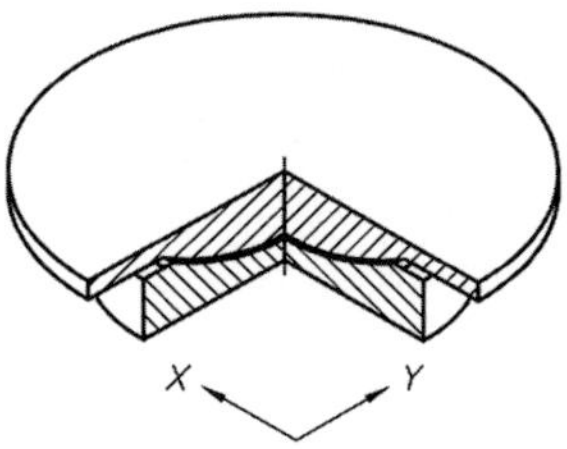

Nr. 3.2

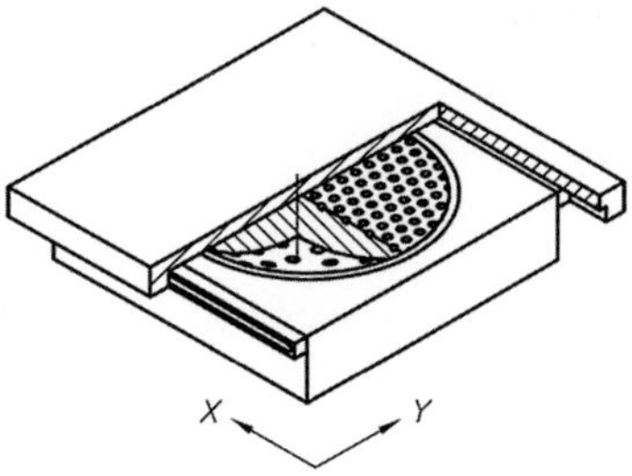

Nr. 3.3

Bild 1 Beispiele der gebräuchlichsten Lager nach Tabelle 1 (Fortsetzung)

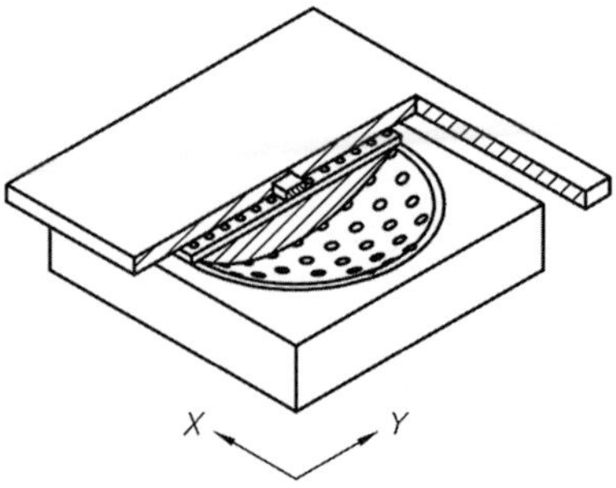

Nr. 3.4

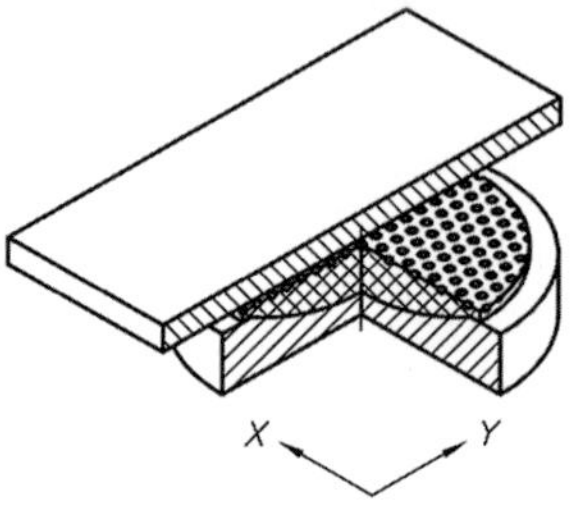

Nr. 3.5

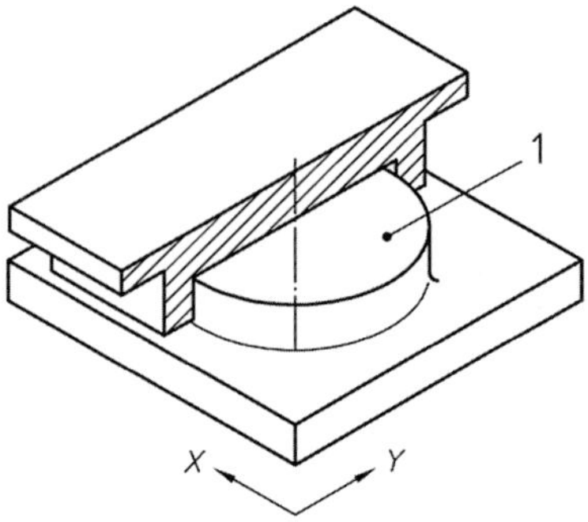

Nr. 4.1

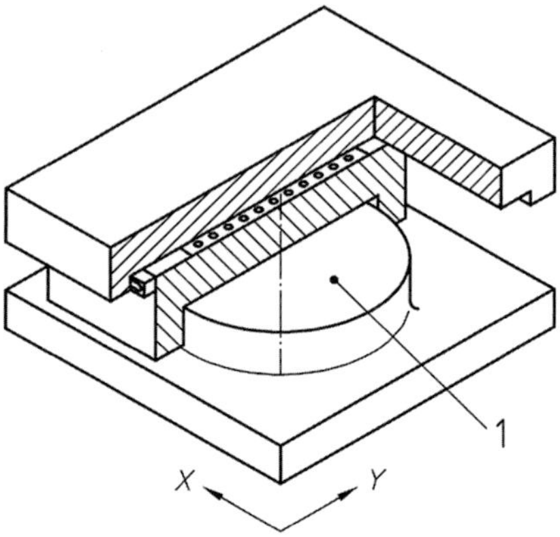

Nr. 4.2

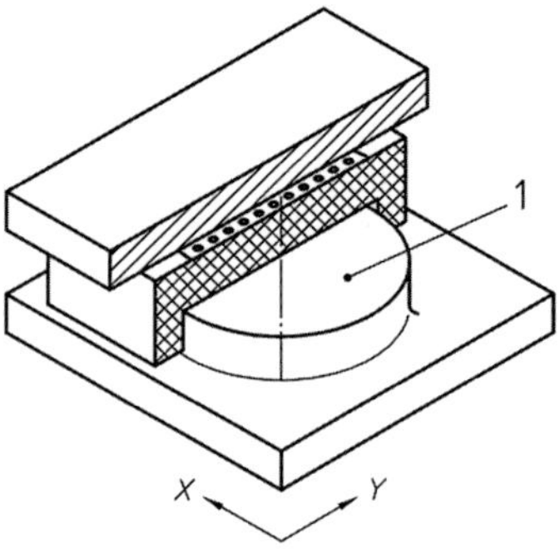

Nr. 4.3

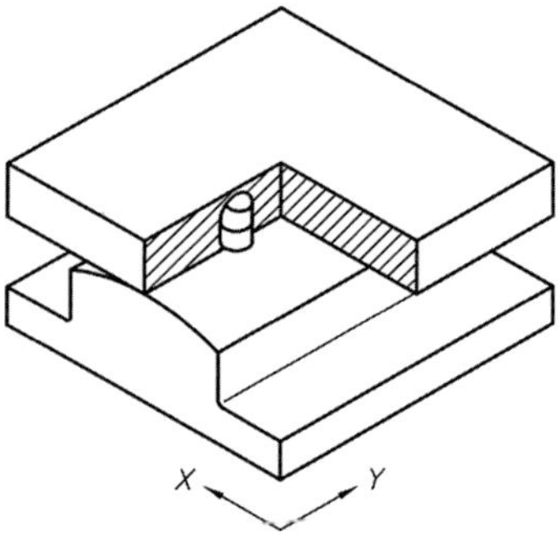

Nr. 5.1

1 gekrümmte Oberflächen

Bild 1 Beispiele der gebräuchlichsten Lager nach Tabelle 1 (Fortsetzung)

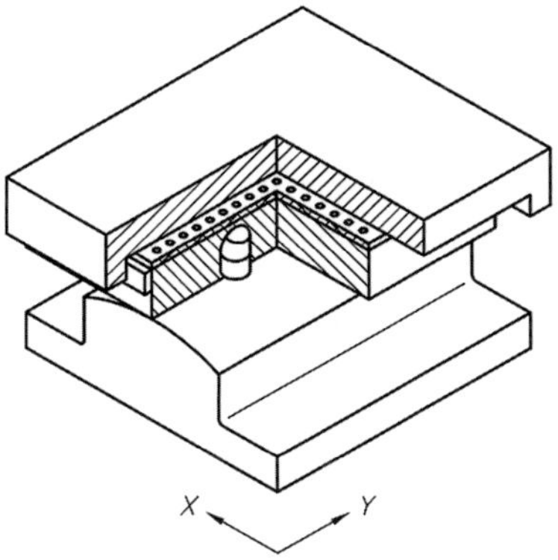

Nr. 5.2

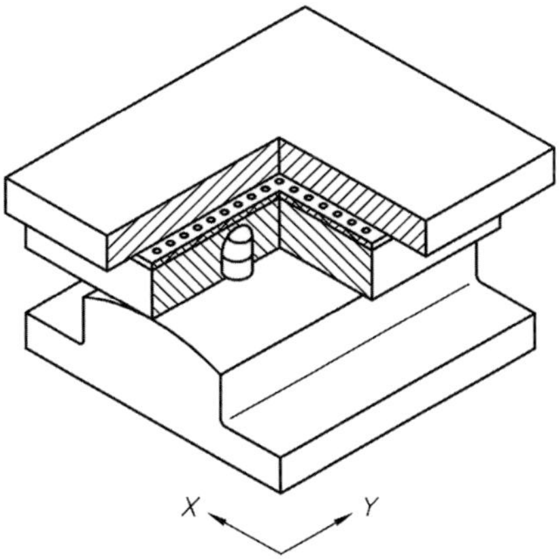

Nr. 5.3

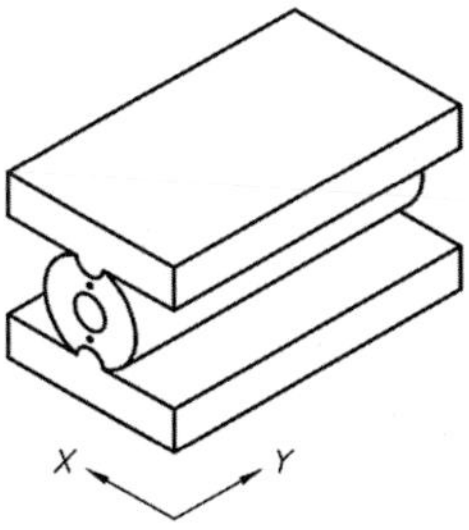

Nr. 6.1

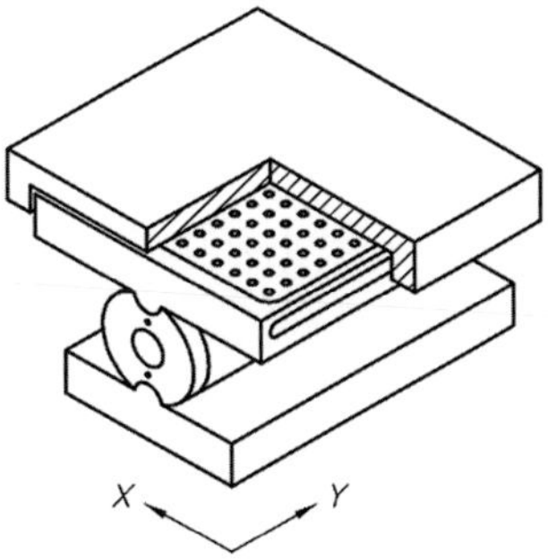

Nr. 6.2

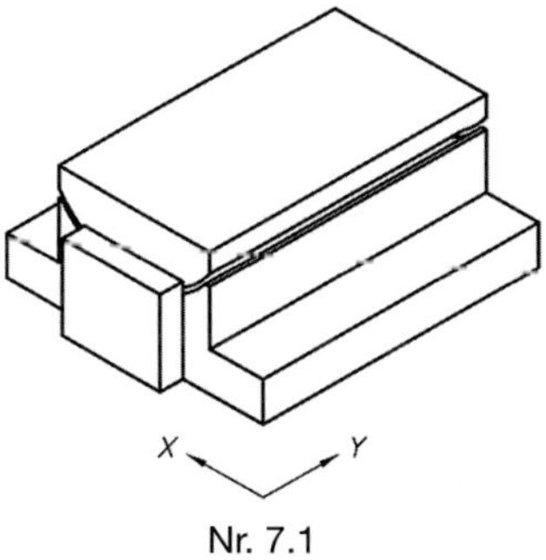

Nr. 7.1

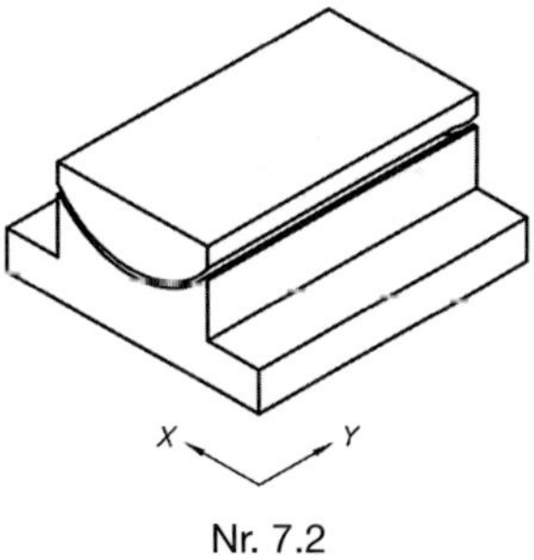

Nr. 7.2

Bild 1 Beispiele der gebräuchlichsten Lager nach Tabelle 1 (Fortsetzung)

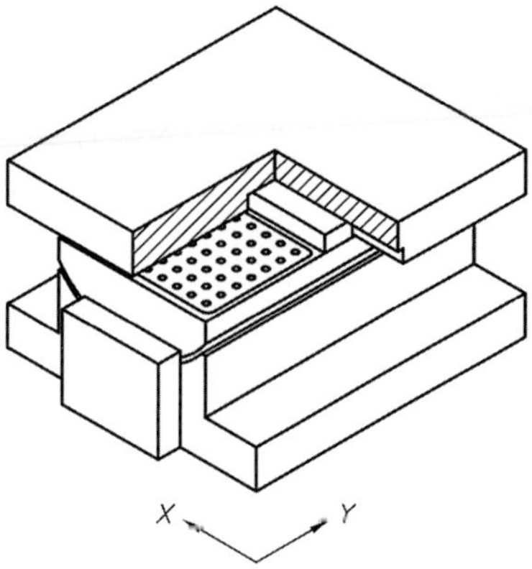

Nr. 7.3

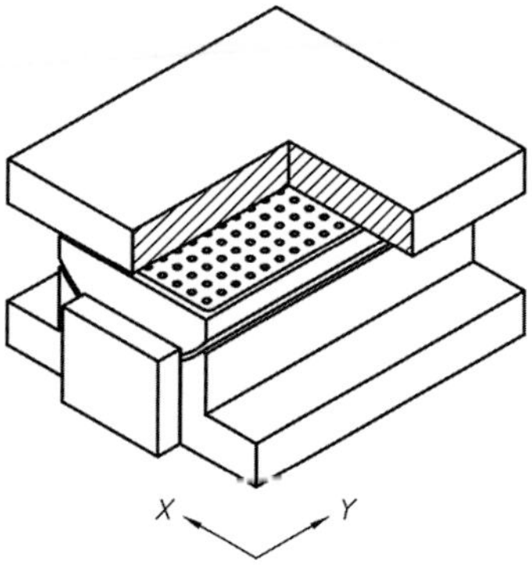

Nr. 7.4

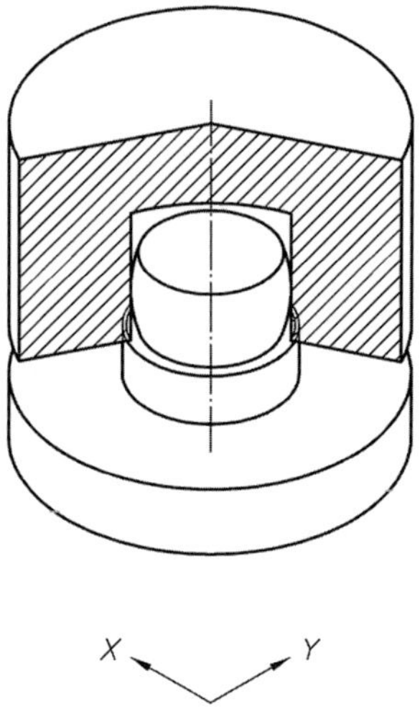

Nr. 8.1

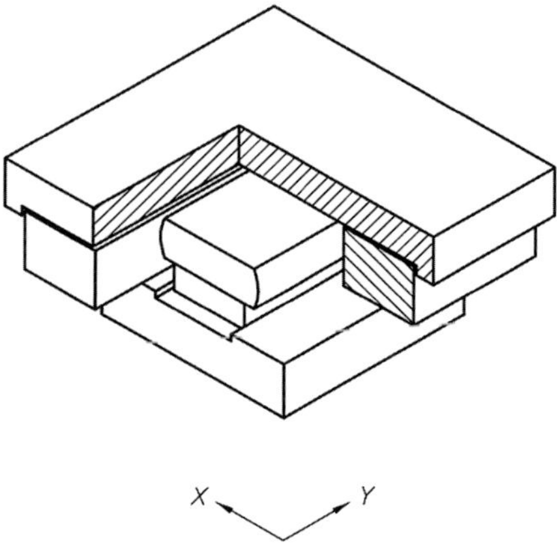

Nr. 8.2

Bild 1 Beispiele der gebräuchlichsten Lager nach Tabelle 1 (Schluss)

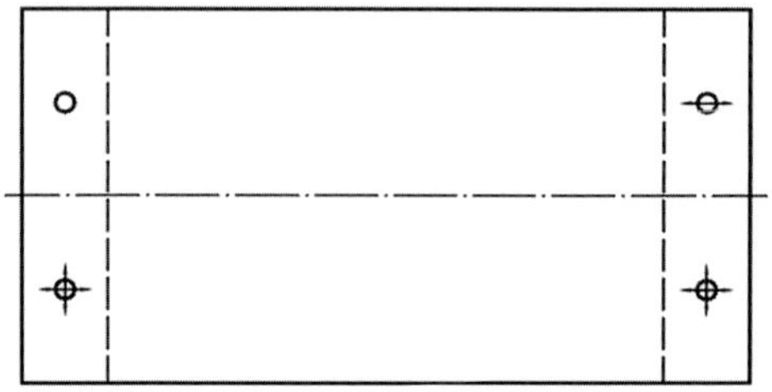

Bild 2 Beispiel eines Lagerungssystems

3.1.2 Lagerung

Die Lagerung umfasst alle baulichen Maßnahmen einschließlich des Lagers, die dazu dienen, in einem Unterstützungspunkt eines Bauteils Kräfte zu übertragen und Bewegungen zu ermöglichen.

3.1.3 Lagerungssystem

Das Lagerungssystem für ein Bauwerk ist die Kombination von Lagern, welche für die Bewegung und die Übertragung der Kräfte (siehe Bild 2) zusammenwirken.

4 Allgemeine Grundsätze

Lager und Lagerungen sind so zu entwerfen, dass die Lager oder Teile von ihnen inspiziert, gewartet und wenn erforderlich ausgewechselt werden können, um über die erwartete Lebensdauer der Brücke eine funktionsgerechte Lagerung sicherzustellen.

Lager sind so auszubilden, dass sie die zu erwartenden Bewegungen mit möglichst geringen Reaktionskräften ermöglichen.

Voreinstellungen müssen, soweit als möglich, vermieden werden. Ist dies nicht möglich, so müssen die erforderlichen Voreinstellungen im Herstellerwerk erfolgen. Sind Nachstellungen auf der Baustelle unvermeidlich, so dürfen diese nur vom Hersteller des Lagers oder unter seiner Aufsicht erfolgen.

5.2 Gleitsicherheit in Fugen

Wenn die Position eines Lagers oder Lagerteils ganz oder teilweise durch Reibung sichergestellt wird, ist im Grenzzustand der Tragfähigkeit die Gleitsicherheit wie folgt nachzuweisen:

$$V_{Sd} \leq V_{Rd}$$

Dabei sind

V_{Sd} der Bemessungswert der Querkraft;

$V_{Rd} = \mu_k / \gamma_\mu \cdot N_{Sd} + V_{pd}$ der Bemessungswert der aufnehmbaren Querkraft;

mit

N_{Sd} kleinster Bemessungswert der Normalkraft zugehörig zu V_{Sd};

V_{pd} Bemessungswert der aufnehmbaren Querkraft der Verankerungsmittel nach Europäischen Normen oder Europäischen Technischen Zulassungen;

μ_k charakteristischer Wert der Reibungszahl,
$\mu_k = 0{,}4$ für Stahl auf Stahl,
$\mu_k = 0{,}6$ für Stahl auf Beton;

γ_μ Teilsicherheitsbeiwert für Reibung,
$\gamma_\mu = 2{,}0$ für Stahl auf Stahl,
$\gamma_\mu = 1{,}2$ für Stahl auf Beton.

Die vorgenannten Werte für μ_k und γ_μ gelten unter der Voraussetzung, dass vor dem Einbau bzw. Zusammenbau die stählerne Oberfläche wie folgt beschaffen ist: unbeschichtet und fettfrei oder spritzverzinkt oder zinksilikatbeschichtet bei vollständiger Aushärtung der Beschichtung vor dem Ein- oder Zusammenbau.

In anderen Fällen sind die Werte für μ_k und γ_μ durch Versuche zu bestimmen.

Bei dynamischen Beanspruchungen mit großen Lastschwankungen, wie z. B. bei Eisenbahnbrücken und bei Erdbeben, dürfen die Horizontalkräfte nicht über Reibung abgetragen werden. In diesen Fällen ist $\mu_k = 0$ zu setzen.

Bei unverankerten Elastomerlagern ist der Nachweis der Gleitsicherheit in EN 1337-3 geregelt.

5.4 Bewegungszuschläge

Soweit nicht andere Teile dieser Europäischen Norm oder die entsprechenden Eurocodes strengere Anforderungen enthalten, sind die Bemessungswerte der Bewegungen um folgende Zuschläge zu erhöhen, damit die Lager mit ausreichender Zuverlässigkeit nicht instabil werden oder sich unplanmäßig verhalten:

a) Verdrehung: ±0,005 Bogenmaß oder $\pm 10/r$ Bogenmaß, wobei der größere Wert maßgebend ist (r ist in Millimeter einzusetzen);
b) Verschiebung: ±20 mm in beiden Bewegungsrichtungen mit einem Mindestwert der Gesamtbewegung von ±50 mm in der Hauptrichtung der Bewegung und ±20 mm in Querrichtung, sofern das Lager keinen Anschlag hat.

Diese Anforderungen gelten nur für die Bemessung der Bewegungskapazität des Lagers. Sie gelten nicht für die Spannungsberechnung und sie gelten nicht für Elastomerlager.

5.5 Für die statische Berechnung anzunehmende Mindestbewegungen

Für die statische Berechnung des Lagers muss die resultierende Verdrehung mit mindestens ±0,003 Bogenmaß und die resultierende Verschiebung mit mindestens ±20 mm bzw. bei Elastomerlagern mit mindestens ±10 mm angenommen werden.

Wenn ein Lager um eine Achse nicht verdrehbar ist, ist eine Exzentrizität von $l/10$ rechtwinklig zu dieser Achse anzunehmen. Dabei ist l die gesamte Länge des Lagers rechtwinklig zu dieser Achse.

6 Lagerwiderstände

6.1 Allgemeine Regeln

Die zur Ermittlung der Bewegungs- und Verformungswiderstände der verschiedenen Lagertypen benötigten Werte sind in den entsprechenden Teilen dieser Europäischen Norm festgelegt. Sie berücksichtigen bereits neben den Schwankungsbreiten der Materialeigenschaften auch die Herstellungstoleranzen und die Ungenauigkeiten beim Einbau entsprechend den Angaben in den anderen Teilen dieser Lagernorm.

Sie setzen voraus, dass die Lager nicht den folgenden Einflüssen ausgesetzt sind:

a) Temperaturen außerhalb der angegebenen Grenzen;
b) Überschreiten der angegebenen Toleranzen;
c) größere Geschwindigkeiten bei Verschiebungen und Verdrehungen als jene, die von den Nutzlasten nach DIN EN 1991-1 herrühren;
d) Schadstoffe, die das Lagermaterial beeinträchtigen können;
e) unzureichende Wartung.

In allen Fällen muss bei der Bemessung von Bauteilen der jeweils ungünstigste Wert berücksichtigt werden.

6.2 Roll- und Gleitwiderstände mehrerer Lager

Wenn mehrere Lager so angeordnet sind, dass die Kräfte, die aus den Bewegungswiderständen resultieren, teils günstig und teils ungünstig wirken, so ist bezüglich der Berücksichtigung der Reibungskoeffizienten μ_a und μ_r wie folgt zu verfahren, wenn keine genauere Untersuchung erfolgt:

$$\mu_a = 0{,}5\ \mu_{max}\ (1 + \alpha)$$

$$\mu_r = 0{,}5\ \mu_{max}\ (1 - \alpha)$$

Dabei sind

μ_a der ungünstigere (belastend wirkende) Reibungsbeiwert;
μ_r der günstigere (entlastend wirkende) Reibungsbeiwert;
μ_{max} der maximale Reibungsbeiwert entsprechend den Angaben in anderen Teilen dieser Norm;
α ein Faktor abhängig vom Typ des Lagers und von der Anzahl der Lager, die entweder ungünstig oder günstig wirken; wenn ein Wert für α nicht gegeben ist, muss er nach der folgenden Tabelle 2 genommen werden.

Tabelle 2 Faktor α_n

n	α_n
bis 4	1
$4 < n < 10$	$(16 - n)/12$
10 und mehr	0,5

7 Grundsätze für die bauliche Durchbildung

7.1 Lagerspiel

7.1.1 Wenn ein Lager für horizontale Kräfte bemessen wird, sind Bewegungen infolge des Lagerspiels möglich. Solche Bewegungen müssen möglichst gering gehalten werden. Die Grenze für das Lagerspiel insgesamt zwischen den Extremlagen darf nicht mehr als 2 mm betragen, sofern keine anderen Anforderungen gestellt werden.

7.1.2 Bei Überschreitung des vorgenannten Grenzwertes ist dafür zu sorgen, dass durch das Lagerspiel die Funktion des Bauwerks nicht beeinträchtigt wird.

7.1.3 Das Lagerspiel darf nicht zur Aufnahme planmäßiger Bewegungen herangezogen werden, es sei denn, es wird nachgewiesen, dass das Lagerspiel stets in der gewünschten Richtung zur Verfügung steht.

7.1.4 Wenn mehr als ein Lager für die Aufnahme von Horizontalkräften vorgesehen ist, sind die Lager und der angrenzende Bereich so zu bemessen, dass eine ungünstige Überlagerung des Lagerspiels die Funktion nicht beeinträchtigt.

7.2 Sicherung gegen den Verlust von Lagerteilen

Es sind geeignete Maßnahmen zu treffen, um sicherzustellen, dass kein Lockern eines Lagerteils infolge dynamischer Wirkungen auftritt.

7.3 Kennzeichnung der Lager

7.3.1 Alle Lager sind zu kennzeichnen mit dem Namen des Herstellers und des Herstellwerks, dem Jahr der Herstellung und mit einer Seriennummer, welche für jedes einzelne Lager individuell und für jeden Lagertyp einheitlich sein muss.

7.3.2 Zusätzlich sind alle Lager außer Elastomerlager wie folgt zu kennzeichnen:

- Lagertyp;
- Auftragsnummer des Herstellers;
- größte Bemessungswerte der Tragfähigkeit für Normal- und Querkräfte;
- größte Bemessungswerte der Verschiebungskapazität;
- Einbauort;
- Einbaurichtung.

Mit Ausnahme der letzten beiden Punkte hat diese Kennzeichnung so zu erfolgen, dass sie stets lesbar ist. Sie muss außerdem unverwechselbar und dauerhaft während der gesamten Lebensdauer des Lagers sein.

7.4 Vorbereitung für den Transport

7.4.1 Alle Lager, die aus mehreren Teilen zusammengesetzt sind, die nicht fest miteinander verbunden sind, sind im Werk temporär miteinander zu verbinden. Diese Verbindungen (Arretierungen) müssen so sein, dass die einzelnen Lagerteile in ihrer korrekten Lage zusammengehalten werden während der Herstellung, des Transports und des Einbaus. Die Arretierungen sind zu kennzeichnen, z. B. mit einer vom Lager abweichenden Farbe. Sie sollen nach dem Einbau leicht entfernbar sein oder so bemessen sein, dass sie bei Funktionsbeginn des Lagers zerstört werden, ohne das Lager zu beschädigen.

7.4.2 Lager, die zu schwer sind, um mühelos manuell bewegt zu werden, müssen zum Heben und Versetzen Anschlagstellen für Hebevorrichtungen haben.

7.5 Einrichtungen für die Inspektion

Soweit vom Besteller verlangt, sind alle Lager mit Markierungen zu versehen, um die Horizontalbewegungen und die Verdrehungen messen zu können.

Die Bewegungsanzeiger müssen Markierungen für die zulässigen Endstellungen der Bewegungen haben.

Anmerkung: Wenn möglich, sollen die Bewegungsanzeiger von einer leicht erreichbaren Stelle aus sichtbar sein.

7.6 Einrichtungen für Nachstellung und Auswechselbarkeit

Es sind Vorkehrungen zu treffen, die ein leichtes Auswechseln des Lagers oder Teile des Lagers ermöglichen durch Anheben des Bauwerks. Dabei ist das Lager so auszubilden, dass bei einer Anhebung des Bauwerks um höchstens 10 mm die Auswechselung möglich ist, falls keine anderen Angaben vorliegen.

Die Ersatzteile müssen in der gleichen Qualität wie die ersetzten Teile sein.

Anhang A (informativ)
Erläuterungen

A.1 Erläuterung zu Abschnitt 1 „Anwendungsbereich"

Die Lagerung ist im Zusammenhang mit der Konstruktion des Gesamtbauwerks zu betrachten. Die Kräfte und Bewegungen, die sich daraus ergeben, sind dem Lagerhersteller mitzuteilen, um sicherzustellen, dass die gelieferten Lager die Anforderungen möglichst genau erfüllen.

- zu a) Lager sollten nicht planmäßig zur Aufnahme von Momenten infolge von Verdrehungen um die x- und y-Achse herangezogen werden. Wo Verdrehungen entstehen, sind diese durch das Lager oder durch das Bauwerk zu ermöglichen. In den unvermeidlichen Fällen, in denen Lager Verdrehungen widerstehen müssen, ist eine sorgfältige Berechnung durchzuführen, um sicherzustellen, dass das Lager dadurch nicht geschädigt wird.
- zu b) Lagerungen, bei denen unter bestimmten Bedingungen einzelne Lager Zuglasten aufnehmen müssen, können zu einer erheblichen Verschleißbeanspruchung des Lagers führen. Wo sie unvermeidlich sind, kann dem Problem dadurch begegnet werden, dass die Fugen zum Ausgleich der fehlenden vertikalen Kraft vorgespannt werden. Solche Fälle sind mit dieser Europäischen Norm nicht abgedeckt.

A.2 Erläuterung zu Abschnitt 5 „Bemessungsgrundsätze"

A.2.1 Erläuterung zu 5.1 „Allgemeines"

Bei der Verwendung von Linienkipplagern und einfachen Rollenlagern sollte die Wirkung von ungleichmäßiger Pressung über die Länge der Rolle bzw. der Kippleiste bei der Planung des Tragwerks und der Bemessung des Lagers berücksichtigt werden. Folgende Fälle sind problematisch:

a) gekrümmte Überbauten;
b) Tragwerke mit schlanken Pfeilern;
c) Querträgerlose Überbauten.

A.2.2 Erläuterung zu 5.2 „Gleitsicherheit in Fugen“

Wenn Kopfbolzen oder andere Verankerungsmittel zur Aufnahme eines Teils des Widerstandes gegen horizontale Bewegungen vorgesehen sind, so sollte nachgewiesen werden, dass derjenige Widerstand ausreicht, bei dem noch keine Bewegungen in der Fuge auftreten. Bei Verwendung von Bolzen in Verbindung mit Löchern mit normalen Toleranzen sind Bewegungen unvermeidbar, bevor der volle Widerstand vorhanden ist. Solche Konstruktionen sind nicht akzeptabel.

A.2.3 Erläuterung zu 5.3 „Einbaubedingungen“

Es ist normalerweise schwierig, die Bedingungen auf der Baustelle zur Zeit des Einbaus vorherzusagen und daraus genaue Angaben über die zu berücksichtigende Bewegung abzuleiten. Es ist deshalb besser, für die Konstruktion möglichst ungünstige Annahmen zu treffen.

Sofern der Bauherr die Bedingungen zur Zeit des Einbaus berücksichtigen möchte, sollte dies mit dem Lagerhersteller vereinbart werden. Die genauen Einbaubedingungen sollten dann festgehalten werden, und es ist dafür Sorge zu tragen, dass diese Bedingungen beim Einbau beachtet werden.

A.2.4 Erläuterung zu 5.4 „Bewegungszuschläge“

Beispiele für den Radius „r“ werden nachfolgend angegeben:

Beispiel 1:
An Punktkipplagern gibt es zwei Fälle: Für die Bemessung des Druckstücks ist der Krümmungsradius, r_1, die maßgebende Bemessungsgröße. Für die Bemessung des Anschlags an der oberen Lagerplatte ist die bemessungsrelevante Größe der Radius des Druckstückes in der Draufsicht r_2.

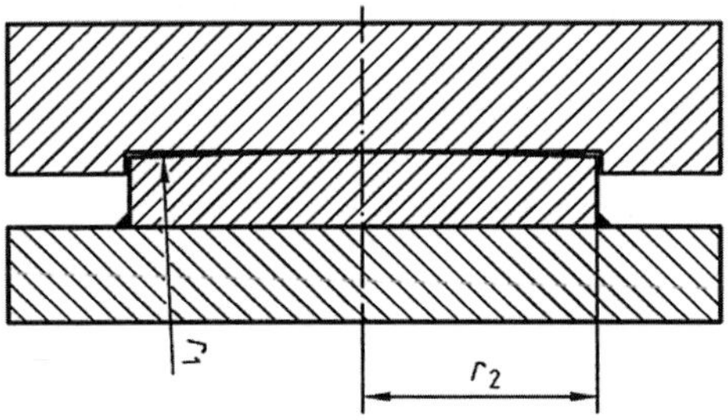

Beispiel 2:
Für Topflager ist die maßgebende Größe der Radius des Topfes oder des Deckels, r.

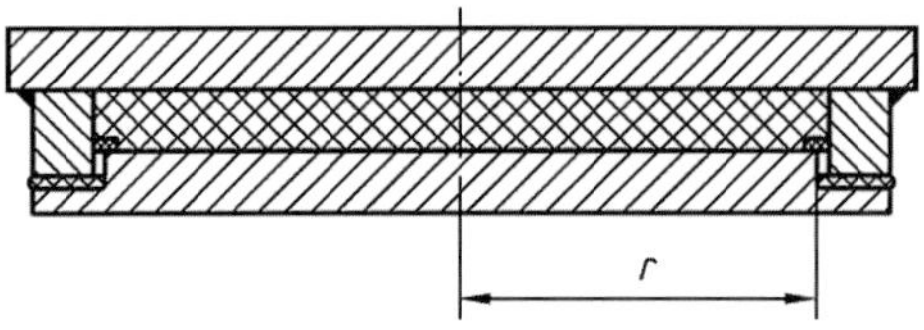

Beispiel 3:
Bei Kalottenlagern gibt es zwei Fälle: Für die Bemessung der Gleitfläche ist die Bemessungsgröße der Krümmungsradius der Kalotte, r_1, während für die Bemessung des Anschlags der innere Radius des Führungsringes, r_2, zu nehmen ist.

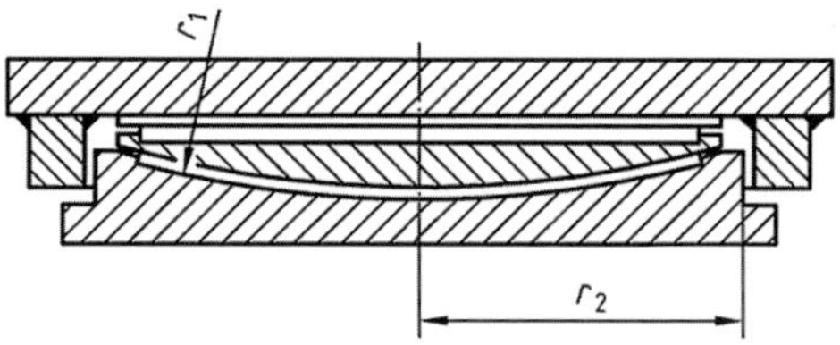

Bei kleinen Bewegungen wird die rechnerische Ermittlung ungenau. Dies betrifft die meisten Drehbewegungen und kleine Verschiebungen. Der Sinn von 5.4 ist, sicherzustellen, dass in solchen Fällen ein kleiner Fehler in der Berechnung oder beim Einbau nicht zu einem totalen Versagen des Lagers führt.

A.2.5 Erläuterung zu 5.5 „Mindestbewegung für den statischen Nachweis“

Besondere Sorgfalt sollte angewendet werden, wenn bei der Berechnung von Bewegungen das Resultat aus zwei großen Bewegungen in entgegengesetzter Richtung (Differenzen großer Zahlen) herrührt. Um die größtmögliche Bewegung zu ermitteln, sollte eine möglichst ungünstige Kombination der einzelnen Einflüsse angenommen werden.

A.3 Erläuterung zu Abschnitt 6 „Lagerwiderstände“

A.3.1 Erläuterung zu 6.1 a)

Diese Einschränkung ist notwendig, weil die für die Herstellung von Lagern verwendeten Werkstoffe die angenommenen Eigenschaften nur in bestimmten eingegrenzten Temperaturbereichen besitzen. Im Fall von PTFE wird der Verschleiß größer bei höheren Temperaturen, während bei sehr niedrigen Temperaturen der Reibungskoeffizient in der Gleitfläche anwächst. Elastomer wird glasartig bei sehr niedrigen Temperaturen. Die Temperaturgrenzen, bei welchen die Werte gelten, sind in den anderen Teilen dieser Europäischen Norm angegeben.

A.3.2 Erläuterung zu 6.2 „Roll- und Gleitwiderstände mehrerer Lager“

Wenn Werte für den Widerstand bei Lagerbewegungen geschätzt werden, dann sollten alle Details der Bedingungen, unter denen diese gelten, angegeben werden. Außerdem sollte ein Hinweis gegeben werden über die Veränderung der Werte außerhalb der angegebenen Bedingungen. Der Zeitraum, für den die Werte gelten, sollte ebenfalls angegeben werden (siehe andere Teile dieser Europäischen Norm).

Die Rechenwerte für die Ermittlung des Widerstandes bei Bewegungen und Verformungen werden in den anderen Teilen dieser Europäischen Norm gegeben. Sie gelten für die ungünstigste Kombination von zulässigen Streuungen der Materialfestigkeit, der Umwelteinflüsse und der Toleranzen bei der Herstellung und beim Einbau.

Es sollte beachtet werden, dass der aktuelle Widerstand bei der Bewegung in der Regel erheblich geringer ist als der rechnerische Maximalwert. Letzterer sollte deshalb nicht in der Statik berücksichtigt werden, wenn er für die Konstruktion günstig ist.

Der ungünstigere Wert der Reibungszahlen μ_a und μ_r sollte stets genommen werden, wenn Bauteile nach Theorie II. Ordnung zu bemessen sind.

Wenn Einflüsse vorhanden sind, die ungünstig für bestimmte Lagertypen sind, so sollte überlegt werden, ob nicht andere Lagerarten verwendet werden können. Alternativen dazu sind ein besonderer Schutz der Lager und Einrichtungen für die schnelle Feststellung von Verschlechterungen und für geeignete Erhaltungsmaßnahmen.

A.4 Erläuterung zu 7.1 „Lagerspiel"

Zu 7.1.1 Lagerspiele, an die hier gedacht wurde, sind z. B.:

a) für Rollenlager das Spiel in den Führungen;
b) bei stählernen Punktkipplagern das Spiel zwischen Druckstück und dem Anschlag der oberen Lagerplatte;
c) für Topflager das Spiel zwischen dem Deckel und dem Topf;
d) bei Kalottenlagern das Spiel zwischen der oberen und der unteren Platte bei festen Kalottenlagern;
e) das Spiel bei Festhaltungen. Es handelt sich hierbei um das Spiel beim Einbau;
f) das Spiel in den Führungsleisten von Gleitlagern und von Führungen in einseitig beweglichen Führungslagern;
g) das Spiel in den Führungslagern und Festhaltekonstruktionen.

Beispiel 4:
Das maximale Spiel zwischen zwei Extremstellungen wäre:

$$\Delta u = \Delta u_1 + \Delta u_2 + \Delta u_3 + \Delta u_4$$

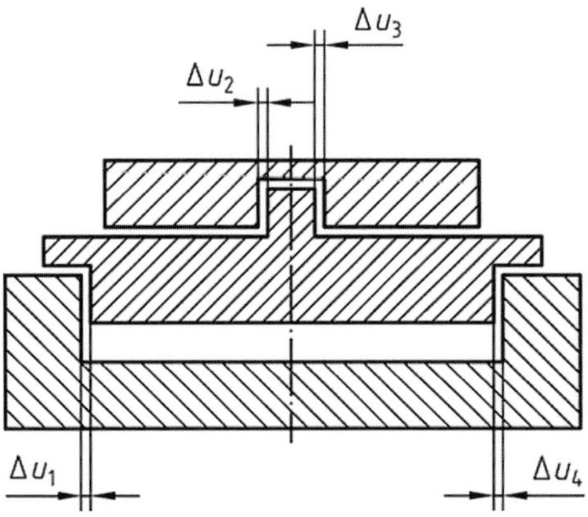

A.5 Erläuterung zu Abschnitt 8 „Lagerungsplan“

Ein Lagerungsplan wird grundsätzlich für alle Bauwerke außer bei sehr einfachen Brücken und Konstruktionen benötigt und sollte allgemein bei Benutzung der Symbole und Bezeichnungen von Tabelle 1 Folgendes enthalten:

a) eine vereinfachte allgemeine Darstellung der Brücke im Grundriss, auf der die Lager zu erkennen sind;
b) Details der Lagerungspunkte (z. B. Bewehrung und Aussparung);
c) eine eindeutige Bezeichnung des Lagertyps an jedem Lagerungspunkt;
d) eine Tabelle, in der die einzelnen Anforderungen für jedes Lager aufgelistet sind;
e) Bettungs- und Befestigungsdetails.

Der Lagerungsplan kann hergestellt werden vom Auftraggeber oder vom Lagerhersteller oder von beiden, je nach Vereinbarung.

Anhang B (informativ)
Typische Lagerliste

B.1 Allgemeines

Der Zweck einer Brückenlagerliste ist die Auflistung von Angaben, die üblicherweise für die Bemessung von Lagern für ein bestimmtes Bauwerk erforderlich sind. Diese Angaben sollten sicherstellen, dass Lager so bemessen und konstruiert werden, dass unter dem Einfluss aller möglichen Einwirkungen ungünstige Auswirkungen des Lagers auf das Bauwerk vermieden werden. Der Lagerliste sollte eine Zeichnung beigefügt sein, in der die Anordnung der Lager mit Kennzeichnungen einschließlich eines typischen Querschnitts der Brücke sowie der Einzelheiten aller besonderen Einbauanforderungen dargestellt sind. Lagerfunktionen sollten in der Zeichnung durch die in Tabelle 1 verwendeten Symbole angegeben werden. Wenn beabsichtigt ist, einen bestimmten Lagertyp zu verwenden, sollte dieser nach Tabelle 1 beschrieben werden. Falls mehrere Lagertypen die in der Lagerliste angegebenen Anforderungen erfüllen können, sollten die Punkte offengelassen oder mögliche alternative Typen aufgeführt werden.

Da es nicht möglich war, eine Übereinstimmung hinsichtlich der Form der Lagerliste zu erreichen, werden zwei Alternativen vorgestellt. Die erste in B.2 entspricht britischer, die zweite in B.3 deutscher Praxis.

Der Aufsteller sollte diejenige wählen, die seinen Anforderungen am besten entspricht, oder seine eigene Liste erstellen.

Jeder Punkt in der typischen Lagerliste sollte berücksichtigt werden; es kann jedoch sein, dass einige Punkte für ein bestimmtes Lager nicht maßgebend sind. Es sollten nur relevante Angaben erfolgen, und falls ein Punkt in der Lagerliste nicht zutreffend ist, sollte dies angegeben werden. Wenn besondere Bedingungen gegeben sind, sollten zusätzliche Angaben erfolgen.

B.2 Lagerliste, Alternative 1

Die folgenden Angaben dienen als Leitfaden für die Bestimmung der in Tabelle B.1 geforderten Angaben.

1) Der Name oder eine Referenznummer, die das Bauwerk eindeutig identifizieren, sollten angegeben werden.
2) Lagerkennzeichnung und -nummer nach Tabelle 1: Lager mit unterschiedlichen Funktionen oder Anforderungen an die Tragfähigkeit sollten durch spezifische Positionsnummern unterschieden werden.
3) Gesamtzahl: Die erforderliche Anzahl der jeweils gleichartigen Lager sollte angegeben werden.
4) Baustoffe der angrenzenden Bauteile: Die Baustoffe, die an die äußeren Lagerplatten angrenzen, sollten angegeben werden, da sie die Bemessung und Ausführung der Lagerplatten beeinflussen können.
5) Pressung am anschließenden Bauteil: Die mittlere rechnerische Pressung ist die Spannung in der wirksamen Kontaktfläche bei Anwendung der Spannungs-Block-Theorie, gegebenenfalls unter Berücksichtigung der Lastverteilung in der Lagerplatte (Beispiele siehe EN 1337-2, Anhang A).
6) Bemessungswerte der Kräfte: Die ungünstigsten Einzelwerte sollten in der Lagerliste angegeben werden. Die ungünstigste Kombination dieser Werte ist im Allgemeinen für eine hinreichende Bemessung des Lagers ausreichend. Nur in besonderen Fällen würde durch Berücksichtigung der tatsächlichen, gleichzeitig auftretenden Kräfte der Lasteinwirkungen größere Wirtschaftlichkeit erzielt werden; dann sollten diese Werte im Einzelnen angegeben werden.
7) Verschiebung: Verschiebungen des Überbaus an einem Lager sollten bestimmt und gewichtet werden.
   Dabei sollte auch jede Bewegung der unterstützenden Konstruktion berücksichtigt werden.
   Quer- und Längsbewegungen erfolgen üblicherweise rechtwinklig bzw. parallel zur Längsachse der Brücke. Bei eventueller Mehrdeutigkeit (z. B. bei im Grundriss schiefwinkligem Unterbau) sollten die Bewegungsrichtungen in der zugehörigen Zeichnung deutlich angegeben werden.
8) Verdrehung: Die irreversiblen und reversiblen Verdrehungen im Grenzzustand der Gebrauchstauglichkeit, denen sich das Lager anpassen muss, sollten im Bogenmaß angegeben werden. Bei Elastomerlagern sollte der Höchstwert der Verhältniszahl
   $$100 \times \frac{\text{Bemessungsverdrehung (Bogenmaß)}}{\text{gleichzeitige geltende vertikale Bemessungslast [kN]}}$$
   ebenfalls angegeben werden.
9) Grenzmaße der Lager: Es sollte die mögliche Größtabmessung des Lagers angegeben werden, um die größte Freiheit bei der Bemessung des Lagers zu ermöglichen.
10) Tolerierbare Lagerbewegungen unter kurzzeitigen Lasten: Die tolerierbaren Bewegungen in Richtungen, in denen das Lager unverschieblich sein soll, sollten angegeben werden.

11) Aufnehmbare Kräfte bei Verschiebung im Grenzzustand der Gebrauchstauglichkeit: Für die Bemessung des Tragwerks kann der Widerstand des Lagers bei Verschiebungen von Bedeutung sein; in diesem Fall sollte die entsprechende vom Tragwerk aufnehmbare horizontale Kraft für den Grenzzustand der Gebrauchstauglichkeit angegeben werden. Bei Elastomerlagern sind die Werte für langsame Bewegungen bei normalen Temperaturen anzugeben (der für die Bemessung des Bauwerks Verantwortliche sollte besondere Werte für niedrige Temperaturen und schnelle Bewegungen vorgeben).
12) Aufnehmbares Moment bei Verdrehung im Grenzzustand der Gebrauchstauglichkeit: Bei der Bemessung des Tragwerks kann der Widerstand des Lagers bei Verdrehung von Bedeutung sein; in diesem Fall sollte das entsprechende vom Tragwerk aufnehmbare Moment für den Grenzzustand der Gebrauchstauglichkeit angegeben werden. Elastomerlager sollten wie in Punkt 11) angegeben behandelt werden.
13) Erforderliche Verankerungsart: Es sind verschiedene Maßnahmen zur Verankerung der Lager im Über- und Unterbau für den jeweiligen Lagertyp geeignet. Spezielle Vorgaben für z. B. Reibung, Bolzen, Dübel, Federn oder andere Vorrichtungen sollten angegeben werden. Wenn ein Anteil der Verschiebungskraft durch Reibung aufgenommen werden muss, sollten dieser Anteil und die erforderliche Oberflächenbedingung angegeben werden.
14) Besondere Anforderungen: Es sollten die Einzelheiten aller besonderen Bedingungen angegeben werden, z. B. extreme Witterungseinflüsse, hohe Ozonkonzentration, begrenzter Zugang, nichthorizontale Lagerfuge, nicht im rechten Winkel zu den Trägern stehende Lager, vorübergehende Zwängungen. Die höchsten und die niedrigsten Temperaturen sowie Einzelheiten aller besonderen biologischen Bedingungen, denen das Lager bei Gebrauch ausgesetzt sein könnte, sollten angegeben werden, sofern sie von den üblicherweise zu erwartenden Bedingungen abweichen.

Tabelle B.1 Typische Lagerliste

1	Bauwerksname oder Verweisung							
2	Lagerkennzeichnung							
	Lagertyp (Nummer nach Tabelle 1)							
3	Gesamtzahl							
4	Angrenzende Baustoffe[1)]	obere angrenzende Bauwerksfläche						
		untere angrenzende Bauwerksfläche						
5	Mittlere Pressung in der Lagerfuge (N/mm^2)	obere Fläche		Gebrauchstauglichkeit (SLS)				
		untere Fläche		Tragfähigkeit (ULS)				
6	Bemessungswerte für die Einwirkungen aus der Belastung (kN)	Grenzzustand der Gebrauchstauglichkeit		vertikal N	max.			
					ständig			
					min.			
				quer $V_{y,sd}$				
				längs $V_{x,sd}$				
		Grenzzustand der Tragfähigkeit		vertikal N				
				quer $V_{y,ud}$				
				längs $V_{x,ud}$				
7	Verschiebung (mm)	Grenzzustand der Gebrauchstauglichkeit	irreversibel	quer $V_{y,sdi}$				
				längs $V_{x,sdi}$				
			reversibel	quer $V_{y,sdr}$				
				längs $V_{x,sdr}$				
		Grenzzustand der Tragfähigkeit	irreversibel	quer $V_{y,udi}$				
				längs $V_{x,udi}$				
			reversibel	quer $V_{y,udr}$				
				längs $V_{x,udr}$				
8	Verdrehung (Bogenmaß)	Grenzzustand der Gebrauchstauglichkeit	irreversibel	quer $\alpha_{y,sdi}$				
				längs $\alpha_{x,sdi}$				
			reversibel	quer $\alpha_{y,sdr}$				
				längs $\alpha_{x,sdr}$				
		Höchstwert (100 × Bogen/(kN))		quer $\alpha_{y,sdm}$				
				längs $\alpha_{y,sdm}$				

9	Grenzmaße der Lager (mm)	obere angrenzende Bauwerksfläche	quer				
			längs				
		untere angrenzende Bauwerksfläche	quer				
			längs				
		Gesamthöhe					
10	Zulässige Bewegung des Lagers unter kurzzeitigen Lasten (mm)		vertikal				
			quer				
			längs				
11	Größter zulässiger Widerstand gegen Verschiebung im Grenzzustand der Gebrauchstauglichkeit (kN)		quer $W_{y,sd}$				
			längs $W_{x,sd}$				
12	Größter zulässiger Widerstand gegen Verdrehung im Grenzzustand der Gebrauchstauglichkeit (kNm)		quer $M_{y,sd}$				
			längs $M_{x,sd}$				
13	Erforderliche Verankerungsart untere Fläche		obere Fläche				
			untere Fläche				
14	Besondere Anforderungen		Alle weiteren Angaben sind auf einem getrennten Blatt anzugeben.				

[1] z. B. Zementmörtel, Epoxidharzmörtel, Ortbeton, Fertigbeton, Stahl, Bauholz.

B.3 Lagerliste, Alternative 2

Tabelle B.2 Typische Lagerliste

1	Bauwerksbezeichnung		
2	Einbauort (Achse)		
	Lagerart		
	Lagertyp (Nummer nach Tabelle 1)		
	Stückzahl		
3	Grenzabmessungen des Lagers		Länge (mm)
			Höhe (mm)
			Breite (mm)
4	Lagervoreinstellung		V_{vx} (mm)
5	Kombination der Bemessungswerte: Kräfte, Verschiebungen, Winkelverdrehungen		
	N_{Sd}	max. (kN)	
		ständig (kN)	
		min. (kN)	
	max. $V_{x,Sd}$ (kN)		
	max. $V_{y,Sd}$ (kN)		
	$V_{x,d}$	max. (mm)	
		min. (mm)	
	$V_{y,d}$	max. (mm)	
		min. (mm)	
	$\alpha_{y,d}$	max. (‰)	
		min. (‰)	
	$\alpha_{x,d}$	max. (‰)	
		min. (‰)	

Die Tabelle bedarf der Ergänzung durch den Lagerungsplan sowie durch Pläne der angrenzenden Bauteile.

Anhang C (informativ)
Temperatur, Schwinden und Kriechen

Wenn nationale Normen für den Regelungsbereich dieses Anhangs vorhanden sind, müssen sie gegenüber diesem Anhang vorgezogen werden.

C.1 Temperatur

Die Bestimmung der Einbautemperatur richtet sich nach EN 1337-11, Anhang A.

Für die Lager ist die Einwirkung *Temperatur* eine Haupteinwirkung in allen Kombinationen. Der charakteristische Wert dieser veränderlichen Einwirkung kann unter Zugrundelegung ihrer mittleren Wiederkehrperiode bestimmt werden, beispielsweise tägliche und jährliche Perioden für häufige Kombinationen und eine Periode von 30 Jahren für seltene Kombinationen, aufgezeichnet von der nächstgelegenen Wetterstation.

Die Temperaturdifferenz $t_{max} - t_{min}$ innerhalb des Bauwerks hängt ab von den örtlichen Temperaturverhältnissen und anderen klimatischen Faktoren, wie z. B. dem Unterschied zwischen Land- und Seeklima.

Der Einfluss dieser Faktoren wird in dieser Europäischen Norm nicht geregelt.

Die Temperaturen t_{max} und t_{min} sind Durchschnittswerte für das Bauwerk. Der Querschnitt, der Baustoff, die lokale klimatische Situation und die vorhandenen nationalen Regeln müssen bei ihrer Bestimmung berücksichtigt werden.

Die Temperaturspanne innerhalb des Bauwerks ist:

$$\Delta t = |t_{max} - t_{min}| \qquad \text{(C.1)}$$

Wenn die genaue Temperatur des Bauwerks beim Einbau bekannt ist:

$$\Delta t_1 = 1{,}35 \cdot \Delta t$$

Dabei ist Δt_1 die realistische Temperaturschwankung.

Wenn keine genaueren Werte verfügbar sind, sollten die Werte nach oben und unten so erweitert werden, dass

$$|t_{1,min}| - |t_{min}| \leq |t_{1,max}| - |t_{max}|$$

$|t_{1,min}|$, $|t_{1,max}|$ sind „realistische" Grenztemperaturen.

Wenn die Temperatur des Bauwerks während des Einbaus im Voraus geschätzt wird, muss der Zuschlag Δt nach Tabelle C.1 berücksichtigt werden:

$$t^*_{1,min} = t_{1,min} - \Delta t$$

$$t^*_{1,max} = t_{1,max} + \Delta t \quad \text{mit}$$

$t^*_{1,min}$, $t^*_{1,max}$ als „hypothetische" Grenztemperaturen.

Tabelle C.1 Grenztemperaturen

1	2	3
Temperaturspanne innerhalb des Bauwerks	„realistische" Grenztemperaturen, wenn die genauen Bauwerkstemperaturen während des Einbaus bekannt sind und berücksichtigt werden	„hypothetische" Grenztemperaturen, wenn die genauen Bauwerkstemperaturen im Voraus geschätzt werden
t_{min} t_{max}	$t_{1,min}$ $t_{1,max}$ ($\Delta t_1 / \Delta t$ = 1,35, sofern nicht auf andere Weise ermittelt)	$t^*_{1,min}$ $t^*_{1,max}$ ($t_1 - t^*_1$) Δt^* = 10 K für Beton, Δt^* = 15 K für Stahl und Stahlverbund)

C.2 Kriechen und Schwinden

Die Schwind- und Kriechverformungen sind wie zusätzliche Temperatureinwirkungen (in der Regel Abkühlungen) zu behandeln.

5.2.2 DIN EN 1337-2:2004-07 Lager im Bauwesen Teil 2: Gleitteile

Es gibt inzwischen zum Gleitwerkstoff PTFE eine Alternative, siehe hierzu die Vorbemerkung zu Abschn. 4.4.1.

Inhalt

Hinweis: Abgedruckt werden hier nur die für die Bemessung und Fertigung der Lager relevanten Teile der Norm.

1 Anwendungsbereich

Diese Europäische Norm legt Angaben für Bemessung und Herstellung von Gleitteilen und Führungen fest, die keine Lager, sondern nur Teile von solchen sind, für die Kombination mit Lagern, die in anderen Teilen dieser Norm geregelt sind.

Geeignete Kombinationen sind in EN 1337-1:2000, Tabelle 1 angegeben.

Gleitflächen aus ein- oder mehrteiligen PTFE-Platten, deren umschreibender Kreis einen Durchmesser von weniger als 75 mm oder mehr als 1500 mm hat oder deren wirksame Lagertemperatur niedriger als −35 °C oder höher als 48 °C ist, liegen außerhalb des Anwendungsbereichs dieser Norm.

Gleitelemente, die vorübergehend als Hilfslager während der Bauphase dienen (z. B. beim Taktschieben des Überbaus), liegen außerhalb des Anwendungsbereichs dieser Norm.

In dieser Norm sind auch Angaben für gekrümmte Gleitflächen enthalten, die nicht Teile von separaten Gleitteilen sind, sondern die in Kalotten- und Zylinderlagern nach EN 1337-7 eingebaut werden.

Anmerkung: Die in dieser Europäischen Norm beschriebenen Grundsätze dürfen für Gleitelemente angewendet werden, die außerhalb dieses Anwendungsbereiches liegen, jedoch ist deren Brauchbarkeit für den vorgeschriebenen Verwendungszweck nachzuweisen.

3 Begriffe, Formelzeichen und Abkürzungen

3.1 Begriffe

3.1.1 Trägerplatte
Metallische Komponente zur Unterstützung von Gleitmaterialien.

3.1.2 Reibungszahl
Verhältnis der Querkraft (Reibungswiderstand F_x) zur Normalkraft F_z.

3.1.3 Mehrschicht-Werkstoff
Gleitmaterial, das in Führungen verwendet wird.

3.1.4 Führung
Gleitelement, das ein Gleitlager einachsig beweglich führt.

3.1.5 hartverchromte Oberfläche
Chromüberzug auf einer stählernen Trägerplatte.

3.1.6 Schmierstoff
Spezielles Fett, das zur Verringerung von Reibung und Verschleiß in der Gleitfläche verwendet wird.

3.1.7 Gegenfläche
Harte und glatte Oberfläche, die an PTFE oder Mehrschicht-Werkstoffen gleitet.

3.1.8 Polytetrafluorethylen (PTFE)
Thermoplastischer Gleitwerkstoff, der wegen seiner niedrigen Reibungszahl verwendet wird.

3.1.9 Gleitfläche
Kombination (Paarung) aus ebenen oder gekrümmten Oberflächen, die Relativverschiebungen ermöglichen.

3.1.10 Gleitwerkstoffe

Werkstoffe, die Gleitflächen bilden.

3.2 Formelzeichen

Die am häufigsten vorkommenden Formelzeichen werden nachstehend bezeichnet. Solche, die nur vereinzelt in bestimmten Abschnitten vorkommen, werden an der Stelle ihres ersten Vorkommens definiert.

3.2.1 Lateinische Großbuchstaben

A	Kontaktfläche der Gleitfläche	mm^2
E	Elastizitätsmodul	GPa
F	Einwirkung, Kraft	N, kN
G	ständige Einwirkung	N, kN
L	Durchmesser des umschreibenden Kreises von einzelnen oder unterteilten PTFE-Platten (siehe Bilder 3, 4 und 5); Länge von Platten aus PTFE oder Mehrschicht-Werkstoff in Führungen (siehe Bild 6)	mm
M	Biegemoment	Nmm, kNm
N	Normalkraft; Kraft normal zur Hauptauflagerfläche	N, kN
R_{y5i}	gemittelte Rauhtiefe	µm
S	Formfaktor	
T	Temperatur	°C
V	Querkraft oder seitliche Kraft	N, kN

3.2.2 Lateinische Kleinbuchstaben

a	Kleinstabmessung der PTFE-Platte; kleinere Seite rechteckiger Platten oder Bleche	mm
b	größere Seite rechteckiger Platten oder Bleche	mm
c	Spiel zwischen Gleitkomponenten (Differenz der Breiten von Führungsleiste und Führungsnut)	
d	Durchmesser, diagonal	mm
e	Exzentrizität	mm
f	rechnerische Druckfestigkeit	MPa
h	PTFE-Überstand	mm
n	Anzahl der Bewegungszyklen (Doppelhübe)	
s	Gleitweg	mm
t	Dicke; Zeit	mm, s, h
u	Umfang der PTFE-Platte	mm
v	Gleitgeschwindigkeit	mm/s
x	Verformung	
x	Längsachse	
y	Querachse	
z	Achse normal zur Hauptauflagerfläche	

3.2.3 Griechische Buchstaben

α	Winkel	rad
γ	Teilsicherheitsbeiwert	
δ	Bruchdehnung	%
Δz	größte Abweichung einer ebenen oder gekrümmten Oberfläche von der planmäßigen Oberfläche	mm
λ	Rapport, Koeffizient	
μ	Reibungszahl	
μ_1	Anfangsreibungszahl, d. h. größte Reibungszahl, die bei der ersten Bewegung am Versuchsbeginn oder nach Versuchsunterbrechung auftritt	
μ_T	größte Reibungszahl während einer bestimmten Temperaturphase	
ρ	Rohdichte	kg/m^3
σ	Normaldruckspannung	MPa

3.2.4 Indizes

a	Mittelwert
b	Trägerplatte
c	Beton
d	Bemessungswert
dyn	dynamisch
G	ständige Einwirkung
g	Geometrisch
k	charakteristisch
M	Werkstoff
max	Maximum
min	Minimum
n	Nummer des Bewegungszyklus
p	PTFE
pl	Vorbelastung
Q	veränderliche Einwirkung
R	Widerstand, Beanspruchbarkeit
r	reduziert
S	Schnittgrößen, Beanspruchung
s	statisch
t	Zug
T	Temperatur
u	Grenzwert
x, y, z	Koordinaten

3.3 Abkürzungen

CM	Mehrschicht-Werkstoff
PTFE	Polytetrafluorethylen
NDP	National festzulegende Parameter

4 Funktionelle Anforderungen

In diesem Abschnitt werden die Prüfungen geregelt, die als Eignungsnachweis für die bei der Anwendung anzunehmenden Reibungszahlen mit den Gleitwerkstoffen durchzuführen sind.

Sie richten sich an den Hersteller des Lagers.

Sie betreffen nicht die spezielle Lagerkonstruktion und auch nicht die Anwendung und werden deshalb mit Verweis auf den Normentext hier weggelassen.

5 Werkstoffeigenschaften

In diesem Abschnitt werden weitere Anforderungen an die Eigenschaften der Gleitpartner (mechanische, physikalische und geometrische Eigenschaften der PTFE-Platten, der Mehrschichtwerkstoffe, des austenitischen Stahlblechs, der hartverchromten Gleitplatte, der Trägerplatten, Teile aus Aluminium, des Schmierstoffs und des Klebstoffs) geregelt. Auch hierfür gilt:

Die Regelungen richten sich an den Hersteller des Lagers.

Sie betreffen nicht die spezielle Lagerkonstruktion und die Anwendung und werden deshalb mit Verweis auf den Normentext hier weggelassen.

6 Bemessungsanforderungen

Anmerkung: Dieser Abschnitt handelt von den konstruktiven Details, den Abmessungen und dem statischen Nachweis.

6.1 Kombination (Paarung) von Gleitwerkstoffen

Die Gleitwerkstoffe sind entsprechend Tabelle 9 zu kombinieren. Nur eine Paarung darf in einer Gleitfläche verwendet werden.

Die Gleitfläche ist nach 7.4 zu schmieren.

Tabelle 9 Zulässige Kombination von Gleitwerkstoffen für die Langzeit-Anwendung von Gleitflächen

<table>
<tr><th colspan="2">Ebene Gleitfläche</th><th colspan="2">Gekrümmte Gleitfläche</th><th colspan="2">Führungen</th></tr>
<tr><td rowspan="3">PTFE mit Schmiertaschen</td><td rowspan="3">austenitischer Stahl</td><td rowspan="3">PTFE mit Schmiertaschen</td><td>austenitischer Stahl</td><td>PTFE ohne Schmiertaschen</td><td rowspan="3">austenitischer Stahl</td></tr>
<tr><td>Hartchrom</td><td>CM1</td></tr>
<tr><td>Aluminium</td><td>CM2</td></tr>
</table>

6.2 PTFE-Platten

6.2.1 Gekammerte PTFE-Platten

6.2.1.1 Allgemeines

Die PTFE-Platte ist nach Bild 2 in einer Trägerplatte zu kammern. (Maße in Millimeter)

Anmerkung: Es wird ein Einheitsmaß festgelegt, um die Messung des Überstandes nach dem Einbau zu erleichtern.

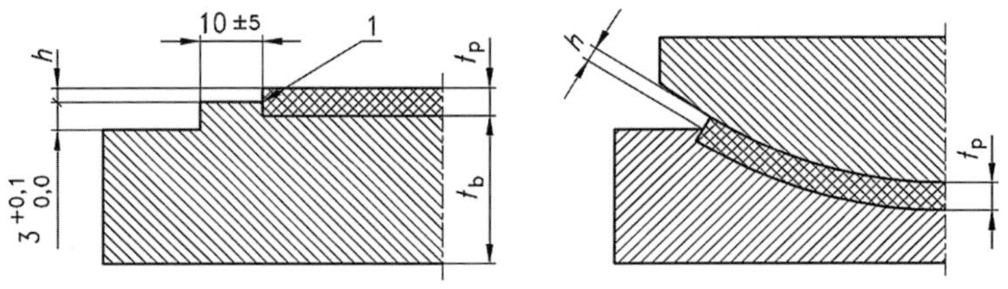

Bild 2 Einzelheiten der PTFE-Kammerung und des PTFE-Überstandes (Maße in mm)

Überschreiten die Pressungen infolge von ständigen charakteristischen Einwirkungen G_k 5 MPa, so sind Schmiertaschen für die Speicherung von Schmierstoff vorzusehen. Form und Anordnung der Schmiertaschen im unbelasteten und unbenutzten Zustand sind in Bild 1 dargestellt.

Das Schmiertaschen-Raster ist nach Bild 1 nach der Hauptgleitrichtung auszurichten.

Die Dicke t_p der PTFE-Platte und der PTFE-Überstand h müssen beim unbelasteten und mit Korrosionsschutz versehenen Gleitteil folgenden Bedingungen entsprechen.

$h = 1{,}75 + L/1200$ (mm), jedoch nicht kleiner als 2,2 mm (1)

$2{,}2\,h \leq t_p \leq 8$ mm (2)

Die Grenzabmaße des PTFE-Überstands h betragen bei $L \leq 1200$ mm ± 0,2 mm und bei $L > 1200$ mm ± 0,3 mm.

Der PTFE-Überstand *h* ist an markierten Messstellen, an denen die Dicke der Korrosionsschutzbeschichtung 300 µm nicht überschreiten darf, nachzuweisen. Es müssen mindestens zwei Messstellen an geeigneter Stelle angeordnet werden.

Ebene PTFE-Platten

Ebene PTFE-Platten müssen kreisförmig oder rechteckig sein und dürfen in höchstens vier gleiche Abschnitte unterteilt werden. Weitere Unterteilungen sind außerhalb des Anwendungsbereiches dieser Europäischen Norm. Die Kleinstabmessung *a* darf nicht kleiner als 50 mm sein.

Der Abstand zwischen den einzelnen PTFE-Abschnitten darf nicht größer als das Zweifache der Dicke der Trägerplatte für das PTFE oder für den Gegenwerkstoff sein. Der kleinere Wert ist maßgebend.

In Bild 3 sind einige Beispiele für unterteilte ebene PTFE-Platten dargestellt.

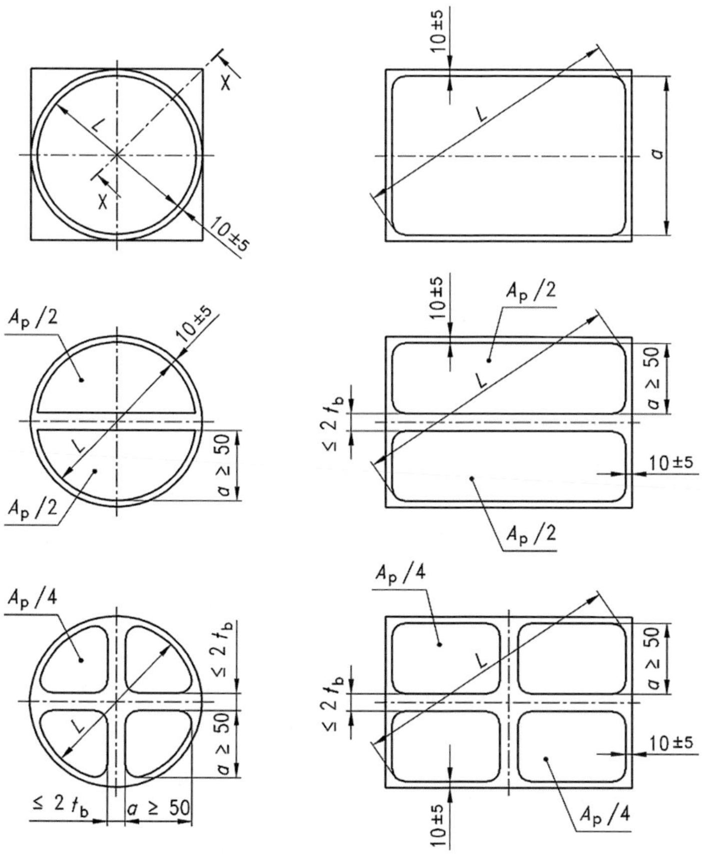

Bild 3 Beispiele für die Ausbildung gekammerter ebener PTFE-Platten (Maße in mm)

6.2.1.2 Gekrümmte PTFE-Platten

Gekrümmte PTFE-Platten für zylindrische Gleitflächen müssen rechteckig sein und dürfen in höchstens zwei gleiche Abschnitte unterteilt werden. In Bild 4 sind die Ausbildungen von gekrümmten PTFE-Platten für zylindrische Gleitflächen dargestellt.

Gekrümmte PTFE-Platten für kugelige Gleitflächen müssen kreisförmig sein und dürfen in eine Scheibe und einen Ring unterteilt sein. Der Durchmesser der Scheibe darf nicht kleiner als 1000 mm und die Breite des Ringes nicht kleiner als 50 mm sein. Der Ring darf in gleiche Abschnitte unterteilt werden.

Die Scheibe und der Ring müssen getrennt gekammert sein. Der Trennungsring der Trägerplatte darf nicht breiter als 10 mm sein.

In Bild 5 sind die Ausbildungen von gekrümmten PTFE-Platten für kugelige Gleitflächen dargestellt.

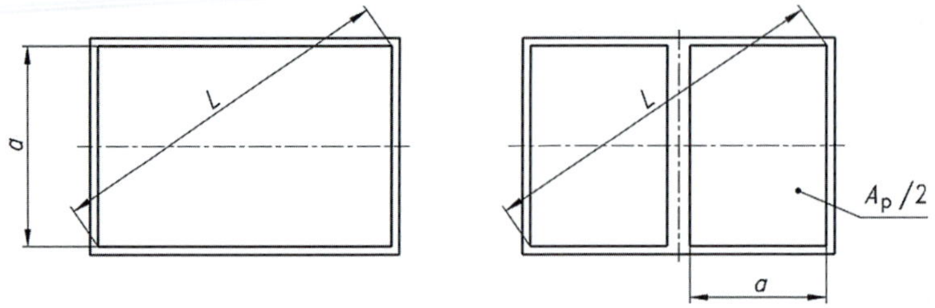

Bild 4 Ausbildung von gekammerten PTFE-Platten für zylindrische Gleitflächen (Maße in mm)

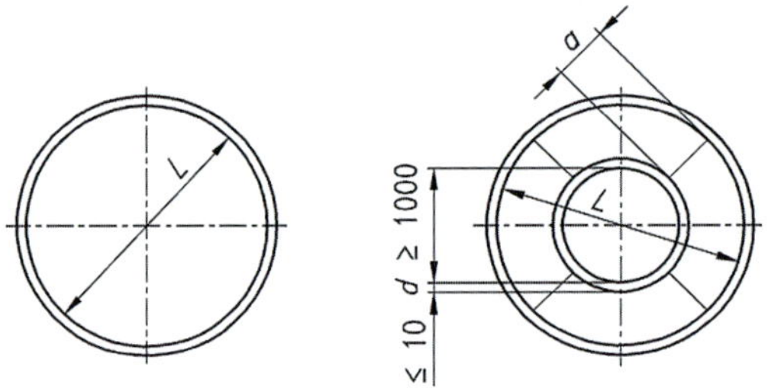

Bild 5 Unterteilung von gekrümmten PTFE-Platten für kugelige Gleitflächen (Maße in mm)

6.2.1.3 PTFE-Platten für Führungen

PTFE-Platten für Führungen dürfen keine Schmiertaschen haben, müssen mindestens 5,5 mm dick sein und im unbelasteten Zustand einen Überstand von (2,3 ± 0,2) mm haben.

Die Abmessung *a* darf nicht kleiner als 15 mm sein und der modifizierte Formfaktor

$$s = (A_p/(u \cdot h)) \cdot (t_p - h)/h \tag{3}$$

muss größer als 4 sein (siehe Bild 6).

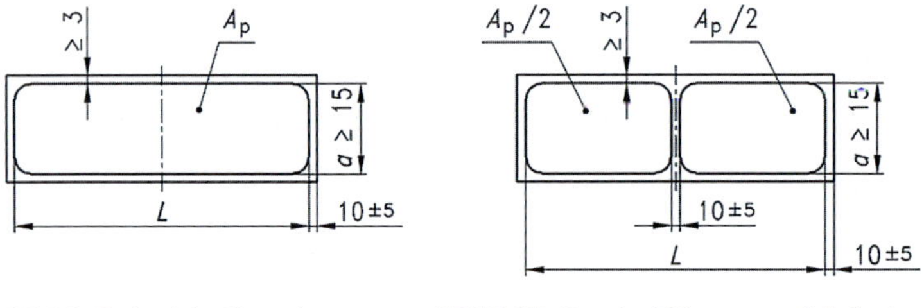

Bild 6 Beispiele für gekammerte PTFE-Platten in Führungen (Maße in mm)

6.2.2 Mit Elastomerlagern verbundene PTFE-Platten

Anmerkung: Die Voreinstellung von Elastomerlagern zum Ausgleich des Kriechens und Schwindens von Tragwerken aus Beton ist schwierig. PTFE-Platten, die mit dem Elastomer verbunden sind, dürfen zur Aufnahme der aus Kriechen und Schwinden resultierenden Verschiebungen von Betontragwerken verwendet werden (Lagertyp D in prEN 1337-3:1997, Tabelle 2).

Die PTFE-Platten sind mit dem Elastomer durch Vulkanisation zu verbinden.

Werden PTFE-Platten ohne Schmiertaschen verwendet, so muss ihre Dicke mindestens 1,5 mm betragen und die Gleitfläche muss eine Einlaufschmierung erhalten.

Die Nachweise nach 6.8.1 und 6.8.2 gelten nicht.

6.3 Mehrschicht-Werkstoffe

Mehrschicht-Werkstoffe dürfen nur verwendet werden, wenn die zusammenwirkenden Lagerteile in die Verschiebungsrichtung selbst einfluchten können.

Die Breite a muss mindestens 10 mm betragen.

6.4 Führungen

Führungen dürfen zur Aufnahme seitlicher Kräfte V_d infolge von veränderlichen und ständigen Einwirkungen verwendet werden.

Je nach Lagerkonstruktion dürfen Führungen außenseitig oder zentral angeordnet werden.

Die Gleitmaterialien müssen an Führungsleisten und in einer Nut der Trägerplatte befestigt sein.

Das Spiel c zwischen den Gleitkomponenten im Neuzustand muss die folgenden Bedingungen erfüllen:

$$c \leq 1{,}0\ \text{mm} + L/1000\ \text{[mm]} \qquad (4)$$

Typische Beispiele für die Befestigung von Führungsleisten und Führungen werden in den Bildern 7 und 8 gezeigt. Beim Nachweis des Anschlusses im Grenzzustand der Tragfähigkeit nach ENV 1993-1-1 sind die Auswirkungen der seitlichen Kraft V_d, des daraus resultierenden Momentes und der Reibungskräfte zu berücksichtigen.

Wenn bei einer Verdrehung um eine Querachse die Verformungsdifferenz über die Abmessung a der PTFE-Platte 0,2 mm überschreiten würde, so ist die Trägerplatte mit einem Gelenkstück zu versehen (siehe EN 1337-1:2000, Bilder 1 und 3.3).

Diese Bedingung ist für charakteristische Einwirkungen ohne Teilsicherheitsbeiwerte nachzuweisen.

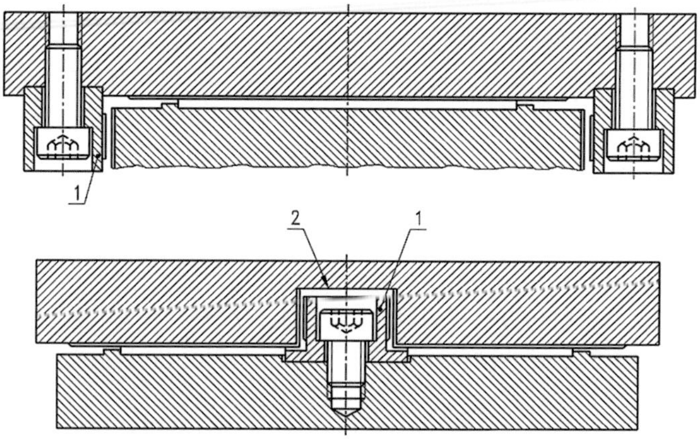

1 Führungsleiste
2 Führungsnut

Bild 7 Typische Beispiele für die Anordnung von geschraubten Führungen

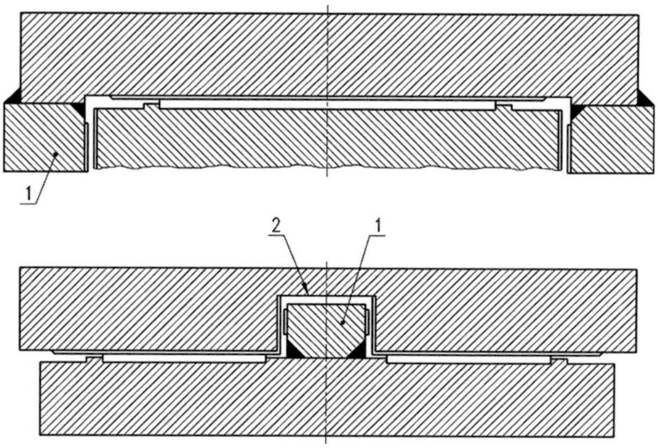

1 Führungsleiste
2 Führungsnut

Bild 8 Typische Beispiele für die Anordnung von geschweißten Führungen

6.5 Austenitisches Stahlblech

6.5.1 Verschiebungskapazität

Unter Berücksichtigung der erhöhten Bewegungen nach 5.4 in EN 1337-1:2000 muss nachgewiesen werden, dass unter der Grundkombination die austenitischen Bleche so ausgelegt sind, dass bei maximaler Verschiebung des Gleitteils die PTFE-Platten und die CM-Platten vollständig abgedeckt sind.

6.5.2 Blechdicke

Die Mindestdicke des austenitischen Stahlblechs muss Tabelle 13 entsprechen.

6.6 Charakteristische Druckfestigkeit von Gleitwerkstoffen

Die charakteristischen Druckfestigkeiten sind in Tabelle 10 angegeben.

Die Werte der Tabelle 10 sind für wirksame Lagertemperaturen bis zu 30 °C gültig.

Für Lager, deren größte wirksame Lagertemperatur 30 °C bis höchstens 48 °C überschreitet, sind vorgenannte Werte um 2 % je Grad über 30 °C zu reduzieren, um die Auswirkungen des PTFE-Kriechens abzuschwächen.

Tabelle 10 Charakteristische Werte der Druckfestigkeit von Gleitwerkstoffen

Werkstoffe	Einwirkungen	f_k [MPa]
PTFE für Hauptauflagerflächen	ständige und veränderliche Lasten	90
PTFE für Führungen	veränderliche Lasten	90
	Temperatur, Schwinden, Kriechen	30
	ständige Lasten	10
CM1	ständige und veränderliche Lasten	200
CM2	ständige und veränderliche Lasten	120

6.7 Reibungszahl

Die in Tabelle 11 angegebenen Reibungszahlen μ_{max} sind für den Nachweis des Lagers und des Tragwerks, in das es eingebaut ist, zu verwenden.

Zwischenwerte können durch lineare Interpolation oder durch Anwendung der in Anhang B angegebenen Gleichung ermittelt werden.

Die Werte sind nicht bei hochdynamischen Einwirkungen, die z. B. in Erdbebengebieten auftreten können, anwendbar.

Der Reibungswiderstand darf nicht zur Aufnahme von Schnittgrößen aus äußeren horizontalen Lasten herangezogen werden.

Die Werte der Tabelle 11 gelten nur für geschmierte PTFE-Platten mit Schmiertaschen.

Tabelle 11 Reibungszahlen μ_{max}

Kontaktdruck σ_p [MPa]	≤ 5	10	20	≥ 30
PTFE mit Schmiertaschen/ austenitischer Stahl oder Hartchrom	0,08	0,06	0,04	0,03 (0,025)[a)]
PTFE mit Schmiertaschen/ eloxiertes Aluminium	0,12	0,09	0,06	0,045 (0,038)[a)]

[a)] Diese Werte gelten für den Reibungswiderstand von gekrümmten Gleitflächen.

In Gebieten, wo die kleinste wirksame Lagertemperatur –5 °C nicht unterschreitet, dürfen die Reibungszahlen der Tabelle 11 mit dem Faktor 2/3 multipliziert werden.

Bei Führungen mit Werkstoffpaarungen nach Spalte 3 der Tabelle 9 darf angenommen werden, dass die Reibungszahl unabhängig von der Pressung ist, wobei folgende Werte einzusetzen sind:

PTFE: $\mu_{max} = 0{,}08$
Mehrschicht-Werkstoff: $\mu_{max} = 0{,}20$

6.8 Bemessungsnachweise für Gleitflächen

6.8.1 Allgemeines

Bei der Bemessung von Gleitflächen sind sämtliche Schnittgrößen infolge der Einwirkungen und des Reibungswiderstandes zu berücksichtigen. Die in Rechnung zu stellenden Bemessungswerte der Einwirkungen sind in Übereinstimmung mit den Bemessungsgrundlagen nach EN 1337-1 zu bestimmen.

Die Verformbarkeit von Gleitwerkstoffen darf nicht für die Aufnahme von Verdrehungen herangezogen werden, sofern dies nicht nach 6.4 zulässig ist.

6.8.2 Klaffende Fuge in Gleitflächen

Anmerkung: Eine klaffende Fuge kann zu Schmierstoffverlust, zu Verschleiß infolge von Verschmutzung und zu erhöhter Verformung wegen der mangelhaften Kammerung der PTFE-Platte führen. Da dies langfristig die Gebrauchstauglichkeit gefährden kann, wird der Zustand $\sigma_p = 0$ als Grenzzustand der Gebrauchstauglichkeit betrachtet.

Ausgenommen bei Führungen ist unter der charakteristischen Lastkombination nachzuweisen, dass $\sigma_p \geq 0$ ist.

Dabei ist anzunehmen, dass sich der Gleitwerkstoff linear elastisch verhält und die Trägerplatten starr sind.

6.8.3 Pressungsnachweis

Anmerkung 1: Zu hohe Pressungen können den Verlust der Gleitfunktion verursachen und so zum Tragwerksversagen oder in die Nähe des Tragwerksversagens führen. Dieser Zustand wird daher als Grenzzustand der Tragfähigkeit betrachtet.

Für Materialpaarungen nach Tabelle 9 ist im Grenzzustand der Tragfähigkeit nachzuweisen, dass folgende Bedingung erfüllt ist:

$$N_{sd} \leq f_k / \gamma_m \cdot A_r \qquad (5)$$

Dabei sind

N_{sd} der Bemessungswert der Normalkraft;
f_k die charakteristische Druckfestigkeit nach Tabelle 10;
A_r die reduzierte Kontaktfläche der Gleitfläche, in deren Schwerpunkt N_{sd} mit der Gesamtexzentrizität e angreift, die sowohl durch mechanische als auch geometrische Effekte verursacht wird. A_r ist auf der Grundlage der Plastizitätstheorie unter Annahme eines rechteckigen Spannungsblocks

zu berechnen (siehe Anhang A). In Führungen darf die Exzentrizität vernachlässigt werden.

Anmerkung 2: Der Wert γ_m sollte als NDP angegeben werden. Bei Fehlen eines NDP ist der empfohlene Wert $\gamma_m = 1{,}4$.

Für PTFE-Platten mit der Kleinstabmessung $a \geq 100$ mm ist als Kontaktfläche A bzw. A_r die Gesamtfläche ohne Abzug der Schmiertaschen anzusetzen. Bei Platten mit $a < 100$ mm sind die Schmiertaschen von der Gesamtfläche abzuziehen.

Bezüglich des Nachweises von gekrümmten Oberflächen siehe EN 1337-7.

6.9 Bemessungsnachweise für Trägerplatten

6.9.1 Allgemeines

PTFE und die Gleitmaterialien der Gegenflächen sind durch metallische Platten (Trägerplatten) mit ebenen oder gekrümmten Oberflächen zu unterstützen.

Bei der Bemessung von Trägerplatten ist Folgendes zu berücksichtigen:

- der Festigkeitsnachweis im Grenzzustand der Tragfähigkeit, wenn zusätzlich zu den Auswirkungen der Verformung nach 6.9.2 Schnittgrößen infolge von seitlichen Einwirkungen zu berücksichtigen sind;
- jegliche Reduzierung des Querschnitts (z. B. infolge der Führungsnut und der Befestigungsbolzen);
- die Verformung nach 6.9.2;
- die vorgeschriebene Steifigkeit für Transport und Einbau nach 6.9.3;
- die Verteilung der Kräfte in die anschließenden Bauteile nach 6.9.4.

6.9.2 Verformungsnachweis

Anmerkung 1: Wenn die Verformung (siehe Bild 9) die nachstehenden Werte überschreitet, so ergibt sich ein unzureichender Abstand zwischen den benachbarten Trägerplatten und es tritt erhöhter Verschleiß auf. Da dies langfristig die Gebrauchstauglichkeit des Gleitteils gefährden kann, wird dieser Zustand als Grenzzustand der Gebrauchstauglichkeit betrachtet.

Die Gesamtverformung $\Delta w_1 + \Delta w_2$ (siehe Bild 9) muss die folgende Bedingung erfüllen:

$$\Delta w_1 + \Delta w_2 \leq h\,(0{,}45 - 2\sqrt{(h/L)}) \qquad (6)$$

Die durch diese Verformung in der Trägerplatte verursachten Spannungen dürfen nicht die Elastizitätsgrenze (Streckgrenze) überschreiten, um bleibende Verformungen zu vermeiden.

Das mechanische Modell für den Nachweis, dass vorgenannte Bedingungen (Verformung, Streckgrenze) erfüllt sind, muss die Auswirkungen der die Verformung nennenswert beeinflussenden Lagerteile einschließlich der angrenzenden Bauteile mit ihren Kurz- und Langzeiteigenschaften berücksichtigen.

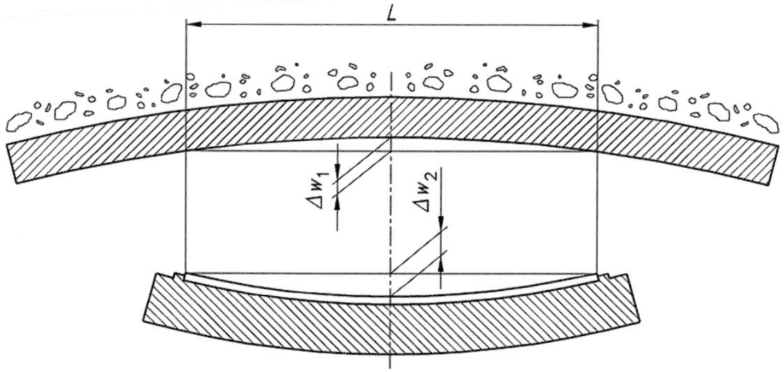

Bild 9 Relativverformungen von Trägerplatten

Dabei sind folgende Annahmen zu treffen:

a) zentrische Druckkraft;
b) Bemessungswert des fiktiven Elastizitätsmoduls des PTFE = 0,4 GPa;
c) Mitwirkung der gesamten Dicke t_p der PTFE-Platte;
d) Bemessungswert der fiktiven Querdehnungszahl des PTFE = 0,44;
e) im Fall angrenzender Massivbauteile: lineare Abnahme des Elastizitätsmoduls des Betons oder des Mörtels vom Rand zum Zentrum der Trägerplatte von 100 % auf 80 %.

Im Anhang C ist ein geeignetes Verfahren zur Berechnung der Relativverformung Δw_1 für übliche Werkstoffe angegeben.

Bei Anwendung des Verfahrens nach Anhang C darf der Nachweis, dass die Streckgrenze nicht überschritten wird, entfallen, wenn

- der oben genannte Verformungsgrenzwert nicht überschritten wird;
- der Beton mindestens der Festigkeitsklasse C25/30 nach ENV 1992-1-1 entspricht;
- der Stahl mindestens der Festigkeitsstufe S355 nach EN 10025 entspricht.

Bei niedrigeren Festigkeiten darf der Spannungsnachweis ebenfalls entfallen, wenn der o. g. Verformungsgrenzwert mit den nachstehenden Faktoren reduziert wird.

- 0,90 bei Verwendung von Beton der Festigkeitsklasse C 20/25;
- 0,67 bei Verwendung von Stahl der Festigkeitsstufe S235;
- 0,60 bei Verwendung von Beton der Festigkeitsklasse C 20/25 und Stahl der Festigkeitsstufe S235.

Anmerkung 2: Außer den vorgenannten sind gegebenenfalls weitere Kriterien für die Berechnung der Relativverformung zu berücksichtigen. Besonderes Augenmerk ist auf Lasten zu richten, die während des Bauzustandes auftreten (z. B. wenn große Trägerplatten während des Betonierens nicht abgesteift sind).

Für runde Trägerplatten, die an bewehrten Elastomerlagern oder Elastomerkissen von Topflagern anschließen, ist die Relativverformung Δw_2 nach der Theorie der elastischen Kreisplatte unter Berücksichtigung der in den Bildern 10 und 11 dargestellten Pressungsverteilungen zu berechnen.

Es ist die ungünstigere der Pressungsverteilungen nach Bild 10 zu Grunde zu legen.

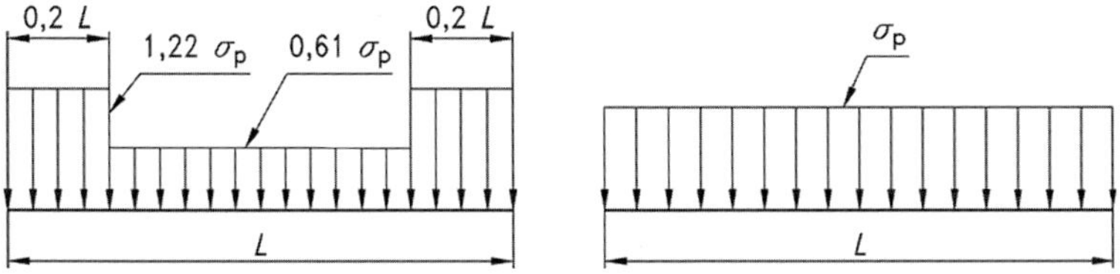

Bild 10 Alternative Verteilung der PTFE-Pressung

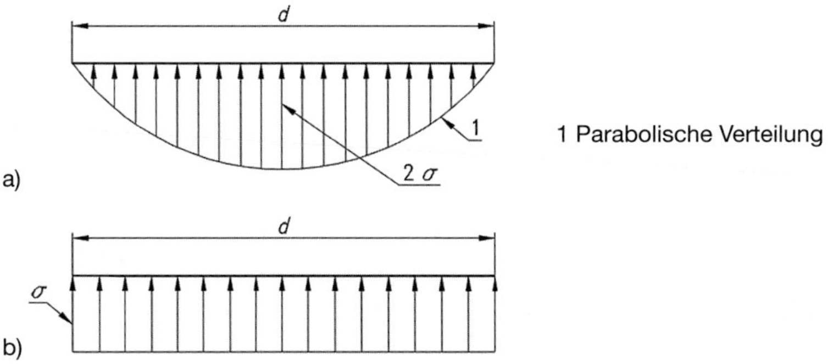

Bild 11 Verteilung der Elastomer-Pressung; a) von Elastomerlagern, b) von Topflagern

Bei Kalotten- und Zylinderlagern darf die Berechnung der Relativverformung der konvexen Trägerplatte entfallen, und Δw_2 ist gleich null zu setzen.

Für alle anderen Lagerarten ist Δw_2 gleich null zu setzen, wenn die Berechnungen zeigen, dass sich die beiden Trägerplatten in dieselbe Richtung verformen.

Quadratische und rechteckige Platten sind zu kreisförmigen Platten mit dem Durchmesser

$$d_b = 1{,}13\, a_b \tag{7}$$

zu idealisieren.

Dabei entspricht a_b den Seiten der quadratischen Platte bzw. der kleineren Seite der rechteckigen Platte.

6.9.3 Steifigkeit für Transport und Einbau

Die Dicke der Trägerplatte muss sein:

$$t_b \geq 0{,}04 \sqrt{(a_b^2 + b_b^2)} \tag{8}$$

jedoch mindestens 10 mm.

Dabei sind

a_b die kleinere Seite der Trägerplatte;

b_b die größere Seite der Trägerplatte.

6.9.4 Trägerplatten für Elastomerlager mit aufvulkanisierter PTFE-Platte

Das die Gegenfläche bildende austenitische Stahlblech nach 6.2.2 ist durch eine metallische Trägerplatte mit einer Dicke von

$$t_b > 0{,}025 \sqrt{(a_b^2 + b_b^2)} \quad (9)$$

jedoch mindestens 10 mm, zu unterstützen.

Weitere Nachweise sind nicht gefordert.

7 Fertigung, Zusammenbau und Toleranzen

Anmerkung: Dieser Abschnitt handelt von der Ausführung, dem Zusammenbau und den Passungstoleranzen.

7.1 Trägerplatten

7.1.1 PTFE-Kammerung

Um das Fließen des PTFE-Werkstoffs einzuschränken, muss der obere Rand der Vertiefung (Kammerung) scharfkantig und rechtwinklig sein (siehe Bild 2). Im Bereich des Übergangs zwischen Wandung und Boden der Kammerung darf der Radius der Ausrundung 1 mm nicht überschreiten.

Die Tiefe der Kammerung ist auf die Maße der PTFE-Platte nach 6.2.1 zu beziehen.

Grundsätzlich muss die PTFE-Platte die Kammerung ohne Spiel ausfüllen. Bereichsweise vorkommende Spalten zwischen dem Rand der PTFE-Platte und der Wandung der Kammerung dürfen bei Raumtemperatur die Werte der Tabelle 12 nicht überschreiten.

Tabelle 12 Passung gekammerter PTFE-Platten

Maße L [mm]	Spalt [mm]
$75 \leq L \leq 600$	0,6
$600 < L \leq 1200$	0,9
$1200 < L \leq 1500$	1,2

7.1.2 Ebenheit

Oberflächen von Trägerplatten, die Gleitmaterialien stützen oder an Anker- oder Futterplatten anschließen, sind so zu bearbeiten, dass die größte Abweichung Δz von der theoretisch ebenen Oberfläche nicht größer als $0{,}0003 \cdot L$ oder 0,2 mm ist. Der größere Wert ist maßgebend.

7.1.3 Passung der Gleitflächen

Die größte Abweichung Δz der ebenen oder der gekrümmten Oberflächen von der theoretischen Oberfläche darf innerhalb der anliegenden PTFE-Platte nicht größer als $0{,}0003 \cdot L$ oder 0,2 mm sein. Der größere Wert ist maßgebend.

7.2 Befestigung der Gleitmaterialien

7.2.1 Austenitisches Stahlblech

Austenitische Stahlbleche sind nach einem der in Tabelle 13 genannten Verfahren zu befestigen.

Tabelle 13 Blechdicke und Befestigungsarten für austenitische Stahlbleche

Art der Oberfläche	Befestigungsart	Dicke [mm]
Eben	vollflächige Klebung	1,5
	Schweißung mit durchgehender Naht	≥ 1,5
	Verschraubung mit Senkstanzung[a)]	≥ 1,5
	Schraubung, Nietung	≥ 2,5
Kugelig	vollflächige Klebung	≥ 2,5
	Schweißung mit durchgehender Naht	≥ 2,5
Zylindrisch	vollflächige Klebung	1,5
	Schweißung mit durchgehender Naht an den geraden Rändern	≥ 1,5

a) Bild 12 zeigt die Befestigung von austenitischen Stahlblechen unter Verwendung von Schrauben mit Senkstanzung.

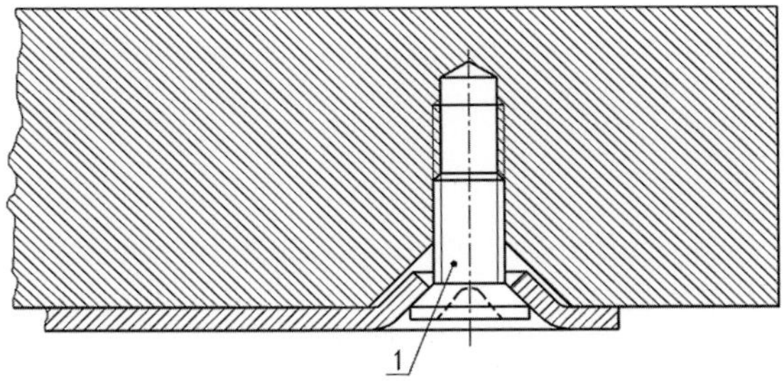

1 Befestigung durch Verschraubung mit Senkstanzung aus nicht rostendem Stahl

Bild 12 Verschraubung mit Senkstanzung

Es ist sicherzustellen, dass das austenitische Stahlblech im Bereich des Kontaktes mit der PTFE-Platte vollflächig an der Trägerplatte anliegt.

Wird das austenitische Stahlblech durch Verschraubung, Verschraubung mit Senkstanzung oder Nietung befestigt, so sind korrosionsbeständige Befestigungsmittel, die mit dem austenitischen Stahlblech verträglich sind, für die Sicherung der Ränder zu verwenden.

Sie sind außerhalb des Kontaktbereichs der PTFE-Platte an allen Ecken und entlang der Ränder in Abständen vorzusehen, die nicht größer sein dürfen als in Tabelle 14 angegeben.

Tabelle 14 Größtabstände von Schrauben, Schrauben mit Senkstanzung und Nieten für die Befestigung des austenitischen Stahlblechs

Dicke des austenitischen Stahlblechs [mm]	Größtabstand der Befestigungsmittel [mm]
1,5	150
2,0	300
2,5	450
3,0	600

Wird das austenitische Stahlblech geklebt, so ist ein Klebstoff zu verwenden, der die Eigenschaften nach 5.9 besitzt.

Die Vorbehandlung der Fügeteile muss den Empfehlungen des Klebstoff-Herstellers entsprechen. Es dürfen keine Fehlstellen in der Klebschicht auftreten, und während des Klebvorganges muss sich eine Klebstoffwulst entlang des gesamten Randes des austenitischen Stahlblechs bilden.

Nach dem Kleben muss die Ebenheitsanforderung nach 7.1.2 erfüllt sein.

7.2.2 PTFE-Platten

Bei ebenen Trägerplatten müssen die PTFE-Platten nach 7.1.1 gekammert sein. PTFE-Platten von Führungen sind zusätzlich zu verkleben, um den Zusammenbau zu erleichtern.

7.2.3 Mehrschicht-Werkstoff

Mehrschicht-Werkstoffe sind durch Klebung und außerhalb der Gleitfläche zusätzlich durch mechanische Verbindungen anzuschließen.

7.3 Schutz gegen Verschmutzung und Korrosion

Anmerkung: In EN 1337-9 sind allgemeine Anforderungen an den Korrosionsschutz enthalten. Dieser Unterabschnitt nennt zusätzliche Anforderungen an Gleitteile.

Wird das austenitische Stahlblech an der Trägerplatte mit vollflächiger Verklebung oder mit durchgehender Schweißnaht befestigt, so sind keine weiteren Schutzmaßnahmen hinter dem austenitischen Stahlblech erforderlich, vorausgesetzt, dass der vom austenitischen Stahlblech abgedeckte Teil der Trägerplatte frei von Rost oder rostverursachenden Verschmutzungen ist.

Ist das austenitische Stahlblech mit Schrauben, Schrauben mit Senkstanzung oder Nieten befestigt, muss die Trägerplatte hinter dem austenitischen Stahlblech mit dem vollen Korrosionsschutzsystem versehen werden.

Der hinter der PTFE-Platte befindliche Bereich der Trägerplatte ist durch einen Voranstrich (Trockenschichtdicke 20 µm bis 100 µm) zu schützen.

Es sind geeignete Vorrichtungen gegen die Verschmutzung der Gleitfläche vorzusehen. Solche Schutzvorrichtungen müssen für Inspektionszwecke leicht zu entfernen sein.

Da eine Hartverchromung nicht beständig gegen Chlorionen in saurer Lösung und gegen Fluorionen ist und durch feste Partikel in der Luft beschädigt werden kann, wie dies in Industriegegenden vorkommt, müssen unter solchen Bedingungen besondere Maßnahmen zum Schutz der Oberfläche getroffen werden.

Vor dem Zusammenbau sind die Oberflächen der Gleitflächen zu säubern.

Während des Zusammenbaus sind Maßnahmen gegen die Verschmutzung der geschmierten Oberflächen zu treffen.

7.4 Schmierung

Nach der Säuberung und vor dem Zusammenbau muss die mit Schmiertaschen versehene PTFE-Platte mit Schmierstoff nach 5.8 so geschmiert werden, dass alle Schmiertaschen gefüllt sind.

Gleitmaterial in Führungen ist mit einer Einlaufschmierung zu versehen, indem die Oberfläche mit einer geringen Menge Schmierstoff eingerieben und der Rest abgewischt wird.

7.5 Messfläche für den Lagereinbau

Um die Ausrichtung des Lagers nach EN 1337-11 zu ermöglichen, ist eine Messfläche oder eine andere geeignete Vorrichtung am Gleitteil anzubringen.

Die Abweichung von der Parallelität der Messfläche zur ebenen Gleitfläche darf 0,1 % nicht überschreiten.

9 Einbau

Nach dem Einbau und der Fertigstellung des Überbaus darf das Gleitteil nicht mehr als 3 % von der planmäßigen Ausrichtung nach EN 1337-11:1997, 6.5 abweichen.

10 Angaben für die Inspektion während des Betriebs

Bei der Inspektion der in EN 1337-10 aufgelisteten Einzelheiten ist der folgende Wert zu überprüfen:
Spalthöhe $h \geq 1$ mm (siehe Bild 2).

Falls festgestellt wird, dass die Spalthöhe kleiner als 1 mm ist oder eine Ausbeulung des austenitischen Stahlbleches in der Nähe des Spaltes oben genannten Wert überschreitet, so gilt das Gleitteil noch als gebrauchstauglich, aber es sind häufigere Inspektionen durchzuführen.

Wenn die Spalthöhe zu null reduziert ist, so darf nicht mehr davon ausgegangen werden, dass das Gleitteil Bewegungen aufnehmen kann.

5.2.3 DIN EN 1337-3:2005-07 Lager im Bauwesen Teil 3: Elastomerlager

Hinweis:
Diese Norm wurde von der französischen Arbeitsgruppe des für diese Normenreihe zuständigen Technischen Ausschusses (Leitung: UNI Italien) erstellt.

Mit dieser Norm werden die Teile 14, 140, 15 und 150 der deutschen Normenreihe DIN 4141 abgelöst.

Die Nachweise sind komplizierter als nach der deutschen Norm. Die größere Komplexität lässt sich jeweils technisch begründen, ohne dass daraus zu folgern wäre, dass die bisherigen deutschen Bemessungsregeln ein Sicherheitsdefizit bedeuten.

Die Umstellung auf neue Bemessungsregeln wurde zum Anlass genommen, den Abschnitt 4.5 des Kapitels 3 (S. 177 bis 243 der 2. Auflage) völlig neu zu fassen.

Zwei Dissertationen aus der jüngeren Zeit befassen sich mit bis dahin ungeklärten Fragen des Verhaltens von Elastomerlagern (Vogt und Block, siehe Kap. 7.1). Soweit die daraus gewonnenen Ergebnisse Normenregelungen infrage stellen, wird darauf an der entsprechenden Stelle hingewiesen.

Die Regelungen für unbewehrte Elastomerlager werden, weil sie nicht die Anwendung beim Brückenbau betreffen, hier nicht wiedergegeben, ebenso nicht die Regeln, die keinen Bezug zur Bemessung und Konstruktion haben.

Inhalt

1 Anwendungsbereich

Dieser Teil von EN 1337 gilt für Elastomerlager mit oder ohne zusätzliche Vorrichtungen zur Erweiterung des Anwendungsgebietes der Lager, wie z. B. flache Gleitteile nach EN 1337-2 oder Gleitflächen nach 4.4.4, zur Verwendung im Brückenbau oder in Bauwerken mit vergleichbaren Auflagerbedingungen.

Dieser Teil von EN 1337 gilt für Elastomerlager mit einer Grundfläche bis (1200 × 1200) mm aus den unter 4.4.1 festgelegten Elastomeren. Er gilt für bewehrte Lager von Typ A, B und C, für Verformungsgleitlager der Typen E und D, für unbewehrte Lager und unbewehrte Streifenlager vom Typ F.

Dieser Teil der Norm regelt die Anwendung in einem Temperaturbereich von −25 °C bis +50 °C, kurzzeitig bis +70 °C.

Es ist bekannt, dass in einigen Regionen Nordeuropas die Lufttemperatur niedriger als −25 °C ist.

Im Falle der Anwendung bei sehr niedrigen Betriebstemperaturen (bis −40 °C) müssen die Eigenschaften der Lager unbedingt ebenfalls dem Schubmodul bei sehr niedrigen Temperaturen (siehe 4.3.1.3 und Anhang F) entsprechen.

3 Begriffe, Symbole und Abkürzungen

3.1 Begriffe

Für die Anwendung dieses Dokumentes gelten die in EN 1337-1:2000 angegebenen und die folgenden Begriffe.

3.1.1 Charge

Individuelle Elastomermischung oder ein Verschnitt aus solchen für eine Lagerherstellung oder eine Anzahl identischer Produkte, die auf derselben Anlage hergestellt werden.

3.1.2 Elastomer
Makromolekulares Material, das bei geringer Beanspruchung eine erhebliche Verformung aufweist und das nach Wegnahme dieser Beanspruchung nahezu vollständig zur Ausgangsgröße und Form zurückkehrt. In diesem Teil der Norm wird darunter die Mischung verstanden, aus der Lager oder Lagerteile gefertigt werden.

3.1.3 Elastomerlager
Lager, bestehend aus einem vulkanisierten Elastomerblock, der durch eine oder mehrere Stahlbleche bewehrt sein kann.

3.1.4 Bewehrtes Lager
Elastomerlager, innen mit einem oder mehreren Stahlblechen verstärkt, die beim Vulkanisieren chemisch (gemeint ist: durch Vulkanisation) verbunden werden.

3.1.5 Unbewehrtes Elastomerlager
Elastomerlager, bestehend aus einem Block von vulkanisiertem Elastomer ohne Hohlräume.

3.1.6 Verformungsgleitlager
Bewehrtes Elastomerlager mit einer PTFE-Platte auf der Deckfläche, die direkt auf die obere Elastomerschicht aufvulkanisiert sein kann oder die an einer Stahlplatte befestigt ist und mit einer Gleitplatte in Berührung steht

3.1.7 Gleitplatte
Tragplatte, die unmittelbar an die obere Gleitfläche eines Lagers angrenzt. Sie kann als

a) Platte aus austenitischem Stahl,
b) dünne Platte aus austenitischem Stahl, die auf einer Grundplatte aus handelsüblichem Baustahl befestigt ist,
c) dünne Platte aus austenitischem Stahl, verbunden mit einer Elastomerschicht, die ebenfalls auf eine Grundplatte aus handelsüblichem Baustahl vulkanisiert ist,

ausgebildet sein.

3.1.8 Streifenlager
Unbewehrtes Elastomerlager, dessen Länge mindestens zehnmal so groß wie die Breite ist.

3.1.9 Obere Gleitfläche
Eine auf das Elastomerlager vulkanisierte Polytetrafluorethylenfolie, die im Zusammenhang mit der Gleitplatte Verschiebungen in der Gleitebene ermöglicht.

3.2 Symbole

Für die Anwendung dieses Dokumentes gelten die folgenden Symbole:

3.2.1 Große lateinische Buchstaben

A	Gesamtgrundfläche eines Elastomerlagers	mm^2
A'	wirksame Grundfläche eines bewehrtes Elastomerlagers (Fläche der Bewehrungsplatten)	mm^2
A_r	reduzierte wirksame Grundfläche eines Elastomerlagers	mm^2
C_c	Drucksteifigkeit eines Lagers	N/mm
D	Gesamtdurchmesser eines runden Lagers	mm
D'	wirksamer Durchmesser eines runden bewehrten Lagers	mm
E	Elastizitätsmodul	MPa
E_b	Kompressionsmodul	MPa
E_{cs}	Sekantenmodul.	MPa
E_d	Bemessungslasten	
F_{xd}, V_{yd}	Bemessungswerte der Horizontalkräfte	N, kN
$F_{x,y}$	maximale Horizontalkraft aus der vektoriellen Addition von v_x und v_y	N, kN
F_{zd}	Bemessungswert der Vertikalkräfte	N, kN
G	Nennwert des ideellen vereinbarten Schubmoduls eines Elastomerlagers	MPa
G_{dyn}	ideeller vereinbarter Schubmodul eines Elastomerlagers unter dynamischen Einwirkungen	MPa
G_e	Schubmodul des Elastomers	MPa
G_g	durch Prüfung bestimmter ideeller vereinbarter Schubmodul eines Elastomerlagers	MPa
K_{ce}	Auflastfaktor für elliptische Lager	
K_{de}	vertikaler Verformungsfaktor für elliptische Lager	
K_{se}	Rückstellmoment-Faktor für elliptische Lager	
K_f	Reibungsfaktor	
K_h	Faktor für Zugspannungen in Bewehrungsblech	
K_L	Faktor für die Belastungsart	
K_m	Momentenfaktor	
K_p	Korrekturfaktor für Bewehrungsbleche	
K_r	Verdrehfaktor	
K_s	Rückstellmoment-Faktor	
M_e	experimenteller Wert des Rückstellmomentes	Nmm, kNm
M_d	Bemessungswert des Rückstellmomentes	Nmm, kNm
R_d	Bemessungswert des Widerstandes	
R_{xy}	Kraft, die aus der Horizontalverformung des Lagers auf das Bauwerk einwirkt	
S	Formfaktor	
S_1	Formfaktor für die dicksten Innenschichten	
S_d	Bemessungswert einer Schnittkraft oder eines Momentes bei einem entsprechenden Vektor mehrerer Schnittkräfte oder Momente	
T_o	durchschnittliche Gesamtausgangsdicke des Lagers ohne obere und untere Deckschicht	mm

T_b	Gesamtnenndicke des Lagers	mm
T_{bo}	mittlere Gesamtausgangsdicke des Lagers	mm
T_e	Nenndicke aller Elastomerschichten.	mm
T_q	durchschnittliche Ausgangsdicke aller bei Schub wirkenden Elastomerschichten einschließlich der oberen und unteren Deckschicht, wenn bei diesen Schubverformung möglich ist	mm

3.2.2 Kleine lateinische Buchstaben

a	Gesamtbreite eines Lagers (kürzeres Maß bei rechteckigen Lagern)	mm
a_e	kleine Achse eines elliptischen Lagers	
a'	wirksame Breite eines bewehrten Lagers (Breite der Bewehrungsbleche)	mm
b	Gesamtlänge eines Lagers (längeres Maß bei rechteckigen Lagern)	mm
b_e	große Achse eines elliptischen Lagers	
b'	wirksame Länge eines bewehrten Lagers (Länge der Bewehrungsbleche)	mm
c	Drucksteifigkeit	N/mm
f_y	Streckgrenze des Stahls	N/mm^2
l_p	lastfreier Lagerumfang	
n	Anzahl der Elastomerschichten	
t	Dicke eines unbewehrten Elastomer- oder Streifenlagers	mm
t_e	wirksame Dicke des Elastomers bei Druckbeanspruchung	mm
t_i	Dicke einer einzelnen Elastomerschicht in einem bewehrten Lager	mm
t_p	Dicke einer PTFE-Schicht	mm
t_s	Dicke des Bewehrungsblechs	mm
t_{so}	Dicke der äußeren Stahlplatte	mm
v_{cd}	gesamte vertikale Verformung	mm
v_x	maximale Horizontalbewegung in Richtung der Seite *a*	mm
v_y	maximale Horizontalbewegung in Richtung der Seite *b*	mm
v_z	Vertikalbewegung bzw. -verformung	mm
v_{xy}	maximale Horizontalbewegung aus der vektoriellen Addition von v_x und v_y	mm

3.2.3 Griechische Buchstaben

α	Winkelverdrehung eines Lagers	rad
α_a	Winkelverdrehung über die Breite *a* eines rechteckigen Lagers	rad
α_b	Winkelverdrehung über die Länge *b* eines rechteckigen Lagers	rad
α_{ab}	resultierende Winkelverdrehung über Breite *a* und Länge *b* eines rechteckigen Lagers	rad

α_d	Winkelverdrehung über den Durchmesser *D* eines runden Lagers	rad
γ_m	Teilsicherheitsbeiwert für den Werkstoff	
δ	vertikale Verformung einer einzelnen Elastomerschicht	mm
Σ	Summe von Einzelwerten	
$\varepsilon_{a,d}$	Bemessungswert der Verformung einer Elastomerschicht durch Winkelverdrehung	
$\varepsilon_{c,d}$	Bemessungswert der Verformung einer Elastomerschicht infolge Druck	
$\varepsilon_{q,d}$	Bemessungswert der Schubverformung einer Elastomerschicht infolge Horizontalverschiebung	
$\varepsilon_{t,d}$	Gesamtverformung einer Elastomerschicht	
ε_z	Stauchung eines Lagers	
μ_d	Bemessungs-Reibungskoeffizient	
μ_e	Reibungskoeffizient für Elastomere	
σ_c	Druckspannung	MPa
σ_m	mittlere Druckspannung	MPa
σ_s	Zugspannung im Stahl	MPa
τ	Schubspannung	MPa

3.2.4 Indizes

d	Bemessung
dyn	dynamisch
k	charakteristisch
max	Maximum
min	Minimum
t	gesamt
u	im Grenzzustand der Tragfähigkeit

3.3 Abkürzungen

CR	Chloroprenkautschuk
NR	Naturkautschuk
pphm	ein Teil auf einhundert Millionen Volumenteile
PTFE	Polytetrafluorethylen
SLS	Grenzzustand der Gebrauchstauglichkeit
ULS	Grenzzustand der Tragfähigkeit

4 Anforderungen

Hier nur auszugsweise abgedruckt. Dieser Abschnitt richtet sich an den Hersteller des Lagers.

4.1 Allgemeines

Das geforderte Qualitätsniveau von Elastomerlagern ist im Wesentlichen in Form von Grenzwerten und nachprüfbaren Kennwerten an ganzen Lagern definiert.

Die Spezifikationen für die Baustoffe, aus denen das Lager hergestellt wird, ergänzen die wesentlichen Anforderungen.

4.2 Funktionelle Anforderungen

Elastomerlager sind so zu bemessen und herzustellen, dass sie Verschiebungen in jeder Richtung und Verdrehungen um jede Achse durch elastische Verformung ermöglichen, um die in der statischen Berechnung ermittelten Bemessungskräfte sicher von einem Bauteil zum anderen übertragen und die Bemessungswerte der Bewegungen aufnehmen zu können.

Sie können mit zusätzlichen Vorrichtungen zur Erweiterung ihres Anwendungsgebietes kombiniert werden, z. B. als kurzzeitig oder ständig wirkendes Gleitsystem oder als in jeder Richtung wirkendes Festhaltesystem.

Elastomerlager müssen unter normalen Umweltbedingungen und bei normaler Wartung während einer als wirtschaftlich vertretbaren Lebensdauer sicher funktionieren. Bei außergewöhnlichen Umwelt- und Anwendungsbedingungen können zusätzliche Maßnahmen erforderlich werden (siehe EN 1337-9). Die Bedingungen sind dann genau festzulegen.

Obwohl Elastomerlager Schubverformungen aufnehmen können, dürfen sie nicht zur planmäßigen Beanspruchung aus ständigen äußeren Schubkräften verwendet werden.

4.3 Lagerkennwerte

In diesem Abschnitt sind alle an ganzen Lagern zu ermittelnden Kennwerte festgelegt. Weiter wird angegeben, ob es sich um eine Eignungs- oder Produktionsüberwachungsprüfung handelt sowie deren Häufigkeit und die Art der Prüfkörper (siehe Abschnitt 8).

Aus Platzgründen wird dieser Abschnitt hier nicht abgedruckt.

4.4 Materialeigenschaften

Aus Platzgründen wird dieser Abschnitt hier nicht abgedruckt, ausgenommen die Bilder 1 und 2.

Beispiel für den Querschnitt der Außenschichten von Elastomerlagern Typ D (Ausschnitt)

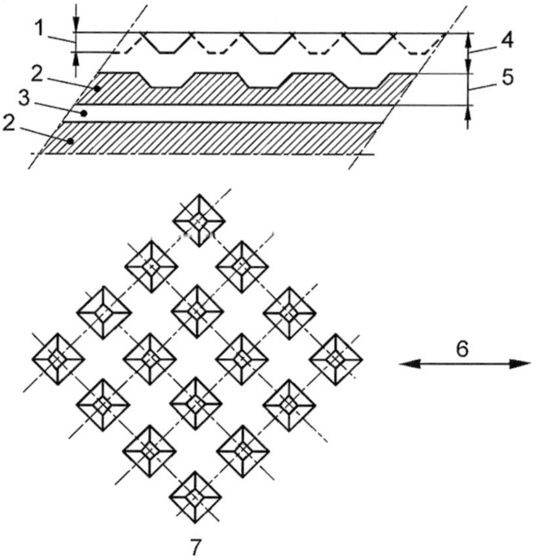

1 1 mm < Tiefe der Schmiertasche < 2,5 mm
2 Elastomerschichten
3 Bewehrungsblech
4 1,5 mm < t_p < 2,5 mm
5 0,5 mm < Dicke des Elastomers < 3 mm
6 Hauptgleichtrichtung
7 Draufsicht

Bild 1 Schmiertaschen für Lagertyp D nach Tabelle 2

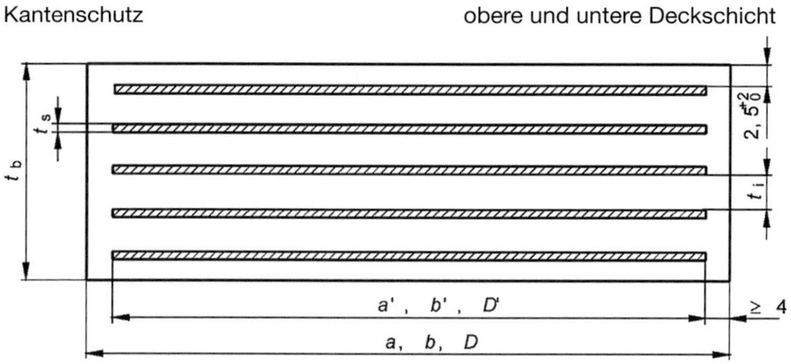

Bild 2 Typischer Querschnitt eines Elastomerlagers Typ B

5 Bemessungsgrundsätze

5.1 Allgemeines

Elastomerlager sind so zu bemessen, dass sie im Grenzzustand der Tragfähigkeit den einschlägigen Festlegungen dieses Abschnittes entsprechen.

Im Grenzzustand der Tragfähigkeit müssen Festigkeit und Stabilität der Lager den Bemessungslasten und Bewegungen des Bauwerks standhalten.

Um die Leistung und Dauerhaftigkeit von Lagern nach dieser Norm sicherzustellen, ist es notwendig, die in Abschnitt 6 festgelegten Toleranzen zu beachten.

5.2 Bemessungseinwirkungen

Elastomerlager sind so zu bemessen, dass die Bemessungswerte der Einwirkungen S_d (siehe Vordruck in Tabelle E.1) den Bemessungswert des Widerstandes R_d nicht übersteigen. Die Auswirkungen aus den Haupt- und Nebeneinwirkungen sowie die Mindestbewegungen entsprechend EN 1337-1 sind zu berücksichtigen.

Wenn die Einbauungenauigkeiten die Toleranzgrenzen nach 7.1 überschreiten, sind die Auswirkungen auf das Bauwerk zu ermitteln.

5.3 Bewehrte Elastomerlager

5.3.1 Lagertypen

Bewehrte Elastomerlager müssen einem der Typen nach Tabelle 2 oder einer Kombination davon entsprechen.

Tabelle 2 Verschiedene Lagerquerschnitts-Typen

Typ A: Bewehrtes Lager, vollständig mit Elastomer bedeckt, mit nur einem Bewehrungsblech aus Stahl	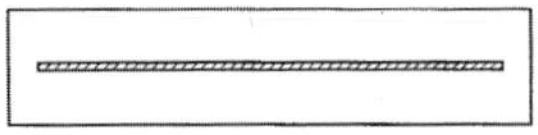
Typ B: Bewehrtes Lager, vollständig mit Elastomer bedeckt, mit mindestens zwei Bewehrungsblechen aus Stahl	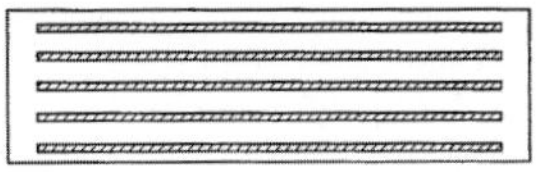
Typ C: Bewehrtes Lager mit Außenplatten (profilierte Oberfläche oder zulässige Befestigungsmittel) *Anmerkung:* Gezeigt sind Beispiele verschiedener Befestigungsmethoden; andere Lösungen können vereinbart werden.	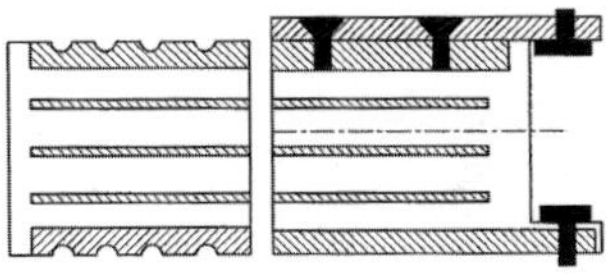
Typ D: Typ B mit PTFE / Elastomerverbund	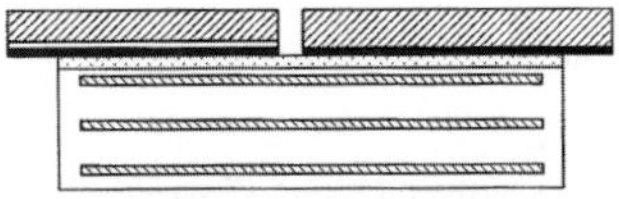
Typ E: Typ C mit einer vulkanisierten Außenplatte und einer in den Stahl eingelassenen PTFE-Scheibe	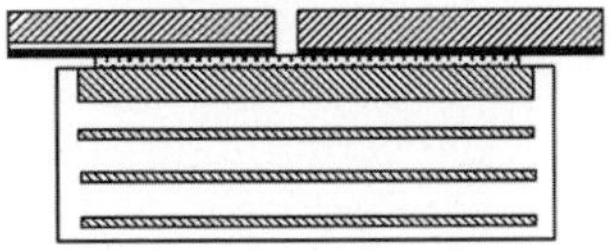
Typ F: Unbewehrtes Elastomerlager und Streifenlager	

5.3.2 Abmessungen und Aufbau bewehrter Lager

Lager sind rechteckig oder rund; für besondere Anwendungsfälle sind elliptische oder achteckige (angenähert an elliptische) Formen zulässig. Spezielle Bemessungsregeln für elliptische Lager sind in Anhang A (normativ) aufgeführt. Achteckige Lager können für die Berechnung, außer dem Formfaktor und der Pressung, als elliptische betrachtet werden, wobei die größere Achse der Länge und die kleinere Achse der Breite entspricht.

Die einzelnen Lager sind mit Kautschukinnenschichten der gleichen Dicke (Dicke zwischen 5 mm und 25 mm) herzustellen.

Die empfohlenen Regellagergrößen für Lager Typ B sind in Tabelle 3 angegeben.

Bei bewehrten Lagern ist es zulässig, die belastete Fläche ohne Veränderung der Flächenmaße durch gleichförmige Aussparungen zu reduzieren.

Die in den Bemessungsregeln verwendeten Symbole sind in Bild 2 angegeben.

5.3.3 Bemessungsgrundlagen

Grundlage der Bemessung ist die Annahme, dass das Elastomer ein elastischer Werkstoff ist, dessen Verformung unter Last durch die Lagerform beeinflusst wird. Bewehrungsbleche im Lager sind mit dem Elastomer chemisch verbunden, um relative Bewegungen in der Kontaktfläche Stahl/Elastomer zu unterbinden.

Die obere und untere Deckschicht ist bei der Bemessung dann nicht zu berücksichtigen, wenn deren Dicke 2,5 mm oder weniger beträgt.

Alle bemessenen Lager einschließlich der Regellager nach Tabelle 3 müssen die nachfolgenden Anforderungen erfüllen.

a) Maximale Verformung
An jeder Stelle im Lager ergibt sich die Summe der Teilverformungen ($\varepsilon_{t,d}$) entsprechend den Bemessungslasten (E_d) nach der Gleichung:

$$\varepsilon_{t,d} = K_L\,(\varepsilon_{c,d} + \varepsilon_{q,d} + \varepsilon_{\alpha,d}) \quad (1)$$

Dabei sind

$\varepsilon_{c,d}$ die Verformung aus der Auflast entsprechend 5.3.3.2;
$\varepsilon_{q,d}$ die Schubverformung aus der Horizontalverschiebung entsprechend 5.3.3.3;
$\varepsilon_{\alpha,d}$ die Verformung aus der Winkelverdrehung entsprechend 5.3.3.4;
K_L ein Faktor für die Belastungsart. Für die Bestimmung von K_L siehe Anhang C (normativ).
$\varepsilon_{t,d}$ darf den Höchstwert für $\varepsilon_{u,d}$ nach folgender Gleichung nicht übersteigen:

$$\varepsilon_{u,d} = \varepsilon_{u,k}/\gamma_m \quad (2)$$

Dabei sind

$\varepsilon_{u,k}$ der maximal zulässige Wert von 7 für den Grenzzustand der Tragfähigkeit,
γ_m ein Teilsicherheitsbeiwert, dessen Wert im nationalen Anhang festgelegt ist. Der Richtwert für γ_m ist 1,00.

Tabelle 3 Regellagergrößen für Lager Typ B

Abmessungen $a \times b$ oder D	Dicke in mm						Anzahl der Schichten	
	Unbelastetes Lager		Elastomer (Gesamt[a])		Elastomerschichten	Bewehrungsbleche	min	max
	min	max	min	max				
100 × 150	30	41	16	24	8	3	2	3
100 × 200	30	41	16	24	8	3	2	3
150 × 200	30	52	16	32	8	3	2	4
Ø 200	30	52	16	32	8	3	2	4
150 × 250	30	52	16	32	8	3	2	4
150 × 300	30	52	16	32	8	3	2	4
Ø 250	30	52	16	32	8	3	2	4
200 × 250	41	74	24	48	8	3	3	6
200 × 300	41	74	42	48	8	3	3	6
200 × 350	41	74	24	48	8	3	3	6
Ø 300	41	74	24	48	8	3	3	6
200 × 400	41	74	24	48	8	3	3	6
250 × 300	41	85	24	56	8	3	3	7
Ø 350	41	85	24	56	8	3	3	7
250 × 400	41	85	24	56	8	3	3	7
300 × 400	57	105	36	72	12	4	3	6
Ø 400	57	105	36	72	12	4	3	6
300 × 500	57	105	36	72	12	4	3	6
Ø 450	57	105	36	72	12	4	3	6
300 × 600	57	105	36	72	12	4	3	6
350 × 450	57	121	36	84	12	4	3	7
Æ 500	57	121	36	84	12	4	3	7
400 × 500	73	137	48	96	12	4	4	8
Ø 550	73	137	48	96	12	4	4	8
400 × 600	73	137	48	96	12	4	4	8
450 × 600	73	153	48	108	12	4	4	9
Ø 600	73	153	48	108	12	4	4	9
500 × 600	73	169	48	120	12	4	4	10
Ø 650	73	169	48	120	12	4	4	10
600 × 600	94	199	64	144	16	5	4	9
Ø 700	94	199	64	144	16	5	4	9
600 × 700	94	199	64	144	16	5	4	9
Ø 750	94	199	64	144	16	5	4	9
Ø 850	94	220	64	160	16	5	4	10
800 × 800	110	260	80	220	20	5	4	10
Ø 900	110	260	80	200	20	5	4	10
900 × 900	100	285	80	220	20	5	4	11

[a] Gesamtdicke ohne obere und untere Schicht (Dicke 2,5 mm)

b) Maximale Zugspannung in den Bewehrungsblechen
Die Stahlplatten müssen im Grenzzustand der Tragfähigkeit bemessen werden, wie in 5.3.3.5. definiert.

c) Kriterien für die Stabilität (siehe 5.3.3.6)
Die Kriterien für die Stabilität sind unter folgenden Gesichtspunkten zu bewerten:

- Stabilität in Bezug auf Verdrehung;
- Stabilität in Bezug auf Knicken;
- Stabilität in Bezug auf Gleiten.

d) Auf das Bauwerk einwirkende Kräfte, Momente und Verformungen (siehe 5.3.3.7)
Die auf das Bauwerk einwirkenden Kräfte, Momente und Verformungen sind unter folgenden Gesichtspunkten zu bewerten:

- Pressung in den Kontaktflächen zwischen Lager und Bauwerk;
- auf das Bauwerk durch den horizontalen Verformungswiderstand des Lagers einwirkende Kraft;
- Rückstellmoment aufgrund der Lagerverdrehung;
- vertikale Verformung aufgrund der Auflast.

Anmerkung: Der Schubmodul kann zur Aufnahme dynamischer Beanspruchungen (Bahnbauwerke, Erdbeben) in Abhängigkeit von den Anregungsfrequenzen (in der Regel Frequenzen >6 Hz) und den Verformungsamplituden modifiziert werden. Der Faktor ist von der Mischung abhängig und kann experimentell bestimmt werden.

5.3.3.1 Formfaktor

Mit dem Formfaktor S wird die Form des Elastomerlagers in den Festigkeits- und Verformungsberechnungen berücksichtigt. Er ist das Verhältnis der belasteten Oberfläche eines Elastomerlagers zum frei verformbaren Oberflächenbereich einschließlich eventueller Aussparungen.

Bei bewehrten Lagern wird der Formfaktor S für jede einzelne Elastomerschicht durch folgende Gleichung angegeben:

$$S = A_1/(l_p/t_e) \tag{3}$$

Dabei sind

A_1 die wirksame Grundfläche des Lagers, d. h. die gemeinsame Fläche von Elastomer und Bewehrungsblech abzüglich von Öffnungsflächen, wenn diese nicht nachträglich wirksam verschlossen werden;

l_p der lastfreie Umfang des Lagers, einschließlich irgendwelcher Aussparungen, wenn diese nicht später wirksam geschlossen werden;

t_e die wirksame Dicke einer einzelnen Elastomerschicht unter Auflast. Bei bewehrten Lagern wird bei Innenschichten die tatsächliche Dicke t_i und bei Deckschichten mit einer Stärke von ≥ 3 mm der 1,4fache Wert dieser Schicht angenommen.

Anmerkung: Bei rechteckigen Lagern ohne Öffnungen ist

$$A_1 = a' \cdot b' \quad (6)$$

und $l_p = 2 \cdot (a' + b')$ (7)

Dabei sind

a' die effektive Breite des Lagers (= Breite der Bewehrungsbleche)

b' die effektive Länge des Lagers (= Länge der Bewehrungsbleche)

5.3.3.2 Verformung unter Druck

Für die Berechnungen muss G einem der in Tabelle 1 angegebenen Werte entsprechen. *(G kann auch Tabelle 4.13 in Abschnitt 4.5.2.4 entnommen werden.)*

$\varepsilon_{c,d}$ ist die Bemessungsverformung durch Auflast; sie wird nach folgender Gleichung ermittelt:

$$\varepsilon_{c,d} = 1{,}5\, F_{z,d}/(G \cdot A_r \cdot S) \quad (8)$$

A_r ist die infolge von Einwirkungen reduzierte Grundfläche, die nach folgender Gleichung ermittelt wird:

$$A_r = A_1 \cdot (1 - v_{x,d}/a' - v_{y,d}/b') \quad (9)$$

Dabei sind

$v_{x,d}$ die maximale horizontale Lagerverformung in Richtung der Lagerseite a, hervorgerufen durch alle Bemessungslasten;

$v_{y,d}$ die maximale horizontale Lagerverformung in Richtung der Lagerseite b, hervorgerufen durch alle Bemessungslasten.

5.3.3.3 Verformung durch Schub

Die Schubverformung $\varepsilon_{q,d}$ des Elastomers durch Horizontallasten darf 1,00 nicht übersteigen. Sie wird durch folgende Gleichung angegeben:

$$\varepsilon_{q,d} = v_{xy,d}/T_q \quad (10)$$

Dabei sind

$v_{xy,d}$ die maximale horizontale Lagerverformung, ermittelt durch vektorielle Addition von $v_{x,d}$ und $v_{y,d}$ ($v_{x,d}$ und $v_{y,d}$ sind in 5.3.3.2 definiert);

T_q die Gesamtdicke des Elastomers bei Schubbeanspruchung einschließlich der oben und unten liegenden Deckschichten, es sei denn, die Relativverschiebung zwischen den Außenplatten des Lagers und dem Bauwerk ist durch Dübelscheiben o. Ä. unterbunden.

Anmerkung: Der maximal zulässige Wert für $\varepsilon_{q,d}$, der für den Grenzzustand der Tragfähigkeit als 1,00 festgelegt wird, wurde aus $\varepsilon_{g,k}$ durch Multiplikation mit γ_f = 1,40 abgeleitet.

5.3.3.4 Verformung aus Verdrehung

Die Nennbeanspruchung durch Winkelverdrehung wird durch folgende Gleichung angegeben:

$$\varepsilon_{a,d} = ((a'^2 \cdot \alpha_{a,d} + b'^2 \cdot \alpha_{b,d}) \cdot t_i)/(2 \cdot \Sigma(t_i^3)) \tag{11}$$

Dabei sind

$\alpha_{a,d}$ der Verdrehwinkel über die Breite a des Lagers;

$\alpha_{b,d}$ (gegebenenfalls) der Verdrehwinkel über die Länge b des Lagers;

t_i die Dicke einer einzelnen Elastomerschicht.

5.3.3.5 Dicke der Bewehrungsbleche

Damit die Bewehrungsbleche in einem bewehrten Lager die Zugbeanspruchungen unter Belastung aufnehmen, muss ihre Dicke mindestens wie folgt sein:

$$t_s = \frac{K_p \cdot F_{z,d} \cdot (t_1 + t_2) \cdot K_h \gamma_m}{A_f \cdot f_y} \quad \text{mit } t_s \geq 2 \text{ mm} \tag{12}$$

Dabei sind

$F_{z,d}$ und A_r wie in 3.2 angegeben;

t_1 und t_2 die Elastomerdicke auf beiden Seiten des Bewehrungsbleches;

f_y die Streckgrenze des Stahls;

K_h der Faktor für die verursachten Zugspannungen im Bewehrungsblech mit den nachfolgenden Werten:
ohne Löcher: $K_h = 1$;
mit Löchern: $K_h = 2$;

γ_m der Teilsicherheitsbeiwert, der nach dem nationalen Anhang anzusetzen ist: Der Richtwert für γ_m ist 1,00.

K_p ein Korrekturfaktor mit nachfolgendem Wert:
$K_p = 1{,}3$.

5.3.3.6 Grenzbedingungen

– *Verdrehungsgrenzbedingung*

Bei bewehrten Lagern ist die Verdrehungsbegrenzung dann erfüllt, wenn die gesamte vertikale Verformung $\Sigma v_{z,d}$ (siehe 5.3.3.7) der entsprechenden folgenden Gleichung entspricht:

Für rechteckige Lager:

$$\Sigma v_{z,d} - \frac{(a' \cdot \alpha_{a,d} + b' \cdot \alpha_{b,d})}{K_{r,d}} \geq 0 \tag{13}$$

Für runde Lager:

$$\Sigma v_{z,d} - \frac{D' \cdot \alpha_d}{K_{r,d}} \geq 0 \tag{14}$$

Dabei sind

D' der wirksame Lagerdurchmesser;

$K_{r,d}$ der Verdrehfaktor, definiert in Anhang B (normativ);

$\Sigma v_{z,d}$ die vertikale Gesamtverformung unter den Lastbedingungen, die α_a und α_b zur Folge haben.

– *Stabilität*
Bei bewehrten Lagern muss die Pressung folgender Gleichung entsprechen:

Für rechteckige Lager:

$$\frac{F_{z,d}}{A_r} < \frac{2 \cdot a' \cdot G \cdot S_1}{3 \cdot T_e} \quad (15)$$

Bei runden Lagern ist a' durch den Durchmesser zu ersetzen.

– *Stabilität in Bezug auf das Gleiten*
Nicht verankerte Lager müssen folgende Gleichungen erfüllen:

$$F_{xy,d} \leq \mu_e \cdot F_{z,d\,min}$$

und unter ständiger Last, wenn

$$\sigma_{cd\,min} = \frac{F_{z,d\,min}}{A_r} \geq 3 \quad (\text{in N/mm}^2) \quad (16)$$

Dabei sind
$F_{xy,d}$ die resultierende Horizontalkraft;
$F_{z,d\,min}$ die kleinste vertikale Bemessungskraft, die mit $F_{xy,d}$ korrespondiert;
μ_e der Reibungsbeiwert nach folgender Gleichung:

$$\mu_e = 0{,}1 + \frac{1{,}5 K_f}{\sigma_m}$$

Dabei sind
$K_f = 0{,}6$ bei Beton;
$K_f = 0{,}2$ bei allen anderen Flächen einschließlich Kunstharzmörtel;
σ_m die mittlere Druckspannung aus $F_{z,d\,min}$ in MPa

Anmerkung: Die Bemessungswerte für die Reibungsbeiwerte für die Stabilität gegen Gleiten sind verhältnismäßig niedrig, um Langzeiteinflüsse zu berücksichtigen. Trotzdem können ungünstigere Werte für μ_e als die oben angegebenen bei Bauwerken mit hohen dynamischen Beanspruchungen wie Eisenbahnbrücken oder bei sehr glatten Sockelflächen festgelegt werden.

Wenn ein Lager die Stabilitätsanforderungen gegen Gleiten nicht erfüllt, ist die Verankerung für alle auftretenden Horizontalkräfte auszulegen.

5.3.3.7 Auf das Bauwerk einwirkende Kräfte, Momente und Verformungen

– *Pressung in den Kontaktflächen*
Elastomerlager verursachen einen ungleichförmigen Druck in der Kontaktfläche des Bauwerks.

Es reicht aus, zu überprüfen, dass die mittlere Flächenpressung die Festigkeit des angrenzenden Materials nicht übersteigt.

– *Rückstellkraft*

Die Rückstellkraft R_{xy} wird wie folgt ermittelt:

$$R_{xy} = \frac{A \cdot G \cdot v_{xy}}{T_e} \tag{17}$$

Dabei sind

R_{xy} die Rückstellkraft, die aus der Horizontalverformung des Lagers auf das Bauwerk einwirkt;

A Gesamtgrundfläche des Lagers;

G Schubmodul des Lagers;

T_e Gesamtdicke des Elastomers unter Schubbeanspruchung.

Die Kraft R_{xy} darf den festgelegten Wert nicht übersteigen.

– *Verdrehwiderstand*

Der Bemessungswert des Rückstellmomentes bezogen auf eine Verdrehung um eine Lagermittenachse parallel zur längeren Lagerseite (b) wird durch folgende Gleichung ermittelt:

Für rechteckige Lager:

$$M = G \cdot \frac{\alpha \cdot a'^5 \cdot b'}{n \cdot t_i^3 \cdot K_s} \tag{18}$$

Für runde Lager:

$$M = G \cdot \frac{\alpha \cdot \pi \cdot D'^6}{512 \cdot n \cdot t_i^3} \tag{19}$$

Zur Bestimmung von K_s siehe nachfolgende Tabelle 4.

Tabelle 4 Faktor für das Rückstellmoment

b/a	0,5	0,75	1	1,2	1,25	1,3	1,4	1,5
K_s	137	100	86,2	80,4	79,3	78,4	76,7	75,3
b/a	1,6	1,7	1,8	1,9	2	2,5	10	∞
K_s	74,1	73,1	72,2	71,5	70.8	68,3	61,9	60

Anmerkung 1: Die Gleichung ist auch anwendbar für die Verdrehung um die zu b parallele Lagerachse, wenn $b < a$; in diesem Fall ist b die kürzere und a die längere Seite, abweichend zu den Definitionen nach 3.2.

Anmerkung 2: Der berechnete Wert für das Rückstellmoment reicht für die meisten Zwecke aus. Das Rückstellmoment sollte jedoch experimentell ermittelt werden, wenn es notwendig ist, den genauen Wert anzusetzen.

Hinweis:
Nach der Überarbeitung von EN 1337-3 erfolgt die Berechnung der Rückstellmomente nach dem Berechnungsmodell von Block *und wird in Form einer Exzentrizität angegeben:*

Rechteckige Lager

Die Exzentrizität $e_{\alpha,b,d}$, die aus einer Verdrehung $\alpha_{b,d}$ um eine Achse parallel zur Seite „b" resultiert, wird wie folgt berechnet:

$$e_{\alpha,b,d} = 2{,}04 \cdot G_d \cdot k_S^{0,8} \cdot \frac{a_{eff}^2 \cdot b_{eff} \cdot \alpha_{b,d}^{0,76}}{n \cdot t_i \cdot N_{z,d}} \cdot (0{,}965 - 0{,}037 \cdot k_S) \quad \text{für } k_S < 9{,}5$$

$$e_{\alpha,b,d} = 2{,}04 \cdot G_d \cdot k_S^{0,8} \cdot \frac{a_{eff}^2 \cdot b_{eff} \cdot \alpha_{b,d}^{0,76}}{n \cdot t_i \cdot N_{z,d}} \cdot (0{,}965 - 0{,}010 \cdot k_S) \quad \text{für } 9{,}5 < k_S < 15{,}0$$

mit

G_d *Bemessungsschubmodul;*

k_S *Formfaktor;*

a_{eff}, b_{eff} *wirksame Breite und Länge eines bewehrten Elastomerlagers;*

$N_{z,d}$ *vertikale Bemessungslast.*

Die Exzentrizität $e_{\alpha,b,d}$, die aus einer Verdrehung $\alpha_{b,d}$ um eine Achse parallel zur Seite „a" resultiert, wird gleichermaßen berechnet, indem die Parameter „a" und „b" vertauscht werden.

Runde Lager

Die Exzentrizität $e_{\alpha,d,d}$, die aus einer Verdrehung $\alpha_{d,d}$ um den Durchmesser „d" resultiert, wird wie folgt berechnet:

$$e_{\alpha,d,d} = 1{,}20 \cdot G_d \cdot k_S^{0,8} \cdot \frac{d_{eff}^4 \cdot \alpha_{d,d}^{0,76}}{n \cdot t_i \cdot N_{z,d}} \cdot (0{,}965 - 0{,}037 \cdot k_S) \quad \text{für } k_S < 9{,}5$$

$$e_{\alpha,d,d} = 1{,}20 \cdot G_d \cdot k_S^{0,8} \cdot \frac{d_{eff}^4 \cdot \alpha_{d,d}^{0,76}}{n \cdot t_i \cdot N_{z,d}} \cdot (0{,}965 - 0{,}010 \cdot k_S) \quad \text{für } 9{,}5 < k_S < 15{,}0$$

– Vertikale Verformung

Die gesamte vertikale Verformung v_c eines bewehrten Lagers ist die Summe der vertikalen Verformungen der einzelnen Schichten und wird durch folgende Gleichung wiedergegeben:

$$v_c = \sum \frac{F_z \cdot t_i}{A'} \cdot \left(\frac{1}{5 \cdot G \cdot s_1^2} + \frac{1}{E_b} \right) \tag{20}$$

Die vertikale Verformung von Elastomerlagern ist für die Anwendung in Verbindung mit 5.3.3.6 anhand der obigen Gleichung überschlägig zu ermitteln. Sofern ein genauer Wert erforderlich ist, ist dieser durch Prüfungen an Probelagern nachzuweisen.

Anmerkung 1: Die Größe des Kompressionsmoduls E_b ist üblicherweise wie folgt: E_b = 2000 MPa.

Anmerkung 2: Die tatsächliche Verformung eines Lagers beinhaltet eine anfängliche Anpassungssetzung, die Verformungen von etwa 2 mm aufweisen kann. Danach nimmt die Steifigkeit des Lagers mit zunehmender Belastung zu.

Wenn die vertikale Verformung unter Last für das Bauwerk kritisch ist, sollte die Lagersteifigkeit durch Prüfung bestimmt werden. Dabei können jedoch noch Abweichungen bis zu ±20 % vom festgestellten Mittelwert vorkommen. Wenn bei einer

Lagerung mehrere gleiche Lager verwendet werden und eine unterschiedliche Lagersteifigkeit für das Bauwerk kritisch wird, sollte eine Abweichung der Steifigkeit von ± 15 % des aus der obigen Gleichung ermittelten Wertes oder ± 15 % des in Prüfungen festgestellten Durchschnittswertes gestattet werden.

Hinweis:
Nach der Überarbeitung von EN 1337-3 können vertikale Verformungen auch mit der genaueren Berechnungsmethode nach Lindley bestimmt werden. Diese berücksichtigt die nichtlineare Kraft-Verformungs-Beziehung bei vertikaler Belastung:

$$N_z = A_{eff} \cdot E \cdot \left[k_G \cdot k_S^2 \left(\frac{1}{\left(1 - \frac{w}{n \cdot t_{el,eff}}\right)^2} - 1 \right) + \ln\left(\frac{1}{\left(1 - \frac{w}{n \cdot t_{el,eff}}\right)} \right) \right]$$

mit

A_{eff}	*effektive Grundfläche eines bewehrten Elastomerlagers;*
k_S	*Formfaktor;*
n	*Anzahl der Elastomerschichten;*
$t_{el;eff}$	*effektive Dicke einer Elastomerschicht bei Druckbeanspruchung;*
N_z	*vertikale Belastung;*
w	*Verformung in vertikaler Richtung.*

Die Materialparameter E [MPa] und k_G [MPa] können in Abhängigkeit des nominellen Schubmoduls angegeben werden:

G_{nom} [MPa]	E [MPa]	k_G [MPa]
0,7	2,60	0,693
0,9	3,72	0,613
1,15	4,83	0,514

5.4 Unbewehrte Elastomerlager

(hier nicht abgedruckt, wird nicht für Brücken verwendet)

5.5 Unbewehrte Streifenlager

(hier nicht abgedruckt, wird nicht für Brücken verwendet)

5.6 Verformungsgleitlager

Die Lagertypen D und E in Tabelle 2 müssen den Bemessungsregeln und den Fertigungstoleranzen für bewehrte Lager entsprechen, siehe 5.3.3.

Die maximale Reibkraft $F_{xy,d}$ darf bei Berechnung nach EN 1337-2 den folgenden Gleichungen entsprechen:

$$F_{xy,d} \leq R_d \qquad R_d = A G$$

6 Fertigungstoleranzen

(hier nicht abgedruckt)

7 Besondere Anforderungen

Zur Sicherstellung der beabsichtigten Leistung der Lager sind folgende Anforderungen zu erfüllen.

7.1 Auflagerflächen – Toleranzen in den Kontaktflächen am Bauwerk

7.1.1 Allgemeines

Lager können im Mörtelbett oder direkt auf geeignete Auflagerflächen versetzt werden. Im letzten Fall müssen die Auflagerflächen den nachfolgenden Anforderungen genügen.

7.1.2 Oberflächenbeschaffenheit

Die Auflagerfläche muss sauber und trocken sein. Lose Teilchen sind unzulässig. Einzelne Oberflächenimperfektionen dürfen nicht mehr als 100 mm^2 betragen und in der Tiefe nicht mehr als 2,5 mm von der umgebenden Oberfläche abweichen. Die Gesamtfläche der Oberflächenimperfektionen darf 2 % der Lagerfläche nicht überschreiten.

7.1.3 Oberflächenebenheit

Der Spalt zwischen der vorgesehenen Kontaktfläche und einem in der Diagonale aufgelegten Lineal darf auf die betrachtete Länge bezogen 2 mm oder 0,3 % nicht übersteigen, wobei der größere Wert maßgebend ist.

7.1.4 Oberflächenlage

Die Auflagerfläche muss sich innerhalb einer maximal zulässigen Neigungsabweichung von der vorgesehenen Lage befinden:

- 0,3 % bei Lagern zur Aufnahme von Fertigteilen oder Stahlkonstruktionen;
- 1 % bei Lagern zur Aufnahme von Ortbetonkonstruktionen.

Anmerkung 1: Bei einer Abstützung von Fertigteilen auf den Lagern ist eine Mörtelschicht oder ähnliches Material vorzusehen, um alle Ungenauigkeiten zu kompensieren.

7.2 Verankerungen

Falls ein Lager wegen der Grenzbedingungen aus 5.3.3.6 einer Verankerung bedarf, ist die zugehörige Relativbewegung zwischen Bauwerk und Lager auf 5 mm, wenn vom Tragwerksplaner gefordert, weniger, zu begrenzen. Die Verankerung ist auf die daraus resultierenden Kräfte unter Berücksichtigung der nach 5.3.3.6 zulässigen Reibung zu bemessen. Sie sind weiter so auszubilden, dass die Lager ausgetauscht werden können, wobei das Bauwerk höchstens 10 mm angehoben werden darf, es sei denn, dass beim Entwurf dafür ein anderer Wert vereinbart wurde.

7.3 Kennzeichnung und Etikettierung

Jedes Elastomerlager erhält an den Außenflächen seine eigene, individuelle Nummerierung.

Mindestens ein Etikett mit folgenden Angaben ist oben oder unten am Lager anzuvulkanisieren:

- Name des Herstellers;
- Herstellungsnummer.

An einer der Seitenflächen ist der Name oder das Zeichen des Herstellers anzubringen.

Die Kennzeichnung muss wasserbeständig sein und der normalen Abnutzung widerstehen.

Bei Elastomerlagersystemen mit Typ C ist eine dauerhafte Kennzeichnung mit einem selbstvulkanisierenden Etikett mit den gleichen Angaben (siehe oben) anzubringen.

Lager, die bei sehr tiefen Temperaturen verwendet werden können, müssen zusätzlich mit „Very Low Temp“ gekennzeichnet sein.

8 Beurteilung der Konformität

(hier nicht abgedruckt)

9 Kriterien für die Inspektion

Bei einer Überprüfung der in EN 1337-10 aufgeführten Punkte sind folgende Einzelheiten zu kontrollieren:

- Die lastabtragenden Lagerflächen müssen sich mit dem Sockel (Lagerunterseite) und dem Überbau (Lageroberseite) in vollflächiger Berührung befinden; wenn keine vollständige Berührung zwischen diesen Flächen vorliegt, ist der Winkel zwischen Überbau und Lagersockel mit den Bemessungsvorgaben zu vergleichen;
- die Schubverformung jedes Lagers ist auf die Einhaltung der Bemessungsvorgaben zu überprüfen;
- alle zugänglichen Seitenflächen sind augenscheinlich zu überprüfen. Jede Art von Rissen, Spalten oder ungleichmäßigen Wülsten sind mit Größe und Lage zu notieren;
- Lagersockel und Überbau sind auf Anzeichen einer ursprünglichen anderen Lagerposition zu untersuchen (Schwarzfärbungen können ein Anzeichen für ein Verrutschen sein).

- Sofern zutreffend:
  Überprüfung der Gleitflächen auf Sauberkeit und Größe der Bewegung innerhalb der Bemessungsvorgaben sowie Niederschrift dazu;
  Überprüfung des Schutzanstriches und/oder Verkleidung (Schutz gegen Staub) auf Anzeichen einer Beschädigung sowie Niederschrift dazu.

Anhang A (normativ)
Elliptische Lager

A.1 Allgemeines

Elliptische Lager müssen die Bemessungsregeln erfüllen (siehe Abschnitt 5). Zur Ermittlung der spezifischen Werte für diese besondere Lagergeometrie sind folgende Gleichungen anzuwenden:

- Nennverformung aus Auflast

$$\varepsilon_{ce} = \frac{(4 \cdot t_i \cdot F_d)}{(\pi \cdot K_{ce} \cdot b_e \cdot a_e^2 \cdot G)} \tag{A.1}$$

Der Faktor K_{ce} ist in Tabelle A.1 aufgeführt.

- Nennverformung aus Verdrehung

$$\varepsilon_{\alpha e} = \frac{3 \cdot \alpha}{8} \cdot \left(\frac{a_e}{t_i}\right)^2$$

- Rückstellmoment

$$M_t = G_d \cdot \frac{\alpha \cdot a_e^5 \cdot b_e}{n \cdot t_i^3 \cdot K_{se}}$$

Der Faktor K_{se} ist in Tabelle A.1 aufgeführt.

- Vertikale Verformung (Einfederung) je Elastomerschicht

$$\sum v_{z,d} = \sum \frac{F_{z,d} \cdot t_i}{A'} \cdot \left(\frac{1}{3 \cdot G \left(\frac{a_e}{t_i}\right) \cdot K_{de}} + \frac{1}{e_b}\right)$$

Der Faktor K_{de} ist in Tabelle A.1 aufgeführt.

Tabelle A.1 Berechnungsfaktoren für elliptische Lager

b/a	1,0[a)]	1,5	2,0	3,0	4,0	6,0	8,0	10,0	∞
K_{ce}	0,25[a)]	0,252	0,258	0,262	0,266	0,269	0,270	0,277	0,300
K_{de}	0,125[a)]	0,174	0,204	0,233	0,249	0,265	0,272	0,277	0,300
K_{se}	150[a)]	115,6	100	84,4	75,7	68,7	64,1	62,0	60

[a)] Die Werte in der ersten Spalte können nur zur Interpolation verwendet werden, jedoch nicht bei kreisförmigen Lagern.

Fläche und Umfang der Ellipse sind mit folgenden Gleichungen zu bestimmen:

$$A = 0{,}25 \cdot \pi \cdot a_e \cdot b_e$$

$$P = 0{,}5 \cdot \pi \cdot (a_e + b_e)$$

In allen anderen Gleichungen der Bemessungsregeln ist a durch a_e und b durch b_e zu ersetzen.

Anhang B (normativ)
Verdreh-Begrenzungsfaktor

B.1 Allgemeines

Der Wert des verwendeten Verdreh-Begrenzungsfaktors ist:

$$K_{r,d} = 3$$

Anhang C (normativ)
Maximale Bemessungsverformung bei bewehrten Lagern

Für den Faktor K_L wird der Wert 1,0 gesetzt.

Sofern vom Tragwerksplaner gefordert, können für K_L folgende Werte gesetzt werden:

- 1,5 für Verkehrslasten;
- 1,0 für alle anderen Lasten (einschließlich Wind und Temperatur).

Anhang D (informativ)
Schubmodul

(hier nicht abgedruckt)

Anhang E (informativ)
Lagerformblatt

E.1 Allgemeines

Der Zweck des Lagerformblattes (siehe Tabelle E.1) ist die Zusammenstellung der Informationen, die in der Regel zur Lagerberechnung für einen bestimmten Einsatzfall notwendig sind. Diese Informationen sollen sicherstellen, dass Lager so dimensioniert und gestaltet werden, dass unter dem Einfluss aller möglichen Beanspruchungen für das Bauwerk unverträgliche Effekte ausgeschlossen sind. Eine Zeichnung des Lagerungsplans mit den Lagerkennzeichen einschließlich eines typischen Brückenquerschnitts und Einzelheiten der Auflagerbedingungen sollte vorliegen. Die Lagerfunktionen sollten auf dem Lagerplan mit den Symbolen nach EN 1337-1 angegeben werden.

Jeder einzelne Punkt im Formblatt sollte berücksichtigt werden, auch wenn er auf das eine oder andere Lager nicht zutrifft. Nur wesentliche Informationen sollten aufgeführt werden, auch das Entfallen sollte angemerkt werden. Zusätzliche Informationen bei speziellen Randbedingungen sollten aufgeführt werden.

Das vollständig ausgefüllte Formblatt sollte für die Angebotsunterlagen geeignet sein.

E.2 Zur Tabelle E.1

Die nachfolgenden Hinweise sollten bei der Ausfüllung des Formblatts für Brückenlager beachtet werden:

1) Lagerkennzeichen- und Nummer nach Tabelle E.1
   Lager mit davon abweichenden Funktionen oder Belastungsanforderungen sollten durch ein eigenes Kennzeichen unterscheidbar sein.
2) Anzahl der Lager
   Die benötigte Anzahl der Lager jedes Lagertyps sollte angegeben werden.
3) Kontaktflächen-Material
   Das Material, mit dem jede Lagerdeckplatte in Berührung kommt, sollte festgelegt werden, da dies einen Einfluss auf Auslegung und Ausführung dieser Platten haben kann.
4) Mittlere Bemessungskontaktpressung
   Die mittlere Bemessungskontaktpressung ist die Flächenpressung in der wirksamen Kontaktfläche.
5) Bemessungswerte der Lasteffekte
   Der Tragwerksplaner sollte die jeweils ungünstigsten Größen aus der Bemessung im Formblatt angeben. Die ungünstigste Kombination dieser Werte ist gewöhnlich ausreichend für eine befriedigende Lagerdimensionierung. Nur in Sonderfällen ist es günstiger, die zugehörigen Beanspruchungen zu berücksichtigen; in diesem Fall sollten sie einzeln angegeben werden.
6) Verschiebung
   Die Verschiebungen des Überbaues an den Lagern sollten bestimmt und mit den entsprechenden Sicherheitsfaktoren versehen werden. Es sollten Zuschläge für die Bewegungen des Unterbaues angegeben werden.
   Quer- und Längsbewegungen erfolgen normalerweise senkrecht und parallel zur Brückenlängsachse.
   Falls Unklarheit über die Bewegungsrichtungen bestehen (z. B. bei schiefen Brücken), sollten diese mit zusätzlichen Skizzen verständlich gemacht werden.
7) Verdrehung
   Die vom Lager aufzunehmenden bleibenden und wiederholt auftretenden Verdrehungen im Grenzzustand der Gebrauchstauglichkeit sollten in Radian angegeben werden. Bei Elastomerlagern sollte der Maximalwert wie folgt angegeben werden:
   $$100 \times \frac{\text{Bemessungs-Verdrehung (Radian)}}{\text{zugehörige vertikale Bemessungslast [kN]}}$$
8) Maximale Lagerabmessung
   Um eine hohe Flexibilität bei der Lagerbemessung zu erhalten, sollten die größten einbaubaren Lagerabmessungen angegeben werden.
9) Lagerspiel unter veränderlicher Last
   Das zulässige Lagerspiel unter veränderlicher Last in Richtungen, in denen das Lager Festhaltungen aufweist, sollte angegeben werden.

10) Verschiebewiderstand im Grenzzustand der Gebrauchstauglichkeit
Für die Bauwerksbemessung kann der Verschiebewiderstand wichtig sein. In diesem Fall sollten für den Grenzzustand der Gebrauchstauglichkeit die vom Lager verursachten Rückstellkräfte angegeben werden. Die Werte gelten für langsam auftretende Bewegungen bei üblichen Temperaturen (eventuell notwendige Zuschläge für niedrige Temperaturen und schnelle Bewegungen sollten vom Tragwerksplaner angegeben werden).
11) Verdrehwiderstand im Grenzzustand der Gebrauchstauglichkeit
Bei einem Bauwerksentwurf kann der Verdrehwiderstand wichtig werden. In diesem Fall sollte das aufnehmbare Rückstellmoment, das vom Lager infolge der kritischen Bemessungslasten verursacht wird, für den Grenzzustand der Gebrauchstauglichkeit nach Punkt 10 angegeben werden.
12) Verankerungsarten
Es sind verschiedene Formen von Verankerungen zwischen Lager und dem Über- und Unterbau möglich; sie sind von den verschiedenen Lagertypen abhängig. Besondere Anforderungen wie Reibung, Ankerbolzen, Dübelscheiben, Keile oder andere Hilfsmittel sollten angegeben werden.
Sofern ein Teil der Horizontalkraft durch Reibung aufgenommen werden soll, sollten der Anteil und die erforderliche Oberflächenbeschaffenheit angegeben werden.
13) Besondere Anforderungen
Einzelheiten spezieller Randbedingungen, z. B. extreme Lage, hohe Ozonkonzentration, begrenzte Zugänglichkeit, nicht horizontaler Lagereinbau, nicht rechtwinkliger Sitz des Lagers bezogen auf den Träger, zeitweilige Einspannung usw., sollten angegeben werden. Die höchsten und tiefsten Temperaturen sowie jede Art spezieller Umweltbedingungen, denen das Lager im Einbauzustand ausgesetzt sein kann, sollten festgehalten werden, wenn sie sich von der üblichen Praxis unterscheiden.

Anhänge F bis N und ZA

(hier nicht abgedruckt)

Tabelle E1 Lagerformblatt

Lagerkennzeichen							
Anzahl der Lager							
Kontaktflächenmaterial[a)]	Lageroberseite						
	Lagerunterseite						
Zulässige mittlere Pressung [N/mm^2]	oben	Gebrauchstauglichkeit					
		Tragfähigkeit					
	unten	Gebrauchstauglichkeit					
		Tragfähigkeit					
Bemessungslasten [kN]	Grenzzustand der Tragfähigkeit	vertikal	max.				
			ständig				
			min.				
		quer					
		längs					
	Grenzzustand der Gebrauchstauglichkeit	vertikal					
		quer					
		längs					
Verschiebung [mm]	Grenzzustand der Tragfähigkeit	quer					
		längs					
	Grenzzustand der Gebrauchstauglichkeit	quer					
		längs					
Rotation (Radian)	Grenzzustand der Tragfähigkeit	quer					
		längs					
Maximale Lagerabmessungen [mm]		quer					
		längs					
		Einbauhöhe					
Tolerierbare Bewegungen des Lagers unter veränderlichen Lasten, sofern zutreffend		vertikal quer längs					
Zulässiger Verschiebewiderstand im Grenzzustand der Gebrauchstauglichkeit [kNm], sofern zutreffend		quer					
		längs					
Zulässiger Verdrehwiderstand im Grenzzustand der Gebrauchstauglichkeit [kNm], sofern zutreffend		quer					
		längs					
Verankerungsart		oben					
		unten					

Anmerkung: Weitere Anforderungen sind auf einem getrennten Blatt anzugeben.

a) Zum Beispiel Zement- oder Kunstharzmörtel, Ortbeton, Betonfertigteile, Stahl, Holz

5.2.4 DIN EN 1337-4:2004-08 Lager im Bauwesen Teil 4: Rollenlager

Hinweis:
Der Einsatz von Rollenlagern (Linien-Lagerung) in Brückenbauwerken entspricht nicht mehr dem heutigen Stand der Lagerungstechnik.

Jedes Brücken-Lagerungsproblem lässt sich technisch besser und wirtschaftlicher mit Punktkipplagern lösen.

In Deutschland werden deshalb schon seit Jahrzehnten in neu zu bauende Brückenbauwerke keine Rollenlager mehr eingebaut.

Wir haben daher – und auch aus Platzgründen – auf die Wiedergabe dieser Normenfassung hier verzichtet. Wenn in Ausnahmefällen bei Sanierungen – z. B. in alten Talbrücken aus Stahl – die Platzverhältnisse am Überbau und am Pfeilerkopf nur für die Hälfte der auftretende Bewegungsgröße wie bei einem Rollenlager (vgl. EN 1337-4: 2004, Abschn. 6.10.1.2) ausgelegt sind, müssen notgedrungen wieder Rollenlager eingebaut werden.

Für den Fall, dass in diesen Sonderfällen erwogen wird, auch die Rollenlager-Regeln aus der Europäischen Normenreihe heranzuziehen, lohnt es sich, die Deutsche Normenfassung anzuschaffen. Eine kritische Wertung dieser Norm durch uns ist allerdings nicht erfolgt.

Es kann alternativ oder zusätzlich auch auf die Ausführungen in der ersten Auflage dieses Buches zurückgegriffen werden.

Für diesen Sonderfall wird nachfolgend der Anwendungsbereich samt Zusammenstellung der Begriffe und das Bild 1 wiedergegeben.

Rollenlager haben folgende Nachteile:
- *Weil Rollrichtung und Verdrehung miteinander gekoppelt sind, entstehen rechnerisch nicht ausreichend genau berechenbare Zwängungen, die Schäden am Lager und am Bauwerk zur Folge haben.*
- *Die nicht ortsfeste Linienlagerung verursacht in Querrichtung Biegemomente in der Rolle, die nur grob erfassbar sind und die Rollfähigkeit beeinträchtigen.*
- *Die Verhinderung von Korrosion (nichtrostende Laufflächen) und Verschmutzung ergeben weitere Probleme.*

1 Anwendungsbereich

Dieser Teil von EN 1337 legt die Anforderungen an die Bemessung und die Herstellung von Ein- und Mehrrollenlagern mit horizontaler Rollenachse fest. Zur Aufnahme von Verschiebungen parallel zur Rollenachse können Rollenlager mit einem Gleitteil nach EN 1337-2 kombiniert werden. Um eine Verdrehung um eine Achse rechtwinklig zur Rollenachse oder – bei Mehrrollenlagern – um beide Achsen zu ermöglichen, dürfen die Rollenlager mit Lagern nach anderen Teilen von EN 1337 kombiniert werden.

Dieser Teil von EN 1337 gilt nicht für Rollenlager, die aus anderen Materialien als denjenigen nach Abschnitt 5 hergestellt sind.

Lager, die unter den Einwirkungen der charakteristischen Kombinationen einer Verdrehung ausgesetzt sind, die größer ist als 0,05 Radian (rad), liegen außerhalb des Anwendungsbereichs dieses Teils von EN 1337.

3 Begriffe und Formelzeichen

3.1 Begriffe

Für die Anwendung dieser Europäischen Norm gelten die folgenden Begriffe.

3.1.1 Rollenlager
Lager, das aus einer oberen und unteren Platte gebildet wird, zwischen denen eine oder mehrere Rollen angeordnet sind (siehe Bild 1).

3.1.2 Rolle
Sorgfältig maschinell bearbeitete Komponente eines Rollenlagers mit kreiszylindrischer Oberfläche.

3.1.3 Lagerplatte
Sorgfältig maschinell bearbeitete ebene Komponente, die die Kraft in die Rolle überträgt und aus der Rolle aufnimmt sowie die Oberfläche bildet, auf der sich die Rolle bewegt.

3.1.4 Unterlagsplatte
Platte zwischen der Lagerplatte und dem Tragwerk.

3.1.5 Mehrrollenlager
Lager mit mehr als einer Rolle.

3.1.6 Kippteil
Zusatzelement für Mehrrollenlager zur Verteilung der Normalkraft auf die Rollen.

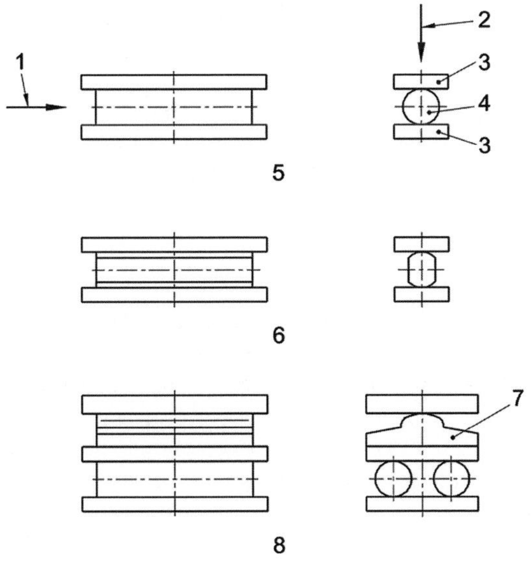

1 Horizontalkraft
2 Normalkraft
3 Lagerplatte
4 Rolle
5 Einrollenlager
6 Stelzenlager
7 Kippteil
8 Mehrrollenlager

Bild 1 Rollenlagerarten

5.2.5 DIN EN 1337-5:2005-07 Lager im Bauwesen Teil 5: Topflager

Inhalt

1 Anwendungsbereich

Lager, die unter der charakteristischen Kombination von Einwirkungen Verdrehungen α_d von mehr als 0,030 Radian ausgesetzt sind (siehe Bild 2) oder die Elastomerkissen mit einem Durchmesser größer als 1500 mm enthalten, sind nicht Gegenstand dieser Europäischen Norm.

In Abhängigkeit von der Klimazone, in der sich das Bauwerk befindet, können die Lager für eine der folgenden Klassen der Mindestbetriebstemperatur (Mindestlufttemperatur im Schatten) bemessen werden: –25 °C oder –40 °C.

Zur Aufnahme von Tragwerksverschiebungen können Topflager mit Gleitteilen nach EN 1337-2 kombiniert werden.

3 Begriffe, Formelzeichen und Abkürzungen

3.1 Begriffe

Für die Anwendung dieses Dokuments gelten die folgenden Begriffe (siehe Bild 1).

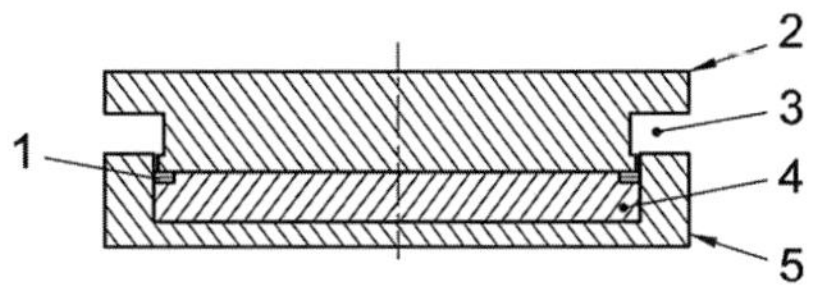

1 Innendichtung
2 Deckel
3 Schutz durch Außendichtung in diesem Bereich
4 Elastomerkissen
5 Topf

Anmerkung: Topflager können auch in umgekehrter Einbaulage (d. h. dass sich der Deckel unten befindet) verwendet werden.

Bild 1 Einzelheiten eines Topflagers

3.1.1 Akkumulierter Gleitweg
Gesamtweg der Relativbewegung zwischen der Innendichtung und der Topfwandung infolge variabler Verdrehungen.

3.1.2 Elastomerkissen
Komponente, die die Verdrehungsfähigkeit ermöglicht.

3.1.3 Außendichtung
Komponente oder Werkstoff, um Feuchtigkeit und Schmutz von dem Spalt zwischen Deckel und Topf fernzuhalten.

3.1.4 Innendichtung
Komponente, die das Herauspressen des Elastomers durch den Spalt zwischen der Topfwandung und dem Deckel verhindert, wenn eine Druckbelastung auf das Elastomerkissen einwirkt.

3.1.5 Schmierstoff
Mittel zur Reduzierung der Reibung zwischen dem Elastomerkissen und den metallischen Komponenten zur Verminderung des Abriebs und des Rückstellmomentes.

3.1.6 Deckel
Komponente, die die Öffnung des Topfes schließt und auf dem Elastomerkissen anliegt.

3.1.7 Topf
Komponente mit einer maschinell bearbeiteten Vertiefung zur Aufnahme des Elastomerkissens, einem Deckel und einer Innendichtung.

3.1.8 Topflager
Lager im Bauwesen, bestehend aus einem Elastomerkissen (zur Aufnahme von Verdrehungen), das in einem Zylinder mit einem eng eingepassten Deckel und einer Innendichtung gekammert ist.

3.1.9 Topfgleitlager
Topflager in Kombination mit einem Gleitteil zur Aufnahme von Horizontalverschiebungen in einer oder zwei Richtungen.

3.2 Formelzeichen

Für die Anwendung dieser Europäischen Norm gelten die folgenden Formelzeichen:

3.2.1 Große lateinische Buchstaben

A	Querschnittsfläche	mm^2
D	Innendurchmesser des Topfes	mm
D_o	Außendurchmesser des Topfringes	mm
F_0	Faktor für die Rückstellmomenten-Formel bei Nullverdrehung	
F_1	Faktor für die Rückstellmomenten-Formel bei geschmiertem Kissen	
F_2	Faktor für die Rückstellmomenten-Formel bei ungeschmiertem Kissen	
F_w	Widerstandsfähigkeit der Schweißnaht	N/mm
F_{xy}	aufgebrachte Horizontallast	N
H	Tiefe der zylindrischen Vertiefung im Topf	mm
M	Widerstandsmoment des Kissens und der Innendichtung im Versuch	Nmm
M_e	Widerstandsmoment des Kissens und der Innendichtung	Nmm
M_R	zusätzliches Moment infolge Reibung zwischen dem Deckel und dem Topf	Nmm
M_T	Gesamtwiderstandsmoment infolge Verdrehung	Nmm
N	Axialkraft	N
R	Radius der Kontaktfläche	mm
T	Nenndicke des Topfbodens	mm
V	gesamte Quer- oder Schubkraft	N
V'	gesamte Quer- oder Schubkraft je Längeneinheit	N/mm
V_e	Schubkraft infolge Elastomerdruck	N

3.2.2 Kleine lateinische Buchstaben

b	rechnerische Breite des Kontaktes zwischen Deckel und Topf	mm
d	Durchmesser des Elastomerkissens	mm
d_{ct}	wirksamer Durchmesser der oberen Kontaktfläche	mm
d_{cb}	wirksamer Durchmesser der unteren Kontaktfläche	mm
f_u	Bruchfestigkeit von Werkstoffen	N/mm^2
f_y	Streckgrenze von Werkstoffen	N/mm^2
$f_{e,d}$	Bemessungswert der Kontaktpressung am Elastomer	N/mm^2
t	Nenndicke des Elastomerkissens	mm
u	Grenzzustand der Tragfähigkeit	
w	Höhe des Deckelbundes	mm

3.2.3 Griechische Buchstaben

γ_M	Teilsicherheitsbeiwert für den Werkstoff	
α	Verdrehungswinkel infolge ständiger und veränderlicher Einwirkungen	rad
α_1	resultierender Verdrehungswinkel infolge ständiger Lasten	rad
α_2	resultierender Verdrehungswinkel infolge von Verkehrslasten	rad
θ	Verdrehungswinkel im Rückstellmomenten-Versuch	rad

3.2.4 Indizes

Rd Bemessungswert des Widerstandes
d Bemessungswert
Sd Bemessungswert der inneren Kräfte und Momente infolge von Einwirkungen
u Grenzzustand der Tragfähigkeit

3.3 Abkürzungen

PTFE Polytetrafluorethylen
POM Polyoxymethylen (Acetal)

6 Bemessungsanforderungen

6.1 Allgemeines

6.1.1 Grundlagen der Bemessung

Für die Bemessung von Lagern gelten die Grundlagen nach EN 1337-1:2000, Abschnitt 5.

Die Bemessungswerte der Beanspruchungen (Kräfte, Verformungen, Bewegungen) infolge der Einwirkungen an den Auflagern des Tragwerks sind aus den maßgebenden Kombinationen von Einwirkungen nach EN 1990 zu berechnen.

Anmerkung: Die maßgebenden Bemessungswerte können einer Lagerliste nach prEN 1993-2 entnommen werden.

Bis zur Veröffentlichung von prEN 1993-2 können die in EN 1337-1:2000, Anhang B angegebenen Hinweise herangezogen werden.

6.1.2 Begrenzung der Verdrehung

6.1.2.1 Allgemeines

Die Beziehung zwischen den ständigen und den veränderlichen Verdrehungswinkeln ist in Bild 2 dargestellt.

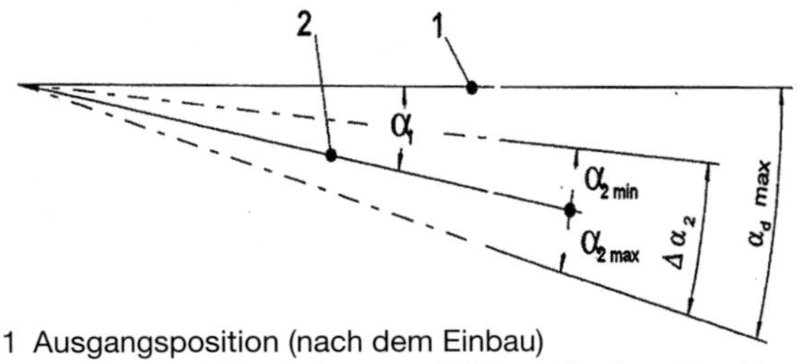

1 Ausgangsposition (nach dem Einbau)
2 Position nach Verdrehung α_1 infolge ständiger Einwirkungen
$\alpha_{2\,min}$, $\alpha_{2\,max}$ negative und positive Verdrehungswinkel infolge veränderlicher Lasten
$\Delta\alpha_2$ Bereich der Verdrehungswinkel infolge extremer Lagen der veränderlichen Lasten

$$\alpha_{max} = \alpha_1 + \alpha_{2\,max} \quad (1)$$

Bild 2 Schematische Darstellung der Verdrehungswinkel

6.1.2.2 Begrenzung der Verdrehung

Unter der charakteristischen Kombination von Einwirkungen darf der Höchstwert der Verdrehung $\alpha_{d\,max}$ 0,03 rad nicht übersteigen.

Unter der häufig auftretenden Kombination von Einwirkungen darf die Verdrehungsdifferenz $\Delta\alpha_{d2}$ den Wert 0,005 rad nicht übersteigen.

6.1.2.3 Veränderliche Verdrehung

Veränderliche Verdrehungen führen zu akkumulierten Gleitwegen, was sich auf die Dauerhaftigkeit der Innenabdichtung auswirkt.

Sofern gefordert, ist der akkumulierte Gleitweg $S_{A,d}$ aus Daten, die vom Planer der Brücke zur Verfügung gestellt werden, nach folgender Formel zu berechnen:

$$S_{A,d} = n_v \cdot \Delta\alpha_2 \cdot D/2 \tag{2}$$

$$S_{A,d} = c \cdot s_T \tag{3}$$

Dabei sind

$S_{A,d}$ der tatsächliche akkumulierte Gleitweg infolge charakteristischer Verkehrslasten;

n_v die Anzahl der Fahrzeuge (Lkw) während der vorgesehenen Lebensdauer des Lagers;

c Korrekturfaktor für den Unterschied zwischen dem Gleitweg bei konstanter Amplitude in den Prüfungen und dem Gleitweg bei Bewegungen mit veränderlicher Amplitude, die infolge Verkehr tatsächlich auftreten (gleich 5);

s_T akkumulierter Gleitweg a, b oder c nach 5.4 oder aus Prüfungen nach Anhang E abgeleitet.

Es wird davon ausgegangen, dass $\Delta\alpha_2$ mit einem geeigneten einzelnen Fahrzeugmodell ermittelt wurde. Falls solche Daten nicht vorliegen, sollte das Belastungsmodell 3 für Ermüdung nach ENV 1991-3 angewendet werden.

Anmerkung: Sofern keine genaueren Nachweise nach EN 1990 erfolgen, ist der Verwendungsbereich von Innendichtungen, die den in 5.4 aufgeführten technischen Klassen entsprechen, in Anhang G angegeben.

6.1.3 Rückstellmomente infolge Verdrehung

6.1.3.1 Widerstand infolge der Verdrehung des Elastomerkissens und der Innendichtung

Für den Nachweis der angrenzenden Bauteile ist der Höchstwert des Rückstellmomentes $M_{e\,max}$ des Elastomerkissens wie folgt anzunehmen:

$$M_{e\,max} = 32 \cdot d^3 \cdot (F_0 + (F_1 \cdot \alpha_1) + (F_2 \cdot \alpha_{2\,max})) \tag{4}$$

Dabei sind

F_0, F_1 *und* F_2 in Erstprüfungen nach Anhang D zu ermitteln;

d der Durchmesser des Elastomerkissens (mm);

$M_{e\,max}$ das Rückstellmoment aus dem Elastomerkissen;
α_1 der resultierende Verdrehungswinkel infolge ständiger Lasten, in (rad), siehe Bild 2;
$\alpha_{2\,max}$ der resultierende Verdrehungswinkel infolge veränderlicher Lasten, in (rad), siehe Bild 2.

6.1.3.2 Widerstand gegen Verdrehung infolge des Kontakts zwischen Topf und Deckel

Das zusätzliche Moment $M_{\mu,max}$ das durch Reibung in der Kontaktfläche zwischen Topf und Deckel verursacht wird, ist zu berücksichtigen. Bei der Berechnung dieses Momentes ist der Höchstwert des Beiwertes für die Reibung zwischen Topfwandung und Deckel mit 0,2 anzunehmen.

6.1.3.3 Gesamtwiderstand gegen Verdrehung

Der Gesamtwiderstand gegen Verdrehung, der bei der Bemessung des Bauwerks und der Lagerbauteile zu berücksichtigen ist, ist als die vektorielle Summe der Momente, die nach 6.1.3.1 und 6.1.3.2 berechnet wurden, anzunehmen.

6.1.4 Vertikale Verformung

Falls die Federsteifigkeit des Lagers für die Bemessung des Tragwerkes relevant ist, ist sie durch Prüfung zu bestimmen (siehe Anhang B).

6.1.5 Lastverteilung in den Komponenten

Der Winkel der Lastausbreitung in einer Komponente, wie in Bild 3 dargestellt, ist mit 45° anzunehmen, es sei denn, dass ein größerer Winkel durch Berechnungen, die die Eigenschaften der angrenzenden Komponenten, Materialien und Tragwerksteile berücksichtigen, gerechtfertigt wird. In keinem Fall darf der Lastausbreitungswinkel 60° übersteigen.

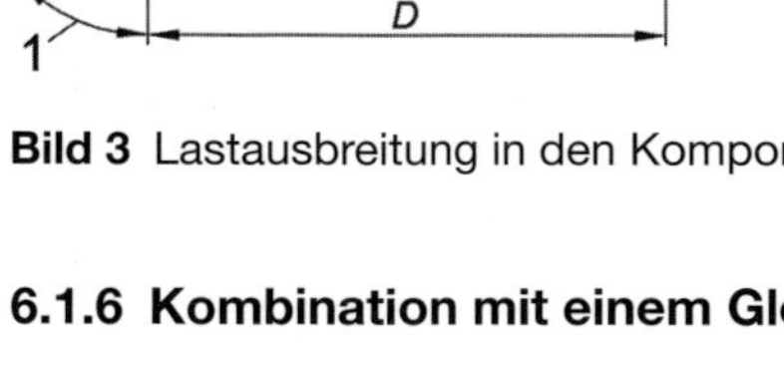

1 Lastausbreitungswinkel

Bild 3 Lastausbreitung in den Komponenten

6.1.6 Kombination mit einem Gleitteil

Wird ein Topflager mit einem Gleitteil nach EN 1337-2 kombiniert, ist die Wechselwirkung der einzelnen Komponenten, insbesondere im Hinblick auf die relative Verformung und Dehnung, zu berücksichtigen.

Zusätzliche mechanische und geometrische Effekte, z. B. infolge seitlicher Kräfte in Führungen (Reibung, Hebelarm infolge Einwirkung und Widerstand), die zu Exzentrizitäten zusätzlich zu den Exzentrizitäten aus dem Widerstand gegen Verdrehung nach 6.1.3 führen, sind zu berücksichtigen.

6.2 Nachweise

6.2.1 Elastomerkissen

6.2.1.1 Kontaktpressung

Unter der Grundkombination von Einwirkungen muss der Bemessungswert der Axialkraft N_{Sd} folgende Bedingung erfüllen.

$$N_{Sd} \leq N_{Rd}$$

Dabei sind

$N_{Rd} = N_{Rk}/\gamma_M$ der Bemessungswert des Widerstandes des Elastomerkissens; (5)

N_{Rk} der charakteristische Wert des Widerstandes des Elastomerkissens.

Der charakteristische Wert des Widerstandes ist folgendermaßen zu bestimmen:

$$N_{Rk} = 0{,}25\,\pi \cdot d^2 \cdot f_{e,k}$$

Dabei sind

d der Durchmesser des Elastomerkissens (mm);

$f_{e,k}$ die charakteristische aufnehmbare Kontaktpressung des Elastomers, die 60 N/mm² beträgt.

Anmerkung 1: Die aufnehmbare Druckspannung $f_{e,k}$ im Elastomer von Topflagern, die zu N_{Rk} führt, ist durch die Wirksamkeit der Dichtung, die das Herauspressen des Elastomers zwischen Deckel und Topfwandung verhindert, begrenzt.

Anmerkung 2: Der Teilsicherheitsbeiwert γ_M kann dem nationalen Anhang des maßgebenden Eurocodes entnommen werden.

Für γ_M wird der Wert 1,30 empfohlen.

6.2.1.2 Mindestdicke

Das Elastomerkissen muss so bemessen sein, dass unter der charakteristischen Kombination von Einwirkungen die Gesamtverdrehung $\alpha_{d\,max}$ (siehe Bild 2) nicht zu einer Verformung Δt am Umfang führt, die über 15 % der Kissendicke t beträgt (siehe Bild 4).

Zur Erfüllung dieser Anforderung muss die Dicke des Elastomerkissens mindestens

$$t_{min} = 3{,}33 \cdot \alpha_{d\,max} \cdot d$$

betragen.

Darüber hinaus muss die Dicke des Elastomerkissens t_{min} mindestens d/15 betragen.

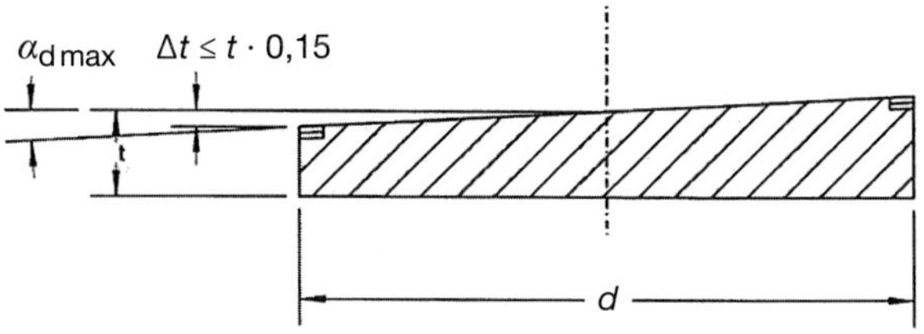

Bild 4 Zulässige Verformung des Elastomerkissens

6.2.2 Topf

Bei der Bemessung des Topfes zur Aufnahme der seitlichen Pressung des Elastomers und der Kräfte infolge aufgebrachter horizontaler Einwirkungen dürfen die Bemessungsbeanspruchungen infolge der Grundkombination von Einwirkungen an keiner Stelle des Topfes den Bemessungswert der Streckgrenze des Materials übersteigen.

Dem rechnerischen Nachweis des Topfes sind folgende Annahmen zugrunde zu legen:

- Das rechnerische Modell umfasst sowohl den Topf als auch die angrenzenden Bauteile und die Randbedingungen, die durch die Befestigungsmittel hervorgerufen werden.
- Es wird davon ausgegangen, dass im Elastomerkissen unter Druck hydrostatische Spannungszustände herrschen.
- Es wird davon ausgegangen, dass der Druck zwischen Deckel und Topfwandung infolge externer horizontaler Einwirkungen parabolisch über die Hälfte des Umfangs verteilt ist und dass der Höchstwert das Anderthalbfache des Mittelwertes beträgt.

Anstelle einer genauen Berechnung unter den oben genannten Bedingungen (z.B. durch die Finite-Elemente-Methode) darf der Nachweis für nach Bild 5a bis 5c bemessene Töpfe durch Anwendung der nachstehenden vereinfachten Formeln, in denen die Topfwandungen und der Topfboden als verschiedene Elemente betrachtet werden, erfolgen. Für dieses Verfahren muss die Dicke des Topfbodens mindestens 12 mm betragen.

a) Für Topfwandungen, die Zugspannungen ausgesetzt sind, gilt:

$V_{Sd} \leq V_{Rd}$

Dabei sind

$$V_{Sd} = V_{e,Sd} + V_{Fxy,Sd} \tag{8}$$

$$V_{e,Sd} = \frac{4 \cdot N_{Sd} \cdot t}{\pi \cdot D} \tag{9}$$

$$V_{Fxy,Sd} = \sqrt{V_{Fx,Sd}^2 + V_{Fy,Sd}^2} \tag{10}$$

$$V_{Rd} = \frac{f_y \cdot A_R}{\gamma_M} \tag{11}$$

a)

b)

c)

d)

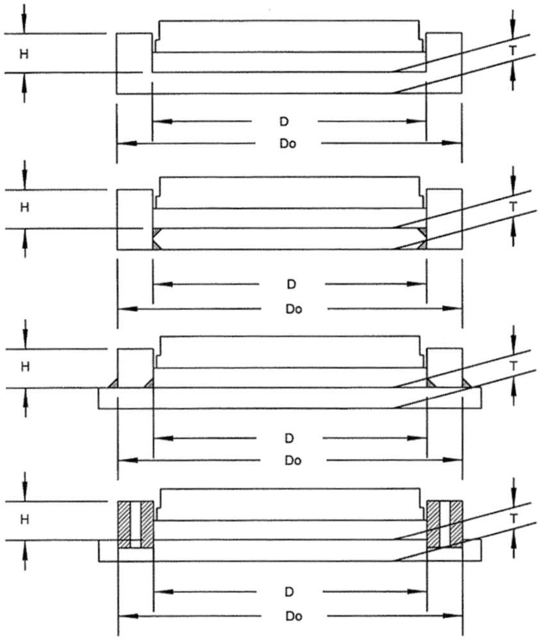

Bild 5 Verschiedene Topfausführungen

Dabei ist

$$A_R = (D_0 - D) \cdot H \quad (12)$$

b) Für Topfwandungen, die Schubkräften ausgesetzt sind, gilt:

$$V'_{Sd} \leq V'_{Rd} \quad (13)$$

Dabei sind

$$V'_{Sd} = \frac{V_{e,Sd} + 1{,}5\, V_{Fxy,Sd}}{D} \quad (14)$$

$$V'_{Sd} = \frac{f_y \cdot (D_0 - D)}{2 \cdot \gamma_M \cdot \sqrt{3}} \quad (15)$$

c) Für Topfböden, die Zugspannungen ausgesetzt sind, gilt:

$$V_{Sd} \leq V_{Rd}$$

Dabei sind

$$V_{Sd} = V_{e,Sd} + V_{Fxy,Sd} \quad (16)$$

$$V_{Rd} = \frac{f_y \cdot A_p}{\gamma_M} \quad (17)$$

Dabei ist

$$A_p = D_0 \cdot T \quad (18)$$

d) Für Töpfe mit durchgeschweißter Stumpfnaht zur Verbindung des Topfbodens mit der Topfwandung innerhalb der Topfwandung (siehe Bild 5b) gilt:

$V_{Sd} \leq V_{Rd}$

Dabei sind

$$V_{Sd} = V_{e,Sd} + V_{Fxy,Sd} \tag{19}$$

$$V_{Rd} = \frac{f_y \cdot A_p}{\gamma_M} \tag{20}$$

Dabei ist

$$A_p = D_0 \cdot T \tag{21}$$

e) Für Töpfe mit nicht voll durchgeschweißter Stumpfnaht zur Verbindung des Topfbodens mit der Topfwandung innerhalb der Topfwandung gilt:

$V_{Sd} \leq V_{Rd}$

Dabei sind

$$V_{Sd} = V_{e,Sd} + V_{Fxy,Sd} \tag{22}$$

$$V_{Rd} = \Sigma F_{w,Rd} \cdot D \tag{23}$$

$F_{w,Rd}$ ist prEN 1993-1-8 zu entnehmen.

f) Für Töpfe mit Kehlnaht zur Verbindung der Topfwandung mit der Oberseite des Topfbodens (siehe Bild 5c) gilt:

$V'_{Sd} \leq V'_{Rd}$

Dabei sind

$$V'_{Rd} = \Sigma F_{w,Rd} \tag{24}$$

$F_{w,Rd}$ ist prEN 1993-1-8 zu entnehmen.

Anmerkung: Der Teilsicherheitsbeiwert γ_M für a) bis f) ist EN 1993-1 zu entnehmen.

Der Nachweis für Töpfe, die mittels Schraubenverbindungen hergestellt werden (siehe Bild 5d), ist ebenfalls für die oben angegebenen Beanspruchungen zu führen, sofern keine genaue Berechnung durchgeführt wird.

Bei allen Ausführungen sind die nachteiligen Auswirkungen von Löchern zu berücksichtigen.

6.2.3 Deckel/Topf-Kontakt

6.2.3.1 Allgemeines

Die Kontaktfläche des Deckels kann als flache Kontaktfläche nach 6.2.3.2 ausgelegt werden, vorausgesetzt, dass die Höhe des Deckelbundes kleiner als 15 mm ist (siehe Bild 6).

Die mechanische Festigkeit der Kontaktflächen ist für die Grundkombination von Einwirkungen nach 6.2.3.2 oder 6.2.3.3 nachzuweisen.

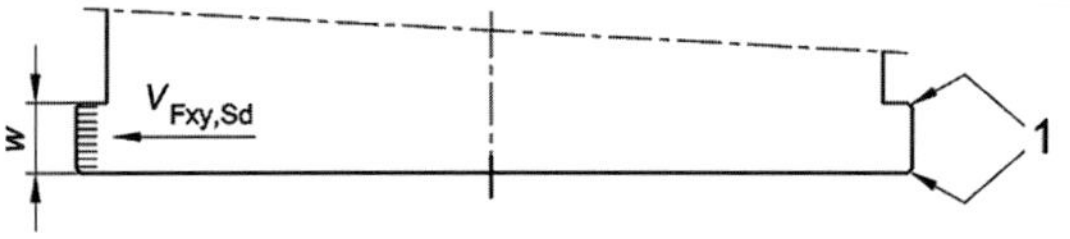

1 Kanten brechen

Bild 6 Einzelheiten der anliegenden Stirnfläche des Deckels (Deckelbund)

6.2.3.2 Ebene Kontaktfläche

Ebene Stirnflächen sind so zu bemessen, dass

$V_{Sd} \leq V_{Rd}$

Dabei sind

V_{Sd} der Bemessungswert der Querkraft (N)

$$V_{Rd} = \frac{f_y \cdot D \cdot w}{1{,}5 \cdot \gamma_M} \qquad (25)$$

Dabei sind

D der Innendurchmesser des Topfes;
f_y die Streckgrenze des Materials (N/mm²);
w die Höhe des Deckelbundes.

Anmerkung: Werte für γ_M sind in den Eurocodes EN 1992 bis EN 1999 definiert. Sie werden im nationalen Anhang der einzelnen Eurocodes festgelegt. Für γ_M wird der Wert 1 empfohlen.

6.2.3.3 Gekrümmte Kontaktfläche

Der Radius R von gekrümmten Kontaktflächen (siehe Bild 7) muss mindestens $0{,}5 \cdot D$ oder 100 mm betragen. Dabei ist der größere Wert maßgebend.

Die gekrümmten Kontaktflächen sind so zu bemessen, dass

$V_{Sd} \leq V_{Rd}$

Dabei sind

V_{Sd} der Bemessungswert der Querkraft (N)

$$V_{Rd} = \frac{15 \cdot f_u^2 \cdot R \cdot D}{E_d \cdot \gamma_M^2} \qquad (26)$$

Dabei sind

R der Radius der Kontaktfläche (mm);
f_u die Bruchfestigkeit des Materials (N/mm²);
E_d der Bemessungswert des Elastizitätsmoduls (N/mm²);
D siehe Bild 5.

Anmerkung 1: Die Eignung gekrümmter Oberflächen und Platten, der Verformung unter Belastung zu widerstehen, hängt von der Härte des Werkstoffs ab, aus dem sie hergestellt sind. Bei Stahl besteht keine konstante Beziehung zwischen Härte und Streckgrenze, wohl aber zwischen Härte und Festigkeit. Folglich basieren die oben angegebenen Ansätze auf der Festigkeit des Werkstoffs.

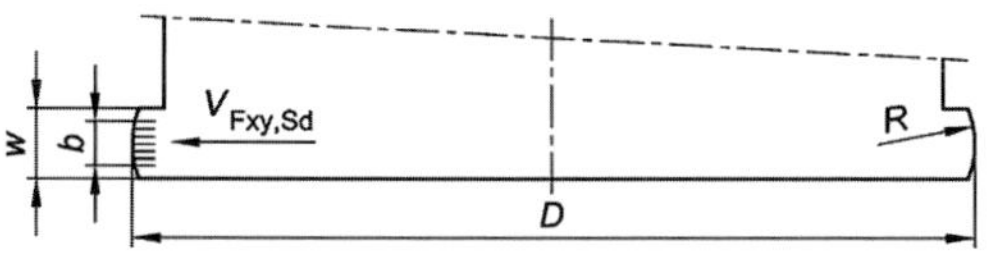

Bild 7 Einzelheiten der gekrümmten Kontaktfläche

Anmerkung 2: Ein Kraftkonzentrationsfaktor von 1,5 wurde im Faktor 15 berücksichtigt (siehe 6.2.2).

Anmerkung 3: Werte für γ_M sind in den Eurocodes EN 1992 bis EN 1999 definiert. Sie werden im nationalen Anhang der einzelnen Eurocodes festgelegt. Für γ_M wird der Wert 1 empfohlen.

6.2.4 Zusätzliche geometrische Bedingungen für die erforderliche Rotationsfähigkeit

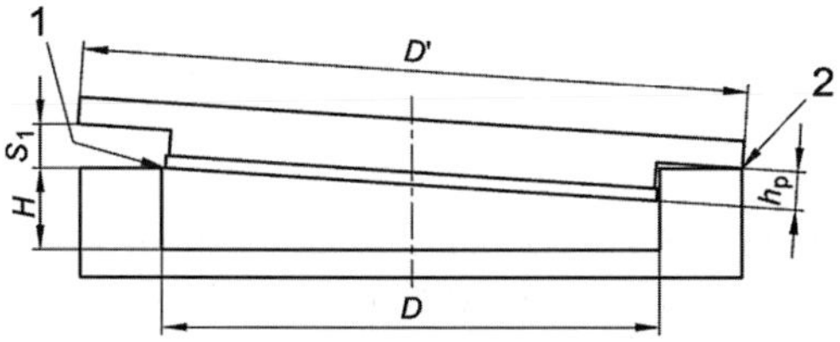

Bild 8 Schematische Darstellung der geometrischen Bedingungen für die Rotation

Für die Grundkombination von Einwirkungen ist nachzuweisen, dass

- der Rand der Kontaktfläche Deckel/Elastomer innerhalb der durch die Topfwandung gebildeten zylindrischen Aussparung um den gesamten Umfang bleibt (Nr. 1 in Bild 8);
- kein Kontakt zwischen der Oberseite der Topfwandung und anderen metallischen Komponenten besteht (Nr. 2 in Bild 8).

Die oben genannten Bedingungen gelten als erfüllt, wenn:

$$H \geq t + (w - b) \cdot 0{,}5 + (\alpha_{d\,max} \cdot 0{,}5 \cdot D) + a_d \qquad (27)$$

$$h_p \geq H - t + a_d + (\alpha_{d\,max} \cdot 0{,}5 \cdot D') \qquad (28)$$

Dabei ist $a_d = 0{,}01 \cdot D$ oder 3 mm (der größere Wert ist maßgebend), jedoch höchstens 10 mm.

Bei ebenen Oberflächen $b = w$.

Bei gekrümmten Oberflächen $b = 3{,}04 \sqrt{\dfrac{1{,}5 \cdot V_{Fxy,Sd} \cdot R}{E_d \cdot D}}$ und $w = b + \alpha_D$

Dabei sind

R der Radius der Kontaktfläche (mm);

E_d der Bemessungswert des Elastizitätsmoduls (N/mm²);

$\alpha_{d\,max}$ der Bemessungswert des größten Verdrehwinkels (siehe Bild 2).

6.2.5 Befestigung am Bauwerk

Um die Sicherheit gegen Gleiten in den Fugen zu gewährleisten, muss die Verbindung zwischen Lager und Bauwerk EN 1337-1:2000 entsprechen.

6.2.6 Spannungen im Bauwerk

Der Nachweis ist entsprechend der für das Bauwerk maßgebenden Norm durchzuführen. Die Durchmesser der wirksamen Kontaktflächen d_{ct} und d_{cb} (siehe Bild 3) sind nach 6.1.5 zu bestimmen. Die Exzentrizität e ist aus den in 6.1.3 definierten Momenten und aus dem Moment infolge der bei der Bemessung angenommenen aufgebrachten Horizontallasten zu bestimmen. Wird ein Spannungsblock berücksichtigt, kann die reduzierte Kontaktfläche infolge Exzentrizität nach EN 1337-2:2000, Anhang A bestimmt werden.

7 Herstellung und Toleranzen für den Zusammenbau

7.1 Elastomerkissen

Die Dickentoleranz beträgt $-0 + 2{,}5$ mm für $d \leq 750$ mm und $-0 + d/300$ für 750 mm $< d <$ 1500 mm.

Eine vertikale und/oder horizontale Unterteilung des Elastomerkissens in mehrere Teile ist unter folgenden Bedingungen zulässig:
- Das gesamte Elastomerkissen muss innerhalb der festgelegten Toleranzen liegen.

7.2 Parallelität der Außenflächen

Sollen die obere und die untere Oberfläche eines Lagers zueinander parallel sein, so darf die Abweichung von der Parallelität zwischen zwei Punktepaaren an den Oberflächen nicht größer als 0,1 % sein, wenn die Differenz der vertikalen Abstände der Punktepaare als Prozentsatz des horizontalen Abstandes zwischen den Punktepaaren ausgedrückt wird. Wenn die obere und die untere Oberfläche zueinander geneigt sein sollen, so gilt, bezogen auf die vorhandene und die geplante Neigung, eine entsprechende Toleranz.

7.3 Passung der Komponenten

7.3.1 Passung des Deckels im Topf

Das größte radiale Spiel zwischen Topf und Deckel darf bei metallischen und POM-Dichtungen 1 mm und bei kohlegefüllten PTFE-Dichtungen 0,8 mm nicht überschreiten. Bei Verwendung von anderen Dichtungen als den in Anhang A beschriebenen darf das Spiel den Wert für die nach den Anhängen E und F geprüften Probekörper nicht übersteigen.

7.3.2 Passung des Elastomerkissens im Topf

Im unbelasteten Zustand darf das radiale Spiel zwischen Topf und Elastomerkissen 0,2 % des Durchmessers des Elastomerkissens oder 1,0 mm nicht übersteigen; dabei ist der größere Wert maßgebend.

7.3.3 Löcher für Befestigungsschrauben

Die Toleranz für die Löcher zur Aufnahme der Befestigungsschrauben muss sich auf die Funktion der Schrauben und die Bedingungen, die zum Zeitpunkt des Einbaus der Lager voraussichtlich bestehen werden, beziehen. Als Anhaltspunkt sind die Löcher für die Befestigungsschrauben oder die Fixierungen in einem Abstand von höchstens 1 mm zu den in den Zeichnungen dargestellten Positionen zu bohren.

7.4 Oberflächenrauheit

Die Rautiefe R_{y5i} der das Elastomer berührenden inneren Oberfläche der Topfwand darf 6,3 µm nicht überschreiten. Bei der am Elastomer anliegenden ebenen Oberfläche des Topfbodens dürfen 25 µm nicht überschritten werden (gemessen nach ISO 4288).

Die Rautiefe R_{y5i} der am Elastomer anliegenden ebenen Oberfläche des Deckels darf 25 µm nicht überschreiten (gemessen nach ISO 4288).

7.5 Korrosionsschutz

Anforderungen hinsichtlich des Korrosionsschutzes sind EN 1337-9 zu entnehmen.

Korrosionsschutzsysteme dürfen nicht auf die Innenflächen des Topfes und auch nicht auf die am Topf oder am Elastomer anliegenden Oberflächen des Deckels aufgetragen werden.

Werden unterschiedliche Werkstoffe miteinander kombiniert, so sind die Auswirkungen der galvanischen Korrosion in Betracht zu ziehen.

7.6 Außendichtung

Um Feuchtigkeit und Schmutz fernzuhalten, ist in dem in Bild 1 dargestellten Bereich eine Außendichtung vorzusehen. Die Dichtung muss unter den Bedingungen, die für den Nachweis des Grenzzustandes der Gebrauchstauglichkeit gelten, wirksam bleiben und darf unter diesen Bedingungen durch den Deckel nicht beschädigt werden.

7.7 Schmierung

Die Kontaktflächen des Elastomerkissens am Topf und am Deckel sind beim Zusammenbau ausreichend mit einem Schmierstoff nach 5.5 zu schmieren. Nach dem Einbau des Kissens ist zusätzlicher Schmierstoff auf die freie Innenfläche der Topfwand aufzutragen.

7.8 Scharfe Kanten

Alle scharfen Kanten sind zu brechen.

8 Beurteilung der Konformität

(hier nicht abgedruckt)

9 Einbau

Das Lager ist innerhalb einer Toleranz von ±0,003 rad der vorgesehenen Neigung der Kontaktflächen des Bauwerks einzubauen.

10 Überwachung während des Betriebes

Die Überwachung während des Betriebes muss den Anforderungen nach EN 1337-10 genügen. Sichtbare Fehler umfassen das Herauspressen des Elastomers aus dem Topf sowie das Vorhandensein von Abriebmaterial, das aus dem Topf oder, bei Topfgleitlagern, aus der Gleitfläche stammt.

Wenn $S_1 < 1$ mm (siehe Bild 8) oder so groß ist, dass die Kontaktfläche des Deckels sichtbar geworden ist, sind die Ursachen zu untersuchen und Korrekturmaßnahmen zu treffen, sofern erforderlich.

5.2.6 DIN EN 1337-6:2004-08 Lager im Bauwesen Teil 6: Kipplager

Hinweis:
Diese Norm hat in der Normenreihe DIN 4141 keinen Vorgänger. Kipplager sind ausnahmslos aus Stahl, ihre Berechnung wurde bislang in den Regeln für Konstruktionen aus Stahl – z. B. DIN 1050, später DIN 18800 – mit erfasst. Im Wesentlichen handelte es sich dabei um die Begrenzung der Hertz'schen Pressungen, wobei zwischen Linienlagerung und Punktlagerung nicht unterschieden wurde.

Wie bei der Verwendung von Rollenlagern – Teil 4 – so gilt auch für die Linienlagerung von festen Lagern, dass sie für Neubauten technisch überholt sind. Für die Punktlagerung gilt dies nicht. Ein stählernes Punktkipplager kann als festes Lager oder als Kippteil eines Gleitlagers auch heute noch kostengünstig als Alternative zum Topflager oder auch zum allseits festen Kalottenlager verwendet werden.

In den Fällen, in denen eine Bemessung unabhängig von dieser Norm möglich ist, werden von uns Alternativen im Abschnitt 4.3.2 vorgeschlagen. Kritische Anmerkungen zum Normentext erfolgen unmittelbar im Text in kursiver Schrift.

Wir geben deshalb in der Regel hier aus Platzgründen nur die für Punktkipplager geltenden Regeln wieder. Wird in begründeten Ausnahmefällen – z. B. aus Denkmalschutzgründen – eine Verwendung von Linienkipplagern beabsichtigt, so wird auf die Originalnorm verwiesen. Im Übrigen gilt auch hier, dass Texte, die für Konstruktion und Berechnung bedeutungslos sind, ebenfalls aus Platzgründen weggelassen wurden.

Inhalt

1 Anwendungsbereich

Lager, die unter den Einwirkungen der charakteristischen Kombinationen einer Verdrehung ausgesetzt sind, die größer ist als 0,05 Radian (rad), liegen außerhalb des Anwendungsbereichs dieses Teils von EN 1337.

2 Normative Verweisungen

(hier nicht abgedruckt)

3 Begriffe und Formelzeichen

3.1 Begriffe

3.1.1 Linienkipplager

(hier nicht abgedruckt)

3.1.2 Punktkipplager

Lager, das aus einer konvexen, kugeligen Oberfläche besteht, die auf einer ebenen oder konkaven, kugeligen Oberfläche mit größerem Radius rollt (siehe Bild 2).

Hinweis: Diese sprachlich missglückte Definition entstand durch die Übersetzung der englischen Originalfassung. Besser wäre folgende Übersetzung:
„Lager, geformt mit einer kugeligen Oberfläche, die auf einer ebenen oder konkaven kugeligen Oberfläche mit einem größeren Radius abrollt.“

Oder die übersetzungsunabhängige Definition:
„Ein Lager aus 2 Teilen, die sich in einem Punkt berühren und von denen mindestens ein Teil eine kugelige Oberfläche besitzt, in deren Zentrum die Berührung stattfindet.“

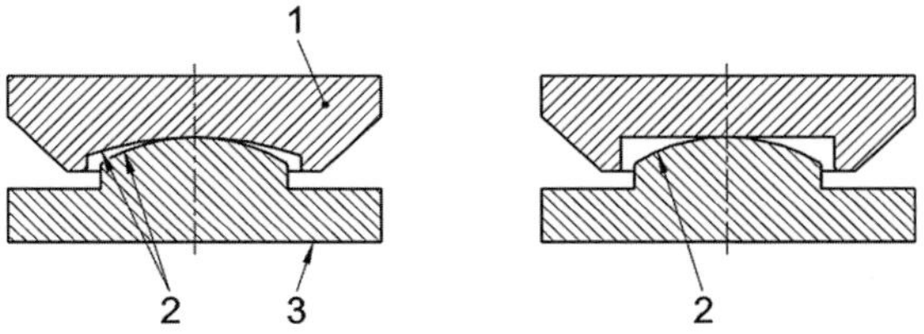

1 Kippplatte
2 kugelige Oberflächen
3 Punktdruckstück

Bild 2 Typisches Punktkipplager

3.1.3 Druckstück

Komponente, bei der auf einer Seite eine konvex gekrümmte Oberfläche ausgebildet ist. Die gekrümmte Oberfläche darf aus einem Zylinder- oder Kugelabschnitt bestehen (siehe Bilder 1 und 2).

3.1.4 Kippplatte

Komponente, die im Kontakt mit dem Druckstück wirkt. Sie kann eben sein oder aus einem konkaven Kugelabschnitt bestehen (siehe Bilder 1 und 2).

3.1.5 Scherdübel

Komponente, die zur Aufnahme horizontaler Lasten dient

Hinweis: Scherdübel werden bevorzugt in Linienkipplager eingebaut. Wir halten sie für eine technisch überholte Konstruktion.

3.2 Formelzeichen

Für die Anwendung dieser Europäischen Norm gelten die folgenden Formelzeichen:

α_d	Bemessungswert des Gesamtverdrehungswinkels in einer Richtung	rad
E_d	Bemessungswert des Elastizitätsmoduls	N/mm^2
e_d	Bemessungswert der Gesamtexzentrizität der Vertikalkraft	mm
$e_{2,d}$	Bemessungswert der Exzentrizität infolge Verdrehung	mm
$e_{3,d}$	Bemessungswert der Exzentrizität infolge von Verschiebung	mm
f_u	Materialfestigkeit	N/mm^2
f_y	Materialstreckgrenze	N/mm^2
N_{Rd}	Bemessungswert der von der Kontaktfläche aufnehmbaren Normalkraft	N

N'_{Rd}	Bemessungswert je Längeneinheit der aufnehmbaren Normalkraft	N/mm
N_{Rk}	charakteristischer Wert der von der Kontaktfläche aufnehmbaren Normalkraft	N
N'_{Rk}	charakteristischer Wert der je Längeneinheit aufnehmbaren Normalkraft	N/mm
N_{Sd}	Bemessungswert der Normalkraft	N
N'_{Sd}	Bemessungswert der Normalkraft je Längeneinheit	N/mm
γ_m	Teilsicherheitsbeiwert für Werkstoffe	
H	Abstand zwischen dem nachzuweisenden horizontalen Querschnitt und der Kontaktfläche des Druckstücks	mm
L	wirksame Länge des Druckstückes	mm
R	Radius der konvexen Kontaktfläche	mm
R_1	Radius der konkaven Kontaktfläche	mm
V_{Sd}	Gesamtquer- oder Abscherkraft	N

Hinweis: Die hier angegebenen Dimensionen sind im Zusammenhang mit den Formeln der Norm zu verstehen. Eine Norm kann die Dimension allgemein nicht vorschreiben. Für die Praxis empfehlen wir, statt N/mm² besser kN/cm², statt mm besser cm und statt N besser kN zu verwenden.

4 Funktionelle Anforderungen

(hier nicht abgedruckt)

5 Werkstoffe

5.1 Allgemeines

Nur die im Folgenden und die im Anhang A festgelegten ferritischen Werkstoffe dürfen bei der Herstellung der Komponenten von Kipplagern verwendet werden.

Druckstücke und Kippplatten sind mit Ultraschallverfahren nach EN 10160, alternativ mit Magnetpulver- oder Farbeindringverfahren auf Risse zu überprüfen. Komponenten, bei denen mit diesen Verfahren lineare Defekte aufgedeckt werden, sind zurückzuweisen.

Die Kerbschlageigenschaften bei niedriger Temperatur aller im Folgenden und im Anhang A genannten Stähle müssen den im Anhang A angegebenen Anforderungen genügen. Kerbschlagbiegeversuche sind nach den einschlägigen Normen durchzuführen. Die Mindestkerbschlagarbeit bei 20 °C ist für den aus drei Proben resultierenden Mittelwert im Anhang A angegeben. Nur eine dieser drei Proben darf einen niedrigeren Wert ergeben, der jedoch mindestens das 0,7fache des Wertes nach Anhang A betragen muss.

Die Härte von Druckstücken und Kippplatten ist nach EN ISO 6506-1 nachzuweisen. Die Härte der Kontaktflächen und deren Streuung ist durch Versuche, die an den Kontaktflächen und entlang den Enden durchzuführen sind, nachzuweisen.

5.2 Unlegierter Stahl

Unlegierter Stahl muss den Anforderungen nach EN 10025 oder EN 10083-1 und EN 10083-2 entsprechen. Die Mindeststreckgrenze beträgt 240 N/mm^2.

5.3 Nichtrostender Stahl

Nichtrostender Stahl muss EN 10088-2 entsprechen. Die Zugfestigkeit aller Komponenten muss mindestens 510 N/mm^2 betragen.

5.4 Gussstahl

Gussstahl muss ISO 3755 und Anhang A entsprechen.

5.5 Gusseisen

Gusseisen muss der in ISO 1083 festgelegten Kugelgraphitsorte sowie Anhang A entsprechen.

6 Bemessung

6.1 Allgemeines

Der Nachweis der Bemessung ist unter Berücksichtigung der Belastung und der Verdrehung (Bewegung) unter Einbeziehung von EN 1337-1:2000, Abschnitt 5 durchzuführen.

Der Bemessungswert der Auswirkungen (Kräfte, Verformungen, Bewegungen), die infolge der Einwirkungen im Bereich der Lagerungen des Tragwerks auftreten, ist mit der maßgebenden Einwirkungskombination nach EN 1990 zu berechnen.

Anmerkung 1: Die maßgebenden Bemessungswerte sollten in einer Lagerliste entsprechend EN 1991 zur Verfügung gestellt werden. Bis zum Erscheinen von EN 1991 können die im Anhang B von EN 1337-1:2000 genannten Empfehlungen angewendet werden. Gleitelemente sind nach EN 1337-2 zu bemessen und herzustellen.

Leistung und Dauerhaftigkeit von Lagern, die nach diesem Teil von EN 1337 bemessen sind, sind unter der Voraussetzung gewährleistet, dass die Anforderungen nach Abschnitt 6 und Abschnitt 7, soweit maßgebend, erfüllt werden.

Anmerkung 2: Der Bemessung von Kipplagern liegt die Annahme zugrunde, dass die Kraft durch eine Hertz'sche Kontaktfläche zwischen zwei Oberflächen mit unterschiedlichen Radien geleitet wird.

Anmerkung 3: Linienkipplager ermöglichen eine Verdrehung um eine Achse parallel zur Kontaktlinie. Punktkipplager ermöglichen eine Verdrehung um jede Achse.

Die Teilsicherheitsbeiwerte γ_m sind in den Eurocodes EN 1992 bis EN 1999 angegeben. Der empfohlene Wert ist $\gamma_m = 1$.

Anmerkung 4: Falls in einem Mitgliedsstaat für spezielle Bauwerke Werte der Teilsicherheitsbeiwerte festgelegt werden, die von den in EN 1992 bis EN 1999 empfohlenen Werten abweichen, so gelten diese Werte auf dem Gebiet des jeweiligen Mitgliedsstaates. Solche Werte sind in nationalen Anhängen, die den einschlägigen Eurocodes beigefügt sind, festgelegt.

6.2 Gekrümmte Oberflächen

Die gekrümmten Oberflächen von Punktdruckstücken müssen kugelig ausgebildet sein.

6.3 Kontaktflächen

In Kontakt stehende Oberflächen müssen dieselbe Nennfestigkeit und Nennhärte besitzen.

6.4 Vermeidung von Rutschen

Es sind mechanische Vorrichtungen vorzusehen, um zu vermeiden, dass die Kontaktflächen von Kipplagern gegeneinander verrutschen.

6.5 Bemessung der Komponenten

6.5.1 Maße des Liniendruckstücks

(hier nicht abgedruckt)

6.5.2 Punktdruckstück gegen Kugelsockel

Der konkave und der konvexe Kugelradius sind so zu wählen, dass:

$$N_{Sd} \le N_{Rd} \tag{2}$$

mit

$N_{Rd} = \dfrac{N_{Rk}}{\gamma_m^3}$ als Bemessungswert des Widerstandes der Kontaktfläche.

N_{Rk} ist der charakteristische Wert des Widerstandes der Kontaktfläche.

$$N_{Rk} = 220 \cdot \left(\frac{R_1 - R}{R_1 \cdot R} \right)^2 \cdot f_u^3 \cdot \frac{1}{E_d^2}$$

Hinweis auf einen Fehler in der veröffentlichten Normenfassung: der Exponent des ersten Faktors muss negativ (−2) sein, wie leicht an der Dimensionenbilanz erkennbar ist.

Die Teilsicherheitsbeiwerte γ_m sind in den Eurocodes EN 1992 bis EN 1999 angegeben. Der empfohlene Wert ist $\gamma_m = 1$.

6.5.3 Punktdruckstück gegen eine ebene Oberfläche

Bei Kontakt mit einer ebenen Fläche ist der Kugelradius R so zu wählen, dass

$$N_{Sd} \le N_{Rd} \tag{3}$$

mit

$N_{Rd} = \frac{N_{Rk}}{\gamma_m^3}$ als Bemessungswert des Widerstandes der Kontaktfläche.

N_{Rk} ist der charakteristische Wert des Widerstandes der Kontaktfläche.

$$N_{Rk} = 220 \cdot R^2 \cdot f_u^3 \cdot \frac{1}{E_d^2}$$

Die Teilsicherheitsbeiwerte γ_m sind in den Eurocodes EN 1992 bis EN 1999 angegeben. Der empfohlene Wert ist $\gamma_m = 1$.

6.5.4 Lastausbreitung in den Komponenten

Druckstücke und Kippplatten sind so zu bemessen, dass sich die Lasten angemessen auf die benachbarten Bauteile verteilen. Die größte Lastausbreitung in den Komponenten ist mit einem Winkel von 45° anzusetzen, es sei denn, ein größerer Winkel ist durch einen rechnerischen Nachweis, in dem die Eigenschaften der anschließenden Komponenten und Werkstoffe berücksichtigt werden, gerechtfertigt. In keinem Fall darf die Lastausbreitung einen Winkel von 60° überschreiten.

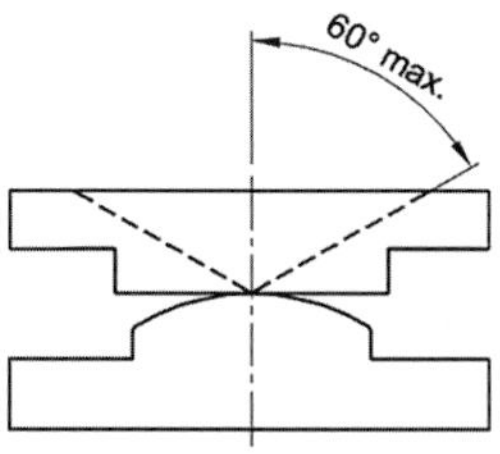

Bild 3 Lastausbreitung in den Komponenten

6.6 Besondere Anforderungen

6.6.1 Korrosion in der Kontaktlinie bzw. im Kontaktpunkt

Falls die in der Kontaktfläche verwendeten Werkstoffe nicht selbst korrosionsbeständig sind, müssen andere Vorkehrungen bei der Ausführung getroffen werden, um Korrosion in diesem Bereich zu verhindern. Diese Maßnahmen dürfen in Form von Fettkammern, Ölbädern, elastischen Dichtungen oder anderen Verfahren, für die eine Wirksamkeit nachgewiesen werden kann oder die sich im Gebrauch bewährt haben, ausgeführt werden. Wenn unterschiedliche Werkstoffe miteinander kombiniert werden, so sind die Auswirkungen einer galvanischen Kontaktkorrosion in Betracht zu ziehen.

Hinweis: Von Eisenbahnschienen ist bekannt, dass in dem Bereich, in dem sich Rad und Schiene berühren, keine Korrosion stattfindet. Kontaktkorrosion findet nur dort statt, wo Feuchtigkeit (Regen) Zutritt hat. Das Korrosionsproblem unterscheidet sich bei PKL nicht von dem anderer Konstruktionen aus Stahl.

6.6.2 Ausrichtung

Es sind Vorkehrungen zu treffen, die sicherstellen, dass die Lagerkomponenten während des Zeitraumes zwischen der Herstellung und dem Einbau planmäßig zueinander ausgerichtet und miteinander verbunden bleiben. Provisorische Transportmittel und Hilfsmittel, die der Beibehaltung der Ausrichtung während des Einbaus dienen, dürfen nicht zur Fixierung des Tragwerks verwendet werden.

6.6.3 Verdrehungsexzentrizität von Liniendruckstücken

(hier nicht abgedruckt)

6.6.4 Verdrehungsexzentrizität von Punktdruckstücken

Die Exzentrizität e_2 infolge der Verdrehung zwischen den Komponenten ist:

$$e_2 = \frac{\alpha_d}{\left(\frac{1}{R}\right) \cdot \left(\frac{1}{R_1}\right)} \quad (8)$$

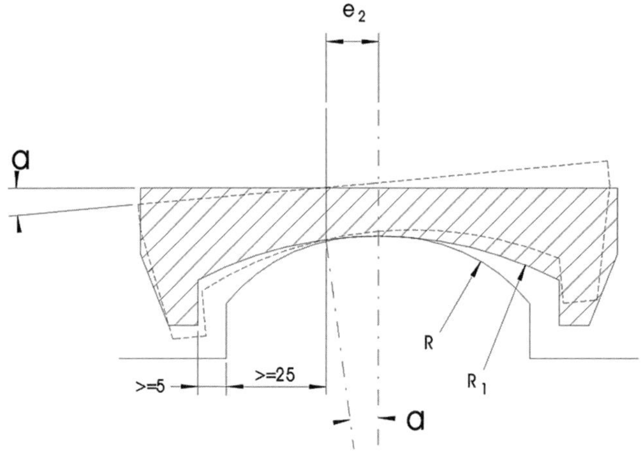

Bild 5 Exzentrizität von Punktdruckstücken

Um die Wirkung der Rollreibung an den Kontaktflächen zu berücksichtigen, ist die Gesamtexzentrizität von Druckstücken infolge der Verdrehungsbewegung mit $e_{2,d} = 2\,e_2$ anzunehmen.

Hinweis: Dieser Ermittlung der Gesamtexzentrizität liegt ein unzutreffendes mechanisches Modell zugrunde, siehe Abschn. 1.6 und 4.3.2. Die Festigkeit des Werkstoffs hat nach der Normenregelung keinen Einfluss auf die Exzentrizität, in Wirklichkeit spielt sie aber, wie mechanisch einleuchtend ist, durchaus eine Rolle. Wir empfehlen daher, diese Regelung zugunsten der von uns im Abschnitt 4.3.2 mitgeteilten ***nicht*** *anzuwenden.*

Nach der immer noch gültigen Rechtslage können wir davon ausgehen, dass unsere aus der zweiten Auflage dieses Buches übernommene Darstellung dem Stand der Technik entspricht, weil sie über einen sehr langen Zeitraum unwidersprochen blieb, also von der Fachwelt akzeptiert wurde. Das ist unabhängig davon, welche Formel die größere Exzentrizität ergibt.

6.6.5 Exzentrizität infolge von Horizontallast

Die Exzentrizität $e_{3,d}$ der Vertikallast infolge des Bemessungswertes der Horizontallast ist:

$$e_{3,d} = \frac{V_{sd} \cdot H}{N_{sd}}$$

6.6.6 Gesamtexzentrizität

Die Gesamtexzentrizität e_d ist:

$$e_d = e_{2,d} + e_{3,d}$$

Werden keine Maßnahmen zur Vorspannung der Arretierungsbolzen getroffen, so darf die Gesamtexzentrizität in allen Richtungen 1/6 der Plattenabmessung in der entsprechenden Richtung oder 1/8 des Plattendurchmessers bei kreisförmigen Platten nicht überschreiten, das heißt, die Kontaktpressung muss am Rand größer als null sein. Wie in Bild 5 dargestellt, muss unter dem Bemessungswert der maximalen Verdrehung α_d zwischen gegenüberliegenden Komponenten ein Zwischenraum von mindestens 5 mm vorhanden sein.

6.6.7 Bedingung zur Verdrehungsbegrenzung

Die Abmessungen der gekrümmten Oberfläche müssen so groß sein, dass unter maximaler Verdrehung die Kontaktlinie oder der Kontaktpunkt mindestens 25 mm von jeglicher Unstetigkeit der gekrümmten Oberfläche entfernt ist (siehe Bilder 4 und 5). Verdrehungen um eine Achse rechtwinklig zur Druckstückachse eines Linienkipplagers sind nicht zulässig.

6.7 Kombination mit anderen Elementen

Wird ein Kipplager mit Elementen nach anderen Teilen von EN 1337 kombiniert, so sind die Eigenschaften und die Beweglichkeit aller Elemente und ihr Zusammenwirken sowie die Steifigkeiten, die Momente und die Exzentrizitäten der angrenzenden Bauteile zu berücksichtigen.

7 Toleranzen

7.1 Ebenheit

In Richtung der Achse des Druckstückes muss die Ebenheit der Kippplatten der Tabelle 1 entsprechen.

Tabelle 1 Ebenheitstoleranz für Kippplatten

Werkstoff	Wirksame Länge L [mm]	
	≤ 250	> 250
	Toleranz [mm]	Toleranz [mm]
Stahl ≤ 300 HV	0,1	$0{,}0004 \cdot L$
Stahl > 300 HV	0,075	$0{,}0003 \cdot L$

7.2 Oberflächenprofil

Die Toleranz des Oberflächenprofils über die Länge der gekrümmten Oberfläche, an der Kontakt auftreten kann, ist in Tabelle 2 angegeben.
(betrifft nur Linienkipplager)

Tabelle 2 Toleranz des Oberflächenprofils der Druckstücke

Werkstoff	Wirksame Länge L [mm]	
	≤ 250	> 250
	Toleranz [mm]	Toleranz [mm]
Stahl ≤ 300 HV	0,05	0,05
Stahl > 300 HV	0,025	0,025

7.3 Oberflächenrauheit

Die nach EN ISO 4287 gemessene Oberflächenrauheit von Druckstück und Kippplatte darf die Werte nach Tabelle 3 nicht überschreiten.

Tabelle 3 Oberflächenrauheit

Werkstoff	Oberflächenrauheit [µm]
Stahl ≤ 300 HV	25,0
Stahl > 300 HV	6,3

7.4 Parallelität der Kontaktflächen

Sollen die obere und die untere Oberfläche eines Lagers planmäßig parallel zueinander sein, darf vor dem Einbau die Abweichung von der Parallelität zwischen zwei Punktepaaren der Oberflächen nicht größer als 0,1 % sein, wobei die Differenz der vertikalen Abstände der Punktepaare als Prozentsatz des horizontalen Abstandes zwischen den Punktepaaren ausgedrückt wird. Wenn die obere und die untere Oberfläche eines Lagers planmäßig zueinander geneigt sein sollen, gilt, bezogen auf die vorhandene und die planmäßige Neigung, eine entsprechende Toleranz.

8 Beurteilung der Konformität

(hier nicht abgedruckt)

9 Einbau

Die Lager sind bezogen auf die planmäßige Neigung der Kontaktflächen zum Tragwerk innerhalb einer Toleranz von ±0,003 rad einzubauen.

10 Inspektion während des Betriebs

Die Inspektion während des Betriebs muss den Anforderungen nach EN 1337-10 entsprechen. Zu den sichtbaren Fehlern zählen Risse im Druckstück oder in der Kippplatte, Fluchtungsfehler des Druckstücks und Spalten zwischen Druckstück und Kippplatte im planmäßigen Kontaktbereich. Bei Gleit-Kipplagern muss die Inspektion der Gleitfläche EN 1337-2 und -7 entsprechen. *(Weiteres siehe Originalfassung)*

Anhang A (normativ)
Ferritische Werkstoffe

Tabelle Ferritische Werkstoffklassen

Materialklassen	Zugfestigkeit (Mindestwert) [N/mm²]	Streckgrenze (Mindestwert) [N/mm²]	Kerbschlagarbeit / Temperatur (Mindestwert) [J]	Oberflächenhärte (Größtwert) [HV 10]	Dehnung (Mindestwert) [%]	Reibungszahl (Größtwert)
A	340	240	27 / 0 °C	150	25	0,05
B	490	335	27 / –20 °C	250	21	0,05
C	600	420	27 / –20 °C	450	14	0,02
D	1350	1200	11 / –20 °C	480	12	0,02
Gusseisen	500	320	–	200	8	0,05

Anhang B (informativ)
Werkseigene Produktionskontrolle

(hier nicht abgedruckt)

5.2.7 DIN EN 1337-7:2004-08 Lager im Bauwesen Teil 7: Kalotten- und Zylinderlager mit PTFE

Hinweis:
Diese Norm hat in der Normenreihe DIN 4141 keinen Vorgänger.

Kalottenlager wurden bislang durch Zulassungen geregelt, es gab aber 1994 einen Normenentwurf (Gelbdruck), der Teil 12 von DIN 4141 werden sollte und in dem sämtliche Regeln für allseitig kippbare Lager mit Gleitelementen enthalten waren. Der Inhalt entsprach also EN 1337 Teil 2 und einem Teil von Teil 7 und enthielt weitere Hinweise, die Topfgleitlager und Verformungsgleitlager betrafen.

Keine Regeln gab es für die in Deutschland nicht gebräuchlichen Zylinderlager.

Weil wir der Auffassung sind, dass auch in diesem Fall – wie schon bei Teil 4 und Teil 6 – es keinen technischen Grund gibt, Lager zu verwenden, die nur in einer Richtung kippbar sind, also Lager mit einer Linienlagerung, lassen wir auch hier bei der Wiedergabe der Normenregelungen die Zylinderlager, soweit möglich, weg. Aus Platzgründen werden auch hier solche Textpassagen weggelassen, die für Konstruktion und Berechnung von Lagern irrelevant sind, mit Verweis auf die Originalnorm. Siehe hierzu auch Vorbemerkung zu Teil 2.

Inhalt

Einleitung

Diese Norm berücksichtigt Gebrauchstemperaturen bis – 35 °C.

Die Erweiterung bis – 40 °C wird in einer künftigen Ergänzung geregelt.

Anwendungen und Durchführungen außerhalb des im Abschnitt 1 genannten Temperaturbereiches erfordern besondere Überlegungen, die in dieser Norm nicht berücksichtigt sind. In solchen Fällen gelten die in dieser Norm genannten Merkmale, Anforderungen und Durchführungen nicht.

1 Anwendungsbereich

Diese Europäische Norm betrifft die Anforderungen an die Bemessung und die Herstellung von Kalotten- und Zylinderlagern mit PTFE.

Die Anforderungen an und Eigenschaften von gekrümmten Gleitflächen sind in EN 1337-2:2004 geregelt. Kalottenlager mit einem Öffnungswinkel von $2\vartheta > 60°$ und Zylinderlager mit $2\vartheta > 75°$ liegen außerhalb des Anwendungsbereiches dieser Europäischen Norm (siehe Bild 6).

Zur Steuerung der Freiheitsgerade der Lagerung dürfen die Lager mit ebenen Gleitteilen und Führungen nach EN 1337-2:2004 und Arretierungsringen nach 6.3.4 kombiniert werden.

Zylinderlager sind gegen unplanmäßige Momente um die Querachse der zylindrischen Gleitfläche anfällig.

Zusätzliche in Betracht zu ziehende Anwendungsbegrenzungen sind in EN 1337-2:2004, Abschnitt 1 angegeben.

2 Normative Verweisungen

(hier nicht abgedruckt)

3 Begriffe, Formelzeichen und Abkürzungen

3.1 Begriffe

Für die Anwendung dieser Europäischen Norm gelten die folgenden Begriffe:

3.1.1 Trägerplatte
Metallische Komponente zur Unterstützung von Gleitmaterialien

3.1.2 Zylinderlager mit PTFE
(hier nicht abgedruckt)

3.1.3 Führung
Gleitelement, das ein Gleitlager einachsig beweglich führt.

3.1.4 Schmierstoff
Spezielles Fett, das zur Verringerung von Reibung und Verschleiß in der Gleitfläche verwendet wird.

3.1.5 Gegenfläche
Harte und glatte Oberfläche, die an PTFE oder Mehrschicht-Werkstoffen gleitet.

3.1.6 Polytetrafluorethylen (PTFE)
Thermoplastischer Werkstoff, der wegen seiner niedrigen Reibungszahl verwendet wird.

3.1.7 Gleitwerkstoffe
Werkstoffe, die Gleitflächen bilden.

3.1.8 Gleitfläche
Kombination (Paarung) aus ebenen oder gekrümmten Oberflächen, die Relativverschiebungen ermöglichen.

3.1.9 Kalottenlager mit PTFE
Lager, das aus einer Trägerplatte mit konvex-kugeliger Oberfläche (Verdrehungselement) und einer Trägerplatte mit konkav-kugeliger Oberfläche besteht, zwischen denen eine PTFE-Platte und ein Gegenwerkstoff eine gekrümmte Gleitfläche bilden (siehe Bild 3). Für die Ausbildung allseits oder einachsig verschiebbarer Lager werden Kalottenlager mit PTFE auch mit ebenen Gleitteilen und Führungen kombiniert (siehe Bild 4a bis 4c). Kalottenlager mit PTFE in Kombination mit einem ebenen Gleitteil können mit einem Arretierungsring zur Ausbildung unverschieblicher Lager ausgebildet werden (siehe Bild 4d).

3.2 Formelzeichen

Die am häufigsten vorkommenden Formelzeichen werden nachstehend bezeichnet. Solche, die nur vereinzelt in bestimmten Abschnitten vorkommen, werden an der Stelle ihres ersten Vorkommens definiert.

3.2.1 Lateinische Großbuchstaben

A	Kontaktfläche der Gleitfläche; Projektion der gekrümmten Gleitfläche	mm^2
L	Durchmesser oder Diagonale der Projektionsfläche der PTFE-Platte	mm
N	Axial- oder Normalkraft	N, kN
V	seitliche Kraft oder Querkraft	N, kN

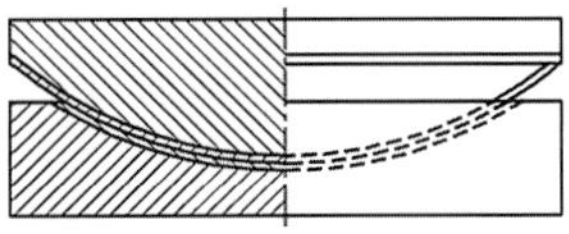

Bild 3 Kalottenlager mit PTFE, unverschieblich durch Gleitfläche (3.2), vgl. EN 1337-1 Bild 1 *(siehe Seite 214)*

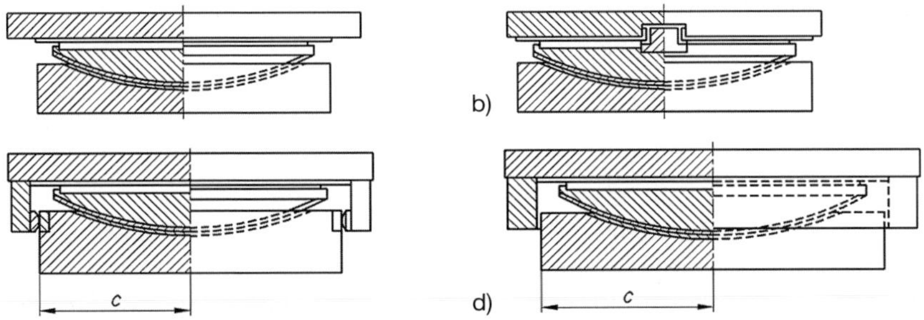

Bild 4 Kalottenlager mit PTFE in Kombination mit ebenen Gleitteilen, vgl. EN 1337-1 Bild 1 *(siehe Seite 214)*

a) allseits verschieblich (3.5)

b) einachsig verschieblich durch Innenführung (3.4)

c) einachsig verschieblich durch Außenführungen (3.3)

d) unverschieblich durch Arretierungen (3.1)

3.2.2 Lateinische Kleinbuchstaben

a	kleinere Seitenlänge der ebenen Projektion von zylindrischen PTFE-Flächen	mm
b	größere Seitenlänge der ebenen Projektion von zylindrischen PTFE-Flächen, Abstand von der Projektion der gekrümmten Gleitfläche	mm
c	Abmessung	mm
d	Durchmesser	mm

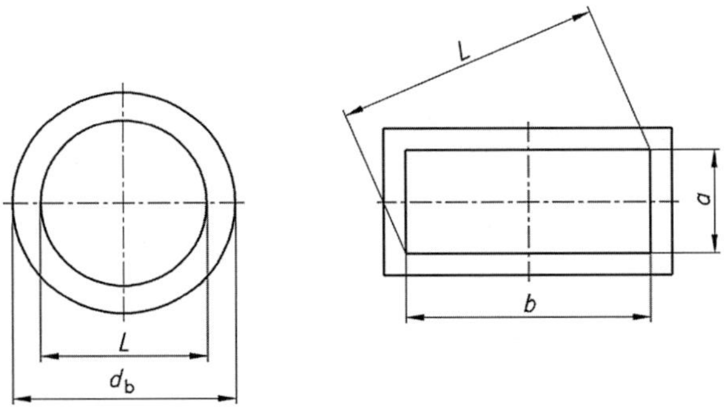

Bild 5 Ebene Abmessungen von Kalotten- und Zylinderlagern

e	Exzentrizität	mm
f	Nennwert der Druckfestigkeit	N/mm^2
h	aus der Kammerung herausragender Überstand der PTFE-Platte (Spalthöhe)	mm
r	Krümmungsradius	mm
t	Dicke	mm
x	Längsachse	
y	Querachse	
z	Achse normal zur Hauptlagerfläche	

3.2.3 Griechische Buchstaben

α	Verdrehungswinkel; Verhältnis	rad
β	Winkel der von der z-Achse abweichenden Richtung der Wirkungslinie der resultierenden Kraft	Grad, rad
Δz	maximale Abweichung von der theoretischen Oberfläche der Ebene oder gekrümmten Gleitfläche	mm
ϑ	halber Öffnungswinkel der gekrümmten PTFE-Oberfläche	Grad, rad
λ	Verhältniszahl; Koeffizient	
μ	Reibungszahl	
σ	Normaldruckspannung	N/mm^2

3.2.4 Indizes

b	Trägerplatte
d	Bemessungswert
min	Minimum
p	PTFE
S	Schnittgröße infolge von Einwirkungen
t	Gesamtwert

3.3 Abkürzungen

(hier nicht abgedruckt)

4 Anforderungen

4.1 Allgemeines

Zylinderlager mit PTFE müssen Verdrehungen um eine Achse, Kalottenlager mit PTFE um jede Achse ermöglichen. Sie müssen definierte Kräfte zwischen Überbau und Unterbau übertragen können.

4.2 Anforderungen an die Tragfähigkeit

Die gekrümmten PTFE-Platten müssen die in 6.2.1 bis 6.2.3 festgelegten Anforderungen und die Trägerplatten mit gekrümmter Oberfläche die in 6.3.3 festgelegten Anforderungen erfüllen.

4.3 Anforderungen an das Rotationsvermögen

Die Gleitoberflächen müssen die in 6.2.4 sowie in EN 1337-2:2004, Abschnitt 4 festgelegten Anforderungen erfüllen.

5 Materialeigenschaften

Die zu verwendenden Materialien und die nachzuweisenden Eigenschaften müssen EN 1337-2:2004, Abschnitt 5 entsprechen.

6 Bemessungsanforderungen

Anmerkung: Dieser Abschnitt enthält zusätzlich zu den Angaben in EN 1337-2:2004, Abschnitt 6, Anforderungen an die Bemessung von Komponenten, die speziell Kalotten- und Zylinderlager mit PTFE betreffen.

6.1 Bemessungsgrundlagen

Für Bemessungsnachweise sind die Grundlagen nach EN 1337-1:2000, Abschnitt 5, zu berücksichtigen.

Anmerkung: Die Bemessungswerte der Schnittgrößen und Bewegungen sollten in einer Lagerliste nach EN 1337-1:2000, Anhang B zur Verfügung stehen.

6.2 Bemessungsnachweis für gekrümmte Gleitflächen

6.2.1 Allgemeines

Für die Nachweise nach 6.2.2 und 6.2.3 ist die gekrümmte Gleitfläche durch ihre ebene Projektion nach Bild 6 zu ersetzen.

Bei der Bestimmung der Gesamtexzentrizität e_t der Normalkraft N_S sind die auf die gekrümmte Gleitfläche einwirkenden Schnittgrößen infolge des Reibungswiderstandes, der von außen einwirkenden Horizontallasten und des verdrehten Zustandes des Lagers zu berücksichtigen.

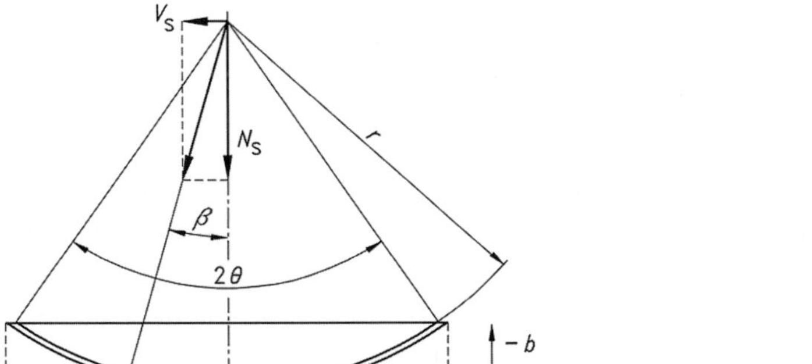

Bild 6 Nachweisschema für die gekrümmte Gleitfläche (Beispiel)

Nebeneffekte infolge von Bewegungseinschränkungen sind ebenfalls zu berücksichtigen.

Anmerkung: Für die gebräuchlichsten Fälle sind im Anhang A Gleichungen zur Ermittlung der Exzentrizitäten angegeben.

Der Reibungswiderstand ist unter Ansatz der in EN 1337-2:2004, Tabelle 11, angegebenen Reibungszahlen zu bestimmen.

6.2.2 Klaffende Fuge in Gleitflächen

Anmerkung: Ein Klaffen der Gleitfuge kann zum Verschleiß infolge von Verschmutzungen und zu erhöhter Verformung wegen der mangelhaften Kammerung der PTFE-Platte führen. Da dies langfristig die Gebrauchseignung gefährden kann, wird der Zustand $\sigma_p = 0$ als Grenzzustand der Gebrauchstauglichkeit betrachtet.

Für die charakteristische Einwirkungskombination ist nachzuweisen, dass $\sigma_p \geq 0$ ist. Dabei ist anzunehmen, dass sich der Gleitwerkstoff linear elastisch verhält und die Trägerplatten starr sind.

Die Bedingung $\sigma_p \geq 0$ ist erfüllt, wenn sich die Gesamtexzentrizität e_t innerhalb des Querschnittkerns befindet.

Für Kalottenlager ist diese Bedingung erfüllt, wenn

$$e_t \leq \frac{L}{8} \tag{1}$$

Die Abmessung L ist im Bild 5 dargestellt.

6.2.3 Pressungsnachweis

Anmerkung 1: Zu hohe Pressungen können den Verlust der Gleitfunktion und damit zum Tragwerksversagen oder in die Nähe des Tragwerksversagens führen. Dieser Zustand wird daher als Grenzzustand der Tragfähigkeit betrachtet.

Folgende Bedingung ist mit der Grundkombination der Einwirkungen nachzuweisen:

$$N_{Sd} \leq \frac{f_k}{\gamma_M} \cdot A_r \tag{2}$$

Dabei sind

N_{Sd} der Bemessungswert der Normalkraft;

f_k die charakteristische Druckfestigkeit von PTFE-Platten (siehe EN 1337-2:2004, Tabelle 10);

A_r die reduzierte Kontaktfläche der gekrümmten Gleitfläche.

Anmerkung 2: Der Wert γ_m sollte als NDP angegeben werden. Der empfohlene Wert ist $\gamma_m = 1{,}4$ (siehe EN 1337-2, 6.8.3).

Die reduzierte Kontaktfläche A_r wird durch folgende Formel bestimmt:

$$A_r = \lambda \cdot A \tag{3}$$

Dabei sind

A der Flächeninhalt der fiktiven ebenen Fläche (siehe Bild 6);

λ der Koeffizient nach Anhang B.

6.2.4 Verdrehungskapazität

Unter der Grundkombination der Einwirkungen muss nachgewiesen werden, dass

- die metallische Gegenfläche die PTFE-Platte vollständig überdeckt;
- kein Kontakt zwischen dem Ober- und dem Unterteil oder irgendeiner anderen metallischen Komponente auftritt (siehe EN 1337-1:2000, Anhang A).

Beim Nachweis der oben genannten Bedingungen muss die Erhöhung der Rotation, die in EN 1337-1:2000, 5.4, niedergelegt wird, berücksichtigt werden.

Hinweis: Gemeint ist der Bewegungszuschlag für die Verdrehung.

6.3 Ausführungsdetails

6.3.1 Allgemeines

Es gelten die allgemeinen Ausführungsmerkmale nach EN 1337-1:2000, Abschnitt 7.

Die zulässigen Materialkombinationen für gekrümmte Gleitflächen sind in EN 1337-2: 2004, Tabelle 9 angegeben.

6.3.2 Gekrümmte PTFE-Platten

Die gekrümmte PTFE-Platte darf entweder an der konvexen oder der konkaven Trägerplatte befestigt werden.

Die Ausführungsdetails für gekrümmte PTFE-Platten müssen EN 1337-2:2004, 6.2.1 entsprechen.

6.3.3 Trägerplatte mit konkaver Oberfläche

Die Trägerplatte mit konkaver Oberfläche von Zylinder- und Kalottenlagern ist nach EN 1337-2:2004, 6.9 nachzuweisen.

Im Bild 7 sind Grenzabmessungen für Trägerplatten mit konkaver Oberfläche angegeben.

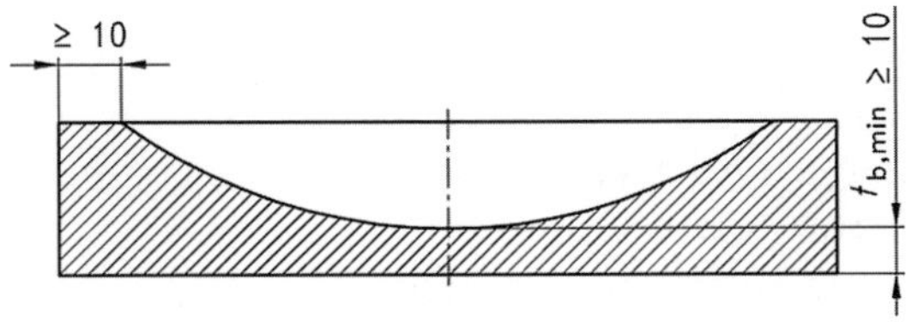

Bild 7 Grenzabmessungen der Trägerplatte mit konkaver Oberfläche (Maße in Millimeter)

6.3.4 Arretierungsring

Allseits verschiebliche Kalottenlager mit PTFE (siehe Bild 4a) dürfen nach Bild 4d mit einem Arretierungsring festgehalten werden.

Für die Bemessung und die entsprechenden Nachweise sind die Regeln für den Topf und den Deckel von Topflagern nach EN 1337-5:1996, Abschnitt 6 sinngemäß anzuwenden.

7 Fertigung, Zusammenbau und Toleranzen

Für ebene und gekrümmte Gleitflächen sind entsprechende Anforderungen in EN 1337-2:2004, Abschnitt 7 angegeben.

Der Überstand h von gekrümmten PTFE-Platten ist entsprechend EN 1337-2:2004, Bild 2 zu messen.

8 Beurteilung der Konformität

(hier nicht abgedruckt)

Anhang A (informativ)
Verfahren zur Berechnung der Exzentrizitäten in Kalotten- und Zylinderlagern mit PTFE

A.1 Allgemeines

Reibungskräfte, Kräfte infolge von einwirkenden Horizontallasten und der verdrehte Zustand des Lagers erzeugen eine Exzentrizität der Normalkraft N_S, die beim Nachweis der PTFE-Platten, der angrenzenden Bauteile und der Verankerungsmittel zu berücksichtigen ist.

Dieser Anhang enthält Angaben zur Berechnung der wesentlichen Exzentrizitäten. Je nach Art der Ausführung können zusätzliche Exzentrizitäten auftreten.

Wenn mehrere Exzentrizitäten in einem betrachteten Querschnitt vorkommen, sind diese zu addieren.

A.2 Reibungswiderstand

A.2.1 Gekrümmte Gleitflächen

Beim Auftreten von Verdrehungsbewegungen tritt in Zylinderlagern und in Kalottenlagern ein inneres Moment infolge des Reibungswiderstandes auf.

Unabhängig davon, ob das Lager eine oder zwei Gleitflächen besitzt, ist die damit verbundene Exzentrizität e_1 wie folgt anzunehmen:

$$e_1 = \mu_{max} \cdot r \qquad \text{(A.1)}$$

Die Reibungszahl μ_{max} ist in EN 1337-2:2004, Tabelle 11 angegeben.

A.2.2 Gleitflächen in Führungen und Arretierungsringen

Bei Kalottenlagern des Typs nach Bild 4 c und Bild 4 d tritt eine Exzentrizität auf:

$$e_2 = \frac{V_S}{N_S} \cdot \mu_{max} \cdot r \qquad \text{(A.2)}$$

Für Lager des Typs nach Bild 4c ist die Reibungszahl μ_{max} in EN 1337-2:2004, 6.7 angegeben.

Für Lager des Typs nach Bild 4d sollte angenommen werden, dass $\mu_{max} = 1{,}0$ ist.

A.3 Verdrehung

Bei allen Lagertypen mit zwei Gleitflächen nach den Bildern 2a, 2b, 2c und den Bildern 4a, 4b, 4c, 4d verursacht der Verdrehungswinkel α folgende Exzentrizität e_3 in der gekrümmten Gleitfläche:

$$e_3 = \alpha \cdot (r + b) \tag{A.3}$$

wobei b der Abstand des betrachteten Querschnitts von der Gleitfläche ist (siehe Bild 6). Diese Exzentrizität wirkt in jedem Fall in entgegengesetzter Richtung von derjenigen nach Gleichung (A.2).

Das Auftreten von e_3 hängt davon ab, ob die gekrümmte PTFE-Platte an der konvexen oder konkaven Trägerplatte befestigt ist, ob α größer oder kleiner als μ ist und ob bei geführten Lagern das Lagerspiel seine Funktion wirksam erfüllt.

Wegen der Unwägbarkeiten bezüglich der tatsächlichen Werte von a und μ sowie bezüglich der Wirksamkeit des Lagerspiels wird empfohlen, e_3 in jedem Fall zu berücksichtigen, da eine genaue Berechnung nicht möglich ist.

Bei Lagertypen mit nur einer Gleitfläche nach Bild 1 und Bild 3 tritt e_3 nur in der gekrümmten Gleitfläche auf, und zwar nur dann, wenn die PTFE-Platte an der konvexen Trägerplatte befestigt ist.

A.4 Seitliche Kräfte

Seitliche Kräfte werden durch horizontale Einwirkungen und die Reibungswiderstände der anderen Lager erzeugt.

Bei Lagern, in denen seitliche Kräfte durch Außenführungen oder Arretierungsringe übertragen werden, erzeugen diese Kräfte keine Exzentrizität in den Gleitflächen.

In festen Lagern mit nur einer Gleitfläche nach Bild 1 und Bild 3 und in geführten Kalottenlagern nach Bild 4b erzeugt die Querkraft V_S folgende Exzentrizität (siehe Bild 6):

$$e_4 = \frac{V_S}{N_S} \cdot (r + b) \tag{A4}$$

In allen Fällen, in denen die Wirkungslinien der Querkraft und der zugehörigen Reaktionskraft nicht zusammenfallen (siehe z. B. Bild 2b), erzeugt das sich ergebende Kräftepaar eine Exzentrizität, die ebenfalls zu berücksichtigen ist.

Anhang B (informativ)
Reduzierte Kontaktfläche in gekrümmten Gleitflächen

B.1 Allgemeines

Dieser Anhang gibt die Koeffizienten λ an, die nach 6.2.3 für die Berechnung der reduzierten Fläche A_r der gekrümmten Gleitfläche benötigt werden.

B.2 Modellannahmen

Die Koeffizienten λ wurden mittels eines mathematischen Modells berechnet, dem folgende Annahmen zu Grunde liegen:

- es werden nur Druckspannungen übertragen;
- die im gedrückten Bereich auftretenden Spannungen sind konstant und gleich dem Bemessungswert f_d der Druckfestigkeit von PTFE-Platten (d. h., es wird die Spannungsblock-Theorie zu Grunde gelegt);
- die Spannungen sind immer normal zur Kontaktfläche gerichtet. Dies ist eine konservative Annahme, die wegen der niedrigen Reibungszahl von PTFE im Kontakt mit polierten Metalloberflächen berechtigt ist;
- sowohl die konkave wie die konvexe Trägerplatte sind absolut starr. Dies ist eine konservative Annahme, die wegen der Tatsache berechtigt ist, dass der Elastizitätsmodul von Stahl mindestens 5000-mal größer ist als derjenige von PTFE.

Tabelle B.1 Beiwerte λ für Kalottenlager

e/L	ϑ			
	30°	25°	20°	10°
0,00	1,000	1,000	1,000	1,000
0,01	0,982	0,981	0,980	0,979
0,02	0,962	0,961	0,960	0,958
0,03	0,942	0,940	0,938	0,936
0,04	0,922	0,919	0,916	0,913
0,05	0,901	0,898	0,894	0,890
0,06	0,880	0,876	0,872	0,867
0,07	0,858	0,853	0,849	0,844
0,08	0,836	0,831	0,826	0,820
0,09	0,814	0,808	0,803	0,796
0,10	0,792	0,786	0,780	0,773
0,11	0,770	0,763	0,757	0,749
0,12	0,747	0,740	0,733	0,724
0,13	0,725	0,717	0,710	0,700
0,14	0,702	0,693	0,686	0,676
0,15	0,680	0,670	0,663	0,653
0,16	0,657	0,647	0,639	0,628
0,17	0,635	0,624	0,616	0,604
0,18	0,612	0,601	0,592	0,581
0,19	0,590	0,578	0,569	0,557
0,20	0,567	0,556	0,546	0,533
0,21	0,545	0,533	0,523	0,510
0,22	0,523	0,511	0,500	
0,23	0,501			
0,24				
0,25				

Anmerkung: Zwischenwerte dürfen durch lineare Interpolation ermittelt werden.

5.2.8 DIN EN 1337-8:2008-01 Lager im Bauwesen Teil 8: Führungslager und Festhaltekonstruktionen

Hinweis:
Neben dieser DIN-EN-Norm gibt es zum gleichen Sachverhalt eine nationale Fassung, DIN 4141-13:2010-07, in der im Wesentlichen die gleichen Festlegungen getroffen wurden, in der jedoch zusätzlich die häufig vorkommende Reibung Stahl/Stahl bei Gleitbewegungen geregelt wird. An den entsprechenden Stellen dieser DIN-EN-Norm gibt es ergänzende Hinweise auf die deutsche Norm.

Es handelt sich bei den hier beschriebenen Konstruktionen um solche, die im Ausland meist unbekannt sind.

Im Übrigen beschränken wir uns auch hier aus Platzgründen auf die Wiedergabe der für Bemessung und Konstruktion benötigten Regelungen.

Inhalt

1 Anwendungsbereich

Dieser Teil dieser Europäischen Norm befasst sich mit den Anforderungen an die Bemessung und Herstellung von Führungslagern und Festhaltekonstruktionen.

Führungslager und Festhaltekonstruktionen sollen keine vertikalen Lasten übertragen, aber sie können in einer Einheit mit Lagern nach EN 1337-1:2000, Tabelle 1, kombiniert werden.

Anmerkung 1: Führungslager und Festhaltekonstruktionen sind in EN 1337-1:2000, Tabelle 1, Nr. 8.1 und 8.2 dargestellt. Für kombinierte Lager siehe EN 1337-1:2000, Tabelle 1, Lager Nr. 1.2, 1.3, 1.6, 1.7, 1.8, 3.1, 4.1, 4.2, 4.3, 7.1, 7.3, und 7.4 mit Festhaltekonstruktionen und Nr. 1.5, 1.7, 2.2, 3.3, 3.4, 5.2, 6.2, und 7.3 mit Führungen.

Anmerkung 2: Beispiele für kombinierte Lager sind in Anhang B angegeben.

Die niedrigste Betriebstemperatur hängt von den Eigenschaften der bei der geforderten Temperatur verwendeten Materialien sowie von den Einschränkungen, die in den in Bezug genommenen Teilen dieser Europäischen Norm genannt werden, ab.

Anmerkung 3: Unter bestimmten Umständen kann von den in diesem Teil dieser Europäischen Norm beschriebenen Lagern gefordert werden, in einer gegenüber der Horizontalen geneigten Ebene zu wirken. Unter solchen Umständen sollten die Begriffe „vertikal“ und „horizontal“ passend interpretiert werden.

3 Begriffe, Formelzeichen und Abkürzungen

3.1 Begriffe

Für die Anwendung dieses Dokuments gelten die folgenden Begriffe.

3.1.1 Ankerplatte
Nicht zwingend vorhandene Platte, die zwischen der Lagerplatte und dem Bauwerk platziert ist, normalerweise dauerhaft mit Letzterem verbunden; vorgesehen, um einen einfachen Austausch des Lagers zu ermöglichen.

3.1.2 Lagerplatte
Platte, die ein wesentlicher Bestandteil der Lagerungsvorrichtung ist und die Grundstruktur bildet, an der Festhaltekonstruktionen und Führungen befestigt werden

3.1.3 Futterplatte
Nicht zwingend vorhandene Platte, die zwischen der Lagerplatte und der Ankerplatte platziert ist, um die Gesamthöhe des Lagers anzupassen.

3.1.4 Gleitteil
Kombination geeigneter Materialien mit ebenen oder gekrümmten Oberflächen nach EN 1337-2.

3.1.5 Drehelement
Element, das die angegebenen Kräfte überträgt und Verdrehungen um mindestens eine Achse zulässt.

3.1.6 Führungslager

Lager, das nur in einer horizontalen Richtung Widerstand bietet, Verdrehungen zulässt und keine Vertikalkräfte überträgt (siehe EN 1337-1:2000, Tabelle 1, Nr. 8.2).

3.1.7 Festhaltekonstruktion

Lager, das Bewegungen in der horizontalen Ebene verhindert, Verdrehungen zulässt und keine Vertikalkräfte überträgt (siehe EN 1337-1:2000, Tabelle 1, Nr. 8.1)

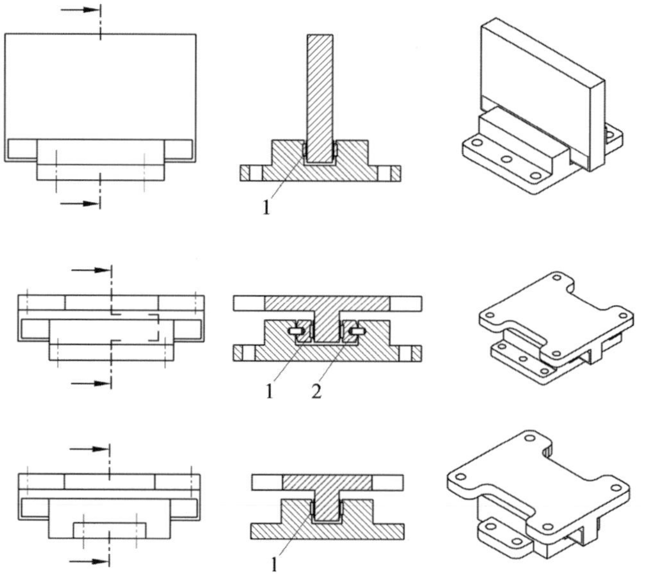

1 zeigt Gleitelemente
2 zeigt Drehelemente

Bild 1 Beispiele für Führungslager

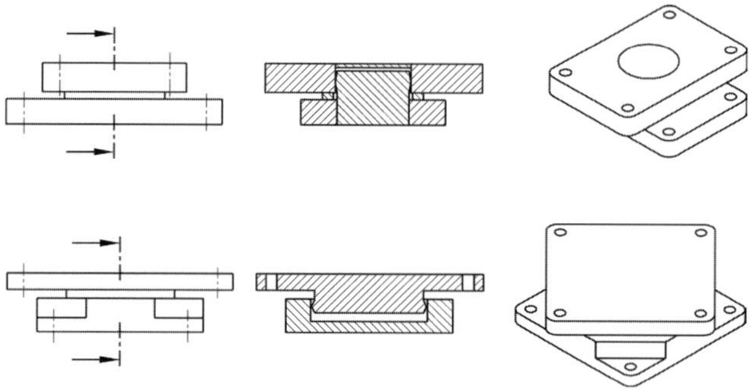

Bild 2 Beispiele für Festhaltekonstruktionen

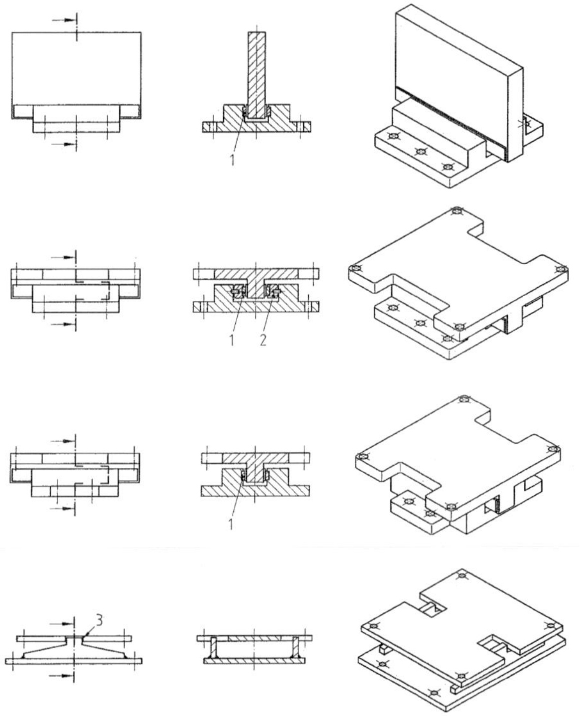

1 Gleitelemente
2 Drehelement
3 Gleitpaarung Stahl/Stahl

Bild 3 Beispiele für Führungslager nach DIN 4141-13:2010-07 (Bild 1)

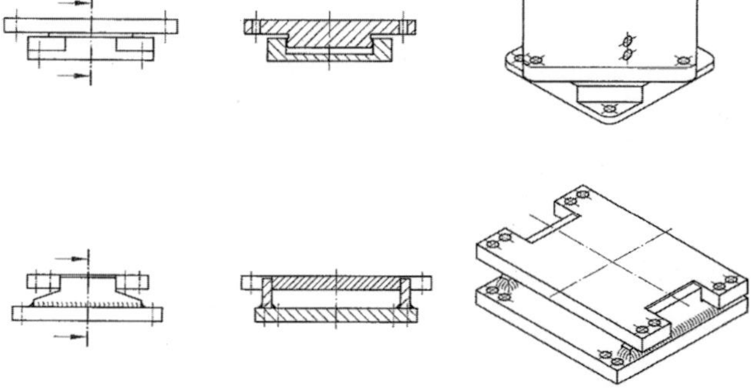

Bild 4 Beispiele für Festhaltekonstruktionen nach DIN 4141-13:2010-07 (Bild 2)

3.2 Formelzeichen und Abkürzungen

a	ist die kleinere Seite einer Ankerplatte oder Lagerplatte, oder ist die kleinste Abmessung des PTFE (siehe 6.5 und 7.1)	mm
b	ist die größere Seite einer Ankerplatte oder Lagerplatte	mm
CM	Mehrschicht-Werkstoff (Composite Material)	
PTFE	Polytetrafluorethylen	

4 Funktionelle Anforderungen

4.1 Allgemeines

Führungslager und Festhaltekonstruktionen müssen so konstruiert sein, dass sie:

- horizontale Kräfte übertragen;
- vertikale Bewegungen zulassen;
- Bewegungen in einer oder keiner horizontalen Richtung zulassen;
- Verdrehungen zulassen;
- wenig Widerstand gegenüber Bewegungen erzeugen;
- eine Dauerhaftigkeit aufweisen, die ihrer beabsichtigten Nutzung entspricht.

Anmerkung: Als Folge aus dem Vorherigen übertragen diese Vorrichtungen keine eingeleiteten Vertikallasten und keine Biegemomente.

4.2 Dauerhaftigkeit

Um in Anbetracht von wiederholter Belastung, niedrigen und hohen Temperaturen, Korrosion und Ozon oder chemischen Stoffen Dauerhaftigkeit zu erreichen, müssen alle Anforderungen dieser Europäischen Norm erfüllt werden.

5 Materialeigenschaften

5.1 Allgemeines

Die Materialien sind im Hinblick auf ihre Verträglichkeit innerhalb des erwarteten Temperaturbereichs des Bauwerks auszuwählen.

5.2 Stahlwerkstoffe

Führungslager und Festhaltekonstruktionen sind aus Stählen nach einer der folgenden Normen herzustellen: EN 10025, EN 10083-3, EN 10088-2, EN 10340, ISO 3755 und ISO 1083.

5.3 Verbindungsmittel

Die technischen Daten und die Prüfbescheinigungen des Materials müssen den Anforderungen bezüglich der Spannung entsprechen.

Alle verwendeten Materialien müssen ISO 898 entsprechen.

5.4 Schweißen

Die Schweißmaterialien müssen prEN 1090-2 entsprechen.

5.5 Anker

Stahl für Schubdübel muss eine garantierte Fließspannung von nicht weniger als 340 N/mm^2 aufweisen.

Dübel und Schubstäbe müssen die Anforderungen nach 5.2 erfüllen und müssen durch Schweißen oder mit Schrauben befestigt werden.

6 Bemessungsregeln

6.1 Allgemeines

Die Bemessungswerte der Schnittgrößen (Kräfte, Verformungen, Bewegungen) am Unterbau des Tragwerks sind auf Basis der maßgebenden Einwirkungskombinationen nach EN 1990 und Abschnitt 2 bis 6 jeweils von Teil 1 und Teil 2 von EN 1991 zu berechnen.

Anmerkung 1: Bis Regeln für die Einwirkungskombinationen für Lager in EN 1990 verfügbar werden, sollte die in EN 1993-2 angegebene Anleitung verwendet werden.

Die verschiedenen Elemente von Führungslagern und Festhaltekonstruktionen sind nach den maßgebenden Eurocodes oder den anderen maßgebenden Teilen dieser Europäischen Norm zu bemessen.

Anmerkung 2: Für die Bemessung von Stahlteilen siehe EN 1993.

Anmerkung 3: Für CM siehe auch EN 1337-2:2004, 6.3.

Für die Bemessung von Drehelementen sind die Teile 3, 5 (6.2.3 und 6.2.4), 6 und 7 dieser Europäischen Norm anzuwenden, soweit geeignet.

Führungen sind nach EN 1337-2 zu bemessen.

Anmerkung 4: Es wird empfohlen, dass die Bemessungswerte der Schnittgrößen in einer Lagerliste bereitgestellt werden, wie in EN 1993-2 dargestellt.

Das Bewegungsvermögen ist durch geometrische Berechnung unter Verwendung der grundlegenden Einwirkungskombination nachzuweisen.

Das horizontale Bewegungsvermögen ist um die in EN 1337-1:2000, 5.4 angegebenen Werte zu erhöhen.

Das vertikale Bemessungsbewegungsvermögen muss mindestens Folgendes sein:
- 15 mm nach oben;
- 10 mm nach unten.

Für die Bemessung von kombinierten Einheiten (siehe 1 Anwendungsbereich) ist der Teil dieser Europäischen Norm anzuwenden, der für die Vorrichtung, die die Vertikalkräfte überträgt, maßgebend ist.

6.2 Drehelemente

Kontaktflächen in Drehelementen mit Stahl-Stahl-Kontaktfläche müssen mit einer Oberflächenrauheit von $R_{y5i} \leq 6{,}3$ µm nach ISO 4587 maschinell bearbeitet sein. In diesem Fall ist der Reibbeiwert 0,6 zu verwenden.

Die Kombination der in Kontakt befindlichen Materialien ist so zu wählen, dass Kaltschweißen verhindert wird.

Anmerkung: Kaltschweißen kann durch Anwendung der in EN 1337-5:2005, 6.2.3 angegebenen Bemessungsregeln verhindert werden. Schmierung und Staubschutz der Kontaktzone sind zu beachten.

6.2 Dreh- und Gleitelemente nach DIN 4141-13

Kontaktflächen in Dreh- und Gleitelementen mit Stahl-Stahl-Kontaktfläche müssen mit einer Oberflächenrauheit von $R_z \leq 6{,}3$ µm nach DIN EN ISO 4288 maschinell bearbeitet sein. In diesem Fall ist der Reibbeiwert 1,0 zu verwenden.)

Hinweis: Die fertige europäische Norm ist im Zweifelsfall maßgebend. Hier bedeutet dies, dass bei Drehelementen als Reibungswert Stahl/Stahl 0,6 und bei Gleitelementen 1,0 anzunehmen ist. Da es sich bei Verdrehungen im Vergleich zu Verschiebungen nur um sehr kleine und häufige Bewegungen handelt ist ein unterschiedlicher Wert für die Reibungszahl durchaus plausibel.

6.3 Mindestplattendicke

Falls verwendet, muss die Mindestdicke t von Lagerplatten und Ankerplatten diese sein:

- festgelegt auf Basis des Spannungsnachweises; oder
- berechnet nach Gleichung (1):

  $$t = 0{,}025 \cdot \sqrt{a^2 + b^2} \quad \text{[mm]}$$
- oder 17 mm.

Der größte Wert ist maßgebend.

6.4 Verbindung mit Futter- und Ankerplatten

Die Verbindungen zwischen den Lagerplatten, Futterplatten, Ankerplatten und dem Tragwerk müssen in der Lage sein, die eingeleiteten Kräfte zu übertragen, und müssen den Austausch des Lagers, falls notwendig, ermöglichen.

Anmerkung: Verbindungen können durch Schrauben, HV-Schrauben-Verbindungen, Dübelscheiben oder Stifte hergestellt werden.

Schweißverbindungen dürfen nur verwendet werden, wenn leichter Zugang möglich ist und wenn die Schweißverbindung und ihre Entfernung für die Lagerkomponenten nicht schädlich sind.

Internen abhebenden Kräften muss mit konstruktiven Mitteln, wie Schrauben, entgegengewirkt werden.

Reibung ist nur dann in Ansatz zu bringen, wenn eine zusätzlich vorhandene Klemmkraft, wie bei Vorspannung, vorhanden ist oder wenn die Führungslager oder Festhaltekonstruktionen in Kombination mit einem Vertikalkraftlager auf einer gemeinsamen Lagerplatte verwendet werden.

6.5 Spaltmaße

Für die Festlegung von Spaltmaßen muss das Bewegungsvermögen anderer Vorrichtungen wie Fahrbahnübergänge, Schienen, Leitplanken, Geländer am Gehweg, durch das Bauwerk verlaufende Versorgungsleitungen, usw. angemessen berücksichtigt werden.

Wenn nichts anderes angegeben ist, darf das Gesamtspaltmaß 2 mm nicht übersteigen.

Diese Bedingung ist für die charakteristische Einwirkungskombination nachzuweisen.

6.6 Kombination mit anderen Lagern und/oder Elementen

Wenn ein Führungslager oder eine Festhaltekonstruktion mit Lagern oder Elementen nach anderen Teilen dieser Europäischen Norm kombiniert wird, sind die Eigenschaften und die Kinematik von allen Elementen und deren Interaktion zusammen mit der Steifigkeit, den Momenten und den Exzentrizitäten der Bauwerksteile zu berücksichtigen.

Regelung in der DIN 4141-13:2010-07

Bei Anschluss an Stahlüberbauten dürfen die Ankerplatten keilförmig ausgebildet werden, wobei die mittlere Dicke vorgenannte Bedingung erfüllen muss. Gleichzeitig darf die Plattendicke an der dünnsten Stelle 5 mm nicht unterschreiten.

Die mittlere Dicke von Futterplatten und Zwischenplatten muss mindestens 10 mm betragen. Gleichzeitig darf die Plattendicke bei keilförmiger Ausbildung an der dünnsten Stelle 5 mm nicht unterschreiten.

6.4 Verbindung mit Futter- und Ankerplatten nach DIN 4141-13 : 2010-07

Die Verbindungen zwischen Lagerplatte, Futterplatten, sowie Ankerplatte und dem Tragwerk müssen in der Lage sein, die eingeleiteten Kräfte zu übertragen, und müssen das Auswechseln des Lagers ermöglichen.

Für die Verschraubung sind die Randabstände nach DIN-Fachbericht 103 bzw. den Normen der Reihe DIN 18800 zu berücksichtigen.

Der Nachweis der Verankerung richtet sich nach DIN EN 1337-1:2001-02, 5.2.

Für die Tragfähigkeit und die konstruktive Ausbildung der Verankerungsmittel gelten die entsprechenden Technischen Baubestimmungen oder allgemeinen bauaufsichtlichen Zulassungen.

Kopfbolzen nach DIN EN ISO 13918 sind durch Schweißen an der Ankerplatte zu befestigen. Die Grenzwerte für die Schweißnahtunregelmäßigkeiten sind DIN EN ISO 14555 zu entnehmen.

Bei Verwendung von Kopfbolzen nach 5.5 dürfen als charakteristische Werte der Querkrafttragfähigkeit D_k die Werte nach Tabelle 1 angesetzt werden, wenn folgende Bedingungen erfüllt sind:

- Die Achsabstände der Kopfbolzen dürfen untereinander in Kraftrichtung nicht kleiner als $5 \cdot d_1$ und quer dazu nicht kleiner als $4 \cdot d_1$ sein.
- Die Mindestrandabstände der Kopfbolzen im anschließenden Bauteil dürfen in Kraftrichtung nicht kleiner als 700 mm und quer zur Kraftrichtung nicht kleiner als 350 mm sein. Eine Unterschreitung der Mindestrandabstände ist zulässig, wenn mit Hilfe eines geeigneten Stabwerksmodells ein Nachweis gegen Betonversagen geführt wird.
- Im anschließenden Bauteil muss eine oberflächennahe kreuzweise Mindestbewehrung aus Betonstahl Ø 12/15 cm, die im Bereich von Bauteilrändern bügelförmig auszubilden ist, vorhanden sein.
- Die Kopfbolzen müssen nach dem Schweißen mindestens 100 mm in den bewehrten Beton einbinden und der Mindestabstand zwischen Bolzenkopf und mittragender Bewehrung muss 30 mm betragen. Wird eine Mörtelfuge oder eine zusätzliche unbewehrte Betonschicht zwischen der Ankerplatte und dem bewehrten Beton angeordnet, so sind die Kopfbolzen entsprechend zu verlängern.
- Die Zugfestigkeit f_u des Bolzenmaterials muss mindestens 450 N/mm² betragen.

Tabelle 1 Charakteristische Werte der Querkrafttragfähigkeit D_k von Kopfbolzen mit $h/d \geq 4$ (Kopfbolzen-Durchmesser in mm) (nach DIN 4141-13)

Betonfestigkeitsklasse	Kopfbolzen-Durchmesser [mm]		
	19	22	25
	Querkrafttragfähigkeit D_k bei einer Zugfestigkeit f_u des Bolzenmaterials von mindestens 390 N/mm² [kN]		
C 20/25	63	85	110
C 35/30	73	98	127
C 30/37	83	111	143
C 35/45	92	123	159
≥ C 40/50	101	135	175

7 Fertigungstoleranzen und Korrosionsschutz

7.1 Allgemeines

Die Toleranzen sind so festzulegen, dass das komplette fertig gestellte Lager die Anforderungen an die Bemessung und die Spaltmaße erfüllt.

Insbesondere müssen Toleranzen für Gleitflächen in Drehelementen mit Stahl-Stahl-Kontakt den Anforderungen nach EN 1337-5:2005, 7.3.1 entsprechen.

Bei Lagern, in denen PTFE (Polytetrafluorethylen) verwendet wird, darf der Verformungsunterschied der PTFE-Platte entlang ihrer kleinsten Abmessung „*a*" 0,2 mm nicht überschreiten (siehe EN 1337-2:2004, 6.4).

Bei CM 1 und CM 2 sind die Anforderungen des Herstellers zu beachten. Die größte Abweichung im Hinblick auf die Ebenheit muss kleiner als 0,05 mm sein.

7.2 Korrosionsschutz

Anforderungen für den Korrosionsschutz sind in EN 1337-9 angegeben.

Wenn verschiedene Materialien in Kombination verwendet werden, sind die Effekte der elektrolytischen Korrosion zu berücksichtigen.

Anhang B (informativ)
Beispiele für kombinierte Lager

Die Bilder in diesem Anhang zeigen, wie Festhaltekonstruktionen mit Elastomerlagern kombiniert werden können.

Diese und andere Kombinationen sind auch in EN 1337-1:2000, Tabelle 1 und Bild 1, Nr. 1.2, 1.3, 1.6, 1.7,1.8, 4.3, 7.1, 7.3, und 7.4 dargestellt.

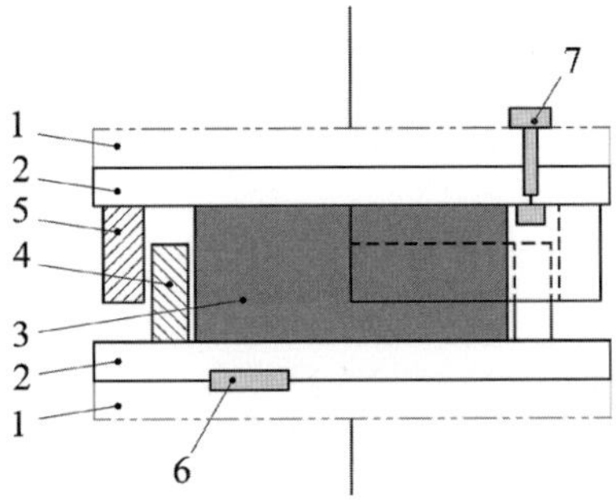

1 Ankerplatte
2 Lagerplatte
3 Elastomerlager
4 innerer Anschlag
5 äußerer Anschlag
6 Dübel
7 Befestigungsschraube

Bild B.1 Elastomerlager mit außen liegender Festhaltekonstruktion (Lager Nr. 1.6 nach EN 1337-1:2000, Tabelle 1)

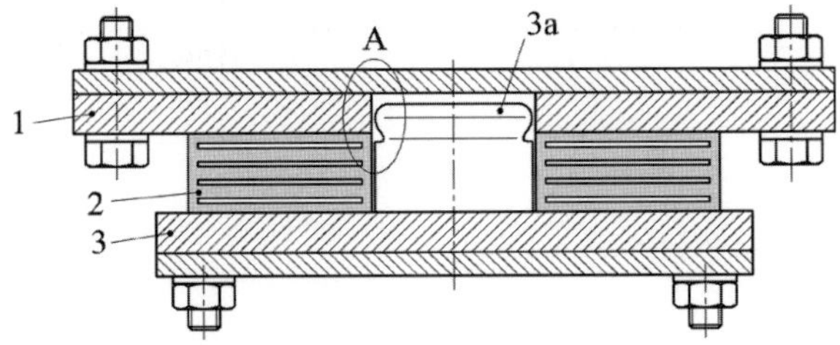

1 obere Lagerplatte
2 Elastomerlager
3 untere Lagerplatte
3a Zapfen
A Kontaktzone

Bild B.2 Elastomerlager mit innen liegender Festhaltekonstruktion (Lager Nr. 1.6 nach EN 1337-1:2000, Tabelle 1)

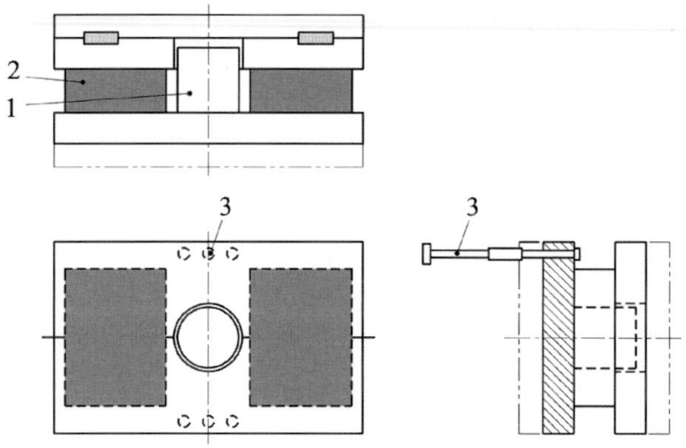

1 Zapfen
2 Elastomerlager
3 Ankerstab

Bild B.3 Elastomerlager auf einer gemeinsamen Grundplatte mit mittiger Festhaltekonstruktion

5.2.9 DIN EN 1337-9:1998-04 Lager im Bauwesen Teil 9: Schutz

Hinweis:
Diese sehr kurze Norm ist eigentlich überflüssig, weil die Lager hinsichtlich des Schutzes vor äußeren Einflüssen gegenüber anderen Bauteilen einer Konstruktion keine Ausnahmestellung haben und somit nur die für andere Bauteile wie Brückengeländer, Fahrbahnübergänge oder das Bauwerk insgesamt geltenden Regeln auch hier sinngemäß anzuwenden sind.

Dennoch erschien es dem für die Normenreihe EN 1337 zuständigen Technischen Ausschuss nützlich, einen auf Lager konzentrierten Teil der Norm zu erstellen, und weil dieser nicht sehr viel Platz beansprucht, entschlossen wir uns, ihn hier in seinen wesentlichen Teilen abzudrucken.

Inhalt

1 Anwendungsbereich

Dieser Teil dieser Europäischen Norm umfasst Maßnahmen zum Schutz von Lagern im Bauwesen gegen Umwelteinflüsse und andere äußere Einflüsse, die deren Lebensdauer herabsetzen könnten.

2 Normative Verweisungen

(hier nicht abgedruckt)

3 Definitionen

Für die Anwendung dieser Norm gelten die folgenden Definitionen:

3.1 Außergewöhnlicher Schaden
Sachschaden am Lager, hervorgerufen durch Umstände, für die es nicht ausgelegt wurde.

3.2 Schaden durch Umwelteinfluss
Schaden, verursacht durch Umstände im Zusammenhang mit dem geplanten Einsatzstandort, die zum Zeitpunkt des Lagereinbaus absehbar sind.

3.3 Meeresumgebung
Standort, beeinflusst durch Salzwasser-Sprühnebel und mit einer durchschnittlichen Zinkkorrosionsrate zwischen 30 g/m^2 pro Jahr und 60 g/m^2 pro Jahr (mit 99,9 % Zn).

3.4 Korrosionsschutz
Maßnahmen zur Vermeidung eines Korrosionsschadens am Lager oder an Teilen davon während einer vorgegebenen Zeit.

3.5 Schutzbeschichtung
Jede Beschichtung des Lagers oder von Lagerteilen zum Schutz gegen Schäden durch Umwelteinfluss.

3.6 Schutzmaßnahmen
Alle Maßnahmen zum Schutz des Lagers oder von Lagerteilen vor Auswirkungen der Umwelt oder anderen äußeren Einflüssen, die zur Verkürzung der Lebensdauer führen würden.

3.7 Lebensdauer
Der festgelegte Zeitraum, für den ein Korrosionsschutzsystem die in der Norm geforderten bzw. anderweitig vereinbarten Mindestanforderungen sicherstellt.

4 Allgemeine Anforderungen

4.1 Schutz gegen Umwelteinflüsse

4.1.1 Korrosionsschutz

Dieser Abschnitt legt die Anforderungen an den Korrosionsschutz für die metallischen Komponenten von Lagern im Bauwesen fest, die anderenfalls durch Umwelteinflüsse aufgrund von Korrosion Schaden nehmen könnten. Ausgenommen sind Gleit-, Roll-, Reib- oder örtliche Druckflächen.

4.1.1.1 Leistung

Die dieser Norm entsprechenden Korrosionsschutzsysteme müssen für einen Zeitraum von 10 Jahren nach Lieferung die nachstehenden Anforderungen erfüllen, vorausgesetzt, die Lager wurden nach dieser Norm behandelt, gelagert und eingebaut:

- keine Blasendichte, die den Grad 1 nach ISO 4628-2 überschreitet,
- kein Rosten, das den Rostgrad Ri 1 nach ISO 4628-3 überschreitet,
- keine Risse in der Beschichtung, die den Grad 1 nach ISO 4628-4 überschreiten,
- kein Abblättern, das die Werte der Klasse 1 nach 4628-5 überschreitet.

Ist das Lager in einer Umgebung einzubauen, die aggressiver ist als die Meeresumgebung, so kann es erforderlich sein, andere Anforderungen an den Korrosionsschutz zu vereinbaren.

4.1.1.2 Dokumentation

Zur Definition des Korrosionsschutzsystems sollte folgendes dokumentiert werden:

- Verfahren des Herstellers für den Korrosionsschutz der Lager,
- Angaben des Werkstofflieferanten,
- Prüfungen.

Obengenanntes muss wenigstens folgende Punkte beinhalten:

- Grad der Oberflächenvorbehandlung (z. B. Sa 1/2 nach ISO 8501 Sa),
- Art der Beschichtung (z. B. Spritzverzinkung, Zweikomponenten-Epoxychlorkautschuk),
- Anzahl der Beschichtungen.

Für Anstrichsysteme:

- Artikelnummer und Farbe,
- Markenname und Bezugsnummer des Herstellers,
- Nummer des Datenblatts,
- Anwendungsgebiet,
- Anwendungsart,
- Mindesttrockenfilmschichtdicke,
- höchste örtliche Trockenfilmschichtdicke,
- Vorgehensweisen für die Behandlung örtlicher Schäden der Schutzbeschichtungen,
- Ergebnisse der Prüfungen nach Tabelle 1.

Tabelle 1

Prüfung	Norm	Abnahmekriterien
Neutrales Salzspray	ISO 7253	nach 720 Stunden
		keine Blasendichte, die den Grad 1 nach ISO 4628-2 überschreitet
		kein Rosten, das den Rostgrad Ri 1 nach ISO 4628-3 übersteigt
		kein Abblättern, das die Klasse 1 nach ISO 4628-5 übersteigt
Mindesttrockenfilmdichte	ISO 2808	wie vom Farbenhersteller beschrieben
Gitterschnitt	ISO 2409	0 oder 1
Fallgewicht	ISO 6272	keine sichtbare Beschädigung durch 1 kg Kugelgewicht aus 10 cm Fallhöhe

Diese Prüfungen müssen alle 5 Jahre oder bei einem Wechsel des Korrosionsschutzsystems wiederholt werden.

4.2 Schutz gegen Umwelteinflüsse

Bei Verwendung unterschiedlicher Metalle muss galvanische Korrosion vermieden werden.

5 Konformitätsbewertung

(hier nicht abgedruckt)

Anhang A (informativ)
Empfehlungen

Von Lagern, die in Übereinstimmung mit den anderen Teilen dieser Europäischen Norm bemessen und hergestellt wurden, kann eine Lebensdauer von mindestens mehreren Jahrzehnten erwartet werden, in vielen Fällen auch die Lebensdauer des Tragwerks, das sie unterstützen. Ihre Lebensdauer wird jedoch beträchtlich verkürzt, wenn sie nicht vor den aggressiven Einflüssen der Umgebung geschützt werden, in der sich das von ihnen zu unterstützende Tragwerk befindet.

Falls die Umgebung aggressiver ist als die Meeresumgebung, so ist es wichtig, dass der Käufer sämtliche Einzelheiten der Umgebung, in der das Lager verwendet wird, angibt und alle örtlichen Umstände beschreibt, die die betroffene generelle Situation verbessern könnten.

Korrosionsschutzmaßnahmen für die exponierten Teile des Lagers betreffen entweder die Wahl eines Werkstoffs, auf welchen die Umwelteinflüsse nicht aggressiv wirken, oder die Anordnung einer Schutzbeschichtung oder andere Maßnahmen, wie z. B. ein Ölbad, die diese Teile von der Umwelt isolieren.

Von den Herstellern kann normalerweise erwartet werden, dass sie ein oder mehrere Schutzsysteme besitzen, mit denen sie vertraut sind und für deren Anwendung sie hinreichend ausgerüstet sind. Normalerweise kann ein Käufer solch ein System unter der Voraussetzung akzeptieren, dass der Hersteller für die jeweiligen Umweltbedingungen und für die vorgesehene Lebensdauer ausreichende Zeugnisse vorlegen kann (siehe 4.1.1.2). Dem Käufer sollte auch bestätigt werden, dass das angebotene System am Einbauort instand gehalten werden kann und, falls die Lager ein Tragwerk aus Stahl tragen, mit dem gleichen System wie für den Neuanstrich des Tragwerks erneuert werden kann.

Bestimmte Einbauorte können besondere Schutzmaßnahmen erforderlich machen. Ein Beispiel dafür ist Flugsand, der in bewegliche Teile eindringen und außergewöhnlichen Verschleiß hervorrufen kann. Ein anderes Beispiel sind Vögel, deren Schlafplätze und Nester die bestimmungsgemäße Funktion der Lager beeinträchtigen können. In solchen Fällen können Schutzblenden am Lager oder an der benachbarten Konstruktion angebracht werden. Dabei muss dafür Sorge getragen werden, dass solche Maßnahmen keine schädliche Kondensation an den Lageroberflächen hervorrufen.

Feuer ist normalerweise keine Gefahr, der Lager ausgesetzt sind. Sind sie jedoch in einem Bauwerk mit einer festgelegten Feuerwiderstandsklasse eingebaut, so wird von ihnen die gleiche Feuerwiderstandsklasse gefordert. Unter diesen Umständen müssen sie der einschlägigen Brandprüfung mit der jeweils vor Ort angewendeten Schutzmaßnahme unterzogen werden.

Abschnitt 4.1 von Teil 1 dieser Europäischen Norm bestimmt, dass Lager und Tragwerke so zu bemessen sind, dass die Lager instand gehalten werden können. In diesem Zusammenhang ist anzumerken, dass Lager mit besonderen Schutzmaßnahmen als komplexe Einheit ausbaubar oder ausreichend beweglich sein müssen, um die Inspektion und den ordnungsgemäßen Zugang zum Lager zu ermöglichen.

5.2.10 DIN EN 1337-10:2003-11 Lager im Bauwesen Teil 10: Inspektion und Instandhaltung

Hinweis:
Diese Norm betrifft eingebaute Lager. Ansprechpartner dieser Norm ist der Eigentümer des Bauwerks, das ist in Deutschland in aller Regel eine bauende Verwaltung, wenn es sich um eine Brücke handelt. Es ist naheliegend, dass auch die Regeln für eingebaute Rollenlager in diesem Fall wiedergegeben werden. Der erste Entwurf dieser Norm wurde vom Österreichischen Normeninstitut erstellt.

Inhalt

1 Anwendungsbereich

Diese Europäische Norm betrifft die Inspektion und die Instandhaltung von nach EN 1337-1 bemessenen Lagern, die in Brückenkonstruktionen oder in Bauwerken, die ähnliche Lagersysteme erfordern, verwendet werden. Sie setzt das Vorhandensein von Richtlinien für die regelmäßige Inspektion des gesamten Bauwerks während seiner Lebensdauer voraus. *In Deutschland gibt es hierfür die Norm DIN 1076 „Ingenieurbauwerke im Zuge von Straßen und Wegen; Überwachung und Prüfung“.*

Sie darf auch für die Inspektion und die Instandhaltung von Lagern, die vor der Einführung dieser Europäischen Norm bemessen und/oder eingebaut wurden, verwendet werden.

Diese Europäische Norm gibt für jeden Lagertyp die zu kontrollierenden und zu protokollierenden Aspekte an. Sie nennt keine zulässigen Werte. Diesbezüglich ist auf die einschlägigen Teile dieser Europäischen Norm sowie auf die das Lager und das Tragwerk betreffenden Zeichnungen und Berechnungen zu verweisen.

Anmerkung 1: Die Notwendigkeit einer regelmäßigen Inspektion und Instandhaltung von Lagern ist insofern zu beachten, als ohne derartige Maßnahmen vorzeitiges Versagen auftreten kann.

Anmerkung 2: Es können nationale Vorschriften zu den in dieser Europäischen Norm behandelten Themen vorhanden sein, die dann gelten.

2 Normative Verweisungen

(hier nicht abgedruckt)

3 Begriffe und Symbole

Für die Anwendung dieser Europäischen Norm gelten die folgenden Bezeichnungen und Begriffe.

3.1 Inspektion

Regelmäßiges Kontrollieren, Protokollieren und Berichten.

3.1.1 Regelinspektion

Gründliche Inspektion durch Augenschein ohne Messungen, in gleichmäßigen zeitlichen Abständen.

3.1.2 Hauptinspektion

Übereinstimmend mit der Regelinspektion, jedoch mehr ins Detail gehend und einschließlich von Messungen.

3.2 Instandhaltung

Wartung und Auswechslung.

3.2.1 Wartung

Säubern, Schmieren, Beschichten sowie Reparieren kleinerer Schäden

3.2.2 Auswechslung

Erneuerung von wesentlichen Teilen des Lagers oder des gesamten Lagers

3.4 Formelzeichen

h	Überstand (Spalthöhe) des PTFE
v_x	Verschiebung in Hauptrichtung der Tragwerksbewegung
v_y	Verschiebung quer zur Hauptrichtung der Tragwerksbewegung
α_x	Verdrehungswinkel in Hauptrichtung der Tragwerksbewegung
α_y	Verdrehungswinkel quer zur Hauptrichtung der Tragwerksbewegung
s_1	Spiel für Verdrehungsbewegungen
s_2	Spiel zwischen vertikalen Oberflächen
s_3	Spiel zwischen Führungsflächen
s_4	Spiel für vertikale Tragwerksbewegungen

4 Allgemeine Anforderungen für Regel- und Hauptinspektionen

Der Zustand des Lagers im Tragwerk ist durch einen Prüfer, der ausreichendes Wissen über Lager besitzt, mindestens so häufig wie das Tragwerk durch Augenschein zu kontrollieren. Dies muss erfolgen bei den Regelinspektionen des Tragwerks (oder zum Zeitpunkt der Hauptinspektion), aber auch, wenn das Bauwerk nicht Regelinspektionen unterliegt. Falls für die Kontrolle erforderlich, ist das Lager vor der Inspektion zu säubern.

Die Lager sollten nach einem Anprall an die Brücke, etwa einem Zusammenstoß eines Fahrzeugs mit dem Überbau, oder einem außergewöhnlichen Ereignis, z. B. Erdbeben, kontrolliert werden.

Sollte der Prüfer Zustände feststellen, die er nicht vollständig erklären kann oder für die er keine Maßnahmen zur Abhilfe empfehlen kann, so muss er zur Vervollständigung seines Berichtes Unterstützung durch einen Sachverständigen anfordern.

Je nach Ergebnis der Inspektion ist einer der folgenden Schritte durchzuführen:

- keine Maßnahme;
- weitere Messungen der Bewegungsfähigkeit (unter extremen Temperaturen, unterschiedlichen Lasten usw.);
- weitere Prüfverfahren;
- Instandsetzung (Lagerkorrektur, Auswechslung des gesamten Lagers oder von Teilen, Erneuerung oder Ergänzung des Korrosionsschutzes, Unterstopfen mit Mörtel usw.).

5 Regelinspektion

Im Zuge der Regelinspektion sind folgende Eigenschaften zu kontrollieren:

a) ausreichende restliche Bewegungsfähigkeit, bezogen auf den Lagertyp und unter Berücksichtigung der Bauwerkstemperatur;
b) sichtbare Mängel:
   - Risse;
   - falsche Lage;
   - unplanmäßige Bewegungen und Verformungen;
c) Zustand der Lagerbettung und -verankerung;
d) Zustand des Korrosionsschutzes, des Staubschutzes und der Dichtungen;
e) Zustand der Gleit- und Rollflächen;
f) sichtbare Mängel der angrenzenden Bauteile.

Die Ergebnisse sind in dem Formular nach Anhang B.4 zu protokollieren. Der Bericht ist mit den Lageplänen und den Zeichnungen des Tragwerks zu den Akten zu nehmen.

Im Fall von sichtbaren Mängeln und Schäden, die wahrscheinlich die Funktionsfähigkeit beeinträchtigen, sind Kontrollen nach Abschnitt 6 durchzuführen.

6 Hauptinspektion

6.1 Allgemeines

Hauptinspektionen sind mit geringerer Häufigkeit durchzuführen als Regelinspektionen (siehe A.5), wobei eine Hauptinspektion normalerweise eine Regelinspektion ersetzt. Sie sind dazu bestimmt, einen ausführlichen Bericht über den Zustand des Lagers abzugeben, der, falls er richtig interpretiert und befolgt wird, sicherstellt, dass das Lager die vorgesehene Funktionsfähigkeit bis zur nächsten Hauptinspektion beibehält.

Es wird empfohlen, die erste Hauptinspektion innerhalb eines Jahres nach Inbetriebnahme des Bauwerks durchzuführen, und die Ergebnisse sind mit den nach Abschnitt 7 EN 1337-11:1997 protokollierten Einzelheiten zu vergleichen.

Die Hauptinspektion muss alle Einzelheiten beinhalten, die durch die Regelinspektion abgedeckt sind, jedoch ausführlicher und genauer. Einzelheiten von besonderer Wichtigkeit sind für jeden Lagertyp weiter unten angegeben. Außerdem sind Abbildungen eingefügt, die für jeden Lagertyp die zu protokollierenden Maße zeigen.

Soweit möglich, sind diese bei nur ständiger Belastung des Tragwerks zu messen. Falls dies nicht möglich ist, so sind die Einzelheiten der veränderlichen Lasten so genau wie möglich anzugeben.

Die gemessenen Werte sind mit den Bemessungswerten zu vergleichen. Damit ist die Kapazität des Lagers für alle zu erwartenden künftigen Bewegungen und Belastungen zu beurteilen.

Die in 6.2 angegebenen Ordnungszahlen stimmen mit denjenigen in EN 1337-1 überein.

6.2 Spezielle Kontrollen für verschiedene Lagertypen

6.2.1 Gleitteil von Lagern mit PTFE-Elementen (siehe Bild 1)

Bei den Lagern Nr. 1.3, 1.4, 1.5, 1.7, 1.8, 2.2, 2.3, 3.3, 3.4, 3.5, 4.2, 4.3, 5.2, 5.3, 6.2, 7.3, 7.4 ist die Spalthöhe h zwischen der Gleitfläche und der Trägerplatte für die PTFE-Platte mit einer Fühlerlehre an genügend Punkten zu messen, um die zu protokollierenden kleinsten Werte v_x, v_y und h zu finden.

Wo sichtbar, ist der Zustand der Gleitfläche und ihrer Befestigungsmittel anzugeben.

6.2.2 Elastomerlager und Elastomerteil von Lagerkombinationen (siehe Bild 2)

Bei den Lagern Nr. 1.1, 1.2, 1.3, 1.4, 1.5, 1.6, 1.7, 1.8 sind die sichtbaren Oberflächen auf Risse und übermäßige Verformungen zu kontrollieren. Falls Risse bis zu den innenliegenden Stahlplatten reichen, so ist der Eigentümer über diese Situation zu informieren, ebenso über das Risiko von Korrosion und das mögliche Versagen des Produktes. Es ist zu entscheiden, ob das Lager auszuwechseln ist.

α_x, α_y, v_x und v_y sind zu protokollieren.

6.2.3 Einfachrollenlager (siehe Bild 3)

Bei den Lagern Nr. 6.1 und 6.2 sind der Zustand der Rollflächen, die Stetigkeit oder Unstetigkeit der Kontaktlinien, die Relativverschiebung v_x der Kopf- und Fußplatten und der Verdrehungswinkel α zu protokollieren. Der Zustand von Führungsvorrichtungen ist anzugeben.

6.2.4 Topflager und Topfteil von Lagerkombinationen (siehe Bild 4)

Bei den Lagern Nr. 2.1, 2.2 und 2.3 sind $s_{1\text{min}}$ und $s_{1\text{max}}$ zu protokollieren.

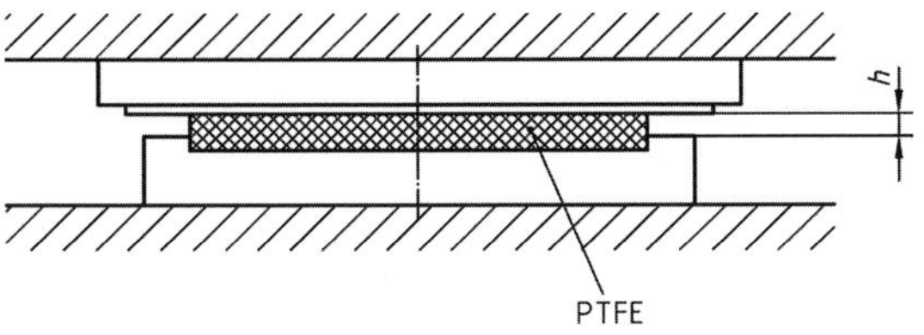

Bild 1 Gleitteil von Lagerkombinationen

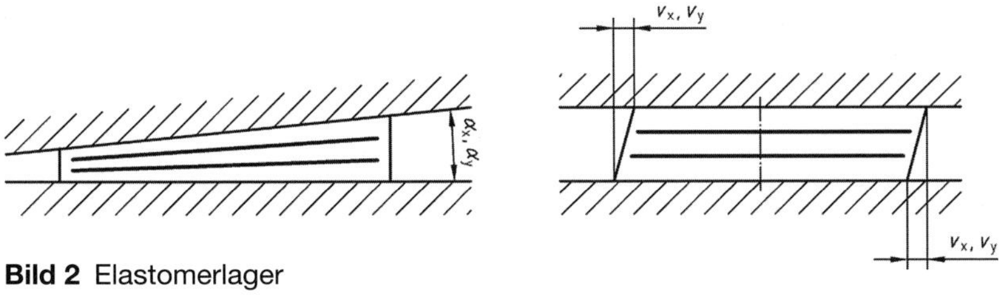

Bild 2 Elastomerlager

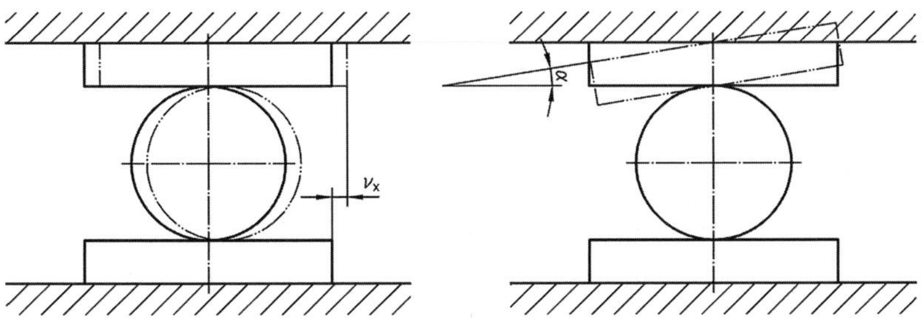

Bild 3 Rollenlager

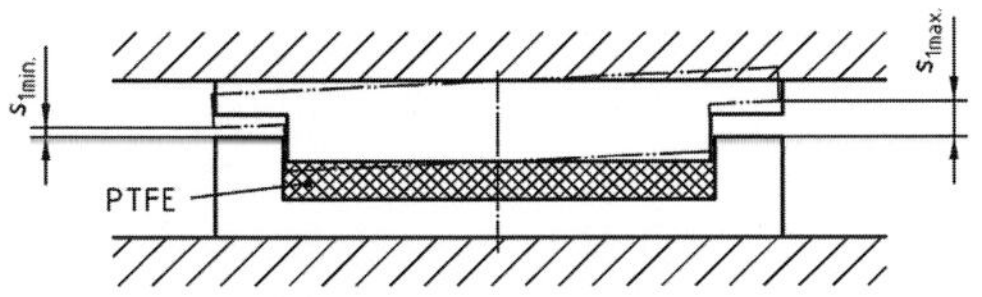

Bild 4 Topflager

6.2.5 Kipplager, Punktkipplager und Kippteil von Lagerkombinationen
(siehe Bild 5)

Bei den Lagern Nr. 4.1, 4.2, 4.3, 5.1, 5.2, 5.3 sind $s_{1\text{min,max}}$, s_2 und α zu protokollieren. Außerdem sind der Zustand der Kippflächen, die Stetigkeit oder Unstetigkeit der Kontaktlinie und die Stellung der Kopf- und Fußplatten zueinander anzugeben.

6.2.6 Kalottenlager und Kalottenteil von Lagerkombinationen, Zylinderlager
(siehe Bilder 6 und 7)

Bei den Lagern Nr. 3.1, 3.2, 3.3, 3.4, 3.5 sind h_{max}, h_{min} zu protokollieren.

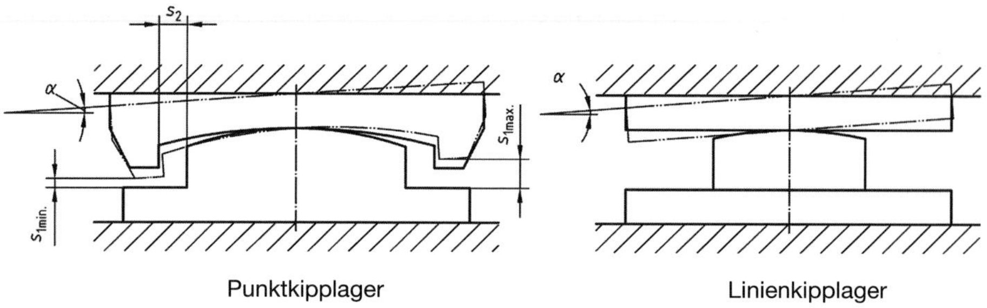

Bild 5 Kipplager

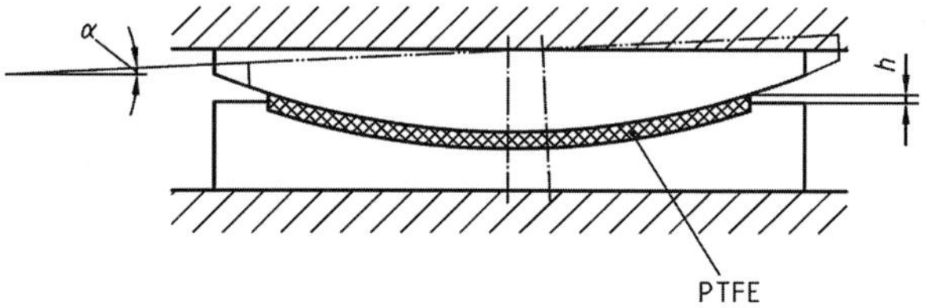

Bild 6 Kalotten- und Zylinderlager

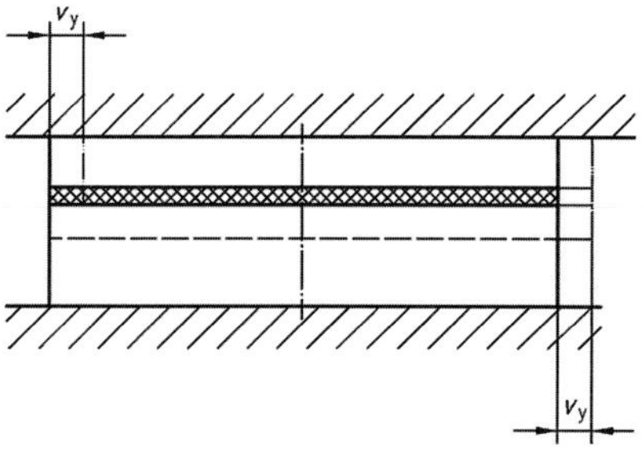

Bild 7 Seitenansicht eines Zylinderlagers

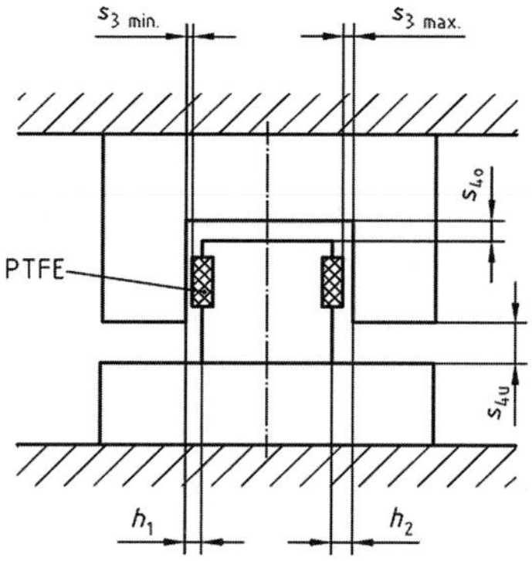

Bild 8 Führungslager

Bei den Lagern Nr. 7.1, 7.2, 7.3, 7.4 sind *h*, *v* und α zu protokollieren. Es ist jede Tendenz einer Abweichung von der planmäßigen Richtung der Verdrehung anzugeben.

6.2.7 Führungslager und Führungen von anderen Lagern (siehe Bild 8)

Bei den Lagern Nr. 8.1, 8.2 sind s_{3min}, s_{3max}, s_{4u}, s_{4o}, h_1 und h_2 (größtes Spiel der Gleitfuge) zu protokollieren, wenn möglich.

6.2.8 Sonderlager

Jedes Sonderlager ist gemäß den vom Planer des Tragwerks und des Lagers vorgeschriebenen Kriterien zu kontrollieren.

7 Auswechslung und Instandsetzung

Die Auswechslung von Lagern oder von Lagerteilen muss unter Vermeidung jeglicher Beschädigung des Tragwerks erfolgen.

Hebevorrichtungen (Pressen) dürfen nur an den dafür vorgesehenen Punkten angeordnet werden. Die zulässigen Pressenkräfte und die vorgesehene Anhebehöhe dürfen nicht überschritten werden. Für den Fall des Versagens der Hebevorrichtung muss das Tragwerk vor dem Zurückfallen bewahrt werden.

Falls es wahrscheinlich ist, dass während des Auswechselns oder der Instandsetzung eines Lagers im angehobenen Zustand eine Bewegung des Tragwerks auftritt, so ist eine provisorische Gleitfläche vorzusehen.

Es ist die Möglichkeit zu berücksichtigen, dass infolge der elastischen Verformung der Brücke große Horizontalkräfte am Lager angreifen. Diese Gefahr muss sorgfältig untersucht werden, und es müssen die notwendigen Vorkehrungen vor jedem Hebevorgang getroffen werden.

Alle Instandsetzungsarbeiten sind in einem Bericht zu protokollieren.

Anhang A (informativ)
Erläuterungen

A.1 Die Regelzeitintervalle für Inspektionen sollten nationalen Normen, speziellen Richtlinien oder Handbüchern für das Bauwerk entsprechen.

A.2 Wenn das Bauwerk von einer Beschaffenheit ist, die keine häufigen Inspektionen erfordert, so kann es notwendig sein, dass die Lager öfter als das gesamte Bauwerk kontrolliert werden. Dies ist insbesondere dann der Fall, wenn eine Inspektion mögliche Ursachen für künftige Probleme aufdeckt.

A.3 Im Fall von unvorhergesehenen Bewegungen an Dehnungsfugen oder Geländern oder irgendeinem anderen Anzeichen eines Missstandes sollten die Lager kontrolliert werden.

A.4 Die folgende Liste der Ausrüstungsgegenstände für Inspektionen ist als Leitfaden gedacht:

- Pläne und Zeichnungen, Handbücher, Produktspezifikationen usw.;
- Gerüste und Arbeitsbühnen;
- Beleuchtungsvorrichtungen;
- Spiegel;
- Reinigungsgeräte;
- Werkzeuge zum Entfernen von Abdeckungen;
- Fühlerlehre;
- Lineal mit scharfen Rändern;
- Wasserwaage;
- Winkelmesser;
- Schublehre;
- Schichtdickenmessgerät für Korrosionsschutzbeschichtungen;

- Werkzeuge für die Messung von Rissen;
- Fernrohr;
- Thermometer;
- Kamera.

A.5 Die Anforderungen in den Abschnitten 5 und 6 und in den Hinweisen A.1, A.2 und A.3 sind, hauptsächlich der zeitlichen Intervalle, bewusst offen gehalten.

Diese können nur von den verantwortlichen Behörden, die für die Unterhaltung des Tragwerks zuständig sind, festgelegt werden und werden beeinflusst vom Lagertyp, der Schwierigkeit und den Kosten für den Zugang zum Lager, den Auswirkungen des Lagerversagens und der zeitlichen Entwicklung eines Lagerschadens.

Genaue Einzelheiten jeder Beschädigung sollten protokolliert werden, um bei einer späteren Inspektion den Schadensfortschritt ermitteln zu können. Dabei sollte beachtet werden, dass das Ziel der Inspektionen ist, die Abnutzung eines Lagers zu entdecken, bevor sie gefährlich wird und sicherzustellen, dass Abhilfemaßnahmen rechtzeitig ausgeführt werden.

Anhang B (informativ)
Bericht über die Lagerinspektion

B.1 Allgemeines

Dieser Anhang soll als Leitfaden für die Anfertigung des Inspektionsberichtes dienen und beinhaltet ein Musterformular. Zweck des Formulars ist es, sicherzustellen, dass der Prüfer die wesentlichen Aspekte des Lagers kontrolliert und protokolliert. Das ausgefüllte Formular sollte ferner dafür verwendet werden, gegebenenfalls erforderliche Abhilfemaßnahmen zu veranlassen. Es sollte danach zu den Akten genommen und dem Prüfer für die nächste Inspektion zur Verfügung gestellt werden. Dies macht es möglich, die Aufmerksamkeit des Prüfers auf eventuelle Problempunkte zu lenken und ihn in die Lage zu versetzen, jegliche fortschreitende Verschlechterung zu erkennen. Es ermöglicht ihm außerdem zu kontrollieren, ob empfohlene Abhilfemaßnahmen ausgeführt wurden.

Es sollte beachtet werden, dass das Musterformular nicht direkt kopiert werden soll, da es erweitert werden muss, um dem Prüfer zu jedem Punkt ausreichenden Platz für seinen Bericht einzuräumen. Manche Brückeneigentümer könnten es als vorteilhaft ansehen, für unterschiedliche Lagerarten unterschiedliche Formulare zur Verfügung zu haben, so dass gegebenenfalls nur diejenigen Punkte, die für den einzelnen Lagertyp zutreffen, in das für diesen Typ geltende Formular aufzunehmen sind.

Das Musterformular umfasst Kontrollen, die für eine Hauptinspektion erforderlich sind. Für eine Regelinspektion kann ein vereinfachtes Formular verwendet werden. Alternativ kann dasselbe Formular, auf dem jedoch die für die Regelinspektion wesentlichen Punkte markiert sind, verwendet werden.

B.2 Bestimmung der Bauwerkstemperatur

Dieses Verfahren ist als Hinweis angegeben und ist nicht für alle klimatischen Bedingungen überprüft worden.

Die augenblickliche Bauwerkstemperatur kann nicht auf einfache Weise bestimmt werden, und in vielen Fällen dürfte dies auch nicht erforderlich sein, insbesondere dann, wenn es sich um Lager handelt, bei denen die Größtwerte der Bewegung durch Beobachtung z. B. der ungestörten Schmutzschicht auf Gleitflächen oder eines Bewegungsanzeigers abgeleitet werden können. In solchen Fällen kann es aufschlussreich sein, wenn im Zuge der Inspektion die Lufttemperatur im Schatten (Schattentemperatur) aufgezeichnet wird, unter Beifügung eines Wetterberichts mit besonderem Hinweis darauf, ob die Sonne auf das Tragwerk scheint oder nicht und ob die vorherige Nacht wesentlich kühler war als der Tag oder nicht.

Wenn eine genauere Abschätzung der Bauwerkstemperatur erforderlich ist, so darf diese aus der geschätzten niedrigsten effektiven Brückentemperatur „y °C" des Tages hergeleitet werden.

Für Betonbrücken gilt (um 8 Uhr ± 1 Stunde):

$$y = 1{,}14\, x_1 - 1{,}1$$

Dabei ist

x_1 die mittlere Schattentemperatur der letzten 48 Stunden, gebildet aus
der niedrigsten Schattentemperatur des Tages;
der höchsten Schattentemperatur des vorherigen Tages;
der niedrigsten Schattentemperatur des vorherigen Tages;
der höchsten Schattentemperatur des Tages vor dem Vortage.

Für Verbundbrücken gilt (um 7 Uhr ± 1 Stunde):

$$y = 1{,}14\, x_2 - 2{,}6$$

Dabei ist

x_2 die mittlere Schattentemperatur der letzten 24 Stunden, gebildet aus:
der niedrigsten Schattentemperatur des Tages;
der höchsten Schattentemperatur des vorherigen Tages.

Für stählerne Hohlkastenbrücken gilt (um 6 Uhr ± 1 Stunde):

$$y = 1{,}1\, x_3 - 1{,}3$$

Dabei ist

x_3 die niedrigste Schattentemperatur des Tages.

Im Allgemeinen wird die Inspektion nicht zum Zeitpunkt des Auftretens der niedrigsten Bauwerkstemperatur durchgeführt. Wenn jedoch die Position der Brücke bei Erreichen ihrer niedrigsten Temperatur an einer geeigneten Stelle, wie z. B. einer Dehnungsfuge, registriert wird, dann darf jede nachfolgende Bewegung zur Schätzung der augenblicklichen Bauwerkstemperatur anhand der niedrigsten effektiven Temperatur „y °C" verwendet werden.

B.3 Leitfaden für das Ausfüllen des Formulars

B.3.1 Ort des Lagers/Kennzeichnung

Die Lagerposition im Bauwerk sollte so genau beschrieben sein, dass jeder Leser des Formulars den Ort des Lagers zweifelsfrei feststellen kann. Die angegebene Kennzeichnung sollte aus der spezifischen Seriennummer nach EN 1337-1 bestehen. Dies dient der Bestätigung, dass das richtige Lager anhand der Lagebeschreibung festgestellt wurde. Falls die Seriennummer nicht sichtbar ist, sollte dies protokolliert werden, und es sollten Abhilfemaßnahmen für eine dauerhaft sichtbare Kennzeichnung auf oder neben dem Lager empfohlen werden.

Wenn keine Seriennummer zur Verfügung steht, dann sollte ersatzweise für die Lager des Bauwerks ein Nummerierungssystem mit einer spezifischen Nummer für jedes Lager eingeführt werden. Diese spezifische Nummer sollte dann auf dauerhafte Weise entweder neben oder auf dem Lager angegeben werden.

B.3.2 Lagertyp/Hersteller

Die Beschreibung des Lagertyps sollte der in EN 1337-1 angegebenen Beschreibung entsprechen. Der Name des Herstellers sollte mit den nach EN 1337-1 geforderten Angaben übereinstimmen.

B.3.3 Zeichnungsnummer

Es sollte die Nummer der Konstruktionszeichnung des Lagerherstellers angegeben werden. Diese Zeichnung sollte dem Prüfer als Bezugspapier vor Durchführung seiner Inspektion zur Verfügung stehen.

B.3.4 Schutzvorrichtung

Falls das Lager keine Schutzvorrichtung besitzt, sollte der Prüfer feststellen, ob diese erforderlich ist. Wenn schon eine Schutzvorrichtung am Lager oder neben dem Lager vorgesehen wurde, so sollte ihr augenblicklicher Zustand protokolliert werden.

B.3.5 Bewegungsanzeiger

Falls das Lager ursprünglich nicht mit einem Bewegungsanzeiger ausgestattet wurde, dies jedoch sowohl praktikabel wie vorteilhaft wäre, sollte dies angegeben werden. Wenn ein Bewegungsanzeiger vorgesehen wurde, so sollte der Prüfer kontrollieren, ob dieser noch vorhanden und in Funktion ist.

B.3.6 Stellung des Bewegungsanzeigers

Wenn ein Bewegungsanzeiger vorhanden und in Funktion ist, so sollte dessen Zeigerstellung protokolliert werden.

B.3.7 Lagerbewegung

Alle Lagerbewegungen werden von einem angenommenen „festen“ Bezugspunkt aus gemessen; die Bewegungsrichtungen sind in einer Skizze für die Bemessung angegeben. Dies ist insbesondere bei der Aufzeichnung von Drehungen erforderlich. Bei kombinierten Elastomer- und Gleitlagern sollten die Bewegungen aus dem Gleit- und aus dem Elastomerbereich getrennt angegeben werden. Im Fall der Voreinstellung oder Vorverformung von Lagern muss die Nulleinstellung beachtet werden.

B.3.8 Spalthöhe/Spiel

Siehe Abschnitt 6. Jede im Vergleich zu früheren Inspektionen auffällige Änderung der Ablesung ist im Protokoll besonders hervorzuheben.

B.3.9 Gleitlager

Soweit möglich, ist der Zustand sämtlicher Oberflächen zu kontrollieren. Teile der Oberflächen aus nicht rostendem Stahl sind in der Regel schädlichen Einflüssen ausgesetzt, und es kann üblicherweise eine Fühlerlehre oder ein dünnes Stahllineal verwendet werden, um festzustellen, ob sich die Ränder der PTFE-Fläche an ihrem vorgesehenen Platz befinden. Es ist in Rechnung zu stellen, dass Verschleiß, Schmutz oder Korrosion der Gleitteile den Bewegungswiderstand erhöht.

B.3.10 Elastomerlager

Es kann davon ausgegangen werden, dass ein einwandfrei funktionierendes Elastomerlager Scherverformungen und geringe regelmäßige Ausbeulungen zwischen den Bewehrungsblechen aufweist. Abgesehen davon sollte die Oberfläche des Lagers glatt und ohne Fehler sein. Ein unregelmäßiges Ausbeulen ist wahrscheinlich ein Anzeichen für falsch angeordnete Stahlplatten oder Versagen des Verbundes.

B.3.11 Rollenlager und stählerne Linienkipplager

Rollenlager sollten kontrolliert werden, um sicherzustellen, dass die Rolle über ihre gesamte Länge im Kontakt mit den Kopf- und Fußplatten steht. Ein hinter dem Lager angeordnetes Licht erleichtert diese Kontrolle. Eine weitere Kontrolle sollte sicherstellen, dass die Kontaktlinie rechtwinklig zur Verschiebungs- oder Verdrehungsrichtung steht.

Falls Lager für ein gutes Funktionieren auf eine Schmierung angewiesen sind, ist durch Kontrolle sicherzustellen, dass ein ausreichender Schmierfett-Vorrat verbleibt und dass dieser sich nicht verschlechtert.

B.3.12 Topflager, stählerne Punktkipplager

Siehe Abschnitt 6.

B.3.13 Arretierungsvorrichtung/Führung

Provisorische Arretierungsvorrichtungen sollten kontrolliert werden, um sicherzustellen, dass sie gelöst wurden und die Bewegung des Lagers nicht behindern. Entsprechend sind Arretierungsvorrichtungen zu kontrollieren, um sicherzustellen, dass sie ihre vorgesehene Funktion noch erfüllen, falls die Lager so entworfen wurden, dass sie während der Bauphase Bewegungen ermöglichten und dann gegen weitere Bewegungen arretiert wurden.

Führungen von einachsig beweglichen Lagern sollten im Hinblick auf Verformung infolge von übergroßen Führungskräften und die einwandfreie Beschaffenheit der Gleitflächen kontrolliert werden. Besondere Aufmerksamkeit sollte bei gekrümmten Brücken gelten.

B.3.14 Korrosionsschutz

Wenn Lager korrosionsanfällige Teile enthalten, so sollten die entsprechenden Schutzmaßnahmen kontrolliert werden, um sicherzustellen, dass diese noch wirksam sind. Im Allgemeinen sollte es das Ziel sein, den Korrosionsschutz auszubessern oder zu ersetzen, bevor er so mangelhaft ist, dass Korrosion in nennenswertem Umfang auftritt.

B.3.15 Lage und Zustand der äußeren Lagerplatten/Verankerungen

Wenn Lager äußere Lagerplatten besitzen, so sollten diese auf jedes Anzeichen einer Verschiebung gegenüber dem Lager oder gegenüber dem anschließenden Bauteil kontrolliert werden. Bolzen oder andere Arten von Verankerungen sollten kontrolliert werden, um sicherzustellen, dass sie sich nicht gelöst haben oder in anderer Weise unwirksam geworden sind.

B.3.16 Schäden an Stahlteilen

Alle Stahlteile sollten kontrolliert werden, ob sie infolge von Überlastung verzogen sind oder andere Anzeichen von Schäden aufweisen. Jedes Anzeichen von Rissen oder Fließen sollte sofort untersucht werden, besonders bei Rollen- und Kipplagern.

B.3.17 Zustand der angrenzenden Bauteile

In vielen Fällen ist das Auftreten von Schäden an einem angrenzenden Bauteil ein erster Hinweis für eine Fehlfunktion eines Lagers. Andererseits kann auch eine Verschlechterung des Zustands des angrenzenden Bauteils zu einer Fehlfunktion des Lagers führen. Es ist daher wichtig, in jede Lagerinspektion die angrenzenden Bauteile einzubeziehen, und es sollte deren Zustand protokolliert werden.

B.3.18 Anmerkungen

Unter dem Punkt *Anmerkungen* sollte jeder erwähnenswerte Zustand, der nicht durch einen der speziellen Punkte erfasst wird, protokolliert werden. Dies wäre z. B. ein ungewöhnliches Geräusch, das beim Passieren von Verkehrslasten oder unter sonstigen Umständen auftritt. Kommentare sollten auch dann gegeben werden, wenn sie dem Verständnis des Berichtes dienen könnten oder wenn sie bei der nächsten Inspektion die Aufmerksamkeit des Prüfers auf mögliche Schwachpunkte lenken.

B.3.19 Ergebnis der Inspektion/erforderliche Maßnahmen

Nach Beendigung der Inspektion sollte der Prüfer angeben können, ob der Zustand des Lagers zufrieden stellend und dessen Funktion einwandfrei ist oder ob in gewisser Hinsicht Mängel vorliegen. Ist Letzteres der Fall, so sollte der Prüfer angeben, ob sofortige Abhilfemaßnahmen erforderlich sind, ob Abhilfemaßnahmen zwar erforderlich aber auf einen geeigneten Zeitpunkt verschoben werden können oder ob Abhilfemaßnahmen bis nach der nächsten Inspektion zurückgestellt werden können. In manchen Fällen mag der Prüfer einen Zustand feststellen, dessen Ursache er nicht beurteilen kann oder für dessen Überprüfung er nicht hinreichend ausgerüstet ist. Dies sollte zusammen mit etwaigen Vorschlägen angegeben werden.

B.3.20 Nächste Inspektion

Es sollte notiert werden, wann die nächste Inspektion fällig ist. Dieses Datum hängt von der Häufigkeit der Inspektionen ab, die für den jeweiligen Lagertyp in Verbindung mit Art und Lage des Bauwerks, in dem das Lager eingebaut wurde, erforderlich ist. Sie sollte vom Eigentümer des Bauwerks festgelegt werden, und sie darf auf Richtlinien beruhen, die vom Planer des Lagers und des Tragwerks angegeben wurden. In Fällen, in denen eine Verschlechterung zu erwarten oder zu erkennen ist, kann es notwendig sein, einen früheren Termin für die nächste Inspektion einzusetzen, um die Notwendigkeit von Abhilfemaßnahmen zu überprüfen.

B.4 Bericht über die Lagerinspektion (Muster)

Bauwerk:

Name des Prüfers:

Jahr der Fertigstellung des Bauwerks:

Datum der Inspektion:

Augenblickliche Bauwerkstemperatur:

			Lager …	Lager …
1	Ort des Lagers/Kennzeichnung (siehe 7.3 von EN 1337-1:2000)			
2	Lagertyp/Hersteller (siehe Tabelle 1 von EN 1337-1:2000)			
3	Zeichnungsnummer			
4	Schutzvorrichtung	erforderlich		
		vorhanden		
5	Bewegungsanzeiger	erforderlich		
		vorhanden		
6	Stellung des Bewegungsanzeigers	mm		

			Lager …	Lager …
7	**Lagerbewegung** (aufgeteilt in Kombination von Lagern, wenn beide Teile sich frei bewegen können)			
	Längsverschiebung	v_x		
	Querverschiebung	v_y		
	Längsverschiebung	α_s		
	Querverdrehung	α_y		
	Vordrchung	α_{max}		
8	Spalthöhe/Spiel	h		
		s_{1min}		
		s_{1max}		
		s_2		
		s_{3min}/s_{3max}		
		s_{4u}/s_{4o}		
9	**Gleitlager** Befestigungsschäden und Zustand des austenitischen Stahlblechs, Kontakt am PTFE			
10	**Elastomerlager** Äußerer Zustand, Beschreibung von Rissen, klaffende Fugen			
11	**Rollenlager und stählerne Linienkipplager** Kontaktlinie, Ebenheit und Parallelität der Platte, Zustand der Rollfläche, Rechtwinkligkeit, Schmierung			
12	Topflager, stählerne Punktkipplager			
13	Arretierungsvorschrift/Führung (für geführte Lager und Führungslager)			
14	Korrosionsschutz			
15	Lage und Zustand der äußeren Lagerplatten/Verankerungen			
16	Schäden an Stahlteilen			
17	Zustand der angrenzenden Bauteile			
18	Anmerkungen (z. B. ungewöhnliche Geräusche, Verschmutzungen usw.)			
19	Ergebnis der Inspektion, erforderliche Maßnahmen (Lage, Korrektur, Auswechslung, Instandsetzung) (falls erforderlich, auf einem separaten Blatt)			
20	Nächste Inspektion (Jahr) (Angabe ob Regel- oder Hauptinspektion)			

Anmerkung: Alle Maße und Winkel sind in mm (Millimeter) bzw. Grad anzugeben.
Ein positives Vorzeichen bedeutet eine Bewegungsrichtung, die vom Festpunkt weg zeigt bzw. bezogen auf eine vertikale Bewegung nach unten zeigt.

Unterschrift des Prüfers

5.2.11 DIN EN 1337-11:1998-04 Lager im Bauwesen Teil 11: Transport, Zwischenlagerung und Einbau

Hinweis:
Bei dieser Norm handelt es sich um die Substanz der DIN-Norm DIN 4141 Teil 4.

Inhalt

1 Anwendungsbereich

Diese Norm gilt für Transport, Zwischenlagerung und Einbau für Lager von Brücken und von damit hinsichtlich der Lagerung vergleichbaren Bauwerken.

2 Normative Verweisungen

(hier nicht abgedruckt)

3 Allgemeine Anforderungen

Lager sind so zu verpacken, dass Beschädigungen während des Transports verhindert werden.

Handhabung und Einbau von Lagern dürfen nur durch Fachkräfte, die ihre Kenntnisse und Fertigkeiten nachgewiesen haben, erfolgen.

Die Lager sind pfleglich zu behandeln und vor Beschädigung und Schmutz zu schützen. Sie sind nur an besonders dafür (gegebenenfalls vorübergehend) vorgesehenen Anschlagstellen zu fassen, zu heben und zu versetzen.

Der Lagerversetzplan nach Abschnitt 4 muss auf der Baustelle vorliegen.

Das Abladen der Lager vom LKW hat mit Hebezeug an den vorgesehenen Anschlagstellen (Bauteile mit Ösen) zu erfolgen. Für den Kran- bzw. Flaschenzugtransport (bei Taktschiebebrücken) sind Kettengehänge mit Haken zu verwenden.

Werden Lager nicht unmittelbar nach Anlieferung in das Bauwerk eingebaut, sind diese vom Verwender auf geeigneter Unterlage, z. B. Bohlen – abgedeckt und von unten belüftet –, zwischenzulagern. Die Zwischenlagerung hat so zu erfolgen, dass die Lager weder durch Witterungseinflüsse (Hitze, Regen, Schnee bzw. Graupel) noch durch Schadstoffe oder andere schädliche Einwirkungen, z. B. durch fortschreitende Bauarbeiten oder den Baustellenverkehr, verschmutzt oder beschädigt werden.

5 Prüfung nach der Anlieferung

Vor dem Einbau ist auf der Baustelle der Liefer- bzw. Zusammenbau-Zustand der Lager zu überprüfen und aufzuzeichnen, dabei insbesondere:

a) das Freisein von äußerlich erkennbaren Beschädigungen, insbesondere des Korrosionsschutzes (siehe EN 1337-9). Art, Ausmaß und Ausbesserungsmöglichkeiten von Schäden sind im Lagerprotokoll zu vermerken;
b) die Sauberkeit;
c) der planmäßige und feste Sitz der Hilfskonstruktionen;
d) die Übereinstimmung mit dem Lagerversetzplan und den Ausführungszeichnungen, soweit dies nicht ganz oder zum Teil durch Überwachung oder Abnahme gesichert ist;
e) die Kennzeichnung auf der Lageroberseite und auf dem Typschild sowie die Markierung der *x*- und *y*-Achse und gegebenenfalls der Voreinstellung an den Stirnseiten von Lagerober- und -unterteil, ferner die Kennzeichnung der Kippspalt- und gegebenenfalls Gleitspalt-Messstellen;
f) die Lage aller Einrichtungen, die dazu dienen, den genauen Sitz und den Einbau der Lager, wenn vorgeschrieben, sicherzustellen;
g) die bei beweglichen Lagern in Hauptverschieberichtung geforderte Anzeigevorrichtung, soweit verlangt;
h) die gegebenenfalls geförderte Größe und Richtung der Voreinstellung;
i) die gegebenenfalls vorgesehene Nachstellmöglichkeit;
j) Zwischenlagerung auf der Baustelle (siehe Abschnitt 3).

6 Einbau

6.1 Allgemeines

Veränderungen des Anlieferungszustandes dürfen nur auf ausdrückliche Weisung nach den Angaben im Lagerversetzplan und nur von Fachkräften nach Absatz 2 von Abschnitt 3 durchgeführt werden.

Wenn gefordert, muss das Lager eines gegebenen Typs (entsprechend der Vereinbarung zwischen den Betroffenen) im Beisein eines qualifizierten Vertreters des Lagerherstellers eingebaut werden.

Die Lager sind in Übereinstimmung mit allen Punkten des Lagerversetzplans entsprechend der Beschriftung auf der Lageroberseite einzubauen.

Die ungefähre Bauwerkstemperatur, in Sonderfällen deren unterschiedliche Verteilung, ist festzustellen und, wenn nötig, bei der Voreinstellung zu berücksichtigen (siehe Anhang A).

Entsprechendes gilt bei temporären Änderungen der Einstellung bzw. Festsetzung der Lager.

Die Einstellungen (Nullmessung) der Lager sind zu überprüfen, nachdem sie ihre endgültige Funktion übernommen haben.

6.2 Aufsetzen des Lagers auf den Unterbau

Lager dürfen im Allgemeinen nicht unmittelbar auf das darunter liegende Bauteil verlegt werden; vielmehr ist eine Mörtelausgleichsschicht zwischenzuschalten. Nur Elastomerlager ohne äußere Stahlplatten dürfen lose auf eine Auflagerfläche verlegt werden und nur, wenn diese sauber, trocken, eben und horizontal innerhalb der Toleranzen nach 6.5 in Verbindung mit EN 1337-3 sind.

Wenn angegeben, ist das Lager auf Stellschrauben abzusetzen und mit deren Hilfe in die geforderte Lage zu bringen.

Alternativ dürfen auch Keile oder andere geeignete Mittel verwendet werden.

Auf jeden Fall dürfen auf Dauer keine „harten" Stellen unter dem Lager erzeugt werden. Dies kann dadurch verhindert werden, dass die temporären Unterstützungen entfernt werden, nachdem der Mörtel die erforderliche Festigkeit erreicht hat. Alternativ kann auch eine temporäre Unterstützung aus kompressivem Material genommen werden. Dabei ist zu beachten, dass Elastomer wegen der Inkompressibilität des Materials ungeeignet ist, wenn es sich nicht quer zum Druck ausdehnen kann.

Das Lager darf

a) auf ein zähplastisches, in der Mitte überhöhtes, Mörtelbrett abgesetzt werden, so dass der überschüssige Mörtel allseits hervorquellen kann; oder
b) mit Fließmörtel untergossen oder unterpresst werden; dabei ist auf gute Entlüftung zu achten; Lager mit Kopfbolzendübeln sind grundsätzlich zu untergießen bzw. zu unterpressen; oder
c) mit Mörtel unterstopft werden; diese Methode wird nur bis zu einer schmaleren Seitenlänge < 500 mm empfohlen.

Der Mörtel muss schwindarm sein.

Falls andere Materialien verwendet werden, ist nachzuweisen, dass diese geeignet sind. In jedem Fall ist eine vollflächige Auflagerung herzustellen.

6.3 Herstellen bzw. Montage des Überbaues

Ortbetonbauteile werden im Allgemeinen unmittelbar auf die fertig verlegten Lager betoniert. Das Zwischenlegen von Trennschichten ist unzulässig. Es ist darauf zu achten, dass das Lager saubergehalten und nicht durch feuchten Beton beschädigt wird, und dass die Ausbaubarkeit nicht beeinträchtigt wird.

Besondere Maßnahmen sind bei Stahlbetonfertig- und Stahlbauteilen zu ergreifen, um sicherzustellen, dass das Lager sich in gleichmäßigem Kontakt mit dem Unter- und Überbau befindet.

Die Befestigung durch Schweißen kann in Sonderfällen vereinbart werden. Es darf nur durch Fachleute nach Abschnitt 3 erfolgen. Es sind Maßnahmen zu ergreifen, um

Schäden durch Hitze an wärmeempfindlichen Teilen wie Kunststoffteilen zu vermeiden.

Der Korrosionsschutz ist nach dem Schweißen, soweit erforderlich, zu erneuern.

6.4 Höhenkorrektur

Besteht die Notwendigkeit, Maßnahmen für Höhenkorrektur vorzusehen, so ist diese Höhenkorrektur durch Auspressen oder Unterpressen mit Feinmörtel und Ähnlichem vorzunehmen.

Die Anordnung von zusätzlichen Platten ist nur zulässig, wenn die sich berührenden Oberflächen maschinell bearbeitet sind und ihre Planparallelität bis zur Belastung gesichert ist. Auf den notwendigen Korrosionsschutz auch der Platten wird hingewiesen.

Höhenkorrekturen dürfen nur durch Fachleute nach Abschnitt 3 vorgenommen werden.

6.5 Einbautoleranzen

Wenn die in anderen Teilen dieser Europäischen Norm angegebenen Werte der Einbautoleranzen überschritten werden, so ist die Auswirkung dieses Fehlers rechnerisch nachzuweisen, und geeignete Maßnahmen sind zu vereinbaren.

6.6 Mörtelfugen[1)]

Die Dicke der unbewehrten Mörtelfugen zwischen Lager und Sockel darf nicht größer sein als der kleinere Wert von

$$50 \text{ mm oder } 0{,}1 \times \frac{\textit{Lagerkontaktfläche}}{\textit{Umfang der Kontaktfläche}} + 15 \text{ mm, in Millimetern.}$$

Außerdem darf die Dicke nicht kleiner sein als das Dreifache des Maßes des Größtkorns aus dem Zuschlag.

Die Eignung des Fugenmörtels und das Einbringungsverfahren sind durch geeignete Prüfungen nach den entsprechenden Festlegungen nachzuweisen.

Werden zementgebundene Mörtel oder Einpressmörtel verwendet, so ist die Sockelbetonfläche vor dem Einbringen mit Wasser zu sättigen, um Dehydratation zu vermeiden. Unmittelbar vor dem Einbringen des Mörtels ist das nicht eingedrungene Wasser abzublasen.

Bei Verwendung von Reaktionsharzmörtel müssen die chemischen Eigenschaften des Reaktionsharzes und das Verhältnis Reaktionsharz/Füller eine genügende Konsistenz und Erstarrungszeit aufweisen, um den korrekten Einbau unter Baustellenbedingungen sicherzustellen. Hinsichtlich der Dauerhaftigkeit sind die Festigkeit, Enderhärtung und Verformung zu berücksichtigen.

---

1) einschließlich Reaktionsharzmörtel

Wenn der Reaktionsharzmörtel mit den Lagerflächen direkt in Berührung gebracht wird, sind die chemische Verträglichkeit und der erforderliche Reibungskoeffizient durch Prüfungen nachzuweisen oder in geeigneter Weise durch vergleichbare Anwendung darzustellen.

Einbauhilfen müssen so konstruiert sein, dass sie den Einbau und die maßgerechte Justierung der Lager oder Bauteile sicherstellen.

6.7 Schalung für die Mörtelfugen

Die Schalung darf erst nach ausreichender Erhärtung des Mörtels entfernt werden. Dies muss jedoch vor dem Freisetzen des Lagers restlos erfolgt sein und darf nicht durch Ausbrennen geschehen.

6.8 Freisetzen

Das Freisetzen des Bauwerks auf die Lager erfolgt nach Plan und Anweisung, welche die Ausführungsunterlagen enthalten müssen.

Erst wenn der Mörtel der Zwischenschicht(en) ausreichend erhärtet ist, sind die Stellschrauben zu entlasten. Danach sind alle Unterfütterungen, Einstellvorrichtungen usw. zu entfernen, bevor das Lager seine Funktion übernimmt, sofern die Stellschrauben nicht so konstruiert sind, dass sie sich der endgültigen Last entziehen.

7 Protokolle

7.1 Allgemeines

Über die Prüfungen und deren Ergebnisse sind nach den Abschnitten 5 und 6 sowie 7.2 bis 7.5 Protokolle (siehe Muster Anhang B) zu fertigen.

Die Protokolle dürfen bei folgenden Gegebenheiten entfallen:

- Elastomerlager für Konstruktionen aus Einfeldträgern mit Stützweiten von nicht mehr als 25 m bzw. mit anderen Konstruktionen mit nicht mehr als 25 m Entfernung vom Festpunkt bis zum entferntesten Lager, außer bei ausdrücklicher Befreiung durch den Kunden.

7.2 Vor dem Einbau

Es ist ein Protokoll mit den Ergebnissen der Prüfung nach Abschnitt 5 zu erstellen.

7.3 Einbau

Soweit keine anderen Vereinbarungen getroffen werden, ist ein Protokoll mit folgenden Angaben zu erstellen:

a) Tag und Stunde des Einbaus;
b) Bauwerkstemperatur nach 6.1;
c) Einstellung des Lagers;
d) Lage des Lagers zum Überbau/Unterbau und zu den Achsen;

e) Zustand des Lagers einschließlich seines Korrosionsschutzes;
f) jede Änderung der Einstellung;
g) Lage der Hilfskonstruktion;
h) Zustand der Auflagerbank und des Lagersockels;
i) Eignungsnachweis für den Fugenmörtel nach 6.6 (nach ENV 206).

7.4 Funktionsbeginn (Freisetzen)

Es sind Datum und Uhrzeit des Absenkens des Überbaus zu vermerken, und es ist zu bestätigen, dass die Schrauben aller Hilfskonstruktionen entweder gelöst oder entfernt wurden.

Es ist festzuhalten, ob sich die Lager nach dem Erhärten der Mörtelfugen und Lösen der Hilfskonstruktionen in planmäßiger Lage befinden und die Werte für Kipp- und Gleitspalt in Ordnung sind.

7.5 Vorübergehende Festpunkte

Werden bewegliche Lager zunächst als Festlager eingebaut, so müssen zum Zeitpunkt des Lösens dieser Lager weitere Messungen nach 7.3 erfolgen und protokolliert werden (nur bei Großbrücken, bei denen ein Festpunktwechsel erforderlich ist).

8 Abschließende Arbeiten

Durch gegebenenfalls noch auszuführende Korrosionsschutzarbeiten darf die Funktion des Lagers nicht beeinträchtigt werden.

Beispiele hierfür umfassen z. B. das Strahlen von Gleitoberflächen und das Festsetzen von beweglichen Teilen durch überflüssige Farbe.

Anhang A (informativ)
Erläuterungen

A.1 Erläuterungen zu Abschnitt 3

Wenn vorgefertigte Bauteile (Stahl, Beton, Holz usw.) auf dem Lager ruhen, sollte ein von unzulässigem Zwischenraum freier Kontakt zwischen dem Lager und dem vorgefertigten Bauteil sichergestellt werden. Die Mörtelfuge sollte nach dem Einbau und Ausrichten des Bauteils und Lagers geformt werden.

Eine Überprüfung anhand von markierten Messstellen am Lagerunterbau kann erforderlich sein. Die Messstellen sind als Bezugsmaße für die Einbaurichtung und Parallelität der Lagerebenen vorzusehen.

Wenn Einbauhilfen verwendet werden, sollten diese das zu lagernde Bauteil so lange tragen, bis das Lager seine volle Funktion hat. Dabei sollten sie das Lager oder die Bauteile während der einzelnen Bauzustände (Betonieren, Entschalen, Montieren usw.) in der planmäßigen Lage halten und auch eine Schrägstellung oder außerplanmäßige Exzentrizitäten verhindern.

Beim Ausbau der Einbauhilfen sollte eine plötzliche Krafteinleitung in das eingebaute Lager vermieden werden. Verformungslager sollten nach dem Ausbau der Hilfen nicht an der freien Verformung der Seitenflächen behindert werden.

A.2 Erläuterungen zu 6.1

Die Bestimmung der mittleren Bauwerkstemperatur kann über die Messung der Oberflächentemperatur an sinnvoll ausgewählten Stellen erfolgen. Hierbei ist zu beachten, dass die Festlegungen der Messstellen vom Brückenquerschnitt und den topographischen Verhältnissen abhängen.

Die Messung von Oberflächentemperaturen kann z. B. mittels eines Digital-Sekunden-Thermometers mit einem Messfühler für Oberflächentemperaturen oder durch Aufkleben von Folienthermoelementen erfolgen.

Liegen unter der Brücke unterschiedliche topographische Verhältnisse (z. B. Land- oder Wasserflächen) vor, ist es sinnvoll, die Brücke in Längsrichtung in verschiedene Bereiche einzuteilen. Die mittlere Bauwerkstemperatur sollte dann für jeden Bereich getrennt ermittelt werden. Diese mittlere Temperatur für jeden Querschnitt kann für die Berechnung der Bewegung an jeder Stelle für die notwendige Lagereinstellung benutzt werden.

Die Festlegung der Messstellen und die Ermittlung der mittleren Bauwerkstemperatur können bei den einzelnen Querschnittstypen von Brücken folgendermaßen erfolgen:

– Platten
Messungen der Temperaturen an Ober- und Unterseite der Platte in Brückenmitte und Ermittlung der mittleren Bauwerkstemperatur als Mittelwert aus diesen beiden Temperaturen.

– Plattenbalken
Messung der Temperaturen an Ober- und Unterseite der Fahrbahnplatte in Brückenmitte und Bildung des Mittelwertes.

Messung der Temperaturen an den Außenseiten der beiden äußeren Hauptträger, jeweils in Stegmitte, und Bestimmung des Mittelwertes.

Bestimmung der mittleren Bauwerkstemperatur durch Gewichtung der Mittelwerte nach den wie vor ermittelten Durchschnittstemperaturen entsprechend den Anteilen der Fläche der Fahrbahnplatte und der Stegflächen an der Gesamtquerschnittsfläche.

– Hohlkästen
Die mittlere Bauwerkstemperatur kann durch Messung der Lufttemperatur im Innern des Hohlkastens bestimmt werden, da diese Temperatur mit hinreichender Genauigkeit (± 1 °C) der mittleren Bauwerkstemperatur entspricht.

Die Messung der Temperatur an der Oberseite der Fahrbahnplatte ist zum Zeitpunkt der Lagereinstellung in der Regel unproblematisch, da noch keine Abdichtung und kein Belag aufgebracht wurde. Wenn der Belag schon vorhanden ist, so ist in jedem

Einzelfall zu überlegen, wie die Temperatur der Fahrbahnplatte bestimmt werden kann.

Eine Alternative hierzu ist dem Anhang B.2 von EN 1337-10 zu entnehmen.

Anhang B (informativ)
Muster Lagerprotokoll

Dieses Muster eines Lagerprotokolls enthält zwar die im Regelfall als unverzichtbar angesehenen Protokollpunkte, muss aber nicht vollständig sein hinsichtlich der zu überprüfenden und eventuell zu protokollierenden Merkmale (siehe Abschnitt 7).

In den Zeilen 1 bis 18 sind die Lagerdaten aufgrund der genehmigten Pläne des Lagerherstellers (Zeilen 1 bis 7), der Zustand der Lager nach dem Abladen (Zeilen 8 bis 15) und der Zustand der Mörtelkontaktfläche (Zeile 18) einzutragen.

In den Zeilen 19 bis 23 sind zur Lager-Voreinstellung, zum Justiervorgang sowie zum Mörtel und zur Mörtelfuge Angaben zu machen. Ferner sind bei Ortbetonbauweise die Lufttemperatur, gemessen mit einem Luft-Beton-Messgerät im Schatten, und die auf dem Pfeilerkopf bzw. auf der Widerlagerbank gemessene Betontemperatur anzugeben.

Beim Einbau von Lagern in Taktschiebebrücken oder im Fall von Austauschlagern in bestehenden Bauwerken kann in gleicher Weise verfahren werden.

Bauwerk (Bezeichnung, Lage): ______________________________

Bauweise des Bauwerks: ______________________________

Auftraggeber: ______________________________

____

____

Auftragnehmer: ______________________________

____

____

Lagerart: ______________________________

Hersteller/Auftrag-Nr.: ______________________________

Fremdüberwacher, wenn gefordert: ______________________________

Lagerungsplan- bzw. Lagerversetzplan-Nr.: ______________________________

Mörtelfabrikat und Eignungsprüfung: ______________________________

Herstellungsart der Mörtelfuge:	untere Mörtelfuge	obere Mörtelfuge

Muster

Zeile	0			1	2	3	4
1	Einbauort (Stützungs-Nr. / Lage) nach Plan						
2	vor Einbau	Lagertyp (Kurzzeichen nach EN 1337-1)/ Lager-Nr.					
3		Auflast F_z in Kilonewton					
4		Horizontalkräfte F_x / F_y in Kilonewton					
5		Rechnerischer Verschiebeweg in Millimeter + das heißt vom Festpunkt weg	v_x ±				
			v_y ±				
6		Voreinstellung in Millimeter	e_{vx}				
			e_{vy}				
7		Zeichnungs-Nr. / Blatt-Nr.					
8		Datum der Anlieferung					
9		Ordnungsgemäß abgeladen, gelagert, abgedeckt					
10		Kennzeichnung auf der Lageroberseite					
11		Anzeigevorrichtung vorhanden					
12		Typschild vorhanden					
13		3-Stift-Messebene am Lagerunterteil vorhanden					
14		Sauberkeit und Korrosionsschutz					
15		Planmäßiger und fester Zusammenhalt der Arretierung					
16		Einbauort laut Zeile 1					
17		Anheben des Überbaues					
		Datum und Uhrzeit					
18		Zustand der Mörtelkontaktflächen					
19	Einbau	Richtung (+ das heißt vom Festpunkt weg) und Größe der Voreinstellung in Millimeter					
20		Abweichung von der Horizontalen in Millimeter je Meter, festgestellt an der Messebene (längs/quer)					
21		Einbringen des Mörtels	Datum				
			Uhrzeit (von bis)				
22		Temperatur Luft / Bauwerk in Grad Celsius					
23		Dicke der Mörtelfuge in Millimeter (u) = unbewehrt, (b) = bewehrt	oben				
			unten				

Zeile	0			1	2	3	4
24	Funktionsbeginn	Absenken des Überbaues					
		Datum und Uhrzeit					
25		Arretierung gelöst / entfernt					
26		Gleitflächenschutz vorhanden					
27		Sauberkeit und Korrosionsschutz					
28	Nullmessung	Datum und Uhrzeit					
29		Temperatur Luft / Bauwerk in Grad Celsius					
30		Abweichung von der Horizontalen in Millimeter je Meter, festgestellt an der Messebene (längs/quer)					
31		Verschiebeweg in Millimeter + das heißt vom Festpunkt weg	v_x, v_y				
32		Gleitspalt in Millimeter	max./min.				
33		Kippspalt in Millimeter	max./min.				
34	Bemerkungen bzw. Hinweise z. B. über Bauzustände, vorübergehende Festpunktänderung und anderes:						

Anmerkung: Die Lager sind ausschließlich mit Stellschrauben zu justieren.

aufgestellt:	gesehen:
Ort	Ort
Datum	Datum
Auftraggeber	Auftraggeber

5.3 Weitere Richtlinien

5.3.1 Allgemeines

Die Normenreihe EN 1337 Teile 1 bis 11 ermöglicht zusammen mit den Konstruktionsnormen (Eurocodes) und weiteren, darin genannten Regelwerken eine vollständige Bemessung und Verwendung der Lager für Brücken einschließlich der CE-Kennzeichnung.

Speziell für die Ausstattung und den Einbau der Lager braucht der Hersteller in Deutschland eine nationale Zulassung „Ausstattung von Brückenlagern mit CE-Kennzeichnung“ des DIBt. In Österreich gibt es dafür die Normen ÖNORM B 4021 „Brückenlagerausstattung – Anforderungen, Herstellung und Produktionskontrolle“ und ÖNORM B 4022 „Brückenlager – Anforderungen an das Bauwerk, den Lagereinbau, die Lagerauswechslung und die Fachkraft für Lager“.

Um die Handhabung in Deutschland zu erleichtern wurden von der bauenden Verwaltung (Bundesministerium für Verkehr, Bundesbahn) zusätzliche nachfolgend genannte Hilfsmittel erarbeitet.

5.3.2 Richtzeichnungen Lag

Vom Verkehrsministerium wurden Richtzeichnungen Lag 1 bis Lag 13 (*siehe folgende Seiten*) angefertigt, die Einzelheiten für die Anzeigevorrichtung bei beweglichen Lagern, für den Gleitflächenschutz, für die Messstellen und für die Anordnung von Pressen vorschreiben und außerdem Einzelheiten zum Einbau von Verformungslagern angeben.

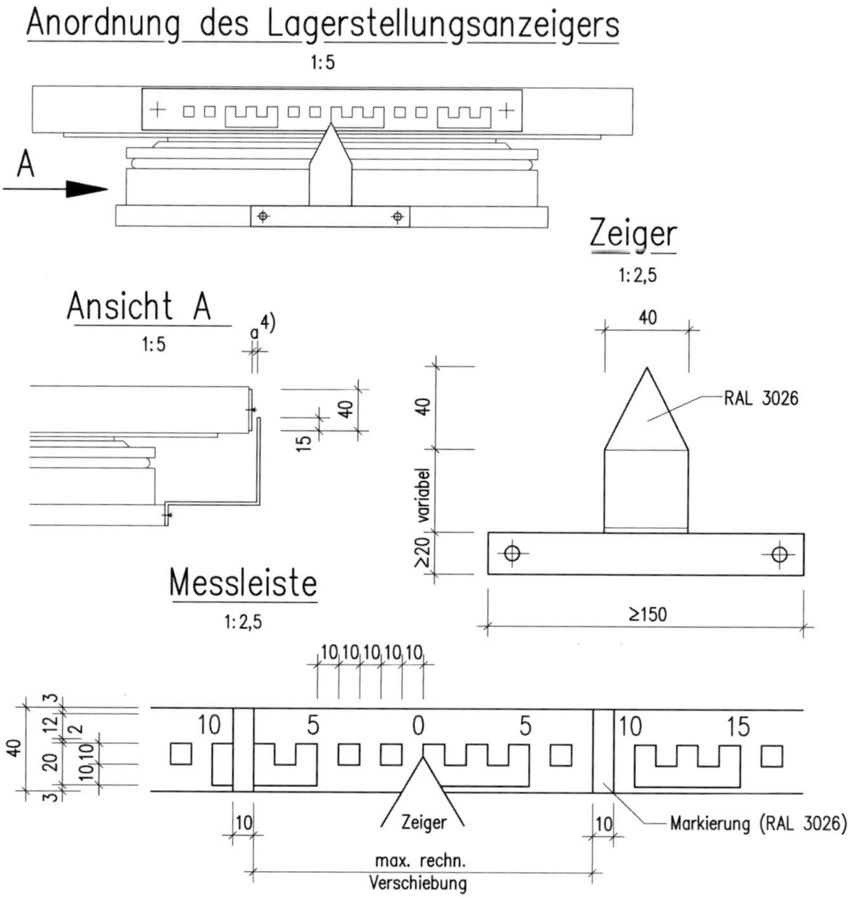

Anmerkungen:

1) Lagerstellungsanzeiger mit Zylinderschrauben DIN 912–M6x16 mm am jeweiligen Lagerteil mittig (Messleiste oben, Zeiger unten) befestigen. Bohrungen mit Gewinde an beiden Lagerseiten vorsehen.
2) Bei versetzten oder gekruemmten Befestigungsflaechen Zeiger entspr. biegen, Messleiste bei gekruemmten Flaechen mit einer Halterung parallel zur Hauptverschiebungsrichtung anbringen.
3) Lager und zugehoeriger Lagerstellungsanzeiger sind mit der gleichen Kennziffer zu kennzeichnen.
4) 5 mm ≤ a ≤ 15 mm, groessere Querverschieblichkeit des Lagers zusaetzlich beruecksichtigen.

Anwendungsbereich: Hauptbewegungsrichtung

Werkstoffe:

Messleiste: Aus Kunststoff (Dicke 2mm) oder Kunststoff mit Alu-Bewehrung (Dicke 1 mm), uv- und witterungsbestaendig. Regellaengen in mm: 220, 320, 420, 520, 620, 720, 820. Leiste gelb, RAL 1014. Skala und Zahlen schwarz, RAL 9005. Markierung aus Kunststoff-Folie, 0,5 mm dick, leuchtend-hellrot, RAL 3026.

Zeiger: Aus nicht rost. Stahl (Dicke 2 mm), Stahlsorte A4, Werkstoff-Nr. 1.4401, Zeigerspitze leuchtend-hellrot, RAL 3026.

Verbindungsmittel: Aus nicht rostendem Stahl, Stahlsorte A4, Werkstoff-Nr. 1.4401.

Bundesministerium fuer Verkehr,
Bau- und Wohnungswesen
Abteilung Strassenbau, Strassenverkehr

Lagerstellungsanzeiger

Richtzeichnung

Lag 1

Dez. 2004

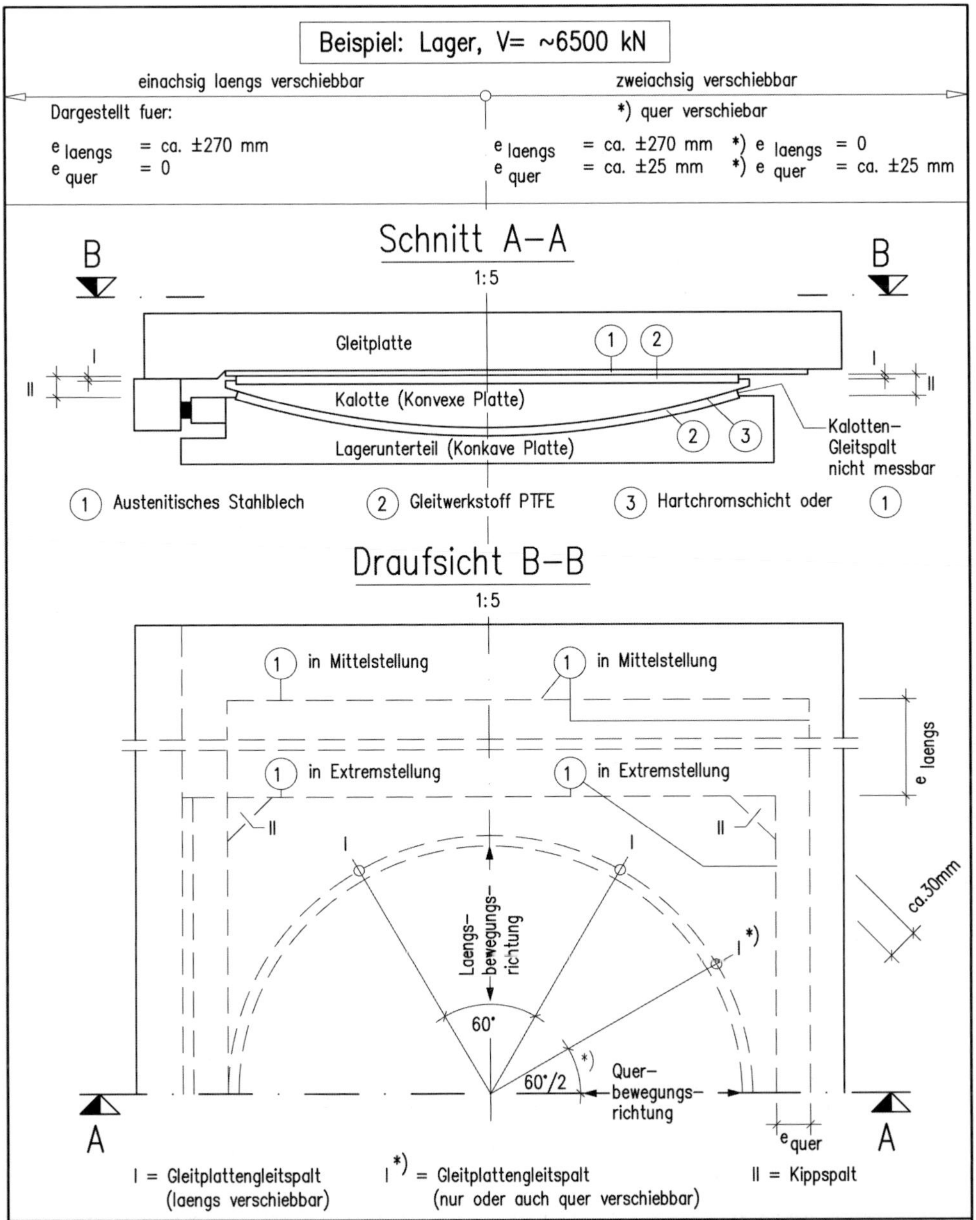

Messstellen:
I = Markierung der Gleitspaltmessstellen, 4 Stueck (Rille im Kalottenrand)
II = Markierung der Kippspaltmessstellen, 4 Stueck (abgedrehte Flaeche auf dem Lagerunterteil)
(1) muss in den Extremstellungen ueber der gesamten abgedrehten Flaeche liegen.
Messgeraete: Fuer I: z.B. Fuehlerlehre. Fuer II: z.B. Innen-Schnelltaster mit Uhr, Messbereich 10–30 mm, oder Zirkel mit Schraubgewinde Spitzen nach aussen gekroepft u. Schublehre.

Bundesministerium fuer Verkehr, Bau- und Wohnungswesen
Abteilung Strassenbau, Strassenverkehr

Messstellen an Kalottenlagern
(fuer Gleit- und Kippspaltmessungen)

Richtzeichnung
Lag 2
Dez. 2004

Beispiel: Lager fest, V= ~4500 kN

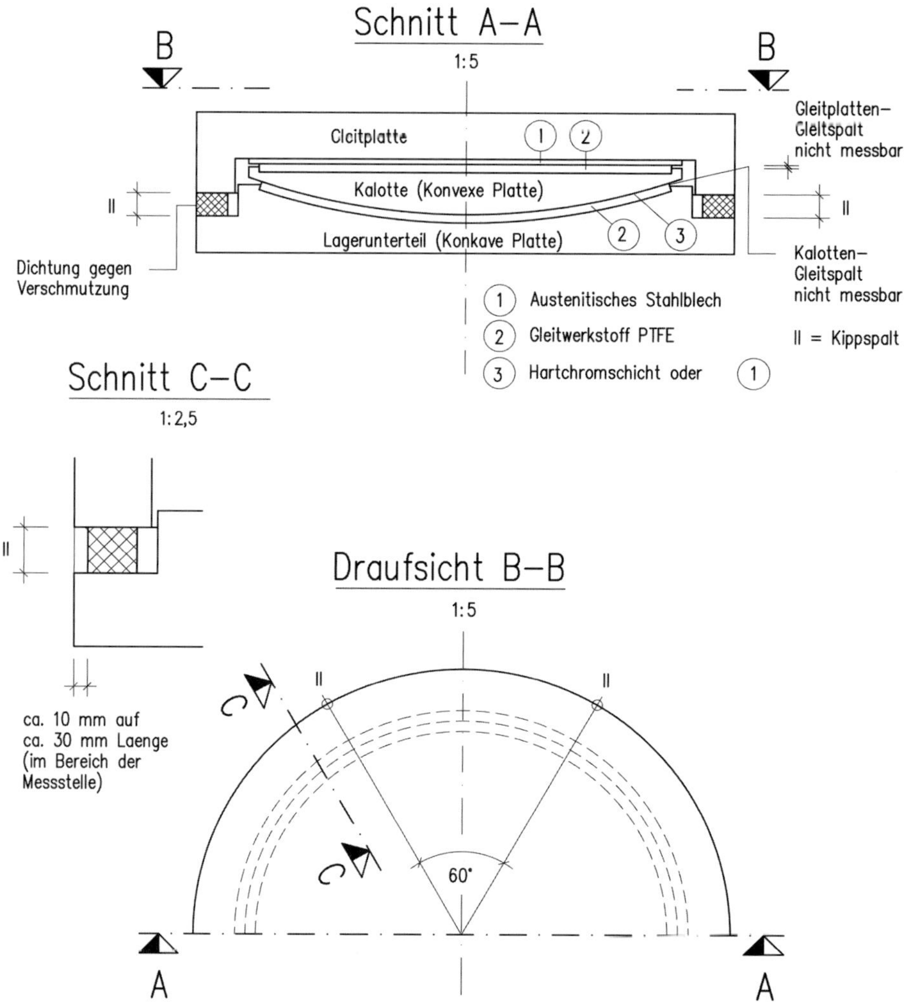

<u>Messstellen:</u>
II = Markierung der Kippspaltmessstellen, 4 Stueck.
(Rille im Lagerunterteil, Dichtung im Bereich der Messstellen ca. 10 mm tief ausgeklinkt, siehe auch Schnitt C–C.

<u>Messgeraete:</u>
z.B. Innen–Schnelltaster mit Uhr, Messbereich 10–30 mm oder 5–15 mm oder Zirkel mit Schraubgewinde, Spitzen nach aussen gekroepft und Schublehre.

Bundesministerium fuer Verkehr, Bau– und Wohnungswesen
Abteilung Strassenbau, Strassenverkehr

Richtzeichnung

Messstellen an Kalottenlagern
(fuer Kippspaltmessungen)

Lag 3

Dez. 2004

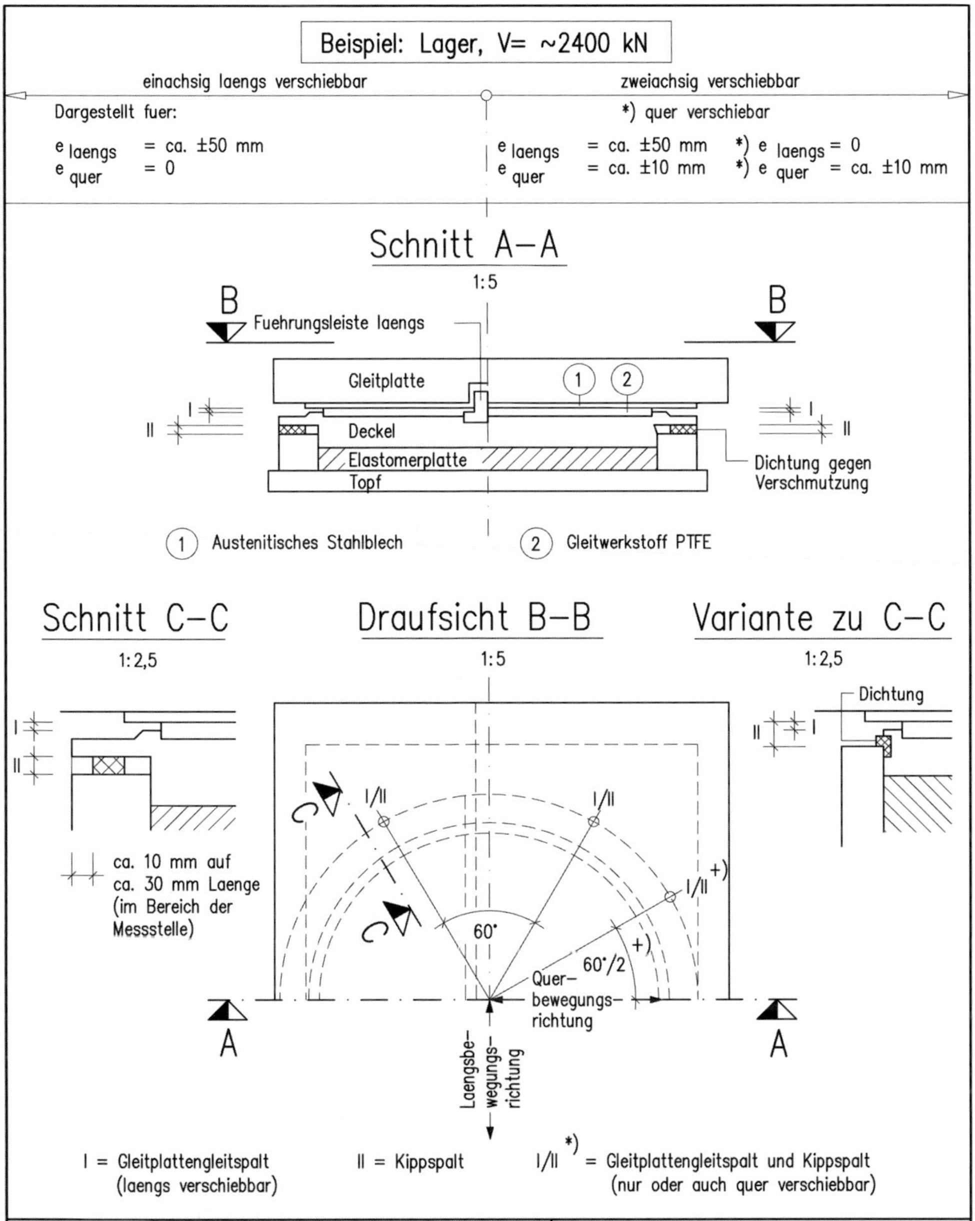

Messstellen:

I = Markierung der Gleitspaltmessstellen, 4 Stueck. (Rille im Deckelrand u. Topfring farbig betonen).

II = Markierung der Kippspaltmessstellen, 4 Stueck. (Markierung wie bei I, Dichtung im Bereich der Messstellen ca. 10 mm tief ausgeklinkt, siehe auch Schnitt C–C.

Messgeraete: Fuer I: z.B. Fuehlerlehre. Fuer II: z.B. Innen-Schnelltaster mit Uhr, Messbereich 10–30 mm oder 5–15 mm oder Zirkel mit Schraubgewinde, Spitzen nach aussen gekroepft und Schublehre.

Bundesministerium fuer Verkehr, Bau- und Wohnungswesen
Abteilung Strassenbau, Strassenverkehr

Messstellen an Topfgleitlagern
(fuer Gleit- Kippspalt-messungen)

Richtzeichnung

Lag 4

Dez. 2004

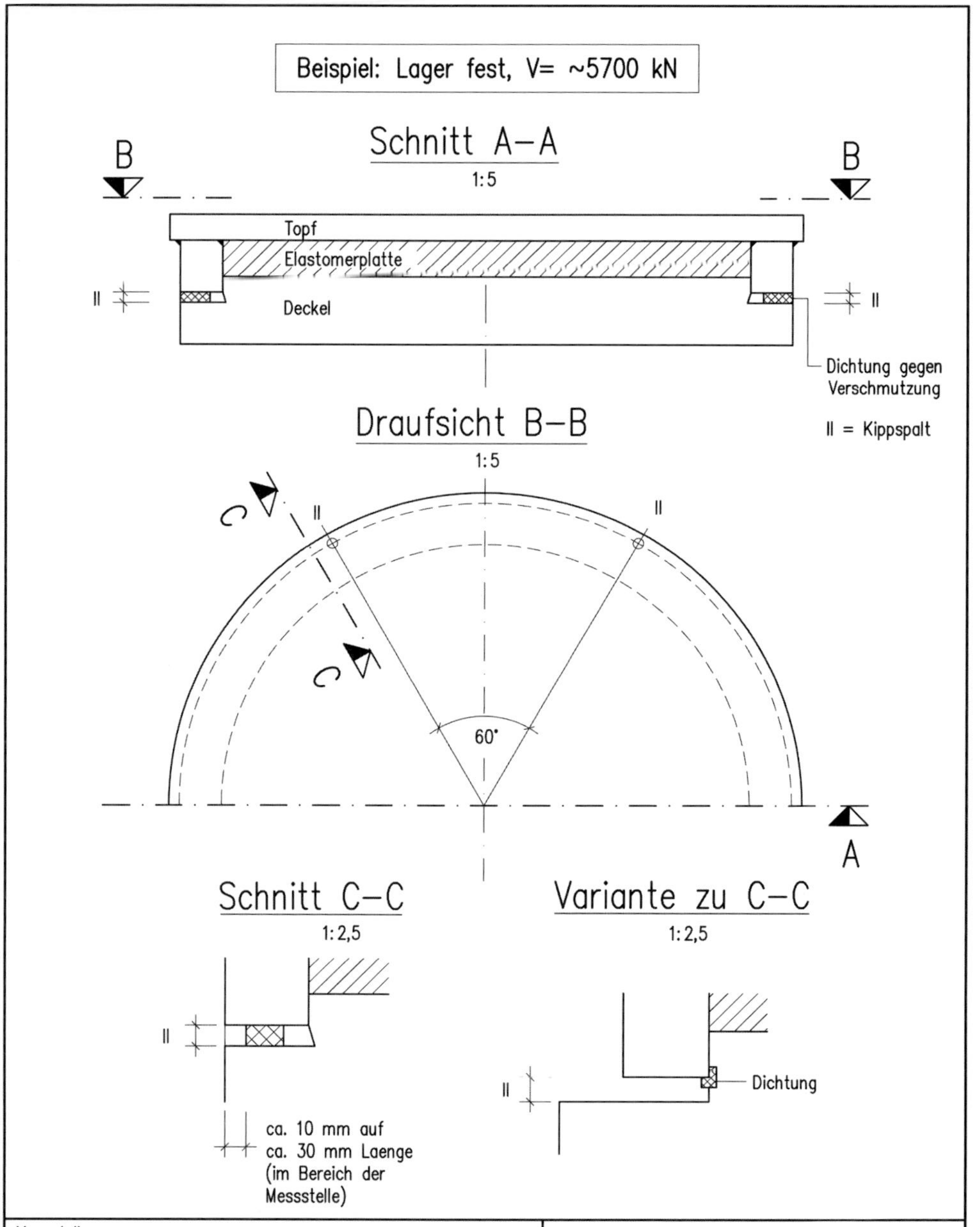

<u>Messstellen:</u>
II = Markierung der Kippspaltmessstellen, 4 Stueck.
(Rille im Deckelrand u. Topfring farbig betonen, Dichtung im Bereich der Messstellen ca. 10 mm tief ausgeklinkt, siehe auch Schnitt C–C.

<u>Messgeraete:</u>
z.B. Innen–Schnelltaster mit Uhr, Messbereich 10–30 mm oder 5–15 mm oder Zirkel mit Schraubgewinde, Spitzen nach aussen gekroepft und Schublehre.

Bundesministerium fuer Verkehr, Bau- und Wohnungswesen
Abteilung Strassenbau, Strassenverkehr

Messstellen an Topflagern
(fuer Kippspaltmessungen)

Richtzeichnung

Lag 5

Dez. 2004

Querschnitt

1:50

Beispiel: Plattenbalken mit Einzelstuetzen und Punktkippgleitlager

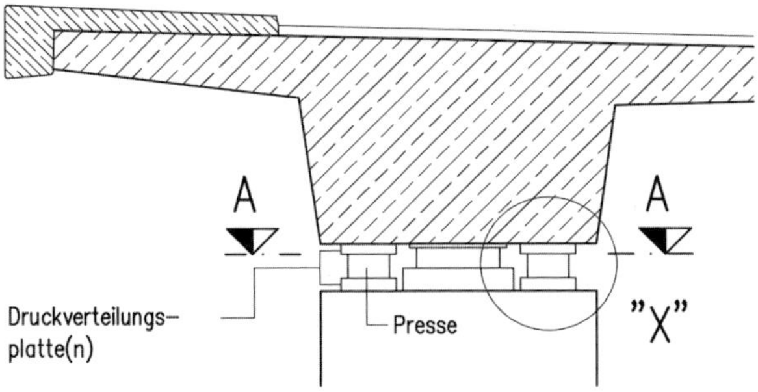

Schnitt A–A

1:20

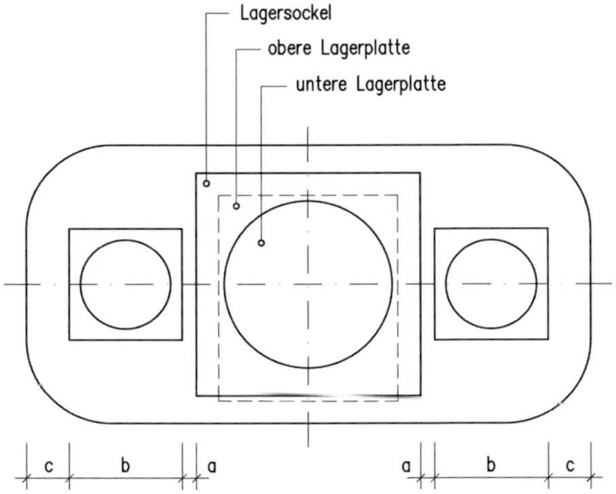

a = Abstand Lagersockel bzw. obere Lagerplatte zu Druckverteilungsplatte(n) ≥ 5 cm
b = Breite der Druckverteilungsplatte(n)
c = Abstand Druckverteilungsplatte(n) zu Betonrand von Unter- oder Ueberbau b ≥ 12 cm

Einzelheit "X"

1:10

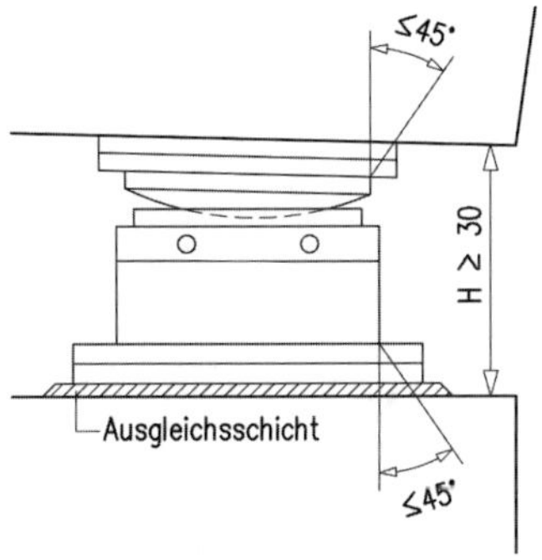

H = Hoehe der Presse und der erforderlichen Druckverteilungsplatte(n)

Statischer Nachweis: Erforderlich.
Verschiebungen u. Voreinstellungen der Lager: Sind zu beachten (ggf. Gleitplatten vorsehen).
Hydraulikpressen: Mit Kugelplatte u. Stellring.
Druckverteilungsplatte(n): Dicke d ≥ 20 mm, Lastausbreitung unter ≤ 45°.
Kennzeichnung: Pressenansatzpunkte am Bauwerk und Angabe der Pressenkraefte im Bauwerksbuch nach DIN 1076.
Pressenaufstellflaechen: Horizontal herstellen.

Bundesministerium fuer Verkehr, Bau- und Wohnungswesen
Abteilung Strassenbau, Strassenverkehr

Pressenanordnung auf Unterbauten

Richtzeichnung

Lag 6

Dez. 2004

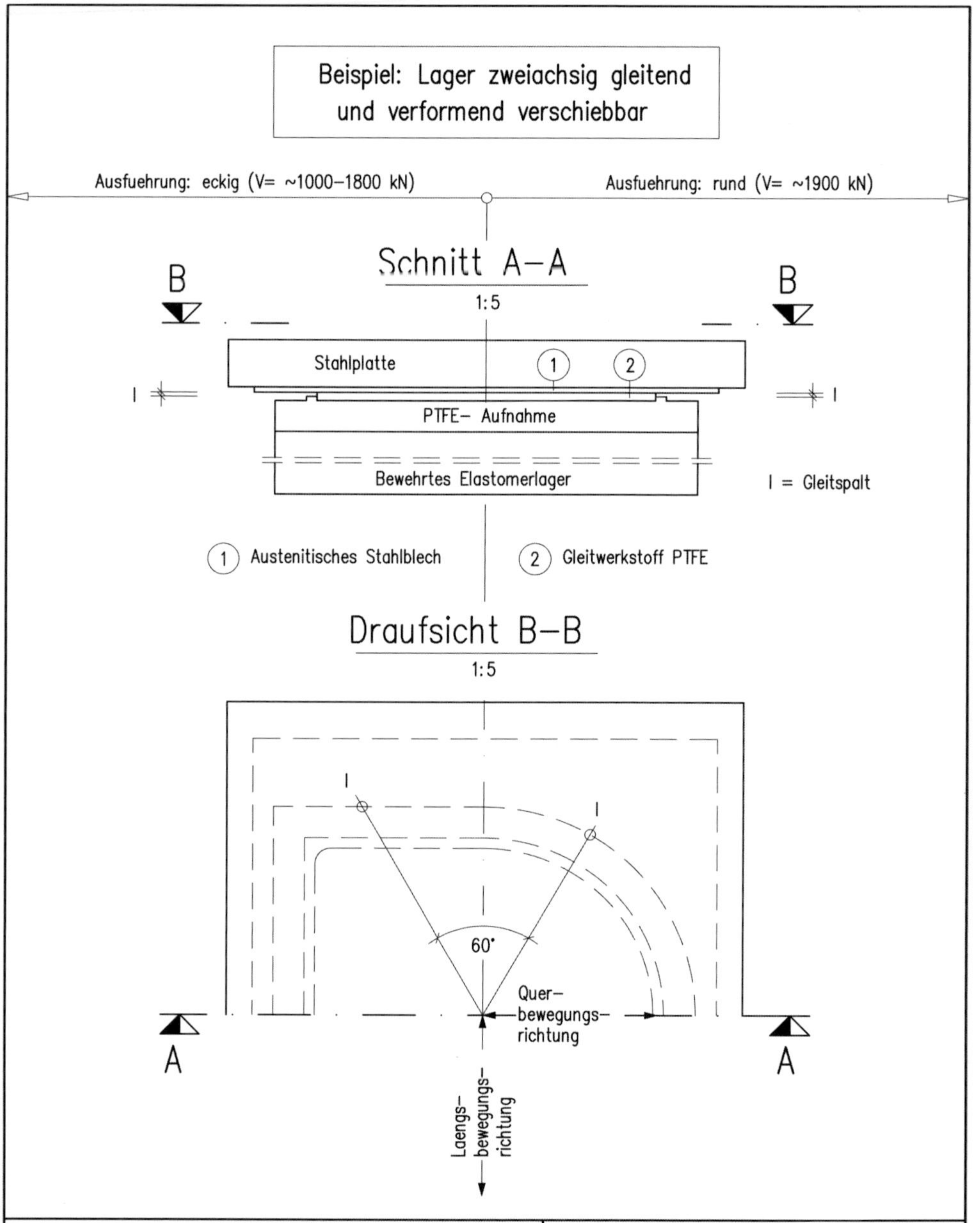

Messstellen
I = Markierung der Gleitspaltmessstellen, 4 Stueck.
(Rille in der PTFE–Aufnahme).

Messgeraete
z.B. Fuehlerlehre

Bundesministerium fuer Verkehr,
Bau– und Wohnungswesen
Abteilung Strassenbau, Strassenverkehr

Richtzeichnung

Messstellen an Verformungsgleitlagern
(fuer Gleitspaltmessungen)

Lag 7

Dez. 2004

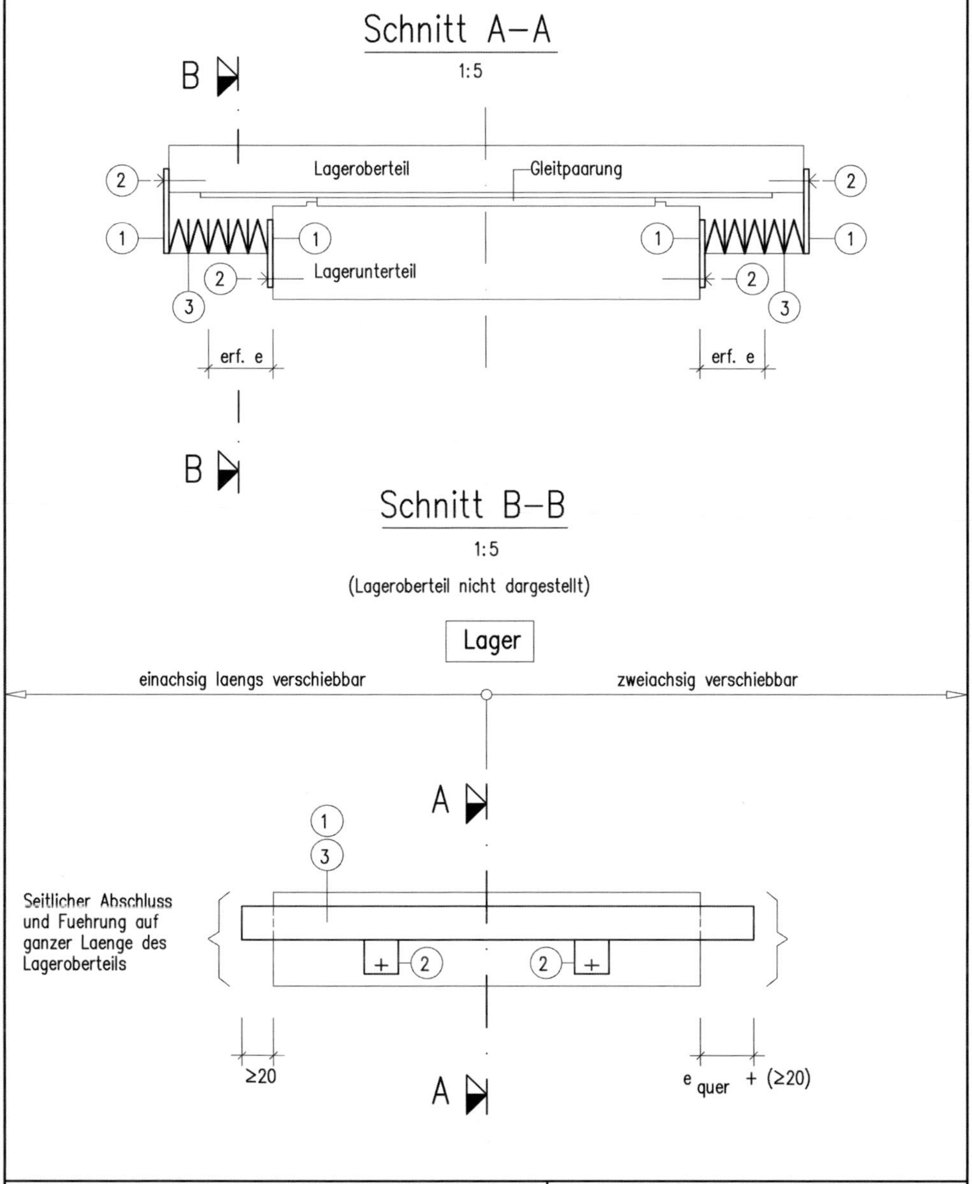

<u>Anforderungen:</u> Gleitflaechenschutz zur Kontrolle u. Wartung auf Dauer leicht loesbar u. problemlos zu befestigen. Schrauben bzw. Muttern mit ausreichend langem Steckschluessel loesbar.

<u>Werkstoffe:</u>

1. Flachstahlschiene (Dicke ≥ 1,5 mm) und
2. Sechskant– oder Inbusschraube M8, Bundbolzen mit Mutter ggf. in Langloch oder schraubenlose Befestigung, aus nicht rostendem Stahl, Stahlsorte A4 bzw. A5, Werkstoff–Nr. 1.4401 bzw. 1.4571.
3. Faltenbalgen mit Tragstaeben, witterungs– u. tausalzbebestaendig.

Bundesministerium fuer Verkehr, Bau– und Wohnungswesen
Abteilung Strassenbau, Strassenverkehr

Gleitflaechenschutz mit Faltenbalgen

Richtzeichnung

Lag 8

Dez. 2004

Schnitt A–A

1:10

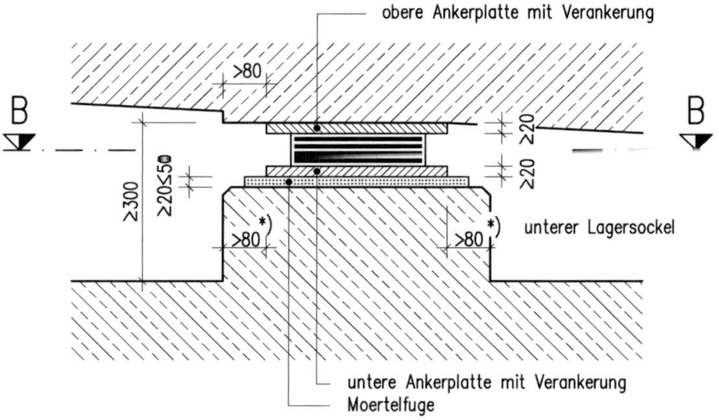

Schnitt B–B

1:10

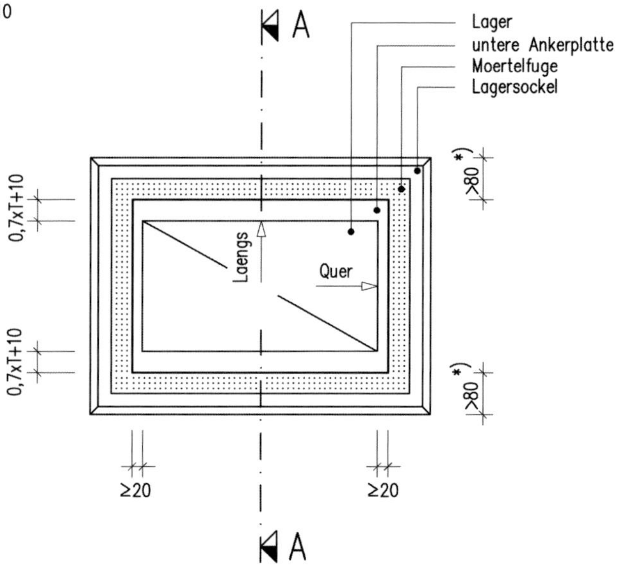

Statischer Nachweis: Erforderlich, die Gleitsicherheit ist durch Reibung ohne zusaetzliche Verankerung nachzuweisen.
Korrosionsschutz: Spritzverzinkung, 1 ZB EP, 1 DB EP nach ZTV-ING 4–3.
Beruehrungsflaeche: Stahl/Elastomer mit Ausnahme eines 2 cm breiten Randes nicht beschichten.

T = Elastomerdicke nach DIN 4141–14.
Ein oberer Lagersockel kann angeordnet werden.
*) Vergussmoeglichkeit beachten.

Bundesministerium fuer Verkehr, Bau- und Wohnungswesen
Abteilung Strassenbau, Strassenverkehr

Richtzeichnung

Verformungslager ohne Festhaltekonstruktion

Lag 9

Dez. 2004

Schnitt A–A

1:10

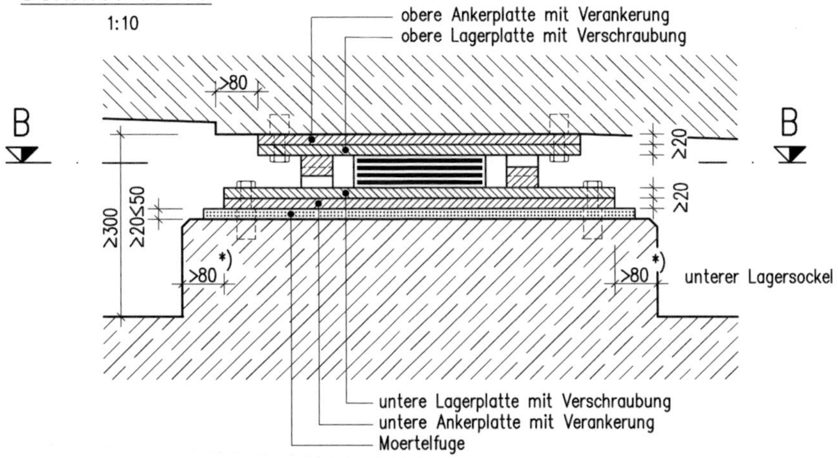

Schnitt B–B

1:10

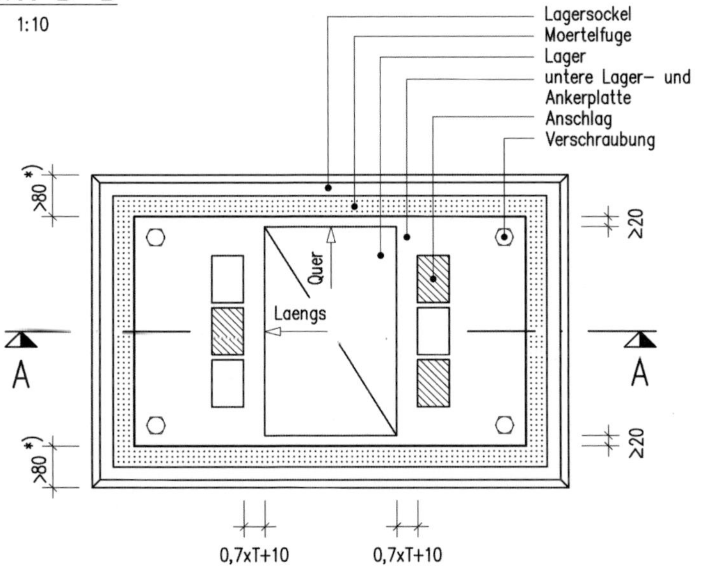

<u>Anwendungsbereich:</u> Lager der Gruppe I nach DIN V 4141–13.
<u>Statischer Nachweis:</u> Erforderlich.
<u>Korrosionsschutz:</u> Spritzverzinkung, 1 ZB EP, 1 DB EP nach ZTV–ING 4–3.
<u>Beruehrungsflaeche:</u> Stahl/Elastomer mit Ausnahme eines 2 cm breiten Randes nicht beschichten.
<u>Verschraubungen</u> von Anker– und Lagerplatten sind für die Aufnahme der Horizontalkraefte zu bemessen.
Ein oberer Lagersockel kann angeordnet werden.
T = Elastomerdicke nach DIN 4141–14
*) Vergussmoeglichkeit beachten.
Alternativen zur Darstellung sind moeglich.

Bundesministerium fuer Verkehr, Bau– und Wohnungswesen
Abteilung Strassenbau, Strassenverkehr

Richtzeichnung

Verformungslager mit Festhaltekonstruktion fuer eine Achse

Lag 10

Dez. 2004

Schnitt A–A

1:10

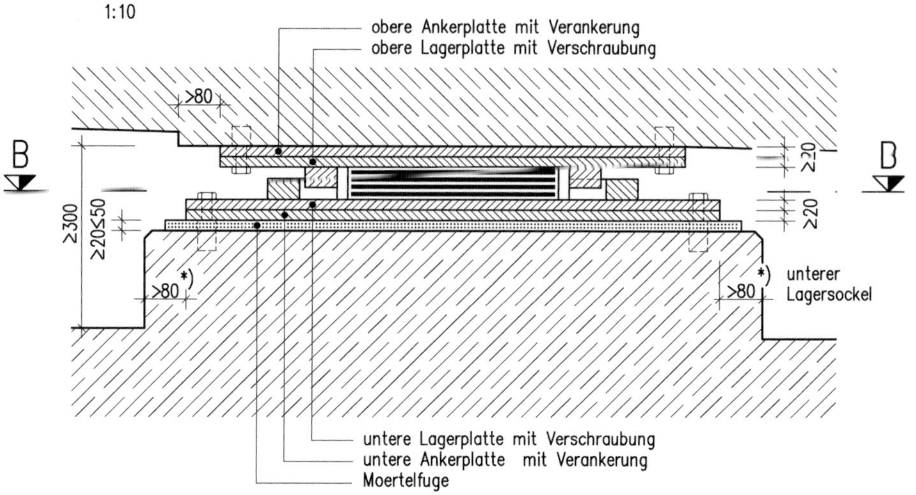

Schnitt B–B

1:10

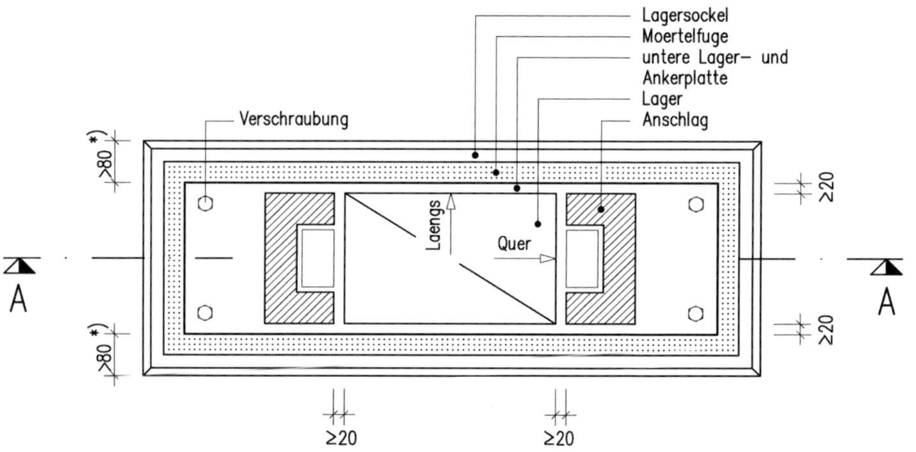

<u>Anwendungsbereich:</u> Lager der Gruppe I nach DIN V 4141–13.
<u>Statischer Nachweis:</u> Erforderlich.
<u>Korrosionsschutz:</u> Spritzverzinkung, 1 ZB EP, 1 DB EP nach ZTV–ING 4–3.
<u>Beruehrungsflaeche:</u> Stahl/Elastomer mit Ausnahme eines 2 cm breiten Randes nicht beschichten.
<u>Verschraubungen</u> von Anker– und Lagerplatten sind für die Aufnahme der Horizontalkraefte zu bemessen.
Ein oberer Lagersockel kann angeordnet werden.
*) Vergussmoeglichkeit beachten.

Alternativen zur Darstellung sind moeglich.

Bundesministerium fuer Verkehr, Bau– und Wohnungswesen
Abteilung Strassenbau, Strassenverkehr

Verformungslager mit Festhaltekonstruktion fuer zwei Achsen

Richtzeichnung

Lag 11

Dez. 2004

Bauverwaltung ____	Bauwerksnummer (ASB-ING) ____
Dienststelle ____	Interne Bauwerksnummer ____
Lagerprotokoll Blatt-Nr. ____ [1)] ☐ Ersteinbau [2)] ☐ Austausch [2)] ☐ Korrektur [2)]	Bauwerksname ____

Auftragnehmer	Hersteller:
Auftrags-Nr.	Fachkraft (Name)
Lagerungs- / Lagerversetzplan-Nr.	anwesend am:
Lagerart	☐ nach Zulassungs-Nr. [2)] ☐ nach DIN 4141, Teil [2)]
Geltung der Zulassung bis	Fremdüberwacher
Mörtelfabrikat, Eignungsprüfung und Verarbeitungshinweise	
Herstellungsart der Mörtelfuge (unten)	(oben)

1		Einbauort (Widerlager, Achse)				
2	Lagerkennwerte	Lagerzeichnungs-Nr.				
3	Lagerkennwerte	Lagertyp (Kurzzeichen nach DIN 4141, Teil I/A1)				
4	Lagerkennwerte	Auflast F_z (kN)				
5	Lagerkennwerte	Horizontalkräfte F_x / F_y (kN)	/	/	/	/
6	Lagerkennwerte	Verschiebung $v_x \pm$ / $v_y \pm$ (mm) [3)]	/	/	/	/
7	Lagerkennwerte	Verdrehung $\vartheta_x \pm$ / $\vartheta_y \pm$ (mm/m) [3)]	/	/	/	/
8	Lagerkennwerte	Voreinstellung $e_{vx} \pm$ / $e_{vy} \pm$ (mm) [3)]	/	/	/	/
9	vor dem Einbau	Anlieferung am				
10	vor dem Einbau	Ordnungsgemäß abgeladen, gelagert, abgedeckt				
11	vor dem Einbau	Kennzeichnung auf der Lageroberseite vorhanden				
12	vor dem Einbau	Typenschild vorhanden				
13	vor dem Einbau	Anzeigevorrichtung vorhanden				
14	vor dem Einbau	3-Stift-Messebene vorhanden				
15	vor dem Einbau	Sauberkeit und Korrosionsschutz				
16	vor dem Einbau	Arretierung fest und planmäßig				
17	vor dem Einbau	Stellschrauben vorhanden				
18	Einbau	Zustand der Mörtelkontaktflächen (Bauwerk)				
19	Einbau	Überbau angehoben am				
20	Einbau	Mörtel eingebracht am | oben / unten	/	/	/	/
21	Einbau	Mörtelfugendicke oben / unten (mm) [4)]	/	/	/	/
22	Einbau	Temperatur Luft / Bauwerk (°C)	/	/	/	/
23	Einbau	Horizontale Messebenenabweichung x / y (mm/m) [5)]	/	/	/	/
24	Einbau	Richtung und Größe der Voreinstellung (mm) [3)]				
25	Funktions-beginn	Überbau / Traggerüst abgesenkt am				
26	Funktions-beginn	Arretierung gelöst und entfernt am				
27	Funktions-beginn	Gleitflächenschutz vorhanden				
28	Funktions-beginn	Temperatur Luft / Bauwerk (°C)	/	/	/	/
29	Funktions-beginn	Sauberkeit und Korrosionsschutz				
30	Nullmessung	Datum / Uhrzeit	/	/	/	/
31	Nullmessung	Temperatur Luft / Bauwerk (°C)	/	/	/	/
32	Nullmessung	Verschiebung $v_x \pm$ / $v_y \pm$ (mm) [3)]	/	/	/	/
33	Nullmessung	Gleitspalt max. / min. (mm)	/	/	/	/
34	Nullmessung	Kippspalt max. / min. (mm)	/	/	/	/
35	Nullmessung	Horizontale Messebenenabweichung x / y (mm/m) [5) 6)]	/	/	/	/

Bundesministerium für Verkehr, Bau- und Wohnungswesen Abteilung Straßenbau, Straßenverkehr	Formblatt Anlage zur Bauwerksakte nach DIN 1076	Dez. 2004	**Lag 12** Blatt 1

Bauverwaltung

Dienststelle

Lagerprotokoll

Blatt-Nr. ____ [1)]

☐ Ersteinbau [2)] ☐ Austausch [2)] ☐ Korrektur [2)]

Bauwerksnummer (ASB-ING)

Interne Bauwerksnummer

Bauwerksname

36	Bemerkungen, besondere Hinweise [7)]

Fußnoten: [1)] Wenn >4 Lager: fortlaufende Nr. [2)] Zutreffendes ankreuzen [3)] + = vom Festpunkt weg, muß bei fehlendem konstruktivem Festpunkt definiert werden [4)] u = unbewehrt, b = bewehrt [5)] Angaben mit Vorzeichen der Verdrehung nach DIN 4141 Teil 1 Tabelle 1 [6)] Bei belasteten Lagern können sich durch Verdrehung der Meßebene Werte ergeben, die nicht der tatsächlichen Abweichung entsprechen [7)] z.B. über Bauzustände, vorübergehende Festpunktänderung, Skizze über Bezugspunkte bei Zeilen 23 und 35

Aufgestellt:

Ort Datum

Auftragnehmer

Gesehen:

Ort Datum

Auftraggeber

Bundesministerium für Verkehr, Bau- und Wohnungswesen Abteilung Straßenbau, Straßenverkehr	Formblatt Anlage zur Bauwerksakte nach DIN 1076	Dez. 2004	**Lag 12** Blatt 2

Typenschild

1:1

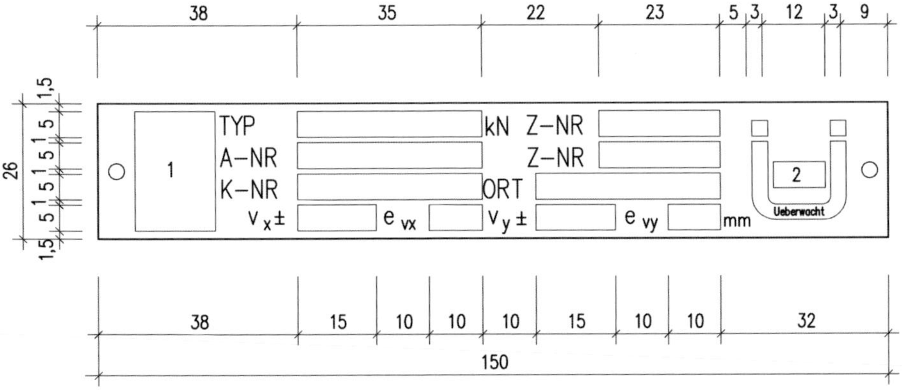

Kennzeichnungsbeispiele

1:1

1 = Lagerhersteller, 2 = Fremdueberwacher

TYP | VG=2500 | kN

Auftrags-Nr. / Baujahr

A-NR. | 600360/94 |

ORT | Achse 5 |

Blatt-Nr. / Lager-Nr.

K-NR. | 12/6 |

Zulassungs-Nr./ggf.Angabe der Norm

Z-NR. | Z 16.4-2/94 |

Befestigung: dauerhaft sichtbar auf Anker- bzw. Lagerplatte mit Zylinderschrauben DIN EN ISO 4762-M6x10.
Werkstoff: Messing, t=1 mm, Acryllack beschichtet oder Zwei-Schicht-Verbund-Kunststoff, t=0,5 mm, UV-Licht- und witterungsbestaendig.
Verbindungsmittel: Aus nicht rostendem Stahl, Stahlsorte A4 bzw. A5, Werkstoff-Nr. 1.4401 bzw. 1.4571.
Schrift: nach DIN 17, Groesse 3,5 mm.

Bundesministerium fuer Verkehr, Bau- und Wohnungswesen
Abteilung Strassenbau, Strassenverkehr

Typenschild fuer Brueckenlager

Richtzeichnung

Lag 13

Dez. 2004

5.3.3 ZTV-ING

Zusätzliche Technische Vertragsbedingungen und Richtlinien für Ingenieurbauten, Teil 8, Abschnitt 3, „Lager und Gelenke".

Inhalt
- Begriffsbestimmungen
- Anforderungen (u. a. nur CR-Lager verwenden, Topflager nur mit Innendichtung, Verankerung nur mit Kopfbolzen)
- Planung, Bemessung, Einbau.

In dieser Richtlinie wird das Lagerprotokoll aus EN 1337 Teil 11 Anhang B (dort informativ) mittels eines Formblatts vorgeschrieben, außerdem ebenso das Typenschild, vgl. EN 1337 Teil 1 Abschnitt 7.3 „Kennzeichnung der Lager".

5.3.4 DIN-Fachbericht (FB) 101 Anhang O

Ermittlung der Bewegungen an Lagern und Übergangskonstruktionen sowie ergänzende Regelungen für die Bemessung von Lagern.

Inhalt

1 Bemessung der Bewegungen und Kräfte für Lager:
- Klimatische Temperatureinwirkungen
- Überbauten mit elastischer Lagerung
- Reaktionskräfte an Festpunkten

2 Ergänzende Regelungen zur Lagerbemessung
- für Elastomerlager
- für Bewegungslager

3 Bewegungen an Übergangskonstruktionen

Hinweis:
DIN-Fachberichte sind als Sonderdrucke für das Bundesministerium für Verkehr, Bau- und Wohnungswesen erschienen und können vom Beuth Verlag bezogen werden.

5.3.5 Nationaler Anhang von DIN EN 1990:2010-12 Anhang NA.E Grundlegende Anforderungen an Lagersysteme von Brückentragwerken

August 2012-08-28

Dieser nur für Deutschland gültige Normenanhang zu DIN EN 1990 enthält Regelungen, die bereits in der Normenreihe EN 1337 zu finden sind, teils identisch, teils abweichend.

6 Zulassungen

6.1 Einleitung

6.1.1 Vorgeschichte und derzeitige nationale Situation

Seit gebaut wird, besteht auch das Bedürfnis der menschlichen Gesellschaft, das Baugeschehen so weit zu reglementieren und nicht der Willkür des Einzelnen zu überlassen, dass der Gemeinschaft keine Gefahr droht. Ein Bauwerk soll in der Regel nicht nur einer Person und nicht nur einer Generation von Nutzen sein.

Die Vielfalt der Aufgaben in der Bautechnik bringt es mit sich, dass nicht für alles fertige Regeln vorhanden sind, deren Einhaltung behördlicherseits geprüft werden kann.

Diese Regelungslücke wird in Deutschland durch „Allgemeine bauaufsichtliche Zulassungen" (abZ) geschlossen. Hierfür wurde früher ein Zulassungsantrag bei der Obersten Baubehörde des Bundeslandes, in dem der Antragsteller seinen Sitz hat, unter Beifügung entsprechender Nachweise gestellt. Diese Behörde stellte dann nach Prüfung der eingereichten Unterlagen einen Zulassungsbescheid aus.

Am l. Juli 1968 nahm das „Institut für Bautechnik in Berlin", eine Gemeinschaftseinrichtung von Bund und Ländern, seine Arbeit auf. Diese Behörde – sie heißt seit der Vereinigung **Deutsches Institut für Bautechnik**, abgekürzt **DIBt** – hatte unter anderem die Aufgabe, zentral, mit Gültigkeit für die Bundesrepublik Deutschland, die genannten Zulassungen zu erteilen. Vorrangig handelte es sich um den Bereich, für den vorher die einzelnen Bundesländer die Verantwortung hatten. Dazu gehörten jedoch auch die Zulassungen, die vom Bundesminister für Verkehr ausgestellt wurden, weil sie hauptsächlich für Verkehrsbauten (Brücken) benötigt wurden. Der Bereich Elastomerlager gehörte, weil Elastomerlager auch viel im Hochbau verwendet wurden, zur ersten Kategorie. Die anderen Lager wurden als Brückenlager dem Geschäftsbereich des Verkehrsministeriums zugeordnet.

Der Zulassungsbereich „Lager" beschränkte sich konsequenterweise auf den nicht geregelten Bereich, d. h. dass Rollen- und Kipplager alter Bauart, für die es zulässige Beanspruchungen in den entsprechenden Normen gab, keiner Zulassung bedurften. In der Brückenlastennorm DIN 1072 wurde die „Zulassungspflicht" von der Reibung abhängig gemacht: Sehr kleine Werte für Rollen- oder Gleitlager bedingten eine Zulassung.

Zulassungsbereiche sollten nach Herausbildung eines regelbaren Standes der Technik von normativen Regeln abgelöst werden. Das war ein Motiv für die Arbeit an einer Norm für Lager, DIN 4141.

Es zeigte sich jedoch, dass die Hersteller, die „im Besitz" einer Zulassung waren, diese Zulassungen keinesfalls als temporären Behelf ansahen, sondern als Qualitätszertifikat, für das sie viel Geld (für die Zulassungsversuche) ausgegeben hatten. Dies führte dazu, dass nur wenige Zulassungsbereiche, und diese auch nur sehr zögernd, in nationale DIN-Normen überführt werden konnten. Bei Lagern für Brücken waren dies nur die bewehrten Elastomerlager (DIN 4141, Teil 14).

Lager im Bauwesen. 3. Auflage. Tobias Block, Helmut Eggert, Wolfgang Kauschke.

Die Aufnahme der Arbeiten an einer CEN-Norm für Lager führten für alle CEN-Mitglieder zur Stillstandsvereinbarung betr. der nationalen Normung.

Ein Element bei der Herstellung von Bauprodukten ist das „Ü"-Zeichen.

Das Ü-Zeichen gibt es u. a. für Bauprodukte, deren Herstellung und Verwendung durch allgemeine bauaufsichtliche Zulassungen geregelt werden. **Ü** ist heute die Abkürzung für „Übereinstimmung" (früher für „Überwachung"). Mit dem Ü-Zeichen wird der Nachweis erbracht, dass das Bauprodukt – das Lager – mit den Festlegungen in der Zulassung übereinstimmt. Voraussetzung ist die werkseigene Produktionskontrolle (früher Eigenüberwachung genannt) und eine regelmäßige Fremdüberwachung (wie früher).

Zulassungen nach den Bauordnungen der Länder gibt es für nicht geregelte (genormte) Bauprodukte und Bauarten. In einer Bauregelliste A, die vom DIBt veröffentlicht wird, sind die geregelten Fälle zusammengestellt, auf die durch Zulassung zu regelnden Fälle wird in der Liste verwiesen (weiteres siehe www.dibt.de).

6.1.2 Europäische Situation

Mit dem Abbau der Handelshemmnisse in der europäischen Gemeinschaft ab 1993 gelten auch neue Spielregeln für Zulassungen und Normen. Als sogenannte technische Spezifikationen gibt es danach die Normen der europäischen Normenorganisation (CEN) oder Europäische Technische Zulassungen (ETA), demnächst „Europäische Technische Bewertung" (ETB) genannt. Während bislang hinsichtlich der Zulassungsnotwendigkeit die Betonung auf „neuartig" lag (was bei vielen Zulassungsgegenständen durchaus fraglich war), müssen künftig alle Bauprodukte, an die wesentliche Anforderungen gestellt werden und die nicht durch harmonisierte Normen abgedeckt sind, zugelassen sein. Die „wesentlichen Anforderungen" sind gem. Bauproduktenrichtlinie folgende 6 Bereiche: Festigkeit, Brandschutz, Gesundheit und Umweltschutz, Nutzungssicherheit, Schallschutz, Wärmeschutz.

Lager gehören mindestens zu denjenigen Bauprodukten, deren Festigkeit nachgewiesen werden muss, sie sind also davon betroffen.

In der Bauregelliste „B" (= „Bauprodukte im Geltungsbereich harmonisierter Normen nach der Bauproduktenrichtlinie"), die in einem jährlich erscheinenden Sonderheft der „Mitteilungen" des DIBt veröffentlicht wird, werden unter der lfd. Nr. 1.7.1 bis 1.7.6 die verschiedenen Lagerarten den entsprechenden Teilen von EN 1337 zugeordnet.

Mit Datum 1. Juli 2013 wir die Bauproduktenrichtlinie durch die **Bauproduktenverordnung** ersetzt.

6.1.3 Zulassungsbestand / Antragsteller

Folgende 4 Zulassungskategorien gibt es derzeit:

– Ausstattungszulassungen (Abschnitt 6.2) für Lager, die in Deutschland verwendet werden sollen,

- ETAs (Abschnitt 6.3) für die Verwendung in Europa für Lager mit wesentlichen Abweichungen von den Festlegungen in EN 1337,
- abZ (Abschnitt 6.4) für die Verwendung in Deutschland für Lager mit wesentlichen Abweichungen von den Festlegungen in EN 1337,
- Lager für Schwingungsisolierungen (Abschnitt 6.5).

Ein Teil der Hersteller ist in einem Verband zusammengeschlossen:

Mitgliederliste VHFL (Stand: Juni 2011)

BT-Bautechnik GmbH Reinhard Gerken	Lemsahler Weg 23 22851 Norderstedt	Tel. 040 / 52983-390 Fax 040 / 52983-394 bt-bautechnik@t-online.de
Calenberg Ingenieure GmbH Peter Wisniewski	Am Knübel 2–4 31020 Salzhemmendorf	Tel. 05153 / 9400-0 Fax 05153 / 9400-49 info@Calenberg-Ingenieure.de
ESZ Elastomer Service Zentrale Ralf Becker	Weilerhöfe 1 41564 Kaarst-Büttgen	Tel. 02131 / 7581-00 Fax 02131 / 7581-11 info@esz-becker.de
Jannasch GmbH & Co. KG Brückenausrüstungen Knut Jannasch	Albstraße 15 73765 Neuhausen PF 101050 73710 Esslingen	Tel. 07158 / 9060-0 Fax 07158 / 9060-26 info@jannasch-gmbh.de
R. Lange GmbH Stahl-, Metall- und Maschinenbau Marcel Vecchi	Gasteiner Straße 25 47249 Duisburg	Tel. 0203 / 79944-0, -16 Fax 0203 / 79944-11 mail@rlange.de
Mageba GmbH Stefan Adam Uwe Buchwald	Hans- Böckler-Straße 12 37170 Uslar	Tel. 05571 / 9256-70 Fax 05571 / 9256-56 stadam@mageba.ch ubuchwald@mageba.ch
Schweiz: Mageba Sa Thomas Spuler	Solistraße 68 8180 Bülach Schweiz	Tel. 0041-1 / 872405-0 Fax 0041-1 / 872405-9 tspuler@mageba.ch
Maurer Söhne GmbH & Co. KG Dr. Christian Braun (2. Vorsitzender)	Frankfurter Ring 193 80750 München Postfach 44 0145	Tel. 089 / 32394-268 Fax 089 / 32394-306 braun@mchn.maurer-soehne.de
Maurer Söhne NL Dortmund Wilfried Müller	Zum Holzplatz 2 44536 Lünen	Tel. 0231 / 43401-40 Fax 0231 / 43401-11 mueller@nd.maurer-soehne.de
RW Sollinger Hütte GmbH Georg Wolff	Auschnippe 52 37162 Uslar Postfach 1153	Tel. 05571 / 305-0 Fax 05571 / 305-20 georg.wolff@rwsh.de
RW Sollinger Hütte GmbH Robert Borchers	Laubaner Straße 5 81929 München	Tel. 089 / 939337-32 Fax 089 / 939337-36 Robert.borchers@rwsh.de

Mitgliederliste VHFL (Stand: Juni 2011, Fortsetzung)

RW Sollinger Hütte GmbH Dr. Joachim Braun (1. Vorsitzender)	Postfach 1153 37162 Uslar Hainebuche 16 37170 Uslar	Tel. 05571 / 305-55 oder Tel. 05571 / 6125 Fax 05571 / 305-755 oder Fax 05571 / 80 05 93 joachim.braun@rwsh.de familie_braun@gmx.net
Schreiber Brücken-Dehntechnik GmbH Kurt Schreiber	Am Moosbach 12 74535 Mainhardt Postfach 9	Tel. 07903 / 1000 Tel. 07903 / 9326-0 Fax 07903 / 9326-26 KS@schreiber-bruecken.de
STOG GmbH Arnulf Stog	Menzinger Straße 97 80997 München	Tel. 089 / 811 10 16 Fax 089 / 811 23 94 stog@stog.de

Weitere Antragsteller für Brückenlager bzw. Stahlfederelemente

IBG Montforts GmbH & Co	An der Waldesruh 23 41236 Mönchengladbach	
GERB Schwingungsisolierungen GmbH & Co KG	Roedernallee 174–176 13407 Berlin	
STOP-CHOC Schwingungstechnik GmbH & Co KG	Benzstraße 42 71272 Renningen	
ELA-PRODUKT GMBH	Am Waldrand 1 81377 München	
AGOM INTERNATIONAL S.r.l.	Sede e stabilimento via Mesero 12 20010 Ossona (MI) Italien	
Gumba GmbH Ingenieurgruppe Süd	Ismaninger Straße 7A 85609 Aschheim	

6.2 Ausstattungszulassungen

6.2.1 Vorbemerkung

In der Normenreihe DIN EN 1337 – siehe Kap. 5 – werden die Herstellung und Verwendung der in Europa üblichen Brückenlagerarten geregelt. Für einen Teil dieser Lagerarten gilt, dass sie bereits in der Vorgängernormenreihe DIN 4141 geregelt waren, für einen weiteren Teil, dass sie in Deutschland nicht – oder nicht mehr – verwendet wurden, das sind Lager der Kategorie 2 und 3 nach EN 1337 Teil 1. Weitere Lagerarten waren noch in Zulassungen geregelt, jedoch wäre deren Ablösung und Überführung in Normen der Reihe DIN 4141 nur noch eine Frage der Zeit gewesen (vgl. entsprechende Ausführungen in der 2. Auflage dieses Buches).

Die Arbeit an der nationalen Normung musste, wie schon angemerkt, eingestellt werden, als die Arbeit an der europäischen Normung begann. Dies betraf nicht die Vornorm DIN V 4141-13, die im Oktober 1994 erschien und im Juli 2010 für die Gleitpaarung Stahl/Stahl novelliert wurde, siehe Kap. 5, Kommentar zu EN 1337 Teil 8. Dieses „Bauprodukt", also die Gleitpaarung Stahl/Stahl bei Führungslagern und Festhaltekonstruktionen, ist folglich inzwischen das einzige aus dem Bereich „Lager" in der Bauregelliste (lfd. Nr. 7.4). In der europäischen Norm – EN 1337 Teil 2 – gibt es diese Paarung nämlich nicht. In Deutschland ist sie als „Alter Bestand", als „Stand der Technik" weiterhin zulässig, die anzusetzende Reibungszahl Stahl auf Stahl beträgt 1,0. Hierzu ist anzumerken, dass schon in der ersten Auflage dieses Buches, 1974, – dort im Abschnitt 4.4.5.2 – Festhaltekonstruktionen beschrieben wurden, bei denen Stahl auf Stahl drückt.

Mit der Fertigstellung der Normenreihe EN 1337 sollte auch die Notwendigkeit einer Regelung durch Zulassungen wegfallen, soweit diese den gleichen Gegenstand betrifft. Die Herstellung und Verwendung von Neuentwicklungen, die von den Regelungen in der Norm EN 1337 nicht erfasst werden, sind dagegen weiterhin durch Zulassungen – nationale bauaufsichtliche Zulassungen oder europäische ETA (**E**uropean **T**echnical **A**pprovals) – zu regeln.

Die Normenreihe EN 1337 enthält jedoch – anders als seit jeher die deutschen Zulassungen – keine Regelungen, die die **Ausstattung** der Lager mit Schraubenhalter, Ankerplatten, Futterplatten, Verbindungsmittel und Kopfbolzen betreffen. Es wurde deshalb einvernehmlich entschieden, mit dem Instrument „Zulassungen" für die Verwendung in Deutschland eine einheitliche Regelung für die Ausstattung zu treffen, mit der das bisherige Sicherheitsniveau beibehalten wird. Die Erteilung einer solchen Zulassung ist Voraussetzung für die Verwendung der Produkte nach EN 1337 in Deutschland. In anderen Ländern wurde nicht in gleicher Weise vorgegangen. So gibt es beispielsweise in Österreich seit 2005 die ÖNORM B 4021 „Brückenlagerausstattung; Anforderungen, Herstellung und Produktionskontrolle." Es bleibt abzuwarten, ob auch in Deutschland die zur Zeit des Redaktionsschlusses allgemeinen bauaufsichtlichen Ausstattungs-Zulassungen durch eine verbindliche Richtlinie ersetzt werden.

Derzeit gilt jedoch noch: Brückenlager, die in Deutschland verwendet werden, müssen ein CE-Kennzeichen (wegen EN 1337) **und** ein Ü-Kennzeichen (wegen der Ausstattungszulassung) auf dem Typenschild haben.

Im Kapitel „Übereinstimmungsnachweis" dieser Zulassungen wird unter anderem geregelt, dass der Zulassungsstelle, also dem DIBt, eine Kopie des Übereinstimmungszertifikats und des Erstprüfberichts als Voraussetzung für die Verwendung zur Kenntnis zu geben sind.

Diese Dinge sind nur für den Hersteller des Lagers zu beachten. Für den Verwender, an den sich dieses Buch richtet, also für die Brückenbaufirma und für den Tragwerksplaner, ist es wichtig zu wissen, wer welche Lager herstellt. Das ist der jeweiligen Anlage 1 der Ausstattungszulassungen zu entnehmen.

Die zum Zeitpunkt des Redaktionsschlusses aktuelle nachfolgende Liste gibt darüber Auskunft. Die in der Norm bereits festgelegten Merkmale werden in dieser Liste bzw. Tabelle nicht wiederholt.

Sämtliche Lager sind im mitteleuropäischen Klima verwendbar.

Bei Lagern nach EN 1337-3 gelten stets die obere Maßbegrenzung für b in der Tabelle der Norm, $b = 900$ mm, des Weiteren unkritische Verdrehungen und der dort angegebene mittlere Wert für $G = 0{,}90$ N/mm^2.

Kritische Anmerkungen zu Lagern mit Linienberührung zwischen den Lagern und dem Über- und Unterbau der Brücke (statt Punktberührung) sind beim Kommentar zu den zugehörigen Regelwerken im Abschnitt 5 zu finden.

6.2.2 Tabelle der Ausstattungszulassungen

Tabelle Ausstattungszulassungen

	Hersteller	Lagerarten	Nr. nach EN 1337-1	Spezielle Hinweise
1	AGOM (Italien)	Topflager (EN 1337-5)	2.1 bis 2.3	Naturkautschuk NR 50 $F_0 / F_1 / F_2 = 0{,}0072 / 0{,}8227 / 0{,}3949$ Innendichtungen Typ A.1.1
		Elastomerlager (EN 1337-3)	1.1, 1.2, 1.6	Rohpolymer EN 60 CR
2	BT Bautechnik	Punktkipplager	4.1	Materialklasse A
		Linienkipplager	5.1	Materialklasse A
		Kalottenlager	3.1, 3.3, 3.5	PTFE und Hartchrom
3	ELA-Produkt	Elastomerlager	1.1, 1.2, 1.6	Rohpolymer CC6AMZ
		Kalottenlager	3.1, 3.3, 3.5	PTFE und Hartchrom
4	Gumba	Elastomerlager	1.1, 1.2, 1.6	CR-Rohpolymer LPGLT 009C
		Elastomerlager mit Gleitteil	1.3, 1.4, 1.5, 1.7, 1.8	CR-Rohpolymer wie vor
		Topflager	2.1 bis 2.3	Elastomer DNR 0144 $F_0 / F_1 / F_2 = 0{,}005 / 0{,}17 / 2{,}67$ Innendichtung aus Messing
		Führungslager und Festhalte-konstruktionen	8.1, 8.2	Gleitelemente nach EN 1337 Teil 2
5	Mageba (Schweiz)	Topflager	2.1 bis 2.3	Elastomer H880006A $F_0 / F_1 / F_2 = 0{,}01 / 0{,}35 / 4{,}69$ Innendichtung aus POM

	Hersteller	Lagerarten	Nr. nach EN 1337-1	Spezielle Hinweise
5	Mageba (Schweiz)	Elastomerlager	1.1, 1.2, 1.6	CR-Rohpolymer H990002
		Linienkipplager	5.1 bis 5.3	Ferritischer Stahl Materialklasse A, ohne und mit PTFE
		Kalottenlager	3.1, 3.3, 3.5	PTFE und Hartchrom
		Kalottenlager	3.1 bis 3.5	Kalotte mit Hartchrom, ebene Gleitfläche mit ROBO®SLIDE L2 nach ETA-08/0115
		Führungslager, Festhalte-konstruktionen	8.1, 8.2	
6	Maurer Söhne	Kalottenlager	3.1 bis 3.5	PTFE und Hartchrom
		Kalottenlager	3.1 bis 3.5	Kalotte mit Hartchrom, ebene Gleitfläche mit MSM® nach ETA-06/0131
		Topflager	2.1 bis 2.3	Elastomer MEN LD1 $F_0 / F_1 / F_2 = 0{,}0138 / 0{,}2271 / 3{,}128$ Innendichtung Typ A1.1 oder Typ A1.3
		Elastomerlager	1.1, 1.2, 1.6	CR-Rohpolymer, MEC PB1
		Elastomerlager	1.1 bis 1.8	CR-Rohpolymer, MEC PB1 mit ebenem Gleitteil
		Rollenlager	6.1	Materialklassen A, B und C
7	RW Sollinger Hütte	Kalottenlager	3.1, 3.3, 3.5	PTFE und Hartchrom
		Elastomerlager	1.1 bis 1.8	CR-Rohpolymer 4526
		Rollenlager	6.1	Materialklasse A
		Topflager	2.1 bis 2.3	Rohpolymer Nyhapren 1115 $F_0 / F_1 / F_2 = 0{,}0138 / 0{,}2271 / 3{,}128$ Innendichtung Messing oder PTFE / Kohle
		Kipplager	4.1 bis 4.3, 5.1 bis 5.3	Materialklasse A
		Linienkipplager	5.1	Ferritischer Stahl Materialklasse A ohne ebenen Gleitteil
8	Schreiber Brücken-Dehn-technik	Kalottenlager	3.1 bis 3.5	

6.2.3 Standardtext
Zulassungsgegenstand: Ausstattung von Brückenlagern
Besondere Bestimmungen

(Auszugsweise Wiedergabe mit Genehmigung des DIBt)

1 Zulassungsgegenstand und Anwendungsbereich

Zulassungsgegenstand ist die Ausstattung der in der Anlage 1 genannten Brückenlager mit CE Kennzeichnung. Die Lager können in Verbindung mit den in der Anlage 1 beispielhaft dargestellten Anschlussbauteilen direkt in das Brückenbauwerk ohne weitere Ausstattung eingebaut werden.

Diese allgemeine bauaufsichtliche Zulassung regelt die Verwendung der komplett ausgestatteten Lager. Soweit in dieser allgemeinen bauaufsichtlichen Zulassung keine anderen Festlegungen getroffen werden, gelten die Regelungen nach DIN EN 1337-1: 2001, DIN EN 1337-9:1998, DIN EN 1337-10:2003 und DIN EN 1337-11:1998.

Die Anschlussbauteile nach dieser allgemeinen bauaufsichtlichen Zulassung dürfen Temperaturverläufen ausgesetzt werden, wie sie unter Überbauten klimabedingt in Deutschland auftreten.

Die für die endgültige Lagerung des Bauwerks bestimmten, komplett ausgestatteten Lager dürfen während der Bauphase nicht als Hilfslager (z. B. beim Taktschieben oder Abstapeln von Überbauten) verwendet werden.

2 Bestimmungen für das Bauprodukt

2.1 Eigenschaften und Zusammensetzung

2.1.1 Werkstoffe

2.1.1.1 Anker-, Futter-, Keil- und Zwischenplatten

Für Anker-, Futter-, Keil- und Zwischenplatten sind Bauprodukte aus Stahl nach Bauregelliste A Teil 1 entsprechend dem vorgesehenen Verwendungszweck und ihrer Schweißeignung auszuwählen. Für die Auswahl der Stahlsorten gilt Kapitel II, Abschnitt 3 vom DIN-Fachbericht 103:2003.

Werden Anker-, Futter-, Keil- und Zwischenplatten thermisch geschnitten, sind als Rechtwinkligkeits- oder Neigungstoleranz Bereich 4 gemäß Abschnitt 7.2.2 von EN ISO 9013:2003, als gemittelte Rautiefe Bereich 3 gemäß Abschnitt 7.2.3 von EN ISO 9013:2003 sowie als Maßtoleranz Klasse 2 gemäß Abschnitt 8 von EN ISO 9013:2003 einzuhalten. Aufhärtungen durch Brennschneiden sind vor dem Strahlen abzuarbeiten. Die Aufhärtung darf nur so groß sein, dass nach dem Strahlen keine Glanzflächen sichtbar sind und die Rautiefe R_{y5i} mindestens 40 µm beträgt.

2.1.1.2 Verbindungsmittel

Es sind Verbindungsmittel nach Kapitel II, Abschnitt 3.3 vom DIN-Fachbericht 103: 2003 sowie nach DIN 18800-7:2002 zu verwenden.

Kopfbolzen
Es sind Kopfbolzen nach DIN EN ISO 13918:1998 zu verwenden.

2.1.2 Konstruktive Durchbildung, Grenzabmessungen, Toleranzen

Verankerungen
Zweiachsig verschiebbare Gleitlager brauchen – außer bei Eisenbahnbrücken – nicht in den angrenzenden Bauteilen verankert zu werden.

Bestehen die an das Lager angrenzenden Bauteile aus Beton, so sind als mechanische Verankerungsmittel ausschließlich Kopfbolzendübel zu verwenden. Für den Anschluss an Stahlbauteile sind Schrauben nach Abschnitt 2.1.1.2 zu verwenden.

2.1.2.2 Ankerplatten

Sofern die am Lager anschließenden Bauteile aus Beton bestehen, ist das Lager – außer bei Übertragung der Horizontalkräfte ausschließlich durch Reibung – mit Ankerplatten auszustatten. Die Ankerplatten können vollflächig an die Lagerplatten oder streifenförmig an die Schraubenhalter anschließen.

Die Dicke d der Ankerplatten muss, bezogen auf die Diagonale D_{LP}, mindestens $0{,}02 \cdot D_{LP}$, jedoch mindestens 18 mm betragen (siehe Anlage 2).

Bei Verwendung im Stahlbrückenbau dürfen die Ankerplatten keilförmig ausgebildet werden, wobei die mittlere Dicke vorgenannte Bedingung erfüllen muss. Gleichzeitig darf die Plattendicke an der dünnsten Stelle 5 mm nicht unterschreiten.

Bei bewehrten Elastomerlagern sind auch bei Ausführung ohne Festhaltekonstruktion beidseitig Ankerplatten anzuordnen.

Bei Verwendung von Futterplatten ist in der Regel (z. B. bei Massivbrücken) gleichzeitig die Anordnung von Ankerplatten erforderlich. Lager-, Futter- und Ankerplatten sind vor dem Einbau als Ganzes miteinander zu verschrauben.

Die Kontaktflächen der Materialpaarung Stahl/Stahl (Ankerplatte und Lagerteil) sowie die Anschlussflächen an Stahlbauten sind so zu bearbeiten, dass die größte Abweichung Δz von der theoretisch ebenen Oberfläche nicht größer als $0{,}0003 \cdot D_{LP}$ oder 0,2 mm ist. Der größere Wert ist maßgebend.

Bei Verwendung von Festhaltekonstruktionen in Kombination mit Elastomerlagern dürfen lokale Unebenheiten – bezogen auf die Länge der Diagonale des Elastomerlagers D_E – den Grenzwert $0{,}003 \cdot D_E$ oder 1,0 mm nicht überschreiten (siehe Anlage 3). Für die Verschraubung sind die Randabstände gemäß DIN-Fachbericht 103:2003 zu berücksichtigen. Der größere Wert ist maßgebend.

Für bewehrte Elastomerlager sind die Ebenheitstoleranzen gemäß Abschnitt 6.2.3 von DIN EN 1337-3:2005 zu beachten. Bei Kombination mit Gleitteilen werden die Toleranzwerte für die an Gleitteile anliegenden Flächen des Elastomerlagers halbiert.

Die Verbindung der Lager mit den Ankerplatten kann durch Verschrauben oder Einsetzen von Dübelscheiben erfolgen.

Elastomerlager müssen einseitig mechanisch, und zwar an der unteren Seite, mit der Ankerplatte verbunden werden (siehe Anlage 3).

Bei Stahlbrücken müssen die an das Lager angrenzenden Bauteile vorgenannte Anforderungen an Ankerplatten erfüllen. Ist dies aus konstruktiven oder technologischen Gründen nicht möglich, sind Zwischenplatten gemäß Anlage 1 anzuordnen. Zwischenplatten können zum Neigungsausgleich keilförmig ausgebildet werden. Konstruktive Durchbildung, Grenzabmessungen und Toleranzen müssen den Anforderungen an Futterplatten nach Abschnitt 2.1.2.3 entsprechen.

Bei bewehrten Elastomerlagern mit Festhaltekonstruktion beträgt der Plattenüberstand $ü_1$ in Wirkungsrichtung der Festhaltekonstruktionen 20 mm (siehe Anlage 3).

Bei bewehrten Elastomerlagern ohne Festhaltekonstruktion bzw. bei einachsig wirkender Festhaltekonstruktion in Bewegungsrichtung beträgt der Plattenüberstand $ü_2$ in Verschiebungsrichtung mindestens 70 % der Nenndicke aller Elastomerschichten T_e (für T_e siehe Abschnitt 3.2.1 von DIN EN 1337-3:2005) zuzüglich 10 mm. Bei Verwendung von Dübelscheiben genügt in beiden Richtungen der Überstand $ü_1 = 20$ mm.

2.1.2.3 Futterplatten

Durch die Anordnung von Futterplatten mit konstanter Dicke bzw. mit planmäßiger Keilform (siehe Anlage 3) kann ein Höhen- und – falls erforderlich – ein zusätzlicher Verdrehungsausgleich realisiert werden.

Die mittlere Dicke von Futterplatten muss mindestens 10 mm betragen. Gleichzeitig darf die Plattendicke bei keilförmiger Ausbildung an der dünnsten Stelle 5 mm nicht unterschreiten.

Die für die Ankerplatte vorgeschriebene Ebenheitsanforderung gemäß Abschnitt 2.1.2.2 gilt auch für Futterplatten.

2.1.2.4 Kopfbolzen

Kopfbolzen (siehe Anlage 1) sind gemäß DIN EN ISO 13918:1998 durch Schweißen an der Ankerplatte zu befestigen. Die Grenzwerte für die Schweißnahtunregelmäßigkeiten sind DIN EN ISO 14555:2005 zu entnehmen.

2.1.2.5 Schraubenhalter

Schraubenhalter werden durch Schweißen befestigt (siehe Anlage 1) oder sind Bestandteil der Lagerplatte.

Bezüglich Schweißnahtunregelmäßigkeiten gilt EN ISO 5817:2003 Bewertungsgruppe B. Die Schweißeignung der verwendeten Materialien ist nachzuweisen.

2.1.2.6 Anschlagpunkte und Zusammenbauhalter

Am komplett ausgestatteten Lager sind geeignete Anschlagpunkte (Ösen o. Ä.) für Hebezeuge und Zusammenbauhalter für den Transport und Einbau (siehe Anlage 1) vorzusehen. Diese müssen mindestens für das 5fache Eigengewicht des komplett ausgestatteten Lagers bemessen sein und so ausgebildet sein, dass sie den Lagereinbau nicht behindern.

Für Schweißnähte, die nach dem Freisetzen des Lagers nicht lastbeaufschlagt sind, gilt Bewertungsgruppe C gemäß EN ISO 5817:2003.

2.1.2.7 Dübelscheiben

Die Dicke der Dübelscheibe ist so auszubilden, dass eine Auswechslung des Lagers durch Anheben des Überbaus (höchstens 10 mm) problemlos erfolgen kann.

2.2 Herstellung, Verpackung, Transport, Lagerung und Kennzeichnung

2.2.1 Herstellung

2.2.1.1 Eignung des Herstellwerkes

Die Anschlussbauteile dürfen nur in Werken geschweißt werden, die im Besitz eines Großen Eignungsnachweises (Klasse D) nach DIN 18800-7:2002 sind.

2.2.1.2 Korrosionsschutz

Alle Anschlussbauteile, die nicht aus korrosionsbeständigen Werkstoffen bestehen, müssen gegen Korrosion geschützt werden. Auf Gleitflächen sowie Roll- und Kippelementen dürfen keine Korrosionsschutzbeschichtungen aufgebracht werden.

Für den Korrosionsschutz gilt die ZTV-KOR in der jeweils gültigen Fassung, wobei die dort genannten Kontrollflächen entfallen. Die Übereinstimmung mit DIN EN 1337-9: 1998 ist nachzuweisen.

Bei unterschiedlichen Korrosionsschutzsystemen von Lagern, Ankerplatten und/oder anschließenden Bauteilen ist die Verträglichkeit sicherzustellen.

Bei aufgeschweißten Gleitblechen sind die Schweißnähte und die Wärmeeinflusszonen mit dem vollständigen Korrosionsschutz zu versehen.

Die Ausführung der Beschichtungsarbeiten hat nach DIN EN ISO 12944-7:1998 zu erfolgen. Je nach Art der Kontaktfläche sind folgende Korrosionsschutzbeschichtungen erforderlich:

- Kontaktflächen Stahl–Beton
  Die Kontaktflächen bleiben unbeschichtet. Ein mindestens 5^{+2}_{0} cm breiter Rand erhält eine volle Korrosionsschutzbeschichtung.
- Kontaktflächen Stahl–Elastomer
  Die Kontaktfläche zwischen Ankerplatte und Elastomer erhält nach dem Strahlen mit einem Reinheitsgrad von Sa 2½ eine Grundbeschichtung. Ein 2^{+2}_{0} cm breiter Rand – gemessen ab den Rändern der Grundfläche des Elastomers – erhält die volle Deckbeschichtung.
- Kontaktflächen Stahl–Stahl
  Die Kontaktflächen zwischen stählernen Lagerplatten, Ankerplatten und Futterplatten werden vollflächig mit einer Grundbeschichtung von mindestens 100 µm Dicke versehen.

Sofern die Kontaktflächen eine Deckbeschichtung erhalten, können Horizontalkräfte nicht über Reibung (siehe Abschnitt 2.1.2.1) abgetragen werden. Die Deckbeschichtung ist ebenfalls vollflächig auszuführen.

2.2.1.3 Schutz vor Verschmutzung

Gleitelemente nach DIN EN 1337-2:2005 mit unten liegender Gleitplatte und Rollenlager nach DIN EN 1337-4:2004 sind durch Anordnung leicht lösbarer und luftdurchlässiger Schutzgitter, die in der Regel am Bauwerk angebracht werden, vor Verschmutzungen und Beschädigungen durch Vögel zu schützen.

Der nach Abschnitt 7.3 von DIN EN 1337-2:2005 geforderte Gleitflächenschutz hat in Form eines Faltenbalges in Ziehharmonikaausführung zu erfolgen. Die Faltenbalge sind hinterlüftet und parallel zur Gleitplatte anzuordnen und müssen (ohne Spezialwerkzeuge) leicht lösbar und wieder einzubauen sein.

Die äußere Abdichtung von Topf- und festen Kalottenlagern hat nach Abschnitt 7.6 von DIN EN 13375:2005 zu erfolgen. Dauerhaftigkeit, Elastizität und Dichtigkeit sind sicherzustellen und im Rahmen der Erstprüfung nachzuweisen.

2.2.1.4 Verbindung der Lagerteile

Die Teile des Lagers müssen – wenn für die Auswechselbarkeit erforderlich – lösbar verbunden sein. Hierfür sind Schrauben nach Abschnitt 2.1.1.2 zu verwenden, wobei unzugängliche HV-Muttern ohne Scheiben mit Verdrehsicherungen zulässig sind. Das Anziehen über Kopf ist möglich, wenn der Lagerhersteller hierfür eine Verfahrensprüfung im Rahmen der Erstprüfung vorlegt. Sofern keine technische Notwendigkeit besteht, die Ankerplatten getrennt einzubauen (z. B. Verschub des Überbaus), müssen sämtliche Lagerteile mit Anker- bzw. Futterplatten und den in dieser Zulassung geregelten Anschlussbauteilen im Werk zusammengebaut und als komplette Einheit ausgeliefert werden. Dabei dürfen Schrauben nur so weit angezogen werden, dass die daraus resultierende Verwölbung der Stahlplatten nicht größer als $0{,}0006 \cdot L_1$ oder 0,2 mm ist. Der größere Wert ist maßgebend. Andernfalls sind Schrauben erst auf der Baustelle nach dem Freisetzen des Überbaus endgültig mit dem ggf. vorgeschriebenen Drehmoment anzuziehen. Solche Lager sind im Werk besonders zu kennzeichnen.

Die zulässige Abweichung der Gesamthöhe H_L des mit Ankerplatten versehenen Lagers beträgt maximal 3 % der Konstruktionshöhe, jedoch nicht mehr als 10 mm (siehe Anlage 2). Maße ohne Toleranzangabe sind mit dem Genauigkeitsgrad grob gemäß DIN ISO 2768-1:1991 auszuführen.

2.2.1.5 Voreinstellung

Eine bauwerks- und einbautemperaturspezifische Voreinstellung gewährleistet, dass sich das Lager nach Abschluss der Bauphase weitgehend in der planmäßigen Nullstellung befindet.

Auf dem Lageroberteil ist die Richtung der Voreinstellung zum Lagerunterteil durch einen Pfeil zu kennzeichnen.

Hinsichtlich der Änderung der Voreinstellung auf der Baustelle gilt DIN EN 1337-11: 1998, Abschnitt 6.1.

2.2.1.6 Lagerstellungsanzeiger, Messstellen

Bei Lagern mit einer Verschiebung aus charakteristischen Einwirkungen größer ±20 mm ist in Hauptbewegungsrichtung ein Lagerstellungsanzeiger mit einer kontrastreichen, witterungsbeständigen Skala in ganzen Zentimetern mit Markierung der Nullstelle (Lagermittelstellung) und der zulässigen Endstellung anzubringen. Bei Verformungslagern beträgt der vorgenannte Grenzwert ±35 mm.

Für das Ausrichten des Lagers ist eine Messfläche oder eine gleichwertige Vorrichtung zur Ausbildung einer Messebene aus nichtrostendem Stahl herzustellen und an der Lagerplatte oder entsprechenden Ankerplatte auf der mit dem Typenschild versehenen Seite des Lagers anzuordnen.

Gleitlager sind mit einer Dreistiftmessebene auszurüsten, die symmetrisch in der Hauptdrehachse anzuordnen ist (siehe Anlage 5). Die Stifte sind nach dem Lagerzusammenbau parallel zur Gleitebene einzustellen. Die Einstelltoleranz beträgt ≤1 ‰. Auf der Messebene mit mindestens 12 mm Dicke und mindestens 80 mm Breite sind gemäß Anlage 5 anzuordnen:

1. drei Gewindestifte M6 × 16 aus austenitischem Stahl mit angedrehter Kugel auf einem Lochkreis mit 50 mm Durchmesser unter 120° und
2. zwei Positionsstifte – Steckkerbstift mit Durchmesser 6 × 16 nach DIN EN ISO 8741:1998.

Bei Verformungslagern kann die Messebene durch vier justierbare Messstellen, die an den Eckpunkten der Ankerplatte angebracht werden, ausgebildet werden.

Für die Kontrolle des Überstandes *h* gemäß Abschnitt 6.2.1.1 von DIN EN 1337-2: 2004 müssen in Hauptverschieberichtung je Lagerseite mindestens zwei Messstellen markiert werden. An diesen Messstellen darf die Schichtdicke des Korrosionsschutzes 300 mm nicht überschreiten.

2.2.2 Verpackung, Transport, Lagerung

Es gelten die Anforderungen nach DIN EN 1337-11:1998. Für den Transport und die Zwischenlagerung ist die Einbaurichtlinie für Brückenlager (VHFL-Richtlinie 2), herausgegeben von der Deutschen Vereinigung der Hersteller von Fahrbahnübergängen und Lagern (VHFL), in der jeweils gültigen Fassung zu berücksichtigen.

2.2.3 Kennzeichnung

Die Anschlussbauteile gemäß dieser allgemeinen bauaufsichtlichen Zulassung müssen vom Hersteller mit dem Übereinstimmungszeichen (Ü-Zeichen) nach den Übereinstimmungszeichen-Verordnungen der Länder gekennzeichnet werden. Die Kennzeichnung darf nur erfolgen, wenn die Voraussetzungen nach Abschnitt 2.3 zum Übereinstimmungsnachweis erfüllt sind.

Das Lager ist zusätzlich gemäß DIN EN 1337-1:2001 mit einem Typenschild aus Kunststoff zu versehen, welches nach Möglichkeit auf der Seite der Bewegungsanzeiger anzubringen ist.

Bei Elastomerlagern mit Ankerplatten ist zusätzlich zur Kennzeichnung gemäß Abschnitt 7.3 von DIN EN 1337-1 auf dem Typenschild oder den Ankerplatten seitlich die Art der Verankerung des Elastomerlagers mit den Ankerplatten (z. B. „Dübelscheibe unten") anzugeben.

Für den Einbau des komplett ausgestatteten Lagers sind am Lager und in einem besonderen Plan (Lagerversetzplan) übereinstimmend und unverwechselbar der Einbauort, das Achsenkreuz mit bauwerksbezogener Richtungsangabe zu allen benachbarten Achsen, die Größe und Richtung der Voreinstellung und die Temperaturgrenzen, in denen die Voreinstellung gilt, anzugeben. Bei Lagern mit Voreinstellung ist ein Pfeil anzuordnen, der die Richtung der Verschiebung des Lageroberteils zum Lagerunterteil beim Einbau angibt (siehe Anlage 6). Ferner sind die Auftragsnummer und das Lagergewicht anzugeben.

2.2.4 Montagesicherung

Die einzelnen Lagerbauteile und die Ankerplatten sind durch eine Hilfskonstruktion (siehe Abschnitt 2.1.2.6) mittels Schraubverbindung unverrückbar und transportsicher so zu fixieren, dass sie sich bei Beginn ihrer Funktion in der planmäßigen Lage und Form befinden. Die Montagesicherung und eine vorhandene Festhaltung der Lagervoreinstellung müssen so ausgebildet sein, dass das Lager und dessen Korrosionsschutz beim Lösen nicht beschädigt werden.

Die Montagesicherung muss so ausgebildet sein, dass sie keine Lastumlagerung bewirkt.

2.3 Übereinstimmungsnachweis

(betrifft nur den Lagerhersteller und wird deshalb hier nicht abgedruckt)

3 Bestimmungen für Entwurf und Bemessung

3.1 Entwurf

Es sind die Angaben in DIN 4141-2:1984 und DIN 4141-2/A1:2003 zu beachten.

3.2 Bemessung

3.2.1 Allgemeines

Beim Nachweis der Tragfähigkeit und Gebrauchstauglichkeit des komplett ausgestatteten Lagers sind sämtliche aus dem Bauwerk angreifenden Kräfte und die aus den Bewegungen resultierenden Verschiebungs- und Verdrehungswiderstände des Lagers zu berücksichtigen.

Für den Nachweis der Ankerplatten, Verankerungs- und Verbindungsmittel sind die für die Lagerbemessung zugrunde liegenden Einwirkungen gemäß Anlage 7 und Anlage 8 und die resultierenden Reaktionskräfte des Lagers zu verwenden.

Für die Ermittlung der Bewegungen sowie für ergänzende Regelungen für die Bemessung von Lagern ist der DIN-Fachbericht 101 zu berücksichtigen.

Bei der Bemessung des Lagers sind die in der Normenreihe DIN EN 1337 empfohlenen Teilsicherheitsbeiwerte γ_M zu verwenden, soweit sie nicht im Widerspruch zu den DIN-Fachberichten stehen. In diesem Fall gelten die Regeln in den DIN-Fachberichten.

Der Lasteinleitungsbereich ist entsprechend zu bemessen und erforderlichenfalls bei Massivbauten durch Spaltzugbewehrung oder bei Stahlbauten durch Aussteifungsbleche zu verstärken. Die für die Ermittlung der Teilflächenbelastung anzusetzende Fläche darf durch Lastausbreitung innerhalb der Lagerplatten unter maximal 45° bestimmt werden, sofern nicht durch genaueren Nachweis unter Berücksichtigung der Eigenschaften der angrenzenden Komponenten, Werkstoffe und Bauteile der Ansatz eines größeren Winkels gerechtfertigt ist. Der Lastausbreitungswinkel darf jedoch nicht größer als 60° angenommen werden.

Zwängungen, die sich aus Lagerwiderständen bei Verschiebungen und Verdrehungen ergeben, sind in den angrenzenden Bauteilen weiter zu verfolgen.

Lager, die mit Gleitelementen nach DIN EN 1337-2 ausgestattet werden, müssen um eine beliebige Achse in der Gleitebene eine Mindestverdrehbarkeit von 0,3 % im Grenzzustand der Gebrauchstauglichkeit aufweisen.

Als wirksame Lagertemperatur zur Bestimmung des Anwendungsbereichs nach der Normenreihe DIN EN 1337 ist die minimale bzw. maximale Außenlufttemperatur nach Kapitel V, Abschnitt 6.3.1.3 des DIN-Fachberichtes 101 zu verstehen. Sofern keine genauere Ermittlung vorgenommen wird, kann die minimale wirksame Lagertemperatur mit –24 °C und die maximale wirksame Lagertemperatur mit +37 °C angenommen werden.

Das gemäß Abschnitt 7.1 von DIN EN 1337-1:2000 festgelegte Lagerspiel gilt für das komplett ausgestattete Lager im Neuzustand, d. h. Lager inklusive Ausstattung.

3.2.2 Tragsicherheit der Bauteile aus Stahl

Die Tragsicherheit der Bauteile aus Stahl ist in jedem Einzelfall gemäß DIN-Fachbericht 103:2003 nachzuweisen.

3.2.3 Verankerung in anschließende Bauteile

Der Nachweis der Verankerung richtet sich nach DIN EN 1337-1:2001, Abschnitt 5.2.

Für die Tragfähigkeit und die konstruktive Ausbildung der Verankerungsmittel gelten die entsprechenden Technischen Baubestimmungen oder allgemeinen bauaufsichtlichen Zulassungen.

Bei Verwendung von Kopfbolzen nach Abschnitt 2.1.1.3 dürfen als charakteristische Werte der Querkraftragfähigkeit D_k die Werte nach Tabelle 1 angesetzt werden, wenn folgende Bedingungen erfüllt sind:

- Die Achsabstände der Kopfbolzen dürfen untereinander in Kraftrichtung nicht kleiner als $5 \cdot d_1$ und quer dazu nicht kleiner als $4 \cdot d_1$ sein.
- Die Mindestrandabstände der Kopfbolzen dürfen in Kraftrichtung nicht kleiner als 700 mm und quer zur Kraftrichtung nicht kleiner als 350 mm sein. Eine Unterschreitung der Mindestrandabstände ist zulässig, wenn mit Hilfe eines geeigneten Stabwerksmodells ein Nachweis gegen Betonversagen geführt wird.
- Im anschließenden Bauteil muss eine oberflächennahe Netzbewehrung aus Betonstahl Ø 12/15 cm, die im Bereich von Bauteilrändern bügelförmig auszubilden ist, vorhanden sein.
- Die Kopfbolzen müssen nach dem Schweißen mindestens 90 mm in den bewehrten Beton einbinden und der Mindestabstand zwischen Bolzenkopf und mittragender Bewehrung muss 20 mm betragen (siehe Anlage 4). Wird eine Mörtelfuge oder eine zusätzliche unbewehrte Betonschicht zwischen der Ankerplatte und dem bewehrten Beton angeordnet, so sind die Kopfbolzen entsprechend zu verlängern.
- Die Verankerung ist so auszubilden, dass ein ordnungsgemäßes Unterstopfen, Vergießen usw. möglich ist.

Tabelle 1 Charakteristische Werte der Querkrafttragfähigkeit D_k von Kopfbolzen

Betonfestigkeitsklasse	Kopfbolzen-Durchmesser [mm]	
	19	22
	Querkrafttragfähigkeit D_k [kN]	
C 20/25	68	92
≥ C 30/37	88	118

Der Bemessungswert der Querkrafttragfähigkeit von Kopfbolzen ist $D_d = D_k / \gamma_M$ mit $\gamma_M = 1{,}25$.

Es ist nachzuweisen, dass die Kopfbolzen überdrückt sind, d. h. die aus der Normalkraft und dem Moment resultierenden Bolzendruckkräfte müssen größer sein als die infolge der Querkraft auftretenden Bolzenzugkräfte, so dass ein Versagen durch Betonausbruch ausgeschlossen werden kann.

Bei Nichteinhaltung der genannten Forderungen kann der Nachweis der Gleitsicherheit durch Kopfbolzenverankerung unter Verwendung eines genaueren Berechnungsmodells, z. B. auf Grundlage eines Stabwerkmodells, unter Berücksichtigung des DIN-Fachberichts 102 erfolgen. Die Tragfähigkeit der Kopfbolzen, die oben genannte Forderungen nicht erfüllen, kann entsprechend den Technischen Baubestimmungen oder allgemeinen bauaufsichtlichen Zulassungen angesetzt werden. Die Bewehrungsführung ist entsprechend dem Stabwerkmodell, bei dem die Druckstreben an den Schweißwülsten der Kopfbolzenanschlüsse ansetzen, zu wählen.

3.3 Ebenheit

Die anschließenden Bauteilflächen müssen die in Abschnitt 2.1.2 festgelegten Anforderungen an die Ebenheit erfüllen. Erforderlichenfalls sind Ausgleichsschichten, z. B. Fugenmörtel gemäß Abschnitt 4.3, zwischen dem Lager und dem anschließenden Bauteil anzuordnen.

4 Bestimmungen für die Ausführung (Einbau)

4.1 Unterlagen

Bei Lagerlieferung müssen auf der Baustelle außer dem Zulassungsbescheid die Einbaurichtlinie des Lagerherstellers, der Lagerungsplan gemäß Abschnitt 8 von DIN EN 1337-1:2001 sowie der Lagerversetzplan nach Abschnitt 4 von DIN EN 1337-11:1998 vorliegen.

4.2 Versetzen des Lagers

Beim Einbau des Lagers ist DIN EN 1337-11:1998, Abschnitt 6 zu beachten.

Bei Straßenbrücken muss beim Einbau des ersten Lagers seiner Art am Bauwerk eine Fachkraft des Lagerherstellers am Einbauort anwesend sein. Dies gilt nicht für Verformungslager.

Bei Eisenbahnbrücken sind der Einbau aller benötigten Lager und die dazugehörende Vergussfugenherstellung dem Lagerhersteller zu übertragen.

Für die Mörtelfugen und Kontaktflächen ist die Einbaurichtlinie für Brückenlager (VHFL-Richtlinie 2), herausgegeben von der Deutschen Vereinigung der Hersteller von Fahrbahnübergängen und Lagern (VHFL) in der jeweils gültigen Fassung zu berücksichtigen.

Das Lager ist gemäß dem Lagerversetzplan zu positionieren und an der Messebene nach Abschnitt 2.2.1.6 horizontal mit einer Genauigkeit von mindestens 0,3 ‰ unter Verwendung eines Messgerätes zu justieren.

Nach dem Herstellen der Mörtelfuge darf der an der Messebene festgestellte Neigungsfehler nicht größer als 3 ‰ sein.

Die Lager müssen zum Zweck einer einwandfreien Wartung und Auswechselbarkeit zugänglich sein. Bei der Auswechslung der Lager dürfen anliegende Bauteile nicht zerstört werden. Bei Verbindung des Lagers mit der Ankerplatte durch vorgespannte Schrauben mit unzugänglicher Mutter ist im Fall der Auswechslung des Lagers durch eine geeignete Maßnahme – z. B. durch Anwendung des Drehwinkelverfahrens – sicherzustellen, dass die neue Schraube mit der planmäßigen Vorspannung angezogen wird.

4.3 Vergussfugen

Die Festigkeit und Dauerhaftigkeit des Fugenmörtels muss mindestens derjenigen des anschließenden Betons bzw. den Anforderungen an die Standsicherheit entsprechen. Im Übrigen gilt DIN EN 1337-11:1998, Abschnitt 6.6.

4.4 Protokolle

Die Protokolle nach DIN EN 1337-11:1998, Abschnitt 7 sind zu den Bauakten zu nehmen.

5 Bestimmungen für Nutzung, Unterhalt und Wartung

Die am fertigen Bauwerk während der Nutzung durchzuführenden Kontrollen der Lager und der Ausstattung sind gemäß DIN EN 1337-10:2003 zu überprüfen und zu protokollieren. Die während der Kontrolle zu messende Lufttemperatur ist ebenfalls zu protokollieren.

6.2.4 Anlagen

Brückenlager

(Anschlussbauteile)

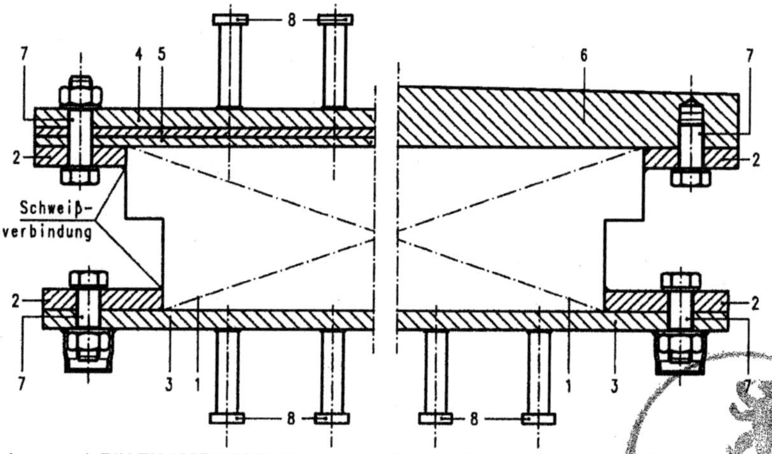

1	Brückenlager nach DIN EN 1337-1:2001-02	5	Futterplatten
2	Schraubenhalter	6	keilförmige Zwischenplatte
3	untere Ankerplatte	7	Schraubverbindung
4	obere Ankerplatte	8	Kopfbolzen

Anlage 1 (Auszug)

Brückenlager

(Anschlussbauteile)

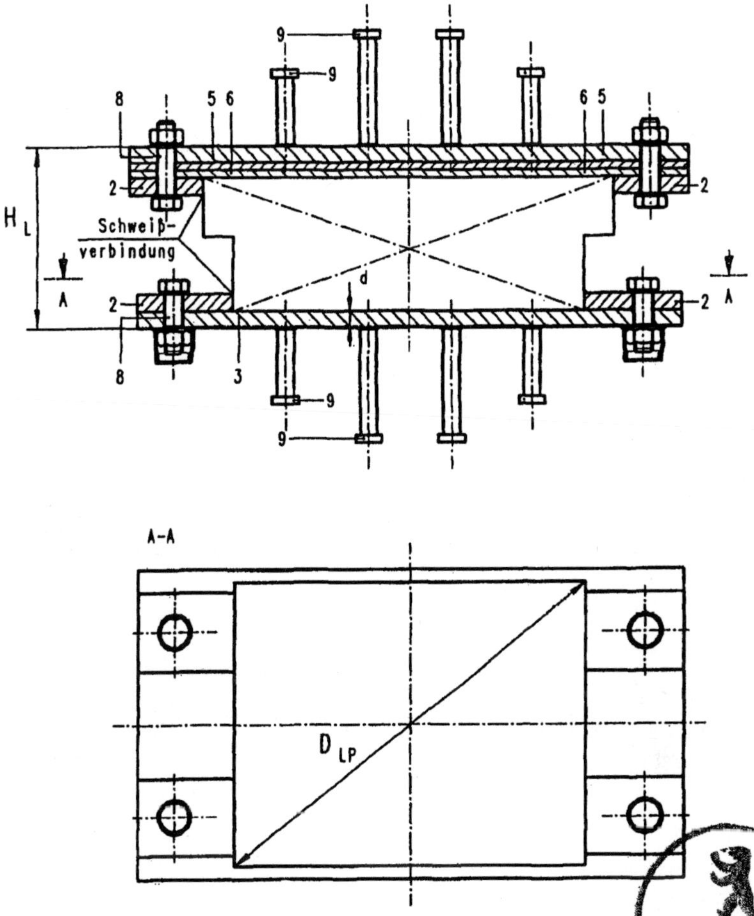

Positionsnummern nach Anlage 1

Antragsteller	Anschlussbauteile	Anlage 2 der allgemeinen bauaufsichtlichen Zulassung vom

Brückenlager

(Verformungslager)

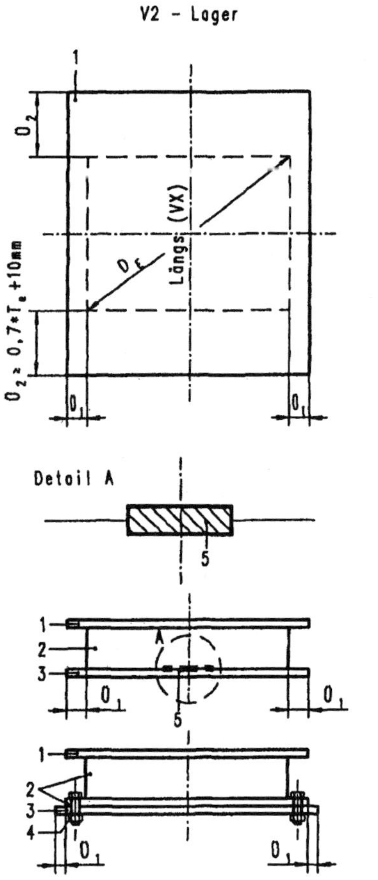

1 obere Lagerplatte/Ankerplatte
2 Lager
3 untere Lagerplatte/Ankerplatte
4 Schraubverbindung
5 Dübelscheibe

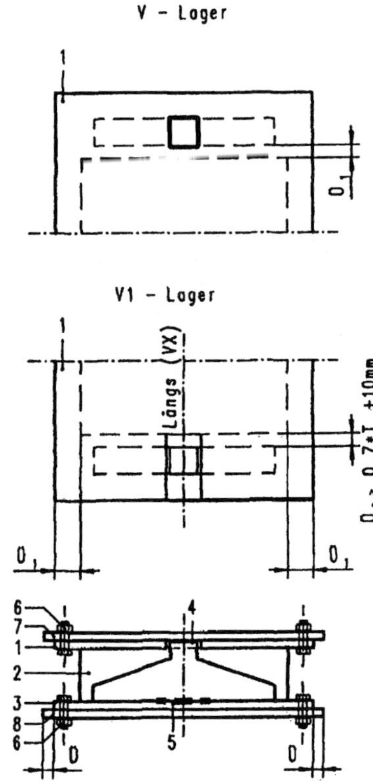

1 obere Lagerplatte
2 Lager
3 untere Lagerplatte
4 Knagge
5 Dübelscheibe
6 Schraubverbindung
7 obere Ankerplatte
8 untere Ankerplatte

Antragsteller	Brückenlager Verformungslager	Anlage 3 der allgemeinen bauaufsichtlichen Zulassung vom

Brückenlager

(beispielhafte Bewehrung und Vergussfuge)

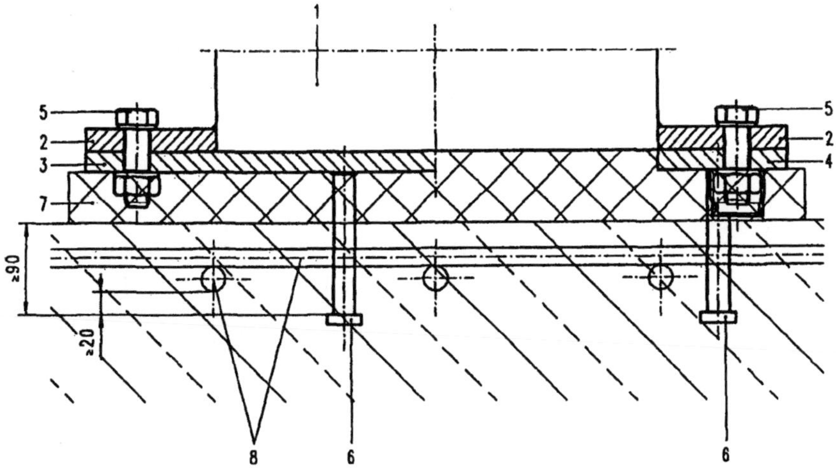

1 Brückenlager nach EN 1337-1
2 Schraubenhalter
3 Untere Ankerplatte
4 (Alternativ: Streifenförmige Ankerplatten)
5 Schraubverbindung
6 Verankerung Kopfbolzen
7 Vergussfuge
8 Bewehrung (Beispiel)

Antragsteller	Brückenlager Bewehrung und Vergussfuge	Anlage 4 der allgemeinen bauaufsichtlichen Zulassung vom

Brückenlager

(Dreistiftmessebene)

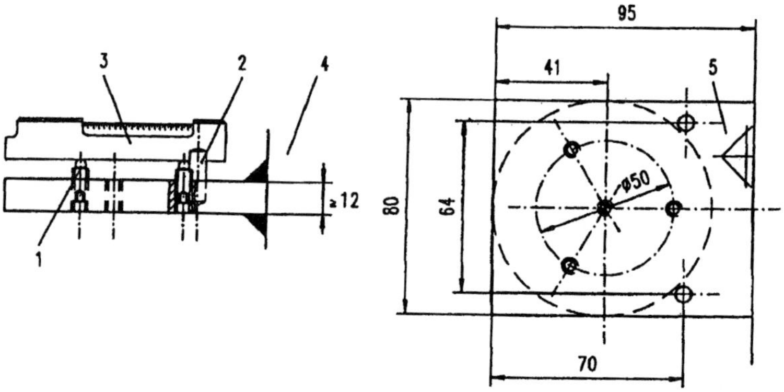

1 Gewindestift M6x16 aus Edelstahl mit angedrehter Kugel
2 Positionsstift (Steckkerbstift ø6x16 nach ISO 8741)
3 2-Achsen-Wasserwaage Messbereich 5 Teilstriche = 3%
4 Lager
5 Konsole für 3-Stift-Messebene

Antragsteller	Brückenlager Dreistiftmessebene	Anlage 5 der allgemeinen bauaufsichtlichen Zulassung vom

Brückenlager

(Lagerbeschriftung)

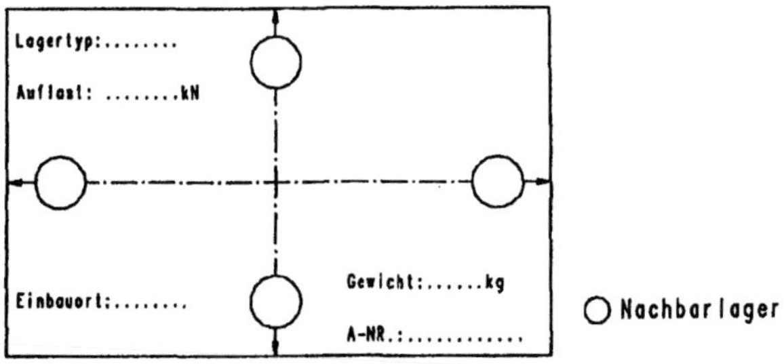

Oberseitige Beschriftung ohne Voreinstellung

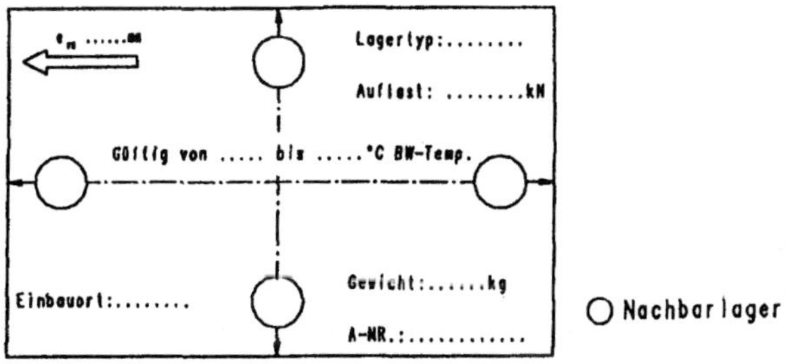

Oberseitige Beschriftung mit Voreinstellung

Antragsteller	Brückenlager Lagerbeschriftung	Anlage 6 der allgemeinen bauaufsichtlichen Zulassung vom

Brückenlager

(Typenschild)

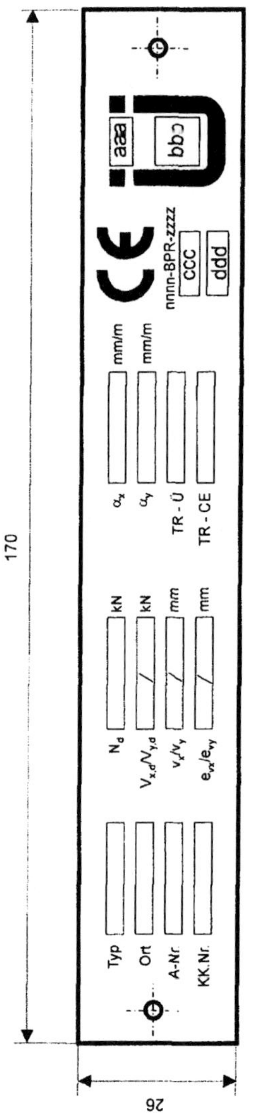

aaa	Hersteller/Herstellwerk
bbb	Bezeichnung oder Bildzeichen der Zertifizierungsstelle
ccc	in den Handel gebracht durch
ddd	Herstellwerk des CE gekennzeichneten Lagers
nnnn-BPR-zzzz	Kennnummer der notifizierten Zertifizierungsstelle
TR - Ü	Maßgebende technische Regel als Grundlage für das Ü-Zeichen
TR - CE	Maßgebende technische Regel als Grundlage für das EG-Konformitätszertifikat
KK.-Nr.	Kontrollkartennummer

Ausführung: Schrift und Umrandung weiß auf schwarzen Grund

Gravuren: Schriftgröße 3,5 mm

Antragsteller	Brückenlager Typenschild	Anlage 7 der allgemeinen bauaufsichtlichen Zulassung vom

6.3 ETAs für Lager

6.3.1 Vorbemerkung

Abgesehen von den Ausstattungszulassungen gibt es dank fertiggestellter Normenreihe EN 1337 keine Notwendigkeit mehr, Zulassungen zu erteilen, sofern das Lager dem in dieser Normenreihe Dargestellten entspricht.

Voraussetzung für die Verwendung von Lagern nach dieser Normenreihe ist das CE-Zeichen, der Anhang ZA der einzelnen Normenteile regelt Näheres.

Die Entwicklung einer Alternative zum Gleitwerkstoff PTFE, also ein in EN 1337 nicht erwähnter und somit für diese Verwendung neuer Baustoff, durch den das Lager zu einem nicht geregelten Bauprodukt wird, war Anlass für neue Zulassungen. Neben der nationalen „allgemeinen bauaufsichtlichen Zulassung“ (abZ) für diesen neuen Baustoff, die nur in Deutschland gültig ist, wurden auch Europäische Technische Zulassungen – abgekürzt ETA – antragsgemäß für Kalottenlager erteilt. Dies erfolgte ohne Leitlinie, vgl. Bauregelliste B Abschnitt 4 lfd. Nr. 4.3.1.35.

6.3.2 Übersicht

Zur Zeit des Redaktionsschlusses gab es ETAs für Kalottenlager und Zylinderlager mit diesem neuen Werkstoff für folgende Zulassungsinhaber:

Maurer Söhne, München, D (Lizenzgeber)
FIP, Italien
Mageba, Schweiz
Reisner & Wolf, Österreich.

Der neue Gleitwerkstoff, ein ultrahochmolekulargewichtiges Polyethylen – im Folgenden mit UHMWPE abgekürzt – erlaubt dreierlei gegenüber PTFE:

- höhere Grenzpressungen (vgl. Tabelle 10 in EN 1337 Teil 2),
- kleinere Gleitreibungszahlen (vgl. Tabelle 11 und Anhang B w. o.),
- größeren Temperatur-Verwendungsbereich (statt bis –35 °C jetzt –50 °C).

Eine Novellierung der Zulassung für erstgenannten Antragsteller betrifft

- die Erweiterung auf Zylinderlager (in D bislang nicht üblich, für Sanierung bei auszuwechselnden 1-Rollen-Lagern gedacht),
- eine Erweiterung um einen weiteren Werkstoff, genannt **MSA**, für die gekrümmte Fläche (bislang nur Hartchrom und Nichtrostender Stahl), dessen genaue Spezifikation nicht veröffentlicht wird,
- eine Vergrößerung der maximalen Breite der Platten aus dem neuen Gleitwerkstoff von 1500 mm auf 2500 mm und eine Vergrößerung der Anwendungstemperatur von bisher +48 °C auf +70 °C.

Im Anhang A der Zulassung ist das Lager mit der Ausstattung als Bild A1 beispielhaft dargestellt. Diese Darstellung entspricht der Anlage 1 und den Darstellungen der Kalottenlager in den Abschnitten 4.3 und 4.4 dieses Buches. Weil diese ETAs europaweit gelten, eine Ausstattungszulassung aber nur im nationalen Bereich verlangt wird, wird diese in den Bestimmungen der ETA nicht erwähnt.

Diese ETAs enthalten als Besonderheit die Angabe einer Nutzungsdauer mit Erläuterung. Hierzu ist auf EN 1990 zu verweisen. Dort wird im Abschnitt 2.3 in der Tabelle 2.1 eine Klassifizierung der Nutzungsdauer angegeben.

Anders als in den allgemeinen bauaufsichtlichen Zulassungen, in denen zeichnerische Darstellungen traditionsgemäß nur in Anlagen zu finden sind, gibt es in der ETA Zeichnungen sowohl im Text als auch in speziellen Anhängen. Diese Darstellungen sind, abgesehen von dem schon genannten Bild A1, den Normen EN 1337-2 und EN 1337-7 entnommen.

Die nachfolgende Tabelle zeigt die Zuordnung:

ETA		EN 1337
Bild 1		-7 Bild 6
Bild 2		-2 Bild 9
Anhang A	A2	-7 Bild 3
	A3	-7 Bild 4
Anhang B	B1	-2 Bild 2
	B2	-2 Bild 3
	B3	-2 Bild 5
	B4	-2 Bild 6
	B5	-2 Bild 1
Anhang C	C1	-2 Bild A1
Anhang E	E1	-7 Bild 7
	E5 (Formel)	-2 Anhang C

6.3.3 Standardtext

Es handelt sich auch textlich bei den Besonderen Bestimmungen weitgehend um die Wiedergabe der Regeln aus den Normen EN 1337 Teile 2 und 7 mit folgenden Abweichungen, die sich durch die schon genannten Änderungen ergeben, wobei wir uns hier auf solche Regeln beschränken, die den Verwender interessieren. Der **UHMWPE** hat in jeder dieser 4 ETAs einen anderen Namen, z. B. für Maurer Söhne **MSM** und für Sollinger Hütte **MPE**.

Soweit Textteile nur die Firma Maurer Söhne betreffen, werden sie kursiv gesetzt.

(Auszugsweise Wiedergabe wiederum mit Genehmigung des DIBt)

Zu Abschn. 1.1 Beschreibung des Bauprodukts

Alternativ zur Darstellung in Abb. A.1 im Anhang A dürfen die Lager auch umgedreht, d. h. mit unten liegender ebener Gleitfläche (sinnvoll z. B. bei Stahlbrücken) verwendet werden.

Gleitflächen aus ein- oder mehrteiligen UHMWPE-Platten, deren umschreibender Kreis einen Durchmesser von weniger als 75 mm oder mehr als 1500 mm *(bzw. bei Maurer Söhne 2500 mm)* hat oder deren wirksame Lagertemperatur niedriger als –50 °C oder höher als 48 °C *(bzw. bei Maurer Söhne 70 °C)* ist, liegen außerhalb des Anwendungsbereichs dieser ETA. Effektive Lagertemperaturen über 48 °C sollen nur von kurzer Dauer sein, z. B. bedingt durch klimatische Temperaturveränderungen. Wenn Verbundwerkstoffe in Führungen verwendet werden, wird die höchste effektive Lagertemperatur auf 48 °C beschränkt. Kalottenlager mit einem Öffnungswinkel von $2\vartheta > 60°$ bzw. Zylinderlager mit einem Öffnungswinkel von $2\vartheta > 75°$ liegen außerhalb des Anwendungsbereiches dieser ETA (siehe Abb. 1).

Als Alternative zu austenitischem Stahl oder Hartchrom kann in gekrümmten Gleitflächen die Gleitlegierung MSA® als Gegenwerkstoff verwendet werden. Kalottenlager, die vorübergehend als Hilfslager während der Bauphase dienen (z. B. beim Taktschieben des Überbaus), liegen ebenfalls außerhalb des Anwendungsbereichs dieser ETA.

1.2 Bestimmungszweck

Die Kalotten- *und Zylinderlager* werden zur Lagerung von Brücken oder Bauwerken entsprechend dem Anwendungsbereich von EN 1337-1:2000 eingesetzt.

Die Kalotten- *und Zylinderlager* sind für alle Bauwerksarten geeignet, besonders aber für weiche Bauwerke mit großen und häufigen Verformungen aus Verkehr, für Bauwerke mit schnell auftretenden Gleitbewegungen des Lagers, wie z. B. Brücken für Hochgeschwindigkeitseisenbahnen sowie für Regionen mit lang andauernden tiefen und/*oder hohen* Temperaturen. *Sphärische und zylindrische Teile aus der Gleitlegierung MSA® sind besonders korrosionsbeständig.*

Die Kalotten- *und Zylinderlager* werden hauptsächlich in Beton-, Stahl- und Verbundbauwerken eingesetzt.

Die Bestimmungen dieser Europäischen Technischen Zulassung beruhen auf einer angenommenen Nutzungsdauer des Kalotten- *oder Zylinderlagers* von 50 Jahren. *Die angenommene Nutzungsdauer des Lagers reduziert sich auf 10 Jahre, wenn Verbundwerkstoffe in Führungen verwendet werden.*

2.1 Merkmale des Produkts

2.1.1 Allgemeines

MAURER MSM® Zylinderlager müssen Verdrehungen um eine Achse ermöglichen.

2.1.2 Werkstoffkombinationen

Die zulässigen Werkstoffkombinationen für Gleitteile sind in Tabelle 1 angegeben. Nur eine Kombination soll für die Gleitfläche verwendet werden. Die Gleitfläche ist gemäß 2.1.8 und 4.1 zu schmieren.

Tabelle 1 Zulässige Kombinationen von Gleitwerkstoffen für die Langzeitanwendung als Gleitflächen von Kalotten- oder Zylinderlagern mit UHMWPE

Ebene Gleitfläche		Gekrümmte Gleitfläche		Führungen	
NGW mit Schmiertaschen	austenitischer Stahl	BGW mit Schmiertaschen	austenitischer Stahl	UHMWPE ohne Schmiertaschen	austenitischer Stahl
			Hartchrom	CM1	
			MSA®	CM2	

2.1.3 BGW-Platten

Die Materialzusammensetzung ist vertraulich.

2.1.10 Gleitlegierung MSA®

Die Gleitlegierung MSA® mit spezieller Oberflächenbehandlung kann als Alternative zu Stahl für Kalotten- und Zylinderträgerplatten gemäß Abschnitt 2.2.6. verwendet werden. Die Materialeigenschaften und Oberflächenbehandlungen der Gleitlegierung MSA® sind vertraulich.

Tabelle 2 Charakteristische Werte der aufnehmbaren Pressungen von UHMWPE (Ersatz für Tabelle 10 in EN 1337 Teil 2)

<table>
<tr><td rowspan="3">Charakteristische aufnehmbare Pressung f_k in [N/mm^2]</td><td colspan="2">Hauptgleitfläche
ständige und veränderliche Einwirkungen</td><td rowspan="2">180</td></tr>
<tr><td colspan="2">Führungen
veränderliche Einwirkungen</td></tr>
<tr><td colspan="2">Führungen
ständige Einwirkungen
Einwirkungen aus Temperatur, Kriechen und Schwinden</td><td>60</td></tr>
<tr><td>Wirksame Lagertemperatur [°C]</td><td>≤ 35 °C</td><td>48 °C</td><td>70 °C</td></tr>
<tr><td>Gleitfläche</td><td colspan="3">Charakteristische Druckfestigkeit f_k</td></tr>
<tr><td>Hauptgleitfläche
ständige und veränderliche Einwirkungen</td><td rowspan="2">180 MPa</td><td rowspan="2">135 MPa</td><td rowspan="2">90 MPa</td></tr>
<tr><td>Führungen
veränderliche Einwirkungen</td></tr>
<tr><td>Führungen
ständige Einwirkungen
Einwirkungen aus Temperatur, Kriechen und Schwinden</td><td>60 MPa</td><td>45 MPa</td><td>30 MPa</td></tr>
</table>

2.2.4 Arretierungsring

Allseits verschiebliche Kalotten- *und Zylinderlager* dürfen mit einem Arretierungsring festgehalten werden. Für die Bemessung und die entsprechenden Nachweise sind die Regeln für den Topf und den Deckel von Topflagern nach EN 1337-5:2005, Abschnitt 6 sinngemäß anzuwenden.

2.2.7 Gleitverhalten (vgl. Abschnitt 6.7 in EN 1337-2)

Die folgenden Reibungszahlen μ_{max} sind für den Nachweis des Lagers und des Tragwerks, in das es eingebaut ist, zu verwenden. Die Werte sind nicht bei hochdynamischen Einwirkungen, die z. B. in Erdbebengebieten auftreten können, anwendbar. Der Reibungswiderstand darf nicht zur Aufnahme von Schnittgrößen aus äußeren horizontalen Lasten herangezogen werden.

a) Reibungszahl bei niedrigen Temperaturen
Für Gleitteile mit geschmierten UHMWPE-Platten mit Schmiertaschen zum Einsatz in Gebieten, in denen die Mindestnutztemperatur für Lager nicht unter 35 °C fällt, wird die Reibungszahl μ_{max} als Funktion der mittleren Pressung σ_{MSM} [N/mm²] wie folgt bestimmt:

$$0{,}020 \leq \mu_{max} = \frac{1{,}6}{15 + \sigma_{MSM}} \leq 0{,}08$$

Bei Führungen ist die Reibungszahl unabhängig vom Kontaktdruck. Als Reibungszahl ist $\mu_{max} = 0{,}10$ zu verwenden.

b) Reibungszahl bei sehr tiefen Temperaturen
Für Gleitteile mit geschmierten UHMWPE-Platten mit Schmiertaschen zum Einsatz in Gebieten, in denen die Mindestnutztemperatur für Lager unter –35 °C (bis – 50 °C) fällt, wird die Reibungszahl μ_{max} als Funktion der mittleren Pressung σ_{MSM} [N/mm²] wie folgt bestimmt:

$$0{,}027 \leq \mu_{max} = \frac{2{,}8}{30 + \sigma_{MSM}} \leq 0{,}08$$

Bei Führungen ist die Reibungszahl unabhängig vom Kontaktdruck. Als Reibungszahl ist $\mu_{max} = 0{,}12$ zu verwenden.

c) Reibungszahl bei gemäßigten niedrigen Temperaturen
Für Gleitteile mit geschmierten UHMWPE-Platten mit Schmiertaschen zum Einsatz in Gebieten, in denen die Mindestnutztemperatur für Lager nicht unter – 5 °C fällt, wird die Reibungszahl μ_{max} als Funktion der mittleren Pressung σ_{MSM} [N/mm²] wie folgt bestimmt:

$$0{,}015 \leq \mu_{max} = \frac{1{,}2}{15 + \sigma_{MSM}} \leq 0{,}06$$

Bei Führungen ist die Reibungszahl unabhängig vom Kontaktdruck. Als Reibungszahl ist $\mu_{max} = 0{,}07$ ist zu verwenden.

Mehrschicht-Werkstoffe sind in Abschnitt 6.7 von EN 1337-2:2004 geregelt.

2.2.8 Rotationsvermögen

Die Gleitflächen müssen die Anforderungen dieser ETA erfüllen.

Unter der Grundkombination der Einwirkungen muss nachgewiesen werden, dass

- die metallische Gegenfläche die UHMWPE-Platte vollständig überdeckt,
- kein Kontakt zwischen dem Ober- und Unterteil oder irgendeiner anderen metallischen Komponente auftritt (siehe Anhang A von EN 1337-1:2000).

Beim Nachweis der o. g. Bedingungen muss die Erhöhung der Rotation nach Abschnitt 5.4 von EN 1337-1:2000 berücksichtigt werden.

Rotationen um die Querachse von Führungen sind in Abschnitt 2.2.3 geregelt.

Führungen aus Mehrschicht-Werkstoff unterliegen den Regelungen nach 6.3 von EN 1337-2:2004.

2.2.9 Verschiebungskapazität

Unter Berücksichtigung der erhöhten Bewegungen nach 5.4 von EN 1337-1:2000 muss nachgewiesen werden, dass unter der Grundkombination die austenitischen Bleche so ausgelegt sind, dass bei maximaler Verschiebung des Gleitteils die UHMWPE -Platten und die CM-Platten vollständig abgedeckt sind.

Anmerkung: Die angenommene Nutzungsdauer von 50 Jahren beruht auf der Annahme eines maximalen aufaddierten Gleitweges von c · 50.000 m und einer durchschnittlich maximalen Geschwindigkeit von 15 mm/sec in der Hauptgleitfläche (für PTFE nach EN 1337-2:2004: c · 10.000 m und 2 mm/sec), wobei c ($c \geq 1$) ein Korrekturfaktor für den Unterschied zwischen dem Gleitweg bei konstanter Amplitude in den Prüfungen und dem Gleitweg bei Bewegungen mit veränderlicher Amplitude, die infolge Verkehrs tatsächlich auftreten, ist.

Kalotten- oder Zylinderlagerelemente aus MSA® benötigen keinen zusätzlichen Korrosionsschutz.

6.4 Allgemeine bauaufsichtliche Zulassungen (abZ)

6.4.1 Vorbemerkung

Im Abschnitt 6.2.1 wurde bereits darauf hingewiesen, dass in Deutschland in jedem Fall der Einbau von Lagern eine dem Hersteller erteilte Ausstattungszulassung voraussetzt, in der geregelt wird, was in den Teilen der EN 1337 nicht zu finden ist, aber dennoch geregelt werden muss.

Das trifft auch für allgemeine bauaufsichtliche Zulassungen (abZ) zu, die notwendig sind, wenn von den Regeln in EN 1337 abgewichen werden soll.

Anders als bei ETAs wird in diesen Fällen nur die Ü-Kennzeichnung verlangt.

Es gibt zur Zeit des Redaktionsschlusses 5 abZ für 4 verschiedene Zulassungsgegenstände für die Antragsteller Maurer Söhne und Sollinger Hütte. Es handelt sich dabei um den Einsatz des neuen Gleitwerkstoffs – für ihn wurde schon im Abschnitt 6.3 die Abkürzung BGW genannt. Bei den 4 Zulassungsgegenständen handelt es sich um

- Verformungsgleitlager,
- Führungslager,
- Topfgleitlager,
- Kalotten- und Zylinderlager.

Der gesamte Textumfang dieser Zulassungen beträgt rund 100 Seiten, wobei viele Regelungen in jeder dieser Besonderen Bestimmungen vorkommen.

Um den Textumfang so weit zu reduzieren, wie es möglich ist, werden im Folgenden die Besonderen Bestimmungen, soweit sinnvoll, nur **einmal** abgedruckt und die Regelungen, die für Tragwerksplaner und Bauherrn weniger interessant sind, weggelassen.

Die Anlagen werden vollständig abgedruckt, weil im Text der Besonderen Bestimmungen auf sie verwiesen wird.

Die „Nutzungsdauer“, auch „Lebensdauer“ genannt, wurde für gleichartige Produkte unterschiedlich angegeben – 10 Jahre oder 50 Jahre, wobei auch die Möglichkeit eröffnet wird, die Nutzungsdauer zu vergrößern. Zu empfehlen ist, sich vor der Verwendung zu informieren, welche Nutzungsdauer aktuell vom Hersteller genannt werden kann.

6.4.2 Verformungsgleitlager
Besondere Bestimmungen (Auszug)

1 Zulassungsgegenstand und Anwendungsbereich

Bei dem zugelassenen Bauprodukt handelt es sich um Verformungsgleitlager für Brücken und Hochbauten, welche sich aus der Kombination eines Kippteils (bewehrtes Elastomerlager) gemäß DIN EN 1337-3:2005-07 mit einem Gleitteil gemäß DIN EN 1337-2:2004-07 ergeben. In den Gleitflächen der Führungen wird PTFE nach DIN EN 1337-2:2004-08 durch den Gleitwerkstoff MPE ersetzt.

In den Gleitflächen ist die Materialpaarung MPE gegen austenitischen Stahl vorzusehen. Die MPE Scheiben in den Hauptgleitflächen sind mit Schmiertaschen zu versehen, Führungen erhalten eine Initialschmierung.

Der Gleitwerkstoff ist in einer Trägerplatte aus Stahl gekammert. Die Trägerplatte mit Kammerung (MPE-Aufnahme) kann direkt auf dem bewehrten Elastomerlager (Typ B nach DIN EN 1337-3:2005-07) aufliegen oder als Elastomerlager nach Typ E nach DIN EN 1337-3:2005-07 ausgebildet werden.

Soweit in dieser allgemeinen bauaufsichtlichen Zulassung keine anderen Festlegungen getroffen werden, gelten die Regelungen für Gleitteile mit PTFE gemäß DIN EN 1337-2:2004-07, die Regelungen für Elastomerlager gemäß DIN EN 1337-3:2005-07 sowie die allgemeinen Regelungen nach DIN EN 1337-1:2001-01, DIN EN 1337-9:1998-04, DIN EN 1337-10:2003-11 und DIN EN 1337-11:1998-04.

Für den Einbau und die Ausstattung der Lager in Deutschland ist eine gesonderte allgemeine bauaufsichtliche Zulassung oder eine Zustimmung im Einzelfall erforderlich.

Verformungsgleitlager mit gekammerten Gleitflächen aus MPE besitzen die Leistungsmerkmale und den Einsatztemperaturbereich wie Lager nach DIN EN 1337-3:2005-07. Die Lebensdauer des Verformungsgleitlagers mit MPE-Gleitteil ist mit der Schädigung des Elastomers (z. B. durch Witterungs- und Umwelteinflüsse) erreicht.

Die für die endgültige Lagerung des Bauwerks bestimmten Lager dürfen während der Bauphase nicht als Hilfslager (z. B. beim Taktschieben oder Abstapeln von Überbauten) dienen.

Verformungsgleitlager wirken in der Regel als zweiachsig verschiebbare Punktkipplager. Durch Führungen kann die Gleitbewegung eingeschränkt werden und damit aus dem zweiachsig verschiebbaren Lager auch ein einachsig verschiebbares Verformungsgleitlager entstehen. Es ist sicherzustellen, dass auch bei solchen Lagern die Verdrehung nicht behindert wird.

Lager, bei denen in den Hauptgleitflächen der Durchmesser des umschreibenden Kreises der MPE-Platten 1500 mm überschreitet oder 75 mm unterschreitet, fallen nicht in den Geltungsbereich dieser Zulassung. Diese Lager bedürfen einer Zustimmung im Einzelfall.

2 Bestimmungen für das Bauprodukt

2.1 Eigenschaften und Zusammensetzung

2.1.1 Werkstoffe

2.1.1.1 MPE

MPE ist ein Gleitwerkstoff aus UHMWPE (Ultra high molecular weight polyethylene). Kennwerte der Zusammensetzung und der charakteristischen Werkstoffeigenschaften sowie der tribologischen Eigenschaften sind bei der fremdüberwachenden Stelle und dem Deutschen Institut für Bautechnik hinterlegt.

2.1.1.2 Elastomere Werkstoffe

Für Elastomerlager nach DIN EN 1337-3:2005-07 ist Chloroprenekautschuk zu verwenden.

2.1.1.3 Austenitischer Stahl

Für die Gleitbleche ist nichtrostender Stahl mit den Werkstoffnummern 1.4401 oder 1.4404 nach DIN EN 10088-4:2009-08 in der Ausführungsart 2B zu verwenden.

2.1.1.4 Schmierstoff

Als Schmierstoff für Gleitflächen muss Siliconfett nach DIN EN 1337-2:2004-07, Abschnitt 5.8 verwendet werden.

2.1.1.5 Stahl

Für stählerne Lagerkomponenten nach den Abschnitten 2.1.2.3 bis 2.1.2.6 sind Bauprodukte nach Bauregelliste A Teil 1 oder Bauregelliste B Teil 1 entsprechend dem vorgesehenen Verwendungszweck und ihrer Schweißeignung auszuwählen. Ist die Tragsicherheit einer Lagerkomponente nachzuweisen, so gilt für die Auswahl der Stahlsorte DIN 18800-1:2008-11, Abschnitt 4.1. Für die Verwendung in Brücken gilt DIN-Fachbericht 103:2009, Kapitel II-3. Für den Eisenbahnbrückenbau sind bahnspezifische Regelungen zu berücksichtigen, beispielsweise DBS 918002-02.

Werden Lagerplatten thermisch geschnitten, sind als Rechtwinkligkeits- oder Neigungstoleranz Bereich 4 gemäß Abschnitt 7.2.2 von EN ISO 9013:2003, als gemittelte Rautiefe Bereich 3 gemäß Abschnitt 7.2.3 von EN ISO 9013:2003 sowie als Maßtoleranz Klasse 2 gemäß Abschnitt 8 von EN ISO 9013:2003 einzuhalten. Aufhärtungen durch Brennschneiden sind vor dem Strahlen abzuarbeiten. Die Aufhärtung darf nur so groß sein, dass nach dem Strahlen keine Glanzflächen sichtbar sind und die Rautiefe R_{y5i} mindestens 40 μm beträgt.

2.1.1.6 Verbindungsmittel

Es sind Verbindungsmittel nach DIN-Fachbericht 103:2009-03 sowie nach DIN 18800-1:2008-11 bzw. DIN 18800-7:2008-11 zu verwenden. Die Schweißzusatzstoffe müssen DIN 18800-7:2008-11 entsprechen.

2.1.1.7 Klebstoff für die Befestigung von austenitischen Stahlblechen

Die Hauptfunktion des Klebstoffes besteht darin, das austenitische Stahlblech an der Trägerplatte so zu befestigen, dass Scherkräfte ohne Relativverschiebungen übertragen werden.

Der Klebstoff muss Abschnitt 5.9 und Anhang J von DIN EN 1337-2:2004-07 entsprechen.

2.1.2 Konstruktive Durchbildung, Grenzabmessungen, Toleranzen

2.1.2.1 MPE-Elemente

2.1.2.1.1 Allgemeines

MPE-Elemente sind kreisförmige oder rechteckige Platten in den Hauptgleitflächen oder rechteckige Streifen in Führungen.

2.1.2.1.2 MPE-Platten

Die MPE-Platten dürfen gem. Anlage 2 aus separat gekammerten Abschnitten zusammengesetzt werden. Dabei darf eine Unterteilung in maximal vier formgleiche Abschnitte erfolgen.

Die Kleinstabmessung *a* der Abschnitte darf 50 mm nicht unterschreiten. Der Abstand *C* von in mehrere Abschnitte aufgeteilten MPE-Platten darf nicht größer als 10 mm sein. Bei einachsig verschiebbaren Lagern mit Innenführung muss der Abstand der MPE-Flächen quer zur Bewegungsrichtung so bemessen sein, dass bei einer Kraftausbreitung unter einem Winkel von 45° der oberhalb oder unterhalb anschließenden Trägerplatte eine geschlossenen Druckfläche erzeugt ($C \leq 2 \cdot t_b$) wird. Der Kleinstwert *C* ist maßgebend.

Dabei sind:

a	Kleinstabmessung der Abschnitte nach Anlage 2
C	Abstand der Einzelabschnitte nach Anlage 2
t_b	Dicke der Trägerplatte nach Anlage 1.

In MPE-Platten sind Vertiefungen (Schmiertaschen) gemäß Anlage 2 zur Schmierstoffspeicherung vorzusehen. Bei Pressungen aus ständigen Lasten von weniger als 5 N/mm^2 darf auf Schmiertaschen verzichtet werden.

Der Überstand *h* und die Dicke *t* der MPE-Platte müssen folgenden Bedingungen entsprechen:

$$h = 2{,}5 + \frac{L_{(1)}}{3000} \quad [\text{mm}]$$

$$2{,}65\,h \leq t \leq 10 \quad [\text{mm}]$$

Dabei sind:

h	Überstand nach Anlage 3
t	Dicke der MPE-Platte
t_{MPE}	nach Anlage 3
$L_{(1)}$	Diagonale der ebenen Gleitfläche nach Anlage 2

Vorstehende Grenzbedingungen dürfen durch die für PTFE-Platten nach DIN EN 1337-2:2004-07 geltenden ersetzt werden, wenn die MPE-Pressungen nicht größer als die aufnehmbaren PTFE-Pressungen sind.

Die Toleranzzone für *h* darf bei $L_{(1)} \leq 1200$ mm ± 0,2 mm und bei $L_{(1)} > 1200$ mm ± 0,3 mm betragen. Die vorgenannte Bedingung für *h* gilt für das unbelastete, mit Korrosionsschutzbeschichtung versehene Lager im Bereich von Messstellen nach Abschnitt 2.2.1.7.

Die Toleranzzone für t darf bei

$L_{(1)} \leq 1200$ mm $^{+0,3}_{-0,0}$ mm und bei

$L_{(1)} > 1200$ mm $^{+0,4}_{-0,0}$ mm betragen.

2.1.2.1.3 MPE-Streifen

MPE-Streifen in Führungen besitzen keine Schmiertaschen, ihre Breite a muss mindestens 15 mm betragen. Für den Überstand h und für die Dicke t sind folgende Grenzabmessungen einzuhalten:

$h = 3{,}0 \pm 0{,}2$ [mm]

$8 \leq t \leq 10$ [mm]

Vorstehende Grenzbedingungen dürfen durch die für PTFE-Streifen nach DIN EN 1337-2:2004-07 geltenden ersetzt werden, wenn die von PTFE-Streifen in Führungen aufnehmbaren Pressungen nicht überschritten werden.

Für den modifizierten Formfaktor S ist folgende Bedingung einzuhalten:

$$S = \frac{A_{MPE}}{u \cdot h} \cdot \frac{t-h}{h} > 4$$

Dabei sind:

A_{MPE} gedrückte (unverformte) Fläche, siehe Anlage 2

u Umfang, siehe Anlage 2

Erforderlichenfalls sind mehrere, einzeln gekammerte Streifen nach den vorgenannten Grundsätzen anzuordnen.

2.1.2.2 Lager nach DIN EN 1337

Es gelten die Bedingungen nach DIN EN 1337-3:2005-07.

2.1.2.3 Gleitblech

Die Kontaktfläche ist zu schleifen und erforderlichenfalls zu polieren.

Nach der Oberflächenbehandlung darf die gemittelte Rautiefe R_{y5i} nach EN ISO 4287:1998 1 µm nicht überschreiten und die Oberflächenhärte muss im Bereich von 150 HV1 bis 220 HV1 nach EN ISO 6507-2:2005 liegen.

Aufgeschweißte oder vollflächig verklebte Gleitbleche müssen mindestens 1,5 mm, mechanisch befestigte mindestens 2,5 mm dick sein.

2.1.2.4 Gleitplatte

Die Dicke der ebenen Gleitplatte muss bezogen auf die Plattendiagonale D_{LP} mindestens $0{,}04 \cdot D_{LP}$, jedoch mindestens 10 mm betragen.

Die Ebenheitstoleranz der Gleitplatte nach DIN ISO 1101:2008-08 beträgt $0{,}0003 \cdot D_{LP}$. Lokale Unebenheiten im Bereich der anliegenden MPE-Platte – bezogen auf eine Messlänge der Abmessung L – dürfen $0{,}0003 \cdot L$ oder 0,2 mm nicht überschreiten. Der größere Wert ist maßgebend.

Vorstehende Anforderungen müssen auf beiden Seiten der Gleitplatte erfüllt sein, wenn Anker- oder Futterplatten anschließen bzw. beim Anschluss an Stahlüberbauten, sonst nur auf der Gleitblechseite. Bezüglich der Abmessung $L_{(1)}$ siehe Anlage 2.

2.1.2.5 MPE Aufnahme

Der obere Rand der Vertiefung (Kammerung) zur Aufnahme einer Platte oder eines Streifens aus MPE ist scharfkantig auszubilden. Im Bereich des Übergangs von der Wandung zum Boden der Kammerung darf der Radius der Ausrundung 1 mm nicht überschreiten.

Das lichte Maß der Kammerung ist so zu wählen, dass das MPE-Element planmäßig ohne Spiel – erforderlichenfalls nach vorherigem Abkühlen – eingepasst werden kann. Ein eventuell vorhandener Spalt zwischen der Wandung der Kammerung und dem MPE-Element darf nur bereichsweise auftreten und bei Raumtemperatur die Werte nach Tabelle 1 nicht überschreiten.

Tabelle 1 Maximale Spaltbreiten

Abmessung $L_{(1)}$ in mm	Spalt in mm
> 75 ≤ 600	≤ 0,6
> 600 ≤ 1.200	≤ 0,9
> 1.200 ≤ 1.500	≤ 1,2

Der Rand der MPE-Aufnahme für die MPE-Platte ist erforderlichenfalls so abzuarbeiten, dass eine Einfassung der Kammerung von rd. 10 mm Breite und $3^{+0,1}_{-0,0}$ mm Höhe verbleibt (vgl. Anlage 3). Ist die Einfassung an keiner Stelle breiter als 15 mm, so kann die Abarbeitung entfallen.

Der ebene Kammerungsboden muss ebenfalls die in Abschnitt 2.1.2.4 genannte Ebenheitsanforderung erfüllen.

2.1.2.6 Führungen

Sofern keine anderen Angaben gemacht werden, gelten die Angaben in DIN EN 1337-2:2004-07.

Als Materialpaarung für die Gleitflächen ist bei Führungen MPE/austenitischer Stahl zulässig.

Bei Verwendung von MPE-Streifen sind diese sinngemäß nach Abschnitt 2.1.2.5 vollständig zu kammern und zu verkleben, wobei die Einfassung der Kammerung an den Schmalseiten rd. 10 mm breit sein muss. An den Längsseiten soll die Breite der Einfassung nicht kleiner als 5 mm sein. Für das lichte Maß der Kammerung bzw. für das Spiel zwischen der Wandung der Kammerung und dem MPE-Element gilt sinngemäß Abschnitt 2.1.2.5.

Die rechnerische Randstauchung des MPE-Streifens, die sich aus der Unparallelität bei Verdrehung um eine horizontale Achse ergibt, darf – über die gesamte Breite des Streifens – nicht größer als 0,25 mm sein. Bei Überschreitung dieses Grenzwertes unter den Einwirkungen der charakteristischen Kombination nach DIN EN 1990:2002-10 ist ein zusätzliches Gelenkstück (Kippleiste) anzuordnen.

2.1.2.7 Toleranzen

Die zulässige Abweichung der Gesamthöhe H_L des Lagers nach Anlage 1 beträgt maximal 3 % der Konstruktionshöhe, jedoch nicht weniger als 5 mm und nicht mehr als 10 mm.

Maße ohne Toleranzangabe sind mit dem Genauigkeitsgrad „grob" gemäß DIN ISO 2768-1:1991-06 auszuführen.

Das nach DIN EN 1337-1:2001-02, 7.1 festgelegte Lagerspiel ist für das Lager im Neuzustand nachzuweisen.

2.1.3 Beanspruchbarkeit und Standsicherheit

2.1.3.1 Allgemeines

Beim Nachweis der Standsicherheit des Lagers sind sämtliche aus dem Bauwerk angreifenden Kräfte und die aus den Bewegungen resultierenden Verschiebungs- und Verdrehungswiderstände des Lagers zu berücksichtigen.

Die Bemessungswerte der Kräfte und Bewegungen der Tragwerke sind unter Beachtung von Anhang O des DIN-Fachberichts 101:2009-03 bzw. DIN 1055-100:2001-03 zu berechnen.

Beim Nachweis der Tragfähigkeit und Gebrauchstauglichkeit der Lager sind die Bemessungswerte nach DIN-Fachbericht 101:2009-03 bzw. Reihe DIN 1055 und die aus den Bewegungen resultierenden Verschiebungs- und Verdrehungswiderstände der Lager zu berücksichtigen.

Sofern für die Bemessung in den DIN-Fachberichten 102:2009-03 bzw. 103:2009-03, DIN 18800-1:2008-11 und DIN 1045 sowie in dieser allgemeinen bauaufsichtlichen Zulassung keine Regelungen getroffen wurden, sind die in der Normenreihe DIN EN 1337 empfohlenen Teilsicherheitsbeiwerte γ_m zu verwenden.

Zur planmäßigen Aufnahme bzw. Abminderung äußerer horizontaler Einwirkungen dürfen Reibungswiderstände von Gleitflächen nicht herangezogen werden.

Für die Ermittlung der Bewegungen (Verschiebungen, Verdrehungen) gilt DIN EN 1337-1:2001-02. Soweit für die Bemessung des Lagers maßgebend, sind die Bewegungen nach Abschnitt 5 dieser Norm zu vergrößern.

Die Bemessung des mit dem Gleitteil kombinierten Lagers erfolgt nach DIN EN 1337-3:2005-07.

2.1.3.2 Reibungszahlen

Für Gleitteile mit geschmierten MPE-Platten mit Schmiertaschen zum Einsatz in Gebieten, in denen die Mindestnutztemperatur für Lager nicht unter $T_{o,min}$ fällt, wird die Reibungszahl μ_{max} als Funktion der mittleren Pressung σ_p (N/mm^2) nach Tabelle 2 bestimmt.

In Führungen gelten die Reibungszahlen μ_{max} nach Tabelle 2 unabhängig vom Kontaktdruck.

Dabei sind:

$s_{A,d}$ der Bemessungswert des aufaddierten Gleitweges in der ebenen Gleitfläche

c ($c \geq 1$) Korrekturfaktor für den Unterschied zwischen dem Gleitweg bei konstanter Amplitude in den Führungen und dem Gleitweg bei Bewegungen mit veränderlicher Amplitude, die infolge Verkehr tatsächlich auftreten

Tabelle 2 Reibungszahl μ_{max} für MPE in Hauptgleiflächen und Führungen

$T_{o,min}$	Hauptgleitfläche $s_{A,d} \leq c \cdot 50.000$ m	Führungen $s_{A,d} \leq c \cdot 10.000$ m
−5 °C	$0{,}015 \leq \mu_{max} = \frac{1{,}2}{15 + \sigma_p} \leq 0{,}06$	$\mu_{max} = 0{,}07$
−35 °C	$0{,}020 \leq \mu_{max} = \frac{1{,}6}{15 + \sigma_p} \leq 0{,}08$	$\mu_{max} = 0{,}10$
−40 °C	$0{,}027 \leq \mu_{max} = \frac{2{,}8}{30 + \sigma_p} \leq 0{,}08$	$\mu_{max} = 0{,}12$

2.1.3.3 Exzentrizitäten

Beim Nachweis der einzelnen Komponenten sind die Exzentrizitäten der Seiten- und Reibungskräfte zu berücksichtigen.

2.1.3.4 MPE-Platten (Hauptgleitflächen)

Die Beanspruchbarkeit des Verformungsgleitlagers mit Gleitflächen aus MPE hängt weitestgehend von der Beanspruchbarkeit des Elastomers ab. Hierfür sind die Angaben in DIN EN 1337-3:2005-07 zu beachten.

Die Angaben zu den Druckfestigkeiten gemäß Tabelle 3 gelten lediglich für den Gleitwerkstoff, jedoch nicht für das komplette Lager.

Die Mindestabmessungen der MPE-Platten sind entsprechend Abschnitt 2.1.2.1.2 zu wählen.

Platten aus MPE sind so zu bemessen, dass unter den Einwirkungen der Grundkombination nach DIN EN 1990:2002-10 folgende Bedingung erfüllt ist:

$$N_{Sd} \leq \frac{f_k}{\gamma_M} \cdot A_r$$

Die Werte für f_k und γ_M sind der Tabelle 3 zu entnehmen.

Tabelle 3 Charakteristische Werte der Druckfestigkeiten von Gleitwerkstoffen

Größte wirksame Lagertemperatur $T_{o,max}$ [°C]		MPE	
		≤ 35	48
Charakteristische Druckfestigkeit f_k [N/mm²]	Hauptgleitfläche ständige u. veränderliche Einwirkungen	180	135
	Führungen veränderliche Einwirkungen		
	Führungen Ständige Einwirkungen, Einwirkungen aus Temperatur, Kriechen und Schwinden	60	45
Teilsicherheitsbeiwert γ_M		1,4	

Die charakteristischen Druckfestigkeiten von MPE sind von der größten wirksamen Lagertemperatur $T_{o,max}$ abhängig. Die Werte für $T_{o,max} \leq 35$ °C und $T_{o,max} = 48$ °C sind in Tabelle 3 wiedergegeben. Für Lager, deren größte wirksame Lagertemperatur zwischen 35 °C und 48 °C liegt, sind die charakteristischen Druckfestigkeiten von MPE aus vorgenannten Werten durch lineare Interpolation zu ermitteln.

A_r ist die reduzierte Kontaktfläche der Gleitfläche ohne Abzug der Schmiertaschen, in deren Schwerpunkt der Bemessungswert der Normalkraft N_{sd} mit der Gesamtexzentrizität e nach Abschnitt 2.1.3.3 angreift. A_r ist auf der Grundlage der Plastizitätstheorie und Annahme eines rechteckigen Spannungsblocks zu berechnen (siehe Anhang A von DIN EN 1337-2:2004-07).

Unter den Einwirkungen der charakteristischen Kombination nach DIN EN 1990: 2002-10 ist nachzuweisen, dass bei Ansatz der Gesamtexzentrizität e die Pressung $\sigma_p \geq 0$ ist. Dabei ist anzunehmen, dass sich der Gleitwerkstoff linear elastisch verhält und die Trägerplatten starr sind.

2.1.3.5 Streifen aus MPE (Gleitflächen in Führungen)

Es sind die Mindestabmessungen gemäß Abschnitt 2.1.2.1.3 zu beachten.

Die Streifen sind so zu bemessen, dass unter den Einwirkungen der Grundkombination nach DIN EN 1990:2002-10 folgende Bedingung erfüllt ist:

$$V_{Sd} \leq \frac{f_k}{\gamma_M} \cdot A$$

Die Werte für f_k und γ_M sind der Tabelle 3 zu entnehmen.

Bei der Ermittlung der Pressungen dürfen die normal zur Gleitfläche wirkenden Kräfte zentrisch angreifend angenommen werden (mittlere Pressung).

2.1.3.6 Gleitblech

Länge und Breite des Gleitblechs richten sich nach dem aus der Gesamtheit der Bewegungen resultierenden rechnerischen Verschiebungsweg unter den Einwirkungen der Grundkombination nach DIN EN 1990:2002-10 (siehe Abschnitt 2.1.3.1).

2.1.3.7 Tragsicherheit von Lagerteilen aus Stahl

Die Tragsicherheit von Lagerteilen aus Stahl ist, soweit erforderlich, in jedem Einzelfall gemäß DIN-Fachbericht 103:2009-03 bzw. nach DIN 18800-1:2008-11 nachzuweisen.

2.1.3.8 Lagerplatten

Im Grenzzustand der Gebrauchstauglichkeit ist ein funktionsgerechter Gleitspalt und eine hinreichend gleichmäßige Verteilung der MPE-Pressungen zu gewährleisten. Davon darf ausgegangen werden, wenn die auf das Maß $L_{(1)}$ der MPE-Platte bezogene maximale relative Gesamtverformung $\Delta w = \Delta w_1 + \Delta w_2$ der Gleitplatte und der angrenzenden MPE-Aufnahme (siehe Bild 9 von DIN EN 1337-2:2004-08) unter den Einwirkungen der charakteristischen Kombination nach DIN EN 1990:2002-10 folgende Bedingung erfüllt:

$$\Delta w \leq h\,(0{,}45 - k'\sqrt{h/L}) \qquad \text{mit } 0 \leq k' \leq 1 \text{ und } k' = 0{,}022\,(\sigma_{MPE}\,[\text{N/mm}^2] - 45)$$

Dabei ist σ_{MPE} die mittlere Pressung in der Gleitfläche unter der charakteristischen Einwirkungskombination und k' eine vom Gleitwerkstoff abhängige Steifigkeitsziffer.

Für die Ermittlung der Verformung Δw_2 von Trägerplatten ist Abschnitt 6.9.2 von DIN EN 1337-2:2004-08 zu berücksichtigen.

Zusätzlich ist nachzuweisen, dass die zugehörige Spannung infolge Biegebeanspruchung die Streckgrenze nicht überschreitet.

Dient die Lagerplatte zur Aufnahme von Schnittgrößen aus Führungen, so ist außerdem die Tragsicherheit nach Abschnitt 2.1.3.7 nachzuweisen.

Das mechanische Modell für den Nachweis der Relativverformung und der zugehörigen Biegebeanspruchung soll sämtliche die Verformungen nennenswert beeinflussenden Lagerteile und angrenzenden Bauteile mit ihren elastischen Kurz- und Langzeiteigenschaften berücksichtigen. Dabei sind der Berechnung u. a. folgende Annahmen zugrunde zu legen:

- zentrische Beanspruchung,
- fiktiver Elastizitätsmodul des MPE-Gleitwerkstoffs: 900 N/mm^2
- die gesamte Dicke t_{MPE} der MPE-Platte,
- Bemessungswert der fiktiven Querdehnungszahl des MPE = 0,44,
- im Falle angrenzender Massivbauteile: lineare Reduzierung des Elastizitätsmoduls des Betons oder des Mörtels vom Rand zum Zentrum der Gleitplatte um 20 %.

Erforderlichenfalls – z. B. bei großen, im Bauzustand nicht abgesteiften Gleitplatten – ist auch der aus der Frischbetonbelastung resultierende Verformungsanteil zu berücksichtigen.

Anstelle eines genauen Nachweises darf die größte Relativverformung Δw gemäß nachstehender Näherungslösung ermittelt werden:

$$\Delta w = 0{,}55 \cdot \frac{1}{L_{(1)}} \cdot \kappa_b \cdot \alpha_b \cdot \kappa_p \cdot \alpha_p$$

mit den Faktoren

$$\kappa_b = 1{,}1 + (1{,}7 - 0{,}85 \cdot L_p/L_{(1)})\,(2 - L_p/L_o) \qquad \text{wenn } L_o \leq L_p \leq 2L_o$$

$$\kappa_b = 1{,}1 \qquad \text{wenn } L_p \leq 2L_o$$

$$\alpha_b = \frac{N_G}{E_{b,red}} + \frac{N_Q}{E_b}$$

$$\kappa_p = 0{,}30 + 0{,}55 \cdot L_p/L_{(1)}$$

$$\alpha_p = \left(\frac{L_{(1)}}{L_{(1)} + 2 \cdot t_b}\right)^2 \cdot \left(\frac{3\,L_o}{L_p}\right)^{0{,}4}$$

Es bedeuten

L_o	Bezugsdurchmesser = 300 mm
L_p	Durchmesser der Lagerplatte
$L_{(1)}$	Abmessung der MPE-Platte nach Anlage 2
t_b	Dicke der Trägerplatte
N_G	Normalkraft infolge von kriecherzeugenden ständigen Einwirkungen
N_Q	Normalkraft infolge von veränderlichen Einwirkungen
E_b	Elastizitätsmodul des Betons
$E_{b,red}$	Reduzierter Elastizitätsmodul des Betons zur Erfassung des Kriechens infolge von N_G ($E_{b,red} \cong 1/3\ E_b$)

Diese Näherungslösung gilt für Lagerplatten, die an Bauteile aus Beton der Festigkeitsklasse C20/25 oder höher anschließen, wobei sich zusätzliche Spannungsnachweise erübrigen, wenn mindestens Beton und Stahl der Festigkeitsklassen C25/30 und S355 verwendet werden. Werden Werkstoffe niedrigerer Festigkeit verwendet, darf der Nachweis der Spannungen in den Lagerplatten nur dann entfallen, wenn die Relativverformung Δw nachstehende Grenzwerte nicht überschreitet:

$0{,}90 \cdot h\,(0{,}45 - 2 \cdot \sqrt{h/L_{(1)}})$	bei Verwendung von Beton der Festigkeitsklasse C20/25,
$0{,}67 \cdot h\,(0{,}45 - 2 \cdot \sqrt{h/L_{(1)}})$	bei Verwendung von Stahl der Festigkeitsklasse S235,
$0{,}60 \cdot h\,(0{,}45 - 2 \cdot \sqrt{h/L_{(1)}})$	bei Verwendung von Beton und Stahl der Festigkeitsklassen C20/25 und S235.

Für Lagerplatten mit Querschnittsschwächungen und für solche, die zur Aufnahme von Schnittgrößen aus Führungen dienen, sind jedoch die Spannungen zum Nachweis des elastischen Zustandes oder der Tragsicherheit zu berechnen (s. o.).

Vorstehende Näherungslösung darf auch auf rechteckige Lagerplatten (zumeist bei Verformungsgleitlagern der Fall) mit den Seiten $a \leq b$ angewendet werden, wenn sie zu kreisförmigen Platten mit dem Durchmesser $L_p = 1{,}13 \cdot a$ idealisiert werden.

2.2 Herstellung, Verpackung, Transport, Lagerung und Kennzeichnung

2.2.1 Herstellung

2.2.1.1 Eignung des Herstellwerkes

Die Stahlteile des Lagers dürfen nur in Werken geschweißt werden, die im Besitz eines Großen Eignungsnachweises (Klasse D) nach DIN 18800-7:2008-11 sind.

2.2.1.2 Befestigung des Gleitbleches

Das Gleitblech ist mit der Gleitplatte durch Schweißen mit durchgehender Naht, vollflächige Verklobung oder durch Verschraubung zu verbinden. Gekrümmte Gleitbleche dürfen auch durch umlaufende Kammerung der halben Blechdicke befestigt werden. Es ist durch geeignete Maßnahmen dafür zu sorgen, dass das angeschweißte Gleitblech an der Gleitplatte ganzflächig anliegt (Vermeidung von Lufteinschluss). Es sind die Regelungen zur Art der Befestigung gemäß DIN EN 1337-2: 2004-02, Abschnitt 7.2 zu beachten.

2.2.1.3 Schmierung

Die Gleitflächen von MPE-Elementen sind unmittelbar vor dem Zusammenbau des Lagers zu säubern und mit Schmierstoff nach Abschnitt 2.1.1.4 zu versehen. MPE-Platten sind so zu schmieren, dass die Schmiertaschen gefüllt sind. MPE-Streifen in Führungen erhalten eine Anfangsschmierung, indem die Gleitflächen mit Schmierstoff eingerieben werden und der überschüssige Schmierstoff entfernt wird.

2.2.1.4 Schutz gegen Korrosion und Verschmutzung

Alle Bauteile, die nicht aus korrosionsbeständigen Werkstoffen bestehen, müssen gegen Korrosion geschützt werden. Anforderungen für den Korrosionsschutz sind in DIN EN 1337-9:1998-04 angegeben. Wenn verschiedene Materialien in Kombination verwendet werden, sind die Effekte der elektrolytischen Korrosion zu berücksichtigen. Die Kammerungsoberflächen der MPE-Aufnahme aus Stahl sind nur mit der Grundbeschichtung (Schichtdicke 20 bis 100 mm) zu versehen. Bei angeschraubtem Gleitblech ist auch die Kontaktfläche der Gleitplatte am Gleitblech durch geeignete Maßnahmen ausreichend vor Korrosion zu schützen.

Für den Korrosionsschutz und die Beschichtungsstoffe gilt die ZTV-ING, Teil 4 in der jeweils gültigen Fassung.

Je nach Art der Kontaktfläche sind folgende Korrosionsschutzbeschichtungen erforderlich:

- Kontaktflächen Stahl–Beton
  Die Kontaktflächen bleiben unbeschichtet. Ein 5 cm bis 7 cm breiter Rand der Stahlflächen erhält eine volle Korrosionsschutzbeschichtung.
- Kontaktflächen Stahl–Stahl
  Die Kontaktflächen zwischen stählernen Lagerplatten werden bei gleitfesten Verbindungen durch eine reibfeste Beschichtung von mindestens 40 µm Dicke

versehen. Sofern die Kontaktflächen eine Deckbeschichtung erhalten, können Horizontalkräfte nicht über Reibung (siehe DIN EN 1337-1:2001-02, 5.2) abgetragen werden.

Die Gleitflächen dürfen keinen Anstrich erhalten.

Es sind geeignete Vorrichtungen gegen die Verschmutzung der Gleitflächen vorzusehen. Solche Schutzvorrichtungen müssen für Inspektionszwecke leicht zu entfernen sein.

Beim Zusammenbau ist darauf zu achten, dass kein Staub und keine Fremdpartikel in die Gleitflächen gelangen.

2.2.1.5 Verbindung der Lagerteile

Bezüglich Schweißnahtunregelmäßigkeiten gilt DIN EN ISO 5817:2006-10, Bewertungsgruppe B. Die Schweißeignung der verwendeten Materialien ist nachzuweisen.

Für Schweißnähte, die nach dem Freisetzen des Lagers nicht lastbeaufschlagt sind, gilt Bewertungsgruppe C gemäß EN ISO 5817:2006-10.

Bei Verschraubungen mit kleinem Lochspiel (siehe DIN 18800-7:2008-11) kann es passieren, dass aufgrund des ausgerundeten Übergangs vom Schraubenschaft zum Schraubenkopf die Schrauben nicht mehr vollständig in das Schraubenloch gesteckt werden können. Dies ist z. B. durch Unterlegscheiben zu vermeiden.

Auf der Seite, an der Schrauben vorgespannt werden, muss in jedem Fall eine Scheibe vorhanden sein.

2.2.1.6 Voreinstellung

Eine bauwerks- und einbautemperaturspezifische Voreinstellung gewährleistet, dass sich das Lager nach Abschluss der Bauphase weitgehend in der planmäßigen Nullstellung befindet.

Hinsichtlich der Änderung der Voreinstellung auf der Baustelle gilt DIN EN 1337-11:1998, Abschnitt 6.1.

2.2.1.7 Messstellen

Um die Ausrichtung des Lagers nach DIN EN 1337-11:1998 zu ermöglichen, ist eine Messfläche oder eine andere geeignete Vorrichtung am Gleitteil anzubringen.

Die Abweichung von der Parallelität der Messfläche zur ebenen Gleitfläche darf 1 ‰ nicht überschreiten.

Nach dem Einbau und der Fertigstellung des Überbaus darf das Gleitteil nicht mehr als 3 ‰ von der planmäßigen Ausrichtung nach Abschnitt 6.5 von DIN EN 1337-11:1998 abweichen.

2.2.2 Verpackung, Transport, Lagerung

Es gelten die Anforderungen nach Abschnitt 7.4 von EN 1337-1:2001-02 und nach DIN EN 1337-11:1998-04.

2.2.3 Kennzeichnung

Das Lager muss vom Hersteller mit dem Übereinstimmungszeichen (Ü-Zeichen) nach den Übereinstimmungszeichen-Verordnungen der Länder gekennzeichnet werden. Die Kennzeichnung darf nur erfolgen, wenn die Voraussetzungen nach Abschnitt 2.3 zum Übereinstimmungsnachweis erfüllt sind.

Das Lager ist zusätzlich gemäß DIN EN 1337-1:2001-02 mit einem Typenschild aus Kunststoff, das nach Möglichkeit auf der Seite der Bewegungsanzeiger anzubringen ist, zu versehen.

2.3 Übereinstimmungsnachweis

(hier nicht abgedruckt)

2.4 Prüfbescheinigungen

(hier nicht abgedruckt)

3 Bestimmungen für Entwurf und Bemessung des Bauwerks

3.1 Entwurf

Die für die Erstellung des Lagerversetzplanes gemäß Abschnitt 4 von DIN EN 1337-11:1998-04 und des Lagerungsplanes gemäß DIN EN 1337-1:2001-02 notwendigen Informationen sind den Lagerplänen zu entnehmen.

3.2 Bemessung

Für den Nachweis der Ankerplatten, Verankerungs- und Verbindungsmittel sind die für die Lagerbemessung zugrunde liegenden Einwirkungen und die resultierenden Reaktionskräfte des Lagers zu verwenden.

Für die Bemessung ist der DIN-Fachbericht 101:2009-03 zu berücksichtigen.

Der Lasteinleitungsbereich ist entsprechend zu bemessen und erforderlichenfalls bei Massivbauten durch Spaltzugbewehrung oder bei Stahlbauten durch Aussteifungsbleche zu verstärken. Die für die Ermittlung der Teilflächenbelastung anzusetzende Fläche darf durch Lastausbreitung innerhalb der Lagerplatten unter maximal 45° bestimmt werden, sofern nicht durch genaueren Nachweis unter Berücksichtigung der Eigenschaften der angrenzenden Komponenten, Werkstoffe und Bauteile der Ansatz eines größeren Winkels gerechtfertigt ist.

Zwängungen, die sich aus Lagerwiderständen bei Verschiebungen und Verdrehungen ergeben, sind in den angrenzenden Bauteilen weiter zu verfolgen.

Als wirksame Lagertemperatur zur Bestimmung des Anwendungsbereichs nach der Normenreihe DIN EN 1337 ist die minimale bzw. maximale Außenlufttemperatur nach Kapitel V, Abschnitt 6.3.1.3 des DIN-Fachberichtes 101:2009-03 zu verstehen. Sofern keine genauere Ermittlung vorgenommen wird, kann gemäß DIN-Fachbericht 101:2009-03, Kapitel V, Abschnitt 6.3.1.3.2 die minimale wirksame Lagertemperatur mit −24 °C und die maximale wirksame Lagertemperatur mit +37 °C angenommen werden.

Die Tragsicherheit der Bauteile aus Stahl ist gemäß DIN-Fachbericht 103:2009-03 nachzuweisen.

3.3 Ebenheit

Die anschließenden Bauteilflächen müssen die in Abschnitt 2.1.2.4 festgelegten Anforderungen an die Ebenheit der Gleitplatte erfüllen. Erforderlichenfalls sind Ausgleichsschichten z. B. Fugenmörtel gemäß Abschnitt 4.3, zwischen dem Lager und dem anschließenden Bauteil anzuordnen.

4 Bestimmungen für die Ausführung (Einbau)

4.1 Unterlagen

Bei Lagerlieferung müssen auf der Baustelle außer dem Zulassungsbescheid die Einbaurichtlinie des Lagerherstellers, der Lagerungsplan gemäß Abschnitt 8 von DIN EN 1337-1:2001-02 sowie der Lagerversetzplan nach Abschnitt 4 von DIN EN 1337-11:1998-04 vorliegen.

4.2 Versetzen des Lagers

Beim Einbau des Lagers ist DIN EN 1337-11:1998-04, Abschnitt 6 zu beachten.

Zumindest beim Einbau des ersten Lagers seiner Art am Bauwerk muss eine Fachkraft des Lagerherstellers am Einbauort anwesend sein. Zusätzliche Vorgaben sind für Straßenbrücken der ZTV-ING, Teil 4 sowie für Eisenbahnbrücken der DB-Richtlinie 804 zu entnehmen.

Das Gleitlager ist gemäß dem Lagerversetzplan zu positionieren und an der Messfläche nach Abschnitt 2.2.1.7 unter Verwendung eines Messgeräts mit einer Messgenauigkeit von mindestens 0,6 ‰ horizontal zu justieren.

Nach dem Vergießen der Mörtelfuge darf die Abweichung von der planmäßigen Lage max. 3 ‰ betragen.

4.3 Mörtelfugen

Die Festigkeit des Fugenmörtels muss mindestens derjenigen des anschließenden Betons bzw. den Anforderungen an die Standsicherheit entsprechen. Im Übrigen gilt DIN EN 1337-11:1998-04, Abschnitt 6.6.

4.4 Protokolle

Die Protokolle nach DIN EN 1337-11:1998-04, Abschnitt 7 sind zu den Bauakten zu nehmen.

5 Bestimmungen für Nutzung, Unterhalt und Wartung

Bei am fertigen Bauwerk während der Nutzung durchzuführenden Kontrollen der Lager sind gemäß DIN EN 1337-10:2003-11 insbesondere der Gleitspalt zwischen dem Gleitblech bzw. dem Überzug und der MPE-Aufnahme, dessen Gleichmäßigkeit über den Umfang der MPE-Scheibe (soweit möglich), der Zustand freiliegender Bereiche der Gleitflächen zur Aufnahme vertikaler und horizontaler Lasten (z. B. Unebenheiten des Gleitblechs, Befestigungsmängel, Korrosionsschäden usw.) und der Verschiebungs- und Verdrehungszustand zu überprüfen und zu protokollieren. Die während der Kontrolle zu messende Lufttemperatur ist ebenfalls zu protokollieren.

Bei einem Gleitspalt > 1 mm ist das Lager im Hinblick auf die Verschiebbarkeit und die Verdrehbarkeit längerfristig als funktionstüchtig anzusehen. Bei schmalerem Gleitspalt sind häufigere Kontrollen vorzunehmen. Dasselbe gilt bei Verwölbungen im Gleitblechbereich in der Größenordnung von mehr als 1 mm.

Wird Kontakt zwischen der MPE-Aufnahme und dem Gegenwerkstoff festgestellt, gilt das Lager als funktionsuntüchtig.

Anlagen

RWSH-MPE-Verformungsgleitlager

Beispiele, dargestellt einschließlich ggf. erforderlicher Führungen

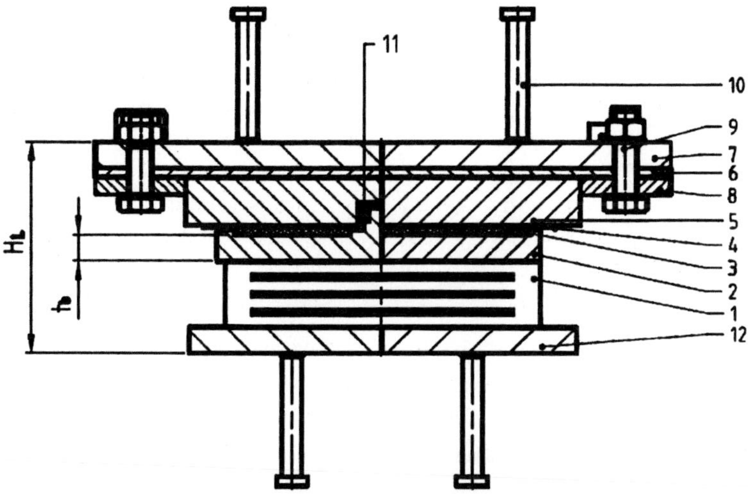

1. Bewährtes Elastomerlager nach DIN EN 1337-3
2. MPE-Aufnahme
3. MPE-Platte
4. Gleitblech (austenit. Stahlblech)
5. Gleitplatte
6. Futterplatte
7. Ankerplatte
8. Schraubenhalter
9. Schraubverbindung
10. Verankerung (Bsp.: Kopfbolzen)
11. MPE-Streifen
12. Grundplatte
13. Führungsleiste
14. Kippleiste

Außenführung
(alternativ)

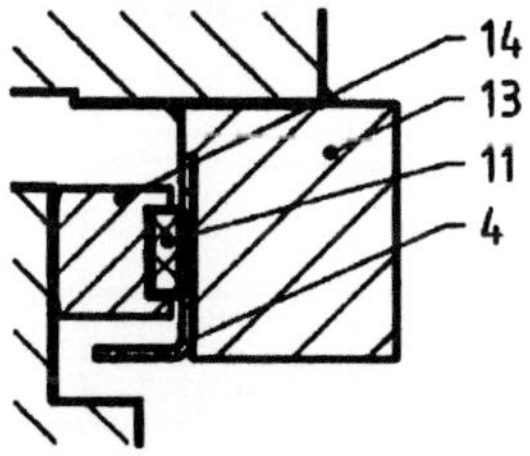

RW sollinger hütte RW Sollinger Hütte GmbH 37170 Uslar - Auschnippe 52 Tel.: 05571/305-0 Fax.: 05571/305-26	RWSH-MPE-Verformungsgleitlager Ansicht und Schnitt	Anlage 1 zur allgemeinen bauaufsichtlichen Zulassung Z-16.21-464 vom 14.01.2011 Deutsches Institut für Bautechnik

Beispiele gekammerter MPE-Platten

Schmierstoffspeicherung gemäß Skizzen

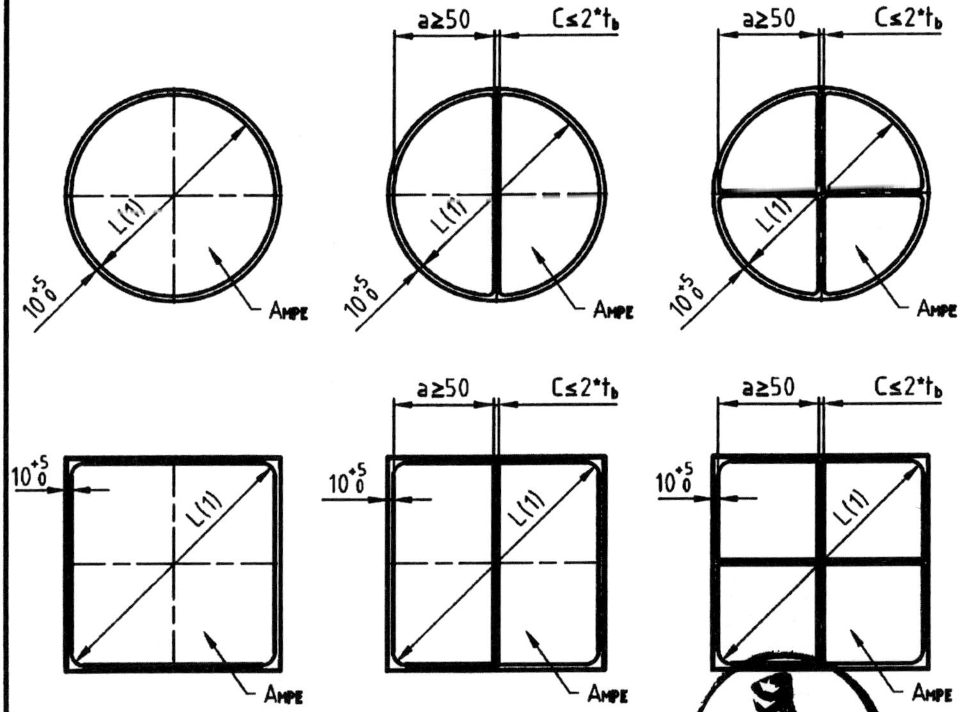

Ausbildung der MPE-Streifen

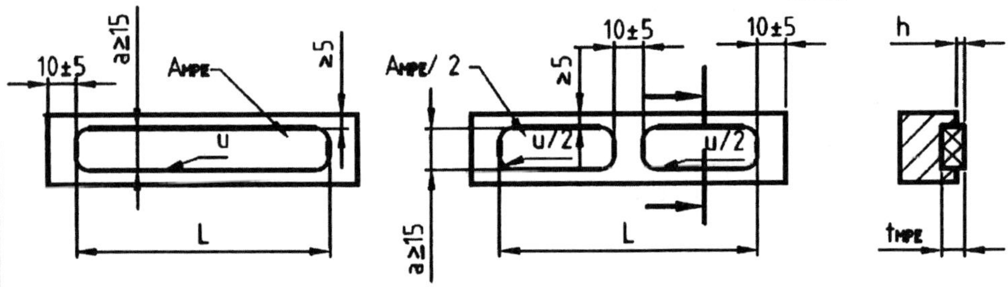

RW Sollinger Hütte GmbH 37170 Uslar - Auschnippe 52 Tel.: 05571/305-0 Fax.: 05571/305-26	RWSH-MPE-Verformungsgleitlager Beispiele gekammerter MPE- Platten Ausbildung von MPE- Streifen	Anlage 2 zur allgemeinen bauaufsichtlichen Zulassung Z-16.21-464 vom 14.01.2011 Deutsches Institut für Bautechnik

Schnitt durch die Gleitfläche

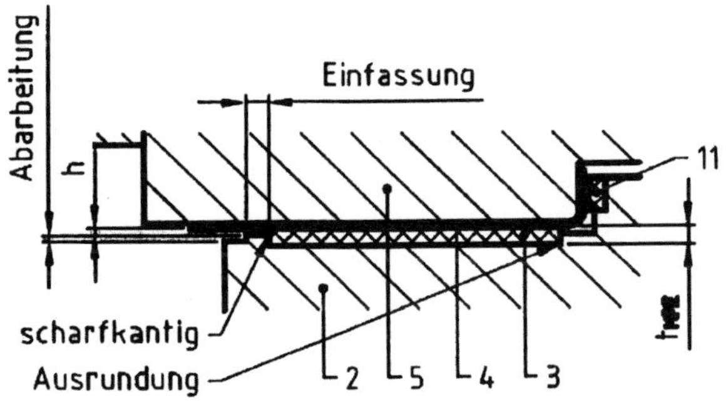

2. MPE-Aufnahme
3. MPE-Platte
4. Gleitblech (austenit. Stahlblech)
5. Gleitplatte
11. MPE-Streifen

Ausbildung der Schmiertaschen

Draufsicht auf die Schmiertaschen (Maße in mm)

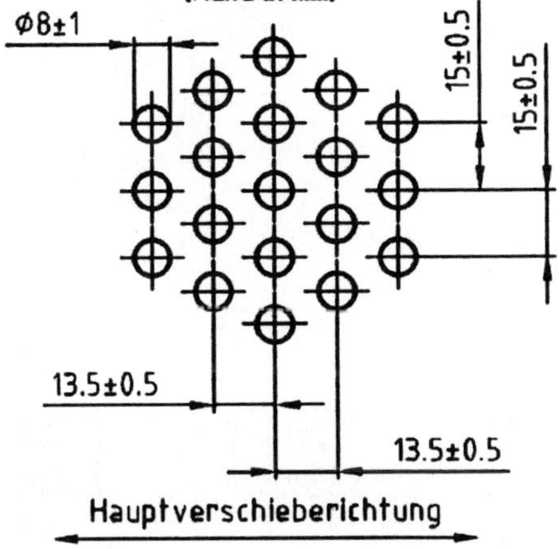

Schnitt durch eine Schmiertasche (Maße in mm)

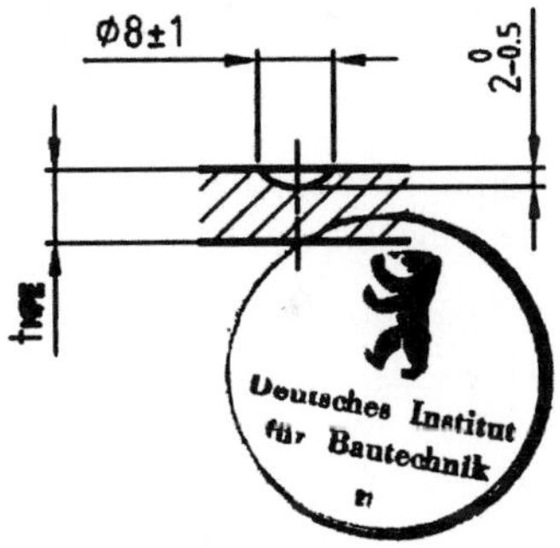

RW Sollinger Hütte GmbH 37170 Uslar - Auschnippe 52 Tel.: 05571/305-0 Fax.: 05571/305-26	RWSH-MPE-Verformungsgleitlager Schnitt durch die Gleitfläche und Ausbildung der Schmiertaschen	Anlage 3 zur allgemeinen bauaufsichtlichen Zulassung Z-16.21-464 vom 14.01.2011 Deutsches Institut für Bautechnik

6.4.3 Führungslager
Besondere Bestimmungen (Auszug)

Außer den in 6.4.2 wiedergegebenen Regelungen, soweit hier anwendbar, sind noch folgende Bestimmungen anzuwenden:

1 Zulassungsgegenstand und Anwendungsbereich

Bei dem zugelassenen Bauprodukt handelt es sich um Führungslager für Brücken- und Hochbauten gemäß DIN EN 1337-8:2008-01. In den Gleitflächen der Führungen wird PTFE nach DIN EN 1337-2:2004-08 durch den Gleitwerkstoff MPE ersetzt.

Soweit in dieser allgemeinen bauaufsichtlichen Zulassung keine anderen Festlegungen getroffen werden, gelten die Regelungen für Führungslager gemäß DIN EN 1337-8:2008-01.

Gegenstand der allgemeinen bauaufsichtlichen Zulassung ist das Lager gemäß beispielhafter Darstellung in Anlage 1.

Die Bestimmungen dieser allgemeinen bauaufsichtlichen Zulassung beruhen auf einer angenommenen Nutzungsdauer des RWSH-MPE-Führungslagers von 50 Jahren.

2 Bestimmungen für das Bauprodukt

Als Schmierstoff für Gleitflächen muss Siliconfett nach DIN EN 1337-2:2004-7, Abschnitt 5.8 verwendet werden.

2.1.2 Konstruktive Durchbildung, Grenzabmessungen, Toleranzen

2.1.2.1 Allgemeines

Die verschiedenen Elemente der Führungslager sind nach Abschnitt 6 von DIN EN 1337-8:2008-01 zu bemessen.

Lokale Unebenheiten im Bereich der anliegenden MPE-Streifen – bezogen auf eine Messlänge der Abmessung L – dürfen $0{,}0003 \cdot L$ oder 0,2 mm nicht überschreiten. Der größere Wert ist maßgebend. Auch der ebene Kammerungsboden muss diese Ebenheitsanforderung erfüllen.

Die rechnerische Randstauchung des MPE-Streifens, die sich aus der Unparallelität bei Verdrehung um eine horizontale Achse ergibt, darf bezogen auf die Breite des Streifens nicht größer als 0,25 mm sein. Bei Überschreitung dieses Grenzwertes unter den Einwirkungen der charakteristischen Kombination nach DIN EN 1990:2002-10 ist ein zusätzliches Gelenkstück (Kippleiste) anzuordnen.

2.1.3 Beanspruchbarkeit und Standsicherheit

2.1.3.1 Allgemeines

Die Bemessung des Lagers erfolgt nach DIN EN 1337-8:2008-01.

2.1.3.2 Nachweis der angenommenen Nutzungsdauer

Die angenommene Nutzungsdauer von Bauwerkslagern mit Gleitelementen hängt im Wesentlichen vom Verschleiß in der Gleitfläche aufgrund von Verschiebungen in Kombination mit Auflasten ab. Die Dauerhaftigkeit des Gleitwerkstoffs ist zusätzlich von der Gleitgeschwindigkeit und der wirksamen Temperatur abhängig. Deshalb beeinflusst der jeweilige Einsatzfall die zu erwartende Nutzungsdauer.

Bei Führungslagern kann die angenommene Nutzungsdauer aus der aufaddierten Horizontalbewegung des Bauwerkes abgeleitet werden, wobei angenommen wird, dass 20 % dieser Bewegung zu Gleitwegen unter Last in den Führungen führen und somit MPE Führungslager für einen aufaddierten Gleitweg von 10.000 m geeignet sind.

Die angenommene Nutzungsdauer von 50 Jahren für RWSH-MPE-Führungslagern beruht auf der Annahme eines maximalen aufaddierten Gleitweges von $c \cdot 10.000$ m und einer durchschnittlich maximalen Geschwindigkeit von 15 mm/sec (für PTFE nach DIN EN 1337-2:2004-07: $c \cdot 2000$ m und 2 mm/sec).

2.1.3.3 Reibungszahlen

In Führungen gelten die Reibungszahlen μ_{max} nach Tabelle 2 unabhängig vom Kontaktdruck.

Tabelle 2 Reibungszahl μ_{max} für MPE in Führungen

$T_{o,min}$	$s_{A,d} \leq c \cdot 10.000$ m
–5 °C	$\mu_{max} = 0{,}07$
–35 °C	$\mu_{max} = 0{,}10$
–50 °C	$\mu_{max} = 0{,}12$

2.1.3.5 MPE-Streifen (Gleitflächen in Führungen)

Wegen der Mindestabmessungen siehe Abschnitt 2.1.2.2.

Die Streifen sind so zu bemessen, dass unter den Einwirkungen der Grundkombination nach DIN EN 1990:2002-10 folgende Bedingung erfüllt ist:

$$V_{Sd} \leq \frac{f_k}{\gamma_M} \cdot A$$

Die Werte für f_k und γ_m sind der Tabelle 3 zu entnehmen.

A ist die Kontaktfläche der Gleitfläche.

Die charakteristischen Druckfestigkeiten von MPE sind von der größten wirksamen Lagertemperatur $T_{o,max}$ abhängig. Die Werte für $T_{o,max} \leq 35\,°C$ und $T_{o,max} = 48\,°C$ sind in Tabelle 3 wiedergegeben. Für Lager, deren größte wirksame Lagertemperatur zwischen 35 °C und 48 °C liegt, sind die charakteristischen Druckfestigkeiten von MPE aus vorgenannten Werten durch lineare Interpolation zu ermitteln.

2.1.3.6 Gleitblech

Länge und Breite des Gleitblechs richten sich nach dem aus der Gesamtheit der Bewegungen resultierenden rechnerischen Verschiebungsweg unter den Einwirkungen der Grundkombination nach DIN EN 1990:2002-10 (siehe Abschnitt 2.1.3.1).

2.2 Herstellung, Verpackung, Transport, Lagerung und Kennzeichnung

(siehe Abschnitt 6.4.2)

Anlagen

Beispiele für Führungslager

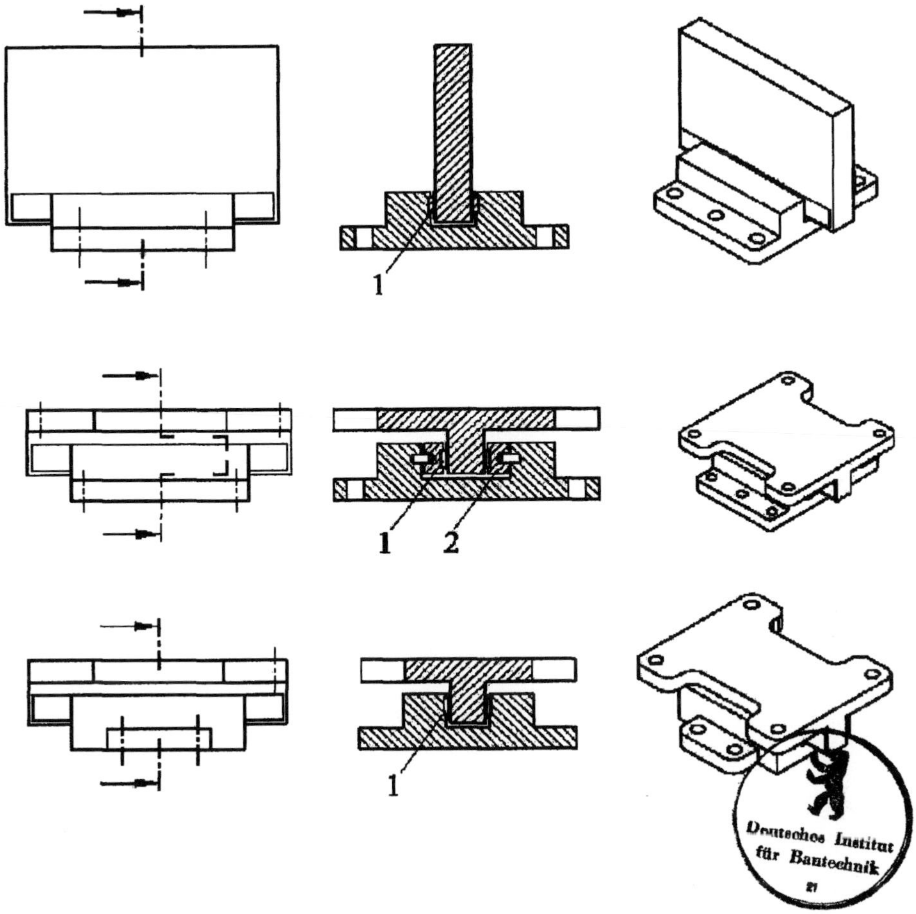

Legende
1 Gleitelement
2 Drehelement

RW sollinger hütte RW Sollinger Hütte GmbH Auschnippe 52 37170 Uslar Telefon: 05571 / 305 - 0 Telefax: 05571 / 305 - 26	RWSH-MPE-Führungslager Beispiele für Führungslager	Anlage 1 zur allgemeinen bauaufsichtlichen Zulassung Nr.: Z-16.9-462 vom 26. August 2010 Deutsches Institut für Bautechnik

Ausführungsdetails der Führungen

Ausbildung der MPE - Streifen (Beispiele)

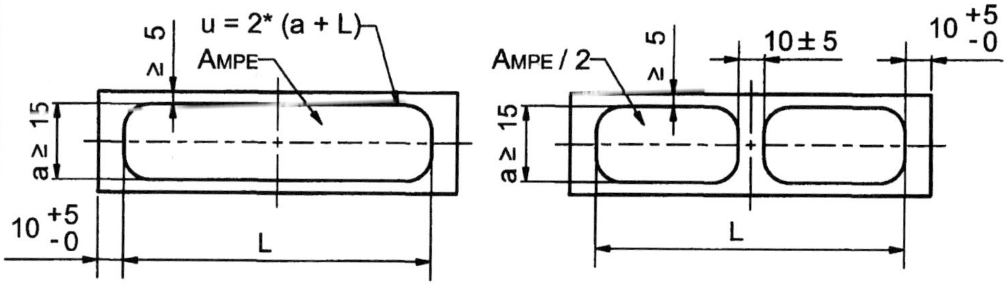

Details der Führung mit Kippleiste

1 MPE - Element
2 Kippleiste
3 Führungsleiste
4 Gleitblech Seitenführung

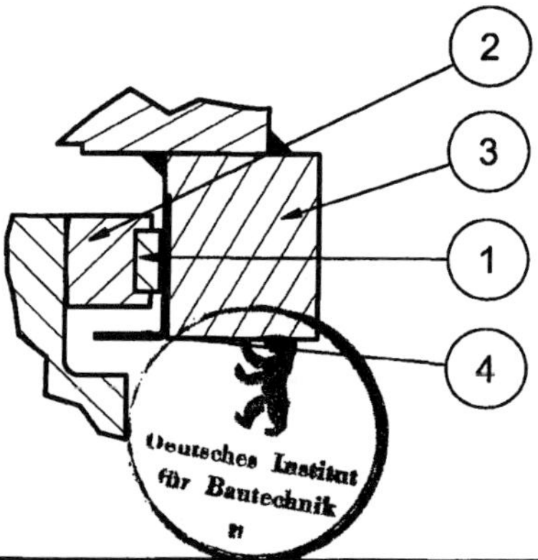

RW sollinger hütte RW Sollinger Hütte GmbH Auschnippe 52 37170 Uslar Telefon: 05571 / 305 - 0 Telefax: 05571 / 305 - 26	RWSH - MPE - Führungslager Details der MPE-Führungen	Anlage 2 zur allgemeinen bauaufsichtlichen Zulassung Nr.: Z-16.9-462 vom 26. August 2010 Deutsches Institut für Bautechnik

6.4.4 Topfgleitlager
Besondere Bestimmungen (Auszug)

1 Zulassungsgegenstand und Anwendungsbereich

Bei dem zugelassenen Bauprodukt handelt es sich um Topflager für Brücken und Hochbauten gemäß DIN EN 1337-5:2005-07, die mit einem Gleitteil kombiniert sind. In dem Gleitteil wird PTFE nach DIN EN 1337-2:2004-08 durch den Gleitwerkstoff MPE ersetzt.

Soweit in dieser allgemeinen bauaufsichtlichen Zulassung keine anderen Festlegungen getroffen werden, gelten die Regelungen für Topflager gemäß DIN EN 1337-5: 2005-07, die Regelungen für Führungen gemäß DIN EN 1337-8:2008-01 sowie die allgemeinen Regelungen nach DIN EN 1337-1:2001-01, DIN EN 1337-9:1998-04, DIN EN 1337-10:2003-11 und DIN EN 1337-11:1998-04.

Für den Einbau und die Ausstattung der Lager in Deutschland ist eine gesonderte allgemeine bauaufsichtliche Zulassung oder eine Zustimmung im Einzelfall erforderlich.

Topflager mit Gleitflächen aus MPE besitzen die Leistungsmerkmale und den Einsatztemperaturbereich wie Lager nach DIN EN 1337-5:2005-07. Ohne gesonderten Nachweis kann von einer angenommenen Nutzungsdauer des Topflagers mit MPE-Gleitteil von 10 Jahren ausgegangen werden.

Durch Führungen kann die Gleitbewegung eingeschränkt werden und damit aus dem zweiachsig verschiebbaren Lager auch ein einachsig verschiebbares Gleitlager entstehen. Es ist sicherzustellen, dass auch bei solchen Lagern die Verdrehung nicht behindert wird.

Gegenstand der allgemeinen bauaufsichtlichen Zulassung ist das Lager einschließlich ggf. erforderlicher Führungen oder Arretierungen gemäß beispielhafter Darstellung in Anlage 1. Alternativ zur Darstellung auf Anlage 1 dürfen die Lager auch umgedreht, d. h. mit untenliegender ebener Gleitfläche verwendet werden.

In den Gleitflächen und den Führungen ist die Materialpaarung MPE gegen austenitischen Stahl vorzusehen. In den Führungen kann alternativ die Materialpaarung CM1 gegen austenitischen Stahl eingesetzt werden. Wird in Führungen Mehrschicht-Werkstoff CM1 als Gleitwerkstoff eingesetzt, beträgt die Lebensdauer des Lagers grundsätzlich maximal 10 Jahre.

2 Bestimmungen für das Bauprodukt

2.1 Eigenschaften und Zusammensetzung

2.1.1 Werkstoffe

Bezüglich der Dauerhaftigkeit wurde in Langzeit-Gleitreibungsversuchen (vgl. DIN EN 1337-2:2004-07, Abschnitt D 6.2) bei einem aufaddierten Gleitweg von 50.000 m, einer Gleitgeschwindigkeit von 15 mm/s und einer Pressung von 60 N/mm^2 sowie in Langzeit-Belastungsversuchen bei Pressungen bis zu 200 N/mm^2 festgestellt, dass kein nennenswerter Verschleiß und Anstieg des Reibungswiderstandes auftrat und der Kriechprozess nach 48 h weitestgehend abgeschlossen war.

2.1.1.2 Elastomere Werkstoffe

Der Werkstoff für das Elastomerkissen von Topfgleitlagern nach DIN EN 1337-5: 2005-07 muss Naturkautschuk oder Chloroprenekautschuk nach ISO 6446 sein.

2.1.1.4 Innendichtung von Topflagern

Geeignete Innendichtungen von Topflagern sind in Anhang A von DIN EN 1337-5: 2005-07 angegeben. Es sind nur Dichtungen mit einem nachgewiesenen, akkumulierten Gleitweg S_T von mindestens 2.000 m zugelassen.

2.1.1.9 Mehrschicht-Werkstoff

Als Mehrschicht-Werkstoff für Streifen in Führungen ist CM1 nach Abschnitt 5.3.1 und 5.3.3 von DIN EN 1337-2:2004-07 zu verwenden.

2.1.2.6 Führungen

Bei Verwendung von MPE-Streifen sind diese sinngemäß nach Abschnitt 2.1.2.5 vollständig zu kammern und zu verkleben, wobei die Einfassung der Kammerung an den Schmalseiten rd. 10 mm breit sein muss. An den Längsseiten soll die Breite der Einfassung nicht kleiner als 5 mm sein. Für das lichte Maß der Kammerung bzw. für das Spiel zwischen der Wandung der Kammerung und dem MPE-Element gilt sinngemäß Abschnitt 2.1.2.5.

Bei Außenführungen mit direkter Übertragung der Horizontallasten von der Gleitplatte zum Lagerunterteil (Topf) darf die rechnerische Randstauchung des MPE-Streifens, die sich aus der Unparallelität bei Verdrehung um eine horizontale Achse ergibt, bezogen auf die Breite des Streifens nicht größer als 0,25 mm sein. Bei Überschreitung dieses Grenzwertes unter den Einwirkungen der charakteristischen Kombination nach DIN EN 1990:2002-10 ist ein zusätzliches Gelenkstück (Kippleiste) anzuordnen.

2.1.3 Beanspruchbarkeit und Standsicherheit

Die Bemessung des mit dem Gleitteil kombinierten Lagers erfolgt nach DIN EN 1337-5:2005-07.

2.1.3.2 Reibungszahlen

Für Gleitteile mit geschmierten MPE-Platten mit Schmiertaschen zum Einsatz in Gebieten, in denen die Mindestnutztemperatur für Lager nicht unter $T_{o,min}$ fällt, wird die Reibungszahl μ_{max} als Funktion der mittleren Pressung σ_p (N/mm^2) nach Tabelle 2 bestimmt.

In Führungen gelten die Reibungszahlen μ_{max} nach Tabelle 2 unabhängig vom Kontaktdruck.

Dabei sind:

$s_{A,d}$ der Bemessungswert des aufaddierten Gleitweges in der ebenen Gleitfläche

c ($c \geq 1$) Korrekturfaktor für den Unterschied zwischen dem Gleitweg bei konstanter Amplitude in den Führungen und dem Gleitweg bei Bewegungen mit veränderlicher Amplitude, die infolge Verkehr tatsächlich auftreten

Tabelle 2 Reibungszahl μ_{max} für MPE in Hauptgleiflächen und Führungen

$T_{o,min}$	Hauptgleitfläche $s_{A,d} \leq c \cdot 50.000$ m	Führungen $s_{A,d} \leq c \cdot 10.000$ m
–5 °C	$0{,}015 \leq \mu_{max} = \dfrac{1{,}2}{15 + \sigma_p} \leq 0{,}06$	$\mu_{max} = 0{,}07$
–35 °C	$0{,}020 \leq \mu_{max} = \dfrac{1{,}6}{15 + \sigma_p} \leq 0{,}08$	$\mu_{max} = 0{,}10$
–40 °C	$0{,}027 \leq \mu_{max} = \dfrac{2{,}8}{30 + \sigma_p} \leq 0{,}08$	$\mu_{max} = 0{,}12$

2.1.3.4 MPE-Platten (Hauptgleitflächen)

Für Topflager mit Gleitflächen aus MPE sind die charakteristischen Werte der Druckfestigkeiten nach DIN EN 1337-5:2005-07 anzusetzen.

Die Mindestabmessungen sind entsprechend Abschnitt 2.1.2.1.2 zu wählen.

Anlagen

RWSH - MPE - Topfgleitlager

(Beispiele, dargestellt einschließlich ggf. erforderlicher Führungen)

zweiachsig verschiebbares Topflager

einachsig verschiebbares Topflager

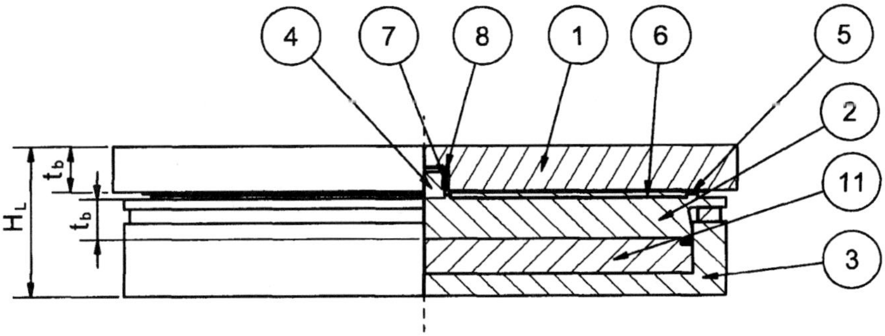

Außenführung

(alternativ)

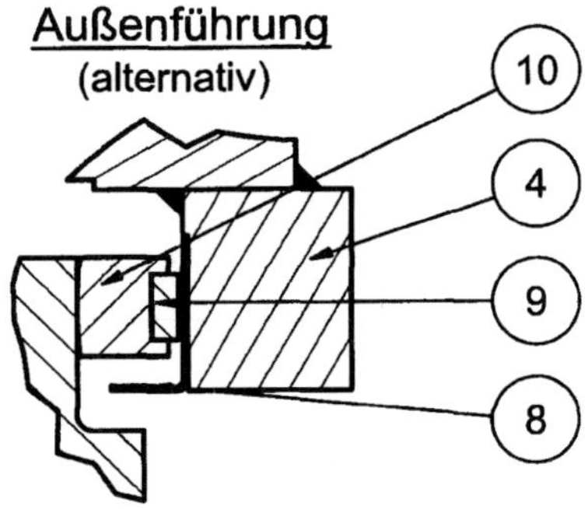

1 Gleitplatte
2 Deckel
3 Topf
4 Führungsleiste
5 Gleitblech
6 MPE - Ronde oder - Zuschnitt

t_b = Dicke der Trägerplatten der Gleitwerkstoffe
H_L = Lagerhöhe

7 MPE - oder CM1 - Streifen
8 Gleitblech Seitenführung
9 MPE - Streifen
10 Kippleiste
11 Elastomerronde

RW sollinger hütte RW Sollinger Hütte GmbH Auschnippe 52 37170 Uslar Telefon: 05571 / 305 - 0 Telefax: 05571 / 305 - 26	RWSH - MPE - Topfgleitlager Ansicht und Schnitt	Anlage 1 zur allgemeinen bauaufsichtlichen Zulassung Nr.: Z-16.31-458 vom 17. Februar 2010 Deutsches Institut für Bautechnik

Beispiele gekammerter MPE- Platten

Schmierstoffspeicherung gemäß Skizzen

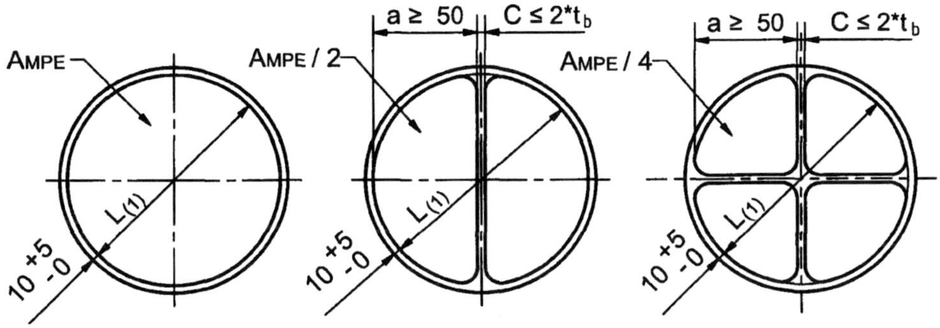

Ausbildung der Schmiertaschen

Draufsicht auf die Schmiertaschen (Maße in mm)

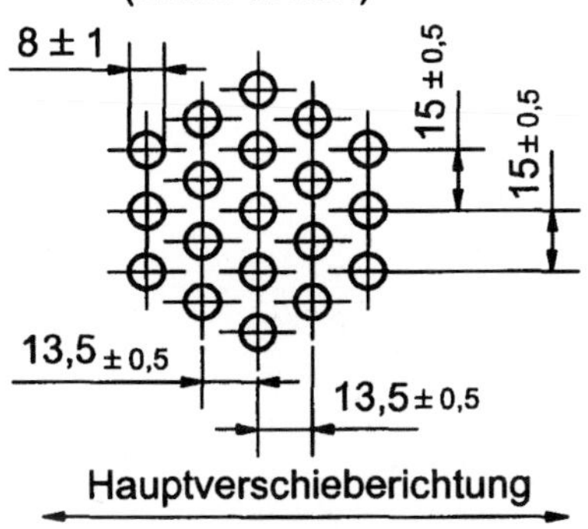

Schnitt durch eine Schmiertasche (Maße in mm)

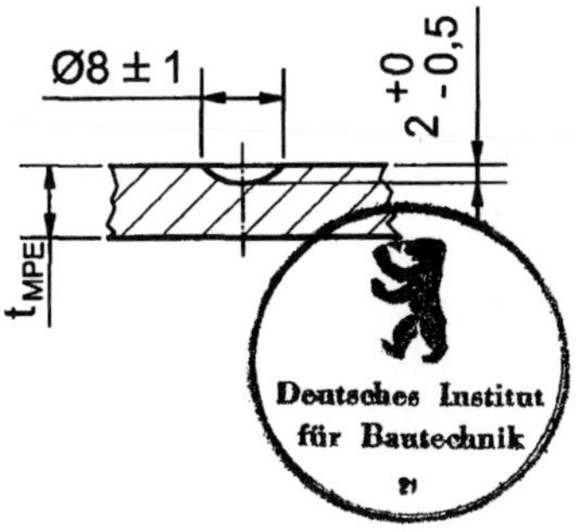

Ausbildung der MPE - Streifen (Beispiele)

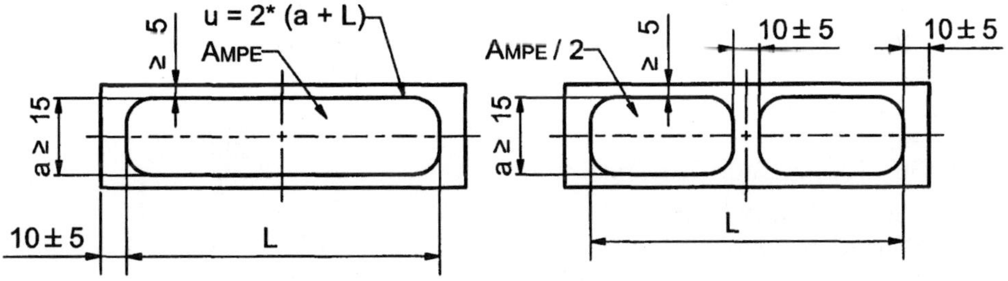

RW Sollinger Hütte GmbH Auschnippe 52 37170 Uslar Telefon: 05571 / 305 - 0 Telefax: 05571 / 305 - 26	RWSH - MPE - Topfgleitlager Beispiele gekammerter MPE- Platten Ausbildung der Schmiertaschen Ausbildung von MPE- Streifen	Anlage 2 zur allgemeinen bauaufsichtlichen Zulassung Nr.: Z-16.31-458 vom 17. Februar 2010 Deutsches Institut für Bautechnik

Schnitte durch die Gleitflächen

Materialpaarung: MPE - aust. Stahlblech (ringsum dichtgeschweißt)

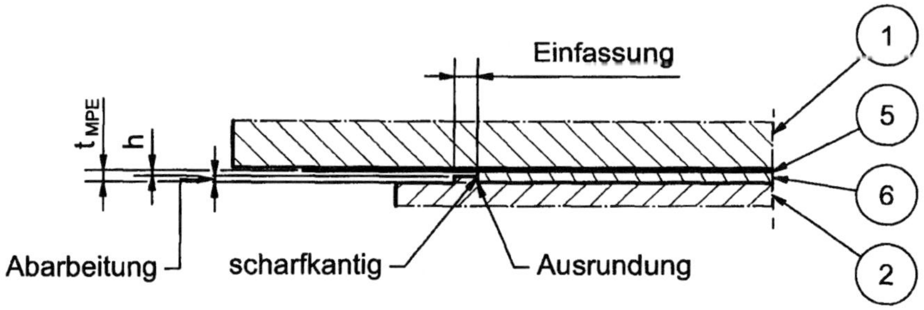

Materialpaarung: MPE - aust. Stahlblech (verschraubt)

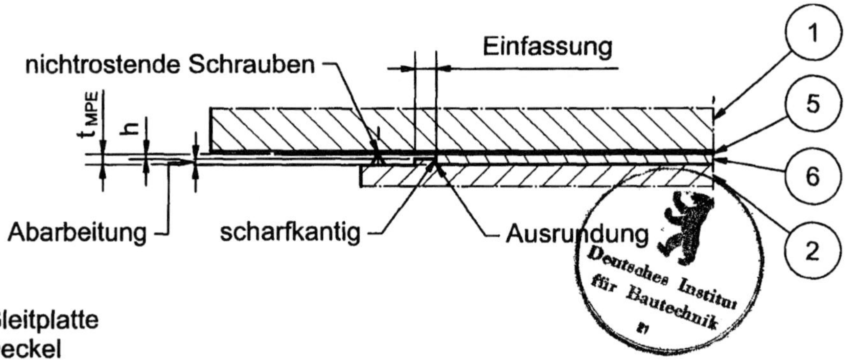

1 Gleitplatte
2 Deckel
5 Gleitblech
6 MPE - Ronde oder - Zuschnitt

t_{MPE} = Dicke der MPE-Platte
h = Überstand der MPE-Platte

RW Sollinger Hütte GmbH Auschnippe 52 37170 Uslar Telefon: 05571 / 305 - 0 Telefax: 05571 / 305 - 26	RWSH - MPE - Topfgleitlager Schnitte durch die Gleitflächen	Anlage 3 zur allgemeinen bauaufsichtlichen Zulassung Nr.: Z-16.31-458 vom 17. Februar 2010 Deutsches Institut für Bautechnik

6.4.5 Kalotten- und Zylinderlager Besondere Bestimmungen (Auszug)

1 Zulassungsgegenstand und Anwendungsbereich

Bei dem zugelassenen Bauprodukt handelt es sich um Lager für Brücken und Hochbauten, bei denen Verdrehungen und Verschiebungen des Überbaus durch Gleitbewegungen in einer ebenen und einer gekrümmten Gleitfläche unter Verwendung des Gleitwerkstoffs MSM® (MAURER Sliding Material) ermöglicht werden.

Soweit in dieser allgemeinen bauaufsichtlichen Zulassung keine anderen Festlegungen getroffen werden, gelten die Regelungen für Gleitteile sowie Kalotten- und Zylinderlager mit PTFE nach DIN EN 1337-2:2004-07 und DIN EN 1337-7:2002-11.

Gleitflächen aus ein- oder mehrteiligen MSM®-Platten, deren umschreibbarer Kreis einen Durchmesser von weniger als 75 mm oder mehr als 1500 mm hat oder deren wirksame Lagertemperatur niedriger als – 50 °C oder höher als 70 °C ist, liegen außerhalb des Anwendungsbereichs dieser allgemeinen bauaufsichtlichen Zulassung.

Kalottenlager wirken in der Regel als zweiachsig verschiebbare Punktkipplager, Zylinderlager als zweiachsig verschiebbare Linienkipplager. Durch geeignete Maßnahmen (Führungen, Arretierungen) kann die Gleitbewegung eingeschränkt werden und damit aus dem zweiachsig verschiebbaren Lager auch ein einachsig verschiebbares oder ein festes Lager entstehen, dessen Verdrehfähigkeit jedoch sicherzustellen ist.

Gegenstand der allgemeinen bauaufsichtlichen Zulassung ist das Lager einschließlich ggf. erforderlicher Führungen oder Arretierungen gemäß beispielhafter Darstellung in Anlage 1. Alternativ zur Darstellung auf Anlage 1 dürfen die Lager auch umgedreht, d. h. mit untenliegender ebener Gleitfläche verwendet werden.

Die zulässigen Materialpaarungen der an der konvexen Platte (Kalotte bzw. Zylinder) angrenzenden tribologischen Systeme (Hauptgleitflächen) bestehen aus MSM® mit gespeichertem Siliconfett gegen

- austenitischen Stahl für die ebene Gleitfläche und
- austenitischen Stahl, Hartchrom oder Gleitlegierung MSA® für die gekrümmte Gleitfläche.

MAURER-MSM®-Kalotten- und Zylinderlager eignen sich insbesondere für weiche Bauwerke mit großen und häufigen Verformungen aus Verkehr, für Bauwerke mit schnell auftretenden Gleitbewegungen des Lagers wie z. B. Brücken für Hochgeschwindigkeitseisenbahnen sowie für Regionen mit langandauernden tiefen bzw. hohen Temperaturen. Kalotten und Zylinder aus Gleitlegierung MSA® sind besonders korrosionsbeständig.

Die Bestimmungen dieser allgemeinen bauaufsichtlichen Zulassung beruhen, wenn kein genauerer Nachweis nach dieser Zulassung geführt wird, auf einer angenommenen Nutzungsdauer des MAURER-MSM®-Kalotten- und Zylinderlagers von 50 Jahren. Wird in Führungen Mehrschicht-Werkstoff CM1 als Gleitwerkstoff eingesetzt, wird die Lebensdauer für das Lager auf 10 Jahre reduziert.

2 Bestimmungen für das Bauprodukt

2.1 Eigenschaften und Zusammensetzung

2.1.1 Werkstoffe

Bezüglich der Dauerhaftigkeit wurde in Langzeit-Gleitreibungsversuchen (vgl. DIN EN 1337-2:2004-07, Abschnitt D 6.2) bei einem aufaddierten Gleitweg von 50.000 m, einer Gleitgeschwindigkeit von 15 mm/s und einer Pressung von 60 N/mm^2 sowie in Langzeit-Belastungsversuchen bei Pressungen bis zu 200 N/mm^2 festgestellt, dass kein nennenswerter Verschleiß und Anstieg des Reibungswiderstandes auftrat und der Kriechprozess nach 48 h weitestgehend abgeschlossen war.

2.1.1.2 Mehrschicht-Werkstoff

Als Mehrschicht-Werkstoff für Streifen in Führungen ist CM1 nach DIN EN 1337-2: 2004-07, Abschnitt 5.3.1 und 5.3.3 zu verwenden.

2.1.1.4 Hartchrom

Hartverchromte Oberflächen müssen DIN EN 1337-2:2004-07, Abschnitt 5.5 entsprechen.

Die Hartchromschicht ist nicht beständig gegen Chlorionen in saurer Lösung (z. B. in manchen Industriegegenden) und gegen Fluorionen und kann bei Vorhandensein von festen Partikeln in der Luft im Laufe der Zeit beschädigt werden. In solchen Fällen ist zusätzlich zu den Maßnahmen nach Abschnitt 2.2.1.4 die hartverchromte Fläche auf geeignete Weise zu schützen.

2.1.1.7 Gleitlegierung

Für Kalotten und Zylinder nach 2.1.2.5 darf alternativ zu Stahl nach 2.1.1.6 die Gleitlegierung MSA® mit einer speziellen Oberflächenbehandlung verwendet werden. Kennwerte der Zusammensetzung, der Oberflächenbehandlung und der charakteristischen Werkstoffeigenschaften sowie der tribologischen Eigenschaften sind bei der Überwachungsstelle und dem Deutschen Institut für Bautechnik hinterlegt.

Analog zur Annahme in DIN EN 1337-2:2004-07 wird vorausgesetzt, dass in der gekrümmten Gleitfläche maximal 20 % der in der ebenen Gleitfläche zu erwartenden aufaddierten Gleitbewegung erfolgt. Demzufolge wird ein Bemessungsgleitweg von 10 km festgelegt. Bezüglich der Dauerhaftigkeit wurde in Langzeit-Gleitreibungsversuchen (vgl. DIN EN 1337-2:2004-07, Abschnitt D 6.2) bei einem aufaddierten Gleitweg von 10.000 m, einer Gleitgeschwindigkeit von 15 mm/s und einer Pressung von 60 N/mm^2 festgestellt, dass kein nennenswerter Verschleiß und Anstieg des Reibungswiderstandes auftrat. Es wurde die Korrosionsbeständigkeit nach DIN EN 1337-9:1998-04 nachgewiesen.

2.1.2 Konstruktive Durchbildung, Grenzabmessungen, Toleranzen

2.1.2.1 MSM®-Elemente

2.1.2.1.1 Allgemeines

MSM®-Elemente sind kreisförmige oder rechteckige Platten in den Hauptgleitflächen oder rechteckige Streifen in Führungen.

Im Hinblick auf eine möglichst gleichmäßige Pressungsverteilung in der gekrümmten Gleitfläche ist nachfolgende geometrische Bedingung einzuhalten:

$$\frac{R}{L_2} \geq 1{,}0 \text{ für Kalottenlager und}$$

$$\frac{R}{a} \geq 0{,}82 \text{ für Zylinderlager}$$

2.1.2.2 Streifen aus Mehrschicht-Werkstoff

Streifen aus Mehrschicht-Werkstoff müssen mindestens 10 mm breit sein.

2.1.2.5 Kalotte, Zylinder und Lagerunterteil

Der obere Rand der Vertiefung (Kammerung) zur Aufnahme einer Platte oder eines Streifens aus MSM® ist scharfkantig auszubilden. Im Bereich des Übergangs von der Wandung zum Boden der Kammerung darf der Radius der Ausrundung 1 mm nicht überschreiten (vgl. Anlage 3).

Die Kammerung für die gekrümmte MSM®-Platte darf in der Kalotte, im Zylinder oder im Lagerunterteil angeordnet sein.

Das lichte Maß der Kammerung ist so zu wählen, dass das MSM®-Element planmäßig ohne Spiel – erforderlichenfalls nach vorherigem Abkühlen – eingepasst werden kann. Ein eventuell vorhandener Spalt zwischen der Wandung der Kammerung und dem MSM®-Element darf nur bereichsweise auftreten und bei Raumtemperatur die Werte nach Tabelle 1 nicht überschreiten.

Tabelle 1 Maximale Spaltbreiten

Abmessung L bzw. B in mm	Spalt in mm
≤ 50	$\leq 0{,}3$
> 50 ≤ 600	$\leq 0{,}6$
> 600 ≤ 1.200	$\leq 0{,}9$
> 1.200 ≤ 1.500	$\leq 1{,}2$

L bzw. B sind die Kleinstabmessungen des einzeln gekammerten MSM®-Elementes nach Anlage 4.

Die kleinste Dicke min t_p des Lagerunterteils muss mindestens 10 mm betragen (vgl. Anlage 2).

Der ebene Kammerungsboden und die Unterseite des Lagerunterteils müssen ebenfalls die in Abschnitt 2.1.2.4 genannte Ebenheitsanforderung erfüllen.

Im Bereich der gekrümmten Gleitfläche gilt für lokale Abweichungen von der Kugel- oder Kreiszylinderform der Gleit-Oberfläche und des Kammerungsbodens Abschnitt 2.1.2.4 sinngemäß. Die Qualität der Schmiegung wird außerdem bestimmt von der Größe der ungewollten Abweichung der Kugelradien voneinander. Zur Begrenzung dieser Abweichung gilt für die Differenz Δx aus den gemessenen Stichmaßen der Kugel- bzw. Zylinderabschnitte der Kalotte bzw. des Zylinders und des Lagerunterteils folgende Bedingung:

$\Delta x \leq 0{,}20$ mm bzw.

$\Delta x \leq 0{,}0003 \cdot L_{(2)}$, der größere Wert ist maßgebend.

2.1.2.6 Führungen, Arretierungen

Abweichend von den Anforderungen nach DIN EN 1337-2:2004-07 darf die Gleitpaarung Stahl/Stahl in Führungen unter folgenden Bedingungen verwendet werden:

- Verdrehung um die Hauptachsen der Berührungsflächen maximal 0,005 rad bzw. bei balliger Ausbildung maximal 0,01 rad;
- Verschiebungen von höchstens ±50 mm bei Straßenbrücken;
- Dehnlängen (Abstand vom festen Lager zum Führungslager) von höchstens 25 m bei Eisenbahnbrücken;
- Krümmungsradius des Bauwerkes mindestens 50 m.

Die vorgenannten Grenzbedingungen der Bewegung gelten für die Bemessungswerte der Bewegungen nach DIN-Fachbericht 101:2009-03 bzw. nach der Normenreihe DIN 1055.

Bei Verwendung von MSM®-Streifen sind diese im Lagerunterteil oder den Führungsleisten sinngemäß nach Abschnitt 2.1.2.5 vollständig zu kammern und zu verkleben, wobei die Einfassung der Kammerung an den Schmalseiten rd. 10 mm breit sein muss. An den Längsseiten soll die Breite der Einfassung nicht kleiner als 5 mm sein. Für das lichte Maß der Kammerung bzw. für das Spiel zwischen der Wandung der Kammerung und dem MSM®-Element gilt sinngemäß Abschnitt 2.1.2.5.

Die rechnerische Randstauchung des MSM®-Streifens, die sich aus der Unparallelität bei Verdrehung um eine horizontale Achse ergibt, darf bezogen auf die Breite des Streifens nicht größer als 0,25 mm sein. Bei Überschreitung dieses Grenzwertes unter den Einwirkungen der charakteristischen Kombination nach DIN EN 1990:2002-10 ist ein zusätzliches Gelenkstück (Kippleiste) anzuordnen (s. Anlage 1, Pos. 7).

Bei Anordnung von Mehrschicht-Werkstoff muss zur zwängungsarmen Aufnahme von Verdrehungen um die senkrechte Lagerachse ein stählerner Führungsring angeordnet werden (s. Anlage 5, Pos.6). Der Streifen aus Mehrschicht-Werkstoff muss am Führungsring verklebt und mindestens stirnseitig zusätzlich mechanisch gesichert sein.

Die Kontaktflächen der Materialpaarung Stahl/Stahl sind geometrisch so auszubilden, dass ein Festfressen bzw. Verklemmen verhindert wird.

2.1.3 Beanspruchbarkeit und Standsicherheit

2.1.3.2 Nachweis der angenommenen Nutzungsdauer

Die angenommene Nutzungsdauer von Bauwerkslagern mit Gleitelementen hängt im Wesentlichen vom Verschleiß in der Gleitfläche aufgrund von Verschiebungen in Kombination mit Auflasten ab. Die Dauerhaftigkeit des Gleitwerkstoffs ist zusätzlich von der Gleitgeschwindigkeit und der wirksamen Temperatur abhängig. Deshalb beeinflusst der jeweilige Einsatzfall die zu erwartende Nutzungsdauer.

Bauwerkslager mit Gleitelementen aus PTFE nach DIN EN 1337-2:2004-07 müssen nach Tabelle 2.1 von DIN EN 1990:2002-10 (Kategorie 2 der Bemessungsnutzungsdauer) mindestens eine Nutzungsdauer von 10 Jahren aufweisen.

Die angenommene Nutzungsdauer ist mit Hilfe der folgenden Formeln anhand der vom Bauwerksplaner bereit zu stellenden Daten zu ermitteln:

$$AWL\ [\text{Jahre}] = \frac{c \cdot S_\text{T}}{S_{\text{Ay,d}}\ [\text{m}]}$$

$$S_{\text{Ay,d}} = n_\text{V} \cdot \Delta d_\text{d} + s_{\text{Y,var}}; \qquad S_{\text{A,d}} = S_{\text{Ay,d}} \cdot AWL$$

mit

AWL angenommene Nutzungsdauer

$S_{\text{A,d}}$ Bemessungswert des aufaddierten Gleitweges in der ebenen Hauptgleitfläche

$S_{\text{Ay,d}}$ Bemessungswert des aufaddierten Gleitweges in der ebenen Hauptgleitfläche pro Jahr

n_V Anzahl der Fahrzeuge pro Jahr

Δd_d gesamter Gleitweg des einzelnen Lastzyklus

c ($c \geq 1$) Korrekturfaktor für den Unterschied zwischen dem Gleitweg bei konstanter Amplitude in den Prüfungen und dem Gleitweg bei Bewegungen mit veränderlicher Amplitude, die infolge Verkehr tatsächlich auftreten

$s_{\text{Y,var}}$ aufaddierte Verschiebungen pro Jahr infolge veränderlicher Einwirkungen nicht aus Verkehr wie Temperatur, Wind, etc.

S_T aufaddierter Gleitweg im Versuch

$S_{\text{T,PTFE}}$ aufaddierter Gleitweg nach Tabelle D.2 von DIN EN 1337-2:2004-07 ($S_{\text{T,PTFE}}$ = 10.000 m)

$S_{\text{T,D1}}$ aufaddierter Gleitweg für MSM® im Eignungsversuch nach dieser allgemeinen bauaufsichtlichen Zulassung ($S_{\text{T,D1}}$ = 50.000 m)

Hierbei wird Δd_d anhand eines geeigneten Einstufen-Kollektives ermittelt.

Die angenommene Nutzungsdauer von 50 Jahren für MSM®-Kalotten- und Zylinderlager beruht auf der Annahme eines maximalen aufaddierten Gleitweges von $c \cdot 50.000$ m und einer durchschnittlich maximalen Geschwindigkeit von 15 mm/sec in der Hauptgleitfläche (für PTFE nach DIN EN 1337-2:2004-07: $c \cdot 10.000$ m und 2 mm/sec) und kann wie folgt ermittelt werden:

$$AWL = AWL_{PTFE} \cdot \frac{S_{T,D1}}{S_{T,PTFE}} = 10 \cdot \frac{50.000}{10.000} = 50 \text{ Jahre}$$

2.1.3.3 Reibungszahlen

Für Gleitteile mit geschmierten MSM®-Platten mit Schmiertaschen zum Einsatz in Gebieten, in denen die Mindestnutztemperatur für Lager nicht unter $T_{o,min}$ fällt, wird die Reibungszahl μ_{max} als Funktion der mittleren Pressung σ_p (N/mm²) nach Tabelle 2 bestimmt.

In Führungen und Arretierungen gelten die Reibungszahlen μ_{max} nach Tabelle 3 unabhängig vom Kontaktdruck.

Kontaktflächen in Führungen mit Stahl-Stahl-Kontaktfläche müssen mit einer Oberflächenrauheit von $R_z \leq 6{,}3$ µm nach DIN EN ISO 4288:1998-04 maschinell bearbeitet sein.

Tabelle 2 Reibungszahl μ_{max} für MSM®-Platten mit Schmiertaschen

$T_{o,min}$	$S_{A,d} \leq c \cdot 50.000$ m
−35 °C	$0{,}020 \leq \mu_{max} = \frac{1{,}6}{15 + \sigma_p} \leq 0{,}08$
−50 °C	$0{,}027 \leq \mu_{max} = \frac{2{,}8}{30 + \sigma_p} \leq 0{,}08$
−5 °C	$0{,}015 \leq \mu_{max} = \frac{1{,}2}{15 + \sigma_p} \leq 0{,}06$

Tabelle 3 Reibungszahl μ_{max} für MSM® in Führungen

$T_{o,min}$	$S_{A,d} \leq c \cdot 10.000$ m	$S_{A,d} \leq c \cdot 2.000$ m
Materialpaarung MSM®/austenitischer Stahl		
−35 °C	$\mu_{max} = 0{,}10$	–
−50 °C	$\mu_{max} = 0{,}12$	–
−5 °C	$\mu_{max} = 0{,}07$	–
Materialpaarung Mehrschicht-Werkstoff/austenitischer Stahl		
−35 °C	–	$\mu_{max} = 0{,}20$
Materialpaarung Stahl/Stahl in Arretierungen und Führungsringen		
−50 °C	$\mu_{max} = 0{,}20$	
Materialpaarung Stahl/Stahl in Führungen		
−50 °C	$\mu_{max} = 1{,}00$	

2.1.3.4 Exzentrizitäten

Beim Nachweis der MSM®-Platten, der Verankerungsmittel und der angrenzenden Bauteile sind die aus den Reibungskräften und den Seitenkräften sowie dem verdrehten Zustand des Lagers resultierenden Exzentrizitäten der Normalkraft N_{Sd} nach DIN EN 1337-7:2001-02, Anhang A zu berücksichtigen.

2.1.3.5 MSM®-Platten (Hauptgleitflächen)

Wegen der Mindestabmessungen siehe Abschnitt 2.1.2.1.2.

Platten aus MSM® sind so zu bemessen, dass unter den Einwirkungen der Grundkombination nach DIN EN 1990:2002-10 folgende Bedingung erfüllt ist:

$$N_{Sd} \leq \frac{f_k}{\gamma_m} \cdot A_r$$

Die Werte für f_k und γ_m sind der Tabelle 4 zu entnehmen.

Tabelle 4 Charakteristische Werte der Druckfestigkeiten von Gleitwerkstoffen

<table>
<tr><td colspan="2" rowspan="2">Größte wirksame Lagertemperatur $T_{o,max}$ [°C]</td><td colspan="3">UHMWPE</td><td>Mehrschicht-Werkstoff</td></tr>
<tr><td>≤ 35</td><td>48</td><td>70</td><td>< 48</td></tr>
<tr><td rowspan="3">Charakteristische Druckfestigkeit f_k [N/mm²]</td><td>Hauptgleitfläche ständige u. veränderliche Einwirkungen</td><td rowspan="2">180</td><td rowspan="2">135</td><td rowspan="2">90</td><td rowspan="3">200</td></tr>
<tr><td>Führungen veränderliche Einwirkungen</td></tr>
<tr><td>Führungen Ständige Einwirkungen, Einwirkungen aus Temperatur, Kriechen und Schwinden</td><td>60</td><td>45</td><td>30</td></tr>
<tr><td colspan="2">Teilsicherheitsbeiwert γ_m</td><td colspan="4">1,4</td></tr>
</table>

Die charakteristischen Druckfestigkeiten von MSM® sind von der größten wirksamen Lagertemperatur $T_{o,max}$ abhängig. Die Werte für $T_{o,max} \leq 35\,°C$, $T_{o,max} = 48\,°C$ und $T_{o,max} = 70\,°C$ sind in Tabelle 4 wiedergegeben. Für Lager, deren größte wirksame Lagertemperatur zwischen 35 °C und 70 °C liegt, sind die charakteristischen Druckfestigkeiten von MSM® aus vorgenannten Werten durch lineare Interpolation zu ermitteln.

A_r ist die reduzierte Kontaktfläche der Gleitfläche ohne Abzug der Schmiertaschen, in deren Schwerpunkt der Bemessungswert der Normalkraft Nsd mit der Gesamtexzentrizität e nach Abschnitt 2.1.3.4 angreift. A_r ist auf der Grundlage der Plastizitätstheorie und Annahme eines rechteckigen Spannungsblocks zu berechnen (siehe Anhang A von DIN EN 1337-2:2004-07 sowie Anhang B von DIN EN 1337-7:2004-08).

Unter den Einwirkungen der charakteristischen Kombination nach DIN EN 1990: 2002-10 ist nachzuweisen, dass bei Ansatz der Gesamtexzentrizität e die Pressung $\sigma_p \geq 0$ ist. Dabei ist anzunehmen, dass sich der Gleitwerkstoff linear elastisch verhält und die Trägerplatten starr sind. Diese Bedingung ist für Kalottenlager erfüllt, wenn

$$e \leq \frac{L}{8} \quad \text{ist.}$$

2.1.3.6 Streifen aus MSM® oder Mehrschicht-Werkstoff (Gleitflächen in Führungen)

Wegen der Mindestabmessungen siehe Abschnitt 2.1.2.1.3 und 2.1.2.2.

Die Streifen sind so zu bemessen, dass unter den Einwirkungen der Grundkombination nach DIN EN 1990:2002-10 folgende Bedingung erfüllt ist:

$$V_{Sd} \leq \frac{f_k}{\gamma_m} \cdot A$$

Die Werte für f_k und γ_m sind der Tabelle 4 zu entnehmen.

Bei der Ermittlung der Pressungen dürfen die normal zur Gleitfläche wirkenden Kräfte zentrisch angreifend angenommen werden (mittlere Pressung).

2.1.3.7 Gleitblech

Länge und Breite des Gleitblechs richten sich nach dem aus der Gesamtheit der Bewegungen resultierenden rechnerischen Verschiebungsweg unter den Einwirkungen der Grundkombination nach DIN EN 1990:2002-10 (siehe Abschnitt 2.1.3.1).

2.1.3.10 Arretierungen

Werden bei unverschiebbaren Lagern die Horizontalkräfte durch ringförmige Arretierungen aufgenommen, so darf die Verteilung der Kontaktpressungen parabolisch über den halben Umfang angenommen werden. Für den Nachweis der Kontaktflächen gilt DIN EN 1337-5:2005-07, Abschnitt 6.2.3.

2.2 Herstellung, Verpackung, Transport, Lagerung und Kennzeichnung

(siehe Abschnitt 6.4.2)

Anlagen

MAURER-MSM®-Kalotten- und Zylinderlager

(Beispiele, dargestellt einschließlich ggf. erforderlicher Führungen)

einachsig verschiebbares Kalottenlager

zweiachsig verschiebbares Kalottenlager

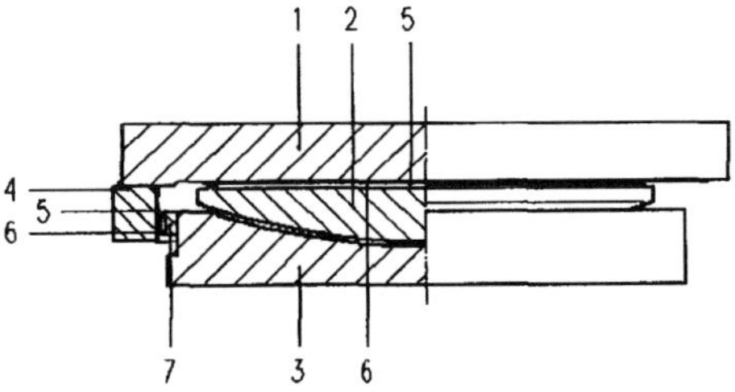

c)

einachsig verschiebbares Zylinderlager (Zylinder längs geschnitten)

zweiachsig verschiebbares Zylinderlager (Zylinder quer geschnitten)

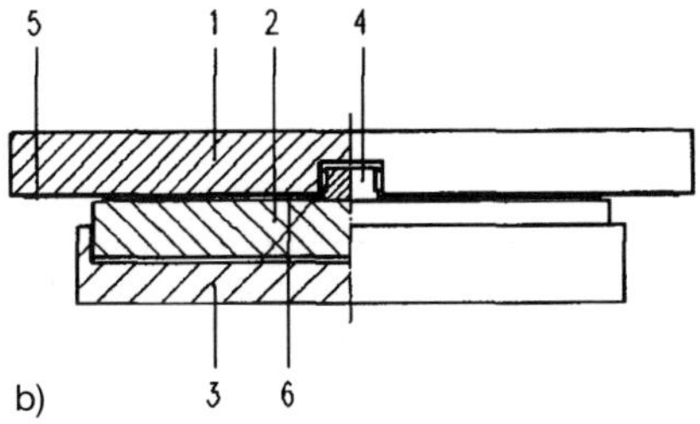

b)

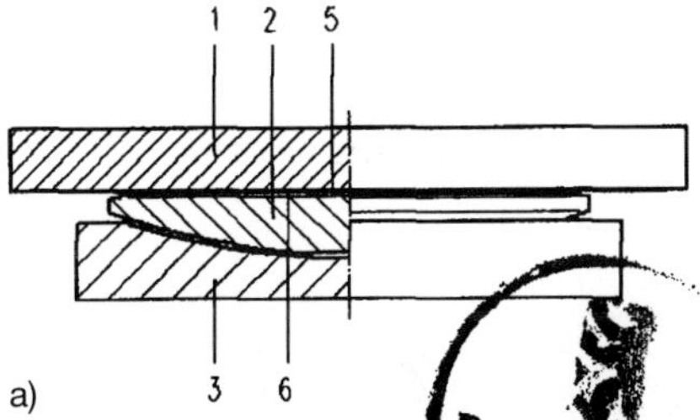

a)

1 Gleitplatte
2 Kalotte /Zylinder (konvex)
3 Unterteil (konkave Platte)
4 Führungsleiste
5 Gleitblech
6 MSM®- Platte bzw. Streifen
7 Kippleiste

ANTRAGSTELLER	INHALT DER ZEICHNUNG	Anlage 1 zur allgemeinen bauaufsichtlichen Zulassung Nr. Z-16.4-436 vom 15. Dezember 2009 Deutsches Institut für Bautechnik
MAURER SÖHNE Frankfurter Ring 193 80807 München Telefon 089/32394-0 Telefax 089/32394-329	MAURER-MSM®-Kalotten- und Zylinderlager Ansicht und Schnitt	

MAURER-MSM®-Kalotten- und Zylinderlager (Pos. gem. Anlage)

Zulässige Gleitflächen - Varianten

Bild 1

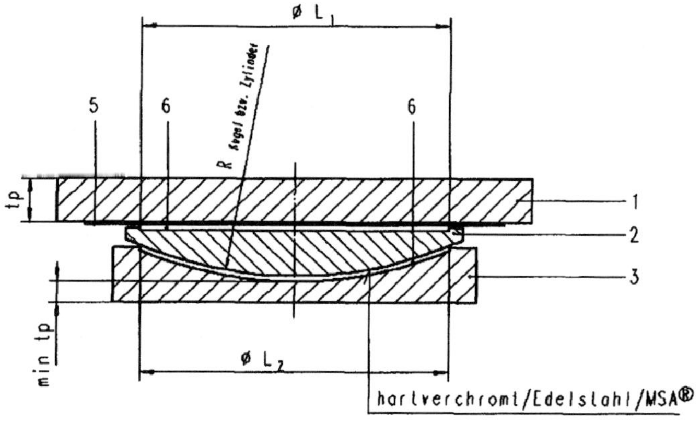

Bild 2

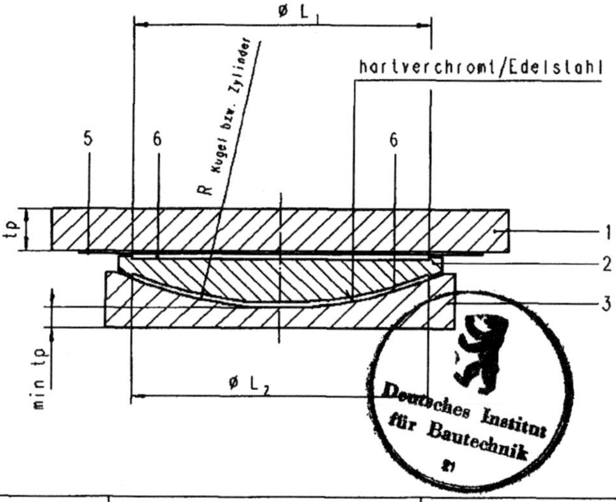

ANTRAGSTELLER	INHALT DER ZEICHNUNG	
MAURER SÖHNE Frankfurter Ring 193 80807 München Telefon 089/32394-0 Telefax 089/32394-329	MAURER-MSM®-Kalotten- und Zylinderlager Gleitflächen-Varianten	Anlage 2 zur allgemeinen bauaufsichtlichen Zulassung Nr. Z-16.4-436 vom 15. Dezember 2009 Deutsches Institut für Bautechnik

Schnitte durch die Gleitflächen (Pos. gem. Anlage)

(h = Spalthöhe, t = MSM®-Dicke)

Ebene Gleitfläche

Materialpaarung: MSM®-aust.Stahlblech
(ringsum dichtgeschweißt)

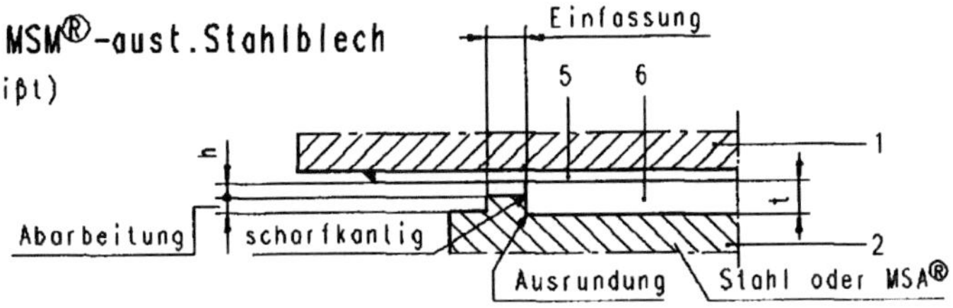

Materialpaarung: MSM®-aust.Stahlblech
(verschraubt)

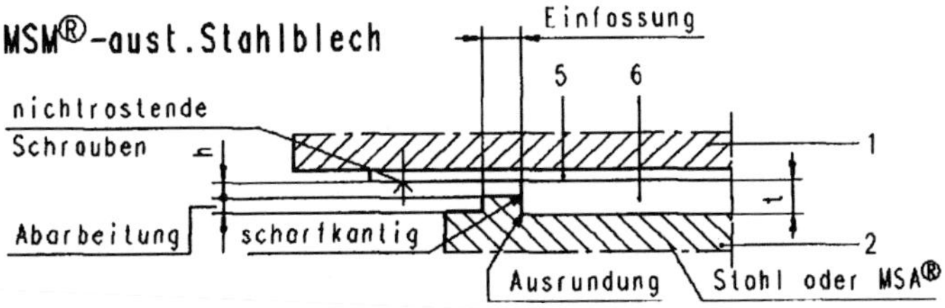

Gekrümmte Gleitfläche

Materialpaarung: MSM®-Hartchrom, aust.Stahlblech oder MSA®

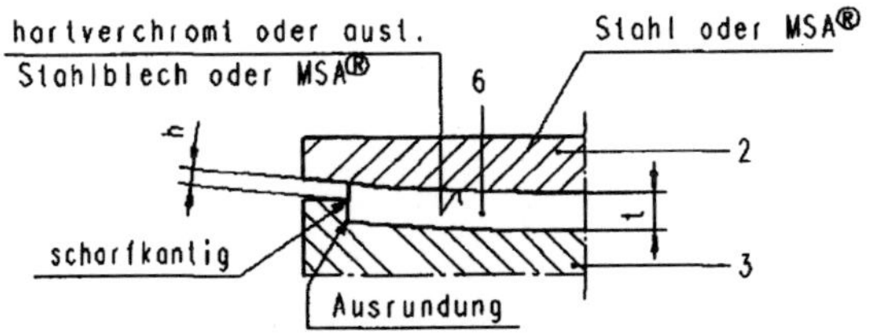

MSM-Kammerung

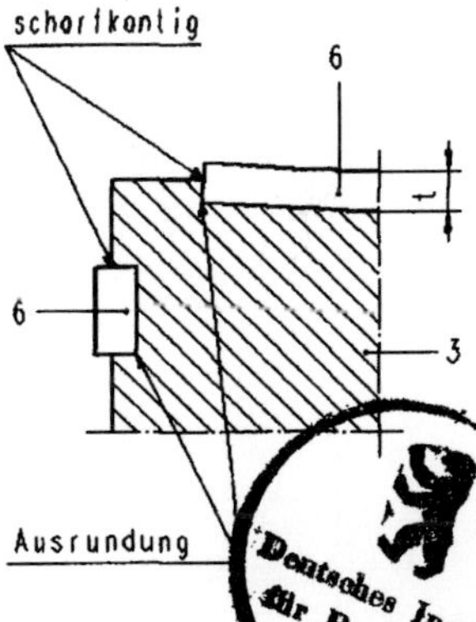

Materialpaarung: MSM®-Hartchrom

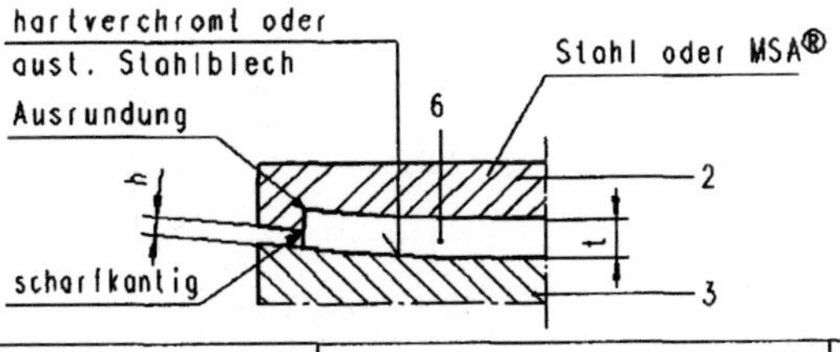

ANTRAGSTELLER	INHALT DER ZEICHNUNG	
MAURER SÖHNE Frankfurter Ring 193 80807 München Telefon 089/32394-0 Telefax 089/32394-329	MAURER-MSM®-Kalotten- und Zylinderlager Schnitte durch die Gleitflächen	Anlage 3 zur allgemeinen bauaufsichtlichen Zulassung Nr. Z-16.4-436 vom 15. Dezember 2009 Deutsches Institut für Bautechnik

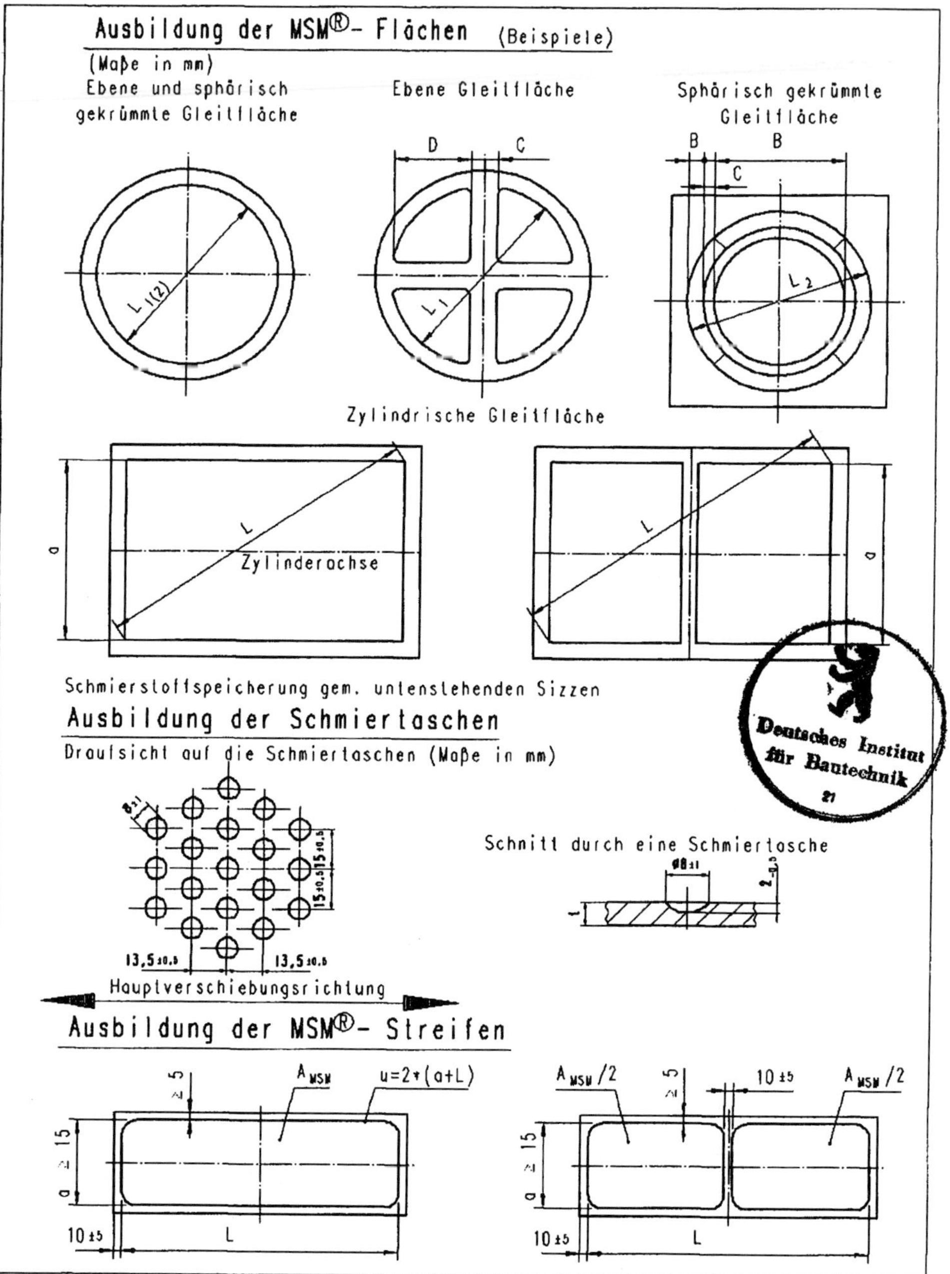

ANTRAGSTELLER	INHALT DER ZEICHNUNG	
MAURER SÖHNE Frankfurter Ring 193 80807 München Telefon 089/32394-0 Telefax 089/32394-329	MAURER-MSM®-Kalotten- und Zylinderlager Ausbildung der MSM®-Elemente Ausbildung der Schmiertaschen	Anlage 4 zur allgemeinen bauaufsichtlichen Zulassung Nr. Z-16.4-436 vom 15. Dezember 2009 Deutsches Institut für Bautechnik

Schnitt durch die Führung mit Streifen aus Mehrschicht-Werkstoff

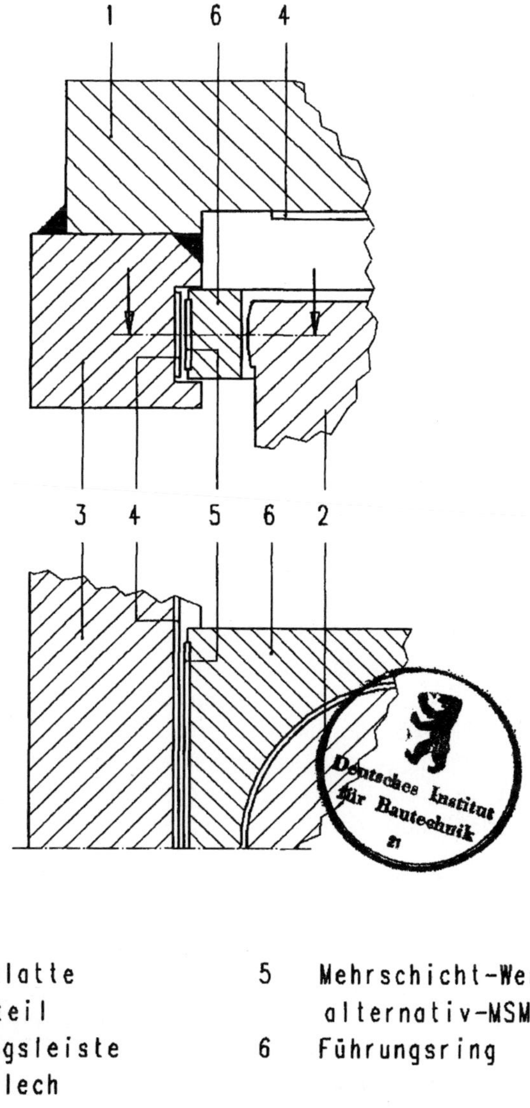

1 Gleitplatte
2 Unterteil
3 Führungsleiste
4 Gleitblech
5 Mehrschicht-Werkstoff, alternativ-MSM®
6 Führungsring

ANTRAGSTELLER	INHALT DER ZEICHNUNG	
MAURER SÖHNE Frankfurter Ring 193 80807 München Telefon 089/32394-0 Telefax 089/32394-329	MAURER-MSM®-Kalotten- und Zylinderlager. Schnitte durch die Führung bei Verwendung von Mehrschicht-Werkstoff, alternativ-MSM®	Anlage 5 zur allgemeinen bauaufsichtlichen Zulassung Nr. Z-16.4-436 vom 15. Dezember 2009 Deutsches Institut für Bautechnik

6.5 Schwingungsisolatoren

6.5.1 Vorbemerkung

Schwingungsisolatoren sind nicht primär für den Einsatz im Brückenbau gedacht, finden dort aber auch hin und wieder Verwendung, so dass es uns sinnvoll erschien, darauf hinzuweisen, dass es inzwischen zwei Zulassungen für diese Bauprodukte gibt, und zwar

- Stahlfederelemente des Herstellers GERB Schwingungsisolierungen, Berlin Z-16.6-427 und
- Federisolatoren des Herstellers STOP-Choc Schwingungstechnik, Renningen Z-16.6-453

6.5.2 Besondere Bestimmungen (Auszug ohne Anlagen 2 bis 8)

Von den textlichen Bestimmungen wird nur aus der erstgenannten Zulassung zitiert. Die Vorspannungsregelungen gab es zur Zeit des Redaktionsschlusses nur dort.

1 Zulassungsgegenstand und Anwendungsbereich

Bei dem zugelassenen Bauprodukt handelt es sich um Stahlfederelemente mit oder ohne integrierte viskose Dämpfung zur erschütterungs- und körperschallisolierenden Lagerung von Hoch- und Industriebauten.

Die Stahlfederelemente bestehen aus einer bestimmten Anzahl gleichartiger Schraubendruckfedern, die durch Gehäuseschalen aus Stahl (Ober- und Untergehäuse) zu Elementeinheiten unterschiedlicher Größe und Tragfähigkeit zusammengefasst werden. Oberhalb bzw. unterhalb der Auflagerplatten des Stahlgehäuses sind Gewebebauplatten angeordnet. Hiermit wird eine kraftschlüssige Verbindung mit den angrenzenden Bauteilen hergestellt, so dass in vielen Fällen eine schraubenlose Verbindung ermöglicht wird. Zusätzlich werden dadurch auch kleine Unebenheiten im Auflagerbereich ausgeglichen und der Körperschallschutz erhöht.

Durch eine viskose Dämpfung in den Stahlfederelementen kann eine Erhöhung der Systemdämpfung erreicht werden. Zur Erhöhung des Körperschallschutzes können ober- und unterhalb der einzelnen Schraubendruckfedern Zwischenscheiben angeordnet werden.

Die Stahlfederelemente können vorspannbar ausgebildet werden. Damit ist es möglich, sowohl vorgegebene Federwege einzustellen als auch die im Gebäude eingebauten Elemente bei Bedarf auszuwechseln.

Mit dieser allgemeinen bauaufsichtlichen Zulassung wird der Verwendbarkeitsnachweis für die Aufnahme von Kräften erbracht. Die Zulassung enthält außerdem Angaben, die zur Beurteilung des Erschütterungs- und Körperschallschutzes erforderlich sind. Der Nachweis der Verwendbarkeit für diesen Verwendungszweck ist jedoch nicht Gegenstand dieser allgemeinen bauaufsichtlichen Zulassung.

In Anlage 1 ist als Beispiel ein vorspannbares Stahlfederelement dargestellt.

2 Bestimmungen für das Stahlfederelement

2.1 Eigenschaften

2.1.1 Typenreihen von Stahlfederelementen

Die Stahlfederelemente werden entsprechend Tabelle 1 in verschiedene Typenreihen eingeteilt.

Tabelle 1 Typenreihen von Stahlfederelementen

Typenreihe	vorspannbar		mit viskoser Dämpfung	
	nein	ja	nein	ja
K	X		X	
KV	X			X
GP		X	X	
GPV		X		X

2.1.2 Abmessungen und Aufbau

Abmessungen und Aufbau der Stahlfederelemente müssen den Angaben in den Zeichnungen der Anlagen und den beim Deutschen Institut für Bautechnik hinterlegten Unterlagen entsprechen. Als Beispiele sind Längs- und Querschnitte eines vorspannbaren und eines nicht vorspannbaren Stahlfederelementes in den Anlagen 4 und 5 bzw. 6 bis 8 dargestellt. Hinsichtlich der einzuhaltenden Ebenheitstoleranzen nach Abschnitt 14.2 von DIN ISO 1101:1985 für die oberen und unteren Auflagerflächen der Gehäuseschalen gilt Tabelle 2. Dabei ist zur Auswahl des Tabellenwertes als Nennmaß die größere Seitenlänge der Auflagerfläche anzunehmen.

Tabelle 2 Ebenheitstoleranzen in mm

Nennmaßbereich in mm		
über 120 bis 400	über 400 bis 1000	über 1000 bis 2000
1,5	3,0	4,5

Es werden die in Tabelle 3 angegebenen, in den beim Deutschen Institut für Bautechnik hinterlegten Unterlagen genauer bezeichneten Schraubendruckfedern verwendet, die den Anforderungen nach DIN 2096-1 entsprechen müssen. Die Anordnung der Federn im Gehäuse kann in 1 Reihe, in 2 oder 3 Reihen gemäß Anlagen 2 und 3 erfolgen. Die Außen- und Innenfedern können einzeln oder ineinandergestellt angeordnet werden.

Tabelle 3 Schraubendruckfedern für Stahlfederelemente

Schraubendruckfedertyp		Äußerer Windungsdurchmesser D_e in mm
S1	Außenfeder Innenfeder	151,0 69,5
S2	Außenfeder Innenfeder	176,0 80,0

2.1.3 Bezeichnung

Die Bezeichnung des Stahlfederelements richtet sich nach Typenreihe sowie Anzahl und Typ der Schraubendruckfedern.

Der zusätzliche Buchstabe L dient der Unterscheidung von zwei verschiedenen Bauformen bei gleicher Federbestückung (siehe Anlagen 2 und 3).

Mit dem zusätzlichen Buchstaben K werden Stahlfederelemente mit eingebauten Zwischenscheiben bezeichnet.

So ergibt sich z. B. für ein Stahlfederelement der Typenreihe KV mit n Außenfedern und m Innenfedern des Schraubendruckfedertyps S1 in der Bauform L und eingebauten Zwischenscheiben folgende Bezeichnung:
KV-n.m-S1LK

2.1.4 Werkstoffe

2.1.4.1 Stahl

Die Werkstoffe müssen den in Tabelle 4 angegebenen technischen Regeln entsprechen; ihre Eigenschaften sind durch Bescheinigungen nach DIN EN 10204 zu belegen.

Tabelle 4 Technische Regeln und Bescheinigungen für Werkstoffe aus Stahl

Bauteile	Werkstoff-nummen	Kurzname	Technische Regel	Bescheinigung nach DIN EN 10204
Gehäuseschalen	1.0038 1.0570	S235JRG2 S355J2G3	DIN EN 10025	2.2 3.1
Schraubendruck-federn	1.8159	50CrV4	DIN EN 10098	3.1
Vorspann-schrauben, Muttern		8.8 10.9 8	DIN EN ISO 898-1 DIN EN 20898-2	3.1 3.1

2.1.4.2 Gewebebauplatten

Die mehrlagigen Gewebebauplatten müssen den im Deutschen Institut für Bautechnik hinterlegten Angaben entsprechen.

2.1.4.3 Zwischenscheiben

Die erforderlichenfalls oberhalb und unterhalb der einzelnen Federn anzuordnenden Zwischenscheiben müssen den im Deutschen Institut für Bautechnik hinterlegten Angaben entsprechen.

2.1.5 Mechanische Eigenschaften

2.1.5.1 Tragfähigkeit

2.1.5.1.1 Nominelle vertikale Tragfähigkeit

Als nominelle vertikale Tragfähigkeit wird die bei einer Einsenkung von 20 mm sich ergebende Federkraft definiert. Für die im Rahmen dieser Zulassung verwendeten Federn ergeben sich die in Tabelle 5, Spalte 2, angegebenen Werte. Die nominelle vertikale Tragfähigkeit eines Stahlfederelements ergibt sich aus der Addition der Tragfähigkeiten der Einzelfedern.

2.1.5.1.2 Maximale vertikale Tragfähigkeit

Als maximale vertikale Tragfähigkeit wird die bei einer Einsenkung von 25 mm sich ergebende Federkraft definiert. Für die im Rahmen dieser Zulassung verwendeten Federn ergeben sich die in Tabelle 5, Spalte 3, angegebenen Werte. Die maximale vertikale Tragfähigkeit eines Stahlfederelements ergibt sich aus der Addition der Tragfähigkeiten der Einzelfedern.

2.1.5.1.3 Nominelle horizontale Tragfähigkeit

Als nominelle horizontale Tragfähigkeit wird die bei einer horizontalen Verschiebung von 4 mm sich ergebende Federkraft definiert. Für die im Rahmen dieser Zulassung verwendeten Federn ergeben sich die in Tabelle 5, Spalte 4, angegebenen Werte. Die nominelle horizontale Tragfähigkeit eines Stahlfederelements ergibt sich aus der Addition der Tragfähigkeiten der Einzelfedern.

Tabelle 5 Tragfähigkeiten der Einzelfedern

1		2	3	4
Schraubendruckfedertyp		Nominelle vertikale Tragfähigkeit $F_{v,nom}$ in kN	Maximale vertikale Tragfähigkeit $F_{v,max}$ in kN	Nominelle horizontale Tragfähigkeit $F_{h,nom}$ in kN
S1	Außenfeder	72,3	90,3	13,1
	Innenfeder	18,2	22,8	0,8
S2	Außenfeder	106,6	133,3	18,3
	Innenfeder	26,0	32,5	1,5

2.1.5.2 Federsteifigkeit

Die vertikalen Federsteifigkeiten dürfen sowohl bei statischer als auch dynamischer Beanspruchung bis zum Erreichen der Blocklage (siehe Abschnitt 2.1.5.3) als konstant angenommen werden. Sie können nach DIN EN 130906-1 ermittelt werden und sind für die im Rahmen dieser Zulassung verwendeten Federn in Tabelle 6, Spalte 2, angegeben.

Die horizontalen Federsteifigkeiten sind abhängig von der vertikalen Belastung. Tabelle 6, Spalte 3 enthält die sich unter einer vertikalen Belastung entsprechend der nominellen vertikalen Tragfähigkeit ergebenden horizontalen Federsteifigkeiten der Einzelfedern. Die Federsteifigkeit eines Stahlfederelements ergibt sich aus der Addition der Einzelfedersteifigkeiten.

Tabelle 6 Vertikale und horizontale Federsteifigkeiten der Einzelfedern

1		2	3
Schraubendruckfeder-typ		Federsteifigkeit in kN/mm	
		vertikal	horizontal
S1	Außenfeder Innenfeder	3,61 0,91	3,28 0,19
S2	Außenfeder Innenfeder	5,33 1,30	4,56 0,37

2.1.5.3 Federweg bei Blocklage

Der Federweg bis zum Erreichen der Blocklage, d. h. bis die Windungen dicht aneinander liegen, beträgt für alle Schraubendruckfedertypen 34 mm.

2.1.5.4 Viskose Dämpfung

Die Dämpfung wird im Regelfall durch die Bewegung der Federn in einem viskosen Dämpfungsmedium erzeugt. Hierdurch können Dämpfungsgrade bis $D \approx 0{,}1$ in vertikaler Richtung eingestellt werden.

Der Dämpfungskoeffizient d in kN/(m/s) ist abhängig von der Anzahl der im Dämpfungsmedium eingesetzten Federsätze. Als Federsatz wird dabei die Außenfeder gegebenenfalls einschließlich der Innenfeder verstanden. Für je einen Federsatz eines Typs ist der Dämpfungskoeffizient d in vertikaler und horizontaler Richtung durch Versuche, die bei Raumtemperatur durchzuführen sind, zu ermitteln. Dabei ergibt sich der Dämpfungskoeffizient d bei einer sinusförmigen Schwingung mit einer Frequenz von 3,5 Hz und einer Schwingwegamplitude von 0,1 mm.

Die je Federsatz ermittelten Werte d_v und d_h sind dann entsprechend der Anzahl der Federsätze je Stahlfederelement aufzusummieren.

Für höhere Dämpfungsgrade wird die Dämpfung durch die Bewegung eines Stempels in einem viskosen Dämpfungsmedium in einem getrennten, im Stahlfederelement integrierten Gehäuse (separate Dämpfer) erzeugt. Ihre Größe ist von der Formgebung des Stempels und des Gehäuses abhängig.

Die oben genannten Prüfkriterien gelten auch für separate Dämpfer.

Die zu verwendenden Dämpfungsmedien müssen in ihrer Zusammensetzung und ihren Eigenschaften den im Deutschen Institut für Bautechnik hinterlegten Angaben entsprechen.

2.1.5.5 Brandverhalten

Die Stahlfederelemente genügen bezüglich der Tragfähigkeit den Anforderungen der Feuerwiderstandsklasse F90 nach DIN 4102-2. Sie verlieren jedoch spätestens nach 25 Minuten ihre Federwirkung, da sie dann in ihre Blocklage übergehen.

Durch die Anordnung von Gewebebauplatten ober- und unterhalb des Stahlfederelementes ist im eingebauten Zustand keine relevante Änderung des Brandverhaltens zu erwarten.

2.2 Herstellung, Transport, Lagerung und Kennzeichnung

2.2.1 Herstellung

2.2.1.1 Eignung des Herstellwerkes

Die Stahlteile des Stahlfederelements dürfen nur in Werken geschweißt werden, die im Besitz des jeweils erforderlichen Eignungsnachweises nach DIN 18800-7 sind.

2.2.1.2 Korrosionsschutz

Alle Bauteile sind mit einem dauerhaften Korrosionsschutz nach den Normen der Reihe DIN EN ISO 12944 zu versehen. Für die Gehäuseschalen ist vorrangig Lackierung, Feuerverzinkung, Pulverbeschichtung oder ein Mehrschichtensystem (Duplex-System), für die Schraubendruckfedern Pulverbeschichtung mit Epoxydharz, vorzusehen.

Falls erforderlich, sind die Stahlfederelemente und die Dämpfer durch Manschetten gegen Spritzwasser zu schützen.

2.2.1.3 Voreinstellung

Die vorspannbaren Stahlfederelemente können mit Hilfe der Vorspannschrauben auf die Last vorgespannt werden, die nach Fertigstellung des Bauwerks aufgenommen werden soll. Der zugehörige Federweg beim Vorspannen ist zu messen und zu protokollieren.

2.2.2 Transport, Lagerung

Die Stahlfederelemente mit zusätzlicher viskoser Dämpfung sind entsprechend den Anweisungen des Herstellers auf einem gut lesbaren Schild, das an jedem Stahlfederelement anzubringen ist, zu transportieren, zu lagern und einzubauen.

2.2.3 Kennzeichnung

Die Stahlfederelemente müssen vom Hersteller mit dem Übereinstimmungszeichen (Ü-Zeichen) nach den Übereinstimmungszeichen-Verordnungen der Länder gekennzeichnet werden. Die Kennzeichnung darf nur erfolgen, wenn die Voraussetzungen nach Abschnitt 2.3 erfüllt sind.

Die Verpackung der getrennt zur Einbaustelle gelieferten Gewebebauplatten muss mit dem Schriftzug „Hersteller“ sowie der Angabe der Außenabmessungen versehen sein.

An den Stahlfederelementen ist ein Typenschild anzubringen, das mindestens folgende Informationen enthalten muss:

- Hersteller
- Bezeichnung (siehe Abschnitt 2.1.3)
- vertikale und horizontale Federsteifigkeit
- vertikale und horizontale nominelle Tragfähigkeit.

2.3 Übereinstimmungsnachweis

(hier nicht abgedruckt)

3 Bestimmungen für Entwurf und Bemessung

3.1 Entwurf

Typ, Größe und Anordnung der Stahlfederelemente zur Schwingungsisolierung von Gebäuden ergeben sich aus der Abstimmung des gesamten schwingungsfähigen Systems auf die Schwingungserregung und den Erfordernissen aufgrund der statischen Einwirkungen.

Die Stahlfederelemente sind so anzuordnen, dass die Lage des Gebäudeschwerpunktes mit der Resultierenden der statischen Federkräfte zusammenfällt. Davon ausgehend ist ein Verteilungsplan anzufertigen, aus dem die genaue Lage der Stahlfederelemente im Gebäudegrundriss zu ersehen ist.

Die aus dem Gebäude resultierenden Lasten sind auf kürzestem Wege in die Stahlfederelemente zu leiten; Biegebeanspruchungen von anschließenden Bauteilen sind möglichst zu vermeiden.

Bei Anordnung von Trennfugen zwischen Gebäuden oder Gebäudeteilen ist genügend großer Spielraum zur Vermeidung von Körperschallbrücken vorzusehen.

3.2 Bemessung

3.2.1 Allgemeines

Die aus dem Gebäude resultierenden und auf die Stahlfederelemente einwirkenden Kräfte aus ständigen Lasten, Verkehrslasten, Windlasten und ggf. weiteren Einwirkungen sind unter Berücksichtigung der elastischen Lagerung zu ermitteln.

Voraussetzung für die Gebrauchstauglichkeit der Stahlfederelemente für den vorgesehenen Verwendungszweck (Erschütterungs- und Körperschallschutz) ist, dass die Anforderungen der Abschnitte 3.2.2 und 3.2.3 erfüllt sind.

Damit gilt auch der Nachweis für den Grenzzustand der Tragfähigkeit als erbracht, wobei davon ausgegangen werden muss, dass sich die Stahlfederelemente in Blocklage befinden (vgl. Abschnitt 2.1.5.3).

Die anschließenden Bauteile sind unter Berücksichtigung der Reaktionskräfte der Stahlfederelemente zu bemessen.

Der Lasteinleitungsbereich im anschließenden Bauteil ist statisch zu untersuchen und erforderlichenfalls bei Stahlbetonbauteilen durch Spaltzugbewehrung, bei Stahlbauteilen durch Aussteifungsbleche zu verstärken.

3.2.2 Beanspruchung infolge vertikaler Lasten

Die Gebäudelagerung ist so auszulegen, dass die auf die Stahlfederelemente einwirkenden vertikalen Kräfte aus den charakteristischen Werten der ständigen Lasten und eines Verkehrslastanteils von 30 % nicht größer als die nominelle vertikale Tragfähigkeit nach Abschnitt 2.1.5.1.1 sind.

Außerdem ist nachzuweisen, dass unter Berücksichtigung aller ständigen und veränderlichen Lasten die einwirkenden Kräfte aus den charakteristischen Werten der Lasten nicht größer als die maximale vertikale Tragfähigkeit nach Abschnitt 2.1.5.1.2 sind.

3.2.3 Beanspruchung infolge horizontaler Lasten

Es ist nachzuweisen, dass die auf die Stahlfederelemente einwirkenden horizontalen Kräfte aus den charakteristischen Werten der Lasten die nominelle horizontale Tragfähigkeit nach Abschnitt 2.1.5.1.3 nicht überschreiten.

Die Aufnahme der vom anschließenden Bauteil auf das Stahlfederelement einwirkenden Horizontalkräfte entweder durch Reibung oder mechanische Verbindungsmittel ist nachzuweisen. Die Übertragung durch Reibung gilt als nachgewiesen, wenn die Horizontalkräfte aus nicht ständigen Einwirkungen, z. B. aus Wind, resultieren und 20 % der gleichzeitig wirkenden Vertikalkräfte nicht übersteigen.

4 Bestimmungen für die Ausführung

Der Einbau zumindest des ersten Stahlfederelements muss von einer Fachkraft des Herstellers beaufsichtigt und protokolliert werden.

Die Ebenheitstoleranz nach Abschnitt 14.2 von DIN ISO 1101:1985 für die Auflagerfläche des anschließenden Bauteils beträgt 2,5 mm. Bei groben Unebenheiten, z. B. Betonnasen am Schalungsstoß, muss nachgearbeitet werden. Durch die zusätzliche Anordnung von Stahlblechen (Ausgleichsblechen) zwischen Auflagerfläche des Stahlfederelementes und der des anschließenden Bauteils können Abweichungen von der Planparallelität ausgeglichen werden

Beim Einbau ist darauf zu achten, dass die Gewebebauplatten bündig mit den Auflagerflächen der Gehäuseschalen abschließen.

Nach Fertigstellung des Gebäudes ist bei Verwendung vorspannbarer Stahlfederelemente die tatsächliche Einsenkung zu messen und mit den rechnerischen Einsenkungen zu vergleichen. Differenzen zwischen rechnerischer und gemessener Einsenkung können ebenfalls durch zusätzliche Anordnung von Ausgleichsblechen ausgeglichen werden.

5 Bestimmungen für die Nutzung

Die Stahlfederelemente sind wartungsfrei. Während der Nutzung des Gebäudes sind regelmäßig durchzuführende Kontrollen nicht erforderlich.

6.5.3 Anlagen

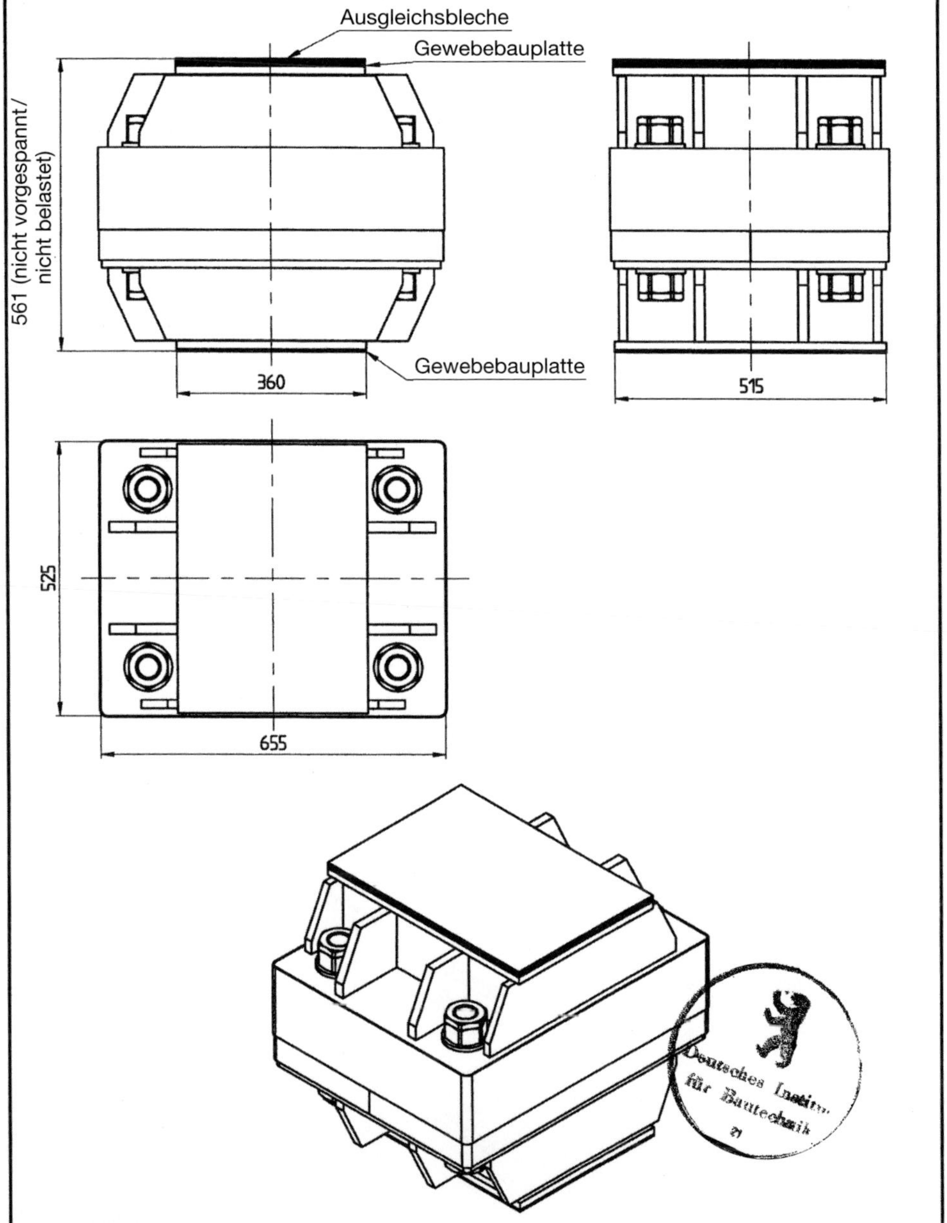

GERB Schwingungsisolierungen GmbH & Co. KG Roedernallee 174-176 13407 Berlin	Vorspannbares Federelement GP-12.8-S1K Übersicht	Anlage 1 zur allgemeinen bauaufsichtlichen Zulassung Nr. Z-16.6-427 vom 4. Juli 2005 Deutsches Institut für Bautechnik

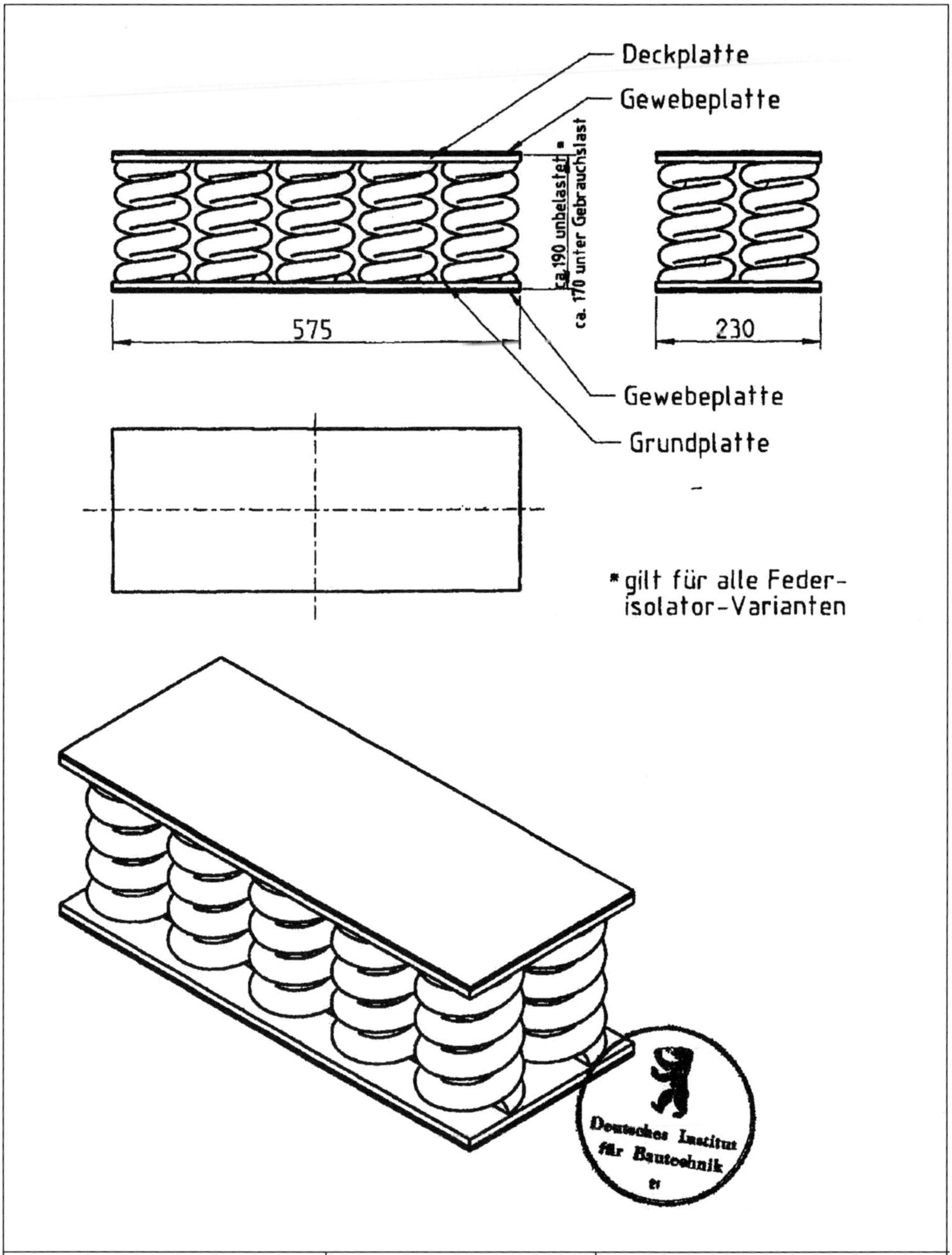

STOP-CHOC Schwingungstechnik GmbH & Co. KG Benzstraße 42 71272 Renningen	Beispiel Federisolator	Anlage 1 zur allgemeinen bauaufsichtlichen Zulassung Nr. Z-16.6-453 vom: 22.06.2009

7 Wissenschaft und Forschung

7.1 Dissertationen

In den Jahren von 1967 bis 2011 sind an den deutschsprachigen Hochschulen 20 Dissertationen auf dem Bereich der Lager entstanden. Nachfolgend werden die Zusammenfassungen – z. T. vom jeweiligen Autor etwas aktualisiert – wiedergegeben. Eine Rezension durch die Autoren dieses Buches findet nicht statt.

An dieser Stelle sei darauf hingewiesen, dass auf diesem interessanten Spezialgebiet noch viele anspruchsvolle Probleme ungelöst und somit für einen Doktoranden prädestiniert sind.

Als Beispiele seien genannt:

- Optimierung einer Lagerung,
- Beanspruchbarkeit und Rückstellmoment bei Topflagern,
- Zusammenwirken der verschiedenen Einflüsse (Lasten, Temperaturen) bei einer Talbrücke mit Gleitlagern,
- Katastrophenbetrachtungen in Abhängigkeit von der Lagerart.

Die nachfolgenden Zusammenfassungen sind chronologisch geordnet. Die vollständigen Dissertationen sind größtenteils im Internet auf den Seiten der jeweiligen Universitätsbibliothek zu finden.

Die Themen der 20 Arbeiten lassen sich wie folgt aufteilen:

2 Arbeiten zum Thema Rollenlager
1 Arbeit zum Thema Topflager
12 Arbeiten zum Thema Elastomerlager
2 Arbeiten zum Thema Gleitlager
1 Arbeit zum Thema Lagerplatten
1 Arbeit zum Thema Lagerung
1 Arbeit zum Thema Stahllager

Zusammenstellung der „Lagerdoktoren"

Nr.	Name	Jahr	Ort	Bereich
1	Hakenjos, V.	1967	Stuttgart	Rollenlager
2	Hütten, P.	1970	Aachen	Brückenlagerung
3	Liermann, K.	1972	Braunschweig	Rollenlager
4	Schorn, H.	1972	Aachen	Elastomerlager
5	Flohrer, M.	1973	Berlin	Elastomerlager
6	Bock, M.	1976	Berlin	Elastomerlager
7	Lehmann, D.	1976	Berlin	Elastomerlager
8	Müller, F.	1979	Aachen	Elastomerlager

Nr.	Name	Jahr	Ort	Bereich
9	Schrage, I.	1979	Aachen	Elastomerlager
10	Richter, K.	1981	Stuttgart	Gleitlager
11	Marotzke, Ch.	1983	Berlin	Elastomerlager
12	Dickerhoff, K.-J.	1985	Karlsruhe	Brückenlager
13	Breitbach, M.	1990	Aachen	Gleitlager
14	Klöckner, H.	1994	Aachen	Elastomerlager
15	Baur, M.	2003	Karlsruhe	Elastomerlager
16	Khbeis, H.	2007	Karlsruhe	Topflager
17	Vogt, R.	2009	Weimar	Elastomerlager
18	Block, T.	2010	Bochum	Elastomerlager
19	Wetzk, V.	2011	Cottbus	Stahllager
20	Gerhaher, U.	2011	Wien	Elastomerlager

1. Hakenjos, Volker

Untersuchungen über die Rollreibung bei Stahl im elastisch-plastischen Zustand. Stuttgart 1967.
Veröffentlicht als Heft 67/05 der technisch-wissenschaftlichen Berichte der Staatlichen Materialprüfungsanstalt an der Technischen Hochschule Stuttgart.

Es werden Einrichtungen und Verfahren zur Bestimmung des Verformungs- und Rollreibungsverhaltens zwischen Walzen und ebenen Platten entwickelt. Belegt durch systematische Untersuchungen der Rollreibungseigenschaften verschiedener Stahlpaarungen werden neue Erkenntnisse über die Abhängigkeit der Reibungszahl von der Härte, dem Durchmesser und der Anzahl der Rollbewegungen gewonnen. Mit Zunahme der Hertz'schen Pressung steigt die Rollreibungszahl stark an, mit Zunahme der Härte des Materials nimmt sie ab. Die Ergebnisse waren Grundlage für die Zulassung von hochbelastbaren Rollenlagern aus hochfestem Stahl.

Die bis dahin üblichen Annahmen für den Reibungswiderstand von Brücken-Rollenlagern wurden als falsch nachgewiesen.

2. Hütten, Paul

Beitrag zur Berechnung der Lagerverschiebungen gekrümmter, durchlaufender Spannbeton-Balkenbrücken. Aachen 1970.

Es wird ein Berechnungsverfahren entwickelt und an praktischen Beispielen erprobt, mit dem die nach Richtung und Betrag zeitabhängigen Lagerverschiebungen von Spannbetonbrücken verfolgt werden können. Mit dieser Arbeit wird bewiesen, dass solche Brücken – es handelt sich um den „Normalfall“ von Betonbrücken! – nicht auf Rollenlagern gelagert werden können.

Die nachfolgende Zusammenfassung wurde aus der 1. Auflage dieses Buches übernommen.

Einleitung
Die Entwicklung des modernen Brückenbaus ist dadurch gekennzeichnet, dass im Gegensatz zu früher die Linienführung der Verkehrswege auch im Bereich eines Geländeübergangs oder einer Kreuzung absolut vorrangig ist, der Brückenzug ist Teil der Straße geworden.

Die für die Herstellung der Überbauten verwendeten Bauverfahren haben dazu beigetragen, mit verhältnismäßig geringem Aufwand und bei ständiger Wiederholung gleicher oder ähnlicher Arbeitsgänge Brücken von großer Länge und Stützweite monolithisch herzustellen.

In diesem Zusammenhang ist in dem vorliegenden Beitrag der Frage nachgegangen worden, wie den verhältnismäßig großen Längenänderungen des über viele Öffnungen fugenlos durchlaufenden Überbaus und den damit zusammenhängenden Horizontalbewegungen an den Stützenköpfen durch Anordnung und Ausrichtung entsprechend beweglicher Lager Rechnung getragen werden kann. Hierbei wurde von einem im Grundriss gekrümmten Brückenbauwerk ausgegangen.

Voraussetzungen
Ursachen für die Lagerverschiebungen
Die gesamte Längenänderung des Überbaus an seiner Unterkante setzt sich zusammen aus einem Anteil, der aus dessen Dehnung in Höhe seiner Schwerachse herrührt, und aus einem Anteil, der durch Biegung hervorgerufen wird. Sind bei vorgespannten Balkenbrücken die Durchbiegungen und damit die durch sie verursachten Anteile im Vergleich zum ersteren verschwindend gering, so resultieren unter der Voraussetzung vollkommen starrer Stützung die zu berücksichtigenden Auflagerverschiebungen aus den durch Temperaturschwankungen verursachten Verformungen, aus einem elastischen Anteil, der unter der Wirkung der Längsvorspannung sogleich nach dem Vorspannen entsteht, und aus einem durch das zeitabhängige Kriechen und Schwinden bedingten Anteil, wenn man die Einflüsse aus Quervorspannung wegen Geringfügigkeit vernachlässigt.

Hierbei ist zu unterscheiden zwischen

a) kugelsymmetrischen Verformungszuständen, bei denen die Dehnungen nach allen drei Dimensionen gleich groß sind
b) „gerichteten" Dehnungszuständen, bei denen die Verformungen infolge einachsiger äußerer Beanspruchung vornehmlich in Richtung dieser Beanspruchung erfolgen.

Zu a)
Das Formänderungsverhalten des Betons infolge Temperaturänderung und Schwinden ist durch die erstere Dehnungsart gekennzeichnet. Bei unbehinderter allseitiger Dehnung infolge Schwindens erfolgen die Verschiebungen der einzelnen Punkte des in einem einzigen Bauabschnitt hergestellten Überbaues in Richtung auf den Festpunkt hin, infolge Temperaturänderung sind sie unabhängig von der Art seiner

Herstellung zu ihm hin- oder von ihm weggerichtet. Bereits in diesem Zusammenhang erkennt man, dass das bis heute generell benutzte Verfahren zur Festlegung der Verschiebungsrichtungen der beweglichen Lager gekrümmter Brücken, nämlich Ausrichtung auf den Festpunkt hin, bei abschnittsweiser Überbauherstellung für den Lastfall Schwinden nicht mehr zutreffend ist, da die einzelnen Bauabschnitte infolge ihres unterschiedlichen Alters ungleiches Schwindverhalten aufweisen. Das gekrümmte Brückentragwerk wird in diesem Fall zur Ermittlung seiner Lagerverschiebungen durch einen Rost ersetzt, der sich aus dem gekrümmten Längsträger und radial angeordneten Querträgern zusammensetzt.

Zu b)
Die letztere Dehnungsart ist in diesem Zusammenhang kennzeichnend für die Vorspannung und ihren Abfall infolge Kriechens und Schwindens. Die dadurch verursachte Verkürzung des Überbaues vollzieht sich abhängig vom Verlauf der Spannstähle im Grundriss und dem Spannkraftverlauf. Hierdurch bedingt tritt also bei Spannbeton im Allgemeinen eine von der für die erstere Dehnungsart charakteristischen Richtung abweichende Bewegungskomponente auf.

Zur Ermittlung dieser Verschiebungen werden folgende Annahmen getroffen:

1. die Querschnitte bleiben eben,
2. die Querschnittsabmessungen sind im Vergleich zur Länge und zum Krümmungsradius der Brückenachse gering.

In Verbindung mit dem zuletzt gekennzeichneten Formänderungsverhalten des Betons führen diese beiden Annahmen schlussfolgernd zur Behandlung des zugrunde liegenden Hohlkasten-Brückenträgers als stabförmiges System.

Die resultierende Lagerverschiebung, herrührend aus Temperaturänderung und Schwinden einerseits sowie aus Vorspannung und ihrem Abfall infolge Kriechens und Schwindens andererseits, ergibt sich aus der vektoriellen Addition der entsprechenden Teilgrößen.

Folgerungen
Lagerart
Die Aufgabe der in einer Richtung beweglichen Lager, sowohl Längenänderungen aus Temperaturschwankungen und Schwinden, elastische und plastische Verkürzungen infolge Vorspannung und ihres Abfalls als auch Auflagerverdrehungen infolge Durchbiegungen gleichzeitig zuzulassen, lässt sich vor allen Dingen bei gekrümmten Brücken mit den üblichen Rollenlagern nicht mehr lösen, da insbesondere hierbei die Lagerausrichtung für Verschiebungen unverträglich ist mit der Auflagerbedingung infolge Verdrehungen.

Lageranordnung und -ausrichtung
Die getroffenen Voraussetzungen lassen die angestrebte zwängungsfreie Überbaubeweglichkeit nur dann zu, wenn mit Ausnahme des Festpunktes und eines hierzu radial angeordneten, auf diesen Bewegungsruhepunkt hin ausgerichteten einachsig verschieblichen Punktkipplagers alle übrigen beliebig vorgegebenen Auflagerungspunkte allseits beweglich angenommen werden.

Andere, für die Ermittlung der Lagerverschiebungen nicht maßgebende Lastfälle lassen allerdings des Öfteren eine derartige Lageranordnung mit lediglich diesem einen in einer Richtung beweglichen Lager nicht zu. In diesen Fällen lassen die anhand dieses zugrunde gelegten Systems gewonnenen Ergebnisse erkennen, welche der zunächst allseits beweglich angenommenen Lager einachsig verschieblich ausgeführt werden können, ohne dabei wesentliche Zwängungen in Kauf nehmen zu müssen.

Nähere Einzelheiten zu diesem Problem finden sich in [40, 41].

3. Liermann, Kurt

Das Trag- und Verformungsverhalten von Stahlbetonbrückenpfeilern mit Rollenlagern. Braunschweig 1972.
Veröffentlicht auch als Heft 266 des DAStb (Verlag Ernst & Sohn, 1976)

An einem reduzierten System als Ersatz für das aus Pfeilern, Widerlagern und Überbau bestehende statische System einer Brücke wird ein Verfahren zur Ermittlung der Traglast von Pfeilern bestimmt, wenn sich zwischen Pfeiler und Überbau ein Rollenlager befindet.

4. Schorn, Harald

Beitrag zum Verformungsverhalten elastomerer Werkstoffe. Aachen 1972.

Es werden nach Herleitung von ingenieurwissenschaftlichen Voraussetzungen aus physikalischen Grundlagen der Hochpolymerverformung Verformungsphänomene von Elastomerlagern zusammengestellt, die sich aus der Literatur und aus Beobachtungen des Verfassers im Labor und in der Praxis ergeben. Ihren experimentellen Rückhalt finden Überlegungen und Herleitungen in einem Versuchsprogramm, das die Mischungsart des elastomeren Werkstoffs, die Kontaktflächenbeschaffenheit, die Materialdicke sowie die Probenfläche als Parameter erfasst.

Die Ergebnisse aus Versuch und Rechnung werden zur Durchführung von Vergleichen mit Methoden der mathematischen Statistik beurteilt.

Die materialprüftechnischen Bedingungen zur praktischen Anwendung einer Verformungsgleichung werden diskutiert. Es wird eine Möglichkeit vorgeschlagen, die bisherige Methodik verbessern zu können, ohne dabei den Aufwand für die Materialprüfung vergrößern zu müssen.

Ausgehend vom bewehrten Lagertyp werden Verformungsvorstellung und Verformungsgleichung auf elastizitätstheoretischer Grundlage entwickelt. Das Verformungsverhalten unbewehrter Elastomerlager wird mit einem Zugspannungszustand im Elastomer bei gleichzeitiger Wirkung von Schubspannungen in den Kontaktflächen erklärt.

Die materialprüftechnischen Bedingungen zur Anwendung der Verformungsgleichung werden diskutiert. Der unvermeidbare materialprüftechnische Aufwand ist wesentlich größer als der beim bewehrten Lagertyp. Da zudem auch der Berechnungsgang für die Verformungen aufwendiger ist, wird ein einfaches, aber nicht allgemein übliches Verfahren der Materialprüfung als Grundlage für Lagerbemessungen vorgeschlagen. Bei diesem Verfahren können in Versuchen an kleinen Proben gemessene Lagerkennwerte auf ein Lager von Originalgröße mittels eines einfachen Modells umgerechnet werden. Die Verwendbarkeit des Modells wird experimentell kontrolliert, indem die Versuchsergebnisse mit Methoden der mathematischen Statistik beurteilt werden.

Auf der Grundlage verformungstheoretischer Vorstellungen von Verformungsvorgängen wird es möglich, das Langzeitverhalten zu bewerten. Dabei können rein empirisch begründete Aussagen der Literatur korrigiert und Widersprüche als scheinbare Widersprüche erkannt werden.

5. Flohrer, Manfred

Der Spannungs- und Verformungszustand zentrisch belasteter Elastomerlager.
Berlin 1973.

Die Arbeit enthält theoretische und experimentelle Untersuchungen unter Berücksichtigung der Querdehnungsbehinderung in den Kontaktflächen von Elastomerlagern.

Die theoretischen Untersuchungen wurden auf den für große Verformungen und inkompressible Werkstoffe geltenden Elastizitätsgesetzen aufgebaut. Zur Überprüfung der Ergebnisse wurden für unterschiedliche Kontaktflächenstrukturen die Lagerverformungen und die Querzugkräfte in Abhängigkeit von der Lagerbelastung gemessen.

6. Bock, Michael

Ein Beitrag zur Berechnung des ebenen Verformungszustandes von Elastomerlagern mit Hilfe der Methode der finiten Elemente (siehe auch: „Die Bautechnik" 55 (1978) S. 19–22, 99–102, 190–198, und 56 (1979) S. 163–169), Berlin 1976.

In dieser Arbeit wird der ebene Verformungs- und zugehörige Spannungszustand unbewehrter und bewehrter einschichtiger Elastomerlager berechnet, denen über die obere und untere horizontale Randfläche Verschiebungen eingeprägt werden. Im Einzelnen werden die folgenden statischen Lastfälle untersucht:

<table>
<tr><td>1. eingeprägte Vertikalverschiebung</td><td rowspan="3">} der horizontalen Randflächen</td></tr>
<tr><td>2. eingeprägte Drehung</td></tr>
<tr><td>3. eingeprägte Horizontalverschiebung</td></tr>
</table>

Dabei werden, soweit wie statisch möglich, zwei Grenzfälle betrachtet: völlig behinderte und völlig unbehinderte Verschiebungsmöglichkeit in den Kontaktflächen zu den horizontalen Rändern. Unberücksichtigt bleiben Temperatur- und Kriecheinflüsse auf das Tragverhalten des Lagerkörpers.

Im 2. Kapitel werden die für die vorliegende Arbeit benötigten Grundlagen der nichtlinearen Kontinuumsmechanik nach *Leigh* dargestellt. Es wird mit Hilfe des Prinzips der virtuellen Verschiebungen der Spannungs- und Verformungszustand von elastischen Körpern in allgemeiner Form als nichtlineares Randwertproblem formuliert. Da eine geschlossene Lösung solcher Randwertaufgaben nur in Ausnahmefällen möglich ist, wird im 3. Kapitel kurz die Projektionsmethode als ein Verfahren zur Konstruktion von Näherungslösungen behandelt.

Ausgehend von *Oden* wird im 4. Kapitel die Methode der finiten Elemente beschrieben. Es wird gezeigt, dass sie mathematisch als eine spezielle Formulierung des im 3. Kapitel vorgestellten Verfahrens gedeutet werden kann.

In den nachfolgenden Kapiteln wird für den Sonderfall des ebenen Verformungszustandes die Randwertaufgabe gelöst. Dazu wird das elastische Verhalten des Lagerwerkstoffes unter der Voraussetzung, dass er auch nach dem Aufeinandervulkanisieren der einzelnen Elastomerschichten isotrop 1), inkompressibel und elastisch ist, mit einer Materialgleichung 2. Ordnung approximiert. Dieses Stoffgesetz entwickelten Mooney und Rivlin, um die elastischen Eigenschaften des Gummis zu beschreiben. Auf der Basis der Methode der finiten Elemente wird ein Rechenprogramm aufgestellt, mit dem der Spannungs- und Verformungszustand ermittelt werden kann.

Außerdem wird als Maß für die Größe der Beanspruchung des Werkstoffes in jedem Punkt des Kontinuums der Verlauf der im Lagerkörper aufgespeicherten Formänderungsenergie berechnet. Mit Hilfe der Spannungsverläufe können Kennlinien gezeichnet werden, in denen die Rückstellkraft des Lagers in Abhängigkeit von der eingeprägten Verschiebung aufgetragen ist. Man kann daraus das Kraft-Verformungs-Verhalten eines bestimmten Lagerkörpers ablesen. Für den Lastfall „eingeprägte Vertikalverschiebung" werden Kennlinien berechnet, die einen Zusammenhang aufzeigen zwischen der eingeprägten Verschiebung und der dazu erforderlichen Vertikalkraft. Diese berechneten Kennlinien werden mit experimentell ermittelten Kennlinien verglichen. Dieser Vergleich gibt Aufschluss darüber, in welchen Belastungsgrenzen es möglich ist, die Materialkennwerte, die mit Hilfe einfacher Verformungszustände bestimmt wurden, auf andere Belastungsarten zu übertragen bzw. inwieweit es möglich ist, den mechanischen Sachverhalt in dem Lagerkörper mit dem hier entwickelten Berechnungsverfahren zu beschreiben.

7. Lehmann, Dieter

Anwendung der nichtlinearen Elastizitätstheorie und des Mehrstellen-Differenzen-Verfahrens zur Berechnung des ebenen Verformungszustandes von Elastomerlagern 2). Berlin, 1976.

In der Dissertation werden der ebene Verformungs- und zugehörige Spanungszustand unbewehrter Elastomerlager (inkompressibler, isotroper, elastischer Festkörper) unter ruhender Belastung rechnerisch und experimentell behandelt. Ausgangspunkt sind die im Rahmen der neueren Kontinuumsmechanik entwickelten nichtlinearen Feldtheorien (siehe z. B. *Truesdell* und *Noll*, Handbuch der Physik, III/5).

1) Anisotropien im Materialverhalten, hervorgerufen durch Ungleichmäßigkeiten beim Vulkanisationsvorgang, werden dabei vernachlässigt.

2) Siehe auch: „Die Bautechnik", Hinweis bei 6. *Bock, Michael.*

Die Differentialgleichungen (Feldgleichungen) des Randwertproblems werden vom Gesichtspunkt der Kontinuumsmechanik her exakt formuliert. Das Gleichgewicht wird in der verformten Konfiguration angesetzt. Als Stoffgleichung wird die Materialgleichung des Mooney-Rivlin-Materials verwendet. Sie berücksichtigt die Nichtlinearität in der Geometrie und im Materialgesetz und führt auf ein nichtlineares Randwertproblem.

Es werden zwei verschiedene Differentialgleichungssysteme (I und II) für den ebenen Verformungszustand angegeben, und es wird ihre Äquivalenz nachgewiesen.

Für den Rechteckquerschnitt unter ruhender Vertikalbelastung wird das Randwertproblem rechnerisch gelöst. Die Randbedingungen entsprechen den in der Baupraxis üblichen, d. h. zwei belastete und zwei freie Ränder liegen jeweils gegenüber.

Es werden zwei Lagerungsarten untersucht:

1. Für den Sonderfall der reibungsfreien Lagerung (homogene Deformation) wird die für das Mooney-Rivlin-Material exakte Lösung angegeben.
2. Der Fall der vollständigen Behinderung der Querdehnung an den belasteten Rändern wird mit Hilfe des Mehrstellen-Differenzen-Verfahrens (MD-Verfahrens) untersucht.

Dieser zuletzt genannte Fall bereitet erhebliche Schwierigkeiten. Sie liegen in der numerischen Behandlung der Zwangsbedingung „Inkompressibilität“ und in der Singularität für den unbestimmten Druck p in den Eckpunkten des Lagers. Das Randwertproblem wird für das Differentialgleichungssystem I innerhalb bestimmter Grenzen mit Hilfe des MD-Verfahrens näherungsweise gelöst. Dabei werden die Einflüsse bestimmter Randbedingungen auf die Gesamtlösung mit Hilfe von vier verschiedenen Gleichungskombinationen abgeschätzt.

Das Differentialgleichungssystem II liefert bisher keine numerisch befriedigende Lösung, da Bedenken bezüglich der Konvergenz dieser Lösung bestehen.

Für die numerische Lösung mit Hilfe des MD-Verfahrens wurde ein Rechenprogramm entwickelt. Der Aufbau des Gleichungssystems wurde dabei weitgehend so schematisiert, dass der Einbau beliebiger Differentialgleichungen in das Gleichungssystem in sehr einfacher Weise möglich ist.

Abschließend werden für ein handelsübliches Elastomerlager berechnete Kennlinien mit gemessenen verglichen. Dieser Vergleich liefert eine Abschätzung desjenigen Bereiches, in welchem die Eigenschaften dieser Lager durch die Eigenschaften des Mooney-Rivlin-Materials approximiert werden können. Die für diesen Vergleich erforderlichen Materialkennwerte $\mu = G$ (Schubmodul) und β (Kennwert für Effekte 2. Ordnung) wurden mit Hilfe einachsiger Zugversuche ermittelt. Die Zugstäbe für diese Versuche wurden aus dem Lagerkörper herausgearbeitet.

8. Müller, Frank

Zum gummielastischen Verhalten elastomerer Lagerwerkstoffe unter langzeitiger thermischer und mechanischer Beanspruchung. Aachen 1979.
Eine erweiterte Fassung dieser Arbeit wurde als Forschungsbericht des Landes Nordrhein-Westfalen veröffentlicht: FB Nr. 2799 (1979), Westdeutscher Verlag. (Ibac-Nr. F 75).

Zur Bestimmung der Langzeiteigenschaften elastomerer Lagerwerkstoffe unter praxisnahen Temperaturbedingungen wurden Kriech- und Relaxationsversuche unter Temperaturwechselbeanspruchung durchgeführt. Die Ergebnisse wurden besonders hinsichtlich des entropieelastischen Werkstoffverhaltens und dessen Einfluss auf den Langzeitverlauf dargestellt.

Untersucht wurden jeweils 3 verschiedene Fabrikate von Chloroprene-Kautschuk und von EPDM.

9. Schrage, Ingo

Über den Bewegungswiderstand von unverankerten Elastomerlagern. Aachen 1979.
Abdruck als Forschungsbericht des Landes Nordrhein-Westfalen Nr. 3032 Fachgruppe Bau/Steine/Erden, Westdeutscher Verlag 1981.

Mehrere nationale Baubestimmungen gehen davon aus, dass unverankerte Elastomerlager geeignet sind, kurzfristig wirkende Tangentialkräfte aus einem Bauteil in ein anderes zu übertragen. Die dabei zulässigen Beanspruchungen werden in Deutschland durch zwei Bedingungen beschrieben. Eine davon begrenzt die Schiefstellung (Schubkriterium), die andere fordert gewisse Mindestpressungen, um Gleiten zu verhindern (Gleitkriterium). Die Baubestimmungen machen keinen Unterschied zwischen sehr schnellen und sehr langsamen Tangentialkräften. Sie differenzieren weiterhin nicht generell nach den unterschiedlichen Werkstoffen, die in einer Lagerung zusammentreffen können. Bei den Beratungen zur Entwurfsfassung der Norm DIN 4141 für Lager ergab sich der Bedarf, den Sicherheitsspielraum, der in diesen empirischen Festlegungen steckt, durch Versuche im Bauwesen an bewehrten und unbewehrten Elastomerlagern unter praxisnahen Bedingungen zu bestimmen.

Untersucht wurde dazu das Reibungsverhalten von drei Elastomertypen gegen Betone, Stähle und organische Baustoffe. Als weitere Einflussgrößen werden Lagergeometrie, Pressung und Bewegungsgeschwindigkeit variiert. Die Lager wurden so beansprucht, dass auf jeden Fall ein Durchrutschen erzwungen wurde. Als Ergebnisse wurden Reibkurven, d. h. Darstellungen der Abhängigkeit zwischen Deformations- bzw. Gleitweg und der dazu aufgewendeten Tangentialkraft erhalten.

Bewehrte Elastomerlager werden auf rauen anorganischen Lagerpartnern (Betonen) schon bei geringster Pressung sicher durch Kohäsion am Gleiten gehindert. Der Gummi wird in die Rauheiten und Ungänzen des Lagerpartners gepresst (Formschluss). Das Einsetzen einer Relativbewegung in der Lagerung ist gleichbedeutend mit einem Abscheren dieser Verbindungen. Bei Überlagerung von Schub- und Reibkurven zeigt sich, dass bereits vorher leichter Schlupf auftritt. Theorien, die die Existenz einer Ruhereibung bei Gummi verneinen, werden dadurch bestätigt.

Auf glatten metallischen Lagerpartnern werden bewehrte Lager durch Adhäsion (Reibungsschluss) am Gleiten gehindert. Diese Bindung ist schwächer als die kohäsive und erlaubt einen allmählichen Übergang zum vollflächigen Gleiten. Sie erlaubt erst mit zunehmender Pressung größere rechnerische Schiefstellungen. Auf glatten organischen Lagepartnern wie Epoxidmörtel oder Rostschutzbeschichtung sind derartige Lager gleitwillig und zeigen ein zufallsabhängiges Verhalten.

Lager unterschiedlicher Herkunft verhalten sich in allen diesen Paarungen nur qualitativ gleichartig, nicht aber in ihrem absoluten Bewegungswiderstand.

Unbewehrte Elastomerlager bewegen sich nur bei sehr geringer Pressung durch Gleiten. Bei höherer Pressung erfolgt der Zwängungsabbau zunächst überwiegend durch „Rollen". Der Bewegungsmechanismus erklärt sich aus der Verteilung der Schubspannung und einer lokalen Aufhebung des Reibungsschlusses. Unbewehrte Lager sind (z. Zt. der Berichtserstellung) nicht im vollen Bereich der derzeitigen Baubestimmungen gegen Gleiten abgesichert. Unsicher sind insbesondere geringe Pressungen und langsame Bewegungsvorgänge. Das Gleitkriterium erweist sich fast durchweg als wirkungslos. Das scheint aber kein grundsätzlicher Mangel zu sein: Stoßartige Beanspruchungen (Lastschnittgrößen) werden sehr wohl aufgenommen und einmalige langsame Beanspruchungen z. B. aus Schwinden der angrenzenden Bauteile (Zwangsschnittgrößen) können durch kontrolliertes Rutschen abgebaut werden. Wiederholte größere Bewegungen der angrenzenden Bauteile sind jedoch für ein Lager mit deutlichem Verschleiß verbunden.

Die derzeitigen Baubestimmungen bieten insgesamt eine globale, aber brauchbare Bemessungshilfe bei der „Verankerung" eines unverankerten Elastomerlagers durch Reibung. Sie könnten bei bewehrten Lagern auf Beton vermutlich gelockert werden. Für unbewehrte Lager wäre die Neuformulierung des Gleitkriteriums zu empfehlen. Dabei ist die Abhängigkeit von der Geschwindigkeit zu beachten. Eine Vergrößerung der Geschwindigkeit der tangentialen Verschiebung bewirkt einen starken Anstieg der Reibungszahlen.

Im Vergleich zu den sogenannten klassischen Reibungsgesetzen von *Coulomb* und zu früheren Aussagen über die Gummireibung lassen sich die Ergebnisse der Untersuchungen an Elastomerlagern des Bauwesens so zusammenfassen: Der Bewegungswiderstand ist abhängig von Pressung und Bewegungsgeschwindigkeit der angrenzenden Bauteile. Bei höherer Pressung scheint der Zusammenhang zwischen Pressung und Reibungszahl nach *Thirion* darstellbar zu sein. Im untersuchten Bereich besteht keine Abhängigkeit des Bewegungswiderstandes von Lagergröße, Lagerform und Dauer der Vorbelastung. Eine Ruhereibung fehlt bei Elastomerlagern, die Grenze zwischen Schlupf und Durchrutschen ist aber zumindest bei Beton als Lagerpartner ausgeprägt. Schließlich wird der Bewegungswiderstand durch die Art der Reibpartner bestimmt. Elastomerlager unterschiedlicher Herkunft verhalten sich dabei qualitativ gleichwertig, nicht aber in ihrem absoluten Bewegungswiderstand (vgl. auch Abschnitt 7.2.5, Forsch. F 88 u. F 95).

10. Richter, Klaus

Tribologisches Verhalten von Kunststoffen unter Gleitbeanspruchung bei tiefen und erhöhten Temperaturen. Stuttgart 1981.

Forschung und Entwicklung auf dem Gebiet von Brückenlagern mit Gleitelementen aus Polytetrafluorethylen (PTFE) ebenso wie der zunehmende Einsatz von Kunststoffen im Maschinenbau und in der Feinwerktechnik waren Anlass für systematische Untersuchungen zum tribologischen Verhalten von Kunststoffen.

Mit dem Ziel, grundsätzliche Zusammenhänge zwischen dem Werkstoffverhalten von Polymeren – hauptsächlich gekennzeichnet durch die viskoelastischen Stoffeigenschaften – und deren tribologischem Verhalten – gekennzeichnet durch Reibungszahl, Verschleißrate und Verschleißerscheinungen – zu erkennen, wurden Modellversuche unter überwiegender Anwendung der Stift(Kunststoff)/Scheibe (austenitischer Stahl)-Methode vor allem mit den strukturell und werkstoffverhaltensmäßig unterschiedlichen teilkristallinen thermoplastischen Kunststoffen Polybutylenterephthalat (PBT) und Polytetrafluorethylen (PTFE) mit und ohne die verstärkenden Stoffe Glas und Graphit vorgenommen. Dabei wurde die Temperatur zwischen −100 °C und +200 °C in einem breiten Beanspruchungsfeld (Gleitgeschwindigkeit 1 mm/s bis 210 mm/s und Flächenpressung 3 N/mm^2 bis 30 N/mm^2) variiert.

Im Falle des PTFE werden Ergebnisse aus Betriebsversuchen – Reibungsmessungen an Auflagern einer Straßenbrücke – und Modellagerversuchen – Laboruntersuchungen an Prüfkörpern, herausgearbeitet aus Gleitelementen von Brückenlagern – den Ergebnissen von Grundlagenuntersuchungen gegenübergestellt.

11. Marotzke, Christian

Untersuchung von Werkstoffgesetzen für Elastomere und Lösung von damit zusammenhängenden Randwertproblemen der nichtlinearen finiten Elastizitätstheorie mit Hilfe der Methode der finiten Elemente. Berlin 1983.

Die Arbeit beschäftigt sich mit zwei Themenkreisen. Zum einen wurden verschiedene Werkstoffgesetze für Elastomere im Hinblick auf eine möglichst genaue Beschreibung des Materialverhaltens unter quasistatischer Beanspruchung untersucht, wobei sich die Untersuchung auf den rein elastischen Anteil des Stoffgesetzes beschränkt. Zum anderen wurde ein Beitrag zur Frage nach der Leistungsfähigkeit des Finite-Elemente-Verfahrens bei der geometrisch und physikalisch nichtlinearen Strukturanalyse geliefert.

Zur Untersuchung der Stoffgesetze wurden einachsige Zug- und Druckversuche durchgeführt. Um den Einfluss der Auswahl der Messwerte zu erfassen, wurden die Auswertungen für verschiedene Messwertbereiche durchgeführt. Die so gewonnenen Stoffgesetze wurden anhand von analytisch lösbaren Randwertproblemen auf physikalische Plausibilität überprüft. Ein Teil der Stoffgesetze wurde anhand von komplexen Randwertproblemen hinsichtlich der Güte der Materialbeschreibung überprüft. Hierzu wurden die Randwertprobleme numerisch unter Verwendung eines inkrementellen Finite-Elemente-Verfahrens gelöst und mit den entsprechenden Versuchsergebnissen verglichen. Darüber hinaus wurden das Tragverhalten von stahlbewehrten Elastomerlagern unter ebenen und räumlichen Verzerrungszuständen numerisch ermittelt sowie experimentell untersucht und die jeweiligen Ergebnisse miteinander verglichen.

Die Untersuchungen ergaben speziell, dass innerhalb der verwendeten Näherungsmethode Approximationen niederer Ordnung verlässlichere Ergebnisse lieferten als solche höherer Ordnung.

12. Dickerhoff, Karl-Josef

Bemessung von Brückenlagern unter Gebrauchslast. Karlsruhe 1985.
Diese Arbeit ist eine Ergänzung von 3 umfangreichen Forschungsvorhaben an der Universität Karlsruhe.

Die häufigen Schäden an den Brücken-und Hochbaulagern und da besonders an den relativ neuen Lagertypen und den angrenzenden Bauteilen haben gezeigt, dass nicht nur material-, fertigungs-, einbau- und technologiebezogene Gründe dafür verantwortlich sein können, sondern, dass bei bestimmten Schäden offensichtlich bei der Bemessung Fehler dadurch gemacht wurden, dass die Randbedingungen falsch erfasst oder aber – was leider auch häufig festzustellen ist – dass durch geschicktes Argumentieren bestimmte Nachweise, die in den Zulassungen gefordert werden, erst gar nicht erbracht werden.

Auf der Grundlage der hier abgeleiteten Theorie und mit Hilfe des dazu entwickelten, elektronischen Rechenprogramms war es möglich, einen Bemessungsvorschlag zu erarbeiten, der die Beanspruchungen aller auf dem deutschen Markt handelsüblichen, bauaufsichtlich zugelassenen Lager und der angrenzenden Bauteile realistisch erfasst und die geforderten Nachweise beinhaltet. Man kann davon ausgehen, dass damit künftig all die nach diesem Verfahren bemessenen Lager und Lasteintragungsbereiche aus statischer und konstruktiver Sicht die geforderten Gebrauchsfähigkeits- und Bruchsicherheitsbedingungen erfüllen werden.

13. Breitbach, Manfred

Tribotechnische Aspekte der Gleitlager-Technologie im Brückenbau. Aachen 1990.

Für die Baupraxis sind die zulässigen Reibungszahlen von Brückengleitlagern als technische Verschleißkenngrößen von vorrangigem Interesse. Die Zulassungs- und Normungspraxis sieht eine Differenzierung der Reibungszahlen zur rechnerischen Ermittlung von Lagerwiderständen, unabhängig vom brückenspezifischen Beanspruchungskollektiv der Gleitlager, nach der mittleren PTFE-Pressung vor. Systemimmanente Verschleißkenngrößen tribologisch beanspruchter Bauteile sind vom spezifischen Beanspruchungskollektiv komplex verknüpfter Einzelparameter abhängig, die Variation oder Substitution einzelner Parameter führt vielfach zu nicht prognostizierbaren Veränderungen im tribologischen Verhalten. Bisherige grundlagenorientierte Reibungsuntersuchungen und Modelllager-Reibungsversuche im Rahmen bauaufsichtlicher Zulassungsversuche beschränken sich meist auf relativ einfach aufgebaute ein- oder zweiparametrige Versuche, wobei Art und Größe der variierten Parameter aus empirischen Annahmen resultieren. Ausgehend von einem unbefriedigenden Kenntnisstand über repräsentative Beanspruchungsparameter und einem Sachstandsdefizit über das Langzeitverhalten von Brückengleitlagern im praktischen Betrieb wurden im Rahmen der vorliegenden Arbeit

- Langzeit-in-situ-Messungen an ausgewählten Gleitlagern je einer Stahl-, Spannbeton- und Stahl-Stahlbeton-Verbundbrücke zur Formulierung realer Beanspruchungsparameter unter statistischen Gesichtspunkten,
- experimentelle Laboruntersuchungen an ausgebauten Originallagern nach langer Betriebsdauer

diskutiert. Aus den In-situ-Messungen lässt sich das Spektrum des Beanspruchungskollektivs der relevant erscheinenden Parameter

- jährlicher Lagersummenweg,
- statistische Verteilung einzelner (kleinster) Lagerverformungen (Verschiebungen, Verdrehungen) und deren Geschwindigkeiten,
- Übergangsbereiche zwischen oszillierenden, vermutlich elastischen Polymerverformungen und den Gleitverschiebungen

ableiten. Das gefundene Spektrum der Beanspruchungsparameter in situ weicht maßgeblich von den Versuchsparametern für Modelllager-Reibungsversuche zur Ermittlung zulässiger Reibungszahlen ab. Das Reibungsniveau von Gleitlagern nach langer Betriebsdauer liegt bei den (empirisch angenommenen) Versuchsparametern der Modelllager-Reibungsversuche und bei normalen Temperaturen unterhalb der zulässigen Rechenwerte, bei Lagertemperaturen von $-20\,°C$ ist allerdings nach Betriebszeiten zwischen rd. 10 a und rd. 25 a mit dem Überschreiten der Rechenwerte zu rechnen. Variationen der Einzelparameter, z. B. realistisch höhere Gleitgeschwindigkeiten, führen in Tastversuchen zum deutlichen Überschreiten der Rechenwerte.

Das gefundene Spektrum realer Beanspruchungsparameter von Brückengleitlagern liefert Grundlagen für

- naturwissenschaftlich orientierte Grundlagenuntersuchungen zur Ermittlung verschleißkritischer Zustände in Brückengleitlagern,
- die Entwicklung zeitraffender, brückentypspezifischer, betriebsdauerbezogener Versuchskonzepte für Langzeitreibungsversuche
- die Entwicklung eines baupraktischen Konzepts (sowie ggf. die Werkstoffoptimierung) zur Ermittlung einer Kennfläche der Reibungszahlen von Brückengleitlagern unter Berücksichtigung bauwerkspezifischer Beanspruchungen und einer planmäßigen Lebensdauer.

14. Klöckner, Henning

Beitrag zur Berechnung von Elastomerlagern auf nachgiebiger Unterlage unter Anwendung der Finite-Elemente-Methode. Aachen 1994.

Elastomerlager sind im Allgemeinen Hochbau durch ein breitgefächertes Anwendungsgebiet gekennzeichnet. Die verfügbaren Bemessungsregeln basieren auf einer linearen Elastizitätstheorie 1. Ordnung unter Berücksichtigung der Inkompressibilität des Materials. Elastomere weisen jedoch eine extreme Verformbarkeit und Dehnfähigkeit auf. Aus diesem Grund werden in die Last-Verformungs-Beziehungen korrigierende Koeffizienten, die sogenannten Formfaktoren, eingeführt und mögliche Formgebungen baupraktischer Elastomerlager stark eingeschränkt. Durch die Normung nicht erfasste Geometrie und Anwendungsfälle bedürfen stets aufwendiger Versuchsreihen zur Verifikation der praktischen Eignung.

Im Hinblick auf eine Erweiterung der Anwendungsmöglichkeiten von Elastomerlagern wird im Rahmen dieser Arbeit der dreidimensionale Spannungs- und Verformungszustand bewehrter und unbewehrter Lagerkörper untersucht. Insbesondere werden eine beliebige Geometrie und die mögliche Nachgiebigkeit der anschließenden Bauteile berücksichtigt.

Die Arbeit wurde veranlasst durch eine konkrete Forschungsaufgabe, bei der eine spezielle Lagerkonstruktion zu beurteilen war, für deren Beanspruchungszustand die Interaktion mit einer nachgiebigen Anschlusskonstruktion nicht zu vernachlässigen war und insofern keine geeigneten Berechnungsverfahren existierten.

Zur Lösung der vorliegenden Problemstellung wird eine nichtlineare Elastizitätstheorie im Sinne einer vollständigen Theorie 3. Ordnung für ein hyperelastisches, inkompressibles Material unter Berücksichtigung endlicher Verschiebungen, Rotationen und Verzerrungen formuliert. Auf dieser Grundlage wird für die Lösung des Differentialgleichungssystems ein modifiziertes Variationsprinzip unter Verwendung Lagrange'scher Multiplikatoren entwickelt und für eine Anwendung in Verbindung mit der Finite-Elemente-Methode aufbereitet. Dabei erweist sich die Totale Lagrange-Darstellung als zweckmäßig. Die Diskretisierung des Berechnungsgebietes erfolgt über dreidimensionale Kontinuumselemente mit quadratischen bis quartischen Interpolationsfunktionen zur Approximation der Verschiebungen und einem linearen Ansatz für den zur Befriedigung der Inkompressibilitätsbedingung erforderlichen hydrostatischen Druck als zusätzlicher unabhängiger Feldvariablen. Zur Berücksichtigung zeitabhängiger Effekte wird ein Ansatz der linearen Viskoelastizitätstheorie vorgestellt.

Zur Beschreibung der Materialeigenschaften existiert eine Vielzahl von Ansätzen. Im Rahmen der Arbeit werden konsistente Approximationen l. bis 4. Ordnung der allgemeinen Stoffgleichung für ein hyperelastisches Material sowie einige aus der Formänderungsarbeit abgeleitete Ansätze angegeben und hinsichtlich ihrer praktischen Eignung diskutiert. Bei der Formulierung eines geeigneten Materialgesetzes ist dabei insbesondere der Forderung Rechnung zu tragen, dass die materialbeschreibenden Koeffizienten in möglichst einfach durchführbaren Versuchen zu ermitteln sind. Die Implementation des Mooney-Rivlin-Materialgesetzes und des Neo-Hooke'schen Materialgesetzes ermöglicht die Gegenüberstellung der Resultate zweier adäquater Stoffgleichungen. Das Materialkriechen kann über eine aus der allgemeinen Stoffgleichung abgeleitete Erweiterung des Mooney-Rivlin-Materialgesetzes um die viskoelastischen Anteile erfasst werden.

Die Arbeit will dazu beitragen, einen genaueren Einblick in das Last-Verformungs-Verhalten elastomerer Lagerkörper zu gewinnen. Die Leistungsfähigkeit des hierfür entwickelten Berechnungsverfahrens wird anhand einiger Anwendungsbeispiele demonstriert. Es wird gezeigt, dass eine nachgiebige Unterlage bei geeigneter konstruktiver Durchbildung zu einer gleichmäßigeren Pressungsverteilung mit niedrigeren Spannungsspitzen und damit zu geringeren Spalt- und Randzugkräften in den anschließenden Stahlbetonbauteilen führen kann. Sofern die erforderlichen Materialparameter experimentell ermittelt werden, können Versuche mit komplexen Lagergeometrien rechnerisch nachvollzogen werden. Eine Anwendung auf im Rahmen der vorgestellten Anwendungsbeispiele nicht untersuchte Lagertypen wie zum Beispiel Topflager ist ohne Weiteres möglich. Eine Einschränkung besteht in der Hinsicht, dass die Reibungsverhältnisse in der Kontaktfuge der näherungsweisen Approximation durch vollständige Querdehnungsbehinderung oder ideale Reibungsfreiheit genügen müssen. Das hier verwendete Berechnungsverfahren erlaubt prinzipiell die Erweiterung um eine Lösung für das allgemeine dreidimensionale Kontaktproblem. Diese Lösung sollte einen nichtlinearen Zusammenhang zwischen dem Reibungskoeffizienten und der flächennormalen Kontaktspannung erlauben. Die korrekte Berücksichtigung der Reibungsverhältnisse in der Kontaktfuge ist nach Auffassung des Verfassers wesentlich für eine zuverlässige Berechnung des Spannungs- und Verformungszustandes für den Fall, dass die Berechnung nicht nur als Nachrechnung von Versuchen eingesetzt werden soll, sondern beabsichtigt wird, aus Kostengründen experimentelle Untersuchungen – zum Beispiel für komplexe Lagergeometrien oder als Extrapolation von Versuchsergebnissen auf wesentlich geänderte Geometrien oder Randbedingungen – durch die numerische Simulation zu ersetzen.

Zur Klärung der Interaktion im Krafteinleitungsbereich anschließender Stahlbetonbauteile unter hohen Pressungen in der Nähe des Bruchzustandes kann die Ergänzung des Berechnungsverfahrens um ein geeignetes Betonmodell einen Beitrag leisten. Zahlreiche auf diesem Gebiet durchgeführte Forschungen haben bislang nicht zu einem befriedigenden Ergebnis geführt. Nach Meinung des Verfassers ist ein lastabhängiger Wechsel des Materialmodells erforderlich, da durch einen dreiaxialen Spannungszustand beanspruchter Beton im Bereich der Bruchlast eine starke Änderung der Materialeigenschaften erfährt.

Der implementierte Algorithmus ist für dynamische Berechnungen vorbereitet. Insofern sind wirklichkeitsnahe Untersuchungen der Dämpfungseigenschaften von Elastomerlagern und eine geschwindigkeitsabhängige Modifikation der Materialparameter zur Erfassung der thermoelastischen und thermoviskoelastischen Eigenschaften elastomerer Lagerkörper denkbar.

Im Rahmen der Berechnungsbeispiele zeigt sich, dass für bestimmte geometrische Randbedingungen lokal sehr große Verzerrungen auftreten. Die Spannungs-Verzerrungs-Beziehung kann hier durch die verwendeten Materialgesetze nicht mehr genau genug approximiert werden. Insbesondere treten im Zugbereich für Verzerrungen oberhalb von 500 % Versteifungen durch Kristallisation im Elastomer auf, die durch ein Materialgesetz 2. Ordnung nicht wiedergegeben werden können. Materialgesetze höherer Ordnung haben sich andererseits wegen ihrer Sensibilität im Hinblick auf Extrapolationen der aus uniaxialen Versuchen ermittelten Materialparameter auf den dreidimensionalen Spannungs-und Verzerrungszustand als ungeeignet erwiesen.

Forschungen mit der Zielsetzung, die Kristallisationsverfestigung in einem Materialgesetz möglichst niedriger Ordnung zu erfassen, können daher zu einer numerischen Stabilisierung des Berechnungsverfahrens im Bereich extremer Verzerrungen beitragen.

15. Baur, Michael

Elastomerlager und nichtlineare Standorteffekte bei Erdbebeneinwirkung.
Karlsruhe 2003.

Für die sichere Auslegung von Bauwerken in seismisch gefährdeten Regionen ist die Kenntnis der einwirkenden Belastung am Standort für den projektierenden Ingenieur von entscheidender Bedeutung.

Die vorliegende Arbeit gliedert sich in zwei Themenschwerpunkte, die durch die Wirkungskette der seismischen Gefährdung hin zum seismischen Risiko in engem Zusammenhang stehen. In Bezug auf die seismische Gefährdung wurden nichtlineare Standorteffekte studiert, während im zweiten Beitrag das Verformungsverhalten von Elastomerlagern zur seismischen Basisisolierung von Bauwerken untersucht wurde. Zu beiden Problemstellungen konnten erweiterte Stoffgesetze formuliert werden, die das nichtlineare Materialverhalten von nichtbindigen trockenen Böden und Elastomeren bei dynamischer Beanspruchung durch Erdbeben beschreiben.

Der erste Teil der Arbeit befasst sich mit der Berechnung von nichtlinearen Standorteffekten bzw. dem Übertragungsverhalten der oberflächennahen Bodenschichten infolge der Beanspruchung durch vertikal propagierende Scherwellen. Das Übertragungsverhalten wird je nach Beanspruchungsniveau durch das hochgradig nichtlineare deviatorische Materialverhalten der anstehenden Bodenschichten stark beeinflusst. Für die mathematische Beschreibung des Materialverhaltens unter zyklischer Scherbeanspruchung wurde ein praxisorientiertes Stoffgesetz aufgestellt. Dieses baut auf der linearen Elastizitätstheorie auf. Die stoffliche Nichtlinearität wird durch die Einführung von inkrementell veränderlichen Tangentenmoduln im Rahmen der Schädigungstheorie beschrieben. Die definierten Schädigungsfunktionen wurden in Abhängigkeit von der Lagerungsdichte des jeweiligen Bodens und dem Druckniveau parametrisiert. Die Leistungsfähigkeit des in den Finite-Elemente-Code ABAQUS implementierten Stoffgesetzes wird anhand auszugsweise dargestellter Berechnungen von Einfachscherversuchen und nichtlinearer Standorteffekte an idealisierten Bodenprofilen demonstriert. Diese machen deutlich, dass mit der eigenen Stoffgesetzformulierung das deviatorische nichtlineare Materialverhalten und folglich die Frequenzcharakteristik der Freifeldantwort prinzipiell abgebildet werden kann.

Im zweiten Teil der Arbeit wird ein Beitrag zur seismischen Basisisolierung von Bauwerken mit Elastomerlagern vorgestellt. Hierzu wurde ein bereits vorhandenes finites visko-elastisches Stoffgesetz von SIMO-TAYLOR mit isotroper Schädigung verwendet. Da Elastomerwerkstoffe ähnlich wie Flüssigkeiten nahezu inkompressibel sind, basiert das Stoffgesetz auf der Entkopplung der Spannungsantwort in einen linearen volumetrischen und in einen nichtlinearen deviatorischen Anteil. Letzterer wird mathematisch durch eine Relaxationsfunktion und eine verzerrungsgestützte Schädigungsfunktion beschrieben. Das Stoffgesetz von *Simo-Taylor* wurde von *Schmidt-Hurtienne* mit einer Versteifungsfunktion zur Abbildung des „strain-hardening" bei großen Scherdehnungen erweitert und in den Finite-Elemente-Code ABAQUS implementiert.

Wie sich jedoch bei der Verifizierung des Stoffgesetzes anhand numerischer Berechnungen zeigte, kann mit der Formulierung das zyklische Verformungsverhalten infolge der Beanspruchung durch Erdbeben nicht abgebildet werden, so dass eine Erweiterung der Formulierung notwendig wurde. Diese bestand aus der Einführung einer eigenen dehnungsratenabhängigen Relaxationszeitfunktion und einer eigenen erweiterten Geschichtsfunktion zur Abbildung des „strain-hardening" bei abnehmender zyklischer Scherdehnungsamplitude.

Um die Leistungsfähigkeit des Stoffgesetzes für dynamische Berechnungen aufzuzeigen, wurden die Lagerverformungen und das Übertragungsverhalten für realistische Beanspruchungen von drei Starkbeben mit unterschiedlichen Charakteristiken im Zeit- und Frequenzbereich berechnet. Hierbei konnte demonstriert werden, dass mit der erweiterten Formulierung die Lagerverformungen unter dynamischer Beanspruchung realistisch abgebildet werden können. Anhand der durchgeführten Berechnungen wurde zudem deutlich, dass die Kenntnis der seismischen Gefährdung am Standort und die lokalen Untergrundverhältnisse im Zusammenspiel mit den Systemeigenschaften für die günstige Wirkungsweise einer Basisisolierung von entscheidender Bedeutung sind.

16. Khbeis, Halim

Experimentelle und numerische Untersuchungen von Topflagern. Karlsruhe 2007.

Topflager gehören zusammen mit bewehrten Elastomerlagern und Kalottenlagern zu den gängigsten Lagerkonstruktionen des modernen Brückenbaus. Hinsichtlich der zulässigen Lagerauflast und des Verdrehwiderstandes ist das Topflager dabei zwischen den beiden anderen Lagertypen anzusiedeln. Als einzige der gebräuchlichen Konstruktionen können Topflager zur direkten Weiterleitung lateraler Einwirkungen herangezogen werden. Die bislang in Deutschland gültige Regelung dieser Konstruktionsart über allgemeine bauaufsichtliche Zulassungen ist von der ersten europäischen Topflagernorm EN 1337-5:2005 abgelöst worden. Das trotz der langjährigen Erfahrungen bestehende Wissensdefizit bezüglich des Tragverhaltens unter Wirkung horizontaler Kräfte spiegelt sich auch in den zu führenden Nachweisen dieser neuen Regelung wider.

Zur Klärung des Tragverhaltens bei kombinierter Vertikal- und Horizontalbeanspruchung wurden daher im Rahmen der vorliegenden Arbeit numerische Untersuchungen mittels der Methode der Finiten Elemente durchgeführt. Die generierten Modelle der Topflager wurden durch Vergleiche mit den Ergebnissen experimenteller Untersuchungen validiert. Hierzu musste ein neuer Versuchsstand, der eine gleichzeitige zweiachsige Belastung der Versuchslager mit den für Topflagerkonstruktionen typischen hohen Kraftwerten ermöglicht, konzipiert und ausgeführt werden. Die Proben wurden mit einer z. T. aufwendigen messtechnischen Ausrüstung versehen, um neben dem globalen Verhalten auch lokale Effekte zu identifizieren. Durch eine gute Übereinstimmung zwischen dem berechneten und dem im Versuch beobachteten Verhalten wurde die Zuverlässigkeit und Gültigkeit der Simulationen bestätigt.

Es konnte gezeigt werden, dass sich selbst hohe horizontale Lagerbeanspruchungen insbesondere auf den Bereich des Lagertopfes auswirken, der der Kraftübertragung vom Topfdeckel auf die Topfwand nächstgelegen ist. Die Einleitung der Kraft über Kontakt zwischen diesen beiden Lagerkomponenten erfolgt dabei in Abhängigkeit der Horizontalkraft z.T. deutlich konzentrierter als normativ anzunehmen ist. Mit zunehmendem Abstand klingt der Einfluss der Lasteinleitung auf den Lagertopf ab. Der der Lasteinleitung abgewandte Bereich des Lagertopfes bleibt von der Horizontalkraftübertragung nahezu unbeeinflusst und weist einen Beanspruchungszustand auf, der sich durch einen reinen Vertikallastfall einstellt. Die Horizontalkraft bewirkt eine Aufweitung des Lagertopfes. Hiermit verbunden ist ein kombinierter Lastabtrag sowohl über eine Ringzugwirkung im Topfring als auch über eine Biegung der Topfwand. Diese stützt sich dabei entlang ihrer unteren Außenkante auf der unterstützenden Fläche ab. Durch den monolithischen Anschluss von Topfwand und Topfboden kann diese Verdrehung des Topfringes trotz der entgegenwirkende Elastomerpressung lokal ein Aufwölben des Bodens bewirken. Diese Rahmenwirkung führt zu einer hohen radialen Biegezugbelastung im Übergangsbereich der beiden Komponenten in der Horizontalkraftebene und mit ansteigender Kraft zu einem Fließen des Materials. Die Größe der hierfür ursächlichen Einwirkung liegt dabei deutlich unter der durch Handrechnung nach den gängigen Bemessungsgleichungen zu ermittelnden Horizontalkraft. Durch eine weitere Laststeigerung kommt es zu einer zunehmenden Plastifizierung des Topfbodens im Übergangsbereich, wobei die Breite der plastischen Zone radial begrenzt bleibt und sich insbesondere in Umfangsrichtung ausdehnt. Nach Ausbildung dieses plastischen Gelenkes kann der über Biegung zu übertragende Anteil der Belastung nicht in gleichem Maße gesteigert werden, so dass die Topfwand nun zunehmend infolge Ringzuges beansprucht wird. Die Topfringoberseite kommt in Folge ins Fließen. Im Hinblick auf Bemessungsempfehlungen wurde die Größe der Horizontalkraft bei Erreichen des Wertes der Streckgrenze auf der Topfringoberseite als aufnehmbare Höchstlast definiert. Da die Plastifizierung des Topfbodens bei dieser Laststufe noch räumlich begrenzt ist, kommt es auch noch nicht zu einer übermäßigen Lageraufweitung, welche eine nähere Betrachtung des Verhaltens der Topflagerinnendichtung bei größer werdendem Lagerspiel nach sich ziehen müsste.

Auf Basis des validierten FE-Modelles des Topflagers und der gewonnenen Erkenntnisse bezüglich des grundlegenden Lagerverhaltens unter der hier untersuchten Lastfallkombination wurden im Rahmen von Parameterstudien wichtige Faktoren identifiziert und insbesondere auch auf ihre Beeinflussung der nach Definition erreichbaren Höchstlast hin untersucht. Dies waren unter anderem die Steifigkeit der anliegenden Fugen, die Materialfestigkeit des Lagertopfes sowie das Verhältnis der Belastungsgrößen. Wesentlich für die Beanspruchbarkeit des Lagertopfes sind dessen Abmessungen. In einer weiteren Studie wurden daher in zahlreichen Simulationen die Abmessungen des Lagertopfes variiert. Es wurde eine Gleichung zur Ermittlung der nach Definition maximal aufnehmbaren Kraft in Abhängigkeit der Lagerabmessungen in geschlossener Form abgeleitet, welche gegenüber den üblichen Handrechnungen eine z. T. wirtschaftlichere Bemessung erlaubt. Bei Wahl eines Lagerdurchmessers, einer Topfringbreite und -höhe sowie einer Topfbodenhöhe lässt sich mit dieser Bemessungsgleichung der Grundwert der aufnehmbaren Kraft bestimmen, wobei der Wahl der Topfringbreite, wie sich herausgestellt hat, die größte Bedeutung zukommt.

In diese Empfehlung zur Bemessung wurden in einem nachgelagerten Schritt schließlich die gewonnenen Erkenntnisse zur konzentrierten Lastübertragung zwischen Deckelbund und Topfwand eingearbeitet.

17. Vogt, Ralf

Analyse des Tragverhaltens bewehrter Elastomerlager unter Verwendung der Methode der finiten Elemente. Weimar 2009.

Das Verhalten bewehrter Elastomerlager unter der Einwirkung von Vertikallasten, Schubverformung in der Lagerebene und Verdrehung wird wesentlich durch das Verhalten des verwendeten Baustoffs Elastomer bestimmt.

Geschlossene Lösungen zur Beschreibung des Spannungs-Dehnungs-Verhaltens bewehrter Elastomerlager unter diesen Einwirkungen sind nur für Sonderfälle in Geometrie und Randbedingungen und unter stark vereinfachenden Annahmen möglich. Eine Alternative bieten numerische Lösungsverfahren, die Näherungslösungen für Teilgebiete einer Struktur ermitteln und damit das Tragverhalten beliebig geformter Strukturen unter Berücksichtigung aller Nichtlinearitäten ermöglichen.

Zielstellung der Arbeit ist die wirklichkeitsnahe Ermittlung des Spannungs- und Verformungszustandes bewehrter Elastomerlager mit Hilfe der Methode der finiten Elemente. Dabei werden verschiedene Elementtechnologien dieser Berechnungsmethode hinsichtlich ihres Einflusses auf das Konvergenzverhalten und auf die resultierenden Verformungs- und Spannungsfelder untersucht. Die Ergebnisse werden in Relation zum aktuellen Wissenstand vergleichbarer Berechnungen und zu den Ergebnissen analytischer Berechnungen, den empirischen Regelungen sowie zu Versuchsergebnissen gesetzt. So wird eine Bewertung der Ergebnisse erreicht.

Das Verhalten des Materials Elastomer wurde in dieser Arbeit mittels eines parallelen hyperelastisch-viskoelastisch-elastoplastischen Materialmodells beschrieben. Für das Modell kamen phänomenologische Ansätze zum Einsatz. Merkmal phänomenologischer Ansätze ist, dass die Parameter des Materialmodells aus Versuchen anstatt aus der Zusammensetzung des Materials ermittelt werden müssen. Es werden geeignete Versuche an Materialproben sowie Methoden zur Gewinnung der Parameter des Materialmodells unter Ausnutzung von zuvor aufgestellten Beziehungen vorgestellt und die Bestimmungsgleichungen in allgemeiner Form für die Klasse der in Invarianten formulierten hyperelastischen Stoffgesetze abgeleitet. An Beispielen wurden Parameter bestimmt.

Ein Ziel der Arbeit war die zuverlässige Ermittlung des Spannungs- und Verformungsfeldes bewehrter Elastomerlager. Zur Ermittlung der günstigsten Kombination von Elementansatz, Elementtechnologie und Berücksichtigung der Inkompressibilität wurde eine Parameterstudie an zwei Geometrien einer Einzelschicht durchgeführt.

Kriterien sind Konvergenzverhalten, Verformungen und Verläufe der maßgebenden Spannungen. Als am stabilsten hinsichtlich des Konvergenzverhaltens erwiesen sich finite Volumenelemente mit trilinearen Ansatzfunktionen, sowohl mit selektiv reduzierter Integration als auch mit gleichmäßig reduzierter Integration. Finite Elemente mit quadratischen Ansatzfunktionen erwiesen sich als problematisch hinsichtlich Konvergenzverhalten und Elementverzerrungen.

Das zweite Ziel der Arbeit war die Bewertung der mittels der Methode der finiten Elemente gewonnenen Ergebnisse mit den Ergebnissen analytischer Berechnungen, den Regelungen der europäischen Lagernorm EN 1337 sowie Versuchsergebnissen. Dazu wurden an drei verschiedenen Geometrien bewehrter Elastomerlager mit unterschiedlichen Materialspezifikationen, welche in ihren Formfaktoren im Wesentlichen den Bereich der Lager nach der Lagernorm EN 1337-3 abdecken und für die Versuchsergebnisse vorliegen, das summarische Kraft-Verformungs-Verhalten und die Spannungsverteilung im Elastomer unter den grundlegenden Einwirkungen Vertikallast, Schubverformung und Verdrehung unter Verwendung verschiedener Materialansätze und Elementformulierungen mittels der Methode der finiten Elemente berechnet. Außerdem wurden die geschlossenen analytischen Lösungen analysiert.

Der Schubspannungszustand infolge reiner Schubverformung weicht im Bereich der freien vertikalen Ränder der Schicht von der Lösung der einfachen Scherung, welche den analytischen Verfahren und der Norm zugrunde liegt, teilweise erheblich ab. Der Bereich erstreckt sich auf eine Länge annähernd gleich der Schichtdicke. Die Maximalwerte der Schubspannungen sind durch die Singularität am Rand beeinflusst. Das Verhältnis vom Maximalwert der Schubspannung zur analytischen Lösung steigt ungefähr linear mit der Schubverformung an und erreicht bei $\tan\gamma = 1$ den Wert 5.

Das Kraft-Einsenkungs-Verhalten unter vertikaler Druckbelastung konnte mittels FEM-Berechnungen nur bei Verwendung einer Formänderungsenergiefunktion höherer Ordnung in Übereinstimmung mit Versuchsergebnissen berechnet werden. Der Einfluss der Berücksichtigung der Kompressibilität des Elastomers nimmt mit steigendem Formfaktor zu. Die Einsenkungsformel der EN 1337 und die analytischen Lösungen der Differentialgleichungen liefern durchgehend zu große Einsenkungen.

Der Druckspannungsverlauf innerhalb der Elastomerschicht infolge Einwirkung durch eine Vertikallast wird von den analytischen Lösungen im Vergleich zu den FEM-Berechnungen abgesehen vom Bereich der Randstörungen, gut erfasst. Der Grad der Übereinstimmung nimmt mit steigendem Formfaktor zu. Gleiches trifft für den Verlauf der Schubspannungen unter Vertikallast zu. Die mittels FEM berechneten Maximalwerte der Schubspannungen sind maximal 1/3 höher als die Ergebnisse der EN 1337-3. Die Vertikalspannungen am Rand sind im Gegensatz zu der Annahme der analytischen Lösung ungleich null.

Die Berechnung des Rückstellmomentes infolge reiner Verdrehung um eine Lagerachse nach der analytischen Lösung und damit auch nach EN 1337-3 berücksichtigt die Kompressibilität des Elastomers nicht und liefert für mittlere und hohe Formfaktoren größere Werte als die wirklichkeitsnäheren FEM-Berechnungen unter Einbeziehung der nur nahezu vollständigen Inkompressibilität im untersuchten Verdrehungsbereich. Die Druckspannungsverläufe der analytischen Lösungen unter reiner Verdrehung stimmen im untersuchten Bereich dennoch gut mit den Ergebnissen der FEM-Berechnungen überein. Die Spannungsspitzen der Vertikalspannungen am gedrückten Rand kann die analytische Lösung nicht wiedergeben. Die maximalen Schubspannungen infolge Verdrehung nach EN 1337-3 liegen nahe an den Ergebnissen der FEM-Berechnungen.

Abschließend wurde die Eignung der gewählten Berechnungsmodelle zur Abbildung von Interaktionen bei kombinierter Beanspruchung von bewehrten Elastomerlagern an zwei Beispielen untersucht. Die Untersuchung umfasste die kombinierte Beanspruchung durch Vertikallast und Schubverformung des Lagers und die gleichzeitige Beanspruchung durch Vertikallast und Verdrehung.

Es konnte experimentell und mittels FEM-Berechnungen nachgewiesen werden, dass die horizontale Rückstellkraft eines bewehrten Elastomerlagers bei Verschiebung mit Zunahme der wirkenden Vertikallast ebenfalls zunimmt. Es konnte im untersuchten Bereich Übereinstimmung zwischen Versuchswerten und Berechnungsergebnissen erzielt werden. Berechnungen im experimentell durch die Versuchseinrichtung nicht mehr abdeckbaren Vertikallastbereich bestätigen die Tendenz der Ergebnisse.

Für die kombinierte Beanspruchung aus Vertikallast und eingetragener Verdrehung zeigte die Berechnung der Lager mittels FEM in der Tendenz gute Übereinstimmung mit den Versuchsergebnissen. Die Rückstellmomente werden mit steigender Auflast größer. Nach EN 1337-3 werden die Rückstellmomente für alle Auflasten zu klein ermittelt. Hierzu sind noch genauere Untersuchungen erforderlich.

Die Schubspannungen nach EN 1337-3 werden für die kombinierte Beanspruchung mit zunehmender Auflast geringer gegenüber den Berechnungsergebnissen der FEM-Berechnungen ermittelt

Das Ergebnis der Arbeit zeigt, dass die Ermittlung von Spannungs- und Verformungszuständen bewehrter Elastomerlager mit Hilfe der Methode der finiten Elemente im Gebrauchslastbereich möglich ist und die Ergebnisse bewertbar sind. Das verwendete Materialmodell ist zur Abbildung quasistatischer Belastungen geeignet, für die Gültigkeit unter verschiedenen Belastungsgeschwindigkeiten ist es noch zu erweitern.

Zur umfassenden Beschreibung des Tragverhaltens bewehrter Elastomerlager sind noch viele Fragen ungeklärt und bedürfen einer umfassenderen Untersuchung. Ein fehlendes Versagensmodell für Elastomer lässt Aussagen über Grenzlasten nicht zu. Für die Entwicklung eines Versagensmodells für Elastomer ist die Ermittlung der Spannungen und Verzerrungen im Elastomer Grundvoraussetzung. Damit könnte auch die spezielle Frage der Zugbeanspruchung bewehrter Elastomerlager, welche zurzeit nicht geregelt ist, beantwortet werden. Dies betrifft des Weiteren die Abhängigkeit des Verhaltens der Lager von der Temperatur. Anhand eines Beispiels wurde die Eignung zur Darstellung der Temperaturabhängigkeit der Materialparameter aufgezeigt. Weitere Untersuchungen zur Abbildung des temperaturabhängigen Verhaltens von Elastomer in Verbindung mit dem Tragverhalten des Bauteils Elastomerlager sollten Gegenstand weiterer Forschungen sein.

18. Block, Tobias

Verdrehwiderstände bewehrter Elastomerlager. Bochum 2010.

Die Arbeit befasst sich mit dem Tragverhalten bewehrter Elastomerlager unter Verdrehbeanspruchungen. Anhand von experimentellen Untersuchungen werden die maßgebenden Einflüsse auf die Höhe der rückstellenden Momente aufgezeigt. Dabei sind sowohl geometrische als auch äußere Einflüsse wie Temperatur und Belastungszustände Bestandteil der Analysen. Es wird gezeigt, dass die experimentell gewonnenen Ergebnisse systematisch auf der unsicheren Seite liegende hohe Differenzen im Vergleich zu normativen Berechnungen aufweisen.

Einen weiteren Schwerpunkt der Arbeit bilden numerische Simulationen bewehrter Elastomerlager unter Berücksichtigung des hyperelastischen und nichtlinear viskoelastischen Materialverhaltens. Hierdurch wird eine Verfeinerung und Erweiterung des experimentell untersuchten Parameterbereiches ermöglicht.

Auf Basis der Untersuchungen können die gewonnenen Erkenntnisse für die Entwicklung eines neuen Berechnungsmodells für Rückstellmomente bewehrter Elastomerlager genutzt werden. Neben einer Korrektur des Einflusses der bisherigen Faktoren werden zusätzlich die Parameter zentrische Druckbeanspruchung und Temperatureinfluss berücksichtigt.

Die Untersuchungen haben zu einer Normenkorrektur geführt. In der Überarbeitung von DIN EN 1337-3 wird die Berechnung der Rückstellmomente nach dem vorgeschlagenen Berechnungsmodell durchgeführt.

19. Wetzk, Volker

Brückenlager. 1850–1950. Cottbus 2011.

Mit der Zunahme von Sanierungs- und Ertüchtigungsmaßnahmen an bestehenden Brückentragwerken rücken auch die historischen gusseisernen und stählernen Brückenlager wieder in den Fokus der Ingenieure. Das Fehlen verlässlicher Grundlagen für eine statisch konstruktive Bewertung dieser Lager gab Anlass für die vorliegende Dissertation, die im Wesentlichen drei Punkte bearbeitet:

In einem ersten Schritt wird die Geschichte der Brückenlager unter genealogischen Gesichtspunkten von den Anfängen bis zur Gegenwart aufgearbeitet. Aus den Ursachen, die zur Einführung wie auch zur Ablösung der gusseisernen und stählernen Brückenlager führten, werden deren spezifische Vor- und Nachteile abgeleitet.

Im zweiten und dritten Schritt der Arbeit stehen ausschließlich die gusseisernen und stählernen Brückenlager im Mittelpunkt, die zwischen 1850 und 1950 wichtiger Bestandteil eines jeden größeren Brückenbauwerks waren. Diese einhundert Jahre bilden prinzipiell den Untersuchungszeitraum der vorliegenden Arbeit. Da die Impulse bei der Entwicklung der gusseisernen und stählernen Brückenlagertechnik vornehmlich aus Deutschland kamen, konnten sich die Untersuchungen auf den deutschsprachigen Raum konzentrieren, ohne jedoch den Blick für entsprechende Arbeiten im Ausland zu verlieren.

Auf den Erkenntnissen zur Entwicklungsgeschichte der Brückenlagertechnik aufbauend, werden die gusseisernen und stählernen Brückenlager zunächst typologisch erfasst. Im Anschluss wird der bauaufsichtliche und technikgeschichtliche Hintergrund der Lagerherstellung innerhalb des Untersuchungszeitraumes erläutert.

Abschließend fokussiert die Arbeit die hauptsächlichen Problembereiche der historischen gusseisernen und stählernen Brückenlager, die aus der für Brückenlager geforderten Kinematik an den beweglichen Lagern resultierten. Kern der Untersuchungen bilden die zur Sicherstellung der Tragfähigkeit und Gebrauchstauglichkeit der Lager entwickelten Bemessungsansätze bzw. die in diesem Zusammenhang veranlassten Versuche.

Die genannten Punkte werden im Wesentlichen durch Auswertung historischer Literatur sowie ausgewählter Archivmaterialien erarbeitet. Ein der Arbeit beiliegender Katalog fungierte dabei als Hilfsmittel, um bei der Auswertung des umfassenden Quellenmaterials die für diese Arbeit relevanten Inhalte nach spezifischen Kriterien ordnen zu können.

20. Gerhaher, Ulrich

Faserbewehrte Elastomerlager – Konzeption und Bemessung. Wien 2011.

Bewehrte Elastomerlager werden im Bauwesen seit etwa 50 Jahren verwendet. Sie werden aufgrund ihrer Robustheit und der geringen Herstellungskosten sowohl als statische Lager zur Abtragung von Tragwerkslasten, als auch als dynamische Lager zur Entkopplung bzw. zur Dämpfung von Schwingungen verwendet.

Das Verhalten der Lager wird in den Normen zur Bemessung von bewehrten Elastomerlagern im Bauwesen nur sehr vereinfacht beschrieben. Eine exakte Bemessung mit Berücksichtigung der materialseitigen und mechanischen Nichtlinearitäten sowie eine Bemessung der Lagerdämpfung sind in den Normen nicht zu finden. Bei der Lagerung leichter Stahlstrukturen und im Besonderen bei der Verwendung der Lager als schwingungsdämpfende Elemente ist jedoch eine exakte Bestimmung der Steifigkeits- und Dämpfungswerte erforderlich. Dies wird durch Effektivitätsstudien verschiedener Anwendungen in Erdbebenschutzsystemen untermauert.

Ziel dieser Arbeit war es deshalb, verbesserte Bemessungsansätze zu entwickeln, die es erlauben, das komplexe Verhalten von Elastomerlagern genauer zu bestimmen. Die hier vorgestellten, neu entwickelten Bemessungsformeln beschreiben die vertikale und horizontale Lagersteifigkeit, die horizontale Dämpfung und die Versagenskriterien der Lager. Dabei werden die aus der Verwendung von Kunststoffgewebebewehrung anstelle der üblichen Stahlplattenbewehrung resultierenden Einflüsse auf das Lagerverhalten besonders berücksichtigt. Die neuen Ansätze werden jenen der bestehenden Normen ÖNORM EN 1337-3 (2005) und ÖNORM EN 15129 (2010) gegenübergestellt, Unterschiede hinterfragt und Widersprüche der Normen diskutiert.

Die wichtigsten drei Arbeitsabschnitte dieser Untersuchungen waren:

- Die Untersuchungen des Materialverhaltens von Elastomer und Gewebe: Dabei wurden besonders die Materialdegradation, der Einfluss der Belastungsgeschwin-

digkeit, das nichtlineare Steifigkeitsverhalten und die Dämpfung der Materialien untersucht.
- Die Durchführung und Auswertung von Belastungs- und Verformungsversuchen an faserbewehrten Elastomerlagern: Untersucht wurden dabei das vertikale und das horizontale Lagerverhalten in Bezug auf die Steifigkeit und auf die Dämpfung.
- Die Entwicklung der neuen Bemessungsansätze: Basierend auf analytischen Herleitungen und umfangreiche Parameterstudien an numerischen Lagermodellen wurde die Sensitivität einzelner Einflüsse auf das Lagerverhalten untersucht und neue Ansätze entwickelt.

Die Erweiterung der Bemessungsansätze auf die Verwendung von Gewebebewehrung soll die Nutzung der zahlreichen Vorteile dieser Konstruktionsart erleichtern und einen Beitrag zur diesbezüglichen Erweiterung der betreffenden Normen leisten.

7.2 Forschungsberichte

7.2.1 Übersicht

Forschungsarbeiten zu speziellen Themen setzen in aller Regel eine forschungsfördernde Stelle voraus, die Mittel für das benötigte Personal, für den Materialverbrauch und für die Geräte bereitstellt.

Im Baubereich wird das Material häufig von Firmen, die am Forschungsergebnis interessiert sind, bereitgestellt. Die Forschungssituation in Deutschland ist nicht sehr übersichtlich. Für den Bereich Lager, der uns hier interessiert, gab es bisher folgende Geldgeber für Forschungen:

- die bauende Verwaltung (Bundesministerium für Verkehr, Bau und Stadtentwicklung),
- die Bauaufsicht (Mittel der Bundesländer über das Deutsche Institut für Bautechnik; früher auch direkt von Nordrhein-Westfalen),
- Industrie und technisch-wissenschaftliche Vereine (Deutscher Beton- und Bautechnik-Verein; Bundesverband Betonbauteile; Deutscher Ausschuss für Stahlbeton; Hauptverband der Deutschen Bauindustrie; Verband der Lagerhersteller und Fahrbahnübergänge (VHFL),
- Deutsche Forschungsgemeinschaft (DFG).

Die nachfolgende Zusammenstellung der Zusammenfassungen der Forschungsergebnisse erhebt nicht den Anspruch auf Vollständigkeit, dürfte aber repräsentativ in Bezug auf Deutschland sein. Die Zusammenstellung erfolgt nach Sachthemen, die chronologisch geordnet werden:

Gleitlager (7.2.2),
Elastomerlager (7.2.3),
Lagerplatten (7.2.4),
Reibung ohne Gleitwerkstoff (7.2.5),
Bauteile und Bauwerke (7.2.6),
Sonderfragen (7.2.7).

Sämtliche Dissertationen des Abschnitts 7.1 sind natürlich ebenfalls Forschungsberichte. In den Fällen, in denen der für den Auftraggeber erstellte Abschlussbericht und die Dissertation sich nur im Deckblatt unterscheiden, erfolgt ein Querverweis.

Ein großer Teil der in Abschnitt 7.2 dargestellten Berichte wurde aus der 2. Auflage dieses Buches übernommen und stellt einen entsprechend alten Stand dar.

Im Kapitel 7.3 wird die Geschichte der Brückenlagertechnik in Deutschland zusammengefasst.

Abkürzungen der Forschungsstätten

HAB	Hochschule für Architektur und Bauwesen, Weimar
Ibac	Institut für Bauforschung, TH Aachen
IBB	Institut für Baustoffkunde und Stahlbetonbau, Universität Braunschweig
IBL	Prüfamt für Bau von Landverkehrswegen, München
IMB	Institut für Massivbau und Baustofftechnologie, Universität Karlsruhe
MPAS	Materialprüfungsanstalt an der Universität Stuttgart

Bei Aktenzeichen des Deutschen Instituts für Bautechnik wurden nur die letzten Ziffern angegeben.

7.2.2 Gleitlager

7.2.2.1 Untersuchung des Reibungsverhaltens der Paarung PTFE weiß / austenitischer Stahl für Brücken-Gleitlager bei großen aufaddierten Gleitwegen in Abhängigkeit von der spezifischen Belastung

Auftraggeber: Bundesminister für Verkehr, Nr. 15.084 R 79 G
Bericht vom 26.10.81 MPAS

Zusammenfassung und Schlussfolgerungen

Die Analyse von Belastungs- und Bewegungsverhältnissen von PTFE-Gleitlagern für Brückenbauwerke hat zu dem Schluss geführt, dass die Ergebnisse bisher vorliegender tribologischer Untersuchungen über aufaddierte Gleitwege bis 5000 m bei rechnerischen Flächenpressungen von 30 N/mm² nicht genügend „repräsentativ“ sind und Fragen offen lassen. Es sind vielmehr nicht nur wesentlich größere als die bisher untersuchten Gleitwege, sondern auch – zumindest örtlich und zeitlich – höhere Flächenpressungen zu erwarten.

Im Hinblick auf die Beurteilung bereits eingebauter Brückengleitlager hinsichtlich ihrer Lebensdauer bzw. zur Vermeidung von Schäden an zukünftigen Lagerungen von Bauwerken wurde in einer speziellen Versuchseinrichtung ein Dauergleitreibungsversuch über 20.000 m Gleitweg im Temperaturbereich +21 °C bis −35 °C unter einer rechnerischen Flächenpressung von 45 N/mm², die der rechnerischen Maximalbelastung (Lastfall II) zugelassener Gleitlager entspricht, etappenweise vorgenommen sowie im Anschluss daran der Einfluss von Pressungsänderung, aber auch die Auswirkung von Bewegungsunterbrechungen unter Last bzw. Teillast untersucht.

Das angewendete Tribosystem (Modellsystem) insbesondere unter Berücksichtigung originalgetreuer Schmierstoffspeicherung gewährleistet trotz der Verkleinerung der

Probekörperaußenabmessungen weitgehende Funktionstreue gegenüber dem Betriebssystem Brückenlager. Wobei wegen der relativ hoch angesetzten Flächenpressung von 45 N/mm^2 auch die im Randbereich größerer, aber im Mittel spezifisch niedriger belasteter PTFE-Scheiben infolge Kantenpressung durch Lagerverdrehung auftretenden höheren Pressungen mit erfasst werden. Zur Beurteilung der Gleitpartner sowie der Schmierstoffveränderung in Abhängigkeit vom aufaddierten Gleitweg wurde der Dauergleitversuch bis 5.000 m mit zwei identischen, parallel angeordneten Modelllagern vorgenommen und anschließend mit einem Lager unter demselben Beanspruchungskollektiv (wie vorher je Lager) bis 20.000 m weitergeführt. Bei Versuchsunterbrechung wurde das Modelllager mit Hilfe einer Verspanneinrichtung unter einer vertikalen Teilbelastung entsprechend 10 N/mm^2 Flächenpressung bei Unverrückbarkeit in horizontaler Richtung gehalten. Das Lager war in keiner Phase lastfrei.

Die ermittelte Reibungszahl / Weg-Abhängigkeit der Gleitpaarung PTFE weiß / austenitischer Stahl, geschmiert mit Siliconfett unter Anwendung von Schmierstoffspeicherung, weist im Verlauf der untersuchten 20.000 m Gleitweg in der Hauptsache zwei kennzeichnende Bereiche auf. Bis 10.000 m nimmt die Reibung nahezu linear mit dem Gleitweg zu, wobei die Steigung mit abnehmender Temperatur, verstärkt bei −35 °C, größer wird, und erreicht nach einem Übergangsbereich ab 15.000 m bis zum Versuchsende jeweils temperaturabhängig ein mehr oder weniger konstantes Niveau, das zwischen Werten von knapp über 0,01 (Raumtemperatur) und 0,04 bis 0,05 (−35 °C) liegt. Dabei wird die in allgemeinen bauaufsichtlichen Zulassungen für PTFE-Flächen mit Schmierstoffspeicherung festgelegte Reibungszahl von 0,03 bei einer Flächenpressung > 30 N/mm^2 nach 20.000 m aufaddiertem Gleitweg bei Temperaturen knapp unter −20 °C überschritten, bei der Auslegungstemperatur −35 °C allerdings schon nach einem Gleitweg von 5.000 m erreicht.

Unterbrechungen der Relativbewegung unter Last oder Teillast während eines Versuchs können sich je nach deren Dauer sowie in Abhängigkeit von dem zum Zeitpunkt des Stillstandes bereits aufaddierten Gleitweges mehr oder weniger erhöhend nicht nur auf den Wiederanfahrwert, sondern für einen begrenzten Laufweg auch auf das nachfolgende Reibungsniveau auswirken, bevor sich nach einem sogenannten Einlaufvorgang das ursprüngliche Niveau wieder einstellt. Die im Anschluss an den Dauerversuch vorgenommene Variation der Flächenpressung hat die aus Kurzzeitversuchen her bekannte Abhängigkeit, d. h. Zunahme der Reibungszahl mit abnehmender Flächenpressung weitgehend bestätigt.

Aussehen und Abmessungen der Lagerkörper PTFE und Gleitblech sowie die Analyse des in den Schmiertaschen verbliebenen Schmierstoffs nach 5.000 m und 20.000 m Gleitweg geben zusätzlich Hinweise zur Erklärung des tribologischen Verhaltens. Vor allem infolge ausgeprägter Wulstbildung und Schmiertaschenverkleinerung hat die Spalthöhe im Lager von 2,2 mm im unbelasteten Zustand auf 1,2 mm bei Versuchsende abgenommen, so dass der Anteil aus Verformung gegenüber dem aus Verschleiß deutlich größer ist. Aus der zunehmenden Verkleinerung der Schmiertaschen ist auch der Verbrauch des anteilig aus Siliconöl und Lithiumseife bestehenden Schmierstoffs während des Versuchs erkennbar. Dabei nimmt verstärkt der Siliconölanteil ab. Der Schmierstoff in den Schmiertaschen besteht bei Versuchsende praktisch ausschließlich aus Lithiumseife. Aufgrund dieser Erkenntnisse vorgenommene Orientierungsversuche (Gleitweg 20 m) mit Modellagern aus PTFE weiß (mit Schmiertaschen) und austenitischem Stahl, die nur mit Lithiumseife geschmiert wurden, haben bestätigt, dass die Seife schmierwirksame Eigenschaften hat, d. h. das Reibungsniveau von ungeschmiertem PTFE deutlich herabsetzt.

Im Zusammenhang mit der Reibungszahl / Weg-Abhängigkeit des Dauergleitreibungsversuchs über 20.000 m aufaddierten Gleitweg liegt der Schluss nahe, dass der Anstieg der Reibungszahlen bis rd. 10.000 m Gleitweg vorwiegend auf den Ölverlust (Ölverbrauch) im Schmierfett zurückzuführen ist, während gegen Versuchsende im Bereich weitgehend konstanter Werte ab rd. 15.000 m Gleitweg das Reibungsverhalten in der Hauptsache durch den jetzt praktisch ölfreien Schmierstoff, d. h. die Lithiumseife, und den in der Gleitfuge vorhandenen Werkstoffübertrag geprägt wird. Dem glänzenden, verhältnismäßig glatten Aussehen der PTFE-Gleitflächen nach zu urteilen, erfolgte offensichtlich kein Aufrauen (Furchen) der Oberfläche wegen der noch allein vorhandenen Lithiumseife in der Gleitfuge. Die für diesen „Schmierungszustand“ ermittelten Reibungszahlen verdeutlichen, dass die Gleitpaarung nach dem vollständigen Verlust des Siliconöls im Schmierstoff Notlaufeigenschaften vermutlich noch solange aufweist, bis auch der Konsistenzgeber Lithiumseife verbraucht ist. Erst dann dürfte sich das endgültige Versagen der Gleitpaarung einstellen, wobei die Reibung, verbunden mit dann kräftigem Anstieg der Verschleißgeschwindigkeit, von der Mischreibung in die Trockenreibung übergeht. Vergleichbare Werte für die ungeschmierte Gleitpaarung PTFE weiß / austenitischer Stahl liegen bereits nach rd. 2.000 m Gleitweg 3- bis 4-fach höher als die Reibungszahlen der vorliegenden Untersuchung nach 20.000 m aufaddiertem Gleitweg.

7.2.2.2 Langzeitreibungs- und Verschleißversuche mit PTFE-Gleitlagern, Gleitpartner austenitischer Stahl mit unterschiedlichen Gleitflächen

Auftraggeber: Institut für Bautechnik, Berlin, Az. 347/82 lfd. Nr. 16.42
Bericht von 1982 MPAS

Kurzfassung

Im Hinblick auf die Verwendung von austenitischem Stahl X5 CrNiMo 18 10 mit Gleitfläche in Ausführungsart III d (ohne mechanische Nachbehandlung) für Brückengleitlager wurde zur Beurteilung des Langzeitverhaltens und der Lebensdauer ein Dauergleitreibungsversuch mit Modelllagern über rd. 20.000 m Gesamtgleitweg vorgenommen. Das Beanspruchungskollektiv entspricht im Wesentlichen dem des Brückenlagers, d. h. langsame und schnelle Hin- und Herbewegungen aus Wärmedehnung und Verkehrsbelastung im Temperaturbereich von +21 °C bis −35 °C unter einer rechnerischen Flächenpressung von 30 N/mm^2 gemäß Lastfall I in den Zulassungen für PTFE-Gleitlager.

Die ermittelte Reibungszahl / Gleitweg-Abhängigkeit der Gleitpaarung PTFE weiß / austenitischer Stahl, geschmiert mit Siliconfett unter Anwendung von Schmierstoffspeicherung, lässt erkennen, dass die temperaturabhängige Reibungshöhe offensichtlich durch den gleitwegbedingten Schmierstoffzustand in der Gleitfuge des Lagers wesentlich beeinflusst wird. Mit Ausnahme des starken Anstieges von rd. 0,01 auf über 0,07 bei −35 °C nimmt die Reibung infolge Verbrauchs an Siliconöl aus dem Fettgerüst in einer ersten Phase bis rd. 10.000 m Gleitweg nahezu linear mit dem Gleitweg zu, wobei die Steigung mit abnehmender Temperatur verstärkt größer wird. Nach einem Übergangsbereich geringerer Reibungszunahme beginnt sich das Reibungsniveau je nach Temperatur mehr oder weniger zu stabilisieren und erreicht nach 20.000 m Gleitweg eine Reibungszahl von rd. 0,085 in der −35 °C-Phase und knapp unter 0,02 bei +21 °C. Die in allgemeinen bauaufsichtlichen Zulassungen für PTFE-Flächen mit Schmierstoffspeicherung festgelegte Reibungszahl von 0,03 für 30 N/mm^2 Flächenpressung wird nach 20.000 m Gleitweg bei Temperaturen unter 0 °C überschritten, bei −35 °C jedoch bereits nach einem Gleitweg von 5.000 m. Die Spalthöhe im Lager hat während des Versuchs um nahezu 1,2 mm abgenommen, wobei der Verformungsanteil größer als der Verschleißanteil ist.

7.2.2.3 Langzeit-Reibungs- und Verschleißversuche mit PTFE-Gleitlagern, Gleitpartner austenitischer Stahl mit Gleitfläche in Ausführungsart III c, mechanisch nachbehandelt

Auftraggeber: Institut für Bautechnik, Berlin, Az. 412/84, lfd. Nr. 16.48
Bericht von 1984 MPAS

Kurzfassung

Im Hinblick auf die Verwendung von austenitischem Stahl X5 CrNiMo 17 12 2 für bauaufsichtlich zugelassene Gleitlager wurde zur Beurteilung des Langzeitverhaltens und der Lebensdauer mit mechanisch nachbehandeltem Gleitblech und Ursprungsoberfläche IIIc ein Dauergleitreibungsversuch in einer speziellen Versuchseinrichtung über rd. 20.000 m Gleitweg im Temperaturbereich von +21 °C bis –35 °C unter einer rechnerischen Flächenpressung von 30 N/mm^2, die der rechnerischen mittleren Maximalbelastung (Lastfall I) von zugelassenen Gleitlagern entspricht, etappenweise im Vergleich zu einem in gleicher Weise durchgeführten Dauerversuch mit unbehandeltem Gleitblech in Ausführungsart IIId vorgenommen.

Die ermittelte Reibungszahl / Gleitweg-Abhängigkeit der Gleitpaarung PTFE weiß / austenitischer Stahl (Ursprungsoberfläche in Ausführungsart III c, Gleitfläche geschliffen und hochglanzpoliert), geschmiert mit Siliconfett unter Anwendung von Schmierstoffspeicherung, weist im Verlauf der untersuchten 20.000 m Gleitweg im Wesentlichen drei kennzeichnende Bereiche auf. Nach einer je nach Temperatur von linear bis degressiv verlaufenden Reibungszunahme in Untersuchungsphase I bis 5.000 m Gleitweg nimmt die Reibung insbesondere bei tieferen Temperaturen in Untersuchungsphase II und III bis zu einem Gleitweg von 15.000 m deutlich zu, um dann in Versuchsphase IV bis zu 20.000 m Gleitweg praktisch stabilisiert einen nahezu konstanten Wert zu erreichen, der bei −35 °C rd. 0,087 und bei Raumtemperatur rd. 0,015 beträgt. Die in den allgemeinen bauaufsichtlichen Zulassungen festgelegte Reibungszahl von 0,03 für 30 N/mm^2 Flächenpressung wird nach rd. 20.000 m Gleitweg bei Temperaturen zwischen 0 und −10 °C überschritten, bei −35 °C jedoch bereits nach einem Gleitweg zwischen 8.000 und 9.000 m.

Der in einer vorausgegangenen Untersuchung unter praktisch gleichen Versuchsbedingungen durchgeführte Dauergleitreibungsversuch mit austenitischem Stahl in Ausführungsart III d – vgl. Abschn. 7.2.2.2 – zeigt ein etwas ungünstigeres Reibungsverhalten.

Im Verlauf des Dauergleitreibungsversuchs über 20.000 m hat das Spaltmaß beim mechanisch nachbehandelten III c-Blech um rd. 0,8 mm auf 1,3 mm abgenommen.

7.2.2.4 Ermittlung der vorhandenen Reibungszahlen bei PTFE-Gleitlagern nach langer Betriebsdauer

Auftraggeber: Bundesminister für Verkehr, Bonn, Az. FE 15, 132 R 83 G
Bericht vom April 1987 Ibac F204

Zusammenfassung

Um Aussagen über die Nutzungsdauer von Brückengleitlagern bzw. über die nach langer Betriebsdauer zu erwartenden Reibungszahlen zu ermöglichen, wurden sieben Kippgleitlager aus sechs zum Teil hochbelasteten Straßenbrücken nach 9- bis 19-jähriger Betriebsdauer ausgebaut und in Reibversuchen am ganzen Lager labormäßig untersucht.

Die Lager stammten von vier verschiedenen Herstellern und waren für Lasten zwischen 2.000 kN und 5.000 kN (200 t und 500 t) vorgesehen. Als Gleitpartner wurden hartverchromter Stahl, austenitischer Stahl und Polyoxymethylen einerseits und PTFE (mit Schmiertaschen von 5 mm und 8 mm Durchmesser sowie kreisförmig angeordneten Schmiernuten) andererseits verwendet. Die Lager waren mit unterschiedlichen Konstruktionen zum Gleitflächenschutz versehen. Sie wurden nach Arretierung von Lageroberteil und -unterteil aus den Brücken ausgebaut und in das Ibac transportiert.

In einer Laborprüfanlage wurden Anfahrreibungszahlen unter ständiger Last und unter der Summe aus ständiger Last und Verkehrslast ermittelt. Die Versuche wurden sowohl bei Raumtemperatur (rd. +20 °C) als auch bei tiefer Temperatur (rd. −20 °C) mit sinusförmiger Verschiebefunktion bei einer Anfangsgeschwindigkeit von 0,4 mm/s über einen Weg von ± 10 mm gefahren. Die Vorbelastungsdauer lag jeweils bei rd. 20 h.

Obwohl die Anzahl der untersuchten Lager im Verhältnis zu der Gesamtheit der eingebauten Lager außerordentlich klein ist, können zumindest folgende Trendaussagen zum Reibungsverhalten gemacht werden:

- Die Reibungswerte streuen bei niedrigen mittleren Pressungen zwischen den verschiedenen Lagern bzw. Bauwerken relativ stark (bis rd. ±50 % vom Mittelwert). Die einzelnen Versuchsergebnisse sind dabei gut reproduzierbar.
- Die relativen Streuungen der Reibungswerte verringern sich trotz absolut geringerer Zahlenwerte bei steigenden Pressungen.
- Bei Pressungen oberhalb etwa 30 N/mm^2 ist auch bei niedrigen Lagertemperaturen noch eine ausreichende Sicherheit gegen Erreichen des in den Zulassungen festgelegten Rechenwertes der Reibungszahl vorhanden, sofern die tatsächlichen Anfahr-

geschwindigkeiten rd. 0,4 mm/s nicht wesentlich überschreiten. Zu dieser Frage liegen keine näheren Erkenntnisse vor.
- Bei Pressungen unterhalb etwa 30 N/mm^2 und Temperaturen unter −20 °C können bei einigen Lagern und Brückentypen die zulassungsgemäßen Rechenwerte der Reibungszahlen überschritten werden (auch bei Verschiebegeschwindigkeiten von nur 0,4 mm/s).

Die Versuche lassen außerdem erkennen, dass Nachschmiereffekte infolge wechselnder Belastungen nicht sehr ausgeprägt sind und nach kurzer Zeit abklingen.

In einigen Versuchsreihen wurde der Einfluss einer dynamischen Vertikallast auf die Anfahrreibungszahl untersucht. Zusammenfassend kann festgestellt werden, dass die Wirkung einer dynamischen Vertikalkraft (vor Beginn einer Lagerverschiebung) die gleichen Effekte hervorruft wie Ruhezeiten unter statischer Last: die Anfahrreibungszahlen steigen vorübergehend an.

Trendmäßig wurde auch der Einfluss der Reibgeschwindigkeit untersucht. Im Bereich von 0,04 mm/s bis rd. 8 mm/s stiegen die Anfahrreibungszahlen mit wachsender Geschwindigkeit auf etwa den dreifachen Wert an. Noch höhere Verschiebegeschwindigkeiten sind bei bestimmten Brücken infolge Verkehrsbelastungen möglich. Sie konnten mit der Prüfanlage jedoch nicht erreicht werden.

Nach Abschluss der Reibversuche wurden die Lager geöffnet, fotografisch dokumentiert und in den wichtigsten Verschleißteilen vermessen. Die Messungen der Rauheit der Gleitbleche ergaben deutlich erhöhte Kennwerte und Riefenbildungen im Bereich der betriebsmäßig beanspruchten Flächen. Als Ursache der Verschleißerscheinungen werden Metallpartikel vermutet, die im Schmierstoff und in den PTFE-Platten durch Röntgenuntersuchungen nachgewiesen wurden.

7.2.2.5 Untersuchung des Reihungsverhaltens von PTFE bei Variation der Einflussparameter Verschiebegeschwindigkeit, Pressung, Lagergröße, Gesamtweg (Verschleiß), Lageraufbau und Lastexzentrizität

Auftraggeber: Institut für Bautechnik, Berlin, Az. 284/82, lfd. Nr. 16.29
Bericht von 1988 IMB

Zusammenfassung

Geschmierte PTFE-Gleit- und Verformungsgleitlager wurden in zahlreichen Kurz- und Langzeitversuchen bei Variation oben angeführter Einflussparameter und mit der Hauptzielrichtung geprüft, die Abhängigkeit der Reibungszahlen von der Verschiebegeschwindigkeit experimentell zu ermitteln. Begleitende Schubversuche an bewehrten Elastomerlagern unterschiedlicher Steifigkeit sollten über die Geschwindigkeitsabhängigkeit des Schubwiderstandes Auskunft geben.

Die in Tabellen und Diagrammen ausführlich dargestellten Versuchsergebnisse sowie weitere, umfangreiche Auswertungen ergaben Folgendes: Die Anfahrreibung geschmierter PTFE-Gleitflächen ist von der Verschiebegeschwindigkeit, Pressung, Temperatur, Lagergröße, Standzeit ohne Gleitbewegung und vom Gesamtgleitweg abhängig. Neben weiteren Einflüssen spielt bei Reibung und Verschleiß auch die Anordnung des Schmiertaschenrasters zur Gleitrichtung und die Größe der Verschiebungsamplitude eine Rolle. Lageraufbau und geringe Lastexzentrizitäten verändern das Reibungsniveau nicht wesentlich. Die Geschwindigkeitsabhängigkeit der Anfahrreibung und des Schubwiderstandes von Elastomerlagern wird durch Erhöhungsfaktoren erfasst.

Aus den beobachteten, detailliert beschriebenen Verschleißerscheinungen werden Schlussfolgerungen hinsichtlich des tribologischen Verhaltens von Gleit- und Verformungsgleitlagern gezogen. Zur Trendvorhersage einiger wichtiger Einflussgrößen auf die Anfahrreibung werden als Arbeitshypothese analytische Ansätze vorgestellt. Die komplexen Reibungs- und Verschleißvorgänge werden mit Hilfe der Systemanalyse beschrieben. Zur endgültigen Beurteilung des Reibungs- und Verschleißverhaltens geschmierter Gleitlager muss das tatsächlich im Bauwerk auftretende Beanspruchungskollektiv bekannt sein, das jedoch zum Beispiel bei Brückengleitlagern von vielen weiteren Zusatzparametern beeinflusst wird.

7.2.2.6 Untersuchung an Brückengleitlagern unter schmierstofftechnischen Gesichtspunkten

Auftraggeber: Bundesminister für Verkehr FE-Nr. 15.166 R 87 F
Bericht von 1991 MPAS

Zusammenfassung

Moderne bewegliche Brückenlager sind heute fast ausnahmslos als Gleitlager ausgeführt, wobei PTFE weiß im Allgemeinen gegen austenitischen Stahl gleitet. Als Schmierstoff wird lithiumverseiftes Siliconfett verwendet, das infolge der im PTFE eingeprägten Schmiertaschen langzeitig in der Gleitfläche verfügbar ist.

Im vorliegenden Vorhaben wurden Gleitreibungsversuche mit den beiden zugelassenen Schmierfetten bis zu einem Gesamtgleitweg von 16 km und statische Langzeitbelastungsversuche über entsprechend lange Zeiten durchgeführt. Sowohl bei den beiden untersuchten Fetten als auch den verwendeten Gleitwerkstoffen handelte es sich um zugelassene Komponenten. Die Prüfung erfolgte mit Modelllagern, wie sie für Zulassungsprüfungen verwendet und auch in dieser Ausführung für zugelassene Brückenlager zum Einsatz kommen.

Bei den Langzeit-Reibungsversuchen hat sich gezeigt, dass, ausgehend von den Randbereichen des Modellagers, Schmierstoff verloren geht und die Schmiertaschen nach und nach durch Kriechprozesse im PTFE zurückgebildet sowie durch Verschleiß des PTFE abgetragen werden. Durch Analysen des Schmiertascheninhaltes wurde nachgewiesen, dass das Seifengerüst Ölbestandteile verliert. Der Fettanteil nimmt infolge Anreicherung von PTFE-Verschleißpartikeln ab, was zu einer Reduktion der Fettmenge mit dem verfügbaren Ölanteil in der Schmiertasche führt. Die Reibungszahl steigt infolgedessen insbesondere im Bereich tiefer Temperaturen an. Im Langzeitversuch hat sich das Siliconfett Syntheso 8002 offenbar aufgrund des höheren Ölanteiles von 83 % im Fett besser verhalten als das Siliconfett 300 mittel mit 63 %.

Bei statisch belasteten Lagerscheiben, denen Temperaturänderungen aufgeprägt wurden, zeigten sich praktisch keine Veränderungen im Schmierfett. Kriechprozesse des PTFE bei 35 °C sind selbst nach 15 Wochen noch nicht völlig abgeschlossen.

Hinsichtlich der Übertragung der Ergebnisse auf die Praxis ist zu berücksichtigen, dass das Modelllager den kleinsten heute eingesetzten Lagern entspricht. Da Fettverlust und der daraus resultierende Verschleiß vom Rand her beginnen, beinhalten große Lager gegenüber kleinen Lagern entsprechende Reserven. Der Einsatz solcher Lager im Bereich von +35 °C ist bezüglich des Langzeitkriechens sorgfältig zu überprüfen.

7.2.2.7 Untersuchungen zur Brauchbarkeit des Gleitwerkstoffes MSM® (UHMWPE) für Lager im Bauwesen

Auftraggeber: Maurer Söhne GmbH & Co. KG
Berichte von 2003–2011 MPAS

Zusammenfassung

Im Hinblick auf den Nachweis der Brauchbarkeit des Gleitwerkstoffes MSM (ultrahochmolekulares Polyethylen – UHMWPE) als Alternativwerkstoff zu PTFE wurden Lang- und Kurzzeitversuche unter statischer Belastung sowie unter Gleitbeanspruchung durchgeführt. Für die Untersuchungen wurden sowohl Ronden mit Schmiertaschen (Ø 155 mm × 8 mm), als auch Streifen (200 mm × 15 mm × 8 mm) eingesetzt. Bei allen Versuchen wurden als konstante Komponenten in den Modellagern Gleitblech und Silikonfett jeweils in Brückenlagerqualität verwendet. Darüber hinaus ist in der entsprechenden europäischen Zulassung (ETA-06/0131) eine Verwendung der Gleitlegierung MSA als Alternative zu austenitischem Stahl oder Hartchrom in gekrümmten Gleitflächen zulässig. Auf Basis von für die Qualifizierung der Komponenten für Lager im Bauwesen anerkannten Prüfverfahren wurden die Prüfbedingungen hinsichtlich der Temperatur im Bereich von −35 °C bis +40 °C und der Flächenpressung für die Ermittlung der Standfestigkeit im Bereich von 60 MPa bis 200 MPa (Ronden) bzw. 30 MPa bis 180 MPa (Streifen) variiert. Für die Ermittlung des Reibungswiderstandes wurde die Flächenpressung für beide Probekörperformen im Bereich von 15 MPa bis 60 MPa variiert. Die maximale Prüfzeit von Ronden unter statischer Last betrug rd. 241 h, der maximale aufaddierte Gleitweg unter Gleitbeanspruchung rd. 50 km bzw. 10 km für Streifen. Die Prüfbedingungen beinhalten und übersteigen damit den in den Regelwerken spezifizierten Parameterbereich für die Qualifizierung von PTFE weiß.

Zusammenfassend ist festzustellen, dass gegen den Gleitwerkstoff MSM bei Zugrundelegung der in den Regelwerken für die Verwendung von PTFE weiß spezifizierten Anforderungen für die Verwendung als Komponente in Lagern im Bauwesen keine Bedenken bestehen. Darüber hinaus können damit Beanspruchungsbedingungen abgedeckt werden, unter denen Gleitkomponenten aus PTFE weiß nachweislich versagt haben und die deshalb von den Regelwerken nicht vorgesehen sind. Auch bei hohen Beanspruchungen (Flächenpressung bis 200 MPa statisch bzw. 60 MPa dynamisch, Gleitgeschwindigkeit v bis 15 mm/s) sind begrenzte Kriechverformungen, relativ niedrige Reibungszahlen und praktisch keine verschleißbedingten oder sonstige relevanten Schädigungen zu erkennen.

In weiteren Untersuchungen ist die Funktionalität von MSM auch bei minimal und maximal zulässig wirksamen Lagertemperaturen von −50 °C bzw. +70 °C bestätigt worden, wobei Temperaturen oberhalb von +48 °C nur kurzzeitig auftreten sollen. Dieser Anwendungsbereich ist auch Bestandteil der entsprechenden ETA.

7.2.2.8 MOBILE – Moveable Bearings Innovation Launch in Enlarged Europe

6. EU-Rahmenprogramm für Forschung, Technologische Entwicklung und Demonstration, CRAFT – Technologieförderung für Kleine und Mittlere Unternehmen (KMU) Final Technical Report, 15. 09. 2009

Zusammenfassung

Brückenlager sind kritische Bestandteile einer Brückenkonstruktion. Meist werden teure, maßgefertigte Produkte mit begrenzter Lebensdauer eingesetzt, was Folgekosten generiert. Im Rahmen des Projektes „MOBILE“ sollte eine neue Generation von Gleitlagern mit leistungsfähigeren Materialien, verbessertem Design und Instandhaltungskonzept sowie bedeutend längerer Lebensdauer entwickelt werden. Weiterhin sollten Alternativen zum aufwändigen Hartverchromen von gewölbten Oberflächen gesucht werden.

Zunächst wurde auf Basis eines Kalottenlagers ein Prototyp mit Hilfe numerischer Simulationen hinsichtlich seiner Geometrie optimiert. Materialseitig wurden einige Stahlbauteile durch epoxydharzgebundenen Mineralguss ersetzt. Dies betraf die Kalotte, die Gleitplatte sowie das Lagerunterteil. Der Mineralguss kennzeichnet sich durch hohe Druckfestigkeit und eine geringe Kriechzahl aus. Weiterhin kann im Gegensatz zu Stahl auf den notwendigen Korrosionsschutzanstrich verzichtet werden. Als Gleitwerkstoff kamen 3 verschiedene Produkte aus UHMWPE zum Einsatz, die zusammen mit einem Silikonfett und der Mineralgussfläche das tribologische System bildeten.

Der Prototyp ist an der MPA Stuttgart hinsichtlich des Reibungsverhaltens und Verschleiß in Langzeitreibungsversuchen untersucht worden. Die Variation folgender Parameter waren dabei Bestandteil der Untersuchungen:

Lagertemperatur:	−50 °C bis +48 °C
Gleitweg:	bis 51 km
Gleitgeschwindigkeit:	0,4 mm/s bis 15,0 mm/s
Flächenpressung:	15 MPa bis 60 MPa

Der Nachweis der Tragfähigkeit der Mineralgussteile war nicht Gegenstand der Untersuchungen. Diese ergaben, dass eine Reibkombination als besonders geeignet für den Einsatz im neu entwickelten Lager angesehen werden kann. Auch nach der Durchführung der Langzeitreibungsversuche konnten keine signifikanten Anzeichen von Verschleiß festgestellt werden. Alle Lager waren weiterhin voll funktionsfähig.

7.2.3 Elastomerlager

7.2.3.1 Langzeitverformungsverhalten elastomerer Werkstoffe für Baulager unter Berücksichtigung des Temperatureinflusses

Forschungsbericht des Landes Nordrhein-Westfalen, Nr. 2799
Fachgruppe Bau/Steine/Erden, Westdeutscher Verlag 1979
Ibac F75 (siehe Abschnitt 7.1, Dissertation Nr. 8 von *Müller)*

7.2.3.2 Langzeit-Verformungsverhalten druckbeanspruchter Elastomerlager unter Berücksichtigung thermischer Einflüsse

Auftraggeber: Minister für Wissenschaft und Forschung des Landes NRW, Düsseldorf, Az. II B 5 – FA 8395
Bericht vom 7.04.1982 Ibac F121

Zusammenfassung und Folgerungen für die baupraktische Anwendung

Aufgrund von Untersuchungen über das Spannungsverhalten elastomerer Lagerwerkstoffe u. a. bei stationärer Verformung und instationären Temperaturbedingungen hatten sich die Fragen ergeben,

- in welchem Maße sich das für Werkstoffproben festgestellte entropieelastische Spannungsverhalten auch unter praxisnahen Lagerbedingungen auswirkt und
- ob unter diesen Bedingungen sich entropie- und energieelastische Spannungsreaktionen zu bisher unbekannten, kritischen Spannungszuständen überlagern können.

Im Rahmen dieses experimentellen Forschungsvorhabens wurde hauptsächlich die für die Anwendung wichtigere Frage nach kritischen Spannungszuständen unter praxisnahen, instationären Verformungs- und Temperaturbedingungen untersucht.

Die Untersuchungen haben ergeben, dass entropieelastische Spannungsreaktionen

- möglicherweise unter dem Einfluss des zweiaxialen Spannungszustandes in geringerem Maße auftreten als bei oben genannten Werkstoffuntersuchungen und
- unter praxisnahen Lagerbedingungen im kritischen Temperaturbereich ($T \leq -30\,°C$) eher spannungsmindernd als spannungssteigernd wirken.

Die für die Bemessung maßgebenden Spannungsgrößen beruhen ausschließlich auf dem energieelastischen Spannungsmechanismus und dessen Temperaturabhängigkeit. Wie die hier durchgeführten Versuche gezeigt haben, werden die bei praxisähnlichen Überlagerungen von Verformungs- und Temperaturgradienten entstehenden Spannungen unterhalb des in Kurzzeitversuchen bei konstanter Temperatur erreichbaren Spannungsniveaus bleiben.

7.2.3.3 Versuche zur Spannungsverteilung druckbelasteter Elastomerlager

Auftraggeber: Minister für Wissenschaft und Forschung NRW
Teilbericht vom Oktober 1984 Ibac F 109

1. Vorversuche
Das Querdehnungsverhalten der Elastomerlager und damit die unerwünschten Farbstreifen am Rand sollten durch Anordnung von Zwischenschichten mit hohem oder niedrigem Reibwiderstand beeinflusst werden. Hierzu werden als Zwischenschichten verwendet:

- Sandpapier,
- Aluminiumfolie,
- Papier mit Talkum.

Die Zwischenschichten wurden zwischen der Druckfolie und dem Elastomer (CR, Spaltmaterial, $d = 15$ mm) eingebracht.

Das Sandpapier und die Aluminiumfolie wurden durch die Querdehnung des Lagers zerrissen bzw. stark deformiert. Das Einbringen einer Talkumschicht brachte die geringste Färbung. Durch das unbehinderte Ausdehnen des Lagers wurden durch Abbau der Schubspannung in Folienebene die unerwünschten Randeffekte vermieden.

2. Versuchsaufbau
Zwischen planparallelen, geschliffenen Druckplatten einer servohydraulischen Prüfmaschine befindet sich (von unten nach oben) das Druckfolienpaar, eine Zwischenlage Papier mit Talkumschicht auf der Oberseite und das Elastomerlager mit ebenfalls einer Talkumschicht auf der Oberseite.

Bei allen Versuchen wurde eine Druckspannung von $\sigma_0 = 5$ N/mm^2 auf Proben 100 mm × 100 mm gebracht. Die Belastungsgeschwindigkeit v betrug rd. 300 N/s, so dass nach rd. 3 min die maximale Druckkraft erreicht wurde. Nach 3 min Halten wurde zügig entlastet.

3. Auswertung
Mit den in der Tabelle 7.1 aufgeführten Lagertypen wurden Druckversuche durchgeführt. Ausgewertet wurden die Folien nach dem in Abschnitt 7.2.4.4 beschriebenen Verfahren. Die Druckverteilungskurven sind in Diagrammen dargestellt. Aus diesen Serien gewonnene Isochromendarstellungen (Isochrome = Linie gleichen Farbniveaus)

Tabelle 7.1 Elastomerlager, Daten

Typ Nr.	Bezeichnung	Hersteller	Dicke [mm]
1	Montagelager, glatt	C.	5
2	Montagelager, glatt	C.	5
3	Noppenlager, 12 mm	A 836	5
4	Noppenlager, 16 mm	A 1083	5
5	Flächenlochlager	A 1083	5
6	Bitrapezlager	A 689	5

sind als Bilder angefügt. Isochromen von Noppen- und Flächenlochlagern waren nicht herstellbar.

4. Diskussion
Die durch ihre Formgebung verschiedenen Lagertypen zeigen jeweils ein charakteristisches Druckspannungs-Verteilungsbild:

Die glatten Lager tragen mit einem großen Teil ihrer Fläche mit 6 bis 7 N/mm^2. Ein hinter dem Rand befindlicher Streifen wird mit einer geringen Druckspannung beaufschlagt (2 N/mm^2). Die beiden Noppenlager zeigen zwischen den Noppen Leerflächen, die nicht belastet sind: Die Druckverteilungskurve reicht bis zu 0 N/mm^2. Der Schwerpunkt des Traganteils liegt bei 5 bis 6 N/mm^2 bzw. 6 bis 8 N/mm^2. Seine Lage scheint vom Noppendurchmesser abzuhängen. An den Noppenrändern treten Spannungsspitzen von bis zu 14 N/mm^2 auf. Das Bitrapezlager zeigt einen kontinuierlichen Verlauf der Druckverteilungskurve, die bei dem niedrigen Wert von 7 N/mm^2 endet. Das Flächenlochlager zeigt eine ausgezogene Verteilungskurve mit Spitzen bis zu 12 N/mm^2.

7.2.3.4 Verteilung der Pressung in der Fuge von elastomergelagerten Bauteilen

Auftraggeber: Minister für Stadtentwicklung, Wohnen und Verkehr des Landes Nordrhein-Westfalen, Az. VBl-72.02.Nr. 172/84
Bericht vom 5.06.1986 Ibac F 233

Zusammenfassung

Versuchsumfang
Im Kurzzeitversuch wurde die Pressungsverteilung unter 6 verschiedenen Elastomerlagertypen bei mittleren Spannungen σ_{Lm} zwischen 10 und 30 N/mm^2 ermittelt. Neben den Versuchen mit zentrischer Lasteinleitung wurden einige Versuche auch mit exzentrischer Lasteinleitung gefahren. Bei einem Lager wurden Dicke t und Grundfläche A variiert.

Vergrößerung der Lagerfläche unter Belastung
Durch Überschreiten der aufnehmbaren Schubspannungen zwischen Gummi und Beton vergrößert sich die Lagerfläche bei unbewehrten Elastomerlagern in Abhängigkeit von der Pressung, dem Lagerwerkstoff und der Lagerprofilierung. Hierdurch wird die Spannungsverteilung gleichmäßiger und die örtliche Maximalspannung niedriger.

Bei quadratischen Lagern traten bei mittleren Pressungen von 20 N/mm^2 Lagerverbreiterungen bis etwa 50 % auf, bei der kleineren Lagerbreite von rechteckigen Lagern bis zu 75 %. Bei kleinen Lagerbänken tritt in diesen Fällen Elastomer aus dem Lagerspalt aus. Die Spannungsverteilungen werden dann in der Regel günstiger als in den Versuchen sein. Eine Abhängigkeit von der Lagerdicke liegt nicht vor.

Örtliche Spannungsmaxima
Die ermittelten Verhältnisse von örtlicher Höchstpressung zu mittlerer Lagerpressung $\sigma_{\max}/\sigma_{\mathrm{Lm}}$ schwanken zwischen 1,2 und 2,6 bei einem planmäßigen Winkel der

lagerbegrenzenden Bauteile von $\alpha_{soll} = 0$ und zwischen 1,2 und 3,1 bei $\alpha_{soll} = 0{,}02$. Deutliche Unterschiede bezüglich des Verhältnisses σ_{max}/σ_{Lm} gibt es in der Gruppe der unbewehrten Elastomerlager bei gleichzeitiger Variation von Werkstoff und Profilierung und auch des Werkstoffes allein, wobei der härtere Werkstoff ein geringeres Verhältnis σ_{max}/σ_{Lm} und eine gleichmäßigere Spannungsverteilung aufweist.

Sowohl für die untersuchten Lagergrößen als auch Winkel α der lagerbegrenzenden Bauteilflächen zueinander können keine Abhängigkeiten der σ_{max}/σ_{Lm} von der Lagerdicke t festgestellt werden.

Bei unbewehrten Elastomerlagern nimmt das Verhältnis σ_{max}/σ_{Lm} bei steigendem σ_{Lm} stark ab. Für bewehrte Elastomerlager trifft dies wegen der behinderten Lagerdehnung nicht zu. Bewehrte Lager weisen gegenüber allen Formen unbewehrter Lager größere Spannungskonzentrationen in Lagermitte auf. Sie verursachen damit höhere Spaltzugkräfte in den angrenzenden Bauteilen. Die Maximalspannungen bei bewehrten Lagern betragen etwa das 2,0- bis 2,5-Fache der mittleren Lagerpressung.

Lastexzentrizitäten
Im Falle einer Schiefstellung von $\alpha = 0{,}02$ entsprechen die Höchstpressungen σ_{max} der unbewehrten Elastomerlager zwar denen bei $\alpha = 0$, doch liegen diese Spannungsmaxima bei mittleren Werten $\sigma_{Lm} = 20\ \text{N/mm}^2$ mehr als $0{,}25 \cdot a$ von der Lagerachse entfernt. Dickere unbewehrte Elastomerlager weisen, wie zu erwarten ist, kleinere σ_{max} und eine kleinere Lastexzentrizität auf.

Die Verhältnisse σ_{max}/σ_{Lm} unter bewehrten Elastomerlagern bei der Schiefstellung $\alpha = 0{,}02$ sind gegenüber denen bei $\alpha = 0$ rd. 50 % höher. Die Spannungsmaxima liegen außerhalb eines Bereiches $0{,}25 \cdot a$ neben der Lagerachse. Die Exzentrizitäten der 30 mm dicken bewehrten Lager sind damit etwa so groß wie die von 10 mm dicken unbewehrten Lagern.

Einfluss von Profilierungen
Profilierungen und Lochungen haben keinen eindeutigen Einfluss auf die Spannungsverteilung. Örtlich ungleichmäßige Spannungsverteilungen treten nicht nur bei profilierten Lagern sondern auch bei glatten Oberflächen quaderförmiger Lager, wahrscheinlich bedingt durch den Herstellungsprozess, auf.

7.2.3.5 Dauerstand-Knickversuche an bewehrten Elastomerbrückenlagern

Auftraggeber: Lagerhersteller Bericht vom 20.11.76 IBL Nr. 760

Zusammenfassung und Schlussbeurteilung

Die im Rahmen von Stabilitätsuntersuchungen an bewehrten Elastomerbrückenlagern durchgeführten Versuche mit gleichzeitiger Beanspruchung aus Auflast, Drehwinkel und Schrägstellung haben gezeigt, dass auch im Dauerstandversuch größere Werte beim Höhen-/Seitenverhältnis zu keinem Versagen führen oder zu Reaktionen, die die Gebrauchstauglichkeit auf längere Sicht einschränken würden.

Die hier untersuchten Lagerproben wurden aus der identischen Elastomermischung sowie nach dem gleichen Vulkanisationsverfahren bereits für das Höhen/Seiten-Verhältnis 1/3 zugelassener Lager gefertigt. Die Ergebnisse der Prüfungen stimmen im Rahmen der bei Versuchen dieser Art möglichen Genauigkeit gut überein. Die entsprechende Erweiterung einer Zulassung konnte von den Prüfergebnissen her befürwortet werden.

7.2.3.6 Ermittlung der Kennwerte an Elastomerlagern eines M-F-Systems nach über 500 · 106 Leistungstonnen

Auftraggeber: BZA – München
Bericht vom 17.01.1990 IBL NR. 1314

Bei Masse-Feder-Systemen hängt die langfristige Wirksamkeit weitgehend von der Funktionsfähigkeit der Feder ab. Ein modifizierter Elastomerlagertyp, der vor etwa 24 Jahren konzipiert und geprüft wurde, ist inzwischen einer knapp 20-jährigen Betriebsbeanspruchung mit über 500 Mio. Lt ausgesetzt gewesen. Vom Bundesbahn-Zentralamt München (BZA) wurden die labormäßige Nachprüfung der Steifigkeitswerte sowie die Untersuchung der noch vorhandenen Dauerfestigkeit der Lager im Hinblick auf eine gesicherte Aussage zur Lebensdauer in Auftrag gegeben.

Die am Prüfamt für Bau von Landverkehrswegen der TU München an drei ausgebauten Lagern durchgeführten Prüfungen lassen im Wesentlichen folgende Aussagen zu:

- Es liegt nach mehr als 1,5 · 105 Std. Betriebsbelastungsdauer ein sehr niedriger Kriechbeiwert von ca. 8 % vor. Die Extrapolation von Versuchsergebnissen über zwei logarithmische Dekaden ist demnach bei Elastomeren dieser Qualität zulässig.
- Die vorgefundenen Federsteifigkeiten liegen nach einer Betriebsbeanspruchung von über 500 Mio. Lt nahezu im Bereich der Ausgangsgrößen.
- Für die Schubsteifigkeit gilt die gleiche Feststellung, insbesondere konnte kein Unterschied in den Beanspruchungsrichtungen festgestellt werden.
- Aufgrund der Dauerschwellprüfung kann unter der vorliegenden Betriebsbelastung mit der gleichen Wirksamkeit des Masse-Feder-Systems über mehr als weitere 30 Jahre gerechnet werden.

Insgesamt kann festgestellt werden, dass die Funktionsfähigkeit des Masse-Feder-Systems bei Einbau der hier untersuchten VIALAST-Lager und Einhaltung der vorliegenden Beanspruchungsgrenzen über einen Zeitraum von 50 Jahren vorliegen wird.

7.2.3.7 Über statische und dynamische Steifigkeitsbestimmung sowie Dauerfestigkeitsermittlung an Schwingungslagern mit Schubverformungsbegrenzung für Masse-Feder-Systeme

Auftraggeber: Bilfinger + Berger Bau AG, Niederlassung Bielefeld
Bericht Nr. 1175 vom 31.07.1986 IBL

Die als Federelement in einem Stadtbahn-Schallschutz-System vorgesehenen Schwingungslager hatten ein Steifigkeitsverhältnis horizontal zu vertikal von 1:10 aufzuweisen. Dies ist bei Verwendung der aufgrund der geforderten Lebensdauer infrage kommenden Elastomere nur durch eine konstruktive Maßnahme – Begrenzung der Schubverformung – am Lageraufbau möglich.

An einer Regelgröße der so konzipierten Schwingungslager waren die statischen und dynamischen Steifigkeitskennwerte zu bestimmen sowie durch einen zweiaxialen Dauerschwellversuch die zu erwartende Lebensdauer zu beurteilen.

Die wesentlichen Versuchsergebnisse können wie folgt zusammengefasst werden:

- Die geforderte vertikale Steifigkeit von $c_v = 28$ kN/mm ± 10% ist mit einem Mittelwert aus acht Proben mit $c_v = 26{,}47$ kN/mm noch sicher innerhalb des Toleranzbereiches. Die niedriger liegende Steifigkeit kommt dem M-F-System (niedrigere Eigenfrequenz) zugute.
- Die geforderte horizontale Steifigkeit von $c_h = 2{,}8$ kN/mm ± 10% ist mit $c_h = 2{,}72$ kN/mm sehr gut eingehalten.
- Der zweiaxiale Dauerschwellversuch über 10,1 Mio. Lastspiele (Ls) vertikal und 2,5 Mio. Ls horizontal wurde ohne relevante Änderung in den Steifigkeitskennwerten bestanden.
- Der geforderte mechanische Verlustwinkel von 8° bis 10° für den Frequenzbereich 2 Hz bis 30 Hz kann als eingehalten bezeichnet werden.

Zusammenfassend kann festgestellt werden, dass die mit der Polychloropren-Mischung CC-AMZ der Gummiwerke Kraiburg hergestellten Schwingungslager mit Schubverformungsbegrenzung die hier vorgegebenen Steifigkeitsanforderungen erfüllen und eine ausreichend lange Lebensdauer in einem M-F-System unter Stadtbahnbeanspruchungen erwarten lassen.

7.2.3.8 Ermittlung von dynamischen Lagerkennwerten für eine Flüssiggasbehälterlagerung im Erdbebengebiet

Auftraggeber: Fa. GUMBA GmbH, Grasbrunn
Bericht Nr. 1378 vom 5.04.1991 IBL

Für das Konzept einer Erdbebenentkoppelung von Flüssiggasbehältern mittels Elastomerlager ist die Kenntnis der statischen und dynamischen Steifigkeit weit außerhalb des Normbereiches notwendig.

An Modelllagern mit der Shore-Härte 55 °A und mit den Ist-Abmessungen 100 mm × 100 mm × 31 mm (Elastomer Schichtstärke 10 mm und zwei ebenfalls 10 mm dicke Deckbleche) wurde versucht, folgende Prüfparameter zu erfassen:

- Anschwingfrequenzen von 0,3 bis 2,0 Hz
- Verformungswege: $\tan\gamma = \pm 1{,}0$ bis $\pm 2{,}5$
- Prüftemperaturen: −5 °C bis +45 °C

Zur Abschätzung der über die Shore-Härte möglichen Beeinflussung des Steifigkeitsniveaus wurde bei Raumtemperatur ein Modell-Lagerpaar mit 35 °A geprüft.

Die wesentlichen Versuchsergebnisse lassen sich wie folgt zusammenfassen:

- Die statische Schubsteifigkeit ist bis zu einem Verformungsbereich von $\tan\gamma = \pm 1{,}5$ nahezu linear und nimmt ab $\tan\gamma = \pm 2{,}0$ progressiv zu.

- Die dynamischen Schubsteifigkeiten hängen spürbar vom Verformungsweg und nur wenig von der Anschwingfrequenz ab. Der Wert von 1,0 N/mm^2 wurde nicht überschritten.
- Die Dämpfung liegt zwischen 15 und 25 %. Die Verlustwinkel zwischen 9 und 15 Grad.
- Mit der Mischung mit 35 °A ist bei RT das Niveau der Schubmoduli nahezu frequenzunabhängig und nur etwa halb so hoch wie mit der 55 °A-Mischung.
- Im Raumtemperaturversuch mit dem Verformungsweg von $\tan\gamma_p = \pm\,2{,}5$ treten bei der Anschwingfrequenz von 2,2 Hz im Lagerstirnbereich beider Proben Oberflächenrisse auf.

Zusammenfassend kann festgestellt werden, dass von der vorliegenden, DIN-gemäßen Brückenlagerelastomerqualität die schadfreie Aufnahme von Verformungen bis zu einem Bereich von $\tan\gamma_p = \pm\,1{,}5$ unter der Belastungsfrequenz nicht größer als 1 bis 2 Hz erwartet werden kann. Die Prüfungen haben gezeigt, dass die maximalen Steifigkeitswerte nicht bei großen Verformungswegen und Anschwingfrequenzen bis etwa 2 Hz auftreten, sondern bei den Erstbewegungen nach längerer Standzeit ohne Verformung zu erwarten sind.

7.2.3.9 Nachprüfung eines ausgebauten Schwingungslagers und die Ermittlung der Haftgrenze zwischen Schwingungslager und Betonfertigteil

Auftraggeber: Bundesbahn-Zentralamt München
Bericht Nr. 1360 IBL vom 11.10.1990 IBL

Zusammenfassung und Beurteilung

An einem Schwingungslager, das aus einem Masse-Feder-System der S-Bahn-Strecke Harburg–Neugraben wegen Auswanderung einiger Betonfertigteile ausgebaut worden war, wurden die Kennwerte des Lagers nachgeprüft sowie in Schubversuchen mit unterschiedlichen Auflasten und Kontaktflächen ohne und mit Schwingungsanregung die Durchrutschgrenzen bzw. der Reibbeiwert ermittelt.

Bei den Kennwerten wurden die ermittelten Größen den Ergebnissen aus den Eignungsprüfungen von 1984 an einem Lager mit identischen Abmessungen gegenübergestellt. Die „Durchrutsch"-Versuche wurden für Schwingungslager erstmals durchgeführt.

Die wesentlichen Ergebnisse lassen sich wie folgt zusammenfassen:

- Die statische und dynamische Federsteifigkeit sowie der Schubmodul des ausgebauten Lagers liegen nach ca. 6 Jahren und einer Betriebsbelastung mit über 40 Mio. Lt noch in dem Bereich, der bei den neuen Lagern als Fertigungstoleranz zugelassen ist.
- Bei ordnungsgemäßen Kontaktflächen kann – ohne und mit Schwingungsüberlagerung – von einem Mindest-Reibbeiwert von $\mu = 0{,}5$ ausgegangen werden.

Demnach ist für die vorliegende Oberbau-Situation ein „Rutschen" der Betonelemente im Lastfall Eigengewicht sowie Eigengewicht + Verkehrslast auch bei Schwingungsüberlagerung auszuschließen.

Für die Praxis ist sicher von Bedeutung, dass beim Abheben des Fertigteils im Tunnel auf den Deckflächen der freigelegten Lager Sandkörner gefunden wurden, die im Gegensatz zu einer glatten Betonfläche wie „Kugellager" gewirkt haben können. In diesem Fall ist die planmäßige Aufnahme von Schubkräften sicher nicht gewährleistet.

Zusammenfassend kann festgestellt werden, dass die Schwingungslager voll funktionsfähig sind und bei ordnungsgemäßer Bauausführung die auftretenden Beanspruchungen im M-F-System durch sie ohne bleibende Verschiebungen abgetragen werden können.

7.2.3.10 Ermittlung der Abhängigkeit der Dickenänderung von Temperatur und Lagerformat bei bewehrten Elastomerlagern

Auftraggeber: Gumba GmbH
Bericht vom 19.08.85 IBL Nr. 1126

An Lagerkörpern extrem unterschiedlichen Volumens wurden lastfreie Temperatur-Verformungsänderungen in einem Bereich von −15 °C bis +42 °C untersucht. Wesentliches Ergebnis war, dass unabhängig von Lageraufbau und Struktur (aber exakt nur für die untersuchte CR-Mischung geltend) ein Ausdehnungskoeffizient gefunden wurde, der mit

$$\alpha_{\text{Lager}} = 45 \cdot 10^{-5}\ [\text{l/K}]$$

etwa 38 mal größer als der von Stahl ist. Durch die Bauweise der bewehrten Elastomerlager wird jede temperaturbedingte Volumenänderung in eine Dicken- bzw. Bauhöhenänderung des Lagers umgesetzt.

7.2.4 Lagerplatten

7.2.4.1 Verformung und Beanspruchung der Gleitplatte von PTFE-Gleitlagern

Auftraggeber: Institut für Bautechnik, Berlin, Az. 532/88, lfd. Nr. 16.71
Bericht vom 29. April 1988, Universität der Bundeswehr, München, Prof. Petersen

Zu diesem Bericht gehören noch folgende Ausarbeitungen aus gleicher Feder:

- Zur Beanspruchung moderner Brückenlager – eine Parameterstudie in Festschrift Joachim Scheer, März 1987
- Vorschlag für eine Δw-Berechnungsanweisung für Gleitplatten mit t = const, 9. Februar 1988, Studie im Auftrag des Instituts für Bautechnik, Berlin
- Berechnung von drei Gleitplatten t = const, 25. Mai 1987, Studie im Auftrag der VHFL
- Erforderliche Dicke von Gleit- und Kalottenlagerplatten, 26. Januar 1987, Studie im Auftrag der VHFL
- Studie zur Ausbildung von Setzungsmulden auf unterschiedlichen Lagerkörpern, vom 14. 12. 87, Auftraggeber: Institut für Bautechnik, Berlin
- Stellungnahme zum Problem des Gleitblechbeulens bei Gleitlagern, vom 15. 9. 88, Auftraggeber: Institut für Bautechnik, Berlin

Kurzfassung zum Forschungsvorhaben

Die Gebrauchstauglichkeit der Gleitplatten moderner Brückenlager (Topflager, Kalottenlager) wird durch die Einhaltung einer vorgeschriebenen zulässigen Relativdurchbiegung Δw zwischen Plattenzentrum und PTFE-Berandung sichergestellt. Der Nachweis vorh $\Delta w \leq$ zul Δw lässt sich nur führen, wenn ein Berechnungsverfahren für vorh Δw unter Gebrauchslast zur Verfügung steht. Dieses muss die Muldenbildung des Beton- und Mörtelunterbaues, die Nachgiebigkeit der PTFE-Lage und die Steifigkeit der Platte erfassen. Ein hierzu erstelltes Rechenprogramm basiert auf dem Modell eines unendlichen Halbraumes und der Theorie der Kreisplatte. Es musste zunächst anhand von FEM-Berechnungen an realistischen Lagerkörpern geklärt werden, wie realistisch das Halbraum-Rechenmodell die realen Verhältnisse annähert. Es wurde festgestellt, dass in gewissen Fällen eine bis zu 10 % höhere Relativdurchbiegung möglich ist. Mit Hilfe des Rechenprogramms wurden Parameterstudien durchgeführt und auf dieser Basis für die in der Praxis auftretenden Plattenabmessungen eine Formel abgeleitet, mit deren Hilfe die Relativdurchbiegung vorh Δw (gesplittet in Dauer- und Kurzzeitlast) berechnet werden kann. Durch Vergleich mit dem Ergebnis von Nachrechnungen von an der Uni Karlsruhe durchgeführten Plattenversuchen konnte die Formel zusätzlich abgesichert werden.

7.2.4.2 Untersuchung der zulässigen Lagerplattenbiegung und -verformung, Teil I (runde Platten)

Auftraggeber: Bundesminister für Verkehr
Bericht vom 15.06.76 IMB
(siehe auch Abschnitt 7.1, Dissertation Nr. 12 von *Dickerhoff*)

Wertung der Ergebnisse und Zusammenfassung

Die Versuche, auf deren Ergebnisse die vorgeschlagene Bemessung beruht, wurden als Kurzzeitversuche im Gebrauchslastbereich mit einem Betonfundament und drei Lagerplatten durchgeführt. Der Einfluss des Betonkriechens und -schwindens konnte dadurch ebenso wenig berücksichtigt werden wie das Verhalten von Lagerplatten und Betonfundament im Bruchzustand. Die gemessenen Betondehnungen wurden mit einem konstanten E-Modul und einer Querdehnzahl $\mu = 0$ in Spannungen umgerechnet. Eine räumliche Auswertung war nicht möglich, da bei den zentrischen Versuchen mit Ausnahme des Mittelpunktes die Betondehnungen nur in zwei Richtungen (vertikal und radial) bestimmt wurden. Eine Vergleichsrechnung mit den Messwerten im Mittelpunkt hat jedoch gezeigt, dass die vereinfachende Annahme $\mu = 0$ bei den vertikalen Betonspannungen – sie stellen eines von drei Bemessungskriterien dar – eine maximale Abweichung von ca. 9 % zur sicheren Seite hin bewirkt. Bei den Horizontalspannungen ergeben sich durch die vereinfachende Berechnung $\sigma = E \cdot \varepsilon$ wesentlich größere Abweichungen.

Die Querzugspannungen wurden nicht in die Bemessungstabellen aufgenommen, denn nach DIN 1045 Abschnitt 17.3.3 sind die erhöhten Teilflächenpressungen nur zulässig, wenn in den angrenzenden Bauteilen die Querzugspannungen durch Bewehrung aufgenommen werden, sie sind also kein unmittelbares Bemessungskriterium.

Zu den Spannungsermittlungen in den Lagerplatten sind zwei Punkte festzuhalten:

a) Der Einfluss von eingefrästen Nuten konnte nur näherungsweise abgeschätzt werden. Bei der Auswertung nach der Theorie der dünnen Platte bewirkt er eine Spannungsänderung zur sicheren Seite hin.
b) Für dicke Platten ergeben sich nach der räumlichen Rechnung unter den Druckstücken Spannungsspitzen, die zum Teil wesentlich über den Spannungen liegen, die sich nach der Theorie der dünnen Platte ergeben (Saint Venant'scher Störbereich). Aus diesem Grunde blieb der unter Punkt a) genannte Einfluss der Nut zur sicheren Seite hin unberücksichtigt, um bei Bemessung der Lagerplatten nach der betragsmäßig größten Spannung einen Teil dieser Spitzen abzudecken.

Eine augenscheinliche Beurteilung der freigelegten Mörtelfugen nach den Versuchen ergab eine satte, gleichmäßige Unterstopfung der Lagerplatten. Folglich gilt die vorgeschlagene Bemessung nur unter der Voraussetzung einer gleichmäßigen Unterstopfung. Eingeschlossene Luftblasen oder Wasserlinsen können wesentlich andere Spannungen liefern (zur unsicheren Seite hin).

7.2.4.3 Zulässige Lagerplattenbiegung und -verformung, Teil II (rechteckige Platten)

Auftraggeber: Institut für Bautechnik, Berlin, Az. 114/76, lfd. Nr. 16.6
Bericht vom 30.06.78 IMB
(siehe auch Abschnitt 7.1, Dissertation Nr. 12 von *Dickerhoff*)

Zusammenfassung – Wertung – Ausblick

Die Versuche, auf deren Ergebnisse die vorgeschlagene Bemessung beruht, wurden als Kurzzeitversuche im Gebrauchslastbereich mit einem Betonfundament und sechs Lagerplatten durchgeführt. Der Einfluss des Betonkriechens und -schwindens konnte dadurch ebenso wenig berücksichtigt werden wie das Verhalten von Lagerplatten und Betonfundament im Bruchzustand. Die gemessenen Betondehnungen wurden über Gleichgewichtsbetrachtungen in den vier verschiedenen Messniveaus, denen der räumliche Spannungszustand und eine Querdehnzahl von $\nu_B = 0{,}18$ zugrunde lag, in Spannungen umgerechnet. Wegen der Nichtlinearität des σ-ε-Diagramms wurden die Betonspannungen einmal über mittlere Sekantenmoduli und einmal über mittlere Tangentenmoduli berechnet. Dem Bemessungsvorschlag liegen die Spannungen über die mittleren Tangentenmoduli zugrunde. Es war festzustellen, dass bei Laststeigerung offensichtlich eine Spannungsumlagerung von den stark zu den schwächer beanspruchten Stellen stattfand, wodurch die maximale Betonpressung in jedem Fall günstiger, die Lagerplattenbeanspruchung jedoch in all den Fällen, in denen eine Spannungsumlagerung vom Plattenmittelpunkt zu den Plattenrändern stattfand, ungünstiger wurde. Bei der Ermittlung der Spannungsüberschreitungen gegenüber dem konstanten Mittelwert wurde von einer Spannungsausbreitung unter $\tan\alpha = 2 = \alpha = 63{,}4°$ ausgegangen. Die angegebenen Überschreitungen sind als Mittelwerte aus den vier Messniveaus zu verstehen, wodurch die örtlich gemessenen Spitzen zum Teil um 10 bis 20 % abgemindert wurden.

Die Spannungen der Lagerplatten wurden über den dreiaxialen Spannungszustand berechnet, wobei davon ausgegangen wurde, dass unter den Druckstücken und in der Fuge zwischen Platte und Mörtel die Pressung gleichmäßig verteilt war. Ein Einfluss von Nuten, der besonders bei dicken Platten die Dehnungen zur sicheren Seite hin beeinflusste (ca. 10 % bis 15 %), wurde nicht berücksichtigt.

Über die Oberflächendehnungen konnten mit einem zu diesem Zweck entwickelten Rechenprogramm die Relativverformungen der Lagerplatten berechnet werden. Ein Vergleich mit den Verformungen, die unabhängig davon über bestimmte Messelemente im Betonkörper zu ermitteln waren, brachte gute bis sehr gute Übereinstimmung.

Die Untersuchung der „zulässigen Lagerplattenbiegung und -verformung“ im Gebrauchszustand ist mit diesem Schlussbericht abgeschlossen. Es wurden runde, quadratische und rechteckige Lagerplatten (insgesamt 9 Stück), die mit Druckstücken verschiedener Formen und Materialien belastet wurden, untersucht. Die vorliegenden Versuchsergebnisse im Gebrauchszustand haben gezeigt, dass die zurzeit übliche Bemessung zum Teil viel zu große Sicherheiten auf der einen, aber auch unzulässig hohe Risiken auf der anderen Seite beinhaltet. Es ist wahrscheinlich, dass das hier entwickelte Mess- und Auswerteverfahren mit einigen Abänderungen auch bei Annäherung an den Bruchzustand noch funktioniert. Deshalb sollten in jedem Fall für einige repräsentative Lagerplatten-Druckstück-Kombinationen Bruchversuche und Dauerstandversuche durchgeführt werden, um den wesentlichen Einfluss der Biegesteifigkeit des Lastplattensystems auf die Bruchlast und auf die Lastumlagerungen bei Dauerbeanspruchung zu untersuchen und die vorliegenden Versuchsergebnisse weiter absichern zu können.

7.2.4.4 Lagerplatten-Bruchversuche

Auftraggeber: Institut für Bautechnik, Berlin Az. 259/80, lfd. Nr. 7.47
Bericht von 1985 IMB
(siehe auch Abschnitt 7.1, Dissertation Nr. 12 von *Dickerhoff*)

Zusammenfassung

Forschungsziel
Einarbeitung der erreichten Bruchsicherheiten in einen bereits bestehenden Bemessungsvorschlag, der bisher nur den Gebrauchsfähigkeitsnachweis beinhaltete.

Problematik
In letzter Zeit treten immer häufiger Schäden an Brückenlagern und den angrenzenden Bauteilen auf. An diesen Schäden sind vor allem die neueren Lager überproportional stark beteiligt. Die Ergebnisse von zwei bereits abgeschlossenen Forschungsvorhaben wurden zur Ausarbeitung eines Bemessungsvorschlages benutzt, bei dem die im Bauwerk tatsächlich vorhandenen Randbedingungen realistisch erfasst werden. Damit ist jedoch nur der Nachweis der Gebrauchsfähigkeit des Lagers erbracht. Über den dann noch vorhandenen Sicherheitsabstand gegenüber Versagen des Systems – also Versagen von Lager, Lagerteilen und/oder angrenzendem Bauteil – lässt sich keine Aussage treffen.

Versuchsparameter, Versuchsaufbau, Versuchsdurchführung

Aus der Vielzahl der möglichen Parameterkombinationen wurden typische Lager und Lasteintragungssysteme ausgewählt und bemessen. Die A-Versuche wurden mit großem, die B-Versuche mit relativ geringem Messaufwand durchgeführt.

Die Lager wurden so bemessen, dass alle geforderten Spannungs- und Verformungsnachweise nach dem bereits erarbeiteten Bemessungsvorschlag erfüllt waren. Zusätzlich wurden für eine bestimmte Last zugelassene Topf- und bewehrte Elastomerlager in die Untersuchung aufgenommen.

Die Bemessung der Betonzylinder erfolgte unter den folgenden Voraussetzungen:

1. Die Spaltzugspannungen sind in erster Näherung dreieckförmig über eine Höhe entsprechend dem Zylinderdurchmesser verteilt.
2. Der Spitzenwert der Spaltzugspannung muss abgedeckt sein.
3. Es gilt die Formel von *Mörsch* für ebene und doppeltachsensymmetrische bzw. von *Bechert* für rotationssymmetrische Systeme:

   $Z_{x,y} = 0{,}25 \cdot F_v \cdot (1 - D_1/D)$ (eben, achsensymmetrisch)

   $Z_r = 0{,}21 \cdot F_v \cdot (1 - D_1/D)$ (rotationssymmetrisch).
4. Der Wendeldurchmesser und die Ganghöhe dürfen in dem Bereich nach 1) nicht geändert werden. Die Wendelenden sind zu verschweißen, Stöße sind als beidseitige Laschenstöße auszuführen.
5. Die zulässige Stahlspannung des BSt 420/500 wird zur Rissbeschränkung und zur Berücksichtigung einer nicht schlaffen Lasteintragung auf zul $\sigma_s = 18$ kN/cm^2 begrenzt.
6. Die nach DIN 1045 geforderten Maßnahmen zur Knicksicherung der Längsbewehrung sind additiv zu überlagern.
7. Die einzulegende Längsbewehrung entspricht 0,8 % vom statisch erforderlichen Betonquerschnitt.

Während der Versuche wurden außer dem Kolbenvorschub und dem Öldruck (Last) folgende Messungen durchgeführt:

1) Messung der Oberflächendehnungen der Lagerplatten mit Dehnungsmessstreifen.
2) Bestimmung der Kontaktpressungen mit Druckmessfolien auf der Basis des Abdruckprinzips. Diese Bilder wurden digitalisiert und durch Grauwertvergleich in Pressungen umgerechnet.
3) Bestimmung des Dehnungsverhaltens des Betonkörpers über Betoninnendehnungsaufnehmer auf der Basis von Dehnungsmessstreifen.
4) Erfassung der Wendelaufweitung über die Probekörperhöhe mit Hilfe von induktiven Wegaufnehmern.

Versuchsergebnisse

Es ist klar erkennbar, dass die eingelegte Bewehrung in gewissen Grenzen die erreichbare Bruchpressung erhöht. Die Bruchpressungen vor allem bei kleinen Teilflächenverhältnissen (Durchmesserverhältnis D/D_1) nehmen stark ab, wenn die Last nicht eben, sondern über konventionell bemessene Lager eingetragen wird. Bei starrer Lasteintragung wurden um ca. 40 % größere Bruchlasten erreicht, als nach DIN 1045 zu erwarten gewesen wäre.

Die Ergebnisse vergleichbarer Versuche an der TU München zeigen, dass im praxisrelevanten Bereich die Steigerung der bezogenen Bruchpressungen mit guter Näherung proportional zum geometrischen Bewehrungsprozentsatz und unabhängig vom Teilflächenverhältnis ist. Diese und die eigenen Versuche zeigen außerdem, dass der Bruch erst nach langer Vorankündigung erfolgt (Risse bei ca. 1,4-facher Gebrauchslast im Kurzzeitversuch).

7.2.5 Reibung ohne Gleitwerkstoff

7.2.5.1 Versuche zur Ermittlung zulässiger Horizontalkräfte bei unverankerten Lagern

Auftraggeber: Institut für Bautechnik, Berlin, Az. 85/76, lfd. Nr. 16.7
Bericht vom 30.11.78, Ibac F 88
(siehe auch Abschnitt 7.1, Dissertation Nr. 9 von *Schrage*)

Kurzfassung

An handelsüblichen Lagerpaarungen wurden Reibungsversuche unter weitgehend praxisnahen Bedingungen durchgeführt.

Die dabei ermittelten Reibkurven wurden bilinear ausgeglichen.

Aus den ausgeglichenen Reibungszahlen f_a wurde ein Vorschlag für zulässige Zwängungen bei unverankerten Lagern abgeleitet.

Dieser Vorschlag berücksichtigt die bei Elastomeren gegebene Abhängigkeit der Reibungszahlen von der Reib- bzw. Deformationsgeschwindigkeit. Die Verringerung der Reibungszahlen bei bauüblichen Geschwindigkeiten gegenüber den Versuchsergebnissen wird durch die Einführung einer Teilsicherheit v_1 berücksichtigt. Die bei allen Lagerfugen gegebenen Unwägbarkeiten in der Bauausführung sollten durch die Teilsicherheit $v_2 = 2$ erfasst werden.

Danach ergibt sich mit

$\tau = f_a \cdot \sigma_u$

zul $\tau = a \cdot \sigma_u$

zul $\tau = (v_1 \cdot v_2)^{-1} f_a - \sigma_u$

$v_1 = 1$ bei Elastomeren

σ_u kleinste Lagerpressung bei Wechsellast

$a = (v_1 \cdot v_2)^{-1} f_a$

folgender Vorschlag für die Faktoren a, die für die Herleitung einer zulässigen Zwängung aus dem unteren Schwellenwert der Pressung als brauchbar erscheinen (siehe Tabelle 7.2):

Tabelle 7.2 Reibungszahlen

Lagerpaarung	Pressung in N/mm^2		
	0,5	5,0	20,0
CR 1 – Beton	0,25	0,10	0,05
CR 1 – Duromer	0,08	0,03	0,01
CR 1 – Zink	0,10	0,05	0,02
CR 1 – Stahl, walzrau	0,10	0,07	0,03
CR 1 – Anstrich		0,02	
CR 1 – Stahl, CrNi		0,02	
starre Lagerpartner		0,30	

Die angegebenen Faktoren müssten für
- CR 2 um 20 ... 30%
- EPDM um 50 %

mit

CR l, CR2: Polychloropren-Elastomere unterschiedlicher Hersteller (bauaufsichtlich zugelassene Lagertypen)

EPDM: Äthylen-Propylen-Dien-Kautschuk (bauaufsichtlich zugelassener Lagertyp)

verringert werden.

Zwischenwerte sollten zunächst geradlinig eingeschaltet werden. Das ist allerdings im Bereich $0{,}5 \leq \sigma_u \leq 5{,}0$ N/mm^2 mit einer Verringerung der angesetzten Sicherheiten verbunden.

Das Ergebnis dieses und des nachfolgenden Forschungsvorhabens war Grundlage der entsprechenden Regelung in der Lagernorm.

7.2.5.2 Zulässige Horizontalkräfte bei unverankerten Lagern Zusatzuntersuchungen zum Reibungsverhalten von zinkbeschichteten Lagerbauteilen – F 152 (Ergänzung zu F 88)

Auftraggeber: Institut für Bautechnik, Berlin, Az. 251/80, lfd. Nr. 16.22
Bericht von 1982
(siehe auch Abschnitt 7.1, Dissertation Nr. 9 von *Schrage*)

Das Reibungsverhalten von zinkbeschichteten Stahlblechen wurde untersucht. Derartige Bleche werden z. B. zur Auffütterung von Lagern verwendet. Das Hauptaugenmerk lag auf praxisüblich geschruppten, mit Zinksilikat beschichteten Blechen. Betrachtet wurden weiterhin die Einflussgrößen Pressung und Bewegungsgeschwindigkeit.

Es wurden

- Anlaufreibungszahlen $0{,}28 \leq f_A \leq 0{,}68$ und
- Gleitreibungszahlen $0{,}20 \leq f_G \leq 0{,}68$

ermittelt. Eine sichere Zuordnung zu den Einflussgrößen war nicht möglich. Die Proben, A = 100 mm × 100 mm, wiesen Gestaltabweichungen l. und 2. Ordnung im 0,1-mm-Bereich auf. Die daraus resultierenden zufallsbedingten Tragbilder begründen die Streuungen der Reibungszahlen. Die Ergebnisse stellen also keine Stoffkennwerte dar, sie sind vielmehr Bauteilkennwerte.

Eine Vergleichbarkeit mit den Verhältnissen bei HV-Verbindungen des Stahlbaus ist wegen des unterschiedlichen Tragbildes nicht gegeben. Für bauaufsichtliche Belange (DIN 4141) muss für gegenwärtig übliche Bauteiloberflächen bei zinkbeschichteten Stahlblechen hinsichtlich zulässiger Horizontalkräfte von min f = 0,20, hinsichtlich möglicher Reaktionskräfte von max f = 0,80 ausgegangen werden.

7.2.5.3 Reibungsverhalten elastomerer Lagerwerkstoffe

Auftraggeber: Der Minister für Wissenschaft und Forschung des Landes NRW, Düsseldorf, Institut für Bautechnik, Berlin
Bericht vom Dezember 1980. Ibac F 95
(siehe auch Abschnitt 7.1, Dissertation Nr. 9 von *Schrage*)

Ausgehend von einer Fragestellung der Entwurfsfassung einer Norm für Lager im Hoch- und Industriebau wurden Reibungsversuche an bewehrten und unbewehrten Elastomerlagern unter praxisnahen Bedingungen bei zentrischer Pressung durchgeführt.

Als Einflussgrößen wurden Art und Gestalt der sich berührenden Körper sowie Pressung und Bewegungsgeschwindigkeit variiert. Als Zielgröße wurde aus den Reibkurven eine Aussage über die Zwängungskräfte abgeleitet, die in einer nach derzeitigen bauaufsichtlichen Forderungen ausgeführten unverankerten Lagerung ohne ungehindertes Gleiten aufgenommen werden können.

7.2.5.4 Zuverlässigkeitstheoretische Ermittlung der Beanspruchbarkeit der Gleitfuge für den Nachweis der Gleitsicherheit bei Lagern

Auftraggeber: Institut für Bautechnik, Berlin, Gesch.-Z. 655/91, lfd. Nr. 16.83
Bericht vom 5.09.91, HAB

Der Nachweis der Gleitsicherheit in Lagerfugen garantiert die Übertragung von Horizontalkräften zwischen Lagerteilen oder zwischen den Lagern und anschließenden Bauteilen durch Reibung und gegebenenfalls zusätzlichen mechanischen Verbindungsmitteln mit einem angemessenen Grad an Sicherheit.

Die für diesen Nachweis im Rahmen der Eurocodes erforderlichen charakteristischen Werte und Teilsicherheitsbeiwerte der Reibungszahlen werden für die Reibpaarungen Stahl/Stahl, Stahl/Beton und Stahl/Holz auf folgendem Weg bereitgestellt.

1) Ermittlung der Verteilungsfunktion und deren Parameter für die Reibungszahlen durch statistische Auswertung der Reibversuche für Stahl/Beton für Stahl/Stahl und für Stahl/Holz.
2) Festlegung der charakteristischen Werte der Reibungszahlen als 5%-Fraktile.
3) Ermittlung der Verteilungsfunktionen und deren Parameter für die weiteren Basisvariablen der Grenzzustandsgleichung der Gleitsicherheit durch Simulationsrechnung und Literaturanalyse.
4) Festlegung der Sicherheitsklasse für Brücken und Annahme eines Sicherheitsindex β von 4,7.
5) Zuverlässigkeitstheoretische Ermittlung der Teilsicherheitsbeiwerte für die Reibungszahlen der Reibpaarungen Stahl/Stahl und Stahl/Beton.
6) Abschätzung des Teilsicherheitsbeiwertes der Reibungszahl der Reibpaarung Stahl/Holz.

Die Ergebnisse sind in nachfolgender Tabelle 7.3 zusammengestellt.

Tabelle 7.3 Ergebnisse

Reibpaarung	Verteilungs-wert	Mittelwert	Variations-koeffizient	charakt. Wert	Teilsicher-heitsbeiwert
Stahl/Stahl	NV	0,53	0,14	0,4	2,0
Stahl/Beton	NV	0,66	0,0734	0,6	1,2
Stahl/Holz	NV	0,593	0,158	0,35	1,45

Das Vorhaben wurde vom Institut für Bautechnik Berlin gefördert.

7.2.5.5 Horizontalkraftübertragung durch Oberflächenverankerung mit profilierten Blechen bei Brückenlagern

Auftraggeber: Lagerhersteller
Bericht vom 28.01.72, IBL Nr. 536

Die Versuche hatten zum Ziel, Größe und Bedingungen festzustellen, unter denen Horizontalkräfte durch profilierte Bleche übertragen werden können. Gegenmaterial der Tränenbleche, auf Stahlplatten geschweißt oder auf Elastomerlager vulkanisiert, waren Kunstharz- bzw. Zementmörtelschichten. Ein Verbund in den Berührungsflächen war durch ein Auftragen von Trennmitteln ausgeschlossen und durch Abnahme der einzelnen Versuchsteile kontrolliert.

Im Einzelnen lassen sich folgende Aussagen treffen:

- Bei den vorliegenden Versuchskörpern bzw. Fugenmörteln ist eine Schrägstellung der Brückenlager von $\tan\gamma = 1{,}2$ mit Sicherheit erst ab einer Auflast von etwa 25 bis 30 kp/cm^2 erreichbar.
- Geht die Auflast gegen null, so tritt bei einer Schubspannung von $\tau \approx 5$ kp/cm^2 bei Kunstharzmörtel und $\tau \approx 10$ kp/cm^2 bei Zementmörtel ein Durchrutschen auf. Das Durchrutschen wird durch ein Aufsteigen der Profilbleche aus dem Mörtelbett eingeleitet.

- Die bei dem Kunstharzmörtel festgestellte Fließneigung sollte durch eine entsprechende Abmagerung mit abgestufter Sandkörnung unterbunden werden.
- Ohne verformbare Brückenlager ist die übertragbare Schubspannung proportional der Auflast. Geht die Auflast gegen null, so tritt bei einer Schubspannung von $\tau \approx 16$ kp/cm^2 ein Durchrutschen auf.

7.2.6 Bauteile und Bauwerke

7.2.6.1 Bewegungs- und Temperaturmessungen an der Tiefpunkt-Verankerung T 2 des Olympia-Schwimmhallendaches

Auftraggeber: Münchner Olympiapark GmbH
Bericht vom August 1977, IBL Nr. 797

Die Bewegungs- und Temperaturmessungen an der Tiefpunktlagerung T 2 des Olympia-Schwimmhallendaches über eine Sommer/Winter/Sommerperiode lassen folgende Aussagen zu:

- Die maximale Tag/Nacht-Bewegung des Spannkabelkopfes und somit der NOFRI-Gleitlager liegt bei knapp 2 mm.
- Der aufaddierte Jahresgleitweg liegt unter normalem, nicht extremem Temperaturverlauf in der Größenordnung von 1000 mm.
- Eine überdurchschnittliche Schneelast hatte eine Spannkopfbewegung von ca. 1,5 mm zur Folge.
- Die Grenzmarken der Spannkopfverschiebung lagen 5,1 mm auseinander. Auf extreme Temperaturverhältnisse extrapoliert, ist hier mit einem Wert von 7,5 mm zu rechnen.

Abschließend kann festgestellt werden, dass der an den verwendeten Gleitlagern versuchstechnisch nachgewiesene und ohne Schädigung ertragene Gesamtgleitweg 1000 m betrug. Dies stellt bei der durch die Messung ermittelten Größenordnung der Bewegung eine bei weitem ausreichende Sicherheit dar.

7.2.6.2 Brückenbewegungen an Stahlbeton- und Spannbetonbrücken

Auftraggeber: Bundesminister für Verkehr, Az. StB 14/16.57.00/268 T 68
Auftragsdatum 23.05.84, Bericht vom 23.05.84, Ibac F 195
(siehe auch Abschnitt 7.1, Dissertation Nr. 13 von *Breitbach*)

Die derzeitigen Kenntnisse über die Reibungs- und Verschleißmechanismen im „Tribosystem Brückengleitlager" erlauben keine gesicherten Aussagen über die zu erwartende Betriebsdauer eines Gleitlagers auf der Grundlage der derzeitigen Zulassungsversuche. Kenntnisse über die realen temporären Reibungszahlen und die temporäre Verschleißrate in Abhängigkeit vom Beanspruchungskollektiv sind von erheblichem baupraktischen Interesse

- zur Optimierung von Lagerkonstruktionen,
- zur Reduzierung von Lagerauswechslungen,
- zur Optimierung der Wahl bestimmter Lagertypen,

bei bestimmten Brückentypen.

Durch In-situ-Messungen an einer Spannbetonbrücke (Brohltalbrücke) und einer Verbundbrücke (Eifeltorbrücke) werden die wesentlichen Parameter des Beanspruchungskollektivs von Brückengleitlagern im praktischen Betrieb formuliert. Die Bauwerksuntersuchungen erlauben für die genannten Brückenbauwerke statistisch abgesicherte Daten über die

- Einzelverschiebungen und Auflagerdrehwinkel,
- Gleit- und Winkelgeschwindigkeiten,
- Lagerlasten in der Gleitebene.

Für die Durchführung der Messaufgabe musste eine spezielle Messeinrichtung (Wegaufnehmersystem, Messwerterfassung, Messwertverarbeitung) konzipiert werden, um die zu erwartenden, sehr kleinen und hochfrequenten Lagerverschiebungen registrieren zu können. Gegenüber den Parametern der Zulassungsversuche ist für die Spannbetonbrücke

- die mittlere Lagerverschiebung um 3 Größenordnungen kleiner,
- die mittlere Gleitgeschwindigkeit 2-fach kleiner,
- der mittlere p · *v*-Wert 2-fach kleiner.

Der Lagersummenweg infolge Temperatur beträgt rd. 0,3 % des gesamten Lagersummenwegs. Die mittlere Lagerlast infolge Verkehrs überschreitet rd. 2,5 % der Lagerlast aus Brückeneigenlast sowohl bei der Brohltalbrücke als auch bei der Eifeltorbrücke nicht.

Die Größe der Beanspruchungsparameter für Zulassungsversuche beruht vorrangig auf empirischen Annahmen und versuchstechnischen Randbedingungen, die mit dem realen tribologischen System nicht übereinstimmen. Zur Ermittlung von Reibungszahlen werden bei den Modellversuchen ausschließlich konstante Prüfparameter verwendet. Im Tribosystem Gleitlager wirken jedoch stochastisch verteilte dynamische Translations-, Rotations- und Vertikalbeanspruchungen koinzident. Überwiegend oszillierende Bewegungen können angenommen werden.

Derzeit existieren jedoch keinerlei Anhaltspunkte über die Einflüsse derartiger Beanspruchungen auf die temporären Reibungszahlen, die Verschleißmechanismen und den temporären Verschleißbetrag, wodurch eine Angabe von realen Reibungszahlen im Bauwerk und der Betriebsdauer derzeit kaum möglich ist. Die in der Praxis zu beobachtenden, sehr unterschiedlichen Lagerlebensdauern finden hierin zumindest zu einem großen Anteil ihre Begründung. Modifizierte Zulassungsversuche unter Berücksichtigung der in diesem Forschungsbericht vorgestellten Versuchsergebnisse zur Klärung derartiger baupraktischer Fragestellungen sind wünschenswert.

7.2.6.3 Brückenbewegungen an Stahlbrücken

Auftraggeber: Institut für Bautechnik, Berlin, Az. 363/83, lfd. Nr. 16.43
Bericht vom 23.10.1990, Ibac F 192
(siehe auch Abschnitt 7.1, Dissertation Nr. 13 von *Breitbach*)

Die derzeitigen Kenntnisse über die Reibungs- und Verschleißmechanismen im „Tribosystem Brückengleitlager“ erlauben keine gesicherten Aussagen über die zu erwartende Betriebsdauer eines Gleitlagers auf der Grundlage der derzeitigen Zulassungsversuche. Kenntnisse über die realen temporären Reibungszahlen und die temporäre Verschleißrate in Abhängigkeit vom Beanspruchungskollektiv sind von erheblichem baupraktischen Interesse

- zur Optimierung von Lagerkonstruktionen,
- zur Reduzierung von Lagerauswechslungen,
- zur Optimierung der Wahl bestimmter Lagertypen,

bei bestimmten Brückentypen.

Durch In-situ-Messungen an einer Stahlbrücke werden die wesentlichen Parameter des Beanspruchungskollektivs von Brückengleitlagern im praktischen Betrieb formuliert. Die Bauwerksuntersuchungen erlauben für das Brückenbauwerk statistisch abgesicherte Daten über die

- Einzelverschiebungen und Auflagerdrehwinkel,
- Gleit- und Winkelgeschwindigkeiten.

Für die Durchführung der Messaufgabe musste eine spezielle Messeinrichtung (Wegaufnehmersystem, Messwerterfassung, Messwertverarbeitung) konzipiert werden, um die zu erwartenden, sehr kleinen und hochfrequenten Lagerverschiebungen registrieren zu können. Gegenüber den Parametern der Zulassungsversuche ist für die Stahlbrücke

- die mittlere Lagerverschiebung um 3 Größenordnungen kleiner,
- die mittlere Gleitgeschwindigkeit 1,5-fach größer.

Der Lagersummenweg infolge Temperatur beträgt rd. 2 % des gesamten Lagersummenwegs.

Im Übrigen gilt hier auch die Aussage in den beiden letzten Absätzen aus Bericht über Betonbrücken (Abschn. 7.2.6.2).

7.2.6.4 Untersuchung der Bewegung von Brückenbauwerken infolge Temperatur und Verkehrsbelastung

Auftraggeber: Der Bundesminister für Verkehr, Az. F 15.065 R 78 G
Bericht vom 20.5.83, MPAS (gekürzte Fassung wurde veröffentlicht in „Der Stahlbau" 1985, S. 55–59, Verfasser *Hakenjos, V.* et al.)

Zur Abschätzung der Lebensdauer von heute überwiegend eingesetzten PTFE-Gleitlagern mit gleitwegabhängiger Reibungshöhe (experimentell nachgewiesenen bis 20 km) wurden an einer 185 m langen stählernen Straßenbrücke mit einer Verkehrsbelastung von 60.000 Pkw-Einheiten und 500 Straßenbahnen pro Tag kontinuierlich über ein Jahr Wegmessungen vorgenommen. Einzelweggrößen sowohl aus Wärmedehnungen als auch aus verkehrsbedingten Winkeldrehungen des Überbaus wurden induktiv bzw. optoelektronisch erfasst und nach rechnerischer Aufbereitung zu einem Gesamtgleitweg aufaddiert. Die kurzhubigen, aus Verkehrsbelastung resultierenden Bewegungen, bewirken gegenüber der langsamen Kontraktion und Expansion aus Temperatur (10 m/a) den anteilig weit größeren aufaddierten Gleitweg im Lager

(150 m/a bei Einzelweggrößen > 0,05 mm), obwohl die tageszeitabhängig unterschiedlich häufig überlagerten Einzelhübe, gemessen an der vorgenannten Amplitude der Überbaugesamtbewegung relativ klein sind. Sie sind demnach als wesentliche Bemessungsgrundlage bei der Auslegung von Gleitlagern mit gleitwegabhängigem Reibungsverhalten zu berücksichtigen. Für die Höhe des insgesamt aufaddierten Gleitweges ist die zugrunde gelegte Einzelweggröße von maßgeblicher Bedeutung, was bei reversierenden Gleitweganteilen im 1/10-mm-Bereich zu erheblichen messtechnischen Problemen führt.

7.2.6.5 Messungen der Längsbewegung sowie Auflagerverdrehung einer Einfeld-Fachwerkbrücke unter Verkehrsbeanspruchung und Temperatur

Auftraggeber: Oberste Baubehörde Bayern
Bericht vom 15.10.77, IBL Nr. 804

Zusammenfassung und Schlussbeurteilung der Messergebnisse

An einem Einfeld-Fachwerkträger mit 60,3 m lichter Weite mit einem beim Lastenzug *S* berechneten f/l-Wert von etwa 1 / 1300 wurden Bewegungs- und Temperaturmessungen durchgeführt mit dem Ziel, den durch die Berechnungsvorschriften gegebenen Grenzwerten die tatsächlichen Größen gegenüberstellen zu können. Der Anteil der Verkehrsbeanspruchung bei Tragsystemen dieser Art wurde durch die Aufnahme von fast 70 Zugfahrten bestimmt; die Langzeitbewegung aus Temperatur, vor allem die hierbei auftretenden End- bzw. Umkehrpunkte wurden über eine Sommer-/Winter-/Sommer-Periode bestimmt.

Die Auswertung der Messungen lassen für diesen vorliegenden Brückentyp folgende Aussagen zu:

- Der gesamte horizontale, aufaddierte Auflagerweg aus Verkehr liegt für eine 60 m Fachwerkbrücke unter einer tatsächlichen Betriebsbelastung von 50.000 Lt/Tag für eine Lebensdauer von 70 Jahren bei 17.000 m.
- Die Anzahl der vertikalen aufaddierten Verdrehbewegungen unter den Triebfahrzeugen liegt für die gleichen Bedingungen bei $5 \cdot 10^6$, mit einer mittleren Verdrehung um ca. 0,4 %; bei Berücksichtigung des dynamischen Anteils und Umrechnung auf die gleiche mittlere Verdrehung ergibt sich ein Wert von knapp $8 \cdot 10^6$.
- Der maximale tägliche Temperaturweg wurde mit ca. 24 mm ermittelt, der mittlere liegt – je nach Jahreszeit – zwischen 2 und 12 mm. Als aufaddierter Temperaturweg über 70 Jahre kann mit einem Wert in der Größenordnung von 300 m gerechnet werden.
- Unter den vorgefundenen Temperaturverhältnissen ergab sich eine Endstellungsbewegung von ca. 32 mm; ein Vergleich zu einer „Nullsetzung" bei Bauwerksfertigstellung war nicht mehr möglich.

Eine Übertragung dieser Ergebnisse auf andere Brückenkonstruktionen ist in Grenzen möglich. Wesentlich ist dabei das f/l-Verhältnis, die Kenntnis der unter der Verkehrsbelastung auftretenden Durchbiegung, der Abstand der neutralen Achse vom Auflager sowie das statische System (Balken, Durchlaufträger usw.).

Die Grenzwerte für eine Einfeld-Fachwerkbrücke, bezogen auf eine Verkehrsbeanspruchung von 50.000 Lt täglich, wurden aus den Messwerten hochgerechnet. Die Ergebnisse liegen für ungünstige Brückenkonstruktionen in einem Bereich, der bei einigen zugelassenen Lagertypen nicht abgedeckt ist.

Für Straßenbrücken kann abgeleitet werden, dass hier infolge der meist größeren Abweichung der tatsächlichen von der rechnerischen Belastung kleinere Bewegungsgrößen auftreten werden; im Einzelnen – vor allem die Zuordnung zu den verschiedenen Steifigkeiten der Straßenbrückenkonstruktionen – bedarf dies noch einer Klärung. Es wird vorgeschlagen, hierzu weitere Messungen an einer stählernen Straßenbrücke (orthotrope Fahrbahnplatte) durchzuführen. Neben der Verdrehung und Bewegung des Lagers unter rein zufälliger Verkehrslasteinwirkung sollte dabei auch eine Messung unter einer vorgegebenen Lastzugkombination erfolgen.

7.2.6.6 Stahlsortenwahl für Brückenlager

Auftraggeber: VHFL Vereinigung der Hersteller von Fahrbahnübergängen und Lagern für Bauwerke
Bericht Nr. 2009-05-0090 der RWTH Aachen vom 15.09.2011

Zusammenfassung

aus: *Butz, C., Braun, C.*: „Brückenlager nach Europäischer Norm“, Stahlbau-Kalender 2012, 13A.

Stahlteile im Brückenbau müssen eine ausreichende Zähigkeit besitzen, um Sprödbruch bei der niedrigsten erwarteten Einsatztemperatur innerhalb der geplanten Nutzungsdauer zu verhindern. In Deutschland wird der Nachweis ausreichender Zähigkeit durch Wahl der geeigneten Stahlsorte in Abhängigkeit der Belastung und der Einsatztemperatur nach DIN EN 1993-1-10 und DASt-Richtlinie 009 geführt. Der Nachweis braucht nicht geführt zu werden, wenn die Blechdickenbegrenzungen nach Tabellen II-3.2a und b in Abschnitt 3.2.4 des DIN-FB 103 eingehalten sind.

Auch für Brückenlager ist die Blechdickenbegrenzung in Abhängigkeit der Stahlsorte, der Einsatztemperatur und der Belastung nach DIN EN 1993-1-10 und DASt-Richtlinie 009 einzuhalten. Insbesondere Kalottenlager für Eisenbahnbrücken, die Horizontalkräfte aus Bremsen aufnehmen und abtragen oder Erdbebenlasten ausgesetzt sind, erfordern die Verwendung von Blechdicken, die nicht den Vorgaben nach DIN EN 1993-1-10 und DASt-Richtlinie 009 entsprechen. Für diese Bauteile waren bisher Zustimmungen im Einzelfall (ZiE) und unternehmensinterne Genehmigungen der Bahn erforderlich.

Da die Kerbdetails und die Belastung bei Brückenlagern sich stark von denen im Brückenbau unterscheiden, treffen die Voraussetzungen, die dem Verfahren nach DIN EN 1993-1-10 und DASt-Richtlinien 009 zugrunde liegen, bei Brückenlagern im Allgemeinen nicht zu. Eine Anwendung der DIN EN 1993-1-10 und DASt-Richtlinien 009 bei Brückenlagern führt zu einer konservativen Stahlgütewahl, da Lager maschinell hergestellt werden, für sie deutlich geringere Fertigungstoleranzen gelten, eine besondere Qualitätskontrolle erfahren sowie nicht einer Ermüdungsbeanspru-

Tabelle 7.4 Stahlsortenwahl für Lagerbauteile innerhalb der Abmessungsgrenzen für Typ A und Typ B für Stahl S355 J2 und $T_{Ed} = -30\,°C$

Nr.	Bauteil	Geometrie Lagertyp A	Geometrie Lagertyp B	Begrenzungen
1	*Lageroberteil (Gleitplatte + Seitenführung)* 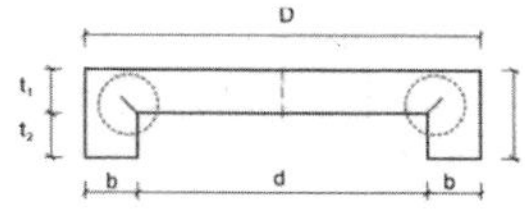	t: 55 – 315 mm t_1: 20 – 215 mm t_2: 25 – 100 mm *D: 500 – 1800 mm* *d: 355 - 1385 mm* *b: 50 - 505 mm*		t = 250 mm
2A	*Lageroberteil (Gleitplatte + Seitenführung)* 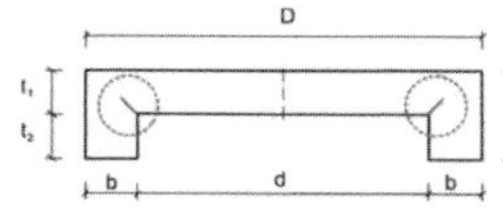	t: 55 – 315 mm t_1: 20 – 215 mm t_2: 25 – 100 mm *D: 500 – 1800 mm* *d: 355 - 1385 mm* *b: 50 - 500 mm*		t = 250 mm
2B	*Lageroberteil (Gleitplatte + Seitenführung)* 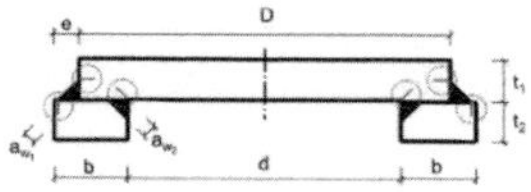		t_1: 55 – 285 mm t_2: 55 – 170 mm a_w: 12 - 42 mm *(K oder Y-Naht)* *D: 440 – 2580 mm* *b: 55 - 570 mm*	t_1 = 300 mm t_2 = 170 mm
3	*Lagerunterteil* 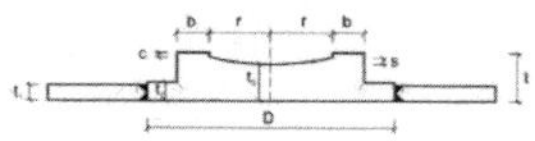	t: 55 – 255 mm t_1: 20 – 55 mm t_2: 20 – 60 mm t_3: 35 – 150 mm *D: 330 – 1800 mm* *b: 40-100 mm* *r: 135-590 mm*	t: 55 – 255 mm t_1: 20 – 55 mm t_2: 20 – 60 mm t_3: 35 – 150 mm *D: 330 – 1800 mm* *b: 40-100 mm* *r: 135-590 mm*	t_1 = 200 mm t_2 = 200 mm
4	*Ankerplatte* 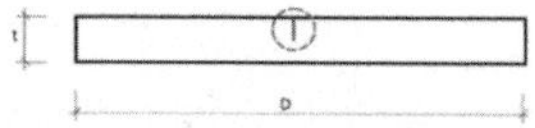	t: ≥ 55 mm *D: 440-3300 mm*	t: ≥ 55 mm *D: 440-3300 mm*	t = 250 mm
5	*Horizontallager ohne Verdrehmöglichkeit und ohne Vertikallager* 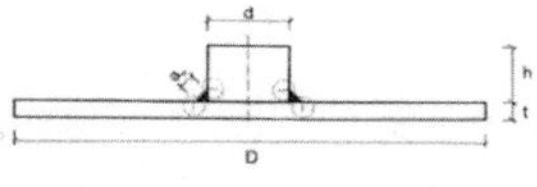	t: 30 – 150 mm d: 55 – 300 mm a_w: 5 – 25 mm *D: 440 - 3300 mm*	t: 30 – 150 mm d: 55 – 300 mm a_w: 5 – 25 mm *D: 440 - 3300 mm*	t = 40 mm

chung ausgesetzt sind. Daher sind DIN EN 1993-1-10 und DASt-Richtlinie 009 nicht ohne Weiteres auf die Stahlsortenwahl für die Herstellung von Brückenlagern anwendbar.

In den vorliegenden Untersuchungen werden mit dem gleichen bruchmechanischen Verfahren wie in DIN EN 1993-1-10 und DASt-Richtlinie 009 nur modifiziert für die Brückenlager Tabellen für die Stahlsortenwahl für lagerspezifische Details in Abhängigkeit von der tiefsten Einsatztemperatur T_{Ed}, dem Detailtyp und dem Beanspruchungsniveau σ_{Ed} und der maßgebenden Erzeugnisdicke am „Hot-Spot" entwickelt. Eine Anwendung dieser Tabellen gewährleistet eine ausreichende Zähigkeit bei Brückenlagern zur Vermeidung von Sprödbruchversagen. Aufgrund der gedrungenen geometrischen Form der Brückenlager und den Kerbdetails ist die Ermittlung der Nennspannung σ_{Ed} am „Hot-Spot" lediglich mit Finite-Elemente-Berechnung möglich. Es ist aber ein vereinfachtes Nachweisverfahren entwickelt worden, so dass mit „Spannungsnachweisen nach der Biegetheorie" im Zustand der Tragfähigkeit zulässige Blechdicken für S355 J2 und einer Einsatztemperatur T_{Ed} von $-30\,°C$ mit Hilfe von Tabelle 7.4 ermittelt werden können.

7.2.7 Sonderfragen

7.2.7.1 Einfluss der Steifigkeit von Fugenmassen und Fugenfüllstoffen auf die Lagerungsverhältnisse von Bauteilen

Auftraggeber: Institut für Balltechnik, Berlin, Az. 206/79, lfd. Nr. 16.10
Bericht vom 1.04.82, Ibac F 123

Ziel der Forschungsarbeit

Rissbildungen in Gebäuden infolge von Zwängungsspannungen (z. B. aus Schwinden, Kriechen, Wärmedehnungen) sind häufig anzutreffende Baufehler. Sie beeinträchtigen nicht nur das äußere Erscheinungsbild, sondern sie können u. a. auch Anlass sein zu schwerwiegenden Durchfeuchtungen und zu erheblichen Umlagerungen der vorgesehenen statischen Kraftableitung. Die Reparaturen sind schwierig auszuführen. Sie können zu sehr hohen Kosten führen.

Ursache der Rissschäden ist in der Regel eine fehlerhafte Lagerung von Bauteilen oder eine ungenügende Trennung von großen Baukörpern durch Fugen.

Stahlbetonfertigteile (z. B. Wand- und Fassadenelemente) und Ortbetonbauteile (z. B. Dachplatten) werden in zunehmendem Maße auf speziellen Lagerkonstruktionen gelagert. Hierzu zählen im Hochbau vor allem Elastomerlager und Gleitfolien sowie Ankerkonstruktionen verschiedenster Konstruktionen.

Der entwerfende Ingenieur trennt in diesen Fällen das aufzulagernde Bauteil in horizontaler und vertikaler Richtung durch Fugen von den angrenzenden Bauteilen und bemisst die Lager und Verankerungen nach den auftretenden Kräften und Verformungen. Die tatsächlich auftretenden Kräfte entsprechen jedoch häufig nicht den theoretischen Annahmen, da auch vermeintlich weiche Fugenfüllungen die freie Verformbarkeit nennenswert behindern können und dadurch Kraftumlagerungen hervorrufen, die zu Rissschäden oder sogar zu Beeinträchtigungen der statischen Sicherheit führen können.

In den technischen Unterlagen der Hersteller von Fugenfüllstoffen und den entsprechenden bautechnischen Richtlinien sind neben Angaben über die zulässigen Dauerverformungen und – in Einzelfällen – über bestimmte Verformungsmoduln keine Informationen über die Steifigkeiten zu erhalten. Diese Angaben ermöglichen es dem Ingenieur nicht, eine mit Sicherheit schadensfreie Lagerung zu entwerfen.

Es wurde daher die vorliegende Forschungsarbeit geplant, um Angaben über die Zug-, Druck- und Schubsteifigkeit von üblichen Fugenfüllstoffen, z. B. Polystyrol-Schaumstoffen, Polysulfidkautschuken und anderen Fugenmassen zu ermöglichen. Dem entwerfenden Ingenieur sollen materialtechnische und konstruktive Hinweise gegeben werden, wie er Abweichungen von der idealen, zwängungsfreien Fugenausbildung berücksichtigen kann. Dabei erscheint es zweckmäßig, nur Richtwerte anzugeben, da eine genaue Berücksichtigung der Vielzahl der anzuwenden Materialien, der unterschiedlichen geometrischen Verhältnisse und der Temperaturabhängigkeit der Steifigkeit einer Fuge unangemessen aufwendige Berechnungen erfordern würden.

Hinweis: Das Forschungsergebnis wurde durch Aufnahme in DIN 4141, Teil 3, zum Stand der Technik erklärt.

7.2.7.2 Temperaturunterschiede an Betonbrücken

Berichte der Bundesanstalt für Straßenwesen, Brücken- und Ingenieurbau, Heft B3

Mit freundlicher Genehmigung des Berichterstellers werden nachfolgend Kurzfassung, Zusammenfassung und einige Anlagen des Berichts wiedergegeben.

Hinzuweisen ist auf Folgendes:

Nach DIN 1072 ist für die Lagerbewegung bei Massivbrücken eine fiktive Temperaturspanne von −40 °C bis 50 °C, also insgesamt 90 K anzunehmen.

Die in diesem Bericht in Deutschland zu erwartende Temperaturspanne beträgt (siehe Zusammenfassung) maximal 28 + 40 = 68 K.

Der Quotient beider Werte (90 : 68 = 1,32) ist praktisch gleich dem bisher als notwendig angesehenen Teilsicherheitsfaktor zwecks Erfassung dieser Einwirkung, eine erfreuliche Bestätigung der Richtigkeit einer älteren Festlegung.

Die Aussage dieses Berichts wird im Übrigen auch bei der europäischen Normung von Brücken und Lagern berücksichtigt.

Kurzfassung

Temperaturunterschiede an Betonbrücken
Der Schlussbericht zum Projekt „Messung von Temperaturunterschieden an Betonbrücken“ beendet eine Reihe von bisher vier Berichten über die Belastung von Betonbrücken unterschiedlicher Querschnitte durch Wärmeeinwirkungen. Untersucht wurden Belastungen durch klimatische Einflüsse und durch Wärmeeinleitung beim Einbau bituminöser Fahrbahnbeläge.

Der Bericht erläutert die Ermittlung repräsentativer Bauwerkstemperaturen zur vereinfachten Erfassung verformungswirksamer Temperaturen bei Bauwerksprüfungen. Es werden Möglichkeiten für die Wahl von Ersatzmessstellen aufgezeigt und Ansätze für die Gewichtung der Messwerte vorgeschlagen.

Die statistische Auswertung von Langzeitmessungen an sieben Bauwerken führt zu dem Ergebnis, dass längsdehnungswirksame Bauteiltemperaturen mit einfachen Messmitteln bei akzeptabler Bestimmungsgenauigkeit erfasst werden können. Eine Vereinfachung der Erfassung von Temperaturunterschieden an Bauwerksteilen erweist sich als teilweise problematisch.

Weiterhin behandelt der Bericht die Ermittlung statistisch abgesicherter Temperaturgrenzwerte an Brückenüberbauten als Beitrag zu der Diskussion über die Bemessung von Brückenlagern. Im Vordergrund steht die Ableitung einer Extremwertprognose für das Gebiet der Bundesrepublik Deutschland aus den Ergebnissen von Langzeitmessungen an mehreren Brückenbauwerken und aus Sammlungen statistischer Daten des Deutschen Wetterdienstes.

Zusammenfassung

Mit dem vorstehenden Schlussbericht wird eine Untersuchungsreihe abgeschlossen, die das Schwerpunktthema „Wärmewirkungen an Betonbrücken“ zum Inhalt hat. Neben dem hier behandelten Projekt „Messungen von Temperaturunterschieden an Betonbrücken“, zu dem 4 Zwischenberichte über Wärmebelastungen unter klimatischen Einflüssen und beim Einbau von bituminösen Fahrbahnbelägen vorlegt worden sind, wurden weitere Detailaufgaben im Rahmen der Projekte „Untersuchungen über das Temperatur- und Verformungsverhalten hoher Brückenpfeiler“ und „Messung von Einflussparametern zur Ermittlung von Spannungen und Verformungen an Betonbrücken“ bearbeitet.

Basierend auf den Messdatensammlungen zu allen genannten Projekten werden im Schlussbericht zwei Themen behandelt:

- Ermittlung repräsentativer Temperaturen und Temperaturdifferenzen an Brückenbauwerken zur vereinfachten Erfassung verformungswirksamer Bauwerks- bzw. Bauteiltemperaturen zur Anwendung bei Brückenprüfungen,
- Ermittlung statistisch abgesicherter Temperaturgrenzwerte an Brückenbauwerken als Beitrag zur Diskussion über die Bemessung von Brückenlagern.

Im ersten Teil des Berichtes werden – am Beispiel von sieben Bauwerken unterschiedlicher Konstruktion – Kriterien für die Auswahl von Ersatzmessstellen bzw. Messstellenkombinationen zur Bestimmung repräsentativer Temperaturdaten ermittelt und in teilweise gewichteten Ansätzen zusammengestellt. Dies gilt gleichermaßen für die längsdehnungswirksamen mittleren Bauteiltemperaturen wie auch für die biegungswirksamen Temperaturdifferenzen an Bauwerken bzw. an Bauwerksteilen.

In einer statistischen Auswertung werden die möglichen Ersatzwerte den aus allen Messwerten im Querschnitt ermittelten Referenzwerten gegenübergestellt. Dieser Vergleich führt zu einer verlässlichen Beurteilung der Bestimmungsgenauigkeit dieser die Referenzwerte je nach Eignung mehr oder weniger gut repräsentierenden Ersatzwerte.

Nach einer Genauigkeitsoptimierung werden daraus für unterschiedliche Querschnittstypen geeignete Ersatzmessstellen oder Messstellenkombinationen zusammengestellt.

Es ergeben sich gute Möglichkeiten, längsdehnungswirksame Überbau- oder Bauteiltemperaturen an Platten, Balken und Hohlkästen durch die Messung von Betonoberflächen- oder Lufttemperaturen an geeigneten Messorten und in geeigneten Messzeiträumen mit Genauigkeiten um $s = 1$ K (Standardabweichung) – bei sehr dünnen Platten erheblich genauer – zu erfassen. Gleiches gilt für die Erfassung von Temperaturdifferenzen an Hohlkörpern, Bauteilen also, die von innen zu begehen sind. Die Messung von Temperaturdifferenzen an massiven Platten hingegen lässt wegen der Wirkung des Fahrbahnbelages auf die Temperaturverteilung in den Platten bei der Anwendung lediglich zerstörungsfreier Messmethoden keine zufriedenstellenden Genauigkeiten erwarten.

Ein Vergleich der Referenzwerte für die Temperaturdifferenzen mit der zeitweise gemessenen Globalstrahlung weist zwar eine deutliche Korrelation aus, schließt aber die Globalstrahlung als alleiniges Bestimmungselement für Temperaturdifferenzen wegen großer zu erwartender relativer Restfehler aus.

Den statistischen Auswertungen zum zweiten Berichtsteil liegt ein großer Teil der hier bereits erläuterten und genutzten Messdaten zugrunde. Aus den Messergebnissen an drei Brückenbauwerken mit massiven Überbauten (Platten/Plattenbalken) werden Maximalwert- und Minimalwertverteilungen abgeleitet, woraus sich die Grenzwerte für die untersuchten Objekte im jeweiligen Erfassungzeitraum ergeben.

Zur Abschätzung langfristig zu erwartender Extremwerte für das Gebiet der Bundesrepublik Deutschland wird zusätzlich auf Messdaten des Deutschen Wetterdienstes zurückgegriffen, die den Meteorologischen Jahrbüchern der Jahre 1946 bis 1992 für die Regionen Bonn, München, Berlin und Hamburg entnommen wurden. Die Extremwertbestimmung ergibt die folgende hiernach zu erwartende Spannweite $-28\,°C <$ mittlere Betontemperatur $< 40\,°C$.

7.2.7.3 Karte der tiefsten Tagesmitteltemperaturen LODMAT für Deutschland

Auftraggeber: Deutsches Institut für Bautechnik, Az. 5-710/93
Bericht vom November 1993, Universität Stuttgart, Institut für Stahlbau und Holzbau

Anmerkung:
Dieses Forschungsvorhaben ist auf den Anwendungsbereich Tankbau ausgerichtet, enthält aber doch eine für den Einsatz von kälteempfindlichen Materialien schlechthin interessante Information.

In Deutschland jedenfalls sind Temperaturen unterhalb von etwa −25 °C nicht zu erwarten, in einem großen Teil des nord- und westdeutschen Flachlandes liegt die Grenze bei ca. −20 °C. Der Bericht wird auszugsweise wiedergegeben.

Ausgangswerte

Ein Zeitraum von 30 Jahren ist zur Berechnung statistisch weitgehend gesicherter Mittelwerte ausreichend, wobei die Mittelwerte aus dem Stichprobenumfang N ermittelt werden und die Stichprobenanzahl ausreichend sein muss. Dies ist zum Beispiel beim Jahresmittel, Monatsmittel, einjähriges Tagesminimum über 30 Jahre gemittelt der Fall, jedoch nicht bei Einzel- oder Extremwerten wie der tiefsten Tagesmitteltemperatur eines Jahres. Denn bei diesen umfasst der Stichprobenumfang 3 oder 4 Tagesterminwerte, was in statistischem Sinne einen äußerst geringen Stichprobenumfang bedeutet. Außerdem wird aus der Gesamtzahl der gemittelten Werte der tiefste Wert (Extremwert) für den jeweiligen Ort herausgegriffen (räumliche Analyse). Dies hat zusammen mit dem geringen Stichprobenumfang zur Folge, dass bei der aus diesen Extremwerten erstellten Karte die Lage der Isothermen sich bei der Betrachtung eines längeren Zeitraumes als 30 Jahre verschieben kann.

Sollte sich dennoch eine einigermaßen fachlich sinnvolle Verteilung der Temperaturwerte mit einem 30jährigen Zeitraum ergeben, so darf die klimatische Struktur der räumlichen Analyse (die Lage der Isothermen) keine wesentlichen Änderungen beim Übergang von einer 30jährigen Periode zu einer anderen 30jährigen Periode zeigen.

Um abzuschätzen, inwieweit längere Zeiträume von dem gewählten Zeitraum der 30 Jahre abweichen, werden einige längere Reihen von bestimmten Orten der Temperaturzonenkarte des Deutschen Wetterdienstes vergleichend gegenübergestellt (vgl. Tabelle 7.5).

Große Abweichungen zwischen der Temperaturzonenkarte und den langjährigen Reihen waren nicht festzustellen (> 2 K).

Tabelle 7.5 Gegenüberstellung der Karte des Deutschen Wetterdienstes und einiger langjähriger Reihen. Das Mittel entspricht dem Mittelwert der tiefsten Tagesmitteltemperaturen eines Jahres. s ist die Standardabweichung zu diesem Mittel.

Station	Zone nach Karte [°C]	min [°C]	Jahre	Mittel [°C]	s [K]
Aachen	−15	−15,6	90	−13,8	1,2
Bremen	−15 … −20	−17,3	100	−15,0	1,9
Dresden	−20 … −25	−24,4	70	−19,8	3,2
Frankfurt/Main	−15 … −20	−17,9	100	−14,8	2,1
Freudenstadt	−20 … −25	−21,1	40	−18,6	3,0
Hohenpeißenberg	−25 …	−25,4	100	−19,5	2,7
Karlsruhe	−15 … −20	−18,5	100	−14,8	2,4
München	−20 … −25	−24,0	100	−19,1	3,2
Potsdam	−15 … −20	−21,4	100	−18,5	2,5

Zusammenfassung

Ziel dieser Untersuchung war die Erarbeitung einer Karte der tiefsten Tagesmitteltemperaturen eines 30-jährigen Zeitraumes. Tagesmitteltemperaturen, die in Deutschland von den Wetterämtern ermittelt werden, sind Kemp'sche Mittelwerte, sie liegen in der Regel unter dem arithmetischen Mittel und somit auf der sicheren Seite. Eine Temperaturzonenkarte erschien im Hinblick auf die Klasseneinteilung der Stähle bei der Anforderung an die Kerbschlagzähigkeit als zu ungünstig. Es wird deshalb als LODMAT-Karte eine Isothermenkarte vorgeschlagen.

Im Rahmen der Arbeit ergaben sich zwei unterschiedliche Vorschläge solch einer Isothermenkarte (Bilder 7.1 und 7.2).

Erster Vorschlag
Höhenzuschlag zum interpolierten Zwischenwert der Isothermenkarte
h = Geländehöhe über NN

	… −16 °C	−16 °C … −24 °C	−24 °C …
Interpolation	entfällt	interpoliert	entfällt
Höhenzuschlag [K]	$(-h/100 + 1)$	$(-h/100 + 2)$	$(-h/100 + 6)$

Zweiter Vorschlag
In dieser Darstellung können zudem auch die tiefsten Tagesmittelwerte (TTM) über einen 100-jährigen Zeitraum, denen eine Vertrauenswahrscheinlichkeit von 95 % entspricht, mit angegeben werden.

LODMAT-Wert	$= -(0{,}0536\,x^2 - 0{,}323\,x + 14{,}04 + h/100)$	(1a)
TTM-Wert	$= -(x + 8 + h/100)$	(1b)

x östlicher Längengrad
h Standorthöhe über NN

Der Vergleich der beiden LODMAT-Karten-Vorschläge erbrachte vor allem Unterschiede in Mecklenburg-Vorpommern. Dies kann durch eine vereinfachte Isothermenführung entlang der Breitengrade im Nord-Osten ausgeglichen werden.

Angleichung des LODMAT-Wertes und des TTM-Wertes:

für den 10. bis 12. Längengrad und den 53. bis 54. Breitengrad min [(Längengrad – 10); ((Breitengrad – 53) · 2)]	(2a)
für den 12. bis 14. Längengrad und den 53. bis 54,5. Breitengrad min [((14 – Längengrad) (Breitengrad – 53) · 2); ((Breitengrad – 53) · 2)]	(2b)

Die anderen Abweichungen der beiden Karten voneinander können i. d. R. vernachlässigt werden. Im Vergleich mit der Temperaturzonenkarte des Deutschen Wetterdienstes sind beide Vorschläge durchschnittlich um 3 K abgemindert. Der zweite Vor-

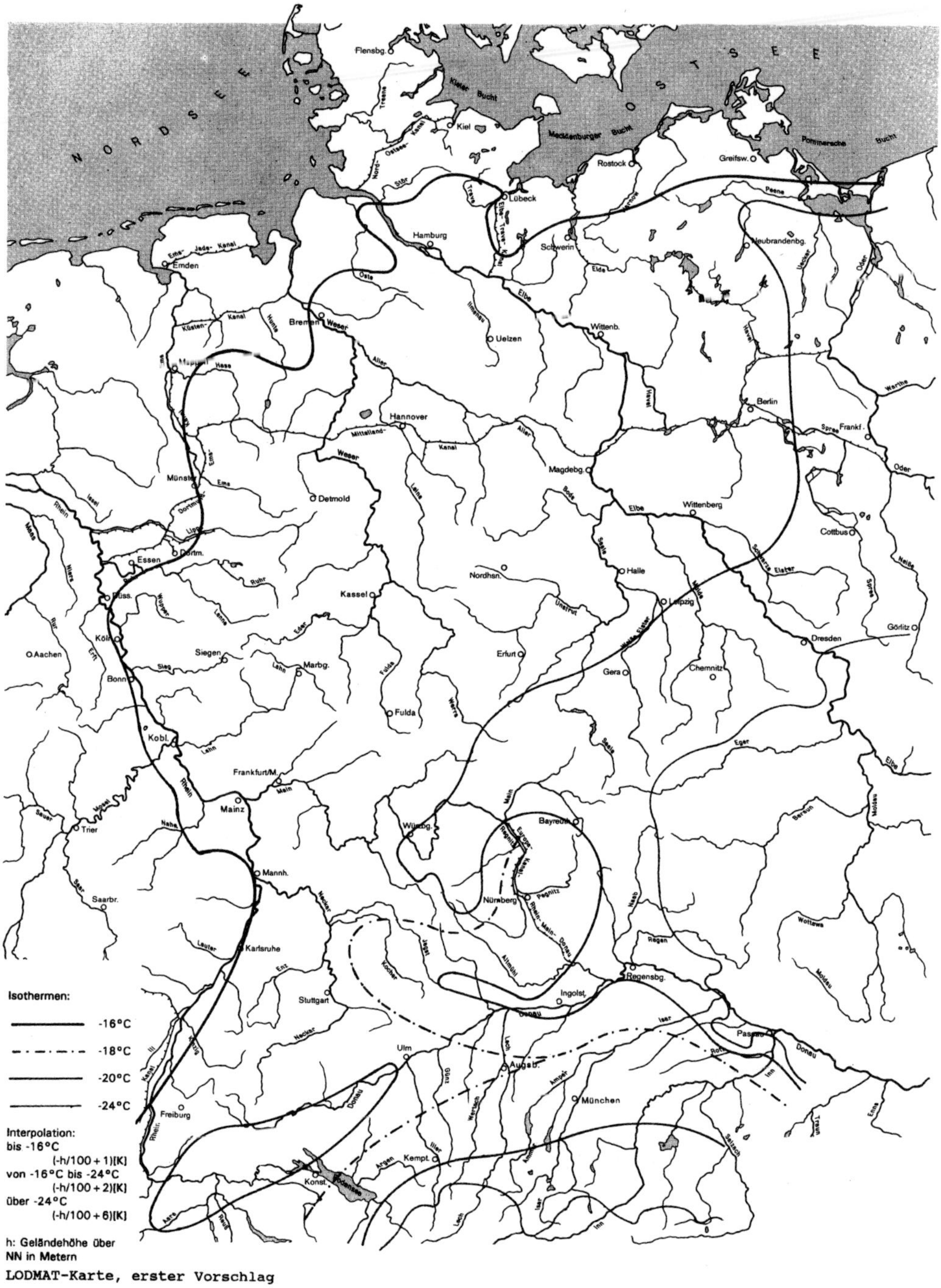

Bild 7.1 LODMAT-Karte, erster Vorschlag; 1:5.000.000
Isothermenkarte mit Ermittlung von Zwischenwerten über die kürzeste Distanz der benachbarten Linien und einem Höhenzuschlag

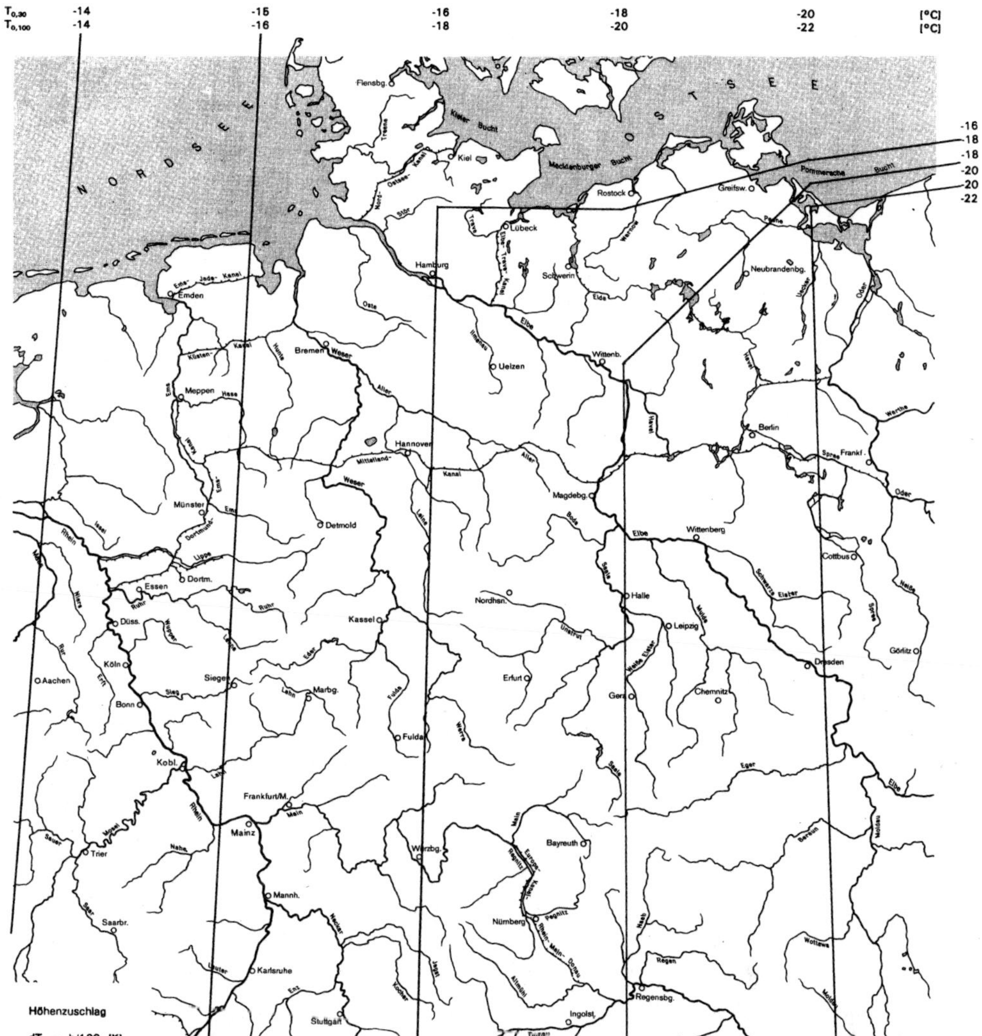

Bild 7.2 LODMAT-Karte, zweiter Vorschlag; 1:5.000.000
Linearisierte Isothermenkarte entlang der Längengrade mit Höhenzuschlag

schlag hat den Vorteil der eindeutigen Zuordnung von tiefster Tagesmitteltemperatur zum Ort, der einfachen Handhabung und der höheren Vertrauenswahrscheinlichkeit.

Die Vertrauenswahrscheinlichkeit hängt im Wesentlichen vom angelegten Temperaturniveau ab. So liegt dieses beim ersten Vorschlag bei durchschnittlich 88 %, beim zweiten Vorschlag für das 30-jährige Niveau bei etwa 90 % und beim 100-jährigen Niveau bei über 95 %.

Werden kürzere Zeitintervalle als 30-jährige Zeitperioden gewählt, so sollte den Wetterdaten ein mindestens 10-jähriger Zeitraum zugrunde liegen, da sonst über die Vertrauenswahrscheinlichkeit der Werte keine Aussage mehr gemacht werden kann.

7.3 Brückenlagertechnik in Deutschland / Die Geschichte einer technischen Revolution

Nach einem Vortrag von *Helmut Eggert*, Berlin, am 6. Februar 2003 im Museum für Verkehr u. Technik, Berlin. (siehe auch Abschnitt 7.1, Dissertation Nr. 19 von *Wetzk*)

(Eine illustrierte, geheftete Fassung dieser Technikgeschichte wurde im März 2005 anlässlich einer Festveranstaltung in der Bauhausuniversität Weimar in einer Kleinstauflage von 100 Exemplaren hergestellt und verteilt.)

7.3.1 Vorbemerkungen

Vom Nachkriegs-Wirtschaftswunder in der Bundesrepublik Deutschland wurde auch der Ausbau des Straßennetzes, insbesondere das der Bundesstraßen und Autobahnen, erfasst. Unzählige Brücken mussten gebaut werden, für den Spannbeton-Brückenbau brach ein goldenes Zeitalter an.

Hohe und lange Talbrücken, Brücken mit großen Spannweiten über Deutschlands Flüsse und Hochstraßen in Ballungsgebieten, gebaut mit neuartigen Bauverfahren – Freivorbau, Taktschiebeverfahren – veränderten das Landschaftsbild und das Bild der Städte Deutschlands.

Jede Brücke benötigte Brückenlager für den Bewegungsausgleich zwischen den Widerlagern und Pfeilern einerseits und dem Überbau andererseits. Die „alten" Lagerarten, Rollenlager, Kipplager und Zapfenlager aus herkömmlichem Stahl, passten nicht mehr zum modernen Brückenbau.

Innerhalb eines Jahrzehnts – von etwa 1957 bis 1966 – wurde eine große Anzahl neuartiger Brückenlager erfunden. Das Material, der Stoff, der die Brücke tragen oder die Bewegung ermöglichen sollte, war ein völlig neuer, die Konstruktion war völlig anders als bisher. Aus einem „Nebenprodukt" des Maschinenbaus wurde ein Spezialgebiet, mit dem sich einige wenige Wissenschaftler samt Materialprüfanstalten und einige wenige Hersteller befassten, die „Marktlücke" erfolgreich nutzend.

Einige dieser neuen Entwicklungen wurden schon nach wenigen Jahren durch andere, bessere, verdrängt, wie etwa das Nadellager durch das Gleitlager. Es gab auch sehr kurzlebige, fast als „Totgeburten" zu bezeichnende Entwicklungen, etwa das hartverchromte Panzerstahllager, aber ein großer Teil der neuartigen Lager aus dieser Phase setzte sich auf dem Markt durch, nicht nur in der Bundesrepublik Deutschland. Die neuen Lager lösten auch im Ausland – in Europa, im Vorderen Orient, in Fernost – die herkömmliche Brückenlagertechnik ab (auszunehmen ist dabei bis zu einem gewissen Grade der nordamerikanische Kontinent).

Sieht man von der „Urform" des Gummilagers ab, so gibt es keine dieser „neuen" Lagerarten, die im Ausland entwickelt und in Deutschland angewandt wurden.

Im Anschluss an das genannte Jahrzehnt wurden zahlreiche Verbesserungen vorgenommen, wesentliche Veränderungen jedoch nicht mehr – es war inzwischen alles Wesentliche schon da. Es gab in dieser Zeit mehr neue Entwicklungen mit erfolgreicher Anwendung als in den 150 Jahren davor und in den fast 40 Jahren danach. Der Vergleich mit der kambrischen Explosion liegt nahe (im Kambrium, vor fast 600 Millionen Jahren, begann die „sprunghafte Entfaltung einer vielgestaltigen Fauna und Flora").

Nach einer mehrjährigen „Konsolidierungsphase", in der Versuche durchgeführt wurden und die behördlichen Instanzen, die für die Zulassungen zuständig waren, überzeugt werden mussten, wurde mit dem Lagerbuch („Lager im Bauwesen") von *Eggert/Grote/Kauschke* 1974 der erreichte technische Stand dargestellt und außerdem der Wissensstand durch eine umfangreiche Literaturrecherche belegt. (Das Lagerbuch ist 1995 unter der Autorenschaft *Eggert/Kauschke* in der zweiten Auflage und 2002 in einer englischsprachigen Ausgabe erschienen).

In der nachfolgenden Abhandlung wird im Wesentlichen das eingangs genannte Jahrzehnt dargestellt. Zur Vervollständigung wird auch die Zeit davor – zum Teil auf Vermutungen gestützt – und die danach betrachtet.

7.3.2 Alte Technik

Alte und neue Brücken

Brücken gibt es, seit es Menschen gibt. Der planmäßig über den Fluss gelegte Baumstamm war eine Brücke, und jeder kennt den Film über den Hängebrückenbau kleiner Menschen im Urwald. Später wurden auch Steine für den Brückenbau verwendet, die Bogenbrücke wurde erfunden. Uralte Straßenbrücken und große Viadukte, meist Wasserleitungen aus der Zeit des römischen Imperiums, sind bis heute erhalten und zeugen von großen Leistungen von Ingenieuren vor mehr als 2000 Jahren – und keine dieser Brücken benötigte Brückenlager.

Erst seit es Stahlbrücken, also Brücken mit stählernem Überbau, gibt – seit vielleicht 200 Jahren –, tritt ein bis dahin nicht bekanntes Phänomen auf: ein Teil der Brücke, und zwar der, der „überbrückt", und den wir heute mit „Überbau" bezeichnen, hat so wenig „Masse", dass er sich relativ schnell erwärmt und abkühlt. (Stahlbetonbrücken, für die das auch zutrifft, gab es damals noch nicht.)

Der Überbau wird also im Sommer schnell warm und im Winter kalt, so wie die ihn umgebende Luft. Er folgt auch mit einer nur in Stunden zu messenden Zeitverzögerung den kurzzeitigen Temperaturschwankungen, etwa denen von der Nacht zum

Tage, und bei starker Sonnenbestrahlung wird blanker Stahl sogar wärmer als die Luft. Stahl zieht sich bei Kälte zusammen und dehnt sich bei steigender Temperatur wieder aus. Solche Brückenüberbauten sind also immer ein bisschen in Bewegung gegenüber den Baukörpern, auf die sie sich abstützen und die ihrerseits auf tragfähigem Grund ruhen, denn der Erdboden folgt dieser Bewegung nicht.

Brückenlager – warum?

Wir wissen nicht, wer es zuerst erkannt hat und ob ein Schadensfall oder eine A-priori-Erkenntnis das auslösende Moment war, das Nachfolgende ist jedoch längst unstrittig.

Wenn die temperaturbedingte Verformung des Überbaus keinen Schaden verursachen soll, dann muss sie bei der Konstruktion des gesamten Bauwerks berücksichtigt werden. Die einfachste Lösung ist der Einbau eines Elements, das diese Bewegung zwischen den Unterbauten – das sind die Pfeiler und die Widerlager – und dem Überbau ermöglicht. Ein solches Element heißt „Brückenlager", sprachlich nicht zu verwechseln mit dem schon genannten „Widerlager", dem Unterbau an den Brückenenden, auf dem – neben eventuellen Pfeilern – die Brückenlager platziert werden. Wenn die Temperaturdifferenzen auch ohne die Zwischenschaltung eines Lagers aufgenommen werden können, dann ist das Lager zweifellos entbehrlich. Das ist aber ein anderes Thema. Wir gehen im Folgenden davon aus, dass Brückenlager – im Weiteren kurz mit „Lager" bezeichnet – erforderlich sind.

Ein Lager muss die Bewegungen zwischen Unterbau und Überbau – die Verdrehung, verursacht von der Belastung etwa durch eine darüber fahrende Eisenbahn, und die Verschiebung aus der Temperaturänderung – ermöglichen, ohne dass dadurch an der Brücke und dem Lager selbst ein Schaden entsteht.

Von der unbelebten Natur abgeschaut sind die Fortbewegungsarten „Rutschen" und „Rollen". Ist ein Gegenstand nicht allzu schwer, so lässt er sich unter Überwindung des Reibungswiderstandes verschieben. Geht das nicht, so legt man Rollen drunter, und schon klappt es. Wir nennen solche Lager Bewegungslager, und zwar Gleitlager oder Rollenlager.

Wann wurden wohl zum ersten Mal in der Menschheitsgeschichte Rollen genommen, um große Lasten zu transportieren?

In der Wochenzeitung „Die Zeit" wurde am 26. September 2002 unter der Überschrift „Stimmt's?" folgende Frage beantwortet: „Stimmt es, dass die Ägypter die Pyramiden bauten, ohne das Rad zu kennen?"

Aus der Antwort:
„[...] es gilt als gesichert, dass beim Bau (4. Dynastie 2604 bis 2511) keine Wagen mit Rädern verwendet wurden, sondern hölzerne Schlitten. Allenfalls Rundhölzer, die als Rollen unter die Schlitten gelegt wurden, halten manche Ägyptologen für möglich. Die erste bildliche Darstellung eines Rades stammt aus der 6. Dynastie (2347 bis 2216 v. Chr.) [...]".

Bei den massiven alten Steinbrücken gab es das Problem, bewegliche Lager einzubauen, überhaupt nicht – es wurden keine benötigt. Diese Bauwerke passten sich temperaturmäßig dem Erdboden an, Abkühlung und Erwärmung ging nur sehr langsam vonstatten. Bei den alten Holzbrücken genügte vermutlich ein Hartholzquader als Unterlage – wer will, kann diese als die ersten Gleitlager ansehen.

(Im Lehrbuch „Brückenbau“ von *Landsberg*, Leipzig 1904, wird die Auflagerung auf Holz genau beschrieben.)

Noch in der Ausgabe Oktober 1969 der Norm DIN 1052 – Holzbauwerke – wird Hartholz für Lager erwähnt.

Die alten Stahllager

Die Brücken werden gebaut, damit darüber ein Verkehr stattfinden kann. Bei den Holz- und Steinbrücken handelte es sich beim Verkehr um Fußgänger oder um Ochsenkarren oder Pferdefuhrwerke. Die ersten Großbrücken aus Stahl wurden für Eisenbahnen gebaut. Die Belastung durch Verkehr war jetzt also viel größer, und die Überbauten verformten sich bei der Belastung, und damit das ohne Schaden möglich ist, müssen sie sich dort, wo die Lager sind, außerdem verdrehen können. Die Verdrehungsmöglichkeit ist also eine nachgelagerte Forderung.

Diese Verdrehung wurde alternativ durch gegenseitiges Abwälzen zweier Stahlkörper oder durch einen sogenannten Zapfen ermöglicht. Beim Zapfen rutscht Stahl auf Stahl. Ein Zapfenlager kann sich nur um eine der 3 Raumachsen verdrehen, ebenso ein zylindrisches Kipplager. Ein Punktkipplager kann sich um alle Achsen verdrehen.

Diese Lager lassen sich bereits verstehen, wenn man die Geometrie begreift. Schon vor mehr als 2000 Jahren hätten diese Lager von Archimedes erfunden werden können, unabhängig davon, aus welchem Material sie hergestellt werden. Sie sind insofern keine eigenständigen Erfindungen der Neuzeit, sondern allenfalls Entdeckungen, abgeschaut von der Natur, von Holzstämmen oder Steinen, die den Hang hinabrollen oder hinabrutschen.

Abhängig von den quantitativen Unterschieden der Bewegungen in Brückenlängs- und Querrichtung gab es unabsehbar viele Möglichkeiten, ein Lager zu konstruieren. (Vgl. Literaturrecherche im Lagerbuch. Eine Auflistung aller „alten“ Lagerarten enthält die Dissertation von *Wetzk.*)

Die dritte Möglichkeit

Eine dritte Möglichkeit neben dem „Gleiten“ und dem „Rollen“, Bewegungsdifferenzen aufzunehmen, ist die „Deformation“. Diese Möglichkeit wurde von den Altvorderen unbewusst dann genutzt, wenn die aufzunehmende Bewegung so klein war, dass man glaubte, sie vernachlässigen zu können. Bei ausreichend duktilem Stahl war dies unschädlich, vielleicht auch beim Hartholz. Musste jedoch ein nicht duktiles Material – also etwa der Stein, auf den das Lager gelegt wurde – an singulären Stellen nachgeben, so waren Risse die zwangsläufige Folge. Planmäßige Deformationen am Lagerkörper ohne seine Zerstörung gab es damals nicht, ausgenommen Folgendes.

Als eine inzwischen zu Recht vergessene Möglichkeit, die Verdrehung durch Deformationen aufzunehmen, sind die Bleilager anzusehen, die allerdings relativ spät aufkamen. 1926 wurde in der Zeitschrift „Beton und Eisen“, der Vorläuferin von „Beton- und Stahlbetonbau“, über deren Wirkungsweise *von Sedyter* berichtet. Die möglicherweise letzte wissenschaftliche Abhandlung über Bleigelenke stammt übrigens von *Leonhardt* und *Wintergerst* 1961 in der Zeitschrift „Die Bautechnik“ („Über die Brauchbarkeit von Bleigelenken“).

Es handelte sich dabei um im Grundriss runde oder rechteckige Platten, 8 mm bis mehrere Zentimeter dick und in den Grundrissmaßen etwa das Neunfache der Dicke. Es wurde Weichblei und Hartblei verwendet.

Die Bleilager dürften mindestens 4 Jahrzehnte lang eingesetzt worden sein. Noch in der Berechnungsnorm DIN 1075 für Brücken, Ausgabe November 1968, gab es mit dem Abschnitt 8.5.2 eine ausführliche Bemessungsregel für Hart- und Weichbleigelenke. Eine genaue Spezifizierung dieses „Werkstoffes“ fehlt. Im ein Jahr älteren Beiblatt zu DIN 1072 wurde erstaunlicherweise vom Einsatz dieser Lager „wegen ihrer bald eintretenden Auswalzung“ abgeraten. Warum hat man sie dann nicht verboten? Im Aufsatz „Neue Brückenlager, neue Pfeilerformen“ von *Beyer* und *Wintergerst* in „Der Bauingenieur“ 1960, S. 227–230, wird u. a. über Versuche berichtet, die zeigen, dass Bleilager ungeeignet sind, weil es nur eine Frage der Zeit ist, bis zwischen Blei und Beton klaffende Fugen entstehen. Normative Regelungen, auch administrative Weisungen, hinken häufig den Erkenntnissen um Jahre hinterher. In der Literatur – auch in den genannten Normen – ist übrigens stets von „Bleigelenken“ die Rede, was sprachlich falsch ist – ein Gelenk ist ein Begriff aus der Statik. Bei einem Gelenk wird eine der Schnittkräfte – in der Regel das Biegemoment – für das Bauwerk ausgeschaltet. Das Gelenk wird realisiert mit Hilfe eines oder mehrerer Lager.

Der Festpunkt, die Verdrehung

Einen Brückenüberbau stützt man natürlich nicht nur auf Bewegungslager ab, die Brücke würde ja dann wegrollen oder wegrutschen. An mindestens einer Stelle wird die Brücke allseits festgehalten – bei mehrfeldrigen Brücken am besten in der Mitte, häufig aber auch an einem Ende, wie stets bei der 1-Feld-Brücke, und dann möglichst so, dass beim Bremsen gegen das Widerlager gedrückt wird. Die Stelle, an der die Brücke festgehalten wird, nennt man Festpunkt. Das zugehörige Lager ist das Festpunktlager. Es muss sich verdrehen können, es ist also entweder ein Kipplager oder ein Zapfenlager.

Auch die Bewegungslager müssen ausnahmslos diesen Verdrehungsmechanismus besitzen. Rollenlager oder Gleitlager sind also stets eine Kombination aus dem Teil, der rutscht oder rollt, und dem Kippteil.

Die Brückenlagerung – Rollen und Gleiten

Gleitlager wurden für kleine Bewegungen bei kleinen Brücken, Rollenlager für größere Bewegungen und Brücken genommen.

Wir haben jetzt nur die Längsrichtung in Betracht gezogen. Eine Brücke dehnt sich auch in Querrichtung aus. War die Bewegung in Querrichtung so klein oder die Konstruktion so elastisch, dass sie die Zwängungen erträgt, dann wurde auf einen zusätzlichen Bewegungsmechanismus in Querrichtung verzichtet.

Grundsätzlich sind Kugeln die für Bewegung in allen Richtungen geeigneten geometrischen Körper. Im Bauwesen scheiden sie allerdings vor allem deshalb aus, weil die Belastbarkeit zu gering ist. Vermutlich sind sie auch zu aufwendig in der Herstellung. Das Führungsproblem ist dabei noch etwas schwieriger zu lösen als bei den Rollen.

Für die großen Brücken war alles aus Stahl, es rollten also Stahlrollen auf Stahlplatten und es rutschen Platten aus Stahl aufeinander.

Die Lagerkörper waren Produkte der Gießereitechnik und der Schmiedetechnik, bei Großbrücken riesige, tonnenschwere Teile, die meist in Einzelteilen angeliefert und auf der Baustelle zusammengesetzt wurden.

So war die Situation bis etwa 1955.

Die Statik

In den Vorlesungen eines Bauingenieurstudiums kamen Brückenlager nur am Rande vor, sie wurden in „Umdrucken", die Vorlesungen unterstützendem Material, dargestellt und Bemessungsformeln mitgeteilt.

Die Formeln waren elementarer Art und insofern leicht nachvollziehbar mit einer Ausnahme. Das waren die Formeln für die Punkt- und Linienberührung der aufeinandersitzenden Teile, der „Hertz'schen Pressung".

Mit diesen Formeln verhält es sich fast so wie mit der Relativitätstheorie. Kaum jemand hat sie voll verstanden, doch ohne sie war die Welt (der Brückenlager) gar nicht zu erfassen. Dabei fehlt bis heute ein zuverlässiger „Background", also ein Nachweis, getrennt nach der Art der Pressung, dass die Höhe der festgelegten zulässigen Werte gerechtfertigt ist. Das ist beispielsweise dadurch für jeden sichtbar, dass für Linien- und Punktberührung in der damals gültigen technischen Regel, der Bemessungsnorm DIN 1073, die gleichen zulässigen Werte angegeben wurden. (vgl. z. B. Lagerbuch, 1. Auflage, S. 223). Es kann aber gar kein Zweifel darüber bestehen, dass diese beiden Berührungsarten sehr unterschiedlich in ihrer Wirkung auf den Stahl sind. Der allseitige Druck unter einer Punktberührung ist wesentlich günstiger einzustufen als der Druck längs einer Linie.

Die alten Konstruktionen

Die Lager der alten Brücken waren entweder Kipplager oder Zapfenlager für die Festpunkte und Rollenlager oder Gleitlager für die Längsbewegung oder für Längs- und Querbewegung mit einem Kippteil wie das von einem festen Lager.

Neue Ideen lagen im Rahmen dessen, was einem Ingenieur des Stahlbaus beim Konstruieren einfällt. Der Werkstoff blieb der gleiche, und aus Gründen der elementaren Geometrie, angewandt auf die Kinematik, konnte sich auch ein Jahrhundert lang gar nichts bewegen.

Eine ausführliche Darstellung dieser alten Technik ist Gegenstand der Dissertation von *Wetzk*, „Brückenlager. 1850 – 1950."

Die „Revolution"

Im Weiteren wird gezeigt, wie durch den Einsatz von hauptsächlich 3 neuen Werkstoffen innerhalb weniger Jahre im Bereich der Lagertechnik eine „Revolution" stattfand mit allen Merkmalen einer solchen. Es gab also – symbolisch gesprochen – dabei auch Tote und Verletzte – sprich Irrtümer und Sackgassenentwicklungen.

Die 3 neuen Werkstoffe sind in der historisch korrekten Reihenfolge

- Gummi,
- Teflon,
- Nichtrostender Stahl.

Die einzelnen Lagerarten werden nacheinander beschrieben und erklärt, was zu deren Erfindung geführt hat.

Zwar handelt es sich hier um eine nationale Sichtweise. Aus der Erfahrung bei der Bearbeitung der europäischen Normung kann jedoch, wie in der Vorbemerkung schon angedeutet, geschlossen werden, dass dies kaum eine Einschränkung bedeutet. In den europäischen Nachbarländern gab es vergleichsweise wenige Entwicklungen auf diesem Gebiet und von Übersee ist keine Erfindung auf dem Gebiet der Lagertechnik bekannt, die die Regelungen in Europa beeinflusst hätten.

Dem steht nicht entgegen, dass Teflon (PTFE) ein in den USA erfundener Werkstoff ist, ebenso der synthetische Gummi (Kautschuk) mit dem Handelsnamen „Neoprene".

Zu den Neuerungen auf dem Bereich Brückenlager gehören weitere Lagerarten ohne Verwendung der 3 genannten Werkstoffe, die nach Beendigung der „Revolution" wieder verschwanden. Es wäre unkorrekt, sie hier unerwähnt zu lassen. Es sind dies das Panzerstahllager, das Nadellager und Lager, bei denen Beton für den Lagerkörper verwendet wurde. Auch über diese 3 Lagerarten wird im Folgenden berichtet.

7.3.3 Elastomerlager

Der Quantensprung

Ein Quantensprung fand statt, als erstmalig eine Brücke auf etwas anderes als Hartholz, Stahl, Stein oder Beton gelagert wurde.

In der ersten Auflage des Lagerbuchs wird mitgeteilt, dass bereits 1932 in Frankreich Brücken auf Gummiplatten gelagert wurden. Vermutlich war das der erste Einsatz von Gummi als Material für ein Auflager. Als Puffer zwischen der unteren Lagerplatte und der Oberfläche des Unterbaus wird allerdings schon 1882 Gummi – wohl als Alternative zu Mörtel – empfohlen, ebenso im schon genannten Buch von *Landsberg* 1904!

Für „Gummi" sagen wir auch „Elastomer". Kautschuk ist dessen Grundmaterial. Neoprene ist eine von mehreren Firmenbezeichnungen für die gleiche Sache.

Im Unterschied zu den Rollenlagern und Gleitlagern, also den Bewegungslagern, ist es beim Gummilager so, dass eine Bewegung zwischen den angeschlossenen Teilen durch Verformung möglich ist bei gleichzeitiger Kraftaufnahme. Gummilager sind also sozusagen Zwitter. Die Lager haften dabei an den angrenzenden Materialien, sofern sie nicht verankert werden.

Diese Lager werden heute Elastomerlager oder Verformungslager genannt.

Gummiquader als Auflager müssen eine gewisse Dicke haben, damit sie die zu erwartende Verformung ohne Schaden aufnehmen können. Das hat allerdings die unangenehme Konsequenz, dass das Lager „in die Knie" geht, und zwar mehr, als auf den Zwischenstützen statisch akzeptabel ist, und auch mehr, als auf dem Widerlager hinnehmbar ist, denn die Einsenkung bedeutet ja einen Absatz für das Fahrzeug, das über die Brücke fährt.

Die revolutionäre Idee ist hier die Aufteilung des Quaders in einzelne, einige Millimeter dünne Platten und die Zwischenlage von Stahl zwischen diesen Gummiplatten. Das Gummi steht in der Summe der einzelnen Plattendicken für die Verschiebung zwischen Überbau und Unterbau voll zur Verfügung. Das Lager ist jedoch in vertikaler Richtung sehr steif, so dass es bei Belastung nur eine kleine, die Brücke nicht schädigende Einsenkung gibt.

Verdrehen können müssen sich diese Lager natürlich auch.

Es war der Erfinder des Spannbetons, der Franzose *Freyssinet*, der sich dies 1954 für den Brückenbau patentieren ließ. Der Erfinder dachte bei den Einlagen aus Stahl an ein Bewehrungsnetz – er war Massivbauer – und das war sein Pech. Erst als Blechplatten aus Baustahl genommen wurden und diese mit dem Gummi „verklebt", d. h. durch Vulkanisation verbunden wurden, begann – gegen Ende des 6. Jahrzehnts im 20. Jahrhundert – die Verbreitung dieses Lagers, das zunächst nur für relativ kleine Brücken eingesetzt wurde.

Die Bauart

Die ersten Lager dieser Art produzierte in Deutschland die in Ratingen ansässige Firma Vorspanntechnik (VT) ab etwa 1960. Sie produzierte zunächst Lager bis 20 cm × 40 cm im Grundriss.

Die erste deutschsprachige Norm für diese Lager erschien in der DDR 1968, es war TGL 18 204 Blatt 1. Die maximal zulässige Auflagerkraft nach dieser Norm war 120 Mp. Diese Lager waren im Grundriss maximal 30 cm × 40 cm groß. Die dicksten Lager hatten eine Bauhöhe von 89 mm und wogen knapp 32 kg, konnten also noch von Hand transportiert werden.

Die ersten Zulassungen des Bundesministers für Verkehr für die Firmen Vorspanntechnik in Ratingen und Gumba in München vom 15. 1. 1963 hatten ebenfalls einen maximalen Grundriss von 30 cm × 40 cm. Sie unterschieden sich aber von den in der TGL geregelten Lagern im Aufbau und waren nur maximal 85 cm hoch. Anders als die in der DDR genormten Lager hatten die Bewehrungsplatten aus Stahl keine Bohrungen, die wohl für den Fall unzureichenden Verbunds zwischen Stahl und

Gummi den Zusammenhalt sichern sollten. Aus heutiger Sicht wird es sich bei diesen Bohrungen vermutlich eher um eine Verschlechterung der Konstruktion gehandelt haben, beeinträchtigt sie doch die Homogenität in der Gummischicht. (Inzwischen sind durchgehende Bohrungen unter bestimmten Bedingungen gem. EN 1337 Teil 3 wieder erlaubt.)

Die Lager wurden in den Varianten „unverankert" und „verankert" zugelassen und verwendet. Der Vergleich der 3 Beispiele für die verankerten Lager in der Zulassung und was sich damit in der Praxis ergeben hat ist – in der Fachliteratur nachzulesen – wiederum eine Geschichte für sich. Siehe hierzu auch Kap. 4.5.

Die „strenge" Theorie nach *Topaloff*

Wie diese Lager im Prinzip funktionieren, dass bei Belastung die Stahlplatten auf Zug beansprucht werden und die durch Vulkanisation erzeugte Verbindung zwischen den Platten und dem Gummi der Schubbeanspruchung standhalten muss, das war wohl schon dem Erfinder klar. Eine „strenge" Theorie wurde erst 1964 von *Boris Topaloff* in der Zeitschrift „Der Bauingenieur" S. 50–64 veröffentlicht unter dem Titel „Gummilager für Brücken; Berechnung und Anwendung" [91]. Zwar wusste bereits *Topaloff*, dass die Voraussetzung seiner Theorie – geringe Deformationen im Vergleich zu den Abmessungen – bei diesen Lagern fraglich ist, doch Versuche, diese Theorie zu erweitern durch Fortlassung dieser Voraussetzung haben bislang zu keinen für die Praxis brauchbaren einfachen Resultaten geführt.

Vom Drahtgitter zur heutigen Form und Größe

Topaloff gibt in diesem Aufsatz übrigens auch Hinweise zur geschichtlichen Entwicklung der bewehrten Gummilager. Die Erfindung *Freyssinets* betraf danach lediglich das Übereinanderlegen von Stahldrahtgittern und Gummiplatten. Weil die Gitter Risse im Gummi verursachten, wurden sie durch Stahlplatten ersetzt. Die Platten durch Vulkanisation zu verbinden war die Idee eines Nichtgenannten. Solche Lager wurden erstmalig 1957 in der Bundesrepublik Deutschland in Brücken eingebaut. Hersteller waren die Rheinischen Gummiwerke und die Fa. „Metzeler Gummi" in Lindau, Vertreiber zunächst die „Vorspanntechnik" (VT) in Ratingen und danach auch „Gumba" in München.

Nach *A. Kaiser* (Beton-Kalender 1960, Teil 2, Abschnitt „Massivbrücken", S. 95) wurden diese Lager in Frankreich und Großbritannien einige Jahre früher verwendet bzw. eingesetzt.

Die in Frankreich nach diesem Prinzip hergestellten Lager unterschieden sich zunächst noch wesentlich von den in Deutschland hergestellten: Es wurden dort große Platten hergestellt, „die aus einer 5 bis 10 mm dicken Neopreneschicht mit oben und unten aufvulkanisierter Stahlplatte bestehen". Daraus wurden die gewünschten Grundrisse herausgeschnitten, zur gewünschten Dicke übereinander gelegt, miteinander verklebt und mit einem Korrosionsschutz versehen. Diese Fertigungsart hat sich nicht durchgesetzt. Heute werden bewehrte Gummilager in ganz Europa nach der in Deutschland (vermutlich) von der Fa. VT – siehe oben – entwickelten Methode hergestellt, also in einer Form, die der gewünschten Lagergröße entspricht, Gummiplatten und Stahlplatten – Letztere im Grundriss etwas kleiner – aufeinander gelegt und das Paket anschließend unter Hitzeeinwirkung und Druck zu einem monolithischem Block vulkanisiert. Eine rationelle Fertigung auf Vorrat ist damit im Gegensatz zur französischen Fertigungsart nur sehr eingeschränkt möglich.

Die Gummilager wurden im Laufe der Zeit immer größer. Die Lagernorm DIN 4141 Teil 14 von 1985 gibt in der Tabelle 4 für Regellagergrößen maximal 90 cm × 90 cm im Grundriss und 380 mm als Bauhöhe an. Das Volumen dieses Lagers ist, wie leicht nachgerechnet werden kann, fast 30 mal so groß wie das seinerzeit größte in der DDR genormte Lager. Ein solches Lager lässt sich natürlich nicht mehr von Hand bewegen, es ist ein Lager für den Großbrückenbau. Die Belastbarkeit ist um den Faktor 10 gestiegen. Inzwischen gibt es Lager bis 1200 mm × 1200 mm.

Weitere Varianten

Es gibt viele weitere Varianten dieses Lagers, doch das Grundprinzip – wenige mm dicke Gummiplatten wechseln mit solchen aus Stahl und beides wird durch Vulkanisation miteinander dauerhaft verbunden – ist unverändert geblieben. Ebenso, dass die eingelegten Stahlplatten im Grundriss kleiner sind als die Gummiplatten, also ganz mit Gummi umhüllt sind und somit nicht rosten können.

Eine interessante Idee ist das „kippweiche" Lager. Bei dieser Variante erhält jede zweite Stahlplatte einen deutlich kleineren Grundriss. Die Belastbarkeit verringert sich dadurch nur wenig, doch für den Widerstand gegen Verdrehen durfte nur ein Viertel des für die Normallager geltenden Wertes angesetzt werden. Diese Variante hatte sich die Firma Gumba patentieren lassen, sie wurde Anfang der 1970er-Jahre durch das Institut für Bautechnik auch zugelassen. Der Bedarf an diesen Lagern war aber gering, weil der Verdrehungswiderstand schon des „normalen" Lagers gering war. Diese Idee reiht sich also ein in die Erfindungen, die zwar „genial" sind, dem Erfinder aber mangels Verwendung nichts einbringen.

Es gab Versuche, statt Stahl harten Kunststoff – glasfaserverstärkten Kunststoff, GFK – zu nehmen, damit man große Platten herstellen kann, aus denen man sich dann wie aus einem Kuchen die gewünschten Lagergrößen rausschneidet, also den schon genannten Nachteil gegenüber der französischen Variante ausgleicht. Das war aber nichts, es funktionierte weder die Verklebung noch sahen diese Lager nach dem Zersägen gut aus.

Vollkommende Erfindung – neuartige Lagerung

Die seit 1963 im Prinzip unveränderte Bauart des „Bewehrten Elastomerlagers" hat alle Merkmale einer „vollkommenen" Erfindung.

Festzuhalten bleibt außerdem, dass diese Lager erfolgreich andere Lagerarten verdrängt haben.

Etwa 20 Jahre dauerte es allerdings, bis auch von der bauenden Verwaltung mit einer speziellen Regel akzeptiert wurde, dass eine Brücke ausschließlich auf Verformungslagern gelagert werden kann, nachdem unter anderem im Lagerbuch dies schon 1974 widerspruchslos publiziert wurde.

Schon in der Anfangszeit wurde diese elastische Lagerung praktiziert, beispielsweise bei der 820 m langen Talbrücke Haiger, die schon im Werbeblatt des Ingenieurbüros R. Kaiser in der ersten Auflage des Lagerbuchs dargestellt ist.

7.3.4 Vielrollenlager (Nadellager) und Kugellager

Exoten als Zwischenlösung

Der Wunsch, die Bauhöhe aus ästhetischen Gründen zu reduzieren, stand sicher Pate bei dieser Idee, denn ein Rollenlager mit Beweglichkeit in Längs- und Querrichtung ist bei größeren Brücken ein gewaltiges Gebilde!

Solange Brücken nur zur Überwindung von Flussläufen gebaut werden, ist dies nicht von Belang, denn die Lager auf den Widerlagern oder den Strompfeilern befinden sich außerhalb dessen, was ins Auge fällt.

Die Situation ist anders bei Talbrücken und bei Hochstraßen in einem Stadtgebiet.

Die Belastbarkeit von Rollen nimmt mit dem Rollendurchmesser zu.

Es störten sicher nach dem Zweiten Weltkrieg auch der große Materialverbrauch angesichts der Rohstoffknappheit und die aufwendige Herstellung dieser Stahlguss-Lagerkörper.

Ein Erfinder kam auf die Idee, ins andere Extrem zu gehen, also den Durchmesser der Rollen drastisch zu verkleinern, dafür aber sehr viele Rollen nebeneinander anzuordnen. Die technisch korrekte Bezeichnung war „Vielrollenlager“. Für die Bewegung in beiden Richtungen gab es entsprechend das „Vielkugellager“.

Die erste Erwähnung dieser Lagerarten erfolgte von *Schönhofer* in zwei Aufsätzen 1940 und 1943 in „Der Stahlbau“. Diese Lager wurden aber zunächst vermutlich nur wenig gebaut.

Ein ganz wesentlicher Grund für die Renaissance der Vielrollenlager war, dass das Topflager – siehe nächster Abschnitt – als Kippelement entwickelt worden war und dieses neue Kippelement nicht gut mit wenigen Rollen kombinierbar war, um es in ein Bewegungslager zu verwandeln. Man wünschte eine annähernd flächige Weiterleitung der Druckkräfte der durch das Lager zu leitende Brückenauflast.

Später wurde der Name „Nadellager“ – dem Maschinenbau entlehnt, wo ähnliche Lager schon seit Jahrzehnten eingesetzt wurden – für die Vielrollenlager gebräuchlich.

Solche Lager wurden für die Beweglichkeit in Längs- und Querrichtung mit zwei solchen Rollensätzen gebaut. Die Nadellager wurden ausschließlich von der Maschinenfabrik Esslingen (ME) hergestellt.

Damit dieses Lager nicht rostet, wurde es in einem Kasten untergebracht, der mit Öl gefüllt wurde. Damit wurden die Kosten für die Erhaltung des Rostschutzes gespart.

Diese Teile wurden mit dem noch zu besprechenden Topflager als Kippteil kombiniert.

Die Rollen wurden mit Mikrometer ausgemessen, sie mussten ja alle exakt gleich groß sein. Schäden an diesen Lagern gab es nach Angaben eines Zeitgenossen nie.

In dem Aufsatz von *Beyer* und *Wintergerst* „Neue Brückenlager, neue Pfeilerform" von 1960 („Der Bauingenieur", S. 227 ff., dort Abb. 13) wird auf dieses Lager mit einer Prinzipskizze hingewiesen, es wird dort noch nicht Nadellager genannt und auch nur für allseitige Verschiebung – also mit zwei Lagen, dazwischen der Topf – als Alternative zum Vielkugellager aufgeführt.

Ebenso gibt es im Aufsatz „Neue Entwicklungen für Lager von Bauwerken ..." von *Andrä/Leonhardt* in Die Bautechnik, 1962, S. 44 eine Nadellager-Darstellung.

Interessant wäre es, zu erfahren, ob solche Lager noch im Einsatz sind und wie sie heute aussehen.

Das Vielkugellager wird übrigens auch von *Kaiser* im Beton-Kalender 1960, Teil 2, mit einer Konstruktionszeichnung dargestellt, wobei das Kippteil durch stählerne Punktkippung (2 gekrümmte Flächen) gebildet wird. Solche Lager wurden also offenbar auch hin und wieder gebaut, und zwar von der Fa. Hilgers/Rheinbrohl.

Nach wenigen Jahren des Einsatzes des Nadellagers durch die ME wurde das Teflongleitlager erfunden. Es löste das Nadellager so nach und nach ab und entzog auch der Idee eines Vielkugellagers den Boden.

In den Hochzeiten des Brückenbaus Ende der 1950er- und Anfang der 1960er-Jahre wurde täglich mehr als eine Brücke in der Bundesrepublik Deutschland hergestellt. Der Bedarf an Lagern war also sehr groß. Änderungen gegenüber dem Althergebrachten bedurften einer Zustimmung in jedem Einzelfall oder einer Zulassung durch das Bundesverkehrsministerium. Die Ausstellung der Zulassungen wurde ab 1969 von der neuen Behörde „Institut für Bautechnik" in Berlin übernommen. Die Nadellager waren damals schon „ausgestorben".

7.3.5 Topflager

Eine ideale Erfindung erobert die Welt

Beim Verformungslager war das Revolutionäre die Idee, Bewegungsdifferenzen zwischen Überbau und Unterbau durch die Verformung von Gummi mit einem quantifizierbaren Horizontalwiderstand aufzunehmen. Es ging dabei hauptsächlich um die Verschiebungen, um die Translation. Dass die Verdrehung – die Rotation – bei diesen Lagern auch durch Verformung ermöglicht wurde, machte diese Erfindung umso brauchbarer. Doch diese Lager waren nur für kleine Beanspruchungen verwendbar. Sollten große Lasten aufgenommen werden, so hätte das eine große Lagerfläche bedeutet, die häufig gar nicht zur Verfügung stand.

Beim Nachdenken darüber, wie sich Gummi auch für die Aufnahme von großen Lasten nutzen lässt, muss dem Erfinder das seit dem Altertum bekannte Prinzip des Topflagers eingefallen sein, das hauptsächlich im Gerüstbau für den Bau der Kathedralen Europas Verwendung gefunden haben mag: In einen Topf aus Eisen wurde Sand gefüllt. Der Deckel war ein Stempel aus Holz, an den die Konstruktion angeschlossen wurde. Über diesen Topf war eine Lastabtragung möglich, dennoch konnte sich der Stempel langsam gegenüber dem Topf verdrehen. Sollte die Konstruktion abgesenkt werden, so musste nur der Sand aus dem Topf entfernt werden.

Die neue Idee

Statt Sand wurde Gummi in den Topf getan und zwischen Deckel und Topf ein 3-lagiger Messingring eingelegt, der verhinderte, dass das Gummi herausquillt, wenn das Lager belastet wird.

Erstmalig vorgestellt von den Erfindern wurde dieses Lager im schon genannten Aufsatz von *Beyer* und *Wintergerst* 1960 in „Der Bauingenieur" und im gleichen Jahr und Monat in „Beton- und Stahlbetonbau" (*Leonhardt* und *Andrä*: „Stützungsprobleme der Hochstraßenbrücken").

Ein solches Lager hält außerordentlich hohe Belastungen aus, und es ist außerdem niedriger als ein Stahlkipplager, für das es eigentlich die Alternative ist. Dieses Lager trat als Neotopflager der ME, die die Schutzrechte besaß, einen Siegeszug um die ganze Welt an.

Der Hauptanspruch für das Patent lautete (laut mdl. Wiedergabe eines damals bei der ME beschäftigten Kollegen): „in den Gummi eingelassene Dichtung, die unter Belastung von Gummi nach außen gedrückt wurde und den Spalt zwischen Topf und Deckel schließt." Mit diesem Satz wurden Millionen verdient.

Die erste Dichtung bestand aus 3 dünnen gezähnten Messingringen.

Das Topflager wurde zeitlich vor dem Gleitlager erfunden. Es wurde zunächst nicht nur als Festpunktlager sondern auch als Bewegungslager verwendet, wie schon erwähnt, durch Kombination mit dem Nadellager.

Eine falsche Dichtung

Schon nach wenigen Jahren gab es ein Problem. Es wurden Eignungsversuche mit Dichtungen aus glasfaserverstärktem Kunststoff – Teflon (PTFE) – durchgeführt. Ob man mit dieser neuen Dichtung die Kosten reduzieren wollte oder ob es andere Gründe waren, ist nicht bekannt. Es war die Zeit, in der man begann, wo immer es möglich war, Metall durch Kunststoff zu ersetzen. Nun muss man wissen, dass es sehr schwierig ist, die zu erwartenden Beanspruchungen solcher Dichtungen in Modellversuchen nachzuahmen. Es fehlt dafür eigentlich alles: Niemand kennt die zu erwartenden Beanspruchungen in den Brücken in der Höhe und im zeitlichen Ablauf, und es fehlt ein brauchbares Modellgesetz, denn Versuche mit den Beanspruchungen der größten real vorkommenden Lager, kombiniert mit den größten Verdrehungen, scheitern an den versuchstechnischen bzw. finanziellen Möglichkeiten.

Nach vermeintlich positiven Versuchsergebnissen wurde die Dichtungsart Mitte der 1960er-Jahre ausgewechselt. Schon nach wenigen Jahren gab es nämlich die ersten Meldungen über aufsitzende Deckel und herausquellenden Topfinhalt, und zwar stets nur an solchen Lagern, die mit den neuartigen Dichtungen versehen waren. Weil nicht nur die Dichtung zerstört, sondern auch das Elastomerkissen schadhaft war, blieb in der Regel nichts anderes übrig, als das gesamte Lager, bei dem Schäden festgestellt wurden, gegen ein neues auszutauschen.

Allerdings könnte hier auch eine Sinnestäuschung vorliegen, denn gleichzeitig gab es zwei weitere Gründe, die solche Schäden begünstigten: ein zu großes Spiel zwischen Deckel und Topfwand und Bauwerke mit querträgerlosen Überbauten, bei denen, wenn es sich um querfeste Topflager handelte, der Deckel eine große permanente Horizontalkraft auf den Topf übertragen muss bei gleichzeitiger Bewegung – Verdrehung –, wenn über die Brücke der planmäßige Verkehr rollt. Nach *Kaiser* gibt es keine Dichtungen, die in solchen Fällen funktionsfähig bleiben. Inzwischen ist nur geringes Spiel zugelassen und querträgerlose Überbauten werden nicht mehr gebaut.

Andere Dichtungen

Auch beim Topflager handelt es sich insgesamt um eine ideale Erfindung, deren Prinzip über Jahrzehnte bislang unverändert blieb. Das trifft im Detail allerdings heute nicht für das wichtigste Element zu, für die Dichtung. Auch die Dichtung der ursprünglichen Bauart – die Messingdichtung – geht im Laufe der Zeit kaputt, allerdings zunächst unbemerkt, weil durch das Übereinanderlegen von 3 Messingringen ein durchgehender Bruch unwahrscheinlich ist. Erst wenn sich der Schaden durch Herausquellen des unter sehr hohem Druck stehenden Gummis bemerkbar macht, besteht Handlungsbedarf.

Es gibt inzwischen eine Reihe anderer Dichtungen, die besser sind, ob aber die ideale Dichtung schon gefunden wurde, bleibt abzuwarten. Vgl. hierzu EN 1337 Teil 5.

Eine besondere Eigenschaft

Beim Topflager ist etwas möglich, was bei keinem anderen Lager denkbar ist: Man kann mit Hilfe dieses Lagers eine Brücke heben oder senken. Wird flüssiger Kautschuk unter das Elastomerkissen gepresst, so wird die Brücke angehoben, lässt man etwas von dieser Flüssigkeit raus, so senkt sich die Brücke an dieser Stelle.

Mit entsprechend ausgerüsteten Topflagern lassen sich allerdings nur kleine vertikale Bewegungen von wenigen Zentimetern ausgleichen, abhängig von der Höhe des Topfrandes, keinesfalls jedoch solche von mehreren Dezimetern, wie sie in Bergsenkungsgebieten stattfinden.

Lager mit dieser Einrichtung wurden auch zugelassen. Über den wirtschaftlichen Erfolg oder Misserfolg samt technischen Problemen bei der Anwendung ist nichts bekannt.

Der Widerstand gegen Verdrehen

Bei den Topflagern ist der Widerstand gegen Verdrehungen zwischen Topf und Deckel nicht sehr groß. Für die Brückenkonstruktion kann er getrost zu null angenommen werden, nicht jedoch für die Berechnung der Gleitfläche, wenn man es mit einem Gleitlager, über das noch gesprochen wird, kombiniert. Dann kann es eventuell Probleme geben, so dass es durchaus wünschenswert ist, diesen Widerstand, Rückstellmoment genannt, möglichst klein zu halten.

Das kann auch durch entsprechende Wahl des Füllmaterials geschehen. Naturgummi ist weicher als der aus Erdöl und Ruß erzeugte Chloroprenekautschuk.

Ein merklicher Vorteil ist das Verhalten bei tieferen Temperaturen: Naturgummi erreicht später als synthetisches Gummi den sogenannten „Glaspunkt". Für den Einsatz im Freien – der bei Topflagern nicht vorliegt – hat es den Nachteil nicht vorhandener Witterungsbeständigkeit.

Die korrekte Bemessung eines Topflagers ist bis heute ein Problem, denn die genaue Wirkungsweise ist nicht restlos geklärt. Hierzu erschien 2002 ein Artikel in der „Bautechnik" [182]. Er sollte Forscher ermuntern, sich dieser Sache anzunehmen. Mit der im Jahre 2007 in Karlsruhe erschienenen Dissertation von *Khbeis* „Experimentelle und numerische Untersuchungen von Topflagern" liegt inzwischen der Versuch einer Problemlösung vor, vgl. Abschnitt 7.1.

Geschichtlich ist anzumerken, dass die Hilflosigkeit in dieser Sache zu Anfang groß war. In der ersten Zulassung wurde eine Formel angegeben – siehe Zulassungsabdruck in der ersten Auflage des Lagerbuchs –, die sich bei näherer Betrachtung, insbesondere auch der Brauchbarkeit der zugehörigen Eignungsversuche, als prinzipiell falsch herausstellte. Mit dieser falschen Formel wurden unzählige Topflager berechnet.

Es ist das Verdienst von *Hehn*, Universität Karlsruhe, dieses Problem durch neuartige Versuche entschärft zu haben, vgl. Lagerbuch 2. Auflage S. 538 ff.

Die Superlative

Die Topflager haben heute allesamt kreisrunde Gummikissen, der Topf wird häufig aus einem im Grundriss quadratischen Stahlkörper gedreht.

Die vermutlich größten jemals gebauten Gummitopflager für Brücken sind

- die beiden Lager unter dem Pylon der Schrägseil-Rheinbrücke „Nordbrücke Mannheim-Ludwigshafen" Baujahr 1973, mit rechteckigem Gummikissen 3,60 m × 2,44 m und insgesamt 20.000 Mp „Auflagerkraft" („Der Stahlbau" 1973, S. 101, Aufsatz von *Volke* und „Der Bauingenieur" 1972, S. 336, Aufsatz von *Borelly*) und
- das Lager unter dem Pylon der Schrägseil-Donaubrücke „Deggenau", Baujahr 1972, mit rundem Gummikissen, Durchmesser 2,50 m, „Vertikale Auflast" 12.000 Mp („Der Stahlbau" 1972, S. 210, Aufsatz von *Thul*).

Die Gummikissen solcher Riesenlager werden aus einzelnen Stücken zusammengesetzt, weil es so große Kissen „in einem Stück" nicht gibt.

Das Nyhalup-Geheimnis

Ein wichtiges technisches Merkmal dieser Lager ist übrigens die Schmierung zwischen der Gummiplatte und der Topfwandung. Damit wurde der Verdrehungswiderstand in der ersten Zeit der Belastung erheblich herabgesetzt. Im Laufe der Zeit verschwindet diese Schmierung zwar auf geheimnisvolle Weise, da aber die anfängliche

Verdrehung den Löwenanteil der Gesamtverdrehung ausmacht, war die Schmierung dennoch sinnvoll. Die Hersteller des Neotopflagers hielten die Zusammensetzung des Schmiermittels geheim wie eine USA-Getränkefirma das Coca-Cola-Rezept.

Es hatte den Namen Nyhalup und wurde von der in Hamburg-Harburg ansässigen Firma „New York Hamburger Gummi-Waaren Compagnie" vertrieben, die auch das Gummikissen lieferte. Inzwischen werden andere Schmiermittel eingesetzt.

Eine exotische Variante

Denkt man über die Wirkungsweise des Topflagers nach, so kommt man bald darauf, dass der Boden des Topfes überhaupt nicht zerstört werden kann, denn er bekommt von beiden Seiten den gleichen Druck – wie ein Blatt Papier unter einem Amboss. Warum kann man ihn dann nicht ganz weglassen? Weil dann das Gummi sich davon macht! Also benötigt man nur eine Dichtung für das Gummi.

Das war die Idee des sogenannten Neoringlagers. Es wurde nach umfangreichen Versuchen am 30. 01. 1976 zugelassen – dass es funktioniert, war also unstrittig. Doch eingebaut wurde es nie.

7.3.6 Stahl-Beton-Lager

Varianten vor und nach dem letzten Weltkrieg – Betonwälzgelenke

Eine Erfindung von Dr.-Ing. *E. Burkhardt*, 1933/34 der Fachwelt in Aufsätzen in der „Bautechnik" offeriert, ist die im Katalog der ME von 1957 als „Gepanzerte Beton-Pendellager für Brücken" bezeichnete Bauart. Bei diesem „Lager" lieferte die ME lediglich ein Stahlgerippe, das oben und unten mit einer 12 mm dicken kreiszylindrischen Schale – dem „Panzer" – versehen ist. Die beiden Schalen werden durch eine Stahlkonstruktion zu einem Baukörper, der, wenn er mit Beton ausgefüllt ist, als Rolle oder Pendel verwendet werden kann. In gleicher Art wurden auch „gepanzerte Beton-Wälzgelenke" produziert. Der Bestellfirma oblag es, das Lager durch das Ausfüllen des dafür vorgesehenen Hohlraumes mit Beton zu vollenden.

Das Attribut „gepanzert" bedeutet, dass es sich nach der Idee des Erfinders eigentlich um Betongelenke handelte, die bis dahin durch Einschnürung der Bewehrung an der entsprechenden Stelle realisiert wurden, also nicht durch ein separat gefertigtes Bauteil „Lager". Die „Panzerung" durch eine 12 mm dicke Schale aus Beton war hier die eigentliche Erfinderidee. Die Betongelenke alter Art hatten unter anderem den Nachteil, dass sich im Gelenk zwangsläufig Risse bildeten, die Feuchtigkeitszutritt zur Bewehrung ermöglichte, was zunächst zu Rostfahnen – also zur Unansehnlichkeit – und längerfristig zur Zerstörung des Gelenkes führte. Die Bauart „Burkhardt" war aus dieser Sicht zweifellos eine Verbesserung. Dafür spricht auch, dass solche Gelenke über Jahrzehnte hergestellt und eingebaut wurden.

Die Beanspruchbarkeit wurde durch Versuche untermauert (Katalog von 1957):
„Wie mit dem gepanzerten Betonwälzgelenk sind auch mit dem gepanzerten Betonpendel in der Materialprüfungsanstalt der Technischen Hochschule Stuttgart Versuche angestellt worden. Lässt man als größte Wälzflächen-Pressung nach *Hertz*

1000 kg/cm^2 zu, so ist die Sicherheit gegen Rissbildung eine zweifache und die Sicherheit gegen Bruch eine fünffache. Die zulässige Beanspruchung ist seinerzeit für den Neckar-Durchstich bei Heilbronn von der Bauherrschaft im Einvernehmen mit Herrn Prof. Dr.-Ing. e. h. *Mörsch* festgesetzt worden und wurde auch späteren Verwendungen solcher Gelenke zugrunde gelegt."

Vermutlich wurden nur sehr wenige Versuche durchgeführt, den Rest der Erkenntnis lieferte die Autorität von Prof. *Mörsch*. So war es in der „guten alten Zeit"!

Bei den Bauteilen, die nur Druckspannungen erhalten, verlockt der Gedanke, dass diese auch aus dem gegenüber Stahl erheblich billigerem Beton sein könnten, denn Beton verträgt bekanntlich Druckbeanspruchung. Diese Idee stand Pate bei der Entwicklung des Verbundbaus und sie hat auch den Bau dieser (und des nächsten) Brückenlager beeinflusst.

Das Burkhardt-Rollenlager

Sehr verbreitet und bekannt war das Burkhardt-Rollenlager, vom Erfinder bereits 1939 in der Zeitschrift „Die Bautechnik" der Fachöffentlichkeit vorgestellt („Gepanzerte Betonwälzgelenke, -pendel und -rollenlager", Heft 16, S. 280). In ein Stück Rohr mit großer Wanddicke wurde frischer Beton mit hohem Druck reingepresst. Der hohe Druck erschien notwendig, weil Beton beim Abbinden schwindet und dieses Schwindmaß sozusagen durch „Vorspannung" des Stahlrohrs ausgeglichen werden muss. Mit den so hergestellten Rollen wurden 1- und 2-Rollenlager gebaut.

Zitat aus dem Katalog der ME von 1957:
„Die Rollen werden nach der Erfindung von Dr. *Burkhardt* hergestellt. Vor der mechanischen Bearbeitung wird ein nahtloses Rohr aus Stahl 35.29 mit hochwertigem Beton – (Festigkeit mehr als 1200 kg/cm^2) laut Bericht der MPAS – ausgepresst."

16 Jahre später heißt es zusätzlich:
„Rollenlager nach Dr. *Burkhardt* ... eignen sich zum Einbau in einfache Tragwerke, ... haben große Lastreserven und werden seit über 30 Jahren von uns hergestellt." Dazu muss man wissen, dass in dem Katalog von 1973 bereits auftraggeschweißte 1-Rollen-Lager, Topflager und PTFE-Gleitlager mit erheblich größeren Tragfähigkeiten aufgeführt sind, diese Lager waren inzwischen ein Auslaufmodell geworden. Immerhin: Die Riesenbrücke über den Maracaibo-See in Venezuela, von 1959 bis 1962 erbaut, 8679 m lang, ruht auf 554 dieser Rollenlager.

Im Korrosionsschutz sah man damals kein Problem. Zitat:
„Die Auflager liefern wir je nach Wunsch entweder mit einem einmaligen Anstrich aus Mennige bzw. Inertol oder mit einem kompletten Rostschutz, bestehend aus Korundstrahlen, Spritzverzinken und 2 Anstrichen mit Chlorkautschukfarbe".

Dies war, wohlgemerkt, auch der Anstrich im Bereich der Laufflächen.

Die ME wusste allerdings Bescheid. Aus dem gleichen Katalog:
„Unsere Untersuchungen über den Rostschutz von Auflagern haben ergeben, dass im Bereich der Hertzpressung kein Anstrich dem Druck und der mechanischen Bean-

spruchung standhält. Bei Auflagern, die schlecht gewartet werden können, empfehlen wir deshalb als Rostschutz Zink. Die Zinkschicht in Verbindung mit zwei Anstrichen hält auf Grund von Versuchen, die teilweise von der Technischen Hochschule München durchgeführt wurden, den mechanischen Beanspruchungen stand.“

Die Widersprüchlichkeit zwischen dem ersten und letzten Satz würde man heute als „schlitzohrig“ bezeichnen: Die erste Aussage ist eine der ME, die letzte eine der Wissenschaft. Dass Zink, sobald darüber befindliche Anstriche verschwunden sind, ebenfalls das Weite sucht, war damals vielleicht noch nicht so geläufig.

Der Widerstand gegen Rollreibung durfte nach DIN 1072 mit 3 % in der Brückenstatik angenommen werden – für Rollen gleich welcher Art.

Hier wurde über Jahrzehnte etwas falsch gemacht, und niemand regte sich darüber auf.

7.3.7 Ein-Rollen-Lager

Unverträgliches wird salonfähig
Lager mit „altem“ - duktilem - Werkstoff

Um die Herstellungskosten zu verringern, soll es in Ländern außerhalb Deutschlands üblich sein, aus dicken Stahlblechen Stücke zu schneiden mit einer Kontur, die einem Kreis entspricht, von dem auf gegenüberliegenden Seiten gleich große Segmente abgeschnitten sind. Das sind dann die Teile, die für die Bewegung gebraucht werden. Benötigt man längere „Rollen“ als die Stahlplatte dick ist, so können mehrere dieser Scheiben zu einer größeren Rolle oder Stelze zusammengeschweißt werden. Nach entsprechender Feinbearbeitung sind dies die „Rollen“ für ein Rollenlager, mit der Länge, die der Summe der Stahlblechdicken entspricht. Diese Herstellungsmethode ist natürlich viel billiger, als wenn die gleichen Teile aus Stahlguss gefertigt werden würden. Solche „Klamottenkonstruktionen“ rufen bei manchen ein leichtes Gruseln hervor – sie offenbaren das zwanghafte Festhalten am Althergebrachten, was das Produkt betrifft, unter Anwendung von modernen Herstellungsmethoden. Vor 2 Generationen, als das Brennschneiden noch nicht bekannt war, konnten die Lager so nicht hergestellt werden. In Deutschland kam niemand auf die Idee, Lager so herzustellen. Es gab andere Probleme und damit auch andere Motivationen.

Rollenlager, aus Baustahl oder Stahlguss üblicher Festigkeit hergestellt, wie damals in den Normen angegeben, also z. B. aus St52 oder St60, beanspruchen, abhängig von der Größe der Auflast, eine große Bauhöhe.

Die Technik zu verstecken wurde Anfang der 50er-Jahre in Deutschland modern. Die Mode beschränkte sich nicht nur auf die Installationsleitungen der Haustechnik, sie schwappte auch auf den Brückenbau über. Wenn es irgend möglich war, wurden für orthogonal ausgerichtete nicht allzu große Brücken bedenkenlos 1-Rollen-Lager und Linienkipplager verwendet, die so umkleidet wurden, dass sie nicht mehr sichtbar waren. Zwar war bekannt, dass diese Lager in Querrichtung naturgemäß keine Verdrehung zwischen Überbau und Unterbau gestatteten, siehe Lagerungsgrundsätze im Abschnitt 1.3, doch man hielt es hier so wie *Paracelsus* mit dem Gift: „Es kommt auf die Dosis an“. In den Anwendungsfällen waren die angeschlossenen Bauteile so steif, dass die Querverdrehung vernachlässigbar schien.

Das Lager konnte, weil es aus ausreichend duktilem Stahl bestand, durch kleine Zwangsverformungen in Querrichtung nicht zerstört werden, und für das Bauwerk ließ sich, wenn es verlangt wurde, leicht abschätzen, wie sich die „Einspannung“ in Querrichtung durch das Lager (als ungünstigste Annahme) auswirkt. Stahlüberbauten bekamen im Auflagerbereich stets zusätzliche „Aussteifungen“, solche aus Stahlbeton zusätzliche Bewehrung.

Die prinzipielle Unverträglichkeit

Über die gleichen Flächen, über die die Kippung erfolgt, muss allerdings bei diesen Lagern auch das Rollen stattfinden. Wenn beides mal nicht so zueinander passt, wie es durch diese geometrische Bedingung vorgegeben ist, neigen 1-Rollen-Lager – mehr als Mehrrollenlager mit zusätzlicher Kippplatte – zum Schräglaufen. Leider ist das der Normalfall. Verstärkt wurde dies dadurch, dass diese Lager auch Horizontalkräfte übertragen mussten, was im Versuch nie geprüft wurde.

Es wurden deshalb zusätzliche Einrichtungen vorgesehen, die das Schräglaufen verhindern sollten. Es gab sogar eine „Seilführung“ für Lager der Firma Kreutz, die vom Grundgedanken her an die Steuerung eines von 2 Pferden gezogenen Wagens erinnern. Nach Auffassung eines „Insiders“ aus damaliger Zeit ist das Schräglaufen allerdings durch keine der verschiedenen Erfindungen in dieser Sache wirklich verhindert oder gar korrigiert worden. Die Rollen schafften sich selbst ein „Rollbett“, das sie bei extremer Hitze oder Kälte verlassen, wie es *Hakenjos* so anschaulich in seiner Dissertation dargestellt hat. (*V. Hakenjos*, „Untersuchungen über die Rollreibung bei Stahl im elastisch-plastischen Zustand“, Technisch-wissenschaftliche Berichte der Staatlichen MPA an der TH Stuttgart, 1967, Heft 67-05).

Laufen die Rollen dabei schräg, so ist dieser Schräglauf nämlich vergleichbar mit der Gewohnheit bei uns Menschen – es wird daran festgehalten.

Dieses Problem wurde seinerzeit nicht wirklich gelöst.

Die Entartung zur Wurst

Zunächst noch zu einem anderen Problem. Die Rollendurchmesser des 1-Rollen-Lagers würden, wenn es beim gewohnten Material bliebe, größer sein als die der Rollen bei einem 2-Rollen-Lager mit Kippplatte, denn jetzt muss die eine Rolle alles allein tragen. Man würde also einen Teil der Bauhöhe, die durch den Wegfall der Kippplatte gewonnen wurde, durch die größere Rolle wieder verlieren.

Die entscheidende Idee des Werkstofffachmanns Manfred Kreutz war, den Stahl für die Rolle so zu verändern, dass wesentlich höhere Pressungen ertragen werden können, ohne dass sich die Rolle im Querschnitt deformiert, also einen ovalen Querschnitt bekäme und somit keine Rolle mehr wäre. Dieser Stahl hieß Vergütungsstahl C45 oder Einsatzstahl C15. Er wurde durch sogenannte Einsatzhärtung im Bereich der Oberfläche gehärtet, der Kern blieb gegenüber der äußeren Schicht relativ weich.

Anschließend wurde die Rolle auf das Sollmaß geschliffen. Der Hersteller nannte seine Erfindung, die Ende der 50er-Jahre auf den Markt kam, „Kreutz-Panzerstahl-Lager", offenbar wie bei den schon genannten „gepanzerten" Lagern und Gelenken von *Burkhardt* ein sprachlicher Nachhall des damals erst gut 10 Jahre zurückliegenden Zweiten Weltkriegs.

Diese Lager wurden in Brücken eingebaut, zunächst mit spezieller Zustimmung der Behörde für jedes Bauwerk. Eine der ersten Anwendungen war die Norderelbbrücke in Hamburg 1958. Der Panzerstahl wurde damals auch für die Lagerplatten genommen.

Die zugestandene Hertzpressung, das entscheidende Kriterium für die Ermittlung des Rollenlagerdurchmessers, war jetzt mehr als doppelt so hoch, verglichen mit den bislang nach den technischen Regeln für Rollen zulässigen Werkstoffen. Das aber bedeutete, dass bei gleicher Auflast sich der Rollendurchmesser auf weniger als 1/4 reduzierte oder bei gleichem Durchmesser die zulässige Auflast mehr als vervierfachte, denn nach Hertz gehen bei Linienberührung Druckkraft und Krümmungsradius bekanntlich mit der Quadratwurzel ein in die Ermittlung der Beanspruchung. Darüber waren alle froh, konnte man doch nun meist auf die 2-Rollen-Lager völlig verzichten, und die 1-Rollen-Lager wurden im Querschnitt winzig, denn 1/4 vom Durchmesser bedeutete ja 1/16 vom bisherigen Volumen – bei gleicher Rollenlänge. Schon in dieser Nebenbemerkung steckt etwas Fatales: Ein Rollenlager, das seine Länge nicht verändert, im Querschnitt aber so gewaltig schrumpft, verwandelt sich optisch in eine runde Stange, um nicht zu sagen in eine Wiener Wurst – der Ausartung in eine solche wurde, als man dies erkannte, leider wohl unzureichend durch Beschränkungen des Verhältnisses Länge/Durchmesser Rechnung getragen.

Der Sündenfall

Die Rollen aus Panzerstahl bekamen einen Rollreibungswiderstand von nur 1,5 % per Erlass des Bundesministers für Verkehr zugestanden, nachdem die Versuche noch wesentlich geringere Werte ergeben hatten – diese Rollreibungszahl enthielt also schon Zuschläge für Verschmutzung und für Schräglaufen. Als erkannt wurde, dass diese kleine Reibungszahl nicht gehalten werden kann, wenn nicht etwas Entscheidendes gegen die Gefahr der Rostbildung auf den Laufflächen getan wird, wurde – mit Datum vom 30. Mai 1967 – für diese Rolle als Rostschutz die Hartverchromung vorgeschrieben, doch die weitaus meisten Lager dieser Art wurden ohne Hartverchromung eingebaut.

Auch für die Platten, auf denen die Rolle rollen sollte, musste etwas getan werden. Sie mussten nicht verchromt, sondern aus nichtrostendem Stahl gefertigt werden. Das war damals der Stahl X40Cr13, ein Stahl mit begrenzter Duktilität – wenn die Lagerplatten zu oft gewalkt wurden, wenn sie durch eine „Setzungsmulde" verformt wurden, was ebenfalls nicht untersucht wurde, zerbrachen sie der Länge nach, bei zu großer Querverformung in der anderen Richtung. Das hätte als „Warnschuss vor den Bug" gewertet werden müssen, wurde aber vielleicht zu spät bemerkt.

Die Hartverchromung hält dort am wenigsten, wo sie am wichtigsten ist, nämlich im Bereich der Berührung, und nachdem sich auch Flugrost dazu gesellte, wurde erkannt, dass hartverchromte Rollen ungeeignet sind. Die Hartverchromung war außerdem für die Rolle sehr aufwendig.

Bald nach deren Zulassung entwickelte die Fa. Kreutz deshalb ein Lager, bei dem auch die Rollen aus X40Cr13 bestanden, ein verhängnisvoller Fehler, wie sich allerdings erst nach ein paar Jahren herausstellte. Das Lager hieß von jetzt ab „Kreutz-Edelstahl-Lager". Es verdrängte das Panzerstahllager völlig in kurzer Zeit. Dessen Eigenschaft „raue Schale, weicher Kern", also hart im Bereich der Berührung, der Pressung, und im Ganzen für die unvermeidbaren Zwängungen duktil, besaß dieses neue Lager nicht. Die Rollen durften 5 mal so lang wie der Durchmesser sein.

Weil das Geschäft so gut lief mit diesen Lagern, ließ sich auch die ME etwas einfallen. Wegen der Legierungsbestandteile Chrom und Molybdän beim nichtrostenden Stahl ist das Kreutz-Edelstahl-Lager schon vom Materialpreis her recht teuer. Die ME, in der sparsame Schwaben das Sagen hatten, kam auf die Idee, nur dort dieses teure Material vorzusehen, wo es gebraucht wurde, nämlich im Bereich des Rollweges. Das geschieht mittels der in anderen technischen Bereichen schon bekannten Auftragsschweißung. Es wird also Schweißgut auf eine Rolle aus normalem Stahl aufgeschweißt und danach durch Feinbearbeitung („Fräsen und Schleifen") in die richtige Form gebracht. Das Lager hieß Corroweld-Lager, abgekürzt CR-Lager.

Die Herstellung war durch diesen Schweißvorgang sicher etwas aufwendiger als die einer Edelstahlrolle, doch damals wog offenbar die Materialersparnis mehr.

Diese Lager gingen wegen des duktilen Grundmaterials nicht so leicht kaputt wie die Kreutz-Edelstahl-Lager.

Die Zulassung erlaubte den Corroweld-Lagern eine Länge bis zum 12-Fachen des Rollendurchmessers.

Dummerweise verschlimmbesserte die Firma aber das Lager bald dadurch, dass es ebenfalls die Rollen aus X40Cr13 herstellte und die Auftragsschweißung auf die Lagerplatten beschränkte.

Das Lager wurde CRV-Lager genannt. Man sieht daran, dass damals noch niemand gemerkt hatte, wie empfindlich dieses Material gegen unplanmäßige Zwängungen ist. Das „V" sollte auf die vermeintliche „Verbesserung" hinweisen.

Nach mündlicher Auskunft von *L. Wiedemann*, damals in dieser Branche tätig, gingen große Rollenlageraufträge fast stets an Kreutz, so dass also das gegen Zwängungen besonders empfindliche Lager sehr viel häufiger eingesetzt wurde als weniger empfindliche mit der Folge, dass es nach wenigen Jahren unzählige Schadensfälle damit gab.

In der ersten Zeit glaubte man, dass es sich um einige wenige Schäden bei Lagerkörpern handelte, deren Homogenität nicht ausreichend ist. Das wurde vom Untersuchungsinstitut auch bestätigt. Es dauerte eine Weile, bis die Erkenntnis kam: „Hier haben wir alle etwas falsch gemacht".

Begünstigt wurde der Rollenbruch auch dadurch, dass wegen der notwendigen Führung der Rollen diese mit Nuten versehen wurden für die Führungsleiste und mit „kerbarmen" Stirnbohrungen zur Befestigung der Zahnstangen oder Zahnräder, also mit planmäßigen Kerben.

Für eine Führung ohne eine Kerbe in der Rollenmitte wurde von der Firma Kreutz die schon erwähnte Seilkonstruktion entwickelt, eine andere Lösung war die Befestigung der Ausrüstungsteile in der Mitte und an den Stirnseiten durch „Aufschrumpfen". Über den Einsatzerfolg ist nichts bekannt.

Thul hat übrigens in einem Aufsatz in „Der Stahlbau" 1969 bereits auf das Problem hingewiesen, doch hielt er auch Gefügemängel in den Rollen als Primärursache für denkbar. Es liegt hier der schwierige Fall einer mehrfachen Kausalität vor, am einfachsten zu verstehen am Verkehrsunfall, der dadurch entstanden ist, dass ein betrunkener Autofahrer im dichten Nebel gegen einen auf der Fahrbahn liegenden umgestürzten Baum fährt – jede der 3 Ursachen ist allein ausreichend, um den Unfall zu erzeugen. Dennoch wird man ihn primär dem Fahrer anlasten.

Konsequenzen hinsichtlich der prinzipiellen Unverträglichkeit der 1-Rollen-Lager mit der Aufgabe, gleichzeitig die Last abzutragen und die planmäßige Bewegung zu ermöglichen, wurden erst Jahre später gezogen.

Fehlende Robustheit

Mit dem CRV-Lager wurde allerdings eine Eigenschaft der auftragsgeschweißten Lager entschärft, die zu einem spektakulären Schaden an einer Brücke über den Main zwischen Frankfurt und Wiesbaden führte. Das Stichwort hierzu heißt „Robustheit". Eine mit Auftragschweißung versehene Rolle ist eigentlich keine Rolle mehr, sondern eine Stelze. So bezeichnet man eine Rolle, deren Rollweg begrenzt ist, zum Beispiel durch an den Seiten abgeschnittene Segmente oder – wie hier – durch Beschränkung der Auftragsschweißung auf das für die Rollung notwendige Maß.

Wird der Rollweg überschritten, so gibt es bei Stelzen unweigerlich einen Einbruch der Konstruktion.

Hier war es so, dass die Rollen aus Sparsamkeitsgründen in einer Richtung eine kürzere Auftragschweißung hatten als in der Gegenrichtung, weil der planmäßige Laufweg unterschiedlich war: Vorspannung, Kriechen und Schwinden sind einseitige Vorgänge und das haben die Schwaben ausgenutzt. Dass beim Einbau, wie geschehen, das Lager um 180° falsch eingebaut werden könnte, kam ihnen nicht in den Sinn.

RE 1,5 – eine Problemlösung, zu spät und zu teuer

Es gab gegen Ende der „Rollenlager-Ära" mit dem DEMAG-Rollenlager RE 1,5 mit den beiden Varianten Käfiglager und Kappenlager eine zugelassene Lagerart, für die einige der genannten Nachteile nicht galten. Das Rollenmaterial war ebenfalls X40Cr13. Das Verhältnis Länge zum Durchmesser wurde auf 2,2 beschränkt und jegliche Kerben, und seien sie noch so kerbarm, wurden verboten. Für die Führung sorgten besondere Konstruktionen.

Diese beiden Lagerarten waren also deutlich besser, leider aber auch deutlich teurer als alle anderen zugelassenen Rollenlagerarten.

Wären diese Lager ein paar Jahre früher einsetzbar gewesen und wären außerdem die Schäden an den wurstähnlichen Rollen früher aufgetreten, so hätte dieses Lager sicher Kariere gemacht. So aber wurde es nur in einer einzigen Brücke, die über das Gelände der DEMAG führte, eingesetzt. Die Konstruktion war gut, doch sie kam zur Unzeit – ein Schicksal, das sie mit vielen anderen Erfindungen und Ideen teilt. Wir werden nie erfahren, ob es auch mit diesen Lagern Schäden gegeben hätte. Sicher annehmen kann man aber, dass es dann erheblich weniger gewesen wären.

Die Wissenschaft von der Rollreibung

Zu erwähnen ist an dieser Stelle, dass der bis dahin noch nicht bekannte Zusammenhang zwischen Rollbewegung, Pressung und Reibungszahl Gegenstand der 1967 erschienenen Dissertation von *Hakenjos* war. Die darin beschriebenen Versuche waren die Basis für alle späteren Nachweise beim Zulassungsverfahren für Rollenlager. In der 1. Auflage dieses Buches sind aus gleicher Feder die Grunderkenntnisse auf den Seiten 297–301 dargestellt. Vergleichbares – etwa als Fortsetzung oder Weiterentwicklung – ist auf diesem Gebiet nicht bekannt geworden. Diese Arbeit von *Hakenjos* hat für den Bereich Rollenlager damit den gleichen Rang wie *Topaloffs* berühmter Aufsatz für den Bereich Gummilager. Wir wissen seitdem, dass die Rollreibungszahl nichtlinear zunimmt mit zunehmender Hertzpressung, die Rollfläche sich damit also genau gegensätzlich verhält wie die im nächsten Kapitel behandelten Gleitflächen.

Anzumerken ist, dass sämtliche Eignungsversuche für die Burkhardt-Lager, für die zugelassenen Rollenlager, auch die für die Zulassungen des Verkehrsministeriums und der Bundesbahn, in der MPA Stuttgart (MPAS) durchgeführt wurden.

Die Verarbeitung der Schäden

Die einwandfreie Funktion des 1-Rollen-Lagers setzt, wie schon festgestellt, voraus, dass die anschließenden Bauteile 2 Eigenschaften besitzen: Sie müssen starre Körper sein, und die gegenseitige Verdrehung muss um die Lagerachse, die Rollbewegung senkrecht dazu erfolgen.

Beides ist stets nur bis zu einem gewissen Grade der Fall. Vorausgesetzt wird weiter, dass die Lager exakt ausgerichtet sind, horizontal und vertikal.

Die unvermeidbaren Abweichungen von diesen idealen Voraussetzungen muss das Material ertragen, das Lager muss außerdem funktionieren. Von allen Lagern sind die 1-Rollen-Lager diejenigen, bei denen Theorie und Wirklichkeit am wenigsten in Einklang zu bringen sind. Sie sind deshalb aus heutiger Sicht als Fehlentwicklung einzustufen. Sie wurden leider auch bei gekrümmten Talbrücken eingesetzt, wo sie schon planmäßig nicht funktionieren konnten. Sie wurden eingesetzt zu einer Zeit, als in der Bundesrepublik Deutschland täglich mehr als eine Brücke gebaut wurde. Diese Lager werden so nach und nach ausgetauscht, ein Prozess, der sich über mehr als ein Jahrzehnt hinzieht, bis in die heutige Zeit. Das Ärgerliche ist, dass es nicht so einfach ist, diese Lager durch andere Lager zu ersetzen, doch das ist eine andere Geschichte. Man muss in solchen Fällen die Lagerung der Brücke insgesamt ändern.

Das Versagen dieser Lager kann keiner Einzelperson zur Last gelegt werden. Die beteiligten Bauingenieure, die die geometrische Unvereinbarkeit hätten erkennen müssen, ahnten nichts von der werkstofflichen Empfindlichkeit und merkten auch nicht, dass die großen Veränderungen, die sich im Brückenbau vollzogen, im Bereich der Unterstützung neues Nachdenken erforderten. Sie blieben gedanklich der Statik des Gesamttragwerks verhaftet, das Lager war für sie darin lediglich ein singulärer Punkt mit definierten Eigenschaften, deren Vorhandensein von höchster Stelle – vom Bundesminister für Verkehr – abgesegnet war. Sätze wie „das drückt sich schon zurecht" oder „ich verlasse mich auf die Schlauheit des Materials" hätte man vielleicht als Antwort bekommen auf die Frage, wie sich die einsame Rolle in einer gekrümmten Brücke überhaupt bewegen kann.

Die Lagerhersteller waren stolz auf ihre neuen Ideen. Die Forderung, das gesamte Lager in den ungünstigsten Abmessungen zu untersuchen, konnte nicht von ihnen kommen, denn die Kosten wären immens gewesen. Sie erbrachten nur die Nachweise, die die „Sachverständigen" von ihnen verlangten.

Und die MPAS hat sehr erfolgreich die Zusammenhänge untersucht und geklärt, die zu untersuchen von anderen für notwendig gehalten wurden. Als das Institut für Bautechnik (IfBt) sich mit den Rollenlagern befasste – ab 1969 – war die Sache „schon gelaufen". Es galt zunächst nur, die bereits vorhandenen unbefristeten Zulassungen des Bundesverkehrsministers in befristete „allgemeine bauaufsichtliche Zulassungen" (abZ) zu verwandeln, also Probleme zu lösen, die verwaltungsrechtlicher Natur sind (z. B. die Umwandlung der „Abnahme" in eine „Güteüberwachung"). Hätte das IfBt Bedenken geäußert gegen eine Bauart, die schon seit 7 Jahren den „Segen" des Verkehrsministers hatte, dann wäre das auf völliges Unverständnis gestoßen. Neuanträge – z. B. von der Sollinger Hütte – mussten aus Gründen der Gleichbehandlung bearbeitet werden wie die Vorgänger.

Es lag hier möglicherweise am System, auch insbesondere daran, dass Erkenntnisse über Fehler im Bauwesen nur mit großer Zeitverzögerung bemerkt werden können. Man kann nämlich nicht nur wenige Bauwerke mit den neuartigen Bauarten ausstatten und warten wollen, ob sie sich bewähren, denn in den 10 Jahren, die man dann warten müsste, sind die ursprünglich Beteiligten nicht mehr da, das Know-how der Herstellung kann nämlich nicht so lange „in der Schublade" vorgehalten werden. Verglichen mit anderen Irrtümern, die zu großen Schäden führten – etwa den Koppelstellen von vorgespannten Brücken, bei denen der Einfluss der Temperaturänderung unterschätzt wurde – ist das Abenteuer mit den hochgezüchteten 1-Rollen-Lagern noch glimpflich ausgegangen.

In der 2. Auflage dieses Buches und auch in der englischen Ausgabe haben wir die Rollenlager nur noch „am Rande" erwähnt.

7.3.8 Gleitlager

Die Monatsschrift „Das Beste“ lieferte die Idee

Das Präkambrium der Gleitlager

Gleitlager als Alternative zum Rollenlager gab es früher wohl nur bei sehr kleinen Brücken. Bei diesen „Lagern“ waren die „Gleitpartner“ gehobeltes Hartholz, polierter Stein und geschliffener Stahl. Stahl als Gleitpartner ist nur so lange funktionsfähig, wie der Rost oder Beschädigungen aus dem Gleitvorgang („Tribologische Schäden“) die Gleitflächen nicht zerstört haben, Hartholz bis zur Fäulnis.

Zwar gab es für den Brückenstatiker mit einer Festlegung in DIN 1072 (Ausgabe September 1931, abgedruckt im Stahlbau-Kalender 1939, Verlag Ernst & Sohn) von jeher eine verbindliche Regel für die Reibungszahl von Gleitlagern – sie ist mit 0,2 anzunehmen, die Reibkraft beträgt also 20 % der Auflast – doch wie ein Gleitlager auszusehen hat, damit es diese Eigenschaft hat, darüber findet sich so gut wie nichts in den alten Regeln. Es gibt auch in Bauwerksbeschreibungen keine brauchbaren Hinweise auf die Konstruktion von Gleitlagern. Wenn jemand ein solches Lager für seine Konstruktion vorsah, so hatte er „Narrenfreiheit“, durfte sich allein auf sein konstruktives Gespür verlassen. Diese Situation hielt an bis 1962. Die 20%-Regel wurde zwar auch in die Ausgabe November 1967 von DIN 1072 übernommen, doch war sie inzwischen bedeutungslos geworden durch einen „Quantensprung“ auf diesem Gebiet.

Der Quantensprung

Der durch viele andere erfolgreich verwirklichte Ideen sehr bekannte Bauingenieur *Fritz Leonhardt*, Massivbauprofessor an der Universität Stuttgart, las – nach seiner in Vorträgen häufig gegebenen Darstellung – abends gern in der Bestsellermonatsschrift „Das Beste aus Reader's Digest“. Diese Hefte enthielten fast ausschließlich Übersetzungen von bereits in den USA erschienen Artikeln und Buchauszügen. Sie waren nach dem 2. Weltkrieg eine sehr gefragte Lektüre bei Intellektuellen, weil damals die USA noch als Vorbild auch auf dem Sektor Allgemeinbildung galten. In einem dieser Hefte las *Leonhardt*, dass ein Kunststoff mit extrem glatter Oberfläche von der Firma du Pont entwickelt worden war. Alles bisher Bekannte an glatten Oberflächen wurde mit Platten aus diesem Werkstoff in den Schatten gestellt. Der Name war Teflon, der wissenschaftliche Name Polytetrafluorethylen, abgekürzt PTFE.

Von Reibungszahlen in der Größenordnung 0,02 – also ein Zehntel dessen, was bisher angesetzt werden durfte – war die Rede. Dieser Bericht hat übrigens auch ungezählte andere Leser Anfang der 50er-Jahre in Erstaunen versetzt, man sprach untereinander darüber – nur *Leonhardt* beließ es nicht beim Staunen, ihm fiel eine Verwendung dieser Eigenschaft im Bauwesen ein. Brückenlager mit diesem Material wären doch eine echte Alternative zum Rollenlager, so seine Überlegung.

Seiner Anfangsidee und seinem Durchsetzungsvermögen ist es wohl zu verdanken, dass das Gleitlager für Brücken in Deutschland entwickelt wurde. Die meisten Details der verwendungsfertigen Erfindung sind allerdings nicht seine Idee. Sie entstanden im Labor der MPA Stuttgart, sie ergaben sich aus Problemen, die bei den Eignungsversuchen entstanden sind, und der Ideengeber war nach Auffassung derer, die diese Entwicklung miterlebt haben, in der Regel der inzwischen verstorbene Dr.-Ing. *Volker Hakenjos*, der sich schon mit seiner Dissertation über die Rollreibung einen Namen gemacht hatte.

Entwicklungsgeschichte im Zeitraffer

Von der ersten Idee bis zur technischen Reife, bis zum marktfähigen Produkt, ist es bekanntlich häufig ein weiter und manchmal dornenreicher Weg.

Dass die Abhängigkeit zwischen Druck und Reibungswiderstand in der Gleitfläche reziprok ist, also mit zunehmendem Druck der Reibungswiderstand abnimmt, das wurde als wunderbare Eigenschaft mit Freuden wahrgenommen, war dies doch genau umgekehrt wie bei den Rollenlagern.

Die Teflonscheiben, die im Gleitlager das Rutschen (Gleiten) ermöglichen sollen, benötigen eine glatte Gegenfläche. Teflon ist ein sinterbarer Thermoplast, und die erste Idee, als Gegenfläche, als sogenannten Gleitpartner, ebenfalls Teflon zu nehmen, erwies sich als falsch. Es ist hier wie beim Staubsaugen: Die relativ weiche Kunststofffläche muss einer harten Gegenfläche konfrontiert werden, andernfalls findet bei dem für Brückenlager erwünschten großem Druck ein „Verbacken“ statt, wie wenn beim Staubsaugen der Velourteppichboden mit Bürste gesaugt wird.

In der ersten Zeit wurden als Gleitpartner hartverchromte Flächen gewählt, später nichtrostender Stahl und schon sehr früh wurde versucht, mit einem geeigneten Kunststoff, dem Duroplast Azetalharz, gegenzuhalten.

Für die ersten Gleitlager wurden Folien aus dem neuen Kunststoff PTFE verwendet, die unmittelbar auf Stahlplatten aufgeklebt wurden.

Wie viel Druck verträgt PTFE? Beträgt der Druck etwa 7 N/mm^2, so zerfließt der Werkstoff – dem Erfinder schwebte aber ein Mehrfaches dieser Zahl vor. Das Auseinanderfließen musste also verhindert werden. Aufgeklebte Folien bedeuteten eine Beanspruchung der Klebefläche, und PTFE ließ sich nur sehr schlecht dauerhaft festkleben.

Der naheliegende Gedanke, die Platten aus PTFE einzukammern, war bereits der richtige Erfindergedanke – er war in anderen technischen Bereichen schon verwirklicht.

Hierbei kam es übrigens auf ein winziges Detail an, an das zunächst niemand gedacht hatte: Damit beim Hin- und Herrutschen die PTFE-Platten fest in der Einsenkung bleiben, durften die Kanten der Einlassung nicht, wie sonst in der Fertigung üblich, „gebrochen“ werden, sie mussten scharfkantig ausgebildet werden.

Teflonscheiben in solchen Kammern konnten sehr hoch belastet werden, fast höher als Beton, ohne dass eine negative Veränderung bemerkbar war.

Aber die kleine Reibungszahl, von der in dem Aufsatz in Reader’s Digest gesprochen wurde, stellte sich dennoch nicht ein. Getreu dem bekannten Satz „Wer gut schmiert, der gut fährt“ wurde nach einem geeigneten Schmierfett gesucht. Die Entscheidung fiel zugunsten eines Silikonfettes, das für andere Anwendungen seine Schmierfähigkeit bereits bewiesen hatte. Dieses Fett ist derart „anhänglich“, dass es sich nicht mit Seife vom Finger abwaschen lässt, falls man damit in Berührung gekommen war. Die Reibungszahlen waren jetzt dort, wo man sie erhofft hatte, sogar unter der „Marke“ 0,02.

Gleitlager mit solcherart benetzten Teflonplatten wurden einige Jahre lang eingebaut, bis man durch Laborversuche etwas bemerkte. Auch bei den Gleitlagern wäre es interessant, zu erfahren, ob Lager aus der Anfangszeit mit sogenannter Einmalschmierung noch im Einsatz sind und wie sie sich heute benehmen.

Mit dem Fett wurde die Reibungszahl zwar merklich herabgesetzt – es wurden Werte bis zu 0,01 erreicht, wenn der Druck zwischen den Gleitflächen sehr groß war –, doch die wiederholte Bewegung führte bald zum Trockenlauf, der Schmierstoff wurde verbraucht bei einer Zyklenanzahl, die bei Brückenlager in wenigen Tagen erreicht sein würde.

Die Lösung des Problems bestand darin, Vertiefungen vorzusehen, die als Vorratsbehälter für das Schmiermittel dienten, so dass der Trockenlauf erst sehr viel später – wenn überhaupt – auftreten kann.

Ein unerwartetes Problem – die große Kälte

Nachträglich ist es nicht mehr feststellbar, wer es wo entdeckte, dass die Reibungseigenschaft temperaturabhängig ist. Die Eignungsversuche bis 1968 wurden sowohl im Labor als auch an realen Bauwerken durchgeführt, ohne dass die während des Versuchs vorhandene reale Temperatur überhaupt registriert und im Bericht angegeben wurde. Die erzielten Reibungszahlen waren stets unterhalb von 0,02, unter günstigen Umständen sogar unter 0,01, und die allgemeine Erwartung war, dass die Gleitreibungszahl mit einem Wert angenommen werden kann, der deutlich unter dem für Rollenlager liegt – der lag bekanntlich inzwischen bei 0,015! Etwa 6 Jahre lang schöpfte niemand Verdacht. In der ersten Veröffentlichung über Brückengleitlager mit PTFE-Verwendung (*Andrä/Leonhardt*, „Neue Entwicklungen für Lager von Bauwerken“, „Die Bautechnik“ 2/62 S. 44 ff.) wird festgestellt, dass dieser Kunststoff von −200 °C bis +300 °C beständig ist – was will man mehr! Diese Veröffentlichung stützt sich hinsichtlich der Erkenntnisse für Gleitlager auf Versuche an der MPAS aus dem Jahre 1969, dargestellt im Versuchsbericht Nr. 23 500a mit Datum 15. 02. 1961. Dieses Datum markiert in Deutschland den Beginn der „Gleitlagerära“. Über die Versuche ist in der VDI-Zeitschrift 1962 (1. Oktober) berichtet worden (*Wellinger/Uetz/Hakenjos*, „Gleitreibungsversuche mit Teflon“). Dort wird noch festgestellt: „... es ist im Wesentlichen gekennzeichnet durch ... niedrige Reibungszahl im Bereich von rd. −60 °C bis +250 °C.“ Im „Journal of Teflon“ der Fa. Du Pont heißt es noch 1964: „... unveränderte Wirksamkeit ohne Verlust an mechanischer Festigkeit von −270 °C bis +260 °C bei gleichbleibendem Reibungsfaktor“.

Im Jahr 1967 veröffentlichten *Uetz* und *Hakenjos* in der „Bautechnik“, Heft 5, S. 159 ff. einen Bericht über Gleitreibungsversuche, in dem es noch keinerlei Hinweis auf den Einfluss von Temperaturen auf die Reibungszahl gibt.

Inzwischen wurden Lager mit diesem neuen Gleitwerkstoff unbekümmert eingesetzt. Im Jahre 1968 wurde – nach mündlicher Mitteilung eines der Beteiligten – von *Kauschke* bei einem Gespräch in der MPA die Meinung geäußert, dass auch hier der Einfluss tiefer Temperaturen untersucht werden müsste, wie das bei anderen Werkstoffen – Stahl, Gummi – ebenfalls geschieht.

1968 wurde ein Aufsatz von Mitarbeitern der MPAS veröffentlicht, in dem nur in der Zusammenfassung lapidar auf eine Temperaturabhängigkeit verwiesen wurde ohne qualitative oder quantitative Aussage (*Uetz* et al., Diskussionsbemerkung (Co-Referat), Materialprüf. 10 (1968) Br. 1 Januar S. 23/24). Vermutlich waren die Untersuchungsergebnisse noch nicht veröffentlichungsreif.

Im nächsten Aufsatz derselben Verfasser zum gleichen Thema in der Zeitschrift „Kunststoffe", Heft 3, 1969, gibt es die erste Warnung: „Die Temperatur hat einen nicht zu unterschätzenden Einfluss auf die Reibungszahl. ... bei tieferen Temperaturen steigen die Reibungszahlen verhältnismäßig stark an." Und zum Jahresende 1969 schreibt *Thul* in „Der Stahlbau" auf S. 360: „... Die Reibungsversuche bei tiefen Temperaturen wurden aus versuchstechnischen Gründen an ringförmigen Versuchskörpern ... durchgeführt. Neuere Versuche haben ergeben, dass die bisher gültigen Reibungsbeiwerte zu niedrig angesetzt wurden. Es ist daher notwendig, dass Reibungsversuche bei tiefen Temperaturen an Versuchslagern bei hin- und hergehender Bewegung entsprechend den Bauwerksbedingungen durchgeführt werden".

Die „Insider" wussten also inzwischen Bescheid. Beim IfBt waren mehrere Anträge auf Zulassung dieser Lager gestellt worden. Es gab bereits eine Zulassung vom Verkehrsministerium, für das Neotopfgleitlager, vom 20.01.1966, und es war unstrittig, dass dieser bisher nicht gekannte und somit noch nicht berücksichtigte Einfluss Rückwirkung auf die bereits erteilte Zulassung haben würde bei deren Umwandlung in eine Bauaufsichtliche Zulassung.

In der MPAS wurden daraufhin die maschinenmäßigen Voraussetzungen geschaffen, um Reibungsversuche bis −35 °C durchzuführen. Die Ergebnisse waren zunächst schockierend, die Reibungszahlen waren bei der als unterste in Deutschland denkbaren Temperatur von −35 °C ein Mehrfaches höher als bei Raumtemperatur. Der „Schaden" hielt sich allerdings in Grenzen. Das Neotopfgleitlager war zugelassen mit Reibungswerten von 0,018 (450 kp/cm^2) bis 0,046 (100 kp/cm^2), vorsichtige Festlegungen vermutlich deswegen, weil es noch nicht sehr viele Versuchsergebnisse und kaum Erfahrungen gab. Die neuen Festlegungen (Anfang 1970) mit Berücksichtigung der Kältewirkung betrugen für die gleiche Pressung 0,025 und 0,060. Sie lagen also deutlich höher – rund 30 % –, doch muss man wissen, dass falsche Festlegungen der Reibungszahlen um diesen Betrag weder zu einem Schaden am Lager noch am Brückenbau geführt haben werden – lediglich die Tragsicherheit eines Festpfeilers, bei dem die Reibungskräfte als Reaktion der sich bewegenden Gleitlager aufzunehmen sind, könnte etwas reduziert worden sein, und das auch nur bei strenger Kälte. Bauwerke, in die bereits Lager mit den zu niedrig angenommenen Reibungszahlen eingebaut worden sind, wurden deshalb auch nicht nachträglich untersucht – man war noch einmal mit einem „blauen Auge" davongekommen.

Die erste „allgemeine bauaufsichtliche Zulassung“ mit den neuen Reibungszahlen konnte mit Datum vom 20. Feb. 1970 für die (längst als solche nicht mehr existierende) Herstellerin O & K ausgestellt werden. Im 1974 erschienenen Buch „Lager im Bauwesen“ wurden die Zusammenhänge aus der Feder von *Hakenjos* und *Richter* ausführlich der Fachöffentlichkeit dargelegt.

Die Gegenflächen

Als ideale Gegenfläche galt zunächst die Oberfläche einer hartverchromten Stahlplatte. Als ruchbar wurde, dass solche Oberflächen als nicht dauerhaft angesehen werden müssen, war die Verunsicherung groß. Die Hartverchromung darf heute nur noch in den im nächsten Kapitel zu behandelnden Kalottenlagern in der gekrümmten Gleitfläche verwendet werden, mit der Begründung, dass dort korrosive Medien praktisch keinen Zutritt haben.

Es wurde außerdem gleich zu Anfang der Entwicklung dieser Lager eine harte, aus 2 Teilen bestehende Kunststoffverbundplatte konstruiert – Azetalharz auf Hartgewebe, vermutlich in anderen technischen Bereichen bereits bekannt –, die ideal als Gleitpartner war. Sie erbrachte die geringsten Reibungswerte. Allerdings hatte sie 2 große Nachteile, einen technischen und einen, der ins Fach Psychologie gehört:

Die – lt. Zulassung vorgeschriebene – dauerhafte Verklebung der Verbundplatten auf der stählernen Gleitplatte war nur mit besonderem Know-how möglich, schlecht angeklebte Platten lösten sich später wieder. Ein Grund war hier auch der extrem unterschiedliche Wärmeausdehnungskoeffizient beider Materialien.

Außerdem waren diese Platten nicht feuersicher – im Brückenbau ein in aller Regel unwichtiger Punkt.

Nach wenigen Jahren, als die ersten Schäden bekannt wurden, wurden die Bedingungen für die Herstellung dieser Verbundplatten derart verschärft – beispielsweise musste jedes Lager einem Temperaturwechselversuch unterzogen werden –, dass sie nicht mehr marktfähig waren.

Als Gegenwerkstoff hatte sich schließlich die polierte Oberfläche von nichtrostendem (austenitischem) Stahl durchgesetzt, obwohl die beiden anderen Möglichkeiten – Azetalharz und Hartverchromung – sich hervorragend als Gleitreibungspartner im Versuch „benahmen“.

Der Verschleiß

Die ersten Kurzzeitversuche mit Nirostaplatten verliefen wunschgemäß, doch je öfter der Schlitten der Versuchsmaschine seine Richtung wechselte, desto dunkler wurde das Schmierfett. Was passierte hier? Kleinste Partikel wanderten von der Metalloberfläche in das Fett. Das ist praktisch der gleiche Vorgang wie beim Händewaschen – doch war ein Ende abzusehen und beeinflusste dieser Schmutz das Prüfungsergebnis? Die Schwarzfärbung wurde als Abrieb denunziert, man wollte sie nicht haben. Es wurde eine „elektrochemische Politur“ vorgenommen, mit der die Partikel an der Oberfläche beseitigt wurden – die Schwarzfärbung blieb dann zwar aus, aber das

Reibungsverhalten wurde dadurch verschlechtert. Schließlich wurde die Lösung in einer erheblich verbesserten, damals nur in einem einzigen Betrieb in Deutschland durchführbaren Politur der Oberfläche gefunden. Der mühsame Weg von der „blankgewalzten" Oberfläche III d mit Metallspiegelqualität bis zur sogenannten III c-Qualität, die bis zur Rautiefe von weniger als ein tausendstel Millimeter geschliffen und poliert werden muss, ist eine kostenreiche Geschichte für sich. Sie ist für Bauingenieure und Architekten kaum so recht verständlich, weil die Bleche allesamt blank und gut aussahen. Die Unterschiede lagen im Mikrobereich, der für das menschliche Auge nicht mehr wahrnehmbar ist.

Bald gab es den nächsten „Schock". Es war mit den Maschinen der MPAS inzwischen möglich, die Verschleißbeanspruchung über einen erheblich größeren Zeitraum – er entsprach der mittleren „Lebenserwartung" einer Straßenbrücke – versuchsmäßig nachzuahmen.

Das Ergebnis war ernüchternd bei Verwendung dieses als ideal angesehenen Blechs, insbesondere für die hohen Pressungen, bei denen der Verschleiß – das war hier der Abrieb der Kunststoffoberfläche – größer war als bei niedrigeren Pressungen.

Die negativen Ergebnisse führten letztlich zu einer „Kappung" der Reibungszahlen – sie müssen seitdem zu mindestens 0,03 angenommen werden, egal, wie hoch die Pressung ist. Das bedeutete also nochmals einen Aufschlag um 20 %, auch der wurde ohne Untergangsstimmung hingenommen.

Der historischen Korrektheit wegen sei angemerkt, dass die Reihenfolge der Ereignisse komplexer war – die Versuche fraßen sehr viel Zeit, und die Entscheidungen über das weitere Vorgehen setzten stets die erfolgreiche Beratung im Sachverständigengremium voraus.

Zwei Glücksfälle führten zur kompletten Erfindung

Es würde hier zu weit führen, die vielen weiteren Irrtümer und Korrekturen in ihrem historischen Ablauf genau zu schildern, wenngleich dies wohl beispielgebend für den Gang einer technischen Entwicklung ist. Für die MPAS war die Beschaffung der Maschinen ein Glücksfall – sie wurden von der MPA entwickelt und die MPA war damit konkurrenzlos, vermutlich weltweit. Und für die Fachwelt war auch *Hakenjos*, von der Ausbildung her ein Maschinenbauer, ein Glücksfall. Er hat sich bei dieser Lagerart nicht damit begnügt, für die vom Auftraggeber für notwendig gehaltenen Untersuchungen die maschinenmäßigen Voraussetzungen zu schaffen, sondern war über Jahre hinweg permanent auch erfolgreich mit der Verbesserung dieser Lagerart und deren Qualitätssicherung befasst.

Die Methode der Schmiermittelspeicherung und auch die Einkammerung wurde zum Patent angemeldet und dieses sofort von den Konkurrenten durch Einspruch bekämpft, mit dem Argument, dass diese Methoden schon in anderen technischen Bereichen angewendet werden und damit nicht neu sind. Die Konsequenz wäre gewesen, in der damals entwurfsmäßig vorliegenden Normenregel für Gleitlager diese Ausbildung als Stand der Technik aufzunehmen. Dadurch merkte jedoch der Einsprecher, dass er mit seinem Einspruch, so er Erfolg hätte, einen Pyrrhussieg erringen würde, denn wenn sein Einspruch berechtigt ist, dann dürfen alle Lagerhersteller im In- und Ausland diese Platten mit Näpfchen herstellen. Der Einsprecher einigte sich mit dem Anmelder außergerichtlich hinsichtlich der Nutzung der Erfindung, zog seinen Einspruch zurück, und schon lag ein wasserdichtes Patent vor, das sogenannte „Schmiertaschenpatent“. Die Aufnahme der so geschützten Erfindung in eine DIN-Norm wurde vom Patentinhaber untersagt – dazu war er berechtigt. Die Erfindung war nun komplett.

Die Normung konnte erst nach Ablauf der Schutzrechte (1982) begonnen werden und führte auch zu einem Normenentwurf (DIN 4141 Teil 12), zu einer endgültigen DIN-Norm kam es jedoch nicht mehr mit Rücksicht auf die europäische Normung, die im Jahre 2000 zur Norm für Gleitteile – EN 1337 Teil 2 – führte. Inzwischen gibt es eine Alternative zum PTFE mit höheren zulässigen Pressungen und kleineren zulässigen Reibungszahlen, siehe Kap. 6.

Varianten für die Schmierstoffspeicherung

Nachzutragen ist, dass es auch andere Lösungen für die Schmierstoffspeicherung gab und bis heute gibt (im Ausland), nämlich andere Formen der Taschen und auch ringförmige Nuten, anfangs zugelassen für die (heute als Lagerbauer nicht mehr vorhandene) Firma DEMAG, mit der legitimen Absicht, das Patent zu „umgehen“, denn der Patentanmelder hatte allen Konkurrenten lange vor Erteilung des Patents verboten, Gleitlager gemäß seiner Erfindung zu bauen. Der Nachteil der Ringnuten war, dass sie für jedes Lager individuell hergestellt werden mussten, während die Näpfchenlösung es ermöglichte, große mit diesen Näpfchen vorgefertigte Platten zu bevorraten und die für ein zu fertigendes Lager benötigten Stücke rauszuschneiden – so wird es heute praktiziert. Die ersten „Näpfchen“ wurden übrigens mit Hilfe von Nietköpfen hergestellt, eine für Erfindungen typische Zweckentfremdung bereits vorhandener Gegenstände. Form und Anordnung der Näpfchen sind also nichts weiter als das Negativbild einer Nietfläche.

Es gibt auch kegelstumpfförmige Schmiertaschen, die in Italien üblich waren – der Unterschied liegt hier wohl in der Herstellungstechnik, die Wirksamkeit dürfte gleich den näpfchenförmigen sein.

Ein Problem bei den Schmiertaschen war, dass sie nur funktionieren, wenn die gesamte Fläche bei den Bewegungen geschmiert wird – es ist also die Hauptbewegungsrichtung beim Einbau zu beachten.

Es gab auch Ideen für eine Nachschmierung der Gleitfläche von außen, ohne das Lager auszubauen, indem Silikonfett mit Hochdruck zwischen Teflon und Blech gedrückt wird. Das klappte jedoch nie so recht.

Bislang ging es nur um den horizontalen Gleitmechanismus.

Der Kippmechanismus

Brückengleitlager werden heute stets mit einem Kippmechanismus versehen, so dass sich ein allseits verdrehbares Lager ergibt.

Es wurden in der Anfangszeit auch Linienkippungen zugelassen und möglicherweise auch gebaut. Sogar Rollenlager wurden mit Gleitteilen kombiniert, um in Querrichtung eine Verschiebungsmöglichkeit zu schaffen – eine Konstruktionsart, die sich mit den heutigen Regeln nicht verträgt. Das Gleitlager wurde zeitlich nach dem Topflager erfunden, der Topf konnte also mit dem Gleitteil problemlos kombiniert werden. Damit war das schon behandelte Nadellager tot.

Ebenso zulässig ist die Kombination eines Gleitteils mit dem „altertümlichen" Punktkipplager, das für sich allein ein ideales Festpunktlager ist. Dieses Lager gibt es „seit Eisenbahnbrücken gebaut werden" (Zitat aus dem Lagerbuch, 2. Auflage, S. 139, bzw. in der englischsprachigen Ausgabe, S. 104). Es ist aber hinsichtlich der Wirkung der Punktpressung bei der Verdrehung eigentlich noch gar nicht vollständig erforscht. Das liegt daran, dass diese Eigenschaft beim Festpunktlager keine Rolle spielt. Sie bewirkt eine für die anschließenden Bauteile der Brücke nur geringe, zur sicheren Seite abschätzbare und in aller Regel für die Bemessung unerhebliche Exzentrizität. Wirkt diese Exzentrizität jedoch auf eine Gleitebene aus PTFE, sieht die Situation anders aus. In der 2. Auflage dieses Buches auf Seite 141 und in der englischsprachigen Ausgabe im Element 215 (S. 107) werden erstmals Beziehungen (empirisch gestützt) angegeben, die den Abplattungseffekt berücksichtigen. Dies kommt natürlich eigentlich 30 Jahre zu spät, doch bei den Eignungsversuchen hatte niemand diese Notwendigkeit gesehen, im Blickwinkel waren damals, wie dargelegt, die Festlegungen für die Reibungszahlen. Systematische Untersuchungen, gezielte Versuche in dieser Sache, gültig für alle Stähle, wenn man deren Festigkeitswerte kennt, gibt es nach wie vor nicht und wird es wohl auch nicht geben, es sei denn, jemand sucht für seine Doktorarbeit ein noch nicht gelöstes Problem.

Eigene Abschnitte sind den Kombinationen mit einer gekrümmten Gleitfläche (Abschn. 7.4.9) und mit Gummilagern (Abschn. 7.4.10) gewidmet.

Zusätzliche Gleitlagerteile

Ohne die Historie dazu abzuhandeln, sei auf die zusätzlichen Teile von Gleitlagern kurz eingegangen.

Sollten sich Gleitlager nur in einer Richtung bewegen dürfen und senkrecht dazu Kräfte aufnehmen, etwa beim Orkan die Brücke festhalten, damit sie nicht von den Pfeilern geschoben wird, so gibt es einige sehr unterschiedliche Ausführungen. Hier ist eine der ganz wenigen Stellen, wo die technische Entwicklung noch nicht das alles andere verdrängende Optimum gefunden hat. Es gibt Außen- und Innenführungen, und der Gleitmechanismus der Führungsschiene besteht entweder aus einem Teflonstreifen mit einer 1 × Schmierung oder einem Streifen aus einem völlig anderen Werkstoff, der „Mehrschichtwerkstoff" genannt wird, jeweils gegen nichtrostendes Blech.

Innenführungen haben statische Vorteile für die Berechnung des Lagers, Außenführungen lassen sich besser inspizieren.

Der Mehrschichtwerkstoff kann dann nicht verwendet werden, wenn die unvermeidbare winzige Verdrehung um die vertikale Achse nicht unbehindert erfolgen kann. In solchen Fällen wird der Erfindungsreichtum des Lagerbauers herausgefordert.

In der Zeitschrift „Bauingenieur“ hat *Kauschke* 1989 ausführlich den damaligen Stand der Technik dargestellt („Entwicklungsstand der Gleitlagertechnik für Brückenbauwerke in der Bundesrepublik Deutschland“, S. 109–120).

7.3.9 Kalottenlager

Das Hüftgelenk unter der Brücke

Die Funktion

Von der Firma Fritz Kreutz, die schon im Kapitel über die Rollenlager vorgestellt wurde, kam die Idee, die im November 1962 zum Patent angemeldet wurde, die Gleitebene mit einer kugelförmig gekrümmten zu kombinieren. Vermutlich weil ein halbes Jahr vorher in einem Aufsatz von *Leonhardt* und *Andrä* ein solches Lager schon abgebildet worden war – es stand allerdings gegenüber der später praktizierten Lösung auf dem Kopf – kam es nicht zu einem Patent.

Den Namen Kalottenlager oder Kalottengleitlager erhielt es erst später.

Die ME hatte vermutlich keine Motivation, dieses Lager zu bauen, denn es war eine Alternative zum Neotopfgleitlager, mit dem gute Geschäfte gemacht wurden.

„Kalottenlager“ ohne den Zusatz „Gleit“ ist allerdings hier sprachlich eigentlich falsch, denn auch beim Punktkipplager gibt es eine Kalotte, nur gleitet sie nicht, sondern „kippt“, durch „Abwälzung“, bei einer Verdrehung über den Berührungs„punkt“. Namen sind aber auch hier eine Sache der Vereinbarung.

Gefühlsmäßig würde man die Kalottenlager zunächst mit unseren Kniescheiben vergleichen, ihre Wirkung ist aber wohl eher wie bei den Hüftgelenken. Es handelt sich hier um den sektoriellen Ausschnitt aus einem Kugelgelenk. Die Verdrehungen zwischen Überbau und Unterbau überschreiten nur selten den Wert von 0,02, meist liegen sie unter 0,01, was eine entsprechend kleine gegenseitige Verschiebung der beiden Lagerteile bedeutet, die sich konvex/konkav in einer Kugelfläche berühren. Die in Deutschland ausschließlich üblichen Kalottenlagerformen haben stets einen ebenflächigen Teil und eine Kugelkalotte, also einen Teil, der – geometrisch – einer Kugelkappe entspricht. Die in anderen Ländern übliche Variante für feste Lager, bei denen es nur eine einzige, gekrümmte Gleitfläche gibt, wird in Deutschland abgelehnt, ebenso das Lager mit zylindrischer Berührungsfläche, denn als Linienlager sind diese funktionsmäßig ähnlich problematisch wie 1-Rollen-Lager.

Kalottenlager haben sich technisch durchgesetzt. Sie haben den Vorteil hoher spezifischer Belastbarkeit. Für sie gibt es sogar einen speziellen Teil – Nr. 7 – in der europäischen Lagernorm EN 1337, der allerdings auch die von Deutschland abgelehnten Varianten enthält.

Die älteste Untersuchung

Die vermutlich älteste MPAS-Untersuchung eines Kalottenlagers betraf ein solches mit einem Kalottendurchmesser von 370 mm, eingebaut im Juni 1966 in eine kleine Brücke in Hessen (Brückenbauwerk 33/EB 42 bei Geislar), für die Untersuchung ausgebaut am 10. Dez. 1968. Dieses Lager hatte eine ständige Pressung von etwa 250 kp/cm^2. Für die beiden Gleitflächen wurden 1,5 mm dicke PTFE-Folien verwendet. Für die Schmiermittelspeicherung wurden 3 konzentrische Rillen, 2 mm breit und 0,3 bzw. 0,5 mm tief, vorgesehen, die gekrümmte Gegenfläche war verchromt. Dieses Lager sah nach 2 Jahren Einsatz sehr gut, um nicht zu sagen „wie neu", aus, doch welchen Belastungen hinsichtlich Bewegung, Verkehrslast etc. es ausgesetzt war, ist dem Bericht leider nicht zu entnehmen.

Reibungszahl und Verdrehungsexzentrizität

Sowohl für die ebene wie für die gekrümmte Gleitfläche wird die Paarung PTFE/Silikonfett/glatte Gegenfläche benötigt, denn nur, wenn die Reibungszahl sehr klein ist, lässt sich für den gewünschten Einsatzbereich – Brücken – erreichen, dass beim Verdrehen keine klaffende Fuge an der weniger beanspruchten Seite entsteht. Unklar war lange Zeit bei diesen Lagern der Zusammenhang zwischen der bei der Verdrehung zu überwindenden Gleitreibung und dem dadurch anzusetzenden Verdrehungswiderstand (bzw. der sich daraus errechnenden Exzentrizität, die zur Kantenpressung in den Gleitflächen führt). Als die Beziehung als solche geklärt war und gerechnet wurde, bekamen die Beteiligten doch einen Schreck – würden die zugelassenen Reibungszahlen in der Statik berücksichtigt, so hätte man keine Kalottenlager mehr bauen können. Zum Glück wurde eine Lösung dieses Problems gefunden, unterstützt durch Versuche und veröffentlicht 1974 in „Der Bauingenieur" (*Eggert/Hakenjos*, „Die Wirkungsweise von Kalottenlager", S. 93/94). Dies ist, nebenbei bemerkt, die erste Veröffentlichung überhaupt, in der die Gleichgewichtsbeziehung mit dem Resultat $e = \mu\,(2\,R - h)$ abgeleitet und dargestellt wurde. Das Resultat, die Problemlösung, lag darin, dass praktisch nur der halbe Wert dieser Exzentrizität zu berücksichtigen ist, vgl. hierzu auch die Ausführungen in *Eggert*, Vorlesungen über Lager im Bauwesen, 2. Auflage, S. 54 ff.

Die Exzentrizität aus der Geometrie

Die horizontale Verschiebung errechnet sich zu $e = \vartheta \cdot r$, wenn ϑ die Verdrehung und r der Krümmungsradius ist. e ist der Größtwert dieser Bewegung – längs der Mittellinie. Hier ist elementare Geometrie anzuwenden, die seit Archimedes und Pythagoras bekannt ist und den Bauingenieuren nur deshalb manchmal etwas Mühe bereitet, weil in der Statik die Bewegungen meist nur virtuell oder infinitesimal klein sind.

Der Versatz der PTFE-Flächen und damit eine Exzentrizität e entsteht, wenn, was technisch in den ersten Jahren unvermeidlich schien, die ebene PTFE-Scheibe an der Kalotte, die gekrümmte aber am konkaven Teil des Lagers befestigt ist.

Diese technische Notwendigkeit ergab sich daraus, dass die harte Gegenfläche zwar für die ebene Gleitfläche problemlos als Nirostablech hergestellt werden konnte, bei der gekrümmten dies jedoch sehr viel schwieriger war: Ein maßgerechtes Blech mit Doppelkrümmung herzustellen schien ungleich aufwendiger als die Verchromung der konvexen Kalottenfläche.

W. Kauschkes verwirklichte Idee war es, eine Lösung ohne diesen Nachteil zu entwickeln und diese Lösung wurde auch zugelassen: In das Lagerunterteil wird ein durch Tiefziehen gekrümmtes Nirostablech eingelassen. Die PTFE-Scheibe passt sich als Thermoplast ohne Weiteres wie schon bei der Hartchromvariante dieser geringen Krümmung an.

Vermutlich ist diese Lösung ohne Versatz teurer als die Hartchromlösung und somit nur dann am Markt durchzusetzen, wenn der Vorteil – eine geringere Gesamtexzentrizität beim Verdrehen –, dazu führt, dass für das Kalottenlager der Einsatzbereich vergrößert wird.

Hartchrom und Flugrost

Kalottenlager sind, wie schon erwähnt, die einzigen Brückenlager, bei denen heute noch Hartchrom für eine Gleitfläche – für die gekrümmte Fläche der Kalotte – zugelassen ist. Diese Fläche, die nur um so viel größer als die Gegenfläche aus PTFE sein muss, dass sie in jeder denkbaren Verdrehungslage diese noch überdeckt, ist gegen die Außenwelt so gut abgeschirmt, dass nicht befürchtet werden muss, was bei weniger gut geschützten Hartchromflächen geschehen kann, nämlich Beeinträchtigung der Funktion durch Rost.

Ursprünglich waren auch die ebenen Flächen hartverchromt. Doch schon nach kurzer Zeit waren diese Flächen voller Rost, was in der ersten Aufregung generell als Durchrostung angesehen wurde. Wenn die Luft sehr aggressiv ist („Chloridhaltige Luft") und die Verchromung zu dünn und schlecht durchgeführt worden war, traf dies mindestens teilweise zu. Sie wurden deshalb für ebene Flächen nicht mehr zugelassen.

Die jetzt noch für die Kalottenfläche zugelassene Hartverchromung besteht aus 3 Schichten. Flugrost wäre auch bei dieser Fläche möglich. Wir wissen außerdem, dass sogar eisenpartikelhaltiger Sandstaub aus der Sahara nach Deutschland wehen kann. Somit ist es nicht sinnvoll, davon auszugehen, dass nur in Industriegegenden Flugrostgefahr besteht. Auch Landluft kann Eisenpartikel enthalten, außerdem kann eine Gegend, die heute ländlich ist, morgen industriell erschlossen sein. Zwar ist Flugrost keine in die Tiefe gehende Zerstörung der glatten Oberfläche, er würde aber, würde er nicht beseitigt, sich festsetzen und die Gleitreibungseigenschaften negativ verändern. Bei der gekrümmten Kalottenfläche ist nur ein kleiner sichelförmiger Spalt frei, alles andere wird vom PTFE überdeckt. Selbst bei Flugrostflecken ist dort somit keine nennenswerte Funktionsschädigung zu erwarten. Anders ist dies bei den ebenen Gleitflächen, bei denen die frei liegenden Flächen vom Gleitweg abhängig und damit erheblich größer sind.

Es wird deshalb generell verlangt, dass Gleitflächen zu schützen sind, auch solche aus nichtrostendem Stahl. (Frischer Flugrost lässt sich übrigens mit einem Lappen aus Textil so abwischen, dass die Fläche danach wieder blank ist.)

Völliges Abschließen gegen die Eisenpartikel ist nicht möglich, Flugrost könnte auch bei den durch Faltenbalg geschützten, ansonsten „korrosionsfesten“ Nirostablechen entstehen. Es sollte sich aber nur so viel Flugrost bilden, dass noch keine Gefahr für das Bauwerk besteht und im Laufe der routinemäßigen Wartung der Brücke die notwendige Reinigung erfolgen kann, dass also eine zwischenzeitliche Reinigung der Flächen nicht notwendig ist.

7.3.10 Verformungsgleitlager

Das „Ei des Kolumbus“

Der letzte Einfall

Die Kombination des Gleitteils mit einem Gummilager – das Verformungsgleitlager – wurde erstaunlicherweise zuletzt verwirklicht. In der „revolutionären“ Phase wird es in der Literatur nicht erwähnt, weder in den Aufsätzen über Gummilager noch in den Publikationen, in denen Gleitlager behandelt werden. Das könnte auch eine Bedürfnisfrage gewesen sein – ein Gummilager kann schon durch Schiefstellung mit relativ geringem Widerstand Bewegungsdifferenzen zwischen den angeschlossenen Bauteilen aufnehmen. Nur wenn diese Bewegungen zu groß werden, so dass die erforderliche Bauhöhe der Gummilager dafür nicht ausreicht, ist eine Gleitebene erforderlich. Dann aber sind meistens ohnehin Lager mit Auflasten erforderlich, für die die ersten Gummilager vielleicht zu klein waren.

Nach *R. Kaiser* lag es noch an etwas anderem: Es lag an der Änderung der Bauverfahren. Mittels der seinerzeit häufigen Verwendung von Fertigteilen, die mit sogenannten Koppelgelenken verbunden waren und zu großen Entfernungen vom virtuellen Festpunkt führten, ergaben sich große Auflasten mit großen „einseitigen“ Verschiebungen und damit Einsatzbereiche, bei denen als „Zwischenlösung“ die in der Literatur nicht erwähnten „Justierlager“ – Gummilager mit Korrekturmöglichkeit für einmalig auftretende Verschiebungen, 1971 patentiert für Fa. Kaiser – Verwendung fanden.

Der entscheidende Grund aber war wohl folgender: Gummilager wurden von Herstellern fabriziert, die keine Gleitlager herstellten, und umgekehrt. Wer Gleitlager herstellte, produzierte auch alle übrigen Lager – ausgenommen die Gummilager. Von Seiten der Lagerhersteller gab es daher zunächst überhaupt kein Interesse an einer Verknüpfung beider zu einem Lager.

Ein Ingenieurbüro – Ronald Kaiser, München – entwickelte die ersten Verformungsgleitlager und ließ sie – ohne Zulassung, mit spezieller Genehmigung der Behörde – nach seiner Aussage erstmalig 1966 einbauen. Es dauerte bis 1973, bis das Ingenieurbüro eine Zulassung dafür nach aufwendigen Eignungsversuchen erwirkte. Dies war die erste Zulassung für diese Bauart, der dann in rascher Folge weitere – zunächst die der neu gegründeten Lagerfirma BLT – folgten. In der ersten Auflage des Lagerbuchs wird diese Lagerart auf S. 124 behandelt.

Die neuen Möglichkeiten

Es gibt übrigens 3 im Prinzip unterschiedliche Methoden, Gummi und PTFE zu einer sinnvollen Lagerkonstruktion zu verbinden:

- eine PTFE-Folie bildet den oberen Abschluss bei einem Gummilager,
- die obere Bewehrung erhält eine Vertiefung, in die eine PTFE-Platte eingelegt wird,
- auf das fertige Gummilager wird eine separat gefertigte Gleitplatte gelegt.

Für jede dieser Varianten gab es Anwendungsbereiche. Die älteste Konstruktion könnte die zuerst genannte sein, das „Nofri"-Lager (No Friction) der Fa. Gumba.

W. Kauschke hatte die Idee, solche Lager so zu bemessen, dass die Gleitschicht nur für die erste Zeit, wenn die Schmierung noch voll wirksam ist, benötigt wird, für die Zeit danach aber das Gummilager durch Schrägstellung zur Verfügung steht. Ein solches Lager benötigt keine Wartung, die über die eines Gummilagers hinausgeht. Die Konstruktion unterscheidet sich bei diesem Lager nicht von einem „normal" bemessenen Verformungslager, wohl aber die Abmessung.

Dieses sogenannte „wartungsfreie Gleitlager" wurde auch mit diesem Bemessungskonzept zugelassen. Man sollte meinen, dass die Brückenbauer entzückt gewesen wären, dass es dieses Lager gibt, dass sie sich um dieses Lager gerissen hätten, doch dem war wohl nicht so. Dieses Lager ist ein klein bisschen teurer als ein nicht wartungsfreies, weil etwas doppelt ausgelegt wurde, eine Art Redundanz also. Der Brückenbauer ist der öffentliche Auftraggeber, vertreten durch Bedienstete, die, was zunächst völlig richtig ist, nach vorgeschriebenen Regeln entscheiden müssen. Es ist ein Glücksfall, wenn das Verantwortungsgefühl dieser Kollegen deutlich über den Tellerrand hinaus reicht, zumal nicht der öffentliche Auftraggeber die Lager bestellt, sondern die Firma, die die Brücke baut und die den Zuschlag bekommen hat. Sie hat nur das Interesse, die Gesamtkosten niedrig zu halten. Das heißt hier, dass das wartungsfreie Lager hätte vorgeschrieben sein müssen – das aber würde aus Wettbewerbsgründen nicht geschehen dürfen, weil es nur für einen einzigen Hersteller zugelassen wurde. So lässt sich an diesem kleinen Beispiel demonstrieren, dass die technische Entwicklung auch von der strukturellen Situation eines Landes abhängig ist.

Insgesamt lässt sich aber feststellen, dass die Kombination Gummilager mit Gleitlager sehr erfolgreich eingesetzt wurde. Es gibt 5 verschiedene Grundkombinationen, vom allseits beweglichen und verschieblichen Lager bis zum nur einseitig verschieblichen, allesamt versehen mit einem Gummiquader für die Aufnahme der Brückenlast.

7.3.11 Festhaltekonstruktionen

Die deutsche „Marotte"

Die Brückenlagertechnik enthält auch ein deutsches Element, um nicht zu sagen eine deutsche Marotte, die im europäischen Ausland zunächst bei der Beratung über eine Normenregelung Kopfschütteln hervorrief. Es handelt sich um die sogenannten Festhaltekonstruktionen.

Ruht eine Brücke völlig auf einfachen Gummiquadern, so haben wir es nach alter und irreführender Bezeichnung mit einer „schwimmenden" Lagerung zu tun. Heute ist diese Lagerung salonfähig, doch vor 20 Jahren war das anders. Jede Brücke musste einen „optisch" erkennbaren Festpunkt haben und mindestens einen zweiten Auflagerpunkt, bei dem eine Verschiebung nur in einer Richtung – am besten auf den Festpunkt zu – möglich ist. Auch an dieser Stelle ist *Ronald Kaiser* zu erwähnen, der erfolgreich die Idee durchsetzte, diese Forderung gedanklich unabhängig von den Gummilagern zu verwirklichen, also Stahlkonstruktionen zu entwerfen, die dieser Forderung gerecht werden, die aber keine vertikale Last aufnehmen. Solche Konstruktionen müssen nicht unbedingt dort sein, wo die Gummilager sind, es ist aber die einfachste Lösung des Problems, sie den Gummilagern sozusagen „überzustülpen". Diese Bauart wird schon in der 1974 erschienenen ersten Auflage des Lagerbuchs – dort auf Seite 216 – dargestellt. Nach Auskunft von *Kaiser* wurde das dargestellte Bauklammersystem von Dr.-Ing. *Hans Christoph Seebohm*, 1949 bis 1966 Bundesverkehrsminister, ein Bauingenieur (!), konstruiert, während die anderen beiden Konstruktionen von *Kaiser* und *Grote* (Gumba) etwa 1961 entwickelt und hergestellt wurden.

Diese kleinen Stahlkonstruktionen können nach vorhandenen Regeln bemessen werden, so dass es zunächst so gesehen wurde, dass es hier keiner besonderen Regelung bedarf. Wird etwas nicht geregelt, so macht sich die Sache jedoch selbstständig, das heißt ungeregelt breit, und ein Chaos droht, wird etwas aber geregelt, so wird der technische Stand „eingefroren" – blockiert, sagen die Gegner einer Regelung.

Es wurde deshalb der Mittelweg eingeschlagen, also eine Vornorm, DIN V 4141-13, abgedruckt im Lagerbuch 2. Auflage, S. 288 ff., geschaffen. Daraus wurde eine europäische Norm (EN 1337 Teil 8). Ob die Kollegen in den Nachbarländern sich von dieser Idee, die in Deutschland recht erfolgreich war, anstecken lassen, bleibt abzuwarten. Obwohl von Anfang an dabei, sind die Festhaltekonstruktionen an der „Revolution" in der Lagertechnik nicht beteiligt, so dass wir es bei diesen Hinweisen belassen.

7.3.12 Die technischen Regeln (Normen und Zulassungen)

Schon 1934 wurde in der Vorschrift „Berechnungsgrundlagen für stählerne Eisenbahnbrücken der Deutschen Reichsbahn (BE)" die auch heute – und zwar in ganz Europa – verbindliche Grundrissdarstellung für bewegliche Lager festgelegt: ein runder Kreis, mit Pfeilen, die die Bewegungsrichtung anzeigen (Stahlbau-Kalender 1939, S. 345, Verlag Ernst & Sohn, Berlin).

Wenige Jahre nachdem die Regelung durch Zulassungen auf das IfBt in Berlin überging wurde auf Vorschlag und Antrag beim DIN von *Eggert* mit der Regelung der Materie, soweit sie nicht in den Zulassungen schon erfasst war, durch DIN-Normen begonnen, zeitgleich wurden in der DDR TGL-„Standards" erstellt und in den 1980er Jahren begann die europäische Normung.

Interessant ist, welche Widerstände damals überwunden werden mussten. Von Seiten der Verwaltung wurde befürchtet, dass der Lagerindustrie unberechtigterweise Vorteile zugunsten der Sicherheit eingeräumt werden sollten, die Lagerindustrie befürchtete durch die Normung ein Einfrieren auf den erreichten technischen Stand und die Veröffentlichung ihres Know-how und die Prüfanstalten befürchteten den Rückgang von Aufträgen für Untersuchungen und Gutachten. Nichts davon ist eingetroffen. Bei der europäischen Normung stellte es sich heraus, dass wir mit der DIN-Normung gegenüber den anderen europäischen Ländern einen großen Vorsprung besaßen, so dass die meisten deutschen Regelungen mangels Alternativen übernommen werden konnten.

7.3.13 Zeittafel für die Geschichte

Aus der Vorzeit

1881 – Heinrich Hertz entwickelt die nach ihm benannten Formeln für die Pressung
1882 – Gummi als Zwischenlage in Fugen wird im Buch „Brückenbau" von *Schäffer* et al. empfohlen
1926 – Aufsatz über Bleigelenke in der Zeitschrift „Beton und Eisen".
1930 – künstlicher Gummi (Neoprene) wird erfunden
1932 – erster Einsatz von Gummilagern unter Brücken
1933 – gepanzerte Betonwälzgelenke werden in der Zeitschrift „Die Bautechnik" beschrieben
1939 – das Burkhardt-Rollenlager wird in der „Bautechnik" beschrieben
1940 – das Vielkugellager wird in „Stahlbau" von *Schönhofer* beschrieben
1943 – das Vielrollenlager (= „Nadellager") wird in „Stahlbau" von *Schönhofer* beschrieben
1954 – Patentanmeldung *Freyssinet* für bewehrte Gummilager
– Verwendung von Teflon im Maschinenbau wird bekannt

In der Revolutionszeit

1957 – erste Brücken in Deutschland auf Gummilagern nach *Freyssinet*
1958 – Kreutz-Panzerstahlrollenlager werden in der Brücke über die Norderelbe in Hamburg eingebaut
1959 – Aufsatz in „Beton und Stahlbetonbau", Heft 9, über Gummilager für Brücken von *Franz*
1960 – Erwähnung der Verwendung von Teflon bei Brücken in „Die Schmiertechnik" von *K.-H. Reinsch*
– Erwähnung der Topflager in Aufsätzen in Heft 6 „Beton und Stahlbetonbau" und „Der Bauingenieur"
– Vielkugellager werden im Beton-Kalender Teil 2 im Beitrag von *A. Kaiser* dargestellt
1961 – Bemessung von Bleigelenken in Heft 5 „Beton und Stahlbetonbau"
1962 – erste Vorschrift für die Bemessung von Gummilagern (ORE, Europ. Eisenbahnverband)
– Aufsatz über neue Lager (Topf-, Rollen-, Gleit-, und Kalottenlager) in Heft 2 „Die Bautechnik"
– erste Topflagerzulassung

- erste Zulassung eines Rollenlagers mit 1,5% Rollreibungswiderstand (CR-Lager)
- Bericht über Gleitlagerversuche in Heft 5 „Der Bauingenieur“ und VDI-Zeitschrift
- Juli: erste Patenanmeldung für Gleitlager (Einkammerung), 1969 abgelehnt
- November: Patentanmeldung Kalottenlager (wurde abgelehnt)
- erster Einbau von Gleitlagern: Überführung der B42 bei Schierstein/Mainz

1963 – erster Bericht über Versuche an Gummilagern in „Der Bauingenieur“
- erste Zulassung für Gummilager
- erste Zulassung der Panzerstahllager

1964 – Veröffentlichung der „strengen Theorie“ für Gummilager in „Der Bauingenieur“
- erste Zulassung der Edelstahlrollenlager
- April: zweite Patentanmeldung für Gleitlager (Schmiertaschen), wurde erteilt

1966 – erste Zulassung für (Topf)gleitlager
- erste Verformungsgleitlager werden eingebaut
- die Gutehoffnungshütte Sterkrade übernimmt die Lagerfertigung der Maschinenfabrik Esslingen

Danach

1967 – erste Dissertation über Brückenlager (*Hakenjos*, Rollreibung)

1968 – erste deutsche Normen über Lager: Gummilager und Topflager (TGL 18204 T. 1 u. 2)
- 1. Juli Gründung des Instituts für Bautechnik (IfBt), Berlin als neue Zuständigkeit für Zulassungen

1970 – erste Zulassungen für Brückenlager, ausgestellt vom IfBt

1973 – erste Zulassungen für Verformungsgleitlager

1974 – das Buch „Lager im Bauwesen“ erscheint im Verlag Ernst & Sohn

8 Literatur

Im nachfolgenden Abschnitt wird ein Überblick über das vorhandene Schrifttum über Lager gegeben. Der Abschnitt 8.1 enthält einige Literaturangaben mit einem Kommentar.

Ein wesentlich umfangreicheres Literaturverzeichnis zum Gegenstand enthält die Dissertation von *Volker Wetzk* „Brückenlager. 1850–1950“ (Cottbus 25. 11. 2010).

8.1 Kurzkommentare zu einigen Veröffentlichungen

8.1.1 Allgemeines

1. *Leonhardt und Andrä*: Stützungsprobleme der Hochstraßenbrücken. Beton- und Stahlbetonbau 55 (1960), Heft 6.

   In diesem Aufsatz werden insbesondere für gekrümmte Brücken die verschiedenen Lagerungsmöglichkeiten besprochen. Der Aufsatz ist zum Teil veraltet, weil weder PTFE-Lager noch bewehrte Elastomerlager behandelt werden.

2. *Hartmann, Friedrich*: Stahlbrückenbau. Wien, Schranz, Deuticke 1951, S. 712 (19. Absatz: Die Lager der Balkenbrücken).

   Diese Veröffentlichung ist zum Teil veraltet. Sie enthält jedoch elementare, allgemein gültige Berechnungsformeln (z. B. für die Hertz’sche Pressung) für feste Lager und für Rollenlager aus herkömmlichem Stahl und kann daher für die statische Berechnung und Prüfung solcher Lager von Nutzen sein.

3. *Weiprecht, M.*: Auflagerung von Brücken. Elsners Taschenbuch für den Bautechnischen Eisenbahndienst 1967, S. 231–277, Abschnitt E Brücken- und Ingenieurhochbau.

   Dieser Aufsatz kann im Hinblick auf den Anwendungsbereich Brückenbau fast als eine Art Vorläufer dieses Handbuchs betrachtet werden. Es werden bereits alle modernen Lagertypen behandelt, darüber hinaus auch inzwischen ausgestorbene Arten wie z. B. das Neotopfnadellager. In einem Hauptteil wird ein Überblick über die charakteristischen Merkmale der verschiedenen Lager gegeben, in einem Anhang werden die Berechnungsgrundlagen mitgeteilt, ein Anhang I enthält eine Zusammenstellung der wichtigsten Normen und Vorschriften und ein Anhang II enthält Tabellen über Gewicht und Bauhöhe der verschiedenen Lagerarten.

4. *Ohne Verfasser*: Brückenlager. Beratungsstelle für Stahlverwendung, Düsseldorf, Merkblatt 339, 2. Auflage 1968.

   Auf 22 Seiten werden hier zunächst die funktionellen Aufgaben der Lager erklärt und die klassischen Lagerformen beschrieben sowie die heute kaum noch angewandten Kugel- und Nadellager. Im Abschnitt Neuzeitliche Lagerformen werden dann die Lager der Firmen Kreutz, GHH und DEMAG vorgestellt, anschließend Stelzenlager, Lager aus gepanzertem Beton, Zuglager und Lager für Seiltragwerke. Die Druckschrift ist größtenteils veraltet, ermöglicht aber eine schnelle, wenn auch nicht lückenlose Übersicht über die Brückenlagertechnik.

Lager im Bauwesen. 3. Auflage. Tobias Block, Helmut Eggert, Wolfgang Kauschke.

5. *Thul, H.*: Brückenlager. Der Stahlbau 38 (1969), S. 353.

Der Aufsatz enthält einen Überblick über den damaligen technischen Stand der Lagertechnik und die Anwendung im Brückenbau.

6. *Sattler, K.*: Lehrbuch der Statik, 1. Band, Teil A, Theorie. Springer Verlag, Berlin/Heidelberg/New York, Abschnitt I Allgemeine Grundlagen 1969.

In diesem Abschnitt wird unter Ziffer 4 (Ausbildung der Stützung) eine vierseitige knappe Darstellung der verschiedenen Stützungsmöglichkeiten gegeben. Die Darstellung des Gummilagers fehlt.

7. *Bayer, K.*: Auflager und Fahrbahn-Übergänge für Hoch- und Brückenbauten aus Kunststoff. Verein Deutscher Ingenieure VDI im Bildungswerk BV 1596 (Vortragsveröffentlichung).

Der Aufsatz behandelt im ersten Teil Aufbau, Wirkungsweise und Anwendung von bewehrten Elastomerlagern, Neotopflagern und PTFE-Lagern. Es wird auch über den Einsatz von Gleitlagern bei der Auflagerung des IJ-Tunnels, Amsterdam, auf Pfählen berichtet.

8. *Ferreira*: Terminologie des Hoch- und Brückenbaues. Wilhelm Ernst & Sohn, Berlin/München 1969.

Dieses Buch enthält unter Kapitel IX, 9, folgende Definition:

Auflager: Jeder Balken oder Träger übt durch seine Belastung auf die Auflager Auflagerdrücke aus, denen zur Aufrechterhaltung des Gleichgewichts gleich große Stützkräfte oder Auflagerkräfte oder Auflagerreaktionen oder Auflagerwiderstände entgegenwirken müssen: Wir verstehen also unter Auflagerdrücke die Kraft vom Balken auf die Auflager (Aktion), dagegen unter Auflagerkraft die Gegenkraft des Auflagers auf den Balken (Reaktion).

Die Brückenauflager (Auflager, Brückenlager) dienen zur Übertragung der Auflagerkräfte vom Tragwerk auf die Fundamente und sind so auszubilden und zu bemessen, dass die Kräfte statisch einwandfrei und mit Berücksichtigung der Formänderungen des Tragwerks und der Wärmeschwankungen übertragen werden können.

Die festen und beweglichen Lager der Brückenlängsträger werden als Kipplager eingerichtet, so dass sich der Überbau frei drehen kann. Die festen Lager sind Kipplager, die eine Drehung nur in der Ebene des Trägers ermöglichen. Bei festen Zylinderzapfenkipplagern ist zwischen Kippplatte und Grundplatte ein zylindrischer Zapfen eingelegt (Zentrierzapfen).

In dem festen Linienkipplager fasst die ebene Kippplatte (oben) die zylindrische Wälzfläche der Grundplatte (unten), so dass Abgleiten in der Längsrichtung der Brücke unmöglich ist. Seitliche Ansätze (Knaggen) an der Grundplatte verhindern Querverschiebungen. Schließlich ist das ganze Lager durch einbetonierte Rundstähle (Dollen) auf dem Unterbau festgehalten.

Bewegliche Lager sind solche, die die erforderlichen Verschiebungen bei kleinem Widerstand zulassen. Gleitlager, bei denen zwei Lagerkörper mit gehobelten Flächen aufeinander gleiten. Die Rollenlager bestehen aus Grundplatte, Rollen, Sattelplatte, Mittelteil und Kippplatte (pro Lageroberteil).

Bei größeren Rollendurchmessern kann man die seitlichen Teile der Rollen, die nie zum Abwälzen kommen, weglassen und erhält das Stelzenlager. Bei einem Kugellager sind die Walzen oder Stelzen durch Kugeln ersetzt. Eine weitere Möglichkeit bieten Pendellager, bei denen in der Regel unter jedem Hauptträger Pendelstützen angeordnet sind.

9. *Hütte, Schleicher*: Die Handbücher des Bauingenieurs enthalten über Lager nur sehr kurze, im Großen und Ganzen dem heutigen Stand nicht mehr entsprechende Angaben.

10. *Marioni, A.*: Apparechi di appogio per ponti e strutture, ITEC editrice, Milano, 1983.

    Dieses Buch ist eine Darstellung über Lager im Bauwesen in italienischer Sprache. Es enthält noch die Linienlagerung und beschreibt auch die in Deutschland ungebräuchlichen Kalotten- und Zylinderlager, bei denen die äußere Horizontalkraft direkt über die gekrümmte Fläche weitergeleitet wird.

11. *Maurer/Rahlwes*: Lagerung und Lager von Bauwerken, Beton-Kalender 1995, Teil 2, Ernst & Sohn.

    Diese in mehrjährigem Abstand im Beton-Kalender erscheinende Abhandlung kann als aktuelle Ergänzung des Lagerbuchs angesehen werden.

12. *Deinhard, J. M. et al.*: Der Schadensfall an der Mainbrücke bei Hochheim. Beton- und Stahlbetonbau 72 (1977) S. 1–7.

    Der in diesem Aufsatz geschilderte Schadensfall entstand im Sommer 1973, als ein als Stelzenlager wirkendes, auftraggeschweißtes Rollenlager über den planmäßigen Rollweg hinauslief. Dies führte zur Absenkung des Überbaus um 36 cm, zur Schiefstellung des Pfeilers und – natürlich – zur Zerstörung der Lagerkonstruktion. Aus dem Schadensfall wurden Erkenntnisse gezogen, über die im Aufsatz berichtet wird.
    Zitat (als Beispiel): „Bei der konstruktiven Ausbildung beweglicher Lager sollte stets darauf geachtet werden, dass der Überbau einer unvorhergesehenen Überschreitung des rechnerisch ermittelten Lagerweges noch verhältnismäßig gefahrlos folgen kann."

13. *König, G.; Maurer, R.; Zichner, T.*: Spannbeton: Bewährung im Brückenbau; Analyse von Bauwerksdaten, und Erhaltungskosten. Springer Verlag Berlin, Heidelberg, New York, London, Paris, Tokyo 1986.

    In diesem Buch wird auch auf Probleme und Schäden im Zusammenhang mit Brückenlagern eingegangen. Es enthält

    - eine drastische Darstellung des Schadens an der Brücke Hochheim aus dem Jahre 1973.
      Eine Überrollung des planmäßigen Rollwegs führte zur Schiefstellung des Pfeilers und zur Einsenkung des Überbaus, s. auch Nr. 12.
    - Korrosion an einem Rollenlager.
      Es wird auf notwendige Wartungsmaßnahmen hingewiesen, die ein Stiefkind vieler Brückeneigentümer in aller Welt sind.

- eine Statik über Spannbetonbrücken, in der auch die Veränderung in der Wahl für die beweglichen Lager gezeigt wird. Bis 1964 sind es ausschließlich Rollenlager, die im Verlauf von ca. 30 Jahren von Topf- und Kalottengleitlagern verdrängt wurden. Die Darstellung reicht allerdings nur bis 1980 und fasst jeweils 5-Jahres-Zeiträume zusammen.
- eine Auswertung von Schadensdaten. Dabei wurden Daten von 2700 Lagern ausgewertet und festgestellt, dass Korrosion ein sehr häufiges Schadensmerkmal ist. Rollenlagerschäden werden u. a. darauf zurückgeführt, dass bei Massivbrücken eine schwellende Beanspruchung bei hoher Mittelspannung in den Rollenlagern auftritt, die eine Materialermüdung bewirkt. Dies führt zu Rissbildungen mit anschließendem Risswachstum im Bereich von Spannungsspitzen. Wenn diese Argumentation zutrifft, sind auf Dauer auch die sonst als schadenssicher angesehenen duktilen Rollen (Auftragschweißung auf zähem Grundwerkstoff) rissgefährdet, denn letztlich bedeutet bereits die Berührungslinie bei voll ausgenutzter Hertz'scher Pressung wegen der plastischen Verformung eine Kerbe. Solange dieser Einfluss nicht durch Dauerfestigkeitsuntersuchungen abgeklärt ist, bleibt zu befürchten, dass es mit dem Auswechseln der Edelstahlrollen noch lange nicht sein Bewenden hat.
- einen Vergleich der Gefährdung bei gleichartigen Schäden am Durchlaufsystem und am System aneinandergereihter 1-Feld-Brücken. Im letzteren Fall bewirkt das Absenken des Überbaus an jeder Stützstelle durch Zerstörung des Lagers (z. B. Platzen der Rolle eines Rollenlagers) eine Gefahr für Leib und Leben, während bei Durchlaufträgern an den Zwischenstützen nur eine relativ ungefährliche „Delle“ entsteht.
- eine Analyse des Finanzbedarfs zur Erhaltung der Brücken. Der Anteil der Kosten für die Lager erreicht dabei kaum 10 % der Gesamtkosten. Es kann angenommen werden, dass mit der Abnahme der Anzahl der Rollenlagerauswechselungen dieser Anteil künftig noch geringer ausfallen wird.
- Kostenangaben für den Austausch der Lager. Die Kosten für den Austausch sind unvergleichlich teurer als der Neupreis für Lager inklusive Einbau. Die Kostenangaben betragen 5000 DM bis 125.000 DM je Lager, abhängig vom speziellen Aufwand und auch von der Brückenart (bei Talbrücken ist der Aufwand besonders hoch) und sind bei dieser großen Schwankungsbreite als Richtwerte kaum brauchbar. Besonders hoch ist der Aufwand natürlich dann, wenn beim Neubau eine mögliche Auswechselung nicht planmäßig vorgesehen wurde (Zugänglichkeit, Pressenansatzpunkte).

8.1.2 Historisch interessantes Schrifttum

1. *Leonhardt, F.; Wintergerst, L.*: Über die Brauchbarkeit von Bleigelenken. Beton- und Stahlbetonbau 1961, Heft 5. S. 123–131.

   Der Aufsatz enthält einen auf Versuchsergebnissen und Erfahrungsauswertung basierenden Vorschlag zur Änderung der entsprechenden Vorschrift in DIN 1075. Bleilager bzw. Bleigelenke entsprechen nicht mehr dem Stand der Technik und werden daher wohl nur noch ausnahmsweise in einfachen Bauten angewandt. Für solche Fälle gibt der Aufsatz erschöpfende Auskunft.

2. *Andrä, W.; Leonhardt, F.*: Neue Entwicklungen für Lager von Bauwerken, Gummi- und Gummitopflager. Die Bautechnik 39 (1962), Heft 2, S. 37–50.

   Dieser Aufsatz, in dem erstmalig zusammenhängend über die neuen Lagerarten und deren Vorteile gegenüber den herkömmlichen stählernen Lagern berichtet wird, war seinerzeit eine der wichtigsten Veröffentlichungen über Lager.

3. *Beer, H.*: Die Prager Straßenbrücke in Wien, ein neuartiges System für eine sehr schiefe Brücke. Der Bauingenieur 38 (1965), Heft 5, S. 180–189.

   Es wird gezeigt, wie durch entsprechende Wahl der Überbaukonstruktion vermieden werden kann, dass bei schiefen Brücken in den stumpfen Ecken sehr große Auflagerdrücke und in den spitzen Ecken hohe Zugkräfte an Auflagern entstehen. Die dargestellten Lagerausführungen entsprechen nicht mehr den heute gebräuchlichen. Man sieht u. a., wie ein stählernes Lager aussah, dessen Bewegungsrichtung schräg zur Kippachse verläuft.

4. *Weitz, F.-R.*: Entwicklungstendenzen des Stahlbrückenbaus am Beispiel der Rheinbrücke Wiesbaden-Schierstein. Der Stahlbau 35 (1966), S. 289–301.

   Mit einer Gesamtlänge von 1200 m handelt es sich beim Brückenzug Wiesbaden-Schierstein um eine der größten Brücken Deutschlands (Baujahr 1960 bis 1962).

   Obwohl im Grundriss gerade, brachten die großen Bewegungen und die ungewöhnlich hohen Auflagerdrücke besondere Lagerungsprobleme mit sich, die mit den damals vorhandenen Mitteln optimal gelöst wurden. Erstmalig kommen hier bei Auflagerkräften von 2500 Mp Neotopflager und Neotopfnadellager zur Anwendung.

5. *Mörsch, E.; Bay, H.; Deininger, K.*: Brücken aus Stahlbeton und Spannbeton. 2. Band Herstellung und bauliche Einzelheiten, 6. Auflage, Abschnitt G, 15. Lager und Gelenke. Verlag K. Witwer, Stuttgart 1968.

   Von den 37 Seiten dieses Kapitels werden 22 den Gelenken der Brückengewölbe und nur 15 den eigentlichen Lagern gewidmet. Obwohl Gleitlager, Gummilager und auftraggeschweißte Rollenlager bereits erwähnt werden, ist die Darstellung größtenteils veraltet und reicht allenfalls für eine grobe Orientierung.

6. *Grote, J.*: Unbewehrte Elastomerlager. Der Bauingenieur 42 (1969), S. 121.

   Der Aufsatz enthält u. a. einen Vorschlag für die Bemessung unbewehrter Elastomerlager, der Grundlage für die späteren Richtlinien wurde, der Vorläuferin von DIN 4141 Teil 15.

7. *Weiteres historisch interessantes Schrifttum*:

   Schaper, G.: Bauliche Ausbildung und Gestaltung der stählernen Zwischenstützen stählerner Überbauten. Die Bautechnik 10 (1937), S. 161.

   Burkhardt, E.: Gepanzerte Betonwälzgelenke, Pendel- und Rollenlager. Die Bautechnik (1939), S. 230.

   Heesen: Gepanzerte Betonwälzgelenke, Pendel- und Rollenlager. Die Bautechnik (1948), S. 261.

Sedyter: Über die Wirkungsweise von Bleigelenken. Beton und Eisen (1926), S. 29.

Kollmar: Auflager und Gelenke, Berlin (1919).

8. *Schönhöfer*: Neugestaltungen auf dem Gebiet des Auflagerbaues und auf verwandten Gebieten. Werner-Verlag, Düsseldorf (1952).

   Dieses Buch enthält eine Fülle von konstruktiven Ideen für alle denkbaren Lagerungsprobleme (Stahllager). Leider sind Anwendungsfälle kaum bekannt geworden, da durch die Verwendung von PTFE und Gummi die meisten Ideen Schönhöfers hinfällig wurden.

9. *Beyer, E.; Wintergerst, L.*: Neue Brückenlager, neue Pfeilerform. Der Bauingenieur 35 (1960), Heft 6, S. 227–230.

   In diesem Aufsatz wird das Gummitopflager der Öffentlichkeit vorgestellt, die Wirkungsweise beschrieben und über Versuche mit diesem Lager berichtet. Unter anderem erfährt man hier auch etwas über die Zusammendrückbarkeit dieser Lager (weniger als 1 mm bei einer Pressung von 400 kp/cm^2 und einer Gummischichtdicke von 30 mm).

10. *Eggert, H.*: Lager für Brücken und Hochbauten. Der Bauingenieur 53 (1978) S. 161–168.

    In diesem Aufsatz wird – 4 Jahre nach Erscheinen der ersten Auflage des Lagerbuches – der aktuelle Stand mitgeteilt. Zu diesem Aufsatz gehört eine Zuschrift von *H. Pfohl* und eine Erwiderung, veröffentlicht im Jahrgang 54 (1979) S. 200.

8.1.3 Versuchsberichte

1. *Suess, K.; Grote, J.*: Einige Versuche an Neoprenelagern. Der Bauingenieur 38 (1963), Heft 4, S. 152–157.

   Der Aufsatz berichtet über die Durchführung und Ergebnisse einiger für die Zulassung der bewehrten GUMBA-Elastomerlager erforderlichen Eignungsversuche. Er enthält darüber hinaus grundsätzliche allgemein gültige Angaben, z. B. zur Zunahme des Schubmoduls bei tiefen Temperaturen.

2. *Uetz, H.; Hakenjos, V.*: Reibungsuntersuchungen mit Polytetrafluoräthylen bei hin- und hergehender Bewegung. Die Bautechnik 44, Heft 5, S. 159–166.

   Uetz, H.; Hakenjos, V.: Gleitreibungs- und Gleitverschleißversuche an Kunststoffen. Kunststoffe, 59. Jahrgang (1969), Heft 3, S. 161–168.

   In den beiden vorgenannten Aufsätzen wird ein Überblick über das Reibungs- und Verschleißverhalten von PTFE bei relativ hohen Belastungen und niedrigen Geschwindigkeiten entsprechend den Anwendungsbedingungen bei Lagern gegeben. Versuche dieser Art, die inzwischen weiter entwickelt wurden (heute ist es möglich, an Probestücken mit originalgetreuen Schmiertaschen Versuche bis −35 °C durchzuführen), waren Grundlage für die allgemeine bauaufsichtliche Zulassung der Gleitlager.

3. *Sasse, H.-R.; Schorn, H.*: Bewehrte Elastomerlager – Stand der Entwicklung. Plastik-Konstruktion (1971), Heft 5, S. 209–227.

   Der Aufsatz enthält neben einem generellen Überblick über die Lager und deren Anwendungsmöglichkeiten Mitteilungen von Versuchsergebnissen aus dem Institut für Bauforschung der Technischen Hochschule Aachen.

8.1.4 Praktische Anwendungen

1. *Cichocki, F.*: Bremsableitung bei Brücken. Der Bauingenieur 36 (1961), S. 304–305.

   Ein großes Problem beim Entwurf des Lagerungsplans kann die Bremskraftableitung über den Festpunkt der Brücken sein. Der Aufsatz behandelt die Anwendung eines ölhydraulischen Bremslagers bei einer Eisenbahnbrücke über die Dräu in Kärnten, mit deren Hilfe die Bremskraft auf zwei Widerlager (und ebenso die Verschiebewege) verteilt wurden.

2. *Jörn, R.*: Gummi im Bauwesen. Elastische Lagerung einer Pumpenstation. Der Bauingenieur 36 (1961), Heft 4, S. 137–138.

   Es wird berichtet von einer Anwendung von Gummilagern zwecks Erreichung einer niedrigen Eigenfrequenz federnd gelagerter, schwingender Massen. Verwendet wurde Naturkautschuk, der für diesen Zweck gewisse Vorteile gegenüber synthetischem Kautschuk hat, sofern ein einwandfreier Schutz gegen Witterungseinflüsse vorhanden ist. Probleme dieser Art werden im vorliegenden Buch im Abschnitt 3.7 behandelt.

3. *Simons, H.-J.*: Beitrag zur längsbeweglichen Einspannung von Brückenbauten. Die Bautechnik (1961), Heft 12, S. 422–433.

   Es handelt sich bei dieser kurzen Notiz um einige Vorschläge zur Realisierung einer zug- und druckfesten längsbeweglichen Lagerung mit Hilfe von vertikalen Spanngliedern ohne Verbund und Ähnlichem. An anderer Stelle dieses Handbuches wurde bereits darauf hingewiesen, dass nach unserer Auffassung solche Lösungen nicht zweckmäßig sind. Es ist uns auch nichts bekannt über Erfahrungen bzw. über die Bewährung dieser Methoden.

4. *Homberg, H.; Jäckle, H.; Marx, W.-R.*: Einfluss einer elastischen Lagerung auf Biegemomente und Auflagerkräfte schiefwinkeliger Einfeldplatten. Der Bauingenieur 36 (1961), Heft 1, S. 19–21.

   Der Aufsatz berichtet über Modellversuche an einer 4 mm dicken Aluminiumplatte, die zwecks Klärung der zweckmäßigen Vorspannführung und Auflagerung einer sehr schiefwinkeligen Einfeldbrücke erforderlich waren. Die Verfasser kommen zu dem Schluss, dass bei zweckmäßiger Wahl der Quervorspannung ein Abbau der Beanspruchung der Lager in den stumpfen Ecken infolge ständiger Last und durch Verwendung von Elastomerlagern unterschiedlicher Elastizität ein Abbau der Beanspruchungsspitzen infolge Verkehrslast erzielt werden kann.

5. *Ernst, H.-J.; Feder, D.*: Konstruktion, Berechnung und Modellversuche für einen ungewöhnlichen Spannbetonquerschnitt. Der Bauingenieur 37 (1969), Heft 11, S. 401–405.

Es wird über die Hochstraße Jan-Wellem-Platz berichtet, eine vielfeldrige, stark gekrümmte und mit einem monolithisch angeschlossenen, ebenfalls mehrfeldrigen, zweigabligen Abzweigstück versehene Straßenbrücke. Die Lagerung erfolgte über Pendelstützen, die in Brückenquerrichtung biegesteif sind. Interessant ist die hier gezeigte Konstruktion eines Gelenkes aus zwei Neotopflagern.

6. *Beyer, E.; Ernst, H. J.*: Brücke Jülicher Straße in Düsseldorf. Der Bauingenieur 39 (1964), Heft 12, S. 409–477.

Wie eine Brücke mit 100 m Mittelspannweite und 1200 Mp Endgewicht mit einer Kraft von nur ca. 60 Mp in Längsrichtung auf die Pfeiler mit Hilfe von Gleitlagern einfacher Bauart geschoben wurde, wird in dieser Veröffentlichung gezeigt.

7. *Ohne Verfasser*: Auflager aus Teflon. Auszüge aus dem Journal of Teflon 1964, 1965 und 1966, Druckschrift der Du Pont de Nemours International S. A. Geneva, Switzerland.

Diese Firmenschrift enthält als Anwendungsbeispiel für PTFE-Lager zwei Brückenverschiebungen, den Amsterdamer IJ-Tunnel und die Auflagerung einer 1,4 km langen Dampfleitung.

8. *Kesper, E.*: Die Hochstraße zur König-Wilhelm-Straße in Gelsenkirchen. Der Stahlbau (1965), Heft 2, S. 44–50.

Mit welch ungewöhnlichen Bedingungen im Bergsenkungsgebiet zu rechnen ist, zeigt dieser Aufsatz. Mit Streckenabsenkungen bis zu insgesamt 2 bis 5 m sind bei der hier überbrückten Strecke zu rechnen. Örtliche Unstetigkeiten im Absinken des Geländes mussten bis zu 20 cm nur an der Stützenlagerung ausgeglichen werden können. Hinzu kommen vermutete horizontale Verschiebungen und Verzerrungen in jeder Richtung von bis zu 1,64 m in 10 Jahren. Für Lagerungsprobleme dieser (ungewöhnlichen) Art wird es keine Patentrezepte geben, und in solchen Fällen muss stets von neuem überlegt werden, wie man mit den verfügbaren Mitteln eine optimale Lösung erreicht.

9. *Wittfoht, H.*: Die Autobahnbrücke über das Siegtal in Siegen-Eiserfeld. Der Bauingenieur 41 (1966), Heft 10, S. 393.

In diesem Aufsatz wird u. a. über die Anwendung von Rollenlagern bei einer großen, gekrümmten Talbrücke berichtet. Es handelt sich also hier um ein klassisches Beispiel dafür, wie man es nicht machen soll. Die Lager wurden inzwischen ausgewechselt.

10. *Beyer, E.; Thul, H.*: Hochstraßen. Betonverlag mbH, Düsseldorf, 2. Auflage (1967).

In diesem Buch wird unter Abschnitt 10.4 (Die Lager der Hochstraßen) über die Anwendung von Neotopflagern, Neotopfgleitlagern und bewehrten Gummilagern berichtet.

11. *Faltus, F.; Zeman, J.*: Die Bogenbrücke über die Moldau bei Zdakov. Der Stahlbau (1968), Heft 11, S. 332–339.

    Der Bericht handelt über eine der größten Brücken der Tschechoslowakei. Die Lagerungsprobleme bei hohen Bogenbrücken sind besonderer Natur. Ein längsverschiebliches System muss in Querrichtung große Kräfte (Wind) aufnehmen können. Die Lösung erfolgt im vorliegenden Fall mittels eines horizontalen stählernen Pendels. Wegen unsicherem Baugrund wurden verstellbare Kämpferlager (tschechoslowakisches Patent) verwendet. Wegen der Seltenheit von Bauwerken dieser Art geht unser Buch in den Lagerungsbeispielen auf solche Fälle nicht ein, jedoch ist es mittels Führungslager ohne Weiteres möglich, dieser Problematik mit modernen Lagern Herr zu werden.

12. *Schöttgen, J.; Wintergerst, L.*: Die Straßenbrücke über den Rhein bei Maxau, Abschnitt 8. Der Stahlbau (1968), Heft 2, S. 50–57.

    In diesem Aufsatz wird über die Anwendung eines besonders großen Neotopflagers (6800 Mp) für eine Pylonlagerung berichtet.

13. *Herzog, M.*: Konstruktive Entschärfung des statischen Problems einer sehr schiefen Brücke. Der Bauingenieur 44 (1969), S. 374–377.

    Durch Ausbildung eines querträgerlosen, in Querrichtung also sehr biegeweichen Überbaus wurde bei einer extrem schiefen Brücke die sonst vorhandene Lastkonzentration auf einige wenige Lager vermieden, ein Beispiel für eine fachgerechte Lagerung einer mehrfeldrigen schiefen Brücke.

14. *Heil, L.; Mayer, L.*: Der Bau der Pfädchensgraben- und Tiefenbachtalbrücke im Zuge der neuen, linksrheinischen Autobahn Krefeld-Ludwigshafen. Der Bauingenieur 44 (1969), Heft 3, S. 73–80.

    Der Aufsatz berichtet über zwei gekrümmte große Talbrücken, die wegen der unsicheren Baugrundverhältnisse für vertikale Lasten als Kette statisch bestimmt gelagerter Einzelbalken (17 m × 53 m) ausgebildet wurden. Als Lager wurden Elastomerlager gewählt. Für horizontale Lasten (Bremsen, Wind) bildeten die Lager zusammen mit dem Überbau eine Federgelenkkette, was sich statisch günstig auswirkte, weil die hohen Pfeiler, nach Theorie 2. Ordnung berechnet, entlastet wurden. Ein besonders gutes Anwendungsbeispiel für eine fachgerechte Lösung eines schwierigen Lagerungsproblems.

15. *Sasse, H. R.; Schorn, H.*: Hochbelastbare, unbewehrte Elastomerlager im Betonfertigteilbau. Eigenschaften und Anwendung. Der Plastverarbeiter (1970), Heft 5.

    In diesem Aufsatz werden u. a. Erkenntnisse aus Versuchsreihen (im Institut für Bauforschung der Technischen Hochschule Aachen) mitgeteilt und über die Anwendung von unbewehrten Elastomerlagern beim Neubau der Universität Bochum berichtet.

16. *Idelberger, K.*: Autobahnbrücke über rollende Eisenbahn lanciert. Der Stahlbau (1971), S. 946.

Dieser kurze Bericht enthält (als seltene Ausnahme für einen Aufsatz über Brücken) einen Lagerungsplan. Der Leser möge selbst nachprüfen, inwieweit dieser Lagerungsplan nicht ganz mit den in diesem Buch entwickelten Vorstellungen übereinstimmt.

17. *Leonhardt, F.; Baur, W.*: Erfahrungen mit Taktschiebeverfahren im Brücken- und Hochbau. Beton- und Stahlbetonbau 66 (1971), S. 161–167.

In diesem Aufsatz wird über den Einsatz von Gleitlagern bei Verschiebevorgängen (Brücken, Krankenhaus) berichtet.

18. *Joas, H.; Heine, E.; Petmschke, H.; Hofmeister K.*: Fugenlose gekrümmte Eisenbahnbrücke über die Heidemannstraße in München. Straße Brücke Tunnel (1971), Heft 4, S. 12–99.

Dieser Aufsatz ist von der Lagerung her deshalb interessant, weil hier am Beispiel einer s-förmig gekrümmten, 435 m langen Brücke die Ermittlung der Verschiebewege und Verschieberichtung gezeigt wird.

19. *Wagner, R.*: Die Innbrücke Kiefersfelden. Der Stahlbau 38 (1969), Heft 9, S. 257.

In diesem Aufsatz wird im Abschnitt 3.4 über die Lagerung einer extrem schiefgelagerten Stahlbrücke mit offenem Querschnitt berichtet. Die im Prinzip vorbildliche Lagerung der 3feldrigen, 2stegigen Brücke erfolgt für vertikale Lasten über 4 allseitig bewegliche Lager (auf den Widerlagern) und einem festen und einem in Brückenlängsrichtung einseitig beweglichen Punktkipplager (auf dem Strompfeiler) sowie über je ein Führungslager (dort Windlager genannt) zur anteiligen Aufnahme der Windlasten. Beim Führungslager gleitet Stahl auf Stahl, eine nicht ganz zeitgemäße Lösung.

Interessant ist dort übrigens die Feststellung, dass die Querschnittsverwölbung maßgebenden Einfluss auf die Bestimmung des Verschiebeweges des längsbeweglichen Lagers auf dem Strompfeiler hat, ein Grund, weshalb ganz allgemein unter Hauptträgern einer Brücke mit offenem Querschnitt unabhängig von der Anzahl der Hauptträger nur ein in Längsrichtung unverschiebliches Lager angeordnet werden darf.

20. *Beyer, E.; Eisermann, G.*: Nachstellbare Brückenlager; Erfahrungen beim Bauvorhaben Düsseldorf-Hauptbahnhof. beton 5/1983, S. 163–169.

Dieser Aufsatz beschreibt den praktischen Einsatz von injizierbaren Neotopflagern. Injektionsmaterial ist Silopren, ein flüssiger Silikon-Kautschuk. Anhebungen bis zu 50 mm sind damit möglich. Für solche Lager gibt es inzwischen auch eine Zulassung, s. Kap.6.

Zu kritisieren ist, dass bei den beschriebenen Brückenlagern querbewegliche Lager verwendet wurden, die gem. Darlegung in Kap. 2 und auch nach DIN 4141, Teil 1, Ausgabe September 84, nicht eingesetzt werden sollten.

21. *Saul, R.; Lustgarten, P.; Rinne, K.-D.; Aschrafi, M.*: Verbundbrücke mit Rekord-Spannweite. Stahlbau 61 (1992) S. 1–4.

In diesem Aufsatz wird über eine 5-feldrige Verbundträgerbrücke mit kombinierter Belastung (Straße und Eisenbahn) mit einer Spannweite von 214 m in der Hauptöffnung berichtet, wobei 3 Dinge bemerkenswert sind:

- Gegen Erdbeben wurde eine Sollbruchstelle eingebaut. Nach einem entsprechenden Erdbeben ist die Bremslastaufnahme bis zur (eingeplanten) Reparatur zerstört, die Brücke „schwebt“ in diesem Zustand auf Verformungslagern ohne konstruktiven Festpunkt.
- Während sich in den äußeren Pfeilerachsen unter jedem der 3 Hauptträger ein (Verformungsgleit-)Lager befindet, wurden zur Aufnahme der Last über den Strompfeilern jeweils 17 Verformungslager mit der maximalen Regellagergröße 900 mm × 900 mm benötigt. Bei einer Untergurtbreite von 20 m bedeutet dies praktisch eine Linienlagerung, was auch konsequenterweise in der Lagerplan-Darstellung symbolhaft berücksichtigt wurde (ein schmales Rechteck statt 17 Quadrate nebeneinander). Diese Lösung zeigt, dass die Lasthöhe allein noch kein Entscheidungskriterium für oder gegen den Einsatz von Verformungslagern sein muss.
- Über den Pfeilern, die den Strompfeilern benachbart sind, wurden Sicherungen gegen Abheben als Folge der ungleichen Stützweiten notwendig. Die Sicherung erfolgt durch vorgespannte Zugglieder.

Solche Lösungen sind problematisch – die Zugglieder müssen ja jede Horizontalbewegung mitmachen und werden, auch wenn sie nur für einen seltenen Lastfall vorgesehen sind, wechselnder Beanspruchung ausgesetzt.

22. a) *Pfefferkorn, W.*: Konstruktive Planungsgrundsätze für Dachdecken und ihre Unterkonstruktionen. Das Baugewerbe 1973, Hefte 18–21.

b) *Pfefferkorn, W.*: Dachdecken und Mauerwerk. Verlagsgesellschaft Rudolf Müller, Köln-Braunsfeld, 1980.

c) *Pfefferkorn/Steinhilber*: Ausgedehnte fugenlose Stahlbetonbauten; Beton-Verlag Düsseldorf 1990.

Pfefferkorn hat sich mit dem Problem Rissbildung im Stahlbeton über 2 Jahrzehnte auseinandergesetzt und erfolgreich Konzepte praktisch angewandt, Schlussfolgerungen gezogen und sie der Fachwelt in leicht verständlicher Form anhand realer, praktischer Beispiele mitgeteilt. Die umfassende Darstellung war mit ein Grund, in diesem Buch für den Bereich Hochbau nicht über das in der ersten Auflage dargestellte hinauszugehen. Eigene Abhandlungen erübrigen sich, wenn an anderer Stelle aus berufenerer Feder alles gesagt wurde.

23. *Krumm, R. et al.*: Lagerauswechselung an der Talbrücke Brunsbecke (A 45). Stahlbau 62 (1993) S. 231–239.

Diese Abhandlung befasst sich mit dem derzeit häufiger zu bewältigenden Problem, eine nicht mehr intakte Rollenlagerung durch Austausch der Rollenlager gegen andere Lager zu modernisieren.

Die statischen Verhältnisse der stählernen Überbaukonstruktion zwangen in diesem Fall den Ersatz der Rollenlager durch Liniengleitlager, eine Punktkippung in Querrichtung hätte eine kostenträchtige Verstärkung des Überbaus zur Folge gehabt.

Exemplarisch wird somit gezeigt, dass unzureichende Lagerung – siehe Kap. 2 – selbst bei vorhandener Ausbaubarkeit der Lager bisweilen kaum zufriedenstellend reparabel ist.

8.1.5 Berechnung, Statik

1. *Ernst, H.-J.*: Die Aufstelltemperatur in der Statik. Der Bauingenieur 37 (1962), Heft 9.

   In diesem Aufsatz wird von Messungen an einer Spannbetonhochstraße (Jan-Wellem-Platz in Düsseldorf) berichtet, aus denen zu schließen ist, dass bei Massivbrücken mit dickwandigem Querschnitt oder mit Hohlquerschnitt eine Aufstelltemperatur unabhängig von der Witterung von ca. 25 °C anzunehmen ist. Es wird auf die Konsequenzen aufmerksam gemacht, die sich ergeben, wenn man sich auf die angenommene Aufstelltemperatur verlässt und die wirkliche Aufstelltemperatur unberücksichtigt lässt. Der Vorschlag, die unberücksichtigte Temperaturdifferenz als Hauptlast zu behandeln, wird im Allgemeinen nicht befolgt. (Nach DIN 1045 neu kann sogar für Zwangskräfte die Sicherheit 1 angesetzt werden.)

2. *Bechert, H.*: Zur Berechnung gekrümmter einfeldriger Brücken. Beton- und Stahlbetonbau (1963), Heft 12, S. 279–284.

   In dieser Veröffentlichung wird u. a. gezeigt, wie man bei gekrümmten Brücken mit Kastenquerschnitt durch die relativ simple Maßnahme einer nicht symmetrischen Auflagerung auf der Auflagerbank die Torsionsmomente im Überbau erheblich reduzieren kann.

3. *Shen, M. K.*: Über die Lösung des Balkens mit unverschieblichen Auflagern. Der Bauingenieur 39 (1964), S. 100.

   Die Notwendigkeit, die Summe aus Bremskraft und Widerstand der beweglichen Lager in die Unterbauten abzuleiten, zwingt bei großen Talbrücken dazu, mehrere Festpunktpfeiler hintereinander anzuordnen. Wir haben dann in einem Teilbereich der Brücke – nämlich zwischen den äußeren Festpunkten – den Fall eines Balkens mit quasi festen Lagern. Mit Hilfe des Aufsatzes von *Shen* ist es möglich, die Horizontalkraft im Überbau, die jetzt zusätzlich wirkt und über Lager und Pfeiler aufgenommen werden muss, schnell abzuschätzen. Nur bei sehr schlanken Brücken mit kompakten Festpunktpfeilern werden sich hier nennenswerte Beträge ergeben.

4. *Topaloff, B.*: Gummilager für Brücken – Berechnung und Anwendung. Der Bauingenieur 39 (1964), S. 50–64.

   Mit diesem Aufsatz wird erstmalig eine Elastizitätstheorie für Gummilager veröffentlicht. Der Aufsatz ist daher von fundamentaler Bedeutung für das Verständnis des Kräftespiels in einem Gummilager. Die strenge Theorie basiert auf folgenden Annahmen:

1. konstanter Elastizitätsmodul,
2. konstantes Volumen,
3. Deformation klein im Vergleich zu den Abmessungen,
4. hydrostatischer Druckzustand,
5. bestimmte Annahmen über das Verhältnis der Schubspannungen bzw. deren Ableitungen untereinander.

Die Annahmen Nr. 1 und Nr. 3 sind für Gummi eine recht grobe Näherung, aber strengere Theorien führen zu erheblich komplizierteren, kaum noch lösbaren Gleichungen (s. auch Abschn. 4 dieses Buches). *Topaloff* macht in diesem Aufsatz außerdem Vorschläge für Gummilager mit gekrümmten Flächen (für Pendelstützen z. B.) und für eine Verbindung Gummilager mit Rollenlager. Zur Verbindung von Rollenlagern mit Gummilagern ist zu bemerken, dass nur bei kurzen Rollen und bei sorgfältiger Ausbildung fachgerechte Lagerungen erreichbar scheinen.

5. *Massonnet*: Zuschrift zu B. Topaloff, Gummilager für Brücken. Der Bauingenieur 39 (1964), S. 428.

Massonnet zeigt, dass sich *Topaloffs* strenge Theorie durch eine Analogiebetrachtung auf das Problem der belasteten Membrane oder auf die Saint-Venant'sche Torsion zurückführen lässt, und gibt einige so gefundene Vereinfachungen für die *Topaloff*'schen Formeln an. Diese Notiz ist bei Verwendung von Sonderkonstruktionen (z. B. Gummilager mit dreieckförmigem Grundriss) anwendbar.

6. *Leonhardt, F.; Reimann, H.*: Betongelenke, Versuchsbericht, Vorschläge zur Bemessung und konstruktiven Ausbildung. DAfStb, Heft 175. Verlag Ernst & Sohn (1966).

Leonhardt, F.; Reimann, H.: Betongelenke. Der Bauingenieur 41 (1966), S. 49.

Die vorgenannten beiden Aufsätze sowie ein weiter unten genannter Aufsatz sind die einzigen Bemessungsgrundlagen – mangels normierter Regeln – für diese Alternative zu den Kipplagern.

7. *Zederbaum, J.*: Die Horizontalsteifigkeit eines Brückensystems. Der Bauingenieur 41 (1966), S. 14.

In diesem Aufsatz, der hauptsächlich für gummigelagerte Brücken gedacht ist, für alle anderen Lagerungsarten aber ebenfalls brauchbar ist, wird gezeigt, wie man unter Einbeziehung der Horizontalsteifigkeiten des Lagers, des Pfeilers und des Fundaments bei Zwangsverformungen die „genaue" Verteilung der Rückstellkräfte, bei äußeren Kräften die Verschiebewege ermittelt. U. a. wird hierbei die Lage des Festpunktes ermittelt, die nur bei starrer Lagerung des festen Lagers (z. B. auf unbeweglichem Widerlager) von vornherein feststeht. Das Rechenverfahren ist einfach und sollte bei größeren Bauvorhaben stets angewandt werden. Die Steifigkeitskennwerte der Materialien (Elastizitätsmodul des Betons, Schubmodul des Gummis, Bettungsziffer des Bodens) spielen eine maßgebliche Rolle und sind daher stets sorgfältig vorab zu ermitteln (s. auch Abschn. 1.1 dieses Buches).

8. *Zederbaum, J.*: Die Horizontalsteifigkeit einer Deckenreihe auf nachgiebigen Lagern. Die Bautechnik (1967), Heft 7, S. 239–246.

Der Aufsatz behandelt die Aufnahme von Horizontalkräften (z. B. Bremskräften) in einem Rahmensystem (z. B. einer Brücke), wenn die Auflagerung des Überbaus auf den Stützen auf Elastomerlagern erfolgt und – was bei Fertigteilbauten interessant sein kann – Teile des Überbaus mit dem übrigen Überbau ebenfalls durch Elastomerlager verbunden sind. Es werden verschiedene Rechenverfahren beschrieben. Stabilitätsprobleme sowie Relaxation und Kriechen werden nicht behandelt, da die äußere (kurzzeitig wirkende) Horizontalkraft die einzige Belastung ist. Es wird also nur ein – allerdings sehr wichtiger – Teilaspekt bei der Berechnung eines nur auf Elastomerlagern ruhenden Bauwerks behandelt.

9. *Mönnig, E.; Netzel, D.*: Zur Bemessung von Betongelenken. Der Bauingenieur 44 (1969), S. 433–439.

Die in den Veröffentlichungen von *Leonhardt* und *Reimann* angegebenen Bemessungsregeln werden in diesem Aufsatz noch etwas vereinfacht und durch Ergebnisse von Großversuchen bestätigt. Es werden auch Regeln für allseits kippbare Betongelenke angegeben.

10. *Steinhardt, 0.; Schulz, U.*: Zur örtlichen Stegbeanspruchung belasteter Kranbahnträger bei Verwendung elastisch gebetteter Kranschienen. Der Bauingenieur 44 (1969), Heft 8, S. 293–296.

In der Regel wird bei Elastomerlagern mit einer konstanten Pressungsverteilung über und unter den Lagern gerechnet. In ungewöhnlichen Fällen, z. B. bei Verwendung großer Elastomerlager bei dünnwandigen Stahlbrücken, kann diese Annahme evtl. nicht mehr gerechtfertigt sein. Weil in solchen Fällen analoge Probleme auftreten, wurde dieser Aufsatz in die Literatursammlung mit aufgenommen.

11. *Tathoff, H.*: Lagerplatte auf elastischer Bettung. Die Bautechnik (1970), S. 61/62.

Für eine Linienlagerung, wie sie bei Lagerplatten von Rollenlagern vorkommen, wird in diesem Aufsatz die Druckverteilung unter der Lagerplatte bestimmt in Abhängigkeit vom Elastizitätsmodul des Betons in der Mörtelfuge. Sofern hierfür zuverlässige Werte bekannt sind, kann dieser Aufsatz eine willkommene Hilfe zwecks Verringerung der Lagerplattendicke sein, da die (nach Zulassung vorgeschriebene) Annahme einer gleichmäßigen Pressung für die Platte ungünstiger ist. Zu beachten ist jedoch, dass für die Spaltzugbeanspruchung die Verhältnisse ungünstiger werden, was konsequenterweise zu berücksichtigen wäre.

12. *Herzog, M.*: Der Einfluss der Vorspannung auf die Lagerkräfte schiefer Platten. Der Bauingenieur 45 (1970), Heft 8, S. 287/288.

Es wird am Beispiel einer Einfeld- und einer Zweifeldplatte gezeigt, dass zur Vermeidung von Lagerschäden eine genaue Ermittlung der Lagerkräfte bei schiefen Platten unter Einbeziehung der Wirkung der Vorspannung unumgänglich ist.

13. *Zies, K.-W.*: Stabilität von Stützen mit Rollenlagern. Beton- und Stahlbetonbau 65 (1970), S. 297.

    Der Ansatz Stützenhöhe = halbe Knicklänge kann bei Rollenlager zu ungünstig oder zu günstig sein. Der Aufsatz zeigt, wie – unter Einbeziehung der elastischen Bettung des Bodens – die Stabilität solcher Stützen genau untersucht werden kann und gibt auch vereinfachte Formeln an (vgl. auch Abschn. 3.5 dieses Buches).

14. *Rieckmann, H.-R*: Einfluss der Lagerkonstruktion auf die Knicklänge von Pfeilern. Straße Brücke Tunnel (1970), S. 36–42 und S. 270–272.

    Bei knickgefährdeten Pfeilern ist eine genaue Untersuchung nur möglich unter Einbeziehung der Eigenschaften der verwendeten Lagerarten. In dem Aufsatz wird die Knicklängenbestimmung für Rollenlager, Topflager und Gummilager gezeigt und auf die Methode bei anderen Lagerarten verwiesen. Es wird mit starrem Untergrund gerechnet. (In Abweichung zum vorgenannten Aufsatz von *K.-W. Zies*.) Es zeigt sich, dass die Verdrehsteifigkeit von Topflagern und von bewehrten Gummilagern vernachlässigt werden kann und dass mit den üblichen Näherungsannahmen bei Verwendung von Gleit- und Rollenlagern zu große, bei Verwendung von festen Lagern zu kleine Knicklängen angenommen werden (vgl. auch Abschn. 3.5 dieses Buches).

15. *Eggert, H.*: Bauwerksicherheit bei Verwendung von Rollen- und Gleitlagern. Straße Brücke Tunnel (1971), Heft 3, S. 71.

    In diesem Aufsatz wird auf die Problematik der Festlegung der Sicherheiten im Bauwerk bei Verwendung von beweglichen Lagern hingewiesen, wenn die Abhängigkeit der Horizontalkräfte von den Vertikalkräften nicht beachtet wird. Für den Fall der Rollenlager ist die Berücksichtigung dieser Abhängigkeit ein Gebot der Sicherheit, bei Gleitlagern ist die Berücksichtigung ein Gebot der Wirtschaftlichkeit.

16. *Resinger, E*: Längszwängungen – eine Ursache von Brückenlagerschäden. Der Bauingenieur 46 (1971), S. 334.

    Der Aufsatz enthält die Untersuchung von Längszwängungen, wenn – wie meist üblich – eine Einfeldstahlbrücke nur ein allseits bewegliches, ein festes und zwei orthogonal zueinander einseitig bewegliche Lager erhält. Es zeigt sich, dass die bei solcher Lagerung vorhandenen Horizontalkräfte (infolge Drehbehinderung) in den Lagern ein Mehrfaches der Bremskräfte betragen können und dass – insbesondere bei offenen Querschnitten – die notwendigen Verschiebewege für eine zwängungsfreie Lagerung viel zu hoch sind, als dass sie vom Lagerspiel aufgenommen werden könnten. Auch bei einer sachgemäßen Lagerung sind die Gedankengänge interessant im Hinblick auf die Ermittlung der Verschiebewege (auch bei dünnwandigen, offenen Betonquerschnitten).

17. *Albrecht, R.*: Zur Anwendung und Berechnung von Gummilagern. Der Deutsche Baumeister (1969), Heft 4, S. 326, und Heft 6, S. 563.

    Dieser Aufsatz enthält ein komplettes Berechnungsbeispiel für ein Gummilager. Grundlage hierfür ist die nicht mehr gültige Zulassung von Gummilagern durch Runderlass des Bundesministers für Verkehr. Der Aufsatz ist somit bereits veraltet.

18. *Hütten, R.*: Ermittlung der Lagerverschiebungen im Grundriss gekrümmter, durchlaufender Spannbeton-Balkenbrücken unter besonderer Berücksichtigung der abschnittsweisen Herstellung des Überbaus. Hirschfeld-Festschrift, Konstruktiver Ingenieurbau, S. 342. Werner-Verlag, Düsseldorf (1967).

Dieser Aufsatz enthält die Grundgleichungen für die Ermittlung der Verschiebewege mit dem zusätzlichen Ziel, beim Einbau von Rollenlagern die zweckmäßigste Stellung der Rolle zu ermitteln. Die eigentliche Konsequenz der im Übrigen richtigen Ansätze dieser Arbeit sollte allerdings lauten, dass bei gekrümmten Spannbeton-Brücken Rollenlager unzweckmäßig sind. Diese Konsequenz wird vom Verfasser erst später in seiner Dissertation gezogen (vgl. Abschn. 7.1).

19. *Kauschke, W.*: Entwicklungsstand der Gleitlagertechnik für Brückenbauwerke in der Bundesrepublik Deutschland. Der Bauingenieur 64 (1989), S. 109–120.

Der Aufsatz beschreibt den aktuellen Stand der Technik mit den vier unterschiedlichen Grundtypen des Kippteils (stählernes Punktkipplager, Topflager, Kalottenlager, Verformungslager), setzt sich kritisch mit den derzeitigen Regeln auseinander mit Hinweisen zur Verbesserung und teilt auch neuere Ergebnisse aus Laborversuchen mit.

20. *Pfohl, H.*: Reaktionskraft am Festpunkt von Brücken aus Bremslast und Bewegungswiderständen der Lager. Bauingenieur 58 (1983), S. 453–457.

In diesem Aufsatz wird eine grundsätzliche Überlegung mitgeteilt, die letztlich zur Schlussfolgerung führt, dass – wenn der Festpunkt eine elastische Nachgiebigkeit besitzt – eine volle Addition von Bremslasten und Bewegungswiderständen nicht möglich ist. Resultat der Überlegungen war eine entsprechende Regelung in DIN 1072, nach der ein genauer Nachweis der Überlagerung für ein konkretes Bauwerk zulässig ist.

21. *Engelsmann, S.; Schlaich, J.; Schäfer, K.*: Entwerfen und Bemessen von Betonbrücken ohne Fugen und Lager. DAStb Heft 496, 1999, Vertrieb durch Beuth Verlag, 120 Seiten.

In diesem Heft wird sehr gründlich dargestellt, was alles zu beachten ist, wenn auf Lager bei einer Betonbrücke verzichtet wird. Solche Konstruktionen werden „Integrale Betonbrücken“ genannt. Der Zweck des Verzichts ist die Ersparnis der Wartung der Lager.

Der letzte Abschnitt enthält 31 Entwurfsempfehlungen, woraus schon abgeleitet werden kann, dass dieser Verzicht keine einfache Angelegenheit ist.

Zum Schluss werden 6 Kriterien genannt, die eine „integrale“ Bauart „weniger geeignet“ erscheinen lassen:

1. stark setzungsempfindliche Böden
2. Pfahlgründungen in nicht tragfähigem Boden
3. schiefwinklige Bauwerke ab einer „gewissen Größe“
4. zu große Pfeilerkopfverschiebungen
5. Bogentragwerke ab einem Pfeilverhältnis $f/l < 0{,}05$
6. Taktschiebeverfahren (in der Regel).

8.2 Zitierte Literaturstellen

[1] Albrecht, R.: Zur Anwendung und Berechnung von Gummilagern. Der Deutsche Baumeister (1969), Heft 4, S. 326, und Heft 6, S. 563.

[2] Andrä, Beyer, Wintergerst: Versuche und Erfahrungen mit neuen Kipp- und Gleitlagern. Der Bauingenieur 5 (1962).

[3] Andrä, W.; Leonhardt, F.: Neue Entwicklungen für Lager von Bauwerken, Gummi- und Gummitopflager. Die Bautechnik 39 (1969), Heft 2, S. 37–50.

[4] Basler + Witta: Verbindungen in der Vorfabrikation. Technische Forschungs- und Beratungsstelle der Schweizerischen Zementindustrie (1966).

[5] Bayer, K.: Auflager und Fahrbahn-Übergänge für Hoch- und Brückenbauten aus Kunststoff. Verein Deutscher Ingenieure VDI im Bildungswerk BV 1596 (Vortragsveröffentlichung).

[6] Bechert, H.: Zur Berechnung gekrümmter einfeldriger Brücken. Beton- und Stahlbetonbau 1963, Heft 12, S. 279–284.

[7] Beck, H.; Schack, R.: Bauen mit Beton- und Stahlbetonfertigteilen. Beton-Kalender 1972, Teil 2, S. 177.

[8] Beer, H.: Die Prager Straßenbrücke in Wien, ein neuartiges System für eine sehr schiefe Brücke. Der Bauingenieur 38 (1965), Heft 5, S. 180–189.

[9] Beyer, E.; Ernst, H.-J.: Brücke Jülicher Straße in Düsseldorf. Der Bauingenieur 39 (1964), Heft 12, S. 409–477.

[10] Beyer, E.; Thul, H.: Hochstraßen. 2. Auflage. Betonverlag mbH, Düsseldorf 1967.

[11] Beyer, E.; Wintergerst, L.: Neue Brückenlager, neue Pfeilerform. Der Bauingenieur 35 (1960), Heft 6, S. 227–230.

[12] Eggert, H.: Brückenlager. Die Bautechnik 50 (1973), S. 143/144.

[13] Bobran, H. W.: Handbuch der Bauphysik, S. 151. Ullstein 1967.

[14] Bub, H.: Das neue Institut für Bautechnik. Straße und Autobahn, Band 20 (1969), S. 189.

[15] Burkhardt, E.: Gepanzerte Betonwälzgelenke, Pendel- und Rollenlager. Die Bautechnik 17 (1939), S. 230.

[16] Cardillo, R.; Kruse, D.: Paper (61/WA-335) ASME (1961).

[17] Cichocki, E.: Bremsableitung bei Brücken. Der Bauingenieur 36 (1961), S. 304–305.

[18] Clark, E.; Moutrop, K.: Load Deformation Characteristics of Elastomer Bridge Bearing Pads. University of Rhode Island, May 1962.

[19] Desmonsablon, Ph.: Le caicul des piles deformables avec appuis en caoutchouc. Annales des Ponts et Chaussees, Paris 4/1960.

[20] Eggert, H.: Bauwerksicherheit bei Verwendung von Rollen- und Gleitlagern. Straße Brücke Tunnel 1971, Heft 3, S. 71.

[21] Eggert, H.: Die baurechtliche Situation bei Lagern für Brücken und Hochbauten. Der Stahlbau 39 (1970), Heft 6, S. 189.

[22] Einsfeld, U.: Erläuterungen zu den Richtlinien von unbewehrten Elastomerlagern. Mitteilungen Institut für Bautechnik 6/1972.

[23] Ernst, H.-J.; Feder, D.: Konstruktion. Berechnung und Modellversuche für einen ungewöhnlichen Spannbetonquerschnitt. Der Bauingenieur 37 (1962), Heft 11, S. 401–405.

[24] Ernst, H.-J.: Die Aufstelltemperatur in der Statik. Der Bauingenieur 37 (1962), Heft 9.

[25] Faltus, F.; Zeman, J.: Die Bogenbrücke über die Moldau bei Zdakov. Der Stahlbau 1968, Heft 11, S. 332–339.

[26] Ferreira: Terminologie des Hoch- und Brückenbaues. Wilhelm Ernst & Sohn, Berlin/München 1969.

[27] Flohrer, M.: Untersuchungen über die Eignung unbewehrter Elastomerlager als Baulager. Betonsteinzeitung 11/1971.

[28] Franz: Gummilager für Brücken. VDI-Zeitschrift, Bd. 101/1959, Nr. 12, S. 471–478.

[29] Gent, A.: Rubber Bearings for Bridges. Rubber Journal and International Plastics 1959.

[30] Grote, J.: Neoprenelager – einige grundsätzliche Erwägungen. Kunststoffe im Bau 7/1968.

[31] Grote, J.: Unbewehrte Elastomerlager. Der Bauingenieur 44 (1969), S. 121.

[32] Grote, J.: Vermeidung von Rissen und Dehnungsschäden durch gummielastische Lagerungen. Kunststoffe im Bau 11/1968.

[33] Hakenjos, V.: Untersuchungen über die Rollreibung bei Stahl im elastisch-plastischen Zustand. Technisch-Wissenschaftliche Berichte der Staatlichen Materialprüfungsanstalt an der Technischen Hochschule Stuttgart 1967, Heft 67/05.

[34] Hartmann, F.: Stahlbrückenbau, Wien, Schranz, Deuticke 1951, S. 712 (19. Absatz: Die Lager der Balkenbrücken).

[35] Heesen: Gepanzerte Betonwälzgelenke, Pendel- und Rollenlager. Die Bautechnik, Jahrgang 25 (1948), S. 261.

[36] Heil, L.; Mayer, L.: Der Bau der Pfälzchensgraben- und Tiefenbachtalbrücke im Zuge der neuen linksrheinischen Autobahn Krefeld-Ludwigshafen. Der Bauingenieur 44 (1969), Heft 3, S. 73–80.

[37] Herzog, M.: Der Einfluss der Vorspannung auf die Lagerkräfte schiefer Platten. Der Bauingenieur 45 (1970), Heft 8, S. 287/288.

[38] Herzog, M.: Konstruktive Entschärfung des statischen Problems einer sehr schiefen Brücke. Der Bauingenieur 44 (1969), S. 374–377.

[39] Homberg, H.; Jäckle, H.; Marx, W. R.: Einfluss einer elastischen Lagerung auf Biegemomente und Auflagerkräfte schiefwinkeliger Einfeldplatten. Der Bauingenieur 36 (1961), Heft l, S. 19–21.

[40] Hütten, P.: Beitrag zur Berechnung der Lagerverschiebungen gekrümmter, durchlaufender Spannbeton-Balkenbrücken. Dissertation TH Aachen 1970.

[41] Hütten, P.: Ermittlung der Lagerverschiebungen im Grundriss gekrümmter, durchlaufender Spannbeton-Balkenbrücken unter besonderer Berücksichtigung der abschnittsweisen Herstellung des Überbaus. Hirschfeld-Festschrift, Konstruktiver Ingenieurbau, S. 342. Werner-Verlag, Düsseldorf 1967.

[42] Idelberger, K.: Autobahnbrücke über rollende Eisenbahn lanciert. Der Stahlbau 1971, S. 246.

[43] Joas, H.; Heine, E.; Petruschke, H.; Hofmeister, K.: Fugenlose gekrümmte Eisenbahnbrücke über die Heidemannstraße in München. Straße Brücke Tunnel 1971, Heft 4, S. 12–99.

[44] Jörn, R.: Gummi im Bauwesen. Elastische Lagerung einer Pumpenstation. Der Bauingenieur 36 (1961), Heft 4, S. 137/138.

[45] Keen: Creep of Neoprene in Shear Under Static Conditions, Ten Years, Transactions of the ASME, Juli 1953.

[46] Kesper, E.: Die Hochstraße zur König-Wilhelm-Straße in Gelsenkirchen. Der Stahlbau 1965, Heft 2, S. 44–50.

[47] Kilcher, F.: Die Auflagerung von Decken im Hochbau. Schweizerische Bauzeitung 89 (1971).

[48] Kollmar: Auflager und Gelenke, Berlin 1919.

[49] Kordina, K.; Quast, U.: Bemessung von schlanken Bauteilen – Knicksicherheitsnachweis. Beton-Kalender 1972. Wilhelm Ernst & Sohn, Berlin/München/Düsseldorf 1972.

[50] Leonhardt, F.; Andrä, W.: Stützungsprobleme der Hochstraßenbrücken. Beton- und Stahlbetonbau 55 (1960), Heft 6.

[51] Leonhardt, F.; Baur, W.: Erfahrungen mit Taktschiebeverfahren im Brücken- und Hochbau. Beton- und Stahlbetonbau 66 (1971), S. 161–167.

[52] Leonhardt, F.; Reimann, H.: Betongelenke. Versuchsbericht, Vorschläge zur Bemessung und konstruktiven Ausbildung. DAfStb, Heft 175. Berlin: Verlag Ernst & Sohn 1966, und

[52a] Leonhardt, F.; Reimann, H.: Betongelenke. Der Bauingenieur 41 (1966), S. 49.

[53] Leonhardt, F.; Wintergerst, L.: Über die Brauchbarkeit von Bleigelenken. Beton- und Stahlbetonbau 1961, Heft 5, S. 123–131.

[54] Locher, F.; Sprung, S.: Einwirkung von salzsäurehaltigen PVC-Brandgasen auf Beton. Beton, Herstellung, Verwendung 20 (1970), Heft 2/3.

[55] Luchner, H.: Stabilitätsberechnung hoher Brückenpfeiler am Beispiel der Siegtalbrücke Eiserfeld. Beton-und Stahlbeton 1967, Heft 2.

[56] Maguire, C. und Assoc.: Elastomeric Bridge Bearings Pads 1959.

[57] Massonnet: Zuschrift zu B. Topaloff, Gummilager für Brücken. Der Bauingenieur 39 (1964), S. 428.

[58] Mönnig, E.; Netzel, D.: Zur Bemessung von Betongelenken. Der Bauingenieur 44 (1969), S. 433–439.

[59] Mörsch, E.; Bay, H.; Deininger, K.: Brücken aus Stahlbeton und Spannbeton, 2. Band, Herstellung und bauliche Einzelheiten, 6. Auflage, Abschnitt G, 15. Lager und Gelenke. Verlag K. Witwer, Stuttgart 1968.

[60] Morton, M.: Rubber Technology. Reinhold Publishing Co. 1959.

[61] Mullins, L.: Softening of Rubber by Deformation. Rubber Chemistry and Technology (Feb. 1969).

[62] Nordlin, E.; Stoker, S.; Trinble, R.: Laboratory and Field Performance of Elastomeric Bridge Bearing Pads, Highway Research Board (1968).

[63] Overbeck, W.: Biocide Zusätze zu Kautschuk und Kunststoffen, Gummi, Asbest, Kunststoffe (1963).

[64] Pare, R.; Keiner, E.: Elastomeric Bridge Bearings. Highway Research Board Bull 242, 1960.

[65] Payne/Sooft: Engineering Design with Rubber.

[66] Pflüger, A.: Stabilitätsprobleme der Elastostatik. 2. Auflage. Springer Verlag, Berlin 1964.

[67] Radebach, A.; Graser, E.: Auflagerschäden an Zwischendecken. Bauplanung. Bautechnik 8/1971.

[68] Rausch, E.: Maschinenfundamente. VDI-Verlag, Düsseldorf 1959.

[69] Rejcha, C.: Design of Elastomer Bearings. Journal of Prestressed Concrete Institute Oct. 1964, Vol. 9, Nr. 5.

[70] Resinger, F.: Längszwängungen – eine Ursache von Brückenlagerschäden. Der Bauingenieur 46 (1971), S. 334.

[71] Rieckmann, H.-P.: Berechnung der Knicklängen einer gekoppelten Stützenreihe. Straße Brücke Tunnel (1971), Heft 7.

[72] Rieckmann, H.-P.: Einfluss der Lagerkonstruktion auf die Knicklänge von Pfeilern. Straße Brücke Tunnel (1970), S. 36–42 und S. 270–272.

[73] Sasse, H. R.; Schorn, H.: Hochbelastbare, unbewehrte Elastomerlager im Betonfertigteilbau, Eigenschaften und Anwendung. Der Plastverarbeiter (1970), Heft 5.

[74] Sasse, H.-R.; Schorn, H.: Bewehrte Elastomerlager – Stand der Entwicklung. Plastik-Konstruktion (1971), Heft 5, S. 209–227.

[75] Sattler, K.: Betrachtungen über neuere Verdübelungen im Verbundbau. Der Bauingenieur (1962), Heft 1.

[76] Sattler, K.: Lehrbuch der Statik, l. Band, Teil A, Theorie Abschnitt I Allgemeine Grundlagen. Springer Verlag, Berlin/Heidelberg/New York 1969.

[77] Schaper, G.: Bauliche Ausbildung und Gestaltung der stählernen Zwischenstützen stählerner Überbauten. Die Bautechnik 10 (1937), S. 161.

[78] Schleicher, F.: Stabilitätsfälle. Taschenbuch für Bauingenieure. Springer-Verlag, Berlin/Göttingen/Heidelberg 1955.

[79] Schönhöfer: Neugestaltungen auf dem Gebiet des Auflagerbaues und auf verwandten Gebieten. Werner-Verlag, Düsseldorf 1952.

[80] Schöttgen, J.; Wintergerst, L.: Die Straßenbrücke über den Rhein bei Maxau, Abschnitt 8. Der Stahlbau (1968), Heft 2, S. 50–57.

[81] Sedyter: Über die Wirkungsweise von Bleigelenken. Beton und Eisen (1926), S. 29.

[82] Shen, M. K.: Über die Lösung des Balkens mit unverschieblichen Auflagern. Der Bauingenieur 39 (1964), S. 100.

[83] Simons, H.-J.: Beitrag zur längsbeweglichen Einspannung von Brückenbauten. Die Bautechnik 1961, Heft 12, S. 422–433.

[84] Steinhardt, O.; Schulz, U.: Zur örtlichen Stegbeanspruchung belasteter Kranbahnträger bei Verwendung elastisch gebetteter Kranschienen. Der Bauingenieur 44 (1969), Heft 8, S. 293–296.

[85] Suess, K.; Grote, J.: Einige Versuche an Neoprenelagern. Der Bauingenieur 38 (1963), Heft 4, S. 152–157.

[86] Szabo, I.: Höhere Technische Mechanik. 2. Auflage Berlin: Springer Verlag 1956.

[87] Tathoff, H.: Lagerplatte auf elastischer Bettung. Die Bautechnik (1970), S. 61/62.

[88] Teichmann, A.: Statik der Baukonstruktionen. Sammlung Göschen, Band 122. Walter de Gruyter-Verlag, Berlin 1958.

[89] Thielker, E.: Elastomeric Bearing Pads and Their Application in Structurcs, Paper 207 of Leap Conference (1964).

[90] Thul, H.: Brückenlager. Der Stahlbau 38 (1969), S. 353.

[91] Topaloff, B.: Gummilager für Brücken – Berechnung und Anwendung. Der Bauingenieur 39 (1964), S. 50–64.

[92] Topaloff, B.: Gummilager für Brücken. Beton- und Stahlbetonbau 54 (1959), Heft 9.

[93] Uetz, H.; Breckel, H.: Reibungs- und Verschleißversuche mit Teflon. Sonderheft der Staatl. Materialprüfungsanstalt an der TH Stuttgart, 7.12.1964, S. 67/76.

[94] Uetz, H.; Hakenjos, V.: Reibungsuntersuchungen mit Polytetrafluoräthylen bei hin- und hergehender Bewegung. Die Bautechnik 44 (1967), Heft 5, S. 159–166.

[95] Uetz, H.; Hakenjos, V.: Gleitreibungs- und Gleitverschleißversuche an Kunststoffen. Kunststoffe, 59. Jahrgang 1969, Heft 3, S. 161–168.

[96] Wagner, P.: Die Innbrücke Kiefersfelden. Der Stahlbau 38 (1969), Heft 9, S. 257.

[97] Weiprecht, M.: Auflagerung von Brücken. Eisners Taschenbuch für den Bautechnischen Eisenbahndienst, 1967, S. 231– 277, Abschnitt E Brücken- und Ingenieurhochbau.

[98] Weitz, F.-R.: Entwicklungstendenzen des Stahlbrückenbaus am Beispiel der Rheinbrücke Wiesbaden-Schierstein. Der Stahlbau 35 (1966), S. 289–301.

[99] Wittfoht, H.: Die Autobahnbrücke über das Siegtal in Siegen-Eiserfeld. Der Bauingenieur 41 (1966), Heft 10, S. 393.

[100] Zederbaum, J.: Die Horizontalsteifigkeit einer Deckenreihe auf nachgiebigen Lagern. Die Bautechnik (1967), Heft 7, S. 239–246.

[101] Zederbaum, S.: Die Horizontalsteifigkeit eines Brückensystems. Der Bauingenieur 41 (1966), S. 14.

[102] Zies, K.-W.: Stabilität von Stützen mit Rollenlagern. Beton- und Stahlbetonbau 65 (1970), S. 297.

[103] AASHO-Standard: American Association of State Highway Officials (1961–1969).

[104] BAZ: Sammlung bauaufsichtlicher Zulassungen, Erich Schmidt Verlag, Berlin/ Bielefeld.

[105] Bemessung von Beton- und Stahlbetonbauteilen. Deutscher Ausschuß für Stahlbeton, Heft 220. Verlag Ernst & Sohn, Berlin 1972.

[106] Bundesanstalt für Materialprüfung, Berlin: Kurzberichte Bauforschung 13 (1972), Nr. 8.

[107] Die Gummilager unter dem Albany Court Gebäude. Schweizer Baublatt (Sept. 1969).

[108] Dupont de Nemours Co.: Design of Neoprene Bridge Bearing Pads, Wilmington (1959).

[109] Fachkommission: Feststellung, Beurteilung und Ausbesserung von Gebäudeschäden durch PVC-Brandgase. Beton, Herstellung, Verwendung 21 (1971), Heft 9.

[110] General Tire and Rubber Co.: Report 459 (1962).

[111] Goodyear Tire and Rubber Co.: Handbook of Molded an Extruded Rubber Acron/ Ohio.

[112] Italienische Norm CNR-UNI 10018-68 für Gummilager.

[113] Laboratoire de Recherches et de Contrôle du Caoutchouc: Caracteristiques en Compression des Vulcanisats. Bullétin No. 80, Paris (1969).

[114] Ministère des Travaux Publics: Note Technique 67-1, Paris (1967).

[115] Ministry of Transport: Provisional Ruies for the Use of Rubber Bearings in Highway Bridges, Memo 802, London (1962).

[116] Mitteilungen, Institut für Bautechnik (1970), Heft 2 und 4 sowie (1971), Heft 4 und 6.

[117] N. N.: Auflager aus Teflon. Auszüge aus dem Journal of Teflon 1964, 1965 und 1966, Druckschrift der Du Pont de Nemours International S.A. Geneva, Switzerland.

[118] N. N.: Brückenlager. Beratungsstelle für Stahlverwendung, Düsseldorf, Merkblatt 339, 2. Auflage 1968.

[119] ORE Office de Recherches et d'Essais: Verwendung von Gummi für Brückenlager, Frage D 60, Utrecht (1962, 1964, 1965).

[120] Deutscher Beton-Verein, Sicherheit von Betonbauten. Beiträge von K. Rahlwes, H. Eggert und W. Steffen.

[121] Wiedemann, L.: Zusätzliche Richtlinien für Lager im Brücken- und Hochbau. Mitteilungen Institut für Bautechnik 3/1973, S. 73. Verlag Ernst & Sohn.

[122] Eggert, H.: Vorlesungen über Lager im Bauwesen. Wilhelm Ernst & Sohn 1980/1981.

[123] Schäffler, Th.; Sonne, Ed.: Brückenbau. Handbuch der Ingenieurwissenschaften II. Band. Zweite Abteilung. Leipzig, Verlag von Wilhelm Engelmann 1882. (Zitiert wurde aus § 61).

[124] Kauschke, W.: Entwicklungsstand der Gleitlagertechnik für Brückenbauwerke in der Bundesrepublik Deutschland. Bauingenieur 64 (1989), S. 109–120.

[125] Plagemann, W.: Die Tatsumi-Hochstraße in Tokio. Der Bauingenieur 58 (1983), S. 221/222.

[126] Battermann/Köhler: Elastomere Federung, Elastische Lagerungen. W. Ernst & Sohn, Berlin, München 1982.

[127] Gerb: Schwingungsisolierungen. Berlin, 9. Auflage 1992, Eigenverlag.

[128] Pfefferkorn, W.: Dachdecken und Mauerwerk. Verlagsgesellschaft Rudolf Müller GmbH, Köln-Braunsfeld 1980.

[129] Pfefferkorn/Steinhilber: Ausgedehnte fugenlose Stahlbetonbauten. Beton-Verlag Düsseldorf 1990.

[130] Grote, J.; Kreuzinger, H.: Pendelstützen mit Elastomerlagern. Der Bauingenieur 53 (1978), S. 63/64.

[131] Kanning, W.: Elastomer-Lager für Pendelstützen – Einfluss der Lager auf die Beanspruchung der Stützen. Der Bauingenieur 55 (1980), S. 455.

[132] Maurer/Rahlwes: Lagerung und Lager von Bauwerken. Beton-Kalender 1995, Teil 2, Ernst & Sohn.

[133] N. N.: Erdbebensicher Bauen, Planungshilfe für Bauherren, Architekten und Ingenieure, Informationsschrift der Landesregierung Baden-Württemberg, Stuttgart, Innenministerium, Referat Bautechnik (ohne Angabe des Erscheinungsjahres; ca. 1985).

[134] Poscanschi, A.: Erdbebensicherung von Bauwerken durch anpassungsfähige Schwingungsisolatoren. Bauingenieur 58 (1983), S. 213 ff.

[135] Breitbach, M.: Tribotechnische Aspekte der Gleitlager-Technologie im Brückenbau. Dissertation TH Aachen 1990.

[136] Weihermüller, H.; Knöppler, K.: Lagerreibung beim Stabilitätsnachweis von Brückenpfeilern. Bauingenieur 55 (1980), S. 285–288.

[137] Andrä, W.: Der heutige Entwicklungsstand des Topflagers und seine Weiterentwicklung zum Hublager. Bautechnik (1984), S. 222–230.

[138] Krumm, R. et al.: Lagerauswechselung an der Talbrücke Brunsbecke (A 45). Stahlbau 62 (1993), Heft 8, S. 231 ff.

[139] Eggert, H.: Regelwerke im Stahlbau. Stahlbau Handbuch Band l Teil A, Abschnitt 9.1. Stahlbau Verlagsgesellschaft Köln 1993.

[140] Eggert, H.: 7 Grundsätze bei der Lagerung von Brücken. 9. IVBH-Kongreß Amsterdam 1972, Schlussbericht. Internationale Vereinigung für Brückenbau und Hochbau, Zürich, Schweiz.

[141] Eggert, H.: Lager im Bauwesen, Anmerkungen zur Herausgabe der Normenreihe DIN 4141. Beton- und Stahlbetonbau (1986), S. 3 ff.

[142] Lager im Bauwesen – Eine Normenreihe für die Herstellung und Anwendung bei Brücken und im Hochbau. Komm. Techn. Baubest. 1. Lieferung 1992. Rudolf Müller, Köln.

[143] Deinhard, J. M.; Kordina, K.; Mozahn, R.; Storkebaum, K.-H.: Der Schadensfall an der Mainbrücke bei Hochheim. Beton- und Stahlbetonbau, 72 (1977), S. 1–7.

[144] Eggert, H.; Wiedemann, L.: Nutzungsgerechte Lagerung von Stahl-und Verbundbrücken und unterhaltungsgerechte Konstruktion von Brückenlagern. IVBH Symposium Dresden 1975. Vorbericht.

[145] Eggert, H.: Lager für Brücken und Hochbauten. Bauingenieur 53 (1978), S. 161–168, und Zuschrift 54 (1979), S. 200.

[146] Saul, R. et al.: Die neue Galata-Brücke in Istanbul. Bauingenieur 67 (1992), S. 433–444, und 68 (1993), S. 43–51.

[147] Saul, R.: Die Brücke „La Cartuja" für die Expo 92 in Sevilla. Stahlbau 59 (1990), S. 33–38.

[148] Saul, R.: Verbundbrücke mit Rekordspannweite. Stahlbau 61 (1992), S. 1–4.

[149] König, G. et al.: Spannbeton: Bewährung im Brückenbau. Analyse von Bauwerksdaten, Schäden und Erhaltungskosten. Springer Verlag Berlin, Heidelberg, New York, London, Paris, Tokio 1986.

[150] Pfohl, H.: Reaktionskraft am Festpunkt von Brücken aus Bremslast und Bewegungswiderständen der Lager. Bauingenieur 58 (1983), S. 453–457.

[151] Eggert, H.; Hakenjos, V.: Die Wirkungsweise von Kalottenlagern. Der Bauingenieur 49 (1974), Heft 3, S. 93/94.

[152] Lehmann, D.: Beiträge zur Berechnung der Elastomerlager. Die Bautechnik I (1978), S. 19–22, II (1978), S. 99–102, III (1978), S. 190–198, IV (1979), S. 163–169.

[153] Kordina, K.; Nölting, D.: Zur Auflagerung von Stahlbetonteilen mittels unbewehrter Elastomerlager. Der Bauingenieur 56 (1981), S. 41–44.

[154] Kordina, K.; Osterath, H.-H.: Zur Auflagerung von Stahlbetonbauteilen mittels unbewehrter und bewehrter Elastomerlager. Der Bauingenieur 59 (1984), S. 461–466.

[155] Kessler, E.; Schwerm, D.: Unebenheiten und Schiefwinkligkeiten der Auflagerflächen für Elastomerlager bei Stahlbetonfertigteilen. Fertigteilbauforum 13/83, S. 1–5 (Betonwerk + Fertigteil-Technik).

[156] Kessler, E.: Die Anwendung unbewehrter Elastomerlager. Betonwerk + Fertigteil-Technik (1987), Heft 6, S. 419–429.

[157] Battermann, W.: Elastische Lagerung großvolumiger Behälter. Die Bautechnik (1983), Heft 9, S. 310–314.

[158] Bundesminister für Verkehr: Schäden an Brücken und anderen Ingenieurbauwerken. Dokumentation 1982. Verkehrsblatt-Verlag, Dortmund.

[159] Bundesminister für Verkehr: Bericht über Schäden an Bauwerken der Bundesverkehrswege. Januar 1984. Eigenverlag BMV.

[160] Beyer, E.; Eisermann, G.: Nachstellbare Brückenlager. Erfahrungen beim Bauvorhaben Düsseldorf-Hauptbahnhof. beton 5/1983.

[161] Beratungsstelle für Stahlverwendung, Düsseldorf. Merkblatt 302, Sicherungen für Schraubenverbindungen,1983.

[162] Dickerhoff, K. J.: Bemessung von Brückenlagern unter Gebrauchslast. Dissertation Universität Karlsruhe 1985.

[163] Petersen, Chr.: Zur Beanspruchung moderner Brückenlager. Festschrift J. Scheer, März 1987.

[164] Fischer, M.; Wenk, R.: Zur Frage der Abhängigkeit der Kehlnahtdicke von Blechdicke beim Verschweißen von Baustählen. Stahlbau 54 (1985), S. 239–242.

[165] Hehn, K.-H.: Prüfeinrichtung zur Untersuchung von Lagern. VDI-Z 118 (1976), S. 114–118.

[166] N. N.: Sanierung der Kölnbreinsperre, Projektierung und Ausführung, l. Auflage Mai 1991. Herausgeber: Österreichische Draukraftwerke AG.

[167] Hakenjos, V.; Richter, K.: Dauergleitreibungsverhalten der Gleitpaarung PTFE weiß / Austenitischer Stahl für Lager im Brückenbau. Straße, Brücke, Tunnel 11 (1975), S. 294–297.

[168] Uetz, H.; Wiedemeyer, J.: Tribologie der Polymere. Carl Hanser Verlag München Wien, 1985.

[169] Wiedemeyer, J.: Deutung des tribologischen Verhaltens ungeschmierter Thermoplaste auf der Basis von Modellrechnungen sowie experimentellen Ergebnissen. Diss. Universität Stuttgart 1985. (Fortschr.-Bericht VDI-Zeitschrift Reihe 5, Nr. 96).

[170] Rechenberg, I.: Evolutionsstrategien, Bibl. Inst., Mannheim (1973).

[171] DIBt, Mitteilungen 1995, Heft 1.

Für das Stoffgebiet „Brückenlager" relevante Literatur, unter anderem solche, die nach dem Erscheinen der zweiten Auflage dieses Buches in den Zeitschriften Beton- und Stahlbetonbau (Ernst & Sohn, E & S), Bautechnik (E & S), Stahlbau (E & S) und Bauingenieur (Springer) publiziert wurde, evtl. mit kurzem kursiv angefügtem Hinweis:

[172] Beerwein, M.: Die Stahlbrücken der U-Bahnlinie 1 zwischen den Bahnhöfen Schlesisches Tor und Warschauer Straße in Berlin. Stahlbau (1996), S. 515 ff.

[173] Beier, H. J.: Schiebetechnik im Brückenbau *(Erläuterung der Schiebetechnik im Brückenbau mit praktischem Beispiel)*. Bautechnik (2000), S. 725 ff.

[174] Block, T.: Bewehrte Elastomerlager. Bautechnik 88 (2011), S. 145–150.

[175] Block, T.: Experimental and Numerical Investigations on Elastomeric Bearings. Proceedings of the 7th World Congress on Joints, Bearings and Seismic Systems for Concrete Structures, Las Vegas, USA, 2011.

[176] Braun, C.; Hanswille, H.; Porsch, M.; Schürmann, C.: Lager im Bauwesen nach DIN EN 1337. Stahlbau 78 (2009). Heft 11, S. 849–868.

[177] Braun, C.: Das Last-Verformungsverhalten der Gleitelemente von Lagern im Bauwesen. Festschrift zur Vollendung des 60. Lebensjahrs von Prof. Dr.-Ing. Gerhard Hanswille, Wuppertal, Oktober 2001.

[178] Braun, C. et al.: Brückenlager nach Europäischer Norm, Stahlbau-Kalender 2012, S. 668–692.

[179] Buschmeyer, W. et al.: Temperaturbeanspruchung von Straßenbrücken aus Beton. Bauingenieur 81 (2006), S. 189–194.

[180] Eggert, H.: Brückenlager und deren Regelung, Eine Bestandsaufnahme. Bautechnik (2001), S. 52–59.

[181] Eggert, H.: Bewehrte Elastomerlager, Erkenntnisstand und Defizite. Bautechnik (2006), S. 6–15.

[182] Eggert, H.: Topflager. Bautechnik (2002), S. 750–760.

[183] Eggert, H.: Kalottengleitlager. Bautechnik (2002), S. 84–90.

[184] Eggert, H.: Brückenlagertechnik in Deutschland – die Geschichte einer technischen Revolution. Weimar, Bauhaus-Universität, Professur Verkehrsbau, 2005. (Eigenverlag).

[185] Ehmann, R. et al.: Kanalbrücken – Besondere Bauwerksspezifische Einwirkungen *(Kompliziertes Lagereinbaukonzept für Leineflutbrücken bei Hannover; Der Verfasser ist Mitarbeiter der Bundesanstalt für Wasserbau, Karlsruhe)*. Stahlbau (2001), S. 11 ff.

[186] Geier, R. et al.: Lagertausch unter beengten Platzverhältnissen *(mit Stellringpressen)*, Beton- und Stahlbetonbau (2007), S. 462 ff.

[187] Gerhaher, U. et al.: Verbesserte Bemessungsrichtlinien für bewehrte Elastomerlager, Bautechnik (2011), S. 451–458.

[188] Haak, A.: Lagerungsbedingungen und Lagerkräfte in der verallgemeinerten Technischen Biegelehre. Stahlbau (2010), S. 144 ff.

[189] Held, M.; Welsch, T.: Zum Nachweis der Teilflächenbelastung nach DIN 1045-1. Beton- und Stahlbetonbau 104 (2009), S. 550 ff.

[190] Marx, S. et al.: Unbewehrte Betongelenke – 100 Jahre Erfahrung im Brückenbau. Beton- und Stahlbetonbau 105 (2010), S. 599 ff.

[191] Marx, S. et al.: Gelenke im Massivbau. Beton- und Stahlbetonbau 105 (2010), S.27–35.

[192] Müller-Rochholz, J. et al.: Langjährige Messung von Kraft- u. Verformungsgrößen in Neotopflagern einer Spannbetonbrücke *(Gleitspalt- u. Kippspaltmessungen und Druckmessung im Topf nach 18-jähriger Nutzung bei einer dreifeldrigen Brücke. Es zeigte sich nur geringfügige Abnutzung.)*. Beton- und Stahlbetonbau (2006) S. 943.

[193] N. N.: Brückenvorschub über den Rhein bei Mannheim. Stahlbau 68 (1999), S. 354.

[194] Nölke, H.: Zur Beanspruchbarkeit bei Hertz'schen Pressungen. Stahlbau 2009, S. 47 ff.

[195] Reitz, D.: Querverschub des östlichen Überbaus der neuen Flügelwegbrücke in Dresden. Stahlbau (2004), S. 281 ff.

[196] Sauer, M.: Messung abhebender Lagerkräfte an der Kanalbrücke Magdeburg. Bautechnik 2010, S. 171 ff.

[197] Szatmarl: Das Schiebeverfahren beim Bau der Donaubrücke. Bauingenieur (2006), S. 437.

[198] Tomika, V.: Rekonstruktion der Lagerung einer schiefen Eisenbahn-Kastenbrücke, *(Sanierungsfall 2-Rollenlager)*. Stahlbau (1999), S. 39 ff.

[199] Wetzk, V.: Entwicklung der Brückenlager – Geschichtlicher Überblick. Bautechnik (2006), S. 721–731.

[200] Wetzk et al.: Bewertung historischer Brückenlager – Das Kontaktproblem – Teil 1. Stahlbau (2011), S. 404–412.

[201] Wetzk, V.: „Alt, doch noch immer rüstig!" – Historische Brückenlager. In: Schmidt, L. et al.: Jahrbuch 2008/2009, Berlin, Bonn, Westkreuz-Verlag, 2008, S. 51–64.

[202] Wetzk, V.: Assessing historical bridge bearings, Proceedings of the 5th International Conference of Structural Analysis, New Delhi, 2006, S. 1031–1040.

[203] Wetzk, V.: Bridge Bearings – A Historical Survey, Proceedings of the 2nd International Congress on Construction History, 2006.

[204] Bachmann, H. et al.: Vibration Problems in Structures. Practical Guidelines. Birkhäuser Verlag, Basel, 1995.

[205] Weber, B.: Tragwerksdynamik. ETH Zürich, 2002.

[206] Krone, M.; Klähne, T.; Kovacs, I.: Die Südbrücke Oberhavel – Entwurf, Ausschreibung und Vergabe. Stahlbau 66 (1997), Heft 4.

[207] Den Hartog, J. P.: Mechanische Schwingungen. 2. Aufl. Berlin: Springer Verlag, 1952.

[208] Meinhardt, C.; Siepe, D.; Nawrotzki, P.: Passive Damping Devices for Earthquake Protection of Bridges and Buildings. The Journal of Anti-Seismic Systems International Society, Vol. 2, 2011.

[209] Meinhardt, C.: Schwingungstilger zur Reduzierung der Schwingungsanfälligkeit von Fußgängerbrücken. Stahlbau 78 (2009), S. 124–129.

[210] Meinhardt, C.; Tuinstra, D. M. J.; Langedijk, W. P.: Massa – veer dempers fiets – en voetgangersbrug, muiden – Aanstootgevend gedrag bepaal comfortabele oversteek. Bouwen met Staal, Vol. 221, Juni 2011.

[211] VDI-Richtlinie: VDI 3833 Blatt 2, Schwingungsdämpfer und Schwingungstilger – Schwingungstilger und Schwingungstilgung, 2006.

[212] ZTV-ING, Zusätzliche Technische Vertragsbedingungen und Richtlinien für Ingenieurbauten. Bundesanstalt für Straßenwesen, 2010.

[213] Block, T.: Verdrehwiderstände bewehrter Elastomerlager. Dissertation, Fakultät für Bau- und Umweltingenieurwissenschaften, Ruhr-Universität Bochum, 2010.

[214] Mullins, L.: Softening of rubber by deformation. Rubber Chemistry and Technology 42 (1969), S. 339–361.

[215] Mullins, L.; Tobin, N. R.: Stress softening in rubber vulcanizates. Part I: Use of a strain amplification factor to describe the elastic behavior of filler-reinforced vulcanized rubber, Journal of Applied Polymer Science 9, (1965), S. 2993–3009.

[216] Mullins, L.: Effect of stretching on the properties of rubber. Journal of Rubber Research 16 (1948), S. 2754–282.

[217] Harwood, J.; Payne, A.: Stress softening in natural rubber vulcanizates. IV: Unfilled vulcanizates. Journal of Applied Polymer Science 10 (1966), S. 1203–1211.

[218] Laraba-Abbes, F.; Ienny, P.; Piques, R.: A new „Taylor-made" methodology for the mechanical behavior analysis of rubber-like materials: II. Application to the hyperelastic behavior characterization of a carbon-black filled natural rubber. Polymer 44 (2003), Heft 3, S. 821–840.

[219] Haringx, J. A.: On highly compressive helical springs and rubber rods and their applications for vibration-free mountings, Philips Res. Rep., 1948, 3, S. 401–449.

[220] Cardone, D.: Experimental evaluation of the critical load of slender elastomeric seismic isolators. Proceedings of the 7th World Congress on Joints, Bearings and Seismic Systems for Concrete Structures, Las Vegas, USA, 2011.

[221] Kelly, T. E.: Base isolation of structures: Design guidelines, 2001, Wellington, New Zealand: Holmes Consulting Group Ltd.

[222] Bergström, J.: Finite Element Modeling of Polymers, Training Class Notes, 2008, Veryst Engineering, LLC.

[223] Diani, J.; Fayolle, B.; Gilormini, P.: A Review on the Mullins Effect. European Polymer Journal 45 (2009), S. 601–612.

[224] Pare, R.; Keiner, E.: Elastomeric Bridge Bearings, Highway Research Board Bulletin 242, 1960, S. 1–19.

[225] Banks, H. T.; Pinter, G. A.; Yeoh, O. H.: Analysis of Bonded Elastic Blocks. Mathematical and Computer Modelling 36 (2002), S. 875–888.

[226] Arruda, E. M.; Boyce, M. C.: A three-dimensional constitutive model for the large stretch behavior of rubber elastic materials. Journal of the Mechanics and Physics of Solids 41 (2), 1993, S. 389–412.

[227] Kauschke, W.: Neue Lager für die Wuppertaler Schwebebahn. Bautechnik (2013), Heft 1 und 2.

9 Glossar

Zusammenstellung und Definition von Begriffen

Aufgenommen wurden neben ungeläufigen Spezialwörtern solche Begriffe, die einer Eingrenzung (Definition) bedürfen, um im Zusammenhang mit dem Thema dieses Buches richtig verstanden zu werden.

Wörter, die ohne Erläuterung verständlich sind, gehören nicht zum Glossar. Bestimmte und unbestimmte Artikel wurden, soweit ohne Informationsverlust möglich, weggelassen.

Bei der in Klammern angegebenen englischen Übersetzung wurde im Zweifelsfall der in diesem Fachgebiet übliche Begriff angegeben.

Begriff	**Synonym / Erklärung**
Abdichtung (sealing)	Mechanischer Schutz eines Lagers gegen Verschmutzung.
Abrieb (abrasion)	Verschleiß.
Abrollen (roll off)	Rollbewegung über den planmäßigen Rollweg hinaus.
Absenken (lower)	Planmäßige Verringerung der Höhenlage eines Bauteils.
allseitig beweglich (movable on all sides)	Verschiebungsmöglichkeit in der Ebene x-y.
allseitig verdrehbar (twistable on all sides)	Verdrehungsmöglichkeit um die Achsen x, y, z.
Alterung (weathering)	Veränderung durch Umwelteinflüsse wie UV-Strahlung und Ozon.
anerkannt (recognized)	Nachprüfbar von einer Institution listenmäßig erfasst.
allgemein anerkannt (accepted)	Nur indirekt nachprüfbar: wenn während einer öffentlich bekanntgegebenen Frist oder über einen sehr langen Zeitraum keine Einwände vorlagen.
Anfahrreibung (Haftreibung) (stick-friction)	Reibung zu Beginn der Gleitbewegung, die als Schwellenwert zu überwinden ist.
Anfahrreibungszahl (value of stick-friction)	Quotient aus der Reibungskraft zu Beginn der Gleitbewegung und der Lagerlast normal zur → Gleitfläche, Reibung und Haftung.

Begriff	Synonym / Erklärung
Auflagerdrehwinkel (angle of bearing-rotation)	Relativverdrehung des Überbaus gegenüber dem Unterbau (→ Lagerverdrehung).
Anheben (jacking up)	Gegenteil von Absenken.
Ankerplatten (anchoring plates)	Stahlbleche, die an das Lager anschließen und im anschließenden Beton verankert sind.
Anpassungssetzung (shake down)	Toleranzausgleich durch einmaliges Nachgeben.
Anzeigevorrichtung (indikator)	Zeiger und Skala an einem Lager, um die Bewegung erkennen zu können.
Arretierung (arrest)	genaue Einstellung (z. B. Voreinstellung der Gleitplatte) mit Hilfe von Schrauben.
Auflager (bearing)	*siehe* Lager
Aufstelltemperatur (installation temperature)	Bauwerkstemperatur, bei der das Bauwerk auf die Lager gesetzt wird (wird meist mit +10 °C angenommen).
Ausblühungen (efflorescence)	Wandern von Stoffen im Innern eines Körpers nach außen (Ausscheiden von Salzen).
Ausblutung (bleeding)	Separierung der flüssigen von den festen Bestandteilen beim Schmiermittel (Silikon).
Ausdehnung (expansion)	Längenänderung.
Ausschreibung (invitation to bid)	Aufforderung an einen beschränkten oder nicht beschränkten Personenkreis, Angebote abzugeben.
äußere Lasten (external loads)	Lasten, die unabhängig vom Zustand und von der Beanspruchung des Bauwerks vorhanden sind, wie z. B. Eigenlast, Verkehrslast, Wind.
Aussteifung (installing stiffnes)	Temporäre oder auf Dauer vorgesehene Maßnahme, um im Bereich konzentrierter Beanspruchung eine hohe Stabilität zu erreichen.
Auswechselbarkeit (interchangeability)	Planmäßig vorgesehene Möglichkeit, unbrauchbar gewordene Teile gegen brauchbare auszutauschen.
Balken (beam)	Stabartiges Tragteil (2 Abmessungen klein gegenüber einer dritten), das hauptsächlich Querkraftbiegung aufnimmt.
Bauaufsicht (construction super-vising body)	Behördenstruktur mit Polizeifunktion im Baubereich.

Begriff	Synonym / Erklärung
Bauende Verwaltung (builder-owner authority)	Im engeren Sinne die Behörden, die gleichzeitig Bauherr und Bauaufsicht sind: Bundesbahn (vor der Privatisierung), Bundesverkehrsministerium und die sog. Auftragsverwaltungen der Länder (Straßenneubauämter der Länder, Landschaftsverbände u. a.). Die kommunalen Bauämter unterstehen im Allgemeinen der verwaltungsmäßig getrennten Bauaufsicht und werden deshalb meist nicht dazu gezählt.
Baugrund (building plot)	Der Teil der Erdoberfläche, auf dem gebaut wird.
Bauordnungen (building laws)	Landesgesetze in der Bundesrepublik Deutschland, in denen das Baurecht, soweit es Landesrecht ist, festgelegt wurde.
Baupolizeirecht (building regulations)	Bauordnungsrecht, Bestandteil der Bauordnungen.
Baurecht (building law)	Bauordnungsrecht zuzüglich weiterer Baurechtsbereiche.
Bauwerk (structure)	Planmäßig für bestimmte Funktionen erstelltes Gebilde, das dauerhaft mit der Erdoberfläche verbunden ist.
Bauzustand (under construction)	Zwischenzustand nach Baubeginn und vor Inbetriebnahme. In aller Regel der gefährlichste Zustand überhaupt mit den meisten Unfällen, Einstürzen, Toten.
Bearbeitungsunterlagen (treatment papers)	Statik, Zeichnungen und wesentliche Quellen und Regelwerke, die benötigt wurden.
Beanspruchbarkeit (resistance)	Grenzwert für die Beanspruchung einer Konstruktion.
Beanspruchung (stressing)	Aus Einwirkungen abgeleitete Größe (Schnittgröße; Spannung) zur Beurteilung der Tragfähigkeit.
Belastung (leading)	Spezielle Form der Beanspruchung.
Bemessung (design)	Festlegung, wie groß etwas sein muss, und aus welchem Stoff es hergestellt werden soll.
Berechnung (design calculation)	Statik, statische Berechnung.
Besondere Bestimmungen (special rules)	Individuelle Regeln für einen Zulassungsgegenstand.
Betongelenk (concrete hinge)	Einschnürung einer Stütze aus Beton zwecks Erzielung eines Biegemomentennullpunktes.

Begriff	Synonym / Erklärung
Betonpressung (concrete pressure)	Mittlerer Druck in einer Auflagerfuge aus Beton.
Bewährung (qualifying)	Ein Rechtsbegriff, kann nur indirekt nachgewiesen werden.
bewehrtes Elastomerlager (laminated bearing)	→ Elastomerlager mit → Bewehrungseinlagen
bewegliches Lager (movable bearing)	*siehe* Lager
Bewegungsnullpunkt (zeropoint of motion)	Festpunkt.
Bewehrungseinlagen (reinforcing plates)	Einvulkanisierte Stahlplatten in einem bewehrten Elastomerlager.
bleibende Verformung (permanent deformation)	Verformungsrest nach Entlastung.
Bleilager (lead bearing)	*siehe* Lager
Bremskräfte (brake forces)	Beschleunigungs- und Verzögerungskräfte, hervorgerufen durch den Verkehr auf der Brücke.
Bruchdehnung (elongation at fracture)	Kennzeichnet die Duktilität eines Werkstoffs, eine genormte Messgröße: der Quotient aus der Verlängerung beim Bruch und der ursprünglichen Länge des genormten Probekörpers.
Bruchlast (breaking load)	Last, bei der eine Gefügetrennung erfolgt ist.
Bruchsicherheit (safety against breaking)	Gewissheit, dass die Bruchlast von der vorhandenen Last nicht erreicht wird, ausgedrückt durch das Verhältnis der Ersteren zur Letzteren.
Brückenlagerung (bridge mounting)	Im engeren Sinn die Lagerung eines Brücken-Überbaus auf den Unterbauten.
Bundesminister für Verkehr (federal ministry of traffic)	Eine Behörde, die u. a. zuständig ist für die Bekanntgabe der Regeln im Bereich der bundeseigenen Verkehrsbauten und in deren Auftrag Bundesstraßen gebaut werden.
Chloropren-Kautschuk (chloropren-rubber)	Werkstoff für Verformungslager, *siehe* Lager.
Dauerversuche (fatigue tests)	Versuche, mit denen häufige Lastwiederholungen simuliert werden.
Dauerschmierung (permanent greasing)	Gleitlagerschmierung durch Schmiertaschen; in Abhängigkeit von der Bauwerkskonstruktion unterschiedlich lange wirksam.

Begriff	Synonym / Erklärung
Deckschicht (covering layer)	Bei unverankerten bewehrten Elastomerlagern die äußerste, nur ca. 2,5 mm dicke Gummischicht.
Deformationswiderstand (resistance of deformation)	Federkennzahl, wenn das Zwischenbauteil Elastomerlager als Feder aufgefasst wird.
Dichtung (sealing)	Mechanischer Abschluss von Gefäßen und Leitungen gegenüber beweglichen Teilen; werden für Topflager benötigt (zwischen Deckel und Topf), bei runden Lagern als Dichtungsringe.
Dickentoleranzen (tolerance of thickness)	Zulässige Abweichungen von einem festgelegten Wert für die Dicke; für Bleche, Gummischichten und PTFE-Scheiben geregelt, unterliegen der Fertigungskontrolle.
DIN (German Institut for Standards)	Abkürzung für **D**eutsches **I**nstitut für **N**ormung, Hauptsitz in Berlin mit einigen Außenstellen.
Dollen (pin)	Einfache zylindrische Vollstahldübel zwecks Lagesicherung eines Lagers, zur planmäßigen Aufnahme von Horizontalkräften ohne zusätzliche Maßnahmen ungeeignet!
Drehpunkt (centre of rotation; pivot)	Nullpunkt der Translation des Überbaus in der aus den Lagern gebildeten Ebene; als Momentan-Zentrum der Bewegungen eine fiktive, einwirkungsabhängige Größe, bei nur einem festen Lager der konstruktiv festgelegte „Festpunkt" der Konstruktion.
Drehwinkel (angle of rotation)	Verdrehungsdifferenz zwischen den durch ein Lager verbundenen Teilen; Größenordnung: ‰.
Druckverformung (compressive deformation)	Verkürzung eines gedrückten Gegenstandes gegenüber dem unbelasteten Zustand; ist bei Lagern unter den zu erwartenden Lasten sehr klein, bei Verformungslagern größer als bei anderen Lagern.
Druckverformungsrest (residual compressive deformation)	Genormter Prüfwert für kleine Probestücke von Elastomer, *siehe* DIN 53517.
Durchlaufträger (continuous beam)	Balken auf mehr als 2 Stützen ohne Gelenke.
ebene Gleitflächen (plane sliding surface)	(Theoretische) Voraussetzung für Gleitlager. Die tatsächlichen Abweichungen von der Ebene müssen eng begrenzt werden.
Edelstahl (high-grade steel; stainless steel)	Unscharfe Bezeichnung für einen hochlegierten Stahl. Gemeint ist im Brückenlagerbau in aller Regel nichtrostender Stahl nach DIN 17440 und DIN 17441.

Begriff	Synonym / Erklärung
Eignung (suitability)	Amtlich festgestellte Eigenschaft z. B. des Herstellerwerks; wird für bestimmte Fertigungsschritte wie z. B. Schweißen festgestellt und bescheinigt, für einen Gegenstand auch durch einen Zulassungsbescheid.
Einbau (installation)	Geregelter Vorgang nach EN 1337 Teil 11 Kap. 6.
Einbaurichtung (direction of Installation)	Von der späteren Funktion bestimmte notwendige Lage im Grundriss; muss auf dem Lager angegeben werden und aus dem Lagerversetzplan hervorgehen.
Einbautoleranzen (tolerances of installation)	Zulässige Abweichungen beim Einbau von der planmäßigen Lage; müssen festgelegt und kontrolliert werden.
Einfeldbrücke (single-span bridge)	Balkenbrücke auf 4 Lagern (statisch unbestimmt gelagert!).
Einfeldträger (single-span girder)	Neben dem Kragarm das einfachste Element der Balkenstatik (statisch bestimmt!).
Einführungserlass (introduction with an enactment)	Mitteilung der oberen Instanz (Baubehörde) an die untere – veröffentlicht im Amtsblatt – über die Zulässigkeit (Einführung) einer neuen Regel.
Einspannung (fixed support)	„Gegensatz" zur gelenkigen Lagerung. „Volle" Einspannung ist praktisch genau so unmöglich wie das ideale Gelenk.
Einwirkung (action)	Beanspruchungsrelevante Größe, z. B. Belastung, Temperatur.
Eisenbahnbrücken (railway bridges)	Brücken für Schienenfahrzeuge; unterscheiden sich von Straßenbrücken vor allem durch den wesentlich höheren Anteil der Beanspruchung aus der Verkehrslast an der Gesamtbeanspruchung.
elastische Verschiebung, elastische Verformung (elastic deformation)	Verschiebung (Verformung), die nach Entlastung zu null wird.
Elastizität (elasticity)	Eigenschaft fester Körper, nach Verschwinden einer formverändernden Kraft ihre ursprüngliche Gestalt wieder einzunehmen; ist durch den E-Modul gekennzeichnet und beim Gummi um Größenordnungen „kleiner" als beim Stahl.
Elastizitätstheorie (theory of elasticity)	Theorie, nach der Spannungen und Verformungen elastischer Körper ermittelt werden; setzt lineare Elastizität (konstanten E-Modul) voraus und ist deshalb bei Anwendung auf reale Stoffe stets nur näherungsweise gültig.

Begriff	Synonym / Erklärung
Elastomerlager (elastomeric bearing)	Verformungslager; *siehe* Lager.
Elastomer-Gleitlager (elastomer sliding bearings)	Verformungsgleitlager; *siehe* Lager.
Elastomerpressung (elastomer pressure)	Gemittelter Auflagerdruck in der Elastomerfuge.
Endauflager (end support)	Lager, die auf dem Widerlager angeordnet werden. Sie haben im Vergleich zu den Mittelauflagern ein ungünstigeres Verhältnis zwischen kleinster Auflast und zugehöriger maximaler H-Kraft.
Endtangentendrehwinkel (rotation of end support)	Verdrehung des Endauflagers, gemessen in Bogenmaß.
Entropie-Elastizität (entropy-elasticity)	Ein nur mit Kenntnissen der Wärmelehre verständlicher Effekt bei Belastung und Temperaturänderung des Elastomers.
Entwurf (project)	Gedankliche Vorwegnahme eines geplanten Zustands; ist auch für die Brückenlagerung unverzichtbar.
Ersatzlasten für Anprall (equivalent loads for impact loading)	Hilfsannahmen für katastrophale Ereignisse zur Vermeidung einer unangemessen aufwendigen dynamischen Untersuchung.
Erstbelastung (first loading)	Belastung eines Lagers unmittelbar nach Inbetriebnahme; sollte protokollarisch festgehalten werden (EN 1337 Teil 11).
Exzentrizität (eccentricity)	Abweichung der Lage der Auflast von der Lagerachse, setzt sich zusammen aus einer Anfangsexzentrizität und dem Quotienten aus Rückstellmoment und Auflast.
Faltenbalg (folded bellows)	Schutzvorrichtung für Gleitlager.
Federkennlinie, Federkennwert (spring characteristic)	Angaben zur Beschreibung der statischen Eigenschaft von Lagern.
fehlerhafter Einbau (mistake in the installation)	Lagereinbau, bei dem gegen die Vorschriften des Lagerversetzplans verstoßen wurde.
Ferroxyl-Test (dto.)	Prüfmethode, mit der die Qualität einer Chromschicht auf einer Stahlplatte geprüft wird.
Fertigteilkonstruktion (pre-fabricated member)	Baukonstruktionen, deren Elemente so weit im Werk vorgefertigt werden, dass auf der Baustelle nur noch Verbindungen hergestellt und Fugen geschlossen werden müssen. Im Stahlbetonbau entfällt dann die Herstellung des Betons auf der Baustelle.

Begriff	Synonym / Erklärung
Fertigungstoleranz (tolerance of manufacturing)	Maß, das als maximale Herstellungsungenauigkeit „toleriert" wird.
festes Lager (fixed bearing)	Lager, das in der Lagerungsebene Kräfte in beliebiger Richtung vom Überbau in den Unterbau leiten kann, ohne dass eine Verformung in der Ebene erfolgt (*siehe* Lager).
Festhaltedollen (pin)	Zentrisch angeordneter Stahldübel bei Gummilagern.
Festhaltekonstruktion (restraining device)	Zusatzeinrichtung bei Verformungslagern, um Schubverformungen zu begrenzen.
Festpunkt (fix-point)	Ruhepunkt einer sich verformenden Konstruktion.
Fett für Lager (grease for bearings)	Schmiermittel für Gleitlager (Silikonfett) und für Topflager (z. B. Nyhalup), um Rückstellkräfte und -momente zu reduzieren.
Fixzone (fixed region)	Lagerungsbegriff im Hochbau: der Bereich, der als unverformbar anzunehmen ist, speziell der Kernbereich (Fahrstuhl, Treppenhaus).
Fixpunktlager (fixed-point-bearing)	Horizontalkraftlager, mit dem ein Festpunkt realisiert wird; *siehe* Lager.
Flugrost (drifting rust)	Eine scheinbar verrostete Metallfläche aus folgender Ursache: in der Luft befindliche Eisenpartikel, die sich auf Metalloberflächen – z. B. Gleitbleche aus nichtrostendem Stahl – absetzen, wodurch sich Lokalelemente bilden, die zum Oxidieren der Eisenpartikel führen.
Formfaktor (shape factor)	Verhältnis von gedrückter zur freien Oberfläche bei Elastomerlagern.
Fuge (joint)	Stoßstelle zwischen 2 Bauwerksteilen.
Fugenpressung (joint pressure)	Quotient aus der Fugenschnittgröße „Normalkraft" und der für die Normalkraftübertragung zur Verfügung stehenden Fläche.
Führungsflächen (guide surfaces)	Paarweise vorhandene Gleitflächen zwecks Einschränkung der Bewegung auf eine planmäßig vorgegebene Richtung.
Führungskräfte (guided forces)	Schnittkräfte in der Führungsfläche.
Führungslager (guided bearing)	Horizontalkraftlager, das nur Führungskräfte überträgt.
Führungsleiste (guided strip)	konstruktives Lagerelement, an dem Gleitwerkstoffe befestigt sind, deren Oberfläche die Führungsfläche bilden.

Begriff	Synonym / Erklärung
Gegenwerkstoff (counter-material)	Ein Gleitpartner. Er muss härter sein als der Gleitwerkstoff. Üblich sind austenitisches Stahlblech und Hartchrom.
gekrümmte Brücke (curved bridge)	Brücke, deren Überbau im Grundriss gekrümmt ist
Gleitfläche (sliding surface)	Ebene (Gleitebene) oder konstant gekrümmte Oberfläche des Gegenwerkstoffs; geometrischer Ort der Reibungsfläche.
Gleitflächenschutz (sliding surface protection)	Zusatzeinrichtung zur Verhinderung der Verschmutzung der Gleitfläche, z. B. ein Faltenbalg.
Gleitlager (sliding bearing)	Lager, bei dem mindestens eine Relativbewegung der verbundenen Bauteile durch Gleiten ermöglicht wird (*siehe* Lager).
Gleitpartner (members of sliding)	Sammelbegriff für Gleitwerkstoff, Gegenwerkstoff und Schmierstoff.
Gleitreibung (sliding-friction)	Durch Relativverschiebung von Grenzflächen verursachte Reibung, *siehe* Reibung und Haftung.
Gleitreibungswiderstand (resistance of sliding-friction)	Produkt aus Reibungszahl und Last normal zur Lagerfuge.
Gleitweg (sliding distance)	Relativbewegung zwischen Gleitwerkstoff und Gegenwerkstoff.
Gleitwegcharakte ristik (sliding distance program)	Hypothetisch angenommener Wechsel von langsamer und schneller Bewegung und wechselnder Temperatur zwecks Simulation der Realität.
Gleitwegsumme, Gleitbewegungssumme (sum of sliding motion)	Aufsummierter Gleitweg in einem Gleitlager.
Gleitwerkstoff (sliding material)	PTFE = Polytetrafluorethylen oder UHMPE = ultrahochmolekulargewichtiges Polyethylen oder (für Führungsflächen) Mehrschicht-Werkstoff P1 nach CM1 oder CM2 nach EN 1337-2
Gummilager (rubber bearing)	Synonym für Verformungslager, *siehe* Lager.
Gummitopflager (rubber pot bearing)	Synonym für Topflager, *siehe* Lager.
Güteüberwachung (production control)	Synonym für die Werksüberwachung, *siehe* Überwachung.

Begriff	Synonym / Erklärung
Haftreibung, Haftung (adhesive friction, adhesion)	*siehe* Reibung und Haftung
Hartchrom (hard chrome)	Auf elektrolytischem Weg als 3-fache dünne Schicht auf stählernem Grundmaterial aufgebrachte Chromschicht, *siehe* Gegenwerkstoff.
Härte (hardness)	Oberflächenmerkmal, das nur einen groben Schluss zulässt auf das innere Gefüge eines Festkörpers.
Hauptverschiebungsrichtung (main movement)	Bei geraden Brücken: Brückenlängsrichtung (x-Achse). In anderen Fällen ist diese Richtung (= Lage der x-Achse) speziell zu definieren.
Hertz'sche Pressung (pressure of Hertz)	Rechenwert, der die Bewertung von Lastkonzentrationen zwischen gekrümmten Flächen ermöglicht.
Hochbauten (buildings)	Bauwerke, die im Wesentlichen über das Gelände hinausragen, ohne Brückenbauten. Im engeren Sinne: Häuser.
Höhenverstellbarkeit (possibility for vertical lift)	Einrichtung bei Lagern für Brücken mit zu erwartenden Bodenbewegungen (z. B. durch Bergbau).
Hooke'sches Gesetz (Hooke's law)	Kein Gesetz, sondern die Annahme linearer Beziehungen zwischen Spannungen und Dehnungen.
horizontale Lasten (horizontal loads)	Im Allgemeinen die Windlasten und die Bremslasten.
Horizontalkraftlager (bearings for horizontal loads)	Ein Lager, das ausschließlich horizontale Lasten aufnehmen kann (Fixpunktlager, Führungslager).
HV-Verbindungen (friction-type connection)	Verbindungen mit hochfesten, vorgespannten Schrauben.
Hysterese (hysteresis)	Bei mehrmaliger Be- und Entlastung im Last-Verformungsdiagramm von den Be- und Entlastungskurven eingeschlossene Fläche.
Industrieatmosphäre (industrial atmosphere)	Begriff der Korrosionsbelastung. Sie ist korrosiver als Landluft und kann jederzeit und überall durch Erschließung neuer Industriezweige entstehen.
Industriebauten (industrial buildings)	Hochbauten bzw. bauliche Anlagen zu industriellen Zwecken: Behälter, Türme, Krananlagen.
Inkompressibilität (incompressibility)	Volumenkonstanz bei Belastung, eine der wesentlichen Eigenschaften von Gummi.
Innenzapfen (pin)	*siehe* Dollen

Begriff	Synonym / Erklärung
Inspektion (inspection)	Untersuchung einer Konstruktion in regelmäßigen Abständen. Beim fertigen Bauwerk unverzichtbar (*siehe* DIN 1076).
Institut für Bautechnik (dto.)	Frühere Bezeichnung für Deutsches Institut für Bautechnik, Sitz: Berlin.
Jahreszeitliche Verschiebung (annual displacement)	Maximale Bewegungsspanne innerhalb eines Jahres zwischen Überbau und Unterbau; wird nach vorhandenen Regelwerken (DIN 1072) zur sicheren Seite abgeschätzt zwecks Bemessung der Gleitplattenlänge.
Joule-Effekt (joule-effect)	*siehe* Entropie-Elastizität
Kalottenlager (spherical bearing)	Gleitlager, bei dem die Verdrehung über eine kalottenförmig gekrümmte Gleitfläche erfolgt; *siehe* auch Lager.
Kammerung (chambering)	„Einschluss" einer PTFE-Platte. Die Platten werden in eine Vertiefung, die etwa der halben Plattendicke entspricht, in eine Stahlplatte, der PTFE-Aufnahme, eingepasst und sind dann „gekammert".
Kämpfergelenke (springing hinge)	Fußgelenke bei Bogenbrücken.
Kantenpressung (edge-pressure)	Pressung am Rand einer Fuge, entsteht rechnerisch durch Überlagerung von Normalkraft und Biegung.
Katastrophenbelastung (emergency load)	Eine nicht planmäßige Belastung. Das Verhalten des Bauwerks unter dieser Einwirkung wird mit Robustheit bezeichnet.
Kennzeichnung (marking)	Eine bei Lagern unverzichtbare Maßnahme zwecks Identifizierbarkeit.
Kernfläche (core area)	Der mittlere Bereich, in dem sich eine Last befinden muss, wenn keine klaffende Fuge auftreten soll.
Kipplager (rocker bearing)	Lager, das Verdrehungen (Kippungen) zwischen den mit dem Lager verbundenen Bauwerksteilen ermöglicht, *siehe* auch Lager.
kippweiches Elastomerlager (rubber bearing with low rotation resistance)	Lager, das bei sonst fast unveränderten Eigenschaften erheblich reduzierte Rückstellmomente gegenüber normalen bewehrten Elastomerlagern hat.
Kirschkerneffekt (cherry stone effect)	Ein Effekt bei Gummilagern: bei großen Verdrehungen und kleiner Reibungszahl zwischen Gummi und dem anschließenden Baustoff fliegt das Lager bei Belastung wie ein Geschoss aus seiner Lage.

Begriff	**Synonym / Erklärung**
Kissen (pillow)	Inhalt eines Topflagers (aus Gummi); *siehe* Lager.
klaffende Fuge (gaping joint)	Zustand im Fugenbereich infolge zu großer Exzentrizität; ist unzulässig in Gleitfugen unter 1-fachen Einwirkungen, welche häufig als „Gebrauchslasten" bezeichnet werden.
Kleben (sticking)	Im Bauwesen nur mit Einschränkungen anwendbare Verbindungsart. Sie unterscheidet sich vom Vulkanisieren wie Löten vom Schweißen und ist nur in Sonderfällen unter besonderen Bedingungen zulässig.
Knicken (buckling)	Versagensform bei druckbelasteten Stäben. Sie kann auch bei zu hohen Elastomerlagern auftreten.
Kompressionsmodul (modulus of compression)	Maß für die Zusammendrückbarkeit eines Stoffes; kann bei Elastomerlagern für Bauzwecke als unendlich angenommen werden.
Konsistenz (consistency)	Widerstand, den ein weicher Stoff (Schmierfett) einer Verformung entgegensetzt.
Kopfbolzen (stud shear connector)	Heute übliches Verankerungsmittel im Beton für eine Stahlplatte.
Korrosionsschutz (protection against corrosion)	Notwendige Konservierungsmaßnahme von Oberflächen aus Stahl. Betrifft alle sichtbaren und nur wenige cm im Beton liegenden Teile von niedrig legiertem Stahl.
Kriechen (creep)	Verformungszunahme bei Langzeitbelastung; erfolgt bei Elastomer wesentlich schneller als beim Beton mit einer erheblich kleineren Kriechzahl. Kriechen von PTFE wird durch Einlassen der PTFE-Platte ausgeschlossen.
Kristallisation (crystallization)	Gefügeänderung bei Flüssigkeiten und amorphen Stoffen. Beim Gummi führt sie zur Versteifung. Ursachen: große Dehnung, schnelle Belastung, Temperaturabfall. Sie ist reversibel.
Kugellager (ball bearing)	Lager, die Translation in allen Richtungen durch Abwälzung ermöglichen. Sie werden für kleinere Lasten und Bewegungen auch im Bauwesen (selten) verwendet.
Kurbelbetrieb (crank mechanism)	Bewegungseinrichtung im Labor, dient bei Gleitversuchen zur Nachahmung schneller Bewegungen (Straßenverkehr).
Kurzzeitkippversuch (short-time rotation test)	Simulation der Verdrehungen bei Verkehrsbelastung im Labor.

Begriff	Synonym / Erklärung
Lager (bearing)	Separat gefertigtes Bauteil, um Zwischenbedingungen in Baukonstruktionen zu realisieren. Die Artbezeichnungen sind funktions- oder werkstoffbezogen. Beispiele:
– Kipplager (rocker bearing)	Ein Lager, bei dem Ober- und Unterteil sich gegenseitig verdrehen können, z. B. Stahlplatten, von denen mindestens eine konvex gekrümmte Außenfläche hat, die sich in einem Punkt (Punktkipplager) oder einer Geraden (Linienkipplager) berühren und deren Verdrehung durch Abrollen aufeinander ermöglicht wird. Es kann als Kippleiste/ Kippplatte Teil eines beweglichen Lagers sein und auch als festes Lager gebaut werden. Auch Elastomerlager und Topflager gehören hierzu.
– Gleitlager (sliding bearing)	Ein Lager, bei dem die Bewegungen durch Gleiten (Rutschen) zweier Flächen gegeneinander erfolgen. Es kann als bewegliches Lager in Kombination mit einem stählernen Kipplager, Topflager, Elastomerlager oder als bewegliches und als festes Kalottenlager gebaut werden.
– Topflager (pot bearing)	Ein Lager für Kippbewegungen, also ein Kipplager, wie bereits definiert, bei dem die Last vom Überbau zum Unterbau über einen Stahltopf geleitet wird, in dem sich bei modernen Lagern Elastomer (in früheren Zeiten Sand) befindet. Die Kippbewegung (Verdrehung zwischen Deckel und Topf) bewirkt eine innere Verschiebung der Topffüllung. Topflager werden als feste Lager und als bewegliche Lager (Gleitlager und früher auch Nadellager) gebaut.
– Kalottenlager (spherical bearing)	Ein Gleitlager, bei dem die Kippung durch Gleiten über eine gekrümmte Fläche (Kalotte) erfolgt. Wird als festes Lager und als bewegliches Lager gebaut.
– Feste Lager (fixed bearing)	Drucklager, die als Bewegung nur Verdrehungen (Rotation) ermöglichen.
– Bewegliche Lager (movable bearing)	Lager, die als Bewegungen Verschiebungen (Translation) zwischen zwei Bauteilen durch Rollen oder Gleiten ermöglichen; einseitig bewegliche Lager: Lager, die in einer Richtung feste Lager, rechtwinklig dazu Bewegungslager sind. Diese Lager haben stets auch eine Rotationsmöglichkeit.
– Verformungslager (deformation bearing)	Lager, die Bewegungen (Verdrehungen und Verschiebungen) durch Verformungen des Lagermaterials (hier stets Gummi) ermöglichen. Andere Bezeichnungen: Elastomerlager, Gummilager.
– Horizontalkraftlager (thrust bearing)	Feste und bewegliche Lager zur ausschließlichen Aufnahme von Horizontalkräften (Fixpunktlager, Führungslager).

Begriff	Synonym / Erklärung
– Rollenlager (roller bearing)	Ein Lager, dessen Beweglichkeit durch das Einschalten von Rollen zwischen Überbau und Unterbau ermöglicht wird. Wird nur eine Rolle verwandt (Ein-Rollen-Lager), so ist eine Verschiebung nur in einer Richtung und eine Verdrehung nur um die Rollenachse möglich. Werden mehrere Rollen hintereinander angeordnet, so ist zusätzlich eine Einrichtung für die Kippbewegung erforderlich (Kipp-Leiste oder Kipp-Platte). Eine Verschiebung in zwei Richtungen ist nur möglich durch zwei übereinander angeordnete Lagen. Rollenlager sind stets bewegliche Lager. Rollenlager sind veraltete Technik, sie entsprechen nicht mehr den Anforderungen an eine zwängungsarme Lagerung und werden deshalb in diesem Buch nicht behandelt.
– Stelzenlager (link bearing)	Sie sind zwar billiger als Rollenlager, aber noch weniger als jene geeignet. Es sind Rollenlager, bei denen aus Gründen der Materialersparnis und auch aus Platzgründen die seitlichen, für die Rollbewegung nicht benötigten Teile abgeschnitten sind. Sie sind gefährlich, denn die Brücke stürzt ein, wenn der Rollweg unterschätzt wurde. Sie besitzen nicht die nach der Bauproduktenrichtlinie geforderte Robustheit.
– Nadellager (needle bearing)	Sie sind ein- oder zweilagige Rollenlager mit einer größeren Anzahl dünner Rollen, die direkt nebeneinander in einem Führungskasten (evtl. mit Ölfüllung) liegen. (Veraltet!)
– Stahllager (steel bearing)	Ein Lager, bei dem die kraftübertragenden Teile aus Stahl bestehen (Punktkipplager, Linienkipplager, Rollenlager). Als Gleitlager (Stahl auf Stahl) nur für untergeordnete, temporäre Zwecke geeignet!
– PTFE-Lager (PTFE-bearing)	Ein Gleitlager, bei dem der eine Gleitpartner aus PTFE (Polytetrafluorethylen) besteht.
– Elastomerlager (Gummilager): (elastomeric bearing, rubber bearing)	Ein Lager, bei dem wesentliche Teile aus Elastomer bestehen. Sie werden als feste Lager (Elastomerlager mit Festhaltekonstruktion), als Verformungslager (bewehrte und unbewehrte Elastomerlager) und als bewegliche Lager (Verformungsgleitlager) gebaut. Das für diese Lager verwendete Elastomer ist Chloroprenkautschuk oder Naturkautschuk. In diesem Buch wird statt Elastomer aus Gründen der Anschaulichkeit der technisch weniger korrekte Ausdruck Gummi gleichbedeutend verwendet. Topflager werden mangels Notwendigkeit nicht als Elastomerlager bezeichnet.
– Bleilager (lead bearing)	Kipplager, bei dem die kraftübertragenden Teile aus Hartblei bestehen. (Veraltet, nicht Gegenstand dieses Buches!)

Begriff	**Synonym / Erklärung**
Lagerfuge (grouting space)	Fuge zwischen der unteren Lagerplatte und der Unterkonstruktion.
Lagerkorrektur (correction of bearing)	Korrektur der Anfangsstellung der beweglichen Teile; sollte nur vom Lagerhersteller vorgenommen werden.
Lagerkräfte (grouting space forces)	Schnittkräfte in der Lagerfuge.
Lagerspiel (bearing clearance)	Unvermeidliche Maßdifferenz zwischen gegenseitig beweglichen Lagerteilen; soll möglichst klein sein.
Lagerung (support; bearing system)	Sammelbegriff für alle baulichen Maßnahmen zur Verwirklichung von Randbedingungen.
Lagerungsplan (drawing of the bearing system)	Zeichnerische Darstellung der Lagerung.
Lagerbewegung (bearing motion) – Verdrehung (bearing motion) – Verschiebung (bearing translation)	Bewegungen zwischen den angeschlossenen Bauwerksteilen (durch Gleiten, Rollen oder Verformen)
Lagerversetzplan (bearing installation map)	Plan, der angibt, wo und wie welches Lager hingehört.
Lagerwiderstand (bearing resistance)	Widerstand eines Lagers gegen Bewegungsdifferenzen zwischen oberer und unterer Lagerplatte.
Lagesicherheit (safety against static equilibrium)	Sicherheit gegen – Umkippen – Abheben – Wegrutschen (Gleiten) eines Baukörpers; wird mit Teilsicherheitsbeiwerten nachgewiesen.
Längsbewegung (longitudinal motion) – Verdrehung (longitudinal rotation) – Verschiebung (longitudinal translation)	Bewegungen in Brückenlängsrichtung.
Längsrichtung (longitudinal direction)	Bei Brücken die x-Richtung; *siehe auch* Hauptverschiebungsrichtung.
Lochleibung (intrados)	Gedrückter Teil der Wandung bei Schraubverbindungen, früher auch bei Nietverbindungen.
Messingdichtung (brass-seal)	Älteste Dichtungsart bei Topflagern.

Begriff	Synonym / Erklärung
Messstellen (reference points)	Notwendige Einrichtungen bei allen Bewegungslagern, um vor und nach dem Einbau und evtl. bei späteren Inspektionen die Lageabweichung gegenüber einer horizontalen Ebene feststellen zu können.
Mindestdicke (minimum thickness)	Unabhängig von der Bemessung festgelegte untere Maßbegrenzung; ist zu beachten bei Lagerplatten, Topfdeckeln, -böden, PTFE-Scheiben, Gleitblechen, Elastomerlagern.
Mindestpressung (minimum pressure)	Forderung an die Lagerfuge, um ohne Verankerung die Lagestabilität zu sichern; muss z. B. bei Elastomerlagern vorhanden sein, wenn keine verankerten Lager gewählt werden.
Montagelager (installation bearing)	Mit nur einer Stahlplatte bewehrte Elastomerlager für den Fertigteilbau.
Mullins-Effekt (Mullins effect)	Abweichung zwischen erster und zweiter Belastung bei der Last-Verformungs-Kurve von Elastomerlagern.
Nachschmierung (second grease)	Wunschtraum der Brückeneigentümer. Bisher ist es jedoch nicht gelungen, analog zum Maschinenbaulager Gleitlager so auszubilden, dass statt Anhebung und Auswechselung eine Nachschmierung unter Last möglich ist.
Nachstellen (readjustment)	*siehe* Lagerkorrektur
Naturkautschuk (natur rubber)	Alternative zu Chloroprene-Kautschuk.
Neoprene (dto.)	Spezielle Markenbezeichnung für Chloroprene-Kautschuk.
Neotopflager (neo pot bearing)	Markenbezeichnung für das erste – von der Maschinenfabrik Eßlingen a. Neckar entwickelte – Topflager mit Gummi als Topfinhalt.
Nettodicke (net thickness)	Summe aller Gummischichtdicken beim bewehrten Elastomerlager.
Nichtrostender Stahl (stainless steel)	Normenbezeichnung für eine der Metalllegierungen nach DIN 17440 und DIN 17441 bzw. DIN EN 10250, DIN EN 10088.
Normen (Standards)	Im engeren Sinne die von den Normenorganisationen erstellten Regelwerke: DIN (D), BSI (GB) usw.
Nyhalub (dto.)	Markenbezeichnung für ein Schmiermittel für die Innenwände von Topflagern.
Oberflächenhärte (surface hardness)	*siehe* Härte

Begriff	**Synonym / Erklärung**
Ofenalterung (furnace aging)	Künstliche Alterung von Gummi nach DIN 53508.
Ölabscheidung (oil elimination)	Separierung der Bestandteile bei ölhaltigen Schmiermitteln, irreversibler Vorgang bei Gleitlagern.
Ozonbeständigkeit (ozone resistance)	Neben der UV-Beständigkeit eine Forderung an die Dauerhaftigkeit von Stoffen, die der Umwelt ausgesetzt sind; muss bei Elastomerlagern im Rahmen der Güteüberwachung nachgewiesen werden.
Parabolische Pressungsverteilung (parabolic pressure)	Annahme für die Druckverteilung bei Elastomerlager-Fugen.
Pendel (pendulum support)	Eine Stütze, an deren Enden Kipplager angeordnet sind.
Polstrahllagerung (polar radiation bearing system)	Lagerungskonzeption bei Brücken; liegt vor, wenn die Lagerbewegungen zum Festpunkt (Pol) ausgerichtet sind. (Alternative: Tangentiallagerung).
POM (dto.)	Polyoxymethylen, ein Azetalharz mit hoher Druckfestigkeit.
Presse (press)	Gerät zum späteren Anheben des Brückenüberbaus; muss bereits bei der Bauwerksbemessung berücksichtigt werden.
Pressung (pressure)	Synonym für Druckverteilung.
primäre Kräfte (primary forces)	Die am unverformten Bauwerk vorhandenen Kräfte (Kräfte nach Theorie 1. Ordnung).
PTFE (dto.)	Polytetrafluorethylen: ein Gleitwerkstoff; *siehe auch* Teflon.
Punktkipplager (point rocker bearing)	*siehe* Lager
querbewegliches Lager (lateral movable bearing)	Lager mit Bewegungsmöglichkeit in y-Richtung; sollte bei Brücken nach Möglichkeit nicht verwendet werden.
Querbewegung (laterally motion) – Verdrehung (laterally rotation) – Verschiebung (laterally translation)	Brückenbewegungen in y-Richtung.
Querrichtung (lateral direction)	Bei Brücken die y-Richtung.

Begriff	Synonym / Erklärung
querträgerloser Überbau (superstructure without cross beam)	Brückengestaltung, die für die Herstellung Vorteile brachte; wird heute als Fehlentwicklung des Brückenbaus angesehen.
Querzugspannung (lateral tensile stress)	Synonym für Spaltzugspannung.
Randspannung (edge stress)	In der Fuge Synonym für Kantenpressung.
Rautiefe (roughness)	Genormtes Maß für die Glattheit einer Oberfläche, Maßeinheit R_t.
Raumtemperatur (room temperature)	+21 °C.
Regel der Baukunst Regel der Bautechnik (accepted rules of good engineering practice)	Rechtlicher Begriff. In den Regelwerken (Normen, Richtlinien) wird nur ein Teil davon festgehalten.
Regellager (standard bearing)	Lager gem. vorgegebener Tabelle, speziell in der Norm für Elastomerlager.
Regenwurmeffekt (earthworm effect)	Kriechbewegung bei unbewehrten Elastomerlagern unter Wechselbeanspruchung; Ursache für Einsatzverbot bei Brücken.
Reibung und Haftung (friction and adhesion)	Begriffe, die das Verhalten von Grenzflächen fester Körper betreffen. Siehe DIN 50281. Zu unterscheiden sind Reibung, Haftreibung und Haftung.
Reibungscharakteristik (diagram of friction)	Kraft-Weg-Diagramm beim Reibungsvorgang.
Reibungszahl (friction coefficient)	*siehe* Reibung und Haftung
Relativverschiebung (relative displacement)	Differenz zwischen zwei Verschiebungen.
Relaxation (dto.)	Spannungsabbau im Laufe der Zeit, erfolgt beim Elastomer schneller als beim Beton, *siehe auch* Kriechen.
Richtlinien (code of practice)	Vorläufer normativer Regeln.
Risse, sichtbare (visible cracks)	Unansehnliche Erscheinung bei Bauwerken, sind bei richtiger Lagerung und Sorgfalt beim Bauen weitgehend vermeidbar.
Robustheit (robustness)	*siehe* Katastrophenbelastung

Begriff	Synonym / Erklärung
Rollenlager (roller bearing)	*siehe* Lager
Rotation (dto.)	Synonym für Verdrehung.
Rückstellkraft (restoring-force) -moment (-moment)	Reaktionskraft, -moment bei der Lagerbewegung.
Runderlasse (circular notices)	Amtliche Mitteilungen einer oberen Behörde an die nachgeordneten Behörden.
Rutschsicherung (safety measure against slipping)	Synonym für Verankerung bei Elastomerlagern.
Sachverständigenausschuss (experts group)	Ein Gremium von Fachleuten, die beratend bei einer behördlichen Entscheidung mitwirken.
Schadensfälle (damages)	Nichthinnehmbarer Mangel bei Bauwerken.
Schaumstoffe (cellular material)	Material zum temporären Ausfüllen von Zwischenräumen; sind als Bauhilfsmaßnahmen vor Inbetriebnahme des Bauwerks zu entfernen.
schiefe Brücken (skew bridges)	Brücken, deren Überbauten im Grundriss schiefwinklig sind.
Schlupf (slip)	Unbeabsichtigte kleine Bewegung zwischen Elastomerlagern und anschließendem Baustoff.
Schmiermittelspeicherung -stoffspeicherung (lubricant depositing)	Maßnahme bei Gleitlagern in der horizontalen Gleitfuge, um Trockenlauf zu verhindern.
Schmierstoff (lubricant)	Für Gleitlager: Silikonfett, für Topflager: Nyhalub oder Silikonfett.
Schmiertaschen (lubrication cavities)	Vorrichtung für die Schmierstoffspeicherung.
Schmierung der Gleitflächen (lubricating of the sliding surface)	Maßnahme im Werk vor dem Zusammenbau.
Schrägstellung, Schiefstellung, Schubverformung (shear deformation)	Zustand bei Elastomerlagern bei Beanspruchung in der Lagerebene.

Begriff	Synonym / Erklärung
Schubbeanspruchung (shear action)	Ursache (bei Elastomerlagern) für die Schrägstellung; ermöglicht Relativverschiebung zwischen den angeschlossenen Bauwerksteilen.
Schubbruchversuch (shear resistance crash test)	Prüfung im Rahmen der Werksüberwachung von bewehrten Elastomerlagern, um die ausreichende Verbundfestigkeit zwischen Gummi und Stahl festzustellen.
Schubknicken (shear buckling)	*siehe* Knicken
Schubmodul (shear modulus)	Maßgebende Werkstoffeigenschaft bei Elastomerlagern.
Schubverankerung (shear anchorage)	Notwendige Maßnahme bei Lagern, wenn die Kräfte in Lagerebene nicht durch Reibung aufgenommen werden können.
Schubverformung (shear deformation)	*siehe* Schrägstellung
Schubversuch (shear test)	Eignungsversuch bei Elastomerlagern; dient zur Prüfung des Schubmoduls.
Schwinden (shrinkage)	Ein einmaliger irreversibler Vorgang bei Beton; entspricht in der Wirkung einer Abkühlung.
sekundäre Kräfte (secundary forces)	Kräfte, die durch Verformungen und Bewegungen entstehen (Theorie II. Ordnung und Reibung).
Silikonfett (silicon grease)	*siehe* Schmierfett
Sonderkonstruktionen (special construction)	Konstruktionen, die von der Ausschreibung nicht erfasst werden.
Spalthöhe (gap value)	Ein Maß bei Gleitlagern.
Spannungen (stresses)	Ein zu (realen) Verzerrungen in einem beanspruchten Körper proportionaler (fiktiver) Wert.
Spiel (clearance)	Bewegungsmöglichkeit von einer Extremlage in eine andere.
Spindelbetrieb (spindle)	Bewegungseinrichtung im Labor, dient der Nachahmung langsamer Bewegungen bei Gleitreibungsversuchen.
Stabilitätsnachweis (buckling analysis)	Nachweis der Standsicherheit bei druckbelasteten Stäben; bei Unterbauten erfordert er Einbeziehung der Lager als Randbedingung.
Stahlbetongelenk (steel concrete hinge)	Einschnürung in einer Stahlbetonkonstruktion; gilt nicht als Lager, wirkt jedoch wie ein Kipplager.

Begriff	Synonym / Erklärung
Setzungseinflüsse (settlement influences)	Einflüsse aus dem Baugrund; sind, soweit vorhersehbar, bei der Lagerung zu berücksichtigen.
Shore-Härte (shore hardness)	Härtemaß bei Gummioberflächen.
Sicherheit (safety)	Die Gewissheit, dass keine Gefahr droht.
Sicherheitsbeiwerte (safety factors)	Zahlenwerte, mit denen Einwirkungen multipliziert werden oder durch die Festigkeitswerte dividiert werden, bevor mit ihnen der statische Nachweis erfolgt.
Sicherheitszuschläge (safety provisions)	Additive Werte bei der Bemessung. Sie können z. B. bei Festlegung von Abmessungen sinnvoller als Sicherheitsbeiwerte sein.
Sicherung (safety measures)	Maßnahme gegen nicht kalkulierbare Einflüsse.
Stahlbrücke (steel bridge)	Brücke mit einem stählernem Überbau.
Stahleinlagen (reinforcing steel plates)	Bei Elastomerlagern: dünne, einvulkanisierte Stahlplatten.
Stahllager (steel bearing)	*siehe* Lager
ständige Horizontalkräfte (permanent horizontal loads)	Horizontalkräfte aus den Ursachen Eigengewicht oder Erddruck. Sie sollen auf Führungen und in der Ebene der Elastomerlager planmäßig nicht auftreten: Die Lager sollen normal zur Resultierenden der ständigen Lasten (= meist horizontal) eingebaut werden.
Stelzenlager (link bearing)	*siehe* Lager
Stoßbelastung (impact loading)	Kurzfristige Belastung; wird von Gummilagern mit einem höheren G-Modul als bei statischer Belastung aufgenommen.
Taktschiebeverfahren (tact push proceeding)	Moderne Brückenbautechnik, bei der temporäre Gleitlager benötigt werden.
Tangentiallagerung (tangential bearing concept)	Lagerungskonzeption bei Brücken; liegt vor, wenn die Lagerbewegungen, bezogen auf die Mittellinie des Überbaus, tangential möglich sind (Alternative: Polstahllagerung).
Teflon (dto.)	Handelsname für PTFE eines Herstellers.
Teilflächenbelastung, -pressung (partial pressure)	Spezielle Annahme für den Nachweis der Aufnahme exzentrischer Lasten in einer Stahlbetonfuge.

Begriff	**Synonym / Erklärung**
Temperaturänderung (temperature changing)	Kriterium bei der Bemessung von Gleitplatten; erfolgt im Bauwerk – abhängig vom Baustoff – langsamer als in der Luft.
Temperaturbewegungen (temperature change related motion)	Eine Folge der Temperaturänderung.
Temperaturzwängungskräfte (temperature change related forces)	Folge ungleichmäßiger Temperaturverteilung bei zwängungsfreier Lagerung.
Thermoplast (dto.)	Kunststoff, der beim Erwärmen weich wird, z. B. PTFE.
Tieftemperatur-Versuch (low temperature test)	Gleitreibungsversuch bei −35 °C.
Topflager (pot bearing)	Kipplager, bei dem ein Topfdeckel sich gegenüber einem mit Gummi gefüllten Topf verdreht. Siehe auch Lager
Topfring (pot ring)	Wandung des Topfes beim Topflager.
Topfdichtung (pot washer)	Ringförmige Sicherung gegen das Austreten des Topfinhaltes bei Topflagern.
Torsion im Überbau (torsion in the superstructures)	Verformung infolge unsymmetrischer Belastung; sollte mindestens qualitativ als Verdrehmöglichkeit um die *z*-Achse bei allen Lagern berücksichtigt werden.
Translation (dto.)	Synonym für Verschiebung (zwischen Überbau und Unterbau).
Traganteil (contact area)	Tatsächlicher (bezogener) Kontaktanteil an einer gedrückten Fläche, beträgt auch bei glatten Flächen nur wenige Prozent.
Trennfugen (construction joints)	Planmäßige Zwischenräume; *siehe* Schaumstoffe.
Tribologie (tribology)	Wissenschaft von der Reibung; Gleitlagertechnik ist ein Spezialfall dieser Disziplin.
Trockenlauf (friction without lubricant)	Zustand, wenn bei Gleitlagern das Schmiermittel verbraucht ist.
Überbau (superstructures)	Der oberhalb der Lagerebene befindliche Teil des Bauwerks.

Begriff	**Synonym / Erklärung**
Überwachung (control)	Es ist zu unterscheiden: – die Werksüberwachung bei der Herstellung der Lager (Ü-Zeichen), – die Baustellenüberwachung beim Herstellen des Bauwerks (örtliche Bauaufsicht) und – die Zustandsüberwachung des in Benutzung befindlichen Bauwerks (DIN 1076 für Brücken).
Unterbauten (substructure)	Die unterhalb der Lagerebene befindlichen Teile des Bauwerks.
Unterstopfung (filling)	Eine Methode, den Zwischenraum zwischen unterer Lagerplatte und Unterbau mit Beton zu füllen.
UV-Beständigkeit (uv resistance)	Analog Ozonbeständigkeit, *siehe* dort.
Verankerung (anchorage)	Maßnahme der Lagesicherheit; sie ist bei Lagern notwendig, wenn der Reibungswiderstand unzureichend ist zur Aufnahme der Kräfte in Lagerebene, bei Gummilagern, wenn eine Mindestpressung unterschritten ist.
Verdrehung, Verschiebung (rotation: translation)	*siehe* Lagerbewegung
Verformung (deformation)	bei Gummilagern: *siehe* Lagerbewegung bei Gleitlager-Platten: die Biegeverformung; sie muss mit Rücksicht auf die dünnen PTFE-Platten beschränkt werden. bei Brücken: Ursache für die Bewegungen an Lagern und Fahrbahnübergängen.
Verformungsbauteile (deformable structural member)	Bauteile, deren Verformung bei der statischen Berechnung zu berücksichtigen ist (Gegenteil: starre Bauteile wie z. B. Widerlager und Strompfeiler).
Verformungslager (deformation bearing)	Synonym für Elastomerlager, *siehe auch* Lager.
Verformungsgleitlager (deformation sliding bearing)	Kombination eines Gleitteils mit einem Verformungslager.
Vergleichsradius (reference radius)	Fiktiver Wert bei der Ermittlung von Hertz'schen Pressungen zwischen 2 gekrümmten Bauteilen.
Verkantung (edge failure)	Zustand eines Fundaments eines Pfeilers infolge Baugrundbewegung; erfordert am Pfeilerkopf einen entsprechenden Zuschlag bei der Bemessung der Gleitplatte!
Verkehrsbelastung (traffic load)	Belastung durch Straßen- oder Schienenfahrzeuge.

Begriff	Synonym / Erklärung
Verkehrsschwingungen (traffic ascillation)	Die kleinen Gleitbewegungen infolge Fahrzeugverkehr auf der Brücke: in der jeweiligen Größe für die Gleitplattenbemessung vernachlässigbar, für den Verschleiß jedoch entscheidend (hohe Gleitwegsumme).
Verschleiß (wear and tear)	Bei Gleitlagern: Abrieb von PTFE; ist prinzipiell unvermeidbar und ein Grund für die Forderung der Auswechselbarkeit.
Verschmutzung (dirt)	Umwelteinfluss; wirkt bei Gleitflächen prinzipiell gleitreibungszahlerhöhend, so dass ein Gleitflächenschutz erforderlich ist.
Versteifung (stiffening)	*siehe* Kristallisation
Vierpunktlagerung (four-point bearing system)	Reguläre Lagerung einer 1-Feld-Brücke; erfordert nach heutigen Vorstellungen 2 allseitig bewegliche Lager, falls nicht Verformungslager eingesetzt werden.
Voreinstellung (pre-adjustment)	Platz- und kostensparende Maßnahme bei Lagern; berücksichtigt bei Bewegungslagern die einsinnigen Bewegungen (Schwinden, Kriechen) vorab, was zur Folge hat, dass die Lager unsymmetrisch konstruiert sind.
Vorschriften (rules)	Gesetze und Erlasse; sind begrifflich zu trennen von Normen, Richtlinien, Empfehlungen.
Vulkanisation (dto.)	Vernetzungsvorgang unter Wärme bei Gummi.
Wärmeausdehnungskoeffizient (coefficient of expansion)	Maß für die Volumenzunahme bei Erwärmung; liegt bei Gummi 20 mal so hoch wie bei Beton und Stahl.
Wasserbau (hydraulic engeneering)	Ein Baubereich, der in diesem Buch nicht behandelt wird.
Wartung (maintenance)	Anlässlich der Inspektion durchzuführende kleine Reparaturen zwecks Verhinderung größerer Schäden; ist unabdingbar für eingebaute Lager; entspricht Instandhaltung in EN 1337-10.
Wechselbeanspruchung (reversal stressing)	Beanspruchung mit häufigem Vorzeichenwechsel; ist bei Brückenlagern aus der Einwirkung „Verdrehung“ zu erwarten und wird deshalb bei Elastomerlagern und bei Topflagern im Versuch simuliert.
wirtschaftlichste Lagerung (most economic bearing system)	Kostengünstigste Lagerung ohne technische Nachteile gegenüber teureren Lösungen; muss mangels Optimierungsstrategie durch Probieren ermittelt werden.

Begriff	Synonym / Erklärung
Wulstbildung (coming into a bulge)	Plastische Verformung am Rand der PTFE-Platten bei Belastung.
Young-Modul (dto.)	Tangente am Ursprung der Spannungsdehnungslinie (z. B. bei Gummilagern); Synonym für E-Modul; *siehe* Elastizität.
Zugbeanspruchbarkeit (tension resistance)	Stoffeigenschaft von Metall und Holz; ist bei Gummilagern bei entsprechender Verankerung ebenfalls vorhanden.
Zugfestigkeit (tension strength)	An Normproben festgestellte Eigenschaft; (Elastomer: DIN 53504).
Zuglager (tension bearing)	Lager, die bei möglichen Lastfällen Zugkräfte erhalten; sind problematisch und sollten für normale Brücken vermieden werden (Dauerbaustellen!)
Zulassungen (approvals)	Baubestimmungen für ein spezielles Produkt, dessen Eignung nachgewiesen wurde. In Deutschland: allgemeine bauaufsichtliche Zulassungen des Deutschen Instituts für Bautechnik. In Europa: European Technical Approval (ETA).
Zulassungsversuche (approval tests)	Eignungsversuche für einen Gegenstand, um dafür eine Zulassung zu erhalten.
Zwängungen (restraints)	Zustände im Bauwerk, wenn Dehnungen (Kriechen, Schwinden, Temperatur) behindert werden.
zwängungsfreie Lagerung (bearing system without restraint)	Lagerung, die für horizontale Einwirkungen statisch bestimmt ist.
zwängungsarme Lagerung (bearing system with little restraint)	Lagerung, die nach zu erwartenden Bewegungen ausgerichtet wurde.

10 Stichwortverzeichnis

Die *kursiv* gesetzten Seitenangaben führen zu Stichworten im Normtext der Normenreihe 1337.

Lager im Bauwesen. 3. Auflage. Tobias Block, Helmut Eggert, Wolfgang Kauschke.

F

W

X

Z